Martha C.
Nussbaum

THE FRAGILITY OF GOODNESS

善的脆弱性

古希腊悲剧与哲学中的运气与伦理

（修订版）

[美国] 玛莎 · C. 纳斯鲍姆 著
徐向东 陆萌 译 徐向东 陈玮 修订

译林出版社

主编的话

刘 东

总算不负几年来的苦心——该为这套书写篇短序了。

此项翻译工程的缘起，先要追溯到自己内心的某些变化。虽说越来越惯于乡间的生活，每天只打一两通电话，但这种离群索居并不意味着我已修炼到了出家遁世的地步。毋宁说，坚守沉默少语的状态，倒是为了咬定问题不放，而且在当下的世道中，若还有哪路学说能引我出神，就不能只是玄妙得叫人着魔，还要有助于思入所属的社群。如此嘈嘈切切鼓荡难平的心气，或不免受了世事的恶刺激，不过也恰是这道底线，帮我部分摆脱了中西“精神分裂症”——至少我可以倚仗着中国文化的本根，去参验外缘的社会学说了，既然儒学作为一种本真的心向，正是要从对现世生活的终极肯定出发，把人间问题当成全部灵感的源头。

不宁惟是，这种从人文思入社会的诉求，还同国际学界的发展不期相合。擅长把捉非确定性问题的哲学，看来有点走出自我囿闭的低潮，而这又跟它把焦点对准了社会不无关系。现行通则的加速崩解和相互证伪，使得就算今后仍有普适的基准可言，也要有待于更加透辟的思力，正是在文明的此一根基处，批判的事业又有了用武之地。由此就决定了，尽管同在关注世俗的事务与规则，但跟既定框架内的策论不同，真正体现出人文关怀的社会学说，决不会是医头医脚式的小修小补，而必须以激进亢奋的姿态，去怀疑、颠覆和重估全部的价值预设。有意思的是，也许再没有哪个时代，会有这么多书生想要焕发制度智慧，这既凸显了文明的深层危机，又表达了超越的不竭潜力。

于是自然就想到翻译——把这些制度智慧引进汉语世界来。需要说明的是,尽管此类翻译向称严肃的学业,无论编者、译者还是读者,都会因其理论色彩和语言风格而备尝艰涩,但该工程却绝非寻常意义上的“纯学术”。此中辩谈的话题和学理,将会贴近我们的伦常日用,渗入我们的表象世界,改铸我们的公民文化,根本不容任何学院人垄断。同样,尽管这些选题大多分量厚重,且多为国外学府指定的必读书,也不必将其标榜为“新经典”。此类方生方成的思想实验,仍要应付尖刻的批判围攻,保持着知识创化时的紧张度,尚没有资格被当成享受保护的“老残遗产”。所以说白了:除非来此对话者早已功力尽失,这里就只有激活思想的马刺。

主持此类工程之烦难,足以让任何聪明人望而却步,大约也惟有愚钝如我者,才会在十年苦熬之余再作冯妇。然则晨钟暮鼓黄卷青灯中,毕竟尚有历代的高僧暗中相伴,他们和我声应气求,不甘心被宿命贬低为人类的亚种,遂把迻译工作当成了日常功课,要以艰难的咀嚼咬穿文化的篱笆。师法着这些先烈,当初酝酿这套丛书时,我曾在哈佛费正清中心放胆讲道:“在作者、编者和读者间初步形成的这种‘良性循环’景象,作为整个社会多元分化进程的缩影,偏巧正跟我们的国运连在一起,如果我们至少眼下尚无理由否认,今后中国历史的主要变因之一,仍然在于大陆知识阶层的一念之中,那么我们就总还有权想象,在孔老夫子的故乡,中华民族其实就靠这么写着读着,而默默修持着自己的心念,而默默挑战着自身的极限!”惟愿认同此道者日众,则华夏一族虽历经劫难,终不致因我辈而沦为文化小国。

一九九九年六月于京郊溪翁庄

导　读

人类生活的脆弱性与对正义的寻求

徐向东　陈　玮

纳斯鲍姆曾在一个访谈中说过:“成为一个好的人(good human being)就是要有一种对于世界的开放性,一种信任自己难以控制的无常事物的能力。”① 纳斯鲍姆在这里所说的“好的人”并不是通常意义上的“好人”,甚至也不是康德所说的具有“好的意志”的道德行动者,而是一个勇敢地面对自己作为人类存在者的真实处境,不断地追求人所特有的价值的个体。《善的脆弱性》就旨在通过考察古希腊哲学和文学作品中对于运气与好的人类生活之关系的探究,来揭示人类生活的脆弱性及其伦理含义,并对当代伦理思想提出系统的批判反思。作为纳斯鲍姆的成名作,《善的脆弱性》为其思想的发展提供了基础和起点,对于理解她后来发表的一系列著作具有极为重要的意义。从《善的脆弱性》开始,到她后来出版的一些相关论著中,纳斯鲍姆为人的尊严的根据提出了一种与传统观点(特别是康德式的观点)极为不同的理解,将情感联系和情感依恋作为人的一个本质特征,并由此对社会合作的目的和社会正义的目标提出了一种迥异于主流传统的认识。

---

① Bill Moyers (1988), “Philosopher Martha Nussbaum on How to Live with Our Human Fragility” (https://www.brainpickings.org/2014/03/14/martha-nussbaum-bill-moyers-world-of-ideas/).

一

玛莎·克拉文·纳斯鲍姆(Martha Craven Nussbaum)于1947年5月6日出生在纽约，父亲乔治·克拉文是费城的一位税务律师，母亲贝蒂·沃伦主持家务，同时也是一位室内设计师。①纳斯鲍姆在韦尔斯利学院入学，二年级时因为对表演产生兴趣而退学，后来转而求学于纽约大学学习古典学，特别关注古希腊悲剧，并于1969年获得文学学士学位，随后赴哈佛大学攻读研究生并在1971年获得古典学硕士学位。当时，她已对古代哲学产生兴趣，于是便跟从古希腊哲学专家欧文(G. E. L. Owen)研究古代哲学并在1975年获得哲学博士学位，然后留在哈佛大学古典学系任教。1982年，在申请哈佛大学的终身教职失败后，纳斯鲍姆离开哈佛转赴布朗大学任教。1994年，纳斯鲍姆加入芝加哥大学法学院并长期执教于该校，目前担任由法学系和哲学系合聘的“恩斯特·弗罗因德杰出服务讲席”教授，同时兼任该校古典学系和政治学系成员，并参与南亚研究委员会和人权研究项目的活动。纳斯鲍姆也是芝加哥大学比较宪政研究中心的创始人和协调者。

纳斯鲍姆是一位极为勤奋、思想活跃的哲学家和古典学家。②她以自己渊博的学识对人类生活的核心领域(特别是社会正义)做出了深入细腻的观察和分析，在学术界和公共生活领域都产生了广泛而深刻的影响，多次被评选为“全球100位最有影响的知识分子”以及“50位最有影响的在世哲学家”。作为学术界和公共知识界卓有影响的人物，纳斯鲍姆在从事学术研究的同时也积极参与社会和公共事务。她曾担任美国

① 下面关于纳斯鲍姆的传记信息主要参考了两个访谈录：Robert Boynton, “Who Needs Philosophy? A Profile of Martha Nussbaum”, *The New York Time Magazine*, November 21, 1999; Rachel Aviv, “The Philosopher of Feelings”, *New Yorker Magazine*, July 25, 2016。

② 对这一点的一个有趣论述，见Geoffrey Harpham (2002), “The Hunger of Martha Nussbaum”, *Representations* 77: 52—81。

哲学协会国际合作委员会和女性资格委员会主席以及该协会设立的公共哲学委员会的主席，并在1999至2000年间担任美国哲学协会中部分会主席。她在1988年当选为美国文理科学院院士并长期担任理事会成员，2008年当选为英国国家学术院通讯院士。她也是人类发展与能力协会的创始人。纳斯鲍姆也因其卓越的学术贡献而被授予一系列重要的学术奖励，其中包括布兰迪斯非小说类创造性艺术奖（1990年）、斯皮尔福格尔—戴蒙德斯坦因最佳论文集奖（1991年）、美国哲学协会亨利·菲利普斯法理学奖（2009年）、稻盛和夫伦理学奖（2015年）以及京都奖（2016年）。2014年，她受邀在牛津大学发表“约翰·洛克讲座”，成为哲学界第二位受邀发表这项著名演讲的女性学者；国家人文科学基金会选举她主讲2017年度“杰斐逊讲座”，这是美国联邦政府给予人文科学领域学者的最高荣誉。同年5月，她发表了题为“无能为力与责备的政治”的演讲。纳斯鲍姆在其他方面也获得了不少荣誉，例如纽约大学杰出校友奖（2000年）、巴纳德学院杰出奖章（2003年）、哈佛大学研究生文理学院百年纪念奖章（2010年）。鉴于纳斯鲍姆卓越的学术成就和公共影响，她被全球57所重要的高等教育机构授予名誉博士学位。

到目前为止，纳斯鲍姆已经发表了20多部著作、500多篇论文和评论，编辑出版了21部著作或文集。她的专著包括：《亚里士多德的〈论动物的运动〉》（1978年），《善的脆弱性：古希腊悲剧与哲学中的运气与伦理》（初版1986年，修订版2000年），《爱的知识：哲学与文学论文集》（1990年），《欲望的治疗：希腊化时期的伦理理论与实践》（初版1994年，修订版2009年），《诗性正义：文学想象与公共生活》（1996年），《为了国家：争论爱国主义的限度》（1996年），《培养人性：从古典学角度为通识教育改革辩护》（1997年），《柏拉图的〈理想国〉：好社会与欲望的变形》（1998年），《性与社会正义》（1999年），《女性与人类发展》（2000年），《思想的剧变：情感的智慧》（2001年），《隐瞒人性：厌恶、羞耻与法律》（2004年），《正义的前沿：残疾、民族性与物种的成员资格》（2005年），《民主内部的冲撞、宗教暴力与印度的未来》(2007年),《良知的自由:捍卫美德的宗教平等传统》(2008年),《从厌恶到人性:性取向和宪法》(2010年),《功利教育批判:为什么需要人文教育》(2010年),《创造能力:人类发展探讨》(2011年),《哲学介入:1986—2011年书评》(2012年),《新宗教不宽容:克服焦虑时代的恐惧政治》(2012年),《政治情感:为什么爱与政治有关》(2013年),《愤怒与原谅:怨恨、慷慨与正义》(2016年),以及与利维摩尔(Saul Levmore)合著的《暮年深思:关于退休、风流韵事、年老体衰以及遗憾的对谈》(2017年)。纳斯鲍姆的著作也为她赢得了各种荣誉,例如,《培养人性》获得美国大学和学院协会1998年度内斯著作奖,《性与社会正义》赢得北美社会哲学协会2000年度著作奖,《隐瞒人性》获得美国大学出版社2004年度职业和学术著作奖。

从这些著作的标题中,我们不难看出,纳斯鲍姆致力于探究这样一些核心论题:人性与人类生活条件,正义及其制度实现,情感在人类生活中的地位,人文科学在学术界与高等教育中的作用,政治自由主义与宗教宽容。换句话说,她把理解人类生存状况、探究好的人类生活的可能性及其条件视为自己的终身使命。在从事这项研究时,她不仅将自己在古典学和哲学方面的学术训练与众多领域(人类学、文学、政治学、社会学、心理分析、法律,等等)结合起来,也把自己对于人类生活的细致体验带入对有关问题的多层次、多角度的思考中。因此,她的著作不仅在哲学上具有难以匹敌的思想深度,在情感上也具有极为丰富的感染力。

纳斯鲍姆的研究领域主要包括古希腊哲学、伦理学、政治理论和政治哲学,以及法学研究。她不是一位生活在书斋里的学者,而是对人类所面临的各种现实问题充满了深切关注,试图用自己对古代哲学和文化的重新理解和解释,来思考人类生活中所面临的一系列伦理、政治和社会问题,在此基础上探究好的人类生活的可能性及其条件。在哈佛大学求学期间,罗尔斯在一次交谈中告诉她,如果她有能力成为公共知识分子,那么成为一名公共知识分子就是她的职责。她在这个时期的生活经历,正如我们即将看到的，进一步鼓舞和促成了这种使命感，而作为一位极其善于通过学术争论和交锋来表达和捍卫自己观点的学者，纳斯鲍姆也由此成为学术界一位极具影响的公共知识分子。1993年，一桩关于男性同性恋权利的案子被上诉到科罗拉多州最高法院，其中涉及这样一个说法：科罗拉多州宪法修正案第二条排除了男性同性恋者可能欲求的某些法律保护，因此剥夺了他们的公民权。为了对这桩案件进行判决，法官杰弗里·贝利斯（Jeffrey Bayless）希望知道州宪法修正案第二条是否能够在“理性根据”的基础上得到辩护——也就是说，是否能够得到与宗教无关的世俗哲学论证的支持。哈佛大学行政学教授哈维·曼斯菲尔德（Harvey Mansfield）、普林斯顿大学法哲学家罗伯特·乔治（Robert P. George）以及当时在波士顿大学访学的牛津大学哲学家约翰·芬尼斯（John Finnis）递交了一份极为详细的宣誓书来支持这条修正案具有理性根据的主张，而当时仍在哈佛大学任教的政治哲学家斯蒂芬·马切多（Stephen Macedo）和在布朗大学任教的纳斯鲍姆则持有对立观点。在这场审判中，证词和誓言最终都聚焦在古典作家（特别是苏格拉底、柏拉图和亚里士多德）对同性恋行为的判断上。纳斯鲍姆试图用自己对柏拉图相关著作的解读来阐明古希腊人对待同性恋的态度，并反驳如下主张：哲学史为立法反对同性恋者争取不受歧视的权利的做法提供了证据。在纳斯鲍姆提交的第一份文档中，她宣称：“在前基督教时期的整个地中海传统和文明中，同性恋的浪漫关系、爱慕和性行为都得到了高度尊重。……这种关系从来就不被认为是可耻的。……因此，在基督教传统之前，没有证据表明自然法理论将同性恋的性爱恋视为不道德的、‘不自然的’，或者不适当的。”[1]在纳斯鲍姆与其对手的争论中，关键问题显然在于如何解释柏拉图在其著作中用来描述同性恋的那个关键术语“tolemema”。

---

① 转引自Gerard V. Bradley (1994), “In the Case of Martha Nussbaum” (https://www.firstthings.com/article/1994/06/in-the-case-of-martha-nussbaum)。

具有天主教保守主义倾向的哲学家芬尼斯认为，这个词意味着“罪大恶极”，因此柏拉图在《高尔吉亚篇》和《法篇》中将同性恋描述为“不自然的”(para physin)，而这就表明柏拉图是出于**道德**考虑而拒斥同性恋的。纳斯鲍姆在反击中指出，芬尼斯将古希腊世界中并不具有的东西“输入”柏拉图的文本中，学理上的解释并不支持伯里(Bury)在《法篇》的洛布译本中将“ton proton to tolemema”这个词译为“罪大恶极”，实际情况反而是，不论是苏格拉底、柏拉图还是亚里士多德都不曾对不涉及强迫的同性恋行为持有道德异议。① 纳斯鲍姆在这桩案件中提出的核心主张(她主张“tolemema”这个词是道德上中立的)在古典学家当中其实并未得到一致认可，贝利斯法官最终也决定不按照所谓的“理性根据”来进行判决，不过，她对这件事情的参与明确显示了她试图用学术来影响公共生活的决心和态度。这个想法其实多年前就初露锋芒了：1987年，在对艾伦·布卢姆的很有影响的著作《美国精神的封闭》的评论中，纳斯鲍姆指出，尽管布卢姆倡导阅读经典著作的传统，但他其实并未真正理解经典著作的精神实质，反而竭力鼓吹大学人文教育的使命就在于培养精英。正是对布卢姆的猛烈攻击让纳斯鲍姆首次引起了公众关注。为了回击保守主义者对大学教育和学术界提出的批评和挑战，她在《培养人性》中通过借助古代哲学传统(特别是苏格拉底和斯多亚学派)指出，犬儒派哲学家第欧根尼早就主张我们不仅是某个特定共同体或国家的成员，也是“世界公民”，因此我们不仅应当尊重家庭和我们所属的当地共同体，也应该尊重其他共同体和文化，因为我们都是具有同样能力的人类存在者。她详细考察了这个思想在西方思想史上的发展——经由西塞罗和其他斯多亚学派思想家并最终在亚当·斯密和康德等启蒙运动和自由主义思想家那里得到了进一步的倡导和发展。纳斯鲍姆由此论证说，大学通识教育的目的就在于培养学生

① 参见Martha Nussbaum (1994), “Platonic Love and Colorado Law: The Relevance of Ancient Greek Nomos to Modern Sexual Controversies”, reprinted in Nussbaum, *Sex and Social Justice* (Oxford: Oxford University Press, 1999), pp. 299—331。

的世界公民意识，多元文化主义本来就是苏格拉底自我审视的思想传统的一个支流。在《功利教育批判》中，她进一步发展了类似主张，表明人文科学（包括艺术）在所有教育层面上都很重要，对于培养和塑造批判权威的能力、跨文化理解的能力，以及从整个人类共同体的观点来看待和处理世上发生的复杂问题的能力都是不可或缺的。人文科学的教育之所以不应以盈利为目的，而是应当成为一切教育的核心，乃是因为它是“成人”（特别是成为具有批判意识和民主意识，对整个人类充满同情的合格公民）的基础：“民主社会的健康乃至幸存取决于将公民培养为在重大问题上为自己而批判性地、严格地进行思考和判断的公民，他们广泛地思考所生活的世界及其历史、经济结构以及其中的各个民族及其互动，他们敏锐地想象，处于一个与自己不同的、他人的处境，这究竟是怎么回事。”①

纳斯鲍姆对待人文科学的态度表达了她自己对启蒙运动和自由主义基本观念的承诺，因此，对于反对启蒙运动思想纲领的所谓“后现代主义者”，她不仅很不以为然，也大张旗鼓地进行批评。她将雅克·德里达的著作描述为“全然不值得研究”，认为其分析缺乏“认真研究的证据”；她批评福柯肢解历史、概念混乱。而在评论性别理论家朱迪思·巴特勒的一部著作时，她指责这位古怪的理论家在美国学界煽动一种自我沉溺的姿态，巴特勒所倡导的那种后现代女性主义的象征政治（symbolic politics）全然不关心女性（特别是其他阶层、其他文化中的女性）现实的生存状况，只用对任何人来说都毫无价值的东西自娱自乐，因此将女性主义的社会—政治批评引入歧途。②在纳斯鲍姆对女性的社会与政治地位、性与社会正义、女性身心健康与能力平等所做的一系列研究中，我们可以很明确地看到她如何有意识地对女性主义的社会—政治批评实施一

① Katarina Majerhold (2010), “Interview with Martha Nussbaum”, *Journal of Contemporary Educational Studies* 3: 164—171, p. 164.

② 参见Martha Nussbaum (1999), “The Professor of Parody” (http://www.qwik.ch/the professor of parody)。

种彻底的重新导向。例如，在《性与社会正义》中，纳斯鲍姆以所有人的平等尊严和平等尊重的思想为出发点，对女性的性别特征以及女性在现实世界中受支配的状况进行了全面深入的剖析，捍卫和发展了一种自由主义和普遍主义的女性主义。她反对将女性在现实社会中的从属地位看作是所谓的“自然”事实，认为这种状况完全是无视社会正义和政治正义的结果；另一方面，她也不同意很多女性主义者对自由主义提出的一种批评，即认为自由主义对个体的规范优先性的强调导致了一种利己主义（egoism，或者更确切地说，自由主义使个体偏爱成为一种对其他人没有深层需要的人），并进一步表明同情、关怀和爱如何能够成为自由主义的本质要素。在她看来，女性服从于他人，为了某个更大的社会群体（例如家庭）而牺牲自己福祉的倾向在很多情形中都是道德上值得赞扬的，但不应该被看作是理所当然的——这种倾向往往是在不公正的社会条件下形成的，反映了社会并不充分重视女性的福祉。然而，重要的是，女性在保持自己性别特征的同时应当能够自主地选择自己认同的生活方式。因此，纳斯鲍姆实际上并不倡导那种全然抹除性别特征的极端的女性主义。例如，她论证说，在两性关系中，只要双方都能做到平等尊重，被当作“性对象”（被当作一种“不可思议的事物般的存在”）就未必是道德上有害的，反而可以是一件人性化的事情，因为我们可以由此而意识到自己不是自给自足的，①而承认这一点不仅是“人之为人”的一个本质特征，也是好的人类生活的一个根本标志——她在《善的脆弱性》中对此提出了论证。由此可见，纳斯鲍姆与保守主义者、后现代主义者以及自我沉溺的女性主义者的根本分歧，不仅体现在她试图在多元文化主义的框架中捍卫一种伦理普遍主义，竭力维护理性在人类社会—政治生活中的地位，而且也体现在她对世界主义的伦理观念的根本承诺中，她对社会正义和社会批判的思考也因此而变得更为深刻和广泛。上面提及的这几件事情，尽

① 参见Nussbaum, “Objectification”, reprinted in Nussbaum (1999), pp. 213—239。

管只是纳斯鲍姆学术生涯中的一些花絮，却有力地揭示了她自己对待学术的态度以及对学术与公共生活之关系的理解。对她来说，学术思考和写作若不与对人类生活的现实关怀和情感投入相结合，就会变得苍白无力，必将堕落为一种自娱自乐的游戏，或者成为一种猎取个人名声的手段。

纳斯鲍姆是一位具有世界公民意识的哲学家，而且作为一位公共知识分子，她不仅竭力为这样一个理想提供哲学上的说明和辩护，也试图在公共生活中倡导和实践这个理想。尽管她的哲学论著涉及很多方面，但是，若要用一句话来概括她的哲学工作的本质，我们可以说：纳斯鲍姆试图对人性提出充分的理解，然后在这个基础上来发展和捍卫一种普遍主义的道德观念和一种世界主义的政治理想，而且，在这样做的时候，与某些具有类似观念的学者不同，她并未低估人性的复杂和多样。这一点尤其体现在她对情感在人类生活中的地位的论述中。她从斯多亚学派那里继承和发展了一个核心观念：情感在本质上是认知的，体现了我们对世界（包括他人）的判断，因此我们不能将情感及其各种表现形式从人类生活中分离出来，更不能像理性主义哲学家那样将情感完全看作是理性的羁绊。情感不仅是人性的内在构成要素，而且情感依恋也是好的人类生活不可或缺的部分。这个思想不仅构成了《善的脆弱性》的一条论证主线，也是纳斯鲍姆后来发展其能力理论和正义学说的一个思想基础，在其后来的相关著作如《正义的前沿》和《政治情感》中都得到了具体的体现和落实。不仅如此，这个思想也有助于我们理解纳斯鲍姆为什么在其哲学论著中频繁地采用文学作品并加以详细讨论。在她看来，文学作品所提供的叙事性论述能够在读者一方产生同情和移情，因此能够让我们对人类生活的处境有更深切的体验和感悟，从而以这种方式促进公民意识和对人类的共同命运的感受。“只有用叙事艺术家特有的语言和形式才能贴切而精确地阐明某些关于人类生活的真理。就人类生活的某些要素而论，小说家的艺术措辞就像警觉的有翼天使，在日常言语或抽象的理论话语的迟钝措辞变得盲目、反应迟缓的地方仍保持敏锐，在它们变得呆滞和沉重的地方仍自在轻盈。”① 由此，我们也不难明白，她为何格外强调情感教育在人文科学和通识教育中的重要地位。不过，尽管纳斯鲍姆继承了斯多亚学派的情感理论的一大核心主张，即情感本身就包含认知的要素，但是她并不接受他们对情感所提出的最终结论，即不加管制的情感将摧毁一个人的道德品格，因此，就情感依恋在某种意义上不能为人所控制而论，我们应该通过有意识的训练而令自己彻底摆脱情感和情感依恋。纳斯鲍姆之所以拒斥这个主张，是因为她坚持认为，动物性是人性的一个内在构成要素，而情感同样是我们的动物性存在的一个规定性特征。这个思想其实就是她在《善的脆弱性》试图论证和发展的一个核心论题。纳斯鲍姆在本书中对人性和人类生存状况的思考在很大程度上决定了其学术兴趣的发展，为她后来的哲学写作提供了一个思想基础——她后来的很多论著都旨在进一步思考和发展《善的脆弱性》的一些论题。实际上，在《善的脆弱性》第一章以及后来的“修订版序言”中，纳斯鲍姆已经对本书的核心思想和基本结构做出了详细解说。鉴于此，下面我们将仅重点阐述两个基本议题：第一，她撰写本书的思想背景以及她对人性和人类条件所提出的理解；第二，这一理解如何影响了她后来对正义的思考和设想。

二

《善的脆弱性》是纳斯鲍姆的成名作，在撰写关于亚里士多德的《论动物的运动》的博士论文期间，她就开始构思这部著作。我们可以合理地推测，正是她在这个期间的生活经历、她对古希腊悲剧、柏拉图以及亚里士多德的解读令其产生了撰写《善的脆弱性》的最初冲动。

在纽约大学求学期间，纳斯鲍姆在希腊语写作课上结识艾伦·纳斯

① Martha Nussbaum, *Love's Knowledge: Essays on Philosophy and Literature* (Oxford: Oxford University Press, 1990), p. 5.

鲍姆并与他相爱，大学毕业后两人就结了婚。艾伦·纳斯鲍姆毕业后赴牛津大学研究古典语文学，1974年获得比较语文学方面的文凭后去哈佛大学研究语言学，并在1976年获得博士学位，随后在耶鲁大学担任了十年教职（1975—1985年），1985年转赴康奈尔大学任教。作为印欧语言学家和古典语文学家的艾伦出生于纽约一个犹太人家庭，玛莎·纳斯鲍姆在婚后也皈依了犹太教，因为她觉得，犹太教就像戏剧一样，具有强烈的情感表现力。两人在1987年离婚，育有一个名叫“蕾切尔”的女儿（本书就是题献给她女儿的）。这场婚姻的破裂以及纳斯鲍姆撰写《善的脆弱性》的动机都与她在这个时期的个人经历和体验具有一些可辨别的联系。出身于中产阶级家庭并备受父母宠爱的纳斯鲍姆在进入大学之前未曾体会过人类生活的脆弱。但是，她的婚姻令她首次有了这种感受：纳斯鲍姆的父亲对犹太人持有偏见，认为犹太人粗俗不堪，因此不赞成这场婚姻并拒绝参加婚宴。纳斯鲍姆一下子从父亲眼中的宝贝女儿变成叛逆的孩子。纳斯鲍姆在哈佛求学的那些日子，强调概念分析和逻辑推理的分析哲学仍然在哲学界占据主导地位，当时大多数哲学家闭口不谈与人类存在和人类生活密切相关的问题。这种哲学研究风格令纳斯鲍姆感到格格不入——不只是因为她本来就是在亚里士多德的感召下进入哲学领域的（对亚里士多德来说，“一个人应该如何生活？”这个问题才是根本问题），也因为分析哲学所吸引的是一群以男性为主的“咬文嚼字”的研究者，因此就助长了一种“女性做不了哲学”的偏颇心态。这种将性别差异与角色定位联系起来的心态也出现在纳斯鲍姆的婚姻生活中。在1972年，当她怀孕的时候，她刚刚被选为久负盛名的哈佛学者学会（Harvard's Society of Fellows）成员。她寻思其他学者会这样看她：“我们让一个女人进来了，但她做了什么呢？——出去怀了一个小孩。”更有甚者，在当选哈佛学者学会成员时，一位享有声望的古典学家给她写了一封祝贺信，其中说道，既然“female fellowess”（女学者）这个说法并不合适，那就不知道该如何称呼一位女性成员。然而，谙熟希腊文的纳斯鲍姆很清楚：既然希腊语中与男性成员相对应的词是“hetairos”，她就可以被称为“hetaira”，而后者在希腊语中并不是指“女性成员”，而是指受过教育的高级妓女。①这种看待女性学者的另类眼光让纳斯鲍姆很不自在，因此下定决心要自强不息——甚至在临产期还将亚里士多德的《政治学》带进医院进行研读，以便让人们知道她仍然在工作。就像她在日常生活中培养起来的长跑习惯一样，纳斯鲍姆一生都在学术上不停“奔跑”，大概不只是因为在研究和写作的时候，她才会觉得自己作为女性更有安全感、更能体现自己的人生价值，也因为她想证明，女性也能在学术上做出卓越的贡献。纳斯鲍姆并没有明确地告诉我们她离婚的理由，不过，她明确地意识到，艾伦理所当然地认为照看孩子是女性的义务，与此相比，女性对自己职业目标的追求应当退居次要地位。她后来写到，甚至“在善良正派的男人当中，还是有些人没有为生命的惊喜做好准备，在碰到照看小孩之类的问题时，他们的良好意愿就搁浅了”。作为女性，纳斯鲍姆第一次深切地体会到道德冲突的存在，并因此而拒斥康德的一个核心观念：只要有了道德上好的意愿，就绝不可能陷入在伦理上遭受危险或受到威胁的境地。按照纳斯鲍姆自己的说法，她在哈佛的终身教职申请之所以被否决，并不是因为她在学术上不够出色，而是因为她作为女性，不仅直言不讳，且丝毫不掩饰自己的女性魅力，因此令周围很多人对她“极为厌恶”。

看来，纳斯鲍姆在求学时期对现实生活的体验令她产生了两个重要认识：第一，在面临广泛地加以设想的道德冲突的情形中，任何选择都是有道德损失的，对善的追求在这个意义上也必定是脆弱的；第二，女性在其追求职业理想的过程中并未得到充分尊重，她们所做出的贡献也未能得到应有的承认，她们在现实世界中的屈从地位在很大程度上要归咎于不公正的社会和政治条件。这两个认识都在《善的脆弱性》中留下了印

① Martha Nussbaum, *Cultivating Humanity: A Classical Defense of Reform in Liberal Education* (Cambridge, MA: Harvard University Press, 1997), pp. 6—7.

记并具有内在关联,尽管只是在后来的一些论著中,她才系统地发展了对第二个认识的思考和论证。《善的脆弱性》旨在探究一个重要的伦理问题:人类的善(human goodness)是否能够(或者说,是否应当)足够强健到可以抵抗任何危险?纳斯鲍姆试图以古希腊悲剧作品为背景,通过比较柏拉图和亚里士多德对于人类的善的理解,来探寻这个问题的答案。

为了充分地理解这部在叙述和论证上都错综复杂的伦理著作,我们首先需要将它置于当代伦理理论的背景中。古希腊思想往往被认为对当代伦理理论的发展产生了一种双重影响:一方面被用来确认当前的伦理观点,另一方面也被用来抵抗当前的伦理思想。自从伊丽莎白·安斯康姆在1958年发表了她的那篇重要论文以来(在这篇论文中,安斯康姆强调要用“美德”的概念来取代自康德以来就变得格外盛行的“道德义务”的概念),① 后面那种影响就变得越来越强。《善的脆弱性》就是在这个影响下出现的一部论著,它试图通过诉诸古希腊的伦理思想来帮助我们“挣脱”某些现代伦理观念,尤其是一种康德式的道德理论。康德被认为提出了两个重要的伦理观念:首先,道德价值构成了一个自成一体的领域——只要一个人严格按照责任的动机来行动,其行动就具有真正的道德价值,这种价值本身就体现了一个“好的意志”,完全不受一个人所处的境遇的影响或威胁;其次,在康德的道德认识论中,道德就其根据而言仅仅在于那个抽象的理性意志,不仅与对幸福的设想或考虑没有直接联系,反而应当成为追求幸福的理性约束,道德价值因此就与人类生活中的其他价值有了截然分明的区分,并由此而占据一种至高无上的地位。对道德价值的这种康德式的理解完全否认了生活际遇和存在条件可能会影响人们对善的追求,因此在看似维护了康德自己想要倡导的“道德平等”(即人类个体在道德价值上的平等)的同时,却将道德从人类生存状况中活生生地剥离出来。在纳斯鲍姆看来,康德伦理学对当代思想

① G. E. M. Anscombe (1958), “Modern Moral Philosophy”, *Philosophy* 33: pp.1—19.

文化所产生的巨大影响不仅是致使古希腊伦理思想所探究的一些重大问题受到忽视的主要原因，而且也产生了一个对于古希腊伦理学极为不公的印象，即古希腊思想在对人类生活（尤其是人类的伦理生活）的理解上并没有取得什么特别值得重视的成就。《善的脆弱性》的一个主要目的就是要通过探究运气与人类对好生活的追求之间的关系来纠正这个错误印象。不过，有趣的是，与很多试图复兴美德伦理学的当代理论家（阿拉斯戴尔·麦金太尔就是其中的一个典型代表①）不同，纳斯鲍姆并没有试图从她对古希腊伦理思想的考察中引出道德相对主义乃至反启蒙运动的含义。她确实提到了责任伦理和美德伦理之间的对比，也像亚里士多德那样强调实践智慧以及对具体境况的知觉在实践推理和道德判断中的重要性，但她始终将关注焦点放在古希腊伦理思想的其他方面，因此也纠正了某些当代理论家对古希腊伦理学的误读与滥用。

纳斯鲍姆的核心关注大体上围绕以下三个问题而展开。第一，在人类生活中，相当一部分活动和个人关系都是围绕友谊、爱情、政治活动、对财产和财富的依恋之类的外在善（external goods）而展开的，这些东西一方面是好生活的必要手段，甚至在适当条件下也可以成为目的本身，另一方面又会受到运气的影响乃至遭遇颠覆（在这里，纳斯鲍姆所谓的“运气”，指的是人们无法通过自愿地行使自己的能动性来控制的偶然事件）。如果追求或实现外在善的活动必然会受到运气的影响，那么这就产生了一个问题：我们应当如何思考它们在好的人类生活中的地位？第二，如果好的人类生活并不在于一种单一的活动，例如一种被认为最不依赖于外在条件的纯粹“理性沉思”，一种在亚里士多德《尼各马可伦理学》第十卷中曾被提及，但纳斯鲍姆予以拒斥的生活方式，而是由各种各样的个别要素构成的，那么，不论那些关于各种要素是可以和谐相处，还是可能产生冲突的主张究竟如何，各要素之间的关系就成为一个需要认真思考

① 参见阿拉斯戴尔·麦金泰尔，《追寻美德：道德理论研究》（南京：译林出版社，2011年）。

的问题。第三，一方面，人性中本来就存在一些被认为“不受管制”的要素，即柏拉图用所谓“灵魂的非理性部分”来指称的那些东西，例如欲望、情感和激情；另一方面，一旦人们认识到好的人类生活很容易遭受厄运或境况的影响，他们就有了一种追求自足（self-sufficiency）的愿望，希望尽可能摆脱自己无法自主地和自愿地控制的东西。倘若如此，那些“不受管制”的要素与追求自足的愿望以及由此而制定的理性生活计划之间，到底应该具有怎样的关系？古希腊人对好生活的思考主要是围绕这三个问题展开的，而纳斯鲍姆的目的就是要通过系统地考察古希腊悲剧作家以及柏拉图和亚里士多德对这些问题的思考，一方面充分地揭示人性和人类生活的本质及其复杂性，另一方面利用这一认识来反思目前的道德理论和政治实践。《善的脆弱性》旨在表明：古希腊思想家与康德以及当代的康德主义者不同，不仅深刻地把握到了运气对人类生活和人类价值的影响，而且还明确承认这样的影响。在纳斯鲍姆看来，古希腊悲剧作家已经用一种戏剧化的方式来深刻地描绘人类的善的脆弱性；柏拉图在其早期和中期对话中一度拒绝承认运气具有这样的作用，但是，在《斐德罗篇》中，他在一定程度上改变了自己原来的观点；而亚里士多德则提出了各种理由来赞美人类的善的脆弱性，并由此令悲剧得到救赎。在《善的脆弱性》中，纳斯鲍姆接受了悲剧作家的见识和亚里士多德的哲学方法论，经过一系列错综复杂的论证得出了如下结论：若不首先承认人类生活的脆弱性，人类生活中自然地好的东西就得不到充分实现。这个结论显然取决于如下主张：好的人类生活就在于去追求和实现一系列在特定情况下有可能会发生冲突的善，因此在这种活动中就必定会存在风险或危险。“我们的价值框架越丰富，我们越有可能要面对这样一种可能性；然而，一种刻意避开这种可能性的生活最终又会变得贫乏无趣。”①

① Martha Nussbaum, *The Fragility of Goodness: Luck and Ethics in Greek Tragedy and Philosophy* (Cambridge: Cambridge University Press, revised edition, 2001), p. 7. 下面正文中对这部著作的引用指的是这个版本。

因此我们就面临一个选择：要么为了摆脱运气的左右，而去过一种单调乏味的生活，要么为了追求一种繁盛的生活而不得不面对运气。在面临任何两个具有道德含义却又相互冲突的选项时，如果我们不得不做出选择，那么我们就已经遭受了道德损失。纳斯鲍姆并不认为我们应该选择一种完全摆脱了运气影响的生活，因为这样一种生活实际上并不是一种真正**属于人类**的生活——人类的善（或者更确切地说，对属于人类的善的**追求**）本身就是脆弱的。如果好的人类生活就是追求那些属于人类的善的生活，那么它本身也不得不是脆弱的，具有纳斯鲍姆所说的"脆弱性之美"——"不论是在品达的诗中，还是在整个古希腊诗歌传统中，人的卓越（human excellence）都被看作一种本质上有所需求的东西，一种在世界中生长、不可能变得无懈可击且保持自身特有的优雅的东西。"（第2页）在一次访谈中，纳斯鲍姆用一种更为生动的方式说道：

> 成为一个好的人就是要有一种对于世界的开放性、一种信任自己难以控制的无常事物的能力，尽管那些事物会使得你在格外极端的环境中被击得粉碎，而陷入那种环境还不是你自己的过错。如下说法都表达了一些关于伦理生活的人类条件的重要看法：这种生活的根基就在于信任变幻不定的事物，就在于愿意被暴露在世界中，就在于更像一株植物（一种极为脆弱但其独特之美又与其脆弱性不可分离的东西），而不是一颗宝石。①

要理解纳斯鲍姆在这段话中提出的主张，就必须回到她对"人性"或"人的本质"的认识。纳斯鲍姆跟随亚里士多德而将人理解为一种理性动物；但是，在人这里，理性并不是一种可以与其动物性存在绝对分离开来的东西——人对自己理性能力的行使本身就依赖于他作为人类动物的存

① Bill Moyers (1988), "Philosopher Martha Nussbaum on How to Live with Our Human Fragility".

在条件，因此就无法脱离这种条件而变成一种超越的、自身就能获得某种自足性的东西。按照这种理解，即使人能够使用理性来规划或设计自己的生活，因此尽可能避免或缓解因为自己无法控制的因素而遭受的伤害，但理性能力的塑造和行使本身都受到了人在世间的生存条件的影响，正如她在本书“修订版序言”中所说：“我们只居住在一个王国，即自然王国中，我们的一切能力，包括我们的道德能力，都是世间的，都需要世间的善来为其兴盛提供条件。”（“修订版序言”第xxii页）换句话说，人的理性是人类动物在其自然条件下发展和培养出来的，而不是一种生来就由某种神秘力量“植入”人类存在者，并可以与其身体存在和外在条件分离开来的东西。纳斯鲍姆强调人类理性与人类存在的其他方面是相连续的——“人类特有的智力和情感都具有动物性的规定性，不是一种与动物性相分离或者与之形成对比的东西”（“修订版序言”第xxiii页）。因此，若不承认人与其他非人类动物在很多实践能力方面是连续的，我们就无法很好地理解自己。纳斯鲍姆认为，在古代哲学家当中，正是亚里士多德充分地认识到了这个事实，不管是在其哲学方法论上还是在其伦理著作中，都对该事实予以充分尊重，正因如此，他才给予悲剧以极高的地位。通过接受亚里士多德的哲学方法及其对“人”的论述，纳斯鲍姆对人类理性的理解已经完全不同于那种强调理性的超越性和自足性的、柏拉图式或康德式的理解。

按照纳斯鲍姆对人性的理解，人**本质上**是一种有所需求、有所依赖、有所依恋的存在者，人类的善也是以这种方式构成的。就此而论，对人类特有的好生活的追求在本质上就是脆弱的，这个事实在古希腊悲剧作品中被深刻地揭示出来。悲剧作品强调人类生活中的偶然因素，例如我们与自己所爱的人和朋友的关系，我们渴求在世上获得权力和成功的愿望，等等。在古希腊悲剧作家的描述中，运气之所以能够对人类生活产生重大影响，是因为好的生活是由各种各样的实现活动、友谊和爱情之类的关系性的善以及某些外在善共同构成的。尽管人类被赋予了理性规划和理性慎思的能力，但人类生活的三个方面可能会顽固地抵抗理性规划和理性慎思。第一,理性行动者的规划和慎思有时候可以受到无法控制的外在事件的影响;第二,理性规划和慎思有时候会与非理性的欲望和动机发生冲突;第三,甚至**理性**行动者所追求的价值也可以发生冲突。如果人类的善本来就具有一种不可还原的多样性,在发生冲突的情况下无法用某个单一的一元论的"主导价值"来加以衡量并予以解决,那么价值冲突在人类生活中就是持久且永恒的。在《善的脆弱性》中,纳斯鲍姆对三部重要悲剧(埃斯库罗斯的《阿伽门农》、索福克勒斯的《安提戈涅》和欧里庇得斯的《赫卡柏》)的详细阐释就旨在表明这一点。例如,阿伽门农不得不在拯救自己的军队和拯救自己的女儿之间做出选择,而不论选择什么,他都在道德上遭受了损失。悲剧性的选择状况无需凭借这种极端的情境,因为它们在日常生活中实际上也很常见:如果一个女性为了照顾自己的孩子而不得不放弃她喜欢的职业追求,那么她就在生活的某个特定方面遭受了道德损失,其选择在这个意义上同样是悲剧性的。纳斯鲍姆进一步指出,并非一切悲剧性的选择状况都涉及当事人无法排列两个竞争的选项,即无法按照优先性或重要性之类的考虑来做出权衡。在某些这样的选择状况中,一个选择显然在某种意义上好于另一个选择,例如,在埃斯库罗斯的《七将攻忒拜》中,对于厄忒俄克勒斯来说,选择杀死自己的兄弟是一个可怕的错误,而另一个选项(毁灭整个城邦)显然更加糟糕。这种选择之所以是悲剧性的,恰好是因为每一个竞争的选项都会破坏当事人所珍视的某些东西——在他看来构成了一个好生活的东西。我们越是渴求按照自己的承诺以及对某些东西的优先考虑来追求好的生活,就越容易遭遇悲剧性的选择境况。我们陷入这种境况,很多时候并不是因为我们自己品性恶劣,而是因为世上发生的某些事情碰巧让我们的生活变成了这个样子。甚至一个有美德的人也会因为自己无法扭转的命运,而不得不做出在正常情况下被认为在道德上不可接受的选择,或者就像赫卡柏(一个原本不仅具有善良意愿,而且对自己心目中的朋友极为信任的女人)那样,为了寻求复仇而最终让自己变得面目全非,对人类生活

本身以及出于美德的行动所要求的条件进行报复。通过对赫卡柏的境遇进行分析,纳斯鲍姆得出了如下结论:

> 我们作为政治存在者的自我创造并不是不可逆转的。政治的东西,那种既因为律法而存在又在律法中存在的东西,也可以不再约束我们。人,作为一种社会存在,就是悬浮在神与兽之间来生活的,是面对这两种自足的创造物,由其开放的、脆弱的本性,由其最基本的关切的关系性特征来定义的。但是,如果成为人就在于具有信任和承诺的品格,而不在于一个永恒不变的自然事实……那么人也是最容易不再成为自身的存在者……或是以一种柏拉图式的方式上升到神所具有的那种自足,或是跌落为狗所具有的那种自足。这两种运动之间的差别并不是很明显,因为二者都涉及以类似的方式与重要的人类价值隔离开来。我们可以变成狗或变成神,生活在一种彼此没有信任的状态,这种转变有时候是通过一种终身的孤独沉思而发生的,有时候是通过一系列偶然的变故而发生的,甚至当我们并不渴望这种变形的时候,也是如此。(第416—417页)

一旦人类生活的现实让人们陷入这种状况,不仅伦理美德和实践智慧会派不上用场,人们也有可能变得不再是人。然而,人的本质并不允许人将自己转变为神或兽,因此,假若人类生活中确实存在这种从人向"非人"的转变,那就意味着人们需要设法重塑自己所生活的世界,让人类的善能够在一种彼此信任的条件下为人所追求,让每个人都有充分的能力和条件来控制和追求自己所认同的生活,从而缓解运气对人类生活的影响。纳斯鲍姆对悲剧的解读和反思将把她引入正义的领域,让她去进一步思考共同的人类生活与正义的条件之间的关系。不管怎样,她对悲剧的分析旨在表明,悲剧作品以一种直击人心的方式向我们展现了人类生活的脆弱性:在我们对好的人类生活的追求中,我们不仅受到了各种突如其来的灾难性事件的影响，也因为价值观的不可避免的冲突而受到了极大伤害。悲剧作品对这些问题的处理让我们从受难中学会与他人一道生活的重要性，向我们传递了一种远比当代伦理学所描绘的观点更复杂、更精致的伦理世界观。

“古希腊悲剧独具特色地展现了两件事情之间的一种抗争：超越纯粹属于人的东西的渴望和对这种渴望所导致的损失的承认”（第8页）。一旦人们认识到不受管制的运气对人类生活的影响，他们就会自然地产生一个愿望：消除冲突的根源，实现理性自足。纳斯鲍姆在本书中所要探讨的那三个核心问题其实都可以归结为如下根本问题：如何借助理性的力量来摆脱运气对人类生活的操控？更确切地说：“如果正是理性及其技艺即哲学理应拯救或改造我们的生活，那么，作为对生活得好怀有兴趣的存在者，我们肯定要问，我们（理性）当中的这个部分是什么，它怎样来统领人类生活，它又如何与感觉、情感和知觉相联系？”（第8页）纳斯鲍姆并不否认理性的恰当行使可以缓解冲突所带来的危险，降低运气对生活的影响，但是，她对这个问题的表述显然意味着：她不希望用一种柏拉图式的或康德式的方式来设想理性在人类生活中的地位，而是要用一种亚里士多德的方式来理解理性及其与人类心灵的内在结构中其他要素的关系。换句话说，即使用理性来规划生活的做法有助于我们实现某种程度的自足，这种自足也不可能（甚至不应当）用一种全然摆脱了人类本质特征的方式加以实现，反而必须用一种充分尊重**属于人类的善**的方式来实现。对于纳斯鲍姆来说，这就意味着，柏拉图在其早期和中期对话（例如《普罗泰戈拉篇》、《斐多篇》、《理想国》以及《会饮篇》）中所设想的那种实现“完全自足”的方式是不可接受的，因为人既不可能超越，也不应当寻求超越人的本质及其根本的存在条件。在这些对话中，通过将“善”定义为一种根本上独立于人类关系和人类条件，摆脱了人类生活的兴衰变迁的永恒形式，柏拉图试图逐渐提高人类对偶然性的控制，并最终达到一种完全的理性自足。这种充分自足的生活其实就是柏拉图所倡导的“纯粹哲学沉思”的生活。既然哲学沉思被认为不依赖于任何被欲求或需求的外在事物，那我们就必须从一个与“人类”需要相脱离的观点来认识或看待这种善。然而，既然人在本质上就是有所需求、有所依赖、有所依恋的存在者，既然满足我们作为动物性存在的基本需求，维护我们对某些人类关系的根本承诺，进入彼此信任的人际关系就是好的人类生活的构成要素和基本条件，那么，柏拉图策略中所要求的那种理性与人类身体、与人类存在的外在条件的激进分离，对于人类存在者来说就是不可接受的。实际上，即使一个从事哲学沉思的人在不需要做任何其他事情的意义上是自足的，这种沉思活动在这个意义上是稳定的，柏拉图自己其实也很清楚，哲学沉思往往是一种极为脆弱的活动。例如，在《理想国》中，柏拉图不仅不时警告说，要发展一种哲学禀赋是多么艰难，因此就需要一种精心设计的教育体制来培养这种禀赋，而且还强调说，即使一个人已经成为哲学家，也需要警惕那些使他偏离方向的影响，例如来自悲剧作品的影响。① 由此来看，甚至哲学沉思本身也说不上是一种稳定的活动，无法作为一种完全自足的理想来加以追求。实际上，按照纳斯鲍姆的解释，在《斐德罗篇》中，柏拉图修改和软化了他在早期和中期对话中提出的那种成就“无脆弱性的善”(goodness without fragility)的主张，将一种极为重要的价值赋予人们之间深厚的爱。于是，从她自己对柏拉图的解读中，纳斯鲍姆就得出了这一结论：柏拉图在其早期和中期对话中将理性看作一种积极消除外部世界的影响、只信任永恒不变的事物、坚不可摧的“先天”能力，但是，在《斐德罗篇》中，他却意识到这个理性概念未能抓住某些重要的人类价值，因此最终改变了自己对好的人类生活的认识，承认人类生活归根到底是脆弱的，理性本身的行使不可能在根本上摆脱外在世界或外在条件的影响。按照这种解释，甚至在柏拉图这里，超越运气的雄心最终仍然不得不回归于对运气的承认和接受。

---

① 参见柏拉图，《理想国》，496a—497a及605c。

当柏拉图试图在其早期和中期对话中追求理性自足的抱负，并设想可以用某个单一的价值标准来度量一切善时，古希腊悲剧则向我们揭示了无所不在的悲剧冲突，那种因为价值的不可还原的多样性而产生的冲突。纳斯鲍姆认为，正是亚里士多德明确地认识到了蕴含在古希腊文化中的这种共识，并对之提出了充分的哲学论证。与柏拉图不同，亚里士多德将其哲学方法论建立在“拯救现象”的基础上，充分承认和尊重人们在日常生活所持有的深思熟虑的信念，其中就包括了“人类生活（或者至少某些人类的善）是脆弱的”这一信念。对于亚里士多德来说，人对美德和好生活的追求都是在人性所施加的限度以及由此而呈现出来的复杂性中来完成的。

大体上说，亚里士多德为恢复悲剧传统所持有的“古老”观念（即运气能够对人类生活产生深刻而持久的影响）做出了三个方面的主要贡献。首先，在亚里士多德的道德心理学中，尤其是在他对理性动物与行动的说明中，他充分地揭示和阐明了动物性是人的本质的一个规定性特征，因此，尽管人因为培养和发展了理性能力而在这方面有别于其他动物，人的理性也与其欲望、情感和知觉具有不可分离的复杂联系，而这就意味着，我们不能将人的理性设想为一种具有绝对超越性的能力。其次，在亚里士多德看来，伦理学究其本质而论不可能像柏拉图在《普罗泰戈拉篇》中所声称的那样是一门“科学”——如果人类的善确实具有一种不可还原的多样性，那么人类行动者就无法寻求某个单一的标准来解决价值冲突，对于如何行动和生活的实践慎思不仅要求实践智慧，也要求行动者对自己的处境具有敏锐的知觉，而这种知觉是不能按照一般的规则来把握的。按照这种理解，亚里士多德伦理学不仅承认道德困境的可能性，也为悲剧性的选择境况提供了一个哲学论述。第三，亚里士多德将某些外在善（例如财富、荣誉、金钱、食物、住所、健康、身体完整），关系性的善（例如孩子、爱人、朋友）以及公民资格和政治活动设想为繁盛生活的内在构成要素，因此就充分承认了人类对于好生活的追求是脆弱的。这种脆弱性一方面提醒我们要加倍珍惜和呵护人类的善，另一方面也让我们认识到情感在人类生活和伦理理论中的重要性(这是纳斯鲍姆后来要大力发展的一个主题)。为了用亚里士多德来阐明和辩护自己的观点,纳斯鲍姆还提出了一个有争议的主张:《尼各马可伦理学》第十卷中那段关于沉思生活是最好的人类生活的论述,不仅在亚里士多德著作中绝无仅有,也与该卷其余部分不相一致,因此是编撰者从亚里士多德的其他讲稿中插入的,而在那份讲稿中,亚里士多德确实认真考察了对于该论点的论证,但最终还是拒斥了它。总而言之,按照纳斯鲍姆对亚里士多德的解读,正是亚里士多德对悲剧所要表达的核心观念(人类生活的脆弱性)提出了详细的哲学论证,并以这种方式恢复了悲剧的地位。①

三

《善的脆弱性》通过探究人类好生活的脆弱性以及对理性自足的理想的追求,向我们有力地展示了人性的复杂和人类价值的多样,并通过古希腊悲剧作家对价值冲突的深刻认识来反思当代伦理思想。我们已经看到纳斯鲍姆如何批评一种康德式的伦理观念。不过,尽管纳斯鲍姆和某些当代美德伦理学家都将亚里士多德伦理学看作一个主要的思想来源,但他们对亚里士多德的解读和所要得出的结论则非常不同。美德伦理学在当代的复兴做出了一个很有意义的贡献,主要体现在两个方面:第一,强调道德心理学研究在伦理理论中的首要地位;第二,强调一种特殊主义的伦理观念,即认为道德判断不能按照一般的规则或原则来加以说明。这两个基本认识都是纳斯鲍姆可以分享的,但是,她并不接受某些

① 需要指出的是,纳斯鲍姆对古希腊悲剧的解释及其对柏拉图和亚里士多德的解读并未得到古典学者的一致同意。例如,参见 Paul B. Woodruff (1989), "Review of *The Fragility of Goodness*", *Philosophy and Phenomenological Research* 50 (1): 205—210; Martha C. Beck (2001), "Virtue without Fragility: Nussbaum's Account of Detachment in the *Republic*, the *Crito*, and the *Phaedo*", *Sophia* 40 (1): 45—59。

当代美德伦理学家从中引出的结论。美德伦理学的某些倡导者如麦金泰尔认为，现代性的诸多疾病都是因为价值在现代社会中发生了“碎裂”而产生的。因此他们就倡导要回到一种一元论的价值观，并用这种极端的方式来否认现代社会的理性多元主义特征，从而走向一种政治保守主义。其中一些倡导者往往还否认根本上存在着普遍的道德价值或伦理观念，转而持有一种“反理论”(anti-theory)立场，即否认伦理理论的存在，或至少认为任何伦理理论都不足以引导伦理生活。与此相比，纳斯鲍姆在《善的脆弱性》中对古希腊文学和哲学遗产的利用是不同的：她明确反对美德伦理学中的“反理论”倾向，认为自己属于“既支持伦理理论化又支持理性在人类事务中的丰富作用的思想家”行列(“修订版序言”第xxvi页)；她不仅仍然是一位坚定的自由主义思想家，而且还从亚里士多德的哲学方法论中发展出一种普遍主义的伦理观和一种温和的完善论(perfectionism)的政治理论，将之应用于道德理论和政治实践。① 在纳斯鲍姆的道德和政治思想中，这两个方面实际上是相互联系的：她需要按照自己对人性的认识来构建一个与人类尊严相称的道德理论，并以此作为她思考正义问题的基础。她对人性的思考，正如我们已经看到的，大体上是从《善的脆弱性》中发展出来的，并构成了她后来提出的“能力进路”(capacity approach)的主要思想根据。

---

① 纳斯鲍姆在这方面发表了大量论著，例如：Martha Nussbaum (1988), “Nature, Function, and Capability”, *Oxford Studies in Ancient Philosophy, Supplemental Volume* 1:145—180; Nussbaum (1988), “Non-relative Virtue: An Aristotelian Approach”, *Midwest Studies in Philosophy* 13: 32—53; Nussbaum, “Aristotelian Social Democracy”, in R. B. Douglass, G. Mara and H. Richardson (eds.), *Liberalism and the Good* (New York: Routledge, 1990), pp. 203—253; Nussbaum (1992), “Human Flourishing and Social Justice: In Defense of Aristotelian Essentialism”, *Political Theory* 20: 202—246; Nussbaum (1993), “Social Justice and Universalism: In Defense of an Aristotelian Account of Human Functioning”, *Modern Philology* 90: S46—S73; Nussbaum, “Aristotle on Human Nature and the Foundations of Ethics”, in J. E. Altham and Ross Harrison (eds.), *World, Mind, and Ethics: Essays on the Ethical Philosophy of Bernard Williams* (Cambridge: Cambridge University Press, 1995), pp. 86—131; Nussbaum (2000), “Aristotle, Politics, and Human Capabilities”, *Ethics* 111: 102—140 (special issue on Martha Nussbaum’s Political Philosophy)。

在《善的脆弱性》出版后，一些评论者指出，纳斯鲍姆甚至将人类生活的脆弱性**本身**看作一件值得赞扬的事情。这种说法实际上是对其观点的误解。在纳斯鲍姆对古希腊伦理思想的考察中，她确实刻意强调一条“从超越运气到回归运气”的思想历程，甚至认为“有些人类价值只是在采取冒险行为的情况下才对我们人类开放”——“对孩子、朋友和所爱之人的关怀，对政治上的公民资格和政治行动的关怀，以及一般而论，对能够行动而不仅仅是处于某种存在状态中的关怀——所有这些关怀和情感，都会以某些方式将珍惜它们的那个人置于受到运气支配的境地”（“修订版序言”第xxix页）。某些善是人类所特有的，对它们的追求确实会受到难以控制的外在因素的影响。但是，这并不意味着人们不应该通过理性地规划自己的生活来缓解或消除这种影响。悲剧诗人之所以格外珍惜高贵品格和美德行为，胜于珍惜某些转瞬即逝的外在善（例如金钱、荣誉、名声），就是因为他们认为前者在人类生活中相对稳定；而且，也正是因为这个缘故，当厄运降临到他们身上而他们自己却无能为力时，他们的命运才真正具有了悲剧色彩。同样，亚里士多德之所以认为基于品格的友爱胜于以彼此有用或相互快乐为基础的友爱，在很大程度上也是因为前一种友爱更加稳定。换句话说，在承认善的不可还原的多样性的同时，纳斯鲍姆根本就不否认理性在人类生活中的重要地位。毋宁说，她所要否认的是那种试图超越人性和人类条件，被认为“自成一体”的理性。正是这种理性要求我们“重新设计我们的目的和目标框架，以便完全清除偶然性对人类生活的影响”。但是，这种做法是不可取的，因为它“隐含着将人类真正的善清除出去的危险”（“修订版序言”第xxix—xxx页）——它要求我们超越自己的人性而成为神，或者要不然就成为兽，而这是我们不仅无法接受，而且有理由予以拒斥的一个选择。“脆弱性是某些人类真正的善的一个必要的**背景**条件”（“修订版序言”第xxx页）。举例来说，只要我们决定拥有和追求友谊、爱情和家庭之类的关系性的善，我们就将自己置于了易受伤害的境地。另一方面，作为人类存在者，拥有和追求这些善，显然又是繁盛生活的构成要素——试图挣脱与这些善的追求相伴随的危险，无异于是在自己的生活中取消了这些善，因此就等于放弃了一种真正属于人的生活。一个人如果想要过一种属于人的生活，同时还要缓解运气对生活的影响，那他就必须恰当地理解**人类**理性与人性中其余部分的关系。在《善的脆弱性》以及后来出版的一些相关论著（例如《思想的剧变：情感的智慧》和《政治情感》）中，纳斯鲍姆都竭力表明，动物性是人的存在的一个本质方面，一个与我们的成长和兴衰息息相关的方面。因此我们就必须拒斥那种将理性与感性/情感截然分离并加以对立的做法，不仅要把感性/情感理解为人性的一个本质构成要素，也要承认它们在伦理推理中所能发挥的作用。我们需要认识到，比如说，不仅理智沉思本身不足以提供一种繁盛的人类生活，而且，仅仅按照理性能力来看待人的地位、来理解人类尊严的做法，在根本上就是错误的。一旦我们对人性有了正确认识，我们就可以看到，人类生活中的很多痛苦和灾难实际上既不是自然必然性的结果，也不是人类价值的本质所固有的，反而往往是贪婪、愚昧、懒惰、伦理上盲目以及缺乏想象力的结果。自私自利、目光短浅、对他人缺乏充分的认识和同情，都有可能导致古希腊悲剧中所描绘的诸多邪恶行为，因此使得人类生活痛苦不堪。举例来说，身体存在显然是我们作为人而存在的一个必要条件，很有可能也是"一个人易于遭受攻击、强暴、饥饿和疾病"的一个原因，"但我们不应该就此认为，攻击、强暴、饥饿和疾病就是真正的善的条件。……悲剧明确地向我们表明，甚至最聪明、最好的人也可能遭受灾难。但悲剧也同样明确地向我们表明，很多灾难都是坏行为的结果，不管那些行为是来自人，还是来自与人具有同样形态的诸神"（"修订版序言"第xxx页）。换句话说，在纳斯鲍姆看来，通过合理而公正地安排社会制度和政治制度，通过以某种方式缓解个体生存条件所带来的竞争，很多人类痛苦和灾难（或者导致它们的行为）本来是可以避免的。通过培养和塑造相互关怀、同情、信任之类的社会情感，不同个体或不同群体之间的张力或冲突也可以得到有效缓解。总而言之，纳斯鲍姆并不认为脆弱性本身就是一件“值得欢迎”的事情——她只是要强调,对某些属于人类的善的追求是脆弱的,但是,在导致脆弱性的原因中,并非所有原因都是来自不可避免的自然必然性。公正的社会—政治条件是缓解运气对人类生活的影响的一种重要方式;培养和拥有某些社会情感,让人们认识到承担全人类的共同命运的重要性,也是降低人们在追求好生活的过程中可能遭受的危险或风险的一种重要方式。在纳斯鲍姆的思想历程中,我们可以清楚地辨别出一条思路:从对善的脆弱性的认识到对正义的追求。将二者联系起来的一个重要环节就是纳斯鲍姆对人的功能能力的界定和论述,而在这个方面,亚里士多德同样为她的思想提供了重要启发。

亚里士多德在其伦理学中承诺了一种本质主义观点。在纳斯鲍姆这里,本质主义大体上指的是如下观点:人类生活具有某些核心的规定性特点。当代对本质主义的攻击主要是对一种形而上学实在论的攻击。这种实在论认为,我们所生活的世界是用一种不依赖人类历史和人类解释的方式确定地展现出来的。本质主义在当代伦理理论中经常受到批评,主要是因为它据说具有这样一个含义:对“人性”的规范说明就是这个**独立的**宇宙结构的一部分。在斯多亚学派的伦理思想中,我们可以看到这个主张的一些具体表现。一些当代道德哲学家受到了语言哲学和科学哲学中对形而上学实在论的批评的影响,① 认为将伦理思想建立在这种实在论的基础上是不明智的。对这种实在论的拒斥可以导致各种形式的道德相对主义或虚无主义。然而,纳斯鲍姆认为,我们可以拒斥形而上学实在论而无需放弃一种亚里士多德式的本质主义。她用两个论证来支持其观点。首先,亚里士多德对人性的理解实际上是立足于一种**内在的**观点,即通过考察人类生活经验来发现人性的某些本质特点;其次(而且相关地),通过从

① 关于这种影响,例如参见 Hilary Putnam, *Reason, Truth and History* (Cambridge: Cambridge University Press, 1981); Hilary Putnam, *The Many Faces of Realism* (La Salle: Open Court, 1987); Hilary Putnam, *Realism with a Human Face* (Cambridge, MA: Harvard University Press, 1990); Charles Taylor, *Sources of the Self: The Making of Modern Identity* (Cambridge, MA: Harvard University Press, 1989)。

内部(即按照人类观点)对人类历史和人类认识做出深刻的考察,我们就可以发现,人类多少具有某些共同的本质特征。这样,一旦我们将**人作为人**而具有的最重要的功能或能力鉴定出来,我们就可以将它们设想为伦理思想和政治思想的一个基本出发点,并用"每个人的基本功能能力都要得到充分实现"这一要求来评价现存的社会—政治制度,以此作为设计公正的社会—政治制度的基本约束。通过把自己对自由主义的根本观念(每个人都应得到平等的尊重和关怀)的承诺和对人类的基本功能能力的理解结合起来,纳斯鲍姆就提出了一个实质性的正义理论。为了恰当地理解这个理论的独特性及其含义,让我们首先看看她对人的基本能力的界定。她列举了人应当具有(在理想状况下被指望具有)的十项核心能力:①

1. **生命**:能够活到一个正常的人类生命的尽头,不会夭折,不会因为生活质量的大大降低而过早结束自己的生命。

2. **身体健康**:能够具有和保持良好的健康状况,包括生育健康、具有充分的营养和适当的住所。

3. **身体完整**:能够自由地迁徙;免于受到暴力攻击的威胁,包括性攻击和家庭暴力;具有性满足以及在生育问题上进行选择的机会。

4. **感觉、想象和思维**:具有感觉、想象、思考以及理性推理的能力,用一种"真正像人"的方式(一种由适当的教育来告知和培养的方式)来从事这些活动,包括(但不限于)具有读写能力、得到基本的数学和科学训练。在按照自己的选择来体验和创作各种作品和事件(宗教的、文学的、音乐的,等等)方面能够使用想象力和思维。能够在言论自由的保护下在政治言论、艺术言论以及宗教信仰的自由方面使用自己的心智。

---

① Martha Nussbaum, *Creating Capacities: The Human Development Approach* (Cambridge, MA: Harvard University Press, 2011), pp. 33—34;亦可参见Martha Nussbaum, *Women and Human Development: The Capabilities Approach* (Cambridge: Cambridge University Press, 2000), pp. 78—80。

5. **情感**：能够对其他事情和其他人形成依恋；能够爱那些爱和关心我们的人，对他们的离去感到悲伤；一般来说，能够爱、感到悲伤以及体验到渴望、感激和合乎情理的愤怒。不因恐惧和焦虑而让自己的情感发展枯萎。

6. **实践理性**：能够形成自己对善的认识，能够对自己的生活计划进行批判性反思。（这意味着需要保护良心自由和宗教服从的自由。）

7. **友好关系**：A. 能够与他人一起生活并面对他人来生活，能够承认和显示对他人的关怀，能够从事各种形式的社会互动；能够想象他人处境。（保护这种能力意味着保护构成和培育这些关系的制度，也意味着保护集会自由和政治言论的自由。）B. 具有自尊和不受羞辱的社会基础；能够被当作一个与其他人具有同等价值的有尊严的存在者来对待。这要求不要在种族、性别、性取向、民族、种姓、宗教、国别方面进行歧视。

8. **其他物种**：能够与动物、植物和自然界一道生存并表现出对它们的关心。

9. **玩耍**：能够欢笑、玩耍和享受娱乐活动。

10. **对环境的控制**：A. 政治的：能够有效地参与制约自己生活的公共选择；具有政治参与的权利以及言论自由和结社自由得到保护的权利。B. 物质上的：能够拥有财产（包括不动产和动产），与其他人在平等的基础上拥有财产权；与其他人在平等的基础上具有寻求雇佣的权利；具有不受无根据的调查和查封的自由。在工作中总是能够像人那样工作，能够行使自己的实践理性并与其他工作者进入有意义的相互承认关系中。

纳斯鲍姆并不声称她对人类能力的界定是完备的，只是强调这些基本能力对于人们过上一个**人类**生活来说是必不可少的。因此，在提出这个主张时，她已经赋予人性一种**规范的**理解：只有具有这些基本能力的存在者才能被称为"人"。此外,她对基本能力的设想也已经具有一个内在的伦理维度。亚当·斯密思考在教育方面受到剥夺的儿童时,认为他们的人类能力受到了损毁、变得残缺。纳斯鲍姆则用一种对比的方式指出,即使一个小孩残忍地对待或羞辱他人的能力受到了阻碍和挫败,我们也不会把他描述为"受到损毁、变得残缺",尽管这些能力或许在先天的人性中有其基础。并不是所有在先天的人性中具有基础的能力都是一个好社会应当加以促进和发展的。纳斯鲍姆强调说:"能力进路不是一个关于人性是什么的理论,并没有从先天的人性中'读出'规范。它反而从一开始就是评价性的和伦理的:在人有可能发展能力来做的很多事情中,它要问的是,哪些事情是真正有价值的,哪些事情是一个基本上公正的社会将致力于培植和支持的?"① 换句话说,纳斯鲍姆对基本能力的界定乃是立足于她对"一个好的人类生活究竟要求人具有什么基本能力?"这一问题的观察和分析。不管纳斯鲍姆的批评者如何就她对人类基本能力的理解与之展开争论(例如就社会正义的目的与她展开争论),也不管什么样的社会—政治制度能够最好地促进基本能力的实现,我们都可以看到,她确实正确地鉴定出好的人类生活的一些基本特征,她所列举的基本能力也是人为了追求一个完整的人类生活所必须具备的。

为了进一步阐明这一点,我们不妨看看纳斯鲍姆对基本能力提出的一些说法。首先,从她对基本能力的界定中不难看出,她从亚里士多德那里继承下来并加以发展的一个重要主张:人是理性**动物**,其智能和情感都具有动物性的规定性。能力的概念乃是与作为理性动物的人能够做什么和能够成为什么的思想相联系的。因此,对于纳斯鲍姆来说,基本能力不只是人在其先天潜力的基础上能够具有和发展的内在能力,而且也包括人为了追求和实现一种基本上得体的生活而必须具备的能力和自由。人可以具有一系列内在能力,例如与其他非人类动物共享的知觉和运动

① Nussbaum (2011), p. 28.

的能力，也具有在动物性存在的基础上发展起来的情感和理智能力。所有这些内在能力都可以通过与环境的互动而得到进一步发展，也可能由于受到阻碍而无法适当发展。例如，健康的身体机能显然是我们发展某些其他能力的基础，而这意味着我们作为生命有机体的基本需求应当尽可能得到满足；情感能力的正常发展显然取决于我们早年生活的家庭环境和社会环境。因此，能力的发展也要求我们有必要的方式，在某种程度上能够控制我们所生活的环境，包括自然的、家庭的、社会的、经济的、政治的环境。能够参与塑造我们所生活的环境不仅是发展和行使能力的一个必要前提，也是人类生活的一个本质要求，因为正如亚里士多德所说，人天生就是政治动物，必然要生活在一系列重要的社会关系中，因此也要求与这些关系的正常发展和维护相应的社会—政治制度。在人这里，能力的发展不仅要求适当的社会、政治、家庭和经济条件，也要求适当的机会，以便可以有效地行使能力。就此而论，能力可以被广泛地理解为一种实质性的自由：为了取得各种可能的功能组合而需要的自由，在这里，相关的功能是为了过上一个繁盛的人类生活而需要的基本功能。值得指出的是，纳斯鲍姆之所以将玩耍包括在她对基本能力的指定中，是因为“玩耍和［在这种活动中对］想象力的自由扩展对一个人类生活所做的贡献并不只是工具性的，在一定程度上也是一个值得过的人类生活的构成要素”。①全世界都有很多女性因为需要承担双重职责（在外工作的同时还要承担家务，例如照顾小孩和父母）而失去甚至被剥夺了休闲娱乐的机会。

其次，能力是为了成就一个值得过的人类生活而必须采取的**实现活动**的基础，因此，对于一个得体的社会②来说，仅仅让人们具有内在能力

① Nussbaum (2011), p. 36.

② “得体的社会”（decent society）这个概念在政治哲学中大概最早是由马格利特提出来的，指的是一个其社会和政治制度并不对公民造成羞辱的社会。马格利特以罗尔斯的正义理论为例论证说，一个得体的社会也应该是一个公正的社会，但反过来未必如此。参见Avishai Margalit, *The Decent Society* (Cambridge, MA: Harvard University Press, 1996)。

是不够的，也必须向人们提供按照这些能力来行使功能的**机会**。例如，如果一个社会只是教导女性自主选择职业是多么重要，却不允许她们在实际生活中真正有机会来根据自己的兴趣、能力和生活愿景而选择职业，那么女性就依然无法行使她们被认为具有的这项能力。一个好的社会不仅要培养和发展人们的内在能力，也要提供相应的社会、政治和经济条件，以便人们能够实际上施展其内在能力。这种将内在能力与施展该能力的外在条件结合起来的能力，就是纳斯鲍姆所说的"组合能力"(combined capacities)，即一种可以切实地得以行使的能力。因此，组合能力表达了一种实质性的自由。我们很容易看出，如果一个社会旨在让其每一个成员都能过上一种基本上得体的人类生活，那么这两种能力的培养、发展和维护都是必要的。假若一个社会只是致力于创造一种其成员在多个方面都能有所选择的环境，却并不培养他们在相关方面的精神能力，不为他们提供具备和发展这些能力所需的必要条件，那么人们实际上就没有内在能力进行选择，从根本上来说，那种环境也就派不上用场。这样一个社会仍然说不上是一个得体的社会。

再次，当阿玛蒂亚·森和纳斯鲍姆按照"人的基本的功能能力"这一概念来发展对社会正义的探讨时，他们充分地认识到了其他某些正义理论的缺陷。例如，按照他们的说法，不论是罗尔斯所说的"基本的社会善"的平等分配，还是罗纳德·德沃金所说的"基本资源"的平等分配，其实都无法实现实质性的平等，因为人们将基本善或基本资源转化为实质性功能的能力是有差别的。例如，即使一个具有正常身体机能的个体和一个在这方面具有严重缺陷的个体都享有同等份额的基本善或基本资源，但他们显然并不具有同等的功能能力。就此而论，他们也没有同等的选择能力，因此在其他方面可能也没有同等的资格，例如政治参与的资格。相较而言，能力进路强调人的基本功能的实际行使和运作，强调人们在基本功能能力方面的平等，因此就为思考社会正义以及各种相关的社会—政治制度的合理设计提供了一条新思路。例如，如果一个小孩生下来就在认知能力方面有缺陷，那么在教育过程中对他采取特殊干预的做法就有了辩护，比如说通过特殊教育来纠正或弥补他在认知能力上的缺陷。再比如，饥饿者和绝食者就营养而论可以具有同样的功能性活动，但他们并不具有同样的能力——绝食者能够选择不绝食，而饥饿者在这方面却毫无选择。因此，按照纳斯鲍姆自己的说法："能力是因为它们可能导致功能性活动的方式而变得重要。假若人们从来就不以任何方式发挥功能，说一个社会因为向人们提供了大量能力因而是好的就显得很怪异。如果能力从来就得不到使用，人们终其一生都在睡觉，那么能力就是漫无目的且闲置的。……但是能力本身是作为自由和选择的领域而具有价值。促进能力就是要促进自由的领域，而这不等于让人们以某种方式发挥功能。"① 换句话说，对基本能力的强调根本上是对人们按照这些能力来追求和实现一个基本上得体的人类生活的功能性活动和自由的强调。对于人来说，自由本身就具有内在价值，一个合理而得体的社会因此就应当为人们行使自由留有余地，而不仅仅是促进或维护人们的功能性活动。例如，仅仅是促进健康仍然是不够的，还需要促进健康的能力，以便尊重人们对生活方式的选择。

最终，值得指出的是，纳斯鲍姆并未声称，能力进路涵盖了社会正义和政治正义的全部领域。她所鉴定出来的基本能力只是表达了人类个体为了追求和实现一个基本上得体的生活所必须满足的最低条件。就此而论，在纳斯鲍姆对基本能力之**规范**地位的设想，与其他社会正义理论家对于评价社会—政治制度之标准的设想之间，并不存在本质差别。在她看来，一个公正而得体的社会应该尽可能促进人们在基本能力上的平等，包括创造和维护内在能力的行使所需要的环境条件。不过，纳斯鲍姆着意指出，基本能力本身就具有一种不可还原的多样性——"健康、身体完整、教育以及个人生活的其他方面都不能被还原到某个单一的尺度而不

① Nussbaum (2011), p. 25.

受歪曲。”[1] 基本能力的这种不可还原的多样性或异质性意味着:“所有核心能力都是与众不同的,都需要用独特的方式来加以保证和保护。”[2] 她由此认为,能力进路在按照“基本能力的平等”来设想人的平等尊严的同时,也充分尊重了多元主义的价值观,因此它就为思考和践行多元主义条件下的社会和政治正义提供了一个格外有力的思想框架。这样,通过反思亚里士多德的伦理学和哲学方法论,纳斯鲍姆不仅有力地表明,我们可以从亚里士多德有关人类功能的思想观念中发展出某种形式的社会正义和民主参与理论,从而对某些当代理论家“误用”或“滥用”古希腊伦理思想的做法予以有力回应;而且她也进一步表明,通过能力进路,我们如何可以将正义理论建立在一种普遍主义和世界主义的基础上。

四

在《善的脆弱性》中,纳斯鲍姆已经充分表明人类生活是脆弱的:好的人类生活在于追求真正属于人类的善,而这种追求会受到人们无法或难以控制的外在因素或条件的影响。正如我们已经看到的,纳斯鲍姆并不认为脆弱性本身是一件值得“赞扬”或“欢迎”的事情,而只是将它设想为追求好生活的一个不可避免的背景条件。作为自然的存在者,我们确实无法摆脱自然规律对我们的限制,以及自然必然性对我们的生活所产生的影响。然而,纳斯鲍姆敏锐地观察到,生活条件和外在环境会对人类生活产生重要影响,在某些极端的情况下甚至会把一个人的生活变得面目全非。但是,对于这种影响及其产生的方式,我们并非全然无能为力。在让人们能够像人一样去生活这个方面,某些社会条件和社会环境显然好于其他一些社会条件和社会环境。此外,人类生活也不可能仅仅

① Nussbaum (2011), p. 18.
② Nussbaum (2011), p. 35.

在于维护个体作为生命有机体的基本功能(尽管这是人类生活得以展开的基础),而是同时在于追求和实现某些重要的人类关系,并以某种方式成就自己的生活抱负。在纳斯鲍姆这里,能力的概念就是被设想或设计来回答如下问题:就值得过的人类生活来说,人能够做什么?能够成为什么?人类生活的价值和人类个体的尊严都是在人们为了追求这个目标而采取的**实现**活动中体现出来的。从这个意义上说,尊重人的尊严实际上就在于尊重、发展和维护基本的人类能力,平等尊重就意味着每个人的基本能力都要得到同样的尊重、发展和维护。在这里我们将不探究"如何在现实世界中实现基本能力的平等"这个复杂而困难的问题。不过,我们需要简要地考察一下纳斯鲍姆提出的一项重要主张,即:按照能力的概念对正义的探讨不仅超越了契约论(contractarianism)的理论框架,也比后者更加优越。①

为了恰当地理解这个主张,我们首先需要看看契约论理论据称无法解决的三个主要问题。纳斯鲍姆对人之基本能力的指定,部分地体现了她对"何为人?"的一种规范理解。从这种理解中不难看出,尽管她确实强调实践理性在人类生活中的重要地位,但是,不同于柏拉图或康德之类的理性主义哲学家,她并不认为人是完全按照**纯粹的**理性能力来界定的——实际上,她竭力反对这种理性主义观念,不仅认为理智沉思本身不足以提供一种繁盛的人类生活,反而像亚里士多德那样,强调我们的动物性方面是人性的一个内在构成要素。纳斯鲍姆对"人"(human person)所提出的这种特定理解,不仅意味着人与其他非人类动物(或者人的能力与其他非人类动物的能力)之间具有相当大的连续性,因此让我们去重新思考我们与自己的身体以及其他动物的关系,而且也要求我们重新设想人的尊严的根据。对纳斯鲍姆来说,我们显然不能按照任何单一的属

① 参见 Martha Nussbaum, *Frontiers of Justice: Disability, Nationality, and Species Membership* (Cambridge, MA: Harvard University Press, 2006),特别是第1至4章。

性或者从任何单一的维度来理解“人”。不过,在她看来,人的一个最重要的特征和标志就在于,人能够具有重要的人类关系,能够与其他人形成情感联系,就像亚里士多德在《尼各马可伦理学》第九卷中所说:“将幸福的人看作离群索居的存在者是一种相当古怪的想法,因为人是一种社会性动物,自然地倾向于与他人一道生活。”① 不论是从纳斯鲍姆对身体上或精神上(抑或二者)受损的人(people with impairments and disabilities)的论述和分析中,② 还是在我们自己与这些人的交往和对他们的感受中,我们都可以很清楚地看到这一点。在纳斯鲍姆对她自己接触过的“残障人士”的描述中,她那患有阿斯伯格综合征的侄子尽管没有什么社会技能,却在机械装置和物理学方面具有很高天赋;一位哲学家的女儿尽管智力迟钝,却具有极强的情感需求和回应能力;一位患有唐氏综合征的女孩在其身为文学批评家的父母的悉心照料下,不仅学会了一种特殊的符号语言,还培养和发展了自己对流行音乐的爱好。在面对自己年老体衰、记忆衰退、智力迟钝的父母时,我们仍对他们充满尊敬和爱戴,不仅因为我们已经对他们形成了深深的情感依恋,感念他们对我们的关心和照顾,而且也因为我们仍然可以从他们此时此刻的表情和举止中感受到,他们对我们怀有同样的依恋和关切。这些事实和经验表明,我们往往不是(或者至少不仅仅是)按照一种理想化的理性能力来设想人的地位和人的尊严的基础。纳斯鲍姆由此认为,所谓的“残障人士”不仅同样是人,而且也应当被当作具有完整的政治参与资格的公民来看待,因此“任何得体的社会都必须着手处理他们对关爱、教育、自尊、活动性以及友谊的需要”。③ 这个主张实际上能够具有普遍含义,不仅因为父母(或其他人)为了照顾和关怀残疾孩子所付出的努力应当得到社会的承认和尊重,也因

① Aristotle, *Nicomachean Ethics* (translated by C. D. C. Reeve, Indianapolis: Hackett Publishing Company, 2014), 1169b16—18. 这句话在《正义的前沿》扉页中被引用。

② 参见Nussbaum (2006),第3章。

③ Nussbaum (2006), p. 98.

为(这一点更加重要)残疾和依赖会以不同的形式出现在人类生命的特定阶段,实际上是每一个“正常”人都无法避免的——我们在青壮年时期经常能够感受到的那种“相对的独立性”,实际上只是人类生活的一个临时条件,而随着年纪的增长,我们将逐渐丧失这个条件。“因此,如果我们承认,终身残疾的人们的生活状况与‘正常’生命的各个阶段之间具有一种连续性,那么我们也必须承认,尊重有残疾的人并将他们包括在政治社会中的问题,以及(与此相关地)为他们提供关爱的问题,都是极为重大的问题,实际上会对每个社会中的每个家庭都产生影响。”① 其实,在纳斯鲍姆看来,关爱本身就是人类生活的一个重要方面,是完整和健全的人类生活不可或缺的要素:

> 对有所依赖者——不论是儿童或老人,还是病者或残者——的悉心爱护专注于对生命、健康以及身体完整的能力的支持,也为感觉、想象和思想提供了激励。它支持情感依恋,消除了“势不可挡的焦虑和恐惧”;实际上,悉心爱护构成了一种有价值的依恋,也对被关爱者的实践理性和选择能力提供了支持;它鼓励很多其他的友好关系,包括恰当的社会和政治关系。它保护自尊这项关键的善,支持玩乐和享受生活的能力。它支持对一个人的物质环境和政治环境的控制:残障人士不应被看作其他人的附庸,而是需要被看作有尊严的公民,可以要求财产、雇佣,等等。②

纳斯鲍姆论证说,契约论的正义理论既没有公正地对待有残疾的人们,实际上也无法解决与此相关的问题。她也用类似的方式提出了这种理论无法处理的其他两个主要问题:第一,在不平等或不对等的国家之间的正

① Nussbaum (2006), p. 101.

② Nussbaum (2006), pp. 168—169.

义问题（以及由此而来的国籍在全球正义中的地位问题）；第二，当我们对待非人类动物的时候所涉及的正义问题。

契约论的正义理论因为其理论的**结构特点**及其**对正义的预设**而无法处理或解决上述三个重要问题。换句话说，假若我们有理由认为，这三个问题在我们对**人类正义**的思考中（或者在我们对一个恰当的正义理论的寻求和建构中）具有重要地位，那么在西方传统对正义的探讨中最具影响力的契约论理论就具有误导性，或者至少具有严重缺陷。对制约人类生活的政治原则的寻求、对正义的探究都取决于我们对人性、对人的存在条件以及社会生活的本质和目的的理解，而契约论的正义理论的内在缺陷或许意味着，这种理论未能在这方面提出正确的或恰当的理解。纳斯鲍姆进一步表明，我们确实有理由相信，这三个问题是一套完整的人类正义理论所不可忽视的。首先，正如我们到目前为止已经可以清楚地看到的，纳斯鲍姆承诺和采纳的那种亚里士多德式的人性概念意味着动物性的存在是人的存在的一个本质特征。我们无法超越自身的动物本性而过上一个真正属于人类的好生活，因此我们就需要把自己身体的存在条件及其兴衰看作人的生活的一个无法避免、因而必须加以重视的方面，在设计公正而合理的社会—政治制度时予以充分考虑。其次，既然我们同属于一个人类共同体，只是因为某些历史上偶然的原因而居住在不同的地域、属于不同的民族或国家，那么，从全人类的共同命运的观点来看，我们就需要考虑富裕国家和贫穷国家之间的不平等所带来的正义问题。因为，在当今这个人们日益相互依赖的世界上，从长远来看，这种不平等实际上会对每个人的生活机遇和生活质量都产生重大影响，更不用说会影响到人类共同面临的其他一系列问题，例如环境问题、大规模的流行病所带来的健康问题、生物医学工程的发展和应用可能带来的机遇和风险，等等。再次，非人类动物不仅像人类动物那样会遭受痛苦，实际上也是整个地球生态系统的重要成员。人类活动每天都在影响非人类动物，有时候甚至令它们遭受巨大痛苦。不管我们是不是需要从人类中心论的角度来考虑非人类动物的福祉，我们都需要思考与它们之间的伦理关系，需要考虑我们的某些行为和选择是否在某种意义上对它们不公正。

然而，契约论的正义理论甚至不会提出这些问题，因为这种理论持有这样一个核心主张：社会不过是为了互利（mutual advantage）而设立的一种合作体制，合作的可能性取决于各方具有大致平等的能力（特别是所谓的“理性能力”），社会正义问题也是在这种合作环境中出现的。尽管霍布斯、洛克以及康德对人性和人类条件的理解仍有所不同，但是，作为契约论理论家，他们都分享了这种理论的三个核心特点。首先，他们都像休谟那样来设想社会合作（以及正义）的环境和条件，认为社会合作的可能性和必要性就在于物质资源的相对匮乏、人们对资源的竞争意识以及极其有限的同情心。其次，他们都在类似的意义上把进入社会契约、打算制定公正的合作条款的各方设想为“自由、平等和独立的”。在这里，“自由”意味着没有任何人拥有其他人，也没有任何人是其他人的奴隶；“平等”主要是指他们在所谓的“原初状态”（一种为了制定公正合作的条款或正义原则而讨价还价的状况）中具有大致同等的力量（powers）和资源。说原初状态中的各方是“独立的”，就是说他们并不处于任何不对称的权力支配关系或依赖关系中。对参与制定社会合作条款的各方的这种规定性描述，确实说明了契约论的正义理论的一些主要特点，例如，它表明了人们为什么愿意从所谓的“自然状态”进入公民社会，愿意放弃自己的“自然”自由而接受某种约束——因为这样做有助于以一种“理性的”方式促进他们的自我利益；它也说明了某些人类个体（即所谓的“残障人士”）和非人类动物为什么原则上不是契约论的正义所要考虑的对象——因为他们并不满足“互利合作”的基本条件。由此我们不难理解，纳斯鲍姆鉴定出来的那三个问题为什么会游离在契约论的正义理论之外。纳斯鲍姆所要表明的是，为了给正义寻求一种不同的理论结构，就必须抛弃契约论理论的核心主张及其对“人”的理解，重新设想社会生活乃至社会合作的目的。在她看来，这样一个全新的正义理论的基本框架就是由她的能力学说来提供的，因此它对社会合作的目的和动机的设想不仅不同于契约论理论家的设想，而且也比后者要丰富得多，真正体现了我们对人性和人类条件的深思熟虑的认识：

> 在能力进路中，对社会合作的利益和目的的论述从一开始就被道德化和社会化了。虽然这种进路并不采纳一种假设性的初始状况，但是它把人设想为是出于一系列更加广泛的动机而进行合作，其中就包括对正义本身的爱，以及显著地包括对这样一些人的一种道德化的同情——他们并没有充分的条件和能力过一种得体的、有尊严的生活。……人是由多种多样的纽带结为一体的，其中既有爱和同情的纽带，也有利益的纽带；既包括对正义的爱，也包括对正义的需要的爱。①

这不是否认公正的社会合作需要考虑实质性的利益，特别是对社会合作的利益和负担的公正分配。但是，如果我们仅仅按照那种讲求生产力、强调物质利益的纯粹经济模式来思考社会合作的目的，那么我们就不仅误解了人的本质，也错误地设想了人类生活的目的。纳斯鲍姆已经追随亚里士多德，将人理解为本质上是一种政治动物，一种需要各种各样的生命活动以及社会关系的存在者。正如前面所指出的，即使理性能力也是人的一个本质标志，但是，在人这里，理性绝不是一种与动物性相分离并在某种意义上与之相对立的东西。人类理性本身就是在人的动物性存在的基础上产生和发展出来的，作为一种普通的实践推理能力，它只是人类动物所具有的一种发挥其特定功能的方式。另一方面，我们的身体需要，包括我们对关爱的需要，实际上也是“我们的理性和社会性的一个特点，是我们的尊严的一个方面，而不是一种要与之形成对比的东西”。②既然人

① Nussbaum (2006), pp. 126—127.

② Nussbaum (2006), p. 160.

类理性与其动物性之间具有本质的联系，那么我们就没有理由认为，人的尊严完全是由康德所谓的“纯粹理性”来标定的。人的尊严反而应被看作这样一种东西，它与人作为有所需要、有所依赖的存在者的本质不可分离，因而与人特有的需求和能力不可分离。于是，通过以一种亚里士多德式的方式将人设想为一种社会动物，纳斯鲍姆就对社会合作的本质和目的提出了一种完全有别于契约论理论的理解：

> 人所要寻求的善从头到尾都是社会性的，人也在很多层次上与他人共有复杂的目的。他人的善并不只是对一个人追求自己的善施加了约束，同时也是后者的一部分。人离开自然状态（假如我们仍然需要使用这个虚构说法的话），不是因为与他人打交道对彼此更加有利，而是因为若没有共同的目的和一种共享的生活，她就无法想象自己会活得好。怀着仁慈和正义与他人一道生活、面对他人来生活，就是人人都为了政治目的而确认的那个共同的、公共的人性概念的一部分。①

契约论理论家对正义的设想之所以不恰当，从根本上说是因为他们未能正确地认识到人之尊严的基础或根据，未能看到人类社会本质上是由一系列广泛的依恋和关怀结为一体的。纳斯鲍姆并不否认物质利益和生产力也是我们所要关心的，但她坚决否认那是社会生活的主要目的——“社会合作的目的不是要获得某种利益，而是要培养每一个公民的尊严和福祉。”② 物质方面的利益至多只有工具性的价值，通过培养人的能力而让人过上一种**与人的尊严相称**的生活才是社会合作的真正目的，因此也是一个得体的社会在其发展中应当加以追求和促进的根本目标。③

① Nussbaum (2006), p. 158.

② Nussbaum (2006), p. 202.

③ 这实际上就是纳斯鲍姆在其《创造能力》中所要论证的一个核心主张。

《善的脆弱性》集中地体现了纳斯鲍姆对人性和好的人类生活的思索，她后来提出的能力学说也是在这个基础上发展出来的，而这二者则构成了其正义理论的思想基础。以上我们只是简要地叙述了这三个方面之间的逻辑联系，以便阐明《善的脆弱性》在纳斯鲍姆的思想体系中的核心地位。我们也许无需全盘接受她对柏拉图和亚里士多德的解读，甚至也无需完全同意她对古希腊悲剧作品的解释，即便这只是因为她往往将自己的个人体验注入对各种文本的解释和分析中。不过，正如查尔斯·泰勒在对本书的评论中恰如其分地指出的，《善的脆弱性》"是一部内容广博、发人深省的佳作。这不仅因为作者在一种罕见的程度上将一些不太常见的素质结合起来：将一位学者对文本的理解与严格的论证结合起来，又将这些东西与对道德问题的一种富有想象力的把握结合起来；也因为纳斯鲍姆在下笔之初便打算写一部野心之作，探讨的亦是最为根本且历久弥新的问题。……它必将在不止一个领域掀起变革之风"。[①] 实际上，自本书出版以来，纳斯鲍姆已将她在其中提出的核心思想扩展到更加广泛的领域，在后来的论著中系统地发展了其中一些思想。作为一位学识渊博、对人类的现实和未来满怀热情的学者，纳斯鲍姆的学术贡献无疑是多方面的：这不仅体现在她对古希腊思想传统的独特借鉴和运用上，也不只是体现在她的道德理论和政治哲学中，而是同时体现在她对哲学与文学之关系的精辟论述中，体现在她对情感在人类生活中的地位及其伦理—政治含义的系统阐述中，体现在她对人文科学在通识教育中的重要性的强调中，等等。对我们来说，纳斯鲍姆的学术思想至少可以让我们认识到，在尊重多元文化的同时如何能够成为一个世界主义者，如何学会培养人性并以此为生，如何在此基础上对人类痛苦充满同情，并最终学会分享和承担人类的共同命运。

---

① 泰勒的评论刊于《加拿大哲学期刊》，也出现在《善的脆弱性》(修订版)封底上。

献给蕾切尔

有人为金子祈祷，有人为无边无际的土地祈祷。
而我为同胞的喜悦祈祷，
直到我的四肢在土地中受到扭曲——一个男人
他赞颂值得赞颂的东西，
散布责备作恶者的种子。
然而，人的卓越
就像葡萄藤那样成长
得到了绿色雨露的滋养
在聪慧而公正的人当中，茁壮成长，
直达那清澈的蓝天。
对那些我们所爱的人，我们有各种需要——
不论是在艰难困苦中，还是在欢乐喜悦中，
大多数东西都尽力追踪它能够信任的眼睛。

品达，《尼米亚颂诗》第八首，37—44

他会把美看作是与自身同一的、永恒的和统一的，他会把一切其他美好的事物都看作对那种美的分有。然而，无论其他事物如何分有它的部分，它自身既不会增加，亦不会减少，仍旧保持着不可侵犯的完整。……我亲爱的苏格拉底，如果说人的生活在什么地方值得过的话，那就是在这里——在他沉思美本身的那个地方。……对于那个能够亲眼看到那种美，能够用一种恰当的方式来沉思那种美，并且与之合而为一的人，你还会把他的生活看作是痛苦的吗？或者，难道你没有理解到：唯有在那个地方，在他用那种自身对美是透明的官能看到美的那个地方，他就有可能生来就不具有虚假的美德，因为他所要把握的不是那种美德的假象，而就是真理？当他展示了那种真正的美德并培育了那种美德的时候，他就被称为神的朋友，而且，如果说凡人能够不朽，那么他就是不朽的，难道不是这样的吗？

柏拉图，《会饮篇》，211B—212A

苏格拉底：很好，那么，何谓一个人呢？

阿尔西比亚德斯：我不知道说什么。

柏拉图，《阿尔西比亚德斯前篇》，129E

目　录

第二部分　柏拉图：善没有脆弱性吗？

第三部分　亚里士多德：好的人类生活的脆弱性

收场白　悲　剧

修订版序言[1]

1

《善的脆弱性》是我在十五年前撰写的。[2] 这些年来，不论是在我自己的思想上还是在这个更大的哲学世界中，很多东西已经发生了变化。就我自己的思想而论，我对斯多亚学派伦理学的日益关注，我对政治哲学问题的日益投入，都就本书所讨论的伦理问题向我提供了一个新的角度。与此同时，在英美和欧洲大陆的道德哲学中，[3] 古希腊伦理思想方面的工作过去只是一小部分专家的领域，现在则逐渐占据了中

① 我很感谢以下学者对这篇序言初稿做出的很有帮助的评论：John Deigh、Michael Green、Andrew Koppelman、Charles Larmore、Michelle Mason、Richard Posner、Henry Richardson、David Sedley、David Strauss、Cass Sunstein和Bernard Williams。本书已有献词，但这篇序言还没有，所以我想把这篇序言题献给我的老师和朋友伯纳德·威廉斯——我们这个时代最杰出的哲学家，他那些论述运气的令人振奋的著作，过去曾鼓舞了我对这些问题的思考，并将鼓舞我对这些问题作进一步的思考。

② 实际上比这还要早，因为我大约是在1971年开始构思这部著作的。

③ 我并不想要排除其他的哲学文化：我只是不很了解情况，所以就不能随便说这种复兴是否在其他地方存在。但我确实知道秘鲁的道德哲学也具有我在这里描述的对美德的兴趣；在秘鲁，《美德》(*Aretē*)这份最重要的杂志已经把美德作为它的一个核心论题。

心舞台。这项工作鱼龙混杂，有些人利用古希腊的伦理模型来支持很多不同的见解，其中有些见解是我坚决不同意的。因此，在这个修订版中，尽管文本看来仍然没有什么变化，[①]但这篇新的序言给我一个乐于接受的机会，使我可以通过反思这些发展，反思它们如何影响我目前对本书的看法，来对本书做出一些补充。

《善的脆弱性》考察了这样一个核心问题：人类容易受到各种运气的影响，在悲剧诗人、柏拉图和亚里士多德的伦理思想中，这种影响究竟起到了什么作用？尽管本书关心的是运气在好品格的形成中的作用，但它关注的焦点是做个好人和过一种繁盛的人类生活——典型地包含了美德活动的那样一种生活——之间的差距。（因此本书标题中的“善”应该被理解为“人类的善”或者幸福，而不是“品格的善”。）苏格拉底有一个著名的说法：好人不可能被伤害。这句话的意思是说，只要保障了美德，那么也就保障了与过一种繁盛生活有关的一切东西。对运气的伦理作用有很多充满焦虑的争论，我认为在这些争论中，苏格拉底的说法标示了一个阶段。我们必须注意，在雅典，这个争论贯穿了公元前5世纪和前4世纪，哲学家和诗人都作为参与者被包括进来。当质问运气
xiii 在悲剧诗人的思想中的作用时，苏格拉底为柏拉图更加系统的攻击铺平了道路，也为亚里士多德更加复杂的努力铺平了道路，而亚里士多德则试图在公正地对待苏格拉底的同时维护这个悲剧图景的一些要素。

虽然苏格拉底的说法赢得了一些信奉者的支持，但是，与他的观点相类似的任何观点，则要求对有利于幸福生活的各个要素做出彻底的重新思考。在一种生活中通常被认为对幸福来说必不可少的很多要素都将不得不被遗漏。因为有一个事实是我们很难否认的，即作为一个

① 除了校正各种印刷上的错误和补充当时尚未出版的参考文献外。

公民发挥作用的能力、涉及各种不同的爱和友谊的活动，以及那些与主要的伦理美德相联系的活动，都要求行动者的善本身无法保证的外在条件。如果取消这些条件，我们无法控制的事件就可能造成伤害，其中包括伦理伤害。这就是说，我们无法控制的事件不仅可能影响我们的幸福、成功或者满足，甚至也可能影响我们生活中核心的伦理要素（不管这种影响是在好的方面还是在坏的方面）：在公共生活中，我们是否能够设法公正地行动，我们是否能够爱护和关心他人，我们是否能够得到勇敢行动的机会。因此，即使我们不去问，在使我们变得明智、勇敢或者首先是让我们变得公正这件事情上，运气①究竟起了什么作用，我们也可以看到，在使我们能够或者不能公正地行动，并因此过一种伦理上完整的生活这件事情上，运气看来也扮演了一个重要的伦理角色。对古希腊诗人来说，正如至少对某些哲学家来说，似乎很难否认的是，倘若一个人因为长期生病而丧失了能力，或者一个人被投入监狱、受到折磨，或者一个女人受到敌人强奸、沦为女奴，那么这样一个人至少就丧失了过一种繁盛的人类生活所必需的某些伦理上重要的要素。这种人不仅很不幸，而且也没有什么东西可以用来过一个完整的好生活，甚至没有什么东西可以用来换取这样一种生活。

于是，只有通过把繁盛的生活确认为品格的一种高尚状态，或者因此鉴定为某些活动（尤其是理智的沉思，因为这种活动总归是依赖外在条件的），人们才可以合理地认为好人不可能从这种繁盛中被驱逐出来。②但这种狭隘的人类繁盛观曾经引起了强烈的争议，而且现在仍然

① 在这里，就像在正文中一样，我用“运气”这个术语来指称“tuchē”这个希腊词语所指称的东西，即人类行动者缺乏控制的事件；这个术语并不涉及随机性的含义，实际上也没有涉及任何关于因果性的特殊观点。

② 这个比喻来自亚里士多德，参见《尼各马可伦理学》，1101a9。

如此。例如，对“繁盛”的说明中就遗漏了朋友，对亚里士多德来说，这似乎就给人类留下了一个如此贫乏以至于根本就不值得去过的生活，尽管一般来说亚里士多德对稳定性怀有很强的兴趣。

人类繁盛很容易受到运气的影响，这是亚里士多德之后的古希腊哲学从未受到怀疑的一个核心主题，然而古希腊伦理学的这一方面仍需得到更加系统的审视。①在塑造人类想方设法要过的那种生活中，运气确实起到了一定的作用，而悲剧诗人就致力于探究运气的这种作用。不过，柏拉图和亚里士多德共同拥有这种关注的程度并未得到广泛的承认，正如诗人与哲学家之间很多关联没有得到普遍承认那样。把他
xiv 们之间的那种连续性以及他们所考虑的那些主题揭示出来，就是本书的核心动机。在我看来，现代生活中的职业划分已经向我们遮蔽了一个明显的真理，即在公元前5世纪和前4世纪的雅典，悲剧诗人被广泛地看作是伦理见解的主要源泉。哲学家们把自己设定为竞争者，而不是作为相关部门中的同事。不论是在内容上还是形式上，他们都处于竞争状态，他们选择某些策略，以便最有可能地把他们认为是真的各种关于世界的事实，向他们的学生揭示出来。因此，本书的一个附带议题就是这些策略以及采纳它们的那些哲学家的争论。悲剧诗人持有这样一个信念：有力的情感（主要包括怜悯和恐惧）就是关于好的人类生活的洞见之源泉。而且，这个信念也在他们对文学体裁的选择中展现出来。柏拉图否认这一点，并发展了一种伦理理解的观点，即尽量从感觉和情感的干扰性影响中将理智分离出来。②我认为，亚里士多德至少

① 在《欲望的治疗》一书中我已经采纳了这个研究的一些方面，那本书出版于1994年，被设想为《善的脆弱性》的姐妹篇。

② 我认为，在他的整个哲学生涯中他并不维护这个见解，尤其是，《斐德罗篇》标志了一个转变，尽管这个转变是一个很微小的转变，很难清楚地加以描绘。

回到了悲剧诗人的某些洞见上，而这些洞见则关系到两个事实：第一，灾难很容易摧毁人类的繁盛；第二，情感告诉我们这种不幸的意义所具有的重要性。

在当代道德哲学中，直到本书出版之前，对脆弱性和运气的讨论令人惊奇地罕见，即使它们对人类具有持久的重要性。所以我把恢复这些古希腊争论也视为我对当代伦理理解的贡献。现在，在我们当中，很少有人相信我们生活在一个为了总体的善而按照天意规定好的世界中；甚至很少有人相信这样一种目的论的观念：人类的社会生活乃是迈向更大的完善。然而（或者，至少我认为是这样），还没有人充分研究对以下观念的认同在当代的伦理含义：我们生活在一个对我们的努力基本上漠不关心的世界中。因此，《善的脆弱性》也想为这样一种研究提供准备。

我仍然支持我在本书中提出的大多数论点和论证，不管它们是解释性的还是实质性的。例如，我仍然认为亚里士多德关于人类、关于实践慎思的看法对当代的伦理和政治思想颇为重要；我仍然相信，我们在悲剧诗人和亚里士多德那里发现的，对善的多样性及其选择的冲突的描绘，向我们提供了在当代的很多社会推理中看不到的真知灼见。但是，我对斯多亚学派伦理学的日益投入已经让我在一个新的视野下看待这部早期著作的许多主题，尤其是情感的本质和人的概念。同时，我对政治哲学的关注已经使我重新思考《善的脆弱性》中的一些论题，包括善的多样性的伦理含义，人类生活相对于运气的脆弱性，以及友谊的本质。这篇序言的第2节和第3节将讨论这些新的解释和思考。

就古希腊伦理学对当代道德哲学的广泛影响而论，我现在觉得有必要明晰地说出一些我原来在《善的脆弱性》中视为理所当然的东西。 xv
尤其是，我希望把自己与某些古希腊思想家拉开距离——这些思想家要求拒斥伦理学中系统的理论化，拒斥那种努力把社会生活建立在理性之上的启蒙运动的目标。① 这种替代在十五年前尚未摆上议事日程，那些把我的见解称为“反理论”的人完全是错误的，因为我的目的不是要拒斥启蒙运动的思想，而是要将古希腊人作为一种经过扩展的启蒙运动的自由主义同盟。这篇序言的第4节和第5节提出了这些关注；第4节关注“反理论”和反理性在近来的伦理思想中的兴起；第5节关注一个更加微妙的分歧，这个分歧关系到对悲剧性灾难的恰当回答。

2

正如我已经表明的，《善的脆弱性》的主要论题是：在告诉我们在伦理上有意义的问题这件事情上，情感究竟起了什么样的作用？就悲剧诗人、柏拉图的《斐德罗篇》以及亚里士多德的伦理观点的联系而论，我经常谈到情感的认知作用；但对于情感的本质我说得很少。然而，让对情感的分析变得正确对我要探究的问题具有重要的影响；某些情感的分析远比其他的分析更能使它们发挥认知作用。对情感的思考已经成为我后来的著作的一个核心主题。我的观点主要受到了如下事

① 我在这里能想起来的观点中，最有影响的观点是威廉斯和麦金太尔在如下著作中表达出来的观点：Bernard Williams,《伦理学与哲学的限度》(*Ethics and the Limits of Philosophy*, Cambridge, MA: Harvard University Press, 1985)，《羞耻与必然性》(*Shame and Necessity*, Berkeley and Los Angeles: University of California Press, 1993)；Alasdair MacIntyre,《追寻美德》(*After Virtue*, Notre Dame: University of Notre Dame Press, 1981)，《谁之正义？何种合理性？》(*Whose Justice? Which Rationality?*, Notre Dame: University of Notre Dame Press, 1987)。我对威廉斯的观点的实质性讨论，参见《人性》和《实践/理论》这两篇文章；它们也讨论了Annette Baier和Cora Diamond的有关著作。关于我对麦金太尔的《谁之正义？何种合理性？》的批判性评论，见*The New York Review of Books*, December 7, 1989。在第4节中我将论证威廉斯与麦金太尔的何种差别是很重要的：麦金太尔既反理论，(在某种意义上)又反理性；威廉斯尽管拒斥了伦理理论，却捍卫一个批判性的公共文化的启蒙运动(以及苏格拉底式的)思想。

实的影响：自本书出版以来到目前为止，我已经花费了很多年的时间来研究希腊化时期的三个中心学派的伦理思想——伊壁鸠鲁学派、怀疑论学派和斯多亚学派。[①] 在这些学派中，斯多亚学派在我发展对情感的观点上具有最大的重要性。我相信，如果我们要使“情感揭示了伦理实在”这个思想变得合理，那么斯多亚学派的思想家恰恰就向我们提供了我们所需要的核心阐释。

斯多亚学派的思想家认为，情感是这样一种评价性判断，即行动者无法控制的人和事在行动者自己的繁盛中具有很重要的意义。然后，他们继续论证说，所有这样的判断都是虚假的，我们应该尽可能丢弃这种判断。我从根本上拒斥了这种简单化的规范看法，尽管我确实认为，在对金钱、荣誉和地位的不明智的依附上，这个看法向我们提供了很多东西。 xvi

不过，当斯多亚学派把情感作为一种价值判断来加以分析时，他们的分析是独立于他们那些有争议的规范性论点的。我相信，一旦我们对这个分析做恰当的修正，它就可以向我们提供一个基础，使我们可以对情感做出一个当代的哲学阐释。[②] 为了使斯多亚学派的情感理论变得恰当，我们需要对它实施三种主要修正。首先，它需要合理地说明成年人的情感与小孩子和非人类动物的情感之间的关系，因为斯多亚学派的哲学家不合理地否认了小孩和动物是具有情感的。提出这种解释会使我们拓宽这个学派对情感所做的认知分析，使这个分析包括一系列广泛的认知，例如知觉和非语言的信念。其次，这个理论需要对情感

---

① 首先是在《欲望的治疗》中。但在我的如下论述中斯多亚学派也是中心角色：《律师》、《爱欲》、《康德—斯多亚学派》、《因为爱国》、《政治动物》、《西塞罗》、《四个范式》、《实践/理论》以及《思想的剧变》。

② 《思想的剧变：情感的智慧》的计划就是要构造这样一个说明。

的文化变异给出一个好的说明。斯多亚学派的哲学家令人信服地论证了社会规范在我们情感的结构中逐渐内化的程度；但他们认为相关规范在所有社会中基本上都是相似的，因此就不太注意微妙的变异。最终，对成年人的情感是如何从婴儿和童年时期的原始情感中发展出来的这个问题，这个理论需要提出一个发生学的说明。发生学的故事在很多方面使这个理论复杂化，表明成年人的情感典型地带有强有力的早期经验的痕迹，它涉及一种对所爱对象的令人不安的摇摆不定。

如果有人采纳斯多亚学派的情感理论，甚至是这种经过高度修正的形式，那么他就不得不承认，情感给出的引导有时候在伦理上是好的，有时候是坏的。情感就像把它们塑造出来的文化材料一样可靠。因此，一旦我们对文化规范提出一个不错的哲学批评，我们也就对文化上获得的情感提出了一个批评。① 这个重要的观点也适用于亚里士多德的情感理论，虽然他并不像斯多亚学派理论那样，在情感中赋予信念同样的作用。② 所以《善的脆弱性》中对情感的处理本来应该更充分。我认为，情感的认知作用一般来说是可能的，在我看来，为这种可能性辩护的兴趣使我过分关注情感产生了好影响的那些情形，例如，《斐德罗篇》中的爱人；我本来应该更彻底地承认蕴含在柏拉图的下述判断中的真理：情感是可以把心灵与文化上根深蒂固的错误联结起来的。

因此，对于任何依赖于情感引导的人来说，斯多亚学派的观点都指出了一些问题；同时，它也提供了社会启蒙的希望，而这种希望至少被

① 关于这一点，参见我在《爱欲与智慧》这篇文章中针对斯多亚学派对爱欲的批评而提出的论述；在《善的脆弱性》第七章中，我对柏拉图的《斐德罗篇》提出了一个论述，但这篇文章包含了对那个论述的一些修正。主要的修正是把这个论证更安全地设立在它的社会和政治语境中。

② 关于我对这个差别的说明，见《欲望的治疗》第三章和第十章。

某些启蒙运动的理论所忽视，例如康德的理论，这些理论倾向于把情感看成人性相对无知的要素。斯多亚学派的观点表明，即使变化并非易事，但通过反抗那些构成了不明智的愤怒和仇恨的价值判断，个人就有可能转变为一个开明的个人。[①] 亚里士多德对情感的说明提供了一个类似的希望；实际上，他认为恰当的情感是美德的一个构成要素，而这 xvii 个观点就表明一个行动者能够培养各种情感，尝试在正确的时间对正确的人而不是对错误的人感到愤怒，等等。

对于早期获得的情感事实上能够发生转变的程度，亚里士多德确实满怀希望。斯多亚学派认识到，一切根深蒂固的习惯都很难改变，如果它们深深地植根于人格的动机结构中，那么它们就更难改变。我已经在《欲望的治疗》中表明，当塞涅卡说反对愤怒的斗争要求终身警惕时，他比亚里士多德看得更深。关于那种充满激情的性爱，他的观点也就更加复杂：在悲剧中，不是在哲学著作中，他强调爱的那种逃避道德审视的能力，并在那种非道德的活力中发现了一种美和危险的潜在根源。在我自己近来思考婴儿和童年时期的情感根源的过程中，我已经提出了一些进一步的理由，来假设原始的情感可能为一种好人格的形成设置障碍。不过，采纳一种情感的认知理论仍然暗示了社会改进的方向，而如果我们把情感简单地视为没有丰富意向性或认知内容的欲望或推动，那么这些方向对我们来说就不会太明显。比如说，我们应该认为，一个公正社会的恰当目标不仅仅是抑制极端的仇视，而是完全没有这种情感，即通过用各种形式的公共话语和公共教育让公民们学会相互尊重。

---

① 参见《康德—斯多亚学派》这篇文章。关于在当代的一些法律含义，参见《两个概念》这篇文章。

这样，恰当地思考情感的本质就有助于我们更好地捍卫《善的脆弱性》中关于情感认知作用的一般论点。在这个过程中，这种思考一方面揭示了我们因为信任情感的引导而碰到的一些危险，另一方面又揭示了某些以前人们尚未认同的个人进步和社会进步的希望。

3

《善的脆弱性》并不关注政治问题，尽管运气在我们作为公民而发挥的能力中所扮演的角色确实构成了它的一个主题。不过，这部著作的伦理主题对政治思想确实具有一些重要含义，尤其是，亚里士多德认为，人是一种既有能力又很脆弱的存在，需要各种各样丰富的生命活动（在很多方面，这个思想是他从悲剧诗人那里接收过来的），这个观点在当代对福利和发展的思考中已经激起了共鸣。从《善的脆弱性》的出版到目前，我已经花费了很多时间探究这个观点的含义，而且，因为我对斯多亚学派伦理学的投入，我现在也用一种全新的视角来看待有关问题，这样，这些发展就值得进一步澄清，即使因此最终的叙述似乎与《善的脆弱性》没有很直接的联系。这部著作原来是在1986年出版的，它与我持久的政治关注显然有一种连续性，不过，我对这些发展的澄清会显示出一种更大的连续性。

亚里士多德的思想以很多不同的方式为现代政治理论所用。即便我们只是把注意力集中到他那些有关人类能力和机能的思想上，我们也可以看出，这些思想在一些很不相同的政治纲领中占据了中心地位：
xviii 雅克・马利坦的天主教社会民主观点，约翰・芬尼斯和热尔曼・格里塞的天主教保守主义观点，阿拉斯戴尔・麦金太尔的天主教社群主义观点，早期马克思及其思想中这条线索后来的追随者的人本主义马克思主义，以T.H.格林和欧内斯特·巴克为代表的英国自由主义的社会民主传统。① 所有这些思想家都可以恰当宣称，在亚里士多德那里，发现了对他们的观点的一些支持。之所以如此，部分原因就在于：亚里士多德是一位覆盖广泛领域的政治思想家，当然有时候也是一位内在不一致的政治思想家。②

在过去十二年间，我已经利用亚里士多德来发展一个政治理论和一个关于国际发展的伦理基础的理论，后者是社会民主自由主义的一种形式，与马利坦、格林和巴克的观点具有某些密切联系。尽管有时候我的兴趣是对亚里士多德的观点做出详细的文本解释，但我的目的主要是发展一个我自己的观点——这个观点就其精神实质而论仍然是亚里士多德式的，但它在很多方面偏离了亚里士多德，尤其是在自由主义的方向上和女权主义的方向上。③ 我与经济学家阿马提亚·森曾有一段时间的合作，④ 但我提出了一个规范的政治提议，这个提议不依赖于森对作为一个标准的能力的比较用法。因此我认为，对某些核心的人

① 关于马利坦，见他的如下论著：《人的权利与自然法》（*The Rights of Man and Natural Law*, New York: Charles Scribner's Sons, 1943），《人与国家》（*Man and the State*, Chicago: University of Chicago Press, 1951）；关于芬尼斯，见他的《自然法与自然权利》（*Natural Law and Natural Rights*, Oxford: Clarendon Press, 1980）；这部著作引用和发展了格里塞的著作，而后者一般来说则更为晦涩；关于麦金太尔，参见第6页注释①；关于马克思的《1844年经济学—哲学手稿》对后来的人本主义的马克思主义的影响，一个很好的论述是David A. Crocker的《实践与民主的社会主义》（*Praxis and Democratic Socialism*, New Jersey: Humanities Press, 1983）；关于格林，参见他的《伦理学导论》（*Prolegomena to Ethics*, Oxford: Clarendon Press, 1890）和《政治义务讲座》（*Lectures on Political Obligation*, London: Longmans, reprinted in 1941）。通过仔细阅读巴克的《柏拉图和亚里士多德的政治思想》（*The Political Thought of Plato and Aristotle*, London: Methuen, 1906），我们可以发现他诸多著作中最相关的部分，这部著作随处可见把希腊人与他自己的哲学见解（以及格林的哲学见解）联系起来的评论。

② 对这一点以及有关文本根据的更详细的讨论，参见《亚里士多德/能力》这篇文章。

③ 对这个观点最近的和最完备的陈述是在《女性与人类发展》中，这本书也详细列举了为这本著作先前做准备的文章，因此我在这篇序言的参考文献中就没有列举这些文章。

④ 我也没有列举森的有关著作，因为它们已经包含在《女性与人类发展》中。

类能力的说明应该为政治规划提供一个关注点：作为社会正义的一个最基本的必要条件，公民应该保障这些能力的一个阈限水平，不管他们除此之外还具有什么其他的能力。能力可以被比较性地用作不同国家的生活质量的一个指数。

这些年来，我越来越强调在生活的根本价值和意义上尊重多元主义和理性分歧的重要性。亚里士多德确实相信，政治应该按照一个有关人类好生活的单一全面概念来培养人的机能，不过，在这一点上，我有意地偏离了他，我认为政治应该仅限于促进能力，而不是促进实际的机能，以便决定是否要为追求某个既定的功能留出余地。① 而且，甚至在这样做时，政治也应该为选择宗教和其他广泛的生活方式留出余地。换言之，我的亚里士多德式的观点——与马利坦的观点相像，但不像该传统
xix 中我们所熟悉的其他观点——是一种形式的“政治自由主义”，即它认识到尊重多种多样的生活方式（包括那些合理的非自由主义的生活方式②）的重要性。在这个过程中，我的亚里士多德主义日益受到约翰·罗尔斯和康德思想的影响。我偏离亚里士多德的另一种形式，体现在我对发展中国家女性的生存状况及其争取平等的理论关注和实践关注中。亚里士多德对女性的看法并没有得到严肃审视，甚至被人认为是虚假的。

在思考这些思想的时候，我已经利用和进一步发展了亚里士多德思想中那些已经在《善的脆弱性》中占据中心地位的方面——他坚持认为：人类既是脆弱的又是活动的，他们需要一系列丰富的、不可还

① 对这一点的进一步讨论，参见《女性与人类发展》和《亚里士多德/能力》。

② 这个术语是由Charles Larmore在《政治自由主义》（“Political Liberalism”, in *The Morals of Modernity*, New York: Cambridge University Press, 1996）这篇文章中引入的。也见Charles Larmore,《道德复杂性的模式》（*Patterns of Moral Complexity*, Cambridge: Cambridge University Press, 1987）。罗尔斯在《政治自由主义》（*Political Liberalism*, New York: Columbia University Press, expanded paperback edition 1996）中进一步发展了这个概念。

原的功能，并且强调爱和友爱在好生活中起到了重要作用。不过，我与斯多亚学派观点的碰撞再次具有很大的重要性。对这个学派的研究使我们清晰地认识到亚里士多德思想中的一些重大缺陷。既然这些缺陷在斯多亚学派的思想家（他们生活的时间与亚里士多德生活的时间有些重叠）那里，甚至在更早的犬儒思想家那里是不存在的，它们就不可能因为现代性在那时尚未出现而被谅解。① 我相信这些缺陷在《善的脆弱性》中至少应该得到一定的强调，尽管和本书的原初目的不尽相同。

首要的和最显著的缺陷是：亚里士多德对普遍的人类尊严并没有任何认识，更不用说“人的价值和尊严是平等的”这个思想了。也许亚里士多德的思想实际上存在着一个内在张力，因为在他生活的那个时代，他强调（正如我将强调的那样）每一种自然的存在都值得敬畏。但必须承认，在他的伦理著作和政治著作中，他承认了人类森严的等级：女性服从男人，奴隶服从主人。相比较而论，对斯多亚学派来说，仅仅具有道德选择的能力就足以使我们具有一种无限制的、平等的尊严。男人和女人、奴隶和主人、希腊人和外来人、富人和穷人、地位高的人和地位低的人，都具有同样的价值，这种价值施加了尊重所有人的严格责任。② 斯多亚学派跟从他们的犬儒学派先驱，利用这个思想对道德上无关的阶级、地位、荣誉甚至性别的等级制度发起了猛烈攻击，因为正是这些等级制度把世界上的人们区分开来。③ 这些思想，通过影响格劳秀 xx

① 就性别差异的政治的无关性以及对性别的社会规范进行批判的必要性来说，当然是柏拉图领导了这条路线。

② 当然，他们并不认为在美德和不具有美德之间是有重大差别的；但他们似乎相信出现美德的基本条件是值得尊重的。因为他们认为没有任何人的生活实际上是有美德的（至少从这个学派的伟大奠基者开始就持有这个观点），所以对这个鸿沟的认识并未导致对两种类型的价值的认识，即使它有可能已经导致了这一认识（当然这一点是不清楚的）。

③ 他们并不总是从这些论证中得出“政治条件需要发生急剧变化”这一结论，因为他们错误地认为“外在的善”和人类繁盛是无关的。参见以下讨论。

斯、卢梭和康德这样的思想家，对现代性的形成产生了重要影响。任何当代的亚里士多德式的观点，为了成为道德上恰当的观点，都需要从一开始就把这样的观念整合进来。

亚里士多德也不承认我们与生活在我们城邦之外的人们具有道德联系。他认为我们确实把那些生活在一定距离之外的人们当作人。但他的这种认识并没有向我们施加任何道德义务，甚至不包括不要对他们发起侵略战争的义务。斯多亚学派的思想家再次补充了这个所需的要素，认为我们首先是kosmopolitai（整个人类世界的公民），这种共同的道德公民资格对我们的伦理义务至少具有某些逻辑上的必然结果。当然，在那个传统中，结果究竟是什么是一个有争议的问题。幸存下来的最有影响的论述，例如西塞罗在《论职责》（*De Officiis*）中所提出的论述，[①] 向我们清楚地表明：共同的人性施加了不要发起侵略战争这样相当严格的义务，在战争期间对敌人的某些义务，在我们的土地上款待外来人的义务，以及一系列其他的义务。西塞罗对这些义务的说明已经对现代政治思想和法律思想产生了重大影响。

但不幸的是，西塞罗的思想也有一些严重的缺口和不一致，尤其是，他似乎相信我们没有对我们的共和国之外的人们给予物质援助的责任。这个不幸的缺口是与他对如下斯多亚观点的认同相联系的：诸如金钱和财产这样“外在的东西”没有内在价值，而美德本身就是完备的。[②] 于是，斯多亚学派的思想就给我们留下了一些我们必须解决的重大问题；但这个思想也提供了一些必要的基础，使我们能够把政治引到超越城邦世界的方向上。这样来扩展我们思想的需要，在《善的脆弱性》

① 虽然西塞罗通常对斯多亚学派持批判态度，但在《论职责》中，他发展了一个基本上属于正统的斯多亚学派的见解，尽管这个见解以帕奈提乌斯（Panaetius）的“中期斯多亚主义”为中介。

② 我在《西塞罗》这篇文章中论证了这个见解。

中本来可以适当提及，尤其是在思考爱和友谊在人类的好生活中的作用时。

最终，亚里士多德缺乏现代政治途径的一个本质要素：对于那些需要保护的自由领域，对于国家一旦干预就被认为做错了事情的那些活动，他缺乏坚定的概念。① 在自由究竟是什么，什么样的自由对一个管理良好的国家最重要等问题上，现代思想毫无统一性。不过，不管亚里士多德《政治学》的现代读者来自世界的哪个地方，他们确实都会得出这一判断：在每天要进行多少锻炼这种个人事情上，如果他们都受到了国家的支配，那么这个国家的执政观念就错失了一些东西，即使他们不必承认国家正在扮演的这种角色在道德上是有争议的。在《善的脆弱性》中，当我强调选择和能动性对美德的重要性时，我应该已经提到了这些限制。在强调选择的现实条件时，亚里士多德并没有很深刻地思考有关的选择类型及其实际上所要求的条件。当然斯多亚学派并没有把我们一路领向一个现代的自由概念，但他们再次为进步提供了一个有价值的基础，尤其是，罗马的斯多亚主义很强调自由是好政府的一个 xxi
核心目标，并就此认为“混合政体”优于君主制。这个学派不断地把他们的信念付诸实践，为了自由而不顾自己的生命危险去密谋反对最高权力，甚至牺牲了自己的生命。② 尽管数个世纪以来，人们一直在争论罗马的那种斯多亚式的自由与现代自由主义所赞颂的那种自由究竟是

① 参见我的《亚里士多德/能力》这篇文章，其中提到对早期讨论的有关文献；在这里我同意格林，尤其是巴克对亚里士多德的批评。

② 西塞罗把他对共和国的捍卫与斯多亚学派的理想联系起来。在皮索密谋反叛尼禄皇帝的计划中，塞涅卡和卢坎都失去了生命。在斯多亚学派反对皇帝的另一次密谋中，特拉塞亚·佩图斯（Thrasea Paetus，公元1世纪另一位斯多亚学派成员）也失去了生命。虽然既是斯多亚学派哲学家又是罗马皇帝的马可·奥勒留其实宁愿恢复共和国，而不做他的继任者、疯狂而卑劣的儿子康茂德所做的事情，正如在最近的一部电影《角斗士》（2000）中他所做的那样，但要是他已经扮演了那部电影中指定给他的角色，他的所作所为就更加符合他的斯多亚学派原则。

怎样联系起来的，[1]但斯多亚学派至少为我们反思这些关键问题提供了一个起点。

然而，即使斯多亚学派为亚里士多德的政治思想提供了一些本质上的矫正，我们还是不应该把现代政治探讨建立在这个学派的思想上。我相信，假若我们在某些关键方面坚持亚里士多德式的那种方法，那么我们会做得更好，即使这种方法需要加以修改，以便纠正亚里士多德观点中的真正缺陷。我的理由是：在斯多亚学派的思想中（以某种方式传递给斯多亚主义的自由主义后裔），有一些缺陷是可以通过诉诸亚里士多德式的思想来纠正的。在这里，《善的脆弱性》对人的脆弱性的强调把我们引向了正确的方向。斯多亚学派坚持认为生活的“外在善”——包括财富、荣誉、金钱、食物、住所、健康、身体完整、朋友、孩子、所爱的人、公民资格和政治活动——没有真正的价值。他们同苏格拉底一样，认为好人是不可能被伤害的。内在的美德对人类的繁盛来说已经足够了。这个思想使他们的政治学产生了一种歪曲，仿佛对外在善的需要变成一件成问题的事情。另一个相关的歪曲也出现在康德那里，他把人类描绘为属于两个不同的王国，即自然王国和道德目的王国，而且设想后者相对地不受前者变化的影响。

因此，虽然斯多亚学派和康德都会强调我们有责任保护其他人的福利（包括他们的物质福利），但是，在亚里士多德式的理论中，这种责任的迫切性和核心性得到了更好的把握，因为那种理论认为，我们只是居住在一个王国，即自然王国中，我们的一切能力，包括我们的道德能力，都是世间的，都需要世间的善来为其兴盛提供条件。得到良好的培

① 例如邦雅曼·贡斯当对这个问题的著名讨论一样。

育和具有自由的能力与身体的完整性和具有道德行动的能力是有联系的，在这样一个理论中，这种联系被更加直接地、更加显著地引出来，之所以如此，是因为在《善的脆弱性》中，我已经提出了这样一个一般的论证：人实际上就像一棵葡萄藤，“在聪明的和公正的人当中，就会向着清澈透明的蓝天茁壮成长”。承认这些脆弱性及其与有价值的机能的联系，我们就得到了斯多亚学派从来没有充分地给予我们的那种动机，即那种促使物质利益的恰当分配和再分配的动机，以便所有的公民都充分享受到物质利益。因为至关重要的东西绝不是机遇或运气，而是（比如说）人的精神机能和道德机能本身。

我们可以把这一点进一步推进：斯多亚学派的方法把需要从尊严中 xxii
活活切断。需要本身没有尊严，只是偶尔与有尊严的东西发生联系。[①]这意味着：我们并不把身体的饥饿、对庇护所的需要以及在罹患疾病时得到照看的需要看作是其尊严的构成要素。对于具有尊严的存在者来说，那些东西不知何故就成为一个令他难堪的事实。这个观点很微妙地渲染了我们采取手段来缓解身体需要的方式：我们认为它维持了人类生活的一个相对没有尊严的方面，以便使得那个有尊严的部分能由此得到尊严。我相信这个观点歪曲了对我们关心和爱护小孩、病人、老年人的看法；歪曲了社会必须不断面临和日益面临的很多问题；而随着生命跨度的扩展，随着很多成年人加速进入其生命的第三阶段，在一个没有充分允诺精神机能和道德机能的国家中，这些问题必然会出现。当然，有一些人是在精神上极端依赖于他人的状态中度过一生的；好的政治思想也必须供养这些人并尊重他们。

① 这个问题有点复杂，因为斯多亚学派是物理主义者；不过，他们好像以这样一种方式来设想人，以至于一个理性存在者（宙斯）有可能具有尊严却没有需要。

提出这一点的另一种方式是说，斯多亚主义不像大多数其他的古代思想流派，他们在人与动物之间划出了一个很极端的分界线。斯多亚学派对人性的尊重和价值的看法乃是立足于人性中那些把人与“野兽”区分开来的要素。[①] 这一点在这个学派有关人类尊严的说辞中是很明显的。因此，当他们把人树立起来，使之成为某种具有珍贵的和无限的价值的存在时，他们也就贬低了动物，使之成为某种粗野的、迟钝的东西，一种缺乏尊严和好奇心的东西。这种做法使他们提出了一些事实上错误的主张，例如主张动物没有情感，没有理智。这种做法也使他们在实际上存在着微妙的重叠和连续性的地方，设置了一个截然分明的界限。亚里士多德当然认识到了这种连续性，并且把他对物种的论述建立在连续性基础上。他也认为，每一个自然生物，不管表面上多么低级，甚至多么令人厌恶，也有一些奇妙的、值得敬畏的东西（《论动物的各个部分》I.5）。

在现代世界中，我们需要的是这样一种政治探讨：它很好地理解了我们与其他动物的关系，与我们自己的动物性的关系，与我们的脆弱身体的关系，以及与我们的成长和衰落的关系。[②] 我们并不需要为了认识到有一些兴趣和责任仅仅来源于动物性，以及认识到动物性本身在其所有形式上都值得尊重，而否认这个事实：人的理性能力和道德能力与特殊的道德兴趣和道德责任是相互联系的。实际上，我们应该承认，人类特有的智力和情感都具有动物性的规定性，不是一种与动物性相分离或者与之形成对比的东西。倘若我们用斯多亚学派那种呆板

① 参见 Richard Sorabji,《动物的心灵与人的道德》(*Animal Minds and Human Morals*, Ithaca: Cornell University Press, 1993)。Sorabji 责备斯多亚学派倾向于采取我们现代的那种把人与其他动物截然区分开来的做法，但犹太教—基督教观点也应受同样的责备。

② 关于这一点，参见我就任美国哲学协会中部分会主席的就职演说。

的二分法来探究世界，那么我们就不可能恰当地思考我们自己的幼儿时期和高龄时期，思考我们与其他动物的道德关系，或者思考我们与各种精神障碍者的关系。类似地，斯多亚传统中各种现代形式的自由主 xxiii 义——在这里我想把康德式的自由主义也包含进来——没有足够的能力处理一系列迫切的道德和政治问题。当然，我们有可能使自己处于正确的轨道上而根本不需要回到古希腊传统。但亚里士多德的自然观（自然包含了多种多样的奇妙生物，都有自己特有的机能），加上他的另一个观点——人和动物的运动是同类的，因此容易获得“共同说明”（common explanation）——有助于我们更好地思考我们自己和世界。① 正如亚里士多德所说，如果我们厌恶动物的身体，那就意味着我们也厌恶自己，因为动物的身体就是我们的构成部分。我们不应该有这种厌恶，因为“在每一种自然的东西中都有一些奇妙的东西”。要是我们不去遵循和发展这个思想的伦理含义，我们就会把事情弄得更加糟糕。②

4

关于我自己思想的变化和发展，我就说这么多。与此同时，道德哲学界已经发生了很大变化，使得以前看来不必要的区分和澄清变得必要。自从《善的脆弱性》出版以来，许多从古希腊获得灵感的伦理思想家的影响激励了人们对古希腊伦理思想的兴趣的巨大复兴。这个复兴包括了一些领先的道德哲学家，例如伯纳德·威廉斯、阿拉斯戴尔·麦

① “共同说明”是我的第一本著作《亚里士多德的〈论动物的运动〉》（*Aristotle's De Motu Animalium*, Princeton: Princeton University Press, 1978）的主题。

② 亚里士多德自己并没有很好地解决我提到的这些伦理和政治问题，他并没有把他对动物生命的充分尊重转移到政治领域，而是转而认为动物在世界中的存在乃是供人利用的。

金太尔、艾丽斯·默多克、约翰·麦克道尔、戴维·威金斯。这些哲学家都已经把道德哲学中的原创性工作与对古希腊思想家的一种严肃而持久的投入联系起来。此外，这个复兴也包括菲利帕·富特、安妮特·贝尔、科拉·戴蒙德这样的思想家——他们的工作发展了相关的论题，尽管并没有与古希腊文本有太多细节的纠缠。最后，它也包括一大群这样的思想家——他们主要是作为古希腊伦理学专家而著书立说的。到现在为止，康德主义和功利主义已经不再是两种占据统治地位的伦理学方法。目前关于这些领域的大多数入门教材都会提到"美德伦理方法"，把它作为第三个主要的范式。

然而，我相信这种分类是含混的。[①] 康德和主要的功利主义思想家确实有他们自己的美德理论；所以，在一个明显的意义上，说"美德伦理学"是一种与其他两种方法截然不同的方法就涉及一个范畴错误。有一些思想家既谈论美德又拒斥了康德式的方法和功利主义方法，支持那些被古希腊的伦理思想鼓舞的探讨，但是甚至在这些思想家当中，也很少有统一性。确实有一些把这个相当分散的群体统一起来
xxiv 的关注，比如说，关于动机和激情在好的选择中的作用，关于持久的动机和行为模式（换句话说，关于品格），关于一个行动者的整个生活历程。

但是，深刻的分歧同样也是存在的，尤其是在这样两个问题上：第一，理性在伦理生活中应当起着什么作用？第二，伦理理论的价值究竟何在？我尝试着以一种简要的方式描绘这些分歧。一群现代美德理论

---

① 对这一节的所有材料的一个更为详细的说明，参见《美德伦理学》这篇文章，其中包含了与各种各样的思想家的具体交锋以及对他们的主要著作的参考。伯纳德·威廉斯在比较早的时候提出了这一点，参见他收录在《哲学：主题指南》[A. C. Grayling (ed.), *Philosophy: A Guide through the Subject*, Oxford: Oxford University Press, 1994] 中的文章，尤其是第551页。

家主要是出于对功利主义的不满而转向了亚里士多德以及其他古希腊思想家的。[1]他们相信功利主义者忽视了价值的多样性和异质性，忽视了理智慎思手段和目的的可能性，忽视了激情容易受到社会塑造这一事实（换句话说，忽视了偏好的内源性）。[2]这些思想家乐于从事在伦理学中构建理论的事业；他们只是想要建立一种非功利主义的伦理理论，他们发现亚里士多德对于这项计划的追求来说是个有益的向导。一般来说，他们希望通过这样一些手段（比如说，表明对根本的目的从整体上进行慎思是可能的，表明激情本身能够对慎思进行回应），扩展而不是削减理性在我们的伦理生活中的作用。他们并不倾向于社会保守主义，而且，他们经常被古代的观点所吸引，恰好是因为这些观点表明很多坏的动机（例如贪婪和嫉妒）在社会上是如何形成的，因此就向我们表明我们可以如何对那种动机发起猛烈批评。尽管在这群思想家当中，有一些人对康德并不友好，觉得他的观点对情感抱有一种不公正的敌意态度，并且他没有注意到潜在冲突着的善的多样性，但在他们的观点中，并不存在一种使他们拒绝与康德发生某种联盟的内在逻辑。实际上，其中的一些思想家还试图把亚里士多德思想中最好的东西与

---

① 例如，参见David Wiggins，《慎思与实践理性》（"Deliberation and Practical Reason", in A. Rorty (ed.), *Essays on Aristotle's Ethics*, Berkeley and Los Angeles: University of California Press, 1980, pp. 221—240），以及Henry Richardson，《对最终目的的实践推理》（*Practical Reasoning about Final Ends*, Cambridge: Cambridge University Press, 1994）。

② 当然，对于这个批评的目标究竟是谁，它是否是一个公正的批评，还需要进一步的说明。威金斯和亨利·理查森的目标都是我们可以在当代经济学中发现的那些简单化的功利主义；对这些形式的功利主义的攻击看来是完全正当的。在对西季威克的一个广泛研究中，理查森论证说，西季威克并没有提出理查森所要攻击的那些愚蠢主张，相反，西季威克具有那些在很多方面值得赞赏的理论目标；因此，与他的理论相争执的任何理论都必须表明它可以通过不同的途径达到那些目标。就密尔而论，许多反功利主义的亚里士多德主义者都会把他视为一个混血人物，名义上是一个功利主义者，但其实基本上是一个亚里士多德式的幸福论者。

康德思想中最好的东西整合起来。①

我正是在这群思想家当中发现了自己的家园；戴维·威金斯和亨利·理查森是这群思想家当中反功利主义的典范，他们两人的著作在
xxv 我看来总是与我试图要表达的观点有一种极好的暗合。②

另一个美德理论家的群体主要是反康德主义者。他们相信理性在大多数哲学伦理学中已经逐渐占据了一个过度支配地位的角色，应该为情感和激情留出更大的空间。但是，与第一群理论家不同，这群理论家往往不太以理性为根据来理解情感和激情。这个群体中的理论家本身是高度异质的，但至少一个主要的分支是新休谟主义者。在安妮特·贝尔和伯纳德·威廉斯的著作中，我们可以看到他们对一种以情感为基础的休谟式伦理学的兴趣（我相信这个说法对威廉斯是公正的）。③ 虽然这个兴趣不是新休谟式见解的必然结果，但这两位思想家以及他们的盟友倾向于反对伦理理论化的事业，他们把这种事业与理性在伦理生活中的过度作用联系起来。尽管贝尔确实用一种同情的态度利用了亚里士多德的特殊主义，但她把它描绘为一种反理论，或者把它描绘为理论化事业的一个替代品。相比较而言，威廉斯则把亚里士多德的特殊主义处理为一种失败的伦理理论。④

---

① 例如，Nancy Sherman在《使美德成为必然：亚里士多德和康德论美德》（*Making a Necessity of Virtue: Aristotle and Kant on Virtue*, Cambridge: Cambridge University Press, 1997）这本有趣的著作中所提议的那样。

② 在《美德伦理学》这篇文章中，我讨论了美德伦理学与麦克道尔和威廉斯这个群体的关系，他们的思想很复杂，在这里不允许简单的分类。我不太清楚威金斯究竟会在多大程度上因为他自己的工作和他希望看到其他人做的工作而接受"伦理理论"这个描述，理查森显然信奉这个描述。

③ 不过，威廉斯的观点又因为过分复杂而不能被恰当地贴上这个标签，参见《美德伦理学》这篇文章。西蒙·布莱克本（Simon Blackburn），一位最杰出的新休谟主义者，把美德伦理学探讨与他自己的探讨区分开来，尽管他所捍卫的东西在很多方面类似于其他一些理论家通过诉诸美德伦理学来捍卫的东西，参见我在《美德伦理学》这篇文章中的讨论。

④ 关于我自己对这些指责的回答，参见《人性》这篇文章以及那本文集中威廉斯的答复。

但是，现在我们必须引入一个不同的、三重的区分：(1) 那些既支持伦理理论化又支持理性在人类事务中的丰富作用的思想家；(2) 那些支持理性在人类事务中有多种作用但拒斥了伦理理论化事业的思想家；(3) 那些很想削弱理性在伦理生活中的适用范围的思想家。我认为自己属于第一个群体的美德理论家，与威金斯和理查森这样的反功利主义者站在一起。我们都捍卫理论的作用；我们只是寻求一个亚里士多德式的理论，这个理论强调对根本目的的慎思，强调善不可还原的多样性。

不过，伦理理论的反对者还是可以相信，社会上获得的激情和情感可能会腐化，因此认为批判性地使用理性在人类事务中发挥了一种本质的、有价值的作用。这就是伯纳德·威廉斯的见解，他在很多方面认同了苏格拉底那种经过审视的生活的理想。① 但同样有可能的是，一个思想家可能具有的、用来攻击伦理理论的理由与对理性在人类事务中的支配地位的一般批评是有联系的。安妮特·贝尔和阿拉斯戴尔·麦金太尔都属于这种情形，只不过方式不同而已。虽然这样一种探讨并不一定是伦理上或社会上保守的，但它贬低作为指南的理性暗示了这样一个观点：存在某个其他的东西，它更值得成为我们的向导。对贝尔来说，那个东西就是我们的情感；而对麦金太尔来说，那个东西就是取代理性的政治权威或者教会权威，至少在确立起第一原则的层面上就是这样的。

当我捍卫理论在伦理生活和政治生活中的重要作用时，尽管我与这两派反理论思想家都不相同，② 但跟那些既反对理论又反对理性，并 xxvi

① 我认为密切相关的是科拉·戴蒙德的观点，她关心想象力的批判性作用，但她（就像威廉斯那样）把一种对理论的怀疑论与一种对批判性推理的强烈兴趣联系起来。对我与戴蒙德见解的关系的详细讨论，参见《文学/伦理学》这篇文章。

② 在《美德伦理学》这篇文章中，我也讨论了在这里不能充分处理的其他一些作者，例如菲利帕·富特和西蒙·布莱克本。

按照那个纲领诉诸古希腊伦理学的思想家的差别相比，我与威廉斯的差别更加微妙。① 坦率地说，我并不认为我与前者属于同一阵营，对于他们不时试图在《善的脆弱性》中发现这样一个反理论和反理性观点的那种做法，我感到很震惊。亚里士多德有这样一句格言："辨别取决于知觉。" 他也试图按照这句格言来说明判断。在我对这句格言的捍卫中，我把亚里士多德的说明视为明显是伦理理论的内在要素，该理论试图对人类幸福给出一个普遍的说明。这个普遍的说明总是必须回应特殊的东西，因此总是临时性的；但它毕竟还是一个理论。② 此外，在把小说推荐为这样一种亚里士多德式知觉时，我认为，只有当我们在阅读小说的时候把它们与系统研究伦理理论结合起来，它们才会产生伦理见识。这个主张是科拉·戴蒙德从一开始就集中火力要攻击的，所以她那种明目张胆的反理论的事业与我的事业就有重大差别。③

如果我对理论的捍卫立场已经很清楚，那么我支持作为指南的理性应该也是清楚的。我只想提两件可能限制了理性作用的事情：理智沉思本身并不足以提供一种繁盛的人类生活；情感在伦理推理中也可以起到一定的作用。与柏拉图指出**推理的一种形式**的作用相比，第一个主张赋予这种推理的作用更为有限，但这个观点完全与如下做法相符合，即在生活的计划和安排中赋予实践理性一个核心角色，甚至可以强调正是实践理性使得我们的活动成为完整意义上的人类活动。第二

---

① 威廉斯现在采取了如下见解：理论在政治生活和法律中是有价值的。此后，我与他的差别就变得更小了；他想要攻击的仅仅是伦理理论。

② 在这点上，部分困难在于：一些反理论家攻击了普普通通的和极度简单的目标。例如，果真有任何杰出的伦理理论家相信一个理论仅仅是一个规则系统吗？

③ 参见我在《爱的知识》中对文学在培养知觉中的作用的论述；关于戴蒙德的观点，参见《文学/理论》这篇文章。

个主张其实并没有限制理性在人类生活中的作用，因为我已经表明情感代表了各种利用了理智的评价性解释，因此我们应该拒斥理性和情感的二分法。（当然，这并不是说一切情感都是好的指南，正如并非一切形式的推理都能够产生好的指南一样。）因此，我的见解就为理性保留了对不正义进行批评所需要的全部空间。

最近一段时间以来，我已经目睹了各种形式的反理论在伦理学中的广泛影响，发现它们有点令人担忧，因为在我看来，它们脱离了激烈批评不公正习惯的很多可能性，因此我就写了一些文章来捍卫伦理理论，反对那些诽谤伦理理论的人。我希望通过这样一个过程来澄清：究竟是什么东西使得亚里士多德和斯多亚学派这样的古代思想家相信哲学理论化在人类事务中能够起到一种有价值的作用。[①] 在我看来，当古希腊哲学家自觉地把哲学推荐给他们自己的文化，把他们自己的文化推荐给哲学，并用它们来取代由花言巧语、占星术、诗歌和未经审视的自我利益所促进的各种社会互动模式时，现今的哲学家却在攻击理论的事业中，把那些古代哲学家视为同盟，这种做法确实显得很古怪。[②] xxvii
古希腊哲学家确实不会喜欢这个思想：我们的生活需要情感和习惯来引导；他们甚至也不会喜欢这个思想：我们的生活需要优雅的文学作品来引导。他们想要批判性的论证，他们想要对繁盛的人类生活提出一个系统的论述。在这点上我与他们站在一起。就像苏格拉底那样，我认为，如果要实现现代民主的潜力，就需要哲学。[③] 并且它们不仅需要苏格拉底式的探究和自我审视，还需要与复杂的伦理理论相结合，尤

① 参见《实践/理论》这篇文章。

② 关于从事这项工作的不同方式，参见《律师》和《四个范式》这两篇文章。

③ 参见《培养人性》第一章，在那里我论证了这一观点：哲学对所有本科生来说就是一门必修课。

其与那些包含社会正义理论的伦理理论相结合。

理论能够并应该结合对判断的一种恰当尊重，那种判断立足于经验和经过培养的知觉；亚里士多德的理论就是这样一个理论。但是，为了批评那些有缺陷的知觉，他的整个理论准备在任何时候都整装上阵。当然，批评的过程将是整体论的，在理论对判断进行考察的同时，判断也会对理论进行考察。① 但这并不是说理论是无用的。理论显然不是无用的：因为它强迫我们与我们最好的见识保持一致；它保护我们的判断，使它们免于受到自我利益理性化的愚弄；它把我们的思想扩展到那些我们可能尚未探究或体验过的领域。②

5

不过，《善的脆弱性》首先是一本关于灾难，以及伦理思想与灾难达成妥协的方式的著作。在当代道德哲学中，古希腊思想的这个方面已经重新获得了一个引人注目的地位。对启蒙运动的伦理理论不满的理论家有时候可以在柏拉图和亚里士多德的著作中发现他们正在寻求的东西。但是，对现代伦理理论的不满也可能不是把思想家们引向那些哲学家，而是引向柏拉图之前的古希腊文学关于运气和脆弱性的真知灼见。阐明这些真知灼见的价值曾是我的一项主要关注，但并不仅仅是我自己的关注。它也是伯纳德·威廉斯（他是古希腊悲剧诗人在现代最敏锐的拥护者）长久以来的关注。然而，就这个共同的关注而

① 在《爱的知识》和《女性与人类发展》中，我把这个过程比作罗尔斯对旨在达到反思平衡的那种推理的论述。

② 对于这些观点的发展，参见《实践/理论》这篇文章。

论，威廉斯和我有时候对如下问题有不同的理解：古希腊悲剧诗人对运气和脆弱性的看法究竟是什么？在我准备指出威廉斯的观点之前，总结一下《善的脆弱性》的有关结论将是有用的。

就我们与运气和必然性的关系而论，通过求助于古希腊悲剧以及那些与悲剧见识结为同盟的哲学著作（比如说，按照我的理解，亚里士 xxviii
多德的伦理著作），当代道德哲学对这种关系能够获得什么样的理解？在《善的脆弱性》中，我认为这些哲学著作向我们揭示了与人类在生活中所追求的价值有关的三件事情，而这些事情都是道德哲学容易忘记的。第一，有这样一个事实：有些人类价值只是在采取冒险行为的情况下才对我们人类开放。对孩子、朋友和所爱之人的关怀，对政治上的公民资格和政治行动的关怀，以及一般而论对能够行动而不仅仅是处于某种存在状态中的关怀——所有这些关怀和情感，都会以某种方式将珍惜它们的那个人置于受到运气支配的境地。

我认为，所有这些哲学家都试图为了生活的稳定而限制这些冒险。其中一些哲学家走得更远，他们对那种很贫乏、很狭隘的善提出了一种论述。不过，适度地强调稳定性是合理的和重要的；实际上，悲剧诗人就以他们自己的方式关注稳定性，因为他们珍惜高贵品格和美德行为的善，胜于珍惜诸如金钱和外在名声这种更为转瞬即逝的善。我认为亚里士多德走得更远，他赞美某些善，至少部分是因为它们的稳定性。因此，他赞颂以品格为基础的友爱胜于赞颂其他形式的、不太稳定的友爱，部分原因就是这种友爱更加稳定。然而，就像悲剧诗人一样，他从来就没有把稳定性（或者对运气的免疫性）抬高为其他领域的价值必须服从的一个首要目的。因此他就继续在人类最重要的那些善中来赞颂友爱，甚至同时承认真正的朋友总是面临丧失和悲伤的危险。一种孤独的生活对他毫无吸引力，因为那种生活在价值上过分贫乏。①

在《善的脆弱性》中，我所强调的第二个悲剧见识，关系到各种有价值的事物之间的关系。既然有价值的事物是多种多样的，无法被还原为所有其他的善都要依赖的某个有价值的东西，道德行动者就以第二种方式，在运气面前变得脆弱，因为可能存在着价值的偶然冲突，而这种冲突就使得道德行动者很难追求他们所承诺的一切东西。悲剧对这种冲突进行了丰富的研究；但我认为，亚里士多德的思想也为这种冲突留出了余地，尽管在这里，他的思想又关系到悲剧诗人并不认同的那种更大的和谐。②

第三，如果情感本身作为人类好生活的构成要素而具有价值，那么这个事实也就把行动者与自我无法控制的偶然事件联系起来。（按照我所偏爱的对情感的那种分析，这不过是以另一种方式来提出的第一点，因为情感涉及这样一种价值判断，这种价值判断赋予那些在我们之外，且我们并不具有充分控制的事情以极大的重要性，因此，正是我们的情感所依附的那些东西，才使我们变得脆弱。）

所以，悲剧以及那些从悲剧中吸取了教训的哲学著作就能丰富我们对“人类价值在偶然性面前是何等脆弱”这个问题的认识，因此就可以质问这样一种做法：重新设计我们的目的和目标框架，以便完全消除
xxix 偶然性对人类生活的影响。③这种做法隐含着将人类真正的善清除出去的危险。尽管有人合理地提醒说，一种全然不受运气影响的生活很有可能是一种贫乏的生活，但这个提醒一点也不表明我们应该喜欢冒

① 关于这个问题，也见《爱的知识》中“超越人性”那个部分。

② 这个论题现在已经在Michael Stocker的《多元的和冲突的价值》（*Plural and Conflicting Values*）这部著作中得到充分展开。参见《悲剧的代价》这篇文章。

③ 关于悲剧的这个方面，也见《欧里庇得斯的〈酒神〉》这篇文章。

险的生活而不是更加稳定的生活，也不表明应该努力最大化我们自己的脆弱性，就好像脆弱性本身是一件好事一样。在一定程度上，脆弱性是某些人类真正的善的一个必要的**背景**条件：因此，只要一个人爱自己的孩子，只要对孩子的爱是一种真正的善，那么这个人就使自己变得脆弱。然而，我从未认同过这样一个浪漫的观点：脆弱性本身是值得赞颂的。事实上，我所认同的是亚里士多德的一个合理主张，即在那些容易受到外在条件影响的善中，最好的善（政治行动，爱和友爱）本身相对来说是稳定的，而不是转瞬即逝的。类似地，我们可以同意与政治行动具有依附关系的任何人都有可能会冒丧失一些东西的危险（比如说在战争时期），但无须断言一种持久的政治动荡状态是一种值得赞颂的东西。显然并不是这样。

一段时间以来，我大概已经过分强调了这一点，但我把这种变化视为一件需要强调的事情，而不仅仅是一览而过的事。当我们关注政治思想时，我们就会很清楚地看到不把脆弱性视为一个目的本身的重要性。因为，如果我们恰当地思考人类生活中的脆弱要素，那么我们就会看到，人类的很多脆弱性并不是来自人类生活本身的结构，也不是来自某种神秘的自然必然性，而是来自无知、贪婪、恶意以及各种其他形式的癫狂。人终有一死，但我们当中很多人如此早早地就死去（在战争中，或者因为可以避免的疾病或饥饿），这个事实并不是一件必然的事情，正如《特洛伊妇女》（*The Trojan Women*）中阿斯蒂阿纳克斯（Astyanax）这个孩子的死并不是一件必然的事情一样；这种死亡是有缺陷的政治安排的结果。这再次说明人由于拥有肉体而容易受到伤害；但是，正如索福克勒斯和欧里庇得斯都明确认识到的，女人在战争时期受到强暴，这个事实是人之邪恶的结果，而不是自然必然性的产物。很多人日常体验到的那种极端的脆弱性（缺乏食物、住所和人身安全）也并不与任何重要的价值相联系。人具有肉体很可能是某些人类真善的必要条件，人具有肉体也很有可能使得一个人易于遭受攻击、强暴、饥饿和疾病。但我们不应该就此认为，攻击、强暴、饥饿和疾病就是真正的善的条件。它们显然不是；即使我们摆脱了那些东西，我们也没有丧失任何有价值的东西。悲剧明确地向我们表明，甚至最聪明、最好的人也可能遭受灾难。但悲剧也同样明确地向我们表明，很多灾难都是坏行为的结果，不管那些行为是来自人，还是来自与人具有同样形态的诸神。①

把一种灾难与另一种灾难分离开来总是很困难的，因为只要人这个物种仍然存在，我们就不知道我们能够避免什么东西，因而只能不断尝试利用我们所能获得的一切手段来避免可能发生的事情。不过毫无
xxx 疑问，西塞罗正确地谈到，如果一个人在能够帮助受到攻击或者遭受伤害的其他人时却坐视不管，那么不能仅仅因为此人没有故意作恶就认为他是正直的。② 因此，如果人类的脆弱性是来自这样一个事实，即大多数人都是懒惰的或者只关心自己（或者，我们可以补充说，都是种族主义者或国家主义者，或者以其他的方式充满了仇恨，对其他人的完美人性视而不见），那么这种脆弱性就不应该算作必然的苦难，而应算作该受责备的错误行为，所以我们无论如何都不应该赞扬这种行为的结果，甚至不该暗示这种结果可能就是人类真善的背景条件。

我们认识到，众多的悲剧正是因为懒惰、错误和伦理上的盲目而产生的，这一认识对价值冲突问题具有一些影响，这些影响是我在《善的脆弱性》中没有全部指出来的。在第二章中我描述了黑格尔的这一观

① 参见《政治动物》这篇文章。

② 《论职责》I. 28—30。

点：两种真正的善之间的偶然冲突应该引导我们去寻求一种综合，这种综合在维护这两种善的同时也能够创造出这样一个世界，在其中，行动者不必连续不断地面对它们之间的悲剧性冲突。尽管到目前为止我仍然同情这个观点，但我认为，任何对真善之多样性的承认都开启了冲突的可能性；因此，在我们是否能够超越这种冲突这件事情上，我们应该比黑格尔还要悲观。现在，我依然相信这一点基本上是正确的：价值的某些领域绝不可能以一种使得所有冲突都永久平息下来的方式得到平衡。家庭和国家就是这样的两个领域。不过，现在我会更加强调黑格尔观点中正确的东西。① 有些人断言，悲剧性冲突必定仍然处于一个政治秩序的核心，但我认为这个结论经常是未经深思熟虑的，也就是说，那些人得出这个结论，是因为他们尚未充分地思考好的政治规划能够取得什么成就。正如可能存在一个国家，在追求公民秩序之善的同时也尊重根深蒂固的宗教义务（我认为前5世纪的雅典就是这样一个国家，而当代的美国，尽管以与雅典不同的方式，却也是这样一个国家），许多初看起来不可驾驭的冲突本身是能够用理智的规划来超越的。很久以前人们就认为女人在职业和家庭之间必定面临一种悲剧性冲突。但现在，通过追问为什么职业结构不应该加以调整以反映家庭生活的事实，通过追问为什么男人不应该分担照顾小孩的家庭责任，我们已经对这个自以为是的结论提出了质疑。曾经有人认为，贫穷的父母必定在使自己的孩子受教育和让他们做童工之间面临一种悲剧性冲突：做出选择一度被认为是悲剧性的，因为让小孩劳动曾被认为是父母自己生存的必要手段。现在，尽管在世界很多地方父母仍然面临这样的悲剧性选择，但我们知道他们不必面临这样的情况：好的政治规划能够使

① 正如我在《悲剧的代价》中所做的那样。

得一切公民都有可能接受教育，而不让任何一个人挨饿。

简而言之，看起来像是一种严酷必然性的东西往往只是贪婪、懒惰和缺乏想象力的结果。我相信古希腊的所有悲剧作家都以不同的方式强调坏行为中的这个要素，把悲剧与我们对正义出现的反思联系起来。
xxxi 埃斯库罗斯明确地表示，由复仇的恶性循环所产生的伤害根本不必要：很多不必要的痛苦是可以通过公正的政治秩序来加以克服的。欧里庇得斯一次又一次地揭示了人类在战争时期的邪恶与愚昧。《特洛伊妇女》中所描绘的苦难不是必然性的结果，或者说不是人类价值的本质固有的东西，而是来自愚昧和贪婪；甚至诸神都牵涉到允许发生这样的事情中。欧里庇得斯是为这样一群公众写作的，他们是准备发起侵略战争的帝国主义者，在如何处理那些容易受到他们行动影响的人这件事情上，他们自己有真正的选择，因此欧里庇得斯确实没有讨论无抗拒的顺从。他讨论了对这种人的愤怒——他就像《特洛伊妇女》中的希腊人那样行动，没有采取警觉的行动来杜绝这种事情的发生。尽管索福克勒斯的戏剧更经常关注那种连智慧和善意都无法避免的灾难（菲罗克忒忒斯的创伤，俄狄浦斯的弑父），但甚至连他也注意到了很多可以避免的邪恶行为：在究竟是要帮助菲罗克忒忒斯还是要虐待他这件事情上，涅奥普托列墨斯是有选择的；更早地，在究竟是要帮助菲罗克忒忒斯还是要遗弃他这件事情上，希腊人是有选择的；在如何构想国家与家庭的关系这个问题上，安提戈涅和克瑞翁是有选择的（伯里克利统治时期的雅典人就做出了不同的选择）。

我们不应该把古希腊宗教与犹太教—基督教混淆起来，因为在后面那种宗教中，人们普遍接受了这样一种思想：上帝的行动要被认为是一个基本道德秩序的神秘行为。约伯正确地放弃了他指责上帝错误行为的尝试，接受了上帝的行动那难以理解的神秘含义。相较而言，在古希腊世界中，诸神行为的道德则不断地受到攻击，而且，诸神经常被认为对道德规范缺乏充分的意识和敏感性，并不处于需要他们的那种贫困和无助的境地。亚里士多德把这个角度推向了极端，根本上否认诸神具有道德上的美德。既然设想诸神签订契约和归还押金是荒唐的，他们就不可能被认为是具有正义的。尽管悲剧诗人并没有走得如此遥远，但从荷马开始仍然有这样一种趋势：把诸神描绘为在与人类打交道时显得冷漠和自私。但这意味着：甚至那些由神的阴谋引起的悲剧，都可能是由愚蠢、懒惰和道德失败引起的，而不是由神秘的必然性引起的。

我们现在可以转向伯纳德・威廉斯的观点，转到他对如下问题的丰富论述上：当代道德哲学可以从悲剧中学到什么东西？威廉斯的《羞耻与必然性》是一部了不起的著作，它的绝大部分包含了一个格外清晰的论证，旨在反对对古希腊思想的各种进步主义解释。例如，威廉斯令人信服地表明，只要我们细致地考察有关文本，我们就会发现这种观点是站不住脚的，即古希腊人缺乏对慎思和选择的意识。在我看来，当他指出古希腊人在我们经常所说的意义上不具有一种“羞耻的文化”时（在这里，所谓“羞耻的文化”就是指一种完全集中于外在的评价和奖励的文化），他的论证也很充分。他认为古希腊人的羞耻概念整合了现代罪过概念的很多特别的伦理特征和内在属性。最终，他很有说服力地强调说，在悲剧诗人的思想中，我们看到了这样一种我们会好好地思考的世界：在那个世界中，我们的期望并不完全处于理性的控制下， xxxii
我们在很大程度上暴露在运气的影响下。一般来说，他的这些论点都是我同意的。

不过，他的著作也表明，我们两人对这些问题的看法并不相同，例如，他对亚里士多德的拒斥表明，他对亚里士多德的思考跟我一样，认为他远不是悲剧诗人；这大概要归因于他对悲剧诗人提出了一个不同的解释，对亚里士多德也提出了一个不同的解释。但在那部著作出版后才发表的一篇文章中，问题就更清楚地凸显出来，那篇文章对一部悲剧提出了一个有持久影响的解释，并把该解释与关于悲剧对当代伦理思想的重要性的一个一般论证联系起来。①因此我将关注那篇论文，关注它所揭示出来的威廉斯和我自己对运气的看法之间关注点的差别。即使我在这里关注这些差别，这也不会遮蔽我对威廉斯由衷的赞赏——他对古希腊思想家的投入以及他的全部哲学著作，都是我格外欣赏的。

威廉斯用如下主张来开始他的论证：道德哲学典型地与提供给我们关于生存条件的"好消息"的计划联系起来。不管是采取黑格尔式的对进步的宏大叙述的形式，还是采取莱布尼茨式的神正论的形式，甚至善良意志那种赤裸裸的康德式的事实本身也成为一种好消息。"彻底的虚构"，特别是古希腊的悲剧，使我们直接面对人类生活固有的"恐怖"。这样它们就"对道德哲学的那个永不疲劳的目的——使世界对于那些具有良好品格的人来说成为一个安全的地方——提供了一个必要的补充和一种恰当的限制"。通过向我们显示人类行动者无法控制的伦理上相关的一个空间，古希腊悲剧实际上要求我们把那个空间转让给自然、命运和反复无常的诸神。

现在，我当然不会否认一些悲剧有时候旨在表明这一点。但我相信威廉斯的故事过于简单，正如他对什么算作"好消息"和"坏消息"的看法过于简单一样。考虑一下索福克勒斯的《特拉基斯少女》（*Trachiniai*），那是威廉斯用来论证其观点的一个案例。得伊阿尼拉出

① "*The Women of Trachis*: Fictions, Pessimism, Ethics", in R. B. Louden and P. Schollmeier (eds.), *The Greeks and Us* (Chicago: University of Chicago Press, 1996), 43—53.

于善意给她丈夫一副媚药，但是，由于人首马身的怪物从中捣鬼，她的计划出了差错。赫拉克勒斯不是因为爱而遭殃，而是因为极大的痛苦而遭殃。他的儿子赫罗斯看到父亲经受痛苦，于是就从人类旁观者（以及观众）那里寻求同情（suggnōmosunē），并把这种同情与诸神的冷漠相对照。威廉斯引用下面这段著名的结语作为其著作的引言：

> 你们心里明白，
> 在当前的事件中诸神的态度多么冷酷：
> 他们生养了我们，被尊称为父神，
> 可他们却眼睁睁看着自己的孩子受苦。
> 未来的事没人能预见，
> 眼前的事对我们是悲伤，
> 对诸神是羞耻，
> 对所有正在受难的人，
> 则是最大的痛苦。 xxxiii
> 姑娘们，一起去吧，别待在家里！
> 你们今天又看见了一起可怕的死亡，
> 和许多罕见的痛苦，
> 这些事情没有一件不是宙斯的所作所为。①

① 这里我引用的是威廉斯引用的译文，也就是John Moore的译本。我并没有发现这个翻译有什么大的毛病，虽然我想指出这一点：要是威廉斯的节选从更早的两行开始，以便把赫罗斯对suggnōmosunē（同情）的提及包含进来，那么他的引用就更加有用了，因为对同情的提及把人类表演者联系起来，与诸神的那种有欠考虑的冷漠无情（agnōmosunē）形成了鲜明的并置和对照。威廉斯后来在他的文章中评论了这个对比。

在这几行诗歌中，威廉斯看到了对不可避免地限制人的计划的一种坦率承认。赫罗斯承认宇宙根本上是不公正的和任意的，对此我们无能为力。在那个意义上，这部戏剧，一种“彻底的虚构”，使我们直接面对“恐怖”，提醒我们不要接受来自哲学家的“好消息”。但这种解释有两个问题：首先，它忽视了人类的道德判断——甚至在面对灾难的时候——在多大程度上被赞扬和断言：人类共同体的怜悯和同情，即使面对这种恐怖，仍然有一种（用亚里士多德的话说）“闪闪发亮”的高贵性，① 因此就与诸神的冷漠形成了巨大的反差。那种高贵性并不完全等同于康德关于善良意志的好消息（即善良意志在面对“大自然母亲偶然变故”的困扰时仍然保持其道德完整性），但它显然比威廉斯所承认的更接近康德的思想。②

其次，我相信威廉斯的解释看轻了赫罗斯的言语中所固有的那种愤怒。威廉斯并没有严格地讨论对悲剧必然性的顺从，但要知道他的观点暗示了其他什么道德态度也有点困难。然而，对悲剧必然性的顺从肯定不是由“诸神的全然无动于衷”（megalēn theōn agnōmosunēn）这几个词传达出来的，也不是由如下描述（当可怕的事情发生时，诸神作为我们的父母却冷眼相视）传达出来的。如果一位父亲在本来能阻止这种事情在他孩子身上发生时却允许这种事情发生，那么很明显的是，希腊人的家庭会把这样一个父亲的行为看作应受强烈谴责的。这种

① 《尼各马可伦理学》1100b30—33。亚里士多德已经观察到巨大的厄运可以通过带来痛苦和阻碍活动而压抑和“污染”人的幸福，然后他继续说道：“不过，甚至在这种情况下，如果一个人用尊严来忍受诸多的严重厄运，那也不是因为他没有感觉到这些厄运，而是因为他具有高贵而伟大的灵魂，那么高贵的东西仍然闪闪发亮（dialampei to kalon）。”

② 威廉斯从来就没有声称所有幸存下来的古希腊悲剧都是“彻底的虚构”，他也不想做出这样的断言。他强调说，高贵、同情和友爱在悲剧中也得到赞美，虽然他也会抵制那种把这个材料同化为康德思想中任何东西的做法，“除非到了康德承认他的理论并不允许的很多反应的地步”。（观察到这点主要由于和威廉斯通信。）

行为实际上是"可耻的"，而且，正如威廉斯已经强调的，在古希腊世界中，羞耻符合愤慨和责备这样的道德反应。① 我们必须很严肃地看待这个思想：诸神是与人具有同样形态的行动者，他们与人相像，只不过比人更有力量。因此，如果这种存在者允许这种灾难发生，那么就应当受到强烈的谴责，尤其是他们已经被设想为照看人类的父母。这样的世 xxxiv 界无须存在，但他们却允许它存在。

设想一个印度旁观者，当戴尔将军在阿姆利则屠杀了几千个无辜平民后，巡视这场大屠杀的残局。他可能会说出这样一句话，其结尾是"……这里没有任何事情不是统治印度的英国人所为"。换句话说，这些强有力的人怎么敢在这里宣称他们是我们的上级和父母，但后来却按照这么可耻的、邪恶的方式行动？② 因为古希腊人把他们的神视为与人具有同样形态的行动者，而不是视为道德上完美的行动者，于是其行动是否公正的问题就成为活生生的问题，提出这种问题也就没有什么不恰当的了——或者，即使有些人（例如柏拉图）认为提出这种问题是不恰当的，但人们却经常提。（设想你看到这样一部戏剧，把耶稣的行动描绘为"可耻的"和冷漠的，你该会多震惊，由此你会看到古希腊人的视野和基督教视野之间的差别。）这部戏剧并没有说这种事情必定

① 参见威廉斯，《羞耻与必然性》，第90页。

② 在尼赫鲁的《自传》中，他描述了自己在1919年一辆列车上遭遇戴尔将军的情形。在没有被注意到的情况下，他在一个拥挤包厢中的一个空上铺，无意中听到一群英国官员的大声交谈。"他们当中的一位正在用一种好斗的、洋洋得意的腔调滔滔不绝地说话，不久我就发现他就是戴尔这位阿姆利则大屠杀的'英雄'，他正在描述他在那场大屠杀中的体验：他是如何把那个城镇置于他的控制之下的，他觉得他想把那座反叛的城市化为灰烬，但他很同情那座城市，因此没有这样做。……在听到他的谈话并看到他的那种冷漠无情的态度时，我感到很震惊。他在德里站下了车，穿着镶有粉红色条纹的宽长裤和睡衣。"如果说最后那个感受更多地属于阿里斯托芬（海神波塞冬在《鸟》结尾时所说的话大概是合适的），那么其他的感受则与欧里庇得斯完全一致。其实，戴尔的言语原本可以从《特洛伊妇女》的开场对话中抽取出来。（让我们再次想想这样一部戏剧，它让耶稣穿上镶有粉红色条纹的宽长裤，你就可以看到古希腊人的怜悯与基督教的怜悯之间的巨大差异。）

发生；它也不会说(一个犹太教—基督教文本可能会说的东西)：所发生的一切事情都是公正的和好的，虽然我们无法理解神的正义与善良。它说的是相反的东西，并因此责备诸神的选择。

请注意，现在什么东西变成了好消息和坏消息。这个消息——我们目睹的苦难是遥远的、不可企及的、不可缓和的和无法理解的必然性之结果——在某种意义上将是一个坏消息，因为它意味着这种苦难不得不发生，并且类似的事情未来还会发生。我们不可能从这种必然性中解脱出来。那就是威廉斯用下面这个说法来传达的意思：这种消息是对"好消息"的过分乐观主义提议的一种纠正。但我认为它有另外一种意义，在那种意义上，这种消息是好的，因为它意味着无须任何人，无须做更多事。一旦我们已经认识到我们所生活的世界本来就是这个样子，不可能改变它，那么我们就可以休息一下，把自己交给那个世界了。

然而，如果我们认为邪恶、无知和冷漠都可能隐藏在我们目睹的苦难背后，那么在某种意义上那个消息就是一个好消息，因为它意味着变化的希望。但是，在另一个意义上，它是一个坏消息，因为它意味着我们过去所遭受的苦难可能是不必要的，而且，如果我们已经更加努力或者更好地思考，那么我们可能就已经避免了那些灾难。至少它意
xxxv 味着：我们最好团结起来，尽我们的一切力量避免这种事情在未来发生。对甘地、尼赫鲁和成千上万的其他人来说，为了推翻一群恐怖的"父母"的暴政，充分认识到印度在过去所遭受的苦难并非必然就得出一个政治承诺——对多年来的苦难和冒险的承诺。[①] 在牺牲者和作恶

① 在被委托调查那位据说无罪的戴尔将军后，甘地说道："与这个邪恶的政府任何形式的合作都是有罪的。"参见Percival Spear，《印度史》(*A History of India*, Delhi: Penguin, 1998)，第二卷，第191页。

者之间的权力悬殊的情形中，正如在人类和诸神的情形中一样（因为英国在印度的统治者毕竟不是宙斯，即使他们有时候相信自己是宙斯），人们不太清楚能够做什么，虽然在悲剧（《特洛伊妇女》的结尾）和喜剧（《鸟》）中，人们经常尝试收回崇拜；如果做不到这一点，那么人们就不得不反复而愤怒地要求承认和赔偿。即使诸神相对来说很迟钝，他们对人类的指控却并非完全充耳不闻。既然他们的迟钝通常好像不是来自蓄谋已久的恶意，而是因为他们对人类的体验缺乏真实的理解，那么至少有个策略是有希望的，即让他们清楚其行动的代价。

但是，现在，作恶者就是戴尔将军这样的人类行动者，正如我们在悲剧中经常看到的那样，一旦我们把不道德的行为视为悲剧的根源，那么后果就很清楚了：目击者必须用更大的代价来反对这种邪恶，并且面向其他人公开指责这种邪恶。方式之一就是写一部戏剧，把这种邪恶向一个民主国家的全部公民揭露出来。悲剧性的戏剧往往会暗示它们能够认识到被遗弃者的苦难，并能促进一种更恰当的伦理。菲罗克忒忒斯的双脚渗出鲜血的疼痛使他避免成为指挥官，因为后者完全否认他们的行为所延长的那种痛苦。相较而言，这部戏剧不断地提到了其决心：正视他的痛苦，接受这个痛苦的标准，并把这个想象性的活动与道德上恰当的行动目标联系起来。① 既然这种行动比沉思我们对存在的恐惧更加艰难，“隐藏在苦难背后的是邪恶而不是必然性”于是就成了坏消息。对涅奥普托列墨斯来说，他能够选择公正地行动这一意识就像菲罗克忒忒斯的攻击一样痛苦：他利用“papai”这个同样的表达式来表示对那种公认力量的苦恼。②

① 对这一点的进一步发展，参见《不可见性》这篇文章，在那里我把《菲罗克忒忒斯》中的策略与Ralph Ellison的《看不见的人》中的策略做了比较。

② 关于这个场景的结构，参见《不可见性》这篇文章。

我相信古希腊人的“彻底虚构”向观众提出了一个很困难的挑战，即要求他们去反思灾难的原因：灾难的原因究竟是永恒不变的必然性，还是恶意与愚昧？我们应该在何处引出这二者的分界线？从悲剧提出问题的那种很微妙，并且经常是很不确定的方式中，从它们向我们提出的挑战中，我们获得了理解，而这种挑战就要求我们去正视应该责备的力量的作用，甚至像呼吸这种看起来很自然的事情，也是如此。① 我们
xxxvi 千万不要忘记：在一个神圣的公民节日里——在一个把帝国作为“暴政”并杀害了无数无辜者的城邦——悲剧就是政治思考和反思的载体。对于那群观众来说，悲剧并没有带来顺从主义的好消息，相反却带来了要求自我审视和变化的坏消息。（在公元前415年，即欧里庇得斯的《特洛伊妇女》上演的那一年，雅典人杀害了反叛的殖民地米洛斯的所有男性公民，并把女人和孩子作为奴隶。）

总之，我并没有把悲剧发生的那部分伦理空间转让给无法缓和的必然性或命运，而是认为悲剧向其观众提出了挑战，要求他们积极地生活在一个充满了道德挣扎的地方，在那个地方，某些情形下，美德有可能会战胜各种反复无常的不道德力量，而且，即便不是这样，美德仍然可以因其自身的缘故而闪闪发亮。②

在我们当代的世界中，也就是说，在这个假设——我们目睹的大多数饥饿和很多其他痛苦都是当权者应受责备的疏忽所致——能够具有

---

① 以及在《善的脆弱性》的“插曲二”中，我根据亚里士多德的观点对这个说明的进一步发展，参见《恐惧和怜悯》这篇文章。

② 文学理论家Michael Bérubé在他那本非凡的著作《我们所认识的生命》（*Life As We Know It*, New York: Vintage, 1996）中描述了他的孩子杰米（生来就患上了唐氏综合征）的生活。他详细地描述了他和他的妻子Janet Lyon不得不面对和抗争的生物必然性和制度上的迟钝，并且他们事先对他们是否能够获得成功一无所知，然后他提到了把杰米的生命看作是被注定的那种诱惑：“**我们知道我们无能为力，既然如此，为什么还要努力呢？**我们很难设想不负责任地对待他的生命期望。”该书的这个情节在我看来与《菲罗克忒忒斯》相联系，一般而论，与古希腊悲剧中的很多东西都有联系。

合理意义的世界中，形而上学的顺从[①]又会成为相对好的消息，因为它可以让当权者摆脱困境。但是，对我们来说，正如对雅典人来说，希腊悲剧的诚实消息比那还要糟糕，因为现在这个坏消息是：就像《特拉基斯少女》中的宙斯，《特洛伊妇女》中的希腊将领，《菲罗克忒忒斯》中的奥德修斯，以及在许多时候和许多地方出现的许多其他的神和人那样，我们也应该受到责备——除非我们抛弃了我们的懒惰，抛弃了我们自私的野心，抛弃了我们的迟钝，我们所目睹的那些伤害原本如何可能被避免。正如菲罗克忒忒斯清楚地认识到的那样，怜悯意味着行动：代表受难者进行干预，即使这样做既显得很艰难，又有点令人厌恶。[②]如果你不考虑行动，你就是一个不光彩的胆怯者，很有可能也是一个伪君子和说谎者。如果你伸出手来帮助，那么你就做了一些高贵的事情。

文　献

以下是按照年代顺序列举的我后来发表的一些论著，与这篇序言特别有关。

Love's Knowledge: Essays on Philosophy and Literature（New York: Oxford University Press, 1990）.

'Euripides' *Bacchae*: Introduction', published with a new translation of the play by C. K. Williams（New York: Farrar, Straus, and Giroux, 1990）,

① 需要强调的是，在这里我不是在暗示说威廉斯劝告我们采取顺从主义。但我认为如下说法是公正的：至少在我们所讨论的这篇文章中，他强调通过伦理努力来进行改进的可能性。

② 参见《菲罗克忒忒斯》，第477—479、500—506页。在这些段落中，eleeō和oiktirō这两个动词不仅意味着“对某个人感到怜悯”，而且也意味着“对某个人具有怜悯”，即“做某些事情来改善某个人的处境”。

xxxvii vii—xliv.

'Tragedy and Self-Sufficiency: Plato and Aristotle on Fear and Pity', *Oxford Studies in Ancient Philosophy* 10(1992), 107—160. 一个更加简短的版本出现在A. Rorty(ed.), *Essays on Aristotle's Poetics*(Princeton, 1992), 261—290。

The Therapy of Desire: Theory and Practice in Hellenistic Ethics(Princeton: Princeton University Press, 1994).

'Lawyer for Humanity: Theory and Practice in Ancient Political Thought', *Nomos* 37(1995), 181—215.

'Aristotle on Human Nature and the Foundation of Ethics', in J. E. J. Altham and Ross Harrison(eds.), *World, Mind and Ethics: Essays on the Philosophy of Bernard Williams*(Cambridge: Cambridge University Press, 1995), 86—131.

'Erôs and the Wise: The Stoic Response to a Cultural Dilemma', *Oxford Studies in Ancient Philosophy* 13(1995), 231—267. Reprinted in J. Sihvola and T. Engberg-Pedersen(eds.), The Emotions in Hellenistic Philosophy(Dordrecht: Kluwer, 1998, New Synthese Historical Library Vol. 46), 271—304. 修订版本出现在M. Nussbaum and J. Sihvola(eds.), *The Sleep of Reason: Erotic Experience and Sexual Ethics in Ancient Greece and Rome*(芝加哥大学出版社即将出版)。

'Kant and Stoic Cosmopolitanism', *Journal of Political Philosophy* 5(1997), 1—25; 德文版出现在Matthias Lutz-Bachmann and James Bohman(eds.), *Frieden durch Recht: Kants Friedensidee und das Problem einer neuen Weltordnung*(Frankfurt: Suhrkamp, 1996), 45—75; 英文版出现在*Perpetual Peace*(Cambridge, MA: MIT Press, 1997), 25—58。

'Two Conceptions of Emotion in Criminal Law'(与Dan Kahan合写), *Columbia Law Review* 96(1996), 269—374。

For Love of Country: A Debate on Patriotism and Cosmopolitanism(我的论文在前,然后是其他人提出的回答以及我的答复)(Boston: Beacon Press, 1996)。

Cultivating Humanity: A Classical Defense of Reform in Liberal Education (Cambridge, MA: Harvard University Press, 1997).

'Political Animals: Luck, Love, and Dignity', *Metaphilosophy* 29(1998), 273—287.

'Virtue Ethics: A Misleading Category?' *The Journal of Ethics* 3(1999), 163—201.

'Duties of Justice, Duties of Material Aid: Cicero's Problematic Iegacy', *Journal of Political Philosophy* 7(1999), 1—31.

'Invisibility and Recognition: Sophocles' *Philoctetes* and Ellison's *Invisible Man*', *Philosophy and Literature* 23(1999), 257—283.

Women and Human Development: The Capabilities Approach (Cambridge: Cambridge University Press, 2000).

'Why Practice Needs Ethical Theory: Particularism, Principle, and Bad Behavior', in Steven J. Burton (ed.), *'The Path of the Law' and Its Influence: The Legacy of Oliver Wendell Holmes, Jr.,* (Cambridge: Cambridge University Press, 2000), 50—86.

'Aristotle, Politics, and Human Capabilities: A Response to Antony, Arneson, Charlesworth, and Mulgan', *Ethics* 111(2000), 102—140.

'The Costs of Tragedy: Some Moral Limits of Cost-Benefit Analysis', *The Journal of Legal Studies* j29(2000), 1005—1036.

'Four Paradigms of Philosophical Politics,' *The Monist* 83 (2000), 465—490.

'Literature/Theory': 'Literature and Ethical Theory: Allies or
xxxviii Antagonists?' *Yale Journal of Ethics*, Fall 2000.

'Pres. Add.': 'The Future of Feminist Liberalism', 美国哲学协会中部分会主席就职演说, *Proceedings and Addresses of the American Philosophical Association* 74 (2000)。

Upheavals of Thought: The Intelligence of Emotions (Cambridge: Cambridge University Press, 2003).

玛莎·C. 纳斯鲍姆

xxxix 2001年1月于芝加哥

第一版序言

本书有两种读法。除亚里士多德部分外，每一章都是对一部特定作品独立成篇的研究，以此表示尊重诸作品复杂的哲学/文学结构。换句话说，我要讨论的是一部部的悲剧（第二章探讨两部相关悲剧中的重要章节），而不是对公元前5世纪道德思想的系统研究。而对柏拉图，我总是很谨慎地做出任何总体的和系统化的结论（比如在第五章），只有在符合于对具体的一部对话的哲学/文学解释的时候，我才会做出总体的概括。我相信这种处理方法要比面面俱到的系统阐述更有利于捕捉题材的复杂性。正因为如此，每一章都相对独立，可以分别阐明我在第一章中要确认的一个个问题。读者可以径自翻到自己最感兴趣的章节。与此同时，就古希腊思想的发展而言，也存在一种总体上的历史论证，与评价各种追求自足性的人类生活的理论总体上的哲学论证密切相关。正因为我所选择的是逐个授权的研究结构，各个主题之间的联系就像是赫拉克利特式的蛛网（参见原书第68—69页，见本书边码），而不是一条直线；为那些对追踪某一个主题感兴趣的读者，我在书中提供了几种不同的导读：（1）第一章是总体论证的概述；（2）详细的分析性目录；(3) 每一章节前后参阅的注释；(4) 详细的主题索引。

大部分关于其他学者思想的学术性讨论，所有二手资料的参照，以及大量相关的哲学观点都收录在书后的注释里。正文中的脚注用来给
xli 读者提供具有本质重要性的资料。

致　谢

在本书的写作计划中，最早期的工作正好赶上哈佛大学给我休假的机会和普林斯顿大学在1977—1978年授予我的一项人文科学研究奖学金的支持。国家人文科学基金会的一项暑期研究基金支持了我1979年在论述亚里士多德的那个部分首次所做的工作。我在1981年获得的古根海姆奖学金使我得以完成全书初稿；拉德克利夫学院的邦廷研究所为这项工作提供了一个激励性的学术环境。

我在很多地方宣读过本书的很多部分；本书的一些章节已经分开地发表，其他的部分也以副本的形式分发到有关同事的手中。因此有很多人是我想要感谢的，因为他们提出了很有帮助的建议和批评。在这里我很感激Julia Annas、Myles Burnyeat、Sissela Bok、Geoffrey Lloyd、Hugh Lloyd-Jones、Nancy Sherman、Gregory Vlastos和Bernard Williams无价的帮助，他们都在整部手稿接近完成的时候阅读了它，并且很慷慨地进行了详细的评论。我收获的更多的是一些无形的和整体上的帮助，他们的鼓励和交谈多年来一直有助于我的工作，在这些人当中，我特别想要提到的是Stanley Cavell、Arnold Davidson、Robert Nozick、

Hilary Putnam、David Wiggins、Susan Wolf和Richard Wollheim。很多年前我就开始构思整个计划，但是，只是在参与1972—1973年威廉斯在哈佛大学的一堂名为“道德运气”的讨论班后，这项计划才有了具体的形式。这些年来，在我从事这项计划的研究过程中，威廉斯的批评及其哲学著作对我来说尤为有价值，甚至在我们两人的观点有分歧的地方也是如此；因此，我对他总是充满了感激之情。

我是在韦尔斯利学院做一年访问教授期间完成本书的。我很感谢那些使得这项任命成为可能的人以及韦尔斯利学院，因为他们为这段时期紧张的工作提供了宁静怡人的有利氛围；此外，该学院授予我的一项梅隆研究基金支持了参考文献的编辑工作。

虽然我不是在布朗大学写完的这本书，不可能对我在那里的同事表示通常的那种感谢。不过，我在那里的第二个学期，当我把手稿发给打印人员时，我确实想要对布朗大学哲学系和古典系的同事们表示我的敬意和感激之情。我在那里得到了温暖的同事情谊，我的研究计划在这两个系之间被讨论和执行时所体现出来的和谐和相互尊重的气氛，都已经使我确信布朗大学是一个能够让古代哲学发展兴旺的好地方。我特别想要感谢这两个系的系主任Dan Brock和Kurt Raaflaub持续不断地给
xlii 予我的那种温暖和善意，以及和他们的交谈过程中给我的激励和启示。

第十二、第十三章和插曲二曾于1983年2月在圣奥拉夫学院纪念Eunice Belgum的讲座上宣读过。Eunice Belgum曾经是该学院的一位本科生，也是我在20世纪70年代早期在哈佛大学读研究生时的一位同学。她的哲学关注包括了本书的一些主题：古希腊人对激情和行动的看法，信任和自主性之间的关系，哲学理论与文学例子的关系。她于1977年自杀，当时她在威廉和玛丽学院任教。在发表演说纪念她，并且与她的父母谈论这些讲座的题材与他们理解她的死亡的努力之间的关

系时，我开始感觉到我与我的论题的关系比我从前所知的要复杂得多。因为作为这些讲稿的作者和讲座演讲者，我感觉到自己根本不是要消极地面对运气的影响，而要能够机智地从事一种自足性的活动。这让我想到要问自己：以人的脆弱性之美为题材来进行的写作活动，是否反而是一种使自己变得不太脆弱，并且更好地控制生活中非受控要素的方式？我想要把那几章献给Eunice的父母Joe Belgum和Esther Belgum。并给读者（也给我自己）留下这一问题：写作本书到底是一种什么样的伦理活动？

在这段漫长的时间里，这本书经历了很多阶段，它得益于很多打字员的技能和奉献。我特别想要向Cathy Charest、Peg Griffin（已故）、Lisa Lang、Susan Linder、Leslie Milne、Jan Scherer、Jane Trahan和Martha Yager表示我衷心的感谢。Paula Morgan按照字母顺序熟练地编排了本书的参考文献。Russ Landau准备了两份索引，非常感谢并值得称赞。我最想感激的是本书编辑Jeremy Mynott和Pauline Hire，因为在编辑本书的过程中，他们表现出了罕见的才智和理解力。

玛莎·C.纳斯鲍姆

1985年2月于罗德岛州，普罗维登斯

本书的一些部分以前已经发表在如下刊物和文集中：

第二章发表在*Ethics* 95（1985），233—267；一个缩简版发表在为了纪念Victor Goldschmidt而编选的一部文集中（J. Brunschwig and C. Imbert ed., Paris 1984）。第四章中的材料引自我的如下文章：'Plato

on Commensurability and Desire', *Proceedings of the Aristotelian Society Supplementary Volume* 58（1984），55—80。第六章的一个早期版本原来以如下标题出版：'The Speech of Alcibiades: A Reading of Plato's Symposium', *Philosophy and Literature* 3（1979），131—172。第七章的一个早期版本原来以如下标题出版：'"This Story isn't True": Poetry,
xliii Goodness, and Understanding in Plato's *Phaedrus*', in *Plato on Beauty, Wisdom, and the Arts*（edited by J. Moravcsik and P. Temko, Totowa, N. J. 1982），79—124。第八章的一个较短的版本发表在*Language and Logos: Studies in Ancient Greek Philosophy in Honor of G. E. L. Owen*（edited by M. Schofield and M. Nussbaum, Cambridge 1982），267—293。第九章的一个较早版本原来以如下标题出版：'The "Common Explanation" of Animal Motion', in *Zweifelhaftes im Corpus Aristotelicum*
xliv （edited by P. Moraux and J. Wiesner, Berlin 1983），116—156。

参考文献缩写

AGP	*Archiv für Geschichte der Philosophie*
AJP	*American Journal of Philology*
CJ	*Classical Journal*
CP	*Classical Philology*
CQ	*Classical Quarterly*
CR	*Classical Review*
GR	*Greece and Rome*
GRBS	*Greek, Roman, and Byzantine Studies*
HSCP	*Harvard Studies in Classical Philology*
JHP	*Journal of the History of Philosophy*
JHS	*Journal of Hellenic Studies*
JP	*Journal of Philosophy*
LSJ	*A Greek-English Lexicon*, compiled by H. C. Liddell and R. Scott, revised by H. S. Jones, with Supplement. Oxford, 1968

Mus Helv	*Museum Helveticum*
NLH	*New Literary History*
NYRB	*New York Review of Books*
OSAP	*Oxford Studies in Ancient Philosophy*
PAPA	*Proceedings of the American Philosophical Association*
PAS	*Proceedings of the Aristotelian Society*
PASS	*Proceedings of the Aristotelian Society, Supplementary Volume*
PBA	*Proceedings of the British Academy*
PCPS	*Proceedings of the Cambridge Philological Soclety*
Phil Lit	*Philosophy and Literature*
PRA	*Philosophy and Public Affairs*
PR	*Philosophical Review*
REA	*Revue des études anciennes*
RM	*Review of Metaphysics*
TAPA	*Transactions of the American Philological Association*
xlv *YCS*	*Yale Classical Studies*

第一章

运气与伦理

“然而，人的卓越就像葡萄藤那样成长，得到了绿色雨露的滋养，在聪慧而公正的人当中茁壮成长，直达那清澈的蓝天。”[1]品达在诗中展示了古希腊人伦思想的一个中心问题。他一生以赋诗为业，歌颂人性崇高。无论在吟者还是在听者，写赞美诗这一职业本身就在假设：一个好人的杰出完全在于他自己，因为他对自己拥有的东西和自己的所作所为能够负有一定责任。[2]在诗中他祈祷能像生那样去死；能够“种瓜得瓜，种豆得豆”一样的去死。诗人的“然而”，在这里也完全可以译为“而且”，都延续和定义了他的祈祷。一个好人的杰出，他写道，就像一棵小树：独自生长在世上，细弱，无助，时时刻刻需要外界的滋养。[3]藤非有良茎而无以茁壮成长。而且即使天赋优良，还是需要气候助长（有和风细雨，而无风刀霜剑），另外仍然需要园丁的细心照料才可以成长到它的极致。诗人说，我们也是一样。我们生就需要具有足够的能力，长在助长的自然和社会环境之中，远避灾祸，还要知交近邻。接下去诗人写道：“我们需要爱人全部的支持，尤其在逆境之中，但是欢乐也一样在寻找它可以信赖的眼睛。”因为命运无常和我们的价值感使我们总是要依赖外界。命运无常是指我们身处逆境，只有外力才可以帮我们解围；我们的价值感是指即使我们暂时不需要友人和爱人的帮助，爱情和友情本身仍然至关紧要。即使是欢乐，在诗人看来也是不完全的，除非是借着一丝希望他能在此时此刻从朋友理解、善意和真诚的眼睛里看到这欢乐。他的欢乐像一个猎人，总是盯着行踪不定的猎物。[4]诗歌浓墨重彩地讨论羡慕和嫉妒，以及为什么谎言会毒害着世界。诗人所呼唤的忠信朋友死掉了，即使是诗意的语言也不能让他复活。而且，我们对所有人力无法控制的事物的一切需求显然并不只是一种心理上的满足感或幸福感。外界所助长的，甚至是帮助构建的，是人的杰出或价值本身。

葡萄藤的比喻是在颂诗接近尾声的地方出现的，是在希望为赞美
1 人性的美好而死，以及呼唤已经死去的朋友之间，摆在诗人面前一个极困难的选择，同时也是我们面临的选择。它展示了在此生以及所有的生命中，我们和世界、雄心和脆弱性、创造性和被造就之间错综复杂的关系。诗歌在这里质疑支撑着人类伦理实践的信念。如果人性的善良依赖外界的滋养，甚至是基于外因而形成的，品达何以要做赞美人性的诗人？如果我们的价值仅仅像植物需要水一样，我们又用什么来赞美和接受赞美？他邀请听众一起来审度各自的观感：在评价人的一生的时候，在多大程度上，我们可以分清什么是有赖于世界的，而什么是属于我们自己的？如果要继续赞美我们所赞美的，在多大程度上我们又必须做出这种区分？我们怎样来改进这种处境，才能使我们自己可以掌握人类生活中最重要的东西，比如说个人的成就、政治和爱情？

诗的比喻中更深的含义使问题变得更为复杂。人性卓越之美，正是在于它的脆弱性。植物之美在于它的柔韧，不同于宝石之美，即它炫目的坚硬。柔弱和坚硬在表面上是两种不一样的价值，而且似乎是两

种互不兼容的价值。同样，真正的人类爱情之美不同于两个不朽的神之间的爱情，不同之处也不仅仅是时间上的长短。人们头顶晴朗的天空虽然限制了他们发展的可能性，但同时又为他们提供了一个生机勃勃和绚丽多彩的环境，恐怕又是上天所没有的。（后来的一位诗人描写美少年伽倪墨得斯在浴后拭干自己的身体，像露水一样清爽和潮润。宙斯出于对他的爱，准许他永生不朽，但从那一刻起，这种美貌和性感就从他身上消逝了。[5]）不论是在品达的诗中，还是在整个古希腊诗歌传统中，人的卓越（human excellence）都被看作一种本质上有所需求的东西，一种在世界中生长、不可能变得无懈可击且保持自身特有的优雅的东西。（奥德修斯选择日渐年老的妻子在人世间的爱，而抛弃海中女神卡吕普索的永恒魅力。[6]）尽管人类生活的种种可变性、偶然性使得赞美人性变得大为可疑，但在另一方面，从一种尚不明朗的角度上说，又正是这种偶然性才值得赞美。

如果说消极的葡萄藤比喻让我们忽然意识到，这与我们认为人类是自身原动力的希望并不兼容（这在一定程度上也让诗的听众大吃一惊），但值得安慰的是，品达显然忽略了一样东西。不论人类的存在多么类似于低等生命形式，我们总要强调，在一个重要方面，人与低等生命绝不相同。我们有理性。我们有能力审时度势、做判断，有能力按不同的目标来制订计划，来决定什么是有价值的、有多少价值。所有这一切总要具有某种含义。即使说我们在很多方面是混乱的、贫乏的和无可控制的，植根于泥土之中，无可奈何地站在雨中；但在另一面，我们又是纯粹的、绝对积极的，足以自视为“非凡、不朽、有悟性、独一无二、始终不渝和一如既往的”。[7]看来，我们的理性足以指导和统领其他的方面，使我们整个人不至于总是随波逐流，随遇而安。

这一宏伟又有些模棱两可的希望就是古希腊伦理思想的中心议 2

题。一方面是对人类存在的被动性以及他们在自然世界中的主动性的一种原始感觉，以及对这种被动性的憎恶与愤怒；另一方面是我们理性的活动使人类的存在合理化，从而拯救了我们人类的生存——理性必须要拯救人类的生存，否则那种生存就是无意义的生存。大部分的早期希腊思想家都凝神于研究人们对这一有价值生活的需求，其中包括了一些传统意义上的哲学家，也包括了诗人、剧作家和历史学家。事实上，正是这种需求激发了人类伦理哲学的创始者去寻求一种能够超越常规信念和实践的新学问；而古希腊哲学的传统也总是致力于研究如何追求幸福的人类生活，这甚至经常体现在他们对形而上学和科学的研究中。

但是，在追求和自足性的另一面，偶然多变的事物又总是有一种特别的魅力，这种魅力的鲜活感使得人类摆脱偶然性的努力大打折扣，同时也变得复杂化了。神仙爱上凡人的故事层出不穷，也正表现了对经验人性的冒险和开启。因此，拯救生命对任何一个有深度的思想者来讲，都变成了一个微妙和复杂的问题。实际上，已演变为人性善的问题：人性如何向善，而且还能保留住人世间的美？就我们所要讨论的思想家而言，显而易见，人类的好生活必须在某种程度上、以某些方式而变得自足，且免受运气侵扰。在多大程度上，我们可以而且应该自足地生活，在对自足性的追求中，理性的作用如何？对一个有理性的生命来讲，什么样的自足才是适得其所的？所有这些问题最终概括为：我们究竟认为自己是谁，哪里（哪一片天空）是我们理想的家园？

本书要讨论的主题就是古希腊伦理思想中对理性的自足性的热切追求：借助理性的支配力量使一个好的人类生活之真善得以摆脱运气的左右。"运气"一词在本书中没有严格定义，但我希望在一个完全明确的，非常接近古希腊语"tuchē"的意义上来使用它。[8]"运气"并不是指事件的发生都是随机的或是无缘由的。由“运气”引发的事件只是指它不是主动促成的，不是人造或是人为的，是碰巧发生的。*一般来 3
说，消除人类生活中的运气，就意味着由我们自己（或是我们认同是我们自身所有的因素）来掌握生活，或者掌握生活中最重要的东西，同时排除一切像植物比喻里的那些有赖于外界的和不可信赖的因素。我总的问题是：有多少运气的因素是古希腊思想家相信人类生活可以接受的？为了使我们的人类生活成为最好的和最有价值的人类生活，又有多少因素是我们**应该**承担的？

就像我所说的，这是古希腊人的中心问题，而且我相信这也是我们所面临的重要问题。但在某些历史阶段，这根本就不被认为是一个真

* 在写作本书手稿的整个过程中，男性和女性人称代词的问题一直困扰着我。在任何时候都使用“他或她”作为没有标记的人称代词看来挺麻烦。在每一个情形中都选择“他”，从我的政治敏感性的角度来看，似乎很令人反感，而且也不是目前真实的语言状态，因为在目前的语言状态中，人们已经尽最大努力来平均地使用“她”。在我看来如下这一点也是清楚的：在本书中，“他”如此频繁地出现的语境中（指称“哲学家”、“诗人”、“好的行动者”），其实绝不是没有标记的：相反鼓励了人们的想象力，使他们把讨论中的那个人物描绘为男性。在写作这个材料时，这也不是一个无关的关注。因为悲剧作家都要求思想家严肃地考虑女性的特别待遇和道德地位；在我们所讨论的每部戏剧中，都有一位女性捍卫她对道德平等和政治平等的要求。柏拉图有一个很好的主张，可使之被称为第一位女性主义哲学家，尽管他的见解还是很极端，因为他否认身体因此否认性别，而正是这个否认具有重要的伦理含义（参见第五章）。据我所知，他也是指出女性主义应该在没有标记的语言性别上产生变化的第一位思想家。在《理想国》540C中，苏格拉底表达了这样一个关注：格劳孔在提到统治者的时候没有使用阳性和阴性分词，可能导致一个错误的印象，即他们都只是在谈论男性。亚里士多德的那种显著的反女性主义就是我们所要讨论的一个争论。当我在考虑这些问题时，我的第一个想法就是要采纳这样一个完全任意的“解决方案”，即在偶数名称的章节中把“他”使用为没有标记的，在奇数名称的章节中把“她”使用为没有标记的。然而，对于在政治信念中差别很大的读者来说，这种做法有点令人不安，而且还很刺眼。显然，这个解决方案也不是自然语言能够采纳的一个解决方案。因此，在经过反思后，我决定在以上提到的段落中遵循柏拉图的做法：很频繁地使用“他或她”，以便提醒读者不要只是想到男性，但我最终回到了男性的“他”（正如柏拉图所做的那样），为了避免麻烦的语句韵律。我对这个语境一直也很敏感——因为在谈到亚里士多德所想象的亚里士多德式的统治者时，其实没有任何用法可以假装“他或她”是合适的；另一方面，对柏拉图来说，采用这种说法却很重要。

正的问题。康德伦理学*对我们知识文化的巨大影响，导致了我们长期忽视希腊伦理学著作中的这些问题。在讨论这些问题的时候，古希腊人提出能动性和偶然性问题的方式也常常被认为是幼稚和误导的。康德主义者认为有一种价值领域，即道德价值的领域，是完全不受运气威胁的。无论沧海桑田，善的道德价值始终不变。不仅如此，康德主义还认为在道德价值和其他一切价值之间有一种明确的区分：道德价值至高无上，高于其他一切价值。如果这些信念是正确的，那么我们的探究不过就是揭示了关于重要东西的错误信念以及关于平凡琐事的真实信念。它可以表明，古希腊思想家所坚信的那个观点——伦理价值为运气所困扰——是错误和幼稚的：而其他价值为运气所困扰的观点虽然
4 是正确的，但相对来讲又是容易受伤害的。它同时可以说明，古希腊的伦理思想是不成熟的，它甚至并未试图在道德价值和其他类型的价值之间做出截然分明的区分。如果这些康德式信念的真实性以及在道德和非道德价值之间的那个康德式区分**的重要性被看作我们研究古希

* 当然还有几个其他的后古典时代的观点，这些观点将深刻影响我们对这些问题的认识，例如斯多亚学派和基督教关于天意的观点以及基督教关于人的善与神恩的关系的观点。我之所以把焦点集中于康德的影响，是因为正如我将要表明的(第二、第十一、第十二、第十三章以及插曲二)，康德的观点已经显著地影响了人们对这些古希腊文本的批评和评价；正是这些观点在我们时代的深入影响构成了恰当地估计这些观点之重要性的最大障碍。除了在第二章(在那里我确实讨论了康德有关义务冲突的观点)，我讨论“康德主义者”和康德的影响，而不是谈论康德自己的那些通常更加复杂和更加微妙的见解。

** 事实上，我不仅将试图避免康德在“道德的”和“非道德的”这二者之间做出的区分，而且试图避免那个区分的一切变种以及与此相关的区分，例如在道德上的实践推理和非道德上的实践推理之间的区分，以及在道德上的实践冲突和非道德上的实践冲突之间的区分。古希腊的文本并没有这些区分。它们开始于“我们应该如何生活”这个一般性的问题，考虑所有人类价值都是好生活的构成要素这一主张；它们并不假设存在着任何这样的群体：他们初步的主张是要成为至高无上者。我相信古希腊文本的研究方法忠实于直观上我们的实践推理实际发生的方式，并且重新把握了我们的实践生活的某些方面，即容易被以那个区分(不管如何理解)作为起点的著作忽视的方面。在第二章中我描述了这个区分的各个变种，并说明在我们的研究中把它们作为起点为什么是不合适的。然而，我们讨论正义、公民义务和宗教要求以向这个区分的信徒表明：我们对人类生活的脆弱性所提出的要点，甚至适用于在它的大多数变种中，适用于被标准地视为核心道德价值的那些价值。

腊人对这些问题的看法的出发点，[9]那么我们就可以说古希腊人过得并不好。我们会认为古希腊人为偶然性所苦似乎非常奇怪。他们之所以挣扎于不可解决的实际冲突以及随之而来的追悔之中，他们之所以沉思默想爱情和友情所带来的危险，掂量感情的价值以及过分的感情可能带来的破坏性，好像都是因为他们对康德的发现和理论一无所知，才会面临这些困境。

但如果不是从无视古希腊的问题的角度来看待这些文字材料，我们就会不由自主地感受到这些问题的力量。[10]本书要从一个平常的角度出发：那就是并不觉得品达的颂诗有一丝一毫的奇怪之处，相反，意识到他所提出的问题完全难以回避。这些问题包括：我是行动者，同时又必须像一棵植物，所有不由我而来的因素都转而使我成为值得赞扬或责备的那个人；我必须经常在互相匹敌而又显然不可比较的善之间做出选择，而这些境况又可能使我处于一种不得不犯错误、不得不做错事情的位置；一件毫无来由发生的事情，在我毫不知情的情形下就可以改变我的一生；将一个人的善全部归于他的朋友、爱人和国家似乎不妥，但试图去过一种完全没有这些东西的好生活也同样成问题。所有这些问题我认为不仅仅是悲剧的素材，同时也是实践理性每一天都要遇到的事实。

另一方面，我们又同样不可能忽视柏拉图的观念，他认为人是自足的和纯粹理智的存在，不受感情的“羁绊”和“缠绕”，去除“理智上那许多横生惯长的东西”，[11]人能从偶然的局限性中解脱出来。柏拉图证明，格劳孔作为一个普通的绅士，通过和苏格拉底的对话，发现他自己具备对数学推理由衷的和纯粹的热爱，而这种爱与他过去所珍视的很多价值都不兼容。不仅如此，当我们阅读柏拉图的这些著作并被他吸引的时候，我们可能又会重新燃起对纯粹性和摆脱境遇束缚的渴望，理 5

性同样是人性的重要部分，它与其他的经验感觉一起组成了一种复杂的张力。而且，如果这种张力是人类自然发展史中的一个事实，而不是什么奇特罕有的感觉，那么关于好生活自足性的那种好的实践推理似乎就应该探索理性和经验两个方面，感受到双方面的力量。

我们要探讨运气在影响人的卓越*这方面所起的作用以及与运气相关的活动，但暂不考虑运气影响满足感的众多方式。**有三个问题是我们要关注的核心问题：第一个问题要关注的是活动和各种关系在好的人类生活中所起的作用，这些活动和关系在本质上尤其经受不住命运逆转的打击。一个理性的人类生活计划应该容纳多少外在

---

* 卓越（aretē）在这里应该被广义地理解，也就是说，我们不应该认为它预设了一组特殊的道德卓越性的任何分离；到目前为止，凡是能够使一个人生活得好和行动得好的东西，也就是说，凡是值得称赞的东西，我们都可以把它算作卓越。因此，我们至少包含了亚里士多德称为"品格卓越"（与"道德卓越"并不等同的那组美德，即使这个术语是最常见的英语翻译，参见第十一章）的那种东西以及他界定的另一组主要的卓越——理智的卓越。

** 我们将讨论的一些文本，因为用英语中的"幸福"来翻译古希腊语的"eudaimonia"，而在这一点上变得模糊。尤其是，既然我们在道德哲学中继承了康德和功利主义的遗产，既然在这两种主要的伦理理论中，"幸福"这个说法都被用来指称一种满足感或一种快乐感，而且，使幸福成为最高善的那种观点，按照定义，被假定为把最高的价值给予心理状态而不是给予活动的那种观点，那么这个译法就很令人误解了。对古希腊人来说，eudaimonia大致意味着"过一种对个人来说是好的生活"，或者，就像一位近来的学者 John Cooper 所建议的那样，意味着"人的繁盛"。亚里士多德告诉我们，在日常的话语中，eudaimonia与"生活得好和做得好"是等价的。大多数古希腊人会把eudaimonia理解为某种本质上具有活动性的东西，那种东西值得称赞的活动不仅仅是生产性的手段，而且也包括实际的构成要素。一位古希腊思想家可能会论证说，eudaimonia等价于一种快乐状态；就此而论，活动不是eudaimonia的一个概念成分。但是，即使在这里我们也应该意识到：许多古希腊思想家是把快乐设想为一种动态的东西，而不是一种静态的东西（参见第五章）；因此，把eudaimonia等同于快乐可能不是指我们在一位功利主义作家那里会指望它所意指的东西。在古希腊传统中，"eudaimonia等价于一种快乐的状态"这一观点是一个非传统的、表面上违背直观的见解（参见第四章）。很常见的可能是亚里士多德的见解，他所说的是：eudaimonia就在于符合美德的活动。于是，按照这种观点，我们是在分析运气影响eudaimonia以及作为其基础的美德的各种方式。当这个观点对我们论证的清晰性很重要时，eudaimonia就不再译出。

我也将暂不考虑这个有关美德问题的一个部分，即出生或素质的运气——行动者没法控制的那些因素在他为了生活得好而必须具有的各种初始能力中发挥的作用。我只会假设，正如这些文本所假设的那样：对这个问题的回答并不会隔绝我们的所有其他问题。

的因素，诸如友谊、爱情、政治活动以及对财产和财富的依赖，由于这些因素本身就是脆弱的，那么全身心地依赖这些因素的个人是不是完完全全在碰运气呢？这些“外在的善”在卓越的生活中，不仅仅是好生活的必要手段，而且，如果我们足够重视其价值，它们也可以成为目的本身；而一旦缺乏这些外在的善，我们可能就不仅仅是被剥夺了外在资源，而且也被剥夺了内在价值本身和好生活本身。难道这些理由还不足以赋予它们价值，还不足以把它们包括在一个理性的计划之中吗？

与什么是好生活的个人要素密切相关的是这些组成部分之间的关
系，这是我们的第二个问题。它们是否可以和谐共处，还是各自相互冲 6
突，以致在我们完全不知情的情形下，破坏了好的人类生活。如果我们不止对一种活动感兴趣，且赋予它们各自以内在的价值，那么就总是会有一种风险存在，在一些情况下，这些活动会是各不相容的，而我们就不得不放弃其中一些活动。我们的价值框架越丰富，* 我们越有可能要面对这种可能性；然而，一种刻意避开这种可能性的生活最终又会变得贫乏无趣。这在很多方面是和第一个问题相关联的。如果生活不受环境左右，而总是在我们的掌握之中，那么我们的活动也就很少有相互冲突的可能；另一方面，我们将会看到，如果我们采取理性的策略来使冲突最小化，那么某些重要的价值，从单个来看，其脆弱性就会大大降低。

---

* 古希腊的伦理文本很关心我们在英语中用“价值”这个词语来表示的东西；如果有任何人对这个词语的用法感到可疑，那么我希望我的论述会使他清楚地认识到，我们可以恰当地用“价值”这个概念来翻译某些古希腊伦理概念。当然，“价值”这个词并不总是对某些古希腊术语的唯一合适的翻译；但是对于“agathon”（“善”）以及特别是“kalon”（“高贵的”，“内在善的”）的某些用法来说，“价值”往往是最好的词。[12] 其他相关的说法是“有价值的东西（axion）”，“值得选择的东西（haireton）”以及各种涉及估计、评价和选择的口头用法。

至此我们所讨论的可以说是“外在的偶然性”[13]——外部世界赋予我们的运气，以及那些虽然来自我们自身却与外界相连的价值系统。这些将是我们首先要关注的问题。但是我们还要提出第三个问题，这个问题关系到自足性与我们所不能控制的人的内部结构之间的关系。也是由前面两个问题而起的，我们特别要问：所谓“灵魂的非理性部分”，例如欲望、感觉和情感，究竟有什么样的伦理价值？由于我们身体和感官的本性，我们的激情以及对性的追求都强有力地使我们与无常和危险的世界相联结。由于其内在的结构，与身体需要密切相关的行为，不仅自身就是无常和多变的例证，而且它们把我们与瞬时即逝的世界紧紧地联系起来，在某种意义上说，也就是与失落的危机和冲突的危险联系在一起。如果有人把价值赋予欲望和与情感相连的行为，那么他也就因此要依赖于外界的资源和外界的人，才有继续行善的可能性。更进一步，这些“非理性的”牵挂比很多其他的东西更有可能带来实际冲突，甚至于德行上的堕落。即使我们并不认为激情活动本身有价值，但激情还是会被认为阻碍和破坏了人的理性计划，是从外部造成了我们判断的失误、无常和懦弱的根源。对这些激情行为哪怕只要有一点点的鼓励，都会使我们陷于混乱和“癫狂”之中。[14]于是我们要问：是否调整我们自己，改变或抑制我们的某些方面，就会带来更多的理性控制和独立性，而且这是否就是一种理性生活自足性的恰当形式？

7 追问这三个问题中的任何一个问题，当然也就是追问人类理性的概念。如果正是理性及其技艺即哲学理应拯救或改变我们的生活，那么，作为对生活得好怀有兴趣的存在者，我们肯定要问，我们（理性）当中的这个部分是什么，它怎样来统领人类生活，它又如何与感觉、情感和知觉相联系？古希腊人独具一格而又恰如其分地把这些伦理问题与理性的程序、能力和限度密切地联系起来。他们本能地意识到，自足生活的有些计划是颇为可疑的，因为它们超出了人类的认识范围。另一方面，在形而上学推理或者科学推理中，许多超越了人类限度的大胆尝试，又多是源于可疑的伦理动机，或是源于追求安全感、封闭性和权力的动机。人类认知的局限性限制和限定了伦理知识和伦理讨论；而伦理讨论中的一个重要论题，就是要确定我们对这些局限性的正确态度。正是出于这两个理由，我们的伦理研究就必须谈论第一原则、真理以及话语要求。

本书通常按照历史次序来描述三位悲剧诗人、柏拉图和亚里士多德的著作中对这些问题的一系列相互关联的思考。与其试图系统地论述每一位希腊思想家对相关问题的看法，倒不如选择性地详细研究一组在我看来有代表性和说服力的文本。[15]简要地说，我要研究公元前5世纪的几部悲剧对这些问题的探索，研究运气在塑造人类生活和价值观方面不可低估的作用；接下来是柏拉图在其中期对话中尝试将人类的生活从运气中解脱出来的壮举；最后，亚里士多德回到悲剧的很多直觉和价值之中，阐述一种实践理性的观点，以便使我们达到一种特定的自足性。但是，每一部作品中都不止包含一种立场和观点，因而使这一简单的结构复杂化了。古希腊悲剧独具特色地展现了两件事情之间的一种抗争：超越纯粹属于人的东西的渴望和对这种渴望所导致的损失的承认。柏拉图的对话也不只是要论证他自己的伦理观点，相反他是用对话的形式来表达各种立场之间的对立，并清楚地向我们表明任何一种“人类生活答案”都意味着要损失和放弃另外一些东西。我将会论证，在柏拉图后期的《斐德罗篇》中，他明确地批评了自己在早期对话中刻意掩饰各种立场之间对立的那种做法。亚里士多德有名的论述程序是摆出相互冲突的观点，评估和印证各种观点的力度；他自己的

“答案”也总是充满了内在的张力和分歧。这些都说明，虽然每一部分都有一个总的论证方向，却都是从超越运气的雄心回归并接受运气的全过程。

在第二章和第三章中，我要研究三部悲剧对人类迷失在命运之中
8 的描述，尤其是对价值冲突问题的描述。（然而，对这一问题的考察又不可避免地要导向对某些单一的价值脆弱性的讨论；通常最能引发冲突的价值也往往是最脆弱的。）特别是在第二章，我试着证明，用康德的观念来认识运气问题，阻碍了对古希腊文献的理解；于是我用埃斯库罗斯对问题的描述来取代康德理论的解释。第三章延伸到反思实际冲突的个案。我将考察人们渴望通过规划整个人类生活的进程，尽量减少冲突所带来的危险。在索福克勒斯的《安提戈涅》中，我找到了不止一种这样的渴望。在剧中，他把价值描述为多元的和不可通约的，人类希望征服运气，却错误地把对价值的承诺简单化了。同时我将表明：从埃斯库罗斯开始到索福克勒斯为止，对这些问题的思考是具有内在连续性的。

在第四章中，我转向柏拉图，试图论证在《普罗泰戈拉篇》中对实践理性知识的解释是回应悲剧作家魂牵梦萦的相同问题，同时也是进一步发展悲剧中提出的击败运气的种种策略。这一章尤其重要，不仅仅因为我们要表明柏拉图的动机与他之前的文学传统的连续性，而且因为它明确表现了我们的三个问题之间的关系，表明消除价值间的冲突和不可通约性的策略会转而使单独的价值变得更为稳定。更进一步，这种策略通过改变我们情感的性质而改变了感情，改变了我们不稳定性的内在根源。第五章和第六章表现了柏拉图中期对话《斐多篇》、《理想国》和《会饮篇》中思想的发展。（插曲一研究了对话和悲剧形式的区别，表明了柏拉图选择对话这种文学形式是与他伦理思想的内容

密切相关的。）第五章分析《斐多篇》和《理想国》对自足的慎思生活的辩护。在这些对话中，不稳定的活动及其对象是没有内在价值的。第六章研究《会饮篇》在人与人之间爱的领域中对这些问题的解释。虽然这些章节主要是讨论各种价值的脆弱性，但价值冲突的问题也占据同样重要的位置。在第五章末，我将讨论价值的冲突与《理想国》的论证之间的关系。

第六章表明柏拉图对爱的解释是多么深刻地回应了人的脆弱性之美，即使这一解释要求我们放弃爱情而去追求更稳定的美。在这一点上，它为第七章的论证做了铺垫——《斐德罗篇》质疑和修改了柏拉图早期的价值观。我认为，《斐德罗篇》在好生活中赋予个人之间的激情关系以一种重要的地位，这种本质上来讲极为脆弱的东西不仅仅是实现好生活的手段，同时也是内在价值的组成部分。我还要评价柏拉图的自我批判的论证以及他对人类善的新论述。

在论述亚里士多德的那个部分，我首先讨论了他的哲学方法，因为在他对伦理问题的处理中，他对哲学理论和普遍的个人信念之间关系
的看法起着重要的作用。第九章要考察亚里士多德对“自愿”运动和 9
行动的说明，以此来研究我们的运动必须与世界中发生的事情具有什么样的关系，才有可能使得伦理态度和伦理实践恰当地指向那些事情。第十章转向对实践理性的解释，亚里士多德依赖于这些解释来描绘他的非柏拉图主义的人类自足图景，我要探究从哪个角度出发，采用哪种方法才可以得到一个好的亚里士多德式的伦理判断。这一章对应于第五章中对柏拉图价值认识论的处理，我们将会看到亚里士多德那不大相同的认识论如何决定了他对人类价值内涵的不同解释。我们还要回到在第四章中首次阐述的柏拉图伦理科学的理想，研究亚里士多德不断重申人类的实践理性不是，也不应当成为一门科学，究竟意味着什

么。第十一章和第十二章讨论人类最好的生活各个方面的脆弱性，讨论那种亚里士多德式的最好生活在哪些方面是受外界事件影响的，以及他怎样证明这样的生活虽然是脆弱的，但仍然是最好的。第十一章考察一般意义上的人类好活动的脆弱性。第十二章研究脆弱的好活动的两个特例：政治活动和个人爱情。这两章同时又讨论了亚里士多德对价值冲突的看法。插曲二考察了亚里士多德对悲剧以及悲剧情感在古典文学中地位的看法。第十三章回到前5世纪的悲剧，来解读欧里庇得斯的《赫卡柏》，试图表明当时运逆转的时候，即使高尚的性格也是多么容易走向堕落。虽然这一论点仅仅依据前5世纪的文献，但我把这一部分放在本书的最后，有利于表明亚里士多德与悲剧传统之间的连续性，这也是为什么他给予悲剧极高地位的原因。

正如我的哲学研究是建立在对历史文本的诠释之上一样，我所依赖的那个对伦理理论的看法大致来说也是一种我在第八章中所考察和辩护的亚里士多德主义。[16]这一观点认为，伦理理论的创立和发展，是通过对话者或者读者的直觉和信念，与一系列展现给他的复杂伦理观点之间的对话来进行的。（“一系列”，如亚里士多德所说，在理想的意义上，应该包括了“大多数人”和“聪明人”的观点。）这样的研究不可能开始，除非读者或对话者已经被培养成某种类型的人。那些已经有独立的情感和洞察力的人，对他们的价值和判断的解释是我们研究的目的，[17]而这些价值和判断最终应当是我们研究的素材。但是，这并不是说研究的成果仅仅是重复了读者已有的观点，就像亚里士多德所强调的（以及苏格拉底在此之前所表明的）那样，大多数人在归纳的时候，往往因为他们自己信念的复杂性，而得出了错误的结论。他们需要学
10 会如何思考。当他们通过相互间的对话，通过研究不同的观点，最终得到彼此间既独立又和谐的信念的时候，他们就在亚里士多德那里得到

了伦理真理——对亚里士多德来说，真理是人类中心论的，而不是相对主义的。*（在实践上，对真理的追求很少能达到完全或彻底；于是我们得到的观点就只是现有选择中的最佳者。）要在信念和理论之间筑起桥梁，通常很值得从文本出发，引导对话者去理解其他人的复杂处境，或者是好几种不同的处境。这使我们可以超越自己的理论偏见；而且，如果我们仔细挑选这些文本，我们就极有可能已经研究了那些主要的观点。

不管古希腊的材料多么变化多端，既然它只是提供了有限的几种伦理观点，既然一些重要的竞争观点，尤其是康德的理论，不能在此做详细的研究，所以本书只是一个更大的亚里士多德研究的一小部分。本书会得出一些我认为很有吸引力的结论。就我在这些问题上的研究而言，我相信在亚里士多德的意义上，这些结论就代表了伦理真理。但我并不认为它们标志着亚里士多德研究工程的完成。

如果我的研究方法是亚里士多德式的，那么这会不会使我的整个研究偏向于亚里士多德的结论呢？如果在亚里士多德的研究方法和结论之间有一种必然的联系，事实上很可能的确有，那么这是不是就意味着我一定会得出亚里士多德的结论呢？这里似乎有一个难解的问题。亚里士多德的方法号称能对所有对立的信念和观点都一视同仁，因此在这一意义上，它声称对柏拉图主义也同等对待。但是，柏拉图并不认

---

* 亚里士多德和苏格拉底都相信，对每个个体的内在信念系统的最好表述，也是能够严肃地追求真理的所有个体所分享的一个论述。这是因为他们相信公共协议的突出障碍就是在判断和反思上的缺陷；如果我们每个人都寻求实践选择的最佳程序，那么我们就会在最重要的问题上达成一致，不管是在科学中还是在伦理学中。我相信这个见解实质上是正确的。虽然在这里我不会直接论证这一点，但我使用这个方法的例子以及对它的进一步讨论（正如亚里士多德在捍卫它的时候所做的那样）应该会显示它的力量。在“实践选择的最佳程序是什么”这个问题上，人们是会有一些分歧的，从这些分歧中产生的困难以及有关的循环性威胁，将在第五章和第十章中进一步讨论。

为这种不偏不倚的处理方法有多少价值。他认为，首先，只有极少数的人有能力参与严肃的伦理反思和选择，而其他人只应该言听计从。正确的伦理判断是不可能从普通人的境遇中得出来的。其次，有一些伦理处境，像一些在悲剧中所阐发的观点，对人的灵魂过于有害，因此不应该在一个井然有序的城邦里任人讨论。换句话说，任何一种不偏不倚、公平地对待大多数人和事的方法，任何一种“大多数人”所持有的方法，正如悲剧诗人的观点一样，也许，并不可能公平地来看待柏拉图的观点。

我要信守承诺，用亚里士多德的方法来研究问题；我不可能用任
11 何另外一种方法来写作或教书。而且，在第八章中，我要为这种方法论辩护，至少证明它部分不是循环论证的。对余下循环论证的部分，我要证明它是丰富和具有重要意义的（第十章）；在第五章中，我将论证柏拉图和亚里士多德共同使用的方法比我在概论中提到的要多得多。我希望读者能够敏锐地看到，在每一章节，我的方法如何影响了我的研究结论。这样我们就可以更同情地评价柏拉图主义对这一方法的异议及其与柏拉图主义的结论之间的关系。

我的研究方法在有一点上明显地区别于一些近来的哲学家（例如西季威克和罗尔斯）对亚里士多德伦理学的研究。这主要是我选择研究的四部悲剧作品，在传统意义上被认为是“文学”著作，而不是“哲学”作品。通常这些作品被认为属于不同的文学形式，于是在人类伦理问题的研究上就具有了不同的意义。[18]但是古希腊人似乎并不这样认为。[19]对他们来说，不同的文学形式，不论是散文还是诗歌，都可以用来反思人类生活和人类问题。事实上，叙事诗人和悲剧诗人在古希腊被广泛接受为伦理导师和思想家。没有人认为他们的作品与史学家或哲学家的思辨著作相比，不够严肃或者不够真实。诗人，在柏拉图看来，

不是在另外一个部门追求不同目标的同事，相反是危险的竞争对手。柏拉图所创造的写作方式——我们认为是“哲学的”，与他关于人类的好生活和灵魂的特殊论点有紧密的关系；我们想当然地把哲学和文学区分开来，而且不加论证地认为文学作品在追求真理的伦理研究中微不足道，从而大大地误解了柏拉图的那些反对悲剧的论证。我们将在插曲一中讨论柏拉图对悲剧作家的攻击；在后面几章中，还要进一步讨论这一问题，尤其是在第二、第三、第七章和插曲二中。但是现在我们应当就文学作品在我们的研究中的重要性做一些初步的评注。（这些评注不应当被认为理所当然地把文学作品和哲学作品区分开来，它们只是评论传统上对作品文本的分类，而不是要认同这一分类。）古典学家或文学读者可能已经深信这些作品表现了追求真理的远见卓识，但是从哲学传统（尤其是英美传统）的眼光来阅读此书的读者，就会有一些疑问：为什么我们对于伦理问题上各种杰出观念的研究不能只限于被公认为哲学著作的作品，而非要转向戏剧和诗歌？为什么这本书自认为属于西季威克和罗尔斯一派的亚里士多德主义，却引用西季威克和罗尔斯都没有包括在其研究传统中的一些文学作品？这些作品是否真的不重要？

首先，即使我们的目的只是解释柏拉图和亚里士多德对我们问题的思考，考察诗学传统对伦理学的思考也是非常重要的，因为柏拉图 12
和亚里士多德的思想植根于这一传统，同时又因攻击这一传统而成名。在我写作本书的时候，我看到了一件最明显不过的事情，尤其是在柏拉图那里，即我们应该把柏拉图的思想看作是对这个复杂文化传统的一种回应，是由这个传统的问题和关注激发起来的。而且，在柏拉图自己的著作中，他的故事、用词和形象选择不断地暗示了诗学的影响，如果我们不从诗学的角度来研究他，那么我们就不可能真正理解其箴言警句的重要含义。

但是，我并不想把研究悲剧仅仅作为更好地理解柏拉图的工具，也不只是提供一种当时的流行思想作为哲学家追求真理的背景。[20]无论如何，我用亚里士多德的方法研究流行思想与真理探寻之间的联系，这种联系要比很多研究古希腊流行伦理思想的历史学家认为的直接得多。但是，一项系统而全面的历史研究远远超出了本书的范围，因为古希腊的文化和道德思想的绝大部分，仅存于它辉煌的文学作品之中，在此做全面的历史研究无疑会遇到很大的证据问题。所以我要像柏拉图那样研究悲剧诗人的作品，它们自身即是伦理反思，而人性的卓越正体现在这些作品的内容和形式中。换句话说，虽然我要把他们的思想与"大多数人"的观点联系起来，由此来证实这些思想，但我同时要把他们看作是"智慧"的化身，当作一个文化从中寻求真知灼见的杰出作品。由此我可以做出两个初步的论断：第一点要论证这些作品在我要研究的具体伦理问题上的价值；第二点要论证它们在普遍的伦理问题研究中的价值。

悲剧诗歌，因其主题和社会功能，极有可能研究或面对人类的生存和运气问题。另一方面，哲学著作却有可能得以忽略和避免这些问题。悲剧讲述的是整个文化传统思考人类处境的故事，同时又讲述复杂的人物经历，它们不大可能避免触及以下事实：我们的人类生活受命运左右，我们的情感和环境多变，我们的承诺相互冲突。[21]而一部我们的传统所熟悉的哲学作品，因其不特别注重讲述具体的故事，因此所有这些事实就要让位于对系统论述的追求以及对纯粹性的追求。这在古希腊传统和我们自己的传统中屡见不鲜。为了说明这一点，在下一章中，我要同时研究两部古希腊悲剧对实践冲突的思考，以及相对应的同一时期的哲学著作对这一问题的解答。这些著作，加上柏拉图的影响，就使得很多思想家渐渐远离了悲剧的观点。这项对照研究可以帮助我们更清晰地认识悲剧，重新意识到回归悲剧的重要性。如果我们的愿望是探究不同的观点，如果悲剧因其本质而提供了研究这些问题的一个绝 13
好视角，那么这一点本身就足以让我们怀疑传统的学科区分，转而认为悲剧诗歌是伦理研究的一部分。

但这并不是一个充分的理由。因为传统的哲学论著似乎仅仅从悲剧和神话中摘取一些片断就足以思考运气及其复杂而具体的内容了。[22]我们必须进一步说明，为什么我们要阅读整部悲剧，并且在整部诗的复杂性中来讨论这些问题。这些复杂的悲剧诗歌，是不是有可能对我们的研究大有裨益？我们要在下面的几章里讨论这些问题。但是，我们可以暂时说，不像哲学只是利用一个相似的故事作为示意性例子那样，一整部悲剧能够追溯一段复杂思维模式的历史，展示它在一种生存方式中的根源，并预期它在这种人类生活中的结果。正因为如此，它使我们体会到了真正思想的困难性、复杂性和不确定性。如果哲学家只是用安提戈涅的故事作为哲学例子，那么在示意性地讲述这个故事的时候，他就会引导读者去注意他认为是重要的地方，指出他认为确实相关的部分。一部悲剧并不是去表现角色在预先设计好的困境中做抉择，而是表现角色追求道德上的卓越，并且也促使我们作为解读者参与到这种追求中去。解释一部悲剧，较之评价一个哲学例子，是一件更困难、更不确定、更神秘、更不可思议的事情；即使这部悲剧在以前已经被评述过，它还是有不竭的吸引力，可以经受再评价，在这一点上哲学的例子是做不到的。如果要把悲剧的材料融入研究实践理性的伦理问题中，就应该把它的内容和问题原原本本地加入研究中去，而不是研究任何一种经过改头换面的形式。

但是，这似乎还是不足以证明为什么我们要在研究中使用悲剧诗歌。在我考察柏拉图和亚里士多德主义的概念时，（有些人会认为）我们完全可以只针对示意性的例子来做评价，同时也针对每一个读者的经验来做评价。因为这些经验显然是不确定的和困难的，从而也与我们研究伦理与运气之间到底有多大关系极为相关。（我们也可以把这一问题放在历史的环境里，询问为什么亚里士多德强调经验在实践智慧中的中心地位的同时，还要强调悲剧诗歌在每一个城邦公民的道德教育中的重要作用。这一点将在插曲二中讨论。）当然，在这里，追求真理的一个重要方面，就是每一个读者用他自己的伦理经验和直觉来验证理论。但是，与每一个人的经验不同的是，所有读者在思考人类好的生活的时候，都可以参照悲剧诗歌。而且，悲剧作品是经过精雕细琢的故事，注定会有一些主题和问题格外吸引人，从而必然会促进读者间的对话，因而有利于实现亚里士多德的研究规划。亚里士多德的研究目
14 的最终是由“我们”——所有愿意生活在一起共享相同价值观念的人群——这个词来定义的。另一方面（假若为了揭示我们究竟在多大程度上分享了古希腊人的困惑，我们就必须从事艰难的历史研究的话*），悲剧诗歌足够远离每一个人的生活经验，所以不会掺杂明显的偏见和个人利益，它所表现的是所有读者的共同感受。于是悲剧在促进个人探索的同时又促进了共同的讨论。简单地说，悲剧具有所有我们之所

---

* 不可能一下子就回答这个问题，而只能从具体的案例研究中逐渐浮现出来。在这里我只是断言：尼采正确地认识到，一个与犹太教—基督教宗教信仰的广泛失落相抗争的文化，可以通过转向古希腊人而获得它自己对价值的持续直观见识。当我们并不试图用基督教信念的透镜来看待那些直观时，我们不仅能够更真实地看到它们，而且也能够看到它们对我们来说何以是真的——也就是说，对人类伦理经验的一个连续的历史传统来说何以是真的，而那个传统尚未被基督教教条（以及康德的教条）所取代，或者尚未不可逆转地被后者改变。本书所处理的人类生活问题数个世纪以来尚未被过多改变；如果我们觉得不需要通过与某种其他东西相比较，就可以把古希腊人对那些问题的回答看作是基本的，那么我们就可以看到古希腊人如何很好地表述了人类一贯具有的对那些问题的直观和回答。然而，如果我们细心地指出历史已经改变那个问题表面的某些方面，我们就会很好地看到那个连续性的要素。

以转向理论，转向“有智慧的人”的优势，同时又因为它具有诗一般的特性而具有特殊的优势。

悲剧诗歌可以把一种独特的内容带入关于运气和人类之善的研究中，而如果我们仅仅局限于传统意义上的哲学文献，我们就很可能会忽略那些内容。而且，只有把悲剧作为一整部复杂的诗歌来研究，我们才有可能最好地理解悲剧的这一贡献。悲剧的内容与诗歌的形式是密不可分的。在古希腊人眼里，做一个悲剧诗人不是一件与伦理选择无关的事情，我们也应当认识到这一点。写作风格的选择——韵律、比喻和措辞的选择——都与善的观念密切相关。当我们询问哪一种伦理观念最具吸引力时，我们其实应当询问哪一种写作方式最恰当地表达了我们想成为理性存在者的渴望。

由此我们可以得到第二个论点。我们可以看到，为什么即使撇开我们自己特有的伦理问题不谈，诗剧作品在亚里士多德研究中也是不可缺少的。英美式的哲学传统倾向于认为伦理著作在研究过程中只应当与理性对话，而不应该求助于情感、感觉和感受的存在。柏拉图明确地论证：为了获得伦理知识，我们必须把理智与我们单纯作为人的其余部分分离开来；很多其他的作家，不论是否认可柏拉图理智主义的伦理概念，大多也是按照这个假设来继续他们的研究的。[23]我们与悲剧诗歌间的对话却不是这样。在我们探究文本中的伦理概念时，我们可以看到情感的作用。我们发现我们之所以思考这些活动，部分原因就在于我们意识到了自己的感觉。研究情感形式是我们寻找自我认识的重要
部分。(即便如此，这一讨论仍然过于理性化了；我要论证情感的作用 15
不仅仅是实践知识的手段，而且也是我们对自己的实际处境最好的认识或知识之重要组成部分。[24])

通常我们简单地认定，因为这些作品是文学著作，尤其是悲剧诗

歌，因此在严肃的伦理研究中引用它们是不恰当的。即使是默多克（Iris Murdoch，当代仅有的几位英美哲学家，同时又是杰出的文学作家之一）也声称，哲学风格，即寻求真理和理解而不仅仅是取悦大众的那种风格，应该把非理智的诉求清除出去：

> 当然哲学家们各个不同，有一些要"更文学化"一些，但是我总认为，理想的哲学风格是一种毫不隐讳、明确、朴素无华，以及坦白和一丝不苟的风格。一个哲学家必须试图解释他究竟想要说明什么问题，而避免修辞上的和无益的装饰。当然这并不是说哲学著作中应该排除偶尔的警言妙语式的小插曲，但是当哲学家直面其问题时，我认为他的声音应该是冷峻和清晰的。[25]

默多克似乎认为应该有一种哲学的风格是与内容无关的，适用于任何一种观念的研究。她还认为这种风格是朴素冷峻的理性风格，不被情感和感觉所左右。这是在我们的哲学传统中占主导地位的观点，可以一直追溯到洛克。他写道，写作风格中的修辞和情感性的因素就像是女人：她们在自己的位置上的时候是有趣甚至可爱的，但是一旦处于主导地位，就会是危险的，甚至走向堕落。然而，这些假设完全忽视了追求智慧的本质问题：我们自身的哪些方面应该被包括在这一研究之中？这些方面的关系如何？默多克所形容的这种写作风格的创始者柏拉图却没有忽视这个问题。他相信"朴素"和"冷峻"的风格表达了一种明确的伦理观念，但是要恰当表达不同的观念，就需要不同的风格。如果这一点是正确的，那么那种亚里士多德式的研究就不能自诩为给予了各种不同的观点应有的评价；因为按照他自己的写作风格，他选择作品风格所要表现的是理性研究的观念，在其中情感和想象力至多扮演了装饰和附属的角色。如果我们允许个性在研究的对话中发挥一定的作用，最直接的方法当然就是考察表现了这些个性的作品，这样我们才更有可能对不同的伦理观点做出更全面更均衡的评价。

就像在讨论方法的时候一样，在这里我们又遇到了一个深层的困难。因为我们的研究本身也是一部作品，必须选择怎样吸引读者，怎样与他们交流；而正如我们阅读的文本风格各不相同，我们也必须选择一种写作方式来达到这一目标。正如文本的选择一样，写作风格的选择在决定我们与读者的交流上，起到重要的作用。在这一点上我们很容易就陷入熟谙的怀疑论观点。如果我们要对在诗歌和哲学文本中所表现的互相匹敌的思想和写作观点做出判断，那么我们就需要一个标准，使我们在自己的写作中可以做出无偏见的判断。但是要知道什么样的研 16
究、什么样的写作会提供这样一个判断的标准，我们又必须决定我们要赞同哪一种观点。我们可以采用“冷峻”的“哲学”风格，或者用更接近诗歌的写作方式从而不只是诉诸人类理性这一个方面，或者我们可以在研究不同方面的时候采用不同的风格。但是没有一种形式是中立的，无论我们如何选择，似乎都会倾向于这一风格所适合表达的观点。

如果我接受这一写作的要求，去寻找唯一的阿基米德支点，或者说唯一的、纯粹的、无法解释的和几乎透明的写作艺术，那么我显然注定要失败。因为不论是在这里还是在任何相关的问题上，我们都不可能找到这样一个支点，这样一种艺术。就研究方法而言，我们更需要时刻意识到这一点。如果我们要追求客观性，那么在研究中就必须格外明确地表达出各种可能偏见的来源。很多对文学作品哲学价值的研究之所以从一开始就注定要失败，是因为不加讨论就完完全全用传统意义上的哲学风格来写作，而这种风格充分显示了研究者在事先就已经知道什么是理性，以及如何在写作中表达它。对我来讲，研究这些问题的最佳方法是试着采用不同的写作方式，从而更适当地把不同的伦理观念表达出来。而且，在我的写作中，我要试着表现对文学作品整体的回应，同时也唤起读者相似的反应。但这一切都有一个限度。我希望我的写作作为一个整体，能充分表达我要表述的几种善的观念，但我没有更多的时间来考虑如何更好地表现这些善的对立面，比如小气和吝啬。就方法而言，我的一些承诺过于极端以至于不可能被看作是价值中立的。同时我显然是在表述关于诗歌的反思性评价而不是诗歌本身，所以本书在风格上的灵活性也是有限度的。我写作的主要关注点也始终是它的判断力、清晰性和紧凑的论证。我要明确地指出很多诗歌里所暗含的联系，但我还要试着研究悲剧（以及柏拉图式的）比喻和戏剧场景，使读者可以体会到它们的力量。如果我有时显得过于“诗化”，这是因为我认为没有一种更好的方法，可以更适当地表达我要研究的题材和观念。

对考察整部书的写作风格感兴趣的读者可以在下面几章中找到相关的讨论。第二章和第三章评论的是悲剧的形式和风格对我们的研究所做出的贡献。插曲一考察柏拉图受到的悲剧和戏剧的正面影响，以及他最终放弃这种风格的原因。第六章进一步讨论在《会饮篇》中，柏拉图如何把论辩者们关于爱的观点与他们对风格的不同选择联系起来。第七章论证柏拉图在《斐德罗篇》中伦理立场的转变，同时伴随着理论和写作风格的转变。这一章还继续讨论在插曲一中柏拉图对诗人的公开批评，以及《斐德罗篇》对这一批评的回应。最后，在插曲二中，
17 在论述亚里士多德的那个部分中，我回到这些问题上来，表明亚里士多德对柏拉图伦理观念的批判，是如何与他对悲剧风格以及悲剧作为伦理研究之源泉的高度评价紧密相连的。

现在我们可以以预言的方式，勾勒出那些旗鼓相当的研究哲学文献

及其之前的文学作品的一些具体结果。而且，如果与新近的两部研究著作的结论相比较，这一点就可以更明确地表现出来。在伯纳德·威廉斯最近出版的关于古希腊哲学史的研究中，[26]在总结柏拉图和亚里士多德的伦理思想，同时讨论运气和理性的自足性的时候，他这样写道：

> 古希腊文学作品的其他部分（尤其是悲剧）表达出了我们深受命运影响的那种看法。这些作品所表现的人物或者肩负不同的责任，或者自负，或者心有所系，或者有种种需求，在不同的程度上易受灾祸和不幸的冲击，而且他们完完全全地意识到自己会遭遇这些不幸。这些事实使得戏剧中反复强调的幸福之不可靠很具说服力。在公元前5世纪和之前的文学中所表现的这些极为重要的见识——伟大的事物同时又是脆弱的，必需的事物同时又是破坏性的——在哲学家的伦理著作中却消失了。古希腊的哲学，在它持续地追求理性的自足性中，却远离了古希腊文学传统中最纯粹地表达出来的人类经验和人类必然性。
>
> 如果说在古希腊世界中，有一些伦理经验的特征不但对我们现在来说是合理的，而且似乎比很多我们身边的事情显得更合乎情理，那么我们则不可能单单在古希腊的哲学里找到所有的这些特征。虽然我们已经认识到古希腊思想是西方哲学基础的范围、力度、想象力和创造性，但我们还是没有真正体会到尼采的注释：“希腊人最重要的特征之一就是他们没有把自己最杰出的东西转化为思想。”[27]

威廉斯的结论很符合我要把悲剧包括在研究之中的一些论证，但是，如果他是完全正确的话，那么我的研究在讨论了悲剧的第三章之后就可以结束了：哲学家们意在用一种威廉斯在其他地方称之为“奇怪”的方法去追求自足性，彻底忽视了悲剧所提出的问题和悲剧价值的力量。这些问题和价值完全从哲学家的著作中消失了。

然而，在这些问题中，古希腊悲剧和哲学之间的连续性，却要比威廉斯认识到的大得多。一方面，我们看到悲剧对人类追求理性的自足性的鲜活描述；我们可以理解是哪些问题激发了他们的这种雄心和热望。另一方面，同样的问题激发了柏拉图对自足的好生活的哲学追求。他完全没有忘记悲剧中所描述的场景，相反倒十分清楚地看到我们受境遇影响的问题，认为只有去寻找极端的解决方法才可能正确地表达这些问题的深度。同时他明确地认识到他的解决方法的代价。我要论证在柏拉图的对话中，比如说在《普罗泰戈拉篇》和《会饮篇》中，他承认要获得自足性就要放弃人类生活的很多内容及其美感——就像我们
18 只凭经验就可以体会到的一样。我还将论证，在他的后期作品中，柏拉图发展了一种对自足性追求的深刻批判，而这恰好继续了悲剧对人类那种雄心的批判（第七章，尤其是注释36）。在第三部分，我要表明亚里士多德如何试图挽救一些人类雄心的宣言，同时又不像在悲剧里那样失去人类的价值。他阐明了一种适合于有限度的人类生活的自足观念，同时与此相应，阐明了一种与悲剧中所表现的图景密切相关的人类价值。所以我们的结论应当是：要请尼采见谅，古希腊人在可能的范围和复杂性中，确实是把他们最杰出的东西转变为了思想。

另一部最近研究古希腊实践理性的著作，它的观点似乎正好相反。在《理智的狡诈：古希腊人的混合产物》一书中，[28]韦尔南（Jean-Pierre Vernant）和德蒂安（Marcel Detienne）赞同威廉斯的观点，认为古希腊哲学没有对人类价值以及理性受运气影响做出适当的解释；有一些很重要的人类生活领域完全不在哲学家的研究之中，倒是非哲学作品给予

了相当的描述。但是，他们与威廉斯的相似处到此为止。威廉斯认为哲学的传统过于注重对自足的实践追求，韦尔南和德蒂安却相信这是古希腊哲学之外的传统所关注的对象。他们主张，在古希腊思想中有两种不同甚至对立的人类理性观念。其一是哲学家的思辨理性，只用抽象的思辨来研究不变的对象。这种理性既不必担心外部境遇的影响，也不用担心遭到控制，因为它的研究对象从一开始就是绝对稳定的。它完全不在意任何实际的问题。（韦尔南和德蒂安不认为这种思想起源于我们对实际问题的困扰。）另一方面，同时代哲学之外的研究著作活跃地论述实践理性，一种多变的、复杂丰富的理性，把可变的和具体个别的事物作为其研究的对象。这类理性的目标（他们用“mētis”以及相关的“dolos”和“technē”来指理性）是用机智来征服和驾驭难以捉摸的外在世界。狩猎和陷阱、打鱼和罗网、驾驭、束缚，这一切都是表达这一目标的显著比喻。他们对哲学之外追求理性目标的解释，与威廉斯对哲学目标的解释相类似；它们追求的是自足性以及消除难以驾驭的运气的影响力。韦尔南和德蒂安强调了这种理性的驾驭能力是难以捉摸的，这种理性即使达到了它的目的，也总是不稳定和不长久的。但同时他们又坚持认为，在古希腊的传统中，这是理性唯一的和最有价值的目标，而且毫无疑问是它最卓越的特色。

我在两个方面不同意韦尔南和德蒂安的解释。首先我认为，柏拉图的理性生命的概念，包括它强调不变的和高度抽象的对象，本身就是对下面这种尝试的一种直接延续：尝试通过对世界中的那些不可靠的特点进行“束缚”和“诱捕”而渴望获得理性的自足性，而在前柏拉图时期的文学作品中，这种渴望不断地被戏剧化。柏拉图描述他自己的哲学奋斗时清楚地表明他意识到了这种连续性。但同时，我要论证在 19
古希腊传统中，这一持续讨论的理性图像，并不是对理性与运气的关系进行研究的唯一模型。mētis和柏拉图对自足性的看法都忽视了美德(aretē)在传统中是被比喻为一棵树的：是一种与脆弱性不可分的人类价值，一种就其本质而言是社会性的、与外界密切相关的卓越，一种就其本质而言不是追求掌握、捕捉和控制的合理性，而是一种开放的、有容纳性以及奇迹可以在其中起重要作用的合理性。我相信我们会发现，在按照时代来研究理性发展的每一个阶段时，理性作为狩猎者的图像，总是被对立的另一个图像批评和限制——而它呈现给我们的价值却正是mētis所要试图消除的，运气对理性的影响。(我相信这正是威廉斯在悲剧中所发现的观点：古希腊人不仅认识到运气的影响这一事实，而且认识到了它的价值。)在这一图像中，狩猎和诱捕不仅仅是艰难的，而且对人类生活来说也是一个不适当的目标(参见第七章，注释36)。

表格并不能代替论证，这里列出的各种关系都要经过进一步的论证；但是列表可以帮助我们意识到人类实践合理性的这两种规范观念在不断变化。[29]

A	B
行动者作为狩猎者、围捕者和男性	行动者作为植物、儿童、女性(或者具有两性特征)
行动者作为纯粹主动者	行动者兼具主动、被动和受动性
目标：不间断的主动性、控制；消除外界的影响	目标：主动性和受动性；有限风险均衡下的有限控制；在外界统领的世界中的生活
坚强和不可渗透的灵魂	柔软的、有孔的，但具有一定结构的灵魂
只信任不变的和稳定的事物	只信任可变的和不稳定的事物
作为纯粹阳光的理智	作为灌溉的水、给予和接受的理智
孤独的好生活	与朋友、爱人和共同体在一起的好生活

如果读者留意这些观念的对立，*那么他们就可能更好地把本书不同部分的材料总结在一起，并表明柏拉图的思想是如何源于其文化传统的。我的论证大致是这样的：悲剧同时阐明了A和B的规范，他们引用B的价值来批判A；柏拉图发现B所包含的风险过于巨大，于是就发
展出另一种不同寻常的A，而同时又批评这种理论缺乏某些重要的人 20
类价值；亚里士多德阐明和捍卫了B的一个变种，并提出：这种理论符合我们最深的实践直觉，即关于存在者与运气的恰当关系——这个存
在者处于神与兽之间，但同时又可以看到两者都不能看到的价值。[30] 21

---

* 重要的是要注意到：B不是A的极端对立面；它是在A那里被强调和培养的那些要素，与A避免和回避的那些要素的组合。

第一部分

悲剧：脆弱性与雄心

他们并不理解，正是自身内在的差异，它才与自身保持一致：一种向后延伸的和谐，正如一张弓或者一把七弦琴的和谐……人们必须认识到，冲突是所有事物的共性，而正义就是斗争，所有事情最终都是按照斗争和必然性而逐渐变化的。

赫拉克利特，《残篇》，B51、80

在这里我们碰到了哲学研究中的一个显著的和独特的现象：困难——我可以说——并不在于发现解决方案，而在于把某种看来只是解决方案的一个准备的东西看作解决方案。“我们已经说出了一切。——不是任何由此产生出来的东西，没有解决方案，这本身就是解决方案！”

我认为，这与我们错误地期望得到解释相关，而就我们对那个困难的解决来说，假若在我们的考虑中给予它正确的地位，假若我们详细阐明了它而且并不试图超越它，那么它就是一种描述。

在这里，那个困难就是：停下来。

23 维特根斯坦，《纸条集》，314

第二章

埃斯库罗斯与实践冲突

古希腊悲剧表明：好人会因为不受其支配的偶然事件而毁灭。这当然是让人痛心疾首的事情；但这又是人类生活的平常事实，没有人会否认这样的事时有发生。同时我们所持的美德观根深蒂固，丝毫没有因此而动摇，因为美德之为美德，应该可以出淤泥而不染，经得住外在环境的斗转星移。但是悲剧却表现了某些极其令人不安的情景：好人做出了坏事，为境遇所迫做出了在其他情况下完全与他们的性格不相符的坏事。其中一些例子表现的是物质上的限制，或者情有可原的无知。在这些情况下，我们在感觉上要好受得多，因为主人公并没有真正**做**坏事——要么是因为他或她根本就还没有**行动**，要么是因为（就像在俄狄浦斯的例子中那样），他有意**做**的那件事情与他并非故意招致的坏结果南辕北辙。[1]但是同时，悲剧一再强调，并且向我们展示出另外一种更难以解释和解决的情景——通常被称为“悲剧冲突”。在这种例子中，我们看到的是在没有任何外在约束，而且在对自己的行为有充分清醒认识的情形之下，主人公却做出完全违背其品格信仰的行为。这种被迫的行为来自极端的情境不允许他同时履行两种同样正确或者同样重要的伦理承诺和义务。从整体来讲，悲剧往往非常严肃地对待这种情境。它把这种情境处理为与评价行动者的伦理生活有关的做坏事的真实情形。而且悲剧认为，它一再地强调这样的情境是很有价值的，它用不同的方式研究在极端复杂的情况之下，个人的美德究竟体现在何处。

正因为这样一种态度，古希腊悲剧，尤其是埃斯库罗斯的悲剧一直备受攻击，被认为在伦理题材上是原始的和不成熟的。这一攻击始于道德哲学的诞生之日。苏格拉底告诉游叙弗伦（我们可以想象，他自己正陷入这样一种进退维谷的境地），[2]那些描述两种正义主张会相互冲突的故事是有悖理性原则的，因为这一论断本身是自我矛盾的。“我亲爱的游叙弗伦，这就像是说虔诚和不虔诚是同一的。”（《游叙弗伦篇》，8A）这样不合逻辑的故事不可能正确地解释“什么是虔诚”。正因为古希腊神学的一个重要特征就是肯定这种冲突的存在，甚至强调这种冲突的普遍性——要求一个人对所有的神祇言听计从是件难事，尤其是存在像阿尔特弥斯（Artemis）和阿弗洛狄忒（Aphrodite）这样势不两立
25 的女神，而要每一个人都敬奉所有的神祇就更是难上加难[3]——苏格拉底实际上（参见第四章）是以理性的名义来攻击古老的众神，甚至在法庭上他也以此来回击对他的指控。

苏格拉底的立场影响之广，甚至到如今很多主流注释家仍然认为古希腊悲剧对实践冲突的描写是原始的、前理性时代思想的一个例子。下面是最近一位美国作家对埃斯库罗斯很不以为然的评论：

> 一种对正义（dikē）的论断往往直接地质疑另一种对立的论断，在这种情形下我们就不可能决定哪一个论断必然为真。从我们的观点来看，这种不合逻辑、相互对立的正义论断的和平共存，

> 不应该与我们伦理上的正义观念相提并论。如果我们把古希腊的这种对正义的理解与我们自己的正义观念等同起来，那么我们无疑就赋予了前者其实并不具有的系统化特征。[4]

更有甚者，德国杰出的评论家莱斯凯（Albin Lesky）在埃斯库罗斯对冲突情境的描述中找到了两种逻辑上的自相矛盾。

> 当然，如果我们要做明确的逻辑划分，我们会说"为必然性所驱使的行为活动不是自愿活动"。但是，如果我们要强调逻辑上的一致性，那么我们不得不摒弃埃斯库罗斯大部分的悲剧作品。他的悲剧中多有经不起逻辑推敲的地方。特洛伊战争难道不是要代表主神宙斯正义的旨意来惩罚帕里斯的不仁不义吗？于是阿伽门农正是代表神的这一惩罚意志来宣战的。但是惩罚的代价是一种他不得不以死亡来偿还的可怕的罪，并最终为此而付出了自己的性命。在这里没有任何逻辑上的一致性可言。[5]

不论是在描述选择和限制条件的关系上，还是在描述行动者无论怎样选择，都要承担相互冲突的责任上，埃斯库罗斯的悲剧都被认为是犯了逻辑错误。于是加加林（Gagarin）和莱斯凯（当然不止他们两个人）都一致认为，在埃斯库罗斯的思想中有严重混淆不清的地方。而现代思想超越了这些迷惑不清，从而我们可以说，埃斯库罗斯的思想对于研究现代人对于美德的信念以及（所谓系统的）伦理要求的观念不会有任何帮助。

我要来研究这些论断，研究为什么一些重要的现代伦理思想否定悲剧冲突的存在，以及现代评论家轻视悲剧之反思价值的理论依据是什么。同时我还想质疑加加林充满自信而说的“我们”：在日常生活中，我们是否可能避免这些冲突，以及以现代理论解释我们面临的问题是否比悲剧的反思更为可取。通过研究这些问题，我们会开始认识到哪些悲剧的情节及其背后的宗教传统表现了人性的美德与周围事件之
26 间的关系。因为我的目的是要研究悲剧所表现的思想与我们的直观感受之间的关系，我要从简略地解释我们对这种例子的通常判断入手；随后来叙述几种广为人知的哲学理论对这些问题的处理——悲剧的“无为处理方法”被评论家认为是原始的和不成熟的，无疑是深受这些哲学理论的影响。最后我要详细地研究埃斯库罗斯对冲突的两种描述，试图论证与某些哲学理论相比，悲剧更好地表述了我们对实践的直观感受。

1

我们要讨论的是一个人在两种选择中必须挑选其中之一的情形。[6] 由于世界自有其特定的运转机制，人不可以鱼和熊掌兼得。（如果事先考虑周详，是否有可能彻底地避免选择困境的问题暂时悬置不谈。下一章我们要来集中讨论这一问题。）但他还是想两者兼得；或者不论他是否想兼得，他都有理由追求两者兼得。不论放弃哪一种选择，在实践上都会带来严重的后果。他感觉到，不论如何选择，他都会懊悔没有选择另外那个。有时候，选择本身可能是困难的：他对两种选择都同样不知所措。而有时候，他可能很清楚哪一种是最佳选择，却还是因为不能做出另外的选择而痛苦。我们从一开始就应该十分清楚地认识到整个问题并不单纯在于抉择本身——在做决定本身似乎一目了然的情况下，这样的冲突还是有可能存在的。亚里士多德谈到，在大风暴中，

船长如何把所有货物投入海中，以拯救船员和他自己的生命。[7]两相比较，他一下子就看清应该如何选择；在这个例子中，哪怕他表现出一点点犹豫，都说明他肯定是脑子有问题，这一选择没有任何冲突的地方。即使他很在乎船载的货物，会一直后悔他扔掉了那些货物，他也不得不做平常人所不愿做的选择，扔掉平常人会珍惜的东西。[8]

于是我们看到一系列所谓欲望冲突的例子（而且在一些例子中，即使行动者本身对相互冲突的欲望没有兴趣，我们还是会发现这些例子对我们的研究有特殊的意义）：行动者想要x（有理由去追求x），而且他还想要y（有理由去追求y）；但是，由于环境所迫，他不能两者兼得。最终我们想要问的问题是：在这些例子当中，是否有一些例子不仅仅关系到欲望的满足，而且关系到伦理和美德本身？是否不仅仅是没有得到所欲望的东西，而且是值得责备的过错，因此他不仅仅要后悔所做出的选择，而且更要对自己的所作所为痛心疾首？

有一系列的特征（在悲剧中我们也可以看到这样的特征）显而易见地与这一问题的研究密切相关。有时候，我们必须要放弃所有物、所受的奖赏，或者一些其他的身外之物；有时候，我们要放弃的是一项钟爱的活动。有时候纯粹是因为不能够去追求我们所想要追求的目标；有时候是选择的途径本身违背了其他的承诺和追求。有时候我们要放弃的是“过剩”的东西或奢侈品，它们对我们的价值观来说是次要的东西；而有时候却是至关重要的东西——或者是我们所认为的好生活观念的一部分，或者是达到这一观念的必要手段。有时候要放弃的是次要的东西；而有时候却是对“我们”好生活的观念（整部悲剧所要达到的观念）来说至关重要的东西，而我们要评价其行为的主人公的观念，也许与此有所不同。有时候要放弃的东西仅仅影响到行动者自己；而有时候却会对其他人带来不利的影响或损害。有时候行动者本人对要 27

放弃的东西并没有直接或者间接的责任或义务；而有时候他却有这样的承诺或义务。有时候事件本身可能是自我控制的，也就是说对外界有极少的影响；而有时候选择放弃y的后果，却可能给行动者和其他人此后的生活或生命带来极其深远的影响。最后一点，这样一些例子也许有补救的可能性：行动者有可能有机会重新做另外一种选择或者弥补从前的过失；而有时候显然就不再有这样的机会了。

以上并不是一张正式的或者涵盖所有可能性的目录表，它仅仅标示出我们通常所做的一些区分。从直观出发，我们会觉得在每一组这样的正反组合中，第二种可能性更糟糕；在其他因素相同的情况下，第二种情形更有可能影响到我们在冲突发生时对行动者的伦理评价。这些特征可以有多种不同的组合。要在具体的事件发生之前就制定好规则，决定哪几种特征组合就足以为行动者在特定环境下的所作所为定罪，无疑是困难的，甚至可能是误导的。没有哪个有头脑的人，会指责亚里士多德的船长丢掉船载的货物来拯救他自己和他人的性命，即使在合同上他有义务保护这些货物。[9]但是，如果拯救海船的唯一方式就是把他自己的妻儿扔进海中，那么情形就会大为不同了；因为这种损失涉及有害他人的活动，那么它就是无法补救的，而且还会对他今后的生活产生深远的影响；更进一步来说，它直接影响到对他的好生活的观念来说至关重要的或者应该是至关重要的组成要素。但是，要在事先制定固定不变的规则或条件来准确地判别两种迥然不同的例子，也就是说，判断在哪种例子中我们应该责备行动者，在哪种例子中他应当免受其咎，却是难上加难，如果说不是根本不可能的话。

至此我还没有提到所谓的“道德冲突”；在前文中我提到了一些例子，通常被贴上这种大而化之、不太系统性的标签。这与我在第一章中所阐述的我们对道德/非道德区分的普遍怀疑是联系在一起的。一旦

我们看到了“道德冲突”的标签如何被用来处理我们所感兴趣的这些
具体例子，我们也就不难理解这种疑惑的根源。首先，一种冲突被叫
作“道德冲突”究竟意味着什么，这一点从来就没有得到很清楚的定义 28
（参见第一章）。道德和非道德的区分有太多不同的解释，因此“道德冲突”这个词本身的意义也就不是一目了然的。如果它是指一个具体的例子牵涉到其他的价值，或者行动者（或我们自己）最深刻的保证和承诺，那么，我们直截了当地这样来阐述会更明确地表明我们的观点。这些区分表现在我们直观的表述中，但概念本身却并不能给出伦理相关的要素的完整阐述。然而，如果它是指所讨论的承诺不属于自然的偶然性范围，不受“冷峻的偶然事件”影响，那么这一区分对我们来讲就毫无意义，因为我们的目的恰恰是要探究这一问题：是否有任何重要的保证和承诺不受外界影响？如果这样来理解的话，道德/非道德的区分，就成为一个用未经论证的前提来证明结论的区分。

但是，即使我们解决了区分的意义问题，我们还是会碰到进一步的难题。“道德”和“非道德”这两个范畴的用法，在众多作者那里，意味着他们要把所研究的例子严格地区分为这两个对立的种类。接下来，他们对问题的讨论也要围绕着这一严格的区分来进行。相比较而论，我们的直观描述所暗示的是：在日常生活中，我们发现了一系列复杂的例子，它们涵盖了整个领域，相互联系和重叠，二元分类不可能掌握其整体的意义。如果说我所提到的八种特征都与评价和判断冲突相关，那么我们很有可能在一个例子中找到第一、三、五和六种对立特征中的第二种情形；而在另一个例子中找到第二、七和八种特征中的第二种情形，以此类推。我们不想排除或者掩饰这种可能性，相反，我们还想看一看，瞧一瞧。

伯纳德·威廉斯在一篇与他对古希腊悲剧的兴趣密切相关的出色

文章中，[10]从另一个角度论述了道德/非道德的区分在研究和表述实践冲突中的重要性。他说，“道德冲突”，与其他欲望的冲突不同，在于我们感觉到道德要求是不能依靠消除欲望就可以避免的。在实践中有一些要求确实对我们的行动具有约束力，不论我们如何感觉或者我们具有怎样的欲望。所以，他认为，强调道德/非道德的区分有其重要性，因为它影响到我们对这些例子的评价。

这是一个重要的观点。这也是为什么在描述冲突的例子时，我要把两种例子包括进来：在前一种例子中，行动者确实对相互冲突的原因有所渴望；而在后一种情形中，他的追求却不是因为欲望，而有其他的理由。我在前文的一些对比，尤其是那些关系到人们好生活的看法，对他人的伤害以及先前承诺的对比，就表达了与威廉斯同样的关注。所以在我来看，我们并不“需要”在严格的二元区分前提下研究这些观点。相反在威廉斯自己甚感兴趣的领域，这样的区分甚至是一种严重的误导。他的道德主张可能也正确地描绘了那些很难被划分为“道德的”其他实践关注的力量（威廉斯自己在他近来的著作中就有这样的
29 描述[11]）。比如说，理性追求或者个人情感纠葛所提出的要求，就很可能具有同样的约束力，无论是否出现欲望；而且“道德”一词的使用使得人们不再认为这些“非道德”的例子具有重要的意义。更进一步，我们在实践中屡屡发现的并不是绝对的主张与完全无足轻重的主张之间的对立，相反却是一系列被认为具有不同的力量和必然性的主张。正因为如此，如果我们从研究一系列更具体、非正式的区分入手，而不是拘泥于二元区分，那么这种做法似乎就更明确和更忠实于威廉斯的本意和精神（在他的新作中这一点尤其明显）。[12]如果我们忽略了任何重要的观点，那么，对这些例子的准确描述，就应该能够达到澄清事实的目的。但是，为了使我的结论对习惯于做出这种二分法的读者具有同样

的说服力，在选择悲剧冲突的例子时，我要选择那些他们认为是“道德冲突”的例子，即这样的例子：它们涉及违背了先前做出的严肃的价值承诺，并且对他人造成不可弥补的伤害。因此，如果我们能够表明这些例子中悲剧观点的力量，那么我们就不仅表明了对真正的“道德”美德来说，只具有（传统上认为）表层意义的一些卓越品格的脆弱性；而且表明了，在行动和选择中体现出来的（我们通常认为的）道德美德本身的脆弱性。

2

现在我们要从这个直观的描述中，得出一些哲学结论。从《游叙弗伦篇》开始，道德哲学中的主流传统就一致肯定这样一个中心论点：“道德冲突”的个例显示了一种不一致性，它违背了实践的逻辑，因此必须被清除出去。[13]苏格拉底自己已经走出了决定性的一步。游叙弗伦的两难处境所表现的冲突（他对自己父亲的尊敬以及他要保护别人性命的义务之间的冲突）[14]被解释为一种伦理分歧的情形：究竟哪一种行为是更正当或不正当的不同伦理信念之间的冲突。但是，如果只是两种信念发生冲突，那么澄清哪一种信念为真就是唯一的理性解决方法。而两种信念之中只可能有一种为真；由此我们应当摒弃另外一种错误的信念，从而这一冲突就不复存在了。在《游叙弗伦篇》的后半部分，苏格拉底的这一立场演化为对传统古希腊神学中一个重要因素的质疑：那就是众神强加在凡人身上的、大相径庭甚至相互冲突的责任和要求（7E—8E）。这一观念，加上每个人对恪守礼敬众神义务的信念，就产生或解释了：即使在相互冲突的处境中，众神间相互冲突的要求也具有同等的约束力。但在苏格拉底看来，这样一种图景不可避免地会衍生出一个我们无法接受的结论，即至少有一些神祇的信念是错误的，因此他们提出的要求也就是无理的。于是他就怂恿游叙弗伦打破传统观念，只听从那些在众神那里能够达成共识的要求；在众神是否确实争论不休，因而不能达到一致意见这个问题上，苏格拉底也进一步表明了他自己的怀疑（8E）。

苏格拉底之后的一些哲学家，把他的理论进一步延伸到所有关于欲望和价值的冲突上去，认为在每个例子中至多只有一个正确的答案，因此，对发生冲突的双方而言，选择一旦做出，另一个欲望和价值就不
30 再具有任何分量。如果这样的欲望继续存在，行动者至少得承认那个欲望完全是非理性的。一些哲学家意识到，对所有这样的冲突来讲，这并不是十分可信的理论，并认为，在某些特殊的情形中，我们有可能达到某种程度的调和，而这种特殊的情形往往就被称为“道德冲突”或者“义务上的冲突”。这些为数众多并且植根于不同传统立场的哲学家在批评古希腊悲剧方面有着直接的影响。而且，只要有时候哲学家对这些问题的表述能够深深打动他们同时代的普通人，那么他们就又带来了更多间接的影响。于是，如果我们考察三个有代表性的著名哲学理论，也许就能够更好地理解当代在对埃斯库罗斯的评价中的一些障碍。

在《存在主义是一种人道主义》一书中，[15]萨特（Jean-Paul Sartre）给出了一个实践冲突的极端例子。一个年轻人必须在加入法国抵抗组织的爱国主义义务与照顾他年迈的母亲之间做出选择。萨特说，从这个“自相矛盾”的例子中，我们意识到系统化的伦理原则在指导我们的行为上总的来说是无能为力的。最好的出路是彻底放弃这些准则，自由地、清醒地以及无悔地做出自己的选择。[16]

黑尔（R. M. Hare）在《道德语言》一书中，[17]同样认为我们的问题在于不一致原则，它的不协调在于逻辑上不能被接受。于是行动者必须

要根据难以处理的处境来修改这些原则，使它们可以涵盖这一处境而不至于相互冲突。比如说，道德训诫“不说谎”在战时就应该被重述为如下更为恰当的原则：“不说谎，除非面对敌人。”相互冲突的处境被作为例外写入原则，从而也就限制了它的应用范围。[18]

但是，对康德来说，哪怕只是说我们的原则有错误因而需要修改，都是不能接受的。他认为道德规则或原则的概念本身，就意味着它不可能与另外的道德准则相冲突：

> 因为……责任和义务一般来说就是表示某些行动的客观实践必然性的概念，因为两个互相对立的规则不可能同时具有必然性，因此，如果按照其中的一个规则来行动是一项责任，那么按照另一个规则来行动就不仅不是一项责任，而且与责任相对立。由此推出，责任和义务的冲突是不可设想的（obligationes non colliduntur）。然而，义务的两个根据（rationes obligandi）——其中的任何一个根据并不足以使它成为一个责任（rationes obligandi non obligantes）——在一个主体那里联合起来，在对它具有约束力的那个规则那里联合起来，这倒是件很可能发生的事情，在那种情况下，其中任何一个根据都不是责任。当两个这样的根据发生冲突时，实践哲学并不认为更强的义务占了上风（fortior obligatio vincit），而是约束责任的那个更强的根据守住了阵地（fortior obligandi ratio vincit）。[19]

康德认为，客观的实践准则在任何处境中都必须协调一致，构成一个真观念体系的和谐系统，而这一系统应该优先于我们直观感受到的（康德承认的确存在着的）在义务上的冲突。表面上看，我们的义务

相互冲突，但是，因为义务和实践准则的概念本身排除了所有的不一致
31 性，这些义务就不可能发生冲突。于是我们必须找到一种更恰当的方式来解释表面上的冲突。既然相互冲突的两方中只有一种义务是真正的义务，那么我们称另外一方仅仅是真正义务的“背景”。而当更强的“背景”变得越来越突出时，我们就意识到只有这一种义务才自始至终是我们的义务；我们可以摒弃相冲突的另外一种“背景”，因为它没有约束力，它放弃了阵地，并且不再具有任何诉求。对康德来说，任何其他的解释都会削弱义务与实践必然性之间的概念联系，以及这两者与逻辑上的一致性的联系。也许更为重要的一点是，任何其他的解释都是承认行动者所遭遇的偶然性（他只是碰巧被抛入这种境遇），有可能迫使他背弃他所承担的义务。对康德来说，这是无法容忍的错误。[20]

但是，对于所有这一切，一个很自然的回答是：当人身处那样的环境时，我们的“感受”却完全不同。我们感到不像在解决一道难题，一道唯一需要的就是找到合适答案的难题。相反，在最后哪怕有一丝一毫的问题解决或者终结的感觉，也绝不是一种有突破性进展满怀希望的感觉，而是一种极端的突然崩溃：断然否定、刻意的冷漠，甚至是癫狂和死亡。我们所提到的哲学家并没有忽视这些直观上的反对意见，在试图化解这些反应之前，他们在一定程度上都认可了这些反对意见的存在。（萨特和黑尔对比了平常人的思考与更高一级的思想之间的差异。[21]康德认为每一个平常人对于逻辑一致性所持的信念，应当足以帮助他摒弃相冲突的原则。）因此直观立场的捍卫者就不能简简单单地断定这是我们的平常所见。我们必须至少要采取如下两个措施。其一，必须进一步仔细研究在很多哲学问题的讨论中这种“直观立场”的含义，尽可能准确地描述冲突的例子，以体现直观感受到的巨大力

量。*（这将要求我们用我们感受到和理智上把握到那种力量的方式来描绘那些例子。）其二，也是更重要的一点，我们必须表明这个直观的图景是与人们伦理生活的其他重要因素相联系的——如果我们根据某一种哲学的解决方式而调整我们的直观感受，那么我们就要放弃很多非常重要的东西。在下面一节中，我将说明埃斯库罗斯的那种“很不符合逻辑的”的剧作恰恰能满足这两个条件的要求。

3

埃斯库罗斯的《阿伽门农》[22]开场是一种奇特而不祥的预兆。鸟之王飞到船之王面前。两只鹰（一只黑鹰，另外一只的翎子是白色的）当着所有军队的面，吞噬了一只怀孕的野兔和它所有未出生的小兔 32
（111—120）。观众很难不从这一恶兆中联想到这支军队即将对特洛伊无辜百姓的屠杀。对熟悉埃斯库罗斯故事的观众来说，也很难不联想到为了阿伽门农远征军的出征而必须要求无助的女孩伊菲革涅亚做出牺牲。但是，先知卡尔卡斯却对这个兆头做出非常奇特而无关紧要的解释。[23]他说“那两只吃兔子的好战之鹰象征着两个率领军队的统领”（123—124）；他预言远征军会攻陷特洛伊，在城外无数牛羊会被宰割。他认为在鹰吞食兔子与人宰杀动物之间的类比是恰当的，而不应该是人对人的屠杀。在一定意义上卡尔卡斯是正确的。正像老鹰吞食兔子

* 有趣的是要注意到：这个批评现在（1984年）并不像它首次提出（1973年）的时候那么广泛适用。“应用伦理学”的巨大发展以及大多数主要的（英美）伦理学对具体和复杂的例子的关注是一个受欢迎的发展。我认为这些例子并没有排除转到文学作品上的需求（参照第一章中的论证）。不过，当例子变得越来越复杂的时候，我们可以期望的东西并不是在例子和文学文本之间发现一种强烈的对比，相反倒是发现一种连续性。

那样，人也可以宰杀牛羊：既满足了口腹之需，又不会感到任何内疚。但当屠杀的对象是人的时候，我们的感觉和感受却会大为不同。卡尔卡斯的类比有它的道理，但很显然他的解读过于浅显。没有哪一个真正重要的征兆会只预言一顿牛肉晚餐。卡尔卡斯是在逃避。然而，如果我们把他对人/动物的类比与恶兆更为邪恶的一面联系起来，那么我们就会得到另外一种可能更贴切的解释。如果我们认为开场的预兆是指希腊人要犯下的战争罪行，那么我们就要想到战时的特殊境遇，可以改变甚至侵蚀人与人之间传统的行为准则，使他们对兽性般的屠杀无动于衷。[24]如果我们认为预兆是指献祭伊菲革涅亚（因为她被彻底剥夺了怀孕生育的可能性，尤其她是“船之王”的牺牲品），那么我们就已经进入了歌队对阿伽门农谴责的主题：他不知在哪里着了魔，被他的冲突冲昏了头，随便就把他自己的孩子杀死了，好像她不是自己的女儿，倒像是动物一样让他无动于衷：

> 他满不在乎，就像杀死一大群毛色丰美的绵羊中的一头牲畜一样，把他自己的孩子杀来献祭。（1415—1417）

这是克吕泰墨斯特拉的原话；但我们在下文中可以看到，歌队对这一悲剧事件的反应和她的反应也是一样的。

歌队认为伊菲革涅亚的献祭是必要的，但他们同时又责备阿伽门农。批评家通常认为这两者是不相容的，由此总是想通过解释，要么消除献祭的必要性，要么消除谴责。有一些批评家则引入“过于武断”或者“双层”动机的假设来说明埃斯库罗斯的思维如何非理性和不合逻辑。[25]但是，只要我们能够更准确地指出这种必要性的本质和来源，以及歌队究竟在哪一点上认为他们的统领该受咎责，我们就有可能在这两方面获得连贯一致的理解。首先，很明显的是，正是因为两位天神对阿伽门农同时提出了不同的要求，他才陷入了不得不做献祭的处境，但他并不是因为做错了事情而使自己陷入这一悲剧境地。希腊军队的远征是宙斯的命令（55—62），要去报复帕里斯的罪 33
行以及他对宾主之仪的践踏。歌队认可所有这些相关的事实。在合唱歌中他们这样来形容特洛伊："他们可以大谈宙斯的龙颜难犯：但至少这一次，他们知道他的震怒是有来源的。"于是阿伽门农就是在为正义的理由而出战，他不可能背弃这一理由，否则就是对神的大不敬。[26]献祭的要求来自阿尔特弥斯女神，她在愤怒中让东北风阻止了远征船队。卡尔卡斯占卜说唯一的补救方法就是必须要用伊菲革涅亚去做牺牲。[27]在其他版本的故事中，阿尔特弥斯女神的震怒被认为源自阿伽门农以前的冒犯，但在这里，埃斯库罗斯却未加解释。无论我们认为女神的愤怒是来自她一贯亲特洛伊的倾向，还是因为她是幼弱的保护神，都让她预感到即将来临的对特洛伊的屠杀，因而大为震惊，埃斯库罗斯避开阿伽门农从前对她的冒犯不提，是要更进一步地强调阿伽门农可怕的两难处境的偶然性和外在缘由。他仅仅是虔诚地执行宙斯的命令，而忽然间就大祸临头了。[28][在后文中，歌队模糊地预言了阿伽门农之死，一个人的好运一直向前航行，却会忽然遭遇暗礁而前功尽弃（1005—1007）。]虽然这中间有一项过去的罪过在从中作怪：那就是阿伽门农的父亲阿特柔斯从前的过失，而现在宙斯要他的子孙来还债。不过，尽管有这一事实，我们还是要问究竟这笔账是怎样记在阿伽门农的头上的。我们看到宙斯把一个本来清清白白的人推到一种处境中：无论他如何选择，他都难逃罪孽。[29]这样的处境，从实践逻辑上讲也许难以接受，但从生活经验的角度来看却并不是闻所未闻。

先知卡尔卡斯告诉阿伽门农说，如果他不献祭他的女儿，远征军就会一直停泊在那里，不能前行。已经有兵士开始忍受饥饿（188—189），而且从斯特律蒙吹来的暴风“让士兵四处游荡，船只和缆索受损，时间拖得太久，阿尔戈斯的花朵便要从此凋谢了”（189—190）。如果阿伽门农不满足阿尔特弥斯的条件，每一个人，包括伊菲革涅亚在内都难逃一死。而且他还因此辜负了整个远征，从此违背宙斯的旨意，成为一个抛弃舰队、半途而废的人（212）。[30]而且，更进一步说，就是从阿尔特弥斯的要求来说，他不献祭还很可能违背她的意图。但是，如果他让自己的女儿来做牺牲，毫无疑问就是犯下了不可言喻的罪孽。我们可以认为在两种选择中，献祭伊菲革涅亚的选择明显地占了上风，因为这一选择的结果，也因为另外的选择会触犯神怒。然而，无论如何，很难想象阿伽门农会理性地选择其中的任何一个。这两个选择都会把他引入不可赦的罪孽之中。[31]

阿伽门农有选择的自由：也就是说，他明确地知道自己在做什么，他对自己的处境既不无知，也没有受任何武力的胁迫；没有任何外力迫使他选择其一或者其二。但他又处在这样一种必然性之中，不管他怎样选择，都不能带来任何好处。在他的选择和必然性之间似乎并没有任何的不相容——除非我们认为选择意味着为所欲为。相反，这一处境表明，外在的限制因素与个人选择之间的互动关系，与我们在平常的
34 选择处境中所发现的大同小异。[32]选择总是意味着在几种可能性之间的选择；对行动者来说，他可以选择所有可能性的概率不高。但是在这一特殊处境中，尤其痛苦的是，没有哪一种选择是良性的。

阿伽门农的第一反应就是愤怒和痛苦：“阿特柔斯的儿子以王杖击地，禁不住地流泪。”（203—204）他随后表述了他的困境，显然对两种选择都有充分的认识。他明确地意识到无论怎样选择都是错：

若要不服从，命运自然是苦；但是，若要杀了我自己的孩子，我家里可爱的孩子，在祭坛旁边是父亲的手沾染杀自己的女儿流出来的血，那也是苦啊。哪一种办法不是恶呢？我又怎能辜负联军，抛弃舰队呢？（206—213）

阿伽门农在此的语气表明，他认为在这种情形下献祭似乎是“好一点”的选择：在说“若要杀了我自己的孩子”（ei teknon daïxō）时，他用的是未来陈述语态，而在说“怎能抛弃舰队”（pōs liponaus genōmai）时，他用的却是虚拟语态，两者显然是不能相比的。但是他又指出，无论哪一种选择都是罪恶。[33]

至此，阿伽门农的处境类似于亚伯拉罕在山上的苦境：一个好人并且（到目前为止）仍然是无辜的人，要么必须服从神旨杀死一个无辜的孩子，要么必须担负违背神旨和大不敬的恶名。[34]于是我们等待着阿伽门农在爱与虔诚之间做出选择，就像我们在亚伯拉罕对以撒所做的模棱两可的诉说中看到的那样，随后则是在极端恐怖和不情愿下的献祭。但阿伽门农的所作所为变得奇怪起来。歌队在他们的合唱歌中已经做了这样的铺垫：“他不怪先知，而向着突如其来的厄运风暴低头。”（186—188）歌队杜撰出风暴的隐喻［“风暴”（sumpneō）一词显然是第一次在希腊语中这样使用］来表达外力和内力之间反常的结合。阿伽门农对先知卡尔卡斯和他带来的可怕消息不加指责，他开始了他的内心斗争，调整自己来面对命运。从他做出决定的那一刻起，他就认为自己做了可能做的最好决定，由此奇怪地将自己变成罪恶的同伙和心甘情愿的牺牲品。[35]

当他意识到他的选择，宣布他的决定的时候，他本可以说：“神的意志一定要我们选择这条痛苦的道路，尽管痛苦和万般不情愿，但我还是必须这样走。”但阿伽门农真正说的话却极为不同：“急切地要求杀献，流女儿的血来平息风暴，也是合情合理的啊！[36]但愿一切如意。”（214—217）。从这个既奇怪又令人毛骨悚然的陈述中，我们注意到两点。首先，他对自己所做决定的态度似乎随着他的决定而改变了。从认为不论如何选择，痛苦的命运都在等待着他，而且两种选择都是恶行，会带来恶果，转变为一种特别的乐观主义：如果他选择了“正确”的路，也许一切都会变得豁然开朗。一开始它只是在两种可怕和不虔诚的罪过中，程度显得稍浅的一种，现在却变为正确和虔诚的选择，似
35 乎在他的思想斗争中，他已经解决了自己的冲突，去除了另外一种“厄运”。同时我们感觉到，他似乎不仅用抉择的正确与否来印证他所要采取的行动，而且还要证明他这样做的决心也是正确的：如果服从神意是正确的，那么他服从神意的**意愿**也就无可怀疑地是正确的，他甚至有去犯罪的热望，有一种过分慷慨激昂的热情，要把他的决心付诸实施。阿伽门农似乎认为：首先，如果他的决定是正确的，那么他选择的行动肯定也就是正确的；其次，如果行动是正确的，那么渴望把行动付诸实施，甚至对此满怀热情也是合情合理的。从“哪一种方法没有痛苦呢？”转变为“但愿一切如意”。歌队反复咏唱的是：“唱的是哀歌，唱的是哀歌，但愿吉祥如意。”（139、159）阿伽门农的结论则忽略了痛苦和挣扎，而只剩下好的一面。如果我们真的能把实践冲突等同于意见不一致，把实践的要求等同于信念，那么我们自己就必须经历和阿伽门农同样的心理过程：因为至多有一种外在的要求是合理或合法的。如果我们找到了真正的义务，那么冲突的另一面就不再对我们有任何约束力。难道我们追求真理和义务会有错误吗？

歌队继续咏唱道：“他颈戴之辕轭，他的心就改变了，不洁净，不虔诚，不畏神明，他从此转了念头，胆大妄为。狂妄的迷乱常激励凡人，给

人出坏主意，是祸害的根源。”（219—224）阿伽门农从行动的必然性推断出它的正确性，然后又推断出与行动相关情感的正确性，歌队认为这完全等同于受强迫而不得不在脖子上套上轭，[37]从此改变了心意。尽管是深重的罪过，但歌队并没有因为杀献的行动本身而责备阿伽门农，因为他们认为神对此应该负主要责任；他们呼唤宙斯到场，似乎深知他对人类生活的粗暴侵犯（160及以下）。他们归咎于阿伽门农的是他对献祭在心理和感情上的改变，对此他们明确表示他是罪责难逃的。[38]“因此他忍心做了他女儿的杀献者”（225）——不仅仅是被迫，而且是一直忍心做凶手。他接受了他的罪责，没有进一步去抗争。歌队在献祭时对他行为的描述清楚表达了他们对阿伽门农的指控。伊菲革涅亚的祈求，她呼唤“父亲”的声音，她的青春，都不能唤起“父亲”的重视（230），从此以后他只把自己的女儿当作是祭坛上被牺牲的动物。于是按照先知的解读，在开场时双鹰吞食兔子的预兆得到了应验。卡尔卡斯忠于君王，也就按君王想看到的样子解释预言。做完祷告之后，阿伽门农教人把伊菲革涅亚“当作一只小羊”举起来按在祭坛上（232）。他唯一认同她是人而不是动物的举动，是叫人管住她的嘴，不让她诅咒她的家族（235—237）。但是即使在这个时候，他使用的仍然是对待动物的语言：他们要靠“暴力和辔头禁止发声的力量”来限制她的声音（238—239）。阿伽门农显然没有看到歌队所看到的场面：

> 她的紫色袍子垂向地面，
> 眼睛向着每一个献祭的人射出乞怜的目光，
> 如同绘画中的人物那样显眼， 36
> 她想呼唤他们的名字，
> 她曾经多少次在她父亲的宴厅里唱过歌，

那姑娘用她纯洁的声音，
在第三次奠酒的时候，
很亲切地赞和她父亲的祝祷。(239—245)

从报告阿伽门农的指令转向歌队对事件的记忆，似乎是对这一可怕场景的唯一有点人情味的记述。在歌队对整个事件及随后的叙述中，阿伽门农没有表达一丝一毫悔过或者痛苦。毫无疑问他会肯定阿波罗在《欧墨尼得斯》的审判中对他的一生所做的轻描淡写的形容："概而论之，他讨到了一个好价钱。"(《欧墨尼得斯》,631—632)

杰出的古希腊宗教历史学家博克特(Walter Burkert)对古希腊悲剧的起源提出了一种解释。如果我们接受他的观点，那么这提供了解读埃斯库罗斯这一悲剧进一步的历史和宗教背景。[39]虽然我确实认为博克特的论证非常有说服力，但我对这一场景的解释并不依赖于这些观点的正确性。但是，若把他的论证与我的解释并置来看，倒的确有令人寻味之处。

在博克特看来，古希腊悲剧是从牺牲动物的祭典中获得其名称的，而这种祭典表达了对自身之间可能的残杀存有的恐惧和敬畏。通过仪式性地祭杀动物，而不是同族的人，并且围绕着祭杀的隆重典礼，表明刽子手的无罪和他们对生命的敬重；杀献的执行人，也就是这一"无辜的喜剧"(Unschuldskomödie)[40]中的演员，通过这一行为，使自己远离同时又承认了人性中相互屠杀的可能性。通过在祭杀动物中表现自己的矛盾心理和怜悯心，把动物拟人化，刽子手就可以从此收敛最坏的可能性：那就是冷酷无情地杀人而沦为野兽。献祭的仪式肯定了他们人性的一面，但同时又再一次表明了他们对沦为兽类的恐惧。"在每一个献祭仪式背后都存在着牺牲献祭人的可能性，一种可怕的威胁。”[41]而悲剧作品中对羊羔献祭的描写，正是通过展现这一威胁，一再地表明人类社会中隐藏着的兽性，并进一步加深和延续了这一仪式的功能。

正像博克特所指出的那样，对伊菲革涅亚的献祭恰恰符合这一模式。阿伽门农在奥利斯受阻是以鹰对兔子的无情吞食开始的，这种吞食被解释为人对牛的宰杀，与献祭无关（所以也就是与残忍的屠杀无关）。他现在却要应用（或者说滥用）动物献祭的仪式来表演这一仪式本身所极力避免的可能性。在这一段中，埃斯库罗斯使用了很多观众熟悉的献祭技艺术语：紫色袍子（238）是向阿尔特弥斯女神献祭羊羔时年轻姑娘的服饰；ataurōtos，“未失贞洁的”（245）是处女的象征；proteleia（227）是雅典姑娘出嫁时向阿尔特弥斯女神的祭祀。不是杀一只“心甘情愿”的羔羊，而是谋杀一个不甘心的姑娘。他的亲生女儿在他看来就像一只“心甘情愿”的羔羊。观众看到的是穷凶极恶的场面，不再有献祭的界限，而是已经做了人与动物之间的 37
替代。[42]更进一步，我们看到的是合理性和一致性的规范被巧妙地用来为有利于自己的观点服务。我们看到，在人类生活中，只要是处于生死关头，当所有的选择都受到必然性的局限，那么人是多么轻易而巧妙地就用人来替代动物，用动物替代人，以及用陌生人代替亲爱的人。

厄忒俄克勒斯（Eteocles），忒拜君主，俄狄浦斯的儿子，面临他的兄弟波吕尼刻斯（Polynices）所率领的来犯军队的攻击。[43]他已经选出来了六位忒拜英雄与他兄弟的七雄对阵，这时他发现第七位对手正是他的兄弟。在一开始他号啕不已，恸哭他家族面对的诅咒（653—655）。他随即站起来宣布说“这不是痛苦流泪的时候”（656）——面对他的兄弟不正义的挑战，他要挑选合格的英雄，他自认为：

> 有谁比我更合适呢？领袖对领袖，兄弟对兄弟，敌人对敌人，我要直面他。快拿我的盔甲来，让它来抵挡飞矛和快石。(673—676)

这一逻辑看起来很有些奇怪：在论证厄忒俄克勒斯的决定时，兄弟对兄弟的归类似乎与其他的分类有所不同。如果他没有感觉到有一种反方向的力量，没有感觉到在他对城邦和军队的义务与他作为兄长的义务之间的冲突，那么显然他就忘掉了一些根本的东西。[44]城邦显而易见的需要迫使他远离其他同样严肃的需要。流眼泪，而不是忍住眼泪，似乎才应该是正常的反应。如果在事实上只有领袖才有资格挑战领袖，而且城邦的安危确实取决于他的这一抉择，那么从这一点来看，厄忒俄克勒斯的决定就是一个高尚的决定。我们假定(埃斯库罗斯的悲剧对此未明言)，没有人可以谴责他在所有的选择中所做的那个错误决定。[45]但是，我们还是想说全然否定家族纽带是不妥的举动。组成忒拜歌队的女性本身都是母亲，她们感觉到了这其中的奇特性，但是并没有谴责她们的君王的决定——或者不仅仅是他的决定——而是谴责他对所要采取的行动的反应和感想。“啊，俄狄浦斯的儿子，最尊贵的人，”她们恳求他，“别感情用事，像那些恶人一样。”(677—678)他现在表现出来的是和罪犯无异的感情，尽管他也许有他的理由。歌队再一次地恳求他：“你为什么这样迫不及待呢？别让好斗的狂想蒙蔽你的心灵。快把这个坏念头赶出去。”(686—688)正像阿伽门农，厄忒俄克勒斯心
38 意已决，从恐惧转为自信和镇定，他的回答也像阿伽门农一样：“既然我们的处境显而易见是由神来决定的，那么我们只有速战速决。”(689—690)兵临城下的紧迫性解释了他的迫不及待。歌队再一次指责他过分狂热：“你为什么这么急切地想要去和人决一死战呢？杀了人，流了不应该流的血，后果是不堪设想的。”(692—694)厄忒俄克勒斯回答说他

确实感到一种强烈的杀兄弟的欲望；他既不否认也不悔过这种欲望，而只是想解释其来源。[46]

就像阿伽门农一样，在厄忒俄克勒斯所面对的处境中，似乎没有任何选择是无罪的。与阿伽门农不同的是，虽然导致这一困境的主要因素显然是不在他控制范围之内的力量和巧合，但在一定程度上，他对陷入困境本身负有一定的责任。[47]还有，与阿伽门农不同的是，他也许并没有在两种可选的道路中选择更好的一种。与歌队一样，我们清晰地感觉到，就像在阿伽门农的例子中一样，君王在面对这一严重的实践窘境时所表现出一种荒谬、虚幻、感情用事的反应。好像他并没有感到任何反方向的张力和任何的不情愿。他迫不及待地，甚至是激情地把他的决定付诸实施。歌队对他主要的谴责也都是围绕着他的短见和过分的反应——他的狂热、极端的爱憎，以及穷凶极恶的欲望——展开的。不论她们是否想要他重新做出选择，有一点是显然的，即她们认为他把事情简单化了。他没有认清和回应他所面对的真正冲突；这一过失对他来说无疑是罪上加罪。

厄忒俄克勒斯的一生都在想方设法地要把自己和生养他的家庭分离开，无论是在想象上还是感情上。他认为他自己只是城邦的公民和掌舵人（第1行及以下）。[48]他甚至试图相信并传播“所有忒拜人都是来自种在地里的幼枝”这一传说。他谈到城邦的公民时，总是使用植物生长发育的术语，拿他们的身体与幼笋相比，称大地为“母亲”和“乳母”（12、16及以下、557）。甚至是歌队中的女性，她们经常流露出对自己家庭的关注，被他叫作“你们这些讨厌不堪的笋子”（191）。在后来胜者的传记中我们发现，只有几个在世的公民与远古的这个“播种”的人有关联；而其中一个人的隔代前辈是有生身父亲的（412—414、473—474）。有讽刺意味的是，厄忒俄克勒斯只向远古“播种”的人去祈求“血亲间的正义”(dikē homaimōn, 415),而也许他们真是大地的直接后代,没有生身父母。这一正义,他声称,会激励他的英雄们奋战沙场、捍卫城邦(416)。事实上,只有在梅勒尼珀斯(Melanippos)的故事中,血亲正义才毫无疑问地认可家族内部的争斗。而厄忒俄克勒斯却认为它适用于所有的例子,他称所有的年轻男子为“大地母亲的儿子”,所有的青年女子为“幼笋”。如果他能够毫无痛苦地走出杀兄弟的两难处境,那是因为他断然否认家庭的存在以及家庭在人类生活中的重要性。他用自我
39 欺骗换取了冲突中的逻辑一致性。

但是,我们不应该认为这种反应是出于厄忒俄克勒斯的怪僻和病态心理。在一定意义上,这是一个称职和忠于城邦的统领的反应,也是每一个合格的男性公民在面对当时的雅典观众时所做出的共同反应。雅典的男性公民都是按照一种当地神话的要求来养育的,这种方法不仅一直持续下来,而且还自相矛盾地贬低了女性和家庭在城邦中的作用。公共场合的政治标语经常直呼公民为城邦的子女,或者大地的后代。雅典的祖先,厄里克托尼乌斯(Erichthonius),被认为直接诞生于大地,后来被雅典娜收养,抚养长大。雅典娜自己也是只有父亲,没有母亲。[49]这一神话广为人知,在城邦的政治和宗教话语中进一步地反映和加剧了对家庭观念的打压,即使在一定意义上人们并不相信这一传说为真,甚或在其他的语境中家庭观念其实极受重视。我们现在能够领会到这一策略的社会功用:它教导每一个公民,当面临战乱纷争的种种不测时,只应该忠于他们的城邦;如果他们感到有任何心理冲突,那么他们就是误解了自己的出身。于是,埃斯库罗斯在他的戏剧中对这一思想的反思,或者对回避这一思想的反思,就不是对怪僻心理的思考,相反,这一思想与人们的生活方式息息相关。在戏剧中,他表现了人们如何通过这种拒绝方法来避免相互冲突的要求所带来的痛苦。然而,

他指出这种简单化，也许会代价太高。因为这一想法来自错误地认识城邦以及理应备受重视的家庭，来自对一种非社会关系极端错误的理解。通过把这一错误与俄狄浦斯之子厄忒俄克勒斯杀兄弟的噩梦相连（709—711），他甚至还要指出，不注重培养正确的家庭观念无异于对很多家庭成员心中所潜伏的暴戾情感的鼓励。他同时表明，城邦还可以帮助公民培养对家庭的正确观念：当信使带来厄忒俄克勒斯的死讯时，他非常有针对性地称呼歌队为“由母亲养育的女儿们”（792）。现在君王所营造的神话破灭了，我们可以重新来理解家庭纽带以及城邦—家庭冲突的重要性及其深度。

悲剧的结尾，如果是可靠的真正结尾的话，[50]似乎要表明歌队如何接受厄忒俄克勒斯断然否认的东西。当克瑞翁和安提戈涅在安葬波吕尼刻斯的问题上发生冲突时，歌队就分为了两半。与当时其他的悲剧截然不同，在终场时歌队被一分为二，一半的人跟随着克瑞翁和厄忒俄克勒斯的遗体，另一半跟着安提戈涅和波吕尼刻斯的遗体。歌队的另一半都在说“我们要去埋葬他，因为这是我们家族共同的哀伤，城邦在不同的时候有不同的声扬正义的方法”（1068—1071）。原来的一个歌队被分为两个部分，这是对两种不同意见的认可。如果我们认为歌队是由很多的个人所组成的，那么这种对两种不同意见的认可似乎就不够完全，因为从表面上看，冲突被再次简化为不同意见的对立，而每一个人只认可其中的一种立场。但是，如果我们认为歌队代表我们每一个人的立场，都有自己的一套想象力和情感，那么我们看到的就是一个敏锐的“个人”对两难困境的复杂反应，而厄忒俄克勒斯却没能做到这一点。我们的这一解读在第二组歌队终曲的最后几行中 40
得到了验证，他们极力强调说：正义，甚至城邦的正义，也并不是那么简单的。

4

我们现在看到的是两个实践冲突。每个冲突都与歌队关于人之卓越的观念中的重要价值相联系。回顾前文所列举的八种特征，我们可以认识到，即使在其他方面，这些特征仍然可以作为识别严重伦理过咎的准绳。在这两部剧作的例子中，主人公在面对冲突时迫使自己做出的行为都违背歌队严肃地持有的价值观念，在阿伽门农的例子中，也违背他自己的价值观念；在两个例子中，付诸实施的行为都违背行动者先前明确的或者不那么明确的承诺；在两个例子中，整个事件都对另外一个人的生命带来不可弥补的伤害，在某种程度上显然也为行动者的余生带来了极为严重的后果。但是，现在我们要进一步研究歌队在评判其君王的错误时所做的两个特殊判断。首先，歌队强调说，评价我们对可弥补与不可弥补的过失之间的区分是极为重要的，有一些罪过，其后果极端严重，即使是迫不得已所为，仍然必须受到严肃的惩罚。《七将攻忒拜》的歌队强调战争中的杀伤与杀死自己不可替代的家庭成员之间有极大的不同，前者是行动者在战后可以经过一种仪式来开脱的，而后者则是严重得多的犯罪，即“一种永远不会淡化的污染”(680—682)。《阿伽门农》的歌队谈到纯粹的经济损失与生命丧失之间的区别。被迫把货物扔进大海的商人得以逃生，“他的整艘船并没有沉没”，他还有机会找回遗失的财物(1007—1017)。“但是，一旦热血洒在了地上，任何咒语都不可能把它收回，难道不是这样的吗？”(1018—1021)于是他们直觉到他们的君王也必须受到惩罚。即便是被逼无奈所犯下的罪过，如果罪大恶极，也必须受到处罚。无助的俄瑞斯忒斯，在神的旨意逼迫下杀了自己有罪的母亲，即使在这之前他万般无奈地抵制自己犯下这样的罪行，他还是因此而受惩罚——由于悲伤而发疯，并且要永远被他母亲的复仇女神所追赶。阿伽门农的覆灭以及俄瑞斯忒斯为复仇女神所追赶都应验了我们的这一直观判断：被逼无奈的凶手仍然是凶手，而且应当为他的行为付出代价。神对人类生活的干预并不是任意或者反复无常的：它是在宣布一种即使是神不在场时也同样明确的伦理准则。[51]即使俄瑞斯忒斯在他的处境中选择了他可以做出的最好选择，但他的所作所为，在清醒意识下的所作所为仍然是不可赦的罪过，他不可能像一切都没有发生过一样，继续生活下去。我们可以说，在俄瑞斯忒斯意识到自己在被复仇女神追赶的时候，他并没有疯掉，相反倒是在他最清醒的时刻疯掉了。俄瑞斯忒斯的结局（另见第十三章）表明，一座健康的城邦不应当允许这种罪恶一直延续下去。在雅典娜的庇护下，城邦设计出了一套程序（很可能是为了避免无常）来最终赦免这种罪孽 41
深重而又备受折磨的人，而且不再允许这种负罪感一代一代无止境地传下去。但是，雅典娜同时强调说，在伦理上对复仇女神的恐惧感一定要在她的城邦中占有重要的一席之地：他们的观念得到一定的纠正，但仍然是令人敬畏的观念。她认为敬畏有时候是件好事，[52]而实践冲突的情形看起来就像是这样的时候。

歌队所强调的第二点是，即使我们承认行动者是在环境所迫的情况下做出选择和行动，从而只应该担当部分的罪责，但这并不是对行动者的最终评判。如果说有很多因素不在他的控制之内，但也有很多方面确实是他可以控制的：他在心理上对两难处境的反应，他对有可能的两种选择的思考。他们似乎相信，当一个好人身处逆境时，他首先会认清时势。如果他有好的性格，那么他会富于想象力、创见和一整套复杂的反应，从而得以认清正是他身处的环境逼迫他做出违背其品格的选择。他不会在这种形势下抑制自己的思想。面对自己的逆境，厄忒俄克勒斯只有一些他自己假想出来、毫无意义的忧虑，从而模糊了他的视线。阿伽门农则似乎一再拒绝和摒弃他一开始所持有的正确判断。[53] 他们一旦做出自己的选择，整个问题好像都迎刃而解了，对立的选择不再具有任何价值。相比较，一个恰当的反应始于承认：这种处境并不是发现真理的一种艰难处境，而是行动者不得不做错事情的一种处境。

这种反应会继续生动地想象两难处境中的两个对立选择，以一种谨慎尽责的态度尽可能正确地看待这一处境中所有相关的特征。因为即使陷入困境的行动者具备一些可靠的普遍原则，这一特定的处境也不会自动地展现自己突出的特征。要洞察这些特征，行动者必须要理解和解释他的处境；而且通常相关的特征只有经由记忆和更复杂的推演才有可能显现出来，他必须要借助于想象力，而不仅仅是他的感知。阿伽门农必须能够认识到违背神的旨意的严重后果，以及更重要的是认识到不虔敬的后果。他将不得不思考虔敬，思考他对神的看法，思考服从神的旨意究竟意味着什么，思考他的宗教所承认的众神会提出相互冲突的要求，这个事实意味着什么。这些都是歌队在他们的叙事当中，插入对宙斯的颂歌时所表达的观点（160—184）。通过神话想象，他们质问这是怎样的一位神，他要用血腥暴力来证明什么。另一方面，阿伽门农应该真正地认清他自己的女儿，不只是把她看作是牺牲的羔羊，而且也能看到歌队所看到的：紫色垂地的袍子、祷告、呼唤“父亲”的声音、眼睛里射出的乞怜的目光。他应该像其他人一样，还记得她在他的
42 宴席上可爱的出场和快乐的声音。厄忒俄克勒斯必须想象他的城邦，若被敌国占领、奴役将会面临的命运；而且他还应该让他自己看到受战争煎熬的家庭的悲剧，歌队在剧中一再生动地表述这些事实，尽管厄忒俄克勒斯不喜欢他们所唱的。他还必须让自己认识到与他的兄弟波吕尼刻斯一起长大意味着什么；他们不仅共享同样的出身、财富和权力，

而且同样分担俄狄浦斯是父亲又是兄长这层罪孽的重压,“在自己亲生母亲的神圣田野上撒播种子”(753—754),而且当把这一事实公之于众时,他们又共同承担了这一罪孽所带来的诅咒。也许这一真知灼见会导致在行动上格外犹豫不决,或者也许选择本身不久就会变得明朗起来。对冲突的正确理解不一定意味着优柔寡断,因为在一些冲突中,甚至是矛盾的两个选择也并不具有完全平等的价值。优柔寡断本身并不一定是一种美德,果断也并不一定是一种缺陷。

最后一点,一个有德的行动者还会感受到并表现出一个具有好品格的人身陷这种处境时应该感受到的情感。他不会认为做出决定是足以沾沾自喜的事情,或者非要对即将付诸实施的行为满怀热情。他会真实地感觉到,而且在他情绪行为中表现出,这将是一种根本上背离他自己和他品格的行为。虽然在一定程度上,他必须像一个“受了辱骂”的人一样**回击**,但他将表现得与狂热之徒完全不同,他对情感的处理是他品格的一部分。在他行动之后,他会重新想起原本的自我,会后悔,如果可能的话还要试图挽回他的所作所为。更进一步,他的情感不会仅仅是懊悔,因为即使是事不关己的旁观者,都能体会和表现出懊悔,这丝毫不说明旁观者做错了什么事。他应该感觉到的更像是一种悔恨和怜惜,与他作为行动者,承认自己铸成大错的心情密切相关,即使他是身不由己地犯了错。(从我熟悉的法律案件上来说,辩护律师一般来说准许他的当事人向无关紧要的旁观者用书面形式表达他的懊悔,但不准许他道歉或是表现出任何有可能与承认他自己过失有关的情感。歌队在这里的观点无疑是说,行动者起码应该能够超越一个够格的辩护律师的水平。)

一旦我们认识到在歌队对主人公的谴责中情感因素的重要性,我们就可以重读《阿伽门农》中让解释者十分头痛的一段描述。当他们的君王得胜而归，歌队中的年长者大胆地批评他，他们的责难十分明确地针对他的热望和激情，在他们看来，那是一种“极力附和”，就是说，一味地去承担：“你曾为了海伦的缘故率领军队出征，那时候，不瞒你说，在我的心目中，你的肖像颜色配得十分不妙，你没有把你的心里的舵掌好，一味凭着大胆性子（tharsos hekousion）一意孤行，说是为了让许多饿得快死的人恢复勇气。”（799—804）在此我是由古希腊文直译过来，[54]这里通常是被认为抄本有误，无法理解。“凭着大胆的性子”的措辞在很多注释者看来是不可能的，因为只有**行动**才可能是大胆的、莽撞
43 的，才可以用好坏来评价，[55]而人的性情却不可以这样评价。[56]于是这半句话不是被删掉了，就是被理解为婉转的责难海伦那个“任性的坏女人”。[57]（那么在这里，komizō 就必须被解读为“找回来”，这种解释会带来很多困难。[58]）歌队提及过失归咎和饿得快死的人，无疑是指远征军停泊在奥利斯的事件。阿伽门农“没有把心里的舵掌好”这个说法，在他们先前对事件的描述中是“tharsos hekousion”一词的直译，而且它准确地表达了他们的意思：阿伽门农一味地助长自己的莽撞和大胆，一意孤行地献祭，为了让他快饿死的士兵恢复勇气。只有那种对情感的自愿自动本质所持的偏见，才会反对我们这样的解读，也就是说，用后来歌队的意见来正确总结他们先前对奥利斯事件的描述；这一种偏见深深地植根于后康德主义，可以从柏拉图的思想中获得很大的支持，而埃斯库罗斯对此却一无所知，而亚里士多德则对其大加批判（第九章和第十章）。这无疑仍旧是颇受争议的一种解读；我对剧中其他场景的论证并不建立在这一观点之上。不过，我们以后也许可以证明这一论证有其吸引人的地方，因为它对原文中令人大惑不解的一段文字，做出了合情合理的解释。

歌队的反思中还有两点值得一提。首先，他们认为君王对事件的

反应过于张扬，是应该受谴责的地方。在戏剧场景中，歌队只能就事说事，表达他们所目睹的事实，这是在所难免的。但是我们仍然感觉到，对他们来说，情感的绝妙伪装与真情流露之间有很大的不同。阿伽门农被指责为过于鲁莽和善变；厄忒俄克勒斯被认为不仅仅在行动上是懦夫，而且在感情上也是懦夫，他们指责他的“奇思怪想”和“贪心”——虽然他们都只是从外在行为上做出这样的推断的。而且，很明显，对他们来说，伪装或者只是出其不意地行动，并不能代替他所担负的情感上的责任。他们在对阿伽门农带着抱怨的问候之前所说的话，清楚地表明他们非常清醒地认识到了“当悲哀的毒螯没有刺进他们的心”的时候，隐藏感情和装出一副怜悯心的可能性；但是他们不同于讲究外表而不露真面目的“许多人”，毕竟伪装感情是对正义的违反。他们认为某些感情和思想的表露或者含而不露能最深刻地表现一个人的性格特征。如果他没有做出一定的反应，或者只是因为矫饰，或者真想要做一件事，而硬装出一定的反应，那么歌队的人无疑会做出完全不同的判断和褒贬。他们深知在实际生活中很难区分真假；但无论如何他们还是畅所欲言地强调了这一点。

我们已经谈到过冲突的环境是对性格的测试。事实上这些例子的确表现出行动者一贯的品格特征。（于是，回到神旨的背景，从前他们家族所犯下的罪孽，在这里，通过行动者可以评价的性格特征全部表现了出来。）但是在此，与《阿伽门农》剧中的歌队一道，我们必须要补充一点，那就是冲突的经历同时又是学习和成长的好机会。“智慧由苦中来” 44
这句格言，在伊菲革涅亚的献祭前后一再重复（177、250），其深刻含义在于，在这样痛苦的事件中，如果一个人可以真正地认清形势，仔细体验，那么他就可以在痛苦中，从对自我的认识和对外在世界的认识中，获益而成长。如果一个人在艰难的事件中，能够真正地认清事件的每一个组成部分，感觉和体验到相互冲突的每一种可能性，那么对他今后的思想过程是大有益处的。从过去选择的经验中，厄忒俄克勒斯也许可以认识到对过去事件的处理是不公正的；而阿伽门农也许能够对虔敬和对他自己家庭的爱有新的认识。当然，在日常的生活节奏中，没有悲剧的冲突和悲剧的苦难，我们也很有可能对复杂的情境得出公允的评价。但是悲剧作家意识到，人们往往需要遭遇到这种沉重的打击才能彻底醒悟。在索福克勒斯的《菲罗克忒忒斯》中，涅奥普托列墨斯不知道什么叫尊重他人所受的痛苦，直到他自己身陷巨大的痛苦而哭喊时，他才通过自己的痛苦，认识到他自己的雄心计划如何与他所恪守的真理和正义相违背，从此他不再被人当作“乳臭未干”，相反他肩负起自己的责任来做决断。[59]欧里庇得斯的阿德墨托斯不知道什么是身为人夫，什么是真正地爱另外一个人，直到他失去妻子阿尔刻提斯。在他的悲伤和自责中，他说，“现在我总算明白了。”而当他的命运得以逆转，他又感叹道：“我要一切重新来过。”（1158）

我们还可以举出很多例子。至此我们谈到痛苦的经验是自我认识的手段，似乎仅仅局限于理性本身。但我们说“智慧由苦中来”，好像只是说“（理性的）认知是通过痛苦的（经验）而得来的”。从原则上说，理性本身就可以达到对人类实践处境正确的和完整的认识；剧中的人物之所以要求情感上的响应，只是因为他们的缺陷和盲点。这样的解读，实际上是把整个（戏剧中和人类生活中的）悲剧体验，仅仅作为手段，在我看来是歪曲了诗人和哲学家的辩论，同时抬高了哲学家的理论而贬低诗人的主张。如果我们考虑另外一种可能性，那么我们也许能够更准确地理解埃斯库罗斯的立场。我们可以看到，情感的响应和遭遇到的痛苦本身就是在实践上的认知和感受，就是行动者对其处境的正确理解的一部分。涅奥普托列墨斯的哭喊，歌队痛苦的思想斗争都不是理性认识的手段，相反，它们是认识到或承认复杂的人类现实。受苦本身可以是一种认识，因为在这些事件中它是正确地感知人类生活的一种方式。而且总的来说，单单理性本身不足以真正地理解爱或者是悲剧。阿伽门农从头至尾都“知道”伊菲革涅亚是他的孩子，如果我们在这里指的是他具备正确的信念，可以如实地回答有关他女儿的问题，等等。但是，因为在他的情感、想象和行为中，他并没有表现出他承认父女之间的这一纽带，故而我们禁不住要像歌队一样来指责他“这不是他的认知，相反是他的谬见和妄想”。他并不“真正知道”她是自
己的女儿。他缺乏一种真正的理解（第十章、插曲二）。有些人也许幸 45
运至极，即使没有面对极端悲剧的境遇就可以达到这样的理解，准确的反应和认知。而有些人，像我们的两位主人公一样，在困惑和否定中陷入悲剧的境地。另外一些人甚至会被痛苦的经验击垮，变得更糟糕（第十三章）。但是还有一些人却相反，对他们来说好运可能是祸，而悲剧是福，因为准确的认知很可能需要经历悲剧的震惊和打击才可以得到。而在此获取的认知又可能推而广之，应用于人类生活的其他方面。这也许就是歌队在给宙斯唱赞歌的结尾处所指出的，“这就是坐在那庄严的宝座上的神，强行赠送的恩惠”（182—183）。

同时，很显然，我们作为旁观者探究这样的冲突，也恰恰应该通过我们所受的“苦”，我们自己对恐惧和同情的反应，而达到这样的理解和认知。悲剧诗人在此不仅提出了一种与柏拉图式的认知或者慎思所不同的理解，其实他们与柏拉图的分歧是很深的。他们要演出一种场景，在其中认知的活动不可能仅仅由理性来体会，哪怕只是在原则上也不可能。如果他们的主张是可信的，那么他们的剧作（以及其他诗人相似的剧作）就不仅仅是可有可无的，而是研究这些问题不可替代的源泉。（在插曲二中我们要进一步展开这一观点。）

至此，我们在埃斯库罗斯貌似不合逻辑的剧作世界中看到了逻辑的一面，尤其是，我们开始看到，在两个伦理主张之间的偶然冲突不必非要被认作逻辑上的相互矛盾；同样，自由和必然性之间的“不相容”，可以被认作正确表述了实际的处境和我们的选择的局限。在这些方面，埃斯库罗斯的描述与我们日常对两难处境的直观反应极为接近。但在这些描述中仍然有一些显得奇怪和陌生的东西。我们很难理解为什么很多东西，不在行动者的理性和意志控制的范围之内，而他还是要对此负责任，比如说对境遇的反应、欲望、情感和想象力。从解说歌队的祝词中，我们已经可以看到这一困难的深度。因为这是亚里士多德有关个性和行为观点的中心议题，我们要在后文中更进一步地研究。[60] 但是，悲剧的例子的确帮助我们理解了这些困难。人们在此觉得很难理解的原因，我们会认为，是因为他假定情感情绪的反应是不受任何控制的，从而也就不可能成为行动者有意培养起来的品格个性的一部分。但这些例子表明了阿伽门农“捉摸”并“辗转反侧”于他自己的奇特反应和感情，表明了厄忒俄克勒斯“自己激动不已”，拿定主意让他的感情跟上他对事件的狭隘理解。戏剧表现的是歌队的成员通过对事件的
46 回忆，让自己再一次来认识、理解和回应这些事件，重新响应，直到“痛苦会在梦寐中，一点点滴在心上”(179—180)。[61] 歌队对整个事件的参与，他们的容忍和忍耐，即使在多年之后，当回忆起当初的事件时，仍然在提醒我们，实践合理性可以也应该承担对复杂处境的回应；而且，与狭隘的设想运用理性或理智相比，合理性的运作对行动者提出了更高的要求。[62] 我们看到思想和感情同时起作用，于是很难在两者之间作区分：对苦痛的痛苦回忆，一点点滴在心上。我们还看到在情感和思想之间培养和启发同时在起作用：记忆和慎思为感情做铺垫，而我们由痛苦中得到智慧。(同时，如果我们是好观众，在我们自己对事件的反应中也

能体会到这些相互作用。）当我们注意到这些相互作用带来伦理上的收获，当我们看到情感的合理性，当它引领思想理解人性，并且成为这一理解的组成部分时，我们也许意识到，现在倒是另外一方必须证明他们观点正确性的时候了，也就是说要证明只有理性和意志才是伦理评价固有的和正当的对象。这样的观念可能显得越来越贫瘠了。这些悲剧显示给我们的是凡人在自然发生的世界中的实践智慧，和伦理上应当肩负的责任。凡人既不是纯粹的理性，也不是纯粹的意志；而且即使他是纯粹的理性和意志，在我们的世界中他也不可能思考或者运转得更好。

5

现在，我们必须回到那些把实践冲突等同于意见分歧的哲学家那里去，来看一看悲剧的例子是否对他们的论证有任何借鉴。对萨特来说，这些艰难例子的教益，在于认识到行动者绝不应该有什么伦理原则的系统化体系，更不应该以此作为他的行为准则。阿伽门农看到的是敬神和家庭责任这两个原则之间有不可调和的冲突，从而他不得不违背其中之一。这一经历理应教会他不应该按照任何承诺的原则来生活；总的来说我们应该受制于即使在任何极端情形下，都不会致使你的原则变得愚蠢和失败的信仰。如果阿伽门农是一个萨特式的英雄，那么在冲突发生的那一刻，他就会把自己从两个相互竞争的原则中解脱出来，在毫无遗憾的选择中成为绝对自由、无拘无束、无实体的存在。

处理阿伽门农两难困境的这一方法，优点在于把他的进退维谷，解释为伦理生活中的一次严重危机；但是他克服危机的方式却显得武断和奇特。这个例子表现了在特定条件下，两种重大的人类生活责任可能相互冲突；但是它并没有认定两者之间有任何逻辑上的矛盾，或者更准确地说，在绝大多数人类生活的慎思状况中会起任何误导作用。[63]我们还没有询问在一组承诺原则中，有多大的冲突风险才会被称为是非理性的原则；但是我们丝毫也没有感觉到，关于某组承诺原则，有任何
47 的非理性或不合理的地方，在一种奇特和极其罕见的处境中会相互冲突。更进一步，在阿伽门农的奇特处境中，我们甚至无法清楚地肯定他对神和家庭的双重承诺是否错误地引导了他。这些承诺对他的要求是要他肩负两种在经验上不相容的责任；因为它们的互不相容，一旦这样的情形发生，他必须像是一个被这两种责任所迫的人那样来思考和回应。但是只要这样的思想和回应体现，甚至进一步加强了他一贯的高尚品格，那么就不算是错误的引导。反而是萨特所描绘的那种没有原则和品格的行动者，随时随地即兴表演他的自由，让人大惑不解。在两个悲剧的例子中，所有我们对情感和想象活动的判断，都预先假定了一个持续、稳定的品格和对价值的承诺（主人公自己的，或者当我们的英雄本人被认定不够资格，就用歌队的），作为判断任何行为和回应标准的背景。反倒是，我们不知道如何来谈论那些随时随地即兴发挥自己，对任何原则都不愿承诺的行动者。如果这样的一个阿伽门农胆敢不顾原则而声言他的自由，而且大言不惭地宣称杀祭是自由选择的行为，歌队毫无疑问要被惊吓住了。实际上，这与阿伽门农的真正所为相距并不远，而歌队说他是发了疯。

黑尔的立场要中庸得多。我们不需要一并抛弃相互冲突的原则。我们只需要重新修订这些原则，使它们在特定的例子中不再相互冲突。在原则的定义中，只需要加进相关应当豁免的特例，这些规则就变得更准确，而且能够更好地涵盖未来的处境。在阿伽门农的例子中，黑尔会修订“不要杀人”，或者“不要杀害你的家庭成员”，把它改为“不要杀

害你自己的家庭成员，除非是被神所逼迫”。这才应该是阿伽门农的一贯原则。但是我们感觉到，我们的两个例子与黑尔在战争期间应不应当说谎的例子有所不同。在他的例子中，例外的情形很可能是暗含在原则本身之中的，所以修订原则并没有更改原则重要的部分。而在我们的例子中，原则就是简单的“不要杀人”，而照我们的理解，这一原则不容任何修订。这并不是说在任何情况下杀人都不可能是最好的选择；但它确实意味着：即使是理性上无可非议的杀人，仍然违背了道德准则，因而需要对这一处境做出情感和思想上的回答。当我们按照黑尔所建议的那样来修改这一原则时，我们会发现一种变化，就像在阿伽门农自己的思想过程中所起的变化一样：从恐惧转向自以为是，从认为无论怎样做都是错转而认为他找到了正确的选择。这一转变与悲剧所提供的真知灼见毫无相似之处。

最后我们必须转向康德，他要求所有实践理性的原则必须相互协调一致，从而使得每个人因为自己所持的观点而陷入沉重的实践冲突的情况不可能出现。原则要相互协调显然不是无理的要求。但是我们必须区分逻辑上的相互矛盾和经验上偶然的不相容，康德（和萨特一样）在这一段义务冲突的文字中并没有做出这样的区分。行动者的道德承诺，在多大程度上必须避免冲突的危险才可能算作合理的承诺，仍 48
然是一个问题。但是，大多数复杂的承诺，都在一定程度上并在一定的特殊例子中有引发冲突的危险，然而从内部来看并没有什么不一致或者不合理的地方。冲突的危险是实际生活的事实，我们似乎应该接受并且考察这一现实。然而康德对此似乎不以为然。只要在人的意志中没有冲突，冷峻偶然的事实并不应该改变行动者的理性思考。道德高尚的个人，其内心的和谐统一和自尊，自己为自己立法，都不可能仅仅因外界的偶然事件而改变。[64]但是，如果现在把厄忒俄克勒斯和阿伽门农想象为那种康德式的，为他们自己的世界立法的立法者，我们就会看到，偶然性的世界对他们立法的顽固反抗似乎反倒影响了他们内心的平衡。具体地讲，偶然的处境迫使他们行恶，违背自己的立法，而且，按照他们自己的原则，这些行为本应受到惩处。我们可以对康德说，如果行动者真是对他的原则一如既往地遵循，那么他似乎就别无选择而必须违背这些原则。如果法律真正是法律，那么犯法就真正是犯法——至少是在行动者充分意识到他自己所作所为的情形之下——不管这一处境是否出于他自己的所为。不可杀人的义务在任何情形之下都是一种义务。为什么在冲突的情形下就不再是义务了呢？而一旦有人犯法，就必须判罪并受到惩罚。这才是对法律真正的尊重，对人的自主性的尊重。而康德的观点，却出人意料地包含着他自己希望避免的结果：任意随机的事件都可以让行动者从道德律的束缚中解脱出来。当我们坚持认为人的义务并不因为偶然事件的发生而烟消云散时，我们是在遵循康德义务理论中重要的、具有驱动作用的一部分。出人意料的是，古希腊多神论似乎比任何一神论教义都更好地阐述和表明了康德主义道德论的一个重要元素，那就是，它强调了“每一种”伦理义务的神性、至高无上的约束力，不管在任何环境条件下，即使是不同的神明相互冲撞的时候也是一样。

因此，埃斯库罗斯向我们表明的不是“解决这些实践冲突问题”，倒是这一问题本身的复杂性和深度。（这一成就是与他的诗歌才华密切联系的，那种才华使他描述场景栩栩如生，向我们展示了对那个场景的争论和思考，并且唤起了我们对其评价颇为重要的回应。）于是他就完成了为了挑战对这一问题的理论解决而必须要做的第一件工作。但是，如果我们能认清他摆在我们面前的事实，我们应该看得出来，那些理论“解决方法”根本就没有解决问题。它们只是低估了或者根本误解了问题。它们无视问题重要的一面：相冲突的承诺中最终被摒弃的那一方的力量，怜悯和同情，以及对事件的认识都是对高尚品格的要求。要更明确果决地解决，我们就得修正或者忽略对这些问题的表述。埃斯库罗斯向我们表明的是，在这里，有那么一点点像是解决方案的唯一东西，实际上就是要清楚明白地描述和认清冲突本身，并意识到我 49
们不可能找到出路。行动者可以达到的最好结局，就是直面他所要遭遇的痛苦折磨，这是他高贵品格的自然表现，而不是出于盲目的乐观而极力打压这些自然的回应。而我们（歌队）对主人公能做的最好回答，就是尊重他所面临的险恶处境，尊重他出于自己的高尚本性而对处境做出的反应，而且把主人公所经历的事件当作人类生活可能性的一种体现。[65]

埃斯库罗斯这种解释的第二个重要成就蕴含在第一个成就中：在描述这些例子的时候，埃斯库罗斯表明，作为我们这个直观图景的一部分的那种痛苦和悲伤，事实上是彻底地与人类生活的其他领域中的伦理美德相联系的，这些美德包括：严肃地对待价值、一贯恪守自己的承诺，以及我们一直想在自己和他人身上找到和培养起来的同情心。他认为，如果我们不能通过这个直观图景承认境遇对人类的善那悲剧性的支配力量，那么我们就不可能保持美德的其他重要特征：其内在的完整性、对自己道德律的一贯忠诚、具有洞察力的反应。如果每当危机来临，每当一种承诺与另外一种相冲突，我们就把自己从中解脱出来，那么我们就算不得是高尚的人。接着，人类的善本身就认为，不应该有进一步的或者更加修正性的解决。（就像第一个成就一样，埃斯库罗斯的这一成就同样建立在戏剧的丰富内涵的基础之上，因为戏剧有能力向我们展示一种更加广泛的品格和选择模式。）

就这样，这些悲剧诗歌把我们带回到栩栩如生的实践选择那复杂的“现象”中，并且一直流传下来。这一点，我们可以认为是悲剧对伦理学做的文学贡献。但这种评价无疑低估了悲剧诗歌的复杂性。因为它们不仅仅表明了这个直观立场的力量，同时也表明：为了逃避由此而来的深重罪孽和悔恨，刺激的力量就放弃这一立场。想方设法解决冲突问题的冲动，对悲剧来说并不陌生，而不是要建立什么奇特的悲剧流派。通过阿伽门农的慎思，通过厄忒俄克勒斯的策略，悲剧表明了一种人类生活的可能性。就像所有真正研究人类“现象”的著作一样，这些悲剧在表明它们“悲剧观点”的同时，还表明了对这一观点的否定是如何起源的。这两种观点相辅相成。如果我们还没有理解到为什么对一些理性的存在者来说，“悲剧的观念”是如何难以忍受，那么我们就还没有真正理解“悲剧的观念”本身。因此，把这些戏剧看作是对我们问题理论“解决方法”的否定，就是太过简单化的认识。他们是对理论的否定，但同时又要求我们仔细研究古希腊伦理理论的起源和结构，而寻找出路就是要满足人类研究的这种需要。索福克勒斯的《安提戈涅》进一步阐述了这一研究的两个方面，在历史上，它吸引了不少杰出的哲学
50 家，他们想要在其中找到自己对冲突和偶然性问题的解决。[66]

第三章

索福克勒斯的《安提戈涅》：冲突、视觉与简单化

虽然根本就不是自己的过错，但阿伽门农和厄忒俄克勒斯还是忽然发现自己身陷绝境。命运的突变、怨恨和痛苦的回忆，对具有高尚品格的人来说，非但在所难免，而且似乎还是恰如其分的。然而，尽管人们可以承认这个事实，但他们还是极力主张在计划人类生活的时候，应该尽可能地避免陷入这样的处境——这应该是实践智慧的一部分。阿伽门农的处境是一个极端而且毫不可测的大灾难。即使我们不可能回避这样的厄运，我们还是应该仔细规划自己的人类生活和承诺，从而在日常生活中得以远离严肃的冲突。显而易见的方法似乎就是尽量简化我们自己的价值承诺，使自己不再纠缠于经常或者只是偶尔会引发冲突的那些承诺。在这一层次上对实践冲突避而远之经常被认为是判断一个人是否具有理性的标准——正如判断一个政治体系是否合理的标准在于其秩序，在于判断理性的个人在其中是否可以通过诚实的奋斗取得成功。这一观点在公元前5世纪的雅典是众所周知的。[1]这也是悲

剧的一项突出的主题：我们在上一章所叙述的痛苦经历会自然而然地唤起这样的问题：我们怎样来消除这些痛苦？这个问题是悲剧的重大主题。而且它也成为现代思想中根深蒂固的观念，即使是在实践冲突的单个例子中捍卫"悲剧观念"的人也一样地推崇这一观点。[2]对古希腊悲剧的评价也在很大程度上受到这一观点的影响。[3]这个观点认为人类生活与价值的关系在这个世界上并不是，也不应当是完全悲剧性的。也就是说，我们可能也应当在人类生活中，彻底消除典型悲剧发生的危险，而并不感觉到这是忽视或者丧失了什么。因此悲剧所代表的是伦理生活和伦理思想中原始和愚昧的阶段。

要寻求悲剧对这一观点的处理，我们无疑必须要分析一整部的戏剧作品，看它如何来考察整个"人类生活过程"，[4]以及如何来评价人类生活的整个历史。索福克勒斯的《安提戈涅》似乎是完成这一任务的最佳选择。这部悲剧考察了消除紧张和冲突状态的两种不同努力，它们都试图简化行动者的承诺和爱的结构。《安提戈涅》询问：是什么激发了这种尝试？而在悲剧的冲突中这样的努力又得到怎样的结果？最后，我们是否能够在其中找到实践智慧，还是完完全全要另起炉灶？

《安提戈涅》[5]是一部关于实践理性的悲剧，它表现了实践理性如何安排或看待这个世界。这部悲剧出人意料地充满了慎思、推理、知识和洞察力这样的字眼。[6]它在一开场就问关于实践危机的问题"你知
51 道吗"(2)，并且直言正确看待这场危机的方法。而它的终场又断言审慎的人最有福，实践智慧是人类幸福最重要的组成部分(1348—1349)。这又是一部有关教育与学习的剧作，人们如何改变对世界的看法，如何放弃貌似确定无疑的真理，而去掌握另外一种让人难以捉摸的智慧。假设在一个复杂的情形中，一个人可以自信地声称他已经知道了什么，

那么《安提戈涅》就从这样一个充满自信的主张转向"我不知道我应该在何处寻求，我不知道我应该依靠哪种方式"，并最终转向这一建议：小心谨慎的智慧只能慢慢地学（1353）。

对于这个选择的世界，两个主人公各自都有一种看法，使他们可以阻止重大的实践冲突；两人都各有一个简单的慎思标准，以及围绕它井然有序地排列着的至关重要的价值。因此，面对选择的问题两个人都显得出奇地镇定自若；好像他们俩都不惧怕与命运作对。但是我们要看到，两个人的观点都有各自的缺陷。他们都忽略了某一些认识，否定了某一些主张，而且大大地误解了他们彼此的处境。与克瑞翁相比，安提戈涅对自己的决定有更正确的理解；然而他们的眼光都同样的狭隘。[7]我们必须研究这些短见以及索福克勒斯在剧中对它们的批判。

仅仅质问两个主人公所要达到的目的和他们的缺陷似乎远远不够，然而这是一个必要的起点。按照这部戏剧的著名解释，即黑格尔的解释，《安提戈涅》超越了它的两个主人公的缺陷，而达到正反两方面价值的综合，是摆脱冲突的基础。两个主人公都使用错误的方法来消解冲突，而戏剧本身指明了一种正确的方法。[8]因此，我们也必须从戏剧整体来评价黑格尔的主张，尤其是从歌队的歌词入手。这要求我们研究索福克勒斯对这些问题的处理：主动性与被动性，创造与被创造，发号施令与顺应；简单地说，就是要展现一个复杂的故事，以考察实践理性如何踏上面对世界的奇特历程。

在古希腊文deinon（奇异）一词中，我们可以找到这一探险历程的一些蛛丝马迹。在英语中没有一个单独的词可以用来翻译deinon。它最常见的用法是用来形容奇迹和敬畏感。但是在不同的语境中又可以用来指人类理性的光彩夺目，罪恶的极度恐怖，以及命运无常的巨大威力。deinon的无常、神出鬼没与它的奇特性，以及唤起人敬畏感的能力都是密切联系在一起的。(在字源上，它与“畏惧”相连；可以与法语中的“可畏”相比。)deinon又通常暗含着不和谐的意思：与周围的世界不相般配，或者与预期不符，与欲望不配。人会被它惊吓住，无论是好还是坏。正因为deinon一词的含义丰富，它可以在表面上听起来是在称赞，而实际上却是要表现某种可怕的意见。“奇异的事物虽然多，却没有一件比人更奇异。”这一开场的合唱歌是对人的非凡的赞美。然而同样不平常的是看起来很让人失望的结束语“命运的威力才是奇异的”
52 (952)。看起来奇异和完美的人，一下子变得非常野心勃勃，要来简化和支配世界。而偶然性，人们所畏惧和厌恶的对象，同时又可能成为绝妙的良药，而人类生活由此改变了方向，而变得夺人心魄和灿烂如花。因此deinon一词可以在戏剧中起着重要的作用：研究美与不和谐、价值与饱经风霜、卓越与意外之间的关系。在《安提戈涅》中我们也许可以看到deinon所有令人难以捉摸的各个方面。

1

正因为我们要研究《安提戈涅》中的慎思观点，我们不妨从开场一个沉思默想的人物入手，他不知道自己应该何去何从。他勉勉强强地走上台，一脸的困惑和不情愿：

> 啊，主上，我不能说我迈着轻捷的步伐，跑得连气都喘不过来；因为我的忧虑曾经多少次叫我停下来，转身往回走。我心里发出声音，同我谈了许多话，说道：“你真是个可怜的傻瓜，为什么到那里去受罪？你真是胆大，又停下来了吗？倘若克瑞翁从别人那里

知道了这件事，你怎能不受惩罚？”我反复思量，这样懒懒地、慢慢地走，一段短路就变长了。最后，我决定到你这里来；尽管我的消息没有什么内容，但我还是要讲出来；因为我抱着这样一个希望跑来，那就是除了命中注定的遭遇之外，我不至于受到别的惩罚。（223—226）

这是一幅鲜明的，平常人做思想斗争的图景。观众中的大多数人都可以由此联想到自己的日常生活。这是一个在两种抉择之间不知所措的可怜人。他的灵魂给出了问题两方面的论据，他感到自己无路可逃。他的思想斗争是通过哑剧一样的语言来表达的：左转右转，来回踱步。他没有选择的理论，也没有对选择过程的清晰认识。他只知道最后一种想法占了上风。他总是觉得不是滋味，唯一的安慰只能是让自己随遇而安，天要下雨是拦不住的。

在很多方面，这个守兵没有机会成为一个有代表性的个人。基本上，他是个胆小、自私的老粗。但是他的叙述充满了朴素平淡的细节，使我们像是回到了日常的现实中——冷暖自知、灰头土脸——不是英雄人物通常的形象。类似地，他的困惑，他感觉到问题的两个方面，也让我们回想到日常思想斗争时，经常感到的极度焦虑不安。旁观者在刚听完安提戈涅和克瑞翁的对白之后，紧接着听到守兵的自言自语，会意识到那些大人物的雄辩缺乏这些日常生活的平凡细节，就像是生活中缺少夏日尘埃和腐败东西的臭味道。两个主人公都提到了实践的知识。[9]而在他们两人那里，这是一种提供了“真理”的知识，可以让他们
一直远离犹豫不决，就像守兵所经历的那样。然而，我们也许要问，他 53
们是否太过远离平常世界，就好像日常烦恼只属于下层的可笑角色和农夫，而不属于君王。

2

克瑞翁在开场白中宣告，在巨大的风浪之后，城邦终于转危为安，而且声称他知道（166）歌队的成员多年来一直清醒地尊重和效忠王权（169）。[10]像歌队和先知提瑞西阿斯一样，克瑞翁相信并且声言说，人最重要的是要有实践智慧，或者说卓越的慎思能力（1050—1051）；而最最有害的就是缺乏智慧（1051）。他赞扬长老效忠城邦是因为他们的理智健全，而不是出于偶然：对克瑞翁来说，心智健康就应该是彻底献身给城邦的安全和福利。[11]安提戈涅对城邦价值的攻击被认为是心智不健全的表现（732）；伊斯墨涅对她的同情同样被视为“没头脑”（492、561—562，参见281）。海蒙被一再告诫不要“抛弃你的理智”（648—649）而听信安提戈涅的馊主意。[而在剧中的关键时刻，先知提瑞西阿斯会用克瑞翁有关心智健康的言论来反驳这一点本身。在谈到实践智慧的缺陷时，他说，“你只是害了愚蠢的传染病。”（1052，参见1015）]更进一步，如果我们考察克瑞翁声称他“知道”关于世界的某些事的各个场合，那么我们就不难看到，对他来说，健康的头脑就是认为在“城邦利益高于一切”这一简单的真理之外，没有其他任何的实践知识。[12]

用克瑞翁的标准来看，他自己可完全是一个心智健全的人。他还继承并且不断地强调一系列做判断的词汇：“好”与“坏”，“可敬”与“可鄙”，“正义”与“非正义”，“敌”与“友”，“虔诚”与“不虔诚”，等等。这些都是前5世纪雅典人最常用的划分标签。对一般的观众来说，这些标签拣选出伦理评价中突出的和各不相同的特征。同样一个人或同样的行为，往往会具有不止一种这样的特征，因为在很多例子中这些特征是和谐统一地结合在一起的。但同时它们又各具独特性；即使与其他特征共存，仍然在其本质中和对事物的反应中凸显出来。很多朋友都会是虔诚和正直的人；但是，他们作为朋友的特性与他们之为虔诚者或者正直者有所不同。于是我们通常可以预期在可想象的处境中，这些标签所代表的价值会提出相互冲突的要求。友情或爱情也许会提出非正义的要求；而选择正义有时又会导致对神的不虔诚；对荣誉的追求有时候又会伤及友情。即使是在单个价值之中，仍然不免有冲突的可能性：城邦的正义，就像歌队所意识到的那样，会与城邦之内的其他正义相冲突；对一位神祇的虔敬也许会是对另外一位神祇的冒犯。一般来说，要**认清**每一种价值特有的本质，就必须理解它与其他特征的不同，它与其他价值的结合和对立，以及它自身的对立因素。 54

如果一个观众具有上述观点，那么克瑞翁在剧中的立场显而易见会引发价值冲突。[13]波吕尼刻斯是克瑞翁的近亲，从宗教上讲，克瑞翁应义不容辞地收葬他的尸体。但是波吕尼刻斯又是城邦的敌人；不仅仅是敌人，而且是卖国贼。敌人的尸体可以交给他的亲人，像样地埋葬，但是卖国贼显然就没有这样的优待了。虽然并没有成文规定禁止叛逆者的亲属在忒拜城外行安葬礼，但是在城内安葬却是大逆不道、绝对禁止的；城邦的规矩是把尸体扔到城外不许下葬，任何违背这一指令的人，都是把逆贼的荣誉置于城邦的利益之上。作为城邦的代表，克瑞翁必须下令禁止任何人埋葬他的尸体——虽然并没有人要求他走极端，甚至禁止任何人在城外很远的地方安葬波吕尼刻斯。然而，作为家庭成员，他却应该义不容辞地料理丧事。[14]

观众的预期是，他们会在克瑞翁身上，看到他极端痛苦地在双重角色和义务之间抉择。然而他们惊讶地发现，在他身上没有任何冲突或紧张状态，因为他“理智健全地”重新排列了他的价值判断。如果我们考察克瑞翁所用的几个核心伦理术语，就不难发现他故意变换、扭曲了这些词的一贯用法，从而在评价人和事的时候只以城邦的利益为准绳，而他已经认定这就是唯一本质性的美德。他使用了几乎所有传统的伦理词汇——但都不是在传统的意义上使用它们。这些术语不再代表任何与城邦的利益相异和相冲突的价值；对克瑞翁来说，其他的利益或美德并不存在。通过这样极端的修正策略，他锁定了一个单一的价值观，并且消除了冲突的可能。他可以这样义无反顾地走下去，在整个世上只看到符合他的单一价值的那些特征。

这样，好与坏对克瑞翁来说，就只是被用来形容对城邦利益有利或者有害的人与事（这与传统意义上的定义大相径庭，好与坏一直是与个人品质的卓越相联系的）。“最坏的人”（kakistos）就是那些出于个人目的，而对城邦不尽心尽力的人（181）。“坏人”是与“全心全意为城邦的人”相对的，就好像它们是一对反义词（108—109，参见212、284、288）。他的“坏人”的一个例子就是安提戈涅，因为她背弃了城邦的利益。即使是已故的人，仍有好与坏的区分（209—210）：“最好的”是满怀喜悦欢迎“那作战最英勇、为城邦献身的”——厄忒俄克勒斯，城邦的领袖和英雄。如果叛逆者享受葬礼，那就好比让好人（Chrēstoi）与坏人（kakoi）平等（520）。他坚持认为天神绝不会重视坏人（288），也就是说城邦的敌人。[15]

同样，尊敬与荣誉，对克瑞翁来说也只属于城邦的恩人和守护者，
55 而玩忽职守的人只应受到鄙视。他一开场就赞扬歌队一如既往的效忠，紧接着就明确地宣布他的政令：

> 这就是我的理由；在我的政令之下，坏人不会比正直的人更受人尊敬；但是任何一个对城邦怀有好意的人，不论生前死后，都同样受到我的尊敬。（207—210）

克瑞翁宣布这条政令，是要表明他意识到，他所说的话与众不同，不是每一个人都可以马上接受的。在后文中我们将看到，大多数公民认为，即使对那些曾经有损于城邦的人也应该有起码的尊敬，只要这样做有其他值得尊重的理由（730—733）。克瑞翁对城邦利益及其工具手段的尊敬，在他们看来，是与其他同样值得尊敬的义务相冲突的。“我尊重我的王权也算犯了过错吗？”他问他的儿子（744）。回答是“你践踏了众神的名誉（timas），就算不尊重你的王权”。克瑞翁反击这种模棱两可的说法：“你难道是要我尊重犯法的人吗？”（730）他认为安提戈涅的不守法令，既不是对好人的尊敬也不是值得尊敬的行为，相反是“可耻的”（510）和“不虔诚的”（514）。

于是我们不难发现克瑞翁对公正和正义的看法同样很有局限性。[16]任何主张都不配称为是正义的主张，除非它以城邦的利益为本；任何人都配不上正义的头衔，除非他是为城邦效力。在他有关尊敬的对白中，“正义”一词与“对城邦尽力”是互换使用的。当先知提瑞西阿斯警告他王权所面临的危险时，提瑞西阿斯就被指责为非正义；而当海蒙指责父亲不公正时，克瑞翁也以尊重王权和城邦来加以反驳（744）。[17]他对海蒙说，城邦中公正的人就是为全城的利益着想，即知道如何做好百姓，又知道如何做好领袖的人（662—669）。这一段自我辩白是这样结尾的：

> 而且我相信这种人不仅是好百姓，而且可以成为好领袖，会在战争的风暴中坚守自己的岗位，成为一个既忠诚又勇敢的战友。（dikaion kagathon parastatēn, 671）

在此，“公正”和“好”并不是指个人的品性，而是针对人作为城邦的护卫者来说的。它们本身并没有独立的含义；它们只是模模糊糊地指向对城邦的贡献。这就是克瑞翁对这些词的一贯用法："好"是指"对城邦怀好意"，"公正"是指"对自己的城邦义务尽职"。在他的对白中，我们平常对美德的区分不复存在毫不奇怪（"坏"与"公正"相对立，而不与"好"对立，而"公正"又被"对城邦尽职"所代替）。只有一种美德值得称颂，那就是增强城邦利益。（我们将会看到，在《普罗泰戈拉篇》中，关于美德的统一性的说法，与这一策略如出一辙。）

56 但是，克瑞翁对现实世界最为突出的修正，并不是对公正和善的重新定义，这两个概念自身本来就与社会公德的价值密切相关，相反是对爱*[18]和虔诚——反对其政令的人所珍视的两种价值——的彻底转换。克瑞翁属于家庭。于是他对家庭关系和爱就有义不容辞的义务。其中一种家庭的爱是对儿子的爱。他看到安提戈涅为了对兄长的爱而不惜犯法。而他自己，按照神律也有埋葬家庭中死者的责任。但是他心意已决，一味地对家族和情感的纽带不管不顾，只要这些牵挂不符合城邦的利益。整部悲剧围绕着兄弟的主题，对兄长的义务，和兄弟之间的争斗，但是克瑞翁，作为伊俄卡斯忒的兄弟，他自己外甥的内兄，却非常奇怪地使用"兄弟"这个词。事实上，他用"兄弟"来形容他的一个政令与另外一个政令之间的紧密关系："现在我们宣布一道命令，它与从前的原则就像兄弟一样的关系。"（192）就像厄忒俄克勒斯一样——也许更加微妙和有说服力——他试图用人与社会的纽带来代替血缘关系。如果国是家，家是国，家与国的冲突就不可能出现了。（显然柏拉图并不是看到这一概念对政治理论重要性的第一人。）但是，在这样的概念下，波吕尼刻斯就与克瑞翁的家庭不再有特殊的关系了，相反只是仇敌。

---

* 论"友爱"和"朋友"，参见第十一章，原书第328页和第十二章，原书第354页以下。

“仇人绝不会成为朋友，甚至死后也不会。”（522）无论我们个人之间的关系是出于血缘，还是情感，或是两者兼备，只有当这些关系能促进至高无上的善的时候，才值得被认可，“我绝不把城邦的敌人当作自己的朋友；如果有人把他的朋友放在祖国之上，这种人我瞧不起。”（187、182）对克瑞翁来说，只有当城邦平稳航行的时候，才谈得上结交朋友（190）。除他自己选择的关系之外，他不承认其他的联系。[19]

对这些价值的否定成为克瑞翁道德判断的基础，甚至在性爱关系上，这种否定也是他的指导。当他教导他的儿子，不要因为对安提戈涅的感情而迷住了眼，而上了“坏”女人的当时，他并没有说他的儿子应当为了城邦利益而抵御诱惑。他说的是，对一个健康的人来说，甚至性爱，也只有在与城邦利益相联系的地方才可能找到。如果一个人没有“抛弃他的理智”，就会发现不爱国的女人会“在你的怀抱中，成为冷冰冰的东西”（650—651）。我们没有理由认为克瑞翁对安提戈涅特别不感兴趣。他要说的是，在心智健全、正确看待世界的人那里，根本就不应该有这样的念头。健康的人不应该被任何东西所纠缠，甚至不应该被性需求所纠缠，不然它就会成为人与其社会义务相冲突的来源。这一点，他认为是实践的认识（649）。具有实践知识的人能够抵御普通人所不能抵御的诱惑。[20]在前面的对白中，他甚至暗示，一个好公民，应该仅仅把他的妻子看作是生育新公民的工具：如果海蒙不能娶安提戈涅，“还有别的土地可以由他耕种”（569）。拥护者会意识到，在雅典的婚约证 57
书里面使用的是同样的语言：“我给你我的女儿，来播种合法的儿女。”在这一点上，克瑞翁的立场是与人们熟知的法律上的界定相一致的。

最后，就像我们所预期的那样，克瑞翁要来修正天神的概念，使之符合他要求的秩序形象。对他来说，天神必须像尽心尽职的领袖一样具有健全的心智：

> 你这话叫我难以容忍，说什么天神照应尸首；是不是天神把他当作恩人，特别看重他，把他掩盖起来？他本是回来烧毁他们那石柱环绕的神殿、祭器和他们的土地的，他本是回来破坏法律的。你几时看见天神重视坏人？没有那回事。（280—290）

说天神会尊敬波吕尼刻斯，在克瑞翁看来不但很荒谬，而且难以容忍。这极大地侮辱了慎思的理性。克瑞翁的头脑对有秩序的生活与和谐的要求，决定了宗教能够是什么和不能是什么，结果就强制人们抛弃那由守兵清清楚楚地讲述出来的故事。[21]他紧接着就借着对宙斯的崇奉，发誓要逮住安葬叛逆的人（304及以下）。埋葬叛逆是对神的“不敬”（514）。我们怀疑克瑞翁是想最终把雄心勃勃的理性敬奉为神。

于是，在克瑞翁的慎思世界中，悲剧就不可能占有一席之地。不可能解决的冲突就不会出现，因为天下只有一种终极的善，所有其他的价值都是为这一种善服务的。如果我对克瑞翁说“这是我的冲突：一方面是对天神的敬奉和对家族的爱；另一方面是对社会公正的义务”，他会回答说是我误解了整个事情。健全的心智，根本就不可能把城邦的敌人看作是值得敬爱的对象，或者把他抛尸露天看作是对神律的不敬。偶然冲突之所以在表面上出现，是因为我们的眼光太差。[22]在形容他所看到的外在世界时，克瑞翁最喜欢用的两个词是“端正”和“摆正”（163、167、190、403、494，也参见636、685、706、994）。他喜欢看东西放端正，而不是“弯曲，弄糟了”（就像他最终认识到的那样）（1345）或者“转弯”（1111）；固定而不是流动（169）；单一而不是复杂（参见705）；可以用相同的标准来比较，而不是不可比较（387）。[23]通过这一转换，所有的价值都可以用一个单一的标准来衡量——克瑞翁十分热衷于臆想这种标准并使之受益于伦理上的事务——从而实现了单一性、直截了当和表面上的稳定性。[24]

究竟外在世界、未经修正的世界的哪些特征，使得克瑞翁非要重新建构他的伦理观念呢？他在剧中确实以实践知识为根据，给出了他的理由：

> 我绝不把城邦的敌人当作自己的朋友；我知道唯有城邦才能保证我们的安全；要等我们在这只船上平稳航行的时候，才有可能结交朋友。(188—191)

克瑞翁在此使用的比喻是城邦政治中常见的比喻，很快就成为雅典爱国主义的典型语言。[25]城邦是承载一切的船；没有它，城邦的公民就会一事无成。只有它平安航行时，任何友谊才会变得可能。[26]这一切 58
都无可厚非；雅典政论家德狄摩西尼(Demosthenes)甚至引用这一段话来评价埃斯基涅斯(他曾在剧中扮演克瑞翁)，说他如果是一个好公民的话，就应该在台下也对自己说这样的话。[27]

但是，即使我们可以接受这一代表城邦利益的比喻，克瑞翁还是没有给出很好的理由来证明他应该彻底地改革伦理观念。因为船只是一样工具。它的良好状态对达到我们的一些目标而言是必需的；比如说对船上船员的生命和健康来说，船的"健康"是必需的。但是船员在船上的目的，显然并不只是要船航行平稳。他们还有其他目的，而船在此只是提供了达到这些目的的环境和手段。我们不会认为仅仅通过船的良好运行，就能够定义其他的目的。塞奥格尼斯(Theognis)是最早使用这一比喻的人之一，他谈到船员各不相同的目标，与船的整体利益之间的不协调(670—685)。阿尔凯乌斯(Alcaeus)把城邦—航船这一比喻的用处，与需要尊敬死去的同伴这一点相联系(6.13—14)，但这个目的显然与船的良好运行是可以分离的，而且二者处于某种潜在的张力之中。[28]随着这个比喻的进一步展开，船员事实上就变为某种可分离的东西之典范——那种东西的目标和活动，与其承载工具可以脱离。[29]因此，当克瑞翁使用这一比喻来论证价值的单一性时，就显得很奇怪了，因为这就像是说，没有心脏人就不能存活，所以我的朋友都应该是心外科专家，应全心全意地献身于维护心脏利益的工作。但是，当他强调城邦是追求其他目标的必要条件时，他还没有给出任何理由来拒斥这一主张：不属于城邦（甚至是反城邦）的那些东西是内在的善。通过使用船的比喻，他可以试图辩护他对安提戈涅的惩处，以及他自己拒绝安葬波吕尼刻斯的做法，因为这样做（即使是对神律的冒犯）是为了城邦生命、健康和美德的延续。但是他不能够以此来辩护他的这一主张：在城邦的要求之外，并不存在任何其他的公正和虔诚。这样，克瑞翁的论证就有了一个奇怪的漏洞，而这个漏洞使我们想要去寻找他重新定义伦理观念的更深动机。事实上，船的比喻本身就暗示了更深的动机。

这一比喻表明，城邦像是一艘船，是人类为了反抗境遇和自然而建造的工具。这艘城邦之船，在传统意义上，应当是抵御外在威胁牢不可破的战壕。无论风吹雨打、潮起潮落，都应该禁受得住外界的打击。[30]如果我们以这种方式来反思这个比喻，那么我们就很容易得出这一结论：城邦的任务，就像是一条救生船，抵挡对人的任何意外打击和危险。船和城邦会同时出现在对人类的颂歌中，作为人类的两种发明，“富有创见地”来征服世界，为人类服务。不论是克瑞翁，还是先前处于乐观主义时期的歌队，都相信人类在技艺方面的足智多谋，足以战胜除了死亡之外的其他任何障碍。但是，为了战胜境遇，我们不仅需要物理方面的技艺：船只、犁耙、缰绳和陷阱，而且还需要人性方面的技艺，即一种
59 实践理性的技艺。由来已久的运气和偶然性，是人类痛苦和畏惧的来

源，而当境遇引发深刻的冲突时，就尤其严重了。克瑞翁坚信这种状况是不能容忍的。他在此选择船只的比喻，表明他意识到了问题的严重性。幸运的是，人类不必承担这样的痛苦。外在世界的冥顽不化可以用实践的伦理合理性本身来征服，也就是说，重新建构和组合我们的伦理语言和实践承诺。克瑞翁认定城邦本身就是善的标准，从而巧妙地达到了这一目的。

怎样才能使这一策略发生作用呢？首先，终极的善，本身必须是单一和纯粹的：它本身不能包含任何冲突和对立的因素。一旦在城邦利益中存在着相互冲突的不同要求，那么克瑞翁的策略就垮台了。其次，终极善的目标，必须为所有其他的实际利益和价值提供相同的标准。他所看到的和热爱的价值都可以最终被视为这一目标的功用，最终通过这一目标来兑现（克瑞翁用财政上的比喻来说明这一点）。这一目标在形式上又应当是变幻无穷的，从而每一种价值都可以溯源于它。而它又必须是存在于不同价值中的同一目标，从而彼此之间就没有内在冲突了。（《普罗泰戈拉篇》中的苏格拉底认为美德的各个部分就像金子的各个部分，具有相同的质地，可以任意兑换。）

但是这部悲剧表现的是克瑞翁的失败。在剧终他不得不放弃自己的策略，而且承认慎思世界要比他想象的复杂得多。歌队拿他与受鞭打的傲慢动物相比较（1350—1352），而他也曾经很热衷于那些驯服烈马，制服和惩罚野兽的比喻（473及以下，参见348—352）。他的计划在两个基本点上都失败了：他的终极目的并不像他想象的那样简单；而且，这一目的最终被证明不可能解决他的所有问题。甚至当克瑞翁在一开始表述他的处境时，我们就可以看到问题的端倪了。

当克瑞翁入场时，他首先提到城邦的事务，随后他向歌队长篇大论。其断言的这两个部分是用men和de这两个相互关联的小品词来连接的；这个结构指出了两者间的对立，至少强调了城邦及其公民之间的明确区分。从最开始，我们就不禁要问，城邦是否像克瑞翁所说的那样，具有单纯的善或者单一的目的。随着剧情的发展，海蒙就明确地说道，即使克瑞翁判定安提戈涅的行为是对城邦安全的一种威胁，但城邦作为人民的集合体（733），却仍然站在安提戈涅一边。城邦是一个复杂的整体，由各不相同的个人和家庭所组成，包括了各不相同、杂乱无章，甚至相互冲突的关注，包括了不同的宗教信仰和如何安葬亲友的不同传统。把城邦凌驾于万物之上，并不足以一笔抹杀它的公民所信仰的宗教价值。只有极端贫乏的城邦概念才会符合克瑞翁那种简单化的要求。

60 在友谊和爱情的领域中也是一样：他简单化的概念，不能够真正地解释城邦所关注的所有事务的复杂性。在克瑞翁的一生中，所有的人际关系都与城邦相关；而评价所有的人又都以其对城邦的贡献为准绳。夫妻之间的关系就只是生育新公民的手段；父子之间的关系就只是公民之间的友谊。但这恰恰不是城邦本身所持的观点。血亲之间的纽带，以及个人之间的激情爱恋，都是公众生活最基本的事实。对克瑞翁所说的“还有别的土地可以由他耕种”，伊斯墨涅回答说：“不会再有这样情投意合的婚姻了。”（570）克瑞翁对此深恶痛绝，“我不喜欢给我儿子娶个坏女人。”歌队却接受了这样的爱：他们整个第三合唱歌都是在赞美爱情的力量。

而且，克瑞翁没能认识到城邦的对立面不一定都是一个个需要攻克的堡垒。他认为妻子只是“可耕种的地”，是男子的附庸（参见484—485），[31]这种观念是把女性在这种关系中非人性化。当对立产生的时候，这一点变得尤为明显。克瑞翁的计划并不允许他采取这种做法：对于一个反对他的人来说，仅仅因为那个人具有人性的价值，他就应该去尊重那个人。每个公民只具有单一价值：生产城邦利益的能力；如果不具有这一点，他或她就“什么也不是”。在下面的文字中，克瑞翁表明了他对安提戈涅的态度，他把本来很少搅在一起的两种关系放在了一起考虑：

> 可是你要知道，太顽强的意志最容易受挫折；你可以时常看见，最顽固的铁经过淬火，被人击成碎片和破片。我也知道，只消一小块嚼铁就可以使烈马驯服。一个人做了别人的奴隶，就不能自高自大了。（473—479）

炼铁、驯马和拥有奴隶，对克瑞翁来说，差不多是同一件事，都可以用来形容占主导地位的男性，及其如何对待不听话的对手。但他是否拿这些比喻当真呢？他对安提戈涅说，他要依靠她的能力来理解这样的语言，甚至解释这样的隐喻。然而，既然安提戈涅与马显然是有差别的，克瑞翁就要想方设法消除她的特殊性。短短的马嚼子就可以驯服马，而与一匹马相比，人是更难征服的。要想像驯服动物一样地制服人，克瑞翁就必须否认人与动物的区别，从而将人的特殊性一笔抹杀。[32]在他所追求的理想境界中，只有可以被使用的工具和对象，而没有人胆敢教训他（参见757）。[33]这不是一个城邦。海蒙在此之前得出了正确的结论：“你可以独自在沙漠中做个好君王。”（739）

在这里，克瑞翁单一目的的观念，又一次让他无法达到正确的城邦观念——作为整体来说，城邦似乎并不具有单一的善。克瑞翁自己好像也并不能够一直坚持那个简单的观点，因为，它甚至不足以解释他自己所挂念和忧虑的事情。到最后，是他自己不能够说服自己顽固的人性。歌队告诉我们，教育就是驯化，用克瑞翁自己的例子，“鞭”必须用

61 来征服顽固不化的灵魂。然而与驯马不同，人最后不是默默无言地顺从了，而是要达到理解（1353）。克瑞翁最后被迫承认他对他的儿子海蒙的爱，并且认识到了这种爱的价值。在剧中海蒙对他说的第一句话是“父亲，我是你的孩子”（634）；而他名字的意思就是“血缘”（就像在剧终宣布海蒙之死时，一语双关地指出来的那样，1175）[34]。但是他的父亲，其名字的意思是“统治者”，只有在后来才开始意识到这句话的分量，当先知提瑞西阿斯警告他“我告诉你，你看不见多少天太阳的迅速奔驰了，在这些日子之内，你将拿你的亲生儿子作为赔偿，拿尸首赔偿尸首”（1064—1065）时，一贯被看作意志非凡、令人敬畏（243、408、690）的克瑞翁，忽然发现自己正面对完全在他的控制之外的局面，他大惊失色地说道：

> 这一点我也清楚，所以心里乱得很。[35]要我让步自然是为难，可是再同命运对抗，使我的精神因为闯祸而受打击，也是件可怕的事啊！（1095—1097）

海蒙是他的亲生儿子，这一点对他来说的确重要。针对歌队的反驳，劝他在这里好好想一想，他没有重申他那心智健全的男性中心理论，相反他问道：“我应当怎么办呢？”（1099）他开始承认，尽管他一直想取消孝敬家庭的神律，但它仍然起着重要的作用：“我现在相信，一个人最好是一生遵守众神制定的律条。”（1113—1114）

但是，当这种转变并没有能够阻止海蒙的死时，克瑞翁一边悲伤地，一边更深刻地批判他自己从前的实践理性观点：

> 哎，我那思虑不清的理性的过错（phrenōn dusphronōn hamartēmata），顽固不化，带来了死亡。

哎，你们看见这杀人者和被杀者是一家人。
哎，我的慎思是多么贫乏（anolba）。
儿啊，你年纪轻轻就夭折了，
哎呀呀，你死了，去了，
只怪我糟糕的慎思，怪不着你啊！（1261—1269）

克瑞翁对他死去儿子的爱，那种不再能被否认，或者被融合在善之公民理论框架中的爱，最终迫使他放弃了他的理论。他的悔恨尤其针对他的慎思，特别是这些慎思的狭隘和贫乏。它们提供的单一标准，把许多具有真正价值的东西排除在外，从而成为极其贫乏的标准。他现在承认这一失败罪过在他自己。他的妻子欧律狄克的自杀（她名字的深意是"广义的正义"）更进一步确定和增强了他的这一苦涩认识："这罪过不能从我肩上转嫁给别人！是我，哎呀，是我杀了你，我说的是事实。"（1317—1320）他过去所持有的实践理性观点是不可能承认这一点的；他的坦诚声明表现了他的悔恨，不仅仅是对失败的追悔，而且表现了更本质的转变。歌队评判他说："你好像看清了是非，可惜太晚了。"（1270）他最后看到的正是"我手中的一切都弄糟了"（1344—1345），而作为 62
舰长（或自认为是舰长），他曾经让城邦这条船"平稳前进"。[36]

3

至此我们所讨论的一直是克瑞翁。几乎所有的评论家都认为，在这部剧中，克瑞翁是品格和心理上有缺陷的人物，尽管在他的缺陷究竟是什么这个问题上，他们也许各持己见。安提戈涅的情形则有争议得多。黑格尔认为她与克瑞翁一样有缺陷；而近来的一些作家则认为，她是无可指责的女主角和英雄人物。在此,我不想过多地研究安提戈涅在整个悲剧中的地位,但是我想要说(而且越来越多的批评家支持这一观点),[37]黑格尔的立场至少有一定的道理——尽管近来的评论应该比黑格尔的简评更清晰也更切中要害。我想要指出的是,就像克瑞翁一样,安提戈涅也以一种极端的、近于无情的方式,把世界的价值简单化了,结果也消除了相互冲突的义务和约束。就像克瑞翁一样,她应当因为她的短见而受到责备。但是在她与克瑞翁的策略之间又存在着重要的差别。一旦认清了这一点,那么对安提戈涅的批评,就并不影响我们对她的评价:我们仍然可以认为她在道义上要比克瑞翁高尚。

> 啊,伊斯墨涅,我的亲妹妹,你看到了吗?俄狄浦斯传下来的诅咒中所包含的灾难,没有哪一件宙斯没有在我们活着的时候使它实现。你听见了没有?是什么命令?也许你还不知道敌人应受的灾难正落到我们的朋友身上。(1—3、9—10)

安提戈涅用一种既亲昵而又非个人化的迂回口气,来称呼伊斯墨涅,表现了她是讲话者的近亲。但是安提戈涅对听者的态度却显得异常疏远。她仅仅把伊斯墨涅看作是一种近亲的形式。[38]由此,安提戈涅用一种急切的口吻,要伊斯墨涅接受她有关家族关系的观点:“我们的朋友”正像敌人那样受灾难。我们作为亲人,必须认识到这些羞辱和灾难正落在你和我的头上(5—6)。

战争刚刚结束。在一方是厄忒俄克勒斯统领的军队,安提戈涅和伊斯墨涅的兄长。另一方是入侵的敌军,由异族的军队组成,统领却是她们的另一个兄长波吕尼刻斯。克瑞翁和安提戈涅尽管用不同的方式,但都要极力否认这一异质异类性。克瑞翁的策略,是在他的思想中画一条无形的线，一边是入侵的敌军，一边是守军。线的一边是敌人、邪恶和非正义，而另一边（效忠城邦的一方）自然一概是朋友或者友爱的人。安提戈涅，在她的想象中画了一个小圈子，分开她的家庭成员和外人：圈内的人（后文我们会提到，她对此稍有限制）是家，是自己人，而圈外任何与家庭相冲突的人就是敌人。如果有人只听安提戈涅的， 63
就不会相信一场大战刚刚结束，或者“城邦”曾经受到任何威胁。[39]对她来说，把波吕尼刻斯不当朋友对待就是不公正的。

于是，“朋友”（philos）和“敌人”就完全是从家庭关系出发来定义的。[40]当安提戈涅说“我的本性是去爱（sumphilein），而不是去恨”时，她并不是指一般意义的爱，而是指对家庭的爱（philia）。这种爱的本质是不管人的好恶与欲望所求，而要求行动者一味地忠实于爱的承诺。这种爱不需要人做决定；而其中的关系很少牵扯到个人喜好。我们可以说（借用康德的术语），安提戈涅所指的爱是“实践”的爱，而非“情感”的爱（由于喜爱和倾心而引发的爱）。“他是我的哥哥，”她对伊斯墨涅解释她为什么要违背城邦的法令，“也是你的哥哥，即使你不愿意。我不会让别人看见我背弃他。”（45—46）关系本身就是责任和义务的来源，而没有任何情感牵扯进去。当安提戈涅提到波吕尼刻斯是“我最亲爱的（philtatōi）哥哥”时（80—81），她甚至宣称，“我要同他躺在一起，亲爱的人陪伴着亲爱的人”（philē... philou meta）（73），由此表现出来的，丝毫都不是亲近、对过去的回忆或者任何特殊的感情。[41]伊斯墨涅，本应和她是最亲近的人，安提戈涅却始终用一种冷淡和疏远的态度来对待她，甚至在伊斯墨涅不同意她对义务的看法时把伊斯墨涅称为“敌人”（93）。而我们只看到伊斯墨涅为心爱的姐姐哭泣，她的行为是出于真情。她问道，“失掉了你，我的生命还有什么可爱的呢？”（548），这样强烈的感情从未在安提戈涅的虔诚中出现。而对海蒙，这个深爱和渴望她的人，在整部剧中安提戈涅没有直接和他说一句话。[42]歌队只认为，正是海蒙，而不是安提戈涅，为爱欲（erōs）所鼓舞和激励（781及以下）。而安提戈涅恰恰和克瑞翁一样远离爱欲（erōs）。[43]对安提戈涅来说，死去的人“是最应当讨好的人”（89）。她的妹妹说“你是热心去做一件寒心的事”（88），她不能理解安提戈涅的那种没有人情味的、一意孤行的情感。

对家族死者的责任是最高的律法和绝对的感情所在。安提戈涅就根据这个简单的、自足的责任体系来建造她的整个生活，以及她对世界的认识。即使是在这个体系的内部，一旦有冲突发生，她仍然可以用固定不变，预先考虑好的价值等级来决定她的选择。在她所做的奇特演说（891及以下）中，她把对不同的家族死者的责任分等级，把对兄弟的责任置于丈夫和子女之上，也正是从这一点（如果她是坦诚的话），我们可以质疑她非常奇怪地、无情地简化她的责任，有时甚至并不是根据任何律法和神律，而是出于她自己想象出来的紧迫感。[44]

当其他相关的价值都各就其位时，我们就可以来证实我们的怀疑了。安提戈涅一心一意强调的，是对死者的责任，于是就带来一种对虔诚、尊敬和正义这些价值的奇特的重新组合。用她自己的话说（hosia panourgēsasa），她可以为虔敬无所不为；[45]她的虔敬只是吸收了传统宗
64 教的一部分。[46]她谈到对宙斯的忠顺（950），但她拒绝承认宙斯是忒拜城的保护者和厄忒俄克勒斯的援手。她对忠顺的表达本身就很值得怀疑：“因为向我宣布这法令的不是宙斯。”（ou gar ti moi Zeus..., 450）她认为自己可以仲裁哪些法令是宙斯能颁布的，哪些法令是他不能颁布的，正像克瑞翁认为他自己可以决定哪些领域是天神可以掌管的，哪些领域不是天神可以掌管的一样：剧中没有哪一个人物和她一样，认为宙斯会一心一意地支持死者的权利。她还提到女神狄刻（Dikē），正义之神；

但是对她来说，狄刻只不过是“与下界神祇同住的正义之神”（457）。歌队看到的却是另外一个正义女神。[47]后面他们会对她说：“孩儿啊，你到了鲁莽的极端地步，猛撞着正义之神的最高宝座。”（852—855）正义在下界，也在城邦之中。而并不像她认为的那样简单。相应地，在他们来看，安提戈涅不是传统意义上的虔敬之人，相反，她即兴发挥她的虔敬，自作主张地决定她应该尊敬谁。她是“自己做主”（autonomos, 821）；她的叛逆是“自己发明的激情”（autognōtos orga, 875）。最后他们一致告诫她，她的虔敬是不完整的：“你的虔敬只是虔敬的一部分。”（872）安提戈涅僵硬地恪守一组单一狭隘的责任，使得她误解了虔敬的本质，而在美德之中，一种更为全面的理解，就会认识到冲突的可能性。

克瑞翁的简单化策略是把其他人都看作是为达到自己的极端目的而供他所用的工具。安提戈涅对死者尽职尽责的忠诚，则导致了同样奇特却不同（也没有那么可鄙）的结果。她与世上其他人的关系可以用冷淡一词来形容。“你还活着，”她对她的妹妹说，“但是我的生命（psuchē）早就结束了，为着要侍奉死者。”因此，尽职尽责的人类生活所需要的，就是对生命的抹杀，或者本身就是对生命的抹杀。[48]克瑞翁对他人的态度就像是有恋尸情结的人，他渴望支配的都是被动和从不抵抗的人。而安提戈涅对责任的屈从，最终就像是想成为被恋的尸首，她自己是爱上了尸首的一具尸首。（她看起来像是我们传统中的殉道者，追求死后的永生，但是这一点不应当掩盖我们对其目的的奇怪感觉。）而在下界，则没有任何失败和过失的危险。

因此，不论是克瑞翁还是安提戈涅都不是那种日常意义上的、具有关爱和激情的人。歌队说，没有哪一个人，甚至哪一位天神可以抵挡爱神的魅力（787—790）；但这两个怪人显然都逃过了爱神的眼睛。克瑞翁只看到相爱的人对城邦利益的功能，他们是可取代的公民生产者。对安提戈涅来说，他们或者是死去的人，或者是敬奉死者的人，或者就是毫不相干的人。没有人像海蒙感受到的那样，或者像伊斯墨涅所颂扬的那样，爱一个人是爱他或她的品格和性格。通过改变他们对人的价值和本质的信念，他们似乎认为他们就改变和重建了人的感情本身。他们达到了这一层次的和谐境界，但却为此付出了代价。歌队认为爱是极其重要和有约束性的力量，就像是古代法令（thesmoi）或权利法，
65 对爱的任何反抗都是愚蠢的，而且似乎应当受到谴责（780—801）。

就像克瑞翁一样，当安提戈涅被迫认识到，她那种一心一意的关注中存在着问题，她也就得到了教训。克瑞翁认为城邦本身是虔敬和仁慈的；但是他没法一方面既是城邦的领袖，另一方面又对城邦所珍视的价值及其复杂性视而不见。安提戈涅逐渐意识到，要想对死者尽责，她就需要城邦的帮助，如果没有城邦的制度，她自己的宗教目标也就不可能实现。她的我行我素、为自己立法，不但忽略了虔诚的一个重要方面，而且使得她那极其投入于敬奉死者的责任很难完成。当她把自己与朋友隔绝，断绝自己生养子女的可能性，她也就不再能够为死者尽责，甚至不能保证自己的尸身会受到善待。在她最后的讲辞中，她并不为自己即将来临的死期而悲伤，而是反复地为自己的形单影只、无儿无女垂泪。她一再地说自己将永远无法享受婚姻和养育后代的快乐。冥河之神是她的新郎，而墓穴是她的洞房。[49]她那样无视城邦公民的价值观，因而除非她能够感动他们，否则她自己会死无葬身之地，[50]而且不会有人来继续维护她视之如命的家族宗教。于是在最后一幕中，她一而再，再而三地转向城邦的公民和守护神（839、843及以下），甚至她最后的遗言听起来就像是克瑞翁早先做的讲演，二人的关切合而为一：

> 忒拜境内我先人的都城呀，众神明，我的祖先呀，他们要把我带走，再也不拖延了！忒拜长老们呀，请看你们王室剩下的唯一后裔，请看我因为重视虔敬的行为，在什么人手中受到怎样的迫害啊！（829—843）

我们看到的是两种经过限制的世界，两种逃避和简单化的策略：其一，是单一个人的价值成为终极的目标；其二，单一的责任遮掩了所有其他的义务。但是现在我们可以说，比较之下，我们还是敬佩安提戈涅的，而对克瑞翁就没有敬佩可言。研究这一区别的基础似乎很重要。

首先，在剧中，很明显的是，安提戈涅的实际选择似乎比克瑞翁的要可取一些。虔敬地埋葬敌人的尸身因而对城邦价值不敬，远远比不上克瑞翁的行为对宗教神律的侵犯。[51]当安提戈涅论辩说，埋葬死者的义务是不成文的法律，没有哪一个当权者能够置之不理的时候，她所表现出来的对共同体及其价值的理解，要比克瑞翁的深刻得多。剧中虽然隐含着对安提戈涅一意孤行的批评，但是对她的信仰却没有任何微词，那就是，并不是所有的价值都与城邦的利益相关，而对一些价值的否定会被证明是对城邦的和谐和个人品格的巨大打击。

其次，安提戈涅对她的善的追求，完全是个人行为，与他人无关，也不会伤及任何其他人。有所统治才可能成其为统治者；而安提戈涅的虔敬行为是她一人担当，完全出于她独自一人的承诺。她也许是奇奇怪怪地与世隔绝，但她并没有伤害到这个世界。

最后，而且也许是最重要的一点是，安提戈涅随时准备冒险并牺牲 66
自己的目标，这一点是克瑞翁因为自己价值观念的单一性而不能做到的。安提戈涅的美德中有一种复杂性，使得她为了要捍卫她的虔敬而不惜牺牲自己。她至死不放弃她的信念；然而她还是被冲突击碎了。

于是她的美德，就在于敢于承认偶然冲突，至少是在极端冲突的例子中，要发扬她的美德，甚至必须消除得以展现这一美德的条件。在她对死者执着的奉献中，她认识到这些偶然处境的巨大力量，并且不得不屈从于它；她把自己与化作石头的尼奥柏（Niobe）相比，在风霜雨雪中消磨殆尽（823及以下）。[52]（早先，她还在悲伤中，拿自己与失去了小鸟，只身守着空巢的鸟妈妈相比；所以，即使她具有英雄般的气概，她仍然是与女性的开放和脆弱联系在一起的。）歌队在这里安慰她说，她的坏运气，与她今后的声名相比，是无足轻重的；但安提戈涅却认为这是歌队在嘲笑她的痛苦和损失。美德的脆弱性，以及她敢于承认外在世界对美德的限制，当然都使她在两个主角中成为更具有人类理性、思想更为丰富的那一个：既有主动性又有接受性，既不是剥夺者又不是简单的牺牲者。

4

克瑞翁和安提戈涅对生活中重要事情的看法，都是单一和狭隘的。他们每个人所关心的东西，都向我们显示了另一个人拒绝接受的重要价值。在这一点上，黑格尔那著名的、尽管经常被误用的解读却是正确的。黑格尔的错误也许只是在于没有强调安提戈涅的实际选择，在剧中要比克瑞翁的选择高尚得多；但是，正如我们所看到的，总的来说，他对安提戈涅无视城邦利益的批评，与这一点并不相冲突。[53]黑格尔认为两个主角的缺陷只在于他们的狭隘和片面，而不在于他们想要避免所有的冲突。对黑格尔来说，消除冲突对于人类的一个伦理观念来说，既是可接受的目的，又是合理的目的。从悲剧中我们认识到，我们是不可以用错误的方法来挣脱冲突的，也就是说，只是单单执着于唯一的一种价值，而摒弃所有其他的价值。从悲剧中我们还间接地认识到如何正确地摆脱冲突，即达到一种同时考虑冲突双方的综合。黑格尔总结说："简单地说，正是这两者（城邦和家庭）的和谐统一，正是在它们那种得以实现的内容范围内的和谐统一活动，构成了道德生活的完美现实。……戏剧展开的真正途径就在于，在对人类行动力量的调和中，废除这样的矛盾，因为那些力量在它们的冲突中，交替地努力否定对方。"[54]他的这一处理方法最近得到不少现代解释者的赞同，他们认为，当时雅典观众会把这部悲剧理解为：在他们复杂多样的承诺之间，找到一种没有冲突的和谐，而不忽视任何一种承诺。[55]

从某种程度上说，这是一个吸引人的观点。它肯定会成为伯里克利时代的雅典人颇感自豪的一个主张，即他们已经发展出一种公民秩 67
序，这个秩序整合和尊重了宗教义务"不成文法律"的主张（参见修昔底德，第二卷第37节）。但是，在一般意义上说城邦尊重了这些主张是一回事，像黑格尔那样，认为城邦可以消除不同价值领域之间冲突和张力的所有可能性，又是另外一回事。要彻底消除这样的可能性，我们似乎需要比伯里克利所想象的那种改革更极端的改革。更何况，我们已经有理由认为这是一项危险的改革，因为我们是在冒险忽视丰富的价值世界，以及其中各种不同价值的独特性。通过研究两个主人公，我们得出这一结论：为了正确地看待两种不同价值的本质，我们就需要正确地看待它们的不同之处；而要认清它们的不同——在质上的显著区别，以及可以用数量来表现的区分——我们需要认识到不同的价值，至少认识到在特定的环境中，会有潜在冲突的可能性。[56]明确的区分需要明确的定义和明确的界限。这一点又反过来印证了不同价值相互对立的可能性，表明这种冲突，对承诺了这两种价值的行动者来说是可能的。但是，到目前为止，这些都只是我们的猜疑。为了进一步研究这些论断，我们必须转向歌队的思想和他们的回应，而且最终转向剧中的另外两个人物，提瑞西阿斯和海蒙。

《安提戈涅》里面的歌词显得异乎寻常的浓缩、厚重和压抑。[57]每一段都有自己的内在结构和内在的相互回应；每一段都是对前一场景的反思，对前一段歌词的回应。我们已经觉察到，要充分解释每一个单独的象征和措辞，就必须把复杂的关系网络放在一起来加以考虑，因为每一个细节都是对前一段的比喻，或者修正前一段的措辞，又或者被修正。但是，即使我们认为后来的细节是对先前描述的深化和修正，我们也必须看到相互联系的网络还要复杂得多：对每一个单独细节的回应都同时是对后文的预期和对既往的追溯。歌词中的每一个比喻象征都必须针对这之前的对话和歌词的背景来理解，但是最终需要联系后文的歌词和事件来理解。一个本质上乐观的论断（或者不如说，既然我们不愿意承认这些论断只是表面上的，那么单独来看，这些论断就显得是乐观的），也许会在后文同样的比喻和措辞中变了味；而表面上看起来很阴郁的象征，在后文中也许会变得明朗起来。对颂诗的彻底理解，要比长辈们唱时想要表达出来的东西，丰富和深刻得多——这些曲子就像是他们的梦境，而梦境总是包含着对真实世界特征微妙和压缩性的描述，这也许倒要比他们清醒的时候想到的深刻得多，也不那么容易解释。[58]所以，最完全和最充分的解读，需要极其关注与后文的联系，因为每一个比喻和歌词的含义，都在不同段落之间的相互回应中得到不断加强；而歌词间的内在含义又构成了这些相互回应之间的联系。这一结构与同时代其他抒情诗也大有相似之处，不论是在戏剧题材之内或
68 是之外。而且，这种写作方法与半个世纪之前的重要伦理思想家的深沉、凝缩和神秘风格异曲同工，即赫拉克利特风格。[59]

这一风格的特征不仅应当作为我们解读的导引，而且也暗示了这

部戏剧对人类学习和反思本质的看法。至此我们的讨论一直假设选择写作风格并不是中立的：风格本身已经体现了作家对什么是理解，以及人类如何获取理解力的认识。于是当我们想要解释这些歌词的含义时，我们也许就要问，这样深重而神秘的风格究竟表达了怎样的观点；在一些重要的方面，它与柏拉图的哲学所表达和提倡的理解和心理成长的范式有很大的不同。剧中的歌词向我们表明，同时也在我们中引起一个反思和（自我）发现的过程，该过程是通过持续地关注和（重新）解释具体的比喻、措辞和事件而展现出来的。我们并不是通过将一个事件归结在一个一般规则下来进行反思，也不是通过把它的特征同化为一个优雅的科学程序的术语来进行反思的。相反，我们是通过挖掘特殊性的深度，从而找到可以让我们更正确地看待这些事件的比喻和联系；通过纵向挖掘与横向联系的综合，使得每一横向的联系能够促进我们对特殊性的深层理解，而纵向的理解又可以产生新的横向联系。柏拉图式的灵魂，由于它的单一和纯粹，将会指向本身就具有单一本质、不相混杂的伦理对象，完完全全是从灵魂回到灵魂本身的。而索福克勒斯式的灵魂则更像赫拉克利特的"心灵"比喻：是坐在网中央的蜘蛛，能够在复杂结构中感觉到并且回应来自四面八方的张力。[60]由此，我们对人类生活和灵魂本身的理解得以不断提升，并不是通过由特殊到普遍、由感觉的世界到单一和纯粹世界的那种柏拉图式的推进过程，相反，通过思想和想象在被看到的那个特殊事件谜一般的复杂性周围，反复盘旋捉摸（就像假若我们熟谙这样的写作风格，我们就会在剧本的文字间反复徘徊捉摸那样），宛如坐在相互联系的蛛网中央，回应来自每一个线索的张力。[安提戈涅在被囚之后入场，歌队看到她时说："我反复思量，这奇异的现象让我吃惊。"（376）由此，我们可以看到这一事实。]在这种风格中所表现出来的那个学习的比喻，就像它所要求的那个阅读图景那样，都强调对复杂性的回应和关注，而极不赞成追求简单的东西，尤其不赞成那种把特殊归于普遍的东西。这种风格向我们表明：实践选择的世界，就像文本一样，是通过阅读表述出来的，但从来都不会被解读殆尽；阅读本身必须反映，而不是掩盖这一事实，这表明特殊的东西（或者文本）仍然处于解读不尽的地位，是判断我们观点正确与否的最终裁决者；而正确的选择（或者：正确的解释）首先是感觉的敏锐和灵活性，而不仅仅是遵循一组简单化的原则。（亚里士多德将会明确地论证所有这些观点，并且回归于传统的选择观念。）

最后，歌队提醒我们，对摆在我们面前的一个实际处境（或者一个文本）的正确回应，不仅仅是理性上的理解，而且还要包括情感上的反
69 应。对他们来说，“解读”处境并不单纯是沉静的理性活动。就像《阿伽门农》剧中的长者，对过去苦难的痛苦回忆是他们理解和领悟的途径，《安提戈涅》歌队的长者不仅“从正反两方面反复思量”，而且在纵向上也是往深处去感觉。他们总是让自己与实际生活的世界联系起来，而这一世界是他们深刻的恐惧、爱和悲伤的源泉和基础。紧接在感叹爱神的力量（781—801）之后，“伟大的神律也被你压倒了”，他们和海蒙站在一起，反驳不为爱情所动的两个主人公：“我现在看见这现象，自己也越出了法律的范围；我看见安提戈涅去到那使众生安息的新房，我的眼泪再也禁不住地往下流。”（802—806）看见和悲伤流泪，对他们来说是紧密联系在一起的，前者自然而然地唤起后者。对事件纯粹理性的感知，因为没感到“重负”，也不会泪流满面，对他们来说就不是自然的、充分的和正确的感知。要想充分地理解一个人，我们也许必须先爱上他。这一点又向我们暗示了我们在阅读和解释的时候应当遵守的准则。如果我们总是要忍住眼泪，极力不让自己失控，我们往往就不能彻底地理解这部剧本。

至此，我们一直把这些歌词当作可以阅读的文本来讨论。但我们不应当忘记：它们首先是，而且最重要的是戏剧演出中的合唱曲，是由一组演员用音乐、舞蹈和台词表演出来的；而观众往往在一个宗教节日里聚到一起，他们环绕在演员周围，这一布景本身就是戏剧重要的和不可避免的场景的一部分。这一事实加深了我们先前提到的与柏拉图的对立。因为我们看到的是，这些观众作为这一场景和团体的一部分来感受戏剧所表现的复杂性，而不是每一个单独的灵魂从团体中孤立出来；他们通过关注共同分享的事实和事件而形成一个可以共同回应的集体，而不是孤独地进行一种高处不胜寒的冥想，然后不情愿地跌回政治生活中。这一伦理经验的整个过程，强调的是集体和人与人之间友谊的重要价值；它不要求，甚至并不准许我们在此之外寻求善。[61]

用一种可以包含所有这些方面的风格来解释这些合唱曲，似乎很重要。不过，这些解释只会涉及歌词的一些方面；只强调各个部分之间的某些联系，以及某些情感上的回应。也就是说，只强调那些能够推进我们研究综合和简化过程的方面，但都是以一种与题材相符合的方式来取舍的。

> 阳光啊，
> 照耀着这有七座城门的忒拜那最灿烂的阳光啊，
> 你终于又亮了，
> 金光闪烁的白昼的眼睛啊，
> 你升起在狄耳刻流泉的上空，
> 给那从阿尔戈斯来的全身甲胄的白盾战士带上锐利的嚼铁，
> 催他快快逃跑。

他们为了波吕尼刻斯的争吵，
冲到了我们的土地上，
像尖叫的老鹰在我们上空飞翔，身上披着雪白的羽毛，
手下带着许多武士，
个个头上戴着马鬃盔缨。(100—116)[62]

歌队在日出的时候入场，他们召唤喷薄欲出的阳光。“最灿烂的阳光”像白昼的眼睛，照耀在河水之上。它的光线像是在提醒歌队，它曾经见证忒拜在战争中的胜利，以及战后七座城门之外的血腥。歌队推想，这些阳光肯定也看到了这个“巨大的冲突”：敌军中间躺着不该在那里躺着的忒拜之鹰波吕尼刻斯，他与阿尔戈斯来的骑士混在一起，他的头盔以马鬃为缨。是鹰却戴着马鬃，躺在灿烂的阳光之下，无人料理，他异常的两面性表明了歌队在要评价波吕尼刻斯的时候将会遇到的复杂性。他们认识到波吕尼刻斯的两面性，而且他们为了他分为两派(neikeōn amphilogōn)，争论不休各执己见。这种认识不言而喻地与这一点形成对比：他们(以及我们)都知道一道明文禁令——敌人和叛逆不准享受亲族和朋友的待遇。前一天在阳光之下的世界所反映出来的复杂张力，与这一天执意要执行的政策之间形成了对比。

合唱一开始，他们再一次睁大双眼看一看周围令人困惑的场景，这是用简单和复杂两种方式表现出来的。自然之眼看到的是复杂和满是冲突的景象，而克瑞翁看到的却是简单得多的世界。睁大眼睛这一引人注目的比喻，是剧中很多有关眼睛和看见的比喻之一；就像是我们(在剧场，在日出的时候)睁开双眼，看见周围的场景和阳光一点一点地在我们面前闪现。追溯这些比喻，有助于我们理解歌队对实践知觉和协调不同意见的态度。

克瑞翁谈论“看见”隐含着他对现实的重建，对所有不合意要素的拒绝。[63]他允许展现和承认的只是那些符合其简单价值观的因素：城邦当前面临的危险（185，参见177），暴露叛逆的尸身（206），违抗命令的人就是犯了罪行（307、655），这样做的人是愚蠢的（562），惩罚这些人是非常有效的（581）。[64]他呼唤“无所不见的宙斯”来见证他的简单价值观（184）。而他的对立面，只要他们的所见不同，在克瑞翁的想象中就全无所见，这些人“在黑暗中图谋不轨”（494）。或者，如果他们像安提戈涅一样仍旧胆敢贸然走入禁区，那么他们不久也就会被关入石窟不见天日（774）。海蒙对克瑞翁说他有一双奇特和可怕的眼睛——因为他只看到他想看的东西，只听见他想听的东西。［安提戈涅尽管不那 71
么极端，也强调她看见的只是家族的不幸（6），以及天神制定的敬重死者的律条（457）。］克瑞翁最后因为不能看见他儿子的所见而受到惩罚（763—764）。太阳的日夜奔驰会见证他的损失（1065）；他在痛苦中会眼看着家庭成员一个个死去（1264）；最终他终于“看清了是非，可惜太迟了”（1270）。

因此，克瑞翁那奇特而可怕的眼睛隐含着与太阳之眼的对立；太阳之眼看到，两个对立主张的力量不可能轻易地废弃而不付出任何代价，因为宙斯是忒拜的保护神，而鹰是他的象征。同时这也是与歌队所见的对立，因为歌队一直召唤太阳来帮助他们寻求答案，想要知道太阳看见了些什么。他们等待着外在的启迪，而不只是通过凡人的眼睛。他们的整个态度是让所有突出的主张显现自身，而不是自己来决定接受或摒弃哪一种观点。克瑞翁式的眼睛是积极的和不断改革自身的。而克瑞翁在整部戏剧中对他自己的想象也同样都是积极而不是被动的：航船的舵手，不断前进；兽类的驯化人；打造金属的人，男性。而歌队的成员对他们自己的看法，从一开始就大不相同。他们更多的是等待者的角色，而不是打造者和设计者的角色；总是要求事物在他们眼前展开，而不是仅仅指证符合他们标准的事物。这些事物在黎明中隐现，透过河面的朦胧雾气，被歌队看到。在后文中，当歌队的眼睛既注视又悲伤流泪的时候，这一回应的态度就再一次出现了。这不是黑格尔式的态度。

悲剧演出现场的观众正处于同样的位置，那就是一种具有开放性的等待。积极地追寻答案的才智，变为开放地、心甘情愿地等待惊奇，等待着被感动。

这个“视觉”的规范不仅暗示了对克瑞翁的怀疑，而且实际上也暗示了怀疑各种试图进行协调和综合的计划——只要一种综合涉及积极地修改由宙斯来支持，并且被自然之眼看到的持久承诺。下面的合唱曲进一步印证了我们的怀疑：歌队的所见并不是那种黑格尔式的所见。

> 奇异的事物虽然多，却没有一件比人更奇异；他要冒着狂暴的南风横渡灰色的海，在汹涌的波浪间冒险航行；那不朽不倦的大地，最高的女神，用马的后代耕地，犁头年复一年，来来回回地犁土，也是饱受磨蚀。

> 他用多网眼的网兜儿捕那快乐的飞鸟、凶猛的走兽和海里的游鱼——人真是智力超群；他用技巧制服了居住在旷野的猛兽，驯服了鬃毛蓬松的马，使它们引颈受轭，他还把不知疲倦的山牛也养驯了。

> 他学会了怎样运用语言和像风一般快的思想（phronēma），怎
72 样养成社会生活的脾性（orgas），怎样在不利于露宿的时候躲避风

霜雨雪；什么事他都有办法，对未来的事也样样有办法，甚至难以医治的疾病他都能设法避免，只是无法免于死亡。

在技巧方面他有发明的才能，想不到那样高明，却使他有时候遭厄运，有时候好运；只要他尊重国家的法令和他凭天神发誓要主持的正义，他将使城邦矗立起来；如果他胆大妄为，犯了罪行，他就没有城邦了。我不愿这个为非作歹的人在我家做客，不愿我的思想和他的相同。(332—375)[65]

至此，歌队的成员已经听到克瑞翁乐观地为城邦的至高无上做辩护了。他们也听到了守兵讲述的奇异的埋葬故事。“奇异”一词在这段合唱曲之前出现过两次：第一次是守兵形容埋葬过程十分“奇异”(243)、可怖、不可思议；第二次是他认为克瑞翁对他不虔敬的观念如此自负，实在“奇异”和可怕(323)。这些用法让我们觉得期待一种乐观的观点并不是没有理由的。歌队的成员经历了所有这些事件，并且见证了主人公的雄心大志，他们认为人类确确实实是大可“惊诧”的存在：他们是奇妙和奇特的生物，有时候与自然世界并不协调。他们是自然的产物，却总要与自然为敌，建造自己的家园；然后在此基础上修正自己以建造城邦。就像是剧本所暗示的那样，即使是天神也比不上人的“奇异”。(这一点显然是因为神的生活是完美无缺的，而且他们总是处于支配地位。正因为他们不需要克服任何障碍和困难，他们在这一方面也就不像人那样可敬；另外因为天神无须违背自己的天性，或者冒天下之大不韪来实现自身，他们也就不像人那样可畏。)

他们用“这东西”这个中性的代词来称呼人，像是要尽量避开人所表现出来的奇特性，而试图客观地描述人的行为和本质，“横渡灰色的海……”第一次读起来,这是一部充满胜利和进步的历史。我们听到他们列举一系列人的种种奇妙发明,使人自身处于偶然性的支配中。[66]船只和犁在合唱曲之前和之后都用作政治的隐喻,在这里却完完全全是作为人类发明的例子。而且这种非同一般的足智多谋还不只限于支配外在世界。人类生来就被自己造就为社会性动物,他们陶冶思想、情感和社会制度以驾驭从前无法驾驭的内在生活的各方面。他在各个方面都是无所不能的。最终唯一无法逃避的偶然性是死亡。但是歌队还注意到,很多先前认为毫无指望的疾患也被人类克服了。即使是死亡也可以被推后。人这么足智多谋,难道就真不能找到一条出路吗?

这是合唱曲的表面含义。但是我们已经表明,这些比喻必须通过前后的反复研究,直至我们掌握了它们全部的相互关系和意义。这样做我们也许就破坏了一场好梦。我们提到的每一种发明都指向人类进
73 步过程中的一些问题。更准确地说每一点都揭示了人类价值的多样性和多元性,并且质疑那些想要通过综合来协调这些价值的企图。于是,这一段合唱曲就不仅仅是在批评我们的主人公,而且是一般地批评所有想要消除冲突的企图。

是人类打造船只,也是人类决定要横渡灰色的海洋,要想方设法保证船只的安全。但是我们现在来看克瑞翁的城邦之船,也同样是人类的发明。这条船,就像真的船一样,会被风暴所阻:天神让忒拜这只船“经过了多少波浪颠簸”(163)。在后文中歌队进一步反思“一个人的家若是被上天推倒,什么灾难都会落到他头上,还会冲向他的世代子孙,像波浪,在色雷斯那狂暴海风的吹拂下,向着海水的深暗处冲去,把黑色的泥沙从海底卷起来,那海岬被风吹浪打,发出悲惨的声音”(584—593)。这些联系让我们看到,人类的事业不仅经受了外在的打击,而且(只要这是一条克瑞翁式的船)人们还总是被迫要在不同的价值之间做

出选择；在追求进步和幸福以及宗教义务之间做选择。由此让我们思考剧中所表现的核心伦理冲突，并且认识到，即使是最出色的立法家也不那么容易就能摒弃这些冲突。最好的立法者总是以人民的安全为第一职责；而在一些情境中，这一不容忽视的承诺会要求他违背对神的虔敬。有时候伯里克利的方法行得通，有时候则行不通。

下面的一个比喻加强和延伸了这一思考。大地是我们食物的来源；但是，当我们开始开垦土地和耕种的时候，我们似乎就冒犯了"最古老的一位天神"。这再一次说明，人类的进步与对神的虔敬相冲突；我们的生存似乎总是仰仗着某种侵犯。我们不禁想到：一般来说，人类技艺进步的选择，经常意味着对某一些自然价值的违背，比如说完整性和美；甚至未来人类自身的健康和繁荣。任何协调国家城邦的理论都不能轻易地解决这些冲突；即使是比克瑞翁更黑格尔主义的统治者都会感觉到这一冲突。当我们进一步讨论剧中其他有关技艺的比喻时，这一点会愈加清晰。克瑞翁对采矿业的描述显示出他的决心，为控制外在对象，不惜损害其完整性和特殊的美：矿工对矿石的态度与宝石收藏家和爱好者的态度之间显然有不可调和的矛盾。我们还可以联想到克瑞翁用犁耕来比喻他认为很恰当的那种没有爱的夫妻生活。在这里（更普遍地说，是在雅典婚姻的传统意义上）我们看到了危险冲突的可能性，而只有彻底地无视爱神的力量，我们才有可能协调这种矛盾。要维持这种传统意义上有序的婚姻，就必须放弃这种力量，而在歌队看来，这种做法是与它所危及的伦理准则共存的，而且具有同样的约束力。[67]在城邦的眼里，一个好丈夫不应该回应"年轻妻子的柔情"，或者回应"让他神魂颠倒的"癫狂。于是这似乎就成了两个天神之间的较量，阿弗洛狄忒与得墨忒耳之间不友好，其中一位的合理观点和另一位不相容。那种黑格尔式的城邦会被迫在婚姻和爱之间做选择，而前 74

者肯定是赢家。但是取此舍彼的选择无疑忽视了另外的神明，由此也就违背了黑格尔主义。或者，如果他们（就像雅典人一样）试图极力迎合所有的天神，那么他们无疑是在引火烧身，让争斗不休的神祇同处一室，以挑拨凡人相互厮杀为乐；在这种情形下，同样的城邦也就不再是黑格尔式的城邦了。

接下来以网捉鸟和驯化动物的比喻，在整个剧中差不多一直是在表现同样的意思。语言被认为是人类最伟大的发明。然而，语言，即伦理话语的重构，却一直是克瑞翁（以及安提戈涅）用来简化冲突的重要工具。对爱情敏感的海蒙，在剧末彻底放弃了语言，“用愤怒的眼睛瞪着他，一句话都没有回答”就死去了（1232）。我们不禁要问，什么样的言语他会不反驳呢？是黑格尔式的否认和超越矛盾的综合式语言？或者更可能是承认所有内在冲突的语言呢？也许是一种复杂的语言，就像这部悲剧整体所表现出来的那样。

歌队接下来赞扬的是精神（phronēma），这是克瑞翁对心灵的非同寻常的措辞，他认为心灵的健康需要简单化拒绝（176、207、473，参见459）。“人的秉性使城邦矗立”（astunomous orgas），这种秉性实际上就是指人的愤怒（orgē）：不可抑制的暴怒（280、957、766，参见875）。[68]于是，合唱曲中的奇怪措辞简直就是在说正是人的愤怒建造了克瑞翁的城邦：面对外在世界，人们所感觉到的脆弱和无能为力让他们愤恨不已，而这种愤怒激励他们建造安全的城邦。人类进步在一定程度上就像是对自然的报复。甚至那种黑格尔式的想要建造一座和谐融洽城邦的企图，也只不过是这种报复心理的最精致和巧妙的策略而已。这也就解释了为什么在合唱曲中，或者在歌队的思想中，“高耸的城邦”是与“没有城邦”并列的：对城邦渴望的另一面是想无视和协调每一种不同的利害冲突，这些冲突充斥着整个城市，而且实际上构成了城邦的本质。[69]

这样看来，人类通过理性而达到胜利的宣言，同时又是一本浓缩的，有关理性局限、僭越和冲突的文献。它表明：我们的价值体系越丰富，越不可能在其中找到和谐统一。我们越是在我们的世界中乐于接纳各种不同的价值，我们就越有可能与神灵冲突。达到和谐统一的代价似乎是价值的贫困，是极度的不和谐。所以看起来，就像是一条“不成文的法律”(613)，“人类所有伟大的行为总是会引起灾祸”(613—614)。也正是在这个时候，歌队恰如其分地说“看到这种奇怪的征兆，我要从两方面来思考”。

歌队的那种反黑格尔宣言，在整部剧最悲观的一段合唱曲中得到更进一步的和明确的发挥。当安提戈涅被领向石窟，歌队一路上在反思，生活是如何激起我们乐观主义的希望，又是如何践踏它的。

那美丽的达那厄
也是在铜屋里不见天日。 75
她被人囚禁在那坟墓式的屋子里。
可是，孩儿啊孩儿，她的出身是高贵的，
她给宙斯生了个儿子，是金雨化生的。
命运的威力真可怕(deina)，
不是金钱所能收买，武力所能征服，
城墙所能阻挡，黑船破浪所能躲避的。

德律阿斯的暴躁儿子，
埃多尼人的君王，
也因为生气(orgais)而辱骂狄奥尼索斯，
被他下令囚在石牢里，

他是这样被压服的。
等他那可怕(deinon)而猛烈的癫狂气焰逐渐平息之后,
他才知道他在癫狂中辱骂的是一位神。
他曾企图阻止
那些感应了神性的妇女高举火炬狂欢游行,
并且激怒了那些爱好箫管的文艺女神。

双海那靠近悬崖的地点,牛峡岸旁,
是色雷斯的萨尔密得索斯城(Salmydessus),
阿瑞斯,那城的邻居,
曾在那里看见菲纽斯两个儿子,
被他们凶残的后母令人诅咒地
刺瞎了眼睛;
她用血污的手,用梭尖刺破了要求复仇的眼珠,
那创伤使他们看不见阳光。

这两个可怜的孩子被关瘦了,
他们悲叹他们可怜的苦命;
他们是出嫁后不幸的母亲所生,
这母亲的世系可以追溯到厄瑞克忒斯的古老家族,
她在那遥远的洞穴里,
被她父亲北风之神养大,
这孩子,神的女儿,她同姐妹们飞上那峻峭的山岭;
可是,孩儿呀,
她也受到了那不死的命运女神的打击。[70](944—987)

在这一段中，人类由节节胜利、乘风破浪，转为被囚禁在石牢中；从照耀忒拜城的朝阳之光，转为不见天光的铜屋；从轻捷的船只意气风发地航行，到备受命运之神的打击；从人类志得意满地奴役和驯化动物，转为无辜的姑娘，心怀内疚的君王，两个无助的孩子以及北风的女儿都 76
被命运所奴役。前面一段合唱曲中开朗和阔大的气氛在这里转为厚重、令人窒息的氛围。像达那厄一样，我们拿天上的阳光，换来了不见天日的牢房。歌队看到冲突和受压抑的力量是如此之大，几乎让人难以承受，就像是失明一样。

在两组诗中，歌队叙述了三个被囚禁的人。第一个是完完全全无辜的达那厄，被自己的亲生父亲所囚，只因为神谕告诉他，她的孩子日后会杀父弑君。她天生丽质，使她受宠于宙斯；她的无辜，却在黑暗和麻木中无能为力。她被捆住了手脚，任何人类发明都不能帮助她逃脱。父亲为了其安全和权力监禁自己的女儿，不让自己的外孙出生，在这样的癫狂世界，唯一的拯救只可能来自人类的力量之外。歌队间接地提到整个故事，宙斯如何化作金雨接近达那厄让她怀孕。随后她的父亲把达那厄和婴儿都锁在铜箱子里，任其漂流在海上，再一次被束缚起来，而宙斯再一次解救了她。我们知道她的儿子就是珀尔修斯，他用戈尔工的头把他外祖父变成石头，这样给他母亲报了仇，石头换石头，无情的愤怒换无情的愤怒。歌队让我们认识到，解救达那厄需要金雨和带翅膀的鞋子的帮忙，以及一面威力无比的魔镜。而安提戈涅只能依赖人为的力量，就没有那么幸运了。而即使在神话大团圆的终曲，达那厄的解脱也仅仅是通过愤怒和报复的力量，通过把她的父亲变为石头而实现的。

第二个神话讲述的是不可一世的君王莱克格斯（Lycurgus）的故事，他脾气火爆，拒绝承认酒神狄奥尼索斯。后果就是他自己被囚在石洞里，被压服。他对酒神的生气辱骂换来了神对他的嘲弄制服。这位君王，就像克瑞翁一样（当歌队唱这段合唱曲的时候在场），甚至我们可以加上黑格尔本人，都对人类的进步过于自信，对理性和秩序过分自负。他终于认清他辱骂的是一位神。但是他为此付出的代价却是被囚禁而动弹不得。

歌队讲述的最后一个神话是最为凄凉的。他们甚至都没有直接提到故事的主要情节，而只是间接地一笔带过，仿佛过分的渲染没有必要，也或许故事太过痛苦。故事讲的是北风的女儿，从小和自由自在的风暴姑娘们一起长大；唯一明确提到的洞穴是她小时候玩过的地方。后来她的丈夫把她关在这里，因为他想娶另外一个女子为妻。关于她的故事，唯一简单地提到就是“可是，孩儿呀，她也受到了那不死的命运女神的打击”，以她的处境与安提戈涅相比。合唱曲的注意力集中在她的两个孩子身上，他们的继母弄瞎了他们的眼睛，因为他们眼睛里射出
77 为母亲复仇的光。只有战神阿瑞斯，看得见被梭尖刺透的眼睛所表达出来的东西。这两个孩子透过他们的双眼射出对继母的诅咒，并要求对他们的痛苦予以补偿。他们要人“看到”他们的要求，而这一点是有罪的继母所不能容忍的。

她（正像是克瑞翁）不能容忍自己的对手是有生命力和表现力的，两个孩子眼睛里表现出来的人性使得他们的眼光太过锐利，让她觉得是对她的挑战。如果她让自己对这样的神情有所回应，她就要在自己和丈夫之间，以及其他这些正当的要求之间被扯来扯去。这一点她不能容忍，其他的这些要求就必须一并被消除，对她的反抗就不再具有威胁性。她的愤怒在这种情形下迫使她拿起梭子，这个妻子和家政的象征，血腥地剥夺了两个孩子的权利。他们被关在黑暗之中，身不由己地屈从，她对他们的哭泣视而不见。

这一段歌词，凄凉地把我们所讨论的几个主题联系在一起。我们知道外力的强大以及人类反抗权力的愤怒导致的暴力；知道有应付外力的策略和对外力的否认；知道制止任何具有威胁性的对手以保自己的安全；知道敏于感受和开放性的洞察力。人类可做的选择似乎十分有限，在其中我们看不到黑格尔式的进步。不是被侵犯、受摆布，或者行动者在简化冲突中暴怒；就是成为受害者，被毁掉本来具有的开放性。令人惊异的眼睛（omma deinon）所拥有的视觉，或许是一个曾经能够看见事物的孩子，如今被划破的、血淋淋的眼睛。歌队的眼睛也张开来看冲突的出现，他们也由此可以因为爱的力量而改变立场，或者感动地流泪。他们可以想象在血泊中哭泣的孩子是所有他们的感受性和开放性的终结，生活永远地剥夺了他们的视力。对于复仇他们也不再抱更多的希望；莱克格斯在最后也同样受捆绑、被惩罚。所有这些人物最后都像动物一样被束缚，或因为他们的暴怒或者因为无辜。歌队在这里没有看到黑格尔式和谐统一境界的希望，他们看到的只是外在偶然性可怕的和无边的威力。即使你尝试牵制你所违反的威力且的确牵制住了；即使你承认了那种使你消融的威力。

这些选择实在无趣。而且，我们发现（正如我们想到黑格尔一样），它们使我们进一步遭遇了更高阶的、涉及冲突本身的冲突。我们似乎必须在积极的协调性或分类与开放的回应性之间，在做一个使价值世界始终免于冲突的人与做一个接受自然和历史世界中价值多元的人之间选择。每种人类价值计划的形成似乎都涉及两种价值的平衡，这一点在整部悲剧中都一直被探讨。歌词令我们无法对能够协调综合两种主张产生信心，因为它对二者都不偏不倚：它表明积极的协调性或分类需要否定某些东西，而我们在这里看到的开放的回应性又导致了对人类希望过一种有秩序的生活的被动放弃。

歌词引导我们通向联想的网络,但这种网络并没为黑格尔的乐观主义辩护。事实上,关于这一点,我们完全可以考虑另一位讨论悲剧的作家叔本华(Schopenhauer),他和我们一样,反对黑格尔的乐观推断。
78 对他而言,可怕洞见的一瞬间就像我们现在到达的地步,是悲剧必须告诉我们的那些知识,并且伴随而至的麻木不仁的感觉就是对这部悲剧或者任何其他悲剧的恰当反应:

> 文艺上这种最高成就以表现出人类生活可怕的一面为目的,是在我们面前演出人类难以形容的痛苦、悲伤,演出邪恶的胜利,嘲笑人被偶然性统治,演出正直、无辜的人们不可挽救的失陷;而这一切之所以重要是因为此中有重要的暗示,即暗示着宇宙和人类生活的本来性质。这样一来,此前那么强有力的动机就失去了它的威力,代之而起的是对于这世界的本质有了完整的认识,它作为意志的清静剂而起作用,并以埋头苦干带来清心寡欲,即不仅是带来了对生命的放弃,甚至带来了对整个生命意志的放弃。[71]

对我们来说,这一解释要比黑格尔的观点更符合我们的经验。

5

但是,《安提戈涅》并没有在麻木瘫痪的状态中收场。在剧中最黑暗的时刻,一个孩子搀扶着一个失明的老人入场。老人虽然失明,却能行走,不受任何束缚;这孩子虽然有赖别人的帮助,却是积极的,并没有被动地哭泣。他们没有在充满敌意的世上形影相吊;他们两个人相互扶持。正因为这一搭档关系和周围的回应,他们才有行动的可能。男孩子辅助老人的身体，而老人弥补孩子在心智上的不成熟。这样他们两人“靠一双眼睛看路”（989），“一道走来”（988）。

老人是秩序和义务之神阿波罗的祭司提瑞西阿斯。他是一个有技艺（technē）的人，他的失明反而给予他别人所不能获得的真知灼见。他到城邦传授他的知识（992），给人指点迷津（998）。

提瑞西阿斯对我们说他最关心的是好的慎思，“慎思比财富还贵重”（1050）。他力劝克瑞翁要痛改前非，改正一切常人容易犯的过错（1023—1025、1052）。这些错误显然是不可控制的暴怒，以及随之而来的对神的不敬；我们已经看到这些过失是多么常见。但是提瑞西阿斯如何纠正这些过错，而同时又不重蹈覆辙，让人完全丧失行动的可能性呢？真正的问题就是，怎样的矫正过程才不至于摒弃所有选择和行为的可能性。

提瑞西阿斯说，好的慎思意味着“让步”（eike, 1029），放弃那种以自我为中心的顽固（1028），不再固执己见（1027）。这一忠告与海蒙先前对他父亲说的话相似。[72]海蒙批评克瑞翁那奇特的眼睛（omma deinon）以及单一的习俗观念（ēthos），批评他对选择和承诺的片面看法（690、705），以及一再坚持只有他自己的独家观点才是正确的（706、685），他自己则采取一种不同的策略。为了不致陷入克瑞翁那“里面全是空的”的状态（709），他应该学会别绷得太紧（711）。海蒙和提瑞西
阿斯一样，把这种适度的张力与学习的能力（710、723），与让步的概念 79
联系（718）。他从自然中找到两个例子。在洪水边的树木如何低头保全了枝；而那些抗拒的树木却连根带枝给毁掉了（712—714）。把船上的帆脚索拉紧不肯放松的人，把船弄翻了，而向狂风巨浪让步的人保证了航船的安全（715—717）。海蒙和提瑞西阿斯，随后把学习和让步，把实践智慧和柔韧可塑性联系起来。这个实践智慧的概念是什么，它又

如何处理像克瑞翁那样站在"运气之刃"(996)上的人面临的问题呢?

首先,我们必须看到海蒙和提瑞西阿斯并没有简单地走向克瑞翁的另一个极端。也就是说,他们并没有要克瑞翁放弃所有的行动,任凭外界推动,不做任何努力主宰自己的生活。他们并没有接受我们发现的包含在达那厄颂诗中的提议,即我们只有两个取舍,一个就是那种克瑞翁式对外在世界粗暴的抗拒,另一个就是在外力面前束手无策。植物有它特定的本质,是此而非彼,需要"呵护照顾",需要外界某种刺激而不是另外某种反应。一方面它是脆弱和贫瘠的,但另一方面它具有自己特定的目标,用比喻的方法来说,它具有自己的价值感。航船也一样,它运载船员去追求自己的目标,它不能只是随波逐流,它有自己规定的航线和规则。同样,海蒙并没有要克瑞翁放弃选择美德,放弃追求和实现这些善的所有活动,他甚至认为克瑞翁用航船来比喻人们的慎思是恰如其分的,即他认为对美德的追求应该以面对自然的挑战时,确保人们的安全为首要考虑。但是他认为同样重要的是,在追求自己的目标时,应该对外界的要求和力量保持开放的心态,培养自己对外界灵活自如而不是僵硬的反应。他劝克瑞翁遵循一种回应自然世界的实践智慧(就像亚里士多德力劝他的柏拉图主义对手那样),认清外在世界的复杂性并且对它做出正确的反应。(亚里士多德会使用这样一个比喻:建筑师用软金属片的尺子来测量复杂的圆柱子,而不是呆板地按规定用硬直尺来度量。[73])这种慎思的艺术把主动性和被动性恰当地结合起来,在对外在世界做合理回应的同时,又忠实于自己的本性。[74]

因此,这些特征表明:就像提瑞西阿斯自己的一生所显示的那样,达那厄颂诗中所表现的那种凄凉选择过于简单了:对他人和外在世界的反应不应该导致丧失行动的可能性,而只应该是更深思熟虑和更灵活地活动。海蒙和提瑞西阿斯是这样认为的,同时他们还指出这样做的理由并不只是出于安全和谨慎的考虑(尤其是海蒙用自然来做比喻),这样做的结果是更丰富和美丽的人类生活。对世界灵活地而不是僵硬地反应,是一种安全和稳定的生活方式,但同时又能接受和承认世界上所存在的价值的多样性和丰富性。克瑞翁的那种片面和单一的方法不仅是愚蠢的,而且是丑陋的和贫乏的。它一开始是作为文明的创造,而到头来却变得极度不文明和野蛮。[75]海蒙的建议是,人类真正的 80
文明和进步需要我们来保护外在世界的神秘性,认识到它的特殊性,并且保有想要接近这些秘密的热情。只有这样的人类生活才有爱的可能性,而且,就像提瑞西阿斯的一生所显示的那样,为真正的共同体和相互合作留下余地。只有能够协调和平衡自我保护,以及向自然让步的人才有可能成为朋友和爱人:因为完全被动的受害者是不能帮助别人的,而在那种克瑞翁式的行动者眼中,也看不到任何其他人。站在“运气之刃”上需要在有序和无序之间,在控制和让步之间做出最微妙的平衡。

这一点如何在具有一致性的价值(摆脱了冲突的价值)和具有丰富性的价值之间评论我们关于冲突的问题和高层次冲突的知觉呢?海蒙要我们认识到:没有冲突的人类生活,比起充满了冲突可能性的人类生活来讲,无论在价值和美感上都要逊色得多;每个主张价值的一部分都是来自一种特殊的分离性和独特性,而后者会被和谐化所遮掩。也许正像赫拉克利特所说,正义就是斗争,也就是说,引起相互争斗的紧张因素同时又构成了它们的价值本身。如果没有争斗的可能性,各个部分就会裂开来,而不再是一个整体了。达那厄的合唱曲尚未认识到约束和选择如何彻底地相互支配和相互混合:任何值得追求的事物都与其他事物相关联,从而也就难免产生摩擦和冲突。从海蒙那儿我们还学会的一点是,尽量不要扩大冲突和紧张的范围:就像其航船的比喻所表明的那样,行动的可能性本身需要计划和结构,同时也就需要一定的否定和拒绝。比如说，如果有朝一日我们能够清楚地认识到世界上每一个人的特殊性和独特价值，并且为之感动，那么我们就不可能毫无负罪感地厚此薄彼——爱或者正义在某些情形下都会有这样的要求。(如果我重视其他人的孩子就像看待和珍视我自己的孩子，那么我的孩子就不能得到基本应独享的爱、时间和呵护，而她本来有充分的理由和权利来获取这一切。)然而，在这些必然的甚至是公正的盲目性中，我们必须在某个地方停下来，以某种恰当的方式把开放的回应与秩序平衡起来。

提瑞西阿斯的追随者是不是都知道这一平衡的标准？克瑞翁的简单化在多大程度上有悖健全的心智和公正？而对外界的回应又在多大程度上与公正相符合？提瑞西阿斯的"技艺"是要教导克瑞翁按照既定的习俗去办事，"在生活中自始至终都遵守众神制定的律条"(1113—1114)。[76]因此，他暗示一个共同体的传统是经过很长的时间建立起来的，在"什么东西是人们必须认识到并要做出让步的"和"什么东西对人来说又是重要的和值得格外注意的"这些问题上，为人们提供为人处世的向导。习俗维护了价值的丰富多样性，教导我们要敬畏那些保护这种多样性的天神；习俗又维护每一位神特殊的分离性和重要性，维护了每个神所保护的人类生活领域。在令人不知所措的悲剧处境中，它们并不能提供解决方法——除非是教人忠实于自己对不和谐和可怕
81 处境的感受。就像赫拉克利特所说，"正是通过与自身不和，它才与自身保持一致：一种向后延伸的和谐，正如一张弓或者一把七弦琴的和谐。"

歌队用狄奥尼索斯那种热情洋溢的呼唤来回应对传统的这一赞美，[77]他的神秘力量曾经被莱克格斯斗胆嘲笑和讥讽了一回，而克瑞翁和安提戈涅又一再地无视他，就像他们无视爱神厄洛斯一样。他们想

象“双峰上闪耀的火光时常照着他”（1126—1127）。他们还想到：正是霹雳之光射到了忒拜城，射到了塞默勒这个神圣的厄洛斯的创造性力量，即使它同时也带来了危险和死亡（1139）。狄奥尼索斯就是这种奇异组合的产物，价值与危险、黑暗与光明的组合，被唤来作为城邦的见证人和监督者（1136、1148—1149）。即使他只在黑夜的火光中才出现，他也仍然是黑夜中的光明和城邦的见证，通过引领人们通宵达旦地载歌载舞，来治愈城邦的疾患（1140—1142）。亲眼见证这位神就像看到一种柔软的、流动的结构，它进入黑暗与神秘并从中获得自身的特征；也像看到一番讲辞，它是属人的技巧，却又敏感于异质（phthegmatōn，1148，参见353），敏于一种有序而虔诚的癫狂（mainomenai，1151）。

舞蹈中表现出来的治疗方法究竟是什么？显然它不可能治愈克瑞翁的死板教条。它不是以征服一切为目的，相反，倒是在歌舞和动作中表达了共同体承认了奇特的和突如其来的东西的威力；承认了黑暗与光明、心醉神迷与危机四起之间不可分割的联系。

通过求助狄奥尼索斯作为“喷火星宿的领队，彻夜歌声的指挥”（1147），歌队让我们联想到，我们观看和回应合唱曲就像是在狄奥尼索斯狂欢节上载歌载舞。那些合唱曲表明：这部悲剧的奇异之处就在于它本身就是一部有章有节的谜团，雄心勃勃地让步，不断追求治疗却从来没有治愈的可能。整部剧的和谐一致（当我们共同地回应它时）并不在于它的简单，而是在于各个不同的和分离的美之间那内在的张力。[78] 82

第一部分的结论

到目前为止，我们对悲剧的讨论已经从我们的第二个问题开始，关系到价值的多样性以及它们之间发生冲突的可能性。这引发了我们对第一个问题（关系到某些被单独看待的价值之脆弱性）和第三个问题（关系到激情的破坏性力量）的一些讨论。因为结果表明，一些很脆弱的单一价值也是危险的冲突根源和激情颠覆的时机；试图把冲突排除出去的那些策略也使得每一个这样的价值自身都更加稳定。（这些问题之间的联系将在下面几章中得到进一步的阐述，尤其是在第四章，原书第116—117页，见本书边码，以下同；第五章第5节；第六章，原书第181页和第196—197页；第七章，原书第221页。）然而，在这点上，如果我们用完整的一章来探讨悲剧对爱、友谊和政治承诺这些个别价值的脆弱性之知觉，那么我们的论述就显得更加对称和更加系统。不过，出于两个理由，在这里我们不这样做。首先，第十三章恰好就是对一部（欧里庇得斯）悲剧的这样一种解释：它探究了这一问题——一种好的人类生活如何因为对爱和社会价值做出承诺而变得脆弱。因此，对探究时代序列问题感兴趣的读者现在就可以去阅读这一章，而不是等到后面再阅读它。

它的论证并不依赖于接下来的材料。此外，它也进一步发展了第三章中的一些主题：安全与爱的关系；雄心与不会受伤害和报复的关系；眼睛、观看和失明在探究人的脆弱性中的重要性；在哪些方面一个好人像或者不像一棵植物。它被放置在末尾，是因为它很清楚地表明在什么程度上，悲剧体现了亚里士多德向“好的人类生活”这个概念的“回归”。

其次，在一些悲剧中发展出来的那种对脆弱依附的理解，也在柏拉图的对话之中得到表达，尤其是在《会饮篇》中得到了表达，正如我将论证的那样。当柏拉图批评悲剧价值的时候，他允许那些价值雄辩地捍卫自身。因为第六章详细地发展了这个爱的概念，第七章进一步发展了该概念，表明柏拉图在某些方面“撤回”了他以前提出的批评，因此在这点上再增加一章来论述悲剧中的爱就纯属多余和重复。

基于这两个理由，我们现在将直接转到这个问题：在激发对人类价值和人类选择的哲学反思这件事情上，运气扮演了什么样的角色？我们已经听到提瑞西阿斯谈到technē，即“技艺”或“科学”；我们也听到了在人类进步的抒情诗中所提到的各种技艺的例子。但提瑞西阿斯所说的“技艺”嘱咐我们仍然要靠近这些约定俗成的传统。它并不使用最近正在发
展的科学技艺来增进我们的利益。柏拉图会觉得这种保守主义是不充分 83
的；他会在恰当发展起来的技艺概念中看到拯救人类生活的最有希望的方式。我们可以恰当地解释“技艺”，它确实通过超越传统来进行拯救。

当我们转到柏拉图和柏拉图笔下的苏格拉底时，我们可能会思考下面这个故事。据第欧根尼（Diogenes Laertius）报告说，苏格拉底曾经注意到欧里庇得斯的一部悲剧，在那部悲剧中，一个正在谈论实践卓越的人物说出了这句话：“让这些事情在不加管理的情况下自行发展，那是最好的。”当听到这句话时，苏格拉底“站起来离开剧场，并说道：让卓
越以这种方式枯萎……是荒谬的”（《名哲言行录》，第二卷，第33节）。 84

第二部分

柏拉图：善没有脆弱性吗？

我自己就偷偷地
躲藏在广场上一个喷水池里面:
躺在那里,好像是一个月亮的影子
显现在绿树荫下的波涛中间。
可是,
隔不多久,我方才讲起的那些使我
感到痛苦的一个个丑恶的人类形象
都打空中飘过,被狂风吹得七零八落,
又逐渐消灭得无影无踪;
留下来的,
一般人都是些和善可爱的模样,
好像卸去了丑陋的化装,另换上
一副面目,大家都觉得十分惊讶,
互相称奇,又互相道喜,
接着便回去重新睡觉。

85 雪莱,《解放了的普罗米修斯》(第三幕第四章),邵洵美译

导　论

现在我们将要考察柏拉图对那种彻底的、坚决的、完美的和自足的人类生活的构想。我将论证柏拉图的伦理思想与我们在悲剧中所阐明的，有关境遇或运气的思考是相连续的，他的思想是对同样的人类困境的响应，也是对同样的人类征服境遇之雄心的具体表达。这是对人类进步更大胆、更一心一意的追求，但柏拉图也意识到了人类为这种进步必须付出的代价。

柏拉图思想的发展和对话形式的运用是我们在研究他的著作时面临的两大问题。柏拉图是一个勇于自我批判的哲学家；他不仅修正自己，而且还在他的对话里批判自己以前的立场。换句话说，综合他在不同对话中的立场可能是一种很危险的做法；但常常又可能是富有成果的和必须的。在第五章中，我要综合柏拉图中期的几篇对话，以便讨论他对真正价值的看法。在第四章末，我要概述柏拉图思想中的某些转变——从早期《普罗泰戈拉篇》到中期对话的转变，因为我认为在柏拉图对我们问题的探讨中，这些转变是最重要的。我要强调这两种研究之间的根本连续性。第七章，我认为柏拉图在《斐德罗篇》中系统地批判了他自己中期对话中的观点，认为它们并没有充分回应脆弱的价值在好生活中的积极作用。(这一批评针对《会饮篇》中对这种生活大有同感的描述而展开——第六章。)

第二个问题显然是对话形式的运用。柏拉图用对话来推进他的观点，使我们体会到问题的力度，同时也解释它在实践上的根源，并暗示解决的办法(插曲一)。柏拉图特有的办法是首先展现给我们对同一问题的不同回答，然后随着对话的进行让这些不同的声音相互考察。在一篇成功对话的结尾处，我们往往可以看清问题的本质，以及展现给我们的不同选择的本质。但我们不总是能够看清楚“柏拉图”想要我们做的选择。于是在这样的对话里，就很难分清什么是“柏拉图的观点”——除非我们是指柏拉图认为有哪几种观点，以及如果选择其一就要放弃什么——这本身也不是一件简单的事情。我们时常总得进一步问柏拉图的观点是什么，他更倾向于哪一种选择，放弃这种讨论柏拉图的方式无疑会是错误的。柏拉图的弟子们，包括亚里士多德，无疑认为柏拉图是在为《理想国》和《斐多篇》中的观点辩护。基于对这些对话的理解，他们毫不迟疑地把某些有关灵魂、至善的个人以及政治生活的
87 观点归于柏拉图。这些对话，毫不奇怪，都是苏格拉底能够贯穿一致的观点，其中他的立场未受很大的冲击。于是在这些对话中，我就假定对话的形式是与柏拉图的单一论点相符合的。在《斐德罗篇》中，我相信我们仍然可以颇为自信地谈论柏拉图通过自我批判而引发的观点，那种观点是柏拉图的立场——即使它是在神话、故事和论证的交织中阐述的。基于同样的理由，我认为现在最困难的对话是《普罗泰戈拉篇》和《会饮篇》。在我解读这两篇对话的时候，我总是强调一种立场如何表现另一立场的局限性，尤其是，如果一种立场越是接近于平常的信念，那么它的不足就越表明我们需要苏格拉底持有一种更极端的立场。

但是,在这两篇对话中,苏格拉底为对手所逼,做出了很多让步,他的胜利最终是一种模棱两可的和有争议的胜利。而且毫不奇怪,这两次有争议的胜利,都发生在柏拉图思想巨大转变之前。柏拉图在这两篇对话中,清晰地表述了苏格拉底的立场所蕴含的困境,从而也激发他去寻找一种新的立场,以更好地面对问题的复杂性。

对研究柏拉图的对话形式感兴趣的读者,可能会在很多方面反对我所得出的结论。(我要在插曲一中对这些疑虑做出更明确的答复。)我要求读者把我的解释看作一种严肃地对待对话形式,同时又顾及恰当的哲学论证的尝试。我也希望他们用同样的精神鼓励进一步的尝试。 88

第四章

《普罗泰戈拉篇》：一种实践推理的科学

瞧瞧，我给了他们进行编号的方式，所有策略中最主要的那种策略。

普罗米修斯，载埃斯库罗斯（？），《被缚的普罗米修斯》

一旦我们注意到和清理了能够影响个体生活条件的每一环境，（我们就会发现，）没有什么东西被留给偶然性、反复无常或者不受引导的自由判断，一切都可以按照尺度、数目、分量和标准来审视，并且在这些东西中安营扎寨。

杰里米·边沁，《乞丐管理改进方案》

他们不想旁观运气那赤裸裸的力量，所以他们就转向科学。结果，他们就从他们对运气的依赖中解放出来，但不是从他们对科学的依赖中解放出来。

希波克拉底，《论科学》（*Peri Technēs*），公元前5世纪晚期

《安提戈涅》把人类生活描述为在“运气之刃”上生活。它警告我们不要过分雄心勃勃地试图把运气从人类生活中排除出去，它揭示了这些企图内在的失败，表明它们不符合人们在日常信念中对价值丰富性的认识。它的结论似乎是保守的：尽管“既定的习俗”有其风险，但我们最好还是遵守它。埃斯库罗斯和索福克勒斯的悲剧都以这种方式，把我们对“我们受命运摆布”这一事实的敏锐感受与如下意识结合起来：某种真正的人类价值是与那个事实不可分离的。这一认识似乎没有为我们的问题在今后的突破性进展留下多少余地。

公元前5世纪后期的雅典，柏拉图的青年时期，是一个非常动荡不安而又交织着对人类的力量充满自信的时代。如果说人类的生活这时似乎完全受制于运气，那么同时，雅典人又比任何其他时代都更加深信社会进步可以使我们摆脱运气的影响。[1]这种希望表现在这样一个对比和故事中：境遇或运气（tuchē）* 与人类技艺或科学的对立；以及经常相伴随地讲述人类如何通过技艺进步和发明而战胜运气。[2]柏拉图的《普罗泰戈拉篇》讲述的正是这一时期的故事，他批判了雅典人保守的解释，提出了一个哲学解决方法：苏格拉底论证说，只有我们发展出一 89
种崭新的科学，一种在计数和测量中融入了实践慎思的科学，才有可能在人类的社会生活方面取得决定性的进步。

在整篇对话中，我们可以看到柏拉图强烈地意识到人类生活中那无法控制的运气所带来的问题，由此推动他去寻找一个极端的伦理解决方法。在柏拉图看来，人类对哲学的需求与他们受运气所支配是紧密相连的；他认为消除这种影响就是哲学这门技艺的首要任务。在

* 论“运气”（tuchē），亦见第一章，原书第3页。运气并不意味着随机性或者因果联系的缺乏。它的基本含义是“碰巧发生的事情”；它是人类存在要素中人类没法控制的部分。

《普罗泰戈拉篇》中,他对哲学技艺的看法,在某些方面不同于他“中期”对话中的观点,[3]不过,他对哲学背后这些问题的本质和紧迫性的理解却是始终一贯的。而且他始终相信只有新一类的精英才可能解决这些问题。他们的思考超越平常的知识,而且能真正发挥科学的精确性和控制力量。《普罗泰戈拉篇》的主体明确地要研究对科学的渴望以及科学和日常信念之间的关系,这是我们研究柏拉图与运气问题很好的出发点。

对话讲述了两个人物之间的竞争,他们各自声称自己是社会科学或者政治科学的先锋,通过技艺为人类进步的历史增添新的一页。所以为了更好地理解他们构想的力度,我们就应该像柏拉图对话的读者所看到的那样,先讲述故事。[4]

很多很多年以前,人类在原野上漫游,无力保护自己不受外界的侵害。风霜雨雪,日晒雨淋,无援无助地在暗无天日的山洞里挤作一团。没有狩猎和耕种的技艺可以带来稳定的食物来源;没有驯养的动物可以来帮助耕地和运输;没有气象预测可以卜知未来;没有医药来疗治病体;没有共通的语言来交流,人与人之间没有合作,无法彼此安慰。孤独、无语、赤裸,既没有历史可记录,也没有未来可向往;他们甚至无法在现时现地这个悲惨世界里相互慰藉。“就像梦中的形状,生活日复一日地继续,但所有的一切都只是随机交织在一起的。”人类生活如此的无形、无定和无结构,简直就谈不上是一种生活。

过不了多久,这些原始人(因为他们的兽性多于人性)就要在饥馑、恶劣的气候和更强壮的动物的袭击之下消失了,直到普罗米修斯给这些完全受运气摆布的生命带来技艺的火种。筑屋、耕种、驾辕以及驯养动物、制造铁器、造船、狩猎、预言、说梦、预测天气、计数和计算、交谈和
90 写字、行医——这一切使得生命得以保存,生活得以改善。人类的存在变得安全、可预测,在一定程度上战胜了偶然性。

但是在这群人类中(现在我们可以称呼他们是人类了)，运气仍然没有被征服。很多他们所热衷的追求(尤其是社会追求)，当面对无法预料的事件时，仍然十分脆弱。加之日常生活中各种承诺和价值之间缺乏和谐和稳定的关系。更有甚者，人们时常发现他们为自己的激情所“征服”，就好像这种力量来自外部而不是来自他们自身，这不但扭曲了他们对善的看法，也阻碍了他们对善的追求。在所有这些方面，他们的经验导致混乱，使人们在大大小小的行为和选择上都无时无刻不感觉到危险的存在。对于人类这种精致的存在来说，这样的人类生活似乎还是不值得过。他们要寻找另外一种拯救人类生活的技艺。

《普罗泰戈拉篇》讲述的是人力逐渐战胜自然的故事。从《安提戈涅》中我们已经熟悉了故事的梗概，苏格拉底和普罗泰戈拉要相互竞争来完成最后的一章。对话向我们揭示了那样一种新科学必须要解决的问题，但是，对这门科学是什么和应该是什么这个问题，他们却给出了两种截然对立观点。计算和测量在苏格拉底的构想中占有中心位置，我认为这是因为他看到普罗泰戈拉的“艺术”/技艺不能解决他们两人都关心的紧要问题。对话作为一个整体，是对科学与问题、技艺与运气的关系的一种复杂的反思；科学拯救了我们同时又改变了我们，帮助我们达到目标，同时又重新铸造了目标本身。我们先要从对话的人物和场景来看柏拉图如何引出新科学所要解决的问题，随后(在讨论技艺的背景概念之后)，我们要来研究两种对立的构想。

1

柏拉图选择把对话正好放置在“刀锋上”。这是一个骄傲和繁荣的时期——大约在伯罗奔尼撒战争爆发之前两年，以及在实际上和道德上几乎都摧毁了雅典的那场大瘟疫的前三年。[5]我们知道身体上的疾病、性格上的缺陷和战争的灾难不久后就在毫无预料的情况下袭击了这座智慧的城市，而它曾经是那样地为自己的艺术和远见而骄傲。因为读者已经知道，不久，外界的动荡、一系列相互冲突的责任以及个人的欲望就完全动摇和扰乱了脆弱的道德共识；而且他们知道对话里的有些人物不久就要死去，而有的就要被带上刑场，在对话里看到雅典人对这些全然无知，他们会觉得非常难耐。读者会在乐观主义之下寻找疾病的征兆，会去寻找一个悲观主义和激进的医师。

在对话里苏格拉底还是一个年轻人，公元前433年他三十六岁，相对来讲还不大出名。他在论辩中战胜普罗泰戈拉也许是他第一次公开的“胜利”。柏拉图对他戏剧性的描述，在其他方面，也表明他不同于
91 《会饮篇》（前416年）甚至是《理想国》（戏剧性的前422年）中的苏格拉底。[6]一天一个朋友在路上遇到他，问他从哪里来。不等他回答，这个朋友就说，“你准是去追美男子阿尔西比亚德斯了（‘追’在这里用的是以一群猎犬去追逐的‘追’）。”（我们不禁要问，为什么这是显然的。难道这是苏格拉底一贯热衷的事业？他是不是经常从他的正业里分心出来，就像狄奥提玛在《会饮篇》里不屑一顾地形容的那些角色？[7]）这个朋友——他不像苏格拉底后来的朋友，但在这里还是被认作朋友——揶揄说，阿尔西比亚德斯已经是明日黄花了，他已经长胡子了。苏格拉底回答说：“那又怎样？”于是就进入情场闲话的角色中，荷马（他似乎很乐意引用荷马的权威）不是说这是最可爱的年龄吗？看起来这个朋友常常听苏格拉底吐露恋情，他接着就逼问他道：那么你追他究竟进展如何呢？（在这儿，苏格拉底是急切的求爱者，阿尔西比亚德斯是美貌的被爱者，但在第六章中我们将会看到，两个角色调换了过来。）苏格拉底在此很乐观，他说：阿尔西比亚德斯既友好又帮忙。苏格拉底

这时候对一个人身体的迷恋让人吃惊；这样平常的好色在他《会饮篇》的讲说中只能算作是一种不应被接受的，要靠哲学来帮助我们避免的生活方式。苏格拉底在《会饮篇》中说，他被狄奥提玛说服，要提升自己的境界，那就是要从毫不可测而又奴性十足的爱中解脱出来。他承认自己过去的想法有所不同。在这里我们就看到了这种差别。

但是，我们已经从苏格拉底在《普罗泰戈拉篇》下面的对话里，看到他在提升自己的境界了。他说，他对普罗泰戈拉（所宣称）的智慧的渴望，使他完全忘记了阿尔西比亚德斯，即使阿尔西比亚德斯就在跟前。而且苏格拉底认为智慧之美更甚于阿尔西比亚德斯的个人魅力。有一点很重要，即他已经认为个人之美与哲学和知性的美，显然是可以在同一架天平上相比较的。这是《普罗泰戈拉篇》中度量学和《会饮篇》中提升境界观点共同的重要特点，也是这两篇对话之间的连续性的要点。但苏格拉底的评论却有些出人意料，因为他与普罗泰戈拉之间的辩论发生在前，而且他已经知道从普罗泰戈拉身上他不可能学到任何东西。但是我们在这里无须怀疑苏格拉底肯定智慧之美的真诚，以及追求智慧之美的承诺。年轻的苏格拉底当时还没有彻底信服狄奥提玛；他自己的观点时而清晰时而模糊，但是他对物理世界中那些东西的个体之爱逐渐变得暗淡，越来越让位于对物理世界的判断，最终这些判断将成为《普罗泰戈拉篇》中计量科学的基础。

几乎同期创作的《卡尔米德篇》中也发生了类似的事情（颇富戏剧性的）。[8]在某一刻，苏格拉底因看见卡尔米德在宽松的斗篷里赤裸的身体而激情燃烧，完全丧失了自我控制和实际判断的能力，变得就像一头追逐幼鹿的狮子（155D—E，参见154B）。但是，在这一刻之前和之后，苏格拉底一直坚持认为灵魂之美和身体之美是相似的，是可以互相比较的，但灵魂无疑远为重要。这种观点，我们将会看到，是治疗自我

92 失控的良药。

在赞美智慧之后，《普罗泰戈拉篇》中的苏格拉底在一个奴隶男孩刚刚坐过的位子上坐下来（甚至他对阿尔西比亚德斯盲目的激情，这时也让位于对哲学的爱了），继续讲述下面的故事（310A）。这是一个争夺灵魂的故事。希波克拉底，一个贵族出身、幼稚单纯的年轻人，清晨来到苏格拉底的家中，十分渴望成为那时正在雅典访问的智者——普罗泰戈拉的学生。引人注目的是，他与名医希波克拉底同名，而医生希波克拉底是新医学理论的创始人和首要的实践者，他的事业极大地弘扬了医学技艺所带来的进步。苏格拉底格外强调了他们名字间的联系，而且详尽阐述了希波克拉底的科学和智者所谓的科学之间的对比关系。在一段简要的问答之后，希波克拉底认为他与普罗泰戈拉的关系就像是病患与医生之间的关系一样。他和苏格拉底都认为就像医师疗治病体一样，灵魂同样也有疗法：哲学（辩论术）的崇高目的就是要治愈灵魂。苏格拉底同时警告希波克拉底说，在把他的灵魂交给某一个所谓的专家诊治之前，一定要慎重选择。因为灵魂的治疗不是好就是坏，所以询问大夫的知识和治疗会带来什么结果尤为重要。

在治疗之中，我们将看到灵魂会患什么样的疾病呢？如果我们能够清楚地知道柏拉图的对话描述了什么样的人类问题，我们就可以更好地评价不同的解决方法。（在一定程度上，我们必须用事后的认识去寻找在对话中后来才变得明朗的种种疑难点。）在这里，我们看到某种有关价值的高度困惑，它关系到什么东西值得追求、什么东西不值得追求。苏格拉底和希波克拉底在“什么是美”和“哪一些美更重要”等问题上意见不一，苏格拉底自己也混淆了什么是哲学的推动力、什么是情爱的推动力。希波克拉底并不知道智慧是什么，就一味去赶智慧潮了，只因为它听起来很吸引人。他也不理解为什么他没有早一些告诉苏格拉底奴隶出逃的事：他知道自己心烦，但是从没有用任何清晰的标准来进行深思熟虑的选择。我们知道稍后苏格拉底强调了我们需要井然有序的选择程序，这种程序可以把我们从挣扎于瞬间的“表象”中解脱出来。日常生活中的慎思是混乱的和无序的，结果是既不能控制过去，也不能控制未来。

这个一般性的问题是从几个相关的具体问题中衍生出来的。在这儿，我们实际上看到了所有三个运气的问题。首先，因为对脆弱的事与人的牵挂，我们看到他们如何受运气所左右。与阿尔西比亚德斯的恋情可能成功，也可能失败，完全不在苏格拉底的控制之中。只要他是全神贯注于任何不在他掌握之中的，甚至只是不易把持的人或事，他就只能听任运气来处置自己的生命。他既不能占卜未来，又不能控制未来。[他这时还不能成为他的新普罗米修斯，尽管他后来是（361D）。]

我们还注意到他们所追求的价值是多元的，似乎没有简便易行的 93
方法可以比较这些价值或是避免它们之间的严重冲突。苏格拉底追求阿尔西比亚德斯，使他从哲学的讨论里分神，而希波克拉底也因为另有所求而忘记了出逃奴隶的事情。没有一种统一的标准可以衡量这些冲突从而化解它们。

最终我们看到了激情的力量和从实践规划中出轨的那种需要。苏格拉底对阿尔西比亚德斯的追求经常让他的其他兴趣黯然失色；与他对话的朋友只是热衷于谈论风流韵事；而阿尔西比亚德斯的性感和混乱无序的性格则支配了这个场景。希波克拉底也被肉体的需要“征服”，忘记了他先前的计划：不过，在他那儿，他不是被情欲征服，而是被瞌睡虫征服（310C8—D2）。情欲的需要和睡眠的需要是日常人类生活的两个特点，而《会饮篇》中那个已经“被治愈”的苏格拉底明显就不再具有这两个特点了。

这些都是有待技艺来治疗的疾病，实践选择的正确技艺似乎是唯一的良药。

2

普罗泰戈拉和苏格拉底都认为我们需要一种科学技艺来统领实践选择。[9]但他们一开始就在“科学的本质是什么”这个问题上持不同意见。他们的讨论最终达成共识，只有苏格拉底提出的那种实践科学才有可能拯救人类生活。在评价他们的构想之前，我们必须理解他们的构想是什么。使他们各自得出完全对立的结论的那个共同观念是什么？要回答这一问题，我们需要离题地做一点历史的探究，但这是为了恰当地探究我们的主要论证路线所需要的。

“technē” 一词有几种不同的翻译：“技艺”（craft）、“艺术”（art）和“科学”（science）都是最常见的译法。公认 “technai” 的例子包括了我们可以用这三个名称中的任何一个来称呼的东西。这其中有筑屋、制鞋和纺织；马术、吹笛、舞蹈、演艺和赋诗；医学、数学和气象。希腊语的这个词的含义要比所有这些英文（中文）表达更广。“technē” 同时与 “epistēmē” 一词密切相关，我们通常把 “epistēmē” 翻译为 “知识”、“理解”；或者翻译为 “科学”、“知识体系”（取决于这个词是用来形容被认知的事物还是认知者的认知行为）。事实上，就我自己的研究以及语言学家的一致观点来看，至少在柏拉图的时代，在 “epistēmē” 和 “technē” 之间是没有系统的和普遍的区别的。[10]即使在亚里士多德一些最重要的相关著作中，这两个词也是通用的。[11]这种状况也出现在《普罗泰戈拉篇》中。[12]

开始寻求 “technē” 的日常概念最好的出发点是技艺与运用这个

对比，这两个词不仅显示了这个对比，而且也塑造了这个对比。[13]在荷马那里我们已经可以看到两个概念的对立；在修昔底德和希波克拉底学派的作家那里，这种对立就已经司空见惯了。对立是指生活为运气所左右，而技艺则使生活变得安全和可控。技艺是与实践判断或智慧 94
(sophia，gnōmē)，与预见力、计划和远见紧密相连的。如果拥有技艺却仍然为运气所困就是愚昧、无智（德谟克利特，B197）；实际上，德谟克利特甚至认为运气的力量这个概念都是人们想出来的借口，以此来掩饰他们缺乏实际智谋（B119）。

于是，技艺就是把人类智慧审慎地应用于周围世界，从而得到对运气的一些控制，技艺与需求的管理、预期以及对未来偶然性的控制都相关。用技艺来指导生活的人面对新的环境总有先见之明，具有一些系统的思考，对外物有控制能力，从而就能从容面对新的处境，消除对外界的盲目依赖。[14]

为了进一步解释在前5世纪和前4世纪早期人们对技艺提出的标准，我们可以考察希波克拉底学派的早期著作，尤其是《论旧时的医学》(*Peri Archaiēs Iētrikēs*)和《论科学》——两者大致都是公元前5世纪末的作品。在这里我们看到了对医学这一人类创业的系统论述，证明对“技艺”这一头衔它受之无愧，这在当代的文学和哲学作品中是不常见的。在别处很含蓄的标准，在这里得到了明确的论述。后来亚里士多德《形而上学》第一卷第一章关于技艺（尤其是医学）的思考中，也给出了大致相似的标准。我要引用亚里士多德在《形而上学》里的讨论，虽然在年代上它大大晚于《普罗泰戈拉篇》，但是它的目的是阐明一个持续不断的共同观念，而且亚里士多德一贯以他特有的敏感来处理这些问题。他的结论与早期的这些医学著作有惊人的相似，由此表明亚里士多德自己的医学背景。在这些论述中，亚里士多德强调了技艺的四个特征:(1)普遍性;(2)可教性;(3)准确性;(4)对说明的关注。

(1)**普遍性**。亚里士多德写道:“从经验所得的许多观念,使人产生对一类事物的普遍判断,而技艺就由此而来。”(981a5—7)他对比了一种治疗个别病例的假设和诊断一组相似病例的普遍理论。只有后者才是“技艺”,而且正因为它的普遍性,它可以对未来的病例做出正确的预期。前5世纪的医学著作无疑也强调了这一点。在早期的希波克拉底学派著作中,《流行病学》(*Epidemics*)引人注目的原因正在于它收集了很多相似的病例,汇编成一个普遍统一的病学理论,可以帮助医生诊断下一个病人。有人攻击说病人痊愈纯靠运气,而不是靠技艺,《论旧时的医学》和《论科学》的作者就摆出种种治疗方法和结果之间可靠和普遍的联系来反击:治疗程序不是一系列临时的、特别的摆弄,相反它们是“按规则行事的课程”(《论旧时的医学》,I.2;《论科学》,4)。色诺芬也称赞拥有技艺的人能够从不同的元素中提炼出一个系
95 统整体。[15]

(2)**可教性**。技艺的普遍性带来传授的可能性(《形而上学》,981b7—8)。无序的经验只能偶然“拥有”,而技艺可以在经验发生之前就进行交流,因为它汇集了对多种经验的解释。希波克拉底学派的医生也持相似的观点。医生有好有坏,是因为好医生学到了别人没有学会的一些东西(《论旧时的医学》,I);医生必须这样说,以此来证明医学是一门“技艺”。

(3)**准确性**。技艺给从前模糊不清的地方带来了准确性。准确性(akribeia)的概念在公元前5世纪有关技艺的争论里非常重要。最初显然与被制造的物体的真实和精确性相连,[16]准确性在医学的辩论中,与法律规则的不变形和对数据的忠实相类比:医学规则是准确的,就是说,在所有情形下都一贯正确,没有例外。“准确性”一词通常与

量度和标准的概念相连。木匠全凭测量正确才能准确地装配部件，测量使他的技艺更艺术化。[17]医生在他的艺术中就缺乏这样的准确性，他测量的要比大小和轻重远为复杂——这就是说，每一个病人的身体感觉（《论旧时的医学》，9；参见后来的《论不孕妇女》中也指出治疗方法不能以轻重而论）。这就是说，医生只能被期望在治疗中不出大错。

（4）**对说明的关注**。最后一点，技艺带来说明的问题，它询问并回答有关技艺程序“为什么”的问题（《论旧时的医学》，20；亚里士多德，《形而上学》，981a28—30）。学习掌握了医学技艺的医生有别于江湖郎中，不仅仅在于他能够预见一种治疗方法的结果，更在于他可以精确地说明为什么某种疗法会起作用。纯凭经验的郎中会告诉你，在不同的情形下，多食奶酪会引起腹痛。而医生会说，“奶酪是不良食物，因为多食会引发腹痛。”（《论旧时的医学》，20）《论旧时的医学》的作者和亚里士多德都坚持认为，即使是第二位医生的知识也算不得技艺：“他必须能说明这究竟是哪一种病痛，因何而起，以及人体的哪一部分受到影响。”例子不胜枚举，都强调了医生要能分析出是食物或者治疗中的哪一种元素会起好的或坏的作用，并能够说明他们如何起作用（通过与身体的哪一种因果反应起作用）。这一能力，他指出，是与技艺的预见和控制的目的相联系的：缺少这一环节，“医生就不可能知道某一种治疗的结果如何，以及如何正确使用它”。

这四个特征是技艺得以战胜偶然性的支柱；而且所有这些特征都是必需的。普遍性和说明使得技艺能够通过有序地把握过去而掌握未 96
来；可教性使未来的进步建筑在以往的成就之上；而准确性确保了前后连贯和减少错误的可能性。所以，如果我们说实践理性应当成为一门技艺，那么我们就是在追求一种可以提供说明和完整理解的系统化和单一的实践，而且这一系统的原则应当是可以传授的，结果是可以说明的。我们会要求排除人们社会生活的偶然性。

我之所以在此强调这一背景，是因为近来有学者试图在一种非常狭窄的意义上解释对实践技艺的需求。我必须就此澄清这一问题，因为它会对《普罗泰戈拉篇》的解释产生深远的影响。在《柏拉图的道德理论》（*Plato's Moral Theory*）一书中，厄温（T. Irwin）认为，"technē"，就像英文里的"技艺、手艺"（craft）一样，包含了一种外在的目的或者产品的含义，而产品是完全可以独立地在技艺及其活动之外得到证明和辨别的。[18]技艺提供的是实现这一外在目的或产品的手段。任何认为实践慎思就是技艺，或者能够成为技艺的论断——或者，在慎思或德行与任何一种看得见的技艺（无论是体育、吹笛、医药还是制鞋）之间的任何类比——在厄温的解读中，都是个别的和可疑的论断，是在宣称我们可以在慎思和德行之外，去追求一种独立的美德；而实践理性只是去寻找一种工具性手段，从而达到这一外在的美德。[19]

对《普罗泰戈拉篇》的读者来说，这是一个至关重要的问题。因为苏格拉底和普罗泰戈拉都提出并且希望可以传授一种实践的"技艺"；我们可以看到苏格拉底的构想与厄温的限制相符，与普罗泰戈拉的构想却不相符。厄温的理论暗示说普罗泰戈拉没有提出任何足以称得上"技艺"的构想，他只是误解了"技艺"一词的含义，任何相信普罗泰戈拉理论的人也犯了同样的错误。但无论如何我们并不希望一位严肃的对话者从一个愚蠢的语词错误开始。除了这个事实之外，还有一件奇怪的事，对话中其他富有才智的角色，甚至是十分精通语词的普罗狄科（Prodicus），都并不认为普罗泰戈拉混淆了语义。按厄温的理解，关于希波克拉底灵魂的辩论完全称不上是真正意义上的辩论，因为如果假定我们所追求的是实践理性的“技艺”，那么苏格拉底就不辩而胜了。就像希波克拉底到一家电器商店去买最好的吸尘器，一个店员指给他吸尘器，而另一位给了他电风扇。如果苏格拉底和普罗泰戈拉是在各自论述两个真正对立的观点，其中的每个观点都可能具有某些力量而被捍卫为一种技艺，那么这场辩论无疑更有哲学意义，也更符柏拉图的盛名。

而事实上，关于“技艺”的日常概念之证据并不支持厄温的解释。研究这一问题的主要学者，也没有一个考虑过这样的理论；重要的思想史家多兹（Dodds）、埃德尔斯坦（Edelstein）和加斯里（Guthrie）都一致描绘了另一种观点，即我在这里要试图详述的那个理论。[20]在古代的知名作家中也没有任何人认为“技艺”只是单个产品的一种工艺生产。即 97
使通常赞同慎思的工具论观点的色诺芬（Xenophon），在回答什么是家政管理这门“技艺”的目的时也强调，家政管理这项活动本身就是它的目的。[21]亚里士多德指出，有一些艺术，比如说筑物，其成果和产品（ergon）是外在于艺术家的活动的；而对其他艺术来说，比如说对数学、吹笛和演奏七弦琴来说，艺术活动本身就是目的。[22]古希腊对“技艺”的划分也持相同的观点。

如果我们现在所考虑的不是有关技艺的陈述，而是公认技艺的具体例子以及我们对它们的日常信念，那么我们就会发现有好几种类型值得考虑。首先，有一些很明确的生产性技艺，例如制鞋和筑屋，在这种技艺中，我们确实可以详细说明（和欲求）产品而不需要知道工匠的活动。但即使如此，我们还是可以注意到，制鞋之所以成为“**艺术**”和“**精致**”的，而不仅仅是合意的，其原因并不一定是外在的和事先预定的：因为一旦一门艺术诞生，其特有的活动——精美的针法，华丽的装饰——就成了目的本身。从荷马时代起，古希腊人就体会到了这一点。

阿基里斯钟爱他的盾，并不仅仅因为他的盾符合他事先提出的要求。这是一个高水平“技艺”的例子，因为工匠注入无数心血制出这面盾，大大超出了阿基里斯平常的想象力。

其次，有一些技艺，例如医学，是有一个大致目标的，（比如说健康）是普通人所希望的，而作为一种产品，又是医生的行为活动所要达到的目的。但是，医生工作的一个重要部分就是更准确地定义这一目的本身。如果他不知道什么是健康，他就不可能找到必要的手段来达到健康的目的。当一个医生为自己的医术感到自豪时，他一方面是对那种生产性手段的研究感到自豪，另一方面是他对健康这一目的的研究感到自豪。[23]

最后，有一些技艺看起来只有纯粹内在的目的：吹奏长笛、舞蹈和体育运动。这就不存在什么产品，有价值的部分就是这些艺术活动本身。而且，这些技艺，因为具备了行业训练、准确性和可教性的特征，因此对“technē”的称号无疑当之无愧。[24]它们赋予了混乱无序的声音和运动以一种有秩序的形式。[25]

所以我们看到，技艺有几种不同的形式，各自有不同的结构。这段题外话为解读这篇对话扫除了障碍，使我们可以把它看作是关于一系列政治技艺的一个严肃辩论，而且还有助于我们理解普罗泰戈拉的“内在目的”提议的力量。但是，当我们现在按照一个根本的共同目的——消除运气的影响——纵览整个公元前5世纪的艺术时，我们可以得出一些观察，这些观察将有助于我们理解为什么苏格拉底要摒弃普罗泰戈拉的提议。让我们问问哪些“艺术”可以被认为是最“艺术化的”；哪些艺术最好地传达了控制、预见和准确把握等这些优点。现在我们发现，有一些我们所渴望的东西，也许并不存在于所有公认的这些艺术之中。由此，厄温的观点就显现出它的力量所在，虽然他的观点不适用于
98 解释技艺（technē）的普遍概念，但它把技艺的一个重要特征筛选出来

了，使得某一些技艺在征服运气上可以有长足的进步。因为如果一门技艺的终极目的是外在的、清晰的和事先就可以认证的，那么相对那些把目的蕴含在活动之中的技艺来说，实现这一目的的过程就变得格外分明和准确。制鞋竞赛（除去其美学方面的考虑外）可以用准确性来衡量，因为目的外在性（产品）提供了衡量技艺活动成功与否的明确尺度。而演奏长笛的竞赛就要复杂得多，因为我们要衡量的某些方面正是目的本身。从这些技艺的例子来说，我们可以明白地感觉到对运气宣战没有明确的胜利和清晰的进步可言。而且，一个目的所具有的单一性（singleness）似乎比多元性更容易掌握，因为如果目的是多元性的，我们就需要进一步的标准和尺度来衡量这些目的。最后，可以用数量来度量的目的，要比不能测量的目的准确得多（在下文中，我们还要回到这个重要的观点上来）。

总而言之，我们可以说，要具有一种"真正的"技艺是可能的，这种技艺将是定性的，其目的是多元的，其中所包含的艺术活动本身就是目的；但是，当一门具有单一的、定量可测的、外在目标的技艺产生出准确性和控制时，那种"真正的"技艺似乎不可能产生准确性和控制。当某个人被运气问题极度困扰时，他就会很自然地偏爱这样一种技艺，因为这种技艺有可能在非系统化的人类判断之外产生决定性的进步。然而，这样一种技艺在怎样的程度上是可能的和适当的，对这个问题人们却各有不同的见解。我认为，这一点正是《普罗泰戈拉篇》的辩论所在。[26]普罗泰戈拉，因为持有一种保守主义和人本主义的观点，因而试图寻找一种与日常的慎思实践相近的技艺，然后略加系统化。苏格拉底对人类实践问题的紧迫性有更深的理解，因而认为普罗泰戈拉的理论不够充分。如果我们想要"拯救人类的生活"，那么我们就必须更进一步，更加彻底地科学化，即使科学会改变那些被拯救了的生活。

	制鞋	演奏长笛	医药	土地丈量	普罗泰戈拉的慎思	苏格拉底的慎思
单一目的	是	不是	?	是	不是	是
外在目的(可以独立于技艺活动的特殊目的)	是	不是	部分是(参见上文)	是	不是	是
定量测量	部分是	不是	不是	是	不是	是

在此，我列出这个表格，而不做进一步的评论，以此作为这一章下
99 面两节的序言。

3

普罗泰戈拉声称要传授实践理性的技艺。[27]为表现其技艺的本质，他讲述了一个有关人类进步的故事。[28]前一部分，他的故事一般地表明了技艺在拯救生物的生活上的力量，后一部分描述了人类通过慎思的技艺和社会美德所获得的进步。最初我们也许认为，只是在后一部分，普罗泰戈拉这位智者才向我们提供了对人类进步的真知灼见。但是他在对话之初对进步的描述显示了普罗泰戈拉对技艺和目的、生存和拯救生活之间关系的看法。这是他授业的一个重要方面，同时使我们可以更充分地理解他社会构想的保守性，也从他的立场来质疑苏格拉底的那个更为极端的策略。

故事始于众神创造生灵，创造了那些受外在偶然性支配的生灵。从土与火的融合里诞生，直到在阳光下出现的那一刻，他们一直生活在

地下。这时候，提坦神普罗米修斯和厄庇墨透斯负责传递给“所有的生灵”生存和繁衍的力量或能力。但各种生物之间的差别似乎在这两位提坦神分派技艺和才能之前就存在了。他们提到不同种类的生物，甚至谈到要分给各类生物相应的不同能力；但是那些仅仅是一团团质料的生物种类，还远没有拥有任何特别能力以及行为方式，可以称得上是我们现在所知道的种类。二神把基本的生存能力赐予这些毫无性格才能的种类，“他们小心翼翼地确保不毁坏任何种群”（320E—321A）。故事在此有些奇怪，我们需要进一步探讨这些奇怪之处——正如我们在下文中将会看到，这些奇怪之处似乎是有意的。

普罗泰戈拉要我们设想一种毫无特征的物体：一团泥土和火的结合体，命名为“马”。这一物体现在被塑造为飞速、四蹄、食草和志气昂扬，我们所熟悉的动物。但是，如果二神当初另有打算，我们完全可以相信马可能被造成另一副样子。比如说，它们也许会是胆小、食草籽和筑巢的动物，能随意在天空飞翔。对这类动物里的具体成员也是一样，亚历山大大帝的千里马很有可能是巢居，以吃毛毛虫为生。在此我们发现，也应当发现，这一论述是不连贯的。如果一种动物不能像马一样奔驰，像马一样生活，就不可能成其为马。如果它具备飞鸟的“技艺”，[29] 它就应当是鸟。如果千里马不具备良驹的主要品质，那么也不成其为千里马了。也许可能会有一只待在树上的“千里马”，但充其量那只是一个同音异义的动物，与亚里士多德弟子的坐骑毫不相干。当我们把千里马挑选出来，并且在时空中追溯它时，我们是在一个种类概念下把它挑选出来，而不是把它作为一团单纯的质料挑选出来的；我们的实践不言而喻地排除它具有或者最终具有飞鸟所特有的那些能力。在我们对这个种类的看法中，至关重要的就是这些表面上被分配给已经具有这种体质之类的“技艺”、能力和生活方式。在这种分配之前，马只是 100

一团质料，而在此之后就有了马和马性。我们试图一直追踪普罗泰戈拉的故事，但不大容易；但我们开始认识到，在什么程度上“技艺”——在这里被广泛地理解为被造物特有的能力，以及在世界中的行为方式——使有生命的东西成为它们现在所成为的那种东西。[30]

当然，这种不连贯性及其道德寓意是无意的；但是普罗泰戈拉显然清楚地意识到，他的解释可以有两种不同的理解方式，而且有意地引发了这些思考。接下去普罗泰戈拉说：“厄庇墨透斯不太具有智慧，没有意识到他把所有的才能都分给了非理性的生物，最后就没有什么东西可以分给人类了（to anthrōpōn genos）。”显而易见这是一种奇怪的说法，而且听起来像是一种有意的暗示。我们不禁要问，当我们知道人类（或者其当时所是的不论什么东西）还不是一种理性的存在之前，说将能力都分配给**非理性的**动物，于是没有余下什么给**人类**，究竟意味着什么？在理性的天赋这个故事里，预先假定了理性和非理性之间的区别。普罗泰戈拉使我们认识到，除非我们提到了使人类成为人类的那些特殊才能和行为方式，否则我们就不可能前后一贯地讨论人类及人类与其他生物的对比。对于已经具备了本性和本质目的的被造物来说，合理性不仅仅是一种赋予他们的工具；合理性是决定这一被造物本性的因素，是回答“它是什么”这一问题的核心；合理性决定了这一造物是目的本身，而不仅仅是达到目的的工具。

表面上看，在最初的两个阶段，“技艺”被赐予被造物以“拯救”他们的生活。但实际上，“技艺”造就了在此之前还不存在的那些生物本身及其生活方式。现在我们需要转而研究对这篇对话至关重要的一种“技艺”——社会艺术或政治艺术。“宙斯的礼物”究竟是一种仅仅帮助人们达到已经预先设定目标的技艺，还是普罗泰戈拉认为这一技艺将造就我们本身？就像希波克拉底所说，要回答这一问题，我们就必须洗耳恭听故事的下文了。

现在我们有了那种看上去就像人类的存在，他们的生活也多多少少像人类的生活，有衣食住行以及宗教礼仪。但他们仍然为生存所累。显然他们择群而居，因为他们有语言、繁衍和宗教膜拜。后文提到有人很是精通这些普罗米修斯的技艺，暗示着人类甚至已具有基本的社会组织以及那种按照技艺来划分的简单劳动分工。他们缺乏的是法律、教育和惩罚制度。除了人们有可能误解彼此之外，故事没有涉及人们的情感生活以及人际关系。人们并不知道什么样的感觉和情感（如果有的话）把人与人彼此联结起来。我们可以假设，就像休谟在类似的故事里所表明的那样，性关系产生了某些情感；我们也可以就像休谟那样假设，在父母和子女之间有某些情感的纽带，甚至有某些得到承认的义务纽带。

我们现在可能会感觉到人类已经拥有了很多（即使还不是全部）人 101
性的特征和目的。这一想象中的历史这时可能有两个不同的走向。一方面，我们也许认定神祇已经给予人类足够的资源，使他们具备人性的特征和目的。任何人类后世为战胜外界偶然性而做出的技艺发明，都可以恰如其分地被看作工具性技艺，以此来实现人类的预定目标：维护和延续独一无二的人类生活。政治艺术同样也是实现这个预定目标的工具。这是休谟对正义起源和作用的解释。正义是一种“人为的美德”，只有当正义与其所要服务的目的区分开来，只有作为自然的人类目的的必要手段时，正义才可能是自然的美德，而且是人性创见性的一面决定什么是人类目标的必要手段。[31] 按照这一种解释，我们完全可以前后一贯地设想一种完全缺乏正义和政治制度的人类生活。这种生活也许是艰难和危险的，却毫无疑问仍然可以被确认为我们的生活——会具备所有人类的自然目的。我们在看待他们的时候，完全可以视人如己，在他们身上认出我们共同拥有的本性。人类看来并非生来就是政治动物。[32]

而在另一方面，普罗泰戈拉也许会认为，作为技艺的正义更接近于理性，而不是制鞋。他可能进一步承认，在某一个阶段，这些造物与人类相类似，只是缺乏像我们那样的政治体系；他甚至可能认定，在历史的某一时期诞生的这些体系，是迫于某些特定的压力而产生的。但他会强调说，这些体系和相应的情感在很深的层次上塑造了这些被造物，使我们不可能描述他们的本质而不提到他们从属于这些体系，以及他们对这些情感的依傍。而且，假若我们要列举这一被造物的终极目标，那么我们也不可能不提到他们对自己城邦的热爱、对正义的忠诚以及他们对其他人的尊敬和义务感。我们的本性是政治的本性。[33]这后一种观点就是普罗泰戈拉对正义的解释。他关于人类起源的故事，绝非表明我们可以轻易地认定各类技艺只是工具性的手段，因而可以与人性相分离。相反，它表明了这一点：描述一种被公认的人类存在是多么艰难，除非我们不仅把合理性赋予那种存在，而且也把政治目的和政治依附赋予那种存在。

休谟有关正义"起源"的理论把正义描绘为人类生存和繁盛的手段；我们完全可以说明人类的繁盛而不必提及社会因素。我们引入宙斯的礼物也确实是作为人类生存的手段。据说宙斯因为害怕"我们的人种也许会完全消失"（322C）而被打动；这一点意味着人类是先于正义的礼物而存在的。但是有一点非常引人注目，即只要宙斯的礼物被分派出去，那么即使那个表面上被预先设定的人类幸存之目的，也不再以一种分离幸存与城邦的方式而加以描绘。宙斯的礼物现在被称为"城邦组织的原则以及友谊的纽带"（322C）；如果这些礼物以不同的方式被分配，那么"城邦就不可能存在"（322D）；违法者是"城邦的瘟疫"

（322D5）；如果不是由所有人来共享社会卓越，那么“就不可能有城邦”（323A，参见324E1、327A1和A4）。我们原本认为外在的目的开始变为 102
内在的目的，就像宙斯的技艺改变并且帮助塑造了人类的本性。

还有，如果一位休谟式的教师要忠实地说明他在处理正义问题上的最终目的，那么他在对那个目的的描述中，就必须避免提及任何社会美德和政治美德，而只谈论一切可以脱离政治或城邦来指定和渴求的快乐、成功、财富和幸福。但普罗泰戈拉众所周知的目标，是通过他的“技艺”，使人成为一流的公民，传授给他们有关家庭和城邦事务的一流慎思。尽管希波克拉底渴望出名，普罗泰戈拉相反却向他许诺说他会“更好”（beltiōn）。他宣称“在使人向善这个方面要超凡卓著”，而不是（就像那时人们共同认为的那样）在帮助人们实现那些可与共同体的目的相分离的目的上超凡卓著。他把“一个人的卓越”（andros aretēn）描述为正义、节制和虔诚的总和，也就是所有公民的卓越和宙斯的赠予。[34]

普罗泰戈拉演说的其余部分充实了他的非休谟主义的社会美德图景。伦理教育被描绘为对一种需求的响应，而这一需求本身就是我们自然本性的一部分。宙斯赋予了我们追求正义的天然倾向，但只有通过团体的训练才可能实现这种倾向。[35]“所有的人类生活都需要有恰如其分的节奏（euruthmias）以及和谐的调整”（326B5）；虽然这种调节本身是非自然的，但对调节的需求却是天然的。于是对儿童的教化就被比作扳直一棵多节、粗糙或弯曲的树（325D）；其含义就是道德教化促进孩子健康和自然地生长，若有严重的问题而放任自流，就会大大阻碍儿童充分的自然发展。就像品达比喻中的植物，孩子需要外界的滋养以发挥他的潜能，达到他的自然目的。道德教化是要扳直一棵树，而树的笔直就是道德卓越——完完全全内在于一棵健康和正常发育之树的卓越。（而按照一种休谟式的观点，社会卓越更接近于阳光和雨露：

必须的但却是外在的，甚至可以被其他的手段所取代——如果这些手段竟然被发现了的话。）同样，对违法者的处罚被描述为使人向善，使他更“好”、更“健康”［和“无可救药”相对照（aniaton），325A］。这一学习的结果是变得更健康的人不会“再行不义了”。社会卓越对我们的心理本质来说就像是健康之于身体的本性——是一种内在的（非工具性的）善，深深地介入我们所有其他的追求之中：这种善是“每一个人必须具有的，是他为了得到其他的东西而必须不惜一切代价去学习的”（325A）。[36]普罗泰戈拉所假想的公民，并不对不具有这种善的人说他是愚蠢的或者是社会的威胁，而是说他不是他们当中的一分子，他“根本就不应当属于人类”。[37]

普罗泰戈拉最初的问题是：我们具有什么“技艺”，或者我们可以找到什么“技艺”，它有能力使得人们精于慎思而且把握他们的生活？为了回答这一问题，他的故事讲述了技艺和才能在建立生物各具特色的生活方式中所起的决定性作用。他的故事尤其表明：追求社会卓越的才能和追求正常发展的能力，是我们人性和生活方式的一个重要部分。但是，在所有这些东西中，科学在哪里呢？普罗泰戈拉要传授什么
103 样的专业才能呢？他意识到，乍一看，在坚持认为每一个成人都是授业教师的同时，又宣称他自己是授业专家是难以自圆其说的。[38]然而他始终认为两者并不矛盾，我们可以用学习语言为例（328A—B）来说明这一点。即使所有的成人都有足够能力教授母语给他们的孩子，但语言专家仍然可以使我们“更上一层楼”——也许是通过使讲话者更清晰和明确地意识到讲话的结构，以及语言的不同元素之间的相互联系。同样，道德专家能够使已然受过良好培训的年轻人更深刻地认识到其道德承诺的本质以及它们之间的关系。把普罗泰戈拉的讲演看作是这类教育的一个例子似乎合乎情理。他再次的谦辞与后来亚里士多

德的声言异曲同工；亚里士多德也坚持认为这种教育会带来实践上的进步。但现在我们要问：如何实现这一进步呢？普罗泰戈拉的历史性和描述性的教导，能帮助我们在解决对话所提出的问题方面取得哪些进展呢？

我们可以说，就讲演本身而言，它促使我们反思我们鉴定个体和种类的那些事件的一些重要特征；在这一过程中，使我们更深刻地理解社会因素和政治因素在我们自己的自我观念中的位置。它向我们明确地表明：在我们的城邦中，技艺和井然有序的实践已经从冲突的痛苦和激情的困扰中拯救了我们的生活。而通过把现有的实践提升到一种自我意识的新高度，通过对人性以及社会卓越在人性中的地位的总体解释，普罗泰戈拉完全可以声称他是在传授一门技艺：这一技艺的主题显示了相互联系，提供了对它们的说明，并具有一定的普遍性和可交流性。在一定程度上，这样一种技艺，或者说明确地和概括性地总结隐含在日常实践中的技艺，肯定会在我们面临实践困境而求助于技艺的时候大为有益。

对我们人类自我观念的一个更加清晰的阐述，使我们在相互匹敌和困惑的价值选择中有章可循。普罗泰戈拉的讲演就人类的本质和需求的总体来说，丝毫没有相对主义或者主观主义的意味，相反倒为我们评价各不相同的社会观念提供了一些普遍和确定的出发点。[39]它表明很多普罗泰戈拉的听众都会认同的一种人类概念和某些可能更具争议的具体社会实践之间的关系；比如说，**如果**听众赞同普罗泰戈拉对人性的这种看法，那么他们就很有可能根据他的论证而选择某种处罚方案。但是，如果人们在实践上的巨大分歧一如事实上的古希腊那段危机时期，他们极有可能转而怀疑人性的概念本身；进展是有限的。如果我们转向研究具体的运气问题，其限度就愈发一目了然。

104 首先，普罗泰戈拉对我们继续认可和珍重脆弱的活动及其外界对象，例如朋友、家庭和城邦本身，一直持通融的态度。事实上，他始终极为强调这些牵挂和情感的重要性。（我们将会看到，普罗泰戈拉未能使得不同的情感变成可通约的东西，而这种失败在不小的程度上加深了这些情感的脆弱性。）其次，对价值多元性的认识使得价值间的冲突成为可能。普罗泰戈拉的弟子们更清楚地看到，不同的人类目标如何相互支持，以及总的来讲如何取长补短。比如说，一位普罗泰戈拉式的立法者可以通过建立特定的民事法规和宗教制度来避免家族礼拜的不成文法和民事法律之间的对立，从而能够进一步化解城邦的主要不同价值体系之间的直接冲突。但是，由于普罗泰戈拉否认美德的统一性，与苏格拉底相反，他认为凡美德均具有不可还原的异质性，因此他就为悲剧的发生打开了大门。最后，他的讲演认定激情的威力始终是对公共道德的威胁。在此他谈到了惩罚的必要性；后文他还讲到，如果激情会导致明理之人做出愚蠢之举，那就是一件不体面的事情（352C—D）。[40]普罗泰戈拉所捍卫的那种公众和家庭教育计划，将有助于陶冶性情和逐渐培养德行；但是他并不认为教育可以彻底驾驭人的性情。

于是我们就可以说，普罗泰戈拉的“技艺”对提瑞西阿斯在《安提戈涅》中的所言亦步亦趋。他进一步澄清了我们最初的问题，但仍然接近于当时流行的观点和实践，运气问题多多少少依然是原来的样子。他可以宣称要传授一门战胜运气的技艺，但是，由于其技艺的目的是内在的和多元的，并缺乏任何可度量性，因此该技艺就缺乏准确性，故而在很多方面大有改进的可能。

满足感是走向保守主义的原因之一。普罗泰戈拉一生的全盛时期是在雅典政治文化最辉煌的阶段。他似乎仍然生活在那一段荣耀的和相对幸福的过去时光里，他强调说他的年纪足以做所有听者的父辈。不像年轻一代的思想家，比如欧里庇得斯、修昔底德和阿里斯托芬，他的作品里没有那种面对道德问题的紧迫感。他故事的背景，以及论及后来的瘟疫和疾病的比喻，都使他欢快的保守主义显得像是摆错了年代，与山雨欲来的严肃性毫不相称。就像我们现在聆听在越战之初极尽赞美“伟大社会”的讲演一样——明知在那一刻实践智慧的失败就要侵蚀掉讲演者所赞美的那种道德共识。我们会猜想希波克拉底，虽然年轻而且缺乏对后来事件的知识，但仍然不会像普罗泰戈拉那样满足于现状，而要去寻找更强的良药。然而，即使希波克拉底仍满足于普罗泰戈拉的解释，读者也不会。因此，当柏拉图的对话把苏格拉底对智者们的提问与一位探访冥间英雄的勇士相提并论时，就显得毫不奇怪了。这是一个死去的时代，人们不能认识到他们自己时代的道德危机。105
苏格拉底将自己比作足智多谋的奥德修斯，[41] 是拯救人类生活策略的设计者；与他相比，他的对手显得黔驴技穷。

但是，普罗泰戈拉的故事向我们暗示了他的保守主义立场一个更为严肃的原因。他已经向我们表明，一个物种所具有的技艺和能力，是如何彻底地造就了它的同一性和生活方式的。在我们的生存受到威胁的严峻时刻，我们也许会转向一种新的技艺。有的时候技艺只是技艺，提供充分有效的手段来实现人类现有的目的。但有的时候，如果技艺是指宙斯的礼物，那么它就能彻底改变一种生活方式，使我们感觉到技艺创造了一种新生。于是，如果我们苦思冥想用一种新的技艺来治愈道德的疾患，那么我们就必须在最大限度上想象出与新技艺同步而来的新生活，以及新的生活目的和目标。如果新技艺的代价是丧失自我，那么极端的解决方式也许并不适宜，因为失去了自我就很难谈得上是拯救了“我们”的生活。

4

有一类技艺使人们能够理解很多相当不同的事物，在它们之间相互比较我们所感兴趣的特性。这是一种准确的和井然有序的技艺；与我们天生的能力相比，技艺赋予我们在操作和控制外物上极大的精确性。这是人工创造的技艺，它自然而然地延伸了实现我们一贯利益的日常活动。这样它似乎就不会改变我们的本性。但是，技艺本身显然具有不断改进和提高的可能性。这就是称量、计数和测量的技艺或科学。

在《游叙弗伦篇》中，苏格拉底已经认识到这种技艺，作为实践慎思的模式所具有的吸引力。

> **苏格拉底：**我的好孩子，什么样的分歧会产生仇怨和愤怒呢？让我们这样来看。如果我们两个在两组东西谁多谁少上意见不一，这种分歧会使我们彼此怨恨吗？还是我们会再数一数两组东西，很快就能达成共识呢？
>
> **游叙弗伦：**当然。
>
> **苏格拉底：**如果我们在谁大谁小上意见不一，我们会不会再测量一次，而很快解决了分歧呢？
>
> **游叙弗伦：**你说得对。
>
> **苏格拉底：**而且我假定，如果我们称量就可以决定谁重谁轻？
>
> **游叙弗伦：**没有别的办法比这更好了。
>
> **苏格拉底：**但是如果我们对某件事意见不一，而且不能转向一个标准来裁定，那么它会不会带来彼此的怨恨和愤怒呢？也许你

还没有现成的答案，但你肯定会承认是有关正义与不义、纯良与可耻、善与恶这一类问题。如果我们在这些问题上意见不一，而且没有任何充分果决的标准来裁断，往往会导致你、我，以及其他人之间的仇怨。(7B—D) 106

显而易见，一门审慎的测量科学会给人类的社会生活带来极大的益处。在柏拉图的年代，这是古希腊传统对技艺和人类理解力的反思开启的思想。计数和认知、计数或测量的能力和掌握、理解和控制能力之间的联系，在古希腊有关人类认知的思想中有很深的传统。[42]在荷马的时代，他就已经把认识与计数的能力相提并论：缪斯告诉他作战双方的知识是通过军队的人数和编队来计算的。能回答“有多少”的问题表明了对事件的领悟是大可奖赏的。在荷马的作品中，我们可以看到这两个词组之间的对比：一个词组是“andrōn arithmos”，即可一一列举的英雄，他们的故事可以广为传颂，另一个词组“dēmos apeirōn”，即不可数的集体，他们的生平事迹逐渐也就烟消云散了。[43]可数的往往就是确定的、可解释的，从而具有传播、控制的可能性；相反不可数的就一直是模糊不清和难以捉摸的。

计数和认知之间的联系是古老和由来已久的，并在前5世纪数学和天文技艺飞速发展的极大推动下，成为当时科学的普遍范式。前5世纪的《被缚的普罗米修斯》表现了当时一种流行的观点，称计数为“谋略之首”，是技艺的主要元素，甚至是最优秀的技艺。前5世纪毕达哥拉斯的认识论（柏拉图曾认真地学习过）明确论证只有可数的或者可以用数字来表达的事物才是可能被理解和认识的。对前5世纪和前4世纪初的有关尺度、量化度量等词语的研究表明，在认知和伦理之间有相当深的联系：可度量或可数的是可理解的、可知的、有序的、善的；[44]不可测量的则是无限的、难以理解的、混乱的、可怖的、坏的。[45]毕达哥拉斯派麦特蓬托姆的希帕苏斯（Hippasus of Metapontum）因为披露了数学理论上的不可通约性而受到了神的惩罚的故事，表明古希腊的知识阶层在当时对这件事情有一种惧怕感：数学，这门最明确的科学，却显然缺乏"可数性"。[46]（我们现在仍然沿用的数学术语"有理数"和"无理数"也表明了当初这些观念的出处。）

在这一背景下，毫不奇怪的是，任何人若宣称自己在某一领域开拓了一门理性的技艺，都不可避免地要回答计数和可数性的问题。柏拉图在《游叙弗伦篇》中给出了他对这一问题的处理。游叙弗伦以前对数字毫无兴趣，但是他认为苏格拉底对数学的表述确确实实一目了然。[47]
107 我们看到《论旧时的医学》一书的作者也意识到，正是因为他的医术里没有量化的测量方式，因此他的医术才缺乏准确性并导致了最终的错误。但是当时他仍然可以称他的医术为"技艺"。几年之后，在柏拉图的年代里，任何一门技艺得以称之为"技艺"，都必须要考虑计数和测量的问题。所有"技艺"和"认识"的关注点，只要是"技艺"就必须能够说出一二三来——也就是说要能计数和计算，不如此就不成其为"技艺"和"认识"。这段话的作者当然就是柏拉图；原文出自《理想国》第七卷。[48]在那里苏格拉底继续说道：埃斯库罗斯代表巴门尼德声称，他已经通过引入数而大大改进了统御术，但这种说法是荒诞不经的；因为如果列举在那里并不存在，那么根本就不可能有统御术。《伊庇诺米篇》（977D及以下）通过提到技艺和运气的对照而进一步阐扬了一种相似的立场：只要在实践中有计数和测量，就有准确的理解；一旦缺乏计数和测量，就会产生理解上的模糊和猜测，最终引入一个运气的要素。[49]

柏拉图的这一论证，是长期以来就思考人类技艺和进步那个传统的自然延续；在荷马的作品中我们可以看到它的梗概，它在《被缚的普罗米修斯》中得以发展，并且持续地困扰着希波克拉底派的作家。柏拉图熟谙毕达哥拉斯观点进一步说明了他对这一立场的支持；或者更准确地说，柏拉图对运气问题之紧迫性的认识，说明了为什么毕达哥拉斯的论证对他格外具有吸引力。

慎思是或者可以是一种测量方式，这个观点本身对我们平常的观念来说并不陌生。这就相当于我们说权衡两种选择，估量其可能性。即使是荷马作品里的众神，在他们要做决断的时候，也总是以同样的标准来权衡各种不同的可能性。克瑞翁谈论各种可通约性（387，参见注释54）。阿里斯托芬在《蛙》中模仿这种流行的慎思观点来结束这种诗人似的比赛，几乎到了很可笑的地步。当狄奥尼索斯决定他更喜欢哪个悲剧诗人，应该让哪个复活时，他就自然而然地说应该把他们的诗句（而不是诗句表达的思想）用秤来量，用一种单一的标准来测量绝不相同的主题和风格。埃斯库罗斯的诗谈论战车、尸体和死亡；欧里庇得斯的诗则是谈论战船上的光、讲演和信念。于是埃斯库罗斯就赢得了竞赛。这看起来很荒唐，但它同时又是一种根深蒂固的理性概念的自然延伸；阿里斯托芬，戏剧之王，作为普通人的代言人把这种思想表达出来。如果慎思要更完美、更准确和更科学，我们就很自然会想到要在这一方面改进。（阿里斯托芬一方面表明了这一思想的危险性，另一方面又揭示了它的力量。）

这样一门科学可以提供几种好处。首先，不可捉摸的质上的不同，转化为量的差别，使得异类的事物可以相互比较。科学是建立在测量的天平和单位一致基础之上的，一旦建立了这一基础，其他很多事物就都各有所属了。可通约性同时也带来了目的的单一性和外在性，使得任何程序的选择都变得清晰明了。因为如果在每一种处境中我们都可以只测量和关注单一的价值，把它极大化，那么我们就消除了善的行 108

为的不确定性。选择忽然间就成为一件非常直截了当的事情，即选择最有效的方式来实现价值的极大化，而不是去问哪一种行为本身更好。既然测量是精确的，它就提供了一种每个人都可以遵循的公开程序，以便人们做出新选择。

我们很容易理解测量与消除严重的价值冲突的相关性。因为一旦有了测量，一个人就不需要在环境的压力下，选择忽视某种具有自己独特主张的不同价值，而只需放弃同一个东西的一小部分。这看来并非是一种不够严肃的做法。可通约性也与排除我们的其他问题有关。因为如果我们确实把所有目的都看作同一个东西的不同量，那么我们对这些目的的看法就大可改观。这能够调整我们对脆弱东西的情感以及因为一时冲动而采取行为的动机。

我们可以通过研究苏格拉底的结论而开始探讨他的构想，在那个结论中他告诉我们，他认为自己已经表明：

> 难道不是表象的力量使我们误入歧途、陷入迷惘，在行为和选择中使我们常常坠入困境、肯定和否定同样的东西吗？而测量的技艺会消除表象的影响，通过揭示真理而使灵魂得以生活在安宁之中，从而拯救了我们的生活。难道我们不能承认究竟是测量的技艺还是某种其他的技艺拯救了我们的生活吗？
>
> 他认为就是测量的技艺。（356D—E）[50]

苏格拉底声称他使我们认识到了这一事实：我们对一门测量的伦理科学有急迫和深刻的需要。他认为，如果我们体会到缺乏这一科学所要付出的代价，以及拥有这一科学所带来的收益，那么我们就会一致同意建立这一科学是当务之急。曾经大力提倡价值多元性的普罗泰戈拉转而支持这一立场，这件事情表明他同意苏格拉底的观点。事实上，有关我们的价值在同一标准下是否具有可通约性的讨论，转变为确实如此的论证。这一段落同时含蓄地表明我们不能一直生活在运气之中，受命运摆布，我们迫切需要的是和平、安宁的心态。如果只有计量才能达到这一目的，那么我们就有充分的理由转向这样一种技艺。当时，计量被描绘为响应了实践需求，并且实现了前科学时代所分享的一个合理性理想。

表面上看来，对这门科学的共识乃是建立在“快乐就是最终目的”这一共识之上的。然而，接受这样一种单一目的却是极端仓促和毫无依据的。现在我想表明的是，只有在苏格拉底的最终结论中，他才给出了这一策略的真正动机。正由于苏格拉底看起来支持快乐是唯一内在
的目的或善，[51]《普罗泰戈拉篇》长期以来才被认为是柏拉图早期和中 109
期对话中颇为反常的作品。在其他任何对话中，苏格拉底显然都不是一个单纯的快乐主义者；而几乎同时期的柏拉图对话《高尔吉亚篇》的主要议题，至少部分是要反驳快乐主义的。[52]但几种不同的消解快乐主义的尝试都不尽如人意。我认为，苏格拉底对这个快乐主义前提的采纳（对他的论证起着至关重要的作用）以及围绕着这一策略的那种模糊性，最好是按照他的这一目标来理解，即发现适当的实践技艺，该技艺将能够胜任普罗泰戈拉的技艺所不能做的工作。只有融合了计量和测量的慎思才有可能拯救我们；但这一点反过来又要求技艺有一种公认的测量单位和外在的目的，使所有可能的选择都相互可通约。把快乐作为这一目的的候选者，这种做法无疑有其吸引力：苏格拉底之所以采用它，是因为它在背后保证了这门科学，而不是因为快乐本身具有内在的合理性。[53]

如果我们把快乐主义在这篇对话中所扮演的角色与它在前4世纪

后期思想中的地位加以对比，我们就可以清晰地看到苏格拉底的这一用心。欧多克索（Eudoxus）和伊壁鸠鲁都极力论证快乐作为目的与善之内在价值和吸引力，并引证动物和儿童趋乐避苦的自然行为来作为论据。《普罗泰戈拉篇》以及任何前5世纪和前4世纪初的文献都没有这样一种思想的痕迹。就像我们在《安提戈涅》中所看到的那样，这些文献所突出表现的是要寻找一种标准和计量尺度，使价值可以相互比较，从而依属于科学的精确控制。对计量方法的需求激发了对一个可接受的测量尺度的追寻。[54]我们从一门计量科学中需要得到的东西于是就是一个单一的目的（仅仅在量上有区别）：它是可以先于这门技艺而指定的（外在性）；它以这样一种方式出现在一切有价值的事物之中，以至于它可以被合理地认为就是那样一个事物的价值根源。重量，就像阿里斯托芬所说的那样，具有单一性、外在性和普遍性，但很显然缺乏伦理领域中直觉上的吸引力。相反，快乐则是更具吸引力的一个标准。它是我们所珍视的极少数的几种价值之一，而且几乎存在于所有的事物之中；同时我们似乎还能够把任何其他的价值都还原为快乐。正因为这个缘故，每当我们急切地寻找这种价值时，快乐在传统上一直都能稳当价值的单一衡量尺度的最佳候选者。

在《普罗泰戈拉篇》中，从上下文来看，我们可以认为快乐的确是充当了这样一个角色。首先，整篇对话的主题，正如普罗泰戈拉在对话开篇所指出的，是有关善的慎思的技艺。我们对这样一种技艺的需求，以及我们要达到目的所面临的种种困难，都是在引入快乐主义的论题之前就被讨论过的，而且成为快乐主义论题的背景。其次，苏格拉底对美德统一性的那段冗长的插入性讨论，揭示出他有强烈的兴趣描述能够存在着一个单一的、性质上同质的选择标准。他在这些美德的多元性和显然的不可通约性中正确地发现：普罗泰戈拉所谓的“技艺”就是我们寻求解决一些棘手问题的一大麻烦。但是，既然计量科学要求快乐主义的假定并以之作为发展的前提，那么这门科学的引入就向我们表明我们应如何设想将为这些问题提供解决的那种统一性。我们可 110
以进一步看到，苏格拉底对科学的实践知识这个概念的引入以及他对冲突和“不能自制”(akrasia)的否定，都是在引入快乐主义之前发生的：在评论西蒙尼得斯的那首反思我们所谓的“悲剧性冲突”的诗歌(这首诗肯定关系到环境如何迫使高尚的人做出违背其意志的可耻行径的情形)的时候，苏格拉底断言“做坏事无异于被剥夺了知识(epistēmē)”(345B)，而且，“所有做可耻的坏事的人都是不自愿(akontes)而这样做的”(345D—E)。但是，他对这个结论的唯一论证，却需要快乐主义的前提(或者相类似的前提)才可能站得住脚。

最后，我们可以从一个令这篇对话的所有评论者都迷惑不解的事实中得到支持，即这篇对话对快乐的本质及其作为一个选择标准的稳定性，缺乏一致的探究。在柏拉图后期的《斐莱布篇》中，甚至《高尔吉亚篇》中，快乐的多元性以及主观情感对精确测量的抵触，都是一个深深困扰他的问题，但这个问题在《普罗泰戈拉篇》中却毫无声息。当柏拉图转向这些艰巨的问题时，他认定快乐主义，作为一种善的理论，是有很大缺陷的。正因为如此，很多评论者都认为《普罗泰戈拉篇》中的快乐主义只是苏格拉底出于个人偏好(ad hominem)而采取的假设，以此来反驳普罗泰戈拉；或者只是大多数人当时的信念，而不是苏格拉底严肃支持的观点。但是这些看法都不足以解释快乐主义在这篇对话中所起的作用。只有在快乐主义前提的支持下，苏格拉底才得以做出他自己的结论。[55]很难说快乐主义只是个人好恶的论题：普罗泰戈拉，作为价值多元性的捍卫者，一开始就对苏格拉底的提议相当反感。至于“多数人的信念”，他们对“不能自制”的看法，是在对话者达成快乐主义的共识之后才引出的。而在讨论快乐主义的时候，一般人的看法“有些快乐是恶的，而有些痛苦则是善的”，事实上是与苏格拉底的观点相违背的：“在我看来，只要是快乐，难道除去善之外还会有其他任何解释吗？”（351C）[56]苏格拉底对其论证的总结再一次表明快乐主义就是他自己的观点，是与拯救人类生活的重任相关联的：“我们已经看到生活的维持和延续依赖于对快乐和痛苦的正确选择，不论这苦与乐是多或少，是大或小。”（357A）对话者一致认为这是苏格拉底自己的立场。在对话的结尾，他毫不掩饰地自比普罗米修斯，说他的一生都像普罗米修斯那样在思考（361D）。但是只有以快乐为基础的科学，才使他找到正确的方向。[57]

然而我们却由此陷入一种尴尬处境，一方面，除非扭曲《普罗泰戈拉篇》的原文，否则我们就不得不把快乐主义的思想归于苏格拉底在对话中的角色；而另一方面，我们却不能理解为什么柏拉图会允许这样一个极具争议，而且显然是非柏拉图式的论点，未经辩护和探究就在论证这一重要和著名的柏拉图式结论中扮演举足轻重的角色。这个论证
111 把苏格拉底的根本关注看作是确立一门慎思的计量科学，对这个论证的某种解释可能就对我们的问题提供了一个解决方案。苏格拉底大致知道什么样的目的可以促进这一科学的发展，于是就暂时（pro tempore）拿快乐来做试验。在对话的最后，他承认从未界定这一价值的内容：“它是怎样的技艺，以及怎样的知识，我们要在以后研究。但是这已经足够证明它是一种知识。”（357B—C）这门科学所要寻求的那个目的必须是单一的和普遍的；如果我们发现这件事情——在证明的确存在着这个目的的一个候选者之前，苏格拉底就对这门科学的这种形式如此深信不疑——有点古怪，那么我们就可以开始反思一件事情，即：与其说苏格拉底感兴趣的是我们目前对目的的直观认识，不如说他感兴趣

的是给予人们一种拯救生活的礼物。这就像宙斯决定把对正义的依附作为他的拯救技艺的关键一样，他并没要求正义在此之前，已经成为人类的一个核心关注。

在这里，我们需要停下来看看这个事实：19世纪道德哲学中那种走向快乐主义和功利主义的推动力具有一个很相似的动机。不论是在边沁还是在西季威克那里，[58]我们都可以发现，对日常价值的多元性和不可通约性的憎厌如何产生了选择出唯一目的的一种巨大推动力，而那个目的在普通人的日常认识中并不被看成是一种最高的善。边沁认为，只有这样一种计量科学才可以消除社会生活中的偶然性。这些论证表现出与柏拉图很深的共鸣，很值得所有研究柏拉图对话和古希腊伦理技艺思想的学者来参考。对我们来说，西季威克对他之所以超越常识而转向单一标准的功利主义的讨论也同样具有很大的吸引力，因为那个讨论很清晰地表明：转向快乐主义的根本动机就是对可通约性的需求，以此来应付杂乱无章的慎思问题。西季威克承认，幸福或快乐在普通人的眼中并不被看作是选择的单一目的。[59]但是：

> 如果我们摒弃了这一观点，我们仍然需要考虑我们是否能够对终极的善提供一个一致的说明。如果不把普遍幸福作为系统化人类活动的共同目的，那么我们还可以用什么其他原则来系统化这些活动？我们应该注意到，这些原则必须能够让我们在其中就能比较我们一直在考虑的那些不同的非快乐主义目的的价值，而且也必须提供一种可以把这些价值与幸福的价值进行比较的共同标准……[60]

他继续写道，正是我们“决定我们是否应当追求真而不是美的实践需要”，决定追求这个价值而不是那个价值的实践需要，导致我们选择了快乐主义，尽管这一选择与常识相违背。如果有人反对说这种做法因为违背了我们的直观而不恰当，那么我们可以回答说这就是一门新科学在诞生的时候所发生的事情：

> 但我们必须记住，功利主义并不关心证明直观的方法和功利
> 主义的方法在结果上的吻合。实际上，如果它能够成功地证明这
> 一点，那么它的成功对于它的实践主张来说就几乎是毁灭性的；因
> 为这样一来对功利主义方法的采纳就变成了一件完全无关痛痒的
> 事情了。我们倒不如说，要求功利主义者展现一种从日常道德向
> 功利主义的自然转变，就像在专门的实践领域中从经过训练的本
> 能和经验规则向那种体现和运用了科学结论的技术方法的转变一
> 112 样；因此，功利主义可以被看作是行为规范的那种在科学上完整的
> 和在系统上反思的形式，而在整个的人类历史进程中，那些行为规
> 范始终趋向于同一个方向。[61]

我认为，《普罗泰戈拉篇》显示了转向快乐主义的一种相似动机，显示了科学与日常信念之关系的一幅相似图景。伦理科学是与日常信念相连续的，因为它阐释了体现在日常信念中的合理性理想：因此就有一种从日常信念到科学实践的“自然转变”。显然，为了完成这一转变，科学对一个目的的选择也要与我们关于目的的日常信念之间具有**某种**连续性：这就是为什么阿里斯托芬所说的“重量”显得很可笑，而快乐主义却能站得住脚。但是，快乐主义若要配得上科学的头衔，而不是“彻头彻尾的无动于衷”，它就必须超越日常的东西。要是我们对这一点还不满意，我们就像是在抱怨说：如果希波克拉底派的医生不用我

们自家的祖传秘方治病，那么他们就是在倒退。

现在我们必须面对一个论证，在这个论证中，苏格拉底旨在向我们表明，通常被称为“不能自制”的那种现象并没有出现：对整个善的科学知识足以使人们做出正确的选择。对这个论证的研究现在已经很充分了，对它的结构也有了很好的理解。[62]这个论证分为三个阶段：首先是描述这个问题，然后是论证问题并不真正存在，最后是对实践错误提出另外一种解释。我们在这里讨论的是一个大家都很熟悉的问题：A可以要么做X要么做Y。[63]A知道整体上说X要更好一些，但他还是选择Y，因为他最终为快乐所征服。（我们可以在这个问题的第一个陈述中加上痛苦、爱和惧怕作为不同的选择，但是按照快乐主义者的共识，苏格拉底接下来仅仅谈论快乐的量，这一点很重要。）于是知识就“像奴隶一样被拖来拽去”。

普罗泰戈拉和苏格拉底从一开始就赞同这两个关键前提：

H：快乐等同于善。

H_1：A相信快乐等同于善。

现在，在论证的第二个关键阶段，苏格拉底使用这些前提，以“善”代替“快乐”以便产生表面上看来很荒唐的结论：A知道X要好于Y，但他还是选择Y，是因为他最终为善所说服（更渴望善）。于是，苏格拉底说：“难道这不可笑吗？一个人明知这是坏事（即低劣的事情）且不应该去做，而他做了坏事，因为他被善所征服。”

最初看来，我们并没有清楚地看到这种荒谬究竟是什么：这难道不是以某种方式恰好发生的事情吗？在那里存在的另一种善运用它的特殊力量，使我们远离并且忽略了我们对整体上更好的选择的承诺。但是当苏格拉底自己来解释这种荒谬性，向我们表明“征服”的含义时，我们就得到了更进一步的理解。他问道，Y所包含的善，是否与X中所缺少的恶等量呢？答案是否定的：不然就与对这种情形的描述相矛盾了，而根据这个描述，X中的善要多于Y中的善，而且行动者知道这一
113 点。这样，如果Y中的善确实在“数量”上少于或者不等同于X中的善，那么A所选择的就是数量小的快乐，而放弃了数量大的快乐。但是，A明知快乐的数量大小，而放弃了数量较大的快乐，因为他更倾向于数量小的快乐，这件事情究竟有多荒谬呢？这就像是说：“A可以选择五十美元和二百美元，他选择了五十美元，即使他明知道二百美元要多于五十美元，因为他被五十美元所征服。”这的确显得荒谬。[64]简而言之，数量和性质同质性的概念在这里起着相当大的作用。我们不久就会看到这些概念的地位是多么重要。

这个荒谬的错误是如何得出的？苏格拉底只能从错误地判断了快乐的数量大小上来解释。就像是不同的物理环境有时给人错觉一样，近处的物体显得高而大，所以近处的快乐就会仅仅因为它更接近而显得更重要。眼前的快乐制造出一种假象，暂时替换了行动者对于真实的物体大小的背景知识。如果快乐是以大小数量来衡量的，那么一门计量科学无疑就会清扫一切谬误。

我们现在必须仔细来研究苏格拉底的论证中的第二个前提，即，使得这个论证变得荒谬的那个部分。很显然快乐主义的假设不足以得出苏格拉底的结论。他至少需要默认两个进一步的假设：

> M：每当A在X和Y之间做选择时，他用一个单一定量的价值标准来衡量它们。
>
> C：当且仅当A相信X比Y更有价值时，他才会选择X而不是Y。[65]

在每一个具体例子中，M给出了一个定量标准的使用。H向我们提供了给出这个适用于所有情形之标准的单一性。C向我们提供了行动者的实际选择与作为权衡的结果而出现的信念之间的可靠联系。这些假设放在一起就得出了苏格拉底想要得到的结论：如果A的选择不是一个正确权衡的结果，不是在某些外在的胁迫力量（他对这种情形的描述排除了这一可能性）下做出的，那么他的选择必定来自错误的权衡。因为这提供了唯一的理由使我们可以说明：为什么某个人在可以选择多的情形下却选择了少。

这些前提中的每一个前提，作为对我们慎思程序的一种论述，在慎思中的**某个时候**都具有一定的可行性。但是，如果我们把这种情形的初始描述当作对一个实际的人类事件的说明，我们就应该对这些前提有异议。因为这些前提加在一起就向我们成功地表明：一个直观上困扰我们的问题实际上并不存在。不能自制（akrasia）本来被认为是日常的慎思合理性受到阻碍时的一种情况。苏格拉底已经做的事情与其说是证明这种阻碍不存在，倒不如说是进一步澄清了对慎思合理性的某种理解与不能自制问题之间的关系。如果我们相信目的或者善的单一性，认为目的或者善只可能在量上有区别，而且我们始终用定量测量的 114
标准来做选择，那么不能自制就不可能发生。所以我们很想说：只要合理性在发挥作用，它就不可能会受阻碍。我们并不需要天才的苏格拉底来向我们证明这一点。

至此，《普罗泰戈拉篇》的很多评论者都干脆摒弃了苏格拉底的整个论证。既然这些评论者认识到这些前提似乎在经验上都不足以说明我们在所有情况下的行为（这些前提不能表明的毕竟就是我们对不能自制的日常信念告诉我们的东西），于是他们就认为，看来苏格拉底最好还是进一步研究人们的实际生活和思想方式。然而，苏格拉底的结论似乎应该使我们认识到他有更深的用意。他想要告诉我们的那个结论是普罗泰戈拉同意的,即只有一门计量的伦理科学才可以拯救我们的生活。如果我们接受他对我们问题的诊断以及这些问题的紧迫性,同时又承认我们想要拯救我们的生活,那么我们就可以看到:在苏格拉底的论证中,我们好像被推销了这些前提。他的论证并不依赖于这些前提在日常信念中的直观上的可接受性。(苏格拉底强调说他不屑于考虑普通人的那种混乱不清的直观。)这个论证向我们表明:一旦我们应用了这些前提,那么我们的很多问题就会消失。如果一个行动者用这些前提所描述的那种方式来思考,那么他就不会对他的选择含混不清,在不可通约的东西之间就不可能有偶然的冲突,因此他就可以宣称“不能自制”的问题不可能出现。整个事情,包括这些前提,看来都是苏格拉底实践理性的技艺(technē),是拯救生活的艺术。他的论证最引人注目的地方就在于他宣称,对价值的单一性和同质性的接受会在实际上改变我们的激情,消除我们现在对某些非理性行为所持有的动机。不能自制于是就变成了一种荒谬的东西——不是一种危险的诱惑,而是一种绝不会发生的事情。要看清其所以然,我们就需要回到苏格拉底对数量大小的讨论上,更深入地研究他所假设的那种行动者的生活和观点。

不能自制的一种日常情形看起来是这样的。菲德拉知道,如果她在长跑之前吃一个面包圈,她就会胃痛,而且不可能跑很远。事后她会生自己的气,意识到如果她多跑一些,吃得少一些,她就可以更健康。所以我们可以说,她知道在全面的考虑后她应该直接去跑步而不吃面包圈。但是她很饿,面包圈沾着黄油又格外地诱人。这时面包圈的吸引力就十分明确和特别:完全不像会让人少一点锻炼和少一点健康,而确确实实是一个抹了黄油的面包圈。于是她(为面包圈的诱惑所动)就选择了面包圈。

对比下面的例子。出于某种理由，菲德拉的理性原则是尽量多吃面包圈。站在屋子中央，她看见一边桌子上的盘子里放着两个新鲜面包圈，烤过了，抹着黄油，另一边相似的桌子上，盘子里只有一个新鲜烤过的黄油面包圈。都是相同的面包，同等的新鲜，黄油准备到了同样的程度。她可以选择任何一个盘子，但不可以同时选择两个盘子。她知 115
道，按照她的理性原则，她应当吃两个面包圈。但是在欲望的征服下，她吃了一个面包圈。与第一个例子相比，这确实显得非常奇怪。我们必须领会到，除去数量的差别外，一个面包圈的盘子和两个面包圈的盘子完全相同。面包圈在质量上也完全没有差别；面包圈和盘子的摆放样式在审美感官上对她也没有吸引力。其中一个面包圈的盘子甚至没有离得更近一些，而是和另一个盘子完全等距离。如果菲德拉的确遵循她的原则，那么她的选择除去荒谬之外是否还会有别的解释呢？在试着去理解她行为的过程中，我们可以想象那单个的面包圈肯定在某些地方对她而言有格外特别的地方。它看起来非常可爱，尤其是那一点点焦黄的外壳。或者，这个面包圈是从纽约来的，而其他两个不是。或者，她记起她曾经和她的情人坐在这张桌子边上一起吃面包圈，而不是在另一张桌子上。或者，她是一位数学家，她会认为盘子中央仅仅放一个面包圈要比放两个在几何图形上更美观。或者，这个面包圈放在一只典雅名贵的盘子上相当可笑（另外一个只是普通的厨房碟子）：让她觉得这盘子的存在很矛盾。我们可以沿着这一思路走下去，但是，对这个例子的描述，我想要排除在性质上的特殊性的每一个根源，我要强调绝对量上的同质性：菲德拉的选择只可能在量上有区别。因此我相信我们确实得到了苏格拉底想要的结果。选择一个面包圈确实很荒谬，这种事情绝对不可能发生；任何人，只要是认清了她的选择，就不会用那种方式来选择。

如果我们深入一些来看苏格拉底的论证，那么他就使我们看到了不能自制问题与我们看待事物的日常方式之间的联系——我们对价值不可通约的多元性的信念在推进这一问题当中所起的那种积极作用。按照我们对不能自制的认识和体验，不能自制似乎取决于"善是**特别的**和不可通约的"这一信念：这一个面包圈，这一个人，这一行为，虽然在某些程度上不如其他的选择，却具有一种特别的善，格外吸引我们，而如果我们做出了不同的选择，那么我们就不可能达到这样一种善。你可能发现自己的情人是一个很特别、很独特的个体，所以就对她产生了一种充满激情的欲望，于是就对另一个人不忠，这是一回事；但如果她只是你现在的情人的一个克隆，即使在质上没有任何的不同（甚至在历史上也没有不同），那么整个忠诚与不忠的问题似乎就完全失去了意义，因为这个情人不再是那个特别的个体。[66]

于是，回到我们最初的前提，我们就可以说，如果我们确实有H_1和M，那么C就是一个自然而然的结论。如果把C看作对欲望的工作机制的一个经验描述，那么它并不一定为真。然而，如果行动者确实打心眼里相信他的所有选择都具有质上的统一性，那么C作为对这样一个行动者欲望的一种描述看来就是合理的。（因为我们的例子毕竟只是一个极浅显的开始；最终我们要设想菲德拉用同样的眼光来看待她的任何选择，而且在任何一个选择中她都是用完全同样的价值尺度来衡量的。
116 异质性是完全不存在的，即使是在不同的事件中。）《普罗泰戈拉篇》告诉我们，对异质性的承认是形成非理性动机的必要条件；如果异质性不存在，那么非理性的动机就不会发展出来，即使发展了也不可能长久。

简而言之，我认为苏格拉底实际上是在经验描述的伪装中向我们提供了改变我们生活的一个极端提议。就像普罗泰戈拉所提到的其他众神的礼物一样，对接受赠予的人来讲，这门计量科学会深入他们的本性之中，深入他们所牵挂的人与事之中，同时又重新塑造了它们。苏格拉底对他提出的那个目的直观上的可接受性说得并不多，这一点现在看来似乎丝毫不足为奇，因为那个目的可能不是可以从我们日常的观点来恰当地评价的东西。从我们日常的观点来看，事物的确像是多元的和不可通约的。但这个观点显然是有缺陷的。我们想要的和知道我们想要的就是一种科学的观点。

现在我们也可以理解：为什么一旦具备了这些前提，所有的爱与恐惧的情感都会烟消云散：因为如果我们真正接受了这些前提，我们知道爱与惧确实会消失得无影无踪了。这就是这门科学的另一优势：它重塑了我们的情感依附，这样它们就不再那么脆弱，甚至单独地看也是如此。美貌的阿尔西比亚德斯举世无双，对他的爱恋无疑是件十分冒险的事情。但是，如果H（快乐即善）的一个标准偏向另外一个爱人，那么要获得另一个类似的标准也并非难事。彻底的可通约性带来一系列相似的、可随时更新的追求对象（参见第六章）。那种特殊的分离性和质上的独特性也是使得每个单一的依附容易受到命运左右的一个主要根源，但通过消除或者只是否认那种分离性和独特性，这门科学也就排除了偶然冲突的可能性，消除了不能自制。测量甚至比我们原来所认为的还要多才多艺（参见第五章和第六章，原书第181、196—197页）。[67]

5

柏拉图的这篇对话，比直接从描述我们的日常信念和实践入手的任何功利主义的或者快乐主义的道德理论著作，都要深刻得多。这种著作很快就会在常识的反驳下显得不堪一击。苏格拉底（就像西季威克一样）向我们表明究竟是什么东西在日常信念之外激发了一场运动。

常识的异议并不满足这个论证，至少在我用来阐明这个论证的那种形式上是这样。那么究竟该如何评价苏格拉底的论证呢？

普罗泰戈拉的神话故事指出，理解一门新的、自诩可以拯救生命的技艺，最好的方法是设想这些被造物在接受这一礼物之前和之后的生活。这个思想实验允许我们追问这一问题：那些需要一门技艺的被造物究竟是谁，而在那门技艺拯救了生活之后他们是否仍然还是当初的被造物？这也许有助于我们看到技艺所治愈的是怎样的生活，以及谁的生活。正因为苏格拉底在此热衷于拯救生活的主题，他邀请我们去设想普罗泰戈拉故事的一个苏格拉底式的结尾，为我们在开篇所叙述的故事加上了一个完满的尾声。现在我们可以来回答那个邀请，虽然一个充分的回答要比这个简要的勾画丰富得多，也更像是一个真正的故事。

117 人类仍然生活在他们城邦的困惑之中。尽管有宙斯的礼物，他们仍然不能准确地掌握自己的选择和活动。每当他们对数量、长短和轻重有争执的时候，他们可以求助于计数、度量和称重的技艺来解决纷争。但是当他们困惑于“何谓正义”，“何谓高尚或善”这样的问题时，他们却没有任何仲裁的工具。他们由此转向愤怒和暴力；不断地攻击和冒犯彼此。即使当他们可以达成共识的时候，他们对价值体系最基本的混淆也常常会带来严重的冲突：虔敬可能引导人选择某一种行为，而勇气和爱则会要我们另辟蹊径。于是这些不幸的被造物被深深地困扰，会痛哭大叫：“哪一种选择没有罪恶呢？”而且事后想起来，“痛苦也不会沉寂，而是一点点滴在心上。”他们没有任何技艺可以用来疗治这样的痛苦。更有甚者，即使当他们已经认定了一种“正确”的行为，而且当时只有一种单一的并无冲突的行为可供选择，他们还是会在一种无序和毫无技艺的天真状态下，被激情所追求的、其他更切近的善事物的诱惑所支配。在困惑中，他们说当初肯定是被快乐、恐惧或者爱情所“俘虏”。于是乎，惊恐万状、混乱不堪的人们，在悔恨和对未知的迷惘中在城中四处游荡，既不知自己从何处来，也不知往何处去。他们甚至发明了一种艺术形式，称之为悲剧。在其中他们可以来探究自己的痛苦。在这些悲剧作品中，他们很快得出结论，这样的生活是完全不值得一过的。“没有生下来倒是最好”——这是他们之中最杰出的诗人和人类生活导师索福克勒斯在考察这些难处之后得出的判断。

太阳神阿波罗，同时又是理性秩序、计数和分辨事物的神，毕达哥拉斯所敬奉的神，看到下界的困境。他不想整个人类就此消失，于是就决定赐予他们一件技艺来挽救他们的生活。通过足智多谋的信使苏格拉底，他向人类展示了他绝妙的礼物：一种慎思度量的科学或者说技艺，衡量善或者目标的唯一尺度，那就是快乐。人类一旦掌握了这一技艺，就可以在任何选择中准确地计算出每一种选择可以带来的长期快乐的数量，从而可以取此而舍彼。而这一技艺的追随者，就可以在整个城邦中来推进城邦的最大利益。

拥有了这件礼物，从前那样无助的人类的生活就发生了巨大变化。因为有了这件礼物，从前无数不可通约的价值就成了可比较的单一体。这种指导对他们的生活方式产生了极其深远的影响。就像是阿波罗的阳光一下子驱散了所有的阴云。甚至整个自然界都从此改变了模样：更加开阔、平坦，而且事物彼此间有了明确的划分，没有不可通约的事物从中作梗。由此给城邦带来了新的秩序和新的美。从前人们处在无休止的争执中；现在他们只需要遵循公认的计算快乐的程序就可以得到大家都可以一目了然的答案。所有可能受到个人条件影响的因素都被清点和考察，任何心血来潮和偶然性的因素都不会对度量程序产生任何影响。在此之前,老派的思想家如普罗泰戈拉认为正义是目的本身;即使它与其他目的相冲突,我们也不应该忽视和否定正义所提出的要求。而现在所有的美德都被认为是统一的,正义、勇气和虔敬都只是快乐的一种功
118 能,而每种美德的行为都是要促进快乐总和的最大化。孩子们所受的教育是要培养他们正确的内在能力,以便用单一的标准来看待事物;而通过惩戒那些对不可通约东西的承认,城邦的教师就在潜移默化地培养幼小的树苗向着成熟的合理性发展。随着他们的成长,这些孩子会认识到,他们周围的"个人",父母、师长全部是相类似的快乐泉源,彼此都是可以相互比较的。[68]至此人们看起来并不是彼此分离的孤独灵魂,而是一个单一系统的组成部分;在质上没有分别。由他们而来的快乐,以及他们所能得到的快乐都是可以量化的;而个人的真正价值就在于他们给城邦带来的总体快乐。如果这些公民曾经读到过去的悲剧,他们会对其中所表现的人类生活大惑不解。比如说海蒙,内心充满了他所谓的激情之爱,他自刎是因为他挚爱的安提戈涅之死。对他们来说这种行为是不可理解的。为什么海蒙会以为安提戈涅在这世上是不可取代的?为什么他不能理解世界上存在着完全相等的、在质上毫无分别的快乐?而他反过来又可以贡献他自己的快乐,由此来增进城邦的整体利益。在剧中,克瑞翁是他们唯一可以认同的角色;因为克瑞翁批评海蒙的那种非理性的爱:"还有其他的土地他可以耕种。"

正因为这种在信念和激情上的转变,使他们在更高的层次上获益匪浅。随着不可通约的价值的消失,老式的所谓"不能自制"的问题也就不复存在了,个人的独特性也随之消失了。通常会引向"不能自制"的那种情感——爱与恨,愤怒与恐惧——都不再具

> 有当初同样的性质和同样的威力。当万物都按照一个单一的价值来看待的时候，要想控制自己的欲望而不去追求同质异量的对象就要容易得多了。
>
> 简而言之，通过科学，人类得以挽救他们舒适和安逸的生活。而如果任何公民表现出他不能够做出正确的度量，一再要臆想出新的价值或者独特的情感对象，一意要追求在单一的善之外的任何其他目标，他就一定会为社会所不容，以至于要像感染城邦的瘟疫一样被处死。每一年的春天，他们在过去狄奥尼索斯节上演悲剧的时候相聚狂欢，新的狂欢节叫作苏格拉底节。上演的剧目不是悲剧，而是清晰明白的散文体对话；以此来颂扬苏格拉底对拯救生命的科学艺术的勇敢追求。

我们看到，《普罗泰戈拉篇》表现的不仅是对青年人灵魂的争夺，还表现了人类实践理性的悲剧（听起来颇有反讽意味，因为对话的主角想要达到的目标却是宣布悲剧的死亡和终结）。因为它向我们表明：在我们对价值多元性的直观依附和我们想通过一门慎思的技艺来把握人类生活的热望之间，是存在不可消解的矛盾的。它的论证本质上并不是直截了当的。它并没有试图说服我们如此这般的东西就是对实践理性正确的或者真实的看法，相反倒向我们（以及向希波克拉底）表明，在某些迫切的需要和某种类型的技艺或科学之间是有关系的，同时也向我们表明，这种技艺会带来不可避免的变化和损失（从某个观点来看）。我们原以为度量的科学只是为了达到外在的和公认的目的而提供的一种工具性的手段，但是现在却意识到对目的本身的修正变为这一科学或技艺的一部分——苏格拉底的技艺，就像宙斯的艺术一样，创造了 119
新的价值和新的依赖。我们曾天真地设想，我们可以继续价值多元性的美梦，而同时又有一种量化的社会科学来向我们提供准确性和控制。(某些功利主义的著作仍然持有这样天真的观点，从来不问真正用功利主义的眼光看待世界的人会是什么样子，而或多或少地假定他们仍然是和我们一样。）柏拉图以他特有的冷峻口吻告诫我们说，实际的情况会大相径庭。科学确确实实改变了世界本身。如果说我们的一部分人性就在于我们对某种痛苦的感受性，那么疗治这种痛苦的过程也许很可能就意味着这一部分人性的终结。

这篇对话以某种方式向我们（希波克拉底）指明了一种选择，又清晰无误地定义了它的对立面。但是却完全由我们自己来决定如何在两者之间做选择。直到对话的结尾，我们仍然不知道究竟希波克拉底会如何选择，他究竟是会追随苏格拉底，还是会与普罗泰戈拉同流合污——他是否会哲学化地拒绝做选择，而去论证对立的选择根本就不成立，或者他是否会用一种哲学的方式拒绝选择，而回到他过去习惯了的思维方式中去。对话的论证并没有强迫他做选择，而只是尽力去澄清他的处境。希波克拉底得以更明确地认识到疾患如何与治疗的方法相连，进步如何与所付出的代价相伴随。

但是对话的论证却迫使他追问，究竟他应该选择谁？最后，所有的对话者都一致同意要摒弃普罗泰戈拉的“人是万物的尺度”的观点，而接受苏格拉底“万物皆知识”（361C）的观点。在对话的前面，普罗泰戈拉赞同要用苏格拉底式的理性来做判断（336A）；而苏格拉底式的理性坚持认为普通人的直觉是不能依赖的。他一再提醒我们，在两种伦理立场相冲突的时候，选举一名称职的评判者至关重要。如果评判者在心智上还不如两位立场不同的哲学家，自然于事无补；即使他可以与两位相匹敌，仍然不足以做双方的评判。于是很显然评判者必须在知识和实用性上都有过人之处。这也就是说，普通人的直觉和认知不可能担当此任。《普罗泰戈拉篇》要求我们每一个人都必须怀疑我们自己的普罗泰戈拉式的判断，而在我们自身中寻找理性上纯粹和准确的认识方法。对话允许我们以平常人的判断来做回应，但是同时强调判断与判断之间又有高下的区别。这一柏拉图式的转变所提出的令人困惑的问题同样也不会轻易地被消解。

* * *

现在我们从柏拉图的“早期”对话转向他的“中期”对话。[69]柏拉图对整个问题的诊断以及他要建立一门科学来解决这些问题的决心一直都没有变。“万物皆知识”，而普通人的直观必须让位于精英的判断，同样，科学知识的目的就在于把各不相同的个体还原为同质异量的东西，使它们成为可以相互取代的对象。[70]这种同一性同时解决了几种相关的问题：化解了令人大伤脑筋的冲突；消除了激情欲望的刺激作用，而且使过去脆弱得不堪一击的事物转化为可以源源不断供应、时刻更 120
新的对象。

然而，与早期的对话相比，中期的对话确实在重心上有了一定的转移。《普罗泰戈拉篇》将快乐作为那门科学的单一目的的一个角色填充者（place-holder）。它并没有说明快乐究竟是什么；但是那门科学的形式似乎要求把快乐看作一种同质的状态或感觉。[71]在中期对话中，柏拉图明确地指出好生活的最终目的不是感受，而是活动。活动是按照它们的内在价值来排列的，而不是按照它们所产生的状态来排列的。按照他的中期观点，快乐无论如何都不再具有那种能够提供一个共同的价值尺度的单一性，而利用那个尺度就可以比较一切活动。现在，当各种“快乐”被排列的时候，是根据与它们相对应的各种活动的价值来进行排列的。[72]这并不是抛弃《普罗泰戈拉篇》中任何经过明确捍卫的东西；但它对于伦理技艺的结构确实具有严肃的含义，而那门技艺现在必须找到一种方式来排列活动，而且该方式不依赖于那些活动所产生的感受。寻求一个合适的评价观点于是就成为中期对话所关注的核心议题。

与此相关的是第二个重心的转移。在《普罗泰戈拉篇》中，柏拉图所关注的是与冲突和可通约性有关的问题。我们的首要问题，即个人追求的脆弱性，只是被间接地讨论，因为可通约性改变了我们脆弱依附的本质。现在，人类个体追求的脆弱性和不稳定性将成为柏拉图的一个核心关注，因为现在他所设想的那个恰当的评判者要按照活动的真实价值来排列活动。

最后一点，《普罗泰戈拉篇》暗示说，可通约性的信念修正了我们的一切非理性的动机，而且到了使不能自制这种现象不可能再发生的地步。于是就此而论，我们的一切非理性欲望都是可教化的。《理想国》要纠正这一观点，转而强调灵魂的那些动物性的本能欲望是“不受限制的欲望”，不管在什么样的信念或教化下它们都始终如一、积习难改（参见第五章，原书第139页注释5和第155页）。这一点至少对口腹之欲来说是正确的；在《理想国》中，性欲也被归在同一类，而《会饮篇》对性欲的处理要复杂得多，要证明它与某些信念的转变相对应。所有这一切都会在一定程度上修正《普罗泰戈拉篇》对如何消除“不能自制”的解释。不过，所有这一切并没有彻底削弱那个解释，因为只为了堆积食物而饕餮成性的人，毕竟要比在这件事情上因为不能自制而大吃大喝的人少得多；而且通过训练和教化，我们也许的确有可能纠正那些因为在食物上追求标新立异而饕餮的行为。但是，本能欲望的那种持久的动物本性所需要的不是理性的教化，而是与其本性相适应的训练；它实际上要求一种政治上的驾驭和抑制。我要在第五章和第六章中涉及这
121 些问题，并在第七章更详细地讨论这一主题。[73]

插曲一

柏拉图的反悲剧戏剧

我们现在需要停下来看看柏拉图的这部作品，并追问它对正在进行探索的灵魂表达了什么看法。[1]现在我们注意到，思考我们提出的问题是通过两种截然不同的写作形式来实现的，在这里以及在第七章中我们会看到，其中一种风格攻击其对手“损害灵魂的发展”。对悲剧的这些柏拉图式的批评，以及柏拉图自己的写作实践都揭示了一种敏锐的自我意识，这种自我意识关系到一种风格的选择与一个哲学观念的内容之间的关系，关系到对灵魂是什么的一种看法，与如何在写作中同那个灵魂说话的一种观点之间的关系。我们要在第六章和第七章重点地讨论这些问题，我们将继续研究另外两篇对话，在其中写作和真理的表达问题显得格外突出。在这里，我们无法期望提出与柏拉图在其中期对话中所发展出来的那种对话形式有关的一切最有趣的问题，甚至也不可能彻底地解释柏拉图对悲剧诗的批评。柏拉图的写作是面对伦理教化的一个文学传统来定义自身的，而对他这样的方式给出一个简要的描述，尤其是弄清楚他的写作何以一方面承认从悲剧诗中吸取了营养，另一方面又与悲剧诗拉开距离，将是有帮助的。[2]

首先我们可以说，这是一种新的写作方式。[3]甚至亚里士多德都不知如何来描述这一风格，在《诗学》中，他把对话归于散文体的戏剧，与索夫龙（Sophron）和克塞纳尔库斯（Xenarchus）的现实主义的笑剧属于一类。[4]既然我们在对话中看到了一种新的文学体裁刻意勾画出来的结构——其发明者在整个青年时期都曾以令人向往的悲剧诗人而驰名[5]——那么，通过研究他在面对现存的各种可能性的背景时所做出的选择，尤其是在面对苏格拉底对任何写作文字的拒斥这一背景时所做出的选择，我们就有希望从他关于写作和伦理教化的观点中学到一些东西。但是为了理解柏拉图的选择究竟意味着什么，我们必须要用柏拉图同时代人的眼光来研究这些对话，这就是说，一方面要熟悉在当时的诗歌和散文中所表现出来的那种遥远的伦理反思的典范，另一方面又不熟悉我们那个关于伦理问题的哲学写作的漫长传统。因为，每当我们问“为什么柏拉图用对话形式来写作”这一问题的时候，我们是在问自己为什么这些对话不是哲学论文，比如说不像密尔、西季威克，甚至亚里士多德所做的那样——或者倒不如说，为什么它们是对话体而不是诗体戏剧，就像索福克勒斯或者埃斯库罗斯所采用的体裁那样。只有从历史的角度来看待柏拉图的选择，看他的作品如何因不同的环境而变化，我们才可能领会到这其中的哲学动力。如果读者能因此而有一个更好的出发点来研究这些问题，那么这个插曲就达到了它的目
122 的。我们将采取这样的做法：首先，简要地把柏拉图的对话放在当时流行的伦理反思模型中，随后就苏格拉底对写作的一概拒斥以及柏拉图的间接回应来提出一些观察，最后看看《普罗泰戈拉篇》中伦理研究的一些特征，在几个方面把这篇对话与《安提戈涅》做对比。

在柏拉图之前，在对人类实践问题“哲学式的”和“文学式的”讨

论之间是没有区别的。[6]把严肃地追求真理的写作方式和另外一种主要以娱乐为目的的写作方式区分开来，这一做法对古希腊文化传统来讲是格外陌生的。在作家之间确实存在一个显著的区别，那就是散文作家和诗人之间的差别；在这两大系列中又有其他体裁之间的差别；但是在这些区分中，没有任何一个区分是对应于把自己看作是（或者被看作是）严肃的伦理思想家的作家与并不这样看待自己的作家之间的区分。在这样一种文化传统中的读者会自然而然地认为不同类型的文本同样都提供实践智慧的指导；我认为当时单凭作品的体裁，读者不可能判断出某部作品的内容与人类行为事务是否无关。我们只需从那些被冠以“哲学家”头衔的作家对其对手的评价中就可以认清当时的处境。色诺芬尼（自己是个诗人）认为他自己是荷马和赫西俄德的竞争对手：他极端反对这两位诗人把人类的恶习不恰当地归于天神。赫拉克利特，认为赫西俄德是“众人之师”，却指责他和荷马把错误的宇宙观和伦理观提供给人们。他进一步声称荷马以及另一位抒情诗人阿尔基洛科斯（Archilochus）因为宣扬了错误的价值观而应该受众人责打（《残篇》，B42）。在另外一处他显而易见地把很多种写作风格放在一起，而现代的读者往往会把它们分开：“并不是所有的知识都可以教人如何理解；否则，这些知识就应该教会赫西俄德和毕达哥拉斯以及色诺芬尼（Xenophanes）和赫卡塔埃乌斯（Hecataeus）了。”（B40）用我们现在的术语来说，他已经命名了一位说教诗人、一位预言家和口授哲学家、一位用韵文来写作的哲学家以及一位用散文来写作的地理学和人种志学者；有趣的是，所有这些人都被（赫拉克利特这位格言作家）批评为寻求理解的人。

现在，如果我们转向柏拉图自己对他所处传统的描绘，那么我们会看到他意识到他的伦理思想的来源，至少有六种不同的写作文本对他产生过影响：史诗、抒情诗、悲剧和喜剧诗、科学和历史散文，以及演说辞。所有这些文体柏拉图都在自己的写作中提及和讨论，或者模仿过；至少最初，他暂且都严肃地看待所有这些文体，认为它们都可能是实践智慧的来源。有两件事实在这里尤为重要。其一是当时不存在一种哲学论文式的传统可供柏拉图借鉴。他所暗示的散文体传统是科学和人种志的研究传统，体现在希波克拉底的作品中，在其他科学（比如数学和天文学）已佚失的著作以及希罗多德和修昔底德的家族史作品中。
123 当然科学作品可以包含伦理问题的讨论：希波克拉底在他的《论空气、水和地域》（*On Airs, Waters, Places*）中说明了人们的性格和习俗如何受气候的影响，他的观点在前5世纪有关自然和文化的争论中产生过重要的影响。明显的是，希罗多德，尤其是修昔底德，是研究价值和卓越的主要思想家，但是他们的写作计划和结构并非源于对伦理问题的思考；这些写作旨在讨论历史研究的问题。看来很有可能的是，在柏拉图时代，像亚里士多德的《尼各马可伦理学》这样的著作还不存在，也就是说，以散文体的写作方式来讨论与美德和好生活有关的最重要问题的一部著作还不存在。当然我们对古希腊的了解很有限，所以在此必须十分小心：比如说我们对德谟克利特的伦理学著作的一无所知就是一大障碍。[7]但是在这方面我们可以颇为自信地说柏拉图所处的背景与我们的背景有天壤之别。

同样重要的一点是，在公元前5世纪和前4世纪之初，诗人被认为是最重要的伦理导师。我们称之为哲学家并包括在希腊哲学史中的一些重要人物自己就是诗人，他们的作品被归于诗作的传统之中：色诺芬尼、巴门尼德和恩培多克勒是最著名的例子；色诺芬尼和恩培多克勒又同是古希腊伦理学的主要代表人物。但同时我们也要记住：如果哲学家指的就是那些在人类生活的重大问题上寻求智慧的人，那么我们通常当作诗人来研究和归类的作家，他们同时代的人会毫不迟疑地把他们归为哲学家。当时悲剧和喜剧的伦理内容通常是和其他方面的建树一起来评价的。在阿里斯托芬的《蛙》中，剧中人物在探索城邦的伦理和政治危机的出路时，要到冥间去找埃斯库罗斯和欧里庇得斯；他们声称，只有这两位杰出的悲剧诗人中的一位转世了，他们才有可能挽救城邦的命运。柏拉图作品中的对话者在寻求有关美德和选择的真知灼见时，也总是自然而然地引述荷马、赫西俄德、西蒙尼得斯和品达这样的悲剧诗人；[8]很少提到我们列举为哲学家的任何一位所言。明显的是，从对话本身来看，在公元前5世纪后期，受过良好教育的雅典人对这些诗人的智慧都极为信赖；波勒玛库斯、卡利克勒、克里底亚、普罗泰戈拉以及普罗狄科——无论是职业智者还是普通绅士，都对上述人物很崇敬。首当其冲的一点就是柏拉图的哲学必须要与这些作品相对照来确定自己的位置，这些作品体现了和柏拉图共处的那个对卓越、赞美和谴责的反思传统。丝毫不足为奇的是，在《理想国》中，对话者一致认为史诗和戏剧诗歌在最初新城邦的议事日程中占主导地位。[9]

试图在每一种诗歌风格中讨论诗人的道德声音或性格，在每部作品中去确认其伦理思考，这种做法是很迂腐的。有幸的是，在此这样的讨论也是不必要的，因为在这些问题上已经有大量很有帮助的文献。[10]当我们开始发展我们那种与悲剧诗歌的比较时，我们便涉及柏拉图或隐含或明确地拒斥的其他那些文体类型的特征。但也仅仅是让我们注意到这些可能性已经为进一步明确地评价柏拉图开辟了道路。不过， 124
在我们把他的对话作为戏剧作品来讨论之前，我们还需要看看另外一个背景。

历史上的苏格拉底从未写作。假若我们相信柏拉图的话，那么苏格拉底之所以不写作，是因为他相信哲学思维的真正价值就在于师生之间的相互问答，老师通过提问（针对弟子的品格和抵抗程度，问题时而温和，时而苛刻）引导弟子一步步明确地意识到他自己的信念及其相互关系。[11]（在《斐德罗篇》中苏格拉底说[12]）书本不可能做到一问一答，因为书本没有"生命"（275D）。书本至多只能提醒你真正的问答是什么样子。而最坏的情形是，书本是一部安魂曲，使我们忘掉了真正的哲学思考的内容和形式，只会使人们被动地依赖于写下来的文字（275A）。更糟糕的是，在一些读者那里，书本可以引发一种对智慧的错误幻想，因为它们很可能把关于事物的很多信息错误地当作确凿的理解（275A—B）。更进一步，书本缺乏真正的哲学教育所应有的专注和回应，虽然到处都可以找到书本，但由于它们不可变通的惰性（275E），它们在面对非常不同的读者时也总是用同样的声音来说话。

换句话说，在苏格拉底看来，哲学书籍与哲学思考的关系就像是网球指南与打网球的关系。（我们也可以用其他的例子来比喻：育儿手册、性教育手册或者航海指南。）它们不可能达到同样的效果；而且书籍不是真实活动的替代品，尽管在一定程度上，对那些已经对哲学活动有了一些经验认识的人来说，它们因为记录了某些观点而显得有帮助。但是，如果人们用书籍来代替真实事物，完全依赖于书籍而不是依赖于自己的感受和回应——甚而言之，仅仅因为阅读了几本这样的书籍就以专家自居——那么人们无疑就犯了极大的错误。更进一步，这样的书籍缺乏真正优秀的网球运动的个性和针对性。他们对每一个读者都说同样的东西，而不论读者的个体特殊性或者无法考虑到每一场比赛会因对手而异。在某种意义上，哲学书籍比网球指南更糟糕。至少网球手册并不强制推销它的观点或者自视过高，它并不要求你非打网球不可，而只是说如果你愿意的话，你应该如何去做；而且它通常以一种平和的声调来提供建议。与此相反，恩培多克勒或者巴门尼德的书，却是教导你必须相信这个而不是那个；要这样做而不是那样做；这是真理，而那是无稽的谬误。他们毫不留情地攻击任何不顺应的人。他们的语调往往是夸张和权威性的。甚至连荷马和抒情诗人，尽管要温和得多，但也是绝无例外地厚此薄彼。而苏格拉底认为，真正的哲学是一个人献身于智慧的追求，于是重要的就不是单单接受某些结论，而是找寻通向真理的道路；不仅仅是接受正确的内容，而是要把内容看作真正 125
的理解和自我理解的结果。书本并不是这种追寻，也不会传授这种自我理解。

但柏拉图确实著书立说了。而且，他对写作的批评都是放在他自己所写的作品中的。柏拉图的对话一再提醒我们他所处的环境，人们充满了对哲学活动的鄙视，或者把哲学变为诡辩术或辩论术，[13]从而使其价值大打折扣，或者对哲学完全不予理睬。面对这样的处境，尤其是当苏格拉底死在那些惧怕和仇恨真正的哲学挑战的雅典人手中时，柏拉图感觉到时代需要一种写作优秀的哲学教育书籍的范式就丝毫不足为奇了。（就像是在一种不利的政治环境下，出版一部性教育手册或者幼儿教育手册也可能不失为一种追求启蒙和自由的壮举。）提醒人们什么是真正的哲学追求，即使只限于此，也是很有价值的。把苏格拉底对写作的批判放在他自己的写作之中，柏拉图就是这样邀请我们在读他的对话时问我们自己，在何种程度上，他的书面革新绕开了苏格拉底对写作的批评。我们现在可以更具体地提问，他的对话是如何写成的？有两点是显而易见的：第一，对话是一种类型的戏剧；第二，它们区别于所有我们知道的古希腊戏剧写作。柏拉图曾被认为放弃了很有前途的悲剧诗人生涯而转为写作对话，学者们认为在他的对话中可以看到他从前专长的很多痕迹。[14]那么，他如何受益于这样一种伦理教诲的文化范式，[15]又为什么终于与之分道扬镳呢？

柏拉图的对话，[16]就像悲剧作品一样，包含了不止一种声音；这一点不同于当时伦理话语的范式（比如说赫西俄德的寓言诗，恩培多克勒、巴门尼德和许多早期抒情诗传统的赞美诗作品，以及爱奥尼亚自然哲学家和希波克拉底医派的散文体论文和表演性演说）。[17]比如说，《普罗泰戈拉篇》摆在我们面前的是你来我往的相互应答，正如悲剧表现出来的同样是我们所关心的道德交流和争论。我们看到的是积极的、正在进行中的讨论，而不是一系列结论和已经宣布的被接受的真理。更进一步，在一个开放的讨论环境中，对话建立起一种与读者论辩的关系，邀请读者积极地和具有批判性地加入对话中去，就像悲剧的观众被邀请（通常是与歌队一起）用他自己的价值体系来反思剧中事件的意义一样。虽然在悲剧或者对话中，我们总是认同其中的一种立场（人物），虽然有时一种立场显而易见比另一种立场更为优越，但这一结论并不是由剧中某一个权威的声音强加于读者或者观众的。如果说一方的立场取得了决定性的胜利，那么它是通过戏剧本身的发展以及与观众和读者所持的信念之间的联系来实现的。这一点很显著地不同于早期古希腊哲学的重要著作，在那些著作中，作者/讲演者通常把自己称为智慧的发起者（巴门尼德），从神那里接受智慧（荷马、赫西俄德），
126 或者甚至他本人就是人世间的神祇（恩培多克勒）。正如悲剧的观众一样，对话的读者被邀请加入对话中以便看清他的立场究竟是什么，哪一种立场更值得赞许以及原因何在。在对话的每一个明确的论辩中，读者都可以自己来评价事情的来龙去脉，就像悲剧的观众可以批判性地评价克瑞翁和安提戈涅两方的论词。智者派当然也使用论证，但多是作为武器或是药剂：他们说论证可以用来加强本来很弱的论点；或者甚至可以抑制和彻底征服灵魂。[18]柏拉图，借助于优秀戏剧所特有的那种开放性和多面性，用论证来表明真正的交流是如何发生的，并且将这

种交流看作是与读者的交流。于是对话不像苏格拉底所批判的任何其他书籍，而是很可能起到振聋发聩的作用，唤起灵魂加入理性的活动中去，而不是淹没在麻木的被动性中。这一点完全归功于对话与戏剧的密切关系。*

此外，一部戏剧作品可以通过**激发**一个论证或者一场讨论来帮助我们加深对某个伦理问题的理解。通过表现非职业哲学家的人物如何和为什么加入论辩之中，什么样的问题需要哲学思考的介入，以及哲学如何帮助解决他们的问题，对话比一部只具有单一声音的作品更能表现我们在什么时候，以及为什么需要关注伦理反思。《普罗泰戈拉篇》很好地体现了这一功能，它的戏剧场景显现了为什么我们以及希波克拉底应该担心灵魂的疾病（《理想国》、《会饮篇》以及《斐德罗篇》关注的是同样的问题）。另外一点是，有时柏拉图把引发讨论的问题十分显著地放在对话本身之中。我们不止一次地看到在一个场景中某一人物想要放弃论辩，想从中解脱出来，或者说不再相信和介意这些论辩。柏拉图对这些角色的处理，直接体现了为什么我们应当继续我们所从事的艰难工作，继续读他的对话。

我们还可以再补充这样一点，对话就像悲剧一样，通过把不同的立场与一个个具体的人物联系起来，可以在信念与行动、在一个知识立场和一种生活方式之间的关系上做出很多微妙精致的结论（《会饮篇》和

---

* 然而，正是在前5世纪的雅典，这种充满了对话争论的戏剧得到了支持，这绝非偶然。悲剧的这些方面与雅典的政治话语的本质完全是连续的，因为在那种政治话语中，公共辩论无所不在，每个公民都被鼓励成为一个参与者，至少是成为一个积极的评判者。（例如，参见修昔底德所描绘的那些争论，他的描绘即使不是对实际争论的记录，也肯定记录了频繁发生的一种活动。）这些实践很容易受到滥用和操纵；但是在它们的最好之处，它们具有柏拉图所寻求的那些特征。因此，柏拉图从悲剧剧场中所吸取的东西并非是一种任意的审美创造，而是从他生活在其中的那个文化的社会体制中得到的东西。同样，他对悲剧和雅典民主制的抛弃也是密切相关的（参见第五章、第六章以及以下，原书第134页）。

《斐德罗篇》都是绝好的例子)。对话的这一面促使读者去评判自己与对话中的问题和论辩之间的关系。在这一点上,对话似乎又一次不同
127 于苏格拉底所批判的书本,对话不是“鸦雀无声的”,而且对个人之间的差别有所回应。它们是每一个读者在追求个人理解时都可以阅读的书籍,读者能够在考察对话中人物的信念和动机的同时,也考察他们自己。对话中有柏拉图自己的结论和见解;但是并不要求读者记住这些结论,而是在自己内心中发现这些结论。

最后一点,通过对论辩过程的描述,对话可以表现道德发展和变化的过程。就像是一部戏剧诗章(比如《安提戈涅》),它可以表现促使我们改变的动力以及日益增长的自我意识,以及由此所带来的在实际生活中的改变。具体的学习和受教育的例子无疑是我们从书本中“学习”的重要组成部分。而正是这一部分,由于其被动性和只提供单一的声音,是非戏剧性的说教性著作所不能达到的。

所有这些都是柏拉图从他以前的戏剧专长中所吸取来的,以其复杂性和追求、探究的特征代替了比他早一些的很多哲学思考中的说教和平板无趣。按照这些观察,我们现在就可以理解为什么在《普罗泰戈拉篇》中,苏格拉底这个人物是真正的主角,即使在普罗泰戈拉的讲演中,苏格拉底这个人物也是我们作为读者和解释者而从事的活动的真正典型。因为在对话中,普罗泰戈拉所做的事情,恰恰就像一个实际上的表演演说家那样给出长篇大论;他不可能做到的,或者不可能做得好的,是要就演讲的内容进入各种观点的交换和讨论中去。普罗泰戈拉缺乏谦虚和献身的精神,而他品格的这两个弱点就表现为一些缺陷,使他对观点的自我检讨毫无准备。事实上,所有我们归纳出来的有关其立场的重要内容,本来他都可以在回击苏格拉底的攻击时自己说出来,但他并没有这样做。当他不能尽显其才地来满足他的虚荣时,他就败

下阵来。与耐心细致地解决问题相比，他显然对说服对方和取得成果更感兴趣。他与听众的关系，正如他与自己的信念之间的关系一样，缺乏专心、关注以及辩论的你来我往。所以，尽管我们自己从他的讲演中得到了很多有趣的内容，但这仅仅是因为我们用苏格拉底的方法来阅读他的讲辞，来问其然和所以然。甚至普罗泰戈拉的讲演暗示给我们的那个最后的思想实验，也不是由他提出来的，相反是要归功于我们对他的一些早期演说的苏格拉底式分析。我们对他的演说作为一个整体的理解，也需要苏格拉底而不是普罗泰戈拉式的技艺：因为如果整个演说是要传授如何消除错误的知识，把进步的代价揭示出来，那么我们就可以看到它所需要的是那种苏格拉底式的清晰、严肃和可变的审视，而不是那种虚荣的诡辩式表演。

我们已经表明，悲剧作品和柏拉图对话共同具有的特征就是对辩论和应答之相互作用的关注。从进一步的研究中我们还可以发现，它们同时还分享了一个中心结构的特征，那就是辩驳（elenchos）或者说严密地相互质询和对证。因为在《安提戈涅》中，就像在苏格拉底的很多对话中一样，开场白是对一个一般见解的自信断言，该断言是由于很乐观地认为他已经把握和控制了实践问题的一个角色而做出来的。这个一般的断言，就像苏格拉底的对话中如此之多的候选定义那样，结果表明并不能覆盖克瑞翁对选择和价值所持有的更为具体的信念。戏剧情节在于通过艰苦的学习，把克瑞翁与他虚假的和目空一切的信念"分 128
离"开来。最后他终于达到了他真正信仰的真理；或者至少能够承认他从前的极度迷惘（观众应当经过了同样的思想清理过程）。但是，对于对话者错误信念的这种清理，这种辩驳式的"分离"艺术，就是苏格拉底哲学探究的一大优势，而柏拉图对这种探究给予了极高的评价，正如我们可以在他的行文及其明确赞扬中看到的那样。[19]即使对话者并不能从迷惘直接过渡到真知，但正像柏拉图在《智者篇》中所指出的，“辩驳”的艺术使对话者从目空一切的错误信念中解脱出来，从而为健康的成长铺平了道路。[20]我们现在可以看到，柏拉图应用他从前职业的文体结构，在他的对话中效法“辩驳”，从而也培育了读者同样的精神。

然而，对话并不是悲剧。按照柏拉图的观点（就像他在《理想国》第二、第三卷和第十卷以及《法篇》中明确地论证的那样），没有一部悲剧诗歌如其时代所知的那样能成为伦理智慧的良师。如果说对话是戏剧的一种，那么一方面诗歌受益于悲剧模式，而另一方面它又是一种新的戏剧形式，旨在代替悲剧成为伦理教化的范式。在这里和在第七章中我们都要进一步地讨论柏拉图对悲剧的公开批评。在这里，为了开始理解这两种戏剧写作之间的深层差别，让我们像柏拉图时期的雅典人研究悲剧那样，带着同样的期望来研究《普罗泰戈拉篇》；由此，我们可以看到这种期望是如何以及在哪些方面有负所望的。

首先，我们注意到的是对话的标题：“普罗泰戈拉”。[21]就像很多悲剧的剧名一样（而不似其他风格的文体[22]），这篇对话以它的一个中心人物为题。但是不像《阿伽门农》、《俄狄浦斯》和《安提戈涅》，这部作品以一位凡人和我们熟悉的人物命名。尽管柏拉图的听众中不大有人自己认识普罗泰戈拉；但是所有人都熟知他是不久前的一位文化名人。而且他绝非神话中的国王或英雄。柏拉图在此做出的选择是直截了当和平凡的：他从一开始就警告读者，我们要讨论的人物就像是我们自己。（他的其他对话中的人物甚至连出名都谈不上了：游叙弗伦、克力同、吕西斯，等等。）

现在设想我们开始读这篇对话（就像是前4世纪早期的古希腊人）。作品的开篇是两个人物间的对话；这一点在悲剧作品中很常见。但是我们不可能想象自己是在读一部悲剧。因为这部作品是散文体，简洁的雅典对话体散文，非但不合韵律，而且还显然有意不合修辞。我们所看到的这一风格之特征（文章中反复出现的脱漏，缺乏某些时髦的散文韵法）完全与同时代的演说体大相径庭。另一方面，它又不像任何科学研究体的文风：没有那种文献中矫饰的爱奥尼亚方言（Ionic dialect）。我们发现的是有意的、精心选择的、平凡无华的日常对话，在任何书面语言中都不常发现的那种对话。[23]

朋友： 你好，苏格拉底。最近你都在做什么？显而易见，你一定是去追迷人的阿尔西比亚德斯了。我上一次看到他，他还是个 129
美少年。但苏格拉底，我们说说而已，他已经开始长胡子了。

苏格拉底： 那又怎么样呢？你不是很景仰荷马吗？他说我们最宜人的年龄是在少年刚有胡须的时候。所以正是阿尔西比亚德斯这个年龄。

朋友： 进展如何？你是不是刚从他那儿来？他对你的反应如何？

苏格拉底： 反应不错，尤其是今天。他很帮忙，说了很多支持我的话。你猜得对，我刚刚离开他。但是我要告诉你一件怪事。尽管阿尔西比亚德斯就在那儿，但我并没有过多地注意他。有几次我根本就忘掉了他。

这段对话有意平淡化和不加雕饰，很巧妙地避免使用任何文字技巧。以这样的对话来开篇，本身就是宣称他与诗人和修辞家有所不同，他不用韵律和比喻之辞来影响灵魂中的任何非理性因素。这段话不是要蛊惑、打动或动摇我们，所以他只一味平心静气地谈话。

当我们接着读下去时，我们逐渐意识到《普罗泰戈拉篇》没有我们在悲剧作品中熟悉的所谓情节。一部悲剧作品，就像亚里士多德所言，是“一部严肃、完整和颇具重要性的情节的表现”。即使我们不接受亚里士多德的悲剧理论，我们还是可以认为这一论断是对悲剧的准确描述。比如说，《安提戈涅》从头至尾都是在讲述一个具有复杂情节的故事。它的开始场景和问题的含义在不同的情节中展开，随着场景的转换，人物间的相互作用所导致的命运逆转和对错误的自陈都一并得出结果。在《普罗泰戈拉篇》中，我们看到人物间很严肃的相互交流。不论是最初的场景，还是在进一步的讨论过程中，我们都可以看到，人们的为难处境本可以成为悲剧情节的合适题材。但是对话的情节并不是要精心设计出这些事件的结局：不是关于阿尔西比亚德斯的故事或者普罗米修斯的壮举，甚至不是要讲希波克拉底的出逃奴隶的故事。在开场白的结尾，戏剧冲突转为两种技艺的竞争，由此对话转向理性的层面。具体的经验和个人对经验的回应被概括性地论证、问答和寻找最佳的总体解释所代替。就像在悲剧中一样，我们可以看到“位置逆转”和“承认过失”，不过这都是在理性判断和信念的层次上的，而不是个人的行为与反应。当苏格拉底大谈其伦理教诲的概念，而普罗泰戈拉渐渐认识到伦理教育不可能就像他所描述的那样来进行的时候，他们两人在对话中就在“换位思考”（或者他们自己是这样认为的）。与《安提戈涅》相比，有哪些戏剧因素在对话中是没有的呢？没有的是克瑞翁和安提戈涅，他们的挣扎、愤怒、爱情、悲伤和遗憾。简言之，第一，戏剧人物被缠绕在一幕幕对他们的整个人类生活具有重大意义的情节中；第二，人类灵魂的非理智因素。对话中的论辩既不是悲剧事件的结果，
130 也不是对悲剧事件的回应；论辩和对话本身就是事件。对问题的探究本身就是情节。希波克拉底从个人烦恼转向为实践判断寻求一个恰如其分的说明。苏格拉底、奥德修斯和普罗米修斯都成为新一类故事中的英雄，把故事提升到科学的境界就是他们的雄心。有两种方法使对

话达到了这一目的：其一是从具体的人物转向一般性的论述，再有就是从情感和感情转向理智。在苏格拉底看来，只有通过理智的天赋，他才有可能完成他那种热爱人类的普罗米修斯式任务。

与此相应，在我们阅读《普罗泰戈拉篇》的时候，我们的回应也与对悲剧的回应大不相同。对话和悲剧同样要求我们的投入和参与，但是对话同时还需要我们的理智保持活跃。对话所使用的平淡和抽象的语调，有效地阻止了任何情感和感情的波动。如果它说服我们相信了什么，那它也纯粹是通过我们的推理能力而实现这一点的。尽管戏剧的因素在最初吸引我们加入对话，但一旦参与其中，就只有理智在起作用。我们会感觉到，因对话而哭泣、恐惧或遗憾是一件很不合时宜的事情。对话的沉静与泰然使我们为这样的反应而感到惭愧。当然我们所说的是柏拉图的那几篇很打动人的对话，如《克拉底鲁篇》和《斐多篇》就是显而易见的例子。在这些对话中，某几个对话人物最初的反应的确是感觉悲伤和遗憾。但是对话明确地指出这些反应是不成熟的，而且于事无补。克珊西帕一开始痛哭就被扶出门去（60A）。苏格拉底因克珊西帕像女子那样的流泪而训斥他（117D）；我们也应该引以为戒。斐多一再声明他不感到遗憾（58E、59A）；我们也理应如此。苏格拉底引导对话者从个人走向一般，由情感走向理智；对话于是不断引导我们。《斐多篇》的情节不是苏格拉底之死；而是对有关灵魂的真理的不懈追求。从中苏格拉底向我们表明如何由悲剧升华为对真理的探索。利文斯通爵士（Sir Richard Livingstone）在编辑英文版的《斐多篇》时，把对话中的所有论证部分都用小体字印刷，“以便读者选择阅读或是略去不读”。[24]这种做法完全与柏拉图的初衷南辕北辙。

我们要指出，在《高尔吉亚篇》、《斐多篇》和《理想国》中，柏拉图都引用了神话故事。（在《理想国》第六卷至第七卷中还有著名的太阳、光线和洞穴之喻。)在第七章,我认为,在这些早期和中期对话中,神话和比喻的震撼情感与在《斐德罗篇》中以哲学思考为中心的使用大不相同。不像《斐德罗篇》中的神话,这些比喻对文中的哲学论证来说并不是不可缺少的;这些寓言出现在哲学论证之后,是对它的一种加强和补充。同时它们又是以一种平铺直叙的口吻来叙述的。实际上,如果我们不是把神话和非神话文体相比较,而是与神话和寓言的悲剧使用相比较,那么我们就可以看到柏拉图是在重建神话,就像他重建情节一样。他并不是因为神话本身的价值而引用它们,相反是要进一步表明他已经论证过的普遍哲学真理;他引用神话是要淡化我们的"癫狂"感情,而非刺激加强它。我认为,在这里,如果我们对这些神话的反应转向爱恋、遗憾或悲伤,甚至恐惧,我们就会非常奇怪和不合时宜。我们对厄尔
131 (Er)的感觉完全不同于对安提戈涅的感觉;事实上他这个人物是可有可无的,尽管他的故事所表达的普遍的伦理真理至关重要。他的故事本身并不会使我们对他个人充满激情或者是唤醒了我们非理性的灵魂。[25]

至此我们对柏拉图正在对悲剧做什么有了一种笼统的感受。唯一尚不明确的是他为什么这样做。为什么一部以传授智慧为目的的作品应该极力避免情感和感受的介入?为什么它要选择这种平淡无奇的对话方式和这种理智化的活动。幸运的是,柏拉图自己在他的对话中给出这些问题的答案。首先和最明显的一点是,诉诸感觉和情感的语言会使理性在追求真理的过程中迷失方向,即使是诗人和修辞学家自己也分外强调这一点。在《申辩篇》的开场,苏格拉底在批评他受过诗学训练的对手的那些措辞时,做出了如下强有力的陈述:

> 先生们,我不知道指控我的人对你们有什么影响,从我这方面来讲,我几乎彻底地被他们所打动了,他们的论辩是如此富于说

> 服力。另一方面，他们所说的没有一句真话。……尤其使我震惊的是……当他们告诫你们小心不要受我的蛊惑——像是在说我是一个熟练的演说家。我认为他们这么讲而不为之脸红尤其显得厚颜无耻，因为他们必定知道，我将有力地驳倒他们，而证明作为一个演说家我是如何毫无技巧。……当然，除非他们所谓的熟练演说家就是指只讲真话的演说家。……从我这里，你们只会听到整个真相；先生们，我肯定这一点，我不会像他们一样用华丽的辞藻和语言。你们只会听到直截了当的讲演，使用的都是从我脑海里第一个跳出来的词汇，对此我感到自信，正如我坚信我从事的事业是正义的。(17A—C)

就像在《普罗泰戈拉篇》中一样，这里，柏拉图刻意创作的这一篇讲演听起来像是一部不经意之作。[26]并不是毫无艺术性，而是其艺术性在于声称它直入灵魂中讲真话的那一部分。简洁而不是浮华，平淡而不是感情化或游说性的。[27]苏格拉底解释说，他之所以避开装饰性语言，是因为这样的讲演具有一种欺骗的力量。他极力强调说，使用这种语言的唯一理由和目的就是去欺骗。相反他寻求的是措辞的清晰和直截了当，不带任何的伪装。

在高尔吉亚和其他修辞家大肆宣扬他们著作的意图就是要麻痹和迷惑大众的文学语境中，我们不难看到柏拉图的选择的动机。但是要证明对话是正确的选择，柏拉图除了要证明诗化的讲演具有欺骗性之外，还必须要有其他理由。他不需要证明这些讲演一定具有欺骗性，但他至少必须论证这些与情感的作用密切相关的讲演，在伦理真理的教育中不可能起到任何重要作用。如果不是这样，那么他的对手完全可以同意他的这一结论，即诗化的讲演具有欺骗性的危险，但他们会强调说，为了能够获得那种善，那些危险是值得的。柏拉图当然没有忽略这

一点。在他的中期对话里，有关伦理问题的论证有很大篇幅都是用来
132 为这样一个观点辩护的：感觉和情感的回应在人类的道德和理性生活中有很大的负面作用，却没有任何正面弥补的作用；把灵魂中的理智部分从这些回应中"分离"出来，可以最大限度地促进人类好的发展。从这些论证中我们似乎可以得出这样的结论：首先，我们不需要那种教人只诉诸情感和感受的作品；其次，最有价值的著作是那些只诉诸从灵魂中分离出来的理智部分的著作，或者促进这个部分与其他部分相分离的著作。当然，在这个分离过程中，各种口头的传授具有不可估量的价值，其中最首要的就是数学的学习（参见第五章）。但是，像对话这样的著作也通过它自己的方式——充分地运用理性，引导灵魂超越它自己经验的特殊性而达到一般性的论述，对非理性回应的批评——对灵魂的解放有所贡献。

我们也许会赞同柏拉图的这一说法：一个写作文本的这些特点具有很高的价值；但与此同时，我们仍然可以坚持认为悲剧诗歌是一种无害的消遣方式。然而在《理想国》第十卷中，柏拉图认为我们对悲剧诗歌的情感回应确实会大大增强灵魂中的非理智因素，从而使它们进一步成为理智的困扰。悲剧诗歌是在"浇灌"我们的情感，而与此相反，一部著作本来应该做的是逐渐摆脱这些情感的因素（606D）。在第七章中我们将会看到，当柏拉图修正他对这个问题的这一看法时，他也用相应的方式改变了他的看法以及他的写作实践。

于是，在中期对话中，我们看到的是戏剧，是一种清除了戏剧所特有的那种对强烈情感的依赖性之后的戏剧，是一种理性戏剧的纯粹结晶。我们提到过对话和悲剧诗歌共同使用辩驳的文学结构，现在我们要进一步界定这一点。悲剧的辩驳完全是通过情感和感觉的想象来达到的。克瑞翁不是因为在辩论中被击败而认识到了他的错误，相反，他

认识到了他的错误，是因为感受到丧子的悲痛，回忆起在海蒙的一生中他从来没有看到和感受到的爱。因此，只要克瑞翁可以一直保持在理性和论证的层次上，他就可以一直保持他的自信而不必相信其他任何人。正是突如其来的悲伤和巨大的失落使他看到他自己与世界不公和不义的一面。这部悲剧甚至认为克瑞翁的感情从来都要比他理智的一面更为合乎理性；被埋没的感情仍然保存了一份平衡的价值观，而雄心勃勃的理智却犯了片面的和否定的错误。**要求**克瑞翁去描述他对家庭的看法是一回事；让他面对丧子之痛又是另一回事。柏拉图式的辩驳方法与此大不相同。理智是唯一的决定因素，当对话者深深地陷入逻辑矛盾之中的时候，也就是他学习和进步的时候。当然，在论证过程中他可以借鉴他的记忆和直觉，但都是通过理性的问答和以理智问题为目的来进行的。在对话者的学习过程中，所有刺激性的事件和可能直接唤起感觉反应的经验都不应该起任何作用。《斐多篇》中的人物并不是因为看到了他们对苏格拉底的爱而认识到灵魂的；只有当他们把这种爱置于脑后、转向思想的时候，他们才能够开始学习的过程。在中期对话中，柏拉图确实认识到了这一点：在苏格拉底式的那种对话能够发生之前，感情和感受必须经过一些初步的训练。这是因为，就像我们在 133
第五章至第七章中将会看到的那样，柏拉图这时认为，灵魂中有一些纯粹非理性的欲望是善的教诲完全不可能触及的；而且，对灵魂的那个与训练和信念具有某种关系的“中间的”情感部分，他也逐渐发展出一种复杂的理解。但是这种训练完全是消极的，目的在于控制欲望，阻止不当情感的产生，比如激烈的爱情和对死亡的恐惧。[28]灵魂向真正的理解升华，如果根本上使用了任何文本的话，肯定就会避免任何具有非理性或者情感性特征的东西。

这两种辩驳方法还在另一个方面有所不同。柏拉图式的探究使用具体例子作为论据以有助于一般的论述。但具体的东西本身，如果不能把握普遍的形式，则不能成为真知的对象。柏拉图总是要求我们在各种不同的例子中寻找共性而忽略（甚至拒绝关心[29]）它们之间的差别，从而找到一个可以共用的名字。当我们领悟到这种单一的形式时，开启我们思维过程的那些具体判断就成了这一普遍形式的个例。悲剧的“辩驳”并不是持续寻找任何事务正确答案的一部分。我们必须做一定程度的综合，比如说把克瑞翁的教训应用于我们自己的情形，才可能从悲剧中有所得。而悲剧的力量通常又正是在于它告诫我们要谨防寻求单一的形式所带来的危险：悲剧不断地表现出我们人类价值的丰富性和不可还原性，每一种实际环境的复杂性和不确定性。我们的首要责任总是对具体东西的责任，而不是对一般东西的责任；尽管在学习中我们要在一定程度上进行概括，但这些论述恰当与否仍然取决于它们是否符合我们对眼前情形的经验知觉。[30]在《会饮篇》中，通过把这个见解与阿尔西比亚德斯的品格联系起来，柏拉图将表明他一方面喜欢这个见解，另一方面又抛弃了这个见解（第六章）。

在柏拉图反悲剧的戏剧中，我们看到了一种独特的哲学风格的起源，这种风格与纯粹的文学传统相反，表明了这位哲学家对理智作为真理的一个源泉的承诺。通过像写作戏剧一样地来写作哲学，柏拉图要求每一个读者都积极地加入对真理的追求中去。通过将哲学作为反悲剧的戏剧来写作，他告诫读者：并非他所有的因素都适合于对真理的追求，而只有某些因素是合适的。我们现在可以领会到，这才是《普罗泰戈拉篇》中论辩术和精英论之间张力的真实含义：一方面它像是在给我们一种选择，而另一方面又宣称只有一种更高的存在者才应该来做选择。事实上，我们每一个人都有所选择，但是只有我们自身中最高的元素即理智所做的选择才是恰当的选择。我们现在开始认识到：柏拉图的写作风格不代表写作内容上是中立的，它不像一些哲学风格有时候被认为的那样；柏拉图的风格与一种明确的人类合理性的观念紧密相连。

这些观察都是极具概括性的，只说明了柏拉图作为一位作者的写作实践的一些特征，并没有涉及（比如说）《会饮篇》中喜剧性和悲剧性演说的复杂性。《会饮篇》是这样一篇对话，在这篇对话中，苏格拉底 134
力劝我们提升自己来超越的那些因素的力量，本身就使自己感受到了一种更加神秘的力量。另外，我已经提到过，这些观察还没有说明《斐德罗篇》中神话、比喻和有韵律的语言的作用——正如我将表明的，在那篇对话中，柏拉图批判了他自己的伦理观念以及与此相连的写作观念（第七章）。但是，我希望我已经在这里打开了一扇大门，使我们可以研究柏拉图的对话形式与柏拉图的伦理学内容之间的关系，在他的伦理观念中，我们日常人性中的很多因素不仅不是真知的来源，反倒是造成疑惑的根源，而我们的生活也需要通过理智的论辩活动来达到一种超越。[31] 135

第五章

《理想国》: 真实价值与完美立场

真有趣,你显然担心众人会以为你正在规定一些无用的学习。每个人的灵魂里都有一个知识的器官,通过数学学习可以使它纯洁而明亮,而学习那些日常事务却会毁坏它或者使它变得盲目,维护这个器官比维护一万只眼睛还要重要,因为只有用这个器官才能看得见真实的存在,而要明白这一点可不是一件易事,而是极为困难的。和我们一起相信这一点的人会认为你的话绝对正确,而那些对此茫然无知的人自然会认为你说的尽是废话,因为他们看不到这些学习能带来任何值得一提的好处。

《理想国》,527D—E

柏拉图对日常事物之善的攻击是在雅典日常的生活场景中开始的。苏格拉底(他仍然相信哲学思考可以被描绘为城邦中公民民主生活的一个要素)离开雅典去了庇勒厄斯。柏拉图的哥哥格劳孔和他在一起。年代有可能是公元前421年,尼昔亚斯和平时期: 一段休整和相对稳定的时期。《理想国》的写作年代大约是在五十年之后，对话中的主要人物都已过世，而且几乎没有一个得到善终。其中三个人（波勒玛库斯、尼刻拉图和苏格拉底）都因政治指控而受处刑；而前两人又是因为时运不济而受到了以柏拉图的家族成员为首的一个寡头政治派别的残酷谋杀。于是伴随着恐惧和一种暴力迫在眉睫的感觉，我们看见这些和平环境下人与人之间的相互作用，而这一暴力又显然是由欲望而来，从灵魂中欲求的部分孕育而生。[1]

苏格拉底和格劳孔同去参加本狄斯节，来献祭最近才请来的色雷斯女神。苏格拉底先是好奇，然后是景仰。他不断地使用"看起来"和"好像"这些词来做价值判断：当地人的列队表演或者色雷斯客人的节目都很"好"或者"精彩"（kalē*——或者他看起来是这样）。更有甚者，当天晚上还会有火炬赛马，然后是彻夜的庆祝活动。用柏拉图的长兄阿狄曼图斯的话来说，应该是"很值得一看的"（328A）。 136

于是在白天的列队表演和火炬接力赛之间，这些雅典民主人物找到一间小屋来进行哲学对话。《理想国》的整篇对话都是在这里发生的。所有人物，除去苏格拉底（至少在一开始）外，似乎都认为哲学不过是一种消遣，与其他任何事情一样，其价值不多也不少。在真正的民主精神之下，他们的每一种兴趣和快乐都被赋予了同样的价值——就像是在对话第八卷中柏拉图所形容的民主分子一样："他将构建起各种快乐间的平等，在完全控制下轮到了哪种快乐，就让那种快乐得到满足，然后依次轮流，机会均等，各种快乐都得到满足。"（561B）[2]很显然，这种

---

* 关于这个重要的美学—伦理学术语［通常被翻译为"美的"（beautiful）、"高贵的"（noble）、"精美的"（fine）］的意义范围，参见原书第六章第178页，在那里我提出了这一建议：它很接近于引入了一个统一的价值（包括道德价值的和美学价值）概念。对与我们的"价值"相联系的那些古希腊术语的讨论，参见原书第一章第7页和注释12。

对价值的态度是与缺乏坚定不移和自足性相联系的。如果一个堡垒处于这种境地，它就会任凭指挥官的处置。而如果灵魂处于同样的境地，它就会过快地屈服于新产生的强势欲望而改变自己的方向。而正是这些欲望会把灵魂非常迅速地引向很脆弱的事物，从而使灵魂顷刻间忘掉了它所珍视的价值。我们从后来发生的事件中得知，在这里参与对话的朋友，不久就会因为权力和财产而相互厮杀。在所有死去的人当中，只有苏格拉底一人在面对死亡的时候没有失去任何他所珍爱的东西。

对话的场景不久转到克法洛斯的家中（克法洛斯的名字是“头”的意思）。这老人的身体缺陷，就像他告诉我们的那样，使他具有一种不同寻常的注意力和稳定性的标准。因为老迈体弱而不能在城邦里随意走动，他身体的欲望逐年递减，不像年轻人那样会分散注意力；相反他对论辩的热衷却与日俱增（328C—D）。克法洛斯告诉苏格拉底说，他认识的大多数老年人都为日益垂暮而悲伤。他们认为年老剥夺了他们的生活。因为他们看重身体的欲念和满足那些欲念的活动，“现在因青春不再而怨天尤人。想起年轻时种种吃喝玩乐，仿佛失去了至宝似的，总觉得从前的生活才够味，而现在的日子简直不值一提”（329A）。我们再一次看到，他们的好生活之所以如此脆弱，是直接与他们对价值的看法相联系的。世易时移对他们来讲是个很大的问题，因为他们所热衷的都在变化之中。而对克法洛斯来说，日益老迈却只意味着问题的终结。他对苏格拉底提起诗人索福克勒斯，在被问到他上了年纪是否还能向女人献殷勤时，索福克勒斯回答说：“别提啦！洗手不干啦！谢天谢地，我就像从一个又疯又狠的奴隶主手里挣脱出来了似的。”（329B—C）克法洛斯大有同感：“上了年纪的确使人心平气和，宁静寡欲。到了清心寡欲，弦不再绷得那么紧的时候，这境界就像索福克勒斯所说，如

同摆脱了一帮穷凶极恶的奴隶主的羁绊似的。”（329C）

《理想国》的开场令我们面对一个关于价值的问题：在人类生活中，究竟什么是有价值的、值得一做和值得一看的？对这一问题的回答无疑与我们有关冒险和自足性的问题密切相关（至此这一观点应该是毫不陌生了）。民主城邦中的一般公民是最冒风险的，因为在他的好生活的观念中，他把价值赋予那些最不安全的活动和事情，而那些东西事 137
实上迟早必定走向失败。克法洛斯和索福克勒斯要高人一等。但是克法洛斯仍然时时为金钱以及对死亡的恐惧所折磨。而且我们怀疑他可能还赋予了欲望更大的重要性，甚至大于他自己意识到的：我们将在后文中看到，甚至在一个人精力旺盛的年轻时代，也有可能不为身外之物所动，过一种清心寡欲的生活，而不为穷奢极欲所扰。[3]到了论证结束的时候，苏格拉底就已经把这样一种生活，即比克法洛斯的生活更加超凡脱俗的生活，当成最好的人类生活加以捍卫。那是哲学家的生活，而哲学家的灵魂在《斐多篇》中被描述为类似于它所沉思的那些形式：纯粹、单一、坚硬如铁，不变也不可变。于是这就是一种毫无脆弱性的、好的人类生活。也许我们会想了解苏格拉底对这种人类生活之卓越价值的论证。

当我们追问柏拉图有关价值的问题时，我们必须同时和他一道提一个认识论的问题：对一个生活预期的组成部分之价值，如何做出恰当的判断，以及从什么立场出发才能做出这样的判断？从《理想国》的开篇可以明显地看出，普通人在被问到什么东西对他们来说**似乎**是好的时，他们所列举出来的很多活动，在哲学家的论证中最终都被评断为一钱不值；而且，一般地说，正如苏格拉底在后来观察到的，大多数人在被问到“什么是有价值的”这一问题时，都会对他们自己的生活内容沾沾自喜（581C—D）。但是柏拉图深信大多数这样的回答都是误导性的：

我们人类的灵魂之“眼”被“深埋在粗野的污泥之中”(533D)而不能明辨是非。那么从什么位置去看,我们的眼睛才会明察秋毫呢?是什么东西阻碍了我们真正的明辨能力?索福克勒斯提出了一个建议。他用其“谢天谢地”的说法——无论在何种意义上,柏拉图都必定是有意选择的那个说法——来暗示这一点:问题就在于我们独特的人性;正确的认识只能来自一个比人类更高的观点,一个能够从外面看清人类本性的观点(《理想国》第九卷会谈到自然中的一种“真实在上”的东西)。于是我们不仅需要探究价值,而且还需要探究那种与价值一起出现的真正的洞察力。

现在我们可以用一种复杂的方式来开始我们的探究。在我们面前还有一个艰难的解释问题。在我们能够恰当地欣赏柏拉图的论证之前,我们需要提出这个问题,并澄清我们与它的关系。

1

《理想国》认为,最好的人类生活是哲学家的生活,那种献身于学习和沉思真理的生活。《理想国》还论证说,最好的人类生活是由理性来“主宰”的,在那种生活中,由理性来评价、排列和组织各种可能的追求。在《理想国》有关善的理论中,这两个论断是被一致接受的;解释者们有分歧的地方是这两个论断是否相连以及如何相连。在这部作品第四卷中所阐明的“理性主宰”的观念仿佛是一个纯粹形式上的概念,并不试图确定由理性来规划和安排的那个生活的具体内容。它所求的不过
138 是行动者协调自己的灵魂,按照某个有序的善观念来整理他的人类生活计划。灵魂中的理性部分(logistikon)决定什么是有价值的,决定如何“全面地考虑整个灵魂的善”。[4]人的理智部分与其他动机要素之间

的差别就在于这种全面选择和评价的能力。本能的欲望部分只是去追求它所渴望的对象，而并不在意它是否带来整体上的好处。[5]但是按照第四卷中理性评价的形式概念，我们没有理由认为，一个生活计划的**内容**不应该把本能欲望包含在那些与其他成分一起经过选择和安排的、具有内在价值的成分中。同样，我们也没有理由假设理性将只是围绕推理活动来组织行动者的计划。事实上，我们会很自然地设想，理性部分，在全面考虑复杂的人类灵魂的整体利益时，对那些满足了我们自然而持续的本能需要的活动，应当赋予其内在的价值。[6]柏拉图至此还没有说出任何反对这一观点的东西；因此我们就可以假设任何井然有序的内容都应当满足他的要求。

然而，在我们研究到《理想国》尾声的时候，柏拉图对内容已经说了很多东西。事实上，他已经摒弃了大多数普通的人类活动，包括一切欲望性的活动，认为它们缺乏真正的或者内在的价值；只有哲学家的生活才是最好的人类生活。苏格拉底更是十分精确地宣称，哲学家的生活要比最糟糕的生活——僭主的生活——好七百二十九倍。[7]苏格拉底在第六卷中提出的这个意味深长的论断，预示着他超越了第四卷中对灵魂那个纯粹形式的论述：这个早先的理论仅仅停留在人们的一致意见上，用来作为衡量一个人类存在者（也就是说，一个不完美的存在者）的价值的标准。[8]《普罗泰戈拉篇》已经表明，这不能达到苏格拉底的标准。他在《理想国》中说，这种思想上的"惰性"是我们的城邦和哲学家都必须摒弃的。同样，在《斐多篇》中，苏格拉底认为最好的人类生活是他称为"练习死亡"的那种生活：在哲学沉思的生活中，哲学家要尽可能从毫无价值的身体樊篱中解脱出来。[9]

近来的解释者都一致同意，在中期对话中，柏拉图对生活价值的最终判断，不是仅仅通过诉诸《理想国》第四卷中的那个形式上的论证就能够得到恰当说明的。很显然，柏拉图还热衷于研究人类生活中的**各个组成部分**；对于那种最高的价值来说，整体的秩序只是必要的，而不是充分的。但是在最近的研究文献中，有一种倾向认为这些关于内容的主张给柏拉图造成了一个麻烦，因而想尽可能地只是按照形式的考虑来重建柏拉图的论证。这一立场的突出代表是沃森（Gary Watson）的“自由能动性”一文，它颇具说服力地展示了第四卷中对理性评价的说明，该说明包含了这样一个明确的断言：满足我们持久本能需要的一切活动都应被赋予内在的价值。[10]但沃森并不是对《理想国》提出一个整体的解释，于是他可以彻底忽略柏拉图在后面几卷中提出的进一
139 步的问题。而在《柏拉图的道德理论》一书中，厄温解读了整部的《理想国》，但他也得出了与沃森相似的结论。[11]在厄温的这一重要和吸引人的著作中，他认为柏拉图的主旨是要界定一个善的概念，这种善把灵魂的各个不同组成部分和谐地统一在一起，而它们各自都具有其内在的价值。按照厄温的理解，这些内在的目的就是每个人类行动者的个人理想，是从深思熟虑的回忆过程（在此解释为一种内省过程[12]）和自我反思中发现的。对于厄温的解读来说，任何生活内容都是柏拉图可以接受的，只要它们以一种有序的方式满足了行动者自己的欲望系统。在柏拉图所拒斥的某些生活的情形中，那些生活的理由也是仅仅通过形式的判断就可以推断出来的。[13]但是厄温承认，柏拉图事实上确实是按照内容的理由而拒斥了某些在形式上看起来是有序的生活。他同时也承认，按照他的解释，就《理想国》本身而言，我们找不到用来达到某种生活内容的那种内省程序；相反，在这篇对话中我们看到的是，柏拉图宣称只有献身于真理的沉思生活——不是每个人都可以拥有或者想要拥有的那种生活——才是真正有价值的。然而，在厄温看来，这一论断是柏拉图的失误。他写道：“正因为柏拉图热衷于沉思的智慧而不是

实践的智慧，他留下很多论证上的空白需要我们来填补，这是一件大为可惜的事情。”厄温把这些“空白”归咎于柏拉图与现当代哲学兴趣之间的差异：“对于这个问题，他没有强调我们想要他强调的那些部分；但这是因为他对这个问题以及什么是正确答案的看法，不是最近的一些道德主义者的看法。”[14]

我们之所以转到柏拉图是因为：作为一个思想家，他的重要性与他对流行信念提出挑战的深度和严肃性密切相关，不管那些信念是属于他的时代还是我们的时代。因此，这种“距离”本身并没有给我们提供任何警告。但是，如果含糊不清的偏见和兴趣在这个紧要关头确实已经替代了哲学论证，那么，即使用柏拉图自己的话来说，也是一件很令人遗憾的事情。[15]此外，弄清楚柏拉图的论证是否确实支持对内容的这些判断，对于我们的特殊关注颇为重要。因为，如果厄温是正确的，那么在我们的一个核心关注中，只有价值之间的和谐关系，是柏拉图在其论证中实际上提出的；个人承诺的脆弱或不稳定不是他所关心的事情，或者说仅仅是偏见感兴趣的事情。但是，如果柏拉图对他为什么选择了哲学家的生活确实有所论证，那么他很可能是要告诉我们，一种好的生活为什么应该尽量排除或者减小我们最为脆弱和最不稳定的个人牵挂，而全心投入自足的理性追求。在这一章中我要证明，关于生活内容的讨论并非无关痛痒，相反在《理想国》的善理论中占有中心位置。我认为，柏拉图实际上用了一个关于真实价值和客观评价的复杂理论来填补厄温在《理想国》的论证中所发现的“空白”，而这个理论根本就不是建立在所谓的偏见之上的，[16]相反它值得我们高度重视。事实上，如果我们不考虑这一理论，那么我们就会陷入一个危险的错误中，即把柏拉图的一些最深刻也最为独特的论证剥离掉，而那些论证对我们的研究有至关重要的意义。最终我们也会冒险将《理想国》转变为对自

由原则（在第八卷中被提到）的一种很舒服的表达，即“人类生活何去
140 何从，全凭个人所欲”（557B）。也就是说，《理想国》并不是要用一种深刻而且坚持不懈的方式，去攻击那个作为真正的好生活基础的自由原则。

在《理想国》中，从结构到内容的转变确实显得突兀和令人困惑，而一旦我们看到了柏拉图对这个转变提出的论证，它却并非如此突兀和令人困惑。在第九卷结尾的地方，苏格拉底在描述了几种可供选择的生活之后，引用了一个两部分的“论证”（580C—D）[17]来向格劳孔表明，哲学家的生活仍然是最好的（最幸福的）生活。[18]与第六卷中的灵魂三分论——欲望的要素、情感的要素和理智的要素——相联系，这个随后而来的复杂论证把享受或者快乐的活动出于热望或者带来满心欢喜的活动区分开来。（虽然在一开始，对快乐的考虑是与对善的总体思考相分离的，但随着论证的不断展开，我们就清楚地看到，对“快乐”等级的评定不是针对活动的主观感受，即快乐的强度和力度，而是针对活动本身，即快乐的真正价值或者它们的客观吸引力。这样一来，“真正”的快乐就是我们选择与价值的“真”信念保持和谐一致的活动，而不是行动者因为错误地相信它们具有价值而从中得到快乐的活动。柏拉图强调说，后一种快乐尽管很可能会带来极度快乐的“感觉”，但是在他的快乐计划中不会得到很高评价。[19]）苏格拉底现在论证说，只有与灵魂中的“推理部分”相联系的活动，即对真理的追求和思考，才是人类生活中最好的活动。他首先在认识论上加以论证：正确的判断标准是“经验与智慧和理性的结合”（581C—583A）。只有哲学家才会从正确的标准和恰如其分的立场出发来做判断，从而选择他自己的活动为最好的活动。其次，苏格拉底认为哲学家的活动因其内在的价值而卓越超群：因为这些活动是与终极、不朽的真理相关联的，其价值远远高于

那些与灵魂中的其他两个部分相联系的追求（583A及以下）。

虽然在论证形式上这两部分是分开的，但它们之间有密切的联系：价值判断的认识论是选择具有真正价值的内容的基础，而内容的内在价值又使我们倾向于欣然接受这一立场（在后文中我们要讨论这一关系）。在论证的后一部分，认识论的考虑仍然起着至关重要的作用，那就是仅仅从经验出发不可能恰当地判断活动的价值，由此我们就可以说明普通人为什么会在排列价值的高低上出错。不像哲学家已经走近自然中的那种“真实在上”的东西，普通人只是在“中层”和“下层”的价值之间挣扎（584D及以下）。

在这个段落中，柏拉图向我们显示了一些考虑，这些考虑会引导一个在形式意义上“由理性来主导”的灵魂选择某个特定的生活内容，那种献身于哲学的生活内容，而不是其他某个有秩序的生活内容。而且，只是在这个段落中，他给出了一种如何正确地排列价值高低的观点。这段话在文字上很紧凑和艰深；我们不太容易看到柏拉图如何通过评 141
定活动的等级而从他的形式理想转向对内容的具体化，我们甚至也不太容易看到这个排列本身是如何得出来的。[20]但幸运的是，在这里只是很隐讳地加以讨论的活动价值的理论，在柏拉图的其他相关对话中，尤其是在《斐多篇》、《高尔吉亚篇》和《斐莱布篇》中，得到了充分的发展。如果我们集中地讨论一下这些相关的段落，[21]那么我们就会更好地理解柏拉图的立场。

在《高尔吉亚篇》中，苏格拉底面对一位对手，这位对手承认理性生活计划的重要性，但他想要用一种令苏格拉底反感的方式来确定那个计划的内容：最好的人类生活是由理性来主导的人类生活，而其目的是要使感官快乐的享受最大化。卡利克勒认为，“生来高贵和正义的”人会让自己的胃口尽量越变越大，但是因为他的“勇气和智力”超群，他可以充分指导这些欲望，同时满足欲望的每一个要求（492A）。因此这种生活在形式上就是由理性来指挥和主导的生活。但是，这种生活的绝大部分都只是饮食男女满足享乐和欲望的活动。苏格拉底对此的回答应该给出了一些真知灼见，以证明哲学家的生活内容才具有卓越不凡的价值。

首先要注意到的是，卡利克勒毫不在意在他所描述的那种生活中，包含了很多“需求”的成分，而且理性的选择要“侍奉”身体的迫切需求。[22]事实上，他似乎相信，正因为我们有这样那样的需要，想方设法满足这些需求才具有正面的价值。但是这些需要必须是在理性允许的力量范围之内的，而且生活作为一个整体不能够随遇而安，相反必须要听从理性的决断和主导。更进一步，卡利克勒似乎恰恰把一种正面的价值赋予了这些本能的需求，他对苏格拉底的“无所欲无所求才生活得好”的说法不屑一顾。他回答说，“如果真是这样的话，顽石和僵尸的生活才是无上完美的。”（492E）他显然不是将正面的内在价值赋予欲望满足的状态本身（否则僵尸就可以做例证），而是赋予拥有并令人愉快地满足人类欲望，而且从表面来看，多多益善（494B）。[23]苏格拉底的目的是要驳斥卡利克勒的这两个观点：满足欲望的行为活动具有价值是因为它们符合自然的需求，以及人类不断地具有这些自然需求这件事情本身就具有一种正面的价值。

苏格拉底的论证策略是要找到一些满足欲望的活动，连卡利克勒也不得不承认这些活动实在荒唐或者寡廉鲜耻。于是卡利克勒被迫承认他所偏好的活动与这些荒唐之举无异，同样不具备正面的内在价值，没有它们反倒是一个理性的人想要去做的事情。苏格拉底在文本中给
142 出了两个这样的例子：一个是抓痒，另一个是同性恋中被动一方的性快感。实际上，第一个例子并没有说服卡利克勒，他不断地试图证明抓痒

是人类生活的一大快事，但第二个例子让他大为汗颜，刺痛了他的社会偏见和性偏见，于是不得不重新思考他的整个立场。他质问苏格拉底："想出这样的论证来，难道不觉得丢人现眼吗？"[24]

关于这两个例子，苏格拉底所暗含的观点似乎是这样的。奇痒难忍是一种需求的表示，而抓痒是用来缓解这一需求的手段。于是抓痒就具有了所谓的"相对于需要的"或者"补充"的价值。但是很容易理解，如果离开了这一特定的语境，我们就不会赋予抓痒任何独立和内在的价值。任何有理智的人都不会把它看作好生活计划的一个组成部分。[25]它仅仅作为缓解某种身体上无奈感觉的活动时才有价值。如果有人把它本身作为一件乐事，随时随刻地享用，那么那个人无疑会被认为很滑稽或者有精神障碍。

此外，我们很容易看到，一般来说，我们并不想要被痒所折磨，而那件事情就产生了抓痒的欲望。也许这恰好是因为奇痒本身难以忍受；也许一个进一步的理由是缓解它的那种活动如此不雅观，如此令人难堪。不管怎样，我们并不看重这种需要或痛苦的拥有；没有人会认为痒是越多越好，或者缺少了痒的生活会变得索然无味。[26]如果有人因为有随时抓痒的能力就期盼奇痒的来临，那么他不是疯子就是小丑。

同性恋中被动一方的例子也有类似之处。[27]对一些人来讲，以这种方式来满足性快乐是一种需要。但是其中所涉及的活动，不可能**只是**因为它们具有相对于需要的价值，因而就是内在好的或者有价值的活动。那些活动并不构成幸福（eudaimonia）：由它们作为成分所构成的生活不是一种有价值的人类生活（494E）。事实上（对于当时像卡利克勒这一阶层和背景的希腊人来说[28]），那种活动是极为可鄙和可笑的。卡利克勒会讥笑有这种行为的人，即使他明知对那些人来说这是一种需要。他坚持认为：如果一个人还不具有那种需要，那么他就不会自愿选择这种行为。更有甚者，卡利克勒希望他自己、他的子孙和亲朋永远不要有这种需要。在这种情形中，不希望有这种需要并不是因为这种需要会带来巨大的痛苦；比起卡利克勒所认同和认可的任何性行为，这种性需求并不会令人更不舒服。人们对此避而远之，是因为这一需要会把人们引向他们一贯极为不齿的行为。由这种行为所组成的生活是“可怜、可鄙和可怕的生活”（494E）。卡利克勒但求永远不要做可耻和可怜的事情。

于是这两个例子就迫使卡利克勒承认：没有任何活动**仅仅**因为满足了需要或者填补了空缺而具有积极的内在价值。而且有一些需要变143 得极为可恶，只是因为由它所驱使的活动本身被认为是愚蠢可笑、病态或者邪恶的。从而我们不可能**仅仅**通过评价哪些活动满足我们以前恰好拥有的需要，或者通过追问行动者的愿望如何，来决定生活内容的问题。我们必须独立地考虑活动本身，追问它们是不是高尚的。

但是，苏格拉底的这两个例子并非只是个别的特例。它只是运用这两个例子来展现所有的欲望，或者更一般地说所有满足需要的活动共同具有的特征；而且他想要攻击这一主张：所有这样的活动都可以成为好生活的组成要素。这些例子是通过整体考察灵魂欲望部分的结构而引入的（493A3、B1）；用饮食来解饥渴是这种活动的范式（494B—C）；而同性恋的例子则是对这组讨论的一个“总结”（494E3—4）。最终，在讨论完这些例子的时候，苏格拉底迫使卡利克勒明确承认“任何需求和欲望”都具有相同的排忧解难的结构（496D，参见497C7）。苏格拉底提出的建议显然是卡利克勒所看重的那些本能追求，实际上都不过是有痒抓痒这样的行为：仅仅对于正好具有这一需要的人来说才大有魅力，而这种行为本身毫无价值可言。如果我们可以从旁观者的眼光来客观地看待我们日常的欲望活动，那么我们会发觉，就如苏格拉底所认为的那样，所有这些活动都与抓痒或者同性恋的被动性行为一样可笑，一样无益，甚至一样令人作呕。我们宁可没有这些需求，从而不必耗费我们的生命一而再，再而三地重复满足这些可笑的欲望。苏格拉底在同一段落中讲述了漏罐子和“急流鸟”的故事，以此来表明欲望活动的可怜和徒劳无益。我们每一个人，如果总是为欲望所牵制，就会像布满漏洞的器皿，永无满足之日。或者更有甚者，就像那种尤其令人作呕的鸟，一边排泄一边进食。[29]总的来说，单有理性秩序是不够的，理性生活的组成部分还必须是内在地值得选择的。

苏格拉底的论证留下不少令人困惑的问题。卡利克勒似乎不应该如此迅速地就被苏格拉底所打动，即试图以“生来就高贵”的一类人同化他所不屑的人。即使确实有**某些**活动只具有相对于需要的价值，而不具有独立的内在价值，也还是不清楚为什么我们应该把相对于需要的价值的出现看作没有内在价值的证据。苏格拉底显然是在暗示这一观点，但他的论证并不足以得出这一结论。在《高尔吉亚篇》中，有助于完善这个论证的考虑，比如说对欲望活动的不稳定性和非恒久性的考虑，很少被提到，也没有得到发展。在后文中我们要回到这一问题上来，但现在我们要讨论《理想国》中一个相似的价值理论。

早在《理想国》第二卷中，格劳孔就根据每一类活动所具有的价值，把它们分为三个部分。这个分类与《高尔吉亚篇》和《理想国》第 144
九卷中对快乐的区分不尽相同，但无疑是一个相关的而且同等重要的区分。它的几个例子在《理想国》第九卷和《斐莱布篇》的价值理论中起着重要作用。格劳孔告诉我们，有三种善（agatha），或者有三种我们会选择拥有的东西。（虽然这看来像是在引入一张财物清单，但实际上格劳孔所列举的东西都是我们认为高尚和值得追求的活动。[30]他所谓的“我们会选择拥有的”表明，他所说的那些东西并不是所有实际追求的内容，而只是理性选择的内容，或者在某些条件下做出的选择。这就要求我们思考选择的良好条件和不良条件，由此把我们引向《理想国》第九卷中的认识论问题。）人们所选择的第一组活动包含了那些不是因其后果而被选择，而是本身就值得选择的活动："在这些活动中人们尽情享受自己，除去快乐之外，那些活动不包含任何其他的结果。"（357A）第二组是那些我们既为其自身的缘故而选择，又为了独立地值得渴望的后果而选择的活动，如理性思考、耳闻目睹以及身体的健康运作。第三组活动是那些因为具有独立地值得渴望的后果而具有价值，但其本身是不值得选择的活动：身体锻炼、养病、赚钱。

我们再次看到人们从事的某些事务缺乏内在价值。我们是因为某些需要、苦痛或者利益所在而理性地选择这些活动，因为它们是有效地达到预期目的的手段。虽说良药苦口，但一个健康的人非要服用苦药就是非理性。还有锻炼身体，即使是任何与我们相似的生物似乎都有这一需要，锻炼也只是为了达到我们想要达到的身体状态；作为单纯的活动本身并不具有价值。所有这些活动只有在一定的条件下才具有价值，没有了活动所依附的条件，我们选择它们的理由也就随之消失了。与此相对的是那些在生活中具有内在价值的成分，比如说运转良好的心智和身体，既有价值又大有用处，或者无用却是有价值的快感活动（从其他段落所举的例子来判断，后者包括了审美和感觉上的享受）。

这个区分并不严格地等同于《高尔吉亚篇》中，对单纯相对于需要的价值和不是相对于需要的价值的区分。也许存在着一些活动作为达到一定目的的手段，但是人们之所以从事这些活动却不是因为感觉到苦痛或者缺乏某种特质。人们锻炼身体并不都是因为感觉到身体状况欠佳。而且，也并不是所有由先前的痛苦而引发的活动都完全只是止痛消愁的工具。[31]不过，这两种区分又确实是密切相关的。两者都同时将那些仅仅与一定环境条件相关的价值与不论环境条件的价值相对照；而且更为重要的是，我们将条件不足而引发的活动与丝毫不牵扯到不足的有价值的活动相对照。对于那些具有内在价值的活动，这两处的讨论都给出了一致的观点，而且柏拉图似乎认为这两处的论证是完 145
全可以相互置换的。在我看来，具有内在价值的活动在他的论证中并不是一个严重的问题。但是在《高尔吉亚篇》中所提出的问题仍然没有得到回答：所有因只满足了需要才具有价值的活动，是否仅仅因为这一原因就彻底丧失了内在价值？《理想国》第二卷并没有明确地做出这一论断；一些有价值的活动确实同时又是有用处的，尽管其价值并非直接来源于它的用处。但在《高尔吉亚篇》最初的论证中，与相近的工具性/内在性区分相联系，柏拉图明确提出的论断要极端得多。苏格拉底和波卢斯都一致认为：如果有人做某一件事是为了另外的目的，心有旁骛，那么做什么并不重要，"旁骛"才是他真正所要的东西；这一论断适用于所有工具性的价值（467D—468A）。[32]我们为什么会这样想问题？为了更深一步地理解这些论断，以及它们对欲望活动的地位所产生的影响，我们就必须回到《理想国》第九卷的论证上来，同时用《斐多篇》中的素材和《斐莱布篇》中对快乐的分类来做补充。

在第九卷中，柏拉图通过发展一种关于活动的价值理论（这个理论的要素现在应该是我们很熟悉的东西）来捍卫这一论点：哲学家的生活内容胜于其他的选择。苏格拉底指出，人们之所以热衷于一些活动，完全是因为这些活动会缓解他们先前所感觉到的痛苦，或者填补从前的空白。这些活动被赋予价值，要么是因为与先前的痛苦相比，它们显得好得多或者愉快得多，要么是因为这些活动是摆脱痛苦状态的一种手段，从而它们本身与先前的痛苦相比就显得要好得多，或者有时候是两种情况兼有。但是苏格拉底接着说，很明显的是，不论是这些活动还是它们所带来的结果状态，本身都没有内在的价值，毫无“真正的快乐”可言，而认为它们有价值的判断是完全建立在错觉和假象之上的。因为任何理性的被造物要是没有处于需要或痛苦之中，都不会去选择这样的活动。这些活动所能达到的无痛状态并不比一种中性的状态或者零状态更有价值（583C—D）。这种状态本身没有正面的价值；而且，与本身就是高尚的和快乐的活动相比，这种状态看起来就像是一种有所不足的状态，因为它是消极静止的。只有从未经历过真正的内在快乐的人才会看重这种状态。就像苏格拉底所说，这些人从未游历过“超越”的境界，而只是在“中层”和“底层”之间摇摆。由于其见识的局限性，他们所谓的好与高尚是一种歪曲了的见解。“他们的见解与快乐的真谛毫无关系，充其量只是一种迷惘的陶醉。”（584A）苏格拉底的主张（如果我们现在把这些观察与这个论证前面部分的认识论主张一并加以考虑）是具有正确体验的人，即哲学家，从恰如其分的观点出发，应用
146 正确的判断标准，能够明辨是非，做出正确的价值归属的判断。我们仍然不大明白这个可靠的观点或立场，这个“真正在上”的立场之本质是什么。但是哲学家正确判断的能力似乎并不只是来源于经验的多少，而是经验是否曾经带领他进入某种境界：在这个境界中，摆脱了痛苦和限制的理性鹤立于单纯的人类生活对思想所施加的束缚之上。[苏格拉底提到的“迷惘的陶醉”让人联想起《斐多篇》中相似的章节，在那里认知上最强大“迷惘”的来源就是身体的需要和欲望（81B）。]

因此现在就有了一种我们所熟悉的两种对比的融合。具有内在价值的活动与单纯相对于需要的价值分离开来，也与单纯工具性的价值分离开来，而后两种价值被认为缺乏内在价值。（在此，苏格拉底补充了一个新的观点：甚至工具性活动的结果也至多只具有消除痛苦的价值，

而没有内在的正面价值。）这后一组的活动，苏格拉底强调说，包括了我们所有日常的欲望追求：饮食和性活动。此外他还坚持认为（虽然没有进一步补充论证）：这一组活动还包括任何与灵魂的情感部分相连的活动，任何期待身体上快感享受的活动（386C、584C9—11）。前一组具有内在价值的活动包含了嗅觉的享受（584B）：那种享受很强烈，但既不由先前的痛苦而来，也不会带来任何痛苦。[33]但是这一组纯粹或真正的快乐活动的核心范例却是哲学家的理智活动。（当然对柏拉图来说，数学推理和思想在这类活动中占有同等重要的地位。）苏格拉底极为推崇这种活动，因为他认为这种活动使我们能够洞悉那些对内在价值有构建性的特点。在《理想国》和《斐多篇》对灵魂和身体善的有关讨论中，[34]他强调了三个主要特点。

（1）**纯粹性**：（a）**活动的纯粹性**。这种活动是因其自身而被选择的；它不掺杂任何痛苦的成分，不论是作为先前动机的根源，还是作为一种相伴随的经验，与此相比，这种活动的快乐被感受为快乐。所以它自身就具有价值，不需要与某个其他东西处于某种必然的关系中，不需要与那个东西“相混合”（584C、585A—B、586B—C，参见《高尔吉亚篇》，496—497D，《斐多篇》，66D—E、60A、70D）。（b）**对象的纯粹性**。理智的对象本身就是那种极为明确和单一的范式，是独立的存在（《斐多篇》，67B）。

（2）**稳定性**：（a）**活动的稳定性**。活动可以以同样的方式不停地继续下去，而没有终结或者变异。这一点与满足需要的活动有天壤之别，后者随着外在需要的变化而不停地变化。（585C；参见《斐多篇》，79C—80B）。（b）**对象的稳定性**。理智的对象同样又是极为稳定的，（在柏拉图看来）甚至是永恒不变的。这些对象没有生生灭灭的变化，在一种状态下恒久存在。另一方面，非哲学家的活动对象，则要经历

这一世界的变化无常，“变化莫测和有生有灭”（585C，参见《斐多篇》，
147 79C，等等）。

（3）**真理**。哲学家的活动使人们掌握了万物的真理，能够提供充分恰当的说明，而不仅仅是似是而非的猜测（585C，参见533B—C）。最后这一点的重要性在于表明，即使哲学家在履行他的政治义务，而不直接沉思理念，不直接进行数学或科学推理的时候，他的生活仍然是卓越超人的。因为他“掌握了有关正义、高尚和善的真理，他会始终知其然，而且知其所以然”（520C）。

《理想国》由此发展了一种价值理论，在其中纯粹性、稳定性和真理共同衡量那些构成生活的活动和对象的价值。这种理论认为，人们之所以选择某一类的价值标准，是因为具有正确经验而且能够从超越的角度来做判断的人，只会选择一种把那些价值体现出来的生活，而不是与那些价值相对立的生活。更进一步，组成了大多数人主要生活内容的那些活动，例如吃喝玩乐，缺乏这些价值标准，因为它们满足需要或者解除痛苦的方式至多只具有一种似是而非的价值。这一价值理论的某些因素，比如说柏拉图对活动对象的稳定性和纯粹性的关注，与《理想国》特有的关于真理和知识对象的理论紧密相连。其他一些因素，例如对绝对真理以及对活动稳定性和纯粹性的关注，却是与柏拉图特有的真理概念相分离的，甚至并不需要一种实际的概念。这些因素并不建立在纯粹的形而上学偏见之上。苏格拉底认为，人类生活的组成部分必须由这些价值标准来考察。缺乏这些价值的追求就不能被称为真正的享受和真正有价值的追求。哲学家的生活被认为是高尚的并不是出于偏见，而是因为它体现了一种价值，而这种价值，正如苏格拉底所说的那样，是凡有理性的生命只要具备了正确的经验都会去追求的。

我说过《斐莱布篇》中对价值提出了一个相似的论述，在我们考察这个断言的证据之前，我们还要对柏拉图在这里给出的论述提两个密切相关的问题。我们已经说过，价值的载体是那些能够作为生活组成部分的活动；但这些活动具有价值，首先是因为它们作为活动而具有的内在本质，其次是因其对象的本质。柏拉图并没有明确地告诉我们这两组标准如何相互联系，这就是说，我们是否可以有一类"纯粹"的活动指向"非纯粹的"或者"混合的"对象，是否可以有一类稳定的活动指向不稳定的对象，如果是这样的话，这类活动的价值又是如何决定的。这一问题直接涉及对活动稳定性标准的解释。由此也就引发了我们的第二个问题，即如何正确理解这一标准。因为稳定性似乎可以用两种截然不同的方式来理解。[35]按照第一种论述，如果一个活动必然涉及一系列内在的变化，那么它就是不稳定的。由于它的内在结构，它不可能以同一种方式无限地继续下去。按照第二种论述，如果一个活动就其发生而论，取决于世界中的那些可能无法实现的环境，那么它就是不稳定的。这两种解释对欲望活动的不稳定性做出了截然不同的论述。比如说，从第一种解释来看，饮食活动之所以不稳定，是因为其内在结构不允许它无限地进行下去；从第二种解释来看，它 148
不稳定，是因为它有赖于食物的供给，而有时候食物并不一定就在眼前。如果这两种解释被理解为对稳定性和不稳定性的不同解释，那么从外延上来说它们也是不等同的：按照第一种解释，闻一朵玫瑰花是稳定恒久的，尽管玫瑰会转瞬即逝；但按照第二种解释却正好相反，任何活动，除非其对象是永恒的或者极为稳定的，否则都不能算作稳定的活动。

柏拉图显然对这两种不稳定性的原因都同样感兴趣。（在第六章中我们会看到，他要在性欲的例子上进一步地研究这两种原因。）尽管我们不大容易准确地断定柏拉图的立场，但我相信他认为这两种对不稳定性之原因的解释是相辅相成的，而不是相互对立、互不相容的。（这一解读也许可以在《斐多篇》中得到印证，在79D5—6中，一个活动之所以不稳定是因为它具有不稳定的对象。）吃喝玩乐的活动之所以不稳定就在于两个原因：其内在结构和活动对象的本质。闻一朵玫瑰花从内在结构来说是稳定的，其不稳定性来自该活动那昙花一现的对象。然而，事实上，既然我们通常很容易找到另外一枝替代的玫瑰，对象的稳定性并不是一件很糟糕的事情。一个活动的不稳定性因此在某种程度上可以依赖于其对象的恒久性或者可替换性。排除了这两种不稳定性的活动，要远远好于只具有稳定的内在结构，却具有不稳定对象的活动。但这个结论并没有使得柏拉图对哲学的捍卫彻底依赖于他对理智对象的那个特殊论述。我们可以看到，只要我们相信，除了人类生活的那种变幻不定的环境外，世界上还存在有待于我们去认识的亘古不变的真理，那么这个信念就会加强对活动价值的那样一个柏拉图式论述的力量。同时我们也可以看到，如果我们相信有永恒的、不依赖于情景的例证性对象，那么那个信念就会支持他的另一个信念，即沉思活动是最稳定的，它不受外界的影响。事实上，把真正的价值与似是而非的价值区分开来的标志，与把作为知识对象的形式和其他对象的形式区分开来的标志很相似，而且这种相似性绝非偶然；《斐多篇》进一步研究了它们之间的联系。[36]但是稳定性、纯粹性和真理并不一定需要分离的形式才能达到。甚至一个亚里士多德式的生物学家也能够强调，他所研究的是稳定不变的对象，而那些对象在自然界中以相同的方式复制自身。《会饮篇》将向我们表明：任何科学家或者数学家，不管他们是否具有永恒不变的对象，必定大大地优越于那个热爱独特的人类个体的人。

《斐莱布篇》进一步支持和延伸了对价值的这种解释，使我们得以深入地理解柏拉图的这一伟业。这篇对话的大部分内容明确地关注对人类生活各个组成部分的批判性评价，以及如何在可接受的范围内来建构最好的人类生活。《斐莱布篇》的论述在某些方面不同于柏拉图中期对话中的伦理理论；但是很多重要的观点仍然没有变化。《斐莱布篇》很快就同意这一观点：标准的欲望追求，例如衣食住行以及其他不 149
胜枚举的这类活动，都仅仅是填补先前的空缺或者解除先前痛苦的活动（32A—B、46C—D，参见54E及以下）。这些活动，就像有痒抓痒一样，都是因为与痛苦纠缠在一起而变得不纯粹的活动。后来，它们被包含在最好的生活中，只是因为它们是追求具有内在价值的东西而绝对必要的（62E；这意味着"激烈的快乐"完全被忽略了，参见63D—E）。于是，《斐莱布篇》的很大篇幅都在考察《理想国》忽略的一些比较麻烦的例子，比如说与情感相联系的快乐以及期待的快乐。苏格拉底试图把这些看似"纯粹"心理的快乐等同于填充空缺的活动，并认为这些活动在一定程度上都与一种可能的缺陷相联系，而一旦去除了那些潜在的缺陷，也就去除了我们选择那些活动的理由：它们至多只是"掺杂了痛苦"的快乐（50D）。就如同不被人所害，就没有理由感觉愤怒和报复的快乐；无所求，就没有理由体验到被人所爱的快乐。如果对未来没有错误的信念，也就没有理由相信虚假的期盼之快乐。（而且抛开真假不谈，按照这个论证，我们可以排除所有关于希望的快乐：如果不是我们的力量或者知识都有所缺陷，从概念上讲就不可能有希望的余地。[37]）

最后，苏格拉底向我们提出了他对"真实"或者"纯粹"快乐的描述，并论证这些快乐有别于所有他所拒斥的其他快乐。首先，他描述了某些纯粹的美感享受——对优美的形状和音调的凝神欣赏，完全不在乎它们所要表现或者所要模仿的内容。这种欣赏，因为没有以前的痛苦相伴，大可以被称为是“因其自身”（kath' hauto）而是有价值的或是好的，而不是仅仅“相对于某个事物”（prosti）才如此。气味也包括在这一类快乐之中，“只要痛苦烦恼不是气味必要的组成部分”（51E）。

随后，苏格拉底转向理智活动的快乐，他坚持认为学习和理解都是具有内在价值的活动。他支持这个判断的理由让我们想起《理想国》对价值尺度的论述。第一，这些快乐是纯粹的：没有在先的空缺感，而只有快乐感本身（51B）。在任何情形下这些快乐都绝不与痛感相掺杂，因为即便是失去知识也不会使行动者感觉到任何苦恼（52A—B）。于是这些快乐可以与最纯粹的样本，即最单纯的白颜色相比。第二，它们具有秩序与和谐（emmetria）：以填补空缺为目的的快乐活动则正好相反，表现出来的是无序和不协调（ametria）（52C）。这一标准至少抓住了《理想国》中所说的稳定性的部分含义，即没有内在的涨落；在59C中，稳定性与纯粹性（不掺杂质）和真理被明确地列为价值的标准，据说与活动对象的稳定性是因果相连的。第三，在与真理的关系上，这些快乐要极大地优越于身体的快乐（52D）。尽管理智活动在后来还可以根据准确性（akribeia）、真实性和稳定性的程度来进一步划分等级，[38]但是所有这一类的活动都显然更符合这些价值标准，而与身体需求相关的快乐则完全不可能展现这些价值。

150 重要的是要注意到，《斐莱布篇》就像《理想国》那样，提到了价值判断的好与坏、高与低的观点。这篇对话的成就，是说服了这个年轻的对话者，告诉他应该放弃随波逐流，未经驯服的动物的自然行为绝对不是用来衡量人类生活价值的标准。他应当信任理智的“见证”，而不是信任我们日常的动物性“见证”。苏格拉底在对话结尾处，对“浪子回头”的普罗塔库斯（Protarchus）说，身体的快乐绝不应当是我们首先考虑的东西：

> 即使世界上所有的牛羊猪犬都用它们对快乐的追求来现身说法，即使民众就像占卜者依赖知更鸟那样，把动物的性行为所带来的快乐认定为权威性的证据，认为运用哲学沉思的力量不断地预测论证的激情反倒不是权威性的，快乐仍然不是第一位的，绝不是。（67B）[39]

2

至此，我们可以看到柏拉图大致勾勒出的价值理论；我们看到了这一理论如何推崇哲学家的生活，而贬抑主要致力于追求需要的那种生活。价值有某些特定的标志，哲学活动在很大程度上具有这些标志，而欲望活动则完全不具有这些标志。柏拉图已经论证了凡是具有这些特征的活动都是理性存在者会选择的活动，只要他是从合适的理性立场来做判断的。（柏拉图没有明确地说明这些标志加在一起是否都是内在价值的必要条件，或者每个标志内在价值的充分条件；但我认为他对各种不同生活的评估显然是对前一种解释的支持。）所有这一切都与“大众的”享乐观念背道而驰，并不是所有享乐都有同样的要求，因而可以作为内在价值而包含在最好的生活中（561B）。

不过，到此为止，在有价值的活动如何与据说缺乏内在价值的活动相联系这个问题上，柏拉图说得并不多。我们知道即便是哲学家也一定要有饮食起居来维持生存。但是我们还不知道哲学家仅仅依靠足够的饮食来维持生计是否就可以了，或者一种适度的，甚至高度的感性享受是否会有助于他的哲学发展。但我们现在肯定还没有理由认为哲学家非得要像苦行僧那样生活。

但是《理想国》，尤其是《斐多篇》，都极力主张哲学家的禁欲苦行主义。《斐多篇》攻击身体的“所谓快乐”（60B、64D），谆谆告诫我们这种快乐会为正直的人所不齿，“除非是万不得已而不得不做”（64E，参见54A、67A、83B）。哲学家非但不“崇尚”这些快乐，相反极端“鄙视”这样的快乐（64D—E）。他“只要有可能就尽量躲得远远的”（65E）。下述四个方面是柏拉图否定身体快乐的理由。第一，身体的需求耗费时间。我们在身体上少花费时间，就有更多的自由时间用在具有内在价值的追
151 求上（66C—D）。第二，身体的追求不仅在数量上而且在质量上削弱了理智追求，削弱了它的那种连续地、有力地和有规律地获取真理的能力：

> （灵魂）或许只有在没有声色、苦乐等外在干扰的时候，才能最出色地思考；只有在不受身体羁绊，尽可能地不与身体交流的时候才最有能力争取真理（65C，参见66A、B、D，以及《理想国》517E，在睡梦中，身体的快乐和痛苦干扰灵魂“更高一等的部分”，使之不能去获取真理）。

否定和拒斥身体感受的一个进一步的理由是：它们是模糊的和不准确的，即使是作为身体真实需求的指标也不称职。如果我们听信每一次身体发出需要饮食的信号，我们肯定就会上当受骗，饮食的数量会大大超过生存和理性活动的需要（65B、D、E、66D、67A）。[40]性欲从来就被认为是一种很强烈的驱动力，事实上，连柏拉图也明确指出这是所有欲望中最强烈的一种。（在《理想国》中，性欲对那些对其唯命是从的人来说，被比喻为灵魂的“僭主”和“施令官”——572E、573D、E、574C、575A。）但是《斐多篇》却明言，真正的哲学家可以全然无视这种

欲望。最后一个理由是：身体欲望，就像苏格拉底所说的那样，“是最极端和巨大的邪恶”（83C），每当我们屈从于欲望时，它就会不断地发号施令，促使我们对价值做出错误的判断。被蛊惑的灵魂（81B）会认为身体的活动比沉思更重要。这样一来就像欲望建起监狱的四面围墙，迫使灵魂只能透过这些围墙来看待外面的世界（82E）；结果是欲望的俘虏“在这座监狱中不知不觉地变成了欲望一心一意的追随者”（82E—83A）。

在此柏拉图论证并弘扬了一种不但是哲学式的，而且也是苦行的生活方式。[41]这个价值理论告诉我们去选择一种具有高深哲学内容的生活。对欲望追求及其与理性活动关系的反思，使我们得出这一结论：哲学家应当在维持生存之外尽可能远离身体及其需求；应当“竭尽所能不断与欲望抗争”（67E），甚至“练习死亡”（即灵魂从身体中分离），要承认即使是作为纯工具性的价值，身体的追求也仅仅只应满足《理想国》第八卷和《斐莱布篇》中所谓的几种“必需的”需求。至此，我们最终达到了《理想国》第九卷的结论，在那里苏格拉底表述了他对欲望活动的不齿，宣称我们每一个人都应当只把自己等同于理性的灵魂。同样，在《斐多篇》中，我们能看到，苏格拉底确信，**他自己**的一切都会毫发无损地战胜身体的死亡和欲望（115C—E）。

3

我们现在需要更仔细地研究，柏拉图是如何得出他的价值标准结论的。任何价值理论，只要它得出了一个如此远离常人所追求和珍视 152
的目标的生活计划，都值得进一步深究。众多的日常价值是如何被抛弃的？从哪一个角度或立场来看我们的一切饮食日常活动就像看待抓痒一样毫无价值?

有一点很清楚:这种立场与常人的立场毫无相似之处。因为从普通人的内在观点来看,我们的几种关键的欲望活动与有痒抓痒有很大的不同。如果一种活动不具有任何内在的价值,那么理性地说,我们就可以接受任何替代品,只要替代品的应用可以带来相同的结果。我们使用锄草机、洗衣机、打字机,显然是因为我们相信锄草、洗衣和写字的活动只具有工具性的价值。但是饮食则大不相同。我们当中大多数人都会继续选择食物而不是营养药片,大概是因为我们发现用餐进食不管怎样,在某种程度上本身就是有价值的,也许是为了味觉、嗅觉的快感,或者是为了一种社交的乐趣。性活动也是一样,大多数人的性行为并不仅仅是为了缓解难忍内急,相反是与其他复杂的目的相联系的,例如友情、自我表现和身心交流,这是为什么大多数人都不认为做阉人是一种选择。《理想国》大大低估了欲望活动本质的复杂性,忽略了欲望活动在审美方面是有价值的,忽略了这些活动与其他有价值的目的之间的复杂联系。我们发现抓痒作为一种活动很可笑,并不只是因为它是一种相对于需要的活动。我们对它的不屑和鄙视是另有原因的。奇痒难耐往往意味着身体的疾病或者个人卫生有问题;抓痒是无用的,因为它绝不会完全赶走烦人的痛感,反而使之愈演愈烈;而且,除了缺乏所有正面的快乐外,它还总是对其他重要的身体活动造成干扰,比如说严重干扰工作和睡眠。此外,抓痒没有任何积极的审美价值,人们很难想象它能演化出一门艺术,或者把一位大师造就出来。最终,它是让人难堪的和不雅的举止。但是饮食男女之类的事情与此大不相同。如果有可能,我们期望可以一生不受奇痒的烦扰,但是有多少人,即使去除维持健康的考虑,愿意永远没有吃喝的渴望呢?事实上我们还总是批评那些把欲望活动仅仅当作手段的人,对他们来说,饮食仅仅是为了充饥；而赞赏那些能从这些活动中品味出内在价值的人：美食家、品酒专家，或者那些能够体味到这一点的人，对他（她）们而言他（她）们的性伴侣是目的的本身，而不仅仅是消解饥渴的手段。

给卡利克勒留下了深刻印象的那个例子，即关于被动同性恋的那个例子，现在看起来同样是不公平的。在对话者看来，这些人的性行为极为可鄙可笑，但这在很大程度上仍然是因为社会和文化的原因。一个古希腊绅士的内在观点明确地把他自己的雄性性快感（不管是异性恋还是同性恋）与那些被动的性快感区分开来。后者之所以被认为是某种身不由己的活动，主要是因为这种活动的社会和政治联系基本上是否定性的。很显然人们都想要避免外界的讥笑和批评，我们可怜这 153
些人，这种不可抗拒的性需要使他们时时刻刻与常人观点的标准相左。正是由于这些缘由，希腊人都很可怜娈童。但是这与一般而论的性活动毫不相关。从卡利克勒那个日常的主观观点来看——正如柏拉图充分意识到的那样——苦行禁欲的哲学家似乎与被动的同性恋者一样古怪可笑。（阿里斯托芬在他的喜剧中似乎用了同样的篇幅来嘲笑这两种人。）而且，大家可能像我一样觉得卡利克勒对这个例子的直观反应是不理智的和值得怀疑的；倘若如此，我们就不必完全接受柏拉图对这个例子的解释。

所以，如果我们认为柏拉图的价值理论是要试图表述某种与日常人对欲望的看法相类似的看法，那么我们就必须承认他彻底地失败了。他极力淡化了我们认为非常重要的区分，否定了我们一致认同的内在价值。

但是，同样明显的是，这其实并不是柏拉图的初衷。他欣然同意大多数人**确实**把内在的价值赋予身体的欲望及其对象。《理想国》的开篇准确地记述了这一事实。但是柏拉图同时认为这只是一种假象，是因为眼界不足而做出的有缺陷的判断。只有从本质上“真正高瞻远瞩”的眼光出发，也就是说从可以摆脱常人的需求和局限性的哲学家的立场出发，才可能恰如其分地判断活动的价值。而他想要澄清的正是这一观点。

然而，从《斐多篇》和《理想国》的前面几卷来看，哲学家要成为高瞻远瞩的先知，就必须首先做苦行僧，摆脱身体的需要。于是只有从不再把一个人所特别具有的人类需要看作是其自身真实部分的某种观点来看，柏拉图才能拒斥与身体需要有关的无价值的活动，而选择其他具有内在价值的活动。这种超凡脱俗的观点的一个显著例子出现在第九卷结束之际，苏格拉底对全部欲望的谴责中，在那里他用来勾勒其活动的那些词语是古希腊语在其他地方仅仅用来形容比人类低等的动物行为的：

> ……他们也从来没有体味过稳定和纯粹的快乐，就像笨牛一样只知道向下面看，弯腰在地上找可以咀嚼的东西，它们所追求的无外乎是食物和配偶；而且因为永不知足的本性，为了争夺这些东西，不惜同类相互争斗残杀。（586A—B）

这个评论看起来很不公平。有人肯定会争论说，一个动物种类的追求当然应该从这一种类的生活方式和持续需求的角度来看待。如果你的同类视你为异类，对你的观点大为不屑，那么也许你就不是对他们的行为做伦理判断的最佳人选。价值从根本上说**其实是**以人类为中心的，即使选择一种追求的理由对这样一个被造物来说是不明显的，而且该被造物在本质上不同于（或者已经变得不同于）把那种追求看作是一
154 种善的那些被造物，但这不应该成为反对那种追求的根据。这个观点

让人越看越有循环论证的嫌疑：只有从那些已经达到清心寡欲境界的人的观点出发，才可以拒斥欲望活动。

但是，柏拉图的例子已经反复向我们表明，感觉和需求在什么程度上可以欺骗和蒙蔽理性的判断。比如说，有不平常性欲的人（即使不一定非是柏拉图选择讨论的例子，我们大多数人也会承认的确有这样的情形）会认为他的所欲所为是正常的或是有价值的活动，但是从平常人的眼光来看这种追求却大为可疑。柏拉图认为，我们不可高估欲望的那种歪曲能力和自我辩护的能力。在《斐多篇》中他谈到在欲望所铸就的监狱围墙中我们如何被蛊惑，心甘情愿地为欲望所用；《理想国》把欲望描述为污泥，只要灵魂与之稍有接触，就会模糊灵魂的视线（533C—D，参见第七章）。一旦我们认识到欲望对真正的判断会造成多大的障碍，就像柏拉图所说的那样，我们就会义无反顾地得出这样的结论：为了达到正确的判断，我们就必须远离并摆脱一切欲望的枷锁。让我们牵连其中的每一种快乐或痛苦，都像一枚铆钉那样把我们的灵魂钉在一种虚幻的和龌龊的危险境地中（《斐多篇》，83D）。柏拉图认为任何清醒的人都不会甘愿受欲望的奴役。即使是克法洛斯这样的凡夫俗子，在《理想国》第一卷中谈到他如何逃脱性欲的强制力及其所带来的是非颠倒时，也会大松一口气。《理想国》所提到的不祥的政治风云又为欲望如何扭曲核心的伦理价值提供了另外一些可能性。常人一般认为，我们的伦理判断总是被愚人之见所毁，所以唯有达到一种无所欲亦无所求的境界，我们才可能冷静客观地“只运用理性本身”来分析思考各种活动（《斐多篇》，66A），于是对我们的灵魂之眼来说，饮食男女确实无异于田间牛群的觅食和繁衍。显然，只要欲望和情感对我们的道德生活和理解力具有丝毫的积极贡献，那么我们就不可能得出这一结论。相反我们倒要像《斐德罗篇》所说的那样，明知欲望的危险性，也偏要向欲望前行。但是柏拉图相信他在《理想国》第五卷中对欲望的论证已经排除了以下可能性：本能欲望是“无节制的欲望”，是野蛮的和不加筛选的，它完全无视道德和价值的判断；情感虽然在一定程度上要好驾驭一些，但一旦缺乏指引就会误入歧途，无法无天。[42]

至此我们认识到，我们大多数人以及对话者之所以认为真正的判断易受蒙蔽，其根源就在于人类的经验，柏拉图的观点当然并不是这些经验本身的先决条件，但这些经验无疑支持了他的这一观点。柏拉图的初衷并不是要说服每一个人，但是他的确希望他的论证能够得到有些人的认可，例如即便他们不是哲学家或数学家，却具有自我批判精神的成年人。无论如何，在《理想国》第七卷中，他让自己的兄弟格劳孔，军人兼绅士，对数学作为净化灵魂、摆脱凡俗影响的一种训练方式表现
155 出极大的热情。在作为本章题词的那段话中，苏格拉底劝他不要介怀于完全冥顽不灵的人对数学的不屑一顾：略有见解和眼光的人（完全不仅仅是苦行僧或专家）都会领悟到他建议的真正价值。即使这里面多少有点循环论证的意味，但这种循环也是一种大有意义和丰富的循环，并不是他的对手所宣称的那种循环。柏拉图并不是仅仅借助于说教布道来打动他的理论皈依者的。在这种循环中，伦理内容、判断立场以及要纠正判断所遇到的阻碍的那种意识都交织在一起，彼此相互支持和印证，因此它就可能出现在任何复杂的伦理理论中（在第十章第5节中我们将讨论这种循环在亚里士多德那里的类似情形）。

我们现在可以回到《理想国》第六卷中的那个神秘转变上，它为超越对善的那种内容中立的描述铺平了道路。苏格拉底在那里指出（非哲学家出身的格劳孔也同意他的看法），没有任何不完美的存在，更没有任何仅仅是人类的存在者，可以作为任何事情的“好尺度”。那种人类中心论的“疏懒”不可能是一种伦理理论的良好基础。在《普罗泰戈

拉篇》中，苏格拉底已经把“人是万物的尺度”替换为毫不妥协的“知识（或科学）是万物的尺度”（参见第四章，原书第115页和第120页）。在此我们看到他深思熟虑的观点，也就是这一尺度的要求所要达到的结论：从现在开始，只有“完美”的存在者（完全的、无缺的）才可以成为理想城邦价值的“好尺度”，因为只有从绝对完美的角度出发才可能发现真理。《理想国》的对话者在这一点上达成了共识，决定放弃他们以前对好生活的那种内容中立的理解，转而追求那种没有需要的纯粹观点。《理想国》第九卷正是这一转变的结果。

我们现在可以说，在相对于有限存在者的价值和那种真正内在的价值（在这里被理解为与某个完美的、没有限制的理性存在者将会选择的价值相一致的价值）之间的区分，是我们一直在探究的那个对比之最普遍和最根本的形式。这一区分足以说明我们在其他段落中所提到的各种价值的分别，但同时又可以用来说明那些不可能只用工具性或者痛苦的相对性来说明的判断，比如说《斐莱布篇》中的审美价值判断。现在，让我们暂时离开我们的主题来探究一下这一段落。

我们已经看到，《斐莱布篇》摒弃了所有表现性的绘画和雕塑，比如说以动物为主题的作品，而只欣赏纯粹的、简单的线条和色彩之美。在此柏拉图的观点似乎是这样的：只要我们关注的是绘画或者雕塑所表现的对象，我们就是从一种以人为中心的兴趣和需要出发。设想一下一位完美无缺、无形无象的神祇凝视着一座普莱克西泰勒斯（Praxiteles）雕刻的运动员雕像。神对这座雕像的美学价值判断也许恰巧与我们的判断相吻合，但这纯粹只是巧合，因为两者的判断对象截然不同。我们欣赏的是他对力量细致入微的描绘和栩栩如生的人体形象，雕塑家正是在他的作品中反映了我们在自身中所发现的那种卓越、强壮和值得赞叹之处。而完美的神不可能在这一特殊的个体身上看到

156 任何奇异的地方。相反，他所评价的是雕塑纯粹的形式和形状，他要判断的是雕塑家所表现的抽象意义上的赏心悦目。他只注重形式、颜色以及排列组合的纯粹质地，而无视任何与我们的实际兴趣相关的特征。柏拉图竭力希望我们认识到，我们对绘画和雕塑的表现性特征的兴趣，会使得我们的判断受到蒙蔽，从而对真正纯粹的价值熟视无睹。在音乐欣赏上，我们同样也应该放弃对人类的语言、意义和情感的关注，而去欣赏“流畅和清晰的声音，以及那些把一个单一的和纯粹的音调产生出来的声音”（52D）。偶然的和有关物种的价值不是内在的价值。正如形式主义的音乐评论家汉斯利克（Hanslick）所说：“音乐之美在于它不有赖于任何外在的东西，而完全在于音响的艺术性组合。”[43]

即使有些被造物想要采纳柏拉图的那种追求完美的立场，那个立场也不是他们一下子就可以得到的。学会超越人类的需要和兴趣，或者随心所欲地达到这一境界，是一个长期和艰苦的过程。于是，如果柏拉图确实承诺了利用这样一个立场的理性评价模型，那么我们就会期望他向我们提供一个相应的教育模型。

这个期望得到了确认。《斐多篇》所描述的是把自己的一生都献身于那种把灵魂从身体中解放出来的“实践”。而《理想国》也用了过半的篇幅来讨论教育问题，即讨论如何使灵魂从自然眼光转向一种看待事物的正确方式。在此我不想冒昧地讨论柏拉图所展现的整个灵魂发展的各个阶段。但是，我想简要地概述柏拉图就早期的道德教育对诗歌的作用所提出的解释，就我所知，这一点很少有人注意，而与此同时，按照我们目前对柏拉图的理解，我们可以更深一步地体会这一点的重要性。

众所周知，在第二卷和第三卷那种净化诗歌的努力中，柏拉图排除了诗歌艺术最频繁处理的几种人类情感：悲伤、激情的爱和恐惧。但是有一点却少有人关注：他是用一个论证来排除这些情感的，那个论证假设了追求完美的立场，并从这个立场出发去询问那些情感的价值。苏格拉底认为对真正的英雄或者对神来说，对凡人之死过分悲伤是很不相宜的事情：高一级的存在者不应该介意感性世界中一小部分的缺失。于是，既然文学作品应当为弱者提供一个道德理想，我们就不应该把这样那样的不够崇高的情感包括进来（388B—E）。在早期的一个段落中，他干过类似的事情，即求助于那种与神的身份相符合的东西来排除这样的文学作品，那些作品将其崇高的或者神圣的英雄描述为弄虚作假者。苏格拉底质问对话者，完美无缺的存在者有什么“理由”要说谎；他自己的回答是，他们绝不能说谎，因为他们若要作为我们的榜样，就不应该有任何令人不屑之辞。因为“神本身无论言与行都是单纯而真实的，不可能违背他们自己，也不可能试图欺骗别人”（382E）。在
此，谈到与神的身份相符的时候，苏格拉底一方面从追求完美的立场出 157
发来断定美学价值或者道德价值，同时又从这一立场出发为青年树立一个道德理想。我们应当效法的是那种彻底摆脱了人类需求和兴趣的存在者，唯有如此，才有可能把我们那种达到客观合理性的潜能培养起来。所以我们的文学应该描述这种超人存在者及其慎思。[44]

4

我已经论证了柏拉图超越《理想国》第四卷中对理性生活计划之轮廓的那种形式上的共识，而要提供一个独立的价值理论，以界定一种理性生活的最好内容。这一理论首先包括了对内在价值标准的解释，并把内在价值和只与物种有关的价值区分开来；其次，这一理论包括了一个价值认识论，这个认识论向我们描述了可以用来做出真正客观的

价值判断的程序。最好的生活是最大限度地献身于慎思、科学和美学追求的生活，而与它们相伴随的其他活动至多只有工具价值。[45]在此有一点值得强调：哲学家所选择的活动之所以被认为具有内在价值，并不仅仅是因为它们是哲学家的选择。哲学家的追求之所以是最好的，是因为他的选择符合真正的价值，而不仅仅是因为他从那个恰当的观点来做判断。如果他的选择本身就构成了价值，那么不论是哲学家还是他的选择一开始看起来都是任意的。[46]但是柏拉图相信评价条件的这种典范提供了最好的途径，必朽的存在者由此可以接近将会存在的真实价值，而且也会成为价值，无论他们是否存在。

按照这个观点，哲学家的政治生活实现并慎思了城邦的和谐与稳定，时刻准备对经验世界中变幻不定的实在做出精确的和真实的判断，因此，基于这两个理由，这种生活就可以算作具有内在价值的了。但即便如此，毫无疑问的是，柏拉图还是要求哲学家尽量减少这方面的活动，因为与他们的沉思生活相比，政治活动所具有的内在价值显然要低一个等级。于是柏拉图对真实价值的论述，就会在哲学沉思与城邦的统治权力之间造成一种严重的价值冲突。在这一点上，他对价值的单一性和整体性的承诺显得不如在《普罗泰戈拉篇》中那么彻底。但是我们不应该就此断言：柏拉图对个别价值的稳定性那种一心一意的关注，使他忽略了那些价值之间的关系所引发的问题。我们已经提到《理想国》第四卷用来构造一个由理性来统治的内在和谐生活的方式。整部《理想国》，尤其是第五卷，都极力强调这一点：城邦的教育能够使每一个人达到内在的统一，达到那种摆脱了烦恼和冲突的和谐境界。如果我们再仔细看看这两个问题之间的关系，那么我们就不难理解这一点。如果一个人摆脱了对内在不稳定追求（例如爱、性活动、寻求权力、
158 挣钱）的一切依附，那么他也同时自动地摆脱了价值冲突的很多最常见

的根源。哲学家的生活之所以具有最高的和谐，部分原因在于：与其他人相比，他没有那么多的牵挂和承诺。如果数学家对爱毫无兴趣，或者反过来说，一个沉浸在爱河中的人对数学毫无兴趣，那么对数学的追求或对爱的追求就不可能相互冲突。但是哲学家或数学家对其追求对象的悉心选择，又是达到他们内在和谐的重要因素。他之所以选择这样的追求，正是因为该追求的对象始终如一，不因任何外界特殊条件而改变。在任何环境下他都可以思考他的定理；这一活动的对象不会因为任何的政治气候、不会因为其他任何人的活动和牵挂而有所改变。因此，他怎么还会迫不得已地做出一个痛苦的选择呢？这样，个人追求的自足性就大大地减弱了冲突。

通过把道德教育与政治规划巧妙地结合起来，这种生活中依稀存在的那一点点冲突就可以得到解决。在《理想国》第五卷中，苏格拉底转而讨论家庭和私有财产，严重价值冲突的两个最常见的根源，并正式宣布了他那著名而且极端的解决方式。城邦并不需要彻底消灭私有制或者家庭，但是它可以扩展这两种机制，使之涵盖城邦中的每一个人。如果整个城邦就是家庭本身，除此之外再没有其他家的概念可言，那么对年轻人来说也就没有了国与家之间的冲突。此外，如果大家都共有一切财产，那么也就没有"我"与国之间的冲突。与《安提戈涅》中的克瑞翁有所不同，柏拉图认识到，对于那些在相反的制度下长大的人来说，这一极端的政策并不适用；他认识到现存的城邦不是一个统一体，而是一个多元体。正因为如此，所有的人类经验，从婴儿的哺乳开始，都必须要彻底转型。婴儿应该由可替换的乳母来哺养，从而不会对父母过度眷恋，也不会长大之后和某个性伙伴过分地亲近，这样的公民会在他们经历的各个方面以同样的价值对所有公民一视同仁，同样友爱，并且将他们都当成能互换的典型。[47]《会饮篇》更进一步推进了这一观点，个人的价值与团体和科学的价值，在有道德的人看来，应该是完全可以相互替换的。这一延伸的观点虽说不能解决哲学家—统治者的两难困境，但至少是一个显著的转变：因为如果哲学家在沉思和统治之间的选择，恰好就是热爱和沉思同一个价值的两个不同根源之间的选择，那么选择就远远不是那么痛苦了。

这些被选择用来最大限度地减少冲突的策略同时又强化了单个追求的稳定性。比如说，与任何一种对家庭的眷恋相比，对全体公民所组成的城邦的忠诚要稳定和简单易行得多，因为这种专心奉献是针对他们的公民美德而不是针对他们的个人自我的。柏拉图以这种方式再次用一个解决方案一并解决我们的两个问题。

不过，还有一个领域的不可替代性是无法消除的。每个存在者与
159 他自己身体感觉的联系，不像其他以前纯粹属于"自己"的东西，是不能被一般化的或者被延伸的。不管立法者做什么，我与自己身体的联系完完全全不同于我与其他人的身体的联系。柏拉图认识到这是一大问题。在《法篇》的相关章节中他告诉我们，教师应该尽其所能动摇和铲除年轻人心目中那种特殊的爱——对完全属于自己的某种东西的爱：

> 人们将用一切可能的手段，把"私有的东西"(idion)这个概念从生活的各个领域中完全根除。必须想方设法把那些甚至在本质上是私有的东西，比如说自己的双眼或者双手，以某种方式转变为如下意义上共同的东西：似乎它们将用共同的方式来看、听和行动。(739C—D)

但是，人的本质阻碍了立法者在这方面的彻底胜利。他至多可以做的是一而再，再而三地强调我们应该无视这些特殊的感情和感觉，因

为这些有感觉的身体不是我们真正的自我，感性本质不是我们真正的本质。我们真正的本质是那个具有单一本质的理性灵魂，它只是碰巧居住在身体中。由此我们可以看到柏拉图如此教诲的更深一层的动机。身体不仅仅是稳定的生活和真正的判断的最大障碍，同时也是价值冲突最危险的源泉，因此也就是公平而和谐的公民正义的最大敌人（参见第六章，原书第181页，第196—197页；第七章，原书第221页；第十二章，原书第353页）。

5

如果只是一味指责柏拉图的价值理论没有忠实地反映平常人对实践和追求的直观看法，那么这个非议算不上是一个很强的非议，这一点我在前文已经提到过，理由在于按照柏拉图的说法，没有哪一个平常人（尤其是在一个自由的民主制中）所接受的教育，足以使他修身养性达到了客观合理性的地步。不过，柏拉图当然还是有责任向我们这些普通人表明：理性评价的理想和追求完美的立场是值得人们追求的目标。他必须向人们提供他们想要达到这些理想的理由，或者是认识到他们的追求或多或少已经在向这一方向努力。尤其是，我们可以提出这一异议：这个外在的神目观对我们来说既没有吸引力（因为它极力抹杀我们所珍视的很多价值），又不重要（因为它与**我们人类**的生活毫不相干）。甚至这一观点根本就不可能达到，因为我们不可能在人类的视角和我们自己的解释之外找到和认清整个世界及其价值，所有这些活动都是围绕着我们的利益、兴趣以及生活方式进行的。任何值得讨论的客观价值，甚至我们有可能讨论的任何价值，都必须是在人类的观点之内讨论的，试图摆脱人类的观点，而在那个观点之外来讨论价值只是惘然。

在这里我不想进一步反驳柏拉图，一方面是因为这是一个复杂的论证，另一方面是因为，为了完整地理解这些论证，我们至少需要详细地研究亚里士多德的伦理观点（这是我们在第八章要做的事情）。在这里我只想简单地指出：柏拉图事实上并没有完全忽视这种类型的反
160 驳；他用相当大的篇幅和精力讨论了动机问题。他的回答可以说有正负两条线索。负的一面，柏拉图相信他可以向我们表明：有很多在人类对世界的内在观点中被认为是重要的东西，一旦经过我们的严肃反思，结果表明它们只是一个理性的存在者所不能忍受的痛苦之源泉。我们无序和混乱的经验生活已经足够证明我们应当把自己提升到哲学家的境界。哲学家的一个中心任务是要以一种绝对明确的方式把我们生活中那些痛苦不堪和不可承受的方面展现出来，同时表明向哲学家的生活提升是把我们拯救出苦海的良药。我认为（而且要在第六章中加以论证）柏拉图的《会饮篇》确实担当了这一重任；我们可以在《理想国》中看到相似的考虑：第一卷预见到欲望的暴力冲突，第八卷以一种触目惊心的方式描绘了柏拉图对话的听众所过的那种毫无稳定性的生活。

《理想国》第六卷是柏拉图对动机问题的正面回答。苏格拉底在谈到如何把握关于善的真理，即一种不受任何人类利益所左右的非透视性的真理时，这样说道："每一个灵魂都追求善，都把它作为自己全部行动的目标。人们直觉到它确实存在，但又对此没有把握。"（505E）[48] 在《斐莱布篇》中，苏格拉底再次要求我们反省，"在灵魂深处是否有一种热爱真理的力量，要不顾一切地把它作为行动的目标"（58D5—6、67B）。数学和哲学的推理就是某些形式的价值，由于某种极其幸运的天生禀赋，我们这些有限的存在者被那些价值深深地吸引（《伊庇诺米篇》，978；《斐德罗篇》，250A）：我们的心智与真正的善之间有一种天然

的亲和关系。我们发现数学既美丽无比又令人激动，因为我们在幸运之中与真正的美相结合。

我们可以把这个正面的回答理解为柏拉图用另外一种方式来表述他的负面观点：我们被激发起来去寻找真正的和稳定的价值，是因为我们无法忍受我们的经验生活的那种痛苦和动荡。这是尼采对柏拉图价值理论的分析。在题为“形而上学的心理学”的断章中，他这样形容柏拉图捍卫真实价值的那个隐含动机：

> 正是苦难引发了这样的结论：从根本上说，那些动机就是这样一个世界应该存在的欲望。……想象另外一个更有价值的世界就是表达了对目前的苦难世界的厌恶和憎恨：形而上学家的失落意识就是从这里产生出来的。[49]

不过，对柏拉图论证的吸引力的理解，尽管是深刻的而且无疑是正确的，却在一定程度上掩盖了整个论证的复杂性。甚至对尼采自己而言，这一点也不足以解释柏拉图自己的自我理解。柏拉图已经论证了，真实的价值不同于其他任何价值的地方，就在于它不仅仅是相对于需求的，也就是说，从未体验过苦难或匮乏的存在者仍然会做出同样的选择。我们人类很幸运，能够与这样的存在者共享这个在某种程度上不依赖于我们的负面动机的纯粹正面动机。在我们的生命内部，即使在这一瞬间完全不提所受的苦难，也仍然有一种深刻、积极和本能的渴 161
望，要争取到一种更完美的，不完全是纯人性的东西。（我们有这一渴望确是一大幸事，因为如果不是这样的话，我们就不可能知道有不同的善，而只是完完全全被隔绝在这种唯一的至善之外。[50]）柏拉图会说，这一切实际上都是人类观点的一部分，因为人本质上就是这样一种存在者：人必定要通过理性不断地寻求超越人类的界限。尼采所忽略的是：数学、科学和哲学的推理对人类灵魂来说极具美感和吸引力；不但对年轻的泰阿泰德这样的数学天才是如此，对格劳孔这样的绅士也是一样；对苏格拉底如此，对每一个进入柏拉图学院的学生也是如此——众所周知，这个学院的大门竖着这样的题词牌："不懂几何者禁止入内。"柏拉图相信，对我们大多数人来讲也是如此，只要我们真正地思考究竟什么才是我们的真爱。伊壁鸠鲁学派把科学和哲学仅仅看作是消解人类痛苦的手段，对此，柏拉图学派的普鲁塔克（Plutarch）恰如其分地反驳说，这是因为他们忽视了柏拉图所看到的纯粹思想的乐趣与快乐：

> 他们把数学的乐趣拒之门外。然而……几何、天文和音律有着强烈的和无尽的吸引力，完全不比一场热恋逊色；它们使用定理作为它们的魔法咒语，把我们搞得团团转。至今没有听说哪个人因为和所爱的女人做爱，就欣喜若狂到了烹羊宰牛的地步；也没听说哪个人宁愿去死也要尝一口上好的牛肉或者糕饼。但是欧多克索祈求宁可像太阳神之子法厄同（Phaethon）那样在烈焰中燃烧而心满意足，只要能在太阳近前停一下量准它的形状、大小和组成；而当毕达哥拉斯找到他的定理时，他确实去宰杀了一头牛。
>
> 《伊壁鸠鲁使得一种快乐的生活变得不可能》，1093D—1094B，埃纳森英译[51]

这种得到祝福的生活，柏拉图强调说，就是幸福快乐的生活。它并不**因为**是快乐的才是最好的；撇开快乐不谈，最好的生活还是最好的生活。但是，我们充满快乐和喜悦来追求最好的活动，这是一件多么奇妙的事情。

如果我们所说的这一切都是正确的，那么柏拉图就可以说，不是他自己，倒是那些批评他著作的人误解了这个内在的人类观点。柏拉图会说，这位想象中的反对者所做的事情，就是通过忽略一种与我们的其他所作所为具有某种张力的渴望来简化人类的道德心理，使它变得平淡无奇。柏拉图同时代解释者在重建其理论时所做的一件事情，就是以一种类似的方式询问：如果我们拒斥了《理想国》后面几卷中所提到的那种不时髦的价值观，那么是否我们就可以拯救当时民主的人本主义能够接受的某种东西？然而，在这样做的时候，虽然他们可以使柏拉图的思想对他当初的和现在的听众来说要更入耳一些，但他们却掩盖了柏拉图对一个更令人不安的观点的捍卫，而柏拉图自己认为那个观点更正确，也更恰当地回答了我们自己的深层渴望——那个有幸与真正的善相联系的渴望。如果柏拉图正确地指出了我们人性的复杂性（我认为他在这一点上很有可能是正确的），那么当我们把他的论证简单化的同时，我们也就回避了我们自己的心理复杂性。这样的处理有 162
好几处危险。有一些危险是历史性的：对柏拉图观点的视而不见；无法理解亚里士多德对柏拉图的批判，因为柏拉图在这个处理中与亚里士多德并无太大区别；[52]我们也无法理解《斐多篇》为什么能以及如何能深深地打动和影响康德。哲学方面的危险也同样巨大：通过把柏拉图的见解通俗化，我们就丧失了仔细地研究和严肃地考察一个独特的道德见解的机会，而正是这个见解对我们自己的见解提出了有力的质询。但是最深的危险或许隐含在一个批评中，这个批评试图软化并使柏拉图的观点人性化，由此就产生了这个最深的危险：在这个批评的鼓舞下，我们或许就再也看不到和感觉不到他看到的和有力地记录下来的东西，即否定的与不满足的人性，以及我们人类追求自我超越的深度。柏拉图会说，一旦我们看不到也感觉不到这些东西，人也就不再具有人性了。尼采，尽管是一个反柏拉图主义者，但在这一点上却非常鲜明地支持柏拉图的直观。他在《查拉图斯特拉如是说》中对所谓的“最后一人”的描述，对欧洲中产阶级民主制中人类道德的未来提出了这样的预言：一旦那种柏拉图式自我超越的渴望消失了，可以辨别出来的人性也就灭绝了。“最可轻蔑的人的时代就到了，”查拉图斯特拉这样说道，“因为他不再会轻蔑自己。”正如我们所想象的，查拉图斯特拉的听众与柏拉图同时代的评论家一样，完全无视他的讲演是对这个“伟大渴望”的礼赞，而大喊“我们要这个最后的人”。[53]

* * *

在《理想国》中，通过描述一个理想城邦，在其中，对客观合理性可能的最好教育能够得以实现，柏拉图以此来回答有关教育和动机的问题。在这座城邦中，有一点至关重要，即任何转变灵魂的努力都应该从最早的孩提时代开始（519A），使年轻公民的灵魂从身体快乐的“重压”下解放出来（519B）。尽管柏拉图也断言这是一个永远得不到实现的城邦，但他竭力主张，即使这样一个城邦没有支持性的环境，私人个体也应该以它的生活为目标（591E—592B）。在不那么理想的环境中，我们要说服的对象是已经枷锁重重的成人的灵魂，教育和因势利导的程序要先从挣脱那些负面的重压开始，然后才能向正面超越的方向发展。为了让这种与苦乐无关的价值观能吸引民主政治下的读者（不论古代还是现代），柏拉图还需要借助于他们对痛苦和紧张的感觉；这是让人意想不到的，因为感受到备受重压的痛苦，所以才要做出摆脱重压的选择。哲学并不因此就只变为趋乐避苦的手段，与康复疗法大同小异：因为哲学还是哲学，对所有的理性灵魂都一样具有价值，无论灵魂在不在痛苦之中。但是，在我们准备追求一种涉及放弃或激烈地修改我们现在所看重的很多东西并达到这个境界之前，必须有某些东西使**我们**意识到**我们**的痛苦。

我们的一切欲望都是重压。但是我们现在不能怀疑这一点：对柏 163
拉图来说，有一种欲望是负担最重的。那就是性欲，这种欲望，作为欲望“之首”和灵魂的“僭主”，被一次又一次地单独选出来。把我们自己从性欲的负担，以及与之相关的对变幻不定的爱的对象中解放出来，这项任务将是一项复杂而困难的任务。为了制衡我们兴趣的力量，这位试图治愈人类痛苦的哲学家在这里首先需要从正反两方面的吸引力
入手。[54] 164

第六章

阿尔西比亚德斯的讲演：对《会饮篇》的一个解读

他为自己做了一面金盾，盾饰上不刻任何先人的武器，而刻了一位手执雷电的爱神。

普鲁塔克，《阿尔西比亚德斯》，16

“我将说真话，你认为你会允许我这样做吗？”（214E）

他一开始就漂亮无比。他那天赋的美貌和魅力曾经让整个雅典倾倒。而且他的光彩并不随着岁月而衰减，相反年龄增长为他的每一个阶段都注入了新的权威和活力。他总是非常自负于自己的美貌和魅力，他会说自己的美是“难得的好运”，是“众神的恩赐”（217A）。但是美貌还仅仅只是他的天赋之一。由于他的精力和智力过人，他还是雅典有史以来最出色的司令官和决策者之一，也是最富蛊惑力的演说家之一。不论是作为指挥家还是演说家，他都有一种洞察秋毫的天才，能立刻抓住事态的关键而大胆出击。他对这些方面的天赋也一样自负，然而却近于病态地关心别人的评论和饶舌。他喜欢被人所爱，憎恶被人观察、窥探和研究。他那慷慨大度的心胸又变化无常，会瞬间发生由爱到怒的变化。由于他那与生俱来的众多禀赋，使他对世界的要求，不论是在感情上还是在智力上，都格外地多；而且他只做他的禀赋和勇气能够保证成功的事情。

还有什么别的？他憎恶吹笛，讨厌吹笛的半人半兽的森林之神玛息阿斯（Marsyas）。……他好说笑话，用笑话来嘲弄对手和情人。他有一次设法让他的一位求情者，一个外地人，赢了当地税捐收入的出价，令本地求情者和税款包收人很不高兴。如果他想赢什么比赛，他就会挖空心思去赢。在奥林匹亚赛会上他一次注册了七辆马车，结果拿到了第一、第二名和第四名。他有一次切下自己狗的尾巴，说道："如果全城的人都来谈这个就好了，他们就不再说我别的坏话了。"……他就像一个明星，总是带来耀眼的光环。人们总是不厌其烦地谈论他，他是他们的挚爱，年轻的"狮子"。那些厌恨民主制的混乱无序的人很恨他，认为正是他鼓动了所有这些混乱。有一次他邀请一位哲学家共进晚餐，告诉他自己灵魂的真相。……他曾经背叛过两个城市。他说，"如果我被人冤枉，我就不能感受到城邦的爱。只有在安心从事公务的时候我才感受到这种爱。"……一天夜里他在雅典街头散步，却去毁损神像，捣碎了 165
很多神像的脸部和私处。……他喜欢的哲学家躺在他的身边，长得很像塌鼻子的森林之神西莱诺斯，超凡脱俗、少言寡语。就好像你打开了一个西莱诺斯玩具，看见闪闪夺目的神仙站在里面。[1]净是这些东西。

最终，他的故事是一段荒废和失落的故事，是以实践理性去塑造生活的一种失败。他的伟大和一步步走向覆灭的过程一直是雅典的传奇；需要解释和平息的传奇。《会饮篇》把人们重新带回到他的生活中去，让我们面对他的一生所提出的有关爱和理性的问题。阿尔西比亚德斯当然是对话的一个主角；他生活的很多细节都在他的演说中明确地再现出来。但同时也有很微妙的信号。他死于利箭之下，却在对话中大谈热恋的语言就像可以刺伤灵魂的流矢或闪电（219B）。他曾经当众诋毁吹笛，说笛子是不值一提的乐器，却在对话中把自己比作受半人半兽的森林之神的笛声所蛊惑的奴隶（215B—D、213C、219C）。这个捣毁圣像的人，却又把苏格拉底的灵魂比作一座神像，大谈诋毁苏格拉底的美德是多么不正义（213E、215B、216D、217E、222A）。这个亵渎神灵，对神秘形式不屑一顾的人，却开创了把爱（erōs）变成一种秘教的先河。这些联系表明，我们需要以他那传奇般的生活故事为背景来研究这篇对话，试图理解雅典人对他的迷恋。唯有如此我们才能把握很多表面上看起来漫不经心的评论的含义，由此来理解整部作品。

很多人都指责柏拉图，说他在《会饮篇》中忽视了一种爱的价值，那就是一个独一无二的完整个人对另外一个与之相似的完整个人的爱。这个指责认为，通过把个人处理为一些有价值的性质的载体，而把爱描述为指向那些可重复的性质，而不是指向整个人，柏拉图由此忽视了我们爱的体验中最重要的一个部分。弗拉斯托斯（Vlastos）教授，这个观点的最能言善辩的解释者之一，这样写道：

> 我们爱慕一个人是因为而且也只因为他的美和善。现在，既然很少有人是卓越的代表，甚至那些我们有缘爱慕的人也总会有这样或那样的瑕疵，或不够美貌，或不够大度，或不够出众，或者有时会显得可笑。如果我们只是因为他们的美貌和美德而爱他们，那么在他或她的个性中具有独特性和完整性的那个个体就不可能成为我们爱的对象。在我看来，这是柏拉图理论的最大缺陷。他的理论没有规定那种对完整之人的爱，而只是规定了对那种抽象

> 的人的爱，那种人是由他们最好的品质所组成的。在柏拉图的“爱的阶梯”上，个人的情感排名很低，其理由就在于此。而达到最高一级的爱——所有其他低一级的爱都是达到这一爱之极点的台阶——与对具体之人的爱有天壤之别。[2]

这个解释显得有点神秘。我们也许要问这种独特性和个体性究竟是什么。它们是因为我们尚未把握所有这些性质而具有的一种主观印象吗？抑或独特性只是某些性质（每种性质自身都是可重复的）在一种尚未被示范出来的组合中的存在？或者它比这种东西更加朦胧和 166
神秘？不过，即使有这些问题，我们还是觉得弗拉斯托斯的解释很有道理。他肯定是针对我们在恋爱中所见所闻的一些东西，尽管我们并不一定知道我们的所见所闻是什么意思。

但是以此来批评柏拉图的观点也有问题。因为这样我们就需要把在狄奥提玛（Diotima）的讲辞所表达出来的观点（为苏格拉底所重述）作为柏拉图的唯一观点，并且指责他对自己在后文中的立场一无所知。之所以如此，乃是因为在狄奥提玛的讲演之后有另一个讲辞，这个讲辞自诩能把真理讲出来，其结尾是这样的：

> 苏格拉底有很多其他的美德值得颂扬，但是同样的美德也会体现在别人身上。苏格拉底真正美妙之处在于他与任何古往今来的人都不同，不论是他的人还是他的讲演，都没有人可以望其项背。（221C—D）

这多少就是弗拉斯托斯所表达的观点。如果一位作者描述了某种爱的理论，然后在这个描述之后对该理论提出一个反例，就像在文学中讲述了一个意味深长的故事那样，讲述对一个独一无二个体的热爱的故事，以此来说明那个理论忽略了某些东西，对某些东西视而不见，那么我们恐怕就要停下来想一想，我们是否想要指责这位**作者**“盲目”。[3]我们倒是应该阅读他的所有作品，从他对各个组成部分的处理上来体会他的理论。我相信，对《会饮篇》的深刻理解将是这样一种理解：不认为该作品忽视了对爱的前哲学理解，而是认为它恰恰关系到那个理解，就是关系到这些问题，即为什么那个前哲学的理解必须被净化和超越，为什么狄奥提玛不得不再次回来以便把雅典人从一场灾祸中拯救出来。(也许还关系到这一问题：为什么狄奥提玛不能拯救我们，或者为什么单单**我们**不可能得救。)

《会饮篇》是一部关于激情性爱的作品，这一事实本身是很难从某种关于它的评论中推断出来的。在这部对话中，自诩能把“真理”说出来的那个唯一的演说，记述的是对一个具体之人的复杂激情，而这种激情既是身体上的又是智力上的。对话的核心中确实有另一段演说挑战或者否定了以真善的名义提出的这些“真理”。但是，若不首先理解柏拉图关于我们实际上的情感依附及其问题的描述，我们就很难指望自己能够理解那个挑战的动机或者评价它的力量。我们必须愿意与这篇对话一道去探究我们自己对情欲依恋的思想和感觉，并在做完这件事之后追问这一问题：我们是否就像苏格拉底那样，准备被狄奥提玛的修正性演说所“说服”。这就是为什么我们必须像柏拉图的听众那样把我们的注意力转向阿尔西比亚德斯的生活和品格。

1

这篇对话是由一系列精心整理的报告组成的。就像一个中国盒
167 子，首先是阿波罗多罗斯[4]与朋友的交谈，记述了他自己以前与别人的

谈话，其中他回忆起阿里斯托得姆的讲辞，这番讲辞又记述了苏格拉底和其他人物的讲辞，而苏格拉底又报告了狄奥提玛的一番演说，后者又说出了神秘事物的秘密。这种疏远的、不断地用古希腊语中的间接语态来做陈述的方式，使我们意识到我们关于爱的知识是多么脆弱，使我们意识到我们需要通过听故事和讲故事去寻求对我们生活的这一核心要素的理解。它也提醒我们注意这一事实：苏格拉底的弟子，出于对一个人的热爱，往往并不听从他的教诲。就像阿尔西比亚德斯一样，他们仍然是那种爱好个人历史中的特殊事情的人，而没有上升到对价值的一切实例都予以同等关怀的地步。通过这两种方式，《会饮篇》整体上更像是阿尔西比亚德斯的讲演而不是苏格拉底的演说，这提醒我们注意到：就像那些积习难改的人一样，我们必须领会和判断苏格拉底的教诲的价值。

柏拉图为几场不同的谈话所选择的场景都准确地突出了整篇对话的中心议题。一位匿名的朋友要阿波罗多罗斯讲讲在宴饮中发生的故事，阿波罗多罗斯说他刚刚有机会转述同一个故事。两天以前，他的一个熟人，名叫格劳孔，非常兴奋地在路上截住他。格劳孔在全城到处找他，想听他从头至尾地讲在阿伽通家中的聚会，苏格拉底和阿尔西比亚德斯是那场聚会的客人。格劳孔迫不及待地想知道他们每一个人关于“爱”的讲辞，但是把宴饮的消息告诉他的那个朋友并没亲临现场，所以不能给他多少清楚的解释（172A—B）。阿波罗多罗斯大感惊讶，说他的朋友的确是把事情搞混了，因为格劳孔似乎认为宴饮是刚刚才发生的事情，而实际上是在好多年之前了。难道格劳孔没听说阿伽通离开雅典“有些年头了”吗？而他自己，阿波罗多罗斯，师从苏格拉底不过只有三年？那场酒会是在“我们还是孩子”的时候开的（173A5），阿伽通第一次在悲剧汇演上得胜那一天，也就是公元前416年。

这段叙述表面上看起来显得很是奇怪，奇怪到了让人觉得柏拉图肯定是别有用心的地步。一个忙碌、活跃、心智健全的成年人在城里乱跑，就为打听一场宴饮上有关“爱”的演说，而他居然不知道这宴会是十年前发生的（阿伽通在前408年或是407年离开雅典）。显然他不是文学或哲学的狂热爱好者，不然他不会对阿伽通或者阿波罗多罗斯的事一无所知。他被描写成一个大忙人（173A）。[5]也许我们应当从政治方面对他那种“迫不及待”寻求一个说明。

伯里(R. G. Bury)和其他评论家更精确地研究了时间次序的问题。[6]他很有说服力地论证说，格劳孔和阿波罗多罗斯的对话不可能是在苏格拉底之死（前399年）以后发生的，因为阿波罗多罗斯是用现在时态来谈论他师从苏格拉底这件事（172E5）。所以那场对话肯定是阿伽通离开之后的“好几年”，但又是在他死之前（可能也是前399年）发生的，因为他被描述为“仍然不在城里”。伯里论证说，为了对“好几年”这个说法做出一个合情合理的解释，我们大概可以把时间在允许的范围
168 内尽量推后，因此那场对话大概是在前400年发生的。

但这一解释忽略了政治的因素和阿尔西比亚德斯。阿尔西比亚德斯在公元前404年遇刺。在前407年他被恢复了民主制的雅典召回，但随后他就因为雅典在诺丁姆的战败而失去声誉，尽管应该为这次战败而受责备的不是他本人而是他的下属。他随后退隐到彻索尼斯。在前405年，他对伊哥斯波塔米战役的忠谏没有被采纳。在愤怒和痛苦之中，他远走小亚细亚，决定服役波斯王阿尔塔克塞西斯（Artaxerxes）。在前404年，当他在弗里吉亚的一个小村庄落脚时，被波斯的刺客所杀，很有可能是斯巴达首领吕山德（Lysander）和柏拉图的叔父、寡头执政者克里底亚（Critias）的合谋。

因此，前400年不可能是格劳孔和阿波罗多罗斯对话的年头。因为

所有对时事关心的人都不可能不注意到阿尔西比亚德斯之死。而且，在前375年[7]左右的读者也不可能相信这一点。(因为我们更感兴趣的必定是柏拉图听众的历史预设和信念，而不是实际事实。)这就像是假设当代的观众会相信一部提到肯尼迪总统还活着的戏剧可以在1968年上演那样。有一些事情的发生很难从人们的记忆中抹去，而阿尔西比亚德斯之死就是这样一个事件。在他生命的最后几个月里，他的行踪吸引了强烈的甚至过分的注意。[8]雅典当时正走到在军事上将向斯巴达投降的边缘；在内部又被数年来的斗争撕裂：其中的一方是亲近斯巴达的寡头政党，另一方是在大多数无能为力的民众当中，仍然有很强传统的民主情结。塞拉美尼(Theramenes)所领导的那个温和的寡头政府处于崩溃的边缘，而极端主义者，即由克里底亚和柏拉图家族的其他成员为首的所谓“三十僭主”，则发誓要把民主体制从城邦中根除。捍卫传统和自由的希望都陷入一片混乱之中。阿里斯托芬的《蛙》是在前405年完成的，表现了对政治自由以及诗作言论自由行将消亡的恐惧。剧作的合唱部分祈求神允许人们大声地讲笑话，也能大声地讨论严肃问题，并祈求神保护自己的真理(384—393)。[9]

在雅典这种焦虑和悲观的情形之下，人们认为唯一的希望就是阿尔西比亚德斯，他同意回到曾经虐待过他的雅典，可以把一个经过恢复的民主制领向胜利和安定。就如普鲁塔克所说：

> 在绝望中他们想起自己过去的错误和愚蠢，并认为其中最大的错误则是他们一而再，再而三地反对阿尔西比亚德斯。但是他们仍然抱着一线希望，只要阿尔西比亚德斯还活着，雅典的希望就不会彻底泯灭。过去，阿尔西比亚德斯从未满足于平静而被动的流放生活，他们相信他现在也不会坐视斯巴达的节节胜利和三十

僭主的暴政。[10]

在《蛙》中，尽管阿尔西比亚德斯的名字到了第1422行才被提到，但他一直是一个中心人物。两个已故诗人在阴间的关键较量，以决定谁的道德指点会拯救城邦于水火，其实是有关阿尔西比亚德斯是不是该回雅典的讨论。城邦一直“怀念他、恨他，又要他回来”(1425)。怎
169 么办？欧里庇得斯通过使用与智者和苏格拉底的哲学活动相联系的语言，给出了一个支持寡头政权的回答：他只是一个自以为是的无用之人，应该继续恨他。埃斯库罗斯则以隐晦、极富诗意的语言，力劝雅典把他请回来。[11]这个曾经在马拉松作战的强硬老派民主派分子，而不是那个所谓反民主知识分子的优雅同志，以这种方式证明他才是狄奥尼索斯——悲剧诗歌和喜剧诗歌之神——的灵魂所希望的那个诗人(1468)。于是埃斯库罗斯将从冥府被召回，起死回生，与悲剧、喜剧和阿尔西比亚德斯一起把雅典从她自由的毁灭中拯救出来；在他们看来，也是从苏格拉底那里把雅典拯救出来。[12]

格劳孔的急不可待现在开始变得可以理解了。假设这就是前404年，在阿尔西比亚德斯遇刺前不久，对阿尔西比亚德斯的狂热达到了最高峰。(这一点仍然满足伯里把场景从阿伽通离开雅典的时间推后几年的要求。)现在假设，如果格劳孔听说有一个聚会，到会的人中有苏格拉底和阿尔西比亚德斯，演说的主题是“爱”。身为一个政客(尽管他对文化圈的事实，即聚会什么时候开一无所知)，他必定想立刻知道，那个被赶走的狂傲统领是否最终会因为对苏格拉底那著名的爱而同意返回雅典。于是他很有可能放下他的日常事务不顾，心里想着哪个政党会得利，而在全城乱跑去打听情况。如果他是民主派，那么他无疑会满怀希望，掩饰不住心中的喜悦；如果他是寡头政治家，那么他就会很紧张

和害怕，并为下面这件事情而苦恼：他的党派监视阿尔西比亚德斯一举一动的一切努力都痛苦地失败了。究竟哪一个是真的格劳孔呢？他的简要提问没有留下任何迹象。既然阿波罗多罗斯，历史上苏格拉底的一个弟子，很有可能与苏格拉底一道与三十僭主的极端违法行为作对，[13]那么格劳孔对自己的利害得失讳莫如深也许就表明他与寡头政权有一定瓜葛。这个格劳孔没有被明确地鉴定出来；但是在柏拉图的对话中具有这个名字的两个已知人物都是他的近亲，与寡头党有染。[14]这个格劳孔并非没有可能就是柏拉图的兄弟，即《理想国》中的同一个格劳孔；不管怎样，这个名字至少会向读者暗示这些反民主的联系。

这样看来，《会饮篇》的场景是在阿尔西比亚德斯遇刺前不久，而其中的一个人物是中立的或同情阿尔西比亚德斯的阿波罗多罗斯，另一个却是与他被谋杀也许有牵连的格劳孔。但这还不是《会饮篇》真正开场的对话。开场对话发生在整整两天之后。人物是阿波罗多罗斯和一个匿名的"朋友"。柏拉图没有说明为什么要有这两天之间的间隔，以及为什么阿波罗多罗斯要重复与格劳孔的对话。然而这的确留下了思考的空间。即使我们可以相信柏拉图凭空制造出这些对话只是为了取乐，但这些奇怪的、一环套一环的对话也并不好玩。我们需要有一种更充分的解释。这个"朋友"不像格劳孔那样误以为传言中的聚会是最近的事；但他也还是愿闻其详。有一种可能性足以说明他为什么对事情这样明白，为什么还是愿意再听一遍聚会的故事，那个可能性就是阿尔西比亚德斯之死。这一点只是猜想，但无论如何我们是想将对话与死亡紧密联系起来，要我们想到即使阿尔西比亚德斯在演讲，他却已经遇刺或者正走向死亡，要我们认识到寡头的恐惧，他们唯恐爱会 170
把阿尔西比亚德斯与雅典重新联合起来，也许正是这种恐惧导致了阿尔西比亚德斯遇害。[15]

但是我们又面临着进一步的问题：按照这些事件，这个传说中的聚会，这个以爱为演讲主题的聚会，究竟是在什么时候发生的？在这里，甚至更明显的是，柏拉图的说法是准确的：它是在公元前416年1月发生的。[16]阿伽通，戏剧节的得胜者，不到三十岁。阿尔西比亚德斯三十四岁。苏格拉底五十三岁。差不多一年之后，赫耳墨斯石像被捣毁——这一事件对阿尔西比亚德斯的军事、政治生涯都造成了毁灭性的打击。无论这是否真是他的作为（最后，官方对他的指控也只是以亵渎依洛西斯密教为名，而不是以对石像的毁坏为名），公元前4世纪大家的共识和传言都把这一事件归于阿尔西比亚德斯的授意和指挥。[17]不仅柏拉图自己，作为寡头的同盟，很有可能相信这种归罪，而且大多数公元前4世纪的读者也是一样。这一事件是阿尔西比亚德斯一生中无数不顾后果、不讲秩序的种种行为中最严重的一起，而那些行为都一而再，再而三地给他的天才蒙上阴影。《会饮篇》所要表明的是：这种鲁莽就类似于某种类型的情人不计后果一样。柏拉图一再地提起神像恐怕不是偶然的。阿尔西比亚德斯的讲演中充斥的模拟威胁和武力的气氛绝非只为了好玩，因为作为读者，我们知道不久阿尔西比亚德斯就被牵扯到真的暴力事件中去了。当他在对话中发泄怒气、痛苦和失望（比如219C—E、217D7—218A）；当苏格拉底谈到，要是阿尔西比亚德斯因为“癫狂和激情的爱”而“强迫”他，他就会害怕阿尔西比亚德斯的那种强烈的嫉妒心，甚至要躲得远远的（213D5—6）；当阿尔西比亚德斯说“你我之间没有休战可言，但我早晚都要报仇”（213D7—8）的时候，我们就会自然而然地想到另一个名字，想到以捣毁了赫耳墨斯这位幸运之神的石像的“美丽的头部”和私处为名而提出的指控（参见213E2）。[18]

2

在原来参加那个聚会的人当中，只有一个人对苏格拉底的讲演不以为然（212C4—5），我们可以从这个人入手讨论这篇对话。在对话的结尾处，苏格拉底想要说服阿伽通和阿里斯托芬：与大多数人的信念相反，同一个诗人可以又写悲剧又写喜剧。而且，在《会饮篇》中，对苏格拉底的爱的升华理论最为严肃的批评，显然是在阿里斯托芬的喜剧讲演和阿尔西比亚德斯的悲剧（或悲喜剧）讲演中出现的。这些事实表明我们应该把这两篇讲辞放在一起研究，思考它们是否对"爱"的本质和价值做了共同的论述，是否彼此阐明了对方的观点以及苏格拉底的立场。因为阿尔西比亚德斯戏剧性的入场打断了阿里斯托芬的话头，他始终没有机会讲述他对升华理论的批评。但是，也许正是这一入场和随后的场景使我们知道了这位喜剧诗人最严肃的保留。

这位喜剧诗人的讲演要比原定的时间开始得晚一些。讲演的顺序 171
被一连串的打嗝儿给中断了。阿里斯托芬（还有我们读者）不禁要问，在多大的程度上我们身体的良好秩序（to kosmion tou sōmatos），会像是一个心甘情愿的牺牲者（epithumei，参见189A4）那样屈服于最滑稽可笑的身体内部的声音。[19]等他平静下来之后，他讲述的爱的故事本身就是追问身体的偶然性有什么力量瓦解和破坏实践理性的宏图远略。

他告诉我们，我们曾经是完美和自足的物理存在者。身体是圆形的，"每一个方面都绝对相同"，被早期的哲学想象为神的形体。[20]但是由于我们过分自以为是，梦想成为万物的主宰，我们就受到了惩罚，被一分为二，与自己的另外一半身体分开，而且头被转过来面对切口的一面，向前突起，时刻提醒我们自己的不完整，总是缺一点什么东西

(190D—E)。但是,一旦我们看到了那个偶然的损失使我们和我们想象中的愿望(本身似乎仍然完整无缺)相断绝,我们就着了魔似的想要找回从前完整的自己。但要追回失去的幸运又一定要依赖另一次好运的发生:我们每一个人必须找到自己被切开的那独一无二的另外一半。"治愈"我们的人性的唯一希望(191D1)就是在爱中与另一个自己相结合,只要可能就与之合而为一(192B—E)。厄洛斯(Eros)就是渴望和追求这个整体的名字(192E—193A)。

这个故事之所以是喜剧,是因为:当它说的是我们和我们最深的关切的时候,它同时把自己与那些关切的内在喜悦和痛苦拉开距离,要求我们要像看待离我们以及我们的需要很遥远的一个物种那样来看待我们自己。作为人,我们认为人体是优美的和无可挑剔的;但是从整体和神的角度来看,圆形可能才是最完美和最充分的形式。凸凹的形体,加上身体中间不甚雅观的皱褶(191A),头部被扭转过来以一种探究的目光(191A、D),面对着缺陷的一边,时时刻刻表现着一种期待以及自身的不完整感;他的生殖器官现在悬垂暴露在外,不再能最有效率地在土地上播种(191B—C),相反倒伴随着对繁衍和疗治自己伤口的渴望。他必须借助身体那个有"切口"的一面,而这看起来简直像是个大笑话,甚至是一种惩罚。从欲望的角度来看,用身体的一部分穿入情人身体的另一部分是一件令人兴奋、充满美感的事情。但是从外在的角度来看,那却是一件极为奇特甚至丑怪的行为,绝对谈不上有任何正面的美学价值,甚至在功能上也说不上是最有效率的生殖方式。直接在土地上进行播种要可靠和有效得多。

当我们听阿里斯托芬讲述这一远古的神话,讲述人们如何激情无比地想要探索和抓牢另外一个人的时候,我们不禁认为所有这一切实际上是多么荒唐:身体会有开口和凸起,而这些雄心勃勃、富有智慧的被造物最深层的关切，就是要把身体的凸起部分插入开口中去。各自的身体会超乎想象地彼此吻合，而我们会认为这是天底下最理所当然，甚至最恰当的事情；我们的身体是开放和柔软的，不再像石头那样呈 172
现圆形并且光滑和闪亮。（卡利克勒曾说石头是雄心勃勃的最佳体现。）最终，从内部来看，这些被造物的本性很不和谐，一方面他们的理性仍然指向追求完美和支配一切，但另一方面身体却无可救药地具有急不可待的需要，如此分裂，从内部看简直就像是一种折磨；而从外部看来却又令人忍俊不禁。他们想成为神，却要四处乱跑，急不可待地要把自己身体的一部分插入一个开口里面去；而也许更可笑的是另一方：急切等待着身体的开口有什么东西填充进来。[21]

然而，我们又清醒地意识到我们自己正是这种被造物。如果这个故事所讲述的完全是异族异类的事情，在那当中我们看不到一丝一毫自己的影子，那么这个故事就纯粹是一部自然史。另一方面，如果那个故事是从内部来讲述的，那么它就是悲剧，就像我们已经说过的那样。它的喜剧效果是在我们对自己的一种突然认识中产生出来的：我们突然意识到那个故事所说的正是我们自己，头和眼睛忽然转过来看见我们自己的生殖器官和脸，那残缺不全并且充满欲望的身体部分。这就像是在阿里斯托芬真正的喜剧中一样，人们对荒诞不经甚至低级的行为大笑不止，却忽然意识到那正是我们自己。*

---

* 有个例子将暗示这项技巧。在《云》中，当对被动的同性恋者（观众一直以一种高高在上的姿态嘲笑他们）说出了一些典型的笑话之后，那个受到嘲笑的人背离了嘲笑他的人，并面向观众，问他什么样的人正坐在那里。回答是毫不含糊的：“神灵啊，大多数人都是屁眼儿。”“那么，对此你要说什么呢？”“我承认失败。哦，同性恋者们，让神灵脱去我的外衣吧，我将站在你们这边。”他退出场，脱去外衣，大概是进入了观众中。阿里斯托芬，就像柏拉图一样（参见第五章和第七章），使用这个例子来提出一些有关被动与主动的观点，对偶然性、快乐主义、民主制的依赖的观点。

在这里我们似乎找到了弗拉斯托斯想要在爱的描述中看到的东西。这些被造物所钟情的对象是完整的个人：不是“高尚品质的集合体”，而是整体的存在，充分体现了他们的一切怪僻、缺陷甚至过失。他们之所以堕入情网，是因为他们在一瞬间产生了那种亲情和亲密无间的感觉，惊异地在一个本应是纯粹的陌生人那里找到了自己存在的一个深层部分。“他们以一种异乎寻常的方式被友爱之情（philia）、亲密（oikeiotēs）和情爱（erōs）魇住，彼此再也不愿分离，哪怕仅仅是片刻。”（192B—C）这是一种灵魂和身体合而为一的爱，而对对方灵魂的渴望就表现在身体的动作和姿态之中（参见192E7—D1）。

对这些人来说，爱的对象，不像是抽象的善或者抽象的美的化身，也不是可以相互交换的。被爱的个体不仅是一个整体，而且是独一无二、不可替代的整体。对每一个人来讲，只有唯一的一个“另一半”（192B6、191A6）。虽然在这一半死去之后，每个人会开始寻求一个替代，但没有证据表明这种寻求会取得成功。对于一个合适的或者“般配的”情人并不存在一种普遍的描述，某些候选者可以满足，无论怎样的描述都不能够充当合适性的充分标准。寻找失去的另一半是一件相当
173 神秘莫测的事情，尤其神秘的是你怎么知道他就是你的另一半。然而人们确确实实找到了那另外的一半，不管是在灵魂上还是在身体上都天下无双。[如果我们回想起《安提戈涅》中的一个时刻，那么我们就可以看到，我们与悲剧中经常表达出来的一个关于情爱的观点是多么接近。克瑞翁用农业上粗俗不堪的比喻来论证爱人是可以替换的：“海蒙大可以去犁别的田地。”小心谨慎的伊斯墨涅回答说：“他不可能找到比她更合适的爱人了。”[22]通过共同强调一种特别的和谐（harmonia）（木工所谓的“合适”或者乐师所谓的“和谐”），悲剧和阿里斯托芬似乎是要把握情爱的独特性和整体性——弗拉斯托斯认为柏拉图的情爱理论

所缺乏的两个属性。]

然而这个图景也向我们显示了一些问题。首先，阿里斯托芬的神话把爱的这种纯粹偶然性以及我们由此在爱中所经受的脆弱性生动地戏剧化。产生情爱追求的那个需要是一种不自然的、偶然的缺失——至少从人类理性抱负的观点来看是这样的。这些奇怪可笑的被造物被切为两半，试图用这两个身体去做他们过去具有不同肉体本质的时候他们很容易做的事情。身体就是他们局限性和痛苦的一个根源。他们并不觉得自己与那个身体合而为一，他们也希望能有不一样的身体，甚至完全摆脱身体的负累。

这样，确保生命延续的情爱和"疗治"伤痛，纯粹出于机缘巧合，就降临到这些被切为两半的被造物身上。那另外的一半肯定在什么地方游荡，但是却很难说什么样的理性和计划会让他们现身。这些被造物大可以不停地去"寻找"和"相遇"，但是所谓幸福的团聚却不是他们的力量所及的。他们很难接受这样的说法：像爱这种对我们的幸福如此重要的东西，却同时是一件纯粹偶然的事情。他们宁可相信一个现代哲学家的乐观主义的说法："如果一个人在爱中失意，那么迅速采取行动去找到另一位至少让他同样倾心的情人就是可能的。"[23] 只可惜阿里斯托芬的喜剧神话对此不以为然。

还有，看来并不仅仅是这些被造物的某个特殊部分不愿接受实践理性的驾驭。因为这个部分，不管是缺失还是不幸地出现，都会导致这个被造物失去对其生活计划其余部分的理性控制。在性交被发明之前，两个一半的人只是永不满足地相拥在一起，直至死于饥饿或者其他的需要（191A—B）。自从悲天悯人的神赐予了交合的可能性，这个新的"技艺"才带来了后代的繁衍，暂时缓解了生理上的欲望。"交合带来了满足感，从而有可能转到日常工作和生活的其他方面上去。"（191C）

但是这种达到幸福的可能性指出了我们总是要受这种循环往复的需求的折磨，时时刻刻要搅乱生活中的其他部分，而性的满足只在短短一段时间里提供了欲望的安宁。

此外，以这种方式获得的满足，甚至作为临时的满足也是不完全的。欲望总是永无止境、难以驾驭。情人们所渴望的不是瞬间的身体
174 快乐以及随后短暂的解脱。性爱行为表达了一种深层的需要，直接源自灵魂的需要——"灵魂不能描述这种需要，却把它神化，并模模糊糊地指向它"（192D）：

> 设想赫菲斯托斯手持工具，注视着这些相拥在一起的生灵，问他们："你们到底想从彼此身上得到什么呢？"见他们默不作答，神接着问："你们是不是想日夜厮守在一起，从此永不分离？如果真是这样，我可以把你们焊接在一起，从今往后你们不再是两个人，而成为一体。这样的命运会不会满足你们的渴望呢？"我们知道他们没有人会拒绝这个提议。（192D—E，汉密尔顿英译）

这是一种异想天开的向往。无论可以多么强烈和频繁地进入另一个人的身体，他们始终是两个分离的人。无论何种程度上的相互渗入，都不可能把身体的任何（哪怕只有）小小的一部分连接起来。他们始终要回到残酷的分离状态，永远不可能有永恒的或者更彻底的结合。

但是这一异想天开的奇迹，比起人们真的被连接在一起之后必定发生的奇迹来说，却要简单得多了。因为他们是有灵魂的被造物，他们对结合在一起的渴望是灵魂的渴望，是对一切欲望、向往和抱负的渴望。（为了看出情人们的问题，他们以及我们都无须成为二元论者。阿里斯托芬的"心灵"并不是一个抽象的概念，而是一个人的"内在"元

素，即欲望、信念和想象，但最终它们是可以分析和理解的。功能上的对立是“内部”与“外部”的对立。无论何人，只要他怀疑自己四肢、脸部和生殖器官的外在运动、姿势和言语总是充分而恰当地表示了他觉得自己所是的那个人，就会碰到情人们的问题。[24]）赫菲斯托斯的焊接工具在这一点上不可能对满足他们的渴望有任何益处，除非他们的灵魂在交媾之中可以首先与各人自己的身体彻底融合起来。这意味着什么呢？每个人都必定会认为他或她的身体运动充分地表示了灵魂或者“内部”的需要和想象，并与后者相和谐，因而，身体交合的同时又是想象力和精神世界的相互渗入。赫菲斯托斯只可能焊接做爱中两人的身体部分；如果灵魂站在一旁，哪怕只是一时兴起地问道：“这难道真的是我吗？”或者“全部的我都在这里了吗？”或者“那个在我身体里面动来动去的家伙真的了解我吗？”那么赫菲斯托斯的焊接至多只是部分的焊接。因为另外有一部分存在游离在外，不受赫菲斯托斯的支配和左右，而始终保持着自己的独立和骄傲。对这样的被造物来说，他们不可避免地会陷入这一境地。难道他们不是时刻厌恶自己身体的笨拙、缺陷和凹凸不平吗？难道他们不为自己曾经的美貌和完整性而骄傲吗？既然如此，他们又怎么可以把自己的骄傲等同于被切开的身体和奇形怪状的器官呢？赫菲斯托斯的奇迹必须要假定另一个更大奇迹的发生。人们要成为一个整体，首先必须要心甘情愿地成为完整的一半。 175

现在我们进一步来设想，由于某种奇迹，两方面的融合都发生了。一方面每一个情人自己的心灵和身体结合为一，然后赫菲斯托斯把两个身心同一体焊接在一起。在余生中，他们在彼此的怀抱中作为一体而一动不动，直至死亡。[我们还可以设想，他们之间相互交流和融合的鸿沟确实被填平了：他们可以一起死了（192E）[25]，并不只是在“同时经历”的意义上同生同死，而且在经验整体的意义上也是一样。]在此我们意想不到地发现了这一故事的另外一个喜剧成分。因为他们在分离状态下梦寐以求的就是与情人合为一体，而现在这种一体性却终结了所有的激情和运动。一个圆球体不可能与任何人交合。他不需要饮食也不需要思考，甚至还会像色诺芬尼那样狡猾地指出："他们不需要走动，因为他们是十全十美的，所以没有要走动的理由。"（B25，参见第五章）情爱是一种欲望，一种不存在任何偶然发生之欲望的存在者的欲望。这是一种二阶的渴望，即应该把所有的欲望都消除的那种欲望。这种使我们可怜地受到偶然性攻击的需要就是这样一种需要：它理想的结果是一座金属塑像，一种人为地制造出来的东西。难怪阿里斯托芬神话中的比喻是金属的焊接工具而不是医生的手术刀。一旦我们认清了这种爱自我取消的特征，那么我们就会怀疑，对赫菲斯托斯提议兴奋无比地接受是否表示了我们的最深愿望。（当赫菲斯托斯把战神阿瑞斯与爱神阿弗洛狄忒一起铐在床上时，阿瑞斯大怒，众神都在嘲笑他；只有赫耳墨斯一人宁可不能动弹也愿意冒险获得爱。[26]）但是我们最深的愿望是否就是一直生活在反复出现的需要的掌控中，永远达不到稳定的满足？就像苏格拉底在《高尔吉亚篇》中所问的，我们是否可以像一个漏罐子或者急流鸟那样生活？我们一方面想要找到一种方式，来保持我们作为具有欲望和能够运动的存在者的同一性，另一方面又希望使我们变得自足。这需要很大的智慧。

这只是一个关于远古存在者的神话和喜剧，我们不那么确信它说的实际上就是我们的故事——从细节和从内部来看，我们的爱是否真是这个样子。但是它无疑留下了很多问题。[27]我们至少看清在那"独一无二和完整无缺的世界中"，个人之间的爱也许并不能支配其世界。现在我们可以转向苏格拉底的讲辞，这番讲辞试图重建那个世界，使实践理性可以在其中有安身立命之地。

3

苏格拉底并没有以第一人称的观点，把他对欲望升华的论述介绍为他自己通过经验和反思而发展出来的一个理论。相反，他引入这个理论是作为对狄奥提玛价值观的论述，他被狄奥提玛**说服**，进而希望说服其他人接受狄奥提玛的价值观（212B）。实际上，苏格拉底说，当他第一次听到这一理论的时候，他还半信半疑（208B）；但是狄奥提玛像一个优秀的智者那样回答问题，因此就说服了他。狄奥提玛的教导从根本上说是建立在苏格拉底自己的信念和直观基础之上；就像苏格拉底一样，当她质询一个学生的时候，她认为她是把学生自己真正的思想显示给他看（201E、202C）。不过当然还是需要一种外在的力量来帮助他理解，要坚定自己的一些信念就得放弃一些其他的信念。不然的话他 176
就要继续生活在互不相容的信念中，而看不到它们之间的冲突。

苏格拉底的老师是一个叫狄奥提玛的女祭司。因为她是一个杜撰的人物，我们不禁要问柏拉图为什么要选这样一个名字。狄奥提玛在希腊语中是“敬神”的意思。阿尔西比亚德斯有一个情妇很出名，史书记载是一个叫提曼德拉的交际花。提曼德拉（Timandra）在希腊语中是“敬人”的意思。所以似乎苏格拉底也有一个“情妇”，不过是一个女祭司而不是交际花，崇尚纯粹的思想交流而不是身体的快乐，崇敬神明（或是为神所敬）而不是只迎合凡人。[28]柏拉图还说，狄奥提玛的盛名和权威来自她在雅典危急的时刻对雅典所做的贡献，她把雅典的大瘟疫推迟了整整十年（201D）。柏拉图杜撰的人物有着重要的意义。他认为狄奥提玛是一个可以给城邦带来巨大利益，甚至消灾解难的人，我们要是能听从她的教导，放弃我们那些以人为中心和只敬重人的做法会有多好？柏拉图对这种外在指引的描绘表明我们可能不得不从外部得到拯救，也就是说要以放弃我们所珍视的很多信念和关系为代价。(《普罗泰戈拉篇》对我们的"疾患"给出了一种生动的认识。)然而，苏格拉底的学习方法是通过他自己以前的信念来发挥作用的，这种描述告诉我们：一旦我们认清了自己的处境，我们心中想要得救的需要就将被唤醒(正如《普罗泰戈拉篇》所说的那样)。

在狄奥提玛对苏格拉底的教导以及苏格拉底对我们的教导中，有很多重要的环节都起着潜移默化的作用。我们首先发现：我们之所以相信(或者部分地相信)"爱一个人是爱他反复出现的品质"这一论断，是因为我们遵循了以这个论断作为一个隐含前提的论证，并且(几乎)被这个论证所说服。这个论证的逻辑形式异乎寻常地清晰，可以说是柏拉图所有论证中最容易理解的一个论证，每个步骤无一例外地可以明确地量化，苏格拉底说服阿伽通，情爱并不是美丽的(199E及以下)。(这个论证出现在明确地引入狄奥提玛之前，但它显然是她教导的结果，而且其前提在她的讲演中得到进一步探究。)这个论证的核心有一个困难。下面是这个论证的步骤：

(1) 对所有的Y，如果Y有所爱，那么存在X，并且Y爱X。(同意，199E6—7)

(2) 对所有的Y和所有的X，如果Y爱X，那么Y渴望X。(同意，200A2—4)

(3) 对所有的Y和所有的X，如果Y渴望X，那么Y缺乏X。(同意，200A5—7)[29]

(4) 对所有的Y和所有的X，如果Y拥有X，那么Y就不渴望X。[200E，由(3)通过换质位法而来][30]

(5) 对所有的Y和所有的X，如果Y拥有X，那么Y就不爱X。[由(2)和(4)而来]

(6) 对所有的Y和所有的X，如果Y爱X，那么X是美的。(同意，201A)

(7) 对所有的Y和所有的X，如果Y爱X，那么Y缺乏美。(201B)。

(8) 对所有的Y，如果Y缺乏美丽，那么Y就不是美的。(201B6—7)。

(9) 对所有的Y，如果Y有所爱，那么Y就不是美的。[由(1)，(7)，(8)而来]

对我们来说，问题出在命题7(虽然阿伽通并不这样认为)。即使我们承认苏格拉底对“缺乏与占有”的逻辑所提出的那些有争议的主张， 177
我们甚至也可以承认“所有爱的对象都必定是美的(kalon)”(如果我们从“美”在希腊语中的广泛用法来看，这一主张就不那么可信了)，* 我们还是不能理解他如何得出“Y缺乏美”这一结论。我们认为他是在谈论人。有这样一种情形，某Y(比如说阿尔西比亚德斯)爱上了俊美的阿伽通。他想要拥有俊美的阿伽通，但是他又意识到他并没有拥有。即使他现在幸运有加，得以享受阿伽通的无双魅力，但是他还是不

---

* 在评价这篇对话与《普罗泰戈拉篇》的关系时，我们必须记住：我继续翻译为“美的”那个词“kalon”，在这里是一个广泛的道德/美学概念，把它翻译为“有价值的”，把相应的名词翻译为“价值”可能更加合适。201C2这样说道：(所有)好的东西(agatha)都是kala；为了使得201C4—5中的论证变得有效，我们就需要这个双向条件句。因此，它可能实际上就是价值的一个单一的统一性概念，而按照那个概念我们就可以看到诸如正义和智慧这样的特殊价值。不管怎样，很明显的是，kalon被假设包含了一切与充满激情的爱(包括对制度和科学的爱)有关的东西，即世界上一切可爱的东西。因此，如果我们相信这种爱在性质上是同质的，那么我们就会一直把伦理上有关质的差别完全排除出去。

能保证他在余生中可以一直彻底地拥有他。所以他确实有一个俊美的人是他既爱又匮乏的。但是这并不等于说他自己缺乏美，即便承认了这个论证前面的那些前提。就我们所知，阿尔西比亚德斯很可能更美。他缺乏的只是俊美的阿伽通。只有我们重新解释第6个步骤——在希腊文中，这一步照字面意义上来讲就是“爱欲（erōs）是对于美的”，苏格拉底的结论才可能成立。按照我们的第一个解释，情人之爱就是对具有“美的”这一性质的某个人（或者某个东西）的爱，由此只能推出这个情人缺乏那个特定的美的人或物。但是，假设我们现在重新解释第6个步骤，把它理解为：

（6'）对所有的Y和所有的X，如果Y爱X，那么X是一个美人。

就是说，X是美的一个具体例子，是某个人或某个东西的美。由此我们至少可以得出这样一个结论：有**一个**美的具体例子，即某个情人所爱的那个人，是他（或者她）并不拥有的。[这是对这个模棱两可语句的正确理解，而这一点得到了“不可能存在对丑的爱”（201A5）这个紧随其后的主张的暗示。因为，如弗拉斯托斯所说，每一个完整的人都有丑陋和有缺陷的一面。为了避免指向丑，爱就必须是指向人的一种属性，而不是整个人。“我的朋友，爱不是针对任何东西的一半或者整体的，除非那一半或者那个整体恰巧是好的。”（205E1—3）]

但是，我们自始至终还没有达到柏拉图的结论。到目前为止有某种美是被情人所爱的：比如说阿尔西比亚德斯爱阿伽通的美。由此只能证明阿尔西比亚德斯缺乏某一种美（阿伽通的美），而不能说阿尔西比亚德斯缺乏所有的美。他很可能具有其他类型的美。甚至很可能是同一种美，只是不同的表现形式而已。在这里第二种可能性不大相关，即如果我已经稳定地具有某种性质上同样的东西，即使那个东西是同一种东西的不同实例，我也不会再去欲望那样的东西，这种可能性是前面那几个步骤的心理学主张的一部分。[31]但是第一种可能性却是很重要的，即如果阿尔西比亚德斯在外表上是美的，那么他是否一方面仍然热爱苏格拉底的优美灵魂，另一方面又缺乏这样一个灵魂呢？我们现 178
在看到的是苏格拉底的论证依赖于一个很强的隐含假定，即所有的美，作为美都是相同的，在种类上没有区别。所有美的表现形式都必然是彼此相类似的，于是只要缺乏其中之一就是缺乏全部。阿尔西比亚德斯的美与苏格拉底的美不应当有质上的天壤之别，而只应该在时空或者数量上有差别。

事实上，这个关于美与善的主张在狄奥提玛的教导中得到了明确的肯定。狄奥提玛说明了灵魂如何向最彻底地领悟善的方向发展，在这个说明中，统一性的概念起着重要的作用。[她讲演的这一段是作为对初学者的启蒙而引入的，超越了苏格拉底自己能够理解的东西(209E5—210A2)。]这个年轻的情人是这样开始他的提升过程的（当然始终是在正确的引导下）：从爱一个单一的形体开始，或者更准确地说，从一个单一的形体之美开始，“然后他必须看到任何一个形体之美都与另一个形体之美是同族的(adelphon)；如果他过分沉醉于形体之美，那么他就会荒谬地否认一切形体之美都是同一种美”(210A5)。

首先他只看到所爱之人的美。然后他必定注意到在那个美与其他的美之间有一种密切的家族相似性。随后——这是与弗拉斯托斯的观点大相径庭的一步——他**决定**应当把这些相关联的美看作“同一种东西”，也就是说，它们都是同质的。于是他就意识到他“必须设定自己应当爱一切美的形体，放松他对某一个形体的那种过分强烈的激情，并把它视为渺小的和无足轻重的”(210B)。所以，出人意料的是，关键的一步就是做决定的这一步，其中涉及考虑“没有道理”的东西和良好的判断。我们不禁要问是怎样的需求驱使他做出这样的决定。比如说，这些“必须”是从何而来的？他为什么认为不用那种显然不符合我们对爱的对象通常的直觉来看事物是愚蠢的？什么东西使我们相信，真理一定要在对这些认识的否认中去发现？对“满腔热情”和“放松心态”这种说法的涉及提出了这一可能性：这个策略至少部分是为了精神健康的理由而被采纳的，因为某种心理压力已经变得很危险或者很困难，使人几乎难以承受。而一种疗治方法就改变了世界的面貌，使相关的东西成为相同的东西，使不可替代的东西变为随时可替换的东西。如果一个人“必须”（按其本性）“追求形体之美”，“必须”因性欲而被形体之美所吸引，那么最明智的做法无疑是找到一条出路，它没有那么高代价的心理压力。如果一个人有充分的决断力又有好的导师引路，那么他就能够找到这种出路。

在下一个阶段，再一次地，情人决定要把某些东西看作是同样的，并因此决定要调整他的价值取向：“他必须认定灵魂之美要比形体之美更高尚。”（210B6—7）这一判断，就像前一个判断一样，显然是从对美的相似性感受以及这个审慎的决定（决定把相联系的东西处理为可以密切比较的东西）中得出来的。这再一次表明，他开始体会到以前视而不见的真理；但是，就像从前一样，从他的需求产生出来的负面动机，至
179 少与从真理产生出来的正面动机一样显著。于是在爱的提升的每一个阶段，满怀雄心壮志的情人，在其导师的引领下，就认清了一种美与另一种美之间的关系，认清了这些美是可以相互比较和相互替换的，只是在数量上有所差别。虽然他还没有完全忘记他过去很珍视的东西，但他现在已经不再那么注意那些东西了。他的眼界开阔了，可以领悟到法律、制度和科学的美或者价值。我们听到有人谈论一个价值和另一

个价值之间**大小**的比较（210B6、C5），谈论价值的“大量”（210D1）。[后来苏格拉底会认为阿尔西比亚德斯有欲望“以美易美”（218E），而且，既然苏格拉底的美（kalon）“完全是超越性的”，阿尔西比亚德斯就因**过分贪恋**（pleonexia）美而受到指责。[32]]在导师的指引下，他的眼界更加开阔（210C7），直到最后他能够领会到美的整体就像是海洋，而且组成部分就像是一滴滴的水，在质上毫无差别：

> 由于见识了更多的美，他就不会再像一个卑微的奴隶那样，只爱恋某个个别的美的对象，例如某个男孩，某个男人，或者某种习俗，终日受其奴役，自视可鄙，甚至觉得自己无足轻重。相反，他转向巨大的美的海洋，凝神观照，在他对智慧那博大的爱中，许多美且宏大的讲辞和推理便应运而生。（210C7—D5）

教育使人的视界彻底改观。[33]同时使我们成为自由人而不是爱的奴隶。狄奥提玛把我们对特定个体的爱与紧张、过度和奴役联系起来，把对性质相同的“海洋”之爱与健康、自由和创造性联系起来。这种提升要求改变知觉和信念，但这个要求并不仅仅是说新的信念就是**真的**。事实上，真假与否在此并不是问题；“家族相似”和“同一”之间的沟壑指出：这种提升，至少在人类体验到它的时候，可以与真理平稳地相互作用。[无论我的弟兄（adelphos）是谁，他终究和我不是“同一”个人。]它的进步策略的激进程度绝不亚于《普罗泰戈拉篇》中的“技艺”，相反二者现在倒是惊人地接近。

这是一个惊人和强有力的观点。我们试着认真地想一想：我们所爱的那个奇妙人儿的身体与其心灵和内在生活在质量上完全相同。二者接着都在质量上与雅典的民主制、与毕达哥拉斯的几何学、与欧多克索的天文学具有同样的价值。当我们看到一个身体时所感受到的东西，与我们在一个数学证明中所领悟到的那种美与善在性质上是完全一样的，仅仅是在数量和位置上有差别，但这样一来，在与那个人做爱和思考那个数学证明之间的选择，就是在水温n度和水温n+100度之间的选择吗？还有，当我们看到苏格拉底的心灵和灵魂时所感受到的东西，不过就是一个人在好的法律制度中所看到的那种品质（的一个更小的部分），那么在与苏格拉底对话和管理那些法律之间的选择，同样也
180 是在质量上没有差别的事情吗？最后，如果我们看到的不只是每个单一的选择，而是把所有的选择（或者至少那些涉及爱和深层依恋的一切选择）都看作是一成不变的，那么又会是什么样子呢？这些建议实在过于大胆，以至于从我们日常的观点来看很难理解。尽管很费力，但我们也许还是能够想象身体在质上是可以相互替换的，因为我们具有杂乱的或者具体化性欲的相关经验，或者能够想象我们具有这样的经验。甚至我们还可以借助于一种宗教传统来想象灵魂的可替换性，因为按照那个宗教传统，我们都是上帝平等的且同样重要的子女。我们甚至可能把身体和灵魂放在一起，而得到彻彻底底可以相互置换的人；我们可以看到这种可代替性确实会消灭一些恼人的和导致混乱的行为。（只要想想斯多亚学派爱比克泰德（Epictetus）的那个著名的观察：如果斯巴达国王墨涅拉俄斯已经能够把海伦看作是另一个女人，那么“整个的《伊利亚特》或者《奥德赛》就都不存在了”。）但是美这片宽广的海洋是我们无法企及的。我们只是感觉到：如果我们可以做到这一点，那么我们的整个世界都会由此而改变，我们不会再因为脆弱的个人关系而备受折磨，也不会有激烈的冲突从这些关系中产生。我们可以想象这一转变的影响是如此之广，以至于可以打消我们这样一些念头：不顾一切去追求阿尔西比亚德斯，或者一心一意地只爱某一个人，甚至爱自己

的城邦高于一切。既然一切美好的东西都是同样的，这些承诺也就不会令人痛苦地发生冲突（参见第五章第5节）。面对满眼尽是完全同一的价值，没有跌宕起伏，情人也就失去了任何取此舍彼的理由。一种沉思的生活于是就成为理所当然的选择。

在提升爱的每一个阶段，狄奥提玛都这样来说服弟子：为了他健康的内在需要，他应当放弃曾经很珍视的那个信念，即有些东西是不可替代的。苏格拉底是她心悦诚服的弟子之一；现在他要来说服我们，我们的人性不可能找到比爱更亲近的同盟（212B）。我们的这位同盟军自远方来和我们并肩作战，要打赢这一仗。如果这种提升显得远离我们的本性，那是因为，就像《普罗泰戈拉篇》的科学那样，它甚至更为明确地成为超越人性的那种进步设施。

这种提升的一个中心特征就是：情人逐渐地摆脱运气对他的束缚。阿里斯托芬式的情人是碰运气而得到的。首先他也许在一生中根本就碰不到他的挚爱；即使碰到了，他的另一半也许并不爱他，或有生老病死，甚至离他而去。或者他可能改变初衷，爱会消失，他会退缩，离爱人而去；或者备受忌妒心的折磨。通常激情会困扰着他，使他无暇顾及善以及其他的人类生活计划。即使是在最乐观的时候，他仍然是在追求水中月、镜中花。另一方面，哲学家则摆脱了运气的这些困扰。他对一切美好事物的那种沉思性的爱不会带来任何丧失、被拒绝或者备受挫折的危险。言语和思想总是在我们的控制之中，而与爱人在情感和身体上的交流却不可能达到这一点。而且，如果世俗之美的某个具体例子随着时间而枯萎凋谢了，那么仍然有一个无边的美的海洋，少了几滴水根本就看不出来。

但是，对最初的情人的这一终极启示使他超越了他对这个世界的 181
那种最小的依赖。就像其他的发展一样，这个发展是作为一种全新的

视角而出现的(210E2—3)。这个情人“一下子”(exaiphnēs)就看到了新的视角,即他的一切努力的最终产物:

> 首先,美是永恒的,既不会生灭,也不会增减;不会在这个方面美而在那个方面丑,也不会在这一时美而在那一时丑,不会与这个相比是美的而与那个相比是丑的,也不会在这一处美而在那一处丑,好像对某些人来说是美的而对另一些人来说是丑的。……他会把美看作是按其自身的、永恒的和统一的,把所有其他美的事物都看作是以这样一种方式对美的分有,即分有美的具体事物有生有灭,而被分有的美则绝不会变多或变少,也不会被动地承受任何东西。……这是正确地走向或者被别人引导走向爱欲之事的唯一路径。……在这里,我亲爱的苏格拉底,生活对人而言才值得一过,如果说哪里还有这样的生活的话,因为在这儿一个人才能静观美本身。一旦你看到这美,就会觉得世上所有的金器华服、郎才女貌或者青春年少相比之下都黯然失色。而眼下那个人的样子还是令你如此着迷,以至于你(还有其他很多人)只要能够看到所爱的男孩并一直与之相守,就随时可以不吃不喝,所有的时光都用来凝视他们、与之消磨。而我们认为……如果一个人看到了那如其本然、精纯不杂的美本身,那种并非全然沾染了人类血肉之躯以及其他很多必朽的俗物的美,而是在自身统一之中的神圣之美;如果有人在那里投下一瞥,以一种恰当的方式静观美本身并与它在一起,那么你还会把他的生活看作是一种悲惨的生活吗?或者难道是你没有理解:当他用可以看见美本身的能力看到真正的美本身时,他才有可能达到真正的卓越,而不是卓越的幻影,因为他所把握的不是真理的幻影,他所掌握的就是真理本身!当他实现了真正的卓越

并加以滋养，他不就会为神所爱，并且成为不朽，如果凡人可能不朽的话？（210E6—212A7）

狄奥提玛的教导就此结束。我用这么大的篇幅来整段引述柏拉图的原文，不仅仅是为了指出狄奥提玛的讲演那种强有力的修辞特征，而正是那种特征在打动了苏格拉底的同时也打动了柏拉图的听众；而且也是为了把隐藏在这种提升后面的那个实践动机进一步的证据揭示出来。这个情人最终的沉思活动在每一个方面都满足了《理想国》中对真实的价值所设定的标准。活动的对象是“单一的、纯粹的、没有掺杂的”（211E）；本身与痛苦毫不相关。它是稳定的活动，持续不断地表达着我们追求真理和富于创见的人类本性；它之所以如此稳定，其中的一个原因就是它的对象本身不变和不朽。我们终于拥有了爱的这样一个对象：它不仅总是随手可得，而且在最大限度上满足了我们“与爱人永不分离的”渴望。身体上“在一起”（在211D6所用的是“suneinai”，与交合是同一个词）不可能持续很久，一方面是因为它的那种“不纯粹”的需求和满足需求的内部结构，另一方面是因为它依赖于不受我们支配的对象的存在。心智的交流则摆脱了这样的缺陷。更进一步，正如狄奥提玛所说的，我们从这一活动中得到了真理，而不是真理的复制品。但是，在她的讲演中，真理的因素是与以需求为基础去寻找真理的动机交织在一起的。提升是真实的，但是它要求我们放弃那些我们一度深信不疑的“真理”。所以她必须从我们现在的立场出发，激发我们彻底地改变眼光。她使用激将法，目前是为了提醒我们重 182
新认识人类本质的深层需求——从我们的经验生活来看，我们都很熟悉的那个需求——那就是自足的爱。这个提升过程接受了阿里斯托芬对个人情爱需要的痛苦和非理性的骚动的描述，并认为那种爱搅乱了我们的理性生活计划，甚至使我们为了那种爱宁可放弃其他一切，乃至我们自己的健康和生命。但这是不可忍受的。这样的生活是“没有价值的”；[34]我们必须另辟蹊径。我们不应该去追求肉体的享受和那些有生有灭的荒唐事情，而应该去发现不朽的对象，并且也能够发现这样的对象。我们不应该痛苦地去追求某个单一的身体和精神，而应该去追求那种时刻充满喜悦的沉思的完美。我们看到，正是那种古老而熟悉的爱欲，正是那种追求终极意义上的渴望，在这里激发我们把自己提升到这样一个世界：在那个世界中，我们所知的那种爱欲活动将不复存在。[35]

当苏格拉底结束这一段讲演的时候，我们得以重新回顾整个故事（我们现在回想起来，那个故事是通过阿里斯托得姆告诉我们的，根据阿波罗多罗斯的报告，他是苏格拉底的一个皈依者和“情人”，而以前是个可怜的人，是哲学使他重获新生），我们发现苏格拉底的生活和行为正体现了这种提升的裨益。首先令人惊奇的是，苏格拉底以及讲述其故事的那个人的生活，都显得异乎寻常地井然有序，不受外界干扰。阿波罗多罗斯还依稀记得“我以前只要一碰到难事，就会像无头苍蝇那样四处乱撞”（172C）。在这个方面，他的导师在生活中也显得极度平静，所有的活动都在他的绝对掌握之中，远离平常的情感和困惑的纷扰。他一如既往地展现他的品德——勇敢、正义和有节制——始终乐此不疲。而且这似乎与他对周围发生的事情无动于衷有紧密的联系。他对衣着和修饰熟视无睹，甚至也不在乎身体的安逸。我们在后面会听到人们谈论苏格拉底如何耐寒和吃苦。他可以光着脚在冰上走，在寒冷的冰霜天气不穿外套，不戴帽子。我们固然可以像讲述那些故事的士兵那样，把它们解释为傲慢的苏格拉底不断地自我炫耀（220B）。然而，正确的解释恐怕是苏格拉底与他自己的身体格外隔绝疏远，以至于他根本就感觉不到疼痛，也感觉不到周围发生的事情所带来的痛苦。他以从不醉酒而著名，而且绝不像其他人一样会抱怨宿醉（176A—B、214A、220A）。他从来不屈从于眼下强烈的性欲诱惑（219B—D）。他可以几天不睡而不显疲倦（220C—D、223D）。我们不可能以“他在生理上与众不同”来解释这一切。我们不妨来研究他与外部世界、与他自己的身体在心理上的距离。他好像确实认为他是一个身心分离的独立存在，他的人格与他的身体和身体的活动毫不相关。不是他的滑稽可笑、肥胖和塌鼻子的躯体，而是他自我专注的灵魂在追求自足的沉思。我们看到他在一开始去参加聚会的路上，“突然间就在某种程度上把注意力集中于他自己了”（174D，参见220C—D），于是在某一点上，就完全忘记了外界的存在。他落在人群的后面；后来人们在邻居的门廊处找到 183
他，但他完全没有听见别人的呼唤。传到他耳朵里的声音从来不能渗透到他的心里，就像是有一道鸿沟。阿里斯托得姆说：“随他去，那就是他的习惯。有时候碰巧了，不管在什么地方他也会停下来。”

这些细节通常被解读为苏格拉底的生活趣闻。可能确实是这样，但同时又远远不止于此。它们向我们显示了狄奥提玛可能只是抽象地提到的东西，即当一个人开始他的提升过程时，人的生活会变成什么样子。苏格拉底是摆在我们跟前的一个自足的典范——同时，对我们这些冥顽不化的人来讲，他又是摆在眼前的一个问号和挑战。这是否是我们自己想要的生活？那种生活方式就是我们想要或者需要看到和听到的生活方式吗？我们不被允许有这个奢想：那个经过转变的人就像我们一样，只会更加幸福。苏格拉底的确不可思议。事实上，他“几乎不是我们的同类”。当我们看待苏格拉底的时候，我们一方面感到敬畏，另一方面又感到很不舒服，隐隐地有一种胆怯、怀旧的感觉。我们觉得我们必须回过头来看看我们现在的处境，我们的爱和我们看世界的方式，以及由此对实践理性所提出的问题。在我们能够判断我们是否想要成为这种另类的存在者——那种卓越超群却对外界充耳不闻的存在者——之前，我们需要比以往任何时候都更清楚地认识我们自己。

4

狄奥提玛告诉我们，这种提升的极点是以一个启示为标志的："经历了一系列的努力，忽然（exaiphnēs）看见这一切都转化为不可思议的美的化身。" 现在，当我们自己开始进行那个反思性提升的时候，当一些在场的人开始对苏格拉底的观点赞不绝口，而阿里斯托芬想再次提醒我们他对人性的看法（212C）的时候，我们却看到了另外一种启示和另一种美。"忽然门外有人大声地敲门。听起来像是一群醉汉，还有吹笛子的姑娘。不一会儿就听到阿尔西比亚德斯在院子里醉醺醺地大喊大叫，问阿伽通在哪，要人领他去找阿伽通。" 只有心灵之眼才可能认识美的理念，这一种美 "不是美的面孔或美的手，或者是人体任何部位的美"（211A）；它是 "纯粹的，不与任何颜色和身体的其他部分相掺杂的"（211E）。阿尔西比亚德斯，以他那不可思议的美出现在我们的感官想象之前，完完全全充满了颜色和身体各个部分的混合杂质。我们听见他的喧哗，看见他在眼前的一举一动，甚至闻得见他的头发和眼睑上紫罗兰的气味（212E1—2），混在他的汗味和酒气里面。把握理念的那种能力异乎寻常地坚定不移，不管世界上发生什么事情，都不能妨碍我们去行使那种能力。然而，我们看见、听见和感到的阿尔西比亚德斯的能力是身体的感性知觉和感觉，是脆弱的和多变的。我们陡然间就从自
184 足的哲学家那个纯净的沉思世界跌入我们所居住的世界，自然而然地（与 "忽然" 平行）也把阿尔西比亚德斯的形象看作黎明和一种启示。[36]

我们不禁要问：是否存在着这样一种理解，它本身既是脆弱的又针对脆弱的对象？如果有的话，这种提升是否包含了它、超越了它，抑或只是对它熟视无睹？（这位哲学家要求别人把他领到agathon——那种可重复的、普遍的善——面前。而阿尔西比亚德斯则要求别人把他领到阿伽通——那个并非优秀的特别少年——跟前。）

阿尔西比亚德斯在他的讲演中一下子就切入主题。苏格拉底问："嘿，阿尔西比亚德斯，你来这儿是想做什么？"（因为我们深知阿尔西比亚德斯不久后的所为，这个问题会一直回响在我们头脑中，就像是一种不祥的预兆。）"你是来嘲笑我的吗？不然你来做什么呢？"阿尔西比亚德斯的回答很简洁，却很难理解。"我是来说真话的，你认为你会允许我这样做吗？"（为什么有人，尤其是苏格拉底过去的弟子，会认为哲学可能抵制真理呢？）不一会儿，当阿尔西比亚德斯更详细地告诉我们，他如何讲真话时，我们开始理解他为什么要以攻为守。"先生们，我要通过形象来赞颂苏格拉底。他也许会认为这是在嘲笑他，但是这种形象是为了体现真理，而不是要取笑他。"大家要他谈爱，阿尔西比亚德斯选择谈论某一种具体的爱；他既没有提出定义也没有说明任何东西的本质，而只是讲述了对一个特定的偶然个体而言具体的爱的故事。大家要他演讲，他给我们讲了他自己的故事，即他通过自己的生活经验而对爱所达到的理解。（他演讲的结束语是悲剧名言：pathonta gnōnai，"通过经验或者苦难的经历而理解"——参见第二章。）而且，他的故事是通过形象或者相似物来传达真理的——苏格拉底在《理想国》中对这种诗歌性的实践大感惋惜，因为形象不足以向我们提供真正普遍的论述或者对本质的说明（参见插曲一和第七章第3节）。但是阿尔西比亚德斯的开场白表明，他并非对这个哲学背景一无所知，相反他是先发制人，预料到了别人的批评。实际上他预料到苏格拉底不会理睬他的“真理”，或者不允许把这样的“真理”称为“真理”。然而，尽管如此，他宣称他要讲述的是真理，而且是只能由他的方式来表达的真理。

这个主张背后有什么含义呢？很可能是这样的。有一些关于爱的真理只可能从具体的个人感情经验中领悟到。如果要转述这一真理，唯一的方法就是向听众再现那个经验：靠讲故事，靠形象逼真的叙述来激发听者的情感和想象力。形象帮助听者参与到经验中去，从内心去感觉爱是什么样子。比如说，把苏格拉底与森林之神西莱诺斯的雕像相比，就是把听众不大熟悉的人物与我们每日所见的经验相比，从而使我们可以体会到它渴望的和渴望被理解的那种感觉。在后文中我们要进一步讨论这个例子以及类似的例子；我们会看到醉了酒的阿尔西比亚德斯，身上缠满了常春藤，在我们的理解中，他想把自己展现为一幅
185 要表达真理的图像。

我们现在注意到阿尔西比亚德斯是在把自己与一个传统结为一体，那个传统捍卫了诗歌文本或“文学”文本在道德学习中的作用。某些关于人类经验的真理，是只有通过在它们的特殊性中去加以体验才能学得最好的。而我们又不可能仅仅通过思想本身就掌握这一特殊性。就像埃斯库罗斯或者索福克勒斯很可能已经论证的那样，为了领悟这些真理，我们往往就需要想象、情感甚至欲望感觉之类的认知活动，[37]也就是说，我们必须使自己进入一个问题之中并去感受它。但是，我们不可能凭借为了生活得好而应该知道的一切，一直生活在我们自己的公开活动中。在这里，文学作品就借助于它的故事和形象延伸了我们的经验，鼓舞我们发展和理解我们的认知/情感反应。[38]

如果这的确就是阿尔西比亚德斯的观点，那么我们就不会奇怪为什么他要在那群聚会的人当中进行自我辩护。参加聚会的其他所有

人都有一个共同的观点：他们似乎都相信情爱是可以在抽象的意义上理解的，而且也必须在这个意义上理解。具体的故事应简要地作为一般原则的案例而进入，但任何这样的案例都不会以一种将要诉诸感觉想象的方式而得到充分或具体的描述。阿里斯托芬的神话可以大致地认为是用人性的某个形象来说教；而且，当他生动地描绘神话人物的行为和感情的时候，他作为诗人的天赋就在那种生动性中表现出来。但是那些神话人物始终只是无名的样板，它们的爱人虽然都是一个个具体的对象，却都被抽象地描述。我们很难想象他所描绘的就是我们自己，他所描绘的那些稀奇古怪的东西就是我们具体的爱。与此同时，苏格拉底甚至已经以哲学智慧的名义，去攻击这种对人类生活的真实经验很有限的引用。没有任何人会爱那一半或者那一个整体，除非后者是美的和善的。苏格拉底声称自己在情爱的事情上拥有了知识（epistēmē）（177D）；而苏格拉底所谓的知识，不是阿尔西比亚德斯的那种经验领悟（pathonta gnōnai），而是演绎性的和科学的，与普遍性有关。（当亚里士多德想要捍卫一种通过感觉和经验而得到的，对特殊东西的非演绎性直观在实践智慧中的作用时，他就把这种直观的把握与苏格拉底的知识相对照。参见《尼各马可伦理学》，1142a23及以下。）在整篇对话中，苏格拉底寻求体现出知识的各种定义，就是对一种普遍论述的寻求，而他自己认为那种普遍论述能够涵盖和解释所有特殊的东西。如果用列举具体的事例和讲故事的方法来回答苏格拉底“X是什么”的问题，对他来说不是误解，就是在拒绝回答他的问题。在柏拉图早期的对话中，具体的事例为获得知识提供了材料，而那种材料是一个定义必须加以考虑的材料，尽管它们自身并不是知识的具体体现。[39]在《会饮篇》中，苏格拉底对具体事例的态度则变得特别苛刻。他认为，只有在举例说明可重复的属性时，列举事例才是有意义的。就形象而言，对他来说,美好东西的显示能算作真理,只是因为它**不是**一种(感性)形象(212A),或者不是**通过**形象展现出来的。形象与既是理解的对象又是理解的源泉的真理形成了对比。[40]只有在"身体的见识"即感官和感性想象暗淡下来的时候,"心灵的见识",即理智才开始繁荣昌盛(219A)。

由此,苏格拉底哲学不可能把阿尔西比亚德斯的真理看作是对哲
186 学理解的贡献。苏格拉底哲学必定坚持认为,具体事例的那些不可重复的方面和感觉的方面是无关紧要的,甚至是对正确观察的一种障碍。当阿尔西比亚德斯试图捍卫他自己所要传授的教学主张时,他必须要面对的,不仅仅是苏格拉底哲学,还包括以苏格拉底作为起点的那个伦理话语传统的绝大部分内容。对于把故事、特殊的事情和形象引入有关价值的著作中的做法,很少有道德哲学家(尤其是在英美传统中)采取欢迎的态度。他们中的大多数都用怀疑的眼光来看待伦理话语的这些因素(参见第一章)。[41]结果,在现代哲学专业的大多数地方,纯粹的东西和不纯粹的东西之间的对比,故事和论证之间的对比,文学和哲学之间的对比,就像在柏拉图的文本中那样,被尖锐地引入了。但是这种做法应受责备,因为它是以一种不加反思的方式引出这些对比的,不像柏拉图那样乐于把对立面的立场重新表现出来,愿意去质问那些对比本身。

《会饮篇》和阿尔西比亚德斯无疑都成为这种怀疑的牺牲品。整篇对话往往被我们这个传统的哲学家忽视(或者只是选择其中的部分章节来加以研究),于是在这篇对话最近的一个版本中,它就被描绘为"所有柏拉图对话中最富有文学色彩的一部,所有古典系的学生,不管是否研究柏拉图哲学,可能都想要阅读这篇对话"。[42]那就是说,我们可以让阿尔西比亚德斯在别的系有一席之地,因为他显然尚未把握哲学的行事方式。(而且,即使是一篇评论《会饮篇》的文章,如果用它自己的风

格去回应阿尔西比亚德斯风格的主张，也可能会受到这种抵制。这种文章被认为纯属文学消遣，或者被要求用一种苏格拉底式的方式来证明它也很纯粹，因此可以把真理告诉我们。）

但是，以这种方式把证明的负担放在阿尔西比亚德斯身上——要求他要么用苏格拉底自己的措辞与苏格拉底辩论，要么把他的爱情故事放在其他地方——就是拒绝倾听他的声音，或者拒绝进入他的世界。这种拒绝是这样的：在这种貌似古怪的材料理应得到重视和细心研究的地方，拒绝去研究它或者拒绝受到它的影响。这就是苏格拉底的回答。

阿尔西比亚德斯的故事其实只是一个爱情故事。但它并不是随便某个爱情故事，而是苏格拉底的故事，是阿尔西比亚德斯对苏格拉底的爱的故事。人们要阿尔西比亚德斯谈谈爱欲，他于是就谈论了一个人。[43]他不能用一般的措辞去描述他的激情或者这种激情的对象，因为这样的爱情经历对他而言仅此一次，而且他所爱的对象在他眼里是独一无二的。他的整个讲演就是想要传达这种独特性。他原本可以从一一列举那个不可能的人物的卓越品质入手来回答问题。但是，即使他确实采取了这种做法，还是不足以捕捉他的爱的那种特殊品质和强度，甚至会引起误解，因为这种做法可能意味着：只要另一个人具有这些相同的可重复的品质，阿尔西比亚德斯就会一样爱他。但是阿尔西比亚德斯并不知道那样的东西。于是他就讲述了一些苏格拉底的故事；他四处探索可以表达内在感受的形象和联系。他在描绘一个完整人的独特个性的过程中，提到苏格拉底的卓越。他的讲演凌乱不堪、毫无条理，在描绘和形象比喻之间跳来跳去，并且重复了好几次。但恰恰 187
就是这种探索，这种有些杂乱无章的特点，使得他的讲演成为对“爱”格外动人、格外具有说服力的论述，而且本身也成为表达爱的一种方式

（参见215D和216A中的“甚至现在”这个说法）。

首先，在他的讲演中有两件事情让我们觉得很奇怪。以这两件事情为线索，我们也许就可以更完整地理解它的寓意及其与苏格拉底的教导之间的关系。其一是他的讲演对性角色的混淆。在一开始，阿尔西比亚德斯是美貌的erōmenos（被爱者），但到最后他似乎变成了主动的erastēs（爱者），而苏格拉底开始显然是爱者，最终却变为被爱者（222B）。其二是阿尔西比亚德斯对灵魂化为人身的怪异想法，他用这样一种方式来谈论他的灵魂、他的理性、他的感情和他的欲望，就好像它们都是肉体的一部分，能够体验到肉体惯常具有的那种刺痛、灼伤和泪水。

被爱者（erōmenos），在古希腊的同性恋习俗中（例如，就像在多弗爵士的权威研究中所解释的那样），[44]本身是没有紧迫需要的美貌的依人小鸟。他意识到自己的动人魅力，却把自己沉浸在与那些渴求他的人的关系中。他会对爱慕他的人甜蜜微笑；会很感念别人的友情、忠告和帮助。他会任由他的爱人一往情深地抚摸他的私处和脸庞，而他自己这时候却是一脸端庄地只顾看着地上。就像多弗通过广泛研究古希腊的色情绘画作品后所表明的那样，他有时候甚至允许让纠缠不休的爱人从他的两腿之间来满足欲望。在这时候，他会拥抱他的爱人，或者用其他方式积极地表达他的感情。但是从流传下来的艺术作品来看，有两件事情是他绝对不允许的。他不会允许任何形式的交合；只有半人半兽的森林神才会那样做。他不会允许自己勃发那种进入情人身体的欲望。在所有幸存下来的古希腊艺术作品中，没有一幅绘画描绘了男孩子的勃起。多弗以迟疑的口吻总结道，“甚至在尚未有任何身体接触之前，爱者有时候就勃起了，而被爱者却总是松弛的，即使在最应该冲动的情境中也是如此。”[45]我们可以想象的是，被追求者的内在经验是以一种自豪的自足感受来表征的。虽然他是受到纠缠的诱惑对象，但他对自己之外的东西却没有任何需求。他不大乐意别人因为好奇心而去探究他，他自己则对外人毫无兴趣。他在一定程度上像是一位神或者一尊神像。[《斐莱布篇》(53D)把爱者/被爱者引证为完备的或者自足的(auto kath' hauto)东西与不完备的或者有所需要的东西之间对比的范例，并用性这个类比来阐明它对哲学沉思的赞颂。]

对阿尔西比亚德斯来说，他的整个青少年时代都是作为这种封闭的、自我专注的存在者而度过的，爱的经验就像是一种豁然张开的感觉，同时又是一种无法抵御地想要打开的渴望。苏格拉底的出现首先让他感觉到的是一种被人看穿了的、可怕的和痛苦的意识。至少他自身的一部分想要“坚守阵地”(216A)，继续作为“被爱者”。因此他的本能反应就是赶快逃走，躲起来，堵上他的耳朵，堵上会被尖锐的语言穿透的入口(216A—B)。但与此同时他又感觉到，在这种被那人看到、那人对他讲话、每当那个人在场就如美妙的音乐(216A)一下子灌入他 188
的身体里面的情形中，有一些东西是他内心深处不想回避的：“苏格拉底让我感到一种别人从来没有的东西，一种你想不到会在我心里的东西，那就是羞愧感。他是唯一能让我感到羞耻的人。有时候我真盼他死掉。但如果他真的死了，我又会比从前更悲惨。”(216A—C)情人的开诚布公往往完全禁不起批评(就像斐德罗在179A中强调过的那样)。在被爱者的那个封闭的世界里，无论是优点还是缺点都全部舒舒服服地隐藏起来。相比较，被情人所认识和了解却会带来羞愧的痛苦，因为人们由情人的眼中看到了自己的不完美。但在另一方面，这种痛苦，正如阿尔西比亚德斯模模糊糊地意识到的，有可能带来长进。

于是阿尔西比亚德斯对他的角色大感困惑。他知道自己作为被追求的对象是有吸引力的。“我对自己的美貌从来都格外自负。”(217A)

他原以为与苏格拉底结交对苏格拉底而言，是一个恩惠有加的决定，同时自己还可以保持无动于衷(217A)。但现在他却想要并且需要对方的活动来照亮他。

同时令他更为困惑的是，他觉得自己有想要了解苏格拉底的深刻欲望，这个欲望，就像他想为人所知的欲望一样，在传统的意义上是不恰当的。他的讲演反复地引用**开启**对方的比喻：本质上带有性的意味，与他自己的性目标和性想象不可分离，但同时又是一个认知上的比喻，目的是要向我们传递他的那种“想要听到他所知道的一切东西”(217A)，想要知道他到底是一个什么样的人的欲望。在他早年虚荣自负的时期，这种渴望显然与他个人的野心混在一起(217A)；但是当他的爱持续不断，而他的虚荣心逐渐减少的时候(对比215D、216A的现在时和217A的过去时)，要了解苏格拉底和把他的真实面目讲述出来的渴望却丝毫未减。他的讲演表示了他这些年来所获得的理解，以及对苏格拉底持续不断的好奇心。

他告诉我们，苏格拉底就像是工匠制作出来的一个西莱诺斯玩具。外表看来毫不起眼，甚至滑稽可笑。但是每当你看到它中间的一道裂缝，就禁不住要把它打开。(他们之所以可以打开，是因为这道裂缝和疤痕，不完全是光滑的。)而它里面却是深藏不露的美丽，是一尊精雕细刻的神像。我们可以想象这是纽约大都会美术馆中世纪展厅中的那颗黄杨木念珠。外表看来不过是一个装饰过的圆球，毫不起眼。但是当你把两个半球打开的时候，“深藏的宝藏”(216E)就展现出来——绝妙制作的动物、树木和人物，全都是极其精致准确地雕刻而成的。外表看来只是一个圆球的东西却包含着它自己的世界，这就是令人叹为观止的真正理由。

我们自己最早也是最喜爱的玩具往往是那些可以打开的东西。甚至在我们会说话之前，我们已经尝试着把东西打开了。我们会坐在地板上几个小时，全神贯注地把木头或者塑料球打开两半，在里面找藏着的铃铛和小人。阿尔西比亚德斯用这样的玩具做比喻，其目的是要表 189
明我们最早的、最强烈的一个欲望就是要“打开”东西，想要深入探究被外表所掩盖的内部；在这样一个欲望中，性需求和认知的需求被结合在一起，显然是不可分离的。我们都渴望揭示和阐明那些被隐藏起来的秘密的东西；每当我们看到一道裂缝时，我们也就看到了可以达到我们的目的的大好机会。我们期待着能够打开裂缝，展现里面隐藏着的美，探究在我们的想象中应该存在的世界，并通过感觉、感官、情感和理智去理解这一世界。阿尔西比亚德斯之所以把他的性目的视为一种认知目的，即试图更完备地理解这个世界特别复杂的部分的那种目的，就是因为最充分地达到那个目的既要求身体上的交流，又要求哲学上的交流。

我们很容易看出，在对性的欲望与对智慧的欲望之间有一种结构上的相似性。两者都指向外部世界的对象，都以把握和拥有那些对象为目的。而每当充分地把握了那些对象时，这两种欲望都会有暂时的满足感：就像圆球不再诱惑我们，“神不再需要苦苦追寻真理”（204A）那样。（对真理的**沉思**当然是另外一个问题。）这两种欲望都为美和美德所唤起，又都试图去理解美德的本质。它们所尊崇和钟爱的对象是分离的和独立的实体，但同时又渴望能够与那些实体合而为一。然而，阿尔西比亚德斯显然想要说明性欲和追求智慧的欲望之间有更多的相似性，但他所说的那些相似性都颇具争议，而且违背了苏格拉底的教义。阿尔西比亚德斯相信具体的故事能够揭示真理，他的目标是要说真话，要达到真正的认识。因此他就认为，情人通过身体和心智的交流对特定的另一半的认识，本身就是一种独特的和具有独特价值的实践理解，然而一旦我们开始爬上苏格拉底的阶梯，那么我们就面临错失这种理解的危险。(《斐德罗篇》将进一步发展这个建议，从而印证我们的解读。)

关于善的这种苏格拉底式知识，是经由不掺杂任何感性内容的纯粹理智而达到的，由此产生的是普遍真理，尤其是实践选择中的普遍规则。一旦我们把握了形式，我们也就把握了对美的一种一般论述，而那个论述不仅对美的一切实例是成立的，而且也说明了人们为什么可以正确地把它们称为美的实例，可以把它们聚集在一起。[46]这种理解，一旦获得，就会优先于我们对具体的美那种含混不清的印象，因为它提供了如何辨认美的标准。

情人的理解，通过感觉、情感和理智(一旦经过恰当的训练，这三种能力中的任何一个都可以成为探究和认识对方的认知工具——参见第七章)之间的那种互相呼应的相互作用就可以得到，就产生了具体的真理和具体的判断。这种理解坚持认为，那些具体的直观判断要先于我们可以用来指导我们行为的任何普遍规则。[47]一个情人决定如何回应他/她的爱人，不是立足于定义或者普遍的规则，而总是立足于对那个人和情境的直觉感受，而那种感受尽管受到普遍理论的引导，却并不完全屈从于那些理论。这并不意味着他们的判断和回应不是理性的。阿尔西比亚德斯会认为，那种苏格拉底式的墨守成规，拒绝去感受具体的情境
190 才是非理性的。认识到苏格拉底的确与众不同以及如何与众不同，在每一个具体情景下都相应地回应他，才是对待另一个个体的理性方式。这也不意味着这种爱忽视了苏格拉底感兴趣的那些“可重复的”一般特点，因为阿尔西比亚德斯看清了苏格拉底的美德，并深深地为之倾倒。但是他的知识看到了更多的东西，而且是以不同的方式看到了那些东西；他的知识是对作为一个独特整体而存在的人的一种完整回应。[48]

我们忍不住想要按照命题知识和通过认知而获得的知识之间的对比来理解这两种知识之间的对比。但我认为这是一个错误。首先，苏格拉底的知识本身并不是简单的命题知识。既然苏格拉底一再强调，具有知识的人是能够提供说明或理由的人，因此说他的知识是“理解性”的知识在一般意义上似乎更为恰当。[49]其次，不仅仅是苏格拉底的理解，而且两人的理解都关系到真理的问题。阿尔西比亚德斯不仅声称他对苏格拉底如何了如指掌，而且声称他有能力把有关苏格拉底的真理讲述出来。他想申明的是：凭借情人间的那种亲密无间的关系，他能够提出某些论述（或者故事），那些论述，与一个只爱形式，且否认自己的感觉和情感是认知来源的人所提出的任何论述相比，具有更加深刻和更加精确的真实细节，更详细地把握了苏格拉底在实际生活中的独特个性，更好地说明了苏格拉底的所作所为及其原因。

最终，关于情人的理解，有很多东西是不可能用这两种知识模型中的任何一个模型来把握的，但可以被更好地设想为一种“实践知识”（knowing how）。当且仅当情人知道如何对待他/她的爱人——在不同的时间地点如何回应爱人的一举一动，如何对待快乐的相互授受，如何对待爱人复杂的理性、情感和身体的需求——的时候，我们才可以说某人达到了对爱人真正的理解。这种理解力需要一个不断熟悉的过程，并产生了讲述真理的能力，但是不能还原为上述两种知识的任何一种。

因此，阿尔西比亚德斯认为，有一种实践理解就在于理智、想象力和感觉对具体情境的敏锐回应。在这种智慧当中，情人对具体爱人的理解是一件至关重要的事情，而且还不是在众多事情当中的某一件，而是这样一件事情：它最终所达到的那种自我理解，对于实践智慧在其他生活领域中的生长和繁荣来说，可能也是根本的。情人的理解显然具有很多与其特别的性目标没有关系的成分。尽管情场失意，阿尔西比亚德斯还是可以直言苏格拉底的奇特和怪异之处。相反，不是每个志得意满的情人都能具有他那种理智上和情感上的把握。（实际上，在阿尔西比亚德斯的情形中，情场失意倒是起到了很积极的作用。）亚里士多德将强调，这样亲密的个人知识可以出现在父母与子女的关系中（参见第十二章）。但是这番讲辞也暗示，正是因为阿尔西比亚德斯没有某
191 种身体上的亲密，他就缺少对苏格拉底**某个方面**的实际理解。苏格拉底的那个方面对他来讲就是一片空白，例如对苏格拉底直观回应的某个方面，某种恰如其分的言语、动作和姿态，是阿尔西比亚德斯绝不可能发展出来的，他所缺少的是一种“互动交流”。[50]性是个人之间亲密关系的一种象征，但同时又不仅仅是一种象征，正如《斐德罗篇》以它在性“接触”与认知之间的联系而去强调的那样。

于是，正因为阿尔西比亚德斯对认知的开放性，他就不再是合适的“被爱者”。为了接纳他人，他就不可能是与外界不相往来的自足个体。相反，他必须摒弃对美貌的虚荣和自负，而使自己在自己的眼中成为外部世界中的一个认知对象，也就是说，成为对方的活动世界中的一员，成为那些影响他与对方交往的事件的更大世界中的一员。这样一个对象会知道更多，如果它身上有裂缝的话。

这种解释向我们提供了理解第二个谜团的关键：为什么阿尔西比亚德斯一而再，再而三地说他的灵魂、他的内在生命就像是他血肉之躯的一部分？他对人的本质没有任何特殊的形而上学观点；他还坦白地承认，他对如何谈论身体的“内在”机制不大摸得着头脑。他可以肯定的是他自己的内在部分就像血肉之躯一样地做出反应。他说他像是被蛇咬伤，唯一不同的是“他被最毒的蛇所袭击，咬在最痛苦的部位：我的心或者灵魂，或者不管我们用什么名字来指称的那个部分，被苏格拉底的哲学讲辞所咬伤”（217E—218A）。而且就像苏格拉底那样，他试

图用电闪雷鸣般剧烈的语言来“刺伤”他的同一部分(219B),但是都没有成功。只要是血肉之躯或者相似的构造都是脆弱的。身体的标志就在于它能够被蛇、被闪电、被爱人刺穿、咬噬和捕获。尽管阿尔西比亚德斯自己对心灵并没有某种哲学观点,但他却对情人的灵魂提出了一个超乎寻常的“物理主义”捍卫:

> 有且只有身体才是脆弱的,它受周围环境的影响。
> 现在我感到内心被撕咬、被刺穿。
> 这就是身体(或者像身体),不管你叫它什么。

这是一个诉诸主观经验、实际上诉诸主观痛苦的论证,它否定了一个柏拉图式的观点:灵魂就是这样一种东西,它既是个性的化身,又是不朽的或者无懈可击的。但是我个性的化身却被苏格拉底的那些讲辞所伤,所以我就知道它不是“纯粹的”、“不受影响的”和“坚定不移的”。明显的是,这样一个论证路线并没有向我们显示出有关哲学家灵魂的任何东西,因为就阿尔西比亚德斯所知,柏拉图对哲学家的灵魂所提出的论述是正确的。(这表明柏拉图的灵魂观与其说是一种科学事实,倒不如说是一种伦理理想,人们将选择并获得这一理想。这一观点在《斐多篇》中没有明确地提出来。)

情人的认知目的及其所感觉到的脆弱性都在阿尔西比亚德斯故事的那个中心形象里被表现出来,即一道闪电。启示、展现和光彩照人这样的比喻以前都出现过。阿尔西比亚德斯“一下子出现”在我们面前(212C),就像对他来说,苏格拉底“总是一下子显现自己”一样(213C),就在阿尔西比亚德斯认为苏格拉底不会来的时候,苏格拉底会现身,让阿尔西比亚德斯想起他的内在卓越的光彩。但是现在阿尔西比亚德斯

192 已经把爱的语言和姿态说成是一道劈下来的闪电。这个比喻以一种极其浓缩的方式把他对性的渴望、知识和冒险的看法结合在一起。闪电在瞬间劈下来，丝毫不可预测，而且通常没有任何自卫和控制的可能，同时又带来了耀眼的光芒和强大的杀伤力。我们可以说这是一道有形体的光。在哲学家的天空下，善的理念就像是可以被理智部分所把握的太阳，使得我们要理解的对象变得可理解，而那个理念本身仍然没有任何运动和变化。[51]它只是通过激励纯粹的灵魂进行自足的纯粹推理活动而影响了那个灵魂。在阿尔西比亚德斯的世界中，他所爱的那个人的身心都光芒四射，像是一道急射出来的有形体的光，这道光一路覆盖并照耀下去。[就像特纳（Turner）某些晚期绘画中的太阳一样。不再只是单纯、遥远的视觉背景，而变成一股积极的力量，推动着他作品中的船只、海浪和老人的双眼，所有这一切，只要被太阳的光芒照亮，就能被看到。光线又直射入他的眼睛，带着一种炙热燃烧的耀武扬威似的力量，使他不可能相信自己是完满无缺的。]这位爱人在他身上展现或者给出那种光芒，而那就是他渴望得到的东西，即使它毁灭了狄奥尼索斯的母亲。要是苏格拉底已经举着一面盾牌，那么那面盾牌上就刻着《理想国》中的太阳，一种可理解的理念的可见形象。而那个太阳，正如阿尔西比亚德斯告诉我们的，就是苏格拉底在经过了一个不眠之夜的思考后在波提代亚（Potidaea）所祈祷的东西（220C—D）。阿尔西比亚德斯在他的盾牌上刻着的是雷电，表明他自己是另外一类存在者，他所追求的是另外一种理解。

我们的解读现在使我们可以从解释阿尔西比亚德斯**所使用**的形象，转向解释他的形象。后面这个形象是在他出现在我们面前的时候被使用的。在他出现的时候，他“戴着常春藤和紫罗兰编在一起的花冠”（212E1—2），他的穿戴本身就成了一个讲述真理的形象。[52]紫罗兰的花冠首先就是爱神阿弗洛狄忒的一个标志（参见*H. Hom* 5.18，Solon 11.4）。这很难让我们感到惊奇，我们唯一想要知道的是这个好斗的男性形象为什么要把自己扮作一个女神（这一点后面会说明）。此外，那顶花冠也是缪斯所戴的花冠。于是，当他开始用形象来讲述真理的时候，他把自己介绍为一位诗人和一位为诗人提供灵感的女神。

然而紫罗兰花冠还代表着雅典城本身。在品达的残篇中（其中只有一首诗使用了这个著名的称号），他是这样形容雅典的：

> 戴着紫罗兰花冠，闪闪发光、远近闻名的雅典，
> 整个希腊的堡垒，光荣的雅典，
> 那幸运之城啊。

紫罗兰花冠象征着雅典奇特而脆弱的民主制在成长阶段的精巧与生命力，然而在阿尔西比亚德斯时期，它却面临着极大的危险。阿尔西比亚德斯如此穿戴打扮，似乎是要表明他自己对特殊的东西、对独特的个人，而不是对可重复的性质的关注，对直观而不是对普遍规则的关 193
注，这是雅典城邦教育的结果。这种教育重视大胆创新，依赖天才的领导者“当场决定什么是必需的”（修昔底德，第一卷，第138页，参见第十章第3节），而且这种教育不是命令人们服从法律，而是要求所有自由人“按照他们高尚的品格来选择”（修昔底德，第二卷，第41页）一种既为城邦服务又充满美德的生活。正因为这种教育就像它所做的那样废除了规则，因此，它就取决于每个人实践智慧的能力以及对爱人的理解。按照修昔底德的描述，伯里克利责令所有的公民“要看着城邦一天天地强大，要爱城邦，成为她的爱人”（erastas autēs，II.43）。正是爱欲，而不是法律或畏惧，引导了人们的行为。然而，对爱的这种依赖却使得民主制

像阿尔西比亚德斯那样，任凭命运和非理性情感的摆布。[53]紫罗兰花冠是戴在一个醉酒天才的头上，而他不久将做出无法无天的事。

常春藤是酒神狄奥尼索斯的象征，同时又是非理性的灵感之神（参见第三章）。[54]（常春藤代表了受神灵启示的情人在身体方面的健壮多产，他是，而且把自己看作是自然界生机勃勃的生命中的一员，常绿而多变。）阿伽通祈求狄奥尼索斯来评断他与苏格拉底之间的争论（175E）；而阿尔西比亚德斯的到场像是回应了他的请求。狄奥尼索斯是阳刚之身，却多少带着些阴柔之气，表现了阿尔西比亚德斯的渴望在性方面的矛盾。他也体现了另一个显而易见的矛盾，即他既是悲剧诗歌的守护神又是喜剧诗歌的守护神。这一点很恰如其分，因为阿尔西比亚德斯的演讲既是悲剧性的，又是喜剧性的：是悲剧性的，因为他描绘了他的受挫以及他的最终毁灭；是喜剧性的，因为在他的自我嘲讽中，他用一种阿里斯托芬式的愉悦感表现了自己的虚荣和幻想。现在我们已经隐约可以看到，为什么在对话的结尾，苏格拉底要论证同一个诗人可以既写悲剧又写喜剧。阿里斯托芬对爱的看法就具有这种两重性：一方面是对爱的悲剧性的解释，另一方面又用阿尔西比亚德斯的视角来强调人类性渴望的那种身体的和偶然的本质，强调实践理性对外在世界的脆弱性。[苏格拉底指责阿里斯托芬“完全受到了酒神和爱神的蛊惑”（177E）。]悲剧和喜剧都珍视同样的价值，都看重相同的危险。此外，两者都通过狄奥尼索斯与雅典民主制的那种脆弱的命运相联系；两者在此时都处于危险的境地，不久就会随着阿尔西比亚德斯之死而烟消云散。[55]

不过，我们现在又看到悲剧和喜剧进一步和解的可能性。阿尔西比亚德斯具有吸引力，贪婪，最终变成一个悲剧性的人物，部分原因就在于他也是他自己灾难的喜剧诗人。如果他只是讲述了一个有关痛苦和困惑的伤感故事，没有机智的应答、自我嘲讽和大家的笑声，那么他的故事就不会具有那么多的悲剧感，因为我们实在没有太多的理由去关心和牵挂他。对自己身上的裂缝和漏洞的那种自我批判性视角，当然就是喜剧诗的题材，但也是我们在阿尔西比亚德斯那里所看重的东西，以及我们想要从自己身上解放出来的东西的一个重要部分。因此，狄奥尼索斯，这位悲剧性丧失的神祇，竟然又成为喜剧的象征，看来就不是偶然的事情了。

常春藤花冠还使我们特别注意到狄奥尼索斯的另外一个特征：他是唯一一位会死去的神。每一年，他要经历例行的死，然后复活，就像
植物或者欲望本身一样。在所有的神祇当中，他是唯一没有自足性，会 194
受外界影响的一位。若想教会年轻的公民具有那种“神目观”，他显然是不够格的。然而，尽管他很脆弱，他却总是能够奇迹般地恢复精力并且重新健壮起来。这一点表明一个不稳定的城邦，一种不稳定的激情，是可以用狄奥尼索斯式的方式成长和壮大的，而这个思想在那套理想城邦的神学中是没有地位的。

5

我们现在可以看到对阿尔西比亚德斯的一种正面说法。但这番讲演同时也是柏拉图的控诉。柏拉图虚构了一个女祭司，她的任务就是把人们从瘟疫中拯救出来，并且暗示不能再生的人与人之间的“爱”就是那场瘟疫。现在我们想要详细地发掘柏拉图做出这种责难的理由。为什么情爱会变得如此不可忍受？而要超越和摆脱它的那种不可抗拒的需要又从何而来？

必须承认，阿尔西比亚德斯有他自己的问题。首先的一个问题就

是他的遭遇究竟如何，他的好奇究竟发现了什么？他努力想去了解别人，但在苏格拉底稳如磐石的美德面前却碰了钉子。阿尔西比亚德斯把苏格拉底的美德与神像相比不是没有理由的。因为，正如我们所看到的，当苏格拉底一步一步地向理念提升时，他自己也变得越来越像理念本身——坚硬、不可分割、不移不易。他的美德，在寻求科学与善本身合而为一的过程中，逐渐远离了与具体的世俗之善的那种回应性的交流，而那种交流恰恰是阿尔西比亚德斯的知识。

苏格拉底不仅仅神形相离，逐渐摆脱自己身体的约束。他也不仅仅是能坐怀不乱。随着他远离自己的身体，他达到了一种深层的不可穿越的精神境界。他对“雷鸣”般的响声充耳不闻。苏格拉底有可能仍然关注他的爱人，但却不再有性的关系。或者他可能仍然与阿尔西比亚德斯保持性的关系，但在思想上却无动于衷。不管怎样，苏格拉底拒绝受外界的影响。他自己是一块石头，也要把别人变为无动于衷的石头。对他来说，阿尔西比亚德斯只是众美之一，只是一种形式或者一件就像珠宝那样纯粹的东西而已。

于是阿尔西比亚德斯的第一个问题就是他自己的开放性被拒绝了。他成为僭越（hubris）的受害者，被嘲讽、伤害和羞辱（219C、222B、D）。[56]如果他已能做出狄奥提玛的那种对相似性的审慎判断，那么他可能就会被引向哲学了。然而他却一如既往地关心苏格拉底这个人，从而一再地被苏格拉底的拒绝所伤害。当然，这仅仅是一个故事，一个表现了他独特问题的故事。阿尔西比亚德斯是一个很虚荣很自负的人物，就连他自己也承认他对自己的荣誉和名声的看重阻碍了他对好生活的追求。此外，在他所追求的人当中，像苏格拉底那样的顽石并不多。但是另一方面，石头的种类却有很多。即使仅凭运气，双方在此时此刻都互有回应，但随时间的推移，仍然可能会有变化，会彼此疏远而

使得爱的知识痛苦地丧失。甚至就连狄奥提玛，在提出试图补救这个 195
问题的提升方法之前，也不得不承认，具有自己的思想、情感和欲望的各个灵魂并不比身体更稳定。“我们的理解力有生有灭，即使是我们自己的理解力也各不相同，而每一种理解又都会面临这一问题。”（207E—208A）即使难得有一刻，我们的理解和回应达到稳定态，生老病死又肯定会带来认识和理解的终结。

所以，使情人备受折磨的东西看来就是周围世界中所发生的事情，我们也许要问，那些事情究竟有多么偶然。假设阿尔西比亚德斯和苏格拉底一开始就同时陷入情网，彼此激情相爱，那么双方就都是爱人，彼此都希望通过对方来理解周围的世界。我们想知道在这种情形下，狄奥提玛是否还会认为这种爱是瘟疫，或者她只是抨击那些使人不快乐的爱的情形，她的听众只是惧怕这样的爱，或者被这样的爱可怜地羁绊住了。如果我们设想阿尔西比亚德斯是在幸福的情网中，那么在爱河中他是否真的幸福或善呢？《会饮篇》会让人有这样的疑问。任何眼前的幸运都不可能保证其稳定性（参见200B—E）。因此，正如这篇对话所指出的那样，甚至在对爱的最完美的体验中，畏惧、嫉妒和丧失的威胁也是这种体验密不可分的部分。于是，苏格拉底和阿尔西比亚德斯之间那种戏谑性的相互威胁，那种指向即将来临的真正暴行的模拟暴力，就不一定要以他们的相互疏远为背景来加以理解。甚至在关系最亲密的时刻，这种危险的情感也可能是由于担心对方的离去而产生的。正是把价值赋予不稳定的外在对象带来了内在活动的不稳定性。很有可能阿尔西比亚德斯希望苏格拉底是一尊雕像——可以随身携带、紧紧抱着，或者在需要的时候就可以砸碎。很有可能这种强烈的爱情容不得自主的活动，并希望终止那种活动。在古希腊的色情绘画作品中，那些沉溺于其中的情人在问候美少年时总是含情脉脉地抚摸他的脸和私处，用这种温柔的动作来表示对他整个人的敬畏和钟情。[57] 阿尔西比亚德斯的表现——砸碎神像的脸部和私处——有可能像《会饮篇》所指出的那样，是对不可再生的“爱”更真实的表达。

还有一种同样恼人的可能性，即也许吸引人的正是对方的那种“铁石心肠”。那个遥远的、圆润的、不可分割的东西，那个像一种形式那样闪闪发光的东西，像是隐藏了无限的秘密在里面，格外具有诱惑力。把本身就有裂缝的东西打开是一件毫不奇怪的事情。但是如果能打开石头，则是不得了的壮举，从此会被赋予无上的力量。阿尔西比亚德斯热爱他所发现的石头的美：只有节欲自律才值得他骄傲自负，因为只有那种东西才能巧妙地逃过他。所以，换句话说，既然情爱所追求的是力量，那么情爱实际上所要达到的就是自己的不为所动。就像苏格拉底的光芒“忽然间出现”在阿尔西比亚德斯面前时那样，那是怎样一种光芒，那是笼罩了充满渴望的身体，并且就像一层冰霜把那个身体封闭或冻结在其中的光芒。这才是它的美。

而且，这位幸福的情人，当爱上某个具体的人时，爱上的是一个持久的冲突战场。因为我们已经看到苏格拉底的这一想法——所有的价值都来自一片同质的“海洋”——如何缓解了绝大多数的价值冲突，并
196 消除了不能自制的行动动机。因此，他的任何选择都不会比在n个价值尺度和n+5个价值尺度之间的选择更加麻烦。既然阿尔西比亚德斯（就像海蒙一样）爱上的是一个不能替换和不可通约的对象，并且还同时爱上了其他各不相同的东西，例如荣誉和军事才能，因此他就面对着一个不太容易做出选择的世界（参见第三章、第四章、第五章第5节和原书第七章第221页）。

所有这一切都使我们严肃地问自己：在一种由实践理性塑造和统领的生活中，个人之间的情爱是否最终能够占有一席之地？我们试着

设想一种人类生活，在其中，情爱会与其他的善（理智的、政治的、社会的）一道发挥它的作用。但是，个人的那种爱欲激情，不管是从其内部来看，还是从它与情人的整个生活计划的关系来看，本质上都总是不稳定的。它用那种不稳定的、易受外部影响的活动去填充生活的一个部分；按照《理想国》中的标准，这个事实本身就足以使得情爱没有资格成为一种善。与此同时，一旦它在人类生活中占有一席之地，它就有可能彻底颠覆整个生活。阿里斯托芬说他的神话人物对性爱的欲望，可以让他们不吃不喝，完全忘掉他们的任何其他追求。我们还看到阿尔西比亚德斯那种嫉妒心很重的激情，如何让他把真理和美德忘得一干二净。实践理性塑造了一个价值世界。但是情人之所以是情人，就在于他们特别看重在他自己的独立性之外的另一个世界。这样一来，他是否还能保持他自己世界的完整性，在这种状态下他还能否感受到自己是这个世界的创造者，就成为一件很值得怀疑的事情了。[58]如果你从外在于你实践理性的东西中感受到如此强大的一种承诺和力量，那么你可能会觉得自己就像是个奴隶，或者觉得自己变得很癫狂。阿尔西比亚德斯把他自己比作一个被某些东西扼住而失去了知觉的人（215C5、215D5、218B2—3）。他的灵魂在动荡之中（215E6）。他对自己受奴役感到愤怒无比（215E6）。他总结说，“我不知所措，完全受那个人的奴役，像是从来没有见到过的奴役。”（219E，参见217A1—2）做奴隶就是失去了自主性，不能按照你自己的理性计划来生活，甚至不能形成一个计划。而一旦你自己不能规划自己的生活，那么你也就不可能是一个完整的人。于是，当我们看到阿尔西比亚德斯最终将过一种紊乱、动荡的生活，白白浪费了他自己的卓越天赋时，我们就不觉得奇怪，而且我们忍不住就会像苏格拉底那样叹息：“他的癫狂和对爱的痴迷让我不寒而栗。”（213D6）

我们现在开始理解柏拉图为什么会这样构造这种戏剧性的冲突。他通过阿里斯托芬在我们的心中提出了一些怀疑——对我们最关心的情爱计划的怀疑。但是阿里斯托芬的讲演仍然把爱欲赞美为最必要的东西，而且对实践理性本身的成功来说是必要的东西。于是柏拉图就通过苏格拉底和狄奥提玛向我们表明，即使我们人类是有所需要的，会死去的存在者，我们仍然可以在爱欲中超越单纯个人的东西，通过欲望本身把我们自己提升到善的境界。但是到此为止，我们尚未完全相信我们可以接受这种对自足性的看法，以及这个实践理解的模型，因为就像弗拉斯托斯一样，我们感觉到那种看法和那个模型中缺少了一点什么。它们所缺少的东西现在在阿尔西比亚德斯这个人及其故事中，以一种令人感动的方式向我们显现出来。通过阿尔西比亚德斯，我们认识到了那种独特的激情对普通人而言具有的重要性；我们看到了它对理解具有一种不可取代的贡献。但是阿尔西比亚德斯的故事带来了进
197 一步的问题：它向我们清楚地表明，我们不能简单地把阿尔西比亚德斯的爱掺入狄奥提玛的提升上去；实际上，我们不可能一方面具有那种爱，另一方面又具有狄奥提玛向我们展示出来的那种稳定的合理性。当苏格拉底提到这两种相互排斥的看法时，他是很严肃的。

现在，柏拉图对整篇对话的设计，他对选择和实践智慧的那种悲喜交加的描述，忽然间（exaiphnēs）向我们清晰地展现出来。我们看到两种迥然不同的价值和知识；我们必须在其中做出选择。一种理解会阻塞另外一种理解。永恒理念的纯粹光芒会遮挡不稳定和不断移动的身体所发出的摇曳不定的光芒，反之亦然。柏拉图说，你认为你可以兼得这种爱和那种善，兼得血肉之躯和来自血肉之躯的知识与那一种善的知识，但很抱歉，你不可能二者都有。你必须学会对一些东西视而不见，放弃某种美。“理性的眼睛只有当身体的眼睛不再那么锐利的时

候——或者是随着年纪增长，或者是你逐渐地学会如何向善——才开始看得清楚。”

但是，作为观众，当我们面对着这一真正的悲剧所带来的启示时，我们又看到了什么，领悟到了什么呢？阿尔西比亚德斯说，我们是他的审判员（219C），而同时又是被告。我们观看了对苏格拉底的审判，他被告目空一切，对理性过于自负（huperēphanias, 219C5），而与此同时阿尔西比亚德斯在审判中被指控毁坏神像，对他的身体过分自负。我们看到了他们两人都没有充分认识到的东西，即对理性和身体同样的自负。我们还认识到，只要我们追随其中任何一种自负，我们都会对两者过分自负。但是，如果我们要采取什么行动的话，那么我们首先就得对一些东西做到视而不见。我可以选择追随苏格拉底，提升到美的视界。但是只要我们“看得见”阿尔西比亚德斯，我们就不可能在阶梯上迈出提升的第一步。只有当我们可以像苏格拉底那样对狄奥提玛的真理心悦诚服时，我们才可能追随苏格拉底；而阿尔西比亚德斯剥夺了我的这一信念。他让我们觉得，一旦我开始苏格拉底的提升过程，我就牺牲掉一种美，因此我就不可能认为美的提升能涵括所有的美。一旦我想到“牺牲”和“否认”这样的字眼，提升过程就不再像它看起来的那样，我在其中也就不再是自足的了。另一方面，我可以追随阿尔西比亚德斯，把我的灵魂当作身体。我可以生活在爱欲之中，完完全全地受其摆布，包括它所带来的暴力和突然的光亮。但是一旦我听了狄奥提玛的教导，看到了这个历程也同样需要的那种光芒的丧失——理性规划的丧失，也可以说是创造一个世界的机会的丧失。因此，如果我是一个理性存在者，具有理性存在者对秩序和理解的那种深层需要，那么我就会觉得：为了这个世界，我不能忠于爱欲（erōs）。[59]

对我们来说，《会饮篇》现在似乎变成了一部苛刻的警世之作。它与《理想国》和《斐多篇》之间的联系较我们最初以为的要更加模糊；《会饮篇》是要证明那种价值概念，但它却又清楚地表明，为了达到这种概念，有多少东西是我们必须放弃的。它明确无疑地展现给我们两种选择，却又同时让我们看清我们不可能在其中做任何抉择。我们现在看到，哲学不完全是人性化的东西；但我们又畏惧人性及其可能的后果。这就是"我们"的悲剧：它用光芒照亮了我们却令我们无法行动。苏格拉底和阿尔西比亚德斯在争夺我们的灵魂，我们就像他们两个争
198 夺的对象阿伽通一样，变成了没有性格、不能做选择的存在者。阿伽通可以忍耐他们两个的讨好，因为他本来就没有灵魂可言。而我们是有灵魂的，于是我们会觉得他们被变成了雕像。

苏格拉底和阿尔西比亚德斯不能达成共识，于是就各走各的路了：不眠的苏格拉底回到城里，就像往常一样继续他的说辩论理；而阿尔西比亚德斯则回到了他的那种无序和暴力中去。对身体的困惑掩盖了他的灵魂，使我们找不到他的灵魂。随后，他泯然于醉醺醺的酒鬼之中，我们都不知道他是什么时候离开的。而对灵魂所抱的雄心热望使得苏格拉底对自己的身体麻木不仁。就像酒不能醉他，冷不能冻他一样，甚至阿尔西比亚德斯的裸体也不能刺激他，而现在长时间的不眠也不能让他停止哲学思考。他就像一块理性的石头那样沉着冷静。同时，悲剧和喜剧诗人们睡在一起，被冰凉的哲学之手抚慰着(223D)。哲学和诗歌，这二者不可能共存，或者彼此无法理解对方的真理，这一点是确定无疑的。除非文学放弃它对特殊而脆弱的东西的牵挂，成为狄奥提玛劝言的工具，否则它就不可能与哲学共存。但文学一旦变成这种工具，它就放弃了自己的真理。

就在《会饮篇》中的人物讲完第一个故事，开始讲述第二个故事时，或者在第二个故事的讲述期间——以及在我们开始阅读和体会这

部作品的那段时间里——阿尔西比亚德斯死去了。随着他的死，爱欲与哲学在城邦中可以共存、因此可以把雅典从灾难中拯救出来的希望也就一起死去了。这或许曾是阿波罗多罗斯的希望，也是他同伴的希望。它也曾经是我们的希望。普鲁塔克告诉我们，阿尔西比亚德斯在死去之前的那个晚上，梦见自己穿着女人的衣服。一个妓女抱着他的头，在给他化妆。在这个过分争强好胜的男人的灵魂中，这个梦表达了对一种纯粹的被动性的希望：希望失去对实践理性的需要，希望成为一个完全生活在爱欲的流淌中而因此避免了悲剧的存在者。但与此同时，也是对不再成为一个具有爱欲的存在者的渴望。因为对外界无动于衷也就是不再具有爱，那个被动对象的自足性就像神祇的自足性一样是没有爱欲的。我们可以说，那个渴望就是不要生活在这个世界中的渴望。就在阿尔西比亚德斯被利箭杀死之后，他的情妇提曼德拉——这个名字的含义是“敬人”——把他被刺穿的身体和灵魂裹在她自己的衣服中，厚葬于地下。

当阿尔西比亚德斯结束他的讲演时，大家对他的坦诚付之一笑，因为看来他好像仍然爱着苏格拉底（222C）。他站在那里，也许头发里还
插着常春藤，头上戴着紫罗兰的花冠。[60] 199

第七章

“这故事不是真的”:《斐德罗篇》中的癫狂、理性与改变论调

我们还可以说好人最乐天知足。于他人最少要求乃是他们的特点。因此他绝不忧伤憔悴,不论什么不幸临到他身上,他都处之泰然。我们应该删去著名作者所作的那些挽歌,把它们归之于女性,而且不包括很优秀的女性。

柏拉图,《理想国》,388A(公元前380—前370年)

眼泪,从一开始,就是命运为赫卡柏和特洛伊妇女而流的。
但是,狄翁啊,当诸神把你那美好的希望
散落在地面上时,你已经树立起一座高贵行动的纪念碑。
此时此刻,你就躺在那里,
躺在你的祖国那片备受公民赞颂的宽广土地上。
狄翁啊,你的爱使我心激动无比。[1]

柏拉图(公元前353年)

“我亲爱的朋友斐德罗，”苏格拉底喊住他，“你从哪里来，要到哪儿去?”由此开始了这一篇自我批判的和质疑的对话。苏格拉底一下子就注意到这个出众的年轻人，他的名字是“光彩夺目”，而他本人显然浑身洋溢着青春、美貌和才华。（也许当看到他的时候，他就像是“一道灿烂的光直射进了苏格拉底眼里”，令他立刻感到兴奋无比而且满怀敬畏。[2]）他急切地想把斐德罗拉进对话中来，紧跟着他。斐德罗（至此还显得不为所动的样子）回答说，他刚刚从克法洛斯的儿子吕西亚斯那儿谈话回来。（这让我们想起《理想国》第一卷以及它的那个严厉警告：千万不要受激情的“疯狂”影响。在吕西亚斯的高谈阔论之后，他父亲对斐德罗提出了合理的建议。）斐德罗从吕西亚斯乡下的房子里出来，到城墙外去散步呼吸新鲜空气，我们会看到那是一个充满了感性之美的地方，同时又是一个危险的去处：一个单纯的年轻姑娘在那里被激情的风神掠走，癫狂的牧羊神潘（赫耳墨斯之子，幸运之神）在那里设有神龛，旅行者在一天中最热的时刻受爱欲的驱使而倾其所有。同样地，柏拉图思想和写作的一些重要特征似乎也离开了《理想国》中城里的宅子，而转向更加幽远、感性和脆弱的地方。我们不得不像苏格拉底那样 200
问柏拉图：他从哪儿来，又要向哪儿去?

我们从某些有关旅行距离的事实开始。

在《理想国》和《斐多篇》中，欲望和情感，尤其是性感受和情感，被认为没有资格成为人类行为的向导。只有理性是人们追求善和价值的可靠指导。而且，在最好的人类生活的概念中，与这些因素相联系的活动不具有任何内在的价值。两个人之间持久的情爱关系尤其不配作为这种生活的组成部分。在《会饮篇》中，柏拉图进一步阐明了这一观念，他在我们面前摆出了两种迥然不同的选择：一方面是阿尔西比亚德斯——那个始终被情爱的“癫狂”所“占据”的人——的生活；另一方面是这样一种生活，在那种生活中，通过否定个人激情的“癫狂”影响，理智的灵魂上升为真正的见识和稳定的沉思。阿尔西比亚德斯的癫狂被认为与理性的秩序和稳定性不相容，其视角是正确视角的障碍。哲学家的生活所达到的秩序、稳定性和见识，是以否定身体的见识和个人感情的价值为代价的。而在《斐德罗篇》中，哲学本身就被认为是一种疯癫或**狂热**的形式，是被占据，而非纯粹的理智活动，因为在哲学活动中，理智由个人之爱本身和整个个性产生激情的复杂骚动引向真知灼见。一定程度的痴狂与稳定性和洞见非但不相冲突，反倒是达到最高境界的真理和稳定性所必须具备的因素。人与人之间长久的爱情关系（彼此相爱）被认为在心理发展的过程中起着根本的作用，是完美人类生活的重要组成部分。

在《理想国》中，苏格拉底在诗歌和哲学之间做出了严格的区分。他攻击诗歌通过道德意义上模棱两可的内容及其令人兴奋不已的写作风格而“滋长”了灵魂中的非理性部分。他将诗人在认知上的缺陷与哲学家的智慧相对比，断然否定了诗人自诩的对真理的揭示。在《会饮篇》中，我们则看到了那种通过故事和使用形象来揭示真理的叙事风格。这种风格（与悲剧诗歌和喜剧诗歌都有联系）就是被爱欲所占据的那个癫狂者的风格，它对真理的主张，连同阿尔西比亚德斯的主张一起为这位哲学家所拒斥。在《斐德罗篇》中，最高的人类生活被描述为那种献身于哲学或者致力于敬奉缪斯女神的生活。由“癫狂”激发了灵感的诗歌被辩护为天神所赐的礼物和有价值的教育手段；而不疯狂的风格则被贬为保守和短见。苏格拉底式的哲学风格在这里与诗歌相融合；苏格拉底用诗歌的语言和一种“相似性”的形式来呈现他最深刻的哲学见识。

在《斐德罗篇》中，苏格拉底因为害羞而遮头盖脸，发表了一篇铁面无情的宏论(以斐德罗的追求者,功成名就的雄辩家吕西亚斯为他所写的讲演稿为蓝本),攻击爱情是一种丢脸的癫狂形式,把激情说成只是身体要求填充的急切冲动,在我们对善的理解中没有任何作用。随 201
后,他脱去了伪装,改变了他原来的论调,为刚受到情感力量震撼的斐德罗辩护癫狂的好处。论调的改变是通过引用一首诗开始的。苏格拉底背诵斯特昔科鲁(Stesichorus)的翻案诗,斯特昔科鲁曾因毁谤特洛伊的海伦而被雷击失明,又因为写了如下的诗句而得以复明:

> 这故事不是真的。
> 你并没有登上那装备齐全的船。
> 你并没有抵达特洛伊的城堡。

以上暗示的这些事实之间有什么关系呢?我将论证《斐德罗篇》在研究感情、情感和具体的爱情在好生活中的作用时,阐释了一种新观点,而立场的这一改变又是在对话本身当中一步步实现的:在一开始的两番讲演中,柏拉图浓缩了他自己早先观点的一些重要特征,随后他再一一“翻案”,对那两个演说提出批评。所有这一切都直接摆在斐德罗对个人情爱的选择中进行叙述。关于激情的那个结论将被证明对柏拉图理解诗歌的作用以及诗歌与哲学的关系,也具有重要的含义。

苏格拉底的第一篇讲辞(以及启发了这番言论的吕西亚斯讲辞)与他在中期对话中严肃捍卫的某些观点惊人地相似。现在改变论调就是撤销某些柏拉图已经严肃地认同的东西;流行的看法认为这两篇早期的讲辞粗俗不堪、令人厌恶,但这种看法显然未能体会到它们的真正力量。结果将表明,这两篇讲辞值得胸怀抱负且具有斐德罗那样的才能和美貌的年轻人注意。不过这些讲演之所以备受轻视,其中的一个原因是苏格拉底自己明确地表示了他的羞愧和厌恶。他好像是出于无奈才不得不这样说的，并且很快就改变了论调，声称这两篇讲辞所说的东西既不真实又不健康（242C）。那么，在这个语境本身中，有什么东西可以说服我们，使我们把这两篇讲辞看作是严肃地挑战了苏格拉底自己的一致性呢？

首先是对讲辞作者的尊重。我相信柏拉图不会去批评一个稻草人，也不会把很多时间花费在他认为一眼就可以看出毫无价值的观点上（或者说，花费在被这种观点深深吸引住的一个对话者身上）。但是这里还有一个更为具体的原因。那两个讲演首先是因为它们的幼稚（euētheia，242D7、E5）而受到批评。对于一个被认为是玩世不恭、粗俗不堪和毫无吸引力的观点来说，这是一个很奇怪的说法。其次，而且更能说明问题的是，苏格拉底声称，正是他的守护神（daimonion），他的神显，促使他改变论调。那个守护神是一个严肃的个体，当苏格拉底将做什么错事的时候，她就会不失时机地加以阻止（《斐德罗篇》，242C，参见《申辩篇》，31D）。即使我们认为苏格拉底是在说反话，但如果他只是逢场作戏，从来就没有被错误的观点诱惑，那么那个守护神也不应该来干涉。这种严肃性的另一个暗示是由如下事实来提供的，即苏格拉底把他的第一篇讲辞描绘为得到了某些缪斯的启迪。那些缪斯显然不是对他后来的演说加以指引的牧羊神潘、林中仙女宁芙和大自然中的
202 其他诸神（279B—C、262D、263D—E），而是那种“力古利亚”式的或者“声音清晰”的缪斯。我们大概可以把这些缪斯理解为斐德罗现在很迷恋的那种具有清醒和健全的理性主义沉思；也许还是柏拉图中期对话的缪斯。正如哈克福思（Hackforth）所指出的，缪斯在这里的出场为那些想要草草打发掉第一篇讲辞的人“制造了真正的困难”。

最后，尽管第一个讲演本身很难按照“它被有意写成不具有价值”

这一假定来阐释，但它的一个奇怪的特点向我们暗示了它与接下来的那个讲演的关系。这个对爱欲(erōs)极力谴责的讲演，就像后来那个改变了论调的讲演一样，据说就是一个陷入情网的男人对他所钟爱的那个男孩的宏论。但是在这里，他装出对爱无动于衷的样子，诋毁爱欲，劝导他所爱的人不要理睬情人的胡搅蛮缠(237B)。哈克福思把这段奇怪的插曲解释为：讲演者是在为男孩的幸福着想。“事实上，我们在这里看到了有美德的爱者，就是苏格拉底本人。”[3]如果我们较哈克福思更加严肃地去考虑这篇讲演的内容，那么我们就可以进一步推进这个大有可为的建议，它表达了一种真正的柏拉图式观点。在此这位情人看上去一本正经地告诫我们，爱欲是病魔和癫狂，因此任何一个他所关切的人都应该设法摆脱爱情的缠绕，按照理性去选择有理性的人一起生活。我们不难把中期对话的那种禁欲主义的论证理解为这样一位情人的讲演——他深信为了他自己和读者的利益，他不仅应该尽力攻击激情，而且要尽可能表现出自己不为情爱所动。他甚至很可能要学苏格拉底这个榜样，不为饥寒和饮酒所动，甚至不受阿尔西比亚德斯裸体的影响。事实上，在《理想国》第十卷中，柏拉图通过同一个苏格拉底告诫我们，陷入情网的人，如果他相信“爱欲”是病魔，就会不断地向自己重述反对爱欲的论证，就像是用念咒来祛魔一样。即便如此，柏拉图继续说，钟爱诗歌的人应该不断重述这种反对癫狂的论证，除非(或者直到)有某位诗的捍卫者“用不押韵的散文”使他确信，“并表明诗不仅令人愉悦，而且也对有序的政府和全部人类生活有益”(理想国，607D—608B)。

我将论证《斐德罗篇》是对爱欲和诗歌写作(加上一些限制)的申辩(apologia)，是有史以来任何哲学家或者诗人所写的最有力的符咒。一直以来，我们都知道柏拉图对爱欲动力及其强力有深刻的理解。于是在《斐德罗篇》这部作品中，他就对这些动机提出了一个更复杂的观点并承认其中某些动机是善的；此外，他还承认他一度盲目，对他的对立面过分苛刻；最后，通过改变论调和自我批判，他试图找回他的洞见。

1

这是一部讨论“癫狂”(mania)的对话。前两段讲演——吕西亚斯
203 的故事和苏格拉底的第一个故事——都一再地指责癫狂，而对理性的自我把握(或者说sōphrosunē)赞叹不已。苏格拉底的第二个讲演论证说：癫狂并不像他以前认为的那样是“纯粹的恶”，相反倒可以带来最高的善。事实上，在这个故事中，他的主人公自己就变得疯狂。苏格拉底本人，有生以来第一次，远离他所熟悉的城市。他跟着美貌的斐德罗，一直走到城墙之外绿荫覆盖的地方，躺在溪流边的草地上。他形容自己完全被斐德罗和那个地方给“迷住”了。[4]斐德罗同样也被那个地方的美所征服，而且惊叹不已(257C)。以前他是苏格拉底第一篇讲演的批判性的和理性主义的“代言人”(244A)，而现在变成了钟情于他并顺从他的情人，狂热的第二篇讲演就是对他而发的(243E)。为了理解这一转变以及它如何与柏拉图先前的观点相联系，我们必须进入关于癫狂的问题，问问它在什么地方被简单地责备，在什么背景下而被责备，它又如何发现了它回到好生活的道路。

究竟什么是癫狂或着魔呢？在《斐德罗篇》之前，[5]柏拉图一直用“癫狂”来特指灵魂中的非理性因素——欲望和情感——占了主导地位，控制了灵魂中的理性部分。“癫狂”一直与理性的“自我把握”相对立，而在后面那种状态中，理性泰然自若地统领灵魂中的其他部分，尤其是控制具有性欲的那个部分。[6]而癫狂者是这样一种人：他飘摇在内

在的冲动之中,而那种冲动至少不时地掩盖或者改变了纯粹理智的估算和评价。癫狂的见识不是由理智(logistikon)的度量、计算和推敲来达到的,[7]而是由那种对行动者的意识不太透明,通常也更难控制的非推论性过程来达到的。癫狂者在情感和回应的基础上,被一种复杂的感受性而不是被纯粹的思想活动引向行动。甚至事后他仍然无法明确地用系统化的一般原则和定义来解释他的行为。阿尔西比亚德斯就是一个因情爱而癫狂的例子(参见215C—E、213D6、218B2—3),对他行为的解释关系到特殊的事情,充满了情感和感情以及把它们的吸引力表现出来的故事。但是《斐德罗篇》要说的是,用阿尔西比亚德斯代表所有的癫狂者不仅不公平,而且也过于简单化,因为作为情人可以用一种癫狂的方式来慎思,而他自己在选择和生活中则并非一定是癫狂的和毫无条理的。

很显然,在柏拉图对话的前《斐德罗篇》阶段,癫狂是被当作“纯粹的恶”来攻击的:人在这一状态中不可能有任何真知灼见,反而常常会做出糟糕的行动。[8]癫狂在《理想国》400B2被称为邪恶之一种(参见《美诺篇》,91C3;《理想国》,382C8)。在为数不少的段落中,它与放纵或者放肆(hubris,参见《理想国》,400B2;《克拉底鲁篇》,404A4)相联系。在《理想国》,539C6中,它又与妄想、愚蠢以及真实意见的“死亡”相联系(382E2、416A22);在《理想国》329C和《会饮篇》215C—E中它与受奴役相连。而且这还不仅仅只是字面上的观点。《理想国》的观点非常清楚:任何由非理性因素占主导的状态,不论我们如何称呼它,都是癫狂,都是丧失真正的见识,是过度的倾向。比如说,第九卷有关梦境的段落说到,每当理智昏昏欲睡时,“兽性”的元素就会取而代之,想方设法地满足自己的胃口,“由此失去了一切羞耻之心和判断力”(571C)。只有当做梦者能够让他的梦都只听从于理智时,梦境才有可 204

能带来真理。在入睡之前，人们必须能够让灵魂中的其他部分安静下来："不致用快乐或痛苦来烦扰更好的部分，而是可以承受在孤绝的纯粹中进行研究探求，掌握一些未知的事情，不管那些事情是过去的、现在的还是未来的。"（571D—572B；参见《斐德罗篇》，65A—D）在此，就像在《斐多篇》中的观点一样，他所要强调的是，唯有全然激发灵魂的理性部分，使之不受外界的任何影响，才可能达到真理；任何被动和接受，比如快乐和痛苦的感觉，都必然是对真理的歪曲。

正如我们在第五章中所阐明的那样，如果承认柏拉图在中期对话中对欲望和情感的一般看法，那么否认一切非理智因素具有认知价值就不会令人感到意外。《理想国》认为，欲望无非是一种原始的力量，一只不知餍足、不加选择地伸出去抓牢每一个不同对象的手。这种不可教化的力量不可能成为善的标准。情感，虽然在一定程度上有教化培养的可能性，却不断地需要理性指导，从而也就一直有潜在的危险。因此，只有使理智彻底摆脱个性中其余的东西，才有可能获得真正的见识；真正的见识应该自己去澄清自己。[9]

《斐德罗篇》的前两个讲演继续了《理想国》和《会饮篇》中的两分法：斐德罗必须要在明智和癫狂、理性的控制与无序的失控之间选择。吕西亚斯的讲演力劝那个虚构的少年（说话者力劝真实的斐德罗）[10]把性爱给予不爱他的人，而不是那个深深眷爱他的人。*他提出了一个论证，这个论证对比了陷入情网之人的非理性心态，和未陷入情网之人的理性自控，然后他用这个论证来支持他的这一忠告：恋爱中

---

* 古希腊人把这两群人称为ho erōn和ho mē erōn，即"处于erōs状况中的人"和"不是处于这种状况中的人"。哈克福思把它们翻译为"爱者"和"非爱者"；这种做法虽然少些麻烦，但现在看来无论如何都是令人误解的。很明显，mē erōn想要的东西是在同性恋的意义上成为男孩的情人，而不需要**爱上**那个男孩。因此，只有当这一点是绝对清楚的时候，我才会使用这两个更简洁的表达式。

的人,不是能够理性地自控(sōphronein),而是得了“病”,糟糕地推理,不能控制自己(231D)。而吕西亚斯身在情爱之外,相形之下,就“不会被爱冲昏头脑而身不由己”(233C);他不受感情驱使而行动,而是自愿地行动(hekōn, 231A)——这就像是说只有理智的部分是真正的自愿行动的发起者,灵魂的其他部分则只是不加选择的促发力量。苏格拉底的第一个讲演自诩说明了好的慎思原则,其中对人做出了更为详细的分析(237B7),而那个分析就向我们清楚地表明:他所谈到的那个观点与柏拉图中期对话中的观点有惊人的相似之处。苏格拉底论证说,人身上有两个支配性的原则:“对快乐的天生欲望”和“习得的对善的 205
信念”。当对善的信念占据主导地位的时候,人的状态就被称为“自我把握”(sōphrosunē)。*而当欲望占据上风的时候,人的状态就叫作“放任”或“放肆”(237D—238A)。“放任”(hubris)一词被认为有“多种含义,因为它有很多分支和部分”(238A)。(令我们想起《理想国》第九卷中的多角兽。)当对食物的欲望占上风时,就是老饕;对酒的欲望占了主导,就成了醉鬼;当追求身体之美的那种感官享受的欲望胜过了真实的意见时,那个状态就是“陷入爱欲”。正像追求过度的食物和饮料一样,深坠情网是一种彻头彻尾的糟糕状态。因此在后面的讲演中,恋爱中的人就一概被当成“无理智(anoētou)统治”(241A8)和“必然无理智”(241B7)的“病人”。相比较,逃出情网的人则被认为“克服了爱欲

* 苏格拉底第一篇讲演的语言使得这篇讲演在很多要点上接近柏拉图的中期对话。他把sōphrosunē 定义为理性安全地支配其他要素的状态,而这个定义就是《理想国》第四卷(431B、442C—D)中的定义。在这两篇对话中,那种失去了秩序的状态都被称为“stasis”,即“灵魂的内战”,是与一种和谐相对立的(442D1、237E)。我们必须从研究的一开始就知道“每个东西的存在”,并就erōs来追问“它是一种什么样的东西,它具有什么样的力量”这种问题。结果,我们就可以在追问进一步的问题的过程中“把注意力指向erōs”,而这种需要就是用我们在《理想国》以及其他有关的对话中所熟悉的那种语言来表述的一个典型的柏拉图式要求(例如,参见《理想国》,354B—C、358B)。欲望“统治”和“专横”的形象描述在《理想国》第一卷和第九卷中都是同样的。

和癫狂而获得了理智(nous)和自控(sōphrosunē)"(241A)。清晰和真正的洞察要求激情的死亡。精神健全的人只会对他从前那种为爱痴狂的行为感到羞愧难当。

我们可以看到,这篇讲演简洁明了地再现了《理想国》中对癫狂和非理智要素提出的四个核心主张。

(1) 欲望,包括性欲,都是想要得到某个特定对象(比如说食物、饮料、性)的盲目的动物力量,既不包括也不回应关于善的判断。[11]

(2) 非理智的要素一旦占了上风,就自然而然地要走向过度。(由这样一个要素所支配的任何状态都应被称为放任。)

(3) 非理智的因素即使在深有教养的人身上,也不可能起到认知作用,不可能引导他走向对善的理解和认识。它们是"无理智的",并且总是危险和歪曲的源泉。

(4) 理性部分是掌握真理和做出正确选择的既必要又充分的最重要因素。它越是运转得法,就越是远离其他因素的影响。换句话说,理性的纯粹性和明晰性是真知的先决条件;充分地培养理性部分就足以达到真知。

吕西亚斯和苏格拉底第一个讲演中的演说者都对斐德罗提出道德劝告。简要地说,那个劝告就是狄奥提玛和《理想国》的劝告:在你自己那里培养自我把握的状态;通过严格控制兽性的非理智因素来发展你理智的清澄;只追求不癫狂的友情,结交沉静而不癫狂的朋友。吕西亚斯的讲演甚至明确地告诫斐德罗说,他只应把性爱给予理性冷静的人。苏格拉底的讲演就没有那么直截了当。在后文中我们还要探究
206 这一点,因为它看来似乎不符合我们的这一主张:那个观点所代表的是

柏拉图较早的观点。我们现在需要进一步深究这两个讲演,有两层原因。第一,这两番演说总是备受攻击,即使是对柏拉图中期对话中的观点抱同情态度的学者也不例外。比如说,哈克福思就对吕西亚斯的代言人“冷淡审慎地计算”,对“浪漫的情感”置之不理颇不以为然。[12]因此我们就有责任表明,这两个讲演本身(而不仅仅是与《理想国》相对照)就已经提供了合理的和有吸引力的劝告。第二,这篇对话毕竟是斐德罗的故事。我们是在试图理解他的道德成长过程,理解在他追求理性的过程中要面对怎样的选择。前两番演说所体现的道德观点对斐德罗来说深具吸引力。事实上,苏格拉底明确地说,我们应该把他的第一个讲演当作是斐德罗**所做**的讲演(244A);他这么说无非是要表明,这番演说表达了斐德罗当时的观点,是斐德罗对自己提出的劝告。在我们能够理解为什么斐德罗最终放弃了这一观点,而接受苏格拉底对它的批评之前,我们必须进一步表明,先前的那个观点对某种怀有抱负的年轻人来说,为什么会有如此大的吸引力。换句话说,我们必须问我们自己:斐德罗到底是一个什么样的人? [13]

我们应该想象一个小城,其中几乎所有能干的成年人都献身于城邦的政治和文化生活。这些领导人物彼此认识,而且一直要相互打交道并合作下去。现在我们可以想象一个才华横溢而且野心勃勃的年轻人在这样的社会背景中如何开始他的事业。(苏格拉底称他为皮索克勒斯之子,于是他的全名就成为“光彩夺目,有阿波罗神庙似的荣光的人之子”;这一不为人知的父名,就像柏拉图的所有对话中的其他名字一样,很可能只是有暗示性的一个杜撰,要表现他与望族的联系。[14])他除了有才干之外,还相貌出众。他在性倾向上面总是钟情于比他年长的一代,而这些年长一代的人,几乎无一例外地偏好年轻的一代。在他即将开始他的大好前程之时,他被各种有吸引力的可能性所包围(参见

237B3，在那里据说有一大群追求者侍候他左右)，必须为了自己在城邦中的前途而仔细掂量他所面临的选择。

虽然我要继续用柏拉图所选择的人物和场景去解释他的处境，但我认为，如果我们设想类似的选择是由一位年轻的女子来面对的，她进入了一个男性居于支配地位的行业，并且知道她将在其中度过一生，那么我们可能就会更好地理解吕西亚斯的劝告。因为在我们的文化中，即使在大多数情况下，往往是女性更有可能陷入斐德罗的处境，或多或少被潜在的“追求者”所包围，但那些追求者往往更有权势，比她更有成就。她当然希望自己能够拥有一种充实的个人生活；但是同时她又要严肃地考虑如何保护自己的自主性和明确性，她是否有可能在合理的和不具
207 威胁性的条件下与那些人在一起工作。现在设想一下那份职业遍及整个城邦：她所认识的每一个人都无一例外地是她的同行。她没有任何其他选择。如果我们能够想象一个严肃的女性主义者会对这个年轻女子提出怎样的劝告(或者她会对自己提出怎样的劝告)，那么我们就不难理解吕西亚斯观点的重要性。哈克福思和其他评论家大谈浪漫的情感，但是在他们所生活的世界中，往往是不那么受认可的女性一方在投身于更受认可的男性一方的职业目的时，浪漫感情的一面就消失了。这也许就是为什么他们不能够理解斐德罗所面临的两难处境的原因。

这两个讲演告诫这个年轻人，当他追求政治、社会和学术地位的时候，他必须首先保证自己不受情感的折磨和支配。他必须保持独立、明确和理性自控，内部不受心理冲突的干扰，外部不受痴狂情人的影响。如果他想要保持任何性关系(我们注意到，苏格拉底的第一个讲演忽略了这一积极的建议)，他就当然要躲开深爱他的人。爱的癫狂是危险的和不可预料的。陷入情网的人不能做出清醒的判断。热恋斐德罗的人会出于嫉妒和自私给他出坏主意，这对他的前途来说大为不利。他的

轻率和占有欲还会阻碍斐德罗结交对他的前途有利的朋友。他甚至会巧妙而阴险地劝阻斐德罗不要去追求他的事业，这样一来斐德罗就会更加依赖他。这位爱者为激情所扰，不能容忍与斐德罗一时一刻的分离，他既看不到也不可能真心培养他的性格和对前途的渴望。当这场恋情终止的时候，留下来的就只是羞耻、悔恨甚至敌意。在今后的日常生活中，他们两人不再会是朋友，甚至难再冷静地面对彼此。简单地说，被爱所掌控的人，他的爱是出于癫狂的感情和深切的急求，会被证明不可能有真正的友情和善意。对他所爱的人只可能带来危险和破坏。[15]

另一方面则是身在情网之外的人。（当然我们应该记住是这个人自己刚才还在描述热恋中的人。）我们可以称他为吕西亚斯，克法洛斯之子（不难想象克法洛斯当初曾给过吕西亚斯相同的忠告）。众所周知，吕西亚斯是颇有身份、功成名就的人；他是民主自由的杰出捍卫者，而且不久之后就会因为对寡头政治的大胆攻击而大出风头；作为当时的雄辩家，他又以条理清晰和简明易懂而闻名。[16]他儒雅有礼、审慎而又迷人。他不喜欢在乡下散步，而宁愿待在城里的房子里。他对人类生活洞察秋毫，不喜欢华丽的长篇大论。对那种强烈的情感，不论是在他自己还是在他人心中，他都敬而远之，他一向头脑清醒、友善且品格高尚。他给予斐德罗的是颇有节制的情爱和友谊。如果斐德罗理智地决定接受他的友谊，他们两个人都不会从中受到损害。他们都不会“身不由己”，而那是吕西亚斯所畏惧和不齿的结果。这桩恋情将是愉快宜人的，充满了相互的善意，对双方都有好处。更重要的是，它让两个人都保持了自主和诚实。而吕西亚斯为自己的诚实而深感骄傲。（他自诩可以毫无嫉妒、没有激情或者私心地看待和评价斐德罗。）我们看到他用 208
简洁而文雅的散文体来表达他的客观性概念，没有滥用任何情感，或者通过隐喻和韵体去诉诸情感。这一风格所要传达的信息就是：合理性是某种清新而理智的东西，只与灵魂中的理性部分（logistikon）相关。*对斐德罗来说，与吕西亚斯交往不会有剧变或者任何扰乱和不安。他可以一直坦然无愧地继续和吕西亚斯见面，而不会感到任何嫉妒、羞耻和愤怒，他永远不会想要逃跑。

因此，斐德罗似乎面对两种已然显而易见的选择：要么是吕西亚斯有益的超然，要么是癫狂恋人的那种危险的激情。他会如何选择？斐德罗自己也是一个头脑清醒的人，视健康和能够自我控制为理想。他对锻炼身体有不同寻常的热情，而且总是担心自己体形的变化（227A）。不难理解这样一个年轻人会畏惧热恋中的人，会在他的头脑和言谈中

---

* 有关这篇讲演是否由历史上的吕西亚斯所撰写的持续不断的争论，证实了柏拉图描写技巧所特有的机敏（参见哈克福思的有关论述）。要从翻译中得到他风格的恰当印象是困难的，因为这样一个翻译以其简单、清晰和对情感的回避而著称。J. F. Dobson在《牛津古典词典》中的“吕西亚斯”这个条目中写道：“吕西亚斯，通过他对习惯用语的那种异乎寻常的把握，把日常生活的口头语言转变为在其简单性和精确性上无与伦比的一种文学媒介。……他避免使用生僻的和诗歌的词汇、令人吃惊的隐喻以及夸张性的词语，结果，他从流畅中获得的，似乎有时候也是他从力量中丧失的。他那种无可责备的风格和没有激情的语调对某些读者来说似乎显得很单调。……甚至当他自己的个人情感被深深地触及时，他也总是显得很稳健。”记住这些一般的事实，让我们听听从柏拉图的吕西亚斯口中说出来的一段话（我对哈克福思译文的修改）：

> 你知道我怎么会处于这种状况的，我已经告诉过你，我认为，这件应该发生的事情对我们是有利的。现在我认为，不应该只是因为我与你并不相爱而拒绝我所要求的东西。……还有，必定有很多人会看到和听到一个陷入爱河的男人会跟随他所爱的男孩，并为他而着迷。因此，每当有人看见他们一起谈话的时候，每个人都会认为他们要么已经发生关系，要么就是准备发生关系。对于一对并不相爱的人来说，当有人看见他们待在一起时，甚至没有任何人会想到这一点。他们知道男人为了友谊和娱乐必定要与人聊天……并且观察到：一个沉浸在爱欲中的男人，往往在他已经逐渐认识到你的品格或者对你有任何了解之前，就想要享受你身体的乐趣。这就使得如下这一点变得不清楚：当他的欲望已经消失的时候，他是否仍然想要成为你的朋友。……现在我认为我已经说够了。如果你想要更多的东西，或者认为我遗漏了任何东西，那么请让我知道。

这段话传递出这种风格的韵味；哈克福思的翻译一般来说把这个讲演处理得很好，虽然在这里他的选择比他在这篇对话其余部分的选择听起来更陈旧，正如我们后来预料到的那样。对“清晰性”和“必要性”的频繁强调，在措辞中表现出来的那种一般的轻快和同时性，对“还有”（eti dē）和“观察到这”（kai dē kai）这样的表达式的不断使用，都是吕西亚斯风格的著名标志。

向自己描绘出一幅有关癫狂的可怕图画。同样也不难理解一个关注自己的名誉和自主性之脆弱的年轻人会倾心于吕西亚斯的劝告。我们无须询问大多数女权主义者将如何劝导一个女性的斐德罗;我们知道,对深陷情网的人的某种描绘,那种在大多数时候都是正确的描绘,女性主义者们将是有道理的。正如苏格拉底所说,情人之爱就像是狼对羊羔的爱(241A)。于是羊羔就很有理由要尽可能保护自己。

《斐德罗篇》表面上看起来与《斐多篇》中苦行和禁欲的境界相去甚远。虽然它继续攻击爱欲本身,但是至少在吕西亚斯的讲演中,也有这样一个劝告,即可以与没有爱情的人保持性爱关系。我们在《斐多 209
篇》中确实看不到这样的劝告,但是在《理想国》中,那种以繁衍为目的的、非激情化的性行为是必需的。而且在第八卷中,柏拉图允许“以健康和双方的福利为目的”的性行为。由此可见,虽然《理想国》对繁衍之外的性关系极为苛刻,但它几乎肯定不会反对同性之间在一定程度上的非激情关系。[17]总之,那种吕西亚斯式的性关系与禁欲观之间的差别,并没有想象的那样大。最重要的一点是,在两种情形中,人都没有变得痴狂。整个人没有那种完完全全被激发起来、蠢蠢欲动的感觉,就像我们在对痴狂的辩护中所看到的那样。相反,那是一种相互欣赏、有节制地一同享受身体乐趣的感觉。吕西亚斯一再强调说,这种快乐不会威胁到人们的自我控制和冷静的看法。对某些人来说,在这种精神状态下的性行为很可能正是让自己摆脱性爱的巨大威力,重新找回理性控制的最佳方式。这很可能也就是《理想国》第八卷中所说的“以健康和双方的福利为目的”。[18]为了确定斐德罗出于对健康和独立性的考虑而选择的那种吕西亚斯式的性关系是恰当地封闭和不带情爱色彩的,我们只需回想一下在第六章中所讨论过的那个流行的古希腊文化理想——成为一个自足的被爱者(erōmenos)的理想。[19]这个观点与《斐多篇》中的那个禁欲主义观点之间的差别仅仅是手段上的差别，即用哪种方式保持理智上的沉静更加容易——是不涉情爱地发生性关系，还是彻底地禁欲？答案因人而异，也因文化而异，因处于哪一个生活阶段而异，但是对激情的谴责却始终不变。

我们知道斐德罗不会一直倡导这个反对爱欲的论证。事实上没有多久，他就被一篇讲辞深深地打动了，那篇讲演攻击了吕西亚斯对情人之癫狂的谴责。而且很清楚的是，最后他并没有接受吕西亚斯的提议。因此我们对斐德罗的描绘还不完整。我们必须用如下观察来补充这个描绘，即那种没有情爱的纯粹性，尽管在某方面有它的吸引力，但已经不再能够满足斐德罗。我们记起来在对话的开篇处他如何眷恋城墙之外的荒郊。他欣赏溪流的澄净，说那是年轻姑娘们的好去处（229B）。但是他自己更喜欢光着脚在溪水里，他甚至颇有挑逗意味地对苏格拉底说，如果愿意，他们可以躺在（而不是坐在）草地上（229B1—2）。所有这些都暗示出在他那温文尔雅的追求者的讲演中所没有的那些回答和倾向。他用医生的忠告作为他深爱乡下的借口（227A）；但是我们有足够的理由怀疑，即使当他一再声称要铲除爱的痴狂时，他仍然对它有一种渴望，叙述和赞叹那种把爱的痴狂描绘为一种“简单恶”的“反面魅力”。苏格拉底用精心选择的词语来赞赏吕西亚斯的讲演，说它“清晰”、“简洁”、“准确和精雕细刻”（234E），而当斐德罗接受苏格拉底的这一说法的时候，他似乎已经承认：在文质彬彬和通情达理的吕西亚斯身上，在他的文字中或者他与其他人的关系中，都缺乏年轻人莫名其妙向往的那种富于创造性的活力。因为当苏格拉底打趣地说斐德罗完全被吕西亚斯的讲演所惊呆了，并从中大受启发的时候，斐德罗立刻就分辨出那只是一句笑话（234D）。这种情感（正如他不久之后就会承认的
210 那样，它们对于灵魂的成长至关重要）不是也不可能是被那个开始显得

畏首畏尾、毫不大方的不癫狂之人唤醒的。

在一天中最热和最晒人的时候,[20]苏格拉底结束了他攻击爱欲的讲演。尽管斐德罗想要留他继续讨论下去,但苏格拉底急着要走。但是,就在这个时候,当他要过河时,他的守护神(daimonion)叫住了他,不许他走,除非他为自己刚刚所做的那个天真且亵渎神灵的演说赔罪,挽回影响(242B—C)。“如果厄洛斯确实是一位神灵或者是一种神圣的存在,而我们知道他确实是,那么他就不可能是坏的;但是刚才那两篇讲演都把他说成是坏的。这样一来它们就误解了爱。”(242E)这个主张,我们注意到,与狄奥提玛那个明确地否认爱欲之神圣的观点南辕北辙,并且直接相冲突。[21]有趣的事情即将发生。苏格拉底不得不撤回他一再强调纯粹性的观点,以“净化”自己(243A)。[22]也就是在这个时候,他开始背诵诗人斯特昔科鲁翻案诗中的诗句,并且用其中“这故事不是真的”来形容他自己的第一个演说,并且暗示说他需要像那个诗人那样重新找回他的想法。在随后的讲演中,正如他很快就告诉我们的那样,他就像是一个新的人物在讲话。如果说第一个演说是斐德罗的故事,那么第二个演说就是“从希玛拉来的斯特昔科鲁,尤菲莫斯之子”的故事(244A)。这些名字都有重要的意义。“尤菲莫斯”(Euphemus)意味着“虔敬的演说”,显然与第二个演说对爱欲的那种恭敬的处理相联系,而先前的演说都亵渎了爱欲(242E—243B),因此第一个演说现在就可以被称为“毁谤”(kakēgoria, 243A6)。相比较,在这个演说中,苏格拉底“在爱的神圣性面前显得一脸畏惧和羞愧难当”。这个虔敬的讲演同时又是一个诗人——来自希玛拉的斯特昔科鲁——的作品;“希玛拉”(Himera)这个词通常是指对一个在场对象的那种充满激情的欲望,即对它深怀激情(himeros),而它所指的那个地方大概可以被称为欲望之城或者激情谷。[23]苏格拉底告诉我们,这样一来(通过采取一位诗人演说者）这个虔敬的讲演就是一个诗人和一个多情但不走运的情人的演说；而他现在就是那位情人。他还暗示说他所爱的对象离得并不远。

这个情人与一个少年交谈，好像并没有陷入爱里；但那个少年正是他的所爱。苏格拉底假扮情人的角色，现在需要找到一个合适的应答对象。他问道："和我交谈的少年在哪儿？我想让他听完这番演说，这样他就不会因为听不下去而跑开，把自己交给那个对他没有爱欲的人了。"（243E）他的言外之意是，如果少年领悟到了他所要说的，整个人就会焕然一新。他问道，会不会有这样一个少年心甘情愿地来接受他的讲演？他得到的回答，在我看来，是哲学中最为激动人心和灿烂的时刻。斐德罗，那个才华横溢且自我保护的少年，非情人性质的仰慕者，只简简单单地回答说："他就在这儿，站在你旁边，随时随刻听命于你。"

我认为斐德罗顺从苏格拉底的那个时刻是哲学中的一个时刻。在这样说的时候，我当然不是说它是以柏拉图的哲学为中心的文学装饰中的一个时刻。很显然柏拉图也没有这样说。因为柏拉图的哲学写作天赋在这里要展现给我们的，就是思想与行动的交织，就是爱的体验与
211 关于爱的哲学演说的交织，就是对激情的哲学捍卫与个人承认开放性与感受性的交织。如果这些人物就像他们实际上所做的那样能够承受他们对激情的体验，那么部分原因就在于他们敢于像他们实际上所做的那样去思考和辩论，而哲学演说向他们展现了看待这个世界的方式。另一方面，如果他们就像他们实际上所做的那样来进行哲学演说，那也是因为他们就像苏格拉底和斐德罗那样一起躺在河边的草地上，心甘情愿地变癫狂；而那种癫狂会把他们领向哲学真理的新境界。精确地考量究竟是先有经验还是先有思想是徒劳无益的，甚至也无足轻重，因为在这里，二者完全相互渗透，彼此阐明。他们的整个生活就成为追求智慧的方法和过程；而在他们对那个新的癫狂观提出的论证中，有一些

论证也是直接来自他们的生活本身的。因此,甚至在这篇对话中,从其中人物的观点来看,这个时刻与哲学思考就不能被分离开来。更进一步说,在作者的层面上,当柏拉图向我们展现了生活与论证的这种融合的时候,他也由此向我们显示了一些严肃的东西,即对他来说,那种融合就是真理的深刻部分,因而也是他哲学的一部分。假设(就像我待会儿会提出的那样)这种融合也是柏拉图生活的一部分;假设他是出于他自己独特的生活经历来论述激情的,那么这些假设是否会减低《斐德罗篇》的哲学意味呢?肯定不会。相反,如果具有更深哲学意味的东西就是一位思想家对真理和价值坚定不移的追求的一个深层部分,就是他为此用他或她的选择和话语去构成的论证,那么《斐德罗篇》也许具有更深的哲学意味。

当我们继续考虑《斐德罗篇》的宏观设计时,我们便认识到它用另外一种方式来修正了《会饮篇》中所描述的整个世界。斯特昔科鲁一开始讲述众人皆知的故事,在其中海伦受帕里斯的诱惑,和他私奔到特洛伊,从而引发轩然大波,让每个人都陷入动荡。而在翻案诗中,他通过杜撰了一个关于海伦的神话,来向她道歉。在那个神话中,他说海伦在整个特洛伊战争期间都住在埃及,过着平静而虔诚的生活。我们可以说《斐德罗篇》在整体上正是一部翻案诗。很长时间以来人们就注意到,一些内在的迹象要求我们把这篇对话的场景设定在公元前411年到前404年之间。[24]然而,20世纪所发现的一个碑铭向我们表明,这种定位有个问题。斐德罗·密里努西奥斯(Phaidros Murrhinousios),真正的斐德罗,与阿尔西比亚德斯一道毁坏了赫耳墨斯神像并亵渎神谕,在公元前415年到前404年之间被迫流亡在外。[25]因此,从历史上来说,斐德罗不可能在那个时期仍然在雅典。

也许我们可以用“柏拉图并不在乎史实上的连贯性”这一主张来掩

盖这个事实：这篇对话的场景是一个不可能的童话式大杂烩。[26]但是，既然柏拉图在他的对话中总是非常精确地追踪历史事件和日期，我们也许可以提出另外一种可能性，至少是把它作为一种猜测来研究。从历史上看，我们也许可以把《斐德罗篇》看作是柏拉图自己的埃及传奇。那故事不是真的。你并没有通过你的本能欲望和你对癫狂的献身，而陷入混乱无序和不虔诚的状态。你也不需要去流亡。在整个这段时期，不管
212 现象如何，你一直在雅典过着一种有序的好生活，**而且**是过着一种没有把爱欲的影响封闭在外的好生活。你非但没有毁损赫耳墨斯的神像，相反在赫耳墨斯的儿子潘的神龛前祈祷（见《克拉底鲁篇》，407—408）。爱欲及其癫狂并不是头脑混乱和不虔诚的简单原因，就像我们用阿尔西比亚德斯的故事来代表一般而论的癫狂时所暗示的那样。我们现在要来翻案。（这让人回想起《会饮篇》结尾处判决的隐喻。）

当然，在实际的历史意义上“这故事不是真的”。阿尔西比亚德斯和斐德罗二人确实都被放逐了。斯特昔科鲁，就像他的同辈人一样，大概也继续相信那个公认的特洛伊战争的故事在历史上是真实的。但是柏拉图的斐德罗传奇和斯特昔科鲁的埃及传奇都攻击了人们从海伦和阿尔西比亚德斯的故事中所得出的深层寓意。他们要宣称的是：这些故事尽管在历史上是不真实的，但用一种隐喻的方式表达了一个关于爱欲的更深刻的真理，即爱欲可以成为一种致力于理解善的、有序而虔诚的生活之组成部分。

2

苏格拉底开始了他的第二个讲演，这一次他不再蒙着头。他声称，癫狂并不像他曾经说的那样是一种纯粹的恶。前面两个讲演[27]把癫狂

与自我克制（sōphrosunē）严格地区分开来：前者是彻头彻尾的恶，而后者是善（244A）。但事实上这两个主张都是错误的。一定程度上的癫狂可以给我们带来“最大程度的善”（244A）；而在一些情形中自我克制反而会导致短见。被非理性所感召的女先知能为国家带来很多的好处，而自我控制很好的先知则“一无所成”（244B）。被感召的占卜要比“理性克制之人”（tōn emphronōn）的占卜“更完美和更令人肃然起敬”，因为后者总是诉诸推理论述（ek dianoias）。[28]同样的，彻底着魔和癫狂的诗人能够引导年轻人稚弱的灵魂加入酒神节的狂欢中去；没有这种癫狂，“他就是不完美的，他和他的诗作都会在癫狂的诗人面前黯然失色”（245A）。最后苏格拉底用同样的观点来解释爱：“彻底着了魔”（kekinēmenos）的情人或者朋友（philos）[29]要远远胜过冷静不为所动的人（sōphrōn，245B）。接下来苏格拉底说他要“证明”这些主张都是真的。

毫无疑问，这里有些新的东西。一定状态下的癫狂和着魔被认为是有益的和令人肃然起敬的，甚至是“最高善”的必然源泉。完完全全冷静自若、彻底不为所动的人，以技艺来抑制情感和感情，既不能以他的预言来救助城邦，也不能作为诗人教师来扬名，或者成为最好的情人。于是看起来，这位伦理思想家就不能像在前两个讲演中那样，或者就不能像在《理想国》和《会饮篇》中那样，在有害的癫狂与有益的冷静之间做出明确和简单的划分。他必须更仔细地考察各种情形，做出 213
更精致的区分，而不是在他的划分中，“如一个拙劣的屠夫那样乱砍一气”（265E）。但是，为了发现癫狂的价值究竟是什么，以前那个观点中什么要素正被撤回，我们就需要看看那个随之而来的“证明”。最重要的是以下三点。

非理智的因素是动机力量的必要源泉。在苏格拉底神秘的灵魂三分说中，他把人比喻为一个驾驭两匹马的御者。由于御者显然是精于计划和细算的理性部分(logistikon),我们就可以从这个比喻中得出这一结论:理智本身是一种相对重要的动力。柏拉图“理性力量”的概念,与休谟的理性不同,不是一种纯粹的目的—手段的计算器,在选择目的和目标的过程中丝毫不起作用。相反,它的一项主要职能就是做出评价和排序。[30]但此外我们还要认识到,为了抵达我们的理智想要我们去的地方,我们好像就需要非理智因素的合作参与。整体的力量是一种“自然而然地凝聚在一起的力量”(sumphuto dunamis)(246A)。如果我们极力压制情感和欲望,其代价很可能是削弱了整个人,使之不可能按照既定的目标行动,甚至完全丧失了行动的可能性。在柏拉图的神话中,“培育”非理智因素这个观念具有很重要的意义。即使是天神也要有他们自己的马,而那些马也一样需要食物(247E)。[31]“意见的粮食”(trophē doxastē, 248B)虽不如神灵的食物来得精致,但却是我们所能得到的最佳选择,是我们寻求理解和寻求好生活的必要成分。在这里柏拉图似乎承认,《理想国》中的那种禁欲主义计划剥夺了情感,不再培养我们对家庭和戏剧诗歌的眷爱,其结果可能是在纯化灵魂的同时彻底损伤了它。忍饥挨饿的哲学家在追求不受打扰的理智时,却阻碍了自己对善的求索。[32]

非理智因素在我们追求理解的渴望中起着重要的作用。理智的持续健康需要不断地滋养非理智因素,但这一事实并不能表明非理智部分可以或者应当指挥或引导理性。柏拉图对癫狂和冷静的对比是在受激情统治的状态和受理智统治的状态之间的对比。他显然是在说,只有通过激情的引导,我们才有可能达到某些本质和最高的见识。苏格拉底所说的那个灵魂长出了翅膀的故事就向我们展示了这个主张背后的东西。非理智因素对美有一种强烈的、出自本性的响应,尤其是当美通过视觉来展现自身的时候。在世界上的无数价值之中,美是“最为夺目”、“最值得爱”的东西(250D—E)。我们总是“通过感官中最清楚不过的视觉去捕捉美,而且总是在它最绚丽夺目的时候捕捉到它”(D1—3);它刺激我们的情感和欲望,并总是激发我们去追求它。人世间的正义和实践智慧的例子,因为无法“体现为一幅清晰的图像”(D5),所以不能激发人的情感和欲望,也就不容易被体会到;只有在美德教育唤醒了理智之后,才能被人所理解(250B、D)。[33]有时候,一眼看到的美只唤起一种野性的性欲,与深层的感情不相干(250E)。但是在天性善良和受到良好教化的人那里,感官和欲望上的反应的确会唤醒更加复 214
杂的情感,例如畏惧、敬畏和尊敬,由此来培养和训练整个人,使其更加有分辨能力,更能容纳新的东西。情感和欲望作为向导是在起激发和鼓动的作用:激发整个人积极向善。但同时又起到认知的作用,因为它们向我们提供了在何处可以找到善与美的信息,而且它们自身也寻求和选择美的对象。如果经过良好训练的话,情感和欲望自身即包含了一种价值感。我们是通过追求和注意我们对美的东西那种复杂的欲望/情感回应,来一步步地达到对善的理解;理智本身不可能达到这一目标。人一旦陷入了情网,爱上了既善又美的对象,就进入了一种激情感悟的境界,在其中整个人心旌荡漾,沉浸在极度的兴奋之中。感觉和情感于是就把我们引向善,并指示着善的出现:

> 但新近才体验到这种神秘境界的人却不然,他看到了许多景象,当他看到真正美丽的、神明一样的面孔或身体时,首先他就会感到一阵战栗,眼界初开时的那种令人惊骇之物仿佛又来到他身上。他凝视那美丽的形象,心里产生了一种虔诚感,敬美如敬神,如果不是怕别人说他狂迷到了极点,他就会向爱人焚香祈祷,如同面对神灵一样。其次,在战栗过去之后,他就会奇怪地发高烧、浑

身冒汗。因为美散发出来的东西透过他的眼睛，在他体内产生出热量，他灵魂的羽翼也因此而得到培育；受热以后，久经闭塞的羽翼又开始生长起来。……同时，灵魂完全沸腾跳动，正如婴儿出齿时牙根感到又痒又疼一样，灵魂初生羽翼时也是这样。当灵魂凝视那少年的美貌时，它就接收到那种美发出的一股流射——这就是为什么我们要说“情欲之波”的原因——灵魂因此得到温暖和滋润，苦痛全消，感到非常快乐。但若离开了那个爱人，灵魂就失去了滋润，毛根干枯，把向外生发的幼毛塞住，无法生长。这些窒塞住的幼毛和情欲之流交汇在一起，就像脉搏一样跳动，每一根幼毛都刺它的堵塞口，因此灵魂遍体受刺，疼得发狂；然而，在这种时候，只要灵魂回忆起那爱人的美，它就可以转悲为喜。痛苦与欢乐这两种感觉的混合使灵魂处于一种奇异的状态下，它感到彷徨、不知所措，又深恨无处解脱。于是就陷入迷狂，夜不能寐，日不能坐，带着焦虑的神情在美的载体周围徘徊，渴望能见到那美。如果碰巧看到了，它就从那美中吸取情欲之液，而原来幽闭在灵魂中的情欲也得以释放出来，于是它又暂时摆脱了原先的疼痛，回到极为甜美的乐境，享受那无可比拟的快乐。(251A—E，哈克福思英译)

对激情之爱的这个感人而非凡的描述显然是出自诗人斯特昔科鲁的手笔，他深入在前面两个讲演中用冷峻和超然的口吻来记述的同样的经验中去，通过比喻和情感化的语言，紧紧地捕捉到了在癫狂状态中的感觉。[34]同时他还表明：在其他两个讲演中备受指责的同一种癫狂，如何可能成为道德和哲学发展中一个重要的甚至是必须的部分。那个
215 少年的美貌(在这里不是被看作一种可以任意取代的美，而是被看作独一无二地与他的具体出现相联系的美)所产生的刺激，被证明对于灵魂

之翼的成长是必要的;这个少年不在场的时候,整个人都会干枯下去,其所有的组成部分也都会停止生长。灵魂的骚动不安又具有认知意义:它是美的存在和我们逐步走向真知的可靠标志。(这一图景在柏拉图道德心理学中始终有其位置。在《法篇》第二卷中,他说年轻的公民应该通过醉酒以让理性昏睡来测验他们的品格。通过观察他们在这种“癫狂”状态下所做的选择,我们就可以看到他们的灵魂是如何在价值方面得到训练的。很显然,这种测试只有在深信感觉与情感具有独立的分辨能力的时候才有可能;而根据《理想国》中的心理学,理智的昏昏欲睡只会把野性的欲望释放出来,不可能显示任何具有道德价值的东西。)

中期对话中对道德发展和认知发展的这种描绘,实际上是对理智与灵魂的其他部分逐渐分离的描绘。一个人越是知道如何“面对死亡”,也就是说,让理智独自前行,完全不受任何外界因素的影响,他就越是能够实现真正的哲学理解。在理想的意义上说,理智是一种纯粹的和完全主动的东西,在最好的状态下,不带任何消极性或感受性。它与理念或形式“极其相似”(《斐多篇》,80B)。它的清纯和纯粹可与干爽清澈的阳光相媲美。[35]而《斐德罗篇》中不断成长的灵魂却完全不同,复杂而不纯粹,“每个部分都在燃烧和震颤”,每个部分都在不断的运动变化之中。要想达到美,这一灵魂首先必须是开放的和敏于感受的,射进眼睛里来的美必须为整个灵魂所接受(251B、C)。而且在灵魂的发展中,最关键的还不仅仅是它的感受性,还在于它的被动性:灵魂之翼被那直射进来的暖流所熔化。狄奥提玛的那种提升的追随者,就像克瑞翁一样,是个猎人,总是想要外在地固定住他征服对象的美(203D,参见《普罗泰戈拉篇》,309A),是运用装备器械和种种谋略的主人。而现在植物的比喻用来形容的是整个灵魂的感受性和成长。[36]灵魂的所有部分都在这种感受状态中受到影响；而且它们相互作用，我们不可能在灵魂的所有部分之间做出明确的区分。不断成长的翅膀属于灵魂整体（232C，参见253C、254C）。对具体个人的回应，对他的光彩照人感性上的回应，对他在情感上的爱和敬畏，以及这种爱所唤起的理性渴望——所有这一切都汇聚到一起，使人在思想和激情之间感受不到任何差异，相反是整个人融合在一起。这并不只是对一个美貌少年在性方面的反应；相反像神话传说中所表明的那样，这是一生中难得一遇的机会。就像阿里斯托芬神话中的被造物一样，这些情人追求（262E）的是唯一属于他的灵魂，甚至不能肯定在此生中，这种追寻是否会有任何结果。但是一旦在罕有的情形下我们找到了自己的所求，从情人那里得到的将是彻底的、毫无保留的全部身心，这让人不禁要怀疑灵魂分为几个部分的理论。此时情人可以说的是，他们感受到的是瞬间周身的温暖、滋润和豁然开朗。与其说是一道干爽的阳光照射到另一道阳
216 光上，不如说是一种神秘的物质，一开始是一道光，而随即转变为不定的流体。（很显然它的泉源不是《理想国》中晴朗的天国，而也许是品达的“清澈流溢的天空”。[37]）由于接受了另外一个人的灵魂，而熔化了自己坚硬和冷漠的内核。他感觉到身体里被压抑的流体顿时释放出来，他自己也就变成另一道流动的光。在他的欲望“流动”中，他就像是一个有“流线四射”眼睛的人（255D）。[38]一旦完成了这一转变，他就开始接近他从前那种无爱无味的生活中所不能接近的真理（参见239C8）。而如果他依然还“极其类似于”理念，他就不可能达到那些真理。

这个论述取得了两方面的成就：一方面，它使我们认识到人类的性欲，比中期对话中所表现的要复杂、深刻和积极得多；另一方面，它使我们看到理智要比中期对话所承认的更具性别色彩，与感受性和运动具有更加密切的联系。[这些变化在《会饮篇》的那种提升中已经得到预

示,因为那种提升把爱欲与美联系起来(参见注释11),而且还强调说,在情侣上升到沉思境界的过程中,性爱的动机一直都在发挥作用。不过,既然狄奥提玛强调自足和理智的超凡价值(参见212A1),她的观点就更加接近于《斐多篇》和《理想国》中的立场。只有阿尔西比亚德斯才能把哲学说成是一种形式的癫狂(218B2—3)——因为他未能看到苏格拉底希望哲学所达到的那种境界。]至此,爱欲不再是盲目追求性满足的驱动力;而是像我们所看到的那样,是对美的回应,是达到真正的美的向导。即便那些最卑鄙的人也在寻求美的对象,而在那些更有抱负的人当中,爱的眼界极高,它所要追求的是一种能够引导整个灵魂(包括理智)产生一种神秘转变的感性经验。而且,当人们确实陷入情网时,他们就为柔情和敬畏所感动;这些情感向他们提供了新的信息,而那种信息不仅关系到他们自己,而且也关系到行动的善。当他们碰到了对那些情感的认可时,他们就认识到对待对方的某些行为方式是好的;而当他们感觉到某些行为方式不符合所感觉到的那种敬畏时,他们就会彻底摒弃那些行为方式。比如说,柏拉图式的情侣选择彼此不发生性关系,即使他们通过不停地相互抚摸来表达对彼此的爱(参见255B)。因为他们感觉到,性行为所牵扯到的那种过分的感性刺激,不符合对对方作为一个独立的人的仰慕和敬畏。欲望不是用沉思的理智来控制的,而是用它所唤醒的情感要求来控制的。《理想国》坚持认为唯一可信赖的道德见证是理智,而《斐德罗篇》的观点却要复杂得多。

另一方面,理智活动在这里,是作为在结构上与《理想国》中的那种纯粹而稳定的沉思很不相同的某种东西突现出来的。当这位哲学家在那里寻求回忆和真理时,他的精神抱负在其内在的结构上,就类似于情人的性渴望和性满足。对翅膀如何成长的论述明确无误地使用了性的隐喻来描绘感受性以及整个灵魂的成长。理智,既然现在不再与灵

217 魂的其余部分相分离，就用那种不会满足中期对话对纯粹性和稳定性之要求的方式，来追求真理。痛苦与充实的对比，火燎般的干枯与清澄之间的对比，都对“纯粹性”造成了威胁。稳定性也受到了两个因素的威胁：一个因素是理智活动的内在节奏，它似乎涉及一系列的不断变化，不可能停滞不前地保持在同一状态下；另一个因素是那种活动对象的偶然性和多变性，即当它离开了那种活动的时候，它就变成了一种干巴巴的东西。之所以如此，不仅仅是因为理智关注的对象是一个人，更糟糕的是因为从《会饮篇》的角度来看，每个人都是在一种唯一的、绝无仅有的个人层次上被爱和被看重的。这种爱是不容易转移和让渡的。即使最初可能会有不止一个性情相似的灵魂，能够回应爱人的呼唤（参见252E），但很明显的是，随着两人关系的加深，那个关系的历史就是其思想价值的一个源泉，正如它是知识、自我认识以及推进回忆的一个源泉。对品格的关注取消了大部分爱的可替代性，而对那个历史的关注则取消了其余的东西。这种爱的价值显然与如下事实具有密切的联系：那个独一无二的人之所以被看重，自始至终都是因为他或者她是独立的存在者，其灵魂有自我运动，而不是因为他或者她是某种可以用哲学的技艺（technē）来把握、捕捉和束缚的猎物。[39]

至于那个大写的真理，它仍然是理智想要达到的目标。但并非其中一切最有价值的具体真理都会像中期对话所要求的那样，是一般的论述或定义。情人的绝大部分认识是对他所爱的那个人的认识。相爱的双方通过复杂的相互回应和相互作用来学习如何理解和尊重对方的“神圣”（252D）；他的努力是要彻底了解对方的品格。当他们“遵循内心的神的告诫而奋力前进”（252E）时，那种努力就会使他们获得进一步的自我理解。当情人达到了这一状态时，他就会认识到对方的“脾气秉性”，由此而认识到自己的个性和习惯（252E—253A）。如果我们询问这是怎样的一种理解,以及情人能讲述何种真理,那么答案会是很复杂的。他们无疑会知道一些有关某种品格的一般真理。但是其中一些真理可能会更加特殊、更像故事。而且,他们对生活习惯和行为方式的一些知识可能不是在言语中揭示出来的,而是在直观地理解如何对待他人、如何教导、如何回应、如何限定自身中揭示出来的。但是苏格拉底,就像《会饮篇》中的阿尔西比亚德斯那样,坚持认为这种直观仍然是真正的见识,是道德发展和理智发展中至关重要的见识。*情人因为具有了这个见识而感激他的爱人,那种感激又使他加倍地爱他的爱人。“从情人身上找答案”曾被认为与从哲学那里找答案是相对立的(239A—B)。而现在,情人的灵魂倒成了见识和理解的一个核心来源,而且那种见识和理解既是一般的又是具体的。

激情及其所激发的行动是最好的人类生活具有内在价值的成分。 218
至此我们也许相信柏拉图所修正的只是他的动机和教育理论,而非他对最好生活的看法。一旦理智已经被癫狂的激情引到美和正义的规范上面,我们就可以不再依赖那种疯狂的狂热,就可以清醒地沉思真理。说我们通过癫狂而获得最高的善,并不是说癫狂或癫狂的行为本身就具有内在的善。但是《斐德罗篇》中的激情以及癫狂状态绝不仅仅只具有工具性的作用。

从刚开始改变论调,这一点就被暗示出来了。苏格拉底说,对爱进行批判的那些讲演不可能说服这样一个听众:他具有“高贵而温和的

---

*《政治家篇》将发展这个亚里士多德式的原始观点。在论证一个具有实践智慧的人的判断优先于固定的法律时,这位陌生人(用一种与《尼各马可伦理学》的语言很接近的语言)声称,一种政治技能无法将优先性赋予固定的规则,因为人类及其行动的多样性以及时间上变化的特征都要求一种更加特殊化和情境性的知识(294A及以下)。长期以来人们就注意到,这个观点推翻了《理想国》的政治认识论中的一个主要原则。[40]

品格，爱上或者曾经爱上另一个性情相投的人”(243C)。他会认为，只有“在水手中间长大，从来没有体验过任何自由和慷慨之爱的人”才会发表这样的讲演(243E)。即使我们认为柏拉图因其贵族出身而藐视没有财产的水手阶级是很不公道的，但我们还是可以理解他的意思。对他来说，如果一个人“在水手中间长大”，那么他就很可能只看到爱的工具性作用。他会认为爱只能用来缓解需要，或者提供直接的享乐。既然身处这样的环境，他就不会从他的经验中认识到爱可以成为一种好的生活——值得一个向往自由和性情慷慨的人去追求的那种生活——中一个稳定的、具有内在价值的部分。

《斐德罗篇》中的情人，不像柏拉图想象中开拓性的水手，之所以生活在一起，互相靠在一起，乃是因为他们彼此怀有爱的激情，彼此仰慕对方的品格，对教育和学习具有共同的兴趣(特别参见252C—253E、255A—F)。他们所追求的是性情相似、志趣相投的爱人(252C及以下)。而一旦找到了这样爱人，他们会尊重对方独立的选择(252D—E)，培养彼此的志趣，一同达到他们最深层的人类生活目标。彼此“绝不猜疑嫉妒或者恶意中伤”(253B)，而是诚心诚意地顾及彼此的利益。他们互相促进，互相宽容对方，就像是酒神的祭司，他吸入会变形的液体，再反过来将之注入所爱之人的灵魂(253A)。柏拉图描述了他们彼此间所具有的那种充满激情的渴望和情感，这个描述让我们同斐德罗一道，充分地感受到了爱的至美，而且有力地表明他发现他们的癫狂是美的也是善的。爱人应该是“不矫情、真正地体验激情”的人，这一点尤为重要(255A)。苏格拉底现在告诉我们，与那个满怀激情的情人(他的善意令他的爱人感到敬畏)相比，所有其他的朋友和亲戚都谈不上付出。在这一讲演中，爱不仅仅是一个“精灵”(daimōn)，还是一位神灵：具有其内在的价值和美，而不仅仅是向善道路上的一个停泊站。

最好的人类生活涉及对另一个个体始终不渝的爱和奉献。这种生活涉及共同分享的理智活动，但也涉及不断癫狂和彼此分享的欲望和情感。最好的情侣被认为应该拒绝性关系。但是，正如我们已经说过的，这是因为他们感觉到，在性行为中，他们有可能会失去他们两人的关系中其他有价值的非理智要素，即对彼此的柔情、仰慕和敬畏。柏拉图仍然坚持认为，随着时间的推移，“每当他们在体育场上或者其他场合相见时， 219
他们总是不停地彼此接近并抚摸对方”（255B）。在这段话中，他接着说明情侣在那种显然是惯常的身体接触中，如何从对方那里感受到“如潮涌般的激情”以慰藉他们的灵魂。在这里他提到了宙斯和伽倪墨得斯的爱（参见以下论述），以此为例来强调这些用来描绘精神成长的隐喻的性本质。而且，它们实际上还不仅仅是隐喻，因为性觉醒似乎就是使一个人能够体验到成长的东西。于是他就鼓励情侣们可以用任何感性的方式去探索对方，只要他们认为这种做法不具有潜在自私的和（或者）暴力的倾向就行。我们也许会觉得：在这里柏拉图的情侣们已经允许一种伤害的危险出现，结果就使他们丧失了更深一层的价值。我们也许会觉得：对于身体的那种老一套的柏拉图式怀疑，在这里又以一种与柏拉图论证的其他部分不一致的方式重申自己。但是柏拉图对性行为的拒斥，不管是否得到辩护，既不是对感性事物的拒斥（因为那仍然是情人们要探究的东西），也不是对宽泛解释的性欲的拒斥（因为性欲贯穿了情人们的全部癫狂）。那种拒斥不是由纯粹理智的要求来鼓动的，而是由尊重和爱的要求来鼓动的。

《会饮篇》中的情人一开始也是爱上了单一的个人或者说爱上了那个人的美貌，但不久就转向对更普遍的美的欣赏和评价，因此而削弱了对这个人强烈的爱。但是《斐德罗篇》中的情侣绝不可能这样做。[41]他们一生对理解和善的追求是在与某个人的特殊关系中获得的，而那个人的独特品格也是在那份关系中得到培养的。这些情侣不是把对方作为美和善的样板来爱慕，可以设想他们丧失了这些品质而仍然是自己，相反他们所爱的是彼此的性格、共同的回忆和渴望，这用亚里士多德的话来说，他们所爱的是每个人“本身”。这些情侣在美和善的方面所学到的任何东西，都不会使他们贬低或者回避他们彼此的结合。他们并不是由身体升华到灵魂，由灵魂升华到制度，最终由制度升华到科学的。他们是在一个类似承诺的特定个体的爱当中来追求科学或政治的。[在这里，不管我们是把那种最崇高的人称为“不用任何伎俩来从事哲学思考”的人，还是称为“在追求哲学的同时又追求一个少年的爱”的人（249A），都不会有什么分别；而在此前的对话中两者有天壤之别。]他们并不是通过超越性爱的癫狂来把握真与善的，相反倒是在一个充满激情的生活内部来把握真与善的。

确实，哲学的爱侣所共同分享的是对另一种生活的一种模糊幻想，而那种生活好于任何可得到的人类生活（参见250B5）。确实，这种模糊的生活中包含了光明与纯粹的形象，而其中作为人物出现的神灵，则没有人类所特有的那种骚动的爱欲之情。但是对人类来说，他们的回忆和提升能够为这些情人恢复的东西，至多只是他们的灵魂在前一个轮回中，已经看到或者认识到的东西；如果我们仔细地研究柏拉图的神话，我们就会发现，他认为完完全全的神性和智慧是凡人永远不可能达到的。因此，在这里他并不是把情人的那种癫狂的生活作为对一个神灵（或者对不管什么样的存在者）而言是最好的生活来加以捍卫的，而是把它作为对一个人类存在者——在认识上具有局限性但也具有希望的存在者——来说是最好的生活来加以捍卫。但是最让人惊异的是在
220 这里，就像其他后期对话那样，[42]柏拉图是从人的兴趣、需要和限度的观点来判断最好生活的问题的。对一个人类存在者来说是最好的那种生

活,不是通过从我们复杂本质的特殊性中进行抽象而发现的,而是通过探究那个本质及其所构成的生活方式来发现的。

这种最好的人类生活,不像《会饮篇》中那个自我升华之人的生活那样,它是不稳定的,时刻充满冲突的。[43]爱侣必须不断地与不相宜的性情做斗争,为了碰到一个与自己性情相投的人而在心理上不断努力。而且,不像那个自我升华的人,他们所爱的是不断变化的对象,无时无刻不处在危险之中,要遍尝分离变化之苦和不可避免的死亡的威胁。这种生活,不像狄奥提玛的那种生活,似乎承认了一切充分的价值冲突,由于情侣彼此之间的投入是如此独特,以至于在一些情形中,那种投入就会把他们拉向与他们的政治承诺或者与他们对知识的追求相对立的方面(对比第五章第5节,原书第六章第181页和第196—197页)。但是柏拉图似乎相信:任何生活,只要缺乏他们那种充满激情的专注和献身,不管它是否在从前某个时候具有这个特点,都缺乏与他们的那种生活相接近的美和价值。苏格拉底用以下直截了当的语言来结束他对斐德罗的忠告:“我的美少年,这就是恋爱中的人给你的赐福,伟大而又光荣。而与没有爱欲的人之间的亲密关系肯定混杂着世俗的盘算,对那些世俗的蝇头小利斤斤计较,其结果就不免在被爱者的灵魂中产生被俗人当作美德的庸俗,使之注定要毫无心智地(anous)在地面上和地底下滚来滚去,至少滚上九千年。”(256E—257A)这一谴责还不仅仅是针对那些没有爱的坏家伙,因为我们知道吕西亚斯是个正直而受人敬重的君子。而且它也不仅仅是针对那些从来就没有热情地相爱过的人。**一切**生活,只要缺乏癫狂,缺乏其他人的癫狂所产生的那种不断影响,都会被指责为一种单调、苦涩和无味的生活,不会有任何真知。在《斐多篇》中,激情曾经被形容为把灵魂钉在身体牢狱中的钉子,而现在倒像是吕西亚斯在监狱中,因为他缺乏如涌的激情而被关在地下。

如果我们现在回到柏拉图对激情的四项指责，我们就会发现他要么已经改变论调，要么严肃地限定了那些指责。

（1）欲望就是那种想要伸出手去得到其对象的盲目的动物性冲动，却对那些对象不加分辨，不做选择。至少对于情爱方面的欲望，他彻底地否定了这一点。即便是在其最低等的形式上，爱欲也是对美的回应；而在心怀大志的灵魂那里，爱欲是对整个灵魂复杂和有选择的回应。斐德罗和苏格拉底对某些身体快感仍然持批评的态度（参见258E）。他们并不否认**某些**人类欲望符合那个老的观点，但却认为当初的评价过于简单化，尤其对爱欲的解释无异于是一种诽谤。

（2）欲望若不加抑制就总是会自然而然地泛滥。柏拉图似乎仍然相信不驯服的烈马需要经常不断地加以管束牵引，它被称为“骄横（hubris）的家伙”（253E）。但是他又坚持认为我们应当善待这匹马，只要正确地控制它，它就会在鼓励我们上进的过程中起着重要而必需的
221 作用，甚至在教导人欣赏美的过程中也是一样。另外那匹马则根本不会毫无节制，相反会帮忙控制任何过分的欲望。

（3）激情不可能在认知上发挥作用。在这里我们已经表明，激情能具备而且确实具有这个作用。它们并不总是曲解和谬误的来源，相反往往为真知提供必要的信息。柏拉图的思想在此经历了一个重要转变，他认为某些情感具有激发和认知的作用，而且感觉、情感和判断在爱中是相互作用的，而在《理想国》中，爱欲不过是一种肉体欲望。

（4）理智的因素是理解和掌握真理并做出正确选择的充分必要条件。在《斐德罗篇》中远不是如此。理智，如果“单独存在”，注定只会带来一种无动于衷的和吝啬的生活。即使是理智本身的渴望，也需要丰富多彩的完整个人去实现，其中很难把理智的贡献与其他部分的贡

献分离开来。

我们可以用这些发现来研究在解释《斐德罗篇》时那个由来已久的纷争,即如何理解这一事实:这篇对话使用了一个与《斐多篇》和《理想国》中的人的概念都有所不同的概念。在《理想国》中,人的本质是一个不朽的理智灵魂,只是偶然地与身体和欲望相联系。导致灵魂有“几个部分”这种说法的冲突来自灵魂与身体的结合;彻底摆脱了冲突的理智因素,那个唯一不朽的因素,足以维护没有身体的个人同一性。《斐多篇》使用了相似的比喻,坚持认为我应该与自己的身体本性和由此而来的激情相分离,应该一生都去实践这种分离。苏格拉底确信,使自己之为苏格拉底的一切东西在死亡的那一刻,就会与身体相分离。在他看来,他作为一个有抱负的哲学家的同一性与他的欲望和情感毫无关系。[44]

在《斐德罗篇》中,众所周知,所有的灵魂都是三分的,即使是天神不朽的灵魂也不例外。对不朽的证明并不像《斐多篇》中那样依赖于一个关于非混合物的前提,而只是依赖于灵魂自我运动的本质。我们再次强调这一转变是永久性的:因为在《法篇》第十卷中,自我运动就是与身体相对立的灵魂之本质特征,诸如欲望、希望、畏惧和快乐这样的东西全都被归类为灵魂的活动。[45]我认为我们不可能通过承认“三分的神灵只是柏拉图神话的一部分”来掩盖这一问题。[46]人类同样具有被分为三个部分的灵魂,无论是在具有肉身之前还是在此之后;中期对话中的灵魂却不是如此。在后期对话中列举的一系列灵魂活动清楚地表明了这一转变。而神话也并非“只是神话”,它是柏拉图的中心教义。

我们对这一转变不应该再感到意外。灵魂的形象就是我在自己这里所看重的那个东西的形象，我很愿意承认它作为我的同一性的一个部分。《斐多篇》中的二元论不是先于那篇对话中的道德理论，而是表达了那个道德理论。无论是柏拉图还是亚里士多德都不认为个人同一
222 性理论与价值无关。那样一个理论表达了我们最深的价值。我表达对于激情的否认，其中一种意思就是说激情实际上并不等于我，并不属于我真正的本质。（我在死后能够幸存下来，即便没有了激情仍然还是我自己。）根据《理想国》中厄尔的神话，我的灵魂是一种纯粹、非混合的理智实体，尽管被裹在了尘世的臭皮囊之中。这个神话是对一种价值观的形象比喻，该价值观则在那部对话中得到了捍卫，正如我们在第五章中所看到的那样。既然《斐德罗篇》极力反对这些论证，我们就应当希望在它那里发现一种新的人的概念。《斐德罗篇》的行动者在这个方面是很宽容的。厄尔神话是一个试图拯救我们的神话（《理想国》，621B—C），但它那种光芒四射的景象现在被搁置一旁，以便提出以下苏格拉底未解决的问题：我是不是要比神话中的百头怪“提丰”（Typho）更复杂、更臃肿，或者我只是某种更为驯服和更加简单的被造物？（230A）[47]后来，这一问题本身因为过分拘泥于《理想国》和《会饮篇》中那些刻板的两分法，而不言而喻地被拒斥了：你可以是复杂的而不必成为提丰，你可以是有序的而不必变得简单，你可以是某个人的情人而不必成为阿尔西比亚德斯。

《斐德罗篇》的情节阐明了它的学习观。[48]正如我们已经看到的那样，这篇对话一开始是一个年长的人驻足不前，被一个年轻人打动；他注意到他们两人具有惊人相似的性格（228A）。他们共同的志向，就像是挂在饥饿的驴鼻前那根著名的胡萝卜，冒险领着他与斐德罗一道去城外。他们一起追求深层的渴望，接受了那个充满野性和感性的地方

对他们的影响。虽然在某种意义上,苏格拉底是老师和领导者,但我们所看到的那个教育过程,就像我们听到其他人向我们描述出来的那个过程一样,双方都涉及癫狂和感受性,当时苏格拉底因为受斐德罗的影响而走出他惯常的处所(234D、238D、231E),而斐德罗则离开了他的“克制”的避难所,接受作为情人的脆弱位置。[49]在他们两人那里我们都可以看到钦佩和敬畏的情感,看到对对方不同的需要和渴望的爱护。每一个人都从对方灵魂的反应中进一步看到了自己的目标。(因为,难道不是接受了吕西亚斯建议的斐德罗的思想,才使得苏格拉底渴望把一种更加复杂的合理性理想表达出来的吗?难道不是苏格拉底那番富有灵感又充满诗意的论调改变促使斐德罗表现出自己在感受性上的贫困吗?)他们两人都没有把自己的观点强加给另一方,相反每一个人都对另一方的灵魂充满敬畏,在对它的回应中又衍发出自身更深层的美。

3

这是一篇关于如何发表精彩讲演的对话。苏格拉底批评吕西亚斯的讲演既是针对其内容也是针对其风格的,而且向我们表明二者是如何彻底地联系起来的。斐德罗在第二个讲演中所受的教育,在培养了他的道德想象力的同时,也培养了他对讲演风格的品位。此外,正如我们所期待的,柏拉图对癫狂的新思想也影响了他自己对风格体裁的选择。现在我们可以来看看这部论述癫狂的著作,对哲学风格问题,对柏拉图关于文学或诗歌的道德教师持续论证之地位的癫狂,到底具有什么样的含义。 223

在他的一些早期和中期对话中(参见插曲一),[50]柏拉图把诗人和哲学家完全对立起来,不承认诗人能带来任何真正的理解。他写道，在“诗歌与哲学”之间存在着一种“截然的对立”和区别（《理想国》，607B），在《申辩篇》、《伊安篇》、《美诺篇》以及《理想国》第十卷中，诗人始终被描述为在非理性的兴奋或者心神恍惚的状态中写作的人，而他们的诗作也正反映了那个状态。诗人处于“一种狂热的状态”（enthusiōntes，《申辩篇》、《美诺篇》）；他们“总像是在办酒神节的酒宴”（bakcheuousi，《伊安篇》）；他们“不明事理”（ouch emphrones，《伊安篇》）；“受灵感所支配”（epipnoi，《伊安篇》）；“就像着了魔一样”（entheoi，《伊安篇》），“被完全占据了”（katechomenoi，《伊安篇》、《美诺篇》）。他们的非理性状态与哲学家自我克制的明智形成对比。

于是我们就可以毫不奇怪地发现，诗歌作家就像其他癫狂者一样，几乎是基于同样的理由而受到批评的，因为着了魔和处于一种心理上的亢奋状态时，他们不可能达到真知灼见。就像在其他的情形中那样，癫狂被认为与理解不相容。虽然诗人偶尔也会触及真理，但他们“不知道自己在说什么”（《申辩篇》、《美诺篇》）。

此外，把诗人的癫狂表现出来的著作又助长了听众的癫狂。哲学家只用纯粹的理智来对自己说话，并且促使它与其他要素分离开来，与哲学家不同，诗人是用灵魂中激情性的要素来对自己说话的，从而也就培育了那些因素。他发现情感向他提供了把最动人的诗歌表现出来的机会；他发现对强烈的感情（尤其是对愤怒和爱）的展现尤其能够打动他的听众（《理想国》，604E—605A）。但是，把那些情感显示出来并用它们来打动听众，他就培育并加强了他们的激情，从而削弱了他们的理性支配能力（《理想国》，386A—388E、605B、696A、D、607A）。[51]

因此，出于这两个独立的理由，中期对话否认诗人作为年轻人传统的道德教师的地位。在第五章中我们已看到，柏拉图对一种能够发展客观理性能力的新“文学”做出了一些论证。在插曲一中我们开始看到:当柏拉图把一种经过纯化的戏剧创造出来的时候,那种柏拉图式的理智主义就对他自己的对话产生了影响,因为那种戏剧一方面维护了悲剧让观众作为对话者来积极参与的能力,另一方面又只使用理智的力量。[《会饮篇》中那种混合吸引力(参见第六章)在证明这条规则方面或许可以被称为一个例外,因为在那篇对话中柏拉图允许自己流露出对非理智因素的同情,但又表明那些因素在引导或产生有序的理性生活上所遭遇的灾难性失败就是那个同情过程的一部分。]我们可以看到,他的早期对话确实受到了那些“清晰冷静的声音”或“利古里亚”的缪斯的感召,而那些缪斯也用那种乏味、平稳、不动声色和不动感情的风格来鼓舞《斐德罗篇》中的前两个讲演。

于是我们就可以期望:一位像柏拉图那样严肃而诚恳的作者,会利用在道德心理学上的任何新思想,来影响他自己对其写作教学的看法。224
《斐德罗篇》提醒我们(参见插曲一)一切写作都只是一种“提示”,真实的教学和学习活动并不在书本上而是在人们的灵魂中。[52]但我们对灵魂如何学习,用哪些部分来学习的看法,确实会影响我们对一个写作文本,应该如何履行其有限职能的看法。

从《斐德罗篇》的一开始,我们就怀疑某种类似的重估正在发生。斐德罗问苏格拉底他是否相信北风之神的神话是真的(229C)——在那个神话中,一个纯洁的姑娘及其同伴就在苏格拉底和斐德罗散步的那个地方玩耍,而北风之神爱上了她,便充满激情地把她卷走。在回答这个问题的时候,苏格拉底尖刻地提到某些“聪明人”,他们怀疑神话的真实性,试图“使用一门有些粗糙的科学”来巧妙地为神话的起源设计出各种理性化的说明。(在这种情形中,他猜测说,理性化的说明不外乎是说并非变为人形的风神之诱惑掠走了那姑娘,而是一阵飓风把她吹走了。)虽然柏拉图也曾经用他自己的神话来加强其哲学论证,但他却坚持不懈地攻击那些滥用神祇的传统故事。在《理想国》中，他会毫不迟疑地否认神之爱欲的故事有任何真实性，而且还会抨击这些故事对灵魂中低层次因素的依赖。但是在《斐德罗篇》中，苏格拉底捍卫了那个充满激情的神话，说它是真知的来源，与他自己所要展开的观点是相一致的；而且他把那些理性化的攻击者描述为“极其聪明、用功却不尽然走运的人”（229D4）。为数不少的评论者试图调解这段对话与《理想国》中观点的冲突，这让人觉得十分有趣。比如说，汤姆森（Thomson）明确地宣告：毕竟，这个故事是完全无害的。[53]然而，以《理想国》中关于“无害”的标准来看，那个少女屈从于神祇的那种无法抵抗的激情，显然远远不是无害的。《斐德罗篇》现在敦促我们来探究的，就是这种难解而危险的心理状况。

接下来的文学上的惊奇是在苏格拉底对吕西亚斯散文的批评中出现的，在那个批评中他一方面赞扬吕西亚斯清晰和简洁的风格，另一方面又批评吕西亚斯对自己的主题缺乏兴趣（235A）。我们又一次回想起诗人就是因为他们在一种激情勃发的状态中进行写作而受到批评的。而现在柏拉图似乎要重新讨论作者与其观点之间的恰当关系。

最重要的一点当然就是诗歌在苏格拉底的第二个讲演中所起的作用。据说那是一个诗人，来自激情谷的虔敬（Reverent）之子斯特昔科鲁的讲演；在这样说的时候，苏格拉底采取了一个伪装，说了一个谎，即在那个理想城邦的英雄史诗中原本不可能发生的事情。（我们应该回想一下，这整篇对话都具有一种虚构的形式，因为它所说的就是斐德罗的行动、品格和“癫狂”。）癫狂和充满灵感的诗人要比自持的、工匠般的
225 诗人有更高的造诣，他们的作品会流传下去，教育后代，泽被子孙。苏格拉底用一种“相似性”（246A）来展现他自己关于灵魂最深刻的教学方式，教导人们要向阿尔西比亚德斯那样通过感性形象来传授真理；他

认为这种提出相似性的能力使他有权将自己称为哲学家和教师。他暗示说,只有神祇才可能做得更好(246A)。因此,毫不奇怪的是,当他后来按照各种生活的卓越程度来评估它们时,第一位的生活是一种奇怪的混血儿:“一个爱智慧的人或者爱美的人,或者某个追随缪斯和爱人的人。”(248D)[54]在《理想国》的世界中,当评估各种生活的时候,只有哲学家才独自站在最高处。他肯定不会与那种令人讨厌的酒神式的人物(正如诗人或者爱恋少年的情人)分享他的荣誉(参见249A)。他自己的那种爱欲与那些人的爱欲截然不同。他自己的那种爱欲是“正确的”,恰好是因为它与“癫狂或性欲”毫不相关(403A)。现在,在《斐德罗篇》中,哲学家、雕塑家、缪斯的追随者和情人——那群被视为“着了魔”的人——与癫狂一起都被排在了最高层。[55]

但是,有这些转变似乎并不足以为那些作品为柏拉图所知的诗人恢复名誉。哲学活动仍然是最高一层之认识和理解的必要条件;而且也是最高一层的爱之必要条件。柏拉图的选言命题“要么是一个爱智慧的人,要么是一个爱美的人,要么是某个追随缪斯的人”,大概并不意味着其中的任何一个选项,当把其他的选项拿掉的时候,都是充分的。相反,柏拉图在这里是要说,所有这些选项都是彼此相容的,它们甚至在其最高实现中彼此蕴含。(也就是说,你把这样一个人叫作什么名字并没有关系,因为如果他具有了其中的一个名字,那么他也就具有了其他的名字。)关于癫狂的那篇讲演已经打发了那不为灵感所动的诗人;在生活类型的清单中,技艺平平的“工匠般诗人”(被认为没有得到缪斯的灵感)排在第六位,算不上很高的层次(248E)。在后文中我们又听说荷马也可以被冠以哲学家的头衔,只要他能够通过回答关于他写作的问题来显示自己的理解(278C)。但正如《申辩篇》所表明的那样,这是现在的诗人没法做的事情。(即便我们使用好像出现在《斐德罗篇》

中的那个更加包容的“理解”概念，情况大概仍然是这样。）

因此，这种改变并不意味着削弱对非哲学家诗人的批评。然而，确实很重要的一点是：哲学现在获准成为一种具有灵感的、癫狂的、热爱缪斯的活动。在这种概念下，哲学与诗人的联系比柏拉图以前所承认的要紧密得多。比如说，我可以在哲学教学的核心部分使用“文学”手法，例如神话的叙述和隐喻；而且哲学可以像诗歌一样表现洋溢的激情。这篇对话的后半部分证实了哲学与诗歌之间这种密切联系。在苏格拉底第二个讲演（斐德罗赞叹它比前面的那个讲演“更精彩”）的结尾处，斐德罗被称为“热爱缪斯的人”。随后蝉的神话告诉我们，哲学连同舞蹈和情爱，都是因为缪斯的出现而得以出现在世界中的一门艺术。哲学生活本身据说就是奉献给卡利俄珀和乌拉尼亚——即传统上
226 与诗歌以及与宇宙之母（259B—C）相联系的缪斯——的那种生活。（我们注意到，日常的诗歌并不是作为真正由缪斯所鼓舞的一门艺术而被提及的；这符合前面所说的那种单纯的“工匠”诗人很低的地位，符合这种诗人和层次更高的诗人之间的区分：工匠似的诗人并不能真正侍奉缪斯，除非他得到了灵感，而且能够把艺术和哲学结合起来。）这篇对话的最后部分推翻了《高尔吉亚篇》中对修辞学的一概否定，描述了一种真正的修辞艺术，而在后面那种修辞艺术中，通过经验而赋予个体灵魂的知识以中心地位（268A—B）。在这篇对话的尾声，哲学家带给荷马的讯息告诉他：苏格拉底和斐德罗已经从“宁芙女神的溪流和音乐之灵”那里转而听到了那些话。宁芙女神告诉他们的东西显然就是：如果诗歌以正确的方式与回答和论述结合起来，那么诗歌就是哲学。

因此我们可以说，《斐德罗篇》所表现的不是对旧诗歌的重建，而更多的是对哲学的新理解，重新解释哲学与诗歌的区分；它不是要接

受荷马对逻辑(logoi)的那种天真幼稚的看法,而是要宣告哲学,就像苏格拉底所说的那样,可能具有一种比我们已经设想的灵魂还要复杂的灵魂。

但是,为了认识到这一点,我们不一定只依赖于明确的元哲学评论。因为柏拉图对获得灵感的诗人的赞美,深深地影响了他自己的话语轮廓。从希玛拉来的诗人斯特昔科鲁的讲演仍然用的是散文体,而且,在描述那些情侣即他演说中的人物时,也没有使用任何戏剧性的表演。它甚至包含了一个以正式的结论性论证形式出现的部分。但是毋庸置疑的是,与我们所研究过的柏拉图的任何对话相比,《斐德罗篇》都显然是一位深具灵感的哲学家诗人的讲演。它使用了隐喻和拟人化的比喻,使用了丰富多彩的、具有韵律的、精巧复杂的语言。它不仅诉诸理智,而且也诉诸想象力和情感。此外,通过把**所有**这一切都称为对癫狂的价值的一种“论证”,它迫使我们质询自己是否有理由如此僵硬地把这些部分以及这些写作方式区分开来。最后,我们必须承认,我们在这里所阅读的全部东西是一部戏剧,一部戏剧化的表演。它所要表现的不是那些理想中善的或完美的人;因为剧中的两个主要人物都是自我批判的,都处在成长和转变的过程中。它所要表现的,恰恰就是人们认为一个正在成长的灵魂所需要的东西。[56]

这篇对话也许是柏拉图所认为的第一个哲学诗的例子。从来没有哪个人同时侍奉两个缪斯,把严格的思辨论证与对个别经验的感性回应相结合。这一点要求我们在自己的回答中也要大胆地打破固守的观念。柏拉图告诫我们,不能把比喻和戏剧仅仅视为赏心悦目的装饰而抛弃,也不能把论证从其“文学”背景中隔离出来。我们也不能抛弃论证或者放松我们批判性能力的要求。完整的东西是一部音乐话语,要求我们灵魂的所有部分充分参与。 227

4

在这里，我们已经反复提及转变和论调的改变。所有这些转变都需要得到说明。我们不禁要问：究竟有什么事情发生在柏拉图身上？究竟是什么东西使得这个最固执己见的人突然间(在公元前365年左右)，认为他过去对癫狂的谴责过于简单？

这只是柏拉图思想在同时期的转变之一。我们已经提到了他自己对灵魂和实践知识看法的转变。同时期他在政治观点上的改变也经常受到关注。公认的观点是他对理解、理念和论辩的思想也在这一时期经历了很大的发展和变化。《斐德罗篇》似乎是这组对话中第一个使用新的论辩方法的对话。那种论辩方法被称为"划分法"，这篇对话第二部分的任务之一就是阐明和辩护该方法。在一篇论述《斐德罗篇》的早期短文中，我强调了辨证的新人类中心论概念(出现在这篇对话以及其他晚期的对话中)，与苏格拉底在第二个讲演所要维护的那个有关好生活的人类中心论概念之间的联系。我将此概念追溯到《巴门尼德篇》中的论证，那些论证试图表明：那种完全"不加限制的"理解是人类存在者不可得到的；我认为，同样的见解也出现在《斐德罗篇》的神话中。

我仍然相信所有这些联系都是有意义的和重要的，我将在研究亚里士多德的人类中心论时再详细地讨论这一点。在这里我不想过多地强调这一观点是出于两个原因。其一，复杂的解释问题会将我们远远地带出《斐德罗篇》的范围；我们必须同时仔细研究《智者篇》、《政治家篇》和《斐莱布篇》对划分法的使用，以及所有这些对话中认识论和道德之间的相互作用。我想我最好还是把这项计划放一放。其二，我并不相信这项计划的完成就会完全令人满意地回答我们在这里提出的问题。假设柏拉图确实认为，在他的中期对话中表现出来的“理解”概念对人类来说高不可攀、不可企及。那么，由此很难得出这一结论：他必定就会把理解限制为仅仅是人的理解。这些新的发展会说明研究的局限性以及柏拉图为什么相信会有这样的局限性；但并不因此就表明为什么他把**任何东西**都作为好的和有价值的东西来加以捍卫，而不是屈从于认知上的和道德上的绝望。认识论本身无法说明我们对价值观念的接受。而且，正如我们在第六章中所看到的，如果在认识论和道德之间有任何联系的话，那么那种联系是反其道而行的：为了理解某种类型的对象，我们就需要问什么东西具有价值，什么样的生活值得过，那个生活必须如何去摆脱偶然性的影响。

因此，只要我们能够发现一些东西，能表明柏拉图的重估来自他自己的实践直观和经验，我们就应当相当满意了。事实上，柏拉图自己很明确地向我们暗示了他的这种转变。我们经常看到，在讨论他的哲学情侣（苏格拉底第二个讲演中的那对情侣）之间的爱时，柏拉图用两 228
种方式把那个被爱的年轻人与他自己最钟爱的那个人的名字联系起来。在《斐德罗篇》中，这两个人据说就是宙斯的追随者。宙斯的名字，正如我们在其拉丁化的拼写中可以看到的那样，具有“Di-”这个词根：“宙斯”这个名字的属格是“Dios”。而少年的灵魂在252E中被形容为“dion”——灿烂辉煌——与Dios有同样的词根。柏拉图把这两个词非常引人注目地并列在同一句话中，即“hoi men dē oun Dios dion tina einai zētousi tēn psuchēn ton huph’ hautōn erōmenon”——“作为宙斯的追随者的那些人希望他们所追求的爱人的灵魂应当是灿烂的（就像宙斯一样）。”这个事实向我们表明，他希望我们认为它们在词源上是相互联系的。解释者们可以毫不费力地看到这是指叙拉古的狄翁，进一步加以推广，他们也会把这里所描述的那种爱，看作是说明柏拉图自己对狄翁的激情挚爱。[57]然而，我们现在还可以更进一步。因为我们可以注意到，“斐德罗”这个名字与“狄翁”这个名字具有同样的意义，都是“灿烂”或“闪光”的意思。柏拉图格外喜爱文字游戏，比如整部《克拉底鲁篇》似乎都在做辞源学上的游戏，再比如他关于少年Aster（“星辰”）[58]的警句，以及苏格拉底在《斐德罗篇》第二个讲演中的开场白。在那篇对话中，灿烂（dion）与狄翁的实际名字是如此惊人地一致，以至于柏拉图不可能不注意到关于“斐德罗”的那个事实；我们几乎可以肯定，柏拉图是在说斐德罗在一定意义上就代表了狄翁。这种复杂的文字意图将有助于我们解决《斐德罗篇》在戏剧结构上的两个突出问题。一直有这样一个大问题，即在这篇对话发生的年代，斐德罗尽管被描写为一个少年，实际上却并不年轻。事实上他差不多有四十岁，而苏格拉底显然有六十岁。[令人困惑的是吕西亚斯，只有三十五岁左右，却在对话（236B）中把斐德罗称为“可爱的少年”（paidika）。]这一点显然不符合对爱（erastēs）与被爱（erōmenos）的人在年龄差别上的传统期望，但正好符合当时柏拉图和狄翁的实际年龄：狄翁有三十五岁到四十岁的样子，而柏拉图在五十五岁到六十岁之间。于是，柏拉图似乎是在戏谑地告诉我们，在这里他所指的“少年”，即他所爱的弟子，无论在政治上和哲学上都像是狄翁。（赖尔和其他很多不那么有争议的评论家都认为，《斐德罗篇》的写作年代与柏拉图第二次访问叙拉古差不多同时。[59]）这一点也有助于我们理解这篇对话中另外一个令人费解的“情节”：苏格拉底和斐德罗在其讲演中显而易见地被当作哲学之爱欲的范例，在历史上却并没有走到一起共同生活。但是，如果我们认为他们代表了柏拉图和狄翁，那么我们就可以把这个事实放在一边，转而认为他们二人确实想要共同生活，一同来治理哲学城邦叙拉古。因此，柏拉图其实在说，他那个关于爱欲的讲演，他对从前诽谤爱欲的悔过，都是通过斐德罗——即通过狄翁及其影响——表现出来的。这篇对话又像是一封情书，是对激情、惊叹和感激的表达。（赖尔根据另一个独立的事实判断，柏拉图是在刚刚离开叙拉古之后，在去往雅典的路上写成这篇对话的。）这当然不是简单地认为爱让柏拉图改变了主意，因为他对爱的体验肯定也是通过他逐步发展的思想来塑造的。这篇对话对这些相互联系的探究是如此复杂，以至于我们无法用一个过分简单的故事来涵盖它，但它确实要求我们认清经验的重要性。 229

我们知道柏拉图与狄翁的关系在很多方面都类似于苏格拉底第二个讲演中所描述的那种关系。它是建立在复杂的激情，相互尊重和受益之上的，双方有共享的政治和哲学目标。但我们还有一些证据说明两者之间的惊人相似，说明《斐德罗篇》中对癫狂的重新评价，说明它对危险的和变化的东西之善的那种新认识。当狄翁突然遇刺（差不多是在柏拉图写作《斐德罗篇》十年之后）的时候，柏拉图写下了我们用作本章章首语的那首挽歌。这些诗句，用特洛伊城的妇女们那种无法解脱的痛苦折磨和狄翁在幸福之中的猝死做对比，提及爱欲、癫狂以及灵魂的“第二个”部分即情感（thumos）的部分。（最后一行，字面上说就是：“狄翁啊，你用爱让我的情感充满了癫狂。”）人们往往注意到这些诗句所表达的那种强烈情感，但却忽视了柏拉图是用传统的哀歌形式来表达这种情感的，直接违背了《理想国》中禁止用哀歌来悼念死去亲友的那种说法。实际上，它们背离了《理想国》和《会饮篇》中的整体道德框架：如果一个人用这两篇对话所建议的那种眼光来看待人及其价值，那么他就不可能因为个人的死亡而感到悲伤；如果我们具有了正确的信念，那么美与善的大海中的“一滴”就不应该影响我们。此外，好人的那种稳定活动不应该因为形成了某种强烈的特殊情感而受到威胁，即使那种情感会带来沉重的悲伤。正因为如此，《理想国》摒弃了忧伤和挽歌，至多是把它们留给“不那么优秀的妇女”（参见第五章第4节以及插曲二）。

在他的章首诗中，而且因为写了这样的诗，柏拉图承认自己不是一个自足的哲学家，而是“不那么优秀的妇女”。他显然不是从《会饮篇》的那种提升中得到这些诗句的，而是像苏格拉底和斐德罗（279B）那样，通过“下降”到缪斯的岩洞中而得到这些诗句的。爱使他在他的追求和渴望中不再完满。他承认他感觉到了悲伤；他承认在感觉到悲伤之前，他在他的灵魂的情感（thumos）部分中，感觉到了深深的激情；他承认正是那种激情使他陷入了癫狂的境地。然而他丝毫不因为这种情感而感到羞愧。《理想国》中的柏拉图不可能发表这样一首诗，即使他有可能因有感而发写下了这样的诗句。相形之下，我认为《斐德罗篇》告诉了我们：为什么癫狂是值得赞美和认同的，癫狂的经验如何改变了这位哲学家对自足之善的看法。

从柏拉图自己所留下的种种暗示中，我们可以猜测他发现了人类
230 生活比他从前想象的要复杂、丰富和美好得多。显然在此之前他意识到激情的力量；但是他没有看清那种激情之于善的力量。他告诉我们，他的整个灵魂都被另一个人的卓越和光辉所照耀，被深深地迷住；在他的对话中所表现的那种着迷，就是两个人之间的那种紧密和排他的关系，在那种关系中，好奇、尊重、激情和关切都帮助了两人哲学见识的增长。在一个有建树的长者和一个充满热望的年轻人之间的这种爱中，柏拉图发现了他自己作为一位思想家和作家的某些个性要素，而他以前会把那些要素作为“纯粹女性”的要素加以拒斥，也许是因为它们过于被动。在苏格拉底的第二个讲演中有一个复杂的比喻：进入情人身体的一股暖流带来了强烈的快感，把他自己“被囚禁的液体”释放出来。这个比喻以一种隐喻的方式表现了某种男性同性恋看待性经验的

观点。(重要的是,柏拉图有意强调了这种经验的那些方面,它们与女性的经验有诸多共同之处,因为体现了女性的被动性和情感性而经常受到嘲笑。)我们可以合理地认为,不管是在《理想国》对这种经验的贬低中,还是他在这里对这种经验的赞美中,柏拉图都是在表示他对自己性欲的那些被动性和接受性方面的复杂态度,而对当时一个颇为自矜的绅士来说,那些方面是很不容易被接受的。我们还记得,在对中期对话中的那种价值观的全部论证中,核心的例子就是被动同性恋者的性快感,而这是作为快乐主义者的对话者卡利克勒与苏格拉底都一致觉得令人厌恶的唯一一种快乐。而现在它却成为好生活的一个比喻。如果我们怀疑柏拉图是在为《高尔吉亚篇》中的例子翻案,我们不妨再考虑一个伽倪墨得斯在《斐德罗篇》中所起的作用。伽倪墨得斯是宙斯所爱的男童,后来成为天神的持杯者——他的名字是英语中“娈童”一词的来源。苏格拉底告诉我们,“himeros”这个词是宙斯的情人伽倪墨得斯,在感觉到激情的暖流(rheuma)从他流出(ienai)并带着他从爱人那里接受的东西(merē)时,自己杜撰出来的一个词,用来命名那种充满激情的渴望(251C,参见255B—C)。我们当然也意识到,伽倪墨得斯后来成为持杯者,转而成为倾倒液体的人。在苏格拉底的讲演中占据核心地位的这对爱侣,不仅仅具有宙斯那样的灵魂[252E,即灿烂辉煌的灵魂(Dion psuchēn)],同时又具有伽倪墨得斯那样的感受性,相互倾倒和接受。而伽倪墨得斯与斐德罗又通过另外一个复杂的辞源学游戏明确地联系起来:因为“ganos”这个词也意味着“灿烂的光柱”,据说斐德罗在阅读的时候高兴地“闪闪发光”(ganusthai)(234D2—3),而来自希玛拉的苏格拉底则是被动的(epathon,234B)。[60]

在这部各方面都很复杂的戏剧中,柏拉图是在说真正幸福的生活涉及恰当地培养主动性和被动性,使它们和谐统一,共同成长。对被动性的极端畏惧是他的文化传统（以及他自己）谴责伽倪墨得斯的生活的根本原因；而现在他告诉我们，对开放性的这种仇视导致了一种在价值
231 上和知识上都很贫瘠的生活。（通过用戏剧手法来表达他的这些见识，他也捍卫了情侣之间多样化的嬉戏和娱乐，提醒我们这种接受性本身既可以在共同追求智慧时体现出来，又可以在玩笑、诙谐和笑声中体现出来。）

但是，如果我们到现在为止还不承认，在这部戏剧中扮演苏格拉底爱者角色的柏拉图，同时又是斐德罗这位苏格拉底的杰出弟子，那么我们肯定就会低估这部作品的复杂性。我们说过，斐德罗的年纪在这里实际上应该是四十岁左右，他却被描述为一个年轻很多的角色。这一矛盾让我们想起对话发生的时间，苏格拉底确实是六十岁，而柏拉图自己却只有十七岁，是一个受到了苏格拉底哲学思想感染的才华横溢的少年。（也许吕西亚斯，《理想国》中他哥哥的朋友，确实是他的情人。）斐德罗既是四十岁又是十七岁，因为他代表了两个人物，正像苏格拉底既代表了柏拉图又代表了他自己一样。我们对于这篇对话外的苏格拉底的全部了解都证明了，他事实上从来就没有因爱欲而癫狂。他对弟子的激情和好奇从来都是用一种具有讽刺意味的冷静而超然的态度来处理的。他就是柏拉图笔下充满激情的阿尔西比亚德斯所面对的那个苏格拉底：保持着疏远、冷漠和自控。另一方面，如果《会饮篇》中的阿尔西比亚德斯在一定意义上就是柏拉图的自画像——因为苏格拉底过分自负而公开指责他，同时又因为柏拉图自己激烈的爱而公开指责自己——那么我们也许可以把《斐德罗篇》看作一个愿望（尽管是一个不可能的愿望）：希望师生之间能够有那种深深的互爱，希望苏格拉底可以有一点点的癫狂，接受并且传授爱欲的真知。这一双重的指代还告诉我们：柏拉图现在自诩的那个苏格拉底，就是苏格拉底本来应该成

为，但拒绝成为的那个苏格拉底；而且柏拉图找到了他的老师未能找到的东西，即激情和清晰性的融合。[61]

癫狂者的生活并不是稳定的沉思生活。柏拉图向我们表明，选择《斐多篇》中那种封闭的、苦行的生活要安全得多；或者，选择吕西亚斯的那种不受干涉、没有痛苦性爱的生活也很安全。吝啬在一般意义上来说要比慷慨更加稳定，封闭要比开放更加安全，单一要比多元更加容易相互协调。但是他承认：在这种冒险的生活中（其危险性本身就是使那个生活变得似乎更精彩的东西），对一个复杂的人类存在者的灵魂而言，滋养它的源泉是不可能在任何其他类型的哲学生活中找到的。他拒斥了他以前那个理想的简单性以及与之相联系的那个见识的概念，而支持一种创造性和客观性的观点，而那个观点本身是在流动的光和液体的比喻中，是在植物的生长中，是在不稳定的运动中，是在接受和释放的比喻中展现出来的。

如此看待激情的伦理价值，这本身就是大多数人类生活中一个不稳定的成就，而柏拉图也正表现了这一点。因为他用引号把“这故事不是真的”这句诗括起来，于是这个说法在任何时候都可以同样被用来反对苏格拉底的第二个讲演，或者反对整篇对话的情节。（因为斐德罗从来就没有像平常人一样，在雅典过着一种井井有条的好生活；苏格拉底也从来就没有在城墙外的草地上讲过哲学；海伦去的是特洛伊而不是埃及；风神只是在故事中才变为人形，从来就没有和什么人间的姑娘做爱；一贯沉静自持的吕西亚斯在城邦中获得了永远的荣誉，而皮索克勒斯之子斐德罗则带着癫狂走进哲学，最终被放逐而烟消云散；柏拉图 232
和叙拉古的狄翁并没有因为他们对哲学的爱而能够在一起过一种成年人的生活。）如果这篇对话的结尾让我们想起《克拉底鲁篇》（407E—408B）对牧羊神潘的名字的讨论，那么我们就会发现这个辞源学上的教训：苏格拉底说，讲演“指示了一切（to pan），不断地到处游荡，总是带着双重意义，既是真的又是假的”。（因为也许下面这个说法既是真的又是假的：爱与秩序相容，理性与激情相容。）但是在这里，在这个时刻，在这部戏剧的情节中，在这部混合的作品中，那些见识仍然屹立着，并且被公之于世，没有受到否认。这大概就是我们可以针对一个人对某种观点或者激情的承诺而能追问的一切。

在这篇对话的结尾处，苏格拉底向运气之神赫耳墨斯之子、癫狂的爱神潘祈祷，向这个荒野之地的其他神灵祈祷，祈求一个美丽的内心，祈求那个美丽的内心会热爱的一个美丽的外表（279B—C）。[62]这个祈祷既表示了这篇对话的发现，又表示了它的危险性：一方面是那些与激情而不是与“纯粹”的理智相联系的神灵的正面引导作用；另一方面则是冲突持久的可能性，因为祈求灵魂和身体之间的爱并不是颂扬它们的同一。但是，当这篇对话发现了那种基于相同品格和抱负的个体之间的互爱时，苏格拉底就在这个发现中找到了继续追求那些问题的一种强大资源。[63]他现在问斐德罗，是否“我们”还需要任何别的东西：“因为在我看来，这些祈祷就足够了。”（279C）这样，斐德罗的需求得到了认可，接着他充满善意地回答说：“为我祈祷同样的东西（就够了）。相爱的人分享一切。”

233 “那就让我们走吧。”苏格拉底说。[64]

第三部分

亚里士多德：好的人类生活的脆弱性

我们将不会停止探险！
我们探险的全部目的，
就是要达到我们出发的地方，
首次去认识那个地方。

T.S.艾略特，《小吉丁》

对那片刻都不能离的东西，即那安排一切的话语，人们却存在分歧；对那每天都遇到的东西，他们却显得很陌生。

虽然话语是共享的（xunou），但大多数人的生活就好像他们有一种私人理解似的。

想要根据理解（xun noōi）来说话的人，就得支持人人都能分享的东西（xunōi），就像城邦必须支持其法律一样。

赫拉克利特，《残篇》，72、2、114

导 论

在人类存在者与运气(tuchē)的恰当关系这个问题上,亚里士多德发展出一个概念,这个概念不仅恢复了许多关于悲剧的见识,而且进一步详细地阐述了这些见识。他对好的人类生活的哲学论述,正如我已经论证的,是对那些见识的一种恰当的延续和明确的描述。柏拉图对好的人类生活提出了一种修正的理解,并把哲学设想为彻底的人类生活拯救者。在这里,我们将考察亚里士多德对柏拉图这些思想的批评。

这个部分的结构不同于论述柏拉图的那个部分的结构,正如亚里士多德的哲学著作不同于柏拉图的哲学著作一样。也就是说,在这个部分中,我们将从一个问题过渡到相关的问题,而不是从一部复杂的、具有多重声音的戏剧作品过渡到另一部。在这个部分中,我们将试图揭示表面上看来各不相关的具体研究的相互联系,把这种相互联系放在它们对我们问题的影响当中来加以考察。假若我们是在处理这样一位哲学家:他不断地使用交叉参考的方法,而且据我们所知,他用几种不同的形式来重新安排他的讲座,以便针对不同的目的,在不同的场合下发表他的见解,那么我们现在的做法似乎就是合适的。

乍看起来，在这个部分，有两章似乎与伦理研究的目的毫无关系。第八章包含了对亚里士多德哲学方法的一般讨论，既使用了来自伦理学的材料，又使用了来自科学和形而上学的材料。第九章对人类行动以及人类行动的说明给出了一个论述，主要是利用了伦理学的文本，但也利用了对动物运动的说明的一般讨论。为什么在讨论亚里士多德的好的人类生活概念时，我们应该从这样一些问题入手呢？

我们首先来看第八章。到目前为止，本书的一个中心议题一直是：人类理性力图通过技艺或科学来征服和支配运气的雄心。柏拉图认为，哲学的任务就是要成为拯救生活的技艺（technē），通过这种技艺，这个渴望就能够实现；通过这种技艺，人类就能够超越日常的人类状况而产生决定性的进步。亚里士多德以其对这种哲学活动概念的一般批评为出发点，开始批评柏拉图想要在伦理学中取得的那种成就。不仅在伦理学中，而且在其他每一个领域中，哲学家都必须把自己放在与现存的人类存在者之信念和话语的一种平衡关系之中。因此，研究这个哲学概念以及亚里士多德用来捍卫这个概念（免受柏拉图主义攻击）的论证，对于理解他的伦理结论的那种表面上的保守主义，就具有头等的重要性。在我们已经研究过的那些柏拉图的对话中，对理性及其发展的关注，很少从对于描述和实现一个有价值的人类生活的关注中被分离出来。亚里士多德对政治理性的谈论并不总是直接与实践的问题发生联系（仅仅在如下情形中是个例外：对科学的追求被视为我们人类生
237 活方式的一个重要方面）。因此，在研究他的哲学理性概念时，我们就必须处理那些不那么明显是“伦理”的材料（除了在那个意义上之外）。这将为我们探究严格意义上的伦理问题提供一种必要的基础。

进一步说，柏拉图中期的伦理观点把最高的价值赋予我们对数学推理和科学推理的追求，这些活动是按照这样的理由被选择出来的：它

们是最纯粹的，具有最大的稳定性，而且目的就在于真理。它们具有那种至高无上的稳定性，部分原因就在于它们所谓对象的本质，那些对象永远都是它们本来的样子，不管人类做什么或说什么。因此，在评价亚里士多德对这些论证的回答时，重要的就是要问：他对那些同样的追求持有什么看法？因为他反对柏拉图观点的那些论证，会影响他理解那些活动与其他更为世俗的人类活动之间的关系。

最后一点，如果接受了一种人类中心论的伦理真理概念，会使剧变状况下的伦理信赖和信心变得更为脆弱。第十章论及亚里士多德对“实践慎思”的理解，第十三章则处理他对待悲剧的态度，在这两章中，我将论证，一旦人们相信在实践世界中的根本区别是人，而不是由与人类事物相比更为永恒或者更为稳定的任何东西来支持的，那么这样一个信念就会构成行动者对于伦理冒险的理解。对亚里士多德来说，这种伦理的人类中心论就是一般论证的一种特殊发展，这个论证否认我们的信念承诺，或者否认它们能够与那些完全不依赖于人类思想和人类语言的对象发生联系。以这种方式来研究这个一般的观点，就为伦理研究提供了一个基本背景。

第九章也会超越狭义的伦理学，目的是要理解亚里士多德对柏拉图攻击“运气”中的一个主要因素的反应。为了把握他伦理回应的力量，在这里我们必须再次继续这些论证。为了研究人与运气以及自然事件的世界之间的关系，我们就得（不管是隐含地还是明确地）对“人类动物”——一种试图控制自然，但又受到了自然的影响和作用的存在者——这个概念的意思给出某种说明。本书一开始，我们就已经不断地被迫回到这个问题上：人类究竟在多大程度上像一棵植物（或没有理性的动物），在多大程度上与一位神或者一种固定不变的形式相类似？在多大程度上我们只是消极地面对世界，而在人类生活中消极性

(或者接受性)与积极性的关系是什么?脆弱性或消极性在多大程度上与价值和善相容?亚里士多德相信,他的哲学传统尚未恰当地处理这些问题,因为那个传统尚未恰当地研究“一个自我运动的动物究竟是什么”这个问题。在哲学家提出关于“行动”的坏理论的影响下,有关行动的日常信念的丰富性往往被视而不见。所以,为了使我们返回这种复杂性,告诉我们为什么我们的消极性不可能成为使我们免于伦理评价的理由,为什么我们的动物性不会与我们对善的渴望不相容,亚里士多德就需要对上述问题进行正确的哲学论述。因此,在《论灵魂》和《论动物的运动》中,他提出行动的概念以及自我运动的动物与世界之间的因果关系的概念,并认为这些概念应该为伦理学提供一个更好的
238 基础。第九章描述了这个计划。在这个过程中,它将处理亚里士多德思想中一些关系到科学说明的问题,当然,这些问题对于那些不是专家的读者来说,可能太过专门化,所以他们宁愿直接转到这一章结论的部分(第5节),那里描述了这个说明计划的伦理含义。

然后我们回到那些在更为狭窄的意义上设想的伦理论著:在第十章中,我们考察了亚里士多德对实践推理和评价的一种非科学图景的论述;在第十一章和第十二章中,我们考察了他对“最好的人类生活相对于灾难而言是脆弱的”这一观点的捍卫,以及他支持把某些特别脆弱的追求包含在那种生活中的论证;在插曲二中,我们探究了关于诗歌和“悲剧”情感在人类道德教育中之作用的这些观点之含义。在这三章中,我们原来关于“运气”的三个问题就是以这种相互关联的方式提出来的。“非理性”的激情和欲望在好生活中的作用在第九、第十、第十二章以及插曲二中得到了讨论;个别的、作为构成要素的善之脆弱性在第十一章尤其是第十二章中得到了讨论;价值的多元性以及价值冲突的问题在
239 第十、第十一、第十二章以及插曲二(这里涉及悲剧)中得到了讨论。

第八章

拯救亚里士多德的现象

在《尼各马可伦理学》第七卷一开始，在讨论不能自制(akrasia)的现象之前，亚里士多德停下来，观察了一下他的哲学方法：

> 在这里，正如在其他情形中一样，我们必须摆出现象(phainomena)，首先考察其中涉及的难题(diaporēsantas)，以这种方式继续表明(如果可能的话)，我们对这些经验所持有的一切信念(ta endoxa)都是真的；即使做不到这一点，我们至少可以表明，其中大多数最有权威的信念都是真的。因为，如果这些困难被解决了，而信念(endoxa)仍然没有受到触动，那么我们就已经提出了充分的证明。(1145b1及以下)

亚里士多德告诉我们，他的方法，"在这里，正如在其他情形中一样"，[1]是要摆出他称为"phainomena"(我们在这里翻译为"现象")的那种东西。恰当的哲学方法既对这些现象做出了承诺，又受到这些现象的限制。如果我们解决了这些现象带来的困难，而大多数最基本的信念依然得以保存，那么我们就可以继续从事哲学研究。

紧接着这个理论评论的是该方法的应用。亚里士多德首先报告了我们对“不能自制”这种现象所持有的一些最普通的信念和说法，并且用“这些就是我们的说法（ta legomena）”（1145b20）这句话来做总结。接下来他摆出了一个苏格拉底的观点：没有任何人自愿地做错误的事情，我们只是出于无知才选择不太好的东西。对于这个理论，他粗暴地评价道：“这个说法与现象不符。”然后他为自己提出了这样一项任务：对不能自制的行为提出一个说明，这个说明仍然以某种方式忠实于“现象”，而受到拒斥的苏格拉底式的论述以这种方式违背了“现象”。[2]

于是，在这里就出现了一个雄心勃勃并激动人心的哲学观点，这一观点要求我们（就像我们已经看到的那样）修改我们日常所说和所相信的很多东西。亚里士多德拒斥苏格拉底的观点，因为他认为那个观点与现象不相符，而我们可以从语境中看出，所谓“现象”，似乎就是指我们日常的信念和说法。那么，对苏格拉底的观点，他提出了什么样的回答呢？什么样的哲学方法具有既完全诉诸日常的观念，又受到后者限制的特征呢？

在本章的标题中我已经指出，我相信亚里士多德的“现象”需要拯救。这意味着：它们陷入了麻烦，或者说受到了攻击。我相信这一点在两个不同的层次上是真的。首先，在文本本身的层次上，“现象”处于完全消失的危险之中。亚里士多德使用的“phainomena”这个词有如此之多的不同翻译，以至于一旦读者读到了上面引文中的那个标准的英语翻译，他们就不知道这些翻译有什么共同之处了。在罗斯对《尼各马可
240 伦理学》第七卷的翻译中，他使用了“观察到的事实”这个说法。[3]而在其他地方我们可以看到“知觉资料”、“公认的事实”、“事实”、“观察”

等几乎一切可能的说法，除了这个字面上的“现象”（appearances）之外，而且也没有经常可以互换使用的“我们所相信的东西”或者“我们所说的东西”这样的说法。尽管欧文（G. E. L. Owen）做了大量的工作来挽回“phainomena”与语言和日常信念的密切联系，正如我们将看到的那样，但他这样做，只是通过指责亚里士多德犯了含糊不清地使用语词的错误。[4]因此，为了理解亚里士多德的方法，我们就得拯救和澄清“现象”。而现象，正如亚里士多德在《优台谟伦理学》中告诉我们的，就是在哲学研究中我们即将使用的“见证”和“范例”（1216b26）。[5]

其次是我们已经提到的那个更为深刻的问题。作为一种哲学方法，把拯救现象宣告为其目标的方法，当它被引入的时候，它就处于生硬的哲学盲点的危险中，而且现在仍然处于这种危险中。哲学所做的一切，表面上看，就是把事物留在它们原来的地方；当哲学已经做完了这件事情，亚里士多德告诉我们，它就已经“提出了充分的证明”。在这里，我们或许会问：对什么东西充分？对谁充分？对没有感受到实践问题之迫切力量的普罗泰戈拉充分？对索福克勒斯充分？对柏拉图充分？

亚里士多德充分地意识到了这样的问题。事实上，他之所以有意地选择了“现象”这个术语，好像就是要让我们来面对现象。通过使用这个术语来作为他的哲学“范例”，他宣称自己是在采纳一个关于哲学方法的立场，并补充说这种做法在他所生活的哲学传统中很不寻常。在亚里士多德之前的古希腊认识论中，“现象”往往是作为二元对立的一端而出现的，另一端是“真实的”或者“真正的”东西。所谓“现象”，柏拉图及其前人通常指的是被人类及其信念所知觉到的、划分和解释的世界，被认为是真理的不充分的“见证”。当我们承认，我们前哲学地看待世界的那种方式有可能会陷入极端的错误时，哲学就开始了。在我们人类言说和相信的方式之下，有一个真实的自然在那里存在，并“喜欢把它自己隐藏起来”（赫拉克利特，《残篇》，B123）。揭示、发现、识破、超越，这些说法都是早期希腊哲学为在哲学上追求真理而设定的引导性形象。从词源学上来看，古希腊人用来表示“真理”这个概念的那个词，就意味着“被揭示出来的东西”、“从隐蔽之处显示出来的东西”。[6]巴门尼德——在被亚里士多德指责为违背了基本现象的那些哲学家当中，他是最大胆的一位——毫不含糊地告诉我们，只有在“远离了人类惯例”的地方，在你离开了“所有的城市”之后，才能找到真理。[7]他以这种方式把真实的东西与现象做了这样的对比：

> 你会认识到成熟的真理那坚定不移的精神。
> 另一方面，你也会认识到必朽之人毫不可信的意见。

有限的和受到限制的存在者的意见根本就没有为真理提供好的证据，也没有向真理提供它的“见证”和“范例”。

241 正如我们已经看到的，柏拉图继承了这个传统并把它发扬光大。正是柏拉图最明确地把现象以及关系到现象的认知状态与真理和真正的理解对立起来；[8]正是柏拉图论证说，我们千万不要在人的信念和知觉的世界中，去寻找我们为了理解最重要的问题而需要的范例（paradeigmata）。这样，当亚里士多德告诉我们，现象就是我们最好的和唯一的范例时，他就把柏拉图看作攻击的首要目标。让我们回想一下苏格拉底在《理想国》第六卷中对一种方法的哲学充分性的攻击，那种方法仍然处于人类的视野之内。“任何不完美的东西都不能够成为尺度，虽然有时候人们认为那个尺度是足够的，没有必要探求进一步的尺度。”格劳孔说，“他们是因为懒散才这样做的。”苏格拉底回答说，“然而，懒散是城邦和法律的护卫者最好不具有的品质。”这就是说，任何不完美的东西，任何有限的存在者，以及任何人类存在者或者人类协议，都不能成为好的标准。普罗泰戈拉的人类中心论格言就是对不充分性开出的一个处方。超越共享的人类观念和信念的那种能力，在这里，正如在巴门尼德的诗中一样，被认为是达到关于人类生活真理的一个必要条件。完美的神目观是用来做出恰当的和可靠的真实判断唯一可靠的观点。（这是因为在我们的人性当中，使我们与神分离开来并贯穿我们的大多数日常信念和观念的那些方面，已经被当作一种歪曲和妨碍而受到了拒斥。）尽管柏拉图费尽心思来显示他的论证对格劳孔这样一个日常对话者的魅力，表明他的论证在前哲学的信念中有一个根源，但这个事实并没有改变这个图景。因为，不管格劳孔是否同意这些论证，他的意见并不构成它们是否为真的标准；如果格劳孔同意了这些论证，那只是表明他很幸运。即使格劳孔或任何其他普通人都不会对沉思产生兴趣，沉思仍然是世界上最有价值的活动。*

柏拉图的主张也不仅仅关系到伦理学。因为有一个紧挨着的段落批评了数学家，其理由是：他们是从假说——从人类所“提出的”某种东西——开始来从事他们的学科研究的。他们绝对没有达到完全超越了那些根深蒂固的人类信念的纯粹的、非假设性的起点，[9]那个起点是永恒的、稳定的，在任何方面都与人类生活和人类语言的状况和环境无关。这种起点被认为就是一切科学或一切理解的唯一恰当的基础。

亚里士多德宣称，不论是在伦理学中还是在数学和形而上学中，他的目的就是要拯救现象及其真理。在这样说的时候，他当然不是在说

---

* 我们也应该记住，在这个世界中，最有价值的活动就是沉思的活动，对柏拉图来说，这部分是因为沉思超越了日常的经验，通过把自己与更为稳定的对象，而不是与我们在日常生活中经验到的对象联系起来，沉思获得了一种优越的稳定性。

某些令人愉快和可以接受的东西。从埃利亚学派和柏拉图学派哲学活动的背景来看，亚里士多德的这些评论反倒表现了一种目中无人的观点。亚里士多德有望恢复受到怀疑的悲剧标准以及普罗泰戈拉的人
242 类中心论。*他答应要从柏拉图和巴门尼德倾其一生试图退出的那个地方来从事他的哲学研究。他强调说，他会在我们所说的、我们所看到的、我们所相信的东西内部来发现他的真理，而不是从“远离人类惯例”(柏拉图的说法)的那个地方来发现他的真理。当他说，认同这些现象并表明其真理的那个人已经“提出了充分的证明”，他是通过强调下面这个说法来回应在《理想国》第六卷中表现出来的那个观点：让人们在现象的限制内工作，这种做法并不是懒散，而是好哲学的表现。对亚里士多德的方法及其对这些人类中心论的反对者的回应，我想要提出一个更为深刻也更为精确的论述。而以下三个问题(或者三组问题)将是重要的：

(1) 亚里士多德称为“phainomena”的那种东西究竟是什么？怎样才能最好地翻译这个术语？亚里士多德所说的这种东西如何与观察或语言相联系？

(2) 更确切地说，以上所描述的那个哲学方法是什么？哲学家如何收集并摆出现象，而他面对现象时在做什么？出于什么理由哲学家抛弃一些现象，在这样做的时候他获得了什么东西？

(3) 为什么我们或者我们的哲学家应该致力于研究现象？他

---

* 在这里重要的是要记得，人类中心论不一定意味着相对主义。正如我们已经论证的，柏拉图笔下的普罗泰戈拉不是相对主义者(参见第四章)；同样的东西对于这个历史人物也可能是真的。因此，我是在建议，亚里士多德许诺要从对外在辩护的探求回到那种在古希腊传统中具有根深蒂固的地位的内在性，即使那种内在性不太符合一个特定的哲学传统。

们从何处得到他们对真理的主张？如果有个对手声称我们的一些最根深蒂固的、最广泛共享的信念是错误的，那么亚里士多德能够对这样一个对手说些什么？

1

“phainomena”是“phainesthai”[显现(appear)]的现在分词的一个中性复数名词。把它翻译为“被观察到的事实”(这种译法初看起来是不可能的)这种做法来自对亚里士多德式的科学进行解释的悠久传统。这一传统把培根式的科学/哲学方法图景(该图景被认为是对科学家的工作程序最可接受的描述)赋予亚里士多德。在每个领域中，科学家或哲学家是这样开始他们的工作的：他们首先通过精确的经验观察收集资料，小心谨慎地避免任何类型的解释或理论化，然后寻求一个理论来说明观察资料。亚里士多德称为“phainomena”的那种东西就是他的培根式的观察资料；试图拯救它们就是试图发现一个全面性的理论。

很容易看出，在许多语境中，这种译法不可能就是“phainomena”的意义所在。例如，在我们前面引用的那段话中，罗斯的翻译显然是不恰当的。这段话接下来直接用“endoxa”这个词来取代“phainomena”这个词，而endoxa是人们日常对某个题材持有的观念或信念。亚里士多德实际上要继续收集和摆出的东西，就是我们日常对“不能自制”这种现象所持有的信念，而这些信念是在我们所说的东西中被揭示出来的。人们并没有试图用一种摆脱了解释的语言来描述不能自制的行动者的行为；相反，亚里士多德审视着我们按照标准解释这种行为的各种方式。正如我们已经看到的，对phainomena的总结是以这句话来结束的：“那么，这些就是我们所说的东西(ta legomena)。”(1145b8—20)我们还可以看到，与苏格拉底的理论发生冲撞的不是某些坚固的培根式事实或者某个理论上中立的描述（这何以可能呢？），而是我们日常所说的东西，我们所享有的解释。

在一篇确实很著名的文章中，欧文有说服力地论证了，不仅在伦
243 理学著作中，而且在《物理学》《论天体》以及其他科学著作中，亚里士多德的phainomena都必须被理解为我们的信念和解释，而这些东西经常是在语言的使用中被揭示出来的。摆出现象不是要寻找独立于信念的事实，而是要记录我们的语言用法及其显示出来的思想和信念的结构。例如，《物理学》中对位置和时间的论述并不是开始于收集确定事实的企图，而是开始于我们在这个题材上，对我们所说的东西的观察，目的在于对我们目前的观念提供清楚明晰的观点。通过向我们表明概念和语言学考虑在这些科学著作中的主导性，欧文煞费苦心地纠正了一个以前很流行的观点，按照这个观点，亚里士多德在"科学"和"形而上学"（或者Weltanschauung）之间做出了一个截然分明的区分，根据这个观点，《物理学》总是被看作是一部有问题的，甚至含混的著作。

然而，我认为欧文在他对这个培根式图景的批评中走得还不够远。他仍然坚持这一观点：这种培根式的翻译在某些科学语境中是合适的，在这些情形中，亚里士多德对关系到现象的一种方法的捍卫，就是对他明确地称为"培根式图景"的那种东西的捍卫。他对传统观点的批评只限于指出，那个观点并不符合**所有的**证据；尤其是，那个观点甚至不符合亚里士多德的一切科学著作的证据。但是，这样一来，欧文就不得不断言，亚里士多德是以一种含糊的方式使用"现象"这个术语的。于是，我们不得不补充一点，这个术语有两个不同的含义，而且因此也有两个不同的方法。在其中一个含义上，"现象"意味着"被观察到的

资料”，与培根式的自然科学图景相关联。在另一个含义上，它意味着“我们所说的东西”或者“我们的日常信念”，与对我们关于世界的描述和解释的分类及安排相关联。[10]

欧文的文章是对亚里士多德研究的一个主要贡献。但是，那篇文章的非典型保守立足点并没有公正地对待亚里士多德。首先，欧文迫使我们对亚里士多德提出这样一个指责：亚里士多德在其方法以及该方法的几个核心术语的使用上含糊其词。[11]这可能会是一个严重的过失，没有任何告诫性的提示，因为在《物理学》所研究的那个领域中，亚里士多德的精确和专注通常是最突出的。然而，幸运的是，我们无须这样指责亚里士多德。因为这个问题出现，只是因为欧文的论述中有另一个更为严重的困难，而一旦我们消除了那个困难，我们也就消除了对亚里士多德的指责。欧文发现亚里士多德模棱两可，是因为他相信，亚里士多德在生物学中承诺了那种“培根式的”经验主义。事实上，没有理由认为，亚里士多德相信任何类似于培根式的科学图景（这一图景立足于理论中立的观察）的东西。当亚里士多德谈论经验或者世界如何“显现”时，他并非想要把一组有特权的观察分离出来，并将其称为“未经解释的”或者“坚实的”资料。把经验资料的一部分隔离出来，作为“坚实的”或者“理论上中立”的东西，这种做法对于任何一位早期希腊科学家来说，事实上是完全陌生的。亚里士多德并没有在知觉资料和公共信念之间做出那种培根式的截然分明的区分；相反，在他那里，正如在他的前人那里一样，我们发现一个松散的、无所不包的“经验”概念，或者说人类观察者利用其认知官能来看待或“接受”世界的方式，而亚里士多德把所有那些官能称为“kritika”——“关注区分”。[12] 244

我认为，这就是亚里士多德谈论现象的意义所在。这个概念是一个松散的概念，一个要求（以及接受）进一步再区分的概念，但这个概念既不含糊也不空洞。如果我们不是要坚持引入一个年代误植的科学概念，那么所谓的两个含义和两种方法其实都可以是一个含义和一种方法。当亚里士多德坐在莱斯沃斯岛岸边观察甲壳类动物时，他所做的事情，假若我们从他的观点来看，并非完全不同于他在记录我们对不能自制的说法时所从事的活动。他是要描述**对人类观察者显现出来**，并被后者经验到的那个世界。[13]在这两种活动中肯定有一些差别，但也有一个重要的联系，强调这个联系对他来说是合法的。我们把“科学”与“人文科学”截然区分开来。亚里士多德将是在提醒我们注意好科学的人性特征。欧文正确地强调，亚里士多德是在巴门尼德的阴影中构思这些方法论评论的，而巴门尼德不加区分地完全抛弃了感觉证据以及共享的语言和信念的资料；欧文把这种做法看作纯粹的“约定”或“习惯”加以嘲弄。柏拉图也完全抛弃知觉和信念，认为它们陷入了人类观点的“野蛮泥潭”。在回应这两位思想家时，亚里士多德承诺要在以下方法当中来展开研究，并捍卫这种方法，即完全诉诸人类经验的材料，并把它们作为该方法的界限。

2

如果亚里士多德的方法仅仅是用含糊的措辞来谈论知觉和信念，那么它就没有对哲学做出任何实质性的贡献。但是，从他的理论评论及其实践中，我们能够得到他对哲学方法和哲学限度的丰富说明。

首先，哲学家必须摆出相关的现象。这些现象在每个领域中将是不同的（因此也是以不同的方式来收集的）。但是，在一切领域中，我们将涵盖这样一些东西：研究日常信念和说法，回顾科学或哲学以前对这个问题的处理，即“多数聪明人”的观点。[14]从亚里士多德认为适合于摆出的那些东西来判断，对那类相关现象进行限制的那个“我们”是这样一个群体：该群体的成员不仅彼此分享同一物种的成员资格，而且也分享一种生活方式的某些普遍特点。围绕着亚里士多德的那个科学传统沉迷于人种学以及动物习惯与人类习惯之间的平行。亚里士多德的实践暗暗地否认了研究人类观念或人类价值的那些更为遥远的材料之间的相关性。在《伦理学》、《政治学》和《物理学》的相关部分，我们都没有发现他提到动物训练它们的年幼成员或者把握时间和位置的方式。我们也没有发现他记录了人们对怪异的原始社会（希罗多德及其追随者如此慷慨地对它们进行了描述）的观点和看法。亚里士多德称为“现象”的那种东西，乃是取自他自己的语言共同体，以及他自己知道与其社会具有某些明显相似的一般生活条件的其他几种文明社会，尽管后面那些社会具有不同的特殊制度。（在其他科学案例中，资料则是取自这些社会的人们所观察或经验到的自然界的那些方面。[15]）有人 245
经常指责亚里士多德的选择犯了文化沙文主义的错误。但是还有更为深刻、更为有趣的理由。在《政治学》第一卷中，他告诉我们，为什么在他的政治研究中，他略去了野兽和具有神性的存在者不谈。他说（在我们将要研究的第十一章的一段引文中），人是唯一能够体验到善与恶、公正与不公正，以及这项研究所要处理的其他伦理概念的鲜活被造物；因此只有人才有能力在言语中表示这些概念。[16]这种独特的体验似乎与如下事实相联系：在所有的被造物中，唯有人才是既合理——能够在借助于这些表达出来的概念而形成的制度中进行联想——又缺乏个体自足的存在。人既不是野兽也不是神（1253a27—29）。因此，有可能的是，亚里士多德在这里是在遵循一个发端于赫拉克利特著作中的哲学传统，按照这个传统，只有那些对需要和匮乏经验的存在者才有能力使用正义的名称，而一个类似于神的存在者则不会具有这样的经验。[17]如果我们把这个原则加以普遍化，那么我们似乎就可以推出：假设我们要研究我们对F的概念，那么为了从事这项研究而需要的资料就只能来自这样一些人，在产生我们对“F”这个术语的使用的那些条件上，这些人的生活方式就类似于我们的生活方式。没有以这种方式与我们相联系的其他群体和物种，不可能在他们的语言中有这个术语（或者与我们的“F”密切相关的术语），因此，我们无须问他们对这个术语有什么想法。（待会儿我们就会看到，这些观察从亚里士多德对“话语”的一般评论中得到了支持。）

哲学家现在已经收集完所有相关的现象。亚里士多德认为，他接下来的工作，就是要提出那些现象使我们面临的难题或困境。现象是以一种含混的方式向我们呈现的，经常充满了直接的矛盾。哲学家则反思我们的分歧和含糊。因此，第一步必定是把有冲突的意见抬到表面，把它们清楚地摆出来，整理出正反两方面的考虑，清楚地表明在一个问题上采纳某个见解会如何影响我们在其他问题上的见解。若没有严肃地尝试描述这些困惑，哲学家很可能就会迅速地接受一个把问题伪装起来或者干脆回避了问题的解决方案。“如果你尚未看到你是如何被限制的，那么你就不可能解决任何问题；但理智的困惑向你显示出了问题。因为就理智受到了困惑而言，到目前为止它的经验就类似于被捆绑起来的某个人的经验：在每个方向上都无所适从。”（《形而上学》，995a29—33）在提到了这一点后，亚里士多德继续把《形而上学》第三卷的全部关注集中到这件事：提出他对同一性和理解的最严肃的困惑，以便为后面几卷更为正面的工作做好准备。科学工作也是以类似的方式开始的。

如果哲学仅仅是维持现状，那么它就止步不前了。一些人持有这个观点，另一些人持有那个观点。我们有好理由断言p，也有好理由断言非p。古希腊的怀疑论者确实就停止在这一点上。意见的冲突，在困惑中显示出来的对立信念那种表面上同等的分量，致使这位怀疑论者在中间保持平衡，放弃了一切思想承诺。[18]他发现把自己从信念中分离 246
出来的那种体验是如此令人愉快，以至于他把那个东西作为人类的善来追求，从现在开始设计他的论证，以便**产生**这种“同等的分量”。亚里士多德并没有在这里停止下来。他使用了“捆绑”和“自由”的形象，其目的就是要表明，**他**发现对困惑的体验可以是任何其他的东西，但唯独不是令人愉快的东西。（在这里我们开始注意到一些能够把一个元哲学的见解与另一个见解分离开来的人类差异。）“人的本质就在于渴望理解”，在《形而上学》一开始他就这样认为。人有一种深刻的自然欲望把生活问题引入一种明晰的秩序中，亚里士多德相信，只要存在矛盾，这个欲望就不会得到满足。我们最深的思想承诺，正如我们即将看到的，就是对非矛盾原则的承诺，这是我们所共享的一切信念中最根本的。因此，拯救现象的方法要求我们不断地寻求一致。

但是，在解决我们的困难时，亚里士多德强调，我们并不是在自由地遵循一个把我们引向任何地方的逻辑论证。我们试图弄清困惑，在这项工作结束之际，我们必须让我们的论述回归现象，表明我们的论述实际上确实把那些现象维护为真的，或者至少把其中大部分最基本的东西维护为真的。亚里士多德不断地批评某些哲学家和科学家，他们把注意力集中到内在的清晰性和一致性上，但忽视了这种回归。在《论天体》（293a27）中，他批评那些“不是出于现象，而是出于论证而寻求信念”的人们。这个语境表明，这些人在试图寻求一个理论主张，它就像苏格拉底对不能自制的看法一样，完全不符合流行的信念。[19]在第三卷中，他批评了“物体是从各种三角形的面中产生出来的”这个柏拉图主义理论：“对这些人来说所发生的事情是，在一个讨论中，他们对现象所说的东西不符合现象本身。因为他们对第一原则持有错误的观念，并且想要使一切都符合某个严格的理论。”(《论天体》，306a5及以下)类似地，在《论生成和毁灭》(325a13及以下)中，他批评埃利亚学派的哲学家在他们的研究中一直都没有立足于现象，没有把我们的经验判断作为基础。他说，那些哲学家认为人们应该遵循论证，因此就在这个观点的左右下“逾越了经验”。这些思想家本来应该以正确的方式入手，即从现象开始——在目前的情形中，从人类对世界的知觉经验开始。但是他们却痴迷于他们论证的内在过程，信任这个论证，结果这个论证就与人类信念相去甚远，甚至到了不相符合的地步。亚里士多德恰恰认为，他们原本应该把他们结论的古怪视为其论证出了差错的一个迹象。对于这些哲学家所达到的结论，即否认区分和多样性是我们世界的真实特点，亚里士多德继续说道，“尽管这些意见似乎来自他们的论证，但只要我们考虑一下实践，我们就会相信这些意见与精神失常差不了多少。事实上，甚至疯子也不会如此极端，以至于假设火与冰是同样的东西。”(《论生成和毁灭》，325a18—22)理论仍然必须诉诸人类生活、行动和知觉的方式，也就是说，诉诸广泛地加以解释的pragmata(实践)。遵从埃利亚学派就是试图相信甚至人类共同体的异常成员似
247 乎都不会相信的东西(如果我们从他们的所作所为来判断的话)。一般而言，甚至那些疯人也不会在壁炉中贮藏黄油，不会在一块冰面前挤成一团取暖。

但是，这样一来，当我们迫切地追求一致性的时候，在决定要保持什么现象和抛弃什么现象这个问题上，我们能够利用什么原则和程序呢？在这里，就像我们可以期望的那样，亚里士多德的程序是随着研究的题材和问题而变化的，很难在一般性的层次上说出什么有意义的东西。但我们可以做出一些评论。首先，没有什么人们普遍相信的东

西被抛弃。“对于每一个人来说似乎都是这样的东西，我们就可以说它就是那个样子。”（《尼各马可伦理学》，1172a36）早在《尼各马可伦理学》中，亚里士多德就持赞成的态度引用了这行诗：“众口相传的事情就绝不会垮台。”（《尼各马可伦理学》，1155b27—28）[20]［在这里，这个语境（关系到快乐）表明，这并不妨碍我们按照其他的信念来限定这个信念。］其次，我们不可能扔掉我们为了论证或研究而必须使用的任何东西。在下一节中我们将会审视这一点。

此外，亚里士多德相信，我们必须问自己：在我们正进行的研究中，我们是否应该共享关于“好的仲裁者”（我们所信任的那个或那些对我们的争执进行仲裁的人）的某个概念。真理不等于多数人的表决（《形而上学》，1009b2）。我们对有能力的仲裁者的看法，与我们对我们需要那个人来仲裁的问题的看法相比，在我们当中更为一致，更少有分歧。例如，在伦理学中，我们更容易对一个仲裁者必须具有的理智、气质、想象力和经验的特征达成一致的看法；而在对同样一个仲裁者所做出的特定的实践判断上，我们就不太容易达成一致的看法了。这一点在其他领域中同样如此。在《形而上学》第四卷中，亚里士多德通过指出我们的实践有一套用来判决分歧的标准，回答了那些为知觉制造难题的思想家：

> 如果他们提出下面这个难题，那么我们就有理由感到诧异：大小和颜色是否就像它们对那些在远处或近处的人显现出来（phainetai）的那样，具有这样一个尺度和性质，是否它们就像它们对健康人或病人显现出来的那个样子，是否它们就像它们对睡着的人或醒着的人显现出来的那个样子；是否那些东西在对弱者或强者显现出来时就显得很沉重，是否那些东西在对睡着的人或醒着的人显现出来时就显得是真的。很明显，这些人实际上并不认

> 为他们在这些问题上拿不准。不管怎样,没有任何人会想象在黑夜中他身处雅典,(醒过来)走向奥德昂剧场,如果当时他实际上是在利比亚的话。[21]同样,对于未来,甚至如柏拉图说的那样,在某个人是否能恢复健康这个问题上,医生的意见和不谙医术者的意见并不具有同样的权威。(1010b3—14)

亚里士多德要求我们审视我们的实践,看看在不同的领域中,我们确实信任什么样的仲裁者。决定要信任谁和何时信任,就像现象一样,似乎是取决于我们自己。我们去看医生,因为我们事实上确实信任医生。亚里士多德强调说,为这种依赖辩护并不需要通过进一步的判断来判定先前的判断(1011a3及以下);我们的实际行为足以为这种依赖提供辩护。专家以及我们选择专家的理由并不在我们实践背后,而在
248 我们的实践内部。但这样的专家实际上确实有助于我们拆解难题。[22]

当我们考虑亚里士多德论述我们基本的语言实践(这种实践涉及引入话语和进行定义)时,专家的重要性就清楚地显示出来。在《后分析篇》第二卷第八章中,亚里士多德对下面这个问题做出了一个说明:我们如何将我们对自然种类词项最初的使用转移为科学定义?[23]这种词项是根据某些共同的经验而进入我们的使用中的(在这里,"我们"这个代词将一直被使用)。例如,"我们意识到雷鸣是云雾中的声音,日食是光的欠缺,或者人是一种动物"(93a22—24)。在这点上我们就能"指示"(sēmainein)人类或者日食,把它们引入话语或者指称它们;但我们尚不具有阐述这种自然事物的科学定义。我们可能已经把我们的经验挑选出来,并把它们很粗略地归于我们的自然种类词项——"有时候偶然地,有时候通过抓住那个词项的某些东西。"(93a21—22)只有当我们已经具有了某个阐述该现象本质的理论或论述时,我们才从这种

粗略的分类和薄弱的说明过渡到完整的定义：在雷鸣的情形中，他告诉我们，当我们有了一个理论，而这个理论告诉我们，雷鸣是在云雾中的淬火，而它又如何产生了我们听到的声音，在这个时候，我们才有了雷鸣的完整定义。正是专家，而不是外行，发现了这个理论。亚里士多德相信，在大多数动物物种的情形中，我们尚不具有一个满足我们要求的理论。但我们却具有一个广泛享有的信念，即自然存在物就是那些"本身就具有一个变化原则的东西"(《物理学》，第二卷第一章)，而这个信念意味着这样一个承诺：我们决定遵守从我们对这些内在结构的科学研究中得出的结果。[24]当科学家得到了一个理论，而该理论对某种自然存在物的生长和运动提供了一个令人满意的说明时，我们就决定把那个理论视为定义，认为它(至少暂时地)限制了那个存在物的本质，即使现在，我们不得不把以前我们倾向于包含在那个术语外延中的某些个体排除出去。基于我们对科学研究的承诺，我们取得了一致，而与我们在这个词项的外延问题上，与生物学家发生的表面分歧相比，这种一致要根本得多。

通过利用亚里士多德对"定义"的论述，我们就可以在我们前面提出的两个问题上取得进展。首先，现在我们可以更清楚地看到，为什么亚里士多德只是从与我们的共同体具有相似性的共同体中收集他的现象。《政治学》中那段话的暗示得到了他对话语的一般论述的确认。我们只是从这样一些共同体中收集我们关于各个F的证据，在这些共同体中，相关的经验条件类似于在我们的共同体中成立的经验条件，因为"F"的意义是由这样一个论述表达出来的，而这个论述是按照我们实际共同体的规律和条件来表达的。我们把各个F引入话语的能力乃是来自实际经验，而在我们的经验世界以及对之进行研究的基础上，所得到的一个科学论述则表述了各个F的本质。在某些情形中，例如，在种属词项的情形中,相关的共同体可以是全世界;而在伦理和政治语言的情形中,相关的共同体可能要狭窄得多。

对于前面提到的那个指责,即亚里士多德的方法回避了哲学或科学取得真正的进步而必须付出的艰苦工作,现在我们可以替他做出一个回答。亚里士多德可以坚持说,在现象方法和科学家的目的之间没有张力,或者至少没有**简单的**张力。之所以如此,乃是因为我们的实践
249 和我们的语言都体现了对这种专家的依赖,经常把他们的判断看作是真理的构成要素。这个方法试图立即严肃地尊重人类语言以及我们形成信念的日常方式,并公正地对待这个事实:正是这些实践揭示了科学理解的持久要求。我们不应该认为这个方法妨碍我们做实际上所做的事情。然而,关键也要看到,专家在这里所起的作用并不比他实际上所起的作用更深藏不露。亚里士多德并没有显示出这样一种倾向,即把对话语的这些描述性评论转化为一种规定性的话语理论;在解读他的时候,我们不应该构建在文本中没有出现的结构,因为这个本文的主要目的是要反驳那些通过否认我们实践的一个实际特点,来制造华而不实的难题的人。

那么,我们如何把亚里士多德对哲学/科学方法的论述(主要是从《形而上学》以及特定的科学论著中构造出来的),与他在《后分析篇》中发展起来的对科学理解的论述结合起来呢?到目前为止,对这个问题我说得很少。但在这点上,两个迫切的问题出现了。第一个问题关系到《后分析篇》中的一个理想,即把一种完美的科学设想为一个具有等级结构的演绎系统,但这个标准怎样才能符合亚里士多德在拯救现象的那段话(我一直在用来支持自己观点的那段话)中所说的目的和方法呢?这个问题显然是一个重大的问题,在这里还很难讨论。不过,我们可以暂时认为,拯救现象的方法有可能充分符合《后分析篇》中的这

个要求：在自然科学中（相对于在伦理学中），专家最终应该能够通过提出那种系统的论证，来证实他关于理解的主张。如果演绎的理想被看作本身就是从现象中产生的东西，被看作我们在从事科学研究时相信自己应遵守的承诺，那么这两个目的就是充分相容的。这其实就是亚里士多德在那里提出他对科学理解（epistēmē）的论述时他所做的事情：他认为这个论述就是要系统地表述“我们”相信科学理解应该是和应该做的东西。他开始于这样一个说明：在什么条件下“我们认为我们理解了”某些东西（《后分析篇》，71b9）；然后继续表明这个共享的概念对科学家提出了什么要求。类似地，在《物理学》中，他对说明的讨论开始于“我们”追问和回答“为什么”的方式，批评早期的科学家没有充分注意到我们用法的多样性。在每一个阶段，亚里士多德都致力于表明他的标准是如何从现象中产生出来的，又是如何体现了现象的要求的。[25]另一方面，在伦理学中，他煞费苦心地论证说，我们关于实践的信念并不必然导致对演绎系统的需求。[26]他显然没有兴趣把现象同化为这样一个理论理想，毕竟，现象本身并不诉诸这样一个理想。

但是，当我们考虑到，在《后分析篇》中，科学的第一原则已经被数个世纪的评论者视为（通过中世纪传统）由特殊的理智直观活动揭示出来，并且不依赖于任何经验来把握的先验真理时，一个更为麻烦的问题就出现了。确实，我们或许反驳说，一个亚里士多德式科学的最终结构依赖于这些第一原则，而不是在根本上依赖于现象。或者，如果这样来 250
看待现象，即科学工作确实取决于现象，那么现象就偏离了《后分析篇》中提出的那个理想。

这位反对者和我都同意对《后分析篇》的那些原则提出的一些说法：那些原则是真的、不可论证的、必然的、基本的，既先于结论又比结论更为可知；按照我们对先验的东西的**某种**理解，它们甚至就是先验的。但是这显然留下来很大的争论空间，因为一个深层的、基本的人类现象，正如我将表明的，可以是对所有那些东西的显现；对一个原则说出这一点既不要求我们承诺特殊的理性直观活动，也不要求我们承诺这样一个概念：那些原则在一切概念框架、一切语言之外都仍然是真的。这位反对者好像是从很少的证据（尤其是从《后分析篇》第二卷第十九章的某些所谓的证据）中引出这个著名解释的那些额外要素的。幸运的是（我这样说，是因为在这里我没有空间详细地论证我的观点），近来论述《后分析篇》中的nous（理智）和epistēmē（科学理解）的著作已经令人信服地表明，这位反对者提出的图景其实是对文本的一种误解。科斯曼（A. Kosman）、莱舍（J. Lesher）的著作以及伯恩耶特（Myles Burnyeat）最近发表的一篇优秀文章都表明，从这个文本以及相关文本中凸显出来的那个理解模型，既没有引入直观，也没有引入额外的经验性真理。[27]想要具有关于第一原则的理智或洞察力，就是要逐渐看到我们一直在使用的那些原则在科学结构中的根本作用。所需要的不是把握第一原则，因为正如第二卷第十九章的文本所表明的，我们已经在我们的经验中把握和使用了那些原则。正如伯恩耶特所说，“尚未存在的东西（学者的信念）是理解以及与理解相伴随的那种把握。为了在第一原则的层次上获得这种东西，我们所需要的是一种更大的熟悉，也许是某种更为辩证的实践；简而言之，就是智识的习惯化。”[28]我们从一堆含混不清的现象过渡到一种清晰的秩序中，从与运用相伴随的那种把握过渡到提出说明的能力。在这里，我们没有理由设置两种哲学方法，其中的一种立足于处理现象，而另一种则立足于先验的东西；辩证的第一哲学，正如亚里士多德在《形而上学》第四卷第二章中所强调的那样（参见以下论述），具有完全同样的题材。这样，现象就可以大行其道。

3

但是，如果《后分析篇》对这位反对者没有帮助，那么它实际上也没有回答与亚里士多德的第一原则相关的那个余留问题。这样，当亚里士多德说第一原则必须既是“真的”又是“没有得到论证的”时，他究竟是什么意思呢？如果没有得到论证的东西就是它们本来的那个样子，那么我们对其真实性的信念从何而来呢？如果它们既是在经验中被发现的又是通过经验被发现的，那么我们就不得不追问这个问题：它们如何能宣称自己的真理性和先验性呢？《后分析篇》告诉了我们第一原则的一些特征；它也告诉我们如何通过经验来探究它们的根本地位。但是，既然《后分析篇》并未碰到任何怀疑论的挑战，它也就尚未 251
回答关于第一原则根本地位的问题。[29]因此，我们现在必须转到《形而上学》第四卷，在那里我们将看到亚里士多德如何面对怀疑论者的攻击来捍卫第一原则的真理性和先验性。

在《形而上学》第四卷第四章中，亚里士多德考虑了这个问题：我们应该如何应对那些挑战不矛盾律（相互矛盾的谓词不可能同时属于同一个主词）的对手？他把这个原则称为“一切起点中最稳固的始点（archē）”。有些人对我们提出了挑战，要求我们通过论证这个原则的真理来辩护我们的研究。那么，我们如何应付那些对手呢？亚里士多德的回答很发人深省。他说，“那些人由于没有教养而要求一个论证。因为没有认识到你应该对什么东西寻求一个论证、不应该对什么东西寻求一个论证就是无教养”。现在，无教养（apaideusia）不是愚蠢、荒谬、逻辑错误或者甚至执迷不悟，而是缺乏教化（paideia），通过实践和训导而得到的教育，这种教育激发一个年轻人加入其共同体的生活方式；

因此，“教化”这个词通常被翻译为“文化适应”或者“道德教育”。*例如，缺乏教化就是古希腊神话中的独眼巨人所处的状态，这些巨人具有人的特点，但却离开人类共同体去独处（欧里庇得斯，《独眼巨人》，493）。“他们没有进行决策的集会，也没有进行约束的协定，但他们居住在高峰之巅，……互相之间没有关怀。”（荷马，《奥德赛》，第九章，第112—115行）[30]看来重要的是，这个对手是因为这个缺陷而受到了指责，而不是因为无知或愚笨而受到了指责。说他愚蠢并不很恰当，因为他只是不知道如何用我们做事情的方式来做事情，或者拒绝用我们做事情的方式来做事情。他缺乏伯恩耶特称为“智识的习惯化”的那种东西——那种由教育和经验产生出来，并对不矛盾律在我们的一切实践和话语中所起根本作用的敏感意识。[参见《论生成和毁灭》，316a5：“他们缺乏通盘考虑我们达成一致的那些东西的能力，原因就在于他们没有经验(apeiria)。”]这个对手出于某个理由已经决定把自己与那种甚至是不完备的教化（这是普通人的一个特征）分离开来；因为他是在攻击一个普通人作为根本原则来**使用**的原则，不管他自己是否意识到这一点。

亚里士多德接着又提出一种对付对手的方式。首先，他说，你必须发现这个人是否要对你说些什么。如果他不想对你说任何东西，那么你就不必再为他担忧。“试图对什么都不想说的人说些什么是可笑的。那样一个人就是那个样子，在这个意义上，他很像一株植物。”（1006a13—15）但是，如果他**确实**说出了某些东西，说出了某些确定的东西，那么你就可以继续向他表明，他其实是在相信和使用他要攻击的

* 纳斯鲍姆在其论述中并没有把这个词翻译出来，但为了方便，我们把这个词翻译为“教化”。——译者注

那个原则。因为为了说出某些确定的东西，他必须把某些其他东西作为不相容的东西加以排除，至少排除那些与他所断言的东西相矛盾的东西。[31]

所以，如果这个人并不说话，那么他就不是我们当中的一员，我们就没有必要考虑他。如果他确实说话了，我们就可以力劝他更密切地审视他的语言实践及其基础。在这样做时，我们是在把他所缺乏的教化给予他，激发他进入我们做事情的那种方式。有时候这位反对者不会听我们的话。“一些人需要劝说，其他人则需要强制。”在接下来的那 252
一章中，亚里士多德有点严酷地这样说道（1009a17—18）。在基本原则的层面上，哲学似乎就在于把这样一个孤立的人领入正轨，消除那些引起交流阻断的幻觉。这一点有时候可以很温和地做到，有时候只能用点暴力才能做到，有时候则根本做不到。

在亚里士多德对这位怀疑论挑战者的回答中，有几件事情引起了我们的注意。首先，这个回答其实不是这个挑战者所要求的那种回答。在亚里士多德之后的那个世纪，斯多亚学派的哲学家是这样回答对基本信念的怀疑论攻击的：他们论证了这些信念依赖于一个绝对不可怀疑的知觉基础。“倔强症的印象”就是保证它自己精确性的一个知觉；斯多亚学派的哲学家感觉到，这个基础是免于怀疑论者攻击的。[32]但在亚里士多德的眼中，我们关于世界知识的基础并不是这种基础。他说，不矛盾律是真的和基本的；我们有权断言这个原则；事实上，我们不可能弄错这个原则；这个原则是进行思想活动的任何人都必须相信的东西。他并没有说，这个原则离开了“现象”和人类的概念框架也是真的，相对于在我们思想和话语的范畴**背后**，或者**超越**了那些范畴的世界之本来面目来说是真的。事实上，在接下来的那一章中，他甚至拒绝考虑在他那个时代流行的一个问题，即哪个有生命的物种是真理的标准？他所说的是：**我们**不可能攻击这个原则；但他强调说，我们也无法用所要求的那种方式来论证这个原则。对我们来说，这个原则就是我们一切话语的起点，脱离这个原则就是停止思考和说话。所以，在一个很重要的方面，亚里士多德其实**并未**回应这个对手的挑战，他并没有向那个对手提供他想要的那种外在的、柏拉图式的确定性。如果这位对手确实选择把他自己与话语孤立开来，那么甚至那种有限的“辩驳式的论证”也不会取得成功。在对这段话的一个深入说明中，公元3世纪的古希腊评注者，阿弗罗狄西亚的亚历山大写道，试图与这样一个沉默的对手交谈，就是“试图通过话语向某个并不具有话语的人传达某些东西，试图通过话语与某个丧失了伙伴关系的人建立伙伴关系”（272.36—273.1）。我们无法满足这个怀疑论者对外在纯粹性的要求；我们可以要求他接受我们的伙伴关系。但是，如果他是一位怀疑论者，当面对那些牵涉到共同体和人类的危险时，他一心一意要保证自己的安全，那么他也许会拒绝这样做。在任何更为艰难的意义上，我们都无法向他表明他**错了**。（这就是为什么亚里士多德在《形而上学》第四卷第五章中接下来采取了一个关键的步骤：试图诊断这位对手的动机，询问什么信念和目的有可能会导致一个聪明人占据这个立场，在每种情形中，我们应如何治疗这种动机上的错误。）

一个类似的观点蕴含在我们前面考察过的那段话中，在那里，亚里士多德拒斥了埃利亚学派的“一”（One），其理由是甚至一位精神错乱的人也不会相信这样一个东西，假若我们从他的行动来加以判断的话。在这里，亚里士多德也突然停止把巴门尼德的结论（即存在着一个不依赖于一切概念化的世界）看作是错的。他仅仅是说：没有任何一个打算在人类世界中行动的人类存在者——也就是说，没有这样的人，他远离人类世界，以至于根本就不**在我们当中**行动——能够严肃地持有这

个观点。行动，哪怕是古怪的、异常的行动，本身就涉及运动和多样性 253
的存在。后来，在《形而上学》第四卷第四章，亚里士多德提出了同样的观点，扩展了他对不矛盾律的话语论证以包含这样的情形，在这些情形中，尽管这位对手有可能对这个论证的口头要求保持了沉默，但他还是在实践中诉诸这个原则：

> 最为明显的是，没有任何人，不管是提出这个论证的人，还是任何其他人，实际上处于这个状况（即相信不矛盾律的否定）。因为，当一个人认为他应该去麦加拉的时候，为什么他却在原地不动呢？为什么一个人在清晨并不直接上路，而是掉进了一口井中或者从一处悬崖上摔下去呢，如果这两件事情都是他有机会做的，但他明显地避免了这件事情，即好像他实际上认为摔下去同时是好的和不好的。很明显，他相信一件事情更好，而另一件事情不太好。（1008b14—19）

于是，只有当我们在这个世界中不再像人那样行动，不再说话，这位对手才能击败我们。但只要他以某种确定的方式行动，他就是在回应这个世界某些确定的特点，正如一个人类存在者（即他自己）受到了那些特点的影响一样。他是在把某些现象，即知觉和普通的人类信念接受为对他的生活和行动产生了影响的东西：例如关于夭折的糟糕信念，关于被杀死（如果一个人突然走到一个悬崖边上）的危险信念，关于这个事实的信念：他是会死去的、具有身体的被造物，身体中的骨骼可以被摔断，血液能够溅出来，等等。他并不认为这些现象中的矛盾具有同样的力量。他承认他与我们共同具有的人性制约了他的选择。[33]但是，亚里士多德的这种回答又是从人类实践中产生出来的。这个回答表明了拒绝不矛盾律的代价：不运动和沉默，彻底丧失了共同体归属。这个回答并不从比这一点还要坚固的任何东西中去寻求基础。但这个基础已经足够坚固；它是真实的、必然的，就像任何可能的东西一样坚固。

然而，亚里士多德并未断言，**没有什么东西比**教化或我们的实践更加一致。我认为，他宁愿说我们没有能力判断这一点；这个主张，就像怀疑论者对不矛盾律的否认一样，要求我们站在语言和生活之外，因此注定是要失败的。没有任何论证排除了这个可能性：某位神或许能够说得更多，或者说些不同的东西。然而，我们只能说，我们的思想和言行都依赖于这个原则。

那么，这个原则对亚里士多德来说是一个先验原则吗？[34]这个问题经常被提出来，但常常是在很不留心的情况下去定义所涉及的那种先验原则。如果一个先验原则就是相对于某个知识体系而言，基本的或者不可修改的原则（有时候哲学家把这种先验的东西称为“语境上先验的东西”），那么这个原则一定是先验的。这个原则甚至在一种更强的意义上是先验的，即它是如此基本，以至于我们根本无法从现象内部——也就是说，从人类实践和人类生活内部，只要人类存在者就是我们目前这个样子的——来对它进行捍卫、说明或者提出质疑。但是，如果一个原则能够被确知独立于一切经验、一切生活方式和一切概念框架，那么它就不是一个先验原则。我们是否能够知道这个原则在这个
254 意义上是先验的，是我们既没有能力追问也没有能力回答的问题。这就是怀疑论者想要我们向他表明，而我们却无法向他提供的东西。

通过比较亚里士多德和柏拉图对一门科学的“非假设性”基础的看法，我们就可以最清楚地阐明这一点。对柏拉图来说，正如我们说过的，每门科学都必须开始于如下意义上的“非假设性”原则：我们知道

那些原则“就其本身”来说就是有效的，也就是说，完全独立于一切概念化框架和思想而具有有效性。亚里士多德也把他的“最稳固的原则”称为一个“非假设性”原则；但是他的论述揭示了其观点的不同之处：“(这个原则)是任何人为了从根本上知道任何东西而必需的，所以不是一个假设。”(1005b15—16)按照他的观点，一个假设实际上就是在某个别的东西“后面制定出来”的东西。为了从根本上进行思考我们必须使用的任何东西，显然都不可能随意地被设定或“制定”；因此，在把这样一个原则称为“非假设性的”这一点上我们就得到了辩护。但是，这种康德式的非假设性地位就是亚里士多德努力所要获得的一切。在他看来，在这个问题上，试图说得“多一些”就是说得“少一些”，或者也许什么也没有说出来。科学真理**对**自然界的描述肯定是真的，或者是**关于**自然界的真理；它们根本就不是(就像对康德那样)**关于**人或者其精神状态的真理。但是，科学所立足的那些基本真理，**相对于**话语和思想而论，具有一种必然性的地位。话语和思想能够传达给其附属物的正是这种必然性，而且只是这种必然性。

一个进一步的例子会向我们揭示亚里士多德对怀疑论对手的答复与其语言观之间的某种联系。在《物理学》第二卷中，亚里士多德考虑了巴门尼德的这一主张：变化和运动仅仅是约定的。就像在《形而上学》中那样，他拒斥了埃利亚学派要他证明这个基本现象的要求：

> 试图去表明自然界存在是可笑的；因为明显的是，存在着许多这样的事物(即进行变化的事物)。用模糊不清的东西来表明明显的东西，是一个不能把自明的东西与不是自明的东西区分开来的人的做法。处于那种状态是可能的：一位天生的盲人或许试图从关于颜色的前提中提出一个证明。但是这种人的言论必然只是空

洞的语词，而他们不会对任何事物真有什么见识。（193a1及以下）

我们再次注意到，在某种意义上亚里士多德还是没有回答这位挑战者的问题。亚里士多德说的不是这个对手**弄错了**事物独立于思想的范畴而实际上存在的方式，也不是可以通过诉诸某些基本的证据而决定性地反驳这个对手所说的东西。他所说的是，这个对手所说的东西是可笑的，他其实在试图说一些他无论如何没法说的东西。正如一个天生的盲人无法在一个论证中利用关于颜色的前提一样，因为他根本就不可能具有色彩经验，埃利亚学派也无法使用那些论及宇宙的单一不变的“一”的前提。变化和多样性是我们在一切事物中都体验到的，甚至连巴门尼德也同意这一点。对亚里士多德来说，变化和多样性属于最深层的事实，而这些事实规定了我们对世界的日常经验之界限。
255 甚至他的哲学英雄（指巴门尼德）在那首诗中也意识到自己是一个变化的自然存在。这样，亚里士多德问道，埃利亚学派的哲学家何以能够提出这个论证呢？

如果我们回想一下亚里士多德关于语言指示的观点，那么我们就可以更好地理解这些评论。这位埃利亚学派的哲学家显得“很可笑”，因为他并没有成功地把那个不变的、不可划分的“一”挑选或指示出来。按照这位哲学家自己的说法，这种一“远离人类的惯例”。既非这位哲学家亦非这个共同体中的任何其他人能够具有对这个“一”的经验。[35]因此，亚里士多德宁愿说，这位哲学家不可能把那种经验引入话语；话语，即使在含混不清的时候，也是由群体的经验来界定的。因此，虽然这位埃利亚学派的哲学家相信他是在说一些大胆的、古怪的东西，但他实际上没有说任何东西。这就是为什么我们可以认为他讲的那些“只是没有经过理解的言词”。

柏拉图主义者用“懒散”来指责任何拒绝采取“更长的路线”(即离开现象来把握善的理念)的哲学家。对于这位柏拉图主义者,亚里士多德在别处说道,这位对手也没能“指出”或者指称他所钟爱的那些实体。在《后分析篇》一段著名的话中,亚里士多德评论说,这位柏拉图主义者引入了单一的、自我支撑的性质形式(那些性质,比如说颜色,在我们的经验中总是作为某个实体的性质而出现的),这种做法是多么奇怪。这样,用一种突然爆发出来的深深的怨恨(这种怨恨向我们揭示了亚里士多德的气质中那些通常被一种有所权衡的清醒所掩盖的方面),亚里士多德呼喊说,“再见吧,柏拉图的理念。它们只是teretismata,与我们的言语毫无关系。”(《后分析篇》,83a32—34)teretismata是你在对自己哼唱时发出的无意义的声音。我们可以把它们理解为“嘟嘟嘟嘟”。乔纳森·巴恩斯(Jonathan Barnes)的新译本把它们称为“noninoes”。但是,这种自以为是的音乐品位的暗示使这个批评显得过于客气,除此之外,我们也错过了这位古希腊人所要传达出来的那种对孤独和孤立的强调。当这位柏拉图主义者谈论作为理念的“善”和“白色”时,他并不是在指称任何东西,正如他并不是在与我们交流任何东西一样。他只是在一个角落中低声吟唱。因为在我们的经验使得性质依赖于实体的地方,理念是自我支撑的和单一的;甚至,以我们的经验来看,在性质(例如平等、双重性)总是在一个关系的情景中出现的地方,理念也是非关系的。[在《形而上学》第一卷中,亚里士多德说,柏拉图的论证试图创造出一类非关系的关系词项,“而对那些词项,**我们认为**并不存在一个它们本身所形成的类”(990b16—17)。]

但是,对理念说“再见”并不是断言它们并不存在于我们的经验和思想的世界之外。我们也不可能这样说。我们可以把“对我们来说就是那个样子的世界”与“在我们的思想背后或者离开了我们的思想就是那个样子的世界”加以对比，但是，甚至对于这个对比来说，它可能也不是一个捍卫内在于人类的真理观的人在使用人类语言时允许自己做
256 出的对比。在这里我们或许会说，亚里士多德通常比康德更一致地维护自己的内在性，在很多时候甚至拒绝去表述我们不可能说出来的东西。亚里士多德式的理性并不是那么拘束的，它从我们还是能够描述或指向的某种东西中被切割出来，就好像它承诺了某种东西，承诺了思想和语言，承诺了那些东西的界限。[36]现象与真理并不像柏拉图所认为的那样是对立的。只是在现象的圈子内我们才能有真理，因为只是在那里我们才能进行交流和指称。

如果我们可以用亚里士多德本人不知道的语言来刻画这个观点，那么我们就可以把它说成是一种实在论，既不是任何类型的观念论也不是怀疑论。它并不倾向于把我们限制在内在表象以内，也没有要求我们悬置或限制我们根深蒂固的判断。它非常愿意接受真理、必然性（经过恰当地理解）以及一个纯正的客观性概念。它不是相对主义的，因为它坚持认为真理对一切具有思想、使用语言的存在者来说都是有效的。然而，它是一种实在论，而且非常仔细地表述了任何实在论必须经历的那种限度。在这样一种实在论中，对永恒或不朽东西的谈论还是有其地位的，但是，正如亚里士多德所表明的，只是因为这种谈论是我们世界的一个重要部分。“通过说服我们自己，完全属于我们自己的传统（按照这个传统，存在着某些不朽的和神圣的东西）的那些古代信念是真的，我们就能很好地融入这个传统。”（《论天体》，285a1—4；参见270b5下面对“所有人”的有神论“现象”的维护。）我们相信天体的神性和不朽，是因为这个信念对我们具有一定的深度，因为它已经从一种更为肤浅的社会和政治信念的诸多变化中幸存下来，因此就在哲学中具有了一定的分量（《形而上学》，1074a39及以下）。但是，按照同样

的理由，一个“内在的”真理就是我们有资格对这些信念所要求的一切。[37]甚至一个不动的推动者的存在是作为一门物理科学的结论而被确立起来的，在这门科学中，没有任何一个原则比不矛盾律具有更深藏不露的地位，而且其中一些原则显然并不具有足够坚实的基础。

从一个基本“现象”中进行选择并不总是意味着沉默或者不行动。现象是在具有不同深度的层次上出现的：在这样说时，我们的意思是说，失去某个现象的代价总是会随着情境而变化，所以就必须分别加以审视。例如，我们注意到，甚至对于那些对伦理学和政治学来说最为核心的信念，我们最终也可以表明它们并没有基本的逻辑规律那样根深蒂固的地位。否认对诸神的流行信念会导致共同体的某种丧失：会有一种很真实的意义，在那种意义上，有神论者和无神论者并不生活在同样的世界中，或者看不到同样的星辰。但这个鸿沟并不是全然无法跨越的。类似地，从共同体基本的伦理判断中进行选择，会导致一种更为正常的人被判断为兽类的或者非人的生活方式。一个极端放纵的生活自身确实会产生交流的问题，因为“按照自己的冲动来生活的人不会倾听对他进行劝阻的论证”（《尼各马可伦理学》，1197b26—27）；在这个谱系的另一端，极端的禁欲者也不再是我们当中的一员，“因为这种冷漠并非人所具有的东西，……如果有个人竟然对任何东西都感受不到快乐，那么他就远不能算是一个人”（《尼各马可伦理学》，1196a6—10）。但禁欲主义的代价并不等同于否认不矛盾律的代价；禁欲主义大概仍然是可以在我们当中幸存下去的一种生活方式，即使过这种生活的那个人在某些重要的方面不能成为我们当中的一员。 257

进一步，当不矛盾律的反对者不可能发现一个与我们进行争辩的起点时，一个流行的，但不太基本的现象的反对者，就总是可以向我们表明（基于这个原则），一些其他的、更为基本的现象与那个现象发生了冲突，因此应该使我们抛弃那个现象。例如，面对亚里士多德有关女性在社会中的角色的保守观点，反对这个观点的女权主义者就可以向亚里士多德表明，一个进步的观点实际上比他的政治理论更好地维护了我们对人类平等的坚定信念。如果亚里士多德同意这样的冲突，同意这样一些信念更为深刻，比如说，认为放弃这些信念会使我们付出大到我们不愿意付出的代价，那么我们就能期待他改变自己的观点。不论是在科学中还是在伦理学中，这个方法并不会使得新的发现、激进的偏离或者观点上的激烈变化变得不可能。[38]它真正要做的事情是要向我们说明，任何极端的或者新的观点怎么才能引起我们的注意：通过表明它与我们对世界活生生的经验之间的关系，通过提出证据来表明它有能力组织和表述那个经验的特点。有时候有的问题长期以来仍然争论不清，比如说，是否一个大胆的假设（包括柏拉图的很多假设和亚里士多德自己的一些假设）已经成功地产生了这种回归，它是否是人类的真理，或者仅仅是空洞的言词。（这一点确实是真的，部分原因在于，哪些现象对我们来说算作深刻的和调节性的现象，哪些现象是我们愿意放弃的，这些问题仍然是不清楚的。）可能还有一点不清楚的是，这种回归本身应该采取什么形式。比如说，在一个特定的题材上，我们是否要求那种与知识（epistēmē）一起出现的系统的、分层次的把握，或者我们是否宁愿偏爱一种更难以捉摸的知觉。在第十章中，我们将会看到，亚里士多德声称实践智慧不是知识；我们将会看到他如何在现象中论证这个结论。一般来说，那种柏拉图式技艺的各种标志（例如一般性、精确性和可通约性）在最终的结果中所起的作用，必定适合于这个题材；合适的标准必定是从现象本身之中释放出来的标准。这个元观点，就像它的内容一样，来自我们的要求和实践，而且必定把自己推荐为我们能够与之相处的那种组织结构。

4

这位柏拉图主义者已经指责亚里士多德犯了哲学上懒散的错误。我们现在可以站在亚里士多德的立场上来回答这个指责。我们可以对这位柏拉图主义者说,他的那种艰苦的工作——力图从现象之外寻求一个绝对优势点——既徒劳无益又具有毁灭性:它是徒劳无益的,因为这样一个优势点是人类研究所不能得到的;它是毁灭性的,因为它所许诺的那个目标的辉煌,使得人类能够做出的任何工作都显得令人厌烦和不值一提。我们可能是在伦理学、政治学、生物学以及物理科学中追求对我们自己和我们世界的研究的;我们可能是在分析我们人类的时间和空间观念,研究我们对变化、算术和个体化进行说明的实践。这位柏拉图主义者通过向我们提供如下思想来鼓励我们忽视这项工作:只有当哲学把我们从"洞穴"中领出来,进入阳光下时,它才是一种有价值的事业。 258

现在,这位柏拉图主义者或许回答说,亚里士多德的哲学概念使哲学变成一种平淡无味、毫无刺激性的活动,它对人类的日常生活没有添加什么独特的东西。通过剥夺哲学对我们提出的,要我们有决定性进步的要求,它似乎摧毁了哲学。如果我们并不希望"超越人类的惯例",那么我们就不太清楚我们为什么要从事哲学研究。但是亚里士多德一定不会接受这个指责:他的哲学概念使得哲学变成一种无关紧要的东西。首先,他会坚持回归现象这样一个负面的、紧缩性的方面所产生的好处,而那个方面占据了他哲学论著的一个主要部分。正如亚里士多德三番五次地表明的,从我们开始从事理论研究的那个时刻起,我们就处于把问题过分简单化这个极大的危险中。他的那些历史性的和批判性的章节揭示了这种危险的多样性：心灵哲学中唯物主义的还原论，科学解释中的机械论，伦理学中主导目的的快乐主义，对语言和定义的谈论中的苏格拉底主义。在每种情形中，通过要求我们回到“现象”，他提醒我们，我们的语言和我们的生活方式要比很多哲学所承认的丰富和复杂得多。不论是在过去还是在现在，这些过分简单的理论都对人类生活产生了深远的影响，就此而论，阻止它们的那种回归也就能具备相应的力量。

但这个回答还是不够深刻，难以把握亚里士多德观点的全部力量。到目前为止，拯救现象显得有意义，好像只是因为一些奇怪的专业人士（也可称之为“哲学家”）已经有点武断地决定要奋力争取严格性和简单性，试图超越和歪曲人类日常的生活方式。论辩会场上的普通人是不需要亚里士多德哲学的，因为这些人从来就没有被另一种类型的哲学所吸引。如果哲学是一种被清晰划分出来的职业活动，那么拯救现象看来只在那个职业中才有力量，我们其他人只是着手做我们自己的事情，知道我们所知道的东西。

这显然不是亚里士多德的观点。正如我们所看到的，《形而上学》开始于这个主张：“所有人天生都渴望理解。”遵循这句名言的那种讨论把哲学的发展追溯到人类本身就具有的一个自然倾向上，即通过做出区分，澄清那些看起来是陌生的或令人惊奇的东西，寻求对那些东西的说明，来为自己挑选和解释世界。其他的被造物只是按照瞬间的印象和冲动来生活，而人类则试图按照从世界的多样性中把一个秩序揭示出来的一般原则去理解和把握世界。只要还有什么明显随心所欲的东西躲避着我们，我们的自然欲望就还没有得到满足。事实上，哲学之所以成长起来，其中的一个目的，就是要表达在世界中感到困惑的那种怨恨：

> 不论是在现在还是在最初，人都是因为好奇而开始从事哲学研究的……感到困惑和处于好奇状态的人认为自己没能把握某些东西；这就是为什么爱好故事的人，在某种意义上就是一位哲学家，因为故事是由惊奇构成的。（《形而上学》，982b12—19）

亚里士多德继续说道，我们与世界的遭遇，很像我们在观看牵线木偶表演的木偶剧时所发生的事情：那些木偶是被幕后人所控制的，因此 259
就使我们感到好奇，使我们想要说明那种似乎很令人惊奇的运动。在好奇和讲故事之间，在讲故事和理论研究之间，有一种自然的连续性：我们不断努力扩展我们理解的范围。

但是，如果把握这个世界，使世界对理性变得可理解就是人的一个普遍欲望，那么看来很清楚的是，过分简化和还原就是一种经常存在的深刻危机。在我们刻意想要待在家里的时候，我们可能很容易对我们自己的家园感到陌生。当我们急不可待地用技艺去控制和把握没有得到控制的东西时，我们大概也很容易远离我们原来想要控制的生活。被亚里士多德攻击为过分简单的那些理论，根本就不是（或者基本上不是）那个狭窄的职业群体的工作；其中的很多理论来自流行的传统，支配了大众的想象力，甚至支配了这样一些人的想象力——那些人在其日常生活和言语中，同时也显示了对一个更复杂世界的承诺。哲学回应人类的一个要求，这个要求具有这样一个特点：当我们追求这个要求时，我们很容易与那些奠定我们日常生活基础的信念产生疏离。亚里士多德，就像在我们铭文中提到的赫拉克利特一样，[39]持有这样一个信念，即在快乐主义、唯物主义、机械论或者某个其他简单图景的左右下，我们当中的大多数人，在某种程度上都已经对我们的生活方式，以及我们所使用的语言的某个方面感到陌生。我们需要哲学向我们昭示回到日常生活的方式，使日常的东西成为兴趣和快乐的对象，而不是成为蔑视和逃避的对象。

有时候这种回归遭到了抵抗；有时候亚里士多德的听众似乎已经反叛他对日常和世俗东西的趣味，反而需要这个哲学传统已经让他们感到习惯的那种崇高的和纯净的关注。在《论动物的各个部分》中（I.5），他的听众是这样一些学生：他们已经明显地抗议对动物及其形式和质料的研究，要求某种更为庄严的东西。亚里士多德告诉他们，这种不耐烦其实是一种自我蔑视，因为他们自己毕竟就是有血有肉的生物（《论动物的各个部分》，654a27—31）。需要向他们提醒这个事实，这是柏拉图主义的深度的一个迹象；或者说是这样一个迹象，即柏拉图主义诉诸我们当中一种已经根深蒂固的倾向——对构成我们人性的那种凌乱不堪、毫不清楚的原材料感到羞耻。我们可以这样来概括亚里士多德在这里的观点，即那些反对回到现象的人很可能就是无法与其人性和睦相处的人；这是那个人的一个内在缺陷，而不是那个方法的一个缺陷。某些类型的哲学活动在亚里士多德称为“幼稚的厌恶”（645a16）的那种东西中有其根源；因此，消除这种厌恶建立起来的那栋大厦就要求另一种哲学，正如那些已经变成陌生人或者敌人的朋友，需要一位调停者来实现一种和解一样。

对于这些学生，亚里士多德有一个进一步的回答，这个回答表明这种治疗的目的如何能与正面的好处联系起来。他说，每当我们在我们的世界中发现秩序或结构时，我们就体验到了喜悦和愉快，不管我们所研究的范围在表面上多么琐碎（《论动物的各个部分》，645a7—11）。
260 [我们必须记住，亚里士多德是这样一位哲学家，他将其生命的岁月献身于精确地描述以前受到忽视的海洋物种，对生物学做出了数个世纪以来无可匹敌的贡献。他谈及在夜晚讲好笑话的能力，他是一位对这种能力满怀敬意的道德哲学家，并把笑话称为"品格的活动"（《尼各马可伦理学》，1128a11）。很多微小的动物结构都令他欣喜若狂。］在惊奇中产生出来的哲学，把我们带到世界以及对它更为精确的描述之中。在这样做时，哲学就把**处于现象之中**——处于我们对自然环境的观点中，处于我们关于宇宙的信念中，处于我们的道德和政治生活中——的秩序揭示和阐明出来。这样，哲学并不只是把一切东西都留在它们原来所在的地方：它以一种严肃而彻底的方式追求人类对秩序和理解的自然要求。在《形而上学》第四卷第二章中，在强调了辩证法家和哲学家"涉猎同一个题材"之后，亚里士多德引出了一个区分。"辩证术对哲学家寻求理解的那些东西做出猜测。"（《形而上学》，1004b22—6）哲学家不同于辩证法家，也不同于普通人，但他们之间的差别并不是如此体现在他们所研究的题材甚至他们的欲望上。哲学家主要是在透彻性和奉献精神上显得与众不同，因为在每个领域，哲学家都利用那种精神来要求人类认识秩序并做出区分。恩培多克勒宣称要成为一位神。巴门尼德和柏拉图笔下的苏格拉底把自己比作一种神秘宗教的入会者。相形之下，在亚里士多德那里，哲学家就是我们可以称为职业人士的那种人。哲学家就是这样一种人：在伦理学中，他对我们过去所寻求的目标提出一个更为清晰的观点（《尼各马可伦理学》，1094a23—24）；在逻辑学中，他明确地描述我们在评价我们相互做出的推理时所使用的原则。他比我们其余人更为坚定、更为严肃、更为随和。因为这个缘故，他就可以恰当地帮助我们满足我们的自然欲望。

在现象方法的治疗性目的和正面目的之间，似乎可以有一种持久的张力。在我们自己的哲学传统中，有时候人们认为，只有通过踢开一切秩序和结构，我们才能令人满意地完成治疗的任务；因此，有人可能建议说，既然亚里士多德的工作明显地向我们呈现出大量的结构，他就不可能严肃地献身于他所谈到的那种人类回归。例如，思考一下维特根斯坦在下面这段著名的话中所使用的那个更为纯粹的负面比喻：

> 既然我们的研究似乎仅仅是摧毁一切有趣的东西，即一切伟大的和重要的东西（宛如摧毁了所有建筑物，只留下一堆石块瓦砾），那么它从何处得到它的重要性呢？我们摧毁的只是那些纸糊的房屋，我们清除的是那些房屋耸立于之上的语言环境。（《哲学研究》，一，第118节）

这段话开始于我们一直在追问亚里士多德的那个问题。亚里士多德和维特根斯坦大概都能够同意答案的这一部分。他们思考哲学问题的方式的重要性，部分地就在于摧毁哲学中的幻觉，仔细地探究语言，这种探究表明柏拉图主义的结构就是纸糊的房屋。但这段话绝不可
261 能由亚里士多德写出来。因为维特根斯坦对这个结果的描绘（不管这是不是他整个观点的一个可靠指示）是一个纯粹负面的描绘。没有什么"有趣的"东西留给我们，只有一堆堆的石块瓦砾，以及把它们清除掉之后剩下的地面。亚里士多德会谈论不同的东西。当我们把纸糊的房屋拆除时，我们仍然得到了大量的秩序和结构——隐含在我们的语言以及在我们周围所认识和经验到的世界中的那种秩序。在小龙虾的消化系统中的那种结构；一个讲得很好的笑话的结构；一位密友的行为和品格的美好。被留下来的东西会包括房屋，也将包括实验室，这是人类在努力认识他们所生活的地方时所使用的结构。我们并不只是通过生活在这个地方中和利用这个地方而认识到它的；从我们许多简化的行为，以及我们喜欢证伪理论的那种做法中，我们可以清楚地看到这一点。这个地方需要由严肃的研究者清楚地描绘出来，这样我们就不

会在其中迷失我们的道路。这项工作是有趣的，因为人类生活是有趣的，因为笑话、规律、星辰、岩石、推理、昆虫、悲歌和史诗都是有趣的和重要的。

亚里士多德的正面任务是与这项负面任务完全相关的。一旦我们清楚地认识到在那里存在的秩序，我们就会克服“幼稚的厌恶”，从而满足于生活在我们所生活的那个地方，“不流露出一副乖戾的面孔”(《论动物的各个部分》，645a24)。另一方面，如果我们明确地推翻了一种显赫的柏拉图式秩序的虚幻许诺，那么我们将更有效地关注这个秩序。好哲学最严重的障碍不是无知，而是用一种令人愉快的清晰性来迷惑人心的坏哲学：

> 有一些人提出了与即将出现的问题背道而驰却侥幸获得成功的空洞论证，因为哲学家的标志似乎就是不随意说任何东西，而是使用经过推理的论证。(有些人是出于无知而这样论证的，有些人是出于有意的扭曲。)甚至具有经验和实践能力的人，被那些没有能力进行有组织的思想或者实践思想的人所控制；这件事情之所以发生在他们身上，恰恰就是因为他们缺乏教化。(《优台谟伦理学》，1217a1—7)

这种亚里士多德式的负面工作，通过消除欺骗，就使得那个从事实践研究的人有可能开始获得和欣赏他所渴望的那种正面教化。

亚里士多德通过讲述一个故事来结束他对生物学研究者的呼吁。[40]他告诉他们，有些前来访问赫拉克利特的人，希望能被引荐给这位哲学家。当他们到他家时，看见这位伟人坐在厨房里，在火炉边取暖。他们感到有点诧异。(大概他们本来指望发现他在凝视天体,或者在反思中陷入困惑——也就是说,发现他在做任何事情,但唯独不是在从事日常活动。)赫拉克利特对他们说道,"请进,不要害怕,这里也有诸神。"(《论动物的各个部分》,645a19—23)

这样,亚里士多德的哲学,就像我们的人性一样(以及作为我们人性的一部分),存在于有序和无序、雄心和放弃、过度和欠缺、超人的东西和纯粹动物的东西之间太多连续不断的摆动中。好的哲学家就能以
262 一种属人的方式,在提防这些危险的同时当场找到中道。("那就是在每个领域中的一项工作。"[41])在佚失著作《论善》中,据说亚里士多德曾经这样写道,"你必须记住,你是一个人:不仅在生活得好时是一个人,而且在从事哲学研究时也是一个人。"[42]对此,记述这句话的那个古希
263 腊作者评论说,"亚里士多德必定已经成为一个心平气和的人了。"[43]

第九章

理性动物与行动的说明

> 我们正在提供的实际上就是对人类自然史的评论。然而，不是各种稀奇古怪的东西，而是对那些任何人都不会怀疑的事实的观察，这些事实尚未得到人们的评论，只是因为它们总是出现在我们眼前。
>
> 维特根斯坦，《关于数学基础的评论》，I. 141

我们的中心问题始终在于：当我们试图以一种有价值的方式生活时，这个世界在多大程度上以什么方式对我们（以及应该对我们）产生影响？我们在多大程度上就是这样一种被造物，即就像植物那样，消极地依赖于自然界中外在于我们的东西？我们在多大程度上成了与柏拉图中期对话的灵魂相似的那种完全积极的理智存在？对一个人类存在者来说，什么是最好的（最值得称颂的）生活方式？这种询问所要求的事情显然就是对人类行动的一个说明。我们问道：世界和行动者之间，什么样的因果关系削弱或者取消了一种生活的那些值得称颂的特点？

如果我们准备探究这个问题，那么我们就需要考虑世界上各种各样的运动是如何被引起的。柏拉图对伦理自足性的思考，已经暗中依赖于对行动的一种描述。在他的中期对话中，他向我们呈现出一个双重的故事。一方面，存在着自我驱动的、纯粹积极的、自足的理智，它是有价值行为的产生者；另一方面，存在着身体的欲望，它们本身是消极的、完全非选择性的，只是被世界推入存在之中，然后再去推动那个被动的行动者。如果我们认为《斐德罗篇》暗示了一幅新的价值图景，那么它也随之暗示了一幅新的行动图景。理智的因果性据说一方面涉及纯粹的活动性，另一方面也涉及响应性和接受性；欲望的因果性不但更为主动（更有选择性），而且更少粗野的约束力。

正如我将表明的，亚里士多德把《斐德罗篇》中关于价值和行动的暗示发扬光大。[1]他即将提出论证来支持他对行动原因的如下描绘，这种描绘允许我们认为，我们面对世界所产生的匮乏并不是与我们的伦理价值相对立的，而恰恰就是我们伦理价值的真正核心。不过，亚里士多德是以他自己特有的方式来追求这个伦理纲领的，他这样做乃是通过超越这个受到狭隘解释的伦理问题，在作为整体的动物王国中发展出自己对运动和行动的一个论述。对于他的那些哲学家同行，他抱怨说：在他们的研究中，他们过分地把人类孤立出来，没能把对人的研究与对一般而论的生物有机体的全面探究结合起来。正如我们将看到的，这种做法导致了各种各样的失败而无法在较深的层面维护那些把
264 我们与其他形式的生命联系起来的共同现象。因此，毫不奇怪的是，在探究亚里士多德对行动这个论题的看法时，我们不仅需要考虑到有关的伦理论著，而且也需要和两个重要的文本商榷——《论灵魂》的第三卷以及《论动物的运动》这部完全专注于此问题的著作，因为正是在这两个文本中，亚里士多德以一种一般的方式讨论了对动物运动和行动

的说明。

对行动的一个论述与对人和生活的伦理评价之间,显然有一种紧密的连续性。我们可以预料到的是,在决定讨论行动的时候,亚里士多德会受到其论述的伦理含义的影响,会受到那个论述支持或削弱我们评价实践的倾向的影响。假若他的论述得出了这一结论,即在人类的动物性运动当中,没有任何运动是以这样一种方式被引起的,以至于满足了我们赞美和责备的标准,那么我们就会感到很惊奇。对一个可以忍受的结果的渴望会恰当地限制他的选择。[2]但另一方面,亚里士多德相信,对行动的论述也承诺了其他的现象;这个论述应该利用我们在其他领域中的信念,去发现人类生活的这个伦理起点。尤其是,在我们对人类行动的理解和我们对整个宇宙中生物运动的信念之间,我们必须寻求一种契合。我们不应该把人孤零零地分裂出来,使得我们对人的理解不符合我们在这个问题上的一切信念。

因此,当我们转而关注《论灵魂》和《论动物的运动》时,如果我们习惯于柏拉图探究这个问题的方式,那么我们就会发现一些对我们来说显得很陌生的东西。我们并没有发现柏拉图对人类的伦理困境有令人感动的说明,却发现了一种叙述,其中的主要角色是鱼、鸟、昆虫以及人。我们并没有发现那些对我们来说似乎具有自明的重要性的东西,而是发现了(对亚里士多德的学生来说)看起来很琐碎甚至令人厌恶的东西。对人类行动的研究是作为对动物运动研究的一部分来完成的。人类行动很少被单独挑出来加以研究;相反,在亚里士多德那里,我们发现他对整个动物王国的领域提出了一种很广泛的一般性讨论。如果我们想理解这种叙述对伦理学的特殊贡献,那么这种一般性讨论是我们必须得尝试理解的。

《论动物的运动》是这样开始的:它告诉我们,我们需要用任何类型的运动来一般地考虑对运动的共同说明(aitia)(689a4—7)。[3]这项计划被明确地限制在动物运动的范围内,并被暗中限制为它们从一个地方到另一个地方的运动。但剩余的题材仍然很古怪地呈现出一般性和多样性。在“共同的”这个标题下,亚里士多德向我们展示了各种类型的混合体,而从一个柏拉图式的伦理导向观点来看,或者甚至从日常信念的观点来看,那种关注乍一看来显得很异常。简洁地说,这个“共同的”说明似乎既过分共同又不够共同。不够共同,是因为我们所发现的东西似乎并不是对动物运动的单一论述,而是两个相当不同的论述的并列:一个论述利用了知觉、思想和欲望的心理语言,另一个论述利用了肌腱、肌肉和骨骼的生理语言。这两个论述并没有任何明显共同的
265 东西,我们甚至不清楚它们是如何联系起来的。过分共同,是因为对所有类型的动物运动提出一个一般论述的计划,导致亚里士多德把有待说明的东西(人类的目的性行动)与诸如鱼的游泳、鸟的飞翔这样的动物运动融合在一起,而我们大概会认为一位科学家应该分别处理这些东西。如果有任何论述试图对所有这些东西一并加以考虑,而不花费大量的时间来引出相关的区分,那么它就会显得如此“共同”,以至于完全缺乏内容。亚里士多德自己提出了这个警告:“如果一个人试图寻求一个共同的说明(ton koinon logon),但又不按照特定的和不可划分的种属来寻求说明,相反放弃了对这样一个说明的寻求,那么他就是异想天开,……因为他所寻求的那个共同说明不会成为对世界上任何东西的恰当说明。”[4]那么,在这种情形中(以及在《论灵魂》Ⅲ.9—11的情形中),亚里士多德是否逃避了他自己提出的责难,说出了一些具有严肃内容的东西呢?或者,《论动物的运动》是否能够成为亚里士多德著作中一部极其罕见的、想入非非的著作?[5]

因此,我们不得不提出如下问题:[6]

(1) 亚里士多德声称我们应该对动物的运动给出一个“共同说明”，他这一主张的力量是什么？更精确地说，如果说他在《形而上学》第六卷中提出的这一主张，即共同说明将涉及参照动物的欲望和认知官能而提出的说明，那么这个主张的力量是什么？在对动物运动的说明中，亚里士多德在这里想要把其他哪些备选项排除出去，又是根据什么理由把它们排除出去的？

(2) 更精确地说，这个“共同说明”究竟是什么？它是一种什么样的说明，为什么它被假设是一种好的说明？

(3) 在《论动物的运动》第七—九章中，对运动的欲望/认知的说明与生理学说明之间的联系究竟是什么？在这里，对同样的问题我们是否有可供取舍的回答，抑或我们对不同的问题有不同的回答？

(4) 这个说明为我们的伦理评价实践提供了什么样的基础？

为了探究这些问题，我们首先必须做一些更具历史性的工作。因为我们最好把亚里士多德见解的力量理解为对两个过分简单的哲学论述（对行动的哲学论述）的回答，那个回答试图面对这两个论述来维护日常信念在这个问题上的复杂性。因此，我们将用亚里士多德式的方式来处理他的论述，考虑“大众”的观点和“聪明人”的观点。

1

考虑对动物运动的如下论述：

A. 那狮子许久未吃到肉食，

勇敢的心激励它冲进坚固的圈栏去捕杀羊群；

即使看见圈栏前牧人手持长矛，
偕同猎狗警惕地护卫着自己的羊群，
266 狮子也不愿不经冒险就离开羊圈。

B. **合唱队：** 这个可怜的人去了何处？

涅奥普托列墨斯： 那对我来说太明显不过了。因为他需要食物，他正拖着痛苦的步伐费力前行，一步步走近有食物的地方。因为这个故事就是这样的：他过着那样的生活，用他的弓箭四处寻找猎物，这可怜的人儿啊。没有任何人向他走近，去把他的疾病治疗。

C. 他们认为对敌人满怀仇恨比个人幸福更值得向往，料想这是一切冒险行为中最光彩的事情，于是他们就欣然决定接受这种冒险。……因此选择玩命抵抗，而不是活命投降，他们只想逃避耻辱，但他们与危险面对面，在一个短暂的瞬间，在他们荣誉的巅峰，他们得到了解放，但不是从恐惧中得到解放，而是从运气中得到解放。[7]

以上三段话多少是随机选择出来的，从其他几百段话中选出，它们原本可能已经被用以表述同样的思想。在每段话中，不仅有对某个动物运动的描述，而且也有对那个运动的因果起源的说明。言说者不仅回答了“他（它、他们）做了什么”这个问题，而且也回答了“为什么他（它、他们）做了那件事”这个问题。在第一段话中，那头狮子（萨耳珀冬这位人类的英雄被比作这样一头狮子）攻击了一个羊圈。他这样做，显然是因为他对食物有很迫切的需求，他看到了那里有一些会使他的饥饿得到满足的羊群。[有些类似的东西被认为对萨耳珀冬来说同样如此：他的内心驱使他进行攻击，因为他需要或想要某个东西（跨过城墙），他看到攻击是得到那个东西的一种方式。]在第二段话中，菲罗克忒忒斯所做的就是逃离他的洞穴。涅奥普托列墨斯毫不犹豫地按照这个男人的欲望及其对各种可能性的信念来说明其行为的因果起源：他必定需要食物，他没有任何人可以指望，所以在涅奥普托列墨斯的眼中，他不得不走出来，自己杀死猎物，尽管这样做令他很痛苦。第三段话也具有类似的结构，尽管那个结构更为宏大，而且显然也更为复杂。这些士兵所做的事情就是要坚守自己的阵地，勇敢地战斗，直到死去。为什么他们这样做呢？伯里克利赋予他们某些欲望（渴望个人荣耀，渴望为自己的同胞报仇，渴望能避免耻辱）和某些信念（这是一切冒险行为中最为光荣的事情，逃离会带来耻辱），按照他的观点，这些欲望和信念足以说明他们的运动。

这些例子形成了一个谱系，从动物行动开始，经过与动物行动相似的人的行动，最终到理性的、有美德的人类行动。不过，在这些例子中，我们都可以看到说明的共同结构框架。这些例子不管在多少方面显得不同，但在四个突出的方面它们是类似的。

第一，在每个例子中，通过赋予动物某些欲望和信念（或者知觉）的特定组合，动物的运动就可以得到说明：他（它、他们）想要些什么，相信（看到）这是得到他（它、他们）想要的那个东西的方式。人和其他动物不断移动，因为存在着一些他们想要或需要的东西，也存在着一些他们看到或认为影响他们如何获得那些东西的东西。（人们一致认为他们需要去发现一个共同结构，而这种广泛的一致性其实就是荷马式的动物类推所依赖的东西：因为这段话既关系到狮子，也关系到萨耳珀冬，而且就其行动的**理由**而言，萨耳珀冬据说就“像”那头狮子。） 267

第二，在这种说明中所引用的因素是意向的：(1) 欲望和信念（知觉）指向一个目标。(2) 这种说明把目标刻画为从该动物的观点来看相同的目标。

第三，欲望和信念（知觉）与目标似乎既有逻辑联系又有因果联系：具有逻辑联系，是因为若不提及欲望（信念）所关注的目标，我们就不可能对欲望（信念）是什么提出一个说明；具有因果联系，是因为欲望和信念被看作是导致行动发生的东西。（那头狮子的心中**有强烈的欲望**，菲罗克忒忒斯“由于”或者“因为”他对食物的需要而走出了洞穴。）

第四，如果说在这个语境中动物的生理机能被提到了，那么它不是被引进来回答“为什么（因为什么东西）那个动物运动”这个问题，而至多是回答“那个动物如何运动”这个问题，或者也许是回答“它如何能够运动（给出它具有我们已经提到的那些欲望和信念）”这个问题。这一点在菲罗克忒忒斯的例子中显得特别清楚，因为在这个例子中，后面那句话详细描述了他在运动中所涉及的生理困难，并集中于这个问题：既然他丧失了能力，他如何得到自己想要的东西？但我们不妨想象一下一个动物之喻所说的：“他就像一头充满野性的狮子那样冲上去，因为具有强健的肌肉和发达的筋腱而一跃而上……”；或者我们可以想象回答歌队提出的问题是这样的：“在我看来清楚的是，他出去，因为他的脊骨很适应用如此这般的方式弯曲，因此与其他的关节连接起来……”；或者我们想象一番葬礼的致辞这样说道：“因为他们的体育训练已经使他们具有了强健的肌肉，因为那些肌肉与他们的骨骼牢固相连，因此他们在冲锋陷阵时就坚不可摧。”在所有这些情形中（在日常的前哲学话语中我们肯定不会发现这些情形），一旦我们从先前的狂欢中冷静下来，我们就会知道有些东西出了差错。有些东西是作为一个**说明**而炫耀的，尽管那些东西本身并非毫无意义，但我们并不倾向于把它们视为对运动的一种说明。我们会感觉到，对于“为什么”这个问题，我们还没有一个答案；我认为我们也会感觉到，我们还不知道这个运动的真实**原因**，我们还不知道使得那个运动发生的因素是什么。在每种情形下，在对一群普通人说话时，为了向听话者说明已经发生的事情，说话者似乎知道自己必须说出一些什么样的话。他们的说明令听者感到满意，并非主要是因为它们是真的(就以上第二段话和第三段话而论，所提供的说明显然至少是猜测性的)，而是因为它们具有正确的结构，而具有这种结构的说明是这样的说明：如果它们是真的，那么它们就足以对那个运动提供一个说明。[8]

到目前为止，正如我们可以预料到的，所有这一切都是松散的和一般性的。但是我们也会有这样的期望：当一位古希腊哲学家坐下来思考对动物运动的说明时，他会使自己与这些说明范例处于某种富有成效的关系中，试图利用那些范例来阐释说明的共同结构。在前5世纪和前4世纪早期的哲学中，所发生的事情就完全不同了。亚里士多德敏锐地意识到在动物运动及其说明这个主题上复杂的哲学遗产，这个遗产使他面对两个主要的说明模型。这两个模型，正如他即将说的和即将 268
看到的那样，与上面那三段话中示范出来的那个关于运动的话语传统分道扬镳；这种分离之所以产生，是因为这两个模型都以某种方式错误地表达了动物运动中积极的选择性与消极性的关系。一个模型是那个富有影响的唯物主义自然科学传统所提供的，它用生理学说明来取代心理学说明，而且，在这样做时，它把动物描绘为一种傀儡，只是由自然的因果力量来推动的，其运动丝毫不包含来自其自身的积极选择性的贡献。另一个模型(柏拉图式的模型)批判了这种科学的还原主义，恢复了一些日常的心理范畴以及生物是基于某些理由而行动的这一思想，但这个模型只是与人类的理性行动联系起来，结果就付出了这样一个代价：这个模型对这种行动的说明过分理智化了。只要我们研究一下这个双重的背景(即使只是概要性地)，我们就能够理解，亚里士多德按照索福克勒斯和修昔底德的观点强调那些看似老生常谈的东西，为什么在哲学上既是革命性的，又是重要的。[9]

2

亚里士多德之前的自然科学传统对动物运动及其说明给予了很大关注。亚里士多德介绍说，这个传统一致认为，从一个地方到另一个地方的自我运动就是动物的本质特征；因此，这种运动的因果起源必定在人们对灵魂的任何说明中占据中心地位。[10]但是，在推行其说明纲领的其余部分时，这些科学家把一个论述作为对动物运动的“说明”提供出来，这个论述仅仅提到动物生理的各个基本部分的相互作用(包括彼此间的相互作用以及与环境的相互作用)。例如，阿波罗尼亚的第欧根尼说，一切动物的灵魂都是气，那种气就是思想的本质所在，就是“操纵和支配”一切事物(包括动物)的东西。[11]按照亚里士多德的说法，第欧根尼之所以利用气这样一个性质来辩护他的“灵魂就是气”的主张，是因为他认为气的轻盈使之特别适合于产生运动。[12]为了说明运动，德谟克利特假设，灵魂(被假定为产生运动的那种东西)是由球形原子构成的，那些原子的形状使它们能够四处渗透，因此就把运动传递给其他事物。[13]在这些情形以及其他类似的情形中，为了说明动物的运动，这些学者并不诉诸欲望、知觉和信念，而是诉诸某个或某些生理实体的性质，由于那些性质，那个实体或者那些实体能够传授(引起)运动。动物被这种实体推动，而实体本身则回应来自环境的推动力。

这些学者都对运动提出了一个他们声称具有一定重要性的说明。

不太清楚的是，他们是否准备完全取消更为日常的说明框架，或者把心理说明完全还原为生理说明。我所引用的那三段话从来就没有明确地强调说，“为什么该动物从A运动到B”这个问题必须只能（被科学家）用唯物主义的措辞来回答；也不曾有人断言，生理说明对说明的要求提供了唯一真实的或者真正的回答。但我认为，我们能够推断说，至少 269
这就是第欧根尼和原子论者的态度。第欧根尼在《残篇》B4中直接从“气对动物的生命和思想是必要的”这个前提推出这个结论：气**就是**生命和思想。[14]这个论证模式显然把以下两个问题混为一谈：一个问题是“那个东西是什么”，另一个问题是“什么是那个东西存在的必要条件”；类似地，它也把以下两件事情混淆起来：一件事情是，某些事件需要得到说明；另一件事情是，那些事件实质性的必要条件需要得到说明。如果表明气的运动对思想来说是必要的，那么思想就是气的运动。这种论证方式是所有时代的还原论科学主义都共同具有的，而不仅仅是当代神经生物学特有的，这种生物学往往从“大脑的某些机能对某些认知活动是必要的”这个前提推出这一结论：那些认知活动只不过就是大脑的那些机能。有一种持久的诱惑，它指出我们日常的范畴，正如德谟克利特所说的那样，仅仅是“通过约定”而得来的，只有当我们已经获得了物质基本的建筑石块时，我们才获得了对某个现象真实的或者确实是科学的说明。[15]前5世纪的科学看来确实屈从于这种诱惑，把动物处理为物质原子的集成，那些原子因为相互作用而总体上互相推动，而不是把动物处理为有意地**做事情**，积极地和有选择地影响自己运动的生物。

但是，不管这些思想家的真实见解是什么，明显的是，亚里士多德认为他们是在取代日常话语的范畴，而不是为之提供补充。他经常说这些思想家忽视了其他类型的说明，说他们相信物质说明就是我们所有的一切。[16]他有一段话描述了德谟克利特关于动物运动的观点，在这段话中，他说了一句很有启示的话："一般来说，灵魂似乎并不是以这种方式使身体发生运动，而是通过某种选择和思考使身体发生运动。"(《论动物的运动》，406b24—25)[17]当然，只有当德谟克利特在目的性行动的说明上持有某种还原论观点时，这个说法才是对他的一个异议。然而，就我们对亚里士多德哲学动机的论述来说，最为相关的是，亚里士多德显然相信这个说法就是一个恰当的异议。

乍一看来，这个说法好像是不利于这位生理学家的一种特殊评论。因为这个人好像并非完全忽视了选择和思想。实际上，这个传统的一个主要关注就是要用生理学的措辞来说明思想。那么，亚里士多德所谓的"不是以这种方式，而是通过某种选择和思考"，究竟指的是什么呢？在这句话中，他肯定没有给出进一步的说明。不过，他的评论确实让我们注意到了这位生理学家的计划的某些特定结果。首先，意向性已经从科学说明中排除出去。对运动的日常说明提到了动物集中于某个外部对象的方式，并把那个对象描述为动物所看到、所思想和所欲望的东西。生理学家的说明使用了中立观察者的观点来表征动物的生理状态；这种说明进一步把那些状态挑选出来，但却是用一种本质上没有提到一个外在目标的方式，除了偶尔把这样一个目标看作是引起生理状态的刺激外。知觉和欲望指向对象，把世界中的某些东西挑选出来并加以注意的那种方式被放弃了。这种做法导致了几个进一步的
270 结果。其中的一个结果是，我们丧失了对动物不同的内在活动的区分。不同类型的认知，知觉、想象和思想，都是用完全类似的生理学词汇来转述的，一律被视为某些类型的原子运动；对于不同类型的欲望也是如此，但通过谈论它们的对象以及它们与那些对象发生联系的方式，我们通常却把不同类型的欲望区分开来。进一步说，知觉和欲望这两种活

动本身是很密切地结合在一起的。最终，动物的所有这些（以前都是）意向性特点都得到了同样的处理，即被处理为与血液循环和消化相似的非意向性的东西。我们很难看到这样一种说明如何能够为我们日常话语中的那种丰富性留下任何余地，不过，我们很容易看到原子论者并不太关心维护这种丰富性。

除此之外（我认为这把我们带到亚里士多德隐晦批评的核心），对运动的这种非意向性的说明，通过抹掉这些内在的区分，也抹掉了各种类型运动的一些区分，而这些区分对我们的实践至关重要。既然外在对象只是作为某些变化的原因而进入的，而不是作为意向状态和活动的对象进入的，因此我们也就没有办法把有机体对一个身体刺激的机械生理回应（例如，反射运动或者正在持续的消化过程），与我们通常用意向性的术语来描绘并因此加以评价的活动区分开来。（富有启示的是，第欧根尼使用“将要入睡”作为一个与位移严格等同的例子。[18]）换句话说，我们丧失了两种运动之间的区分：对于一种运动，存在着一个“为什么运动”的问题，而我们可以按照生物的信念和欲望来回答这个问题；对于另一种运动，并不存在这样一个问题，我们只是用那些并不充当理由的因果说明要素来说明这种运动。但这种做法实际上就是要取消我们日常所理解的，经过选择的行动的全部观念，实际上也取消了没有经过选择的意向行动的全部观念。不管德谟克利特可以如何经常地使用“选择”和“思想”这样的术语，他已经取消了对我们理解这些术语来说至关重要的区分。一旦我们采纳了他的计划，我们日常做出的一个区分——绝对的因果说明和给出理由的说明之间的区分——肯定就会崩溃，立足于这个区分的法律制度和道德制度、法律实践和道德实践肯定也会崩溃。例如，最终道德教育看起来会像一种医疗或者条件反射。于是动物就成为植物，在世界的因果力量面前表现得完全消极被动。亚里士多德似乎正确地指出了这位科学家表面上很天真的举措所导致的极端后果。[19]

有一些人确实在其话语中仍然承认一个更加复杂的区分模式，但甚至在这些人当中，生理学模型也很有影响。柏拉图告诉我们，“很多在黑暗中摸索的人”紧紧抓住这些科学理论，把它们看作对运动的真实说明。[20]既然这个生理学纲领的一些最为惊人的结果出现在理性的人类行动领域，对它的第一个异议竟然集中于这个题材，而不是一般地集中于更为广泛的意向性问题，那么这一点也就不足为奇了。我们刚才讨论过的那个亚里士多德的简要评论，乃是继续一种批评的传统，这
271 个传统是由柏拉图《斐多篇》中一段很著名的话所开创的。在这篇对话中，苏格拉底给自然科学家指定了这样一项任务：对他的肌肉和骨骼的排列和相互作用提供一个说明，以便利用这个说明来回答他对这位科学家的请求，即请求科学家说明为什么他正待在监狱中。他明显反对的不是提及这些事实（因为他允许这些事实是真的，甚至是重要的），而是这位科学家的这一主张：这些事实说明了他的行动，或者回答了一个关于他行动的“为什么”（dia ti）问题。“把这些事实称为‘说明’也是不合适的。”他强调，真正的说明是提到了慎思和理性选择的说明——简而言之，是一种提到了理智的说明（99A）。这是真正的说明要素（aition），而骨骼和肌肉，严格地说，只是作为这个要素发挥作用的必要条件而进入的：“没有这个要素，这个‘说明要素’就不会成为一个‘说明要素’。”（99A4—5、B2—4）[21]因为我们可以完全正确地说，若没有这些如此排列的身体部位，苏格拉底就没有能力做在他看来是最好的事情。[22]

柏拉图的批评并不是没有意义的。我们已经看到，要把下面这件

事情牢牢记住是多么困难：把一个活动的身体条件分离出来并不必然等同于把那个活动本身分离出来。但我们现在必须仔细关注柏拉图提出他那有趣的批评的方式。柏拉图在这里显然向我们提供了在两种说明模式之间的选择：按照生理学来说明与按照理性和理智来说明。既然我们已经拒斥了前一种说明，我们似乎决定要选择第二种说明了。只有行动才符合第二种说明，而第一种说明被认为不能充分地说明行动，在这里，所谓“行动”，柏拉图指的是理性行动，在他那里，这种行动被理解为理智活动的产物。柏拉图没有提到其他类型的意向行动，也没说生理学模型没有公正地对待知觉和欲望的意向性。*柏拉图在这里并没有明确地说，对于动物非理性的意向运动，一个因果的生理学说明**将是**充分的。（虽然在这里我不会抓住他在《蒂迈欧篇》中对说明提出的论述的复杂性不放，但我相信那篇对话表明柏拉图确实相信这一点。）但是，通过引出他确实引出的那个显著区分，鉴于无法提及可能存在着其他区分以及动物的其他官能（至少在这个意义上，即这些官能，就像理智一样，与我们支持或反对生理学模型的决定是有关系的），柏拉图鼓励我们对他的异议采取一种理智主义的解释。[23]

这样一个理智主义的观点将会产生一些重要后果。第一，这个观点会使我们面临一个很清晰的区分：在人类存在者和其他动物之间的区分。后者的运动将被同化到没有感受性、没有欲望的实体运动，将被处理为对于来自环境的推动所产生的反应。第二，这个观点会强制产生一个鲜明的分野：在由理智或理性选择来激发的人类行动与所有其他人类行动之间的区分，而且，后者又被看作是可以由必然性本身来阐

---

* 当然，《理想国》使这个图景变得复杂，因为在那里柏拉图引入了灵魂的中间部分，这个部分与理性的关系显得更为复杂（参见第五章）。亚里士多德的批评也许没有充分地考虑到这个发展；但柏拉图对那个中间部分的说明相当含混，而且也没有一直为人引用。

明的。第三，我们也会丧失我们习惯做出的一个区分：由动物的欲望和信念来引起和说明的动物运动，与其他运动（例如消化系统的运动和
272 反射反应）之间的区分。我们会丧失这样一个区分：这个区分的一方是一个外在的意向性对象，而另一方是充当原因而不成为这样一个对象的外在事物。对这些日常区分的重新排列，就像这位生理学家对其区分的排列一样，会产生严重的后果。它会使我们在对动物以及对我们自身动物性的处理上发生一些变化。[24]它也会对道德培养产生一些后果，因为在道德训练中，一旦我们把理智判断与原始反应全然区分开来，我们往往也会把对理智的教导与对任何其他东西的操纵或支配区分开来。

事实上，我们现在意识到，《斐多篇》和《理想国》中的柏拉图愿意付出这个代价，甚至迫不及待地要付出这个代价。在伦理学的语境中，我们已经看到，事实上，他如何把欲望处理为没有选择性的原始反应以及使生物四处运动的东西；我们也看到，在否认理智具有任何消极性时，他是如何把理智的纯粹积极性与欲望的消极性彻底对立起来的。我们已经看到，他确实从这个图景中引申出了该图景对教育的极端后果。所有这一切都确认了亚里士多德的这一判断：对行动的论述对伦理学来说会具有重要含义，尤其是就我们的脆弱性和消极性问题而论。这就为我们把亚里士多德的如下主张接受为一个可能具有一些严肃内容的主张做好了准备：一切动物运动都是由欲望引起的。

3

于是，当亚里士多德到达这个哲学场景时，一方面，他面对一个说明模型，该模型提供的说明是如此“共同”，以至于按照这个模型，不仅

所有的意向性行动都是相互类似的，而且也与对外在的物理刺激进行回应的其他情形相类似；另一方面，他也面对一个模型，这个模型不够“共同”，使我们不能公正地对待我们的一些信念，而这些信念关系到这样的问题：我们与“其他动物”共同具有什么东西，在我们的行为中什么东西把完全不同的要素联系起来。当我们把注意力集中到文学例子体现出来的现象时，我们可以这样来总结这种状况：我们可以说，对于“欲求或者追求一个对象”这个说法，迄今为止我们仍然缺乏一个一般的概念，而正是有了这个说法，我们才能把那三个例子中的动物运动与单纯机械地回应来自环境的推动区分开来。这些“现象”隐含了这样一个一般的概念，只要研究一下这些动物的比喻我们就可以表明这一点。但是，如果理论语言中缺乏进行统一的单一术语，那么有时候我们也很容易忽视这样一个隐含的一般概念；为了恢复和保护过去一直隐含在这些现象中的东西，哲学家有时候就需要介入，把一个专业术语创造出来。这样一个术语使我们能够认识到我们以前概念的突出特点，使我们能够面对表面上很有吸引力的哲学对手，以捍卫那个概念。[25]

为了满足这个需要，亚里士多德选择了一个词，或者说他很有可能发明了一个词，这个词很恰当地指出一切目标导向的动物运动都共同具有的特点，这个词就是“orexis”（欲望）。亚里士多德曾经把很多词语添加到哲学语言中来，就这些词语的意义和起源而论，人们已经做了很多工作。但是，人们尚未广泛地承认这个词就是亚里士多德自己创造出来的一个词。在亚里士多德之前，“欲望”这个词据说只是出现在一 273
个地方——在德谟克利特尚存疑的伦理学残篇中。[26]（我相信这件事情进一步表明，在亚里士多德之后，有人曾经修订过这个词的意义。）这个词完全没有在柏拉图的著作中出现过（除了《论定义》这部伪造的晚期著作外)，一般来说，在散文和诗歌作者那里我们也见不到这个词。同样不见踪迹的词是“orekton”和“orektikon”(欲望的对象和欲望的要素)。当然，“oregesthai”这个动词确实已经出现过。但是，甚至在柏拉图那里(在他那里，这个动词罕见地在《法篇》中出现了五次，在其他地方出现了七次[27])，这个词似乎保留了它的原始含义，即“伸出手去抓”和“想抓住”。与此同时，却没有任何其他的词履行了亚里士多德即将使用“oregesthai”这个词来履行的职能，即这样一个职能：引入一个关于“想要”或者“欲求”的一般概念。“epithumia”和“epithumein”这两个词是与身体的本能欲望密切联系的，而它们在前5世纪和前4世纪的作者那里经常出现；“boulesthai”和“boulēsis”这两个词似乎与关于“善”的判断和推理具有更密切的联系，它们在前5世纪晚期也经常出现，虽然后者不是很普通。[28]因此，我们似乎就需要进一步考察亚里士多德用来表示“选择”这个概念的一般词语，因为这个词语的选择更像是标志了一种创新。这一考察可以阐明他所提出的“共同的”说明计划。

自从荷马以来，“oregō”[29]这个动词似乎就一致地意味着“伸出手去”、“伸出”；这个动词是及物动词，它出现在这样的语境中：一个人对某个人伸出他的手，或者用手把东西交给某个人。它的语境中被动形式具有“去得到某个东西”、“伸展(自己)去得到某个东西”、“想抓住某个东西”这样一些密切相关的含义，也具有“瞄准某个东西”或者“试图击中某个东西”的含义。在雅典人使用这个词的某个阶段(我其实已经发现这种用法只是在某些作者那里出现，尤其是在欧里庇得斯和修昔底德那里)，它被转移到内在的心理领域，以这种方式被使用，以至于我们可以把它翻译为“渴望”或者“欲求”。[30]但没有理由认为我们不可能继续按照原来的方式翻译它，把它理解为从外在领域到内在领域的一种比喻性转换。例如，在修昔底德那里，“oregomenoi tou prōtos hekastos gignesthai” 和 “tou pleonos ōregonto” 可以被翻译为 “每个人都力争（或者尽力）成为冠军” 和 “他们试图攫取更多”。在柏拉图那里，我们也可以观察到，这个词与（内在的或者心理的）延伸、到达、抓住等观念具有同样密切的联系。一般来说，我们可以说关于这个词的两件事。第一，这个词具有强烈地指向一个对象的含义（这个动词只是在与某种对象相联系的情况下才出现的）。[31] 因此，在内在的领域中，它所暗示的不是一种模糊的正渴望着或者正受到影响的状态，而是对某个东西的一种关注，对某个东西的一种指向。其次，这个词更多地是主动的而不是被动的，即它所暗示的是一种寻求，一种攫取（不管是身体上的还是心理上的），而不是指一种无法抵抗的状态或者一种空虚的需要状态。或者更恰当地说，它表明 “想要” 这种状态（这可以被简单地视为一种消极性）何以同时是一种积极的状态：我们并不是完全消极地受到影响，而是具有一种复杂的响应性，这种响应性来自世界，接着又使自己向外聚焦世界。我们确实很难发现一个把这些微妙性揭示出来的英语翻译。现代德语对 “die Strebung” 和 “das Streben”（追求，努力争取）这两个词的使用似乎更好一些。英语中的 “倾向”（inclination）这个词也具有这种正确的指向性，但［对比康德对 “Neigung”（倾向）这个词 274
的使用］过多地暗示了消极性和受到影响。“需要” 和 “想要” 这两个词也暗示了一种空白或者缺乏；它们并不具有那个古希腊词汇原本具有的对象指向性和积极性的含义。“欲望” 这个词显得更为合适一些，因为至少这个词显然与对象相联系。但这个词被用得太滥，不足以恰当地把握那个古希腊词语原来的含义，这样，我们就很难认为这个词具有任何确定的内容或者内涵。亚里士多德新的选择显然不是这样的。不管怎样，一旦我们恢复了这个词在哲学上的新颖含义，我们也就能逐渐看到亚里士多德的如下主张可能会具有什么内容：boulēsis、thumos 和 epithumia 都是欲望（orexis）* 的所有形式，而每一个动物运动都涉及某个欲望。在提出这个主张时，他显然是在说，每一个动物运动都是指向对象的、积极的内在延伸（reaching-out）；这种延伸在人的运动和其他动物的运动中都是共同的。

亚里士多德首次在《论灵魂》第三卷第九章中提出了这些主张，在那里，他转到了说明动物运动这个主题。他评论说，一旦我们开始探究这个论题，那么，在我们应该去认识灵魂的哪些部分这个问题上，就出现了一个紧迫的困难。他说，其他人要么把灵魂的二分（分为理性的和非理性的部分）、要么把灵魂的三分（分为进行计算的部分、具有精神的部分以及具有欲望的部分）作为他们对运动加以说明的基础。（在第一卷中，亚里士多德已经把关注的焦点放在生理学家那里，现在，他似乎全神贯注于各种形式的柏拉图主义。）出于说明的目的而对灵魂进行这种基本划分，亚里士多德对这种做法提出了一些异议。最直接地引起我们关注的一个异议是：这些划分没能揭示“对象和欲望的要素”的统一性；在这里，亚里士多德把“对象和欲望的要素”理解为动物的一个要素，它不能被简单地等同于动物的其他“部分”中的任何一个部分。“进行这种划分实际上完全是不合适的，因为愿望（boulēsis）乃是出现在理性的部分，而本能欲望（epithumia）和激情（thumos）则是出现在非理性的部分。如果灵魂是三分的，那么每一个部分都会有欲望。”在

* 纳斯鲍姆在其论述中并没有把这个词翻译出来，她前面的论述旨在表明。我们不可能为这个古希腊术语找到一个恰当的英文翻译。不过，为了方便，从现在起，我们将把这个词翻译为“欲望”，但我们需要记住，我们现在翻译为“欲望”的这个词并不仅仅是指单纯生理上的欲望，而是指一个人因为处于某种有所需要的状态，而想要通过得到外部世界中的对象来加以满足的状态。所以，以下所说的“欲望”要在这个意义上来理解。——译者注

下一章中，他重复了他对柏拉图主义者划分各部分的批评，强调说这两种划分都没能指出在“愿望”、“本能欲望”和“激情”中共同出现的那个单一要素，因为他坚持认为欲望是一种单一的东西。进一步，通过指出理性的部分是运动的一个充分来源，柏拉图主义者没能认识到，某种类型的欲望其实在每一个运动（包括遵循理智的运动）中都有所涉及。“理智在产生运动时并不是没有欲望的，因为‘愿望’就是一种类型的欲望，当被造物按照理性的推断来运动时，它也是按照‘愿望’来运动的。”[32]

那么，“每一个运动中都涉及欲望”这个断言到底具有什么内容呢？既然亚里士多德已经看到，柏拉图主义的理性概念并没有使理性成为一个没有活动性的沉思官能（就像休谟的理性），那么这个断言是否就不仅仅是一个口头游戏呢？亚里士多德创新的贡献似乎就在于这个创新确实使我们能够认识到一切运动都具有的共同要素，并将注意力集中到这个要素上，而柏拉图主义的结构却不能使我们认识到这一点。通过有意地选择这个特殊的词语，亚里士多德是在说，柏拉图没有认识到的那个单一的或共同的要素就是这个要素：伸出手去得到世界上的某个东西，去抓住某个对象，以便把它占为己有。不论是人还是其他动物，在他们的理性和非理性的行动中，都具有某些共同的东西。可 275
以这么说，他们想为世界中的东西而伸出手去，然后得到或者占有那些东西。一方面，岩石并不这样做，另一方面，那位不动的推动者也不这样做。二者都不运动或都不行动。什么东西说明了这两种东西与一切动物之间的差别呢？没有什么东西是这两种东西想要伸出手去得到的，因为它们自身就是完备的。另一方面，动物不是自足的，而是这样一种存在者，即他们想要得到某些他们看见和想象的东西，但不是想要得到所有这样的东西，而只是想要得到他们在有所需要的时候从内部想要的东西。运动被认为与自足性或者完备性的缺乏具有内在联系，与有需求的生物被幸运地赋予的那种指向世界的内在运动具有内在的联系。关于动物（包括人以及其他动物）的这些观点其实是柏拉图主义者完全可以考虑到的观点。[33]

创造“欲望”这个词直接实现了以下几个目的。首先，它使我们关注动物运动的意向性，包括对象指向性以及不是对一般而论的世界，而是对动物看待世界的观点的响应。[34]其次，通过要求我们把理性行动看作类似于其他动物的运动，它消除了理性行动的神秘性。就像其他类型的动物运动一样，理性行动是一种选择性的“欲求”，就像其他类型的动物运动一样，理性行动指向被认为与动物的需要具有某种联系的对象。于是，动物看起来就不再那么原始，而人类看起来也更具动物性。

这个论述使我们能够感觉到亚里士多德究竟想要做什么。但现在我们必须详细考察他自己想要捍卫的那个说明框架。

4

就像《论灵魂》各章一样，[35]《论动物的运动》是通过追问动物运动的archē（起源或始因）而开始的，也就是说，开始于它在第六章中的那部分论证。[36]于是，在《论动物的运动》第六章中，亚里士多德立即断言，一切动物都推动事物，并**由于**某事物而被推动。从上下文中我们可以看出，亚里士多德所要讨论的问题，是对一个意向对象的目的性运动的说明，而不是对生长和营养供给这样的有机过程更一般的目的论说明。在这点上，更为纲要性的《论动物的运动》提供了一个特别清晰的论述。亚里士多德列举了他称之为“动物动因”的五项：推理、想象

(phantasia)、选择、想望和欲求。[37]他进而认为这些条目都可以划归在两个标题下：认知(noēsis)[38]和欲望。他提出了这样一个论证来说明为什么他这样来划归这五项(同时使得这个列举更为完备)：想象和感知(aisthēsis)“占有(与理智)同样的地位”，在一个说明图式中填充同样的空白，因为它们都关系到做出区分(因此它们都是kritika[39])，而想望(boulēsis)、意气(thumos)和欲求(epithumia)都是欲望的各种形式。我们现在具有了《论灵魂》中没有明确地提供的东西：动物运动的两个一般“动因”，二者在我们的说明中都会扮演关键的角色。

完整的论述是在《论动物的运动》第六、第七章中提供的，大致如下。世界中的许多对象是由动物的认知官能呈现给动物的。在那些对象当中，一些对象将是某种欲望的对象，一些对象则不是。在欲望的对象中，有些对象可以被表明是能够得到的或者“可能的”：动物要么会 276
看到它们，要么会设法把它们推断出来，以便得到它们。第七章提出了这个问题：“认知有时候有行动相伴随，有时候则没有，这究竟是如何发生的?”对这个问题的完整回答不仅涉及指称动物的欲望，而且也涉及某种认知活动，这种活动将提供“可能的东西”的前提。因此，认知官能履行一种双重的作用。它们一开始把目标呈现到动物的意识中，另一方面，它们也发挥作用，使动物对一个目标的欲望转变为行动，而行动的目的就是世界中一个可以得到的具体对象。在许多情形中，这两种作用并不是分离的：只要动物看到它所渴求的东西，它的欲望就可以被激活。但是，在大量的情形中(包括在许多非人类行动的情形中，就像在“喝水”的例子中那样)，这两种作用将是分离的。[40]最终的结果是：欲望，作为一个“动因”，占据了绝对中心的地位；但是，若没有知觉或思想的援助，它自身就不可能发挥任何作用。动物是根据欲望来行动的，但只有在它们看到的自然界所划定的限制内，它们才能按照欲望来行动。为了最终产生运动,“善的”和“可能的”东西就必须结合在一起。

这个纲要对动物运动做出了什么样的说明呢?亚里士多德把认知的因素和欲望的因素称为“动因”;他用“施以运动”这个动词来表示欲望对象的活动性和灵魂使动物开始运动(kinei)的方式(700b33、10)。他认为动物是“遵循”或“借助”欲望和选择来运动的,他也说到某些东西乃是“出于必然”而遵循思想(701a34—35),在没有受到妨碍的情况下,思想(加上欲望)和运动“几乎是同时发生的”(702a16)。他通过以下这句话来总结这种状况:认知为欲望“做好了准备”,而欲望则为pathē(激情)做好了准备(702a17—19);因为行动和激情自然地发生相互关联的那种方式,认知会“同时”和“迅速地”发生。[41]所有这些评论都会导致我们假设,在这里,正如在《论灵魂》第三卷第十章中那样[在那里,欲望就是“施以运动(to kinoun)的东西”],心理要素被视为动力因,因此被认为提供了“运动的起源”所需要的那种说明。我们很难更完整地充实这个说明框架。在这里,背景概念似乎就是关于这样一个东西的一般概念,那个东西以这样一种方式行动,以至于使得某个其他东西发生。这个思想肯定就是在“kinei”和“paraskeuazei”这样的主动动词以及在与格中和在“dia”这个介词中体现出来的暗示。[42]因此,在每种情形中,欲望的要素和认知的要素看来分别都是运动的必要原因,而且,在缺乏妨碍的情况下,[43]它们共同构成了运动的充分原因。

然而,我已经说过,欲望、认知和运动之间的联系是逻辑的或者概念上的联系。这些概念联系似乎具有两种类型。首先,在特定的欲望或知觉层次上,欲望或知觉都是通过诉诸所期望的那个目标,从其他类似的东西中被鉴定出来并被个体化的。若不提及欲望的对象,我们就不可能说明导致一个行动的欲望。其次，在一般的层次上，亚里士多德把具有欲望和想象（phantasia）的拥有赋予一个被造物，正是因为这样一个被造物就是一个能够运动的被造物，而这揭示了“一个运动的被造物”这个说法的部分含义。在这里，“想象”指的是知觉中的那个解释性的和选择性的要素，由于这个要素，世界中的事物对于这个被造物来说才“显现”（phainesthai）为某种类型的事物。* 如果我的论证到目前为止是正确的，那么欲望的一般概念就是这样一个东西的概念：它有一种内在的倾向，想要得到世界中的某个对象，以至于在某些环境中，如果它具有恰当的知觉或思想，那么它立刻就会自然地产生一个行动。不论是在这里还是在《形而上学》第九卷的有关段落中，亚里士多德都坚持认为，如果动物确实明确地（kuriōs oregētai）[44]想要得到某个东西，那么运动**就会**发生，除非存在着某种障碍使得运动不发生。这个说法似乎（至少部分地）就是对“欲求某个东西”的**意义**的一个解释，也是对如下问题的一个解释：在什么条件下，我们可以在逻辑上说一个动物对某个东西有欲望？如果运动并不出现，如果我们不能指出有什么障碍可以说明这个失败，那么我们更有可能撤回我们的欲望归属，而不太可能认为这种失败构成了一个关于行动原因的经验论点的反例。

277

在我先前出版的讨论亚里士多德的《论动物的运动》的著作中，我费了很多笔墨来谈论这些概念上的联系。然而，我现在相信，我以前错误地认为亚里士多德关于逻辑联系同时也是因果联系的断言给他的论

---

* “phantasia”这个词的标准译法是“想象”（imagination）。在我的《亚里士多德的〈论动物的运动〉》一书第五篇论文中，我已经论证了（根据我对这个词所有用法的研究，尤其是就它与行动的关系而论）这个标准的翻译是不合适的，对这个词最好的说明要求我们把它与“phainesthai”（显现）这个动词联系起来，就像我在这里所做的那样。

述带来了严重问题。[45]我以前认为，欲望和认知，由于它们与行动具有密切的概念联系，所以在对行动的因果说明中就不可能成为真正独立的项。不管亚里士多德是否认识到这一点（那时我是这样说的），我们都将不得不寻求其他的描述（很有可能是一种生理学的描述），按照该描述，欲望和信念便是真正的原因。事实上，我那时推测说，在《论动物的运动》第七章的第二部分，亚里士多德实际上可能就是在寻求这样一个独立的生理学说明。

然而，实际上我们无法回避这个事实：《论动物的运动》确实断言，当我们以这种方式而不是以其他方式来描述欲望和认知活动时，它们确实就是运动的原因。以上提到的那些段落中有充分的证据表明这一点。以下我将对第七章的第二部分提出一个不同的论述，并表明生理学论述不仅没有对行动给出因果说明，而且，即使给出亚里士多德自己对“说明”的全盘理解，这个论述也不可能对行动提供因果说明。在这里我想要说的是，既然亚里士多德比他的还原论对手（不管是他同时代的对手还是当代的对手）更清楚地看到了这些哲学争端，那么上述观点对他来说就不再成为一个哲学难题。[46]假设亚里士多德确实认为（他似乎确实如此），我们对“想要一个对象”、“知觉到一个对象”和“朝一个对象运动”的一般看法是逻辑上相互关联的，也就是说，为了对其中的一个概念提出一个好的论述，我们就必须参考对其他概念的论述。假设他也认为（就像他似乎确实认为的那样），对每个特定的欲望和每个特定的想象（或“感知”或“认知”）的说明，本质上都涉及指称那个活动所指向的世界中的一个对象，并且
278 在某个意向描述下来表征这个对象。尽管如此，这两个假设都不妨碍欲望具有一种特殊的逻辑独立性，即为了扮演作为动因的角色而必须具有的那种相对于目标而论的独立性。因为，正如亚里士多德所说，

欲望的**出现**显然完全不依赖于目标在行动中的**获得**或**实现**。亚里士多德以几种方式来强调这种独立性。第一，他认为，为了使运动发生，欲望就必须按照正确的方式与知觉相结合。第二，他坚持认为，认知官能必须把握可以得到的和可能的目标实现途径，否则运动就不会出现。第三，很显然，那个欲望必须不仅仅是其他欲望当中的一个，而且必须是行动者在行动的时候据以行动的欲望。也就是说，它必须是“权威性的欲望”，不管我们如何理解这个说法。第四，他指出，即便这一切都是真的，但也可能存在某个障碍，在这种情况下，运动不会发生。

实际上，逻辑联系和概念联系绝不是不相容的，相反，在它们所扮演的说明角色中，它们是密切联系的。正是因为欲望与运动和行动确实具有这种密切的概念联系，它也与行动具有因果联系。正是因为欲望就在于对某个对象的欲望，因为动物在它面前看到的东西就是同样的对象，所以指向那个对象的运动，就可以用它被这个欲望和这个知觉所引起的那种方式被引起。假设一只狗追逐一块肉，那么如下这一点就与我们对其运动的因果说明相关：它的欲望是对肉（或者那块肉）的渴求，那个东西出现在它面前，它也把那个东西**看作是一块肉**。如果它只看见了一个圆形的物体，或者如果它的欲望只是对玩耍的欲望，那么这个说明性的因果联系就会被削弱。正是因为“向雅典的敌人复仇”这个目标成为雅典士兵的欲望和信念的部分内容，这些信念和欲望就可以组合起来，进而引起他们采取行动来实现那个目标。即使他们具有同样的信念和欲望，他们也许还是出于各种理由而没有行动。在这个意义上，欲望和信念独立于指向目标的运动。但它们之间的概念联系似乎也与它们的因果说明作用很有关系。我认为，这就是亚里士多德在做出如下断言时所意指的东西：他强调欲望的对象引起运动，乃是因为它们被看作是被欲求的东西；他强调“产生”运动的前提必须提到那个既被欲求又可以得到的目标。[47]

所有这一切都会对我们即将对生理学描述的作用所提出的东西产生明显的影响。按照我的早期观点，亚里士多德相信，对于在心理上具有因果关系的每个要素的每一次特定的发生，必定存在某个生理学实现，而且，我们可以设想这样一个实现或许可以通过科学家的描述来把握。我仍然相信这个观点在某种程度上是真的。明确地对于知觉来说，隐含地对于欲望和想象来说，亚里士多德似乎相信，这样的活动总是在某个物质性的东西中**得到实现的**，或者是由某个物质性的东西**构成的**。他有时候甚至说，知觉活动“是”身体中的某些性质变化，虽然，即使他信奉一个与莱布尼茨的同一性法则相似的原则，这个“是”仍然有可能不是指同一性，而是指那种更弱的构成关系或者实现关系。[48]不管怎样，没有可靠的证据表明，所涉及的这种关联将具有充分的规律性
279 和精确性，以至于我们可以利用它来提出一个一般性的理论，而这个理论对科学家来说既是有用的也是有趣的。[49]我以前就认识到了这一点，但那时我仍旧认为，只有当生理的要素在这种特定的情形中被孤立出来时，我们才会得到一个真正的因果说明。

我现在认为，我以前的观点在以下几个方面并不令人满意。首先，正如我们已经看到的，这个“只有当”是没有保证的：在心理层面，我们已经有了一个完全恰当的因果论述。其次，如果这“两种描述”不是“以任何恒定的或可预测的方式相联系的”，正如我说过的那样，那么结果似乎是我们永远不会有真正的因果说明，因为对亚里士多德来说，说明为了传递理解，就必须是一般性的。[50]第三，我现在并不明白，在什么基础上我们能够自信地断言某个生理条件，它可以充当对欲望或想象的身体实现。我们至多只能说，这样一个条件对一个欲望的出现来说

是必要的；但是，为了断言这一点，我们甚至必须得超越这种特殊的情形来进行概括。然而，如果相应的物理状态无论如何都必须是说明性的，那么仅仅断言这一点还是不够的；例如，既然心脏的活动似乎对一切欲望都是必要的，那么那些活动就构成了每一个欲望。但是，最终而且最重要的是，正因为生理特点与结果得到的行动既没有一般的联系，又没有特殊的概念联系，而这两个联系是欲望所具有的，因此这样一个特点似乎就缺乏我们对原因（当我们说“这就是使得那件事发生的那个东西”时）所要求的那种**关联**和**联系**。我们可以使用亚里士多德的术语来这样说，生理特点不可能是行动的一个**固有原因**。例如，考虑亚里士多德在《物理学》第二卷第三章中关于波利克力托斯这位雕塑家的例子。我们想说，并非波利克力托斯的任何属性都是引起、导致和准备那个雕像的东西。引起、导致并使雕像得以产生的东西是雕塑的技能（加上有关的欲望，正如《形而上学》第九卷所表明的那样）。因为正是关于波利克力托斯的**那个因素**（他的技能）与雕塑活动具有合适的概念联系，虽然在每个阶段他毫无疑问都具有其他性质，在每个阶段他的身体都处于某个生理状况。他与所有其他性质所缺乏的一个因素具有一个密切联系（oikeiotēs），因此，那些其他性质似乎只是偶然地与他的雕塑活动相联系（《物理学》，195b3—4；参见《范畴篇》，2b6及以下）。因此，这个因素似乎恰当地回答了我们的“为什么”问题，而其他的因素则没有回答这个问题。

如何进一步阐明这一点是一个很难把握的问题。在《物理学》的这个段落中，亚里士多德没说什么对我们特别有帮助的东西，他只是说，“这个人建造房屋是**因为**（hoti）他是一位建筑师”，而建筑师“按照”（kata）建筑艺术来进行建筑。联系与有效的因果性是密切相关的；但是，我们几乎不知道我们是应该说“A因素乃是因为它与目标的联系因而固有地成为原因”，还是应该说“A的相关性就在于正是它而不是任何其他东西充当了原因”；抑或应该二者都说。而且，仍然不清楚的是，有效原因的概念本身应如何被精确地充实。我们或许应该尝试分析一个反事实条件句：欲望D和信念B是行动A的原因，而生理条件P则不是行动A的原因，因为我们总是可以在没有A的情况下使得P出现；但
280 是D和B不可能在没有A的情况下出现，除非存在着某个障碍。在《论灵魂》中，亚里士多德对“障碍”的一些谈论暗示了这一点；在《形而上学》第九卷中，我们也能发现一些强有力的支持证据，以这种方式把原因与必然性联系起来。但是，在这里，为了对这一点做进一步的探究，我们就必须展开一些棘手的困难问题，那些问题关系到亚里士多德对原因和必然性的处理，但在目前的语境中，那些问题不可能得到充分的阐明和解决。[51]因此，目前我们仍然无法确定地阐明“一个东西引起了一个东西”的概念。中心的要点是不管我们如何解释这个概念，生理特点不是动物运动的原因，正如波利克力托斯具有肾这个事实并不是他雕塑这个塑像的原因。

一个生理描述的恰当位置似乎就是《斐多篇》中提到的那个位置。这篇对话对因果要素发挥作用的某些必要条件提供了一个论述。对肌肉和骨骼的描述应该被包括进来，但不是作为对这个为什么（dia ti）的问题（“为什么那只狗追逐那块肉”）的回答，而是作为对一个不同的问题（“那只狗如何能够得到那块肉”）的回答。换句话说，欲望和认知活动究竟是凭借什么样的装配或组织，才具有了使得身体结构很复杂的动物运动的能力？[52]对问题的这种划分无须预设或者不意味着任何形式的二元论：这种划分不一定暗示着欲望是各种古怪的非物理实体，也不暗示着动物的活动在每一个具体情形中不是在某个合适的质料中得到实现的。这种划分仅仅是承认：行动固有的原因是欲望和认知，而不

是生理状态，欲望和认知是在行动的因果说明中的突出项，因此就是实际上能够被说成是施以运动或者使事情发生的东西。

这实际上就是《论动物的运动》和《论灵魂》（加上它对前一部著作的指称）划分这个问题的方式。[53]《论灵魂》明确地说到了这一点：欲望就是对“什么施以运动”这个问题的回答，即欲望就是这个因果的要素，就是我们所要寻求的因果说明的答案。“但是，欲望用来施以运动的装备则是身体中的某种东西”，因此就需要提到《论动物的运动》中对肌肉和骨骼的说明。若不采纳《斐多篇》中对理智的过分强调，我们就几乎无法对那里提出的图景找到一个更为清晰的表述；另一方面，要是没有《论动物的运动》中对这个前提的充分说明，《论灵魂》中对这个前提的陈述就不会给我们太多的帮助。《论动物的运动》也很清楚地向我们揭示了两个不同的问题。第十章把两件事情明确地区分开来：一件事情是要论述运动的说明，另一件事情是要阐明欲望为了发挥作用而需要的身体装备。[54]在第七章中，向生理学讨论的过渡虽然不是很清楚地提出来的，但仍然包含了这样的暗示：这种讨论就是对“如何运动”这个问题的回答（701b7）。当亚里士多德完成了他对运动“起源”的论述（这个论述被认为回答了“为什么运动”的问题，参见701a33及以下）之后，他接下来就开始讨论这个问题：运动何以可能如此迅速地跟随而来？在第七章中，亚里士多德表明，动物因为其生理特点的安排而适合于运动。当然，在亚里士多德的论述中，有一些东西仍然是不清楚的；他的语言有时候很简洁和含糊，因此他所提出的说明不能让我们满意。[55]但是从中显现出来的那个一般图景似乎是一个合理的图景。281
我们可以断言，就亚里士多德对动物运动的说明而论，对于其中涉及的因果问题和概念问题，《论动物的运动》提供了一个基本充分且相当丰富的论述。

5

对亚里士多德所说的hekousios或"自愿的"运动，就像在其伦理著作中一样，在《论动物的运动》中，他也向我们提供了一个论述。而且，与那些人类中心论的伦理著作相比，这个论述更加清楚而明确地集中于那部著作中显然也是一个中心关注的东西：把一组特殊的运动独立出来并加以描述，而那些运动不像动物的各种其他运动，比如说，不像消化系统的自发运动和某些身体部位的反射运动，[56]可以被说成是这样的运动，即对于这些运动来说，动物本身就是对它们的说明，也就是说，这些运动是"通过动物自己"来完成的，而不是通过某种使用动物作为工具的外在力量来完成的。"自愿的"这个模糊的概念现在得到了进一步的揭示，而在伦理著作中，这个概念据说对我们的实践态度和各种实践具有至关重要的意义：当且仅当一个动物自身就是其运动或行动的起源/始因时，我们才对这个动物赞扬或责备。动物的自愿运动就是由它们的欲望和认知官能引起的运动，也就是说，因为它们对某些对象的欲望，以及它们关于那些对象的观点而发生的运动。对"自愿"的这个论述似乎就是亚里士多德如下做法的根据，并说明了这一做法：他不断地、完全一致地把"自愿"赋予成年人以及其他动物和人类幼儿，尽管后面这两种不太发达的被造物缺乏慎思、选择和一般原则（见以下的说明），他们就像成年人那样具有一个共同的特点，即他们自己对世界的观点以及他们自己的欲望，而不是自然的必然性，构成了他们行动的原因。

尽管对"自愿"的这个正面论述一开始看来并不等同于伦理著作中的论述，因为在伦理著作中［亚里士多德是以一种负面的方式来描述

“自愿”的，即通过列举使得一个行动成为“非自愿”（akousios）行动的情景，或者不适合于进行伦理评价的行动的情景］，但是，只要进一步审视，我们就可以看到这两种论述在外延上是等价的，实际上提出了同样的标准（即便具有不同的侧重点）。[57]亚里士多德在《论动物的运动》中提出的论述，是对他在伦理著作中提出的一个概念的恰当揭示，那个概念就是“行动者是行动的‘起源’和‘说明’”（参见本章注释21）这个概念。按照《论动物的运动》中的论述，一个行动A是自愿的，当且仅当它是由动物自己对A的欲望和关于A的认知状态引起的。这个定义显然足以排除在伦理著作中显得很突出的一组非自愿行动，即在外在的物理约束下所履行的行动。但问题是它也足以排除另外一组主要的非自愿行动（即出于无知而履行的行动）吗？乍一看来答案是否定的。俄狄浦斯在十字路口把一个老男人杀死。就像所描述的那样，按照《论动物的运动》中的标准，这个行为显然是自愿行为，因为它是由俄狄浦斯自己的愤怒和信念引起的——俄狄浦斯想要消除这个烦人的障碍，他也相信用一根棍子击打这个老男人是消除这个障碍的一种好方式。[58]在欲望、信念以及结果产生的行动的内容之间，有一种正确的概 282
念联系。但俄狄浦斯的行动是一种弑父行为；就此而论，它看起来就像是出于可原谅的无知而采取行动的一个典型范例，因此是非自愿的。所以，在《论动物的运动》和《尼各马可伦理学》中的标准之间，有一个明显的外延上的裂隙。

然而，当我们进一步考察这个问题时，我们发现，若把这个行动描述为一种弑父行为，那么按照《论动物的运动》中的标准，它也是非自愿的。俄狄浦斯并不具有弑父的想法，也不具有任何关于弑父的信念，因此没有任何这样的东西可以说明他的这个行动。就我们所知，弑父不是俄狄浦斯的任何欲望官能或认知官能的意向对象。《尼各马可伦理学》以一种迂回的方式提出这一点，即通过说俄狄浦斯是出于“无知”而行动，就好像无知就是这个行动的原因。按照《论动物的运动》中的论述方式，我们可以更清楚地看到这个标准所针对的问题：行动者的欲望和信念并不是以一种说明了那个行动的方式而指向该行动的。[59]因此，我们并不具有如下这种特例的行动：按照《论动物的运动》中的标准，这个行动是自愿的，而按照《尼各马可伦理学》中的标准，这个行动则是非自愿的。相反，我们有两个行动，一个杀人行为和一个弑父行为，前者按照这两个论述都是自愿的，而后者按照这两个论述都是非自愿的。因此我们就消除了这个所谓的裂隙。

我们已经谈到伦理评价和法律评价。这把我们带到我们一开始就提出的问题上：对行动的这一论述，既然是针对有关动物运动的一切“现象”构造出来的，那么对于我们感兴趣的伦理问题到底有什么意义呢？亚里士多德所说的欲望涉及接受性与主动性的组合，我们赞扬那些值得赞扬的人，责备那些做错事情的人，对于这种实践来说，这个组合究竟是提供了一个好的基础还是一个坏的基础？通过考虑近来对《论动物的运动》和《论灵魂》中提出的那个论述的一个异议，我们就可以把注意力集中到这些问题上，而要是柏拉图有机会对这个说明提出批评，那么这个异议就会与他所要提出的批评具有一种清晰的联系。这个异议所说的是，通过对“自愿”提出这个“共同的”说明，因而允许把动物和儿童的许多行动都划入这个类中，亚里士多德就没能提供一个恰当的基础来说明伦理责任。厄温便是提出这个异议的哲学家；[60]他已经雄辩而详细地发展了这个论证。他那有趣的研究结论是这样的：(1) 亚里士多德持有一个“简单的”伦理责任理论(这个理论是厄温在《尼各马可伦理学》中发现的，类似于我们在《论动物的运动》

中已经发现的那个理论),按照这个理论,一个行动是行动者能够承担责任的行动,当且仅当它是由行动者的信念和欲望引起的,而信念和欲望就充当了行动的理由。(2) 但亚里士多德也持有一个“复杂的”伦理责任理论(这个理论是在他伦理著作的其他部分发现的),该理论提出了更为严格的条件:一个行动是行动者能够承担责任的行动,当且仅当它是一个能够进行选择(prohairesis)的行动者的自愿行动。[61](厄温的文章主要是致力于富有成效地探究“选择”这个概念,在这里我不打算总结他得到的结论。)然而,这个“复杂的”理论意味着,儿童和动物 283
的行动不是负责任的行动。厄温相信这个复杂的理论优越于那个简单的理论,因为它为我们的伦理态度和伦理实践提供了一个更恰当的基础。

我相信,厄温和我多多少少都同意亚里士多德实际上所说的东西。也就是说,我们都可以同意,在亚里士多德的文本中,在自愿的运动和其他类型的运动之间存在着一个区分,而这个区分在外延上或者在说明上不同于同样在他的文本中出现的另一个区分,即能够理性决定的行动者所采取的行动与不能进行理性决定的行动者所采取的行动之间的区分。我们可以同意,亚里士多德以某种方式把这两个区分与赞扬和责备的恰当性联系起来。我们也可以同意,这两个区分对许多行动的分类具有不同的结果。我们尤其同意,亚里士多德的文本明确地否认儿童和动物能够慎思和选择,但都一致地把自愿的行动赋予他们。[62]

但是,在这里,我相信我们两人对亚里士多德的理解开始发生分歧。厄温认为,这两个区分是把握这个单一概念(道德责任的概念)的两个可供取舍的尝试;在这里只有一个伦理上有趣的区分,亚里士多德应该只采用一个单一的比较,在说明道德责任的两种方式之间进行选择。厄温明确地相信亚里士多德只应该选择“复杂的理论”，这样一来，动物和儿童的行动就被简单地划分为不能承担责任的行动。他告诉我们，当简单的理论把“自愿”行动（这里被解释为“能够承担责任”的行动）扩展到儿童和动物时，它就显得“很危险”；[63]这种扩展**貌似**合理，只是因为《尼各马可伦理学》中对“自愿”的定义由于疏忽而没有把这个扩展排除出去。厄温论证说，做出这样一个区分的目的，就是要为我们的伦理实践和伦理态度辩护；但当我们把动物和儿童处理为负责任的行动者时，就没有任何辩护可言。

现在，厄温明确地意识到，对亚里士多德来说，赞扬和责备是以几种方式出现的。他提出并强调了这一证据：亚里士多德相信，在赞扬一个缺乏慎思和选择能力的被造物，即当涉及动物或者儿童时，谈论幸福的生活或者品格的卓越是不合适的。就像厄温和我都可以同意的那样，亚里士多德在任何地方都不曾犹豫地断言，我们所做出的那些最严肃的伦理评价，那些与我们对品格和终生之善的判断相关的评价，只对这样一些成年人来说才是恰当的：他们已经形成了一种品格，已经选择了一种生活，并能够对其终极的目标或价值进行慎思。然而，亚里士多德显然也认为，只要行动满足了某些弱化的条件，那么某种类型的赞扬和责备以及某些弱化的伦理态度也是恰当的。这就是争论的核心，因为按照厄温的观点，缺乏成年人的慎思和选择能力的任何东西。都**不可能**为任何这些态度和实践辩护。他认为，如果我们确实去赞扬一个儿童或者动物，那么这种做法就无异于使用一种因果力量来对行为进行操纵，与真正的赞扬毫无关系。[64]

284 厄温的观点是一种值得赞赏的和严肃的伦理观点。虽然这个观点有一种明显的康德式起源，但它基本上和柏拉图对行动的论述相似，正如我们已经概括的那样。因为柏拉图也明确地认为，只有两种选择：一方面是原始的必然性，另一方面是理性那种全然不受感性影响的自我运动的因果性。严肃的伦理评价要求具有理智的因果推理能力；当我们说一个人超越了伦理评价的范围时，最便利的方式就是说那个人做事情的方式与动物做事情的方式毫无区别。对于这样的人来说，外在的操纵就是他们接受训练的唯一方式。对自然因果性采取消极的态度，就是变成一个不进行选择的客体，因而在选择善的东西上毫无积极性可言。

我现在想要论证的是，亚里士多德的"共同"说明为这个严肃的观点提供了一种严肃的伦理替换方案，而假若我们要求亚里士多德选择这个严肃的观点，那么我们就无法认识到这个伦理方案，或者无法恰当地欣赏它。用亚里士多德的名义来回答厄温，这有助于我们认识到亚里士多德自己对柏拉图的回答。我相信亚里士多德会同意厄温的这一主张：为了能够为我们对人们做出的最严肃的伦理评价辩护，某些很高的标准就必须得到满足。然而，与这一点相符合的是，亚里士多德可以继续强调（就像他清楚地强调的那样）我们正在探究的这个不同区分的伦理相关性。这两个区分似乎不是提出来作为对一个单一概念的竞争论述，而是作为对两个相关概念的说明，而这两个概念在他的伦理理论中所起的作用是相互补充的。一旦我们考虑道德发展和道德训练的论述是如何产生的，那么保持这两个区分的一些理由就开始浮现出来了。

按照厄温的观点，在儿童发展的某个阶段，有一个突然的、神秘的转变。儿童一开始是行为调控过程的对象，他对这个过程几乎没有做什么正面的贡献，但突然之间，他就变成一位能够对价值进行慎思，能够改变和批评自己欲望的成年人。那么，在这个儿童身上，究竟是什么东西使得这种发展成为可能，或者教育者如何促成它的发生，对于这些问题，厄温都没有给予我们任何说明。教育是亚里士多德的一个核心关注，对他来说，政治的主要职能是要以这样一种方式来教育儿童，使他们有能力按照他们自己的选择过一种好的生活。因此，厄温的观点对他来说就变成了一个不幸的结果。不过，既然亚里士多德既保留了“复杂理论”又保留了“简单理论”，他就能够对这些问题提出一个合理而有趣的回答。这个“共同的说明”（出于几个明显的理由，我偏爱使用这个说法，而不是使用厄温的“简单理论”的说法）告诉我们，这个教育过程并不开始于仅仅受到因果影响而被操纵的被造物，而是开始于一种按照认知和欲望对其世界有选择性地进行回应的被造物，而且，这样一个被造物的运动是根据它自己对事物的看法，以及在那些看法下它对事物的欲望来说明的。对自愿的这个“共同说明”并不想要和“审慎选择”所提出的说明对抗，而是对某些伦理态度和伦理实践的动物性基础的说明，而在动物性的被造物发展出审慎选择的过程中，那些态度和实践占据了中心地位。之所以如此，是因为我们是在处理具有选择性的被造物，一个能够对周围世界进行解释，对其中的事物有欲望并
285 通过行动来满足自身欲望的被造物。因为从一开始，在单纯外在地引起的运动和由这个被造物自己的观点引起的运动之间，就存在着一个区分，因此我们就可以进入一个习惯化和训练程序，而这个程序并不仅仅是一种不用动脑子的行为操纵。赞扬和责备从一开始就不仅仅是推动，而是与具有智慧的被造物进行交流的恰当方式，而这样一种被造物是按照自己对“善”的看法来行动的。赞扬和责备是这样一种尝试：它试图说服那个被造物积极地修改自己对“善”的看法，以便得到更合适的对象。如果我们不接受厄温对动物和儿童的那种过分悲观主义的观点，那么我们就不需要轻视“简单的”自愿，因为这种简单的“自愿”就是前面的那些更为复杂的发展的必要基础。一旦我们开始思考一个人

在教育儿童时实际发生的事情，那么亚里士多德强调意向性和选择性关注的中心地位，在经验上就显得比厄温的图式更为正确。对于我们的动物性如何成为道德品格发展的基础，这种强调向我们提供了一个有吸引力的说明。[65]

亚里士多德在其伦理著作中进一步阐明了这一点。我们不仅可以说，研究我们关于"欲望"的信念揭示了它的意向性和选择性；我们还可以说，要是"欲望"就像柏拉图（以及厄温）所说的那样是完全不用头脑的，那么我们所从事的教育和布道实践就变得不可理解：

> 消化系统并不以任何方式分有理性，但是欲望和一般而言的愿望（orektikon）部分，在它们关注和服从理性的意义上，确实以某种方式分有理性……非理性的部分以某种方式被理性说服，这一点就体现在我们的劝诫、指责和制止的实践中。如果我们想要说这个部分也具有理性，那么我们就必须说有两种类型的"具有理性"：一种是严格地和内在地具有理性，另一种则是像听从父亲那样。（《尼各马可伦理学》，1102b29—1103a3；参见《优台谟伦理学》，1219b27及以下）

某些伦理实践的存在和功效表明，我们的本能欲望，不可能像柏拉图所说的那样简单和原始，不可能就像消化系统的运动那样仅仅是回应其他推动而推动。我们对人们提出劝告和禁令，对他们进行训练，在这样做时，我们不仅针对他们对本能欲望的追求，而且也针对他们对那些涉及纯粹理智的欲望的追求。我们训练儿童发展出对各种恰当快感的合适欲望，在这样做时，我们不是通过残忍地压制他们对这些活动的冲动，而是通过讲道理，通过动机的相互作用来感染他们，以便使他们修改自己的选择。因此，本能的推动力本身就必定包含某种合理的要素，那个要素就类似于细心地和有回应地听从父母的告诫。欲望的那种有意的选择性向我们表明，在对善的追求中，它如何能够产生一种积极的支持。我们可以说，恰恰是柏拉图/厄温的观点没能为我们实际的伦理实践辩护，也没能对这种实践提出恰当的论述；而亚里士多德自己的观点似乎更为合适。

我们现在可以更为详细地表明，对习惯化的一种非行为主义论述如何能够描绘儿童逐渐从简单的"自愿"到复杂的"选择"的发展，而这种论述很强调对象关系和选择性注意力。《政治学》为这样一个论
286 述提供了很多材料。我们不久就会转到这项任务上：刻画亚里士多德实践慎思的本质和结构；所以在这里我们将不详细阐述这个发展图景。[66]不过，一般的要点是清楚的，即我们无须认为亚里士多德的复杂伦理观点不符合他在《论动物的运动》中对"自愿的"动物运动的说明，因为他的伦理观点的一部分就是我们共享的动物本性乃是我们伦理发展的基础。我们作为动物的那种本性本身是合理的。如果我们并不贬低动物性的东西，也不人为地抬高理性的东西，那么我们就能看到其中一个是多么适合于为另一个的兴盛做贡献。

这一点，就像亚里士多德从"现象之内"来进行的论证一样，看起来可能是不充分的。对柏拉图来说，对伦理实践的这种描述，既然**事实上**是立足于意向性的因果性和机械因果性之间的区分，就不足以回答这个重要的问题：那些实践是否确实得到了那个区分的辩护？这个问题当然也是厄温用他那个康德式观点对亚里士多德提出的问题。即使我们**相信**这个区分为我们的伦理实践提出了辩护，但这并不表明那些实践确实得到了这一点点东西的辩护。而且柏拉图准备论证，我们

的伦理实践并没有得到这个区分的辩护。正如一位优秀的仲裁者，一个没有受到人类欲望迷惑的人能够看到的那样，为了使我们的生活值得过，为了使我们的生活比单纯动物的生活更有价值，我们需要一个纯粹积极的因果要素，一个完全纯粹的，没有受到感性欲望影响的要素。

亚里士多德可以对这个挑战提出几个回答。首先，他已经质问了这样一个区分，即在我们都相信的东西和实际上确实是那个样子的东西之间的区分。我们无法接近任何超越了最深层的、最有说服力的现象的真理。所以，如果他的论述已经成功且正确地表述了那些现象，那么它就最有资格声称它表达了真理。对亚里士多德来说，辩护是在他的方法论内部得到的，在以这种方式所得到辩护的最强意义上，他对运动的说明现在已经为伦理实践提供了辩护。也就是说，已经表明它们处于内在的有序状态下，符合我们所相信、所做和所说的其他东西。

进一步说，我们甚至不清楚在表述其挑战时，这位柏拉图主义者能够占据什么样的优越地位。他要求我们把这些对我们生活的日常行为来说如此根本的区分和信念悬置起来，但是，为了这样做，他就得设法在人类经验内部提出这个挑战，并且使之在人类经验内部变得可理解。在提出问题时，他不能不言而喻地利用他所询问的那些信念和实践；因此他就得把自己置于一切有关的承诺和判断之外，而那些判断和承诺就关系到动物性、因果性和运动。但另一方面，他必须从一个并不“游离在外”的立场来说话，否则我们就不会把他看作是我们当中的一员，也不会在乎他所说的东西。

而且，即便我们假设他确实发现了一个对我们说话的恰当场所，假设那个场所就是我们把他当作我们当中一员的场所，但是，对于他所提到的那种“纯粹的”、“不受影响”的因果要素而言，仍然有一个深层的困难。如果我们不是从自己的经验中了解到这样一个要素，如果我们对因果性和运动的一切**经验**都不纯粹，而是既含有消极性又含
287 有积极性的，那么柏拉图对“理智”的谈论就可能成为亚里士多德反对他关于形式的谈论的那种同样批评的牺牲品（参见以上第八章），这种谈论在我们的经验中，甚至要成为一个连贯的谈话，也是没有充分根据的。

但是，既然我们对自己能动性的经验是多种多样且高度可变的，既然亚里士多德的某个听众有可能把柏拉图对“理智”与原始必然性的分裂的描述看作是对我们经验的正确描述，亚里士多德就不可能简单地依赖于这种论证。不过，有一条进一步的捍卫路线隐含在他对欲望的论述中。如果我们把《斐德罗篇》联系起来思考他的论述，我们就可以提出这一建议：对于真正的见识和正确的选择来说，《斐多篇》中的那个坚硬的、冷漠的“理智”既不必要也不充分。不必要，因为正如《斐德罗篇》表明，而亚里士多德也将表明的那样（参见第十章），见识是可以通过与外在世界发生回应性的相互作用而达到的；不充分，因为这个要素似乎缺乏最好的和最高的那种见识所要求的那种开放性和接受性。正如亚里士多德明确提醒我们的，在不受影响的情况下，即使仍然会有聪明乃至沉思的智慧，也不会有（比如说）文雅、勇气和爱这样的东西，然而，如果一个人不具有这些值得赞扬的要素，他的生活就不会成为一种好的生活（《优台谟伦理学》，1220a11—13）。柏拉图的策略非但没有为我们的价值和我们的美德提供保障，反而还剥夺了我们很多值得赞扬的运动、行动和存在方式，减少了我们能够成为好人的方式。（在第十章中我们将详细分析这个回答。）

简而言之，亚里士多德将准备好宣称，一旦我们对有关行动的现象做出正确的和精细的表述，我们就可以消除柏拉图策略的动机，表明他

自己对行动及其原因的论述，不仅保证了我们想要保证的东西，而且更好也更充分地保证了我们想要保证的东西。

在结束本章时，我们可以回到我们开始的那些现象上，问一下亚里士多德的论述如何维护了这些现象。我们不妨允许伯里克利用下面这段话来结束他的葬礼致辞：

> 你必须自己认识到雅典的力量，日复一日地用你的眼睛去关注她，直到让她的爱充满你的心胸。于是，当她的一切伟大之处进入你的生活时，你必须反思一下，正是通过勇敢，通过认识到实践必然性，通过在行动中具有一种羞耻感，人们在过去才能赢得所有这一切……仅仅是断言好的人类生活就是自由的生活，自由的生活就是勇敢的生活，并没有减少战争的危险。因为这就是动物走向运动和行动的方式：运动的直接原因就是欲望，这要么是通过知觉实现的，要么是通过思想和想象实现的。对于那些奔向运动的被造物来说，这有时候是通过本能欲望或情感来实现的，有时候是通过他们创造出来或表现出来的理性愿望实现的。[67]

对于做出这种结论的人，我们会怎么看待他呢？我们会认为他做出这个结论的动机又是什么呢？我首先把他想象成为这样一个人：他决定去掉理智的伪装，或者削弱任何这种关于人类行动和人类合理性的观点，因为那种观点把人类从一个更为广大的自然界中活生生地割裂出来。这就是隐含在伯里克利的第一句话中的东西，强调了知觉和 288
爱在激发行动中的作用；但最后那句话（那句嫁接过来的话）在阐明这个作用的同时，也有助于避免某些误解。我们会把这个人看作这样一个人：一方面，他急于强调动物的行动在自然界中的丰富性和复杂性，而另一方面，他又拒绝屈从于科学的压力，拒绝把动物的行动视为一件不用头脑的机械事情。人类行动和人类存在者被公正地置于自然之中；甚至在其理性行动中，人类存在者也被认为是爱和欲望的产物。但欲望并不是一种完全原始的东西，它涉及有选择性地关注世界中的对象，还涉及同样具有选择性地回应那些关注。最终，这位说话者是这样一个人：就像修昔底德和亚里士多德一样，他热心于强调自足性的缺乏，而这种缺乏就是一切动物生活（包括我们自己的生活）的一个本质特征。我们所有人都渴望得到世界上的东西，因为我们是不完备的，我们既不是没有活动性的物体，也不是完美的诸神；我们既不是单纯从外面被推动的，也不是完全自发地自我运动的。这就是我们的运动被促
289 成的方式。[68]

第十章

非科学的慎思

我只是隐隐约约地意识到自己处于一个规律的轨道上，那个看起来很合适的规律，那个让我觉得制约着微妙现象的规律——尽管很微妙，但仍然如此显著，以至于我发现自己的想象力在与它们一起玩耍。我敢说，它们之所以具有那种娱乐性，部分原因就在于我夸大了它们，我把它们汇集为一个比我观察到的事实更大，但仍然能证实的神秘事物(因此是一个更大的“规律”)；但这就是心灵的共同缺陷，因此，生活的见识就成为一个谜念。

我绝不应该再次立刻就采取一心一意的态度，即使我已经三次尝试了她的方法。但不幸的是，我所缺乏的就是她的特质。

亨利·詹姆斯，《神圣之泉》，第一章，第十四章

就实践慎思而论，亚里士多德提到了两件反柏拉图的事情。首先，

实践慎思不是而且不可能是科学的：* “实践智慧不是科学理解这件事情是明显的。”（《尼各马可伦理学》，1142a23—24）[1] 其次，正确选择的恰当标准就是一个地地道道的人，即具有实践智慧的那个人。这个人并不试图在人类生活的状况之外占据一个立场，而是把他的判断建立在他对这些状况长期而广泛的经验基础上。亚里士多德观点的这两个特点是相互关联的：好的慎思之所以不是科学慎思，就是因为科学慎思不是按照那个优秀的模范仲裁者进行慎思的方式来进行的；这样一个判官之所以是正确选择的规范，是因为最适合于伦理慎思的东西似乎就是他的程序和方法，而不是一个更为“科学的”判官的程序和方法。这两个特点也与亚里士多德对好的人类生活的一个反柏拉图概念的捍卫相联系。亚里士多德断言，实践智慧不是一种技艺或者一种科学理解，[2]
290 最好的仲裁者是一个并不使用技艺的人。这个断言一方面支持了如下观点，另一方面也得到了这个观点的支持，即最好的生活比柏拉图 ** 所认为的更容易受到不受管制的运气的攻击，它更为开放，但同时也更难控制。（在亚里士多德的论述中有一些明显的循环论证，在本章结尾处

---

* 当我在本章中谈论“科学”这个术语时，我并没有忽视这个事实：某些technai（技艺）也被赋予“科学”的资格，即使它们没有任何测量技术——比较我在第四章中对普罗泰戈拉的论述。亚里士多德自己认识到了“猜测性的”技艺（例如医学和航海）的存在，这些技艺，就它们关注特殊的东西而论，类似于伦理学（或者类似于他对伦理学的论述）。但是，当他否认伦理学能够成为一种“科学理解”时，我相信他不是在思考这样的例子，而是在思考柏拉图的伦理的科学理解以及他自己对“科学理解”所持有的那个（类似的）技术性概念，即“科学理解”是一个完全关系到普遍事物的演绎系统。亚里士多德自己把伦理学理解为对现象的系统整理，这个理解，就像普罗泰戈拉的提议一样，要求把伦理学看作一门技艺；他的意思是说，在《理想国》或者《后分析篇》所要求的意义上，伦理学不是技术或者“科学理解”。

** 所谓“柏拉图”，在这里我指的是他的“中期”对话，而不是《斐德罗篇》（也不是《法篇》或《政治家篇》）。亚里士多德论述运气的著作是对柏拉图的中期对话以及这些观点的回答；他很少关注柏拉图的晚期对话，我猜测，这是因为他的很多批评预料到了那些著作中的观点，而且是为了回应那些观点而撰写的。关于亚里士多德与《斐德罗篇》中论证的关系，参见本章第4节以及第十二章第368—371页（此为原书页码，参见本书边码）。

将会关系到我们的论述。)因此，在开始具体分析亚里士多德关于运气和好生活的观点之前，我们需要密切地审视一下他对那些用来做出好的价值判断的方法所持有的一种非科学的概念。如果我们想要理解他是出于什么理由而拒绝把我们的生活从运气的侵入中“拯救出来”，我们就必须理解他为什么拒绝接受这样一个柏拉图式的渴望——把伦理学转变为一门技艺。

因此，本章是对第四章和第五章的亚里士多德式回应，因为本章试图表明，对价值的认识论说明以及对有价值东西的脆弱性的论述，是如何相互联系的。在本章中，我将追问这样一些问题：谁是具有实践智慧的人？这个人是如何进行慎思的？亚里士多德对回应性知觉(responsive perception)的那种更为“柔顺”、更为灵活的看法，如何面对和批评那种柏拉图式的对普遍性、精确性和稳定控制的渴望？我们将开始于考察亚里士多德的这一主张：实践慎思必定是以人类为中心的，其本身关系到人类的善，而不是关系到一般而论的善。接下来我们将审视亚里士多德对这一概念的攻击：主要的人类价值可以用一个单一的标准来度量。然后我们将说明普遍规则和特殊知觉在亚里士多德式慎思中的相互作用。最终我们将考察情感回应在好的慎思中的作用，表明具有实践智慧的人一方面既看重自身的人类身体构成那些(据说是)不可靠的特点，另一方面又允许自己受这些特点的引导。这将向我们提供一些材料，使我们能够把它们整合起来，最终整合出亚里士多德认为对人类生活来说最为合适、最相关的那种慎思。

1

在我们对现象方法的论述中(第八章)，我们已经批评了那种柏拉图式的对一个外在的“神目”立场的渴望。亚里士多德捍卫了这一观点：内在的真理，即**在现象中展现出来**的真理，就是我们必须处理的一切东西；力图超越现象不是得不偿失，就是一无所有。那种完美的立场，既然旨在从一个外在于任何特定生活的观点来中立而冷漠地审视一切生活，便经受了这样的指责：这种立场没能提及我们的任何生活，因为在把自己从我们的一切世俗经验中清除出去的时候，它同时把自己从我们谈论世界的基础中清除出去了。我们对好生活提出的问题，就像任何类型的问题一样，必须在现象内部来询问和回答。

但是，在一个更强势的意义上，伦理学也是以人类为中心的。当我们问及运动、时间和位置时，我们是在这些东西的经验中开始和结束
291 的：我们只是说什么东西通过经验进入我们人类的话语中。但我们仍然可以合法地渴望对运动、时间和位置提出一个统一的说明，而这个说明乃是针对我们所生活和具有经验的整个宇宙而论的。《物理学》并没有对人类的时间提出一个说明，对甲壳类动物的时间再提出一个说明，而对天体的时间提出另外一个说明。[3]动物确实以不同的方式运动；但对宇宙中的运动也有一个一般的主导性说明，而且这个说明还具有严肃的内容。然而，对于“善”来说，事情就显得有些不同了。当然，亚里士多德原则上可以对宇宙中一切存在物的好生活提出一个统一的说明，用一种并非相对于物种的方式来排列不同存在物的生活。他很熟悉这种类型的计划，尤其是这种柏拉图式的尝试，即试图发现并表述一个并非相对于语境的“善”概念，并使这个概念成为单一科学或科学理解的主题。但是，他费了很多笔墨来批评这个计划，因为他发现这个计划对人来说很难实现：

既然那些我们看重的人已经引入了理念，这项研究就是一项

非常艰难的任务。但是，为了维护真理——既是作为一个一般原则又因为我们是哲学家——而甚至根除那些属于个人的东西似乎会更好，而且事实上是必要的。因为当这些人和真理都是我们的所爱时，把真理置于首要地位就是恰当的。(《尼各马可伦理学》，1096a12—17)

亚里士多德首先论证说，既然“善”应用于那些属于不同逻辑范畴的项，我们关于“善”的概念就达不到为了建立一门单一的科学而需要的那种统一性。[4]在每种情形下，“善”的出现都推荐了那样一个项；但我们没有理由认为它跨越了一切性质不同的项而把一个单一的共同本质挑选出来。这个论证既很有趣又很深刻。然而，在这里我们将不深究这个论证，因为我们最感兴趣的那些东西——人类**生活**和其他生物的**生活**——大概是逻辑上同质的；因此，即便这个论证应该得到接受，人类生活和其他生物的生活大概也可以产生一门柏拉图式的科学。于是，对我们来说最有趣的事情就是：亚里士多德有力地断言，**生活**的善是且必定是一件相对于物种而论的事情。在《尼各马可伦理学》中，在把实践价值与对自然的理论研究进行对比时，他写道：“善并非对所有的动物都是单一的，相反，对每种动物而言，善都是不同的。”(1141a31—32)因此，他的三部伦理著作都声称其研究题材就是**人类**的善，或者就是对人类来说好的生活。“在我们谈论‘善’的时候，我们不能谈论一般来说是善的东西，而要谈论对我们来说是善的东西。因此，我们也不要谈论对神来说是善的东西，那是另一种话语和另一项研究所要处理的问题。”(《大伦理学》，1182b3—5)《尼各马可伦理学》对好生活的讨论开始于说明人类特有的功能，实际上，当它试图寻求对我们来说**好的**功能时，它做出了这样的限制：我们所要寻求的是人类特有的那些功能的卓越表现。[5]但为什么应该是这样呢？

首先，亚里士多德反复强调说，他的伦理话语的目标不是理论性的而是实践性的。由此推出，既然好生活不是那些具有我们这种能力的
292 存在者实际上可以得到的，那么在一个伦理研究中谈论好生活就变得毫无意义。[6]一位有神性的存在者的生活或许更加值得赞赏；但是，既然对这样一种生活的研究超出了我们的能力，那么它就与伦理学的实践目的无关。[7]

此外，我们所选择的生活也必须是在一个不同的、更强的意义上对我们来说是可能的生活。它必须是这样一种生活：当我们进行慎思的时候，我们能够替自己将它选择为一个**对我们来说**是合适的生活；而且，这样一个生活为我们留下了足够余地，使我们在按照这样一种生活来生活时，能够成为我们所是的那种存在者。因此，这个生活至少必须是一位**人类**存在者能够过的生活，而不是那种剥夺了人类生活之独特性的生活。我们是通过考察人类特有的功能（包括它共享的和分离的要素）来开始思考伦理问题的，因为我们想要的那种生活必须包含那些使我们成为我们自己的东西。[8]例如，我们可能会试图认同一种不用头脑的快乐主义，"选择没有说话能力的游牧动物的生活"（《尼各马可伦理学》，1095b19—20），乍看起来，这样一种生活对我们来说是可能的。然而，如果我们逐渐认识到，在我们对人类特有功能的认识中，实践理性占据了中心的重要性，那么我们就会看到，缺乏这个要素的任何生活对我们来说都将成为一种不可接受的选择。（在第十二章中，我们将会看到这种考虑在有关政治和友谊的论证中所起的作用。）亚里士多德的"人类功能论证"一开始就做出了一个有用的类比，即与手艺的类比。这个类比的要点如下。为了理解"把鞋制作得好"或者"把七弦琴演奏得好"是什么意思，我们首先就得理解那些活动的功能是什么。从逻

辑上说，好鞋匠的功能不可能是演奏七弦琴：对于从事任何手艺的人来说，他的手艺如何，仍然是要由他所从事的那项活动的界限并按照其本质来确定。同样，从逻辑上说，对人类来说最好的生活不可能是蚂蚁所过的那种好生活。这种考虑把我们引向这个结论：对于任何存在者来说，追求好生活必须从说明那个存在者独有的生活和活动的本质要素开始，即说明这样的特点：若没有那些特点，我们就不愿意把一个生活看作是那个存在者特有的生活。如果各种生活的本质特点并非对所有物种都是同样的，就像亚里士多德明确认为的那样，那么对好生活的寻求就必须是一种相对于物种的寻求，而不是一种一般的寻求。我不可能为我自己选择那种对一只蚂蚁、一头狮子或者对一位神来说是好的生活。

与这个论证密切相关的是进一步的一个考虑。好的和有价值的东西可能并不与一切可以设想的生活方式和生活条件如此相关。某些真正的价值是否是好的，可以是一个相对于语境的问题，但并不因为相对于语境就显得不够好。正如我们在第五章中所看到的，柏拉图承诺了这一思想：**真正地**和内在地有价值的东西总是真正地和内在地有价值的，与任何特定的语境都没有关系；如果一种价值仅仅是相对于物种或者相对于语境的，那么柏拉图的这一思想就会认为它没有资格成为真正具有内在价值的东西。但是，正如我们在第十一章中所看到的，亚里士多德质疑了这个思想。在他攻击柏拉图式的善概念时，他评论说， 293
"善自身并不因其永恒就更善，正如长久的白并不比短暂的白更白。"（1096b3—4）同样，仅仅相对于某种生活方式的偶然条件才是善的东西，并不因为受到了这个"限制"就不是真正的善；有可能的是（参见第十一章第6节），并不存在这个意义上不是相对于语境的伦理价值。[9]
亚里士多德强调说，这个问题不可能提前得到解决，那么，为了发现解决这个问题的方案，我们就得更深入地理解人类生活共同具有的以及并非共同具有的特点。

2

一个以人类为中心的伦理学仍然可以是科学的。我们可以表明，那种柏拉图式的技艺对普遍性和可通约性的要求，至少在对价值的这样一种说明中是可以得到满足的：那种说明为我们这样的存在者寻求最好的和最有价值的生活。在《普罗泰戈拉篇》中，苏格拉底提出了这样的论证：可以按照一个单一的定量标准来衡量所有价值的那种技艺，仍然是拯救人类生活的一种方式。狄奥提玛声称，上升到对美的一种一般理解就是使生活成为“**适合于人**”的生活的唯一方式，而这种理解否认了定性的区分，支持一种定量的衡量，否认了个别东西的独特性，支持对一般东西的一种把握。我们可以看到，在这两种情形中，同一性**问题**实际上都是由狄奥提玛所倡导的那种进步提出来的；但有一点是并非自明的，即对这些问题的回答排除了这一可能性：那种柏拉图式的生活有可能是一种适合于我们的生活。亚里士多德拒斥了柏拉图科学的伦理方案的这两个突出特点。他论证说，构成一种好的人类生活的那些价值既是多元的又是不可通约的；在伦理判断中，对具体情境的知觉领先于一般的规则和论述。现在我们必须看看这些论证的本质，因为我们可以看到，为了回答柏拉图关于进步的提议，亚里士多德必须要做的事情——甚至按照他自己的方法——也并不仅仅是声称这就是我们目前做事情的方式。他还必须表明，一旦我们接受了柏拉图的那个提议，我们就必须放弃我们目前实践的一些重要且具有一定深度的方面，但这样做是不允许的。

在亚里士多德的时代，对于很多人来说，可通约性已经是一门学科有资格成为“真正的科学”的一个标志。[10]但亚里士多德很敏锐，他并不认同一种针对伦理学而言的度量技艺。[11]首先，他的伦理著作的一个核心关注就是攻击这一观点：快乐就是这个单一标准最为合理、最有魅力的候选者。亚里士多德对“快乐”提出了两个论述，在如何解释这两个论述上确实有很多困难。[12]不过，我们可以自信地说：这两个论述都一致地否认，快乐是由很多不同类型的活动，用一种性质上同质的方式产生出来的一种单一的东西。按照《尼各马可伦理学》第七卷中的论述，我的快乐就是我以某种方式所参与的活动——我的自然状态不受妨碍地被激活。[13]因此，各种快乐，就像不同类型的极好活动一样，是相互不同的和不可通约的。按照《尼各马可伦理学》第十卷中的论述，快乐是伴随着它所依附的活动而产生的，就像青春洋溢在年轻人的面颊上一样，它完成或者完善了自己。[14]快乐并非那种离开了它所依附的活 294
动也可以捕获且可以寻得的东西，正如洋溢着青春的面颊离开了它们所属的身体健康就不可能被真正地培养起来一样。

此外，快乐就像与之关联的活动一样，“在种类上是不同的。”（1173b28及以下）有些快乐值得选择，有些快乐不值得选择；有些快乐更好，有些快乐更糟糕。而且，有些东西只是对堕落的人才显得愉快，有些东西只是对好人才显得愉快（1173b20及以下）。因此，就像（中期的）柏拉图一样，在快乐的那种性质各异、相对于观察者的特点中，亚里士多德发现了很好的理由，可以不把一门伦理科学建立在作为一个单一目的的快乐基础上。

然而，快乐并不只是因为缺乏单一性而不能满足科学的要求，它也缺乏包容性（inclusiveness）。因为亚里士多德强调，“有很多我们热心追求的东西，即使那些东西并不带来任何快乐，例如观看、记忆、知道和具有美德。即使快乐必然会随着这些活动而来，也不会产生什么分别；因为即使这些活动不会带来快乐，我们也会选择它们。”（《尼各马可伦理学》，1174a4—8）快乐，即便作为一个必然结果稳固地与卓越的活动相联系，也不是我们采取行动来追求的目的。我们只是为了这些活动本身的缘故而选择它们；深思熟虑之后，我们就会明白即使那些活动与快乐的联系被打断了，我们仍然会选择那些活动。这不仅仅是一个虚拟的思想实验：因为在其他地方亚里士多德也坚持认为，一个好人有时候会为了行动得好或者为了帮助一位朋友而选择牺牲生活本身，因此就牺牲了一切目前的和未来的快乐的可能性（1117b10及以下，参见第十一章原书页码第336页）。[15]一般来说，好人选择行动得好，即使这个世界妨碍了那个活动的完成，阻碍了它所产生的快乐（参见第十一章原书页码第336页）。因此，那种普罗泰戈拉式的科学误解了我们对卓越活动的承诺的本质。亚里士多德提出了强有力的理由来支持维护我们目前的承诺。那些承诺保护了这样一种连续的可能性：做出个人牺牲，无私地有益于他人，坚定地和非工具性地追求每种价值。既然我们认为这些承诺就是我们相互间生活的一个有价值的部分，我们就不愿意通过选择这种拯救生命的技艺来排除我们之间的分歧和令人烦恼的冲突。

反对快乐主义的论证本身就是反对度量科学本身的有力论证，因为人们并没有严肃地提出那种量度标准的其他候选项。[16]但是，亚里士多德对这种技艺的反对具有很高的普遍性，这一点也是很明显的。在攻击那种柏拉图式的善时，他所提出的一个论证坚持认为，“荣誉、实践智慧和快乐的定义是分离的和不同的各种善”（1096b23—24）。人们假设这个事实产生了这一结论：这些东西并不具有一个单一的、共同的善概念。在《政治学》中，他明确抛弃了所有这样的观点，它们使得所有的善都变得可通约。在这个重要的段落中，他一直在描述一个与政治主张的基础有关的理论，按照这个理论，人与人之间的一切差异和任何差异都与政治分配有关。如果A在几乎所有的方面都与B相同，唯独在高度上胜过B，那么A事实上就有资格拥有比B更多的政治权益；如果A在身高上胜过B，而B在演奏长笛上胜过A，那么我们就必须判断 295
哪一个胜得更多，等等。亚里士多德对这种方案提出的第一个异议是具体的：那种方案把很多实际上与好的政治活动毫无关系的特点都看作是相关的。但他的第二个异议就很普遍：那种方案是有缺陷的，因为它涉及把一切善都处理为互相可通约的——身高和音乐素养被拿来与财富和自由做比较。“但是，既然这种比较是不可能的，因此我们显然就有理由认为，在政治生活中，不能把人们的主张建立在任何不平等的基础上。”（1283a9—11）

在这一点上，那些倡导政治技艺的人可能反对说，亚里士多德只是在描述现状。但是，即使一个拟定的技艺并不总是服从当前的实践，也不能构成对那个技艺有力的反驳。如果现在可以把自由拿来与身高做比较和换算，把音乐素养拿来与财富做比较和换算，那么这门科学本身就可以向我们表明我们明天如何做。[17]那么，亚里士多德的论证向我们提供了什么理由，使我们相信没有任何技艺能够让我们以一种可接受的方式超越现状呢？

在这里，我们必须回到亚里士多德对定义的差别的评论，通过考虑他对人类生活不同的内在目的的实际论述来解释这个差别。他的伦理著作展示了这样一个最好的人类生活的概念：最好的人类生活包含了一些不同的构成要素，其中每个要素都是不依赖于各个其他要素来定义的，而且是因其自身的缘故而被看重。[18]事实上，在他对品格卓越的论述中，其中的一部分就是这样一个规定：在每个情形中，合乎美德的行动都应该是为其自身的缘故而被选择，而不仅仅是为了得到某个进一步的奖励或结果而被选择的（1105a32）。每种卓越都被分离地定义为自身就具有价值的东西。而且，亚里士多德明确地断言，生活中有许多东西是我们为其自身的缘故而选择的："我们将选择其中每一个，即使它们不会带来什么结果。"（1097b3—4，参见1096b16—19）但是，因为每一个这样的东西的本质而看重它，对它提出一个独立的说明，似乎就意味着承认它与其他每个东西都是分离的和不同的。对于勇气、公正、友谊、慷慨以及许多其他的价值究竟是什么，《尼各马可伦理学》的读者会得到一个很好的理解；他会理解那些东西在我们的信念和实践中如何相互不同、不可交换。于是他就可以看到，使得这些价值成为可通约的，实际上就是完全废除它们目前的地位，创造出一个与其中任何一个价值都不等同的新价值。于是问题就变成，他所创造出来的那个只包含了一个价值的世界，是否能够具有目前世界的那种丰富性和包容性？如果一个世界把财富、勇气、高低、出生、公正都纳入一个同样的尺度，并按照一个单一事物的功能来权衡它们的本质，那么这个世界就不具有我们现在所理解的那些东西，而是一个显得很贫乏的世界，因为我们对那些东西的价值是分别对待的，并不想用一个单一的标准来评估它们。

这个解释仍然面临一个显著问题：亚里士多德明确地认为，慎思和
296 选择不是针对目的，而是针对达到目的的**手段**。[19]如果确实是这样，那么就会有人争辩说，选择本身所关涉的那些东西，包括那些即将构成一种好的人类生活的主要价值，终究得被看作是实现某个东西（比如说幸福或满足）的手段，而且那些手段还可以相互比较，而那个东西就超越了那些主要价值；这个目的就是那些价值在不同程度上产生出来的单一的、分离的项。[20]这似乎又把我们带回到可通约性的观念：因为在产

生目的E的那些手段中，理性行动者会选择那些更多地产生E的手段，而当我们问及哪些手段能够**更多地**产生E时，我们就需要进行衡量。

幸运的是，我们在这里所面临的并不是一个不可克服的问题。因为亚里士多德的文本，正如一些批评者到目前为止已经指出的那样，并没有说我们只对实现目的的手段进行慎思。[21]亚里士多德实际上写道，“我们不是慎思目的，而是慎思**指向**目的的东西”或者“**有关于**目的的东西”。这种比较随意的说法并没有暗示我们说，只有工具性的手段才需要考虑。实际上，这个说法足够广泛地容纳了对“什么东西**算作**目的”的慎思，和对“什么东西是目的的构成要素”的慎思，而亚里士多德在其他地方显然认识到了这种慎思。[22]亚里士多德的观点仅仅是：对于任何给定的慎思来说，必定存在着一个**作为其对象**的东西，而在那个特定的慎思中，那个东西本身不是我们所要询问的。但是，在那个特定的慎思中，我既可以追问达到那个目的的手段，又可以追问对那个目的的进一步**阐释**。[23]即使我们必须对目的做进一步阐释，但这个要求显然无须涉及可通约性的概念。例如，从爱和友谊这个受到重视的目的入手，我可以继续谋求进一步阐明爱和友谊**究竟**是什么，我也需要列举出不同类型的爱，无须以任何方式暗示：我认为这些不同的关系都可以按照一个单一的定量尺度来度量——要么相互间进行度量，要么按照其他的主要价值进行度量。假设对于正义和爱，我竟然会问它们是否都是“生活得好”*的构成要素，那么我就不是想要我的问题具有这样的

---

* 在亚里士多德那里，“eudaimonia”这个古希腊词语指的是对人来说最好的那种生活；纳斯鲍姆在本书中通篇都没有把这个词翻译出来，她认为在英语中把这个词翻译为“happiness”是不合适的，因为在英文中后者通常是指欲望或者偏好的满足。不过，在中文中，“幸福”这个说法确实具有亚里士多德使用这个术语想要表达的含义，因此以下我们将把这个词翻译为“幸福”，有时候翻译为“生活得好”。——译者注

含义：我们必须使它们受制于一个单一的标准，把它们看作是产生某个进一步的价值的手段。某个东西是否算作幸福的一个部分，这个问题意味着，某个东西是否是最好的人类生活的一个有价值的成分。既然人们一致认为，最好的生活必须包含每一个因其自身缘故而真正具有价值的东西，即没有那个东西，生活就变得不完备和缺乏价值，[24]那么上述问题就等价于这一问题：是否那个东西具有内在的价值，因其自身的缘故而值得选择。但是，亚里士多德已经指出，因为一个东西自身的缘故（因为它的本质）而选择那个东西，不仅并不要求我们把它看作是与其他有价值的东西在量上可通约的，而且实际上不符合这种做法。如果我们以那种方式来看待那个东西，那么我们就没有恰当地尊重**它的**本质的独特性。[25]因此，亚里士多德对“目的”的看法似乎就是这样一种东西：它把我们在《安提戈涅》中以及更一般地在古希腊的多神论中所发现的那种关于多样性和丰富性的见解，以一种明确的方式在理论上表达出来。在这里我们再次看到，亚里士多德“拯救”了他所属的文
297 化的现象。

3

亚里士多德对“可通约性”这个科学目的的攻击，乃是立足于他对如下问题的看法：如何对每个价值提出一个说明或定义。我们可以期望，就像所有亚里士多德式的定义那样，这种说明在形式上将是普遍的，将不提到特殊的事例（除非这些事例示范了一个普遍的概念或规则）。这种做法使我们很想知道，亚里士多德否认这个科学计划的一个部分，是否只是为了强调和确认它的另一个同样重要的部分，即对普遍性的要求？我们需要回忆一下什么东西激发了这个要求，它的实现又

如何影响我们与运气的关系。

这位科学家看到，在日常的慎思活动中，对于那些出现在我们面前，要求我们充分地做出决定的事例的复杂特殊性，我们感到很迷惑和苦恼。每种新的状况都可以在某些方面对我们产生冲击，而那些方面与任何其他的方面又都不相同。这种看待事物的方式至少导致了两个不幸的后果。首先，我们对实践领域缺乏全面的**理解**：我们不可能为我们自己而组织那个领域，以一种清楚明晰的方式来说明它的突出特点，把我们领入一个新的状况，其中我们准备去发现的那些特点其实已经为我们所把握。[26]我们在认知上受到了每个新事件的支配，而每个新事件对我们来说又都像是一个秘密。这种状况严重地限制了我们去规划一种好生活和实施这些计划的尝试。如果我们认为这个实践世界对我们来说**确实**有意义，并且是我们可以理解的，那也是因为我们发现它示范了某些可重复的，因此是普遍的特点：我们认为“在这种情形下需要勇气”，“这是一种不正义”，我们通过挑选出我们以前所看到和把握的东西，来彻底消灭在新事件中出现的不确定性。我们是通过逐渐理解这些东西而在认知上引导我们自己的；同时，我们是通过利用这些可重复的东西为我们自己提供某些准则或规则的，通过塑造我们服从那些准则或规则的欲望而在道德上自我引导。这位（柏拉图式的）科学家想要提出这一建议：我们要尽自己的力量推动这个普遍性要求，力图得到一个实践规则体系，这个体系将使我们能够正视新境况的要求，我们也要努力按照那个体系来看待新的境况，把它看作是一种只属于那个体系之权威的情形。这样，我们就不会感到惊奇了。

伦理特殊性的第二个不幸的后果是它很容易丧失掉。有些人认为，有价值的东西在数量上类似于很多其他有价值的东西，而且可以被后者所取代。我们已经反复看到这个思想如何有助于我们避免这种脆弱性。我们先是把自己所爱的一个人（一种制度、一个追求）视为唯一有价值的东西，然后把他（它）看作是某个一般价值的参与者，这种转变，正如狄奥提玛所说，自身就具有这样一种效果：使我们能够缓解和放松我们在规划一种生活时所感觉到的张力。如果这个世界对你所爱的某个事物做了一些事情，那么它就准备用其他具有类似价值的东西来补偿你。柏拉图的科学计划认为，出于这个理由，我们也应该推动和扩展对一般价值的要求。

亚里士多德对各种具体的伦理美德提出了一般的定义。他也利用
298 一个logos（“理性”或“逻各斯”）的概念来定义一般而论的美德：“美德是一种关系到选择的品格状态，在于一种由逻各斯来决定的，相对于我们而论的中道，也就是说，按照一个具有实践智慧的人决定它的那种方式来决定的中道。”（《尼各马可伦理学》，1106b36—1107a2）于是，其选择成为我们选择之典范的那个人，就被描绘为使用了一个规则或者一个说明；在其他地方，亚里士多德也谈到了orthos logos（“正确理性”）在实践智慧中的作用。[27]另一方面，他坚持认为实践智慧不是科学理解，也就是说，不是关系到共相的一种演绎式科学理解。[28]为了捍卫这个判断，他指出，实践智慧乃是关系到基本的个别事物（ta kath' hekasta），那些东西并不属于科学理解的领域，相反是用经验中得到的见识来把握的（1142a11及以下）。[29]因此，虽然有一些表面上的理由认为他同情这项科学计划的这一部分，但他的同情是有限制的，这一点也是很清楚的。因此我们就需要问：那种亚里士多德式的一般规则或理由是什么、不是什么，具有实践智慧的人是如何使用那些规则或理由的？

为了回答这两个问题，我们首先需要注意规则在伦理慎思和伦理

辩护中可能具有的两个不同职能。*一个可能性是[30]规则和普遍原则就是凭经验得到的指南：对具体决定的总结，这样的总结出于经济目的是有用的，而且有助于把具体情形的突出特点鉴定出来。如果我们决定遵循这种原则来工作，那么我们就是承认了在过去的具体情形中，这种选择已经被那些具有实践智慧因而为我们所敬畏的人判断为合适的。这种选择之所以是合适的，大概不仅仅是因为它们符合常规，而且也因为它们的内在特征，或者是因为它们所带来的其他好处。原则是对好的判断明确的描述性总结，它们之所以有效，只是因为它们正确地描述了这样的判断。它们是规范的，只是因为它们以一种经济的形式把聪明人好的具体决定所具有的那种规范力量传递出来，只是因为我们出于各种各样的理由希望接受那个人的选择的引导。我们可以注意到，按照这个概念，原则的那种简单性或实惠性将会具有双重属性：一方面，它可以帮助原则履行某些教育职能和引导职能，另一方面，既然原则就是对大量复杂选择的总结，它也有可能变得不太正确。

另一个可能性是普遍规则本身就是用来评价具体决定是否正确的终极权威。那位怀有抱负的柏拉图式哲学家审视特殊的东西，以便看到它所例示出来的普遍特点，并且只是在它能够被划入普遍形式时，才把它看作是伦理上相关的。与此类似，那位怀有抱负并具有实践智慧 299
的人，会努力把新的事例带到一个规则之下，只是在它的具体特点例示了普遍的东西时，才认为那些特点是伦理上突出的特点。异质的东西

* 我添加"辩护"，因为具有实践智慧的人也许相信，一个规则或规则体系在辩护具体的选择时是有权威的，但不相信在每个慎思的情形中我们都必须明确地运用那个规则或者规则体系。这两个规则概念都承认一些选择是按照习惯或惯例而做出的，并不需要进行有意识的慎思。因此，重要的问题是：在把这个选择作为正确的选择来加以辩护时，这个具有智慧的人会使用什么样的标准？亚里士多德显然相信，好人一下子就能做出决定，而不需要明确地进行一系列的思考；不过，对其行动的正确说明却可以参考尚未被明确地"说出来"的原则（尤其参见《论动物的运动》，第七章）。

不可能是相关的。[31]而且,普遍原则是规范性的,仅仅是因为它自身的缘故(或者因为它与某些更高原则的关系),而不是因为它与具体判断的关系。

第二种规则概念展示了一门科学或者一种实践推理技艺的可能性,但第一种规则概念并不具有这个特点,或者不是在同样的程度上具有这个特点。[32]第一种规则概念承认特定事例的偶然特点对原则具有根本的权威,因而也使我们在一个重要的意义上受到运气的支配。一个新的、未曾预料的甚至是异质的特点就可以致使我们修改规则。因为规则,倘若要正确,就必须正确地描述具体事例。于是就出现了一种出人意表的空间,一种认知的不安全感和人类脆弱感的空间,而这两种东西却是那个柏拉图式的科学概念所力图避免的。我们所爱的某个人具有某些特殊的突出性质,只有当那些性质没有被这个原则预料到时,甚至只有当它们因为自己的本质而不可能用任何一般的表述来捕获时,它们才能具有伦理价值。因此我们必须时刻警惕世界上出现在我们面前的东西:我们不可能在这个思想——我们将要看到的和将要响应的东西就是我们以前见识过的东西——中高枕无忧。我们也得为丧失做好准备,因为有价值的东西并不一定因为在一个普遍的原则(在其他地方继续要例示出来的原则)中示范出来,就一直与我们同在。

因此,亚里士多德对规则的谈论,以及他致力于一般地定义各种美德的承诺,并不一定不符合他的这一主张:伦理推理不是而且也不可能是一种科学理解或者一种技艺。因为他对规则的意义、本质和权威的看法有可能是第一种非技艺性的看法。我们现在可以提出一些文本证据来表明这其实就是他的观点。

首先,在论述伦理选择正确性的终极标准时,亚里士多德提到了两件事情,二者都有力地支持这个非科学的图景。他说,伦理卓越的标准乃是通过参考具有实践智慧的人的决策来决定的：在每个具体情形中，合适的东西就是这样一位仲裁者将会选择的东西。他说，伦理问题上的这种“判断”或“决定”就在于他称为“感知”（aisthēsis）的那种东西，而且实际上就“存在于”那种东西之中。在这里，所谓“感知”，他指的是一种关系到把握特殊事物而非普遍事物的辨别能力。[33]这个主张的语境表明，在把普遍原则作为伦理正确性的仲裁者这个问题上，他想要表达一些重要的保留意见：

> 与正确的东西稍微发生偏离的人不应该受到责备，不管他是在过度的方向上，还是在不足的方向上；但是偏离过多的人就要受到责备：因为这一点是明显的。然而，至于一个人偏离得多远、多严重时就应该受到责备，就不容易用一个原则来决定了（tōi logōi aphorisai），[34]因为没有什么可以知觉得到的东西是可以这样来决定的。因为这种类型的东西属于特殊事物，而对特殊事物的辨别[35]就在于感知。（1109b18—23）

因此，原则不能把握特殊事物的精微细节，而特殊事物就是伦理选 300
择的题材。只有当我们面对境况本身，通过利用适合于把它作为一个复杂整体来面对的官能时，我们才有可能把握特殊事物的精微细节。普遍规则在这里受到批评，因为它们既缺乏具体性又缺乏灵活性。“知觉”能够回应细微的差别，以一种预先确立起来的原则很难处理手头问题的方式，来对那个问题做出恰当的判断。

亚里士多德反复地表述这两个批评，以便表明普遍陈述在伦理价值问题上落后于具体描述，普遍规则落后于特殊判断。在邻近的段落中，他写道：“在关于行为的陈述（logoi）中，那些普遍（katholou）陈述更为一般，而那些特殊陈述却更为真实，因为行动关系到'个别事物'，关于行为的陈述必须与后者相和谐。"(1107a29—32)规则只有在正确的时候才具有权威；但是，只有当它们在特殊事物上没有出错时，它们才是正确的。如果一个简单的普遍陈述想要覆盖许多不同的特殊情形，那么它就不可能很具体。[36]因此，在亚里士多德对正义的讨论中，他强调说，行动者的明智判断必须既是正确的，同时又补充了对法律的普遍表述：

> 所有法律都是普遍的；但在某些事情上，一个普遍陈述不可能都是正确的。因此，在那些有必要普遍地谈论，但又不可能正确地谈论的问题上，法律就要考虑通常的状况，尽管仍然没有忽视出错的可能性……这样，当普遍地谈论法律的时候，有些没有包含在普遍性中的东西就会出现。因此，既然立法者在简单制定法律的时候已经有缺陷或者出了错，那么纠正他的过失，说出他在知道自己过失的情况下会说出来的话，提出在那种情况下他会制定出来的法律，就是一种正确的做法。(《尼各马可伦理学》，1137b13及以下)

在这里，法律被看作是明智决策的总结。因此，用当场做出的新的明智决策来补充法律就是合适的；而在法律并没有正确地总结一位好法官的所作所为的情况下，对它进行纠正也是合适的。好的判断既非常具体，又有很强的回应性或灵活性。

灵活性要求在我们理解亚里士多德非科学的选择概念上显得极为重要，而这个要求是用一个生动的隐喻来描述的。[37]亚里士多德告诉我们，假若一个人试图诉诸某个以前就提出的，并且在一切场合都僵硬不变的一般原则来做出每一个决策，那么这个人就像这样一个建筑师：他试图用直尺来测量一个有凹槽圆柱的错综复杂的曲线。相反，好的建筑师，就像莱斯沃斯岛的建筑者一样，会使用一把灵活的金属尺来进行测量，而这把金属尺"要依照一块石头的形状来测量它，而不是固定不变的"（1137b30—32）。好的慎思，就像这把金属尺一样，使自己适应于它所发现的东西，既尊重复杂性，又对复杂性进行回应。好的慎思并不假设规则的形式**制约**了现象，而是允许现象制约自己，并规定了规则的正确性。

有人可能会提出这种异议，即亚里士多德在这里只是提到了实际 301
的规则系统的缺陷，而根本就没有反驳这个思想——如果规则足够精确或复杂，以一种微调的方式把握了人们经验到的很多不同类型的状况的复杂性，那么一种伦理技艺就可以出现。但这个异议其实并没有抓住亚里士多德批判普遍性的全部力量。他在其他地方提到了"实践问题"的三个特点，这些特点表明，为什么实践选择甚至原则上也不可能在一个普遍规则体系中得到恰当而完整的把握。这三个特点是易变性、不确定性和特殊性。亚里士多德自己并没有清楚地把这三个特点区分开来，所以我们必须引入提到这些特点的段落，然后对它们加以区分。

在《尼各马可伦理学》第五卷的同一段话中，亚里士多德告诉我们，实践问题从本质上来说是不确定的（aorista），而不仅仅是到目前为止尚未充分地得到规定（1137b29）。他告诉我们，对伦理问题的一般论述是不精确的，但不是因为人们对这些问题尚未做出一个很好的一般论述，而是因为这些问题本质上就是不精确的："错误并不在于法律或立法者，而是在于这件事情的本质，因为实践的事情从一开始就是这个样子。"（1137b17—19）在第二卷中，在讨论伦理学中的普遍定义和论述，并准备为伦理美德提出自己的定义时，他写道：

> 从一开始我们就得同意，关于实践问题的一切论述（logos）都应该只是粗略地、不精确地提出来的，就像我们一开始所说的那样，我们应该以一种适合手头问题的方式来要求陈述。实践问题与便利问题，就像健康问题一样，绝对不是固定不变的。如果普遍的定义就是这个样子，那么关于特殊东西的定义就更缺乏精确性。因为这些问题并不属于任何技艺，也不属于任何准则，相反，在每件这样的事情上，行动者必须自己寻求符合具体状况的东西，就如在医疗和航海问题上一样。（1103b34—1104a10）

在这里，亚里士多德论证说，我们**应该**把普遍论述视为只是一种概述，而不是精确的定论。（虽然有些译者把我翻译为“应该”的那个词opheilei更弱化地翻译为“不得不”或者“必须”，但毫无疑问的是，opheilei这个词所要传达的力量是一种义务的力量。）并非伦理学尚未获得自然科学所具有的那种精确性，相反，它甚至不应该**去尝试**获得这种精确性。在应用于具体的情形（这就是行动的题材）时，一般的科学论述和定义必然具有这个特点：它们显得很可怜，缺乏好的实践所要求的那种符合具体状况的特征。

在这个简短的段落中，亚里士多德暗示了实践问题缺乏精确性的三个不同理由。首先，实践领域中的问题具有**易变性**或者说缺乏固定性。一个提前建立起来的规则体系只能包含以前已被认识到的东西，正如医学论著只能提出已被认识到的疾病模式一样。但变化多端的世界使行动者面对不断出现的新结构，他们以前不曾看到的东西令他们感到惊奇。甚至自然正义对人类来说也是“易变的”（即它的历史根源），它只是得到了人类社会实践不断发展的世界的支持，却得不到任何其他更为持久的东西的支持（《尼各马可伦理学》，1134b18—33）。而且，正如亚里士多德正确指出的那样，如果这一点对于一个一般的正义概念来说是正确的，那么对于具体的、受到情景限制的正义要求，它就更为正确，因为这种要求的形态很可能会随着经济和社会状况的变化而发生变化。如果一位医生在对病症进行新的分类时必须回到希波克拉底的文本，那么他就只能提出一种很不恰当的治疗方案；如果一位领航员在一场没有预计方向或强度的暴风雨中只靠规则来掌舵，那么他就难以胜任他的任务。即便如此，具有实践智慧的人必须准备用敏感性和想象力来面对新的状况，培养那种将会允许他"随机应变"的灵活性和理解力（这是修昔底德很恰当地描述的雅典人的共同理想，参见第六章第4节）。[38]在几个重要的文本中，亚里士多德说，瞄准（stochazesthai）正确东西的那项事业涉及实践智慧。[39]stochazesthai这个词，其原来的意思是"瞄准一个目标"，逐渐被用来表示对理性的一种即席发挥的猜测性使用。对亚里士多德来说，"在一般的意义上善于慎思的人是这样一种人——他能够按照理性去瞄准人能够通过行动来获得的最大善"（1141b13—14）；他把这个规范与这样一个提醒联系起来：实践智慧所关注的是特殊的东西，而不是普遍的东西（1141b14—16）。* 302

亚里士多德也谈到实践问题的不定性或者不确定性，尽管只是在《尼各马可伦理学》第五卷的这段话中他才明确地提到这一点；不过，在刚才提到的这两段话中，他都认为，鉴于"实践问题"的本质，一种实践技艺是不可能的；在《尼各马可伦理学》第五卷中，他告诉我们，正

---

* 在这里我们需要注意，通过指出伦理学与随机应变的艺术（在广泛的意义上，这种艺术也被称为技艺，因为在某种程度上它是一般的和可教授的）的相似性，亚里士多德否认伦理学在柏拉图的意义上或者在《后分析篇》的意义上是"科学理解"。按照希腊化时期对"技艺"的划分，"精确的技艺"是一类独立的东西，与其他技艺形成对比。

是因为“不确定性”就是实践问题的特征，因此就不可能有一种实践技艺。我们很难知道这个主张究竟是什么意思，但看来它与实践情景的多样性和恰当选择的情景相对性有些关系。在其他地方给出的一个例子很有启示。亚里士多德说，我们无法对“讲好笑话”提出一个定义（horismos）：如何讲好笑话是不确定的或者不可定义的，因为如何讲好笑话取决于如何取悦那位特定的听者，而“不同的东西对不同的人来说可能使人反感，可能令人快乐”（1128a25及以下）。从这种情形进行外推，卓越的选择就无法在普遍规则中得到把握，因为卓越的选择就是这样一个选择：在把一个具体状况的所有相关特点都加以考虑后，这个选择符合那个状况的复杂要求。一条规则，就像一部幽默指南，既做了太少的事情又做了太多的事情：做了太少的事情，是因为实际上有价值的大多数东西都处于对具体情景的回应中，而规则却忽略了这些东西；做了太多的事情，是因为规则意味着它本身就规定了回应（正如一部笑话指南会要求你让你的才智适应于它所包含的公式），因此就过分侵犯了好的实践的灵活性。建筑师所使用的那种灵活的金属条被称为不确定的标尺，大概就是因为，不像这些准则，它随着它要测量东西的形状而
303 改变自己的形状。所以，在谈论实践问题的**易变性**时，亚里士多德是在强调随时间而变化以及出人意表的重要性，而在谈论不确定性时，他是在强调复杂性和情景的多样性。这两个特点都要求回应性和柔顺的灵活性，要求正确的语调和真实的感受，而这些东西不是任何一般的描述所能够恰当把握的。

最终，亚里士多德建议说，具体的伦理案例可以包含某些根本上特殊的、不可重复的要素。他说这种案例并不属于任何技艺或准则，这句话的含义是：它们就其本质而论不是可重复的，或者不是简单可重复的。具体的伦理案例是不可重复的，部分原因在于前面提到的那种复

杂性和多样性。尽管这些性质，单一地看，都可以在一系列无限的组合中重复出现，但它们的出现却使得那个复杂的整体状况成为一个不可重复的特殊事件。但是，在谈到正确的选择时，亚里士多德也考虑到这种状况不可重复的特殊要素的伦理关联。就饮食而论，对米洛这位摔跤选手来说适度的东西，不同于对亚里士多德来说适度的东西，因为在决定什么东西对米洛来说才是合适的这个问题时，他的具体身高（这一点对他来说大概是独特的）、重量、需要和职业都是相关的。类似地，作为称职的朋友会关心其朋友的特殊需要和关注，为其朋友自身的缘故，而不是为了某个一般的善而使之得到好处。正如我们将看到的（第十二章），这个“为其自身的缘故”很大程度上就在于可重复的品格特征；但是，在爱和友谊中，共同的历史和家庭关系的特点可以对伦理决定产生有意义的影响，而那些特点甚至原则上也是不可重复的。“实践智慧不只是关系到普遍的东西；它也必须认识到特殊的东西，因为它是实践性的，而实践则关系到特殊的东西。”（1141b4—16）

倘若我们按照第二个概念把规则看作是规范性的，那么规则就其本质而论就无法满足实践选择的挑战。然而，如果我们按照第一个概念来看待规则，那么它们还是有一个独特的用处，尽管这个用处很有限。[40]它们是道德发展中的指导方针，因为尚不具备实践智慧和见识的人需要遵循那些总结了其他人明智判断的规则。甚至对于具有美德的成年人来说，规则也具有一项职能。在我们对特殊东西的探究中，规则尝试性地引导我们，帮助我们挑选出特殊事物的突出特点（参见下文）。在没有**时间**通过审视境况的所有特点来表述一个足够具体的决策时，遵循好的总结性规则要好于做出仓促的、不恰当的具体决策。而且，在偏见和激情有可能会歪曲判断的情形中，规则给出了恒常性和稳定性。（这是亚里士多德偏爱法律规则胜于政令规则的主要论证。）规则之所以是必需的，是因为我们并不总是一个好的仲裁者；要是我们就像我们应该做的那样在伦理上切实地发挥作用，我们就不再对规则有同样的需要了。

最后，正如亚里士多德在《政治学》第二卷中强调的，一个以人为中心的伦理学，与一个柏拉图式的伦理概念相比，在某种意义上一方面需要更多地依靠它的常备规则，另一方面又不需要过分坚定地依靠那些规则。因为，要是没有对伦理判断加以支持的神法或者那种立足于永恒形式的科学理解，或者正如他所说的那样，要是人类正义就是只存在于人类世界中并具有历史根基的事情，因此“法律没法使人们
304 服从，而只有习惯才能使人们顺从”（1268b28及以下），那么法律上的频繁变化就容易滋生一种没有道德根基的状况。这不是一个相对主义的主张，因为亚里士多德能够以符合这一点的方式相信，就像他显然相信的那样，存在着一种单一的最好的人类生活方式。他只是想警告我们，在试图提出更好的法律时，在任何一点上，我们都不要用某种比人类更为坚定、更为权威的东西，用某种具有一种超人的“征服力量”的东西，来取代仅仅属于人类的东西。倘若如此，那么，一旦我们认识到人类只关注在稳定性或者缓慢变化的条件下所能取得的最好的人类权威，我们就不应该迅速改变我们的规则，甚至不应该迅速改进它们。

因此，实践智慧只是把规则作为总结和指南来加以使用的；实践智慧本身必须是灵活的，为惊奇做好准备，准备发现，准备足智多谋的即席发挥。即便如此，亚里士多德还是强调，实践智慧有一个关键的先决条件，那就是对生活的漫长体验，因为只有这种体验才能产生理解和把握具体境况突出特点和实践含义的能力。他再次提醒我们，

这种洞察力全然不同于一种演绎式的科学知识，反倒更类似于感性知觉：[41]

> 实践智慧显然不是演绎式的“科学理解”。因为正如我们说过的那样，实践智慧针对的是根本的和特殊的东西——因为行动就是这样的东西。实践智慧是某种类似于理论洞察力（nous）的东西：因为nous就是针对基本的简单原则，而这些原则是没有外在辩护的；[42]实践智慧是针对基本的和特殊的东西，而对这些东西来说，没有科学的理解，只有一种知觉——在这里我指的不是对每种感官固有对象的知觉，而是我们用来把握“某一图形是以某种方式由一些三角形构成的”这类事情的那种知觉。（1142a23）

实践洞察力是非推理性和非演绎性的，在这个意义上，它就类似于感知；根本上说，它就是识别、承认、回应和挑选出一个复杂境况的某些突出特点的能力。理论“洞察力”只是从对第一原则的长期经验，以及对这些原则在话语和说明中所起的根本作用的感觉中产生出来，而这种感觉是在经验中以及通过经验逐渐获得的，与此类似，只有通过长期的生活和选择过程，我们才能获得实践智慧（亚里士多德也把它称为nous），而这个过程就发展了行动者的足智多谋和回应性：

> ……年轻人能够成为数学家和几何学家，在这些学科上变得很聪明；但是他们似乎成不了具有实践智慧的人。理由在于实践智慧乃是针对具体的东西，而只有通过经验才能把握这些东西。但年轻人并不具有这样的经验，因为经验总是日积月累的。（1142a12—16）

还有：

> 我们把辨别、判断、实践智慧和理智赋予同一些人，说他们具有辨别能力，因此具有理解力，说他们是实践上聪明的，因此具有判断力。因为所有这些能力都关系到具体的和根本的东西……而
> 305 所有实践问题都关系到具体的和基本的东西。因为具有实践智慧的人必须认识到这些东西，而理解力和判断力也关系到实践问题，即关系到基本的东西。直观的“洞察力”在两个方向上关系到基本的东西。……（从这种能力当中产生了一种平行的发展——把握第一原则与把握基本的具体事物。）……因此，对有经验的老年人的见解和意见，或者说对具有实践智慧的人的见解和意见，即使未经过证明，也应该像得到证明的东西那样受到关注，因为经验已给予他们正确关注的视界。（1143a25—b14）[43]

如果实践智慧必须认识到的东西就是异质的和新奇的东西，那么经验做出了什么贡献呢？在这里我们必须强调，亚里士多德式的实践智慧并不是那种把一切指引从正在进行的承诺和价值中全盘排斥的无根的境况知觉。[44]具有实践智慧的人是一个具有良好品格的人，这个人通过早期的训练，已经内化了某些伦理价值和某种好生活的观念，并且多多少少达到了对那些东西的和谐追求。他会关心友谊、正义、勇敢、适度和慷慨；他的欲望是依照这些关注而形成的；他会从那个经过内化的价值概念中引出许多发展中的行动指南，即在一个具体的境况中寻求什么的指引。如果没有这样的指南，没有那种被约束为一种品格的感觉，如果“灵魂之眼”把每个状况都看作是全新的、不可重复的，那么实践智慧的知觉看起来就显得任意和空洞。亚里士多德强调，一个

人的品格和价值承诺就是那个人的本质所在；[45]为了保持个人的连续性，一个人至少得在这些承诺的一般本质上保持高度的连续性。这种连续性的基础是在行动者的欲望系统中经过内化再体现出来的，并最终说明了那个人在新的境况中能够看到什么和将要看到什么，例如，表现勇敢的机会、展现慷慨的机会、维护正义的机会。我们已经强调，一般的背景并不**约束**真正的实践智慧。那个经过内化的价值概念甚至在最高的层次上也不是免于修订的；修订可以来自新的经验中体现出来的知觉。我们也曾经强调，这个一般的概念并非把一切具有相关性的东西都包含在内，因为有些相关的特点是不可重复的。而且，我们现在可以说，若没有普遍事物的那种引导性和选择性的力量，具体的情形就会变得毫无道理、不可理喻。（对于某些特定的人来说，倘若我们并不爱他们的生活所例示出来的那些可重复的承诺和价值，我们也就说不上以一种亚里士多德式的方式来爱他们。）若没有对一个一般概念的核心承诺，具体的判断也不会具有好品格所要求的那种根基和关注，尽管那个概念是一个不断进化、准备出人意表而非僵硬不变的概念。其实，在具体的东西和普遍的东西之间有一种双向的阐释关系。即使我们已经描述具体的东西有某种优先性，但二者在承诺中形成搭档关系，共同享有我们对好的仲裁者所具备的灵活性和回应性所表现出来的那种敬意。 306

4

构造一门关于实践选择的技艺这项计划，已经把下面这件事情包含为它的一项核心抱负：排除或者至少降低激情那令人烦恼的力量。使我们的生活免于受到运气的摆布，就是要使它们免受不可控制的危险的内在根源的攻击。可通约性和普遍性都对追求这个抱负做出了贡献：因为使欲望的对象变得可通约，就是要消除我们对它们强烈情感的根源；把它们视为一个普遍事物而非不可取代的特殊事物，就是要改造爱、恨、悲伤这样的情感，以便削减它们的破坏性力量。因此，亚里士多德对这两个规范的攻击，就间接地重新打开了一个空间——使情感把它们的作用发挥出来、把它们的力量表现出来的那个空间。不过，亚里士多德对激情的兴趣比这种温和的包容要来得更深沉。他并不把情感看作好推理的障碍，反倒使得恰当的消极性和情感的回应性成为好的慎思的一个重要且必要的部分。既然他的论证大致平行于《斐德罗篇》中苏格拉底提出的论证，我们就可以按照我们在第七章中讨论后者对话的那种秩序来讨论这些论证，这将是大有裨益的。

首先，正如我们已经看到且将在第十二章中进一步看到的，欲望和激情在人的美德中扮演了一个基本的动机角色——二者都激发儿童去接触美德，并在成年人那里继续激发他们按照美德去行动。亚里士多德同意《斐德罗篇》中的这一观点：一个压抑或者忽视这些要素的合理性模型会使提供养分的灵魂变得极度匮乏，而后者是人们过得好的必要条件。[46]进一步，正如我们在第九章中看到的，亚里士多德投入了很大的注意力来发展对欲望和情感的论述，按照这个论述，欲望和情感是选择性的，能够对训练进行回应，因此能够在道德动机中起着一个建设性的作用——把一个人推向与他不断进化的合适性概念保持一致的更为合适的对象。[47]不仅没有欲望和激情我们就一事无成，而且，当它们恰当地得到发展时，它们提供了良好的装备使我们行动得好。亚里士多德式的情感能够回应我们信念的发展，这一点既是清楚的又是明显的；在插曲二中我们将看到，我们如何通过参考那些构成情感的信念来将情感个体化。但是，正如《理想国》所暗示的那样，甚至欲望也不像消化系统的自动运作那样愚笨无知，仅仅是对世界的自动推动，只能由原始的抑制来加以引导。欲望是回应性的意向性要素，能够适应灵活的伦理发展。

但是，就像《斐德罗篇》一样，亚里士多德认为情感不仅扮演了动机的角色，而且也扮演了一个“非理性”的角色。尽管他并没有提到“癫狂”，但他确实认识到并培养这样的状态，在这些状态中，得到恰当训练的情感或欲望在选择的状况中引导理性。我们已经看到他很看重直观的知觉，把它看作实践智慧的本质，但这种知觉不是超然的理智独具的能力。选择（prohairesis）被描述为处于理智与激情的分界线上，并分享二者的一种能力：它既可以被描述为含有愿望的慎思，又可以被描 307
述为含有慎思的欲望。[48]所以，实践智慧也是在与得到正确处理的激情之紧密关系中来发挥作用的；它与品格的卓越性相互依赖，而后者就是一种涉及合适的行动和激情的倾向。[49]具有经验的人在面临一个新的境况时并不试图用理智本身去面对它，而是用由慎思来告知的欲望和由欲望来告知的慎思去面对它，并用激情和行为恰当地回应它。对突出特点的知觉往往依赖于激情的辨别能力获得。在《论灵魂》中，亚里士多德告诉我们，我们对一个境况的真实看法乃至我们对它的想象，就像在这个境况中被“标示出来”或者被“决定”的那样，包含了与我们的欲望相对应的要素。快乐的东西和痛苦的东西，将被追求的东西和需要避免的东西，都以事物把自己呈现给欲望的那种方式对我们显现出来；[50]我们或许可以说，其实就是欲望本身履行了这项标示性工作，向我们显示了我们正在处理的那种境况。我们并不是在思想上注意到那里有一些东西对应于我们的欲望；我们是用欲望本身来认识到这一点的。若没有激情的作用，我们就不可能知觉到那些伦理上突出的特点。

类似地，亚里士多德对所谓的“实践三段论”的论述[51]把一种挑选或辨别的能力赋予欲望：在思想和知觉呈现给行动者的很多东西中，欲望把其中的一些东西挑选出来作为行动的基础。有时候是由理性欲望即“愿望”来挑选的；但是甚至那些本能的欲望也在“说话”，把一个完整的生命有机体的需要告诉它，并直接回应即将满足那些需要的东西。正如我们将在插曲二中看到的那样，情感性的欲望起到了同样重要的告知或认知作用。就像在《斐德罗篇》中一样，亚里士多德没有详述这种美感的具体认知功能。他的关注更加包容。本能的欲望，甚至对食物的欲望，只要恰当地引导，也不缺乏认知功能，即使柏拉图在其一生中似乎都以一种格外蔑视的态度来看待这种欲望。一种发展良好的品格就是思想和欲望的统一体：欲望关注思想，思想回应欲望，各自都能互相引导，而且它们的引导都是同样的。

但是，也是像在《斐德罗篇》中那样，亚里士多德并不把非知性的要素在实践慎思中的作用限制为工具性的作用，即只向我们表明如何行动得好。相反，他认为那些要素在好的选择中具有内在的价值，并用这种方式完成了他对非科学慎思的说明。我们可以在若干方面都看到这一点。真正体现了美德的选择，若想表现卓越，就必须把正确的挑选与正确的情感回应结合起来。若没有正确的“激情”，同样的选择和行动就不再体现美德。激情是选择之卓越性和善的一个构成要素，并且使选择超越了单纯被自我控制的东西。如果在试图慷慨一点时，总是伴随着不断努力、紧张并且有点不太情愿，那么就说不上是在真正慷慨
308 地行动；与一位以慷慨为乐、全心全意地践行这种行为的人相比，我并不值得受到同样的赞扬。如果我使他人受益却不爱他们，那么我就不如一位既使他人受益又爱他们，并感觉到这两件事情都是好事的人那么卓越。正是因为激情既是有知性的又是可教育的，它们才能以这一

种方式得到评价：感受到理性与激情严重的内在斗争，就是处于一种伦理上不成熟的状况，就表明需要得到进一步的训练。[52]

此外，在最好的人类生活中，本能欲望的活动本身现在具有了完整的内在价值。具有实践智慧的人的慎思使得节制（sōphrosunē）成为一个核心美德；它的活动是为其自身的缘故而值得选择的。亚里士多德很明确地表明，力图把本能欲望减至最小，或者过度地把自己与那些欲望的主张分离开来，是不符合实践智慧的。“因为没有感觉的存在物就不是人类。……若有这样一个人，对他来说，没有什么东西是快乐的，也没有什么东西不同于另一个东西，那么他就说不上是人。”（1119a6—10）在这里，亚里士多德甚至超越了《斐德罗篇》，因为他坚持认为（不仅仅是出于一种孤立的情形，而是很一般地），在我们对最好的人类生活的设想中，我们必须赋予我们本性中的欲望要素以内在价值，即使那些要素不仅把我们带入一个不稳定对象的世界，而且本身难以控制。[53]适当的饮食和性活动具有内在价值，是因为它们以恰当的方式满足了我们的偶然需求；对于人类存在者的生活来说，处于有所需要的状态并不是一件糟糕的事情，反而是一件恰当的事情。一个没有饥饿、饥渴、性需要的存在物不会被我们的社会接纳，不会被看作我们当中的一员。

最终，我们必须强调，正如我们曾经建议的那样，“知觉”，作为对我们的实践合理性最有价值的显现，作为目的本身，不仅仅是由欲望来激发和引导的。知觉**就是**完整个性的一种复杂反应，**就是**以一种恰当的方式承认行动所要立足的那个境况的特点，**就是**对具体事物的一种**识别**。就此而论，它本身具有非理智的成分。对所爱之人的过世具有正确的知觉（参见第6节），不仅仅是用理智或者判断来注意到这个事实。如果某个人注意到了这个事实，却缺乏情感回应，那么我们就会倾向于认为，他实际上并没有**看到**、**注意到**、**认识到**所发生的事情，他并没有因为这种状况的本来面目而承认这种状况（参见以下第6节以及插曲二）。

5

因此，亚里士多德已经几次对实践理性的技艺概念（或者它的柏拉图式发展）发起了攻击。他已经强调人类的中心地位，否认价值的可通约性，既揭示了普遍性的限制又表明了它的积极贡献，并且把灵魂的那些据说无法管制的“非理性部分”置于理性沉思的核心。他进一步发展出一个在《安提戈涅》中预示出来的实践推理的概念，在这个概念
309 中，接受性以及灵活地服从偶然的具体事件的能力，与一种对价值多样性、稳定品格、共同约定（品格就是通过道德教育对这些约定的内化）的尊重结合起来。在普罗泰戈拉也能声称有一门关于实践理性的技艺的意义上，而且只是在这个程度上，亚里士多德才能提出同样的主张。因为亚里士多德式的实践智慧到某个阶段为止，既是一般性的又是可教的（通过早期的道德教育和《尼各马可伦理学》这样的反思材料）。这种技艺在某种意义上会扩大我们对不受控制的运气的控制，因为亚里士多德提醒我们：如果我们通过反思而努力对运气得到一个更为清晰的看法，那么我们就像射手那样更有可能击中我们的目标。但是，亚里士多德警告我们不要把这样一个目的推得太远，因为他也表明，倘若我们试图使用一些策略来使实践智慧变得比这**还要**科学，**还要**容易控制，那么任何这样的策略都会使实践世界变得更为贫乏。可通约性使我们丧失了我们所珍视的每种价值的本质。把优先性赋予普遍的东西使我们丧失了出人意表、语境性和特殊性的伦理价值。把实践性的理智从情感中抽象出来不仅使我们丧失了情感的动机力量和认知力量，而且

也使我们丧失了它们对人类所具有的内在价值。实际上，如果存在着这样一个被造物，他用敏锐的科学智力所拥有的那种优越性来进行慎思，但不允许自己通过情感来回应周围的环境，那么他就会错失很多与实践相关的东西，成为与许多人类价值断绝了关系的非人类。就像本章章首语中詹姆斯的叙述者一样，他在方法上可能永远强大无比，但他缺乏那种“特质”的微妙回应性，而这就是真正的实践智慧的标志。

德蒂安和韦尔南[54]对亚里士多德式的实践智慧提出了一个论述，他们的论述相对来说会澄清我们的论述，而当我们从悲剧诗人转移到哲学家时，我们就是遵从他们对实践才智的论述（参见第一部分第七章注释36）。他们同意我们提出的观点：亚里士多德对实践才智的看法构成了一种回归——从一个柏拉图式的真理概念回归到前哲学的观念；他们同意：实现这种回归的一个主要领域就在于批评那种柏拉图式的一般性，强调对偶然事件的把握。不论是在前柏拉图式的实践才智中还是在亚里士多德式的实践才智中，他们都赞成要强调灵活性的重要性和关注变化的重要性。他们正确地强调即席创作在亚里士多德的这一概念（正如在以前的概念）中的重要性。但是，他们对柏拉图与传统决裂的论述似乎忽视了一种深层的连续性——那个传统对**捆绑**或**诱捕**的兴趣与柏拉图对理性自足性的渴望之间的连续性。与此类似，他们关于亚里士多德的论述似乎也忽视了这个问题：亚里士多德与柏拉图的决裂究竟在多大程度上表达了对那个渴望的拒斥？前亚里士多德的传统，正如我们已经论证的，并非一心一意地献身于进行控制和保持不变的理想，相反却对那个目的进行了深刻的批评。例如，《安提戈涅》已经阐述了这一思想：与世界中偶然发生的事件的正确关系就是这样一种关系，在这种关系中，雄心与惊奇和开放结合起来。我们已经论证，亚里士多德回到了**这个**传统，并在这个传统的一切复杂性中捍卫

一种对待偶然发生的事件的态度，而这种态度正好拒绝了柏拉图对控
310 制和毫无瑕疵的活动的渴望。

正如我们在柏拉图“神目观”的慎思概念上面临一个循环问题一样，在更为投入、更为脆弱的人的概念上，我们似乎也面临一个循环问题。[55]那个具有实践智慧的人的观点就是正确选择的标准。在亚里士多德的概念中，不像在柏拉图的概念中那样，这个观点不仅仅是针对这样一种价值才有启发性——若没有这个人及其选择，这种价值本身也是有价值的；而是，这个观点规定了价值，这个价值只是因为它与人类个体的关系才成为价值。这就使得循环问题变得更为紧迫。因为，如果这个人就是我们的标准，如果他的判断和方法对于我们的判断和方法来说即将成为规范性的，那么我们如何用一种并不参考他选择好内容的方式，来描绘这个人及其方法呢？确实，这个人之所以成为我们可以接受的标准，部分原因就在于他选择了那些我们倾向于认为是合适的价值。他不是从任何阿基米德式起点中进行选择的，而是从现象中进行选择的；但现象也包含了一个正确行动的概念，而这个概念在这个选择中确实以某种方式发挥了作用。这样，说这个人就是合适性的标准又有什么意义呢？在柏拉图的例子中，某个人之所以把神接受为一个判断标准，就是因为他先前已经确信本能欲望在判断中的否定作用，因此先前已经同情对本能欲望持批评态度的规范观点。与此类似，正是因为某个人已经承诺了偶然发生的特殊事件的道德相关性，已经承诺了情感的价值以及价值的不可通约性，他才倾向于确认那种特定判断作为行动指南。难道我们竟然觉得这个问题对亚里士多德的非科学标准来说是一个致命的问题吗？

我们无法获得逃出这个怪圈的途径。在讨论这个问题的一篇早期文章中，约翰·罗尔斯提出了一种方式来表征一位能力卓著的仲裁者

的能力和方法，而且这种方式并不是循环的。这种方法并不参考这位仲裁者的任何伦理承诺，而是参考某些价值中立的能力，例如想象力、移情能力和事实知识。[56]然而，出于两个理由，这个策略并不利于亚里士多德对实践智慧（phronēsis）的看法。首先，在他与柏拉图主义争论的语境中，如下这一点变得很清楚：他所珍视的许多知性能力并不是价值中立的。对想象力、移情能力、知觉能力和回应能力的强调已经在一个反柏拉图的方向上偏离了结果。正如狄奥提玛所说，身体的视觉所看到的东西，不可能等同于没有身体的纯粹理智视觉所看到的东西；它的那些完美无缺的有价值的对象也不是阿尔西比亚德斯的眼睛所能看到的。其次，亚里士多德不会相信这一观点：一旦我们把各种理智能力列举出来，我们就足以描绘那个具有实践智慧的人的方法和本质。为了以一种恰当的方式把这样一个人挑选出来，或者甚至为了全面地描述他的认知装备，我们就得提到他的品格，他那受到良好引导的欲望及其欲望的敏感品质。这显然使我们更深地陷入我们正试图摆脱的那个怪圈。

然而，我们可以指出，亚里士多德的论证，就像柏拉图的论证一样，开始于对正确选择的障碍的一种直观认识，开始于一个论述，这个论述
似乎有一个强烈的主张将深深地植根于现象中。通过对这些障碍提供 311
一个说明（其基础就是广泛地享有的经验），这个论述旨在使这个循环（在任何意义上）都变得更为复杂。如果我们（就像亚里士多德希望我们做的那样）对糟糕的建筑师或者糟糕医生的图景做出回应，并承认有一个类似的图景（即糟糕的伦理仲裁者的图景），那么我们就有理由把那个具有实践智慧的人的选择确认为我们的判断标准，而且这些理由在某种程度上并不依赖于我们对那个人的正面描述。换句话说，我们有理由怀疑中期柏拉图主义的策略本身妨碍了我们对人类事务的正确

认识。而且，亚里士多德对仲裁者的选择是从第八章描绘的那些一般的方法和程序中产生出来的，就此而论，他再次扩大了这个循环。因为他对这个方法的捍卫，即使仍然可以被惯常的柏拉图主义者认为具有循环的嫌疑，[57]却用现象的其他领域（例如一个知识和指称的概念）来对每个领域中哲学家将会面对的具体问题施加压力。这个方法选择了这位仲裁者；但这个方法是作为关于语言的独立论证的一个结果而被选择出来的。

我们无须为循环本身而感到沮丧。任何复杂的伦理理论大概都会出现循环的要素（参见第五章第4节）。但是，不管这种循环是微小而有害的，还是巨大且有趣的，我们对它的感觉最终都取决于我们对如下问题的认识：亚里士多德是否真正出色地完成了其方法要求他完成的任务，发现我们关于选择的信念的复杂性，并正确地描述那些信念展现出来的冲突和矛盾，对那些信念进行排序，以便利用这种秩序来拯救我们认为最值得拯救的东西。如果《会饮篇》声称，纯粹理智与非偶然对象的交战就是实践选择的一个典范，那位向顶峰攀登的哲学家能够看到世界上一切美丽的、有价值的东西并回应它们，那么亚里士多德就必须通过表明这一点——这位仲裁者看不到某些具有真正价值的东西，而且是因为他做出判断的方式才看不到那些东西——来回答问题。他的努力指向的正是这个挑战；假若他取得成功，他就可以镇定自若且饶有兴趣地来看待这个循环。

6

有人或许会指责亚里士多德，认为他的非科学观点做得太少。通过如此坚定地拒绝由可通约性、普遍性以及理智主义所带来的进步，这个观点并没有向我们提供任何得到详细阐述的慎思理论，即对好的慎思方法的系统论述。亚里士多德会很乐于接受这个指责，因为他自己认为，“关于实践问题的一切论述都**应该**只是粗略的、不精确的”。他的著作给了我们一个框架，必须由品格和经验来填补细节。不过，看来仍然重要的是，与我们目前所做的相比，我们应该更为详细地表明亚里士多德式知觉的本质，表明这个主张——选择存在于对即将发生的状况灵活地进行回应的知觉中——究竟具有什么内容。如果一般性的理 312
论论述就是亚里士多德正努力破坏的东西，那么为了做出进一步的阐明而回归复杂的例子就是他论证的精神所在，不管那些例子是取自生活还是取自文学文本。就像阿尔西比亚德斯一样，他似乎支持这一观点：要用具体的叙述来显示真理。我们可以通过使用很多不同类型的文本来例证亚里士多德式的知觉。我首先想到的是亨利·詹姆斯的小说。[58]但为了避免时代错误，我们还是用一个取自欧里庇得斯的悲剧的例子来结束本章，并加上一些评论。

> 赫卡柏：你们这些阿该亚人啊，你们的武力远胜过你们的理智，你们为什么怕这孩子，做出了这前所未有的残杀？是不是怕他复兴这毁灭了的特洛伊？那么，你们未免太胆怯了！即便是赫克托耳的戈矛得势时——那时候还有许多人帮助他——我们都还一批批死在你们手下；如今我们的城池陷落了，弗里吉亚的英雄也死光了，你们倒怕起这孩子来！我鄙视这种没有经过推理的恐惧。

> 啊，最亲爱的，你死得那么悲惨！如果你享受过青春，享受过婚姻，享受过那尊贵的王权，再为你的城邦效命疆场，那倒也幸福，如果这里边有什么称得上是人间幸福的话。但是，孩子呀，你虽然

见过这王权，你心里却不明白这是什么东西，这种家庭幸福，你还没有体验过！可怜的孩子，你先人的城墙，阿波罗建筑的城墙，竟自就这样凄惨地磨去了你的头发，这美丽的鬈发，你母亲时常摸它，时常吻它！鲜红的血从这破骨间射了出来，这惨象我真不敢形容。

这双小手——这模样看了使我甜蜜地想起你父亲——现在却伸在那里，松松地连在骨节上。这可爱的嘴唇呀，你先前说过多少大话，如今却只是紧闭着；你曾跳到我的床前这样哄过我："啊，祖母，我要为你割一大把头发，引一大群朋友到你的坟前，告一声亲热的永别！"但如今不是你为我送终，而是我这失去了城邦、没有了儿女的老年人来埋葬你这小孩，你这可怜的尸首。哎呀，那长期的怀抱、那养育的辛劳、那为你而缺少睡眠的床榻全都白费了！一个诗人会在你的坟前题两行什么样的诗句？"**阿尔戈斯人因害怕这孩子而杀害了他。**"这碑文真是希腊的耻辱！啊，你虽然没有继承过你父亲的遗产，却得到了这黄铜的盾牌，你就埋葬在里面。

啊，盾牌，你曾保护过赫克托耳健美的手臂，如今你失去了那
313 英勇的保护人！那把柄上留下的指痕真可爱，那圆边上留下的汗渍也都甜蜜——每当赫克托耳把你举到他的胡须下面，战得很辛苦时，那汗珠便时刻从他的额上滴了下来。

来吧，快为这可怜的尸首穿戴一下吧！命运不让我们有机会讲究装饰品。我有什么，你就接受什么吧。那自以为幸福永久可靠而狂喜的凡人真是愚蠢啊！那厄运就像一个疯子东跳西跳，谁

也不能永远走运。*

欧里庇得斯,《特洛伊妇女》,1158—1207[59]

选择这段话语作为慎思和选择的一个例子似乎有点古怪,因为赫卡柏似乎没有选择的余地。她能够做什么呢?她现在是个奴隶,她丧失了复兴自己的城邦和家庭的最后希望。我们选择这样一个相对冷僻的案例,乃是为了表明在言语、激情和受到限制的行动中,恰当的回应就像重大的英雄行为一样,可以成为卓越的行为。缩小运动的范围并不总是消除好知觉的机会。[60]赫卡柏所面对的是她孙子的死亡。她所选择的是为他哀悼;公然抨击希腊人;为赫克托耳哀悼;为这位孩子安排恰如其分的葬礼,即使众神明显地忽视了这些人类的事情。尽管这些选择很有限制,但它们仍然显示了品格并例示了实践知觉的选择。(《尼各马可伦理学》第一卷强调说,这些选择就是良好品格在逆境中的重要标志,参见第十一章。)

具有实践智慧的人就在人的世界中,并不力图超越这个世界。人与神的对比在赫卡柏的话语中无处不在。她自己是从人类生活的中心说话的,丝毫不想将她自己与她单纯的人类价值和人类依附分离开来。事实上,她的主要目的之一就是要指出,那个独立自主的神的观点本身并不包含对重大人类事务的充分关注。神的视野,就像在这出戏剧中的其他地方一样,从这些悲剧事件的观点来看,看起来过于超然和冷漠,缺乏使一个合适的回应变得可能的那种关注和需要的背景。

* 译文按照罗念生先生的翻译,个别词语有改变。参见《罗念生全集》第三卷(上海人民出版社,2004年6月)第217—219页。——译者注

作为一个具有实践智慧的人，赫卡柏把很多迥然不同的依附和承诺带到具体的选择状况中，其中很多依附和承诺是在她具有反思性的成年个性之前，就在幼年时期通过道德训练培养起来的。在什么东西对她来说算作对人来说是好的生活这个问题上，她也形成了一些初步的反思。她怀着对儿子和孙子的爱；对特洛伊的爱；对宗教职责和家庭职责的依恋；她对战场上和政治事务上的适度勇敢持有一个概念；对合情合理持有一个概念。她怀有这一观点：对一个人来说，好的生活是在家庭和城邦中成长，是促进城邦的利益和城邦公民所爱对象的善；是在履行卓越的活动中走到生命的尽头，在生命结束之际得到虔敬孝
314 顺的埋葬；不过，为这些价值而过早死去胜于胆怯地妥协。在这些价值上接受的训练显然已经使她对其目标了如指掌，因此，在这个新的境况中她就知道要寻求什么；她欲望的意向性具有一个焦点。结果，她很擅长挑选出这个新的境况，毫不犹豫地就指出了伦理上相关的特点。

这个境况中的每个特点都被赫卡柏视为一个具有独立本质的独特项，产生了它自己的独立主张。她并不定义她所珍视的那些价值，但这并不意味着她没有隐含地把每个价值设想为具有一个独特的本质。对于虔敬是什么，勇敢是什么，胆怯是什么，她有很好的想法；从她对这些东西所说的话中可以看出，她把那些东西看作是截然不同的、不可通约的项，其中完全不存在可以用来进行公度的标准或者任何其他的还原设施。

赫卡柏的慎思确实开始于一个预先的概念，但这并不表明她是在僵硬地把一个预先设定的一般框架**应用于**新的情形。我们并没有获得这种印象，即赫卡柏在出示一套一般的规则和概念，简单地利用它们来掌控新事物的不确定性，并对后者发号施令。相反，我们首先获得印象的是赫卡柏在新境况面前表现出来的那种消极被动。她直接回应她

所看到的东西——毁损的尸体和沾满血迹的盾牌，并完全把自己淹没在那种回应中。我们不妨认为她的辨别活动并不先于她的回应，而是体现在她的回应中，并由那种回应构成。她并没有在思想上领悟到这就是她托付余生的那位孙子的死亡，**然后**才悲痛地回应。正是这种回应——在看到那些残破不全的骨骼和双手以及在血迹斑斑的面孔周围发亮的鬈发时压抑不住的悲痛和恐惧——**构成了**她对一位所爱之人的死亡的知觉。我们可以说，正是在这种容易受到影响的回应性中，在她的慎思中我们发现了某种最高的价值。如果我们设想一位柏拉图式辩论者只用理智的活动来处理同样的状况，设想这样一位没有激情的仲裁者将具有什么样的知觉和认识，将会使用什么样的言语，那么我们就开始感觉到她的爱和欲望的认知价值，其特点是向她显示了达到一个恰当的实践认识的方式，并有助于构成这个认识，即对她的所失和希腊人所为的认识。

我们也发现，这些回应给我们留下了这种印象：**即使不考虑**它们 315
的动机价值和信息价值，它们对人来说也是有价值的，并且构成了对她来说是好的东西。即使在没有情感引导的情况下，她也能够在这个境况中**看到**同样的东西，但我们会感觉到，若没有她的极端愤怒和极度悲哀，对希腊人命令的冷静批评就会显示一种有缺陷的，甚至是不人道的回应。如果她用冷静的理智之眼来审视孙儿的死亡，那么我们就会发现她显得很陌生；把她视为我们当中的一员，我们就会感到很艰难。我们不会因为她卓越的实践认知而赞扬她。

但是，赫卡柏并不只是在她的消极性中超越了规则。她慎重的**活动**构成了她所面对的状况，而不仅仅是构成了应用那些规则的一个场合。属于她先前持有的一般概念的那些特点是通过对具体情景的回应而被发现的，而且是在那个回应中揭示出来的，那些特点之所以重要，主要是因为对她来说它们阐明了具体情景的突出特点。并非关于孙儿的一般规则抑制了她的悲恸，对她的悲恸具有权威。相反，她对这种特殊关系的长期承诺为她悲恸地回应这场悲剧做好了准备，而这种承诺在其某个形成阶段无疑是需要规则来引导的，但此后就自动地注入她对这个男孩的爱之中。她并非为了谴责希腊人的胆怯而商榷某个权威性的准则。而是，行为准则为她认识到自己所面临的那个显示了胆怯行为的具体情景做好了准备。背景概念产生这种准备和有价值的启发；但知觉是在特殊的情景中形成的，不是预先用立法的形式确定下来的。这种知觉具有丰富的或改变一般概念的力量。在这里，我们有了我们期望在大多数亚里士多德式慎思的绝妙例子中所看到的东西：在特殊情境和一般概念之间的一种灵活的往复运动。她谴责希腊人，然后过渡到对胆怯的一般反思，这种反思无疑就是她以前接受的训练的一部分，但现在是由新的经验来引导的。由此她转到对这位孩子之死的哀悼上，而这种哀伤本身是从对一种好的人类生活的一般轮廓的反思过渡到对尸体各个部分的深切悲痛，她孙儿尸体的每个部分都勾起了一段特殊的记忆。她反应的伦理恰当性，我们感觉到，是与她回应的具体情景不可分离的。她或许已经忽视了一般的反思，却没有给我们留下任何欠缺的印象。但是，要是她以一种纯粹抽象的方式进行哀悼，而没有生动的细节，那么我们就会对她做出不同的评价了：我们大概会判断说她的爱是有缺陷的。要是她是通过列举一般的准则来谴责希腊人，那么我们就会因为她不近情理而批评她。

刚才我们提到了一般概念和特殊情境的相互引导，但这种说法并没有完全公正地对待在这种场景中实际上发生的事情所具有的重要性。对特殊情景的体验并不只是进一步告诉赫卡柏她的好生活的概念究竟是什么，并不只是进一步向她表明那样一个生活的构成要素的价值；这种体验也能导致她改变或者修改这个一般概念。前一件事情显然发生了，因为她终于前所未有地认识到她孙儿的重要性，认识到这个承诺与其城邦的未来之间的联系，认识到真正的勇敢与残忍地屠杀一位可爱的人是不相容的，等等。她更多地了解到她的那些被单独看待的关注；她也更多地了解到那些关注是如何相互联系的。但这还不是全部，至少在一种情形中她被迫修改自己的概念。因为具体的情景向她表明诸神的冷漠无情，而这一点并没有出现在她以前的虔敬概念中。在这出戏剧中，她一直在询问和探求神圣的东西。现在她则用邪恶的行动和故意妨碍人类的道德渴望来公开指责诸神。她关于善的原初概念的一个特点已经被拒斥了，因为那个概念与其他要素发生对立的本质，不仅仅是使这个概念与那些要素发生了冲突，而是它本身就不值得被严肃地尊重。这种状况是启发的一个源泉，而这种启发又成为对人 316
类之善的、全新的一般概念之源泉。在这个意义上和就这个范围而论，特殊的东西就具有了优先性。她当场创作出她所需要的东西。

这种慎思本身是脆弱的，容易受到外在事件的影响和推动。在它向着激情和惊奇开放时，它面临被极端的境况淹没的危险，因为在这种情形中，相应的激情很容易变成盲目影响之浪而使心灵麻木，淹没了慎思，甚至淹没了连贯的话语。听任激情打开了扭曲和越轨的危险。(那种柏拉图式的探究，因为拒绝好奇和惊奇，也就切断了这些深层的危险。)进一步，亚里士多德式的慎思完全适合对人类生活的脆弱要素的这种高度评价。因为当赫卡柏允许自己使用知觉而不是顺从规则时，她就使自己听任于一个具体的城邦、一个特殊的孩子的价值和特殊的疑惑，由此听任于她在那里表现出来的极度忧伤。若没有对那双小手、对那个可爱的孩童般的面孔以及对赫克托耳留在盾牌上的汗渍的生动知觉，也就不会有什么忧伤留了下来。当赫卡柏允许自己看到和留心这些事情并追随激情时，她就把自己与丧失的可能性联系起来。

因此，毫不奇怪的是，按照这个模型来慎思的女主人公会得出这一结论：命运毫无定数，人的幸福难以捉摸、极其罕见。然而，我们可能会感觉到，假若我们用《普罗泰戈拉》中用来衡量的科学家的那种精明凝视，或者用《理想国》中神的那种超验的、超人类的眼睛来看待赫卡柏的慎思世界，那么我们就不可能对她的问题提供一个解决。因为这样
317 的人类状况不需要那种眼睛。[61]

第十一章

好的人类生活的脆弱性：活动与灾难

“不过，就像我们所说的那样，幸福*显然也需要外在的善，因为若没有那些资源，我们就不可能做高贵的事情。”（《尼各马可伦理学》，1099a31—33）我们现在已经补齐了研究这个主张的背景。我们已经看到亚里士多德的每一项哲学研究是如何在人类经验和信念的世界中得到处理，并受到了那个世界极限的限制的。我们已经看到亚里士多德捍卫一个行动的概念，那个概念适合于一个容易受到世界影响、缺乏生活必需品的动物性存在；他已经论证了，以这种方式把人类行动视为活动性与消极性的结合，完全符合我们各种最严肃的伦理评价。最终，我们看到他表述和捍卫了一种“非科学”的实践慎思概念，在这个概念中，正确性的试金石就是一个好人对一个具体状况的偶然性的精确认

* 论“幸福”，参见第一章第6页（原书页码，参见本书边码）。（纳斯鲍姆一直没有翻译这个古希腊术语，不过，正如我们前面所说，我们仍然按照约定的译法把它翻译为“幸福”或者“生活得好”。——译者注）

识。已经具备了这些背景，我们现在必须得问，对于我们的中心问题，亚里士多德最终提出了什么结论？人的幸福（即生活得好）在多大程度上是脆弱的？什么样的外在事件能够破坏或打乱人的幸福？幸福如何保障自身以及在多大程度上能够得到保障？亚里士多德明显把这个问题看作一个紧迫而微妙的问题。因为现象赋予运气相当大的伦理重要性。“大多数人假设好的生活就是幸运的生活，甚少不是没有好运的生活，这无疑是正确的。因为若没有受到运气支配的外在善，就不可能过上好的生活。”（《大伦理学》，1206b30—35）[1]另一方面，共享程度很高的那些实践合理性概念使得运气成为致力于计划和控制之人的天敌：“但凡在最有见识（nous）和理性（logos）的地方，就有最少的运气；但凡在运气最多的地方，就有最少的见识。”（《优台谟伦理学》，1207a4—6）[2]在我们对一个好的人类生活（即按照实践理性来过的那种生活）可能是什么的理解中，如何处理这种张力呢？

我们的策略将首先考察亚里士多德的一个一般观点，这个观点关系到好生活对环境和资源的依赖性，以及在受到剥夺或者遭受不幸的条件下其脆弱性的程度和本质。我们将同时考察他对如下观点的论证：对一个人来说，好的生活不仅要求好的品格状态，而且也要求实际的活动性。在本章的最后一节中，我们将考虑如下问题：按照他的观点，好的品格条件是否本身容易受到未受控制的事件的侵蚀？最终，我
318 们将考察他的这一论证：某些人类美德的存在和价值与冒险、欠缺或阻碍的条件是不可分离的，而且在一定程度上是由那些条件构成的。然后，在下一章中，我们将考察两个特殊的领域，在这些领域中，好的生活变得特别依赖于行动者无法控制的外在事物，那些事物不仅在工具上与好的活动相联系，而且本身进入了对好的活动是什么的说明之中。所有这一切使我们能够认识到，亚里士多德赋予悲剧诗歌（作为道德学

习的一个源泉）的那种重要性，使我们能够引出一些有关亚里士多德的哲学思维与悲剧之关系的结论。

1

因此，我们是在追问这一问题：运气或命运*有什么力量影响人类生活的善并决定其是否值得赞扬？[3]亚里士多德对这个问题的探究，就像他对许多其他问题的探究一样，是通过描述两种极端的见解来实现的。他告诉我们，一些人相信，生活得好就等同于有一种幸运的生活（《尼各马可伦理学》，1099b7—8）。好的生活就是诸神的礼物，与努力、学习或者与稳定品格的善之间没有可靠的联系（《尼各马可伦理学》，1099b9及以下）。换言之，在观察到运气在人类事务中所具有的巨大力量之后，那些人很自然地认为，那种力量就是在获得某种生活中的唯一具有决定作用的因果要素。幸福，就像其名字所暗示的那样，就是有一个好的神灵或者（外在的）守护神在照看我们。这样，他们就“使所有事物中最大的、最好的东西听命于运气”（1099b24）。

另一方面是这样一些人，他们认为，运气根本就没有力量影响人类生活的善。他们声称，与生活得好相关的一切因果要素都处于行动者坚定的把握之中；外在的不受控制的事件既不能显著地强化好的生活，也不能显著地削弱好的生活。值得注意的是，这些人，就像亚里士多德所描述的那样，就是哲学家，他们不顾一切地想要确立一个论

* 在这里，就像以往一样，我们并不暗示我们是在处理随机的或者没有原因的事件。对亚里士多德来说，说一个事件是因为运气而发生的，不仅符合伴随性的因果说明，而且甚至要求这样的说明（参见《物理学》，第二卷第四章至第六章）。就像在其他地方一样，在这里，我们是在追问以行动者无法控制的方式影响其生活的那些事件。

点，甚至以否认某些流行的、明显的现象为代价。亚里士多德使我们意识到这些对手否认这些现象的两条途径。一条途径（与柏拉图主义相联系）[4]涉及缩小好生活的范围，只承认那些具有最大稳定性，不受偶然性影响的活动才具有内在价值（参见1098b24—25）。亚里士多德是通过间接地逐一捍卫那些更为脆弱的价值主张来对付这个策略的；我们将在第十二章中考察其中的一些论证。他的另一派对手[5]的策略则否认按照美德来从事的实际**活动**就是好生活的构成要素：如果一个人处于具有美德的状况或状态，那么他就能够获得幸福。这意味着（比如说），只要一个人具有美德，哪怕他受到奴役、监禁或者折磨，他就像一个其活动没有受到妨碍的人那样，正在过一个好的、值得
319 赞扬的人类生活。

亚里士多德提出这些极端的观点，是为了使我们能够问自己，什么东西会激发某个人采纳其中的一个观点。这应该有助于我们达到这样一个立场，有了这种立场，在每种情形中我们就可以公正地对待动机性的关注，而同时避免夸张和否认那些关注。有些人可能会把这种方法理解为一种单方面的保守主义，在两种危险的极端之间采取安全的中间立场的一种机械导向。但仔细地审视一下，这个方法既不是简单的中间立场，也没有被机械地追求。其策略是要把每个极端的观点都严肃地看作是现象的一个真实部分，也就是说，看作是由某种已经存在，有待维护和考虑的东西激发起来的。就像他在评论这些观点以及其他单方面的观点时所说的那样，“在这些观点中，一些观点是许多人长期以来就说出来的，另一些观点则是少数贤达说出来的；因此我们可以合理地假设，没有一个观点完全错失了目标，而是，每个观点说对了一些事情，甚至说对了很多事情”（《尼各马可伦理学》，1098b28—30）。他研究传统遗留下来的对一个问题的各种主要论述，因为他假设，倘若一个

观点尚未以一种值得严肃关注的方式回应真实的伦理关注，那么就没有任何这样的观点能够流行开来。现在他必须表明：尽管每个极端的观点都有严肃的根据，但它因为强制性地拒斥了其他深层的信念，所以也是有缺陷的。

2

与第二个观点相比，关于运气的第一个极端观点[6]更少受到广泛的考虑；不过，亚里士多德拒斥它的那种方式显得很有趣。他说，在好的生活是通过某种努力获得的还是碰巧产生的这个问题上，存在着一个困难。他提到了与第一个观点相伴随的一个广泛信念："好的东西对很多人来说都将是共同的。因为对于那些没有丧失能力、因此能够通过某种学习和关注而学会美德的人来说，好的东西就属于他们。"（1099b18—19）关于这个信念，他现在说了一些很有启示的东西：如果我们可以**更好地**认为对好生活的这种看法，而不是那种关于运气的看法应该是正确的，"那么我们也可以合理地认为事情应该就是这个样子"。因为"使所有事物中最大的、最好的东西听命于运气（这种做法）显然是错误的，不值一提"（1099b20—25）。换言之，对运气至上论的拒斥并不是一种中立的经验考察的结果，而是一种慎思的结果，在那种慎思中，我们渴望发现的东西，我们觉得能够与之相处的东西，严肃地进入了实践智慧对各种可能性的权衡之中。给出在这两个观点之间的选择，我们就会问自己，哪个观点将使我们的生活更值得过。我们拒斥运气至上论，并不是因为我们发现它和有关宇宙万物秩序的科学事实（通过某个价值中立的方法而发现的事实）不相符，而是因为我们觉得它是错误的，也就是说，它不符合我们的其他信念，尤其是与如下问题相关的评价性信念：什么样的生活值得我们去追求？[7]因为我们相信，只有当一个好的生活能够靠努力来保障，而且有关的努力都处于大多数人的能力范围内时，人类生活才是值得过的生活。（当然，待会儿我们就会看到，我们无须强调，这种努
320 力对生活得好总是充分的；但一般来说，这种努力必须具有最重要的作用。）[8]

在《优台谟伦理学》讨论自杀的一段话中，这一点得到了进一步的发展。在谈到那些因为某种偶然的大灾难而自杀的人之后，亚里士多德问道，使生活值得过的那些东西**究竟是**什么？他得出了这一结论：一般来说，如果你把一个人因为运气而不是自愿地做出的和忍受的一切事情都收集起来，那么这些东西的任何组合，甚至延伸到一种无限的项，都不足以使一个人选择生活下去而不是不生活下去（1215b27—31）。生活只是因为自愿的行动才值得一个人过下去；但那种行动并不是小孩子的那种低层次的自愿行动（1215b22—24），而是完全由成年人的美德和努力来塑造的行动。于是，如果运气理论家正确地否认那些努力在生活得好中具有任何重要作用，那么我们所过的生活，就是我们所有人（包括那位运气理论家）大概都会判断为不值得过的生活。这样一个观点实际上“显然是错误的，不值一提”的，不只是因为它冲撞了一个被广泛持有的信念，而是因为它冲撞了这样一个信念：那个信念是如此根深蒂固，以至于我们不得不把它看作是我们愿意继续存在的一个条件。

这就是亚里士多德的方法发挥作用的一个很有启示的例子，因为它既向我们表明如何出于更为深刻的现象来批评一个伦理论点，又向我们表明我们想要并认为是好的东西如何在一个基本层次上进入一项伦理研究之中。它向我们表明亚里士多德如何看待本书的中心问题：

他并不把那些问题看作中立的、可以发现的事实问题，而是看作这样的问题——其答案就是我们深切关注的东西，因此我们就可以用这些关注和欲望来影响我们对它们的解决。当然，亚里士多德并不是说，在构造一个关于“幸福”的观点时，我们可以自由地说出任何令我们高兴的东西；实际上，他比柏拉图对下面这件事情更为谨慎：为了描绘一幅更为雅致、更加美丽的图景，我们可能会偏离日常生活中的活生生的“内容”。他所说的是，在什么样的生活值得过这个问题上，我们所持有的最基本的信念和经验，对我们针对世界以及我们自己所能发现的东西施加了限制。我们对选择的经验以及我们对其价值的信念使得以下这件事情变得不太可能（即使不是完全不可能）：我们可能发现我们并不选择，或者选择在这个世界上没有什么意义的东西——正如我们在第九章中看到的，我们关于自愿行动的深刻信念使得下面这件事情变得高度不可能：我们竟然会发现并没有志愿行动这样的东西。某些东西对我们来说是如此深刻，以至于不论是质疑它们还是捍卫它们，都会使我们把太多的东西悬搁起来，使我们无处站立。如果确实存在着这样一些伦理信念，它们以这种方式接近于非矛盾原则，那么那些信念就是关于生活得好、自愿行动和选择的信念。因为它们就是这样的信念：每当我们行动时，每当我们从事伦理研究时（因为如果一切都取决于运气，那么这种研究就毫无意义），每当我们争辩一个实践决策时，每当我们慎思和选择时（因为我们是按照如下假定来从事这些实践的：慎思和选择能够影响我们是否生活得好），我们就会使用这些信念。如果我们否认这些信念，尤其是在伦理研究的内部来否认这些信念，那么我们就等于犯了亚里士多德曾经指责非矛盾原则的反对者所犯下的那种错误，即把自己置于自我反驳的境地。[9]这种境地对我们来说确实显得过 321
于虚假，不值一提。

3

然而，我们已经说过，亚里士多德决定要理解运气理论家提出的建议的力量及其严肃贡献。也就是说，他想要分析一个思想，并且以某种方式把它作为一种真理来加以维护，这个思想就是：运气对好的生活有一个严肃的影响，好的生活是脆弱的，可以因为灾难而被打断。“因为在人的一生中，会出现很多逆转和很多类型的运气”，在对运气理论家提出批评后不久他就这样说道（1100a5—6）。这大概就是那个被广泛共享的信念，并被那个对手加以夸张和强调。我们现在必须考察在他批评该信念的反对者时对它做出的阐述和捍卫。

运气的反对者断言，好的生活全然不受运气的影响。我们自己所控制的东西无论如何都足以保证好的生活。亚里士多德显然同情这些反对者的一般动机，想要维护很多这样的信念。当他强调在伦理上尚未“丧失能力”的人可以通过努力得到好的生活时（1099b18—19，参见1096b34），当这些反对者要求一个“属于自己、不易被夺走”（1095b25—26）的、“稳定不变、不容易受变化影响”（1100b2—3）的生活时，他就与这些反对者处于共同的立场上。但是，亚里士多德即将论证，完全摆脱运气的影响这种做法是以太高的代价换来的，也就是说，通过把生活想象为缺乏某些重要价值的东西，就像柏拉图主义者所做的那样，或者通过背离我们关于活动及其价值的信念，就像强调好品格状态的那些理论家所做的那样。[10]柏拉图主义的反对者将在第十二章中进入我们的视界。我们现在转到良好状况的反对者，转到亚里士多德面对这位反对者对于一个关于卓越活动的价值和脆弱性之观点的详细论述。

这位理论家论证说，“幸福”不受运气的影响，因为它仅仅在于具有一个好的伦理状态或条件，[11]因为甚至在最可怕的环境中，这个条件本身也是稳定的。于是，为了反对这样一位对手，亚里士多德就可以采纳好几种策略。他可以论证，品格状态容易受到外在影响的攻击。他也可以论证，好的品格本身对于生活得好并不充分。如果他采纳了第二个策略，那么他就必须另外论证一点，即必须被添加到好品格之上的那个进一步的要素，其本身并不是不受影响的。正如我们将看到的，亚里士多德的论证是这两条攻击路线的复杂组合。按照他的思路，我们将开始追求第二条路线，这条路线首先是要表明，幸福要求我们采取实际的活动来实现它，其次是要表明，由于各种形式的运气，好的人类活动可以被打断或者受到决定性的妨碍。于是，在具有好的状态和生活得好之间就产生了一个断裂。对这个断裂的分析最终也会把亚里士多德引向第二条路线，因为那个分析表明，某些形式的干扰运气最终会对美德状态本身产生影响。 322

亚里士多德说，我们大家都同意幸福就是我们的目的；但是，除了名称之外，我们对幸福是什么其实并没有一致的看法（1095a17及以下）。不过，在《尼各马可伦理学》的开头，有一个进一步的一致凸显出来，它关系到幸福与活动的联系。“无论是普通大众还是那些出众的人……都相信生活得好和行动得好就等同于幸福。”（1095a19—20）后来他重复说，“幸福被认为就是活得好和做得好。”在《优台谟伦理学》中，他提出了“我们所有人都持有的一个信念”，即“行动得好和生活得好与幸福就是同一回事，二者都是运用和活动的形式”（1219a40—b2）。所以，从一开始我们就可以看到，认为好的生活只在于一种非活动的状态或条件的那位对手，因为完全把好的生活与它在活动中的实现分离开来，所以就违背了我们的某些信念，而那些信念，就像亚里士多德在其伦理著作中所提出的任何信念一样，是我们广泛地共享的。这个说法似乎一开始就使他的论点陷入麻烦。

但是，亚里士多德也必须表明这些信念有其深度和重要性；因为，如果他仅仅是表明那些信念是被广泛共享的，那么他就尚未满足现象方法所提出的要求。因此，亚里士多德并非满足于这个一般的要点，而是去考察良好条件论点对具体事例的后果，以便表明这个论点有直观上不可接受的结果。我们首先考虑最极端，因此也是最清楚的事例，然后再去考虑那些更容易引起争议的事例。

良好条件论点的最完整、最清楚的判例就是这样一个事例：在这个事例中，存在着一个良好的美德条件，但这个条件产生不了任何类型的活动。只要我们想象这样一个人，我们就可以得到这样一个事例：这个人具有良好地培养的品格，但在成为成年人之后（按照亚里士多德的观点，为了想象这个人具有美德，我们必须设想他在其品格形成的过程中是活动的），他就开始睡觉，并在其成年人的生活中一睡不醒，根本就不做任何事情。通过考虑一个处于不可逆转的昏迷状态的人，我们就可以把这个事例转变为一个合理的当代例子，当然，为了与亚里士多德的例子相匹配，这个例子必须是这样的：在这个例子中，善的内在结构并未被永久消除或者被永久地损害，品格的卓越必须仍然不变。现在我们的问题是：我们可以说这样一个人是在过一种好的生活吗？我们可以合适地赞扬他并为他祝贺吗？良好条件理论家认为，我们完全可以这样做，因为品格的卓越状态就是这些伦理态度的唯一合适对象。然而，在他的两部主要伦理著作中，亚里士多德都提出了这一异议：这个观点完全不符合我们的实践和信念。我们并不认为一个绝不**做**任何事情的状态或条件足以使人类生活过得好。这样一个状态或条件似乎是不完备的、受挫的、从实现中被割裂出来的。其实，我们倾向于认为，如果一个人永远都不从这样一个条件中开始活动，那么这样一个条件并不产生什么真实的影响：一生都在睡觉就像是一株植物，根本就不是一个人（《优台谟伦理学》，1216a3—5；参见《尼各马可伦理学》，1176a34—35）。正如我们并不认为胎儿过着充分的人类生活一样，因为他生活在一种纯粹的植物状态中，没有意识，我们也不愿意赞扬和祝贺那种彻底不活动的成年人的生活。《尼各马可伦理学》断言，“没有任何人会说一个以这种方式生活的人生活得很好，除非他是在不惜一切代 323
价捍卫一个理论见解。”（1096a1—2）就像《尼各马可伦理学》第十卷中的那个平行段落所断言的那样，这个例子向我们表明，幸福不可能只是一种 hexis（条件或状态）（1176a33—35）。

后来，在《尼各马可伦理学》第一卷中，亚里士多德回归于同样的观点，他强调：虽然“有可能出现一种并不伴随任何好东西的状态，就像在这位沉睡者以及一些醒着的人的情形中那样”，但这样一个人不会得到我们对正在过一种好的人类生活的某个人那种赞扬和祝贺的伦理态度（1098b33—1099a2）。他使用了运动员的例子作为类比：在奥林匹亚赛会中，我们不是对那些被认为最漂亮、最强壮的人拍手喝彩，而只是对那些实际上完成竞赛的人拍手喝彩。正如我们不对一位条件很好却没有参加竞赛的人说他跑得好一样，我们也不会赞扬一位具有美德的沉睡者（1099a3—7）。重要的是要看到，亚里士多德在这里并没有声称好的生活就是一种竞争，或者只有成功才值得赞扬。他的要点是天资和条件对于赞扬来说并不充分，为了得到赞扬，一个人就必须**做**一些事情，表明他如何能具有活动性。我们对竞赛参与者的评价取决于存在着实际的赛跑，尽管这种评价也取决于我们的这一信念：好的赛跑是由参与者的良好条件引起的，而不是由某种外在的力量引起的。与此类似，我们的伦理评价也立足于实际的努力和活动，立足于作为活动原因的一个稳定品格的出现。品格本身并不充分。此外，这位反对者对这个事例的说明可能是不连贯的，因为对于一个处于不可逆转的昏迷状态的人来说，我们并不知道说他仍然具有一个良好的条件是什么意思。在这种说法中至少有一个不可克服的认识论困难；不仅如此，既然条件或状态与活动模式具有很强的概念联系，这种说法也可能存在着一个逻辑困难。当亚里士多德提出如下评论时他就指出了这个问题："好与坏在睡眠中根本不是不同的……因为睡眠就意味着灵魂中那个可以把高贵的东西与卑贱的东西辨别开来的要素处于不活动的状态。"(1102b5—8)因此，我们甚至都不清楚，对那个全然不活动的人来说，说他具有一个卓越的品格是否合适。[12]

我们可以这样来总结亚里士多德反对良好条件观的一般思想。卓越品格的良好条件，就像一位运动员的良好状况一样，是对活动的一种准备；它在活动中得到了自然实现和繁荣。把这个条件的自然显示从一个人那里剥夺掉，就对他的生活质量产生了影响，就是使这个条件毫无成效或者毫无意义，使它被活活切断。我们会怜悯一位具备了良好条件但被禁止跑步的长跑健将，同样，我们也怜悯在受到阻碍的状况中具有美德的人。活动(energeia)就是那种良好条件从其隐蔽的状态或者单纯的潜力中的出现，就是其繁荣或繁盛。没有这种繁荣或繁盛，良好的条件就显得严重不完备；就像一位总是在后台等待，却永远得不到
324 机会在舞台上出现的演员一样，无法发挥其职能，永远被遮蔽。[13]

这位反对者或许会承认，意识和活动的**完全**停止就是好生活的衰落或停止，但他仍然试图通过提出一个区分来拯救其部分见解。区分的一方是外在的世间活动，另一方是一种包含思想和意识的完美的内在健康或者健康条件。于是他就可以说，只要认知机能和伦理意识在好人那里继续存在，他的身体是否完全被阻止执行道德想象所形成的

那些计划这个问题并不重要。[14]只要他能够形成好的意图，思索好的想法，那么，即使他被监禁、奴役或者折磨，他也活得很好。为了回答这一观点，亚里士多德就需要表明，在这种情况下，人的有效机能并不足以使他行动得好和生活得好。在《尼各马可伦理学》第七卷的一段话中，他确实提出了这样一个论证：

> 在受到阻碍的情况下，没有任何"活动"是完善的；但幸福是某种完善的东西。所以，一个幸福的人还需要身体的善、外在的善以及好运气，以便他的实现活动不受到阻碍。有些人声称，只要人好，那么哪怕他受到了严酷的折磨或者经受了巨大的灾难，他都会过得幸福。不管这种说法是有意还是无意，都等于什么也没说。（1153b16—21）[15]

面对这个回答，这位反对者再次这样来阐明"幸福"，即通过定义，他使幸福免受外在环境变化的影响。外在的灾难确实妨碍了行动，但不是妨碍有美德的状态，而有美德的状态（大概包括某种觉醒的内在生活）足以使一个人类生活过得好。亚里士多德又再次强调，行动确实重要。但按照美德来行动要求某些外在条件：身体条件，社会环境条件以及资源条件。受到严酷折磨的人不可能公正地、慷慨地、适度地行动；他无法帮助他的朋友或者参与政治事务。那么，我们何以能认为他生活得好呢？这位反对者在这里提出的事例比沉睡者的例子在直观上更吸引人，因为我们已经允许这个人醒过来，至少恢复了他对内在善的意识，而这种意识看来就是善本身的一个必要成分。然而，亚里士多德论证说，即使我们对品格的善具有一个更为丰富的图景，但完全受到阻碍和被切断的善，并不足以为我们最严肃的赞扬和祝贺辩护。

亚里士多德暗示了一个进一步的要点。假若我们认为这位反对者提出的事例看来有些道理，那是因为我们把那个受到折磨的人想象为具有某种复杂的内在生活的人。例如，我们可以设想他进行想象，形成意图，具有合适的情感和回应，甚至能够进行哲学反思或者证明数学真理。如果我们把这一切都装进“是好的”(being good)(相对于“行动”)的大口袋中，那么“是好的”就更加接近于那种可能会让我们感到满意的东西，而不是接近于我们在沉睡者的情形中所看到的那种东西，因为在那种情形中，“是好的”是一种完全迟钝的、不活跃的东西。但现在我们可以注意到，“是好的”看起来就类似于“是活动的”，而且，就像任何活跃的东西一样，它看来本身也容易受到阻碍。亚里士多德之所以谈
325 论“受到阻碍的活动”，目的是要使我们追问这样一个问题：受到折磨的那个人的内在活动是否本身不可能受到痛苦和剥夺的阻碍？思想、情感和反应以及思辨的和科学的思维，会受到环境的影响；就像外在世界中的计划一样，它们可能无法达到完善或完美。折磨可以对它们造成伤害。[16]总之，“内在/外在”的区分并不等同于“状态/活动”的区分。如果这位反对者使后一个区分成为显著的区分，把一切价值都赋予状态，那么这种做法也许就会向他提供一些真正不受运气影响的东西；但这种做法也会使人类与植物几乎没有分别。如果他使前一个区分成为突出的区分，把一切价值都赋予内在活动，那么他就会得到某种更为丰富、更加有趣的东西，但恰好因为那种东西是活动的，它也容易受到偶然性和灾难的影响。

在这些讨论中，亚里士多德并没有为某个东西的活性(而不是状态或条件)提出精确的标准。他的主要目的是向我们表明，凡是需要实现或者具有活动性的东西因此都是脆弱的，只有躺着等待，作为一种状态，才能逃避干扰。这个说法并不是完全不符合这一观点：在广泛地加

以解释的各种活动中，有些活动比其他活动更为脆弱也更容易受到阻碍。尤其是，我们可以联系《形而上学》第九卷中的讨论，把广泛意义上的活动（energeiai）划分为两个子类——一类是运动（kinēsis），另一类是狭窄意义上的活动。“活动”，狭义地解释，就是在任何时刻都是完备的活动：它们“自身就具有它们的形式”。每当我可以说“我正在做E”时，我也可以说“我已经做了E”或者“我处于已经做了E的状态”。例如，如果我可以说“我正在看一棵树”，那么我也可以说“我已经看见一棵树”。相形之下，“运动”是需要花费一定时间才能完成一个外在目标的运动：它们可以在其历程中被打断，它们自身并不具备它们的结束或者形式。因此，即使我确实可以说“我正在建造一幢房屋”，我不可能说“我已经建造了一幢房屋”。这个过程及其完成不仅不相互蕴含，而且相互排除。只有当建造工作已经停当时，房屋才算完全建造好。[17]

这个区分与受到阻碍的问题有明显的相关性，因为“运动”允许在其路径上被打断和阻碍，而狭义上的“活动”并不允许以类似的方式被打断和阻碍。但我已经把这一观点赋予亚里士多德：任何处于兴盛时期的东西，或者任何足够活跃，以致算得上是每一种类型的活动的东西，都容易受到阻碍。这个观点符合亚里士多德对（狭义上的）活动的说明吗？我相信确实是符合的。因为，当**一种**阻碍——也就是说，在一个活动尚未达到其目的或者形式上的完满时就被切断的那种阻碍——并不对活动构成威胁时，活动就其品质而论似乎很容易受到阻碍。“看”这种活动在一个时刻是完整的，这个事实符合这个明显的真理：一些人确实比另一些人“看”得更好；一些人“看”得不好，肯定是因为他们受到了外在阻碍。对于那个受到严酷折磨的人的理智沉思而言，这一点显然也同样成立。（在《尼各马可伦理学》第七卷中，亚里士多德把快乐 326

定义为自然状态没有受到阻碍的活动，这个定义意味着，疾病和其他灾难可以压制和妨碍许多类型的自然活动。[18]）我们可以认为活动就像河流：阻碍一条河流自然流动的一种方式就是筑起大坝，人为地妨碍它自然地到达目的地。另一种方式就是用淤泥来淤积它，使它的渠道变得狭窄和淤滞，它的连续流动变得缓慢，它的水质受到污染。我相信亚里士多德认为，任何东西，只要是广义上的活动，而不仅仅是隐藏的没有活动性的状态，就很容易以第二种方式受到阻碍。而且，也有一个明显的和重要的事实，即在缺乏某些外在的必要条件的情况下，没有任何活动能够开始——倘若没有光，人们就看不见；倘若河源已经干枯，就不会有河流。[19]所有这一切似乎足以使亚里士多德认为，在人类生活中，不管什么活动成了价值的载体，运气都有力量阻碍那些活动。

4

然而，亚里士多德现在必须更详细地描述好的活动易受到环境影响的方式，尤其是，他必须问那些临时的或者局部的灾难，在什么程度上竟然被认为削弱了幸福？他必须追问这一问题，理由在于尽管对极端情形的考虑可能足以反驳最极端的良好条件理论家的观点，但那些情形并不足以抓住我们大多数人在自身的生活历程中可能面临的问题。更为寻常的实践问题通常也更加微妙，更加容易引起争议。

在探究亚里士多德处理“悲剧性”灾难以及普里阿摩斯的情形之前，我们需要指出，在这些情形中，未受控制的环境可以用四种很不相同的方式来干扰好的活动。它们可以（1）剥夺实现这种活动的某种手段或资源。接下来，这种资源要么（a）对好的活动是绝对必要的，以至于缺乏它就会完全阻止那个活动；要么（b）它的缺乏可能限制或者妨碍那个活动的施行。（2）环境不仅可以通过剥夺外在手段而阻止那个活动，而且也可以通过剥夺它的对象或接受者而阻止它。（朋友的死亡就以较为直接的方式结束了友谊。）在这里，这个活动要么（a）可以完全被阻止，假若相关的损失是永久的和全面的；要么（b）可以被妨碍，假若相关的损失是临时的和/或者局部的。在这里我们将把注意力集中到（1a）和（1b）上，把目标的丧失留到下一章讨论。不过，亚里士多德并未明确地引出这个区分，他的例子是从所有的组群中引出来的。

"没有资源就不可能或者不容易做好的事情。"在我们本章开始的那段话中，亚里士多德这样说道，并由此展开了他对运气的讨论。他接着列举了各种类型的必要"资源"： 327

> 许多事情都是通过philo*、财富和权力这样的手段来完成的。还有一些东西，例如高贵的出身、可爱的子女和漂亮的长相，如果缺少了它们，无法享受福祉（to makarion）。因为倘若一个人丑陋得让人恶心，或者出身低贱，或者没有子女、孤独一身，那么他就完全

---

* 在本章和下一章中，在以下的论述中，我仍然没有把"philos"和"philia"这两个词语（往往被翻译为"朋友"和"友谊"）翻译出来；这些问题在第十二章中将被讨论。简要地说，philia在外延上比"友谊"更为广泛——它包括家庭关系、夫妻关系、情爱关系以及我们日常所说的"友谊"。通常它在情感上也更为强烈，伙伴应该由挚爱的感情联系起来，这是philia的一个要求；而且，正如我们看到的，philia包括了我们的那种最强烈、最亲密的情感联系。我们可以说，两个人"只是朋友"；但对philia我们却不能这样说。（为了方便，我们将把本书作者没有翻译过来的这个古希腊词语翻译为"友爱"，不过，我们需要注意的是，这个词指的是人们因为进入了某些特殊类型的人际关系而互相表示出来的那种关心和爱护；类似地，我们仍然把"philos"翻译为"朋友"，不过，需要注意的是，在亚里士多德这里，我们使用"朋友"来指称的那些人，是因为进入那些人际关系而互相关心和爱护的人。——译者注）

> 不可能生活得好(be eudaimonikos);还有,如果他有不好的子女或朋友,或者虽然有好子女或好朋友却死去了,那么他也不可能生活得好。(1099a33—b6)

在这些情形中,一些情形是剥夺了实现活动的工具手段,一些情形(朋友和儿女的情形)则涉及缺失实现进一步活动的工具手段(因为朋友也是“工具”)以及缺失一种卓越活动本身的目标。在一些情形中,我们可以设想的是,工具手段或目标的缺失会完全阻止卓越的活动。终生受到奴役,严重的慢性病,极度贫困,一个人挚爱的所有人都死亡,任何这样的灾难都有可能使得一个人无法开展卓越的活动。(甚至极端丑陋的身体面貌,正如亚里士多德在其他地方明确说出的那样,[20]可以完全妨碍一个人形成深厚的友谊。)在其他情形中,我们可以想象的是,尽管好的活动没有完全受到阻碍,但它会在很大程度上被妨碍或削减。在社会上处于不利地位的人可能缺乏参与有益的政治活动的机会,而这些机会是那些处于良好地位的人能够得到的;子女的死亡会束缚很多类型的活动的质量或者精神;疾病可以产生同样的结果。这些灾难并不罕见,而亚里士多德在这里似乎也没有那样看待它们。这些灾难在人类生活的历程中不断出现。亚里士多德的列举使我们开始注意到各种障碍威胁人们日常生活的程度。不受约束的活动看起来就像是罕见的或者幸运的东西。

亚里士多德已经观察到环境扰乱好的活动的那种力量,现在他准备用一个具体事例来考察我们的直观:

> 人的一生变化多端、机缘未卜,因此,甚至最幸运的人也有可能在老年时遭受劫难,就像特洛伊战争中普里阿摩斯的故事那样。

但是，当一个人遭受那种不幸，在悲惨的状况中结束自己的生命时，没有人会说他生活得好（oudeis eudaimonizei）。（1100a5—10）

普里阿摩斯的故事是对亚里士多德此处伦理理论的一个绝妙考察。因为这个故事开始于这样一个人：在他的一生中，他大概都已经发展和维护了一个稳定的卓越品格，按照美德行动得很好，但后来被战争夺走了家庭、儿女、权力、资源和自由。在其最终的可怜状态下，普里阿摩斯开展好行动的能力已经被大大削弱；因为既然他受到了这些约束，他就无法行使他本来具有的很多人类美德，而在以前，他正是因为那些美德而变得著名的。我们对普里阿摩斯深感怜悯，觉得在丧失他的活 328
动范围时，他已经失去了一种很重要的东西，那种比单纯的满足感更为深刻的东西。另一方面，即使一位伦理理论家拒斥了那种极端的好条件观，但在这里他甚至也想维护这一观点：灾难并未损害普里阿摩斯的生活质量。其理由是：普里阿摩斯在其一生中始终如一地用行动来显示他的优良品格。亚里士多德的挑战是要概述一个回答，这个回答公正地对待了这些竞争的直观。

他在这里采取的策略，就像他在其他地方采取的策略一样，是双方面的。为了反驳那些反对运气的理论家，他将坚持运气真正的重要性，并探究我们的这一信念：一个人有可能从好的生活中被驱逐出去。同时他向我们表明，既然好生活的概念很看重稳定的优良品质以及符合那些品质的活动，这种激烈的倾覆就很罕见。使优良的品质及其活动（而不是使，比如说荣誉或成功）成为价值的载体——或者毋宁说，承认我们确实相信它们就是价值的主要载体，因为亚里士多德论证说，那些提出其他观点的人，假若努力思索了他们的全部信念，他们就会改变看法——有助于我们避免把自己看作纯粹运气的牺牲者。

亚里士多德对普里阿摩斯和有关情形的评论违背了道德哲学中一个公认的传统，而不论是在古代还是在现代，这个传统都很有市场。它所说的是，道德善，作为伦理评价的一个合适对象，不可能受到外在环境的伤害或者影响。对柏拉图来说，好人不可能受到世界的伤害，其生活不会因为不利的环境就变得不够好和不太值得赞扬。[21]对那些倡导好条件观的理论家来说，同样的观点也明显是真的，尽管他们是出于略微不同的理由而持有这个观点的。康德对现代的亚里士多德评论家及其追随者都产生了无法低估的影响，而对他来说，**幸福**可以因为运气而增加或削减，但真正值得伦理赞扬和责备的东西，真正具有道德价值的东西，却不可能受到运气的影响。[22]这种康德式观点对后来的伦理理论影响非常深远，对很多人而言，它似乎就是真正的道德思想的特质。于是下面这种现象就不足为奇了：那些受到了这种传统的影响，并急于使亚里士多德在道德上变得可敬的解释者们，就对这段关于普里阿摩斯的论述提出了一种很奇怪的解释，按照这个解释，这段论述就不再具有这个含义：偶然发生的不幸事件能够影响（增加或削弱）我们对生活的伦理评价，而不仅仅是影响我们的幸福感。这个解释性的观点把亚里士多德从这个不道德的学说中解脱出来，其基本的思想是这样的：在这些段落中，亚里士多德在他的两个核心伦理概念之间引出了一个区分，其中的一个概念就是"生活得好"，而另一个概念是makariotēs（过得幸福或受到祝福）；前者在于遵循美德的活动，而后者在于为这种活动加上运气的祝福。这个观点是由一些受到康德影响的评论者例如罗斯爵士和约阿希姆提出来的，[23]按照这个观点，好运和厄运绝不可能减少幸福，也就是说，减少普里阿摩斯为此而可以得到赞扬和受到责备的那种东西；但是，因为它们能减少他对好的活动的享受，因此也就确实减少了他的满足感。这个解释本身是立足于论述普里阿

摩斯那个段落中的一句话，即“如果事情就是这样，那么生活得好的人 329
就永远不会变得可怜；但是，如果他遭受了普里阿摩斯那样的不幸，我们就不可能说他享受到了福祉”（1101a6—7）。在后面，我们会在这句话的语境中来分析它，询问它是否真的提出了那些解释者渴望引出的那个区分。

这个区分是一个著名的区分，很接近康德在道德价值和幸福之间的区分。因此，这种接近立刻就使我们怀疑它是否代表了对亚里士多德的正确解释，我们可以怀疑这一点，尤其是因为亚里士多德对那个遭受严酷折磨的人的评论具有一种反康德的力量。这个区分也没有给予我们自信，使我们可以认为亚里士多德对普里阿摩斯情形的第一个评论就是：“当一个人遭受这样的不幸，在悲惨状况中结束自己的生命时，没有人会说他‘生活得好’。”（1100a9—10）从一开始，人们认为普里阿摩斯所不具有的东西不仅仅是满足，而是幸福本身。不过，这可能是普通人的一个非反思性信念，是亚里士多德即将要批评的东西。所以我们需要进一步审视这个问题：整体的文本是否支持这些解释者提出的区分？

事实上，文本并不支持这个区分。在这些段落中，亚里士多德根本就没有把“生活得好”（eudaimonia）和“过得幸福”（makariotēs）区分开来；他明确地声称，二者都可以受到某些类型的运气的损害或破坏，尽管不是受到他的一些同时代人所假设的所有类型的运气的损害或破坏。我们可以简要地提出这些文本证据，首先是那些宣称幸福很容易受到灾难影响的段落；其次是这样一些段落，这些段落表明亚里士多德在这里把“eudaimon”和“makarion”处理为相互可交换的；因此，这些段落允许我们按照他对makarion的评论来描述eudaimonia。

第一，正如我们已经看到的，在《尼各马可伦理学》第七卷（即《优台谟伦理学》第六卷)中,有一段话描述了那个受到严酷折磨的人。这段话断言,生活得好要求外在环境;对于《大伦理学》II.8中的那个段落,即我们在本章一开始引用的那段话,同样的东西显然也是真的。《优台谟伦理学》第八卷第2节详细地论证说,"实践智慧不是使一个人按照美德(eupragian kat' aretēn,用来定义"生活得好"的那个词语)行动得好的唯一东西,但我们也对幸运者说他过得好,这意味着好运,就像知识那样,也是好活动的一个原因。"(1246b37—42a2)论述友谊的那几卷将论证说,友爱,作为"外在的善",对完整的幸福是必要的(参见第十二章以及尤其是1169b2及以下)。但我们并不需要看得那么远,因为《尼各马可伦理学》中那些引起争议的段落讲述了同样的故事。没有谁会把普里阿摩斯说成是一位生活得好的人(1100a7—8)。既然没有资源就不可能或者很难做好事情(ta kala prattein),那么幸福需要外在的善(1099a29—31)这一点就很明显了。在论述普里阿摩斯的那段话结束时,亚里士多德总结说,"那么,是什么东西阻止我们说一个人类生活过得好,当且仅当那个人不只是在某个偶然的时期内,而是在其一生中都遵循完满的美德来活动,而且充分地享有外在的善?"(1101a14—15)在这里,"充分的外在的善"这个说法出现在这段话中,就像在《尼各马可伦理学》的任何地方一样,在形式上它被定义为幸福本身的一个独立的必要条件。

第二,假若我们现在注意到"eudaimon"和"makarion"一起出现的那些段落,我们就会发现那些段落确认并且没有破坏这个一般图景,因
330 为这两个词实际上被处理为可以互换的。一般来说,对于亚里士多德的所有伦理著作来说,这一点也是真的。我们可以从目前的语境之外随意拿出一个显著的例子:在《尼各马可伦理学》第九卷第9节中,亚里士多德报告了一个争论,一个与友爱的价值有关的争论:

> 存在一个关于"生活得好"的人是否需要朋友的争论。(这个争论之所以产生)是因为人们说，既然有福(makarioi)和自足的人已经具有所有好的东西，他们就不需要朋友……把所有好的东西赋予生活得好的人，却唯独漏掉了朋友这种似乎是最大的外在善的东西，这种做法显得很奇怪……把享得福祉的人想象成孤独的也很荒唐，因为没有人自身就能够选择享有世界上所有的善。理由在于人是政治产物，天然地就要与他人一起生活。这一点对于生活得好的人也是真的……因此，生活得好的人需要朋友。(1169b3—10、16—19、22；对这段话中的论证的详细讨论，参见第十二章)

没有人能合理地怀疑，在这段话中所使用的那两个词之间，其实并没有明显的区分，亚里士多德交替使用二者，大概只是出于某些文风上的考虑。不管是在他解释对手的见解时，还是在他自己的评论中，都是如此。也没有任何人能够怀疑友爱这种外在的善在这里被认为是生活得好的一个必要条件，而不仅仅是享得福祉的一个必要条件。

正如我们可以看到的，如果我们重新考察《尼各马可伦理学》第一卷中的那段话(其中的一部分我们前面引用过)，那么同样的东西对于我们目前的语境来说也是真的：

> 不过，正如我们所说，为了生活得好，一个人显然也需要外在的善。因为许多好的事情都是通过朋友、财富和权力这样的手段来完成的。还有一些东西，例如高贵的出身、可爱的子女和漂亮的长相，如果缺少了它们，就无法享受福祉。因为倘若一个人丑陋得让人恶心，或者出身低贱，或者没有子女、孤独一身，那么他就完全

> 不可能生活得好；还有，如果他有不好的子女或朋友，或者虽然有好的子女或好朋友却死去了，那么他也不可能生活得好。因此，正如我们说过的，生活得好似乎还需要这种幸运的气候。一些人之所以把幸福判定为好运，而其他人则把它鉴定为美德，原因就在于此。（1099a33—b8）

这段话很清楚地表明，亚里士多德根本就没有在“过得幸福”和“生活得好”之间引出这样一个重要的区分，他完全准备断言，生活得好本身会因为某些外在善的缺乏而被打断。（在上面引用的这段话中，第一句话的主语在希腊文中并不明确，而是要按照前一句话来补充，那句话最后那个词就是“生活得好”；此外没有其他备选主语。）一般的要点现在进一步得到了谈论“无法享受福祉”那句话的说明；这句话接着又得到了再次按照“生活得好”来说出的那句话的说明。最终结论的主语在希腊文中是用非人称代词来表示的，它显然指的是生活得好：正如我们引用的最后一句话所表明的，正是幸福要求一种幸运的气候。如果好的生活缺乏某些必要条件，那么它就会受到削弱，之所以如此，大概是因为：倘若没有这些条件，一个人就无法履行高贵的行动，而好的生活就在于履行这样的行动。因此，迄今为止“makarion”和“eudaimon”这两个词并没有分离开来。

现在我们必须进一步审视这段话的语境，因为它形成了对立解
331 释的基础，而且，正是在这段话中，亚里士多德对普里阿摩斯的情形提出了自己的判断。亚里士多德提出了这一问题：既然人类的好生活容易受到厄运的破坏，那么我们对一个人一生的幸福的判断到底有多可靠？他接下来再次重申他的见解：人类的好生活确实“还需要”（prosdeitai，1100b8）外在的好运。不过，他仍然认为，这并未使幸福完

全受到运气的摆布，或者并未使我们把生活得好的人说成是“福祸不定的存在者”（1100b6—7）。因为这些善并不是好的生活当中最重要的要素：“生活的好坏并不依赖于这些东西。”（1100b8）[24]它们并不是好生活的实际构成要素：“符合美德的活动或者其对立面，就是去经营[25]幸福或者其对立面的东西。”（1100b8—10）这种活动，虽然在某种程度上仍然是脆弱的，但大概也是人类生活中最稳定最持久的东西，属于最难失去把握、最难被遗忘或者最难被夺走的东西（1100b12及以下）。亚里士多德首先把“活得好和做得好的人”称为“享有福祉的人”，然后在下一句话中转换到“生活得好的人”（1100b16、18），这样一个人在其一生当中都将继续活得好和做得好。“因为他将总是或至少经常从事和思考那些符合美德的行动，而且，如果他是真正好的、‘无可指责的’，那么他也会以一种最豪爽的方式来设法恰切地承受运气的变化。”（1100b19—22）

到目前为止我们所说的东西都很清楚。亚里士多德把“稳定的好生活”理解为这样一种生活：这种生活是建立在稳固品格的基础上，而且就在于按照品格和知性的美德来活动。但现在，当他开始询问这种生活以什么方式变得脆弱这个问题时，复杂性就开始出现了。他现在告诉我们，一些小小的好运或不幸不会使“生活发生决定性的变化”（rhopē tēs zōēs，1100b22—25）。但重大的有利事件如果正好发生，就可以使生活变得更为幸福，因为它们所提供的机会可以被一个人利用得很充分很恰当；另一方面，相应地，大的厄运则“可能因为它们所带来的痛苦，它们对活动造成的障碍而损毁过得幸福的条件”（1100b23—30）。于是，在目前的语境中，亚里士多德只是使用“享受福祉”这个词来表示那种可以被重大的好运所加强，被严重的厄运所削减的东西。但是，除了我们提出的其他证据外，他在这里提出的理由都与运气加强或者削弱卓越的**活动**有关，而这些理由就向我们表明，幸福不可能只是某种附加的快乐或满足感。就像在其他地方一样，在这里，亚里士多德是在认为，外在的事件可以提高或阻碍一些构成好生活的活动。他大概认为我们需要考虑运气的工具效应和更为直接的效应。一笔遗产向一个人提供了从事高贵的和慷慨行动的工具；突发性的疾病通过夺取了一个人的精力，就阻碍他在每一个领域活动得好。政治变故以及可爱的人的死亡，通过取消了其他各种好活动的目标，从而也就更直接地取消了那些活动；反过来，儿女的出生或者成年人获得政治权利，通过对卓越的行动提供一个对象，就对这种行动做出了一个直接的贡献。

所有这一切似乎都关系到幸福本身及其构成要素，而不是关系到某种不期而遇的善。亚里士多德简要地阐明了这一点：

> 生活得好的人不会因为运气的变故就轻易改变自己，因为他不会轻易地从他的幸福中被驱逐出去。他也不会因为一般的不
> 332 幸而痛苦，只有重大而频繁的灾祸才会使他痛苦；他也不会很快就从这些灾祸中恢复过来，并重新生活得好，除非他经历了一段很长的完整的时间，并在这段时间里取得了重大的好的成就。（1101a8—14）

（紧接这段话的那段话就是我们在原书第330页中讨论过的那个对“生活得好”进行定义的段落。）亚里士多德在这里很明确地断言，长期延续的严酷不幸损害了好生活本身。在他上面使用“makarion”的地方，他使用了“eudaimon”，但并没有对它们进行区分。（几行之后，在1101a19—20中，他解释了他的最终定义，现在用“makarion”来替换“eudaimon”。）他说，既然人的美德一旦发展起来之后就是某种稳定的

东西，因此这种破坏就很罕见；但如果灾祸巨大、深远或者频繁出现，那么它们会如此严重地“损毁”好的活动，因而“损毁”好的生活，以至于只有时间和很多的好运才会把幸福恢复回来。

在这个中间段落中，亚里士多德施加了一个重要限制。我们开始用来批评那个康德式解释的语句就包含在这段话中，由于这个缘故，我们现在应该详细地研究它的语境：

> 如果活动，就像我们说过的那样，是生活中主要的东西，那么一个享受福祉的人就永远不会变得很悲惨(athlios)。因为他永远不会可恨地、卑贱地行动。我们认为，一个真正好的和有理性的人将用尊严来承受运气的变故，将总是做环境允许他做的最好的事情，正如一位好的将领将以最好的方式来调动他手中的军队，一位好的鞋匠将以最好的方式来利用他手中的皮革，就像所有的匠师那样。如果这是正确的，那么生活得好的人就永远不会变得很悲惨；不过，如果他遭受了普里阿摩斯那样的不幸，他仍然说不上享得了福祉。他实际上不会因为运气的变故就轻易改变自己，因为他不会轻易地从他的幸福中被驱逐出去……(1100b33—1101a10)

一旦我们考察了这个完整的段落(其中一些部分我们在前面已经独立地考虑过)，我们就可以理解亚里士多德对普里阿摩斯提出的最终判断。他确实承认极端的不幸**有可能**把完整的幸福从一个好人那里夺走。但他提醒我们，具有好品格和实践智慧的人往往能够抵抗住这种损害，甚至面对不利的环境寻求一种高贵地行动的方式。就像一位以最好的方式来调动自己手中军队的将领，或者一位以最好的方式来利用自己手中皮革的鞋匠那样，具有实践智慧和卓越品格的人也会尽可能利用生活的“材料”，以某种方式在行动中将其卓越表现出来。实际上，正如我们在第十章中所看到的，亚里士多德所说的那种实践智慧，作为一种“技艺”，部分地就在于敏锐地回应一个人“材料”的限制，在各种可能性中把最好的可能性挑选出来，而不是僵硬地服从某套不灵活的规范。那种亚里士多德式的实践卓越是为世界中的各种偶然性准备的，不容易受到它们的破坏。但是，在诸如普里阿摩斯情形的那样一个极端情形中，所有这些东西都不足以阻止“幸福”的丧失。

最终，亚里士多德感觉到，他很有必要强调这一点：一个具有稳定的好品格的人，不会因为遭受连续不断的不幸，就采取违背其品格的行
333 为；品格的稳定性将屹立在他和真正**糟糕**的行动之间。但是，如果行动就是生活中主要的东西，那么只有糟糕的行动才会使一个人真正变得悲惨。如果幸福就是由财富或权力构成的，那么因为运气的影响，一个人就可能从巅峰跌落到低谷，从最值得赞扬的状况跌落到最受轻蔑的状况。卓越的活动可能受到压榨或阻碍；但那个遭遇不幸的人不会因为这一点就跌落到伦理评价尺度的底部。即使我们并不想承认那个受到严酷折磨的人是在过一种繁盛的、值得充分赞扬的生活，但我们也可以承认，他的生活不是邪恶的、可鄙的或者应该受到责备的。

总而言之，亚里士多德对幸福的那种理解，既然把卓越活动建立在稳定的好品格的基础上，就使得好生活在面对世界时尚且比较稳定。但这种稳定性并不是无限制的。在具有好品格和生活得好之间具有一个实实在在的裂隙；未受控制的事件可以进入这个裂隙中，因此妨碍了好品格在行动中的恰当实现。我们已经提到了四种类型的妨碍：由于一个工具性的资源遭受剥夺，活动要么全面地受到阻碍，要么受到限制；由于缺乏活动的目标，活动要么全面地受到阻碍，要么受到限制。不过，鉴于我们的兴趣是要把这些伦理问题与亚里士多德对悲剧的关

注联系起来，我们现在应该把两个另外的状况添加到这个列举中。这两个状况在这个一般的说明中只是被隐隐地认识到，但在《尼各马可伦理学》第三卷以及其他地方却被亚里士多德明确地认识到。回想我们在第二章和第九章中的讨论，我们可以把这两个状况分别称为“俄狄浦斯状况”和“阿伽门农状况”。

俄狄浦斯有好品格，却做了一件（大概）有碍于他幸福的事情。在他的情形中，运气产生出来的那个“裂隙”并非仅仅就是好品格和活动之间的裂隙：因为他确实行动了，而且他的行动并没有在任何实际的意义上受到了妨碍。不过，在他的情形中确实有一个裂隙，那个裂隙是由一种可以原谅的无知环境造成的，处于他有意地或自愿地履行的行为（在十字路口把一位老人杀死）和他不自愿地履行的行为（弑父）之间，而后面这个行为确实剥夺了他的幸福。我现在想提出这一建议，我们可以把这个裂隙看作具有好品格和生活得好之间的裂隙的一个变种。因为那个被有意履行的行为很自然地表达了俄狄浦斯过去品格中的一些东西。由于外部环境中的运气使然，我们对这个行为的描述并不是对所发生事情的道德上突出的描述；其实，按照一些理论家对亚里士多德有关行动的个体化观点的解释，俄狄浦斯实际上并没有履行那个行为，只是履行了另一个行为。[26]因此，在这个意义上，环境阻止和阻碍了俄狄浦斯对其品格的无可责备且恰当的激活，进入意图和行为之间，使得那个有意的行为至多只是隐隐约约地存在。

阿伽门农的情形则显得更为复杂，因为在这里，正如我们已经看到的，每一个冲突的取舍都以某种方式自然地表达了他的好品格，但又都具有悲伤的另一面。对宙斯的虔敬与对其孩子的谋杀不可分离；对那个孩子的保护又与对他麾下受苦的士兵的背叛和残忍不可分离。不像俄狄浦斯，对于阿伽门农所选择并且想要实践的行动，我们既有好的

334 描述也有坏的描述：他不是因为无知而被原谅的。[27]但是，在他的情形中，我们也可以说，这个世界通过引起悲剧性的冲突也因此在他那里制造了一个裂隙，这个裂隙就出现在他的好品格与那个品格在行动中没有受到约束的自然表现之间。在这种情形中，虔敬与谋杀不可分离，而这一点恰恰构成了其虔敬活动的障碍；他行为的品质，他品格的自然表现，都因为他对罪行的惊恐而失色，而这种惊恐又无法从他的品格中解脱出来。于是，亚里士多德对好条件观的倡导者的批评，他对受到阻碍的活动的评论，就容纳了这两种进一步的情形，而这两种情形在我们对悲剧的欣赏中极为重要。

进一步，亚里士多德的文本似乎确实承认阿伽门农式冲突的存在。不过，他说道，运气不可能使一个好人采取真正糟糕的行动，而这个说法可能就对这一点产生了怀疑。而且，在《大伦理学》中，他强调，美德与恶行不同，一般来说是相互强化的，并不产生冲突。[28]（例如，政治正义很符合节制和勇敢，理论追求也很符合节制。邪恶的人不会发现这种和谐，因为毫无节制的欲望与诡计多端的不公正站在一边，胆怯与过度追求权力站在一边，等等。）但是，在论述友爱的那个部分中，亚里士多德允许一个人对一位朋友的义务可以与他对另一位朋友的合法义务发生冲突，以至于他无法同时履行这两个义务。[29]在《尼各马可伦理学》第三卷第1节中，亚里士多德承认，在某些环境约束的情形中，好人可以以一种有缺陷的乃至“不体面的”的方式行动，做出只有在冲突的情况下才有可能做出的事情。他将尽量行动得好；但他也会做一些糟糕的事情，一些他原本不会选择去做的事情。所谓的“混合行动”就是这种情形。亚里士多德的例子首先是这样一个人，他在暴风雨中把一些货物扔下船，我们已经在第二章中讨论了这种情形。其次是这样一个对我们来说更为核心的情形，在这种情形中，一位暴君要求行动者做一件可耻的事情，威胁说如果不去这样做，他就会把那个人及其家庭成员统统杀死。在这里我们碰到了这样一种情形，在这种情形中，厄运事实上会强迫一位明智的行动者做可耻的和卑贱的事情。但亚里士多德论证说，这样一个卑贱的行动并不完全是行动者自己的。这个行动只有在以下意义上才是属于他自己的：它是行动者自己选择要履行的行动，而且，行动的根源就在行动者当中，即他的信念和欲望说明了这个行动。但我们的评价考虑到了这个约束性的要素，即这样一个行动，就其自身而论，并不是他自愿去履行的行动（1110a18及以下）。这样一个行动并没有显示可耻的或者卑贱的品格。有时候亚里士多德会补充说，我们赞赏和赞扬那样一些人，他们面临这种冲突，为了一个有价值的目的而不得不做出艰难的选择（1110a20—22）；亚里士多德并不同情这样一些人：在政治事务或私人事务中，这些人一开始就从责备和不可接受的行动中退缩回来，以至于他们将无法为至善而做出一个必要的决定。但是，在其他情形中，我们只是把我们的伦理评价悬搁起来，怜悯一位不得不忍受冲突的行动者，因为这种冲突“超过了人性的限度，因此是任何人都无法忍受的”（1110a24—26）。我们大概可以认为，这就是他对阿伽门农式情形的回答，因为在这种情形中，阿伽门农表现得更像一位具有好品格的人，敏锐地感觉到了不利于他做出健全选择的那种张力和约束。[30] 335

针对他对冲突提出的这些评论，亚里士多德进一步补充了一个观察。那就是人们所看重的某些美德，尤其是勇敢、政治承诺和对朋友的爱，往往会把一个好的行动者，而不是一个有缺陷的行动者引入这样的境况，即品格的要求与维护生命本身发生了冲突，因此也与继续从事美德活动的可能性发生了冲突。这是一种特殊的价值冲突。亚里士多德所说的那种好的行动者会把这种冲突看作一种选择，在这种选择中，真正有价值的东西被放弃了，尽管他并没有因此就被迫接受邪恶的行动。亚里士多德讨论了为了友谊或者为了爱而做出的牺牲，并在这个讨论中强调了这一事实：具有美德的人会把舒适、安全、金钱看得很轻，却很看重高贵行动的机会；不过，他继续认为，对朋友或国家的爱有时候会要求牺牲与好生活密切相关的东西，即牺牲高贵行动的机会，乃至牺牲生命本身（1169a18—b2）。

有一种观点认为，这种偶然的冲撞不可能削弱好的生活。这种观点的捍卫者以及好条件观的倡导者可能会试图认为，在这里并没有真正的丧失，因为这个人的善仍然完整无缺，其选择所具有的高贵性质保证他将不会在好的生活上有损失。正如我们会预料到的，亚里士多德并不同意这个说法。他在其他地方论证说，活动性和生命的丧失，对于具有美德的人来说，甚至比对卑贱的人来说是更大的损失。一个人越是卓越，他的生活在价值上就越丰富，因此冒失去生命之险的那种选择就越痛苦：

> 勇敢的人越是具备全部的卓越，他就生活得越好，死亡的可能性带给他的痛苦也就越大。因为这样一种生活最值得过，而他又会意识到他正在失去最大的善。这真是一件痛苦的事情。但他的勇敢并不因为这种痛苦而折损，甚至也许会因此而更加勇敢，因为他所选择的是在战争中宁可牺牲其他一切，也要选择好的东西。其实，在一切美德的情形中，我们并不拥有快乐的活动，除非美德已经获得了自身的目的。（1117b10—16）

在这种情形以及其他类似的情形中，美德减少了自足性，提高了脆弱性：它给予你一些具有高度价值的东西，要求你在某些受到运气影响的状况中放弃那些东西。但是，亚里士多德说，美德竟然会带来冒险和痛苦，这一点并不令人惊奇，除非你陷入了这样一种虚假的概念：美德必然与快乐时光相联系。当高贵的活动达到其目的时，快乐就会自然出现；但如果世界竟然妨碍了这种实现，那么好人仍然会选择高贵的行动（也见第十章，原书第295页）。

5

到目前为止，在亚里士多德回答好条件观的倡导者时，他只是提到了受到阻碍的活动，尚未谈到机遇所引起的，对好的条件或者对品格状态本身的损害。不过，显然亚里士多德的确相信，我们的世俗环境不仅影响成年人好品格的表现，也影响品格本身，不管那种影响是向好的方面还是向坏的方面发展。明显的是，按照他的观点，这个世界决定性地影响了儿童品格的形成；[31]成年人的品格容易受到影响的情形不是那 336
么明显，但我们仍然可以表明这种影响确实存在。我们可以用四个证据来表明这种情形：(1) 描述普里阿摩斯的那段话本身;(2) 关于友爱和政治环境的证据;(3)《修辞学》中对品格与时间和（或）生活经验的讨论;(4)《修辞学》和《尼各马可伦理学》中对所谓的“运气之善”的说明。

亚里士多德说，好人不可能轻易地从幸福中被驱逐出去，只有“重大的和频繁的不幸”才有可能做到这一点。然而，一旦被驱逐出去，“他也不会很快就从这些灾祸中恢复过来并再度生活得好，除非他经历了一段很长的完整时间，并在这段时间里取得了重大而高贵的成就”。这种不幸确实对好人造成了损害，我们现在必须更密切地审视这种损害的本质。因为不幸可以用两种方式“损毁”好的活动：通过破坏好的倾向在行动中的表现，或者通过影响行动的内在源泉本身。前一种可能性在目前的语境中很明显；但对于我们阐明这个特殊的段落来说，后一种可能性似乎显得更为重要。好行动的一个单纯的外在障碍，因为好运的恢复，其影响**立即**就可以消除。在战时沦为奴隶的人在某个时刻可以获得自由，病人能够被迅速地治好，没有子女的人可以突然怀一个。欲望、期望和思想可以因为决定性的漫长不幸而变得腐化，但一段时间的好运又可以使它们步入正轨。亚里士多德反复使用了这些暗示损坏或毁损的词语，[32]他也断言，只有经过一段较长时间才能把运气的损害逆转过来，这些事实表明，他也在思考一种更为深刻、更加内在的损害。使奴隶恢复一个自由人的尊严感和自尊感，使无可救药的慢性病患者再次学会具有健康人所特有的欲望和计划，使曾经丧失一切的人形成新的、富有成效的依恋，这些事情都需要花费很长的时间。

在论述友爱的那些部分，这个可能性变得更加具体，因为在那里，亚里士多德既表明爱是一种脆弱的善，又在成年人品格的发展和维护中赋予它一个重要的作用。对于他对支持性政治环境的功能的讨论，我们可以说同样的话。鉴于我们将在下一章中详细讨论这些论证，我们现在转到一些不太为人所知却高度有趣的材料上，那些材料出现在《修辞学》中。[33]

在《修辞学》II.12—14中，对品格与生活时间的关系，亚里士多德提出了一系列观察；这些观察向我们清楚地表明，灾祸和不幸的经历在多大程度上能够伤害品格本身。他告诉我们，年轻人具有年长者通常不再能够具有的某些美德。那些美德具有一种高贵的简单性：它们是开放的或坦率的（euētheis），而不是狡诈的或恶毒的（kakoētheis），“因为年轻人还没有见识到太多的邪恶”（1389a17—18）[34]。他们容易相信别人，因为他们还没有经常受到欺骗（1389a18—19）。他们更为勇敢，因为他们满怀希望，而这有利于人的自信（1389a26—27）。他们能够具有亚里士多德所说的那个关键的美德，即灵魂的伟大（megalopsuchia），“因为他们还没有怎么受过生活的磨砺，还没有体会到必然性的威力”（1389a31—32）。（《尼各马可伦理学》也强调好运对这个“首要美德”的重要性，参见1124a20及以下。）他们并不太关心金钱，因为他们对需求没有多大的体验（1389a14—15）。他们很容易形成友谊，因为他们以其他人的陪伴为乐，并不用得失来计较（a35—b2）。他们富于怜悯心，因为他们觉得其他人都是好人，因此很容易相信其他人在不公正地受难（b8—9，参见插曲二）。他们还喜欢大笑，因此具有机智风趣（eutrapelia）的社会美德（b10—11）。亚里士多德告诉我们，他们也有某些过度的倾向，这是因为他们缺乏经验和渴望激情。但是，在这些显著的观察中，让我们觉得最有趣的是，正是因为他们缺乏某些糟糕的经验，他们才能具有某些高尚的好品质。 337

当我们转到亚里士多德对年长者品格的论述时，我们可以更清楚地看到这个主张的含义，因为那种品质的缺陷恰好来自他们对生活的体验，而这种体验是易于相信他人和满怀希望的年轻人尚不具有的。在这里有一段不太为人所知却非常重要的话值得我们引用：

> 因为他们（年长者）已经活过很多岁月，受过太多的欺骗，自己也做错过很多事情，因为他们体会到人类生活诸事大多粗俗卑鄙，于是他们便不再满怀信心地看重任何事情，对什么事情都提不起干劲。他们不断地想，但总是想不明白；他们对一个问题的两方面都有看法，但总要添上“或许”、“大概”之类的说法；他们无论说什么都离不开这类字眼，不会讲任何肯定的话。他们凡事都往坏处想（kakoētheis），因为这样想也就是对所有事情都取其最坏的一

> 面。此外，由于不信任别人(apistia)，他们总是疑虑重重，而他们恰好是因为他们的经验而不信任别人。由于这些原因，他们爱人不切，恨人也不深，而是奉行拜阿斯(Bias)准则，在爱时想着对方有一天将会成为自己所恨的人，在恨时想着对方有一天将会成为自己所爱的人。他们心胸狭窄(mikropsuchoi)，因为生活压抑了他们的志气：因为他们不追求任何重大的或非凡的事情，而只是欲求那些与生活相称的事情。他们毫不慷慨，因为他们把财物看作是生活的一种必需品，同时也因为他们从经验中认识到财物来得艰难，去得也容易。他们胆怯懦弱，在任何事情面前都显得畏畏缩缩，因为他们的品格在这方面正好与年轻人相反。因为他们冷漠，而年轻人热情；所以年老就是通向怯弱之路，因为畏惧也是一种寒冷的感觉……他们不必要地过分自爱，因为这也是心胸狭窄的某种表现。他们不必要地为了有利的东西而生活，而不是为了高贵的东西而生活，因为他们是一心自爱的人。因为有利的东西是对一个人自己的善，而高尚的东西则是单纯意义上的善……年长者也对他人感到怜悯，但其缘由与年轻人不同，因为年轻人是出于爱人之心而怜悯人，而年长者是出于孱弱而怜悯人——因为他们认为所有的灾祸都离自己很近，随时都可能落到自己身上，而这就是怜悯的一个起因。因为这一缘故，他们总是满腹牢骚，缺乏机智风趣，也不喜欢笑。(1389b13—1390a24)

在这段话中有一些值得注意的观察，而这些观察清楚地向我们表明，在多大程度上，亚里士多德愿意承认生活的运气会妨碍品格本身，甚至使美德难以得到维护。有一些美德要求开放或坦率而不是自我防
338 卫，要求信任他人而不是自我保护，而这些美德尤其受到了威胁。亚里

士多德的观点似乎是很多美德都要求这个要素。爱和友谊要求信任所爱的人；慷慨不符合这样一种连续不断的怀疑，即世界将要夺走人的生活必需品；灵魂的伟大要求一个人满怀希望和期望；甚至勇敢也要求这样一种信心：高贵的行动自然会产生某种善。（在第十三章中，我们将看到，在亚里士多德与欧里庇得斯悲剧的联系中，这个思想显得很重要。）这些美德要求对世界及其可能性采取一种开放的姿态，正如《安提戈涅》也表明的那样，灵魂的那种柔顺的、接受性的特征和过分强调自我保护不相协调。这种开放性本身既是脆弱的，又是幸福的脆弱性的一个根源，因为轻信别人的人比自我封闭的人更容易遭到背叛，而正是对背叛的体验缓慢地侵蚀了这些美德的根基。于是，在大多数人的经验就是"事情总是向坏的方面发展"的世界中，美德就这样包含了它自己的灾难的种子。

这是一篇针对那些即将对普通人组成的一个混合群体发表演说的演说者的论文；因此，它的目的是针对那种普普通通的人，并不强调具有卓越品格的人的能力。*我们可以像《尼各马可伦理学》第一卷那样假设，这样一个人不会受到某些坏经验的侵蚀，在很多情况下他可以利用他手中的"材料"很好地行动，因此使他的品格完整无缺。不过，这段话清楚地告诉我们，品格本身可以受到影响；它发生衰落的机制不仅出现在一般的生活中，而且显然也出现在好的生活中。（这里提到的大多数情况是共同的；有些情况甚至显得很自然、不可避免。）其实，我们可以说，在某些方面，好的东西比坏的东西更容易受到威胁，因为，正是

---

* 有人也可能会提出以下异议：《修辞学》的这些段落所处理的是尚未被详细审视和考察的日常流行信念。但亚里士多德是在告诉这位演说者，在一定程度上年轻人和年长者是相似的，以便让他知道如何最好地说服他们。他的教诲在这里是否取得成功，取决于它是否正确地论述了他们的品格实际上是什么，而不仅仅是他们是如何被**看待**的。

心胸坦率的好人相信不确定的事情，而更容易陷入幻灭的痛苦中。在欧里庇得斯对赫卡柏的描绘中，我们将会看到，要动摇一个真正好人的品格是多么艰难，但我们也会看到，一旦信任丧失了，这样一种衰落的景象又是多么可怕。

接下来，《修辞学》中有三个简短的章节，关系到“运气之善”及其对品格的贡献。[35]这些章节充实了亚里士多德关于美德脆弱性的一般论述，但也添加了这样一个令人不安的思想：成功可以像不幸一样具有腐化作用。亚里士多德接着考虑运气可以给一个行动者带来的三种优势：好的出身、财富和权力。对于每种优势，他问道，它能够对品格产生什么影响？简要地加以总结，他的结论是这样的：好的出身容易滋生野心和倨傲；财富容易滋生傲慢自大和一种唯利是图的价值观；权力一方面有利于培养一些更好的品质，例如严肃的品质和一种清醒的责任感，另一方面，权力和财富一样，也容易滋生一些恶习。所有这些好运
339 据说都将有助于产生一种美德，即对神的爱，幸运者把他们的好运归因于神（1391b4）。厄运的对立状况容易滋生对立的品格状态，并且是以一种我们很容易设想到的方式（1391b5—7）。

在这里，亚里士多德并不是说：这些运气就是我们所定义的那些品格状态的充分条件，或者具有这些运气的人会发展那些品质。（实际上，在《尼各马可伦理学》中，他强调，与坏人或者普通人相比，好人将会更恰当地处理好运，参见1124a30及以下）。他把运气说成是一个起作用的原因，说成是“与其他原因一起”（sunteinousin，1391a31）推动那些品质的东西。我们大概不应该以一种更强的方式来理解这个主张：好运“具有”所描述的那些类型的特征（echei ta ēthē，1391a30—31）。这种运气是具有某些真实效应的一个因果要素。富人“以某种方式（paschontes ti）受到了他们所拥有的财富的影响”（1390b33—34）；“甚至

认为他们应该以那种方式受到影响也是合理的”(1391a7)。于是，这些因果要素就具有了这一特点：它们会受到一个具有格外坚定的品格，生活在相对平衡的环境中的人的抵抗；但它们是真实的力量，而一个伦理论述必须承认它们的力量。

现在，关于亚里士多德驳斥运气反对者的论证，我们可以总结如下。首先，他已经论证了，即使一个具有美德的人处于好的条件下，这种条件本身对于生活的完整的善也并不充分。我们关于价值的最深信念，当仔细地加以审视时，它就会向我们表明，我们要求更多的东西。我们要求好的条件应该在活动中获得完善的或者完整的表现；这种活动以这样一种方式把行动者领入世界中，以至于他很容易受到灾难的影响。我们对好生活的任何理解，只要我们要求它足够丰富，以便值得拥护，就会包含这种危险的要素。其次，好人不会无限制地变得脆弱。因为甚至在不利的环境中，他的实践智慧往往会向他显示如何行动得好。但脆弱性也是真实的，如果对好的生活条件的剥夺和削弱足够严厉，或者延续足够长的时间，那么它们就会把好人从幸福本身之中“驱逐出去”。亚里士多德反对好条件的倡导者最终要点是，甚至就连美德的条件本身也不是一种坚不可摧、无懈可击的东西。美德对世界采取了一种柔顺、开放的姿态，但正是因为这个缘故，它一方面就像花朵那样美丽，另一方面就像花朵那样脆弱。

6

迄今为止我们一直在谈论人类幸福的那种无法避免的脆弱性，因为人类生活特别容易受到世界上各种偶然变故的影响。我们可以看到价值的丰富性和危险性是如何密切相关的：因为同样的评价性选择，那种看重活动而不是只看重理智敏锐的选择，一方面强化了人类生活的质量和完整性，另一方面又使行动者容易受到灾难的威胁。在下一章中，我们对社会价值的分析将会更清楚地揭示这种联系。但是，到目前为止，仍然有一点是不明显的，即我们无法设想这些同样的美德和这个同样的幸福是在一种免于危险的生活中突然发生的。危险的条件，不
340 管多么持久和多么不可避免，似乎只是偶然地，而不是本质上与美德本身的结构相联系。从第十章中我们了解到，对好生活的寻求必定是对属人的好生活的寻求——从某种类型的存在之本质和条件中，抽象出来的那样一个善的观念是一个空洞的观念。但我们仍然不知道的是，我们的“人类境况”中的那些急需且具有危险性的要素，即将以什么方式形成或者构成那些组成我们的幸福的美德。

不过，亚里士多德的观点在于，只有在一个危险的和具有实际限制的情景中，某些核心的人类价值才是可得到的和有价值的。神的生命或者无限制的生命不可能在这个情景中具有同样的价值和同样好的东西。在《政治学》第一卷中（1253a8及以下），他告诉我们，某些核心的伦理概念，包括“有利”和“不利”的概念，“公正”和“不公正”的概念，“善”和“恶”的概念，是只属于人（作为动物界的一员）的概念，城邦就是具有这些概念的生命存在的联合体。他进一步指出，野兽和神灵都以不同的方式成为非政治存在，因为它们从这些伦理概念中没有形成那种联合体，之所以如此，乃是因为野兽具有野性，缺乏理性能力，而神灵则具有孤独的自足性（1253a27及以下）。这个观点强烈地表明，一种孤独的、自足的存在者不会像我们那样参与对某些伦理价值的理解和交流。我们可以看到为什么应该是这个样子，因为有利条件的概念似乎与需要有密切的联系；公正的概念，按照亚里士多德的理解，是对有限的和有限制的资源进行公平分配的概念。这些价值的意义及其用

处似乎都取决于和相对于我们人类的有限情景。[36]在《尼各马可伦理学》第七卷中，这一点得到了重新确认，在那里，亚里士多德否认野兽和神灵具有美德，他们的活动被认为对人来说就是目的本身（1145a25及以下）。

在《尼各马可伦理学》第十卷中，亚里士多德又回到了这一点，并进一步阐明了他有关神灵或者不受限制的存在者的主张。[37]在那里，他说，如果我们确实地想象一位没有需要的神圣的存在者的生活，那么我们就会发现，在这样一种生活中，大多数核心的人类价值都没有价值，甚至变得不可理喻。

> 我们会把公正的行动归于神灵吗？或者想象它们也制定契约、归还债务，等等，这难道不是明显荒唐的吗？或者勇敢地行动仅仅因为高尚就去经受恐惧和危险的行动？或者慷慨的行动？那么对谁慷慨呢？设想它们拥有货币或者诸如此类的东西是不合适的。说它们的行为节制又是什么意思呢？既然神灵没有卑贱的欲望，对它们加以称赞岂不是显得庸俗？（1178b10—16）

显然，这些核心的人类价值，这些在亚里士多德的伦理著作中被处理为目的本身的东西，这些被看作是人类幸福的重要构成要素的价值，[38]是不可能在一个没有短缺、没有冒险、没有需要、没有限制的生活中发现的。（我们很快就会看到，这一点对于友谊和政治活动的价值同样正 341
确。）我们发现什么东西具有价值，本质上取决于我们需要什么，以及我们是如何受到限制的。离开了这样一个情景，我们就无法理解人类价值的善与美。这一点不仅仅是认识论上的，即我们现在称为公正的和慷慨的那些人和行动，在动物的或者神灵的语境中，将不会有价值。

柏拉图承认，这一点对于很多人类价值是真的：人类价值不是就自身而存在的（kath' hauto），而是相对于（prosi ti）某种东西的，尤其是相对于纯粹的人类生活条件的。他已经论证了真正的或者高级的价值，将是少数并不依赖于情景或者并不相对于需要的价值。他把真正有价值的东西鉴定为这样一种东西：那种东西自身是完美的，是既没有受到限制也没有任何需要的存在者仍然有理由追求的东西。但亚里士多德指出，一个不受限制的存在者的视野，不一定就是一个无限制的视野，因为这个观点是看不到很多价值的。柏拉图暗示说，在宇宙中可以得到一个纯粹的、透明的观点，宇宙中的价值的全部真理，从那个观点来看，都是显而易见的。亚里士多德（在他论述美德的**大多数**著作中，参见附录）则认为也许并不是这样。缺乏限制本身就是一种限制。或许并不存在这样一种单一的本质，它把一切真正的价值都揭示出来。正如赫拉克利特写的那样，“不朽就是必朽，必朽就是不朽，活着乃是相对于一个人的死亡而论的，死亡乃是相对于另一个人的生命而论的”。[39]不朽使神灵感受不到人类勇气的力量，公正或慷慨地行动的美丽。我们回想一下，传统的神灵发现它们缺乏自我压缩的极限：它们渴望人类的那种更为冒险的爱和抱负。即使它们无法采取人类的观点或者从内部来理解人类生活，它们为这种有限的存在者的美德所吸引，被人类在面对逆境时仍然力争一个艰难目标的美德所展现出来的那种壮观所吸引。亚里士多德坚持认为，只有在某种存在者的本质的限度内，善才会显现自身，那种需要才能构成美丽。当提出这种观点时，他就回到了他
342 的文化的一些最深刻的“现象”上。[40]

第十二章

好的人类生活的脆弱性：关系性的善

每一种人类美德都要求某些外在资源和必要条件，每一种人类美德也都更密切地追求一些外在对象，它们将接受那个卓越的活动。[1]慷慨涉及对他人的给予，后者必须在那里接受他人的赠予；节制涉及在行动中与那些没有出现（要么完全没有出现，要么没有以合适的方式出现）的对象（食物、饮料、性伴侣）保持合适的关系。甚至理智沉思也要求合适的思考对象的出现。但这个条件，正如柏拉图注意到的，往往并不会因为环境的偶然性而无法得到满足。因为不管一个东西在物理上是否出现，它都可以成为思想的对象；[2]只要存在着一个宇宙，就可以在任何地方沉思很多东西；最终，正如亚里士多德所补充的，思想能够成为自己的对象。[3]

于是我们就可以看到，虽然一切人类活动——因而包含在一个好的人类生活计划中的所有候选者——在某个方面都是关系性的，但其中的一些比另外一些更为自足。亚里士多德就像柏拉图那样判断，在我们所拥有的活动中，沉思活动是最稳定的，如单一地看是最自足的（《尼各马可伦理学》，1177a25—b1、1178a23—25）。[4]尽管他拒斥了那种极端的好条件观，但是，也许就像柏拉图那样，他试图通过使得那些最为安全的活动成为好生活的首要甚至唯一的构成要素，来支持好生活的自足性。[5]

然而，有一些其他重要的人类价值处在那些自足价值的对立面：首先是那些与公民身份和政治依附相联系的活动，以及那些涉及个人的爱和友谊的活动。因为这些活动要求一种非常脆弱且很难出现的特殊的人类环境，并且与那种环境具有本质的联系。爱要求有人来爱。"公正的人需要其他人接受和帮助他公正地行动。"（1177a30—31）（那些人必须与行动者处于合适的政治关系中，他们必须是同胞，而不是奴隶。）此外，爱和友谊，作为一种友谊或爱的那部分政治美德（如果说不是全部政治美德的话），[6]本质上就是关系，而不是美德的状态（hexeis）加上活动。核心的品格美德就在那个人那里；它们是那个人的状态。世界中的活动是它们的完成或完善；不过，即使活动中断了，在那个人那里仍然有一些稳定的东西，即在美德活动中得到其自然表示的好品格的内核。这个内核不是脆弱的，而是相对稳定的，甚至在缺乏活动时也是
343 如此。相比较，爱和友谊本质上就是世界中的一些独立要素之间的关系，各自都依赖于那个人的其他品质（例如慷慨、公正和善意），并以复杂的方式与那些品质相联系；但是，在爱或友谊的关系中，并不存在这样一个品质，它与爱的关系严格地类似于勇敢的品质与勇敢的关系，即不是作为它的主要源泉和充分条件。按照亚里士多德的观点，如果我们说这两种关系是严格类似的，那么我们就误解了相互关系和相互意识在人类之爱中的重要性。爱不只是一种正在爱的品格状态加上一个把它激发起来的合适情景。这个对象的特殊本质和活动更深地进入了

爱的自我产生当中。相互的活动、感受和意识是爱和友谊的本质的一个如此深厚的部分，以至于亚里士多德不愿意这样来描述它们：如果表示爱或友谊的那些共享的活动和各种形式的交流被剥夺了，那么就不会留下什么值得被称为爱或友谊的东西。另一个人进入爱或友谊之中，并不仅仅是作为一个接受好活动的对象，而是作为那种关系本身的一个内在要素。但如果就是这样，如果我们将在下面进一步追溯这个主张，那么好生活的这些构成要素在最小的意义上就是自足的。它们将以一种极度和危险的方式变得脆弱。因为不管是它们的充分表示还是它们的存在，都需要来自世界的运气。运气的逆转不仅阻碍了它们的表示，而且也会直接地冲击它们的根基。爱或友谊的这个特殊特征表明，在其伦理著作和《修辞学》中，在列举灾祸或者既令人同情又令人害怕的事件时，亚里士多德为什么会特别强调那种与友爱相联系的灾难。

这些“关系性的善”具有另一个与众不同的特点：它们似乎是可有可无的。很多其他的人类美德，是通过集中于人类必然地，或者多少不可避免要进行选择的一个活动领域而被鉴定出来的，美德活动然后被定义为在那个必然领域中的合适活动。例如，节制就是针对身体的苦乐（尤其是在关系到吃喝和性活动的地方）而论的合适活动。勇敢就是针对危险的状况而论的恰当活动。当我们问“节制是否应该被包括在好生活中”时，我们不是而且不可能问我们是否应该把节制所发挥作用的那个选择领域包括进来。这样一个问题只能意味着在这个领域中，是否应该培养合适的行为而不是不合适的行为。（当然，我们可以继续从这个问题追问我们是否应该把节制当作目的**本身**来看重，而不是当作实现其他目的的手段来看重。）对友谊、爱和政治来说，我们的选择和问题更为多样。因为，即使没有这些关系，人类[7]显然也能够生活并确实在生活。亚里士多德把如下观点看作其哲学传统的一个显著部分：对自足性的追求要求我们培养一种孤独的生活，一种既不依赖于那些脆弱的东西也不看重那些东西的生活。

然而，亚里士多德拒斥了这一观点，并论证说社会/政治关系和友爱都是好的人类生活本质的和有价值的要素。其实，在《尼各马可伦理学》一开始，他就明确地宣告，那种把最好的人类生活刻画出来的自足性是一种群体的自足性，而不是一种孤独的自足性。“完满的（teleion）
344 善似乎是自足的（autarkes）。但是，我们所说的自足不是指一个孤独的人过孤独的生活，而是指他有父母、儿女、妻子以及一般而论的朋友和同邦人，因为人本性上就是政治的。”*（1097b7—11）这个含义模糊的评论事实上确实对应于一系列捍卫那个见解的复杂论证，尽管它似乎不经论证就规定了一个孤独的生活对幸福来说是不充分的。通过考察这些论证，我们就可以恰当地结束我们对亚里士多德有关“外在善”的观点的研究。正如我们可以预料到的那样，这些论证的策略是复杂的。为了反驳那些捍卫孤独的自足性的理论家，亚里士多德论证了这些脆弱的关系以及与之相关的活动一方面作为实现最好的人类生活的手段而具有工具价值，另一方面作为这样一个生活的构成要素而具有内在价值。但是，他认为，这并没有使好的生活过多地受到运气的支配。因为在一个可容忍的不稳定生活中，也就是说，在一个具有合适的人类自足性的生活中，每一种这样的价值都是有可能实现的。

---

* 我将把politikon翻译为“政治的”；但重要的是要注意到，这个词比political这个英语词具有更具体和更广泛的含义。更具体，因为它首先指的是我们适合于生活在一个城邦中，而不是生活在其他形式或其他层次的政治组织中。更广泛，因为它包括城邦的全部生活，包括非正式的社会关系，并不局限于法律和制度的领域。在这个意义上，把那个词翻译为“社会的”也许更为合适；不过，把它翻译为“社会的”甚至比把它翻译为“政治的”更缺乏那个希腊词本来具有的具体含义。

1

在值得珍惜的人类之善中，一个政治社会中的成员身份和好的活动很容易受到偶然厄运的影响。这一点几乎不言而喻。亚里士多德及其听众耳濡目染的那些悲剧，他希望用来唤醒年轻公民的那些悲剧，就把它们的关注焦点集中到这样的主题上：在战争中遭受的挫败、奴役以及政治训练和政治自由的丧失。亚里士多德的时代是令人担忧的政治动荡的时代。在他自己的生活中，他就经历了这些动乱。在政治压力下，他被迫两次离开雅典；他被禁止拥有财产，因为他是外来居民；他被禁止在公民、政治和宗教事务中扮演积极角色，因为他与马其顿宫廷有一种有问题的和不平衡的关系，之所以如此，是因为那个宫廷对民主自由的威胁令他悲痛。这些经验使他充分认识到，看重城邦以及一个人在其中的角色就是在关心一种很不稳定的东西。[8]身处这种不可靠的时代，其他哲学家开始要求从积极的政治参与中退隐下来。皮浪（公元前365—前275年）的生活（或者关于那个生活的故事），对后来的怀疑论者来说，示范了一种通过拒绝承诺干扰的根源来摆脱干扰的状态。[9]据说皮浪这样来阐明人类在各种剧变中的恰当状态——一头在暴风雨将要沉没的船上的猪，它对这只船及其乘客的福祉漠不关心，继续在饲料槽中满足地吃喝拉撒。[10]伊壁鸠鲁（公元前341—前270年）不久就开始教导一种超然的沉思生活，在这种生活中，不管是在心理上还是在实际上，这位哲学家都与国内骚动保持了一段距离。他的那些耸立在公共广场上的雕像向未来的学生传递了这一讯息：通过退隐到远离政治 345
社会的世外桃源，他或者她们[11]就可以获得一种类似于神的尊严和冷静。[12]尽管亚里士多德明明知道政治事务的脆弱性，意识到其他哲学家对孤独的好生活的哲学捍卫，[13]但他还是拒绝接受这条路线。

首先，他反复强调说，在政治社会中的成员身份和好的活动，在好品格的发展中具有必要的工具作用。习惯化，既是在家庭中完成的又是在公共教育纲领的环境中完成的，在成为好人的过程中是最具决定性的因素：“一个人是否从小就被培养起这样那样的习惯绝非小事，相反倒非常重要，或者说是最重要的。”（《尼各马可伦理学》，1103b23—24）在《尼各马可伦理学》第十卷第九章中，他论证说，教育和指导没有用处，除非听者的灵魂在热爱正确事情的方向上已经通过好的训练提前做好了准备，正如大地为了要接受种子就必须提前做好准备一样（1179b23—26）。[14]但这种准备只有通过某种井然有序的教育制度才能发生；在同一章中他论证说，儿童仅仅得到直系亲属训练还不够。“如果一个人不在这种法律下成长，那么他就很难从小就在美德上得到正确的引导”（1179b31—32），因为只有法律才能提供为了考察一个年轻人是否天生就爱享乐，缺乏训练而必需的那种强制要素（1179b34及以下）。“父亲的命令，实际上单个人的任何命令，既不带有强制性也不必要，除非那个人就是一位君主或者处于类似的地位。但法律，作为一种来自实践智慧和见识的规则（logos），具有一种强制性的力量。”（1180a19—22）

对于用一种公民体制来完善私人教育的重要性，亚里士多德提出了三个进一步的论证。首先，只有一个公民计划，才有希望具有那种对于调节日常生活来说极为重要的一致性和统一性。每对父母都可以灌输一个不同的善观念，而一个共同的体制则提供了这样一种保证，使得一生都需要相互打交道的人具有共同的价值和目的。“既然整个城邦有着唯一的目的，那么很明显对所有的公民也都应该实施同一种教育，对教育的关心应该是整个城邦的共同责任，而不是私人的事情，而现在的情况则是各人关心自己的子女，各人按自己认可的准则施教。”（《政治学》，1337a21—25）其次，一个公共体制有更好的机会**正确地**把握人类价值，因为这种体制就是由这样一位立法者设计出来的，这位立法者是一个具有实践智慧，（我们希望）严肃地考虑所有取舍的一个自我反思的人（《尼各马可伦理学》，1180a18—22、29）。[15]这个要求或许过分严厉，很难指望普通的父母能够满足它（不过，普通的父母具有其他辅助的能力，尤其是对子女的品格有很好的了解，而这些能力就使得他们的个人参与成为教育过程的一个同样必要的部分。1180b7及以下，参见以下论述）。最终，如果社会美德就是人类生活的一个有价值的部分，那么培养一个公共体制而不是一个私人体制，就可以最好地教授这个事实：“认为每一位公民都应该属于自己并不是一个很好的想法，而是要认为所有公民都属于城邦，因为每个公民都是城邦的一部分。”（《政 346
治学》，1337a27—29）在这些论证中，第三个论证，大概还有第一个论证都预设了这个事实：亚里士多德接受了他对政治的人类价值的其他论证，因为，倘若政治的东西没有价值，那么我们就可以选择这样一个生活：在这种生活中，我们并不需要在社会上打交道，因此也不会要求一个统一的善的观念；此外，如果政治的东西没有价值，那么让一个教育体制教导儿童说它是有价值的反而不是一件好事，而是一件坏事。但亚里士多德表明，我们对这个价值的接受为我们重视它提供了进一步的理由，因为只有它才能最好地促进它自己的连续性。

重视一个公共的教育体制就是重视某种既很脆弱又很难实现的东西。亚里士多德在《政治学》第八卷中反对流行习惯的论证表明，任何与充分普遍的实践接近的东西其实都很罕见。即使在一个不太理想的环境中，人们还是有可能变好，但他的时代时常出现的那种文化的不稳定性，往往会把实践置于可接受性的门槛下。此外，甚至在一个好的和稳定的文化中，由于经济的需求，总是会有一些过手工业生活的人，因为其日常工作的苛求，那些人没有机会接受完整的人类美德所需要的那种教育。“如果一个人是在过一种工匠或者雇工的生活，他就不可能从事那些属于美德的活动。”(《政治学》，1278a20—21，参见1329a39—41)甚至一位农夫的生活也与完整的美德不相容，“因为美德的生成和政治活动都需要闲暇时间”(1329a1—2)。但是，为了生存和繁荣，人们总是需要工匠、雇工和农夫。从这些事实中我们就必然引出这个结论：甚至在一个好的城邦中，最好的人类生活也不可能对所有人都开放，因为它要求那些在任何时候都不可能分配给所有人的条件。[16]尽管亚里士多德认识到了这些艰难的事实，但他并未就此断言，这些社会条件不可能是美德的真正必要条件。相反他却断言，美德，正如他说过的那样，即使所有并非因为天生的能力缺陷而无法获得它的人，都**应该**可以得到的，但对于所有人来说，那并不是世界的本来面目。在偶然的现存经济状况下，社会生活的苛求条件本身就要求某种不公正。按照他的观点，把事情以这种方式说出来胜于按照可能的东西来定义善的东西。首先是因为它向立法者提供了一个尽可能根据那些限制来工作的动机；其次是因为只追求对每一个人来说都“与生活相称”的东西，就是在追求一个更为低级、更加贫乏的生活标准。

现在，假设有这样一个人，他已经在好的法律下得到了良好的培养，他的品格得到了良好发展，他有很好的情感。那么我们就可以问，参与政治社团对美德的延续究竟有多么重要？在这里，亚里士多德再次把一个重要的角色赋予城邦，赋予我们在其中的活动以及为了它而进行的活动。首先，当一个年轻人到了某个年纪甚至达到了某个高度发展的阶段时，道德成长并不因此就突然停止了。在他对政治和友爱的讨论中，亚里士多德把成长描绘为一个要求从外面得到连续不断支

持的持续过程。对于那些在道德上仍然不成熟的成年人来说，这一点 347
尤为正确；但是，甚至对于那些已经做得最好的人来说，这一点在某种程度上似乎也是正确的。“只在青年时期受到正确的抚育和训练还不够，甚至人在成年之后还需要继续这种学习并养成习惯。为此我们就需要这方面的法律，更一般地说，需要关于整个一生的法律。”（《尼各马可伦理学》，1180a1—4）好品格，一旦具有了良好的开端，就是一种相对稳定的东西；但我们已经看到，灾难可以败坏好品格。论述友爱的那些部分将在它们对品格变化（无论是向好的方向发展还是向坏的方向变化）的讨论中证实这一点，而这种变化就是在灾难的影响下发生的。

公民活动以及好的政治环境的出现就是以这些方式成为发展和维护好品格的必要工具。我们现在可以补充说，即使我们承认行动者具有一个好的、稳定的成人品格，但为了按照美德**行动**得好，他就需要有利的政治条件作为工具。一个奴隶，不管在品格上有多好，也被剥夺了选择，因此被剥夺了过得好的某些本质要素。一个奴隶是并不按照自己的选择来生活的人（《政治学》，1317b3、13、1280a32—34）。“虽然他是一个人，但他是一个并不属于自己的人。”（1254a14—15）出于这些理由，亚里士多德否认奴隶能够享受幸福，因为幸福要求行动者按照自己的实践理性来选择美德的活动，而且是因为它们自身的缘故而选择它们的（1280a33）。[17]奴隶也无法享受那种最高的友爱，因为这种友爱乃是立足于对选择和品格的相互尊重。[18]出于这些理由，亚里士多德论证说，任何具有自然的实践理性能力的人都不应该被奴役（1252a32、1255a25）。虽然他承认有某种多少与人相似的存在者可以被称为“自然的奴隶”，可以因为“根本就不具有慎思的能力”而被恰当地奴役（1260a12、1254b20），但他实际上将其文化中绝大多数实际的奴役实践谴责为不公正的，因为那种实践其实就在于束缚那些完全具有理性，只是因为战争偶然而被抓获的人。*

甚至不太极端的社会障碍也可以削弱幸福。亚里士多德对手工劳动和闲暇时间的评论大概意味着，一个受到良好训练的成年人，一旦突然被推入这种不太体面的单调生活中，不但会遭受好活动的障碍（这一点是明显的），而且随着时间的推移也会冒险忍受对品格本身的重大损害。这样一个人可以暂时用《尼各马可伦理学》第一卷所暗示的那种方式来“充分利用”这些条件（参见第十一章）。在这种情形中，对活动的损害无须把那个人从幸福中驱逐出去，使生活产生一种“决定性的变化”。但是，如果这些限制很严苛并延续了足够长的时间，那么幸福就会受到妨碍，要么只是损害活动，要么阻碍美德本身。

348 融入一个运转良好的城邦就这样成为发展和行使个人的其他美德的一个必要条件。但现在我们必须补充说，亚里士多德相信公民的政治参与本身就是一种内在的善或目的，因为若没有那种参与，人类生活尽管相对于其他美德来说仍然可以兴旺发展，但将是不完善的。于是，从他强调品格的美德胜过公正和公平，我们就看到了这一点。这些美德显然具有核心的重要性，就像所有的美德一样，它们的活动必须是“为其自身的缘故”而被选择的，而不仅仅是作为手段被选择的。就这些活动而论，亚里士多德举出的大多数例子本质上都是政治的。但私人生活至少为践行这些美德提供了某些余地；我们大概很容易想象一位不是公民的人，例如一位就像亚里士多德自己那样的外来居民，能够过一种完全充分的和好的人类生活，只要他的私人选择没有受到过度约束。亚里士多德自己的私人自主性和生活的卓越，似乎很少因为他

* 亚里士多德不太可能相信大多数真正的奴隶能够具有实践理性，因而在被不公正地奴役着。他对蓄奴提出了非常严格的标准，这些标准事实上意味着，希腊人的实际实践基本上是不公正的。但是他对他自己标准的应用可能受到了偏见和对外来人的恐惧的损害。

无法作为一个公民参与雅典的公共生活而受到损害。

然而，亚里士多德并不同意这个建议，他显然并不把人实际享有政治位置视为成年人完整的好生活的必要条件，因为在《大伦理学》中，他说好人经常会将其拥有政治位置的机会让给可以更好地利用那个机会的人（1212a34及以下）。但是他显然设想这个人**有资格**拥有政治位置，这个人只是把这个资格**转让**给了别人。（他的名声是不可预测的，虽然当他的名字引起注意时他可以放弃那种奖励。）很显然亚里士多德确实相信，剥夺一个人拥有政治位置的**机会**就是削弱好的生活。通过引用荷马，他把外来居民说成是"没有荣誉（timē）的外来人"，在自己国家的流浪者，其理由是这样一个人"并不享有政治地位（timē）"（《政治学》，1278a34—38）。[19]在这点上，我们必须回想一下，希腊城邦比一个现代的民主制度更为深入和直接。它的价值观念将其公民的整个生活（包括他们的道德教育）组织起来，并且渗透到这种生活中；我们可以诚实地说，在希腊城邦中，普通公民确实真正地参与制定和控制那些价值观念。因此，一旦这个机会受到剥夺，被剥夺的就不仅仅是某种与好生活没有本质联系的东西，而是从好生活本身的根基和基础中被排挤出来，因此就失去了一种内在的价值，正如亚里士多德最终合理地断言的那样。所以他就自己谋划一种城邦，在这种城邦中，如果一个人没有被剥夺为了过好的生活而必需的自然能力，那么任何这样的人都应该得到公民身份。而且，所有的公民，作为单一的个体，在塑造那些制约着他们的制度中都会扮演一个积极的角色。[20]

亚里士多德对政治内在价值的捍卫也出现在另一个语境中，也就是说，出现在他对下面这个主张的表述中：成为政治动物就是人性的一部分。这些著名的段落值得考察，我们需要追问它们究竟做出了什么结论，又是通过什么论证做出那些结论的。我们需要这样做，因为有些人有时候认为，亚里士多德在这里撇开了他对人类伦理价值的信念的审视，把对伦理价值的一个规范论述建立在这样一个基础上，而那个基础只是关系到我们人类本性的价值上中立的科学事实。[21] 倘若如此，我
349 们对亚里士多德的伦理方法的说明就需要一些修改；所以我们就需要弄清楚这个问题，即在一个伦理论证的语境中，对我们本性的诉求究竟是如何发挥作用的？

《政治学》和《尼各马可伦理学》中的那个论证诉诸人的政治本质，其力量和要旨是要面对一位反对者来捍卫政治的内在价值，因为这位反对者仅仅承认政治具有工具的价值。这位反对者说，如果一个人并不**需要**政治所提供的好东西，那么一种孤独的或非政治的生活对人类幸福来说是完全充分的。亚里士多德回答说，政治本身就是一件好东西，没有它人类生活就会不完善。说政治是我们**本性**的一部分，似乎就等于说，没有政治的生活缺乏一种重要的善，受到了严重阻碍或者是不完善的。这些段落在风格上具有这样一个显著特点，就像亚里士多德著作中的任何段落一样，它们明确地和有力地诉诸共享的信念："好像是"、"似乎是" 和 "据说" 这些说法被不断使用，并一度对如下建议提出了怀疑：我们是在诉诸一个中立的或者超然的专家。其次，它们所诉求的那些日常信念具有这一特点：那些信念在其内容上基本上是伦理的和评价性的，它们关系到什么东西值得追求，什么东西值得赞扬，什么东西显得贫乏。

有些人认为，自足的孤独就是完整的幸福。面对这一主张，《尼各马可伦理学》中的两段话捍卫了这样一个观点：人与人之间的社会联系是很自然的。在这两段话中，第一段话只是提到友爱的自然性（1155a16—23），而第二段话则在捍卫个人友爱的语境中提到了政治的东西的自然性。因此我们将在后面更详细地考察这段话。不过，我们

现在就可以考察提出这个政治主张的那句话：

> 把享得福祉的人想象成孤独的也很古怪，因为没有谁自身就能选择享有世界上所有的善。理由在于人是政治产物，天然地就要与他人一起生活。(1169b16—19)

在这里，亚里士多德显然不是诉诸某个独立的自然事实王国，而是诉诸我们对价值的这样一个最深的判断：孤独的生活不足以使人类生活很好，因为我们发现这样一种生活并不是值得选择的或者对我们来说是充分的。孤独者对幸福的看法很不符合我们的选择和我们共享的信念。如果在幸福中这样的价值都被包含进来，即若没有这些价值，生活就会被判断为不完善，那么幸福也就必须包括本身就有资格成为一个目的的政治价值。此外，关于我们政治本质的那句话向我们指出，政治选择和政治关注是如此深刻，以至于它们就是我们本质的一部分。孤独的生活不仅不够完善，而且也缺乏一种非常根本的东西，以至于我们很难把它称为人类生活。这样，诉诸本质就成为那个要素之深度和重要性的基础。若没有这个要素，我们甚至就无法成为我们自己。选择一种没有那个要素的生活就是要把我们自己分离开来，以至于我们很难说我们仍然在继续这样一种生活。发现我们的本质似乎就等同于发现我们相信是我们生活中最重要、最不可或缺的要素的那些东西。[22]

在《政治学》第一卷中，亚里士多德诉诸人的政治本质，看来这是同样的故事。他说城邦本质上就存在，并再次利用以下主张来捍卫这 350
一观点：人类生活的这个构成要素具有内在的价值。他强调这样一个一般原则：如果X是某种被造物C的一部分，那么若不提及X我们就无法完备地说明C的生活，因此，对适合于C的自足性的任何说明都不能忽视X（1252b31—1253a1）。对于亚里士多德来说，政治的东西就是我们的本质的一部分，而且，通过利用这个论点，就像在《尼各马可伦理学》中一样，他就把如下观点排除出去了：假若孤独的生活没有任何进一步的工具性的需要，那么这样一种生活对幸福来说就是充分的。亚里士多德接下来提出了一些理由，以此表明成为政治动物就是我们本质的一部分：

> 显然，人本质上就是一种政治动物，在本性上而非偶然地失去了城邦的人，要么是一位低级的被造物，要么是一位超人，就像荷马所指责的那种人："没有家族，没有习惯，没有家庭。"因为这种人就其本性而论（hama phusei）就是这样，就是好战者，就像棋盘中"没有受到约束的"棋子。（1253a1—7）

就在这段话之前不久，亚里士多德提到了荷马史诗中的独眼巨人，那些存在者仅仅因为缺乏社会和政治关注就显得与我们不同（1253b20—24；参见《尼各马可伦理学》，1180a28—29）。因此他提醒他的听众注意这个关于人类的思想传统的深度，按照那个传统，一位长得像人却缺乏社会关注的存在物不会被划归为人。[23]现在他进一步考虑一条荷马式的论证路线，那条路线事实上提到的存在者，是任何现代科学家会在技术层面上划分为人的一个成员（尽管这个存在者不是独眼巨人这样的神话人物），并提醒他的听众注意，他们最伟大的圣人内斯托尔（以及他们最有权威的诗人荷马）是如何谴责这种存在者，如何将其归入一个低劣地位的。亚里士多德说，如果因其自身的缘故而孤独好战，而不是把孤独好战作为一种手段就是这位存在者的本质，那么这位存在者要么比我们低级，要么比我们高级，但无论如何也不是我们当中的一员。如果我们碰到了这样一位存在者，不是因为偶然的缘故或者因为受到挫折而具有反社会的倾向，而是本来就有一种天生的反社会倾向，那么我们就不会把他当作我们中的一员，把我们给予我们的人类伙伴的那种待遇赋予他。如果事情就是这个样子，那么看来政治上的行动对我们人类来说就是目的本身，就是人类幸福的构成要素。一旦被剥夺了这个要素，我们就会过一种并不适合于我们的生活；我们就会受到挫败，就会和我们的一部分本质分离。所有这一切显然都是引自根深蒂固的日常信念，那些在我们最为珍视的神话和故事中反映出来并得到进一步研究的信念。[24]

在《尼各马可伦理学》第五卷（1129b2及以下）中，亚里士多德更进了一步：通过分析正义（dikaiosunē）的本质，他告诉我们，在某种意义上，正义是所有美德中“最有权威的”，就等于“完善的美德”本身，因为所有美德都有一个关系到他人的方面，即社会的方面。既然所有美德都具有这个特点，它们就值得被称为“正义”。在这里，亚里士多德仿佛认为，如果一个人只具有孤独的关注，没有针对他人的善而进行恰当关注的美德，那么他不仅缺乏一个重要的人类目的，而且将会缺乏所有的美德，因为每种美德，就像他所说的那样，是一种既“关系到自身”（pros hauton）又“关系到他人”（pros heteron）的东西。亚里士多德在这 351
里有意以一种反柏拉图的方式来使用柏拉图的术语。当柏拉图强调没有任何真正的价值是关系性的东西时，亚里士多德现在坚持认为，一切真正的美德都具有一个关系性的本质，若不把政治的和涉及他人的关注作为目的本身，一个人就不仅会缺乏正义，而且缺乏真正的勇敢、真正的节制、真正的慷慨、宽广的心胸和欢乐，等等。如果一个人对根本善的看法只是涉及他自己的善，那么他就不能在真正的意义上具有那些美德，正如《修辞学》中对信任和卓越的讨论已经指出的那样。在这里，亚里士多德的思想似乎是这样的。与单纯的仓促相对立的那种真正的勇敢要求对一个人的祖国和同胞的福祉有一种恰当的关怀，也就是说，不仅仅是一种工具性的关怀；与狡诈地寻求快乐相对立的那种真正的节制要求恰当地（以及非工具性地）尊重有关快活和性反应的持久规范；真正的慷慨要求对接受者的善有一种真诚的关怀；等等。在每种情形中，如果一个人不把其他人的善选择为一个目的，那么他也不可能把那些美德活动选择为目的本身，就像美德的定义所要求的那样。一旦这个目的被剥夺了，我们所缺乏的不是我们的善的一部分，而是全部的善。

因此，亚里士多德论证说，一旦我们对"现象"加以分析，我们就可以表明，与他人相关的社会活动对人类来说具有工具的和内在的价值。他并不把这些价值在世界中显示出来的危险性和不稳定性看作是通过法令把它们从最好的生活中排除出去的一个理由，或者并不违背直观信念和史诗故事的证据断言，失去了那些价值的那个人还没有丧失任何具有重要价值的东西。相反，他认为这些与政治和社会有关的事实向有能力的和严肃的人提供了一个理由，使他们对立法和政治规划予以关注。他相信我们不应该降低我们对世界的要求，以便那些要求将会更一致地得到满足，相反，我们应该增加我们在世界中的活动，以及我们指向世界的活动，以便使世界更有规律地满足我们的高要求。而不是预先规定唯一重要的东西就是人类已经控制的东西，相反，我们应该力图提高我们人类对重要事情的控制。这才是一个人类存在者追求自足性的恰当方式。[25]

然而，我们应该注意到，亚里士多德对政治生活稳定性的兴趣，是由他对其他社会价值（例如个人选择的自主性和公民活力）的关注来调节的。在各种可能的城邦概念中，他并不选择这样一个概念，这个概念试图通过把所有做出选择的权利移交给一个单一的人或者移交给一个单一的群体，而使稳定性和统一性最大化。柏拉图试图通过缩小各个独立的意志在立法上的交战来排除冲突和不稳定性，而亚里士多德则反对这种努力，捍卫那种把城邦作为一种“多样性”的观念，即城邦是轮流统治和被统治的“自由平等的”公民的联合体。[26]他按照正义的理由来捍卫这个观念，指出分离性和个人选择在一切好的生活中扮演了一个根本的角色；他也认为，这样一个联合体将具有一种最高的生 352
命力和丰富性，因为人类存在者之所以以一种更深刻的方式被激发起来关注和关心事物，乃是因为他们认为，在某个重要的方面，他们所关怀的对象就是**他们自己的东西**（《政治学》，1262b22及以下、1261b16及以下）。最终，他并不劝告城邦以牺牲对美德的承诺为代价来培养稳定性，因为高尚的努力或伟大的计划很容易遭受危险就避免那些努力或计划。他明确赞赏伯里克利统治时期雅典人的政策，这种赞赏表明他喜欢有雄心的努力而不是保守的安全。在私人领域中，他捍卫为了一个卓越的目的而自我牺牲的那种高尚性，与此类似，在公共领域中，他也愿意把成就放在安全之上。

亚里士多德的城邦更进一步地拒绝排除冒险。迄今为止我们已经提到他对好生活的各个单一要素所具有的脆弱性的捍卫。我们现在应该补充说，在他所设想的那种好城邦中，偶然的价值冲突的可能性，是作为公民生活本身的丰富性和生命力的一个条件而得到维护的。柏拉图试图通过使城邦成为唯一的家庭来排除家庭与城邦之间发生冲突的危险。正如我们很快就会看到的，亚里士多德捍卫了基于家庭之爱的亲密联系的重要性，并且论证说在一个城邦中，如果个人之间的相互联系缺乏这种冲突的可能性，那么它们简直就是“乏味的”（1262b15

及以下)。柏拉图试图取消私人财产和性关系的排他性,因为他认为那些东西就是发生冲突的根源(参见第五章第5节,原书第158—160页)。而亚里士多德则再次论证说,这样做就是从公民生活中剥夺了以其他方式无法发现的动机和关怀的源泉。他恰如其分地说道,柏拉图试图用那种使一个单一的有机体成为一个统一体的方式——用一个单一的善,用一个单一的“某个人自己”的概念,用一种单一的快乐和痛苦——来使城邦成为一个统一体(1261a16及以下)。亚里士多德详细地论证说,这种摆脱了冲突的统一性并不是那种适合于城邦的统一性,因为它摧毁了个人的独立性,而这种独立性就是人类社会善的一个本质要素。一个城邦本质上就是多个分离的部分(1261a18—22)。以柏拉图的那种方式使它成为“一”,就是要排除政治正义和友爱这两个核心善的基础。正义作为分配的观念预设了各方及其利益的独立性(参见《大伦理学》,1194b5—23;《尼各马可伦理学》,1134b1及以下)。因此,即使我们有可能把冲突的根源排除,使所有的公民都作为一个单一体来谈论“我的”和“不是我的”,但我们还是不应该这样做,因为这样做就意味着摧毁城邦所独有的价值(1261b25—26、31—32、1332a6—7)。

于是,在亚里士多德对文明城邦的思考中,我们就发现了我们一开始在《安提戈涅》中发现的那个观念,即好的人类生活的某些构成要素的价值是与对立不可分离的,因此也是与冲突的危险不可分离的。充分拥有这些价值就是以一种多样的、独立的方式拥有它们(参见第十章第11节);而以这种方式拥有它们就是忍受冲突的危险。但是,通过取消冲突的根源来实施统一与和谐也就是要取消价值。克瑞翁的简单化,甚至黑格尔的综合,即便取得了成功,也会使世界变得更
353 为贫乏。

2

朋友，亚里士多德说，就是“所有外在善中最大的善”（《尼各马可伦理学》，1169b10）。在两部主要的伦理著作中，他用五分之一的篇幅来讨论友爱这个主题，比他用来处理任何其他主题的篇幅都要长得多。[27]我们需要用两个语义上的评论来开始对这种外在善的研究。我们已经指出（参见第十一章，原书第328页），我们不想遵循通常的翻译实践把philia翻译为“友谊”，而把philos翻译为“朋友”。我们现在需要更详细地指出我们这样做的理由。第一个理由是外延上的，即友爱包括许多不能被归类为友谊的关系。母子之间的爱是友爱的一个范例；一切密切的家庭关系，包括夫妻关系，也都是被这样描述的。此外，“友谊”这个说法可以暗示一种与其他的关系相比，在情感上显得很薄弱的关系，例如体现在“只是朋友”这个说法中。亚里士多德处理各种具有不同程度的亲密性和深度的关系；其中一些关系在情感上可以很薄弱。但友爱包括了人类所形成的那种最强烈的情感关系；此外，它还包括那些具有一种充满热情的性成分的关系。基于这两个理由，友爱所包含的那些关系似乎更适合于用“爱”这个词来表达。所以，如果我们想要翻译这个词，我们将使用“爱”这个说法。但是，从一开始我们就得注意，亚里士多德对一个核心词语的选择揭示了他在人类关系中所看重的一些东西。因为与其说友爱所强调的是那种充满了强烈激情的渴望，倒不如说它强调的是那种无私的帮助、共同的分享和相互的依存；与其说它所强调的是癫狂，倒不如说它强调的是一种罕见的均衡与和谐。

第二个翻译问题更难处理。在英语中，性爱关系的伴侣在语言学上被划分为主动的和被动的：我们有“爱者”或者“给予爱的那个人”，我们有“被爱者”或者“得到爱的那个人”。[28]古希腊语中的“朋友”这个词并没有做出主动和被动的区分。相互依存实际上就是亚里士多德的友爱和朋友概念的一个重要部分。（就此而论，“朋友”这个说法又显得好一些。）因此，为了维护主动要素与被动要素的统一性，我将通常使用字面的译法。

爱，就其本质而论，是与一种独立的、外在的东西之间的关系。[29]亚里士多德认为，这种外在性对于爱的好处和价值来说是本质的，但它显然也是巨大的脆弱性的一个根源。不过，正是对人类生活的这种依赖于外在对象和危险的方面，亚里士多德给予了比任何其他人类美德更多的关注。此外，他不仅用了很多篇幅来论述爱，而且也格外强调爱。他强调说，友爱“对生活来说是最必要的”（《尼各马可伦理学》，1155a4）。友爱不仅是必要的，而且也是内在好的和高尚的，因为“我们称赞那些爱其朋友的人，拥有很多朋友似乎是一件高尚的事情。实际上，我们认为他们就是好人，就是好的朋友”（1155a28—32）。这些主张都是很重大的主张，因此，我们需要描绘作为其主体的那种关系，需要更详细地审视其中的每个主张。

亚里士多德坚持认为，并非一个人喜欢甚至强烈地爱某个东西或某个人的情形都是真正的友爱。例如，喜欢喝酒的人确实可以爱酒，
354 但基于两个理由，他不是酒的朋友：“在这里没有爱的回报，也没有对对方的善的希望。因为希望一瓶酒向善是荒唐的。如果一个人确实这样做了，那么他只是希望那瓶酒保存得好一些，以便可以享用它。”（1155b27—31）在这段话中我们发现了亚里士多德对友爱提出的两个要求。第一个要求是相互依存，即友爱是一种关系，而不是单向的；它的益处与利益和友爱的共享和回报是不可分离的。第二个要求是

独立性，即友爱的对象必须被视为一种具有自己独立的善的存在，而不仅仅被视为对朋友的一种拥有或扩展；真正的朋友将为了那个独立的善而希望对方好。一个对酒很内行的人是把酒作为自己的财产，作为自己的善的一部分来喜爱的。相比较，朋友应该是分离的和独立的；他们应该是独立选择和行动的中心，而且彼此这样看待对方。亚里士多德在其他地方告诉我们，由于这些缘故，主奴之间并不存在真正的友爱，因为奴隶就像主人的“某种东西”，是主人自己的善的延展。奴隶不被认为有一个独立的选择位置，他的幸福取决于他对主人幸福的促进。

因此，友爱要求情感上的相互依存；它要求独立性以及对独立性的尊重；它要求相互祝愿以及在行动中相互受益（只要这是可能的），正如《修辞学》中的定义所告诉我们的那样（《修辞学》，1380b35—1381a1）。[30]通过补充一点，即友爱必须和这些好的情感和好的愿望有相互意识，亚里士多德完成了他对友爱的一般描述：我们必须把友爱与在互相不了解的人当中可能出现的那种相互称赞区分开来。[31]拥有友爱的人相互了解，相互具有感情，希望对方好并对对方好，而且知道这些思想、情感和行动的关系在他们之间是可以得到的（1155b28—1156a5）。

一些不同类型的爱勉强满足了这些条件，[32]因为其中所涉及的人，可以按照他们对对方所持有的各种不同观念来希望对方好。例如，他们各自都可以只是（或者主要）把对方视为很好相处的人；在这种情况下，对于彼此的品格和抱负，他们就不会产生进一步的兴趣。或者他们可以认为对方对其计划来说是有用的（例如在商业伙伴的情形中），但仍然没有更深的相互认识或依附。这种关系不是纯粹剥削的关系，因为我们可以回想，若没有因为对方的缘故而希望对方好的那种相互依

355 存，这种关系根本就不值得被称为友爱。* 在相互依存的基础既很浅薄又很不完备的情形中，仍然可以有真正无私的互惠互利。商业伴侣可以彼此送礼，彼此取悦；年轻的情人们尽管只知道彼此的愉快，却仍然可以真正无私地促进对方的善。但这样一来，亚里士多德认为，这种关系将只是偶然地与每个成员的核心目的和渴望发生联系。它将缺乏深度，因为它不是指向那些确实“在对方当中”出现的东西，不是指向那些他自我认同的目标、价值和品质。它也将是不稳定的，因为它的基础就是那个人很容易不再具有的基础（即使他自己仍然没有发生深刻的变化）（参见《尼各马可伦理学》，1157a8及以下）。商业伴侣经常不仅仅是为了盈利而关心对方；但是若把盈利的动机抽取掉，这种友谊就会飘摇，除非它已经深入发展为另一种友谊。类似地，一对只知道彼此愉快的表面特点的情人，很容易因为相貌上的变化，或者因为令人不快的环境压力，而突然中止恋爱关系。

就两个人之间的爱而论，最好的核心例子就是那种以品格和善的观念为基础的爱。在这种爱中，他们彼此相爱，是因为那种最深地处于对方自身当中（kath’s hauto）的东西，是因为某些性情以及思想和情感的模式，而那些东西是如此内在于他的本质，以至于只要它们发生了一点变化，就会出现同一性和连续性的问题。[33] 当然，如果作为这样一个

---

* 在这里，重要的是要把三个东西区分开来：这一关系的**基础**或**根据**（他们由此而相互爱戴的那个东西）；这一关系的**对象**；这一关系的**目标**或**目的**。快乐、用处和好的品格是友爱的三个不同的基础或者原始根据，它们不是那种关系的目标或者最终目的。换言之，两个人“通过”或者“根据”这些东西而成为朋友，但他们在行动中试图获得的目标将仍然是某种互相的好处。立足于快乐和用处的友谊，尽管是不完美的，却完全不同于剥削关系，因为在那种关系中，双方各自的快乐就是他们自己的目的，他们根本就不在乎对方的善。在所有情形中，这一关系的**对象**都是另一个人；但那个人是以这个基础所限制的那种方式被设想和认识的：他被设想为一个很好相处的人，一个因为具有良好的地位因而在交往中能够得到好处的人，一个具有良好品格的人。因此，只是在对对方的一种薄弱和肤浅的描述下，这两种低级的友谊目的才是对方的利益。

关系之基础的那些特征本身就是善的，那么这个关系在善的性质上就会更加丰富。亚里士多德表明，这样一个关系将涉及强烈的情感。在许多情形中，它也将涉及相互的快乐和利益。但是，既然它的基础比这些昙花一现的偶然特点更加深刻，我们就可以期待它是稳定的和持久的，与每个好的人类生活的计划之间具有密切的关系。

到目前为止，亚里士多德已经很冷静地描述并称赞了这样一种关系，这种关系的存在在柏拉图的《会饮篇》中受到了质疑。因为在那篇对话中(最明确地在苏格拉底的言语中，但在某种程度上也在其他人的言语中)，占有和支配的欲望被认为是所有爱(不论是个人之爱还是哲学之爱)的一个内在成分。因此，甚至在最好的爱中，嫉妒和对丧失的恐惧也无处不在；只有通过把爱转到比人更加稳定、更不任性的对象身上，它们才能得到控制。亚里士多德提醒我们，在人类的爱中，有一种爱确实促进和培养了其对象的独立的善，渴望其对象独立地继续运动而不是静止不动。(这种爱，因为把主动性和被动性联系起来，把渴望与接受对方的行动联系起来，因而看来就很接近《斐德罗篇》中所描述的那种爱，尽管正如我们待会儿就会看到的，它缺乏那篇对话对癫狂激情的强调。)它是这样一个人的爱，那个人满足于生活在一个其他存在者都在自我运动的世界中，那个人渴望继续成为这个复杂世界的一部分，那个世界不对整体进行控制，而是通过各个部分的分离运动而发生相互作用。在这些不断运动的外在事物的存在中，那种爱发现了生活的价值和丰富性。它并不渴望成为世界中唯一的运动。 356

亚里士多德所说的那种爱者也不会向往一块石头的境况，即那种摆脱一切影响的状况。在《会饮篇》定义的“爱欲”这个词的意义上，他(或者她)并不受到爱欲的影响，因为他并不希望没有欲望，并不希望不生活在这个充满偶然性的世界中。他仍然渴望在这个世界中进行欲求和运动，仍然渴望继续接受对方的欲求活动。他的欲望是这样一种关系：这种关系在其欲望的结构中表达了对变化和运动的世界的爱，表达了对欲望本身的爱，因此也就表达了对人类境况的那些有所需求而不自足的要素的爱。[34]正如亚里士多德不断提醒我们的，一个朋友既不希望他自己被转变为一个无所需求的神灵，也不希望他的朋友被转变为这样一位神（1159a5及以下、1166a19及以下）。首先，要是一个人经受了这种转变，那么他就会与其他人产生很大距离。其次，也是更重要的是，这种转变会使得朋友成为一种全然不同的存在者。"如若一个真朋友是因朋友自身之故而希望他好，那么他就得仍然保持他所是的那种人；所以，我们是在朋友仍然是人类的前提下希望他得到最大的善的。"（1159a8—12）成为一个不像神灵、有所需求、有所欲求的存在者，被认为是成为一个人自己和朋友的必要条件。友爱，即出于另一个人本身的缘故而对他全部的爱，就是那种对美德、人性和相互依存的爱。柏拉图的"爱欲"试图完全占有，而亚里士多德的友爱则拥抱对方。

最好的朋友确实在对象中寻求可重复的品质。但这种寻求以几种方式不同于狄奥提玛所告诫的那种寻求。首先，他或者她所要寻求的品质，在神灵的生活或者完美的生活中不起任何作用；他或者她首先要寻求的，也许就是那些仅仅属于人类并受到了人类生活条件限制的美德，例如公正和慷慨。他很清楚，想要回避人类需求就等于想要回避那些美德。其次，他以不同的方式认识和关注那些品质：并不是把它们看作在宇宙中很多地方都可以出现的某种同质东西的各个部分，而是认为它们形成了那个具体的人的内在本质。他关注美德和渴望，因为那些东西就是构成另一个个体的本质最深刻的东西。他不是寻求某种形式的可以孤立的部分，而是寻求那些构成一个人全部品格的品质和渴望的组合。他这样做，是因为他并不希望停留在表面上，而是渴望透彻地了解对方。最终，正如我们很快就会看到的，他也关心对方的那些似乎不可重复的特点：分享有人陪伴的快乐，而且首先是分享他们共同经历的快乐和活动的特殊历史。因此亚里士多德提醒我们：深厚的爱，为了变得深厚，就必须包含品格和价值；对方的真实个性并不是某种无法言说、不可描述的东西；能够和其他人分享的美德就是它最重要的构成要素。因此，亚里士多德之所以强调这些共享的要素，并不是为了在爱中回避个性，而是为了对那个个性最终是什么做出更加丰富的说明。

针对自己对这种最好的爱所提出的要求，亚里士多德做了一些补充说明。为了以最好的方式，即那种与一种好的人类生活最为相关的方式来互相爱护，这些朋友必须"生活在一起"，共同参与思想活动和社会活动，分享快乐，互相认识到对方的快乐，而这一切都只有当他们 357
与某个人相处了一段时间，发现对方令人愉快之后才会实现。这就是在朋友当中"精心选择出来的那个东西"：

> 因为爱就是一种分享……他们想要与他们的朋友所分享的东西，就是他们各自视为生活的东西，或者他们为此而选择生活的那种东西。这就是为什么一些人一起喝酒，一些人一起掷骰子，一些人一起锻炼，一些人一起打猎，一些人一起从事哲学活动——每种人都在他们各自的生活中最喜爱的那种事情上一起消磨时光。因为他们想与他们的朋友一起生活，他们与那些他们想要一起生活的人一起去做这些事情，一起分享这些事情。(《尼各马可伦理学》,1171b32—1172a8)

所谓"生活在一起"，亚里士多德指的是什么呢？这个要求对于我们理解这种爱的脆弱性是如此关键，但亚里士多德却对它说得不多。有些人有时候假设，亚里士多德是在谈论我们快速变动的社会中所知道的那种“友谊”——那种仅仅要求有规律的拜访、社交和讨论的友谊。那些人提出这种解释，部分原因在于亚里士多德认为的那种最好的朋友都分别被（亚里士多德自己）设想为两个男性，都有妻子儿女（而后者因为所谓的不平等不可能成为最好的意义上的朋友），各自都明显地与那些低级的朋友**一起生活**。但我们应该注意，亚里士多德着重提到的是：最好的朋友“在一起消磨时日”（sunēmereuein，1158a9、1171a5），“在一起共度时光”（sundiagein，1157b22）；他提到通过有规律的、亲密的结交（homilia）来透彻地体验对方的品格和习惯（sunētheia）的重要性。他也强调说，如果你并未发现对方令人愉快、具有吸引力，那么这种日常的结交就很难维持下去（1157b22—23）。在一个重要的段落中，他把朋友与偶然结交的同事对比：“各自接受对方但并不一起生活的那些人，更像是具有善意的祝福者，而不是像朋友。因为没有什么东西比生活在一起更具有爱的特征。”（1157b17—19）

只有在下面这个认识的基础上，这个对比才变得可理解：亚里士多德所说的“生活在一起”，指的是某种多于有规律的社会交往的东西，如果不是指居住在同一个屋檐下，那么至少是指在工作和交谈上保持经常性的，甚至是每天的联系。这种联系将显著地包括在城邦的那种通常很强烈的政治活动基础上建立起来的联系。如果亚里士多德还没有把女性看得很低，那么他很可能就会把这种共享扩展到家庭生活的圈子里，这样，一桩好的婚姻甚至就会成为一种更为完善的友爱，因为那样一桩婚姻完全可以容纳构成人类生活的全部关怀和抱负。亚里士多德所描述的这种关系可以包括性关系，但也可以不包括性关系。他对这一点说得很少；而且，不像柏拉图，他好像并不相信强烈的性欲或者性刺激在爱的价值和益处中具有任何本质作用。但他强调那种爱确实包括而且必须包括这样一件事情：对对方的出现感到快乐，不管他用什么样的方式享受到或者看重这样做的乐趣。[35]理想的爱就是以一种彻底的、不受约束的方式共同分享人们认为与他们的好生活有关的**一切**活动。于是这种爱就应该包括一切被认为与公认的美德有关的活动；那些活动包括适当的吃喝，对性快乐的适当选择，对金钱的适当分配，对其他人恰当的款待（megaloprepeia），适当的幽默（eutrapelia），以及 358
适当的反思、立法和面对危险。亚里士多德在日常而貌似琐碎的事情中看到了把人类美德表现出来的场景，这是他思想的一个显著特征；因为一些人具有美德，所以爱他们的人甚至希望能分享他们的谦逊和平凡。因此，与一个朋友一起生活的最好方式，似乎就是那种使所有这些活动都能够得到分享的方式。

所有这一切都充分表明，两个人之间最好的爱很容易受到世界上发生的偶然事件的影响。实际上，在这个世界何以会如此频繁地允许这种彻底的亲密关系兴盛发展这件事情上，我们感到很惊奇。在这里我们需要停下来列举一下那种脆弱性的根源。首先，发现一个值得看重的被爱者本身就是件很偶然的事情。既然最完善的爱是在这样两个人之间出现的，即他们具有类似的品格和抱负，也各自发现对方在体格上、社会上和道德上具有吸引力，并且能够在一段比较长的时间里生活在同一个地方，那么发现这样一个人的机会就很小。亚里士多德冷静地指出，对此，相貌丑陋的人会有一段艰难岁月。[36]他也不认为好品格是很容易发现的。他写道，“（在两个具有好品格的人之间的）这种关系大概是很罕见的，因为这种人本来就很少。”（1156b24—25）

接下来，这两个人都必须发现他们自己能够相互信任。也就是说，他们必须能够接受彼此对爱的表示，而不怀疑和嫉妒，或者不会持有一种可怕的自我防卫心态。对伪善和虚假的怀疑削弱了爱（《修辞学》，

1381b28—29);“没有谁会去爱他所害怕的那个人”(1381b33),这大概是因为友爱要求一种与害怕毫不相容的开放性和接受性。亚里士多德反复强调这一要求:相互信任对真正的爱来说是本质的。他强调说,信任需要时间,需要体验对方(《尼各马可伦理学》,1156b29;《优台谟伦理学》,1237b12);信任也要求真正的好品格在两方面都出现,因为糟糕的品格一般来说不会激发信任(《大伦理学》,1208b29)。以《修辞学》中讨论年轻人和成年人的那种精神,我们可以补充说,信任看来也要求幸运的生活环境,而那种环境并不是普遍可得到的。因为,假若一个人不断地受到背叛或者不断地感到失望,那么他就会对一切东西都感到害怕和怀疑。尽管我们不会因为这样的环境而责备那个人,但这种环境可能抑制或扭曲这种有价值的关系所需要的那种回应的开放性。[37]在下一章中我们将会看到,这个事实,作为友爱之脆弱性的一个根源,是多么重要。

因此,不论是这种爱的基础还是对这个基础的信任,都必须持久地保持不变,否则爱就会被削弱。这是一种以对品格的认识为基础的合理希望,因为它不会出现在那种很肤浅的爱中。但是,甚至成人的品格也不完全是固定不变的,正如亚里士多德在提到分歧、争执和责备向好的方面和坏的方面变化时所承认的那样,而这一切都处于他对品格之
359 爱的说明中。他提到欺骗,提到两个人痛苦地发现自己都严重误解了对方的动机和意图(1162b5及以下、1165a36及以下)。他提到了这一危险:相似的抱负可能导致竞争和敌对,因此削弱了爱的基础(《修辞学》,1381b15)。他继续说道,即使所有这一切内在运作都很良好,但你所爱的那两个人可能**相互**争吵,逼迫你做出痛苦的选择(1171a4—6)。最终,偶然性也可以对你能够完全投入地去爱的那些人,对你可以对其中每个人给予的时间和关心加以限制。鉴于我们人类的有限性以及

我们在时间上的短缺，爱是相互竞争的。亚里士多德简单明快地断言，“显然，一个人不可能与许多人共同生活或者让他们分享他的生活。”（1171a2—3）[38]

甚至一种稳定持续的情感也几乎一定会以某种方式受到运气的影响。亚里士多德告诉我们，有一些必然的分离开始“并不是直接地瓦解爱，而是阻碍了它的活动”（1157b10—11）。对一个受到重视的活动的阻碍可能已经削弱了幸福。此外，“如果这种分离过于长久，它似乎就会使爱本身被淡忘”。亚里士多德所说的爱并不像那种浪漫的心醉神迷；因为它是立足于双方的持久因素。但它也具有一个强烈的情感因素，那个对其延续格外重要的因素；它要求在一段共同参与的时间历程中一起生活和行动。基于这些理由，这种爱不像康德说的那种以责任感为基础的“实践性的爱”，这种爱可以由于分离而中断。

即使互相爱慕的两个人设法在他们的生活中一起生活，但是，既无法避免甚至也无法精确预测的年老体衰，不管是同时发生在两个人身上，还是在不同的时间发生在两个人身上，都会使他们在敏感性和享受上受到损害，因此可能导致爱的解体，或者至少导致爱的衰减。我们已经看到，在老年人那里，世俗经验的积累在什么程度上可能削弱作为友爱的必然基础的那种信任，削弱他们各自用来设想和理解对方的那些美德。现在我们可以补充说，甚至在这种事情并不发生的地方，年纪仍然会损害这种关系。亚里士多德已经坚持把友爱与不太亲密的相互祝愿和相互帮助的关系区分开来：前者除了要求共同生活外，也要求在快乐上的互惠。他现在把这个差别发展为这一信念的理由：尽管年老的人仍然可以祝愿对方好，但他们大概不可能形成或者维护那种更为密切的爱的关系。“因为他们享受快乐的能力是短暂的，没有谁能够整日与这种令人讨厌、相处起来不快乐的人待在一起。”（1157b14—16）后来他重复了这一点。“在年老的人和古怪的人当中，爱并不经常出现，因为他们脾气乖戾，而且不喜社交。……因为人们不会爱慕那些他们并不喜欢陪伴的人。……但这种人相互间也会有善意，因为他们也相互希望对方好，并且在需要的时候互相帮助。但他们不太可能互相爱慕，因为他们并不在一起生活并以此为乐。”（1158a1及以下）[39]亚里士多德强
360 调这种非理性的和“情感性的”要素在亲密之爱中的重要性，因为它一方面使这种爱继续下去，另一方面它自身又构成了这种爱的部分价值。这就把他引向这一结论：这种具有最高的伦理重要性和伦理价值的关系，可以因为我们无法控制的身体变化而枯萎。如果我们生活得足够长久，我们就可以看到一种很高的价值的丧失。

即使爱应该随着生命的变化而历久弥坚，但死亡总是存在，并在一些人面前降临到其他人的身上，因此就削弱了幸存者的生命之善。在《尼各马可伦理学》第一卷中，亚里士多德说，“如果一个人没有子女、孤独一人，那么他就完全不可能生活得好；还有，如果他有坏子女或坏朋友，或者虽然有好子女或好朋友而他们死去了，那么我们就不会把他称为一个完全生活得好的人。”（1099b2—4，参见《修辞学》，1386a9—11）他现在的意思是说，这种丧失可以变得如此深刻，以至于它会使生活本身似乎都不值得过，即使一个人具有所有其他的善（1155a5—6）。一位康德主义者或者一位（中期的）柏拉图主义者会同意这一点，把它说成是关于许多人的一个不幸的心理事实。亚里士多德则把它看作是一种理性的和恰当的反应，即对个人情感在一种好的人类生活中的价值做出正确回应的那种反应。他观察到，如果不论一个人的朋友是在场还是不在场，无论是仍然活着还是已经死去，他都同样地爱着他们，那么我们就会把这看作一个美德（《修辞学》，1381b24—26）。不幸于是就成为最好的人类生活的一个自然要素。[40]

通过在一个好生活的概念中把价值赋予友爱，我们就使自己更容易遭受丧失。我们可以进一步补充一个要点：既然我们具有各种各样的情感，我们也使自己很容易遭受那些在严格的意义上并不属于我们的丧失。假若一个人没有强烈的情感，那么他需要担忧的只是他自己的财富、美德和成功。一个爱着其他人的人因为既要考虑自己又要考虑他人，因而更容易悲伤和忧虑，从而双倍地受到了运气的影响，"因为朋友就得一起分享欢愉，一起分担痛苦"（《修辞学》，1381a4—6）。"说一个人的后人和朋友对其幸福没有任何影响，又未免太过绝情（aphilon），并且似乎与我们的观点相悖。"（《尼各马可伦理学》，1101a22）

对此，中期的柏拉图主义者（以及现代的康德主义者）或许会回答说，既然如此，亚里士多德所描述和称赞的那种关系，不可能成为一个道德上好生活的核心要素，因此也不可能成为生活中很高的价值和值得赞扬的根源。我们希望把好的人类生活建立起来的那种爱，不可能是这样一种关系：在这种关系中，情感回应和物理回应占据了非常重大的地位；不可能是那种如此彻底地关注单一个体的独特特征和历史的关系，尤其不可能是那种如此彻底地使我们受到"大自然母亲"控制的关系。康德把情感性的爱与实践性的爱区分开来，[41]其目的是要发展一种个人关系的概念，在那个概念中，道德上的善将占据最高的统治地位，它向我们展示一种人与人之间的爱，那种仍然可以被公认为爱却摆脱了那些使亚里士多德式的爱变得很脆弱的要素。亚里士多德显然意识到了柏拉图等人做出的努力，即用一种更受意志制约或者更受理性管制的关系，来取代深深的个人之爱，或者用对善的孤独追求来取代深深的个人之爱。如果我们无法指望在他的文本中发现他对康德的所有问题的回答，那么我们至少可以指望他回答那些由他的同时代人提出来的问题：两个特定的人之间那种密切和亲密的关系究竟具有什么价

361 值？为什么我们应该培养那种关系，在我们对幸福的设想中，为什么我们应该赋予那种关系以某种地位？只有这种脆弱的爱才能提供的那个人类价值究竟是什么？

在这里，我们又可以把亚里士多德的论证分为两个范畴：一些论证捍卫友爱的工具用处，另一些论证则捍卫它的内在价值。我们首先考虑前一种论证。首先，在好品格和恰当的抱负的发展中，亲密的个人之爱扮演了一个核心的工具角色。我们已经提到一个富有养分的政治环境的重要性；但现在我们可以补充说，亚里士多德相信，若没有把一个家庭的成员相互连接起来的那种更为密切的爱的联系，这个环境在动机上就不会发挥作用。在《政治学》第二卷中，在批评柏拉图时，他告诉我们，人类动机的两个最强源泉就是这样两种思想：一种是，某个东西是你自己的；另一种是，它是你唯一拥有的东西（1262b22及以下；参见《尼各马可伦理学》，1180a3及以下）。在道德教育的事业中把父母和孩子连接起来的那种关怀的力量，是不可能用一个公共体制来取代的，尽管那种关怀必须在那样一个体制中发挥作用。因为，在这里，正是以下两个思想最敏锐地鼓舞父母为其孩子的教育工作和操心、鼓舞那个孩子为其父母工作和操心：一种思想是，那就是你自己的孩子，而不是别人的孩子；另一种思想是，你对那个孩子来说是唯一的和不可取代的，那个孩子对你来说也是唯一的和不可取代的。[42]此外，爱减轻了教育者任务的困难，因为感激和情感加强了父母命令的力度。“正像在城邦生活中习惯与法律具有约束作用一样，在家庭中父母的规劝和习惯也有约束作用，而且，由于有亲缘关系，由于父母对子女的善举，这种约束作用甚至会更大。”（《尼各马可伦理学》，1180b3—7）亚里士多德断言，一旦你把这种亲密关系以及在这种关系中真切感受到的那种爱拿走，你就只有一种“掺了水分”的关怀，不再具有塑造或者转变一颗灵魂的能力。在一个取消了核心家庭的政治体制中，友爱的亲密性是如此分散，以至于它的人情味很难引起注意，结果得到的那种混合就不会具有属于那个人情味的特性（《政治学》，1262b15及以下）。

在这些考虑之外，《尼各马可伦理学》第十卷第九章添加了进一步的论证。父母的训练有一种对孩子的个性进行回应的出众能力，因此就能够取得一种优势的"精确性"（1180b7及以下）："这样每个人就更有可能得到有益的东西。"这种精确性看来不仅与亲密不可分离，而且也与情感的投入不可分离，因为确实只有通过那种真切感受到的爱，而不是通过一种超然的科学审视，做父母的才能发现适合于那个特定孩子的东西。

唯一的和不可取代的东西具有特殊的重要性，这种重要性也出现在成年人的爱中。亚里士多德强调说，那些因为双方的品格而互相爱慕的人，能够以几种方式对彼此的道德发展产生有力的影响：

> 品格低劣的人之间的爱是有害的，因为他们做事情不稳定，又一起参与低劣的活动，而且会在互相影响中变得更坏。但好人之间的爱则是好的，并随着他们的交往而发展。他们通过他们的活动和相互纠正而变得更好。因为他们都把对方的品位和价值当作自己的榜样。由此，我们就得到了"美德来自美德"这一俗语。（《尼各马可伦理学》，1172a8—14） 362

这个言简意赅的段落至少暗示了三个相互影响的机制，而且，值得注意的是，这三个机制都依赖于那个关系的情感特征。第一个，也是最直接的那个机制就是劝告和纠正的机制。亚里士多德在这里的要点是，我们深爱着的那些人的劝告有一种针对善恶的特殊力量，而这个力量显然与那种交往的快乐及其所分享的关怀和友爱的情感相关联。

第二个机制是共同分享的活动的那种校正性的或者同化性的影响：如果你爱的那个人热爱和重视某个追求，那么你往往就会试图花费时间与他分享那个追求。如果那个追求是好的，那么这也是一件好事；如果那个追求是坏的，那么这就是一件坏事。而且，只有当我们按照一种充满深情的个人之爱来描述这个机制，而不是按照一种康德式的基于责任的关系来描述它时，它才会发挥作用。因为这个机制要求"一起生活"这种独特的亲密性，要求与之相关的那种激发性情感。亚里士多德的要点是，世界上有很多有价值的和不是那么有价值的追求，我们陷入了某些追求中，投入我们的时间和关注，只是因为我们所爱的那个人喜欢它们、关心它们。既然我们爱那个人，想要与他或她分享时间和活动，我们就有一种强烈的动机在那个方向上培养我们的品位和能力。所以，如果我们精心选择我们所爱的人，那么我们自己的生活就会变得丰富；如果我们爱的是那些缺乏品位的人，那么我们的生活就会变得贫乏。

第三个，也是最终的那个机制就是效法和模仿的机制。尊重和尊敬的强烈情感，作为亚里士多德友爱的一部分，产生了一种希望与对方更为**相像**的欲望。这个原则在社会中有力地发挥作用，因为在社会中，人人都认可的美德榜样起到了非常重要的激发作用。不过，亚里士多德明确地相信，在两个人之间的爱中体现出来的那种亲密关系，因为具有强烈的情感和共同的生活历史，因此就可以通过模仿而产生一种动机力量，这种力量是那种更加一般的社会模仿无法取代的。他在这里的要点类似于斐德罗在《会饮篇》中提出的要点，当时斐德罗论证说，由相互爱着的人们组成的一支军队，因为那个独一无二的被爱者在场，从而就产生了一种模仿和渴望的力量，由于这种力量的存在，那支军队就会比任何其他的军队表现得更加卓越。

其他的语境也指出了另外几个支持友爱的工具价值的论证。亚里士多德观察到，在个人之爱当中体现出来的那种联系，为你想要做的任何事情提供了一种有力的资源。你所爱的一个朋友，不像一位陌生人，是你在逆境中能够寻求帮助，在年老的时候能够寻求照顾，在实施任何计划的时候能够寻求援助的人（1159a9及以下）。于是，分享也使得任何受到重视的活动都更令人愉快，因此更为连续。一个人只靠自身很难继续维持兴趣和投入，"只有和他人一道才更加容易"（1170a5—7）。在这里，亚里士多德似乎是在思考因为"与他人"一道工作而产生出来的那种额外的快乐和持久的享受；他也是在思考这件事情，即一种对话，分享一项工作的各个部分，如何使之成为这样一个"与他人一道"的工作——在这项工作中，个人关系的互惠和快乐深深地进入了工作本身。例如，假设你在某个哲学系工作，与你的一位同事一道撰写一部哲学著作，而他也是你的私人朋友，那么你首先就从这种共同的写作活 363
动中得到鼓励，然后从你与这样一位朋友的哲学话语和合作中得到了更大的鼓励。[43]

亚里士多德进一步提到了友爱的另一个好处：若没有"共同生活"的那种亲密性，那种好处就不可能产生出来。这就是自我认知和自我知觉的提高，而之所以能提高，是因为你看到了一个你所关心的人，并在直观上对他进行回应。《大伦理学》提供了亚里士多德的这部分论证[44]最清楚的版本，他是这样说的：

> 现在，要是某个人在看着他的朋友时，看到了他是谁以及他具有什么样的品格，那么，如果我们想象最强烈的那种友爱，那个朋友对他来说就像是他的第二个自我，正如俗话所说，"这是我的第

> 二个赫拉克勒斯。”这样，既然认识自己既是一件困难的事情（正如一些圣贤所说的那样），又是一件快乐的事情（因为认识一个人自己是快乐的）；既然我们不可能从自己来研究自己，例如，很明显，我们会因为其他人做了某些事情而责备他们，却没有意识到我们自己做了同样的事情，这种情况会因为偏见或激情而发生，而在我们很多人当中，正是偏见或激情模糊了判断的精确性。因此，正如当我们自己想要知道自己的面貌时，我们就照照镜子，类似地，当我们自己想要认识自己时，我们就通过注视朋友来认识自己。因为朋友，正如我们所说，就是另一个自我。这样，如果认识自己是一件快乐的事情，如果没有另一个人作为朋友我们就不可能认识自己，那么为了认识自己，自足的人就需要友爱。（1213a10—26）

亚里士多德的论证开始于一个关于人类的心理事实：我们每个人都要清楚地、不持偏见地认识到我们自己的生活，评价其行动和承诺的模式，这是一件很困难的事情。我们经常没有意识到自己的缺陷，因为偏见以及对我们自己的情感和关注的投入使我们盲目。因此，研究体现在另一种好生活中的好品格模式就很有价值：“我们更容易看到其他人而不是我们自己。”（《尼各马可伦理学》，1169b33—34）对善的模型的这种反思性考察强化了我们对自己的品格和渴望的理解，改进了自我批评，并使判断变得尖锐。因为这一缘故，那个模型就必须是在品格和渴望上与我们自己相似的一个人，出于审视的目的我们能够把他认定为“另一个自我”的那个人。[45]

亚里士多德声称这个模型本身必须是一个朋友，他的这一主张究竟具有什么样的含义呢？换句话说，通过共享的生活，通过认知联系和情感联系与那个寻求知识的人发生联系的人，究竟是一个什么样的人呢？为了回答这个问题，我们必须再次提醒自己，亚里士多德的那种伦理知识究竟是什么，及其所要求的那种经验又是什么。我们已经说过，这种知识首先就在于对复杂的特殊境况的知觉。普遍的东西仅仅是这些具体知觉的指引和总结；“决定取决于知觉。”而且，知觉同时既是认知的又是情感的：它在于把即将面临的特殊事务那些伦理上突出的特点挑选出来的能力；这种认识往往是由合适的情感回应来实现的，并且是在这种情感回应中达到的，正如它也是通过思想判断来达到的一样。亚里士多德反复强调说，一个人不可能通过准则学会正确知觉，而是，正确的知觉只有通过一个人自己的经验才能学会，而且是在这种经验之中学会的。如果我们现在思考这一问题，即用亚里士多德的那种 364
方式来理解另一个人是怎么回事，那么我们就能逐渐看到，这种理解不可能是通过一般的描述，通过阅读一首赞美诗或者一幅品格素描，或者实际上通过任何遥远的、非投入性的关系而获得的。它要求体验到共享的活动，要求在时间上以及通过那种只有经过时间才能产生出来的信任，在情感、思想和行动中培养对那个人的一种亲密回应。这种回应不是而且也不可能是纯粹理智性的。如果我们想象对另一个人的一种纯粹理智的认识，那么我们就会看到，那种认识不可能包含友爱的亲密性所能得到的一切东西。友爱的知识是由在那个人的陪伴过程中所发现的快乐来引导的，是由经过那种联系及其共享的历史建立起来的关心和亲切的情感来引导的。情感往往会引导注意力，揭示出那些以别的方式会被隐藏起来的东西。只有通过利用对另一个人的品格和行为方式的微妙细节进行知觉和回应的那种能力，才有可能获得对品格的**洞察**，而这种洞察就是那种知识的核心。这就是在阿尔西比亚德斯的演讲中展示出来，在《斐德罗篇》中受到称赞的那种关于人的知识。现在，对亚里士多德来说，似乎可以很合理地强调说，在其最杰出的形式上，这种知识只能出现在那种格外亲密、长期持续的互爱中；这种爱的好处是某种更疏远的或者“掺水的”联系所无法产生的。

与亚里士多德关于爱的内在价值的论述相比，他对工具价值的论述要多得多。因为对工具价值的论证甚至可以令一个如果不进行这种论证，就倾向于把友爱从好生活中驱逐出去的人信服。另一方面，要求一个尚未回应一个内在价值主张的人去接受那个价值就困难得多。他只是说道，我们**确实**爱那些因其自身之故而让我们爱的人，而不是为了使自己获得某个进一步的好处去爱他们。（如果我们与那些人的关系完全是工具性的，那么那种关系就不是友爱，而是某种别的东西。）他说，我们不只是把友爱看作是“生活中最必需的东西”（1155a4），而且也把它看作是一种自身就很美丽、自身就很有价值的东西：“它不仅是必要的，而且也是高尚的，因为我们称赞那些爱其朋友的人，有很多朋友似乎是一件高尚的事情；此外，我们认为那些人本身就是好人，就是好的朋友。”（1155a29—31）其实，“若没有朋友，没有任何人会选择生活，即使他已经具有所有其他的善”（1155a5）。类似地，《优台谟伦理学》观察到：“我们认为朋友是一种最大的善，缺乏友爱而孤独地生活是一件很可怕（deinotaton）的事情，因为在我们的一生中，我们自愿的联系就是与朋友的联系。”（1234b32及以下）

后来，在《尼各马可伦理学》中，亚里士多德明确地转到讨论这样一个对手上，该对手声称友爱的价值仅仅是工具性的，在其他方面都生活得好的人并不需要朋友。在回答这位对手的时候，亚里士多德再次强调说，友爱的好处也是内在的。

> 有一个争论，关系到真正幸福的人是否需要朋友。因为享得福祉并且自足的人据说并不需要朋友，因为他们已经具有所有好

> 的东西。这样，如果他们是自足的，他们就不再需要进一步的东西了；但朋友，既然是另外一个人，就提供了他自己无法提供的东西。于是就有这样一个说法，“若有神灵保佑，谁还需要朋友？”但是，说 365 一个真正幸福的人尽善皆有，独缺朋友，这似乎又很古怪，因为朋友似乎是所有外在善中最大的善。……把一个享得福祉的人想象成孤独生活的人确实也很古怪，因为没有谁自身就能选择享有世界上所有的善。因为人类就是某种政治性的存在，自然地就要与他人一起生活。对于真正幸福的人来说，也同样如此。……因此，真正幸福的人也需要朋友。(1169b3及以下)[46]

亚里士多德说，只有当这位对手把朋友看作是其他孤独的善的单纯手段，并认为具有这些善的孤独生活就是完善的生活时，他的观点才有意义。但事实上我们并不这样认为。我们认为，一种没有朋友的生活，即便具有了所有其他的善，也是严重不完备的，根本就不值得过。所以，按照在第一卷中确立起来的那个原始协议，即幸福的自足性必须具有这个特点：它所描述的那个生活必须是本身就“值得选择、无所或缺”(1097b14—15)的生活，朋友和友爱就会成为人类幸福的必要成分，就其自足性而言，它们是构成性的而不仅仅是工具性的。

最终，我们有一个在《尼各马可伦理学》第一卷中所许诺的论证。当时亚里士多德神秘地强调说，我们所追求的那种自足性是群体性的，而不是孤独的，但他显然把这个主张放到另一个时候来探究。那是一个什么样的论证呢？实际上，在任何一个用来支持友爱的内在价值的段落中，什么样的论证已经被提出来呢？明显的是，在这种情形中，就像在政治的情形中那样（其实，正如上述引文的最后那句话所表明的，亚里士多德在这两种情形中所提出的论证是密切相关的），亚里士多德在整个论证中提到的是流行的日常信念。他用“我们认为”、“我们称赞”、“没有谁会选择”这些说法提醒我们：我们正在处理的东西，就是在那些被深刻而广泛地共享的现象中所记录下来的东西，而不是任何“更为艰难”的或者更加外在的论证。[47]所记述的那些现象不是任何一种关于人类生活的价值中立事实，也不是一种用来反对那个对手的强有力的论证。因为那个对手大概可以提出这样一个回答：他可以表明，孤独者的自足性概念不仅取决于某些甚至更加深刻、更加广泛的信念，而且符合那些信念。他也许能够表明，就像柏拉图试图表明的那样，从这些其他信念的观点来看，亚里士多德所记述的那些关于友爱的信念是原始的或错误的。（事实上，亚里士多德在这段话中继续询问那个对手的见解的来源，首先是询问把那个见解激发起来的那些深刻信念，参见1169b22及以下。）但通过这个论证，亚里士多德就提醒了那个对手，他的幸福概念所忽视的那些信念所具有的深度和力量：既然他持有这个幸福概念，他就有责任表明，为什么我们必须放弃那些信念，我们又是为了什么而必须放弃它们的。

这个论证其实更加具体。因为在求助于对我们的**本质**的一种理解时，它更精确地确定了那些信念的深度。它表明那些信念在我们的自我理解中是如此根深蒂固，以至于会影响我们对同一性和持续性问题的评价。那个对手已经要求我们选择一种孤独的生活；我们指出这种做法违背了我们的本质，因此，没有任何与我们相同的存在者能在这样一种生活中幸存下来。渴望自己或者别人好，亚里士多德强调说，要求渴望一种人在其中仍然存在的生活，而不是渴望这样一种生活：不管这个生活多么值得赞赏，或者与神灵的生活多么相似，它却是一个与我相同的人不可能过的生活（《尼各马可伦理学》，1159a、1166a，参见以上，
366 原书第350页）。在问这种孤独的生活是否能够成为我们最高愿望的对

象时，我们首先就得问它是否能够成为我所希求的对象。如果成为一个在社会中生活的人就是我的本质所在，那么那个幸福的孤独者就不等同于我；所以，渴望一种缺乏友爱的价值的生活，就是渴望那种苏格拉底式的、趋向不同生活的转变，而不是渴望那种普罗泰戈拉式的对一个人自己生活的“拯救”。

这个思想是关于本质或同一性的一个要点，但它并不是与一个关于内在价值的要点相分离的。（我们对《普罗泰戈拉篇》和《斐德罗篇》的解释已经为我们认识到这一点做好了准备。）我们引入和捍卫这个要点，乃是通过评论我们有关价值问题的思想和信念实现的。提出这个要点的另一种方式就是说，没有友爱的生活根本上缺乏基本的人类价值。当然，并非所有支持不幸存的理由都是价值的理由；但在这里我们是在规定：假如一位存在者继续生活，那么他至少在表面上要求与我相同；我们是在问这个存在者的生活是否包含了足够多的我用来实施自我认定的那种东西。就像在政治的情形中一样，这个问题不是由独立的科学发现来回答的，而且也不可能是由这种发现来回答。它是评价性论证本身的一个深刻要素。在这样一个据说继续存在的东西是否就是我这个问题上，并不存在任何中立的事实判断；我们只能通过回顾我们的承诺和价值来回答这个问题。不过，那个对手可能会提出这样一种回答，他会强调说，那个幸福的孤独者是在过一种完整意义上的人类生活，在那个生活中，我能够把我自己想象为我自己，并且继续生活下去。但是，在这里，就像在《政治学》中那样，亚里士多德的挑战要求他继续用一种连贯的、非逃避的方式来描述这种生活，并向我们表明这种生活如何能够满足我们的要求。在《政治学》中，亚里士多德已经提醒我们，要求我们注意到把我们的这个承诺表示出来的神话和故事：我们应该把那些尽管与人类相似却孤独生活的理性存在者看作并非严格意义上的人；在讨论友爱时，他已经提醒我们：“甚至在旅行中，我们也可以看到人们之间是如何亲密联系（oikeion）、相互友爱的。”（1155a21—22）他还暗示说，甚至那些遥远的外国人也分享我们对这个价值的承诺。现在，这个对手不得不用他自己的故事来回答亚里士多德提出的挑战（正如在《普罗泰戈拉篇》中那样），并表明我们在这样一种孤独的生活中实际上是如何看待自己的。

亚里士多德对友爱之内在价值的这一论证，就像他在现象中提出的任何论证一样，似乎达不到这位对手提出的要求。因为在柏拉图对内在价值的谈论中，有这样一个核心的思想，即以物种为中心的价值并不足以成为真正意义上的内在价值。柏拉图认为，一个追求若想具有真正的价值，那么甚至从一个根本就没有任何需要的存在者的观点来看，它也必须被认为具有那个价值。对我们来说，幸运的是，通过耐心工作，我们就可以采取这样一个存在者的观点，使之成为我们自己的观点。但是，我们能够使之成为我们自己的观点，这个事实与那个价值的根源毫无关系。更不用说，尽管具有实践智慧的人，一个**尚未**开始这种柏拉图式的工作，但已经决定要过一种介于各种人类价值中间的复杂生活的存在者，不可能在一种孤独的生活中来看待自己，但这个事实也不应该被认为违背了这个主张：那种生活是最好的。对于这样一位对手来说，亚里士多德的论证似乎不足以把真正真实的善确立起来，而只是通过利用一种过分具有人类色彩的标准，把一种以物种为中心的价值确立起来。但是，这种现象方法提醒我们，对真实的或者真正的善的很多谈论只不过是谈论而已。即使这种谈论似乎超越了我们对人类之
367 善的谈论，但并不保证它确实做到；在设定了话语界限的经验中，它的根基是如此薄弱，以至于它只是“言辞而已，缺乏对任何东西的理解”。为了正确地把伦理研究的结论与我们自己和我们的生活联系起来，我

们就必须采用一种人类中心论的判断标准和一个具有人类经验的仲裁者，并对其加以捍卫。即便这位对手应该回答这个一般的挑战，但在第十章和第十一章中，我们所报告的那种对善的讨论表明，并不存在任何一种单一的善，即柏拉图所谓的“真实的善”或者“真实的价值”，使我们在所有物种的情形中都可以用它来排列和组织所有的善。神灵的善与我们的善不是同质的，它也并不处于我们的善之上并规定了我们的善；它只是一种不同的善，只是在另一个不同的情景中，对另一种不同的存在者适用。在价值的尺度上，我们的善既不低也不少，它就是我们的善，具有在其他地方不会出现的那种特殊的基调和品质。以这样的方式来爱人，并强调说我们确实是这样做的，似乎就是那个基调和品质的一个本质部分。

因此，亚里士多德捍卫了这一论点：我们应该把一种很容易遭受灾难影响的关系包括在我们的好生活概念中。但有时候他受到了这样的指责，即他对爱的理解并没有使爱变得**足够**脆弱。[48]首先，他所描述的那种关系是惬意的和超然的，通过把关注的焦点集中到那些品格**相似**的人们之爱上，那种关系取消了冒险和惊奇的要素，而这个要素在与另一个灵魂的碰撞中能够具有高度的价值。其次，亚里士多德一方面强调说，那种立足于品格的爱是高度稳定的，另一方面又“决定把对友谊的需要与自足性的目的调和起来”，于是，他对爱的论述就显得“很奇怪”。[49]我们可以这样来回答第一个指责：首先，我们可以要求这位发问者考虑这样一个个人之爱的例子，那种爱以一种被人们深刻共享的人类价值概念为基础；其次，我们可以问他在人类生活中是否根本就找不到这种爱。我们可以要求他想象这样一种喜悦和惊奇，即在另一个分离的躯体和灵魂那里发现你自己渴望的那种喜悦和惊奇，在一个相对于彼此的最高希望来说大多数人都是陌生人的广袤世界中，意识到你和那个人处于同一个价值世界中的那种欢乐。亚里士多德合理地认为，只有在这种爱当中，一个人才能最深且最好地发现自己和他人。柏拉图的《斐德罗篇》中所描绘的那些爱者向我们表明，这样一种爱无须缺乏惊奇、激情、探险或者冒险。我们忍不住说，只有多样性在一种相似性中具有根基时，它的那些被过分夸张的好处才是真实的好处：你向一个外国人学习，学会爱他；你向另一个民族、另一个性别、另一个宗教的一些人学习，学会爱他们；你向一个在年纪或气质上与你相差很大的人学习，学会爱他。这一切变得可能，只是因为你们至少都有一些共同的人类知觉、价值和抱负，并相互承认这些东西。正是在这样一个基础上，这种学习对你来说就变得有意义，变得很重要。否则你的好奇心就不会产生爱的知觉，而是产生人种志或者自然史。

对第二个指责，我们必须承认，亚里士多德确实强调说，那种以品格为基础的爱具有高度的稳定性。他也用其他方式力劝一个人不要寻求那种招致灾难的爱，例如，因为有太多的密切关系，他将不得不“对自
368 己进行分配”，或者选择爱一个在年纪上与他相差太大的人，使得那段关系会因为年纪的变化而令人烦恼。但是，承认如下这些事实并不是什么古怪的事情：在我们与他人的生活中，我们确实寻求稳定和持久；为了使爱的好处变得丰富，我们就必须诚实可靠，就必须积聚若没有那些好处就发现不了的共同历史。当我们考虑亚里士多德所谓“共同生活”的全部要求，考虑它所施加的要求以及它所产生的脆弱性时，我们就不可能认为亚里士多德因为追求自足性而忽视了价值的丰富性。其实，对于这样一个人在看重一个如此艰难、不太可能实现的目标时所经受的危险，我们更有可能感到敬畏和警觉。究竟有多少人在其一生中确实没法那样生活，没法分享深厚的爱和卓越的活动呢？在那些一起

相处的人当中，究竟有多少人确实**生活**在一起，“分享交流和理性”呢？因为“人们生活在一起的意义就在于‘分享交流和理性’，而不在于像牲畜那样一起豢养”（《尼各马可伦理学》，1170b11—14）。这个说法其实是对世界提出的一个异乎寻常的要求，而提出这个要求的那些人很可能过得不幸福。但是，既然亚里士多德主义者的目标并不那么在于幸福（在获得满足的意义上），而是在于生活的完整性和价值的丰富性，为了幸福的缘故而忽略一个价值，为了从世界中得到更加令人高兴的答案而降低你对世界的要求，也就说不上是一种解决方案。亚里士多德主义者将只是接纳这个世界，看看我们可以与它一起做些什么事情。

对爱之价值的这一论述发展了许多我们已经在《斐德罗篇》中所发现的论证（包括价值与品格同一性之间的联系），但仍然有一些关键的差别。第一个差别是附加性的：对亚里士多德来说，生活在一起是一种善，而追求这种善的动机就来自某个东西对你来说是独一无二的这个思想；于是，通过说明这种善的好处及其动机，他就比《斐德罗篇》更进一步说明了为什么一种亲密的终生联系是如此重要，为什么爱是不可转移的（除非对方相似的品格已经失去了价值）。《斐德罗篇》和《尼各马可伦理学》都告诉我们，当爱的对象是一个具有类似品格和抱负的好人时，爱便有其最高的价值；它们都规定只要可能，这两个人就应该分享终生的活动，其中包括那种交往中的快乐和喜悦。但亚里士多德现在对这种亲密性的重要性补充了一个更详细的说明。

不过，第二个主要差别是减除性的。在亚里士多德对爱的论述中，性和性吸引并未起到一个主要作用。他也没有提到“癫狂”的好处，而那种东西就是爱欲对思想和眼界的有力转变，在《斐德罗篇》所描述的爱者的生活中，它发挥了核心的作用。在亚里士多德的那种爱者的灵魂中，所有要素都将是积极的和回应性的，正如在亚里士多德的那种具有实践智慧的人当中，它们也总是这样的；亚里士多德确实强调说，爱要求爱者对对方的在场感到快乐。但柏拉图式爱者的那种充满爱欲的快乐和见识，只是作为一种特别强烈的和排他性的**友爱**被提到（1171a11）；在那里我们甚至并不清楚这种提及是不是肯定性的。[50]**友爱**的韵律，在其最好的或者最高的实例中，似乎比柏拉图的爱欲的韵律
369 更加稳定、更少激烈；我们并未发现对《斐德罗篇》的爱者来说颇为核心的那种突然的启发和危险的开放要素。我已经试图强调（而且我也相信这样做是合适的）亚里士多德的友爱的那些要素，使得那种爱成为一种真实的个人之爱，成为一种比康德的“实践性的爱”更为脆弱，并在时间和变化中更加根深蒂固的东西。但现在我们可以说，在这里我们并没有发现那种紧张与释放、渴望与充实的结构，或者并没有发现这种结构得到了强调，而这种结构对于《斐德罗篇》中真见识的观念是如此重要。亚里士多德没有表达对这种爱欲的反对；但他的沉默表明，他并不认为那种东西具有中心的重要性。因此，指责亚里士多德，说他具有一种自以为是的道德个性，对那些与风险相联系的善毫不敏感，看来完全是个错误。那么，对于他对爱欲的回避，我们能够说些什么呢？

首先，我们必须回顾一些历史事实和文化事实。在他所生活的文化中，亚里士多德是一个异性恋的男性。在那个文化中，女性多少未受教育，因此，如果她们想在任何与大多数主要的人类价值相联系的共同活动中成为有价值的伴侣，她们就需要发展，但她们却被剥夺了发展的机会。此外，亚里士多德是这样一位政治思想家，他坚持认为家庭和家人是发展任何一种人类美德的一个必要条件。因此，他就很难想象这样一个生活结构，那个结构维护了家庭的好处，同时又使女性能够得到同等的教育和从事卓越活动的同等机会。柏拉图已经否认家庭的伦理

价值；因此他就可以自由地赋予女性一种更为平等的思想地位。亚里士多德提出了严肃的论证来反对这种亲密关系的丧失；他的想象力因此就受到了更大的限制。既然这是我们自己的生活方式的一个主要的未决问题，我们也许就可以理解，前4世纪的希腊人去设想解决这个问题的方式是多么困难。但如果女性仍然被限制在家庭内部，那么她们就不可能成为最高意义上的朋友；有抱负的男性可能会在同性当中来寻求这种朋友。在这点上，如果亚里士多德自己就倾向于异性恋，他大概会判断说，我们必须把性方面的事情与抱负分离开来，必须在另一个不同的领域，在另一种不同关系的情景中来追求抱负。于是我们就可以说，关于那种把强烈的情感与共享的抱负结合起来的亲密的个人之爱的重要性，我们发现他与《斐德罗篇》中的观点在某种程度上有一种深刻的一致；但是，对于这种关系应在何处寻求，它们是否有可能本质上就是性关系这些问题上，他们具有不同的信念。这两位哲学家在这些信念上具有这个差别，是因为他们对社会环境中的性有不同的个人体验，也是因为他们对家庭的重要性持有不同的规范的政治信念。

这难道不就是对现状亲切而友好的捍卫，并因此使得亚里士多德的现象方法经常受到诽谤的那种东西吗？我们立刻会忍不住认为，亚里士多德对现实的耐心关注已经妨碍他在想象力上大胆跳跃，而若要想象一个女性的卓越潜力在其中能够得到充分实现的社会结构，就需要这种跳跃。柏拉图主义因为不太尊重现实信念，所以在采取这种跳跃上就显得更加自由。

然而，我们已经论证说，宣称现象方法不可能得出大胆的或者极端的结论，其实对这种方法并不公正。在第八章中，我们已经表明，这种 370
方法其实可以利用一些深层信念来批评那些与女性的现实处境有关的社会制度，而那些信念就关系到选择的重要性。亚里士多德并没有这样做,但这与其说表明他的探讨受到了限制,倒不如说表明了他自己作为一个现象的收集者是有缺陷的。如果我们考察将会看到的那种情形,那么我相信有缺陷的不是现象方法,而是亚里士多德对它的应用。因为至少有两个与此问题相关的领域,在那两个领域中,亚里士多德对信念的审视有很大缺陷。他对女性从事卓越活动的潜力的分析显然是粗糙而草率的。因为他赤裸裸地断言女性没有能力进行完整的道德选择(这表明他要么缺乏敏感性,要么缺乏密切关注),[51]因此他就可以回避发展她们潜力的问题,也可以否认她们能够分享最高的友爱。要是他已经致力于研究女性心理甚至研究女性生理(对此他犯了很多可笑的,其实很容易修正的错误),那么,只要把他在研究甲壳类动物时所投入的那种持久关注拿出一部分,他就可以更好地利用这个方法。

在他的著作中,我们也可以发现他几乎没有注意到柏拉图所捍卫的那种爱欲关系。男性(以及女性)同性恋的性爱倾向显然没有引起他多大的兴趣,以至于他甚至并不认为把这些实践和信念包含在他关于友爱意见的评论中是合适的。[52]这种回避显得格外古怪,因为不论是在他自己的文化中,还是在论述人类善的哲学传统中,同性恋都是很突出的事情。这不仅是对他自己方法的不公正,而且也是在友爱上的一个失败。因为亚里士多德对柏拉图的那种明显的爱,他们多年来共同参与的活动,应该已经使他把他朋友的生活视为关于好生活的一个认识来源。但如果他已经这样看,那么他就会注意到这个事实:在那个生活中,把爱欲和"癫狂的"激情与尊重、敬畏以及卓越的哲学活动结合在一起,在伦理上是多么重要。此外,即使他自己不去选择这种生活,因为他意识到了他在性倾向上的不同,但他至少会把它归于现象之中,把它作为人类追求善的一种方式而赋予它应有的地位。

亚里士多德是这样一个人:他明智公平,对自我纠正和自我审视有绝妙的观点，并且很强调特殊知觉的回应性。然而，甚至在这个人这里，这些事情都没有发生。这个事实向我们显示了性习惯和性偏见在世界观的形成中的巨大力量。这是一个这样的生活领域，在其中，他陷得如此之深，以至于无法纠正偏见或偏向，甚至无法遵循自己的方法，无法接近于成为一个具有实践智慧的人。亚里士多德的方法并不顽固地捍卫现状。它要求在人类所面临的一切选择方面培养想象力和回应性。但在这些情形中，亚里士多德没能运用自己的方法。如果我们想要捍卫这个方法，那么，与亚里士多德的实际行为相比，这个事实就应该使我们更加强调实践智慧的这些要素，更加有力地捍卫阅读和**友爱**本身在促进这些知觉的过程中的作用。 371

因此，亚里士多德曾试图提出我们面前提到的各种信念，以便向我们表明它们包含了对好的人类生活的理解，这个理解使得生活成为某种相对稳定，但在它对价值丰富性的寻求中仍然比很多偶然事件都脆弱的东西。稳定性和那种使我们面临冒险的丰富性，都是我们追求和看重的东西。在某种意义上我们看重冒险本身，认为它部分地构成了某些类型的价值。在我们的慎思中，我们必须平衡这些竞争的主张。这种平衡绝不会成为一种摆脱了张力的和谐。充其量，它只承受着一种集中于某个焦点的张力，一种赫拉克利特式的"向后伸展的和谐，宛如一张弓或者一把七弦琴"；它的特殊判断往往具有一种很不自在的妥协面貌。我们认识到，一旦我们对好生活采纳了一种内在条件的概念，我们在价值上就会蒙受巨大的损失；于是我们就决定坚持这个更加冒险的观点：好生活要求活动，而在这样一个生活中，甚至好的条件也不是全然不受伤害的。但我们也并不想说，对活动的**每一次**剥夺都是一种善的丧失；因为这样做会使我们无法忍受地承受更多的丧失。所以我们就发现了一种很不自在的平衡；永远不会很清楚的是，冒险并不造成很大的威胁，或者某种真正的价值并没有逃离我们。这样，为了使价值变得完备，我们又希望好的生活包括某些对于机遇而言特别脆弱的关系性要素；但是，如果我们不希望不可忍受地受运气支配，那么对每个这样的要素，我们就应该选择这样一些概念，那些概念保证那些要素具有一种相对高的稳定性。我们永远无法确信（尽管对这些概念的好处我们确实有独立的论证），我们还没有使得人类生活过分脆弱，或者在选择这种稳定性时我们已经遗漏了某些东西。通过这些复杂的策略，亚里士多德向我们显示了好的人类慎思在于这种微妙的平衡行为：只要行动者继续生活，那么，要是他决定使所有公认的人类价值都发挥作用，他的慎思就很微妙，但永远不是结论性的。对一些人来说，这个慎思图景显得平凡、凌乱、不雅致。对此，亚里士多德会回答，或者说，从具有实践智慧的人的那种完全人类中心论的观点来看，他会乐于承认：我们最好不要指望一个比人类生活更加雅致或者更加简单的概念。把简单性提升为最高价值的人，就像使用一把直尺来测量凹槽的建筑师，[53]他的计算不能建立起一栋牢靠的建筑物，他会遗漏出现在自己面
372 前的很多美丽而有价值的东西。[54]

第三部分附录

人与神

一些哲学家(或者你喜欢这样称呼他们的任何人)遭受了所谓的"问题丧失"。于是一切东西对他们来说都显得很简单,似乎不再有任何深刻的问题,世界变得宽广平坦并丧失了一切深度,他们所撰写出来的东西变得格外狭隘和琐碎……

...quia plus loquitur inquisitio quam inventio...(奥古斯丁)

维特根斯坦,《纸条集》, 456—457

到目前为止,我们已经给亚里士多德画了一幅素描,把他与中期对话的柏拉图进行了强烈的对比。这个亚里士多德就是我们几乎可以在他的全部著作中发现,并用一个一致的、可以识别的声音来说话的那个亚里士多德。然而,在本书中,我们已经强调了伦理问题的深度和复杂性,强调了这一可能性:任何具有深度的思想家不仅会感觉到他们的深度,而且也会感觉到柏拉图与亚里士多德见解的力量。我们也强调了亚里士多德的这一根本承诺,即要分析他的哲学传统向他呈现出来的对一个问题的主要论述，对它们进行同情的评价并回应它们的深度。因此，在这里停下来，评价一下把亚里士多德自己引向伦理学中柏拉图理智主义的那些证据，看来就是一件合适的事情。不过，在这里我们不可以写另一部著作。但如果我们纲要性地提出这个问题的主线，勾勒出一个对待它的立场，那么，对于我们提出的问题，我们就会显得更为公正。我们将首先处理在亚里士多德的伦理著作之外的一些证据，然后转到《尼各马可伦理学》第十卷第六章至第八章中的那些声名狼藉的问题。

首先有些段落散布在他的著作中，这些段落并不像《尼各马可伦理学》第十卷第七章那样，把柏拉图的那种准神灵的、以理智为中心的生活规定为最好的生活；但既然它们按照宇宙中可以得到的生活来排列那些生活的价值或者善，并把神灵的生活放在顶端，它们就不符合亚里士多德的伦理方法中那种普遍的人类中心论（参见第十章）。(1) 在《论天体》第二卷第十二章中，亚里士多德排列了宇宙中的生活，表明存在者在宇宙等级秩序中的地位是如何说明了它们所开展的那些类型的运动。最好的存在者（天体）通过一种简单而单一的运动（循环运动）而得到了善，等等；存在者离真正的善越远，运动也就变得越复杂、
373 越多变。(2) 在《论动物的各个部分》I.5中，甚至当他在捍卫动物研究时，他又再次承认天体是更加高级或更为优越的生活形式，因此对于自然的研究者来说也就显得更加可爱。(3) 在《尼各马可伦理学》第六卷中，在谈到sophia（沉思的智慧）的美德时，亚里士多德把它排列得比实践智慧还高，并通过诉诸对生活或存在者的排列来捍卫这种排列："如果人类并不是宇宙中最好的存在者，那么若有人认为政治卓越和实践智慧是最好的东西，就显得很古怪了。"(1141a20—22)（我在字面上翻译这个陈述句，是为了强调这个语句的模糊性。罗斯把第一个"如果"翻译为"因为"，这种译法是可以的，但根本不必要。）亚里士多德进而

以一种不利的方式把实践智慧的环境相对性与沉思的智慧对环境相对性的缺乏做对比。(4) 在《形而上学》第十二卷和《论灵魂》第三卷第五章中，对理智及其神性的称赞是同样图景的一部分。把不被推动的推动者处理为爱和崇拜的对象，这种做法确实意味着对各种生活的价值做出一个比较判断。(相比较而论，在《物理学》第八卷中，把不被推动的推动者作为物理学说明的第一原则来加以使用，则似乎没有这样的含义。)(5) 在《政治学》第一卷中，把灵魂说成对身体有“绝对的统治”，且很古怪地说它对欲望有“政治的和君主的统治”，似乎也形成了同样的柏拉图式图景的一部分。我们确实很难调和《论灵魂》中对灵魂和身体的质形论说明，很难调和《论灵魂》和《论动物的各个部分》中对欲望的说明，很难调和《尼各马可伦理学》中对理智与身体欲望的关系的说明。

这些段落(以及其他类似的段落)并不必然意味着一个与我们已经概述的观点不相容的有关**人类**善的观点，因为在我们所概述的那个观点中，理智活动就是很多内在善中的一种。因为一个人可以一致地认为，有很多内在的善，若没有它们，生活就不太完善，因此按照《尼各马可伦理学》第一卷中的标准，它们就是幸福的构成部分，而不仅仅是实现它的手段，而同时又认为其中的一些善比其他的善更加高级。这显然就是《尼各马可伦理学》第六卷中的见解，在那里，在同一章中，亚里士多德声称沉思的智慧就是幸福的一个**部分**，但又以某种方式成为最好的那个部分。沉思的智慧就好像是一顶缀满珍贵宝石的王冠上那颗最大、最灿烂的宝石，而在那顶王冠上，每颗宝石自身都有其内在价值，(实践智慧对)它们的整个组合也增加了每一颗宝石的价值。然而，这些段落显然不符合亚里士多德全部伦理著作中的大量论证，那些论证大概是说，伦理学和政治学必须把自己限制到“什么东西对一个人类存在者来说是好的”这个问题上，拒绝尝试对善做出一个一般的、首要的说明，或者拒绝按照那些好东西的善对各种生活做出一个普遍排列（参见第十章）。因此，这些段落中的见解似乎就符合《斐德罗篇》中的见解：对人类最好生活的说明为其他内在价值的领域留下了余地，但与在宇宙中的某个地方示范出来的另一种生活相比，这种生活仍然处于不利的地位。我并不完全清楚它是不是一个连贯的见解。一旦承认有一些跨越不同的生活来进行排列的普遍的、独立于物种的标准，那么做出
374 这一结论就变得很自然了：把这些最高的要素或活动最大化的那样一种生活，对于能够拥有它的任何存在者来说，也将是最好的生活。一旦我们承认这种外在的视野，那么，对于能够从这种视野来评价并对每个物种的成员开放的各种生活来说，似乎就很难看到为什么它不应该影响我们对那些生活的评价。

因此，毫不奇怪的是，亚里士多德确实在某个地方向着柏拉图主义更进了一步。我相信，亚里士多德只是在一个地方采取了那种步伐，即在这样一个段落中，那个段落不仅与其语境并不相符，而且实际上也与整个《尼各马可伦理学》中的几个重要见解和论证相矛盾。但是，我们也不可能因为这个缘故就把它打发掉，我们能够做的最好的事情是提出它的论证，并清楚地表明那些论证在什么地方与《尼各马可伦理学》的整个工作相矛盾以及如何与之相矛盾。在这个问题上存在大量有帮助的文献。[1]因此我将只是简要地提出那些我认为是最重要的争论。

在《尼各马可伦理学》第十卷第六章至第八章中，亚里士多德捍卫了这一观点：幸福就等同于一个人最好的部分，亦即理论理智的活动。这个活动被认为在连续性（1177a21—22）、纯粹性（1177a26）、稳定性（1177a26）以及自足性上优越于所有其他的活动，因为一个人可以进行理论沉思，而不需要依靠外在必要条件的偶然满足（1177a27—b1）。

沉思被明确地认为是为其自身的缘故而值得爱或者值得选择的唯一活动。既然神的理智就是我们当中最好的部分，有人就力劝我们，要把我们自己鉴定为那个要素并选择那种单一要素的生活。“我们千万不要理会那些这样劝告我们的人，他们说，作为人，我们就要用人所特有的方式来思考和选择；作为凡人，我们就要按照凡人的方式来思考和选择。相反，只要可能，我们就必须努力追求一切不朽的东西，以便按照我们当中最好的那个部分来生活。”（1177b31—34）按照“其余的美德”来过的那种生活被认为是第二好的。（这两种生活大概无一是《尼各马可伦理学》到此为止所要捍卫的那种生活，因为那种生活将既包含沉思性的要素又包含非沉思性的要素。）

对于本书的读者来说，明显的是，这段话与中期对话的柏拉图主义有很强的亲和性，它奇怪地偏离了我们在这些伦理著作中所发现的那种价值观。我们现在可以把做出如下判断的那些最重要的理由总结出来：在这里有一种不相容性，而不仅仅是着重点上的不同。(1) 在《优台谟伦理学》和《大伦理学》中，亚里士多德明确地论证说，幸福是几个部分的一种组合，按照品格的美德来进行的活动以及友爱和沉思活动，这些活动都是幸福的“部分”或者构成要素。(2) 这个主张在《尼各马可伦理学》第六卷（即《优台谟伦理学》第四卷）中得到强调：“沉思的智慧”是“作为整体美德的一个部分”，而且，作为这样一个部分，它通过自己的活动对幸福做出了贡献（1144a3及以下）。(3) 在《尼各马可伦理学》的其他部分，按照品格的美德来进行的活动，被明确地说成是因其本身的缘故而有价值的或者值得选择的。其实，因其本身的缘故而被选择就是美德活动之定义的一部分（1105a31—32）。友爱也被看作是一种内在的善（参见第十二章）。最令人惊奇的是，甚至在《尼 375
各马可伦理学》第十卷第六章中，亚里士多德也把按照品格上的美德来进行的活动引用为某种本身就是善的和值得选择的东西的一个例子(1176b7—9)。第九卷(参见第十二章)明确地把一种孤独的幸福排除出去,因为它缺乏一种重要的内在价值;结论是那种所谓的幸福并不完善(缺乏友爱),因此实际上根本就算不上是幸福。第一卷已经清楚地表明,幸福必须包含一切具有内在价值的东西(1097b14及以下)。所以,表明某个其他的东西具有内在价值的每一个证据,不仅直接冲撞了第十卷第七章的主张(即只有沉思才具有内在价值),而且也间接地冲撞了他在那里把幸福只是鉴定为沉思活动的那些主张。(4) 在第一卷中,并没有什么东西意味着幸福是一种单一的活动;充分性标准,正如我们说过的,意味着幸福是一种合成的东西,除非只有一种具有内在价值的东西。第一卷第五章提出了这个主张:"对人类而言的善是灵魂符合美德的活动,如果美德不止一种,那么它就是按照最好的、最完备的美德进行的活动";不过,这个主张并没有削弱这一点,因为,给出我们对"完备性"所说的东西,人类的善将要求一切具有内在价值的东西;这显然符合存在很多这样的东西的证据。相比之下,第十卷则强调了这个思想:我们想要的东西是那种单一的最好的活动,那个单一的最好部分的活动。(5) 第一卷中对自足性(autarkeia)的最初陈述奇怪地偏离了第十卷中的主张,即沉思是自足的,因为在第一卷中,亚里士多德直接说道,我们不是在寻求一种孤独的自足,而是在寻求一个若加上了朋友、家庭和共同体就变得自足的生活(参见第十二章)。第十卷第七章所描述的那种生活,就像第九卷第十二章所攻击的那种生活一样,没能满足第一卷中所阐述的那个标准。(6) 对第一卷第五章中"人类功能"论证的恰当解释,是与一种非理智主义的结论相符合的。因为,假若我们恰当地理解了这个论证,那么它所说的是,幸福就是这样一种好的活动:那种活动不仅**符合**理性的工作,而且是**由后者塑造**的,而且,在那种活动中，共享的要素并没有被排除出去，而是以一种被实践理性灌输和组织的方式被包括进来。[2]在该著作的其余部分，尤其是在第六卷中，亚里士多德向我们表明，实践理性如何形成和安排一个既包括沉思要素，又包括伦理要素的生活。(7) 在第十卷中，通过说我们每个人都应该把自己鉴定为我们的理论理智，亚里士多德捍卫了人们对沉思的选择；类似的说法在第九卷中则是针对实践理性而论的（1166a16—17）。(8) 第九卷两次指出，渴望神灵的好生活实际上是不连贯的，因为渴望这种生活就意味着渴望我们这种存在者不可能过的生活，因此也是与我们相同的某个人不可能过的生活。我们必须仍然在我们的物种同一性的限度内来渴望善，不论是对我们自己还是对他人来说，都是如此（1159a10—11、1166a18—23）。有一个强调贯穿了整个《尼各马可伦理学》，它所说的是，我们所要研究的题材不是一般而论的好生活，而是针对人类而论的好生活（参见第十章），而这个强调也提出了同样的观点。

对于这些考虑，我们还可以补充另外一个考虑，而据我所知，这个考虑尚未得到充分强调。这个考虑就是《尼各马可伦理学》第十卷的文本似乎被撰写得很奇怪，因此就产生了这样一个猜测，那其中的第六章至第八章原来并不属于这个整体。第九章通过讨论道德教育，开始了亚里士多德从伦理学向政治学的转变，但它一开始却是对前面所说的东西的总结。这个总结根本就没有提到讨论沉思的那三章，而是 376
对该著作中到第十卷第五章为止的讨论有序地做了总结，提到了美德、友爱和快乐；这个总结说，既然我们已经讨论了所有这些事情，我们可以认为我们已经完成了我们的工作；但事实上我们必须继续考虑我们所做的工作的实际应用。[唯一可能提到第十卷第六章至第八章的是1179a33中的“这些东西”（toutōn）；但那实际上是对整部著作氛围的一个很微弱的暗示。]第六章一开始就显得很奇特：“既然我们已经谈论了美德、友爱和快乐，我们就仍然需要概述一下幸福。”但对幸福的“概述”显然是第一卷第七章已经声称将要给出的东西；按照第一卷至第九卷的观点，我们一直在谈论的就是“幸福”，我们是通过详细地谈论它的构成要素来充实这个概述的。

我们如何解释这一切呢？没有有力的理由相信这些章节不是亚里士多德撰写的，虽然真实性问题很难确定，也没有理由排除伪造的可能性。我们可以有信心地说，这些章节并不适合《尼各马可伦理学》的论点；实际上，它们表达了亚里士多德在其他地方猛烈攻击的一条伦理思路。以仅仅略弱一点的信心，我们也能断言，它们并不很好地适合其语境，大概是在另一个不同计划的语境中独立地撰写的。我们不可能排除这一可能性：亚里士多德自己在准备一门课程时把它们插入这里；但其中暗示出来的冲突比其他平行的情形来得更为广泛和显著，另一种似乎更可能的说明是：它们是由别人把它们插入目前的位置的，而这种现象在亚里士多德的著作中并非不同寻常。

但是，前面讨论过的那些取自一系列真实文本的段落确实表明，在亚里士多德哲学生涯的某个时期或者某些时期，某种伦理的柏拉图主义确实占据了他的想象力。因此，我们应该这样来看待在第十卷第六章至第八章中所出现的这些片断：它们试图严肃地提出对亚里士多德来说很有吸引力的一个见解的某些要素，尽管在他的成熟伦理著作和政治著作中，他拒斥了那个见解。这其实并不令人失望。亚里士多德经常飞快地浏览柏拉图主义的见解，并对它们表示轻视。他应该严肃地感觉到这个见解的力量，力图提出对它的论证，这样做与他本人以及他的方法更为相称。也许我们可以说，就像任何已经严肃地献身于学术生活或沉思生活的人一样，亚里士多德很想知道，这样一种生活的要求，倘若彻底地和严格地遵循，是否会使所有其他的追求黯然失色。尽管他基本上是在表述这样一个生活概念，该概念以一种复杂的方式献身于政治、爱和反思，但他也感觉到，真正杰出的反思或许无法与任何其他东西并肩而立，不管他的那种感觉是在不同的时期出现的，还是在同一时期因为具有不同气质而出现的；我们不可能把神性与人性和谐地融合在一起。所以，他就表述了这种柏拉图主义的观点，但不是为了使它与另一个观点相和谐，而是为了把它们并列在一起，就像《会饮篇》与《斐德罗篇》并肩而立一样。在某种意义上确实有一个决定，试图把那两个观点混合起来的决定；但另一个观点依然存在，并因为没有被完全打发掉，所以就作为一种可能性实施了它的主张。

在我看来，对于一个思考这些艰深问题的伟大哲学家来说，这种方式是可取的，因而也是值得亚里士多德采用的一种方式。[3] 377

插曲二

运气与悲剧情感

亚里士多德对悲剧很重视。不论是在《诗学》当中，还是在《政治学》对年轻公民的教育的讨论中，他都把一种充满尊敬的地位赋予悲剧，认为悲剧既有动机价值又有认知价值。[1]我们对他伦理观点的讨论，已经使我们与他的那个有助于说明这一点的思想发生了联系。一种普遍的人类中心论在他的伦理学及其对柏拉图式的“神目观”的拒斥（参见第八章）中体现出来，正是因为这种人类中心论，为了提到道德的缘故，他不是转向对神圣的没有受到限制的存在者的描述（参见第五章），而是转向好的人类活动的故事。亚里士多德认为，感觉和情感既是卓越品格的一部分，又是关于正确行动的信息的源泉，因此是有价值的（参见第九—十章），这样，他就自然地倾听那些因为表达和诉诸了情感而被柏拉图驱逐出去的文本。在我们把握伦理真理的渴望中，对具体事情的知觉对他来说在权威上优先于对它们加以总结的一般规则和定义，而对一个复杂的具体情形的详细说明，则比一个普遍的公式蕴含更多的伦理真理（参见第十章）。既然如此，他就很自然地假设，作为悲剧材料的那些具体的和复杂的故事，在提炼我们对人类生活的复杂“材料”的知觉中，能够发挥有价值的作用。

以所有这些方式，亚里士多德的伦理著作进一步发展了某些思路，它们导致柏拉图对诗歌的（部分）复原。他对此提出的每一个观点都值得详细论述。但是在这里，在以向悲剧的复归来结束本书之前，我想集中于亚里士多德论述悲剧的两个特殊部分。通过把那两个部分与我们在第十一章和第十二章中提出的有关运气的伦理重要性的观点联系起来，我们就可以对它们加以澄清。在这两个部分中，一个涉及悲剧行为与悲剧品格的关系，另一个关系到悲剧情感的本质和价值。

我们可以用《诗学》中一个很著名但也很有争议的段落来开始我们的论述，那个段落一方面针对我们已经讨论的伦理问题，另一方面又得到了它们的阐释。有几种方式有望能消解这段话所引起的令人烦恼的文本问题；我用一种我认为最可捍卫并且似乎最合适地揭示了亚里士多德的思想序列的方式来翻译这段话：[2]

> 最重要的要素是对事件的安排，因为悲剧不是对人的再现，而是对行动和生活历程的再现。[3]幸福与其对立面都在于行动，目的是某种类型的行动，而不是一个特征（poiotēs）。人是按照他们的品格（ta ēthē）而具有如此这般的特征的（poioi tines）。但他们是由于他们的行动而生活得好或者生活得不好的。（1450a15—20） 378

在这里，亚里士多德捍卫了悲剧行为的核心重要性，并且声称如果一部作品只是展现了某种类型的品格，而没有在行动中把那些品格显示出来，那么在与悲剧相称的价值上，那部作品将是有缺陷的。为了捍卫这个主张，他指出，行动与人的幸福具有密切的联系，而仅仅**成为**某种类型的人本身并不具有这样的联系。因此,如果一部作品只是展现了其中人物的特征,却没有表明他们从事某种类型的重要活动,那么它就无法把某种关于幸福的东西向我们显示出来,而那种东西在伟大的悲剧情节中确实显示出来了。那么,那种东西是什么呢?

有些解释者很难看到在对悲剧行为的讨论中,这些关于幸福的评论的要旨。例如,卢卡斯(D. W. Lucas)担心这些评论与手头的问题毫无关系:

> 亚里士多德对行动目的的具体看法,与行动在戏剧中的重要性没有太大关联,而是一位评论者或许忍不住要说明的东西。对幸福的渴望可以成为把一个行动激发起来的原因,而那个行动可以成为一出戏剧的题材,但是,不管作为其目的的幸福被看作一个行动,还是被看作一种状态,那个行动仅仅是一个行动而已。[4]

约翰·琼斯(John Jones)[5]对亚里士多德的评论更为同情;但他却用一种陌生的、根本上说没有启发性的方式来看待这些评论。他说,这些评论表明,亚里士多德不像现代的思想家那样很喜欢那些精力旺盛、喜欢外出的人物,而那些人只有在**行动**的时候,而不仅仅是在**反思**的时候才能充分成为他们自己。这一点作为对亚里士多德伦理偏爱的描述就算是正确的(尽管并非如此),把它说成是这些评论的要旨也显得很可疑了。因为在这里,亚里士多德不是把一种品格与另一种品格加以对比,而是把任何一种品格的状态与任何一种活动(大概也包括沉思活动)加以对比。他的要点是品格状态本身对幸福来说是不充分的。

在我们能够开始评价这些批评并发展我们自己对这段话的说明之前,我们最好首先弄清亚里士多德究竟在说什么、不在说什么。他不是在对戏剧中的品格要素表达一种冷漠的态度，实际上，他继续说，对行动的描绘同时也揭示了品格（1450a21—22）。正如在伦理著作中，他反复强调说，一个人做出的实际选择就是我们理解其品格的最佳证据。[6]他似乎也不是在显示一种偏爱，即喜欢具有大量行动的作品胜于喜欢品格受到良好发展的作品。他说，有可能还是存在一个没有充分地发展品格的悲剧；但这显然不是他自己所偏爱的东西。他确实说道，情节和行动都具有关键的重要性，不可能有一个悲剧缺乏这两种元素。悲剧不能简单地再现人物类型，而必须将其人物在行动中显示出来。因此，这个隐含的对比不是在活动性的戏剧和更为反思性的戏剧之间的对比，而是在悲剧性的戏剧和亚里士多德所知道的另一种风格的戏剧即人物描绘之间的对比。例如，在亚里士多德的学生泰奥弗拉斯托斯*的戏剧中，**人物性格**再现了某种类型的人，却没有在行动中把那些性格显示出来。柏拉图的《理想国》推荐那样一些对话，它们描绘和称赞好人的善。相比较，悲剧"在表现行动的同时也包括了人物性格"：我们 379
是通过认识人物的选择和行动来认识其性格的。

我现在将论证，亚里士多德的评论既不是无关的也不是含糊的。因为前两章中的工作，使我们现在可以在那些评论中看到一个严肃的要点，这个要点关系到两种价值之间的联系：其中的一种价值是我们的伦理价值，即我们的幸福概念；另一种价值是我们的诗学价值，即我们对悲剧是否重要及其重要性是什么的评价。正如我们将看到的，他的要点是悲剧行为的价值是一种实践价值，悲剧行为向我们显示了与人类生活相关的某些东西。这些东西是只有按照某个幸福概念——按照

---

* 继亚里士多德之后作为逍遥学派领袖的希腊哲学家，他改进了亚里士多德在植物学和自然史方面的著作。——译者注

这个概念，具有一个好品格或者处于一个良好的条件，对于过一种完整的好生活来说是不充分的——才值得我们去学习的东西。

通过指出如下这一点，我们就可以集中于这个问题：这些令人困惑的语句提出了一个关于人类善的主张，而这个主张遭到亚里士多德同时代的一些哲学家的否认。在第十一章中我们看到亚里士多德反驳一位对手，那个对手**确实**认为，成为某种类型的人（处于某个良好的条件下）对于生活得好而言是充分的。柏拉图的相关观点把幸福鉴定为理性灵魂最不脆弱的活动。亚里士多德是这样来回答这两位对手的：他指出了一个好人因其无法控制的事情而不可能得到完整幸福的几种方式。首先，这个人在试图行动得好时可以受到阻碍，要么一生都受到阻碍，要么在其生活的某个时期受到阻碍。一个人以前可以生活得很好，但灾难在其生活的某个时期降临到他头上，因此他的活动就受到了阻碍；亚里士多德对这种情形特别感兴趣，他的核心例子就是普里阿摩斯的情形。在这种情形中，因为好的活动受挫，具有好品格的那个人的幸福也就被削弱了；亚里士多德暗示说，在极端的情形中，这种受挫甚至可以吞噬或者淹没品格本身的善。接下来我们看到，他对阻碍的看法可以被扩展来容纳在悲剧中得到典型处理的两个其他案例：我们已经把它们分别称为“俄狄浦斯案例”和“阿伽门农案例”。在俄狄浦斯案例中，世界对他有意履行的那个无可指责或者公正的活动制造了一个障碍，事情是这样发生的：在俄狄浦斯毫不知情的情况下，或者在并非由于他自己过失的情况下，对其行动的真实的或者伦理上最相关的描述，使得那个行动成为一个可怕的而不是无可指责的行动。[7]就像在普里阿摩斯的情形中那样，在具有好品格和生活得好之间是有鸿沟的。不过，这里的一种附加的复杂性是，此处也出现了一个将好人物的意图自然地表示出来的行动；就像我们所看到的那样，这个鸿沟是在如此表示出来的那个品格和实际上所履行的那个行动(在其最真实的或者最相关的描述下)之间的鸿沟。在阿伽门农的案例中,也有这样一条鸿沟,出现在一个先前的好品格和好活动的完整性之间。在这里,障碍是由冲突的状况产生出来的,那种状况阻止了无可指责的回应,使下面这件事情变得不可避免:即使有些选择很自然地表示了他对虔敬的承诺,但那些选择竟然会与谋杀或者不虔敬的(有意)行为相符合。世界制造了这样一种情形,即一个善良正直的人却得不到幸福,实际上,在这种情形中,他做了一件我们觉得很可怕的糟糕事情,即使我们同时也认为他很可怜。最终,在第十二章中,我们看到亚里士多德论证说,通过政 380
治活动和个人之爱这些重要的关系价值,我们要生活得好的渴望,在不受控制的偶然事件的影响下,特别容易变得脆弱。因为在这些情形中,世界并不只是向行动者提供了一个不依赖于外在事物就可以鉴定和指定的活动的手段,而且也提供了好活动本身的一个构成部分。对于一种爱的行为来说,若没有人接受和回应那个行为,它就不会存在;若没有一个城邦来接受你对成员资格的要求,你也就不会成为一个好公民。在这些情形中,品格和活动是如此紧密相连,以至于若不描绘行动和交流,因此而不描绘脆弱性,我们甚至也就不可能描绘合适的品格状态。这意味着,世界的干涉并没有使得人自足的内核安全地完整无缺。相反,这种干涉直接侵袭了善本身的根基。

因此,亚里士多德在《诗学》中的那个评论,就是对他的一些重要伦理观点的总结,那些观点关系到这个问题:品格或灵魂之善对完整的幸福来说如何能够是不充分的?我们现在可以观察到,这些观点与亚里士多德对悲剧和悲剧行为的评价实际上具有高度的相关性。为了看到这一点,我们不妨考虑他的那位倡导好条件观的对手。这个人说,既然**行动**就其完成而论确实取决于世界中发生的事件,行动就与行动者的幸福毫无关系，因此大概也与这样一些问题无关：那些问题关系到称赞和责备，关系到行动者正在过的那个生活到底有多少价值。这样一位思想家将不得不说，如果我们想要的是这样一些文本，它们将向我们表明什么是人类生活的最高价值。而且，如果所有古代的文学理论都假设，这就是我们在转向悲剧时所要寻求的东西，那么那些文本就无须表明它们的好人物在开展任何实际行动。它们只需表明那些人物具有某种品格，而一旦它们已经表明了这一点，它们就把所有具有严肃的实际重要性的东西揭示了出来。如果有一些文本表明任何其他的东西也很重要，那么那些文本将是令人误解的。

或者我们也可以考虑一下亚里士多德在《诗学》中的主要对手——柏拉图。在其中期对话中，柏拉图捍卫了某种理性的自足性，这种捍卫与他的如下做法具有很密切的联系：他抛弃了作为实践见识的一个源泉的诗歌活动，把诗歌的任务限制为对好人的品格之善进行称赞。他的理由是这样的。首先，就像《理想国》第三卷（388）所强调的那样，如果好人完全是自足的，[8]并不需要为了完善其生活的价值和善而从外面得到任何东西（参见第七章第4节、第五章第6节），那么悲剧行为就变得与我们对人类好生活的寻求**无关**。如果品格或灵魂的内在的善，或者对完全自足的沉思活动的履行，对于生活的完整的善来说本身就是充分的，那么对那个善，对那些活动的称赞，就会把关于那个好人的一切伦理上重要的东西向听众显示出来。*其次，悲剧行为的很多

---

* 为了揭示与柏拉图（不像那位倡导好条件观的理论家）的这种对比，我们确实需要假设，亚里士多德对戏剧中的**行动**的要求，不是通过履行了最自足的理论活动（例如对数学真理的沉思）就会得到满足的，至少因为这些活动与世界中的偶然条件是有相互作用的（就像亚里士多德自己的情形所表明的那样）。到此为止琼斯确实说对了一些东西；但内省的、反思性的行动者也没有被排除。我并不知道有任何戏剧**只是**把数学推理描述为它的中心活动。

最普通的模式将是伦理上不合适的和腐化性的，因为这些剧情表明其 381
中的英雄人物受到了偶然事件的束缚，例如，受到了一个可爱的人的死亡或者倒霉运气的束缚，但与人类幸福相比较，这些事情其实并不具有它们被认为具有的那种重要性。柏拉图并没有确定地告诉我们说，当诗人表明好的和公正的人的生活受到了不利环境的严重影响时，他们"在具有最大重要性的问题上错误地描述了人类"（《理想国》，329A—B）。诗人必须被勒令禁止讲述这种故事，而是应该去讲述对立的东西。

伟大的悲剧情节探究了我们的善与我们的好生活，我们的存在（我们的品格、意图、渴望、价值）与我们作为人的实践活动之间的鸿沟。它们向我们揭示了具有良好品格，但并非神灵或者脆弱的人们所遭受的不幸，探究了具有某种好的人类品格却不足以得到幸福的许多方式。（在极端的情形中，其中的一些方式可以包括对那个原来是好品格本身的损害或腐化。然而，在这种情形中，重要的是，这种变化竟然不是来自有意的邪恶，而是来自他们无法控制的外在环境的压力。因此这种损害就仍然揭示了善意地形成的意图或价值与设法活过一个充分好的生活之间的鸿沟。）如果你认为并不存在这样的鸿沟，或者如果你认为这种鸿沟并不重要，那么你就会自然地判断说，悲剧要么是虚假的，要么是不重要的；你就不想在公共教育体制中赋予它一个光荣的地位。亚里士多德相信这个鸿沟既是真实的又是重要的，这个信念阐明了他的反柏拉图主张，即悲剧行为既很重要又是真正的学问的一个来源。

有很多这样的领域，在其中，我们都可以利用这些见识来进一步推进我们对《诗学》的解释。对亚里士多德两个重要概念——灾难（peripeteia）的概念和认识（anagnōrisis）的概念——的说明是一个伦理上更敏感的说明，而这些见识就能够为这样一个说明提供基础，向我们表明这些概念在亚里士多德对悲剧的评价中为什么具有如此核心的重要性，帮助我们用一种伦理上显著的方式来划分各种灾难。它们也可以被用来提高我们对悲剧性缺陷（hamartia）的理解。理由是这样的：对亚里士多德来说，实践错误可以通过某些并非品格上邪恶的原因而产生，而且仍然对生活的价值产生了重大影响。因此，即使在“判断错误”这个概念上人们已经有了好几千页的论述，但我们仍然需要这样一个论述，它充分地回应了那些错误地发生并对生活产生影响的各种方式。悲剧关系到这样一些好人：他们陷入悲伤，“不是因为自身品格的缺陷和邪恶，而是因为某种判断错误”（1453a9—10）。不论是在这里还是在其他地方（《尼各马可伦理学》，第八卷，1137b11及以下；参见《修
382 辞学》，1374b6及以下），亚里士多德明确地把hamartia和hamartēma* 与品格的缺陷或缺点区分开来，而且也把它们与atuchēma（即具有一个纯粹任意的外在起源的那种灾难）区分开来。（后者的一个例子大概就是亚里士多德的这一例子，一尊塑像突然倒塌在某个人身上，把他压死了。）因此，出于“错误判断”而陷入悲伤，就是出于行动中的某种错误而陷入悲伤，而那种错误是因果地可理解的，不仅仅是无缘无故的；它在某种意义上是一个人自己的作为，但不是品格的一个稳定的、有缺陷的倾向的结果。进一步的考察表明，“错误判断”既可以包含值得责备的错误判断，又可以包含不值得责备的错误判断：俄狄浦斯天真的无知，阿伽门农有意的但高度受限的行为，缺乏自制的人因为欲望或愤怒的左右而对其稳定品格的背离。它甚至也可以包括因为临时或者暂时

---

* 试图以一种有意义的方式把这两个词系统地区分开来的努力尚未取得成功。如果存在着这样一个区分，那么与phantasia/ phantasma的类比就表明，hamartia将是一种活动，即做出错误的判断，而hamartēma则是被做出的那个错误判断。但atuchia/atuchēma这对简单的术语似乎并没有被系统地区分开来。

偏离了品格而更为有意地犯下的错误，例如克瑞翁的简单化（他后来对自己的错误表示遗憾，这表明那些错误实际上并不表示他稳定的基本品格，参见以下，原书第387—388页），涅奥普托列墨斯的撒谎（他明确地说他已经偏离了自己的持续品格）。总之，“错误判断”的概念包括一系列重要的差错，它们并不是来自一种稳定的坏品格；因此，这个概念就很适合于被用来谈论好品格和生活得好之间的鸿沟。因为，在好的品格并不在行动中发挥作用的每个情形中，我们都可以注意到一个约束或者一个运气的要素，那个要素在一些情形中来自环境，在另一些情形中来自行动者的信念系统，在其他一些情形中来自激情的那种内在地不受管制的运气。更详细地追溯这些线索并参考一切有关的文本，将是一项重要的澄清任务。[9]

不过，目前我不想从事这项工作，而是想要详细探究一个联系。这个联系的一方是亚里士多德对这个鸿沟的伦理看法，另一方是他对两种悲剧情感（怜悯和恐惧）的作用的看法。亚里士多德，就像柏拉图一样，持有这样一种信念：情感不只是由人们感觉到它们的方式来个体化的，更重要的是由内在于每个人的那种判断或信念来个体化的。[10]在亚里士多德那里，一种典型的情感被定义为快乐或痛苦的感受与一种特定类型的关于世界的信念的组合。例如，愤怒是痛苦的感受与一个人已被错误地对待这一信念的组合。[11]而且，那个感受和那个信念并不只是偶然地发生联系，那个信念就是那个感受的根据。如果行动者发现那个信念是假的，那么该感受就不会再持续下去；或者，即使它确实持续下去，它将不再作为那种情感的一个构成要素而持续下去。如果我发现一种想象出来的冷落其实并未发生，那么我就可以期望我痛苦的愤怒情感很快就会消失；如果我还是有点恼火，那么我就会把它看作余留下来的非理性的**恼怒**或刺激，而不是把它看作**愤怒**。情感可以被评价为理性的或者非理性的、“真实的”或者“虚假的”(取决于作为其根据的信念的本质),这是这个观点的一个部分。如果我的愤怒立足于一个被仓促采纳的,关于我被错误地对待的虚假信念,那么别人就可以把我的愤怒作为非理性的和“虚假的”来加以批评。[12]我现在想要做的事情,就是要把以下论点确立起来:内在于怜悯和恐惧的那种信念结构,与那些有关运气在人类生活中的重要性的观点,承受了共同的命运,而那些观点会得到亚里士多德以及大多数普通人的接受,却受到了他的哲学对手(包括柏拉图)的拒斥。

亚里士多德在《修辞学》中告诉我们,怜悯是一种指向另一个人的痛苦或苦难的情感(1385b13及以下)。因此它就要求这样一种信念,
383 即那个人确实遭受了苦难,而且这个苦难不是琐碎的,而是某种真正重要的东西。他强调这个苦难必须具有一定“规模”(megethos)(参见1386a6—7)。随后他把那些苦难划分为两组:痛苦的和有害的事情,以及由运气引起的实质性损害。前者的代表性例子包括死亡、身体攻击、身体虐待、老年、疾病、缺乏食物。后者的例子包括这样一些东西:缺乏朋友;有很少的朋友;被迫与你的朋友分离开来;丑陋,虚弱,残疾;良好期望受到挫折;好的东西来得太晚,没有好事情发生在你身上,或者即使有好的东西却无法享受它们(1386a7—13)。这个划分的根据并不完全清楚,因为第一种苦难就像第二种苦难一样,大概也是由运气引起的,而第二种苦难也包含了似乎属于第一种苦难的身体伤害的例子。因此,这个划分大概不是想要充当一个重要的理论区分。在任何情形中,这两组苦难都属于我们在本书中一直在利用的那个概念——那个无所不包的由运气所引起的损害的概念,尽管第二组苦难包含了我们最为关切的例子。在《尼各马可伦理学》中,这两组苦难的例子都包含在他对运气和外在的善的讨论中。我们可以看到,我们刚才列举出来

的那些值得怜悯的场合，与亚里士多德在其伦理著作中对人类脆弱性（脆弱于外在事物）的反思，这两者之间是有密切联系的；这些偶然事件显然是一个好人无法获得完整幸福的方式之一。

亚里士多德为怜悯补充了一个进一步的条件，那个在《诗学》中他反复重申的条件。怜悯作为回应而不同于道德责难或责备，它认为那个人并不应受苦难（《诗学》，1453a3—5；《修辞学》，1385a13及以下）。他声称（我认为是正确的），当我们判断苦难并不是由行动者自己的糟糕选择引起的，我们（逻辑上）并不对他感到怜悯；怜悯这种情感的结构要求对立的信念。在《修辞学》中，他提出了这个有趣的观察：一个对人性过分悲观的人根本不会感受到怜悯，因为他相信每一个人都应该忍受发生在他们身上的糟糕事情（这个说法对基督教悲剧的问题具有丰富的含义）。在《诗学》中他告诉我们，对这样一个**应该忍受**的厄运的戏剧性描述将会具有仁爱的促进作用（philanthrōpon），但不是悲剧性的（1453a1及以下）。

最终，他指出，怜悯是与如下信念密切联系的：你自己也类似地脆弱。如果你相信你是如此贫困，以至于没有任何进一步的事情会发生在你身上，从而使事情变得更加糟糕，那么你就不太可能有能力对其他人表示怜悯，因为你是在从最底端，从一个完全遭受苦难的人的观点来看待他们的困境。另一方面，如果你相信你自己在幸福上是自足的，在你对好生活的拥有上是安全的，那么你就会假设发生在其他人身上的事情不可能在你自己身上发生。这将把你置于一种胆大妄为（hubristikē diathesis）的状态，在那种状态中，其他人的苦难并不激发怜悯（1385b19—24、31—32）。因此，怜悯显然要求同情心，要求这样一个判断，即你所面临的可能性就类似于遭受苦难的那个人所经受的可能性。

明显的是，这个中心的悲剧情感取决于一些有争议的信念，而这些
384 信念都关系到人类的善在世界中的状况，比如说这样一些信念：运气无法抗拒，一个好人有可能遭受不该遭受的严重伤害，这个可能性也扩展到一般人。然而，亚里士多德的哲学对手强调说，如果一个人的品格是好的，那么他就不可能受到严重伤害。所以，在他们的观点中，怜悯在概念上是没有地位的。怜悯必须被认为是一种完全非理性、毫无用处的情感，立足于那些应该被拒斥的虚假信念。如果我们判断说所发生的事情是因为行动者自己的过失而发生的，那么我们就必须选择理性地责备那个行动者；如果我们判断说所发生的事情是因为世界的过失而发生的，那么我们就必须理性地冷静面对那些事情，或者对它们不加理会。因此，柏拉图确实用最强烈的措辞抛弃了怜悯。在《斐多篇》中（这篇对话是柏拉图反对悲剧的一个清晰例子），柏拉图反复强调了这一事实：苏格拉底的困境不是一个适合怜悯的场合（参见插曲一）。苏格拉底所遭遇的那些坏事情是琐碎的，因为那些事情仅仅是对他的肉体发生的事情；他的灵魂是安全且自足的。于是，这篇对话的末尾就用对这位好人的善的称赞来取代悲剧性的怜悯。在《理想国》第十卷中，与对悲剧的攻击相联系，怜悯又被挑选出来特别加以指责。苏格拉底说，悲剧诗确实对实践合理性造成了伤害，因为“在那里滋长起来的怜悯之情，在我们自己的体验中不容易被限制”（606B）。[13]

但是，如果我们应该像亚里士多德那样，相信具有好品格对于幸福，对于过一种好的和值得称赞的生活来说并不充分，那么怜悯就会成为一种重要的、有价值的人类回应。通过怜悯，我们认识到并承认，对于一个与我们相似的人来说，不是出于他自己的过失而落到他头上的不幸是重要的。我们怜悯菲罗克忒忒斯，因为他被遗弃，在痛苦中孤身生活在一个荒岛上。我们怜悯俄狄浦斯，因为他出于自己的品格而履

行的恰当行动，并不是他出于无知而犯下的可怕罪行。我们怜悯阿伽门农，因为环境逼迫他将自己的孩子杀死，而那个行为不论是对他自己的伦理承诺来说，还是对我们的伦理承诺来说都是一件令人反感的事情。我们怜悯赫卡柏，因为环境剥夺了使她的生活变得有意义和有价值的一切人类关系。通过注意到我们对怜悯的回应，我们就可以指望自己更明确地认识到我们对生活中重要事情的不言而喻的看法，认识到我们自己最深的承诺所具有的脆弱性。

对于恐惧，我们也可以提出类似的评论。恐惧的信念结构与怜悯的信念结构紧密相连。亚里士多德反复强调说，当我们对发生在另一个人身上的事情感到怜悯时，同一件事情若发生在我们自己身上就会令我们感到恐惧（《诗学》，1453a4—5；《修辞学》，1386a22—28）。按照他的观点，既然怜悯已经要求认识到一个人自己的脆弱性，一个人与受难者的相似性，那么怜悯和恐惧就总是一起出现。恐惧被定义为一种痛苦的情感，那种与未来的伤害或痛苦相联系的情感（1382a21及以下）。亚里士多德补充说，恐惧意味着那些糟糕的事情是巨大的或者严重的（1382a28—30），我们没有能力阻止那些事情发生。因此，他观察到，一般来说，我们并不担心我们会变得不公正或者变得行动迟缓，大概因为我们相信那种变化通常是我们能够控制的。恐惧首先与这种感觉相联系：在面对世界中发生的事情时，我们显得无能为力，它与“消极地忍受（peisesthai）某种毁灭性影响（phthartikon pathos）的期望”相 385
联系（1382b30—32）；因此，如果有些人相信自己不可能消极地忍受任何事情，那么这些人就不会感到恐惧（1382b32—33）。

对亚里士多德的哲学对手来说，没有什么东西是他们需要恐惧的。认为幸福仅仅在于具有好的品格的理论家，在面对自然界的威力时无须战栗，因为对他来说，唯一具有严肃重要性的东西就在他自己内部，牢不可破。出于类似的理由,《理想国》费了很多篇幅来批评和拒斥那些激发恐惧的文学著作。柏拉图反复论证说,一旦我们正确地认识到人类生活中什么东西是重要的,什么东西是不重要的,那么这种信念也就消除了我们恐惧的理由。外在的丧失是这样一种丧失,它超越了理性灵魂所控制的生活范围。好人并不认为这种丧失对他来说具有任何重要性。但是,这个说法意味着他在自然面前不是消极的,对他来说,根本没有什么东西需要恐惧。(我们可以看到,这个思想对康德来说也是真的。)当我们以这种哲学家的精神来看待悲剧英雄的衰落时,我们就不会对自己感到恐惧。因为,要么我们的品格和那个英雄的品格都是好的,在这种情况下,他的艰难处境其实并没有给予我们任何需要恐惧的东西;要么我们的品格和他的品格都需要进一步锤炼,在这种情况下,我们最好努力完善自己的品格;要么那个英雄的品格与我们的品格毫不相似,在这种情况下,我们不会对他的衰落深为感动。不管是在哪种情形中,对脆弱性和消极性的感觉都不会产生真正的恐惧。但是,在亚里士多德的伦理世界中,有些严肃的东西,那些对幸福本身来说具有重要性的东西,是我们需要恐惧的。如果就像亚里士多德论证的那样,我们承认悲剧人物在其一般的善和人类可能性方面与我们是相似的,承认悲剧把人类生活中具有抱负的人"可能会遭受的那种东西"揭示出来,那么我们就会充满恐惧地承认,并且在是我们的恐惧中承认,他们所遭受的悲剧对我们来说也可能会发生。这种回应本身就是关于我们的人类状况和人类价值的一部分学识。

于是,亚里士多德就强调说,就我们对悲剧的回应而言,关键的是一种自我认同——把我们自己当成悲剧中所描绘的受难人物。他们显然必须是好人,否则我们就不会怜悯他们。但这种认同的重要性会对他们能够成为好人的方式进行一些条件限制。首先,他们必须用一种具有代表性的方式成为好人，而不是用一种特有的方式成为好人。亚里士多德要求我们与悲剧中的英雄相似，我们可以把这个要求与他的这一观点联系起来：作为智慧的一个源泉，诗应该比史处于更高的地位。他指出，历史告诉我们实际上发生的事情，而诗则告诉我们"那种可能会发生的事情"（1451b4—5）。历史告诉我们"特殊的事情，例如阿尔西比亚德斯做了什么事情，遭受到了什么变故"，而诗则告诉我们"一般的事情，对某些类型的人发生的事情"（1451b8—11）。我相信这些话的意思是说历史叙述出来的那些事件经常是如此特殊，以至于它们妨碍了悲剧情感所要求的那种认同。因为阿尔西比亚德斯是一个如此独特、如此不同寻常的人物，因而我们并不认为对他所发生的事情，对我们来说也很可能会发生。（在有关阿尔西比亚德斯的历史叙述和柏拉图把他用作一个有代表性的人物品格之间的差别，对应于亚里士多德在史与诗之间的区分。）*悲剧英雄在其品格上并非与我们不同。他 386
或她被我们看作是某种类型的好人，大致与我们相似；因为这个缘故，我们就对他或她的毁灭感到怜悯和恐惧。

这样，如果我们必须认为英雄与我们相似，那么英雄就不可能过于完美。亚里士多德强调说，尽管悲剧人物实际上必须是好人，不能因为品格的低劣而堕落，但他"在德性和公正上必不能成为一个异乎寻常地完美[14]的人"（1453a8及以下）。[15]他必须"更好而不是更坏"，甚至"好于我们这些人"（1453b16—17、1454b8—9）；但他必须不是完美的。亚里士多德在这里可能提出了几个要点。首先，他可能是在排除那种不受伤害、坚不可摧的人，他在《修辞学》中论述怜悯的那些篇章中提到

---

* 对历史的贬低让我们觉得有点奇怪，因为古希腊最伟大的历史学家，尤其是修昔底德，在亚里士多德的意义上显然也具有哲学头脑。然而，没有证据表明亚里士多德熟悉修昔底德的著作。如果我们把色诺芬看作是亚里士多德心中的历史学家，那么这些评论就变得更可理解了。

了这种人——对这样一位英雄来说，悲剧情节不会有任何意义；如果我们把自己认定为这样一个人所经受的各种可能性，那么不论是怜悯还是恐惧都变得不可能。然而，亚里士多德很有可能并不相信**确实有**任何真正不受伤害的人；如果一个人**相信**自己不会受到伤害，那么他不会是一个特别好的人，正如《修辞学》中提到**狂妄自大**时所强烈地暗示的那样。所以，当亚里士多德说“他是好的，但并非完全好”时，他所使用的这个说法不可能是要把这样一个人排除出去。其次，通过使用“无比卓越”这个说法，亚里士多德可能是在排除在实践智慧和理智卓越上的某种程度的完美，因为那种完美将使得与俄狄浦斯的无知错误相似的那种错误变得不可能。这一点更有希望，而且无疑是部分正确的；但它并未说明“公正”这个词为什么出现。因此，我相信他是在提出第三个更加一般的要点，即一个英雄人物的不完善强化了我们的认同。有一种卓越到目前为止仍然超越了我们的把握，我们认为其拥有者超出和超越了我们人类，不属于我们当中的一员。亚里士多德在《尼各马可伦理学》第七卷一开始就提到了这种卓越，并且在“英雄的”卓越、“神灵的”卓越或者“高于我们的卓越”（1145a19—20）这些名目下来讨论它。在一句荷马的引文中，这种卓越也被示范出来，那句话告诉我们，某个英雄“不像一位凡人所生，而像一位神灵之子”。对这样一位神灵式的人物，亚里士多德甚至倾向于说，他“比人的卓越更可敬”。也就是说，他并不是我们能够有意义地将日常美德赋予他的一位存在者，与我们的善相比，他的善属于另一个不同的范畴。我认为亚里士多德在《诗学》中的要点是，如果悲剧向我们揭示了这样一位英雄，他在这方面显得神圣，但缺乏忍耐、幻想、反思、勇敢这样的局限性，那么对悲剧性反应至关重要的那种相似性感觉就不会发展出来，因为那些局限性甚至描述了最好的人类存在者的特征。悲剧英雄不应该出于邪恶而堕落；但他显得不够完美，这也是把我们的怜悯和恐惧激发起来的重要因素。因此，俄狄浦斯性情暴躁不是他衰落的**原因**，而是关于他的一件事情，而正是那件事情使他具有了一个我们能够认同的品格。俄狄浦斯性情暴躁不是一个"悲剧性的缺陷"，而是引起悲剧性反应的工具。菲罗克忒忒斯的自我怜悯，克瑞翁的不自知和错误野心，安提戈涅对城邦的无情否认，阿伽门农的极度冒失，也是如此。如此之多的悲剧人物试图否认他们自己在偶然事件面前的脆弱性，试图回避他们与我们共同承受的生活条件，这些尝试大概也都具有我们刚才提到的那个特征。亚里士多德的主张是尽管一个人可以具有这些缺点，但它们并不足以 387
使得那个人在其根本的品格上成为一个邪恶的人。甚至克瑞翁在他那种值得责备的野心下面，也维护了一组丰富的和基本上均衡的价值和承诺。这个事实，对于决定我们对他的回应来说，就显得格外重要。他可以公正地声称，他是不自知的牺牲者，而不是邪恶行为有意的制造者。因此，这些人不是**因为**邪恶而堕落，而是因为某种也许是错误的东西而堕落，不管那种东西是否值得责备。但不完善（其中的一些可能涉及衰落，而一些并不涉及衰落）的出现意味着我们会认为和承认这些人在品性上类似于我们，尽管他们在品格上很好，而且也许比我们更好。

于是我们发现，对亚里士多德来说，这样来看待可怜的和可怕的事情，看待我们对那些事情的那种充满怜悯和恐惧的回应，有助于把某些重要的、有关人类之善的东西向我们揭示出来。而对柏拉图主义者或者好条件观的倡导者来说，事情却不是这样。对亚里士多德来说，怜悯和恐惧将成为启示或澄清的源泉，而当一个行动者回应和关注他自己对怜悯和恐惧的反应时，他就发展出一种丰富的自我理解，这种自我理解关系到支持那些反应的价值和承诺。但对亚里士多德的对手来说，怜悯和恐惧不可能好于错觉和困惑的根源。

利昂·戈尔登(Leon Golden)写了一系列论述《诗学》的优秀文章,在那些文章中,他已经观察到,《诗学》对悲剧的定义的每一个要素都提到了那部著作中早先提出的一个讨论的结果,并总结了这些结果。[16]亚里士多德明确地宣告说,这就是他的计划,并用如下评论来开始他的定义:“现在来谈论悲剧,从前面所说的东西中,我们已经可以对悲剧的本质下个定义。”(1449b22—24)他所提供的这个定义的每个要素如何实现这一目的,这一点已经是明显的,但有一个例外。亚里士多德认为,悲剧的功能就在于“通过怜悯和恐惧来实现悲剧经验的净化(katharsis)”,但这个著名的主张似乎并没有把前面说过的任何东西衔接起来。这就是说,如果我们用两种最普通的方式中的任何一种方式来解释katharsis,即要么把它解释为道德净化,要么把它解释为医疗中的排泄,那么情况就是这样的。如果我们能够表明,对katharsis的一种解释,不像其他的解释,提供了我们所指望的那种内省联系,那么那个解释就有一个很强的表面优点。亚里士多德在第四章中论证说,我们对mimēsis(模仿)的兴趣是一种认知兴趣,一种对学识的兴趣(1448b13):人类之所以乐于观看图画,“就是因为当他们在观看图画时,他们认识到了每种事物究竟是什么,并对此引出了一些结论,例如‘这就是某某事物’”(1448b15—17;参见《修辞学》,1371b5及以下)。(如果对我们的认识的这个说明听起来过于平淡,难以支持对悲剧快感的任何精致说明,那么我们就应该记住,亚里士多德在这里是在很一般地谈论所有年纪的人对许多类型的艺术作品的快感。有些结论可以很简单:“这是一匹马。”其他结论就会更为复杂:“那是一个胆怯行为”;“那是一个人因为失去了所爱的人而从幸福中被驱逐出去的一种情形。”)亚里士多德有意识地使用这段文本来反对柏拉图,而在解释这段文本时，柏拉图的认识论词汇就是我们需要合理地加以注意的一个东西。戈尔登指出，如果我们注意到了柏拉图的认识论词汇，那么我们事实上就会发现，katharsis以及相关的词汇，尤其是那些出现在中期对话中的词汇，与“认识”有一种很强的联系。当灵魂从感觉和情感的令人不安的影响中被解放出来时，那些词汇就出现在它们与灵魂的那种没有受到阻碍的状态（或者“清晰的”理性状态）的联系中。只有当理 388
智“使自己”消失时，它才获得了“净化”，或者更恰当地说，获得了“澄清”，因为这个词显然具有一种认知的力量。

然而，如果我们简要地考察一下katharsis这个词以及有关词语（kathairō和katharos等等）的整个历史，我们就可以比戈尔登更努力地推进这一点。这些事实是直截了当的，很容易得到；不过，它们需要得到阐明，因为在对这个论题的讨论中它们经常被遗忘。当我们考察这个词语家族的全部运用和发展时，很明显，其主要的、持续的、中心的含义大概就是“清除”或者“澄清”的含义，也就是说，消除那些使得一件东西变得不太清楚（与它在正确状态中的状况相比）的障碍，例如污垢、污渍、晦涩、杂质，等等。在前柏拉图的文本中，这些词语往往是针对这样一些东西来使用的，如清洁的、开阔的、没有污泥和杂草的水域；一个已经把物体清除出去的空间；去掉了糠皮，清除了谷壳的谷物；在功能上没有丧失能力或者没有受到阻碍的那支军队；更经常地和更重要地，没有因为含糊或者模糊而受到了损害的演说（参见阿里斯托芬，《马蜂》，631、1046；欧里庇得斯，《色雷斯国王》，35）。医学中使用这个词来表示“清洗”，这种用法是对这个词的一般含义的特殊运用：排泄就是去除身体中的内在障碍和阻碍，把身体清除干净。如果说这个词与灵魂净化和仪式纯净有联系，那么那种联系看来只是另一个特殊化的发展，因为在这种纯净与身体摆脱了污点或污垢之间仍然有一个很强的联系。

如果我们现在转到柏拉图的用法上，我们就会发现他保留了这个一般图景。这个词的核心含义是摆脱杂质、清除、缺乏障碍的含义。在灵魂及其认知的情形中，这组词的运用是用污泥和清澈这两个支配性的隐喻为中介的。因为灵魂的眼睛可以陷入泥潭（《理想国》，533D1；《斐多篇》，69C），也可以清晰地和清楚地看到。纯净的认识就是在灵魂没有受到肉体障碍的阻碍时，我们所具有的东西（尤其参见《理想国》，508C；《斐多篇》，69C）。“净化灵魂”就是通过消除这些障碍，使灵魂的视力变得明了；因此，katharon就与真知联系起来，就与这样一种存在者联系起来，那种存在者已经通过利用真正的或者正确的认知而获得了灵魂的净化（尤其参见《斐多篇》，65及以下、110及以下）。这样，我们甚至可以发现katharōs apodeixai这样的表达，意思是“清楚地论证”（《克拉底鲁篇》，426B）。

我们现在可以补充说，到亚里士多德的时代以及随后一段时间为止，不管是通过柏拉图的影响，还是通过演说的这些应用的独立发展，对katharsis和katharos的这种认识论运用都变得容易和自然，甚至并不要求一个隐喻的语境。色诺芬提到所谓的katharos nous，意思是“具有清楚而真正的认识的人”（《远征记》，8.7.30）。伊壁鸠鲁把他写给皮索克勒斯的摘要说成是katharsis phusikōn，意思是“对困难的自然哲学问题的澄清”（第欧根尼，《著名哲学家的生平与看法》，x. 86；在Peri Phuseōs的残篇中，kathairō意味着“说明”）。亚里士多德《后分析篇》提到“需要清晰地（katharōs）考察和指出每件这样的事情”（50a40）；
389 不用说，这些用法与净化或排泄都没有关系。这组词首先在修辞学理论中变得根深蒂固，指出了在使用措辞时人们所渴求的那种清晰和摆脱含糊的品质（例如，参见伊索克拉底《残篇》5.4，亚里士多德，《修辞学》,1356b26、1414a13);在希腊化时期的修辞学中,它们成为一个技艺性的术语(例子之一,参见米南德,《修辞学》,340.24)。在这个发展中,katharsis被用来表示一种"过程",但在语义上并没有与这组词分离开来;它指的是把一个清晰的结果产生出来的过程,即对某些障碍的消除,而那个结果是在没有那些障碍的情况下产生的。

因此,我们可以毫不犹豫地说,只有"清理"和"澄清"这个意义对于"净化灵魂"来说才是合适的和中心的,甚至在医疗和仪式的情景中也是如此。在修辞和诗歌的情景中,尤其是在一部为了回应柏拉图对修辞和诗歌的批评而撰写的著作中,我们不仅有很强的理由以这种方式来翻译这个词,而且也有很强的理由把这种"清理"看作是心理的、认识论的和认知的,而不是认为它关系到身体的方面。(亚里士多德强烈反对生理学还原主义,而在这里,这种做法就极大地支持我们。[17])我们现在可以补充说,对一个中期柏拉图主义者来说,承认在怜悯和恐惧的影响下,我们可以得到认知上的澄清是一件很骇人听闻的事情。首先是因为那个柏拉图式的灵魂只有在没有情感打扰的情况下才能达到清晰,其次是因为那些情感典型地无理性。亚里士多德很喜欢提出这种骇人听闻的想法。我已经论证过,按照他的观点,悲剧之所以能够对人的自我理解做出贡献,正是因为它探索了可怜的和可怕的事情。它执行这个探索任务的方式,就是用这些情感来激发我们进行回应。因为这些情感本身就是这种认识或承认的要素,我们认识到或承认世界中的状况对我们向善的渴望产生了重要影响。戈尔登对"澄清"提出了这样一种看法,即澄清是一件纯粹理智的事情。[18]这个解释要求我们把亚里士多德的"通过怜悯和恐惧"解释为"通过表达或再现可怜的和可怕的事件",因此它就以一种不必要的方式成为柏拉图式的了。"净化灵魂"并不意味着"理智上澄清"。它仅仅意味着"澄清",而一切澄清都是一件理智上的事情这个观点碰巧是柏拉图的观点。在我们用哪些方式来逐渐认识我们自己这个问题上，我们可以赋予亚里士多德一个更为宽宏的观点。首先，对他来说，澄清一定是可以**通过**情感性的回应（作为规定性的状态）发生的。在《安提戈涅》中，克瑞翁的认识是通过他对儿子的死亡所感觉到的那种悲痛达到的。同样，当我们注视一位悲剧人物时，使我们认识到自身具有什么价值的那种东西，经常不是思想，而是情感性的回应本身。有时候情感可以误导和歪曲判断，亚里士多德意识到了这一点，但是，就像在克瑞翁的情形中那样，情感也可以使我们接近我们自己的一个更真实、更深刻的层面，使我们接近在自我防卫的心态中，或者在理性化下被隐藏起来的那些价值和承诺。

但是，到目前为止，甚至这也是一条柏拉图主义色彩过于浓厚，因而难以采纳的路线。因为它暗示说，情感具有价值，只是因为充当了达到一个纯粹理智状态的工具性手段。然而，我们知道，对亚里士多德来说，恰当的回应就是好品格的内在有价值的要素，就像好的理智回应那样，它们有助于构成精确的"知觉"，而这种知觉就是人类判断中最好
390 的那种判断。于是我们就可以说，怜悯和恐惧不仅仅是对理智本身进行澄清的工具；用情感性的方式进行回应，这本身就是有价值的，就是有关我们的自我理解的那种澄清的一个部分。对实践价值的认识因此也就是对我们自己的认识，就与理智的认识和知觉同样重要。怜悯和恐惧本身就是关于我们所处状况的一个合适的实践知觉的要素。亚里士多德不仅在澄清的机制上与柏拉图发生了分歧，而且，在"澄清在好人那里究竟是什么"这个问题上，他们也不一致。[19]

一旦有了这些观察，我们或许就可以这样来总结我们的结果，我们可以用亚里士多德的名义说，一部悲剧的功能就是要通过怜悯和恐惧来获得一种澄清或阐明，这种澄清或阐明关系到那种可怜的和可怕的

经验。但这确实就是亚里士多德已经说过的东西，而且，正是通过一种令人惊奇的好运，他的观点幸存了下来。

通过使用一部悲剧的结局来作为我们的图像，我们就可以把已经发生的事情再现出来。当索福克勒斯笔下的菲罗克忒忒斯对他的孤岛家园说再见的时候，他就告诉我们说，把他的幸福产生出来的那个好结果是由三件事情来决定的："重大的命运"、"朋友的判断"以及"使那些东西成为现实的那个征服一切的神灵（daimōn）"。这三件事情有意义的排列向我们暗示了这一点：对人品的实践判断就类似于一个利姆诺斯岛那样的孤岛，它本身很坚固，却被运气和自然事件的力量所环绕，而那种力量有时候是推动性的，有时候是阻碍性的。[20]亚里士多德的对手——柏拉图主义者和强调好条件观的理论家——不可能接受这样一幅关于人类道德生活的图景。他们将不得不把那个孤岛描绘为巨大的大陆，周围是浅显无害的水域。甚至那个孤岛本身将必须具有一个不同的特征：因为"朋友的判断"本身也是一个伦理上很不可靠的东西。它将不得不被那个孤独生活的好人的善所取代。于是，针对亚里士多德对有关善和运气的观点的分析，我们大概就可以做出这样一个总结：我们可以指出，亚里士多德，不像他的对手，可以把这幅图景接受为真的。这就是他为什么接受悲剧的原因。

如果读者已经遵循本书目前对哲学及其风格的反思，那么在这点上他就会碰到一个麻烦问题：亚里士多德自己的风格是什么，那个风格表示了什么世界观？我已经论证过，亚里士多德的伦理观点使他善于接受悲剧及其风格，把悲剧视为启示的源泉；我此前已经论证了，对一个相关的伦理见解的采纳致使柏拉图在《斐德罗篇》中改变他的哲学风格，以便把与诗歌相联系的那些情感要素和修辞要素包括进来。他信奉诗歌作品,却没有用任何方式来改变自己的风格,这个事实对大多数读者来说显得极为宽厚并且不露情感。这种做法是否质疑了我们对其伦理论证的解释,最终把他标榜为一位对那些脆弱的善的价值毫不敏感的思想家呢?或者,可能更加令人不安的是,这种做法是否表明亚里士多德犯了错,采纳了那种我们在本书中一直渴望批评的肤浅风格?也就是说,采纳了这一观点:有一种中立的哲学风格,而所有对伦理真理
391 提出要求的人们都可以按照那种风格来平等地、公正地加以评判?

我们几乎没有什么权利来强调这些问题,因为对于这些著作(作为写作文本)的地位我们所知甚少。亚里士多德对外发表的著作,包括大量的对话,在古代就因其见多识广、令人愉快、行文流畅的风格而著名。西塞罗把它们说成是一条"金色的河流",一位后来的作者把它们说成是"充满了有所控制的激情"的话语。[21]这些著作大部分都永久地佚失了,仅有一些只言片语幸存下来,这些著作原本能向我们表明亚里士多德是如何把"哲学的东西"与"文学的东西"相互联系起来的。我们现在读到的那些著作很有可能是写下来的讲课文本,其听众是一群严肃的特殊学生。对这些文本的安排和编辑是后来的人干的事;甚至这些章节本身的内在内容在很多地方可能也仅仅是他所发表的讲座的一个概要,就像任何一套讲课笔记一样,在讲课中会用例子、笑话和戏剧性的材料来加以充实。总之,用我们在文本中看不到的那些与"文学"要素相类似的口头表述来加以充实。任何一个根据一个已写就的文本讲授课程的人都知道,这样一个文本与我们在一部精心撰写和完成的著作中选择培养的那种写作风格可以相差多远;甚至也会远离我们的公开讲座的口头风格。

甚至在这些讲课笔记的风格上也有很多分歧。大多数学生以及许多比较有经验的读者,都会发现那种风格严厉可怕,甚至有点单调。有

些著名的哲学家曾经断言，既然亚里士多德是一个风格如此单调、如此呆滞的作者，他就不可能像柏拉图那样敏锐地感觉到我们最深的伦理问题的力量。[22]但对我自己来说，在这种风格中，我现在发现了一种针对“实践问题”的勇敢的坦率和率直，一种平静的克制，而那种克制表达了一种承认这些困难，把它们留在那里，不因它们的存在就对人类生活感到绝望的决心。在这里我对这些文本的解释已经在试图传达这个回应。

但是，倘若我们目前确实决定把那些著作看作一种有意迎合潮流的写作篇章，那么我们就碰到了一些需要面对的困难问题，即便我们仍然可以像我对它们的风格那样做出回应。在柏拉图的《斐德罗篇》和亚里士多德的伦理思想中，我们都有这个一致的看法：对实践智慧的追求是由这样一些著作培养起来的，那些著作包含了诗歌的要素，而且它们的对象本身就是灵魂的情感“部分”。在《斐德罗篇》和亚里士多德的伦理思想中，也都不言而喻地含有这样一个一致的看法：追求智慧要求另一种更为反思性的和说明性的风格，而为了理解那种风格，我们就必须冷静地对我们的伦理承诺及其相互关系寻找一个说明。但是，这种相似性到此就结束了。因为柏拉图选择把这两种风格融合为一个巧妙地交织起来的整体。他的散文以一种天衣无缝的方式从一种简朴的、形式上具有说明作用的东西过渡到抒情的和情感性的东西，然后又返回来，从而就打破了传统的风格区分。另一方面，亚里士多德则选择称赞和崇敬现实诗人的作品，把他自己的著作限制到反思性的和说明性的职能上。在亚里士多德那里，这两种风格是分离的，即使它们可以相互呼应和相互尊敬。这个差别的意义又何在呢？[23]

我们首先可以说，这个差别与其说是哲学上的差别，倒不如说是个性和才能上的差别。因为，如果我们确实尊敬伟大的文学作品试图探

索真理的那种诉求，那么我们就不会尝试以一种很轻松的方式把文学
392 作品**生产出来**。我们就会知道，这样一部作品在伦理上有价值的要素与把它们产生出来的诗歌风格是不可分离的，一部平庸的作品是无法把悲剧的学问传达出来的。柏拉图是一位天才的文学艺术家，他的才能使他有能力把诗歌的任务融入他自己的风格中。相形之下，亚里士多德并不是这样一位艺术家；或者，即便他确实是这样一位艺术家，我们现在也意识不到这一点。因此，当他把自己的散文限制到更加传统的风格上，在诗歌的学问方面求助于索福克勒斯和欧里庇得斯的戏剧时，他就是在显示他对文学的尊重，而不是对文学的漠视。

不过，在这里也可能有一个更为深刻的要点。因为，尽管柏拉图部分地恢复了诗歌艺术的地位，但他还是对现实的诗人缺乏尊重。他会自己去做他们的部分工作，甚至在《斐德罗篇》中，他仍然没有把他们的实际作品推为见识的源泉。《斐德罗篇》确实整合了诗歌的要素，但它密切地审视这些要素，绝不允许它们过分偏离哲学的说明。《斐德罗篇》论证说，诗歌若不参与论辩，并回答那些与它自身有关的问题，它就不可能成为见识的源泉。因此，柏拉图的好学生不会去阅读诗歌作品，除非他们把那些作品与柏拉图哲学著作的其他更为分析性的要素结合起来。而亚里士多德则接受和允许这个观点：诗歌作品，除了作为见识的源泉外，本身就有资格独立存在。通过这样做，他也向我们表明，他自己不仅像柏拉图那样回应了诗歌作品要把真理告诉人类灵魂的主张，而且比柏拉图更积极地回应了那个主张。

然而，这并不意味着亚里士多德否认解释和说明的重要性。对说明的承诺是他一切哲学著作的根本要素。如果他尊重悲剧诗的那种自主的认知价值，那么他也会认为，对悲剧诗的伦理内容的最高或者最全面的理解，他称为“追根究底的理解”的那种理解[24]要求一种哲学反

思，由此我们伦理经验的突出特点就会变得更为显著，就会直接针对我们的惊奇感和好奇心，就会努力回答我们所要探究的“为什么”这一问题。他的那些耐心且明晰的散文就是对这个承诺的很好表达。我们可以把他的伦理著作看作解释性的著作，看作对日常生活和悲剧诗中所发现的“现象”的整理。那些著作并没有取代悲剧，因为只有悲剧才能通过怜悯和恐惧并在怜悯和恐惧中向我们提供启示。但那些著作提供了悲剧学问的一个本质部分，要是亚里士多德把批评与癫狂、说明与激情揉为一团，他就害怕我们会失去的那个部分。

在这点上，我们需要提醒自己注意到我们在第八章中所做出的一个结论：从哲学存在伊始，就回应了我们人类要把秩序从混乱中清理出来的需要，并进一步养育了这种需要，那么，为了回应坏哲学的各种简单化的做法，我们就不可能简单地回到原状。哲学体系和哲学论证的有力诉求，是不可能通过简单地作一首诗或者讲一个故事来取消的；或者，至少对于那些已经对哲学留下深刻印象的人来说，是不可能这样来取消的。习俗和传统要求耐心地回到拯救现象的哲学上，利用它来捍卫自己。在柏拉图之后，悲剧需要亚里士多德。

现在我们可以补充说，这些事实在我们自己的风格中也是明显的。393
一首悲剧诗，就像亚里士多德所记录的复杂“现象”一样，也需要得到详细的解释。我们自己试图在这些诗中寻找见识，面对康德和柏拉图的异议来捍卫它们，而这种试图就要求我们对它们加以说明，并通过这种说明使它们变得更加明显，而不像从前那样藏而不露，甚至可能逃离了我们的注意视线。在本书中论述悲剧的那些章节，我们采纳了这种风格，目的就是要回应这些文本的诗学特点，由此回应在近来的英美哲学著作中通常并不出现的那种隐喻性的和情感性的语言。但这些章节就其自身而论远远不是诗歌。我们确实偏离了亚里士多德，因为我们指出，通过使用一种把某些文学要素整合起来的“混合”风格，即那种与《斐德罗篇》更加相似的风格，我们有时候可以最好地阐明解释的目的。因为为了揭示悲剧情感的功能，我们显然就得允许自己（作为听众或者作为读者）对我们面前的那部戏剧中出现的可怜和可怕的东西做出回应，在我们的写作和阅读中承认其功能所要召唤出来的那种情感。（如果我们有了亚里士多德的那些已经出版的著作，那么我们就会发现他自己做出了类似的选择。）但我们的风格也显示了一个亚里士多德式的承诺，那种要进行说明的承诺；在阅读一部诗歌作品时，我们必须追问它正在做什么和为什么这样做。*因此，再用另一个这种混合活动的例子来结束本书看来是合适的，而我们可以把那种活动称为
394 哲学批评。[25]

* 然而，我们不应该过分坚持我们在这点上对诗歌和哲学的对比。哲学文本显然也需要说明和解释；这种说明和解释也可以揭示出很多原来并不明确或者并不清楚的东西。

收场白

悲 剧

我现在明白了，人世间本无任何确实可靠的东西，唯有死亡。那么，不用再说了——那就是复仇者的信仰。

阿比提奥索，转引自图尔纳《复仇者的悲剧》

现在，这条狗——我们决定用作例子来建立我们论点的那个动物——选择合它自己意的东西，避免对它自己有害的东西，因为它猎寻食物，逃离人家举起的一根鞭子。此外，它拥有一种得到自己合意的东西的技艺。它甚至也不乏美德；因为，如果正义就在于使每个人得到他应该得到的东西，那么，既然这条狗欢迎和保卫对它友好和有恩的人，击退陌生人和作恶者，它就不乏正义感。

塞克斯都·恩披里柯，《皮浪主义纲要》，I.66—67（伯里译）

我完全享受了身体的健康和内心的宁静；我并没有感受到朋友的背信弃义或反复无常，也没有感受到秘密的或公开的敌人的伤害。……我并不想用栅栏来防御诡计或者抵抗压迫。

395 **乔纳森·斯威夫特，《格列佛游记》，第四部分第十章**

第十三章

背叛协定：对欧里庇得斯的《赫卡柏》的一个解释

我们看到一个小孩子飘浮而来，就好像被风携带着飘浮在地面上一样。[1]一个穿着打扮就像皇室成员的小孩，他的面孔流露着天真的尊严。也许那是一位年轻的神，或者是一个因其美丽或敏捷而被神化了的小孩。“我在这里，”那个孩子开始说话，用一种似乎表示了信赖和开放的声音。当幕布拉开的时候，对悲剧舞台上的一位小孩的这种不同寻常的注视，在我们当中引发了一种简单的直接回应。简要地说，我们想起了潜力和希望，想起了高贵品格的开端，想起了高贵品格与那种纯朴信任的联系。在这个时刻，我们也许感觉到了我们对自己孩子的爱。然后我们听到：“我在这里。在死神的藏身之地和黑暗之门背后。波吕多罗斯，赫卡柏和普里阿摩斯之子。”于是，我们看到的不是一个活生生的孩子，而是一个死去的孩子。[2]一个孩子般的幽灵。一片没有希望之光的阴暗，它的任何可能性都被冻结住了。还有更多的东西。这个孩子，就像他不久前告诉我们的，已经惨遭他父母密友的杀害，而对那些人，他曾经托以信任，指望他们会在战时保他安全。他因为自己的钱财而被杀害，他没被埋葬，而是被抛入拍打着色雷斯海岸的巨浪中。

欧里庇得斯已经选择用一种不同寻常的方式来开始这部戏剧。在其他现存的希腊悲剧中，没有任何一部戏剧是用一个幽灵或一个小孩作为开场白的；这种组合在任何现存的戏剧中都没有出现过。因此，欧里庇得斯故意以一种令人惊奇的方式来唤起在我们当中的某些希望和深切感受，那些与孩子的生命和成长相联系的希望和深切感受，不管显得多么简单，只是为了要用这样的消息来使我们震惊：这是一位其未来已经不复存在的孩子。从一开始，这就是对我们最喜爱的人类安全和人类善行的思想的攻击。

在后来说出的话中，通过富有启示地描述他在谋杀者波吕梅斯托家中的生活，这个孩子进一步把我们引入这部戏剧的核心问题：

> 只要这个国家边界的标志仍然屹立，特洛伊领土仍然完整无缺，只要我的哥哥赫克托耳用他的长矛赢得好运——只要我与这位色雷斯人，我父亲的客人和朋友生活在一起，我就会像一位年轻射手那样在他的培育下茁壮成长。(16—20)

他用一个我们都很熟悉的比喻暗示说，一个年轻的孩子就像一棵未成熟的植物，为了成熟和向好的品格发展，就需要从外面得到营养的供给。这个比喻，在一个遭受谋杀的孩子的口中说出来，就使我们回想起，我们得到善的各种可能性都依赖于其他人的善意，但他们却不总是真诚可靠的。甚至当一棵植物逐渐成熟和繁茂时，它毕竟还不是比植物更加坚固或者更加强壮的东西。甚至健壮的植物也可以因为外面的
397 风暴、疾病和背叛而枯萎。

所以，欧里庇得斯开始让我们思考这部令人烦扰的戏剧的核心关注：好品格的本质，与一个孩子信任别人的率真个性的联系，当信任遭背叛时，它容易遭受被疾病摧毁的那种危险。这部戏剧中有一段很著名的话，说的是以教育和协定为基础的高贵品格不容易受到腐化。那是一位骄傲的母亲的话语。在赫卡柏的女儿波吕克塞娜的品格中，这部戏剧把她主张的那个感人至深的证据向我们揭示出来：一位受到良好教化，已进入成年期的孩子的那种冷静自若、坚定不移的善，她的宽宏大量甚至让最残忍无情的人也会感到敬畏的那种善。但在这部戏剧结束之前，我们目睹了它的两位中心人物是如何被转变成为人面兽心者的，而那两个人物都有值得尊重的成年人品格，其中之一就是赫卡柏——曾经自己提出那个主张但后来又对之予以反驳的那位母亲。

我们可以把这个故事简要地叙述如下。特洛伊陷落了。赫卡柏，这位先前的王后，现在沦为希腊人的奴隶，与那些把她捕捉起来的人以及同样沦为奴隶的女同胞到达了色雷斯海岸。尽管她因为自己城邦的毁灭、权力的丧失、丈夫和众多孩子的死亡而悲哀，但一想起她的两个最小的孩子依然幸存，她还是得到了一点安慰。波吕克塞娜，她与母亲一起沦为奴隶，处在流落他方的旅途中；波吕多罗斯，最小的那个孩子，已经被托付给当地的色雷斯国王照料，而那位国王被认为"在客人友谊的行列中，在我所爱戴的人当中占据首要位置"。在这部戏剧的第一幕中，从她母亲那里，波吕克塞娜被夺走了。奥德修斯出现了，要把她作为人类牺牲品转交给希腊人的军队，以便平息阿基里斯的愤怒幽灵，因为他已经出现，并且要求一个阴间的新娘。赫卡柏的恳求没能打动他。波吕克塞娜自己则用非凡的尊严和勇敢来加以回应。她自愿走出去面对死亡，并说道：对于一个自由而高贵的人来说，死胜于过一种奴隶的生活。在舞台后面执行死刑期间，她的优雅风范，由一个使者描绘出来，并深深地打动了希腊士兵，以至于他们决定给予她一个隆重体面的葬礼。赫卡柏宣称，她的悲哀因为了解到她女儿那种坚定不移的高贵品格而得到了缓解。这引出了一个更一般的，有关好品格在逆境中的稳定性的陈述。

然后一位仆人从海滩边进入，抱着波吕多罗斯伤痕累累的尸体。赫卡柏一开始认为那是波吕克塞娜的尸体。然而，当她认出那就是她儿子时，她立刻就猜出了波吕梅斯托的背信弃义，她的精神立即就垮掉了。她决定从此刻起致力于复仇。她没有得到阿伽门农这位希腊指挥官的帮助，于是就暗地里策划了一个复仇计划。她把波吕梅斯托及其两个孩子骗到营地中女性的私人住处，假装要把一处被隐藏起来的宝藏信息告诉他们。借此她把波吕梅斯托的两个孩子杀死，并挖出了波吕梅斯托的眼睛。于是波吕梅斯托在舞台上只能用四肢爬行，搜寻他的敌人。他孩子的尸体就躺在那里，而他却置之不顾，只想寻求复仇。最终他找到了赫卡柏，并预言说：她将像一条具有炯炯有神的眼睛的狗一样，终止她的生命；当她这样死去的时候，塞诺西马岬，就会用“母狗的墓碑”来命名，就会充当水手的标志。阿伽门农发现这些敌人的愤怒很讨厌，害怕波吕梅斯托会预言他自己的死亡，于是就蒙骗波吕梅斯
398 托，把他带到一个荒岛。赫卡柏继续埋葬她的两个孩子，然后就在波吕梅斯托的预言中结束了自己的生命。

这个令人警觉的变形故事激发和探究了我们在人性面前的脆弱，尤其是对品格（这似乎是人性中最坚固的那个部分）脆弱性的一些最深的恐惧。接受这个故事的那段故事就显得有点复杂了。数个世纪以来这部戏剧在悲剧著作中名声很高。奥维德在《变形记》中重铸了这个故事。在拜占庭时代，它是学校的一部核心教材。但丁在《地狱篇》中赋予它重要的地位，利用它来表明品格在偶然事件的影响下所发生的堕落。[3]但在19世纪和20世纪，它通常被看作现存的古希腊悲剧中最

弱的一部。它的暴力以及对衰落的描绘被认为拙劣得令人反感。[4]赫卡柏有关教育的话语经常被摘录出来，作为古希腊伦理思想史的一部分而加以研究；但对于把那些话语雕琢出来的那部戏剧却避而不谈。[5]毫不奇怪，按照批判性的判断，这部变形记在时间上与道德哲学的支配地位相吻合，而这种道德哲学认为好的意志是不受腐化的，把偶然事件的领域与道德个性的领域截然区分开来，并认为后者在面对“大自然母亲的偶然变故”时万无一失。[6]因为按照那个观点（或者，我们现在可以说，按照关于价值和伤害的柏拉图主义观点或者“好条件”观），这部戏剧告诉了人们一些危险的谎言。[7]因此，通过正视这部戏剧，我们就可以更好地认识到那些观点（不管是古代的还是现代的），也就是说，认识到它们把什么样可能性看得如此可恨，以至于必须通过定义提前把那种可能性排除出去。这部戏剧也考察我们对亚里士多德的解释，因为通过揭示一个亚里士多德式的伦理宇宙中，留存下来的那种对善进行伤害的最坏的可能性，它就向我们表明，亚里士多德在多大的程度和深度上，回到了其文化传统中的现象。*

1

起先赫卡柏只是遭受了不幸。在丧失了城邦和丈夫、受到奴役之后，当波吕克塞娜从她身边被夺走时，她经受了一种更加残酷的丧失。

---

* 对《赫卡柏》的这一解释当然并不依赖于亚里士多德。它可以处于本书的一个早期阶段。我们将按照这部戏剧自己的历史环境来解释它。但一旦我们把这个解释与我们对亚里士多德的讨论并列起来，我们就可以更好地评价亚里士多德对待悲剧事件的态度；我们也可以更好地理解为什么他会把欧里庇得斯的悲剧挑选出来，作为“所有悲剧中最具悲剧性的”，因此最适合于他赋予悲剧的那种教育职能。

但她自己，在面对这些反复无常的事件时，仍然是忠诚可爱的。此外，波吕克塞娜的高贵典范使她确信，一般地说，好的人类品格是一种坚固稳定的东西，可以从灾难中幸存下来，纯净无污。那位使者向她报告了她的女儿在被处决期间所表现出来的那种不卑不亢、勇敢无畏、宽宏大度的品格，她既悲哀又自豪地回答说：

……无论如何，也不要太悲哀，因为我已经听说你那时表现得很高贵(gennaios)。贫瘠的泥土，只要从神灵那里得到机会，就会长出丰硕的作物，而富饶的泥土，若得不到它所需要的东西，只会
399 长出贫乏的作物；但是，在人那里，邪恶只能是邪恶，高贵仍然是高贵，其本质并不会因为偶然的变故就受到了腐化(diephtheir')，而是自始至终都如此，这些难道不是最明显不过的事情吗？……良好的培育确实提供了高贵的指南。要是人们很好地了解了这一点，那么他们也就知道了羞耻，通过高贵品质的量尺了解到了羞耻。

波吕多罗斯已经把一个人的发展比作一棵植物的成长。赫卡柏一方面接受了这个比较，另一方面又攻击这个比较。一个人并不像一棵植物那样需要从外部抚育。在变得高贵的过程中，这种抚育是一个关键的因素。但一旦好品格通过教育而形成了，人就不再像一棵植物。成人的产物是一种更加坚固的东西，那种不论环境如何变化，也会保持其本质或品格以及对自己真实的东西。一个好人将以稳定的方式趋于选择高贵的行为，避免可耻的行为。不管世界上发生什么事情，这个品格将逃避污辱或腐化。[8]

对于我们研究赫卡柏的衰落，这段话显得很关键。因为，甚至当它论证好品格在逆境下的稳定性的时候，它揭示了赫卡柏美德概念的某

些特点，而那些特点将有助于说明她后来的动摇。在这些特点当中，第一个特点就是她主要的价值承诺的社会的和关系的本质，她对脆弱情感的依赖；第二个特点就是她的人类中心性，即她相信伦理承诺属于人，得不到任何更加坚固或者更加稳定的东西的支持。第二个特点已经隐含在她对自然界中发生的事情与“在人当中”发生的事情的比较中。伦理标准显然完全是在人类世界中存在的。这一点在后来甚至变得更加清楚，当时赫卡柏明确地否认，道德联系是由任何比我们的协议更加稳定的东西来保证的：

> 神强大无比，因此，支配他们的律法（nomos）* 也强大无比。因为，正是通过协定，我们认识到了神灵，我们过我们的生活，在正义与不正义之间做出了区分。如果律法被摧毁了（或者被腐化了）……那么在人类生活中也就没有什么与它类似 ** 的其他东西了。（799—805）

人类在价值问题上达成的深层协议（或者实践）就是道德规范的终极权威。如果“协定”垮台了，那么我们就没有任何更高的法庭可以上

---

* 阿罗史密斯（Arrowsmith）在这里把nomos翻译为“某种绝对的东西，某种道德秩序”。（他告诉我说，他现在同意我的翻译。）然而，我们有很强的理由把它看作是一种人类的“律法”而不是一种永恒的“律法”。下面那句用“因为”（gar）来引入的话必定提供了理由，使我们相信“律法”对神也有支配作用。但这句话提到的是这样的人类实践，按照那些实践，我们相信神的存在，做出（而不是发现）基本的伦理区分。也可参见第866行，在那里nomōn graphai（“nomoi的著作”）这个说法又提醒我们，我们是在谈论一种被人类制作出来的东西。（本书作者在其论述中并没有把这个词翻译成为英文，不过，为了方便，以下我们将把这个古希腊词语翻译为“律法”，即通过协议创造出来，并对人们的日常行为具有规范的约束力量的那种东西。——译者注）

** ouden...ison（“没有什么与之相同的东西”）这个说法事实上传递了一个双重的含义：（1）没有什么与之等同或相似的东西；（2）没有什么公正的或公平的东西。第二个不太明显的含义揭示了在什么程度上一切社会正义或社会平等与律法共存亡。

诉了。甚至连神也只有在这样一个人类世界中才存在。[9]

从这两段话中,我们也可以看到支持我们的第一个要点的清晰证据,即关系性的价值在这个人类中心论概念中的重要性。在更早的那段话中,价值据说是通过在一个共同体中的教育来传授的;后来的那段400 话则明确地告诉我们,这种教育所传授的核心价值是一个社会价值,即正义。我们很快就会看到,另一个社会价值,即友谊或爱,在赫卡柏的善观念中同样根深蒂固。

我们现在开始能看到,在赫卡柏的概念和亚里士多德的概念之间,有几个相似性。二者都强调关系性的善的重要性;二者也都强调共同体在传授价值中的作用;二者都否认在人类实践的背后存在着某种我们能够上诉的更高法庭。这不应该令人惊奇,因为如果赫卡柏的观点确实就是前5世纪的文化中被广泛持有的一个观点,那么它就会成为亚里士多德的伦理理论所承诺的"现象"的一个显著部分。更具体地说,她的说法与柏拉图用普罗泰戈拉表示出来的观点有很多共同之处,因为普罗泰戈拉明确地声称要表达一个被广泛持有的观点,而我们已经把他的见解与亚里士多德的见解做了比较。但是,为了向前发展,我们就需要更加坚固地把握在她的那个时代所做出的一些区分的力量,把我们对她主张的解释建立在这种把握中,并追问这一问题:她提出来的那些说法与那个时代关于律法和伦理价值的地位的争论到底具有什么关系?假若我们暂时偏离目前的议题,简要地探究一下那些联系,那么我们就会获得一个更加丰富的背景,而从那个背景中,我们就可以探究这部戏剧的其余部分。

在柏拉图之前很久以来,在古希腊伦理思想中就有一个根深蒂固的传统,这个传统声称,伦理协议和伦理实践乃是立足于事物的本质中被永恒地确立下来的标准。这个说法往往就是(虽然不总是)"伦理价值'天生'就存在"这个主张的含义：伦理价值就在那里存在，不依赖于我们和我们的生活方式。这是一个关于价值的超人地位的故事，它经常与一个超人类起源的故事联系在一起，并为一种坚固性和不可违背性提供辩护，而人们则希望把那种坚固性和不可抗拒性与最深的伦理要求联系起来。[10]这个观点有很多含义，其中的一个含义是人类行动绝不可能无视这些要求，也不可能废除这些要求。另外一个含义是我们最根本的伦理关系，并不是与人和城邦这种不稳定实体之间的关系，而是与某种比我们任何人都更为坚实的对象之间的关系。如果人妨碍了一个殷勤好客的法则，那么他们仍然可以依靠客旅之神的持续关怀；如果人并不那么在乎誓言，那么誓约之神就绝不会背离或变化。这一切都把一种深层的结构感和安全感赋予伦理宇宙，并把稳定性给予整个宇宙中的人类生活。*当然，我们已经看到柏拉图如何利用和发展了这个传统，而亚里士多德则如何把这个传统作为总体来加以批评。但是，如果我们希望把这个传统视为赫卡柏所面对的传统，那么我们就会考虑索福克勒斯《俄狄浦斯》的中年长者的道德安全，他们也可以这样 401
唱道：

……律法具有崇高的基础，出生于天堂之中。它们唯一的父亲就是奥林匹斯，人类的世俗本性不曾把它们产生出来，它们也不会因为人类的健忘就沉睡不醒。有一位伟大的神在它们当中，他

---

* 然而，我们应该提醒自己注意一个事实（这个事实现在已经因为第二章和第三章而为人所熟悉）：古希腊的神是能够变化的，可能具有可疑的或矛盾的行为，并发生分歧，从人类的标准来看能够在神的身上发生似乎很不公正的正义。宙斯主持和策划誓言的打破及其圣洁（例如，参见《伊利亚特》，第四卷第68行及以下），正如阿尔特弥斯既保护又摧毁年幼的动物那样（第二章）。因此，当一个凡人依靠一位神时，除了基本的安全外，也就有了一个不确定性和脆弱性的要素，使得这个伦理姿态更接近于一些孤立地看待的文本所暗示的那个"植物"传统的伦理姿态。

能永葆青春。(865—872)

另一方面，我们也可以在古希腊的伦理思想传统中发现另一个谱系(早期与第一个谱系共存，尽管两者之间仍然具有潜在的张力)，它把伦理价值说成是某种生长的、流动的、易变的东西，存在于人类共同体及其称赞与责备的悠久传统中。[11]这种思想方式在前5世纪晚期对“律法”的谈论中被有力地表达出来；但它其实更为古老，正如我们对品达的想象及其史诗背景的讨论已经指出的那样(参见第一章注释3)。在波吕多罗斯和赫卡柏那里，这个传统所提出的植物比喻都得到了反映；此外，赫卡柏还这样来使用“高贵(gennaios)”这个词，把它视为表示美德的核心词语，而通过真实生长或者恰当生长的思想，这个词语就与那个比喻发生了密切联系。这个比喻既意味着人类中心性(在变化和历史世界中的根源)，又意味着社会存在的核心重要性；通过表明好人依赖于社会存在，它也表明好人是有一定需要的。[12]植物比喻的这些特点原则上是可以分离的。一个人可以把个体表征为有需要的和脆弱的，而同时相信存在着不可改变的规范；其实，这种状况在古代大多数时候都很盛行。一个人也可以尝试把个体描绘得坚如磐石，而同时相信价值的人性本质。但在前一种情形中，不可改变的存在限制了个体的脆弱性。如果人类的要求被妨碍，那么一个神法就会发挥作用，形成一种长期的制衡效应。后面这种分离很难维护，正如赫卡柏很快就会发现的那样，因为如果没有外在的上诉，没有不易败坏的持久结构，那么这个事实就有可能会在活动性和内在善这两个方面影响个体的稳定性。[13]正如亚里士多德所说的那样，既然“法律无法强迫人们服从，只有习惯才能做到这一点”，那么在这些习惯上的强制性变化就可以导致一种无所依靠、骚动不安的状况(《政治学》，1268b22及以下，参见第十章，原书第304—305页）。

在这部戏剧写作前不久，与伦理价值的起源和地位有关的问题已经成为激烈争议的题材。旅行和人种学的著述揭示了重要的伦理差异，对这种差异的发现困扰着赫卡柏的许多“同时代人”，[14]因此他们就开始询问伦理实践事实上是否不只具有人类起源（即只是因为律法而存在），[15]如果确实如此，那么这是否意味着它们是肤浅的、任意的，甚至是可以随意取代的，*[16]就像早期一样，那个人类中心论的观点再次与强 402 调社会美德和关系性美德（与城邦一同成为现实的那些美德）发生了联系。对律法的赞颂几乎同时是对那些价值的赞颂。[17]“协定”这个词在词源上就意味着关系性；即便如此，“nomos”这个古希腊词语在词源上是与分配、分摊和边界这样的观念相联系的，因此就与人们互相制定出来的协议的观念相联系。[18]（一些思想家把这看作是一个逻辑联系，与其他美德相比，关系性的美德只有在人类生活的情境中才有意义，因为人类生活本来就有所需要、有所限制。[19]）

在这个关于律法及其价值的争论中，赫卡柏的言语占据了一个有趣的、建设性的地位。她明确地认为，我们的伦理价值（其中最显著的是社会价值），在人类专属的意义上，是“通过律法”而存在的；但她似乎争辩说，这个事实并不允许我们轻视它们。我们好像也不能随意取

---

* 在这里我们不可能概括这个前5世纪争论的细节。不过，简单地说，这个争论是这样的：思想家们在伦理规范和伦理实践是否是人类的人为产物这个问题上发生了分歧。这个分歧接着产生了进一步的问题：如果它们是偶然的，是人为的，那么这是否意味着它们只是任意的和/或可以随意取代的？伦理规范是通过律法而存在的这一主张，一般来说并不直接意味着价值相对主义，虽然一些古希腊思想家认为是这样；它只是使得价值的相对性成为一个活生生的选择。（例如，普罗泰戈拉似乎把人种看作他的伦理尺度，却没有信奉那种更加狭窄的社会相对主义。）最终，一旦一位思想家对这些有关我们的伦理规范之地位的问题采纳了某个见解，他就必须继续追问这个问题：那些规范是不是人们要服从的好东西，或者，对于某些人或者所有人来说，从那些规范回到自然的一个标准是否更值得偏爱。（进一步的细节和参考文献，参见注释。）

代或者改变它们。我们是在这些区分中被培养起来的；这些区分构成了我们所做的一切事情；我们不可能如此轻而易举地背离它们所构成的世界。[20]最终，一旦我们已经在它们之中被培养起来，它们就进入了我们心中，因为它们形成了我们"本性"的内在结构，使我们在面对世界可以计划出来的任何事件时，还能在心理上保持稳定。人类美德不易败坏，比一棵植物要稳定得多。

赫卡柏承认，我们的核心价值仅仅属于人，只是在人类世界中才存在。但正是这种承认使她仍然处于一种脆弱的境地。我们很想知道一棵植物的内在脆弱性是否确实能够与这个植物比喻的其他特点分离开来。对于那些需要依赖一种可变的环境才能施行的价值，她给予它们一个颇值得自豪的地位。只有当她所处的社会环境比自然界更可依赖时，她所描述的那个行动者才能比一棵植物更加坚固；但这个条件可能得不到满足。此外，道德发展的过程，就像她所描绘的那样，不论是在父母的一方还是在孩子的一方，都预设了对律法权威和效用的一种毫不怀疑的信任。[21]因为假若父母或孩子们总是在怀疑那些协议是否确实就是我们所谈论的伦理语言，或者以一种怀疑的态度质疑那些协议是否真的具有力量，那么一个孩子就学不到作为赫卡柏生活于其中的那个社会的规范而存在的那些区分。这一切都表明，在一个频繁动荡的时代，我们的伦理实践以及成年人的伦理善本身，可能比赫卡柏所承认的要脆弱得多。

赫卡柏把一个具有外在关联的概念与伦理的人类中心论结合起来，而这种做法就使得那些问题变得更加尖锐。因为如果道德区分就是人们在生活方式和说话方式上达成的协议，如果道德就是一种人类的实践体系，那么就有这样一种明显的可能性：环境或人类行为能够改变律法本身，或者败坏它。宙斯的要求可以被违反，即使宙斯自己仍然是警戒的和纯净的，仍然是值得人类信任的合适对象。即使很多事情都不可靠，但还是有一个完全可靠的东西；信任，那种似乎作为一个好伦理生活的一个必然要素而出现的东西，必须在某个地方出现。但赫卡柏自己承认，她的人类规范本身能够忍受“毁灭”或“腐化”。如果一方采取行动来违背共同的理解，那么使得协定变得坚固的那些协议 403
本身就会被削弱，并没有坚如磐石的本质去支持它。如果你我都同意把某些行为称为不公正的，但你突然改变了你对这个道德术语的使用，那么就没有永恒的律法使你能够控告我对你行为不轨或者为这种行为辩护。如果我答应照顾你的孩子，却把他谋杀了，那么那个许诺就不会纯洁无瑕地置于某个神圣的王国，而成为指控我的证词。它被染污了，却没有什么东西来取代它。

一般来说，这些令人不安的事实很容易逃避注意，因为受到伤害的一方可以提请常备的文化协议和法律，把冒犯者绳之以法。只是一个协议被败坏了，但在一个更加深层的意义上出现的律法会站出来挽救。然而，人们根深蒂固地分享的那些协议本身可以发生变化，变得腐化变质。如果个人的失败是在道德话语的社会结构并不完整的时候出现的，那么我们就可以很清楚地看到，承认律法处于世界之中，而不是“摆在那里”究竟意味着什么。我们无处转动。基础已经被腐化。于是，赫卡柏补充说，没有任何可供替代的东西——“在人类生活中没有任何与之相似的东西”。

此时，这些焦虑已经让听众背上了沉重的负担。欧里庇得斯可能指望以我们对这个问题的现实反思来打开思路。这部戏剧写于公元前425年或前424年。[22]在公元前424年，科西拉的三年内战以其丑陋和暴力而终结。修昔底德告诉我们，这场冲突之所以引人注目，完全是因为它以一种恐怖的方式揭示了那个重压时代的道德退化；它揭示了律法

的脆弱性，揭示了我们本性中各种背叛、轻率和复仇的倾向：[23]

> ……很多灾难通过这场内战接二连三地降临到希腊城邦。……为了适应事物的变化，在做出伦理评价时，对行为习惯的口头评价现在也必须改变为新的评价。例如过去被认为是不会瞻前顾后的大胆行为，现在则被看作是对党派的勇敢和忠诚；考虑将来而等待时机，被看作是懦夫的别名；节制和自制最终被认为只不过是胆怯的外衣；对事情进行全面了解被视为不愿行动。……要是一个人通过阴谋诡计取得了成功，那么他就会被看作是一个有智慧的人；要是他猜测到一个阴谋，他就显得更加聪明；凡是对事情留心关照因此使得阴谋或猜疑都不需要的人，被认为是在暗中破坏自己的党派。……一个党派成员之间的忠诚，不是由神的律法的制裁来保证的，而是由合伙犯罪这样的行为来保证的；至于来自对手的公正建议，它们只是被更强的党派用戒备的眼光接受的，而不是用高尚的坦率(gennaiotēti)来接受。复仇被认为比自卫更为重要。
>
> 因此，由这些内战滋生起来的每一种坏的实践在整个希腊都有根源。坦率开放(euēthes)曾被认为是高尚品格的首要成分，现在则被耻笑，而且不久就消失了。互不信任的精神与日俱增，不久就把信任统统摧毁。为了缓解这种状况，没有哪个保证足够有力，没有哪个誓言足够可怕。一旦人们占了上风，他们就都变得很相似，认为安全不可指望，因此他们就不能信任别人，只能费尽心机以免受到别人的伤害。[24]

在这里，我们所面对的是一个道德共同体的全盘瓦解，一种完整的道德语言的衰落和腐化。这个伦理共同体改变了自身的品格，沦落为其中的行动者的把戏；没有外在的律法来终止或者纠正这个有机的变化过程。（神的律法只是作为被忽视或者不再被相信的东西而被提及。）最糟糕的是，当背叛和侵害生根发芽的时候，那些以前是好的行动者甚 404
至也受到了打击。没有什么东西会保护他们。

关于好品格在这样一个时代的命运，我们可以说很多东西。首先，它们受到了不同的对待，它们被嘲笑和辱骂。然后，它们也外在地丧失了一种能力，那种践行本来就是关系性的美德的能力。然而，正是在这种信赖和信任的领域中，科西拉的教训明显地威胁着赫卡柏。修昔底德强调说，美德品格取决于信任基础，而那种信任的条件是在自我之外存在的。高尚品格的“首要成分”就是euēthes，这个词可以被翻译为“正直”、“开放”、“质朴”，在这里与猜疑和不信任形成对比。[25]高贵的人并不总是在猜疑和怀疑。他们用宽宏大量来接受他人的行为，而不是用戒备性的眼光来接受他人的行为，并相信协定是有效的，世界是有秩序的。然而，信任可以从外面受到其他人行动的摧毁。在某些外在引起的条件中，任何正常的、合理的人最终都会变得疑心重重；这种“开放性”于是就会受到嘲笑。但是，一旦没有了这种开放性，很多好东西也就丧失了。如果保证和誓言看起来都不再可靠，如果我质疑一切，在表示爱的每一个场合背后都去发现背叛，那么我就不再是一个高尚的人；也许根本就不再是一个人。欧里庇得斯对赫卡柏的命运如此感兴趣，正如我们将看到的，其原因就在于此。

我们现在必须转到波吕克塞娜，这部戏剧中没有腐坏的高贵典范。我们看到，正如我们确实看到的那样，在她那里使我们感到敬畏的东西，确实就是修昔底德所说的那种开放或者宽宏大量的信任。[26]我们立即看到，这里有一位女性，她已经被教导要看重她自己的个人价值和其他人的价值。她坚定不移地希望别人也要按照她的价值观念来对待她，她不需要怀疑的反思就假设这就是她自己对待别人的方式。她也不害怕她在其中被培育起来的那些最深的协定会消失。她告诉奥德修斯说，她很理解为什么他不愿意用一个恳求者的姿态来接受她；通过拒绝提出这样的要求，她会尊重他的不愿意。在那段比较长的言语中，她所依靠的是这一事实：如果这个老谋深算的希腊人竟然融入了这样一个关系中，那么他就会尊重在那个恳求者的协定中体现出来的宗教要求。她告诉我们“我已经在高尚的希望中被培育起来”(351)；在她那种毫无猜疑的回答中，我们看到了她的高贵。在这当中，也许最感人至深的是她最终对少女端庄的展示。按照那个不肯轻信的使者的报告，甚至在她即将死去的最终时刻，她竟然还想到要整理一下自己的裙摆，让自己的身体不会以一种不庄重的方式暴露出来。这当然显示了她那镇定自若的心态，更令人惊奇地显示了她的信任。在临死之际，她并没有想到要怀疑这样一件事情：那群希腊士兵是否会在她死后尊重她外表的贞洁。如果她表现得好，她的行为就接受了考验，并被接受了。其实，她就像她自己告诉我们的那样，“不习惯品尝坏的东西”(375)。她恰如其分地得到了命名，她的名字意味着“盛情的给予者或接受者”。

405 这位女孩的那种质朴光彩，正如修昔底德对高贵性的论述所暗示的那样，基本上是由那种信任他人的开放性构成的，而这种开放性关系到塑造她生活的那些协定。欧里庇得斯并没有把它描绘为孩子般的天真，而是描绘为对社会价值的一种成熟承诺，其基础就是这些价值所要求的那种信任。但如果我们认识到那些价值究竟要求什么，那么我们也就逐渐开始看到波吕克塞娜模模糊糊预测的东西：她的高贵在这个世界中可能会受到威胁。对她予以尊敬的敌人，她坦率地断言：“我的眼睛发出自由、慷慨的光芒，把我的躯体移交给哈德斯(冥界之神)。”

（367—368）对她来说，眼睛就是信任的所在地，既给予信任又接受信任。[27]它们的开放光芒表示了她对律法的信任；在这个充满律法的世界中，她所信任的东西就是通过其他人的眼睛表示出来的友谊、诚实和同情。通过眼睛的接触，这些品格在一个共享的道德宇宙中融入彼此，相互承认。但是，正如波吕克塞娜隐隐约约地感觉到的，正如赫卡柏的情形不久之后就会表明的，眼睛也能激发虚假的信任和假惺惺的泪水，虚伪地呈现出诚实的面孔。为了从一种更加恐怖的盲目中来维护她精神的那种自由的、慷慨的表现，波吕克塞娜的那种自我确认的地狱之旅——哈德斯这个名字意味着“没有光芒的地方”——或许证明是必要的。已经模模糊糊地意识到了一种危险，她提出了这样的诉求：“在我碰到那些我不应该承受的可耻事情之前，请帮助我策划如何死去吧。”不像自己的母亲，她发现了合适的时间。[28]

2

许多评论家已经谴责这部戏剧缺乏统一性，指责波吕克塞娜的故事和波吕梅斯托的故事是彼此分离的情节，它们被糅合在一起，至多只是因为它们都属于这位女主角苦难生活中的篇章。[29]我希望到目前为止，我们已经可以看到一个更加深刻的联系。如果我们把注意力集中到好品格及其稳定性的问题上，那么我们就会看到，第一个情节提出了对这个问题的一个观点，而第二个情节则向我们提供了质疑那个观点的理由。同时，这部戏剧把波吕克塞娜品格中的高贵特点向我们揭示出来，而那些特点并不像赫卡柏认为的那样稳定，实际上，在这部戏剧的第二部分中，那些特点的激烈消除就是赫卡柏堕落的根源。

赫卡柏仍然可以在逆境中保持坚定。公民的关怀与忠诚，对有所需求和有所请求的人慷慨、节制、公正，以及对其孩子的一种毫不动摇和充满爱心的关怀，这些都属于赫卡柏的明显美德。甚至她女儿的死，尽管死得很惨烈，也没有动摇她的这些美德。但是，一旦她知道了波吕多罗斯的谋杀者，她的品格突然之间就发生了巨大逆转。战时的氛围，加上她先前已经遭受的其他丧失，确实有助于说明这个问题：在这个震动面前，她为什么显得如此脆弱。但是，为了理解这种关系和这场罪行为什么竟然具有如此非凡的力量，我们就需要密切审视它们的特殊意义。

波吕梅斯托是赫卡柏和普里阿摩斯的一个客人兼朋友（xenos，与异邦人形成的朋友关系——译者注）。这部戏剧非常强调这种关系，它被提到了十五次。[30]波吕梅斯托原来也是一个备受爱戴的人，一个朋
406 友。[31]确切地说，赫卡柏告诉我们，“在客人友谊的排列中，在我所爱戴的人当中，他占据了首要位置。”客人友谊的关系是这个世界中的居民能够融入彼此的最深的、最神圣的世俗关系。盛情的给予和接受施加了关心和保护的义务，而不可违背那种义务对一切人际关系、一切道德来说都是根本的。甚至当客人兼朋友在战场上相互面对时，如果他们都承认对方是客人兼朋友，那么他们就会把敌意悬搁起来。[32]因此，波吕梅斯托和赫卡柏是由通过律法而存在的那种最紧密的联系约束起来的，那种联系最根本地指出了一个人对另一个人的坦率，指出了这样一个心愿，即他们愿意与对方一起共存于一个道德世界。他们把这种深层的义务与个人感情结合起来。在他们假装出来的友谊的晚期场景中，通过他们对感情的那种可怕的相互模仿，我们看到了曾把他们联系起来的那种很深的同情。波吕梅斯托曾经是客人兼朋友；他是赫卡柏和普里阿摩斯认为可以将自己的孩子秘密地托付的那个人，而波吕梅

斯托这个名字就意味着“很多东西的给予者”，能够对他们以及他们城邦的未来给予希望的那个人。与所有其他人相比，他曾经是他们表达坦率和慷慨的首选者。按照这部戏剧的说法，这种联系是友谊或爱的那种比一种爱欲关系都要好得多或者强得多的例子，因为后面那种联系**按照惯例**是不可靠的和不稳定的，是所有许诺的情形中最弱的或者最糟糕的那种。[33]即便这种关系不那么强调共享的追求和持续的共同生活（这是那种亚里士多德式友爱的特征），但它仍然在世界上发挥着类似的深层作用，类似地以信任作为基础，类似地对所有人际道德都是根本的。

波吕梅斯托谋杀小孩的罪行特别恐怖，在几个方面本身就是一种“最糟糕”的罪行。首先，我们想到了这个事实：这个小孩尚未受到充分培育，而这恰好是其父母托付给波吕梅斯托的责任；因此他还没有机会过一种积极的好的人类生活。此外，我们知道赫卡柏把自己及其城邦的希望寄托到最后剩下来的这个男孩身上；这个希望，波吕梅斯托知道，应该已经对他施加了一个很强的义务，要求他保护和保卫这个孩子。这个义务显然是要由他来承担的，而且高于客人友谊所施加的其他义务。但是，对我们来说，也许最糟糕的是我们的这个想法，即这孩子纯真质朴、不加防范。波吕多罗斯“就像一棵未成熟的植物那样”，他成长的故事给予我们一种幻想，仿佛使我们看到了孩童天真无邪的幸福时光突然之间就夭折了。“我在他的养育下茁壮成长。可怜的我啊。”率真也向波吕梅斯托施加了其自身的义务。波吕克塞娜的美德，甚至从一群被描述为蛮横无比的士兵中，也激起了尊重和关心。他们的眼睛和双手都信守她在端庄地死去的那个时刻所要求的那种信任：他们竞相掩埋她，用树叶撒满她的遗体，用礼服来装饰她。毁掉一个天真无邪的孩子全然不同于用阴谋来反抗一位阴谋者。这种行为的恐怖在赫卡柏的梦中被总结出来，她梦见一头幼鹿被一只狼所撕裂，那只狼（就像人那样）“毫不怜悯地”撕扯那头幼鹿（90—91）。最糟糕的是，波吕梅斯托粗心地犯下了这桩最坏的罪行，即他既没有强烈的需要，又没有内疚或顾虑，甚至没有想到要把成为其牺牲品的尸体埋葬了。[34]

我们已经准备好了赫卡柏堕落的所有材料。一方面，她自己是具
407 有坚定的成人好品格的一个很好的例子，如果她能够被打败，那么这就可以颇具说服力地论证，成年人的美德一般来说有可能会受到腐化。另一方面，这部戏剧向我们呈现出一种格外极端的环境：在一个社会动荡频繁发生的时代，她给予最深也是最大信任的朋友不经意地犯下了最坏的罪行。这些环境确实很极端，但它们并不是不真实的、特殊的或者甚至是罕见的（尤其是在战时）。

这样，对赫卡柏来说，当她最终认出她面前的那具面目全非、四处毁坏的尸体就是她的波吕多罗斯时，她在这个时刻的体验究竟是什么呢？[35]那是一种知觉，一开始我们几乎无法理解它向我们揭示出来的那种近在眼前的暴力恐怖。把那具尸体找回来的那个女仆，知道她带回了一个将会产生破坏作用的信息；因为她说道（若不这样说就显得很奇怪了），当人们面临这种不幸时，他们不容易避免用一种**亵渎神明**的方式来说出自己的内心话。在这个质朴女性的心中，这个信息就是一种反对一切的亵渎。她向我们描绘它为一个摸得着的可怕东西，赫卡柏必须自己去触摸、抓住和感受的东西；当她确实这样做时，她就“不再着眼于光明”（668）。它将把她遮蔽得严严实实的，从她眼睛中把光明夺走。但这个女性最终还是把一切都揭示出来。“看看，”她不情愿地恳求道，“看看这个死人赤裸裸的身体。看看是否它会让你大吃一惊。”（679—681）

“我确实看了。我看见我那死去的孩子，波吕多罗斯。那个色雷斯人过去为我保护他。”（681—682）在认出那具尸体的时刻，赫卡柏就已经紧紧地抓住了它。那个女性问她，“你是否已经知道了你孩子的毁灭，你这位不幸的女人？”（688）她用一种近于绝望的语言回答说：“我所看到的一切东西都靠不住，靠不住，太突然了，太突然了。”（689）[36]她所看到的东西就是最深的信赖不可信赖，最坚固的东西被心不在焉地丢在一边，而且竟然可以被心不在焉地丢在一边。她从那种心不在焉中读出了另一个信息：把她的世界构造起来的那些律法，对于她所爱的对象来说，不曾有任何约束作用。波吕梅斯托其实不曾领会那些律法，或者对它们加以回应。“客人兼友情的那种约束性的要求究竟在何处，”她大声抱怨，“啊，该死的男人，你是如何把他的肉体切成几块，你是如何用一把利剑把这个小孩的四肢切断，毫无怜悯之心的家伙。”（718—720）这个事实向她表明的是，没有什么东西是败坏不了的。如果人类的社会价值的那种最好的、最深刻的情形都已证明是“不可信赖的”（apiston），那么还有什么东西完全值得我的信任呢？

那是一种紊乱，对世界的一种撕碎。甚至语言及其区分也无法把握它。“无法言说，难以形容，超出想象，” 她哭道，“毫不虔诚，无法忍受。” 赫卡柏已经说到，我们用律法来做出区分，来划分世界。语言乃是立足于这些律法，并把它们体现出来。对这个孩子的杀害，现在对赫卡柏来说，似乎揭示了这些划分的无根和肤浅。那种做法把它们连根切断了。后来，当阿伽门农问道，“什么女人曾经遭受了如此的不幸？” 赫卡柏回答说：“没有，除非你指的是命运本身。”（786）[37]如果我们认为她把命运看作一位控制了凡人运气的居高临下的女神，那么这个回答就令我们感到奇怪。但我们不应该用这种方式来理解她的回答。我相信，她所表达的是一种全然无序、缺乏结构的感受。“命运”，运气或者 408

人类理性控制的缺乏，在这里是被隐含地与律法的那种可理解的、理性的秩序相对比的。她想要说的是，没有任何人比她遭受了更大的混乱和脱节，除非你考虑不可控制的东西或者混乱本身。

但是，现在我们开始看到那些甚至更真实地“出乎意料”的东西：对背叛的可能性的那种混乱的知识，从外面侵蚀了这个女人，而这本身就是对她的一种败坏，就是腐蚀她品格的一剂毒药。[38]波吕克塞娜的高贵乃是依靠那种不加询问、慷慨大度的信任。赫卡柏对其朋友的爱曾经也是这个样子。现在，面对律法的失败，她似乎只有两个选择。她可以对这些事件视而不见，发现某种方式来疏远这个认识，或者对它加以限制。（采取这种自我欺骗的途径，阿伽门农后来宣称，只有野蛮人才容易违背那些深层的律法；而希腊人当然表现得有所不同。）或者，她可以接受这个认识，把它作为对律法以及对一般的社会联系来说，是真实的东西而触摸和接受。但这样一来，在这种撕裂性的环境中，好品格所立足的那种坦率，似乎就无法逃避被侵蚀的命运。她无法使自己不去质问和猜疑，“更加关心自我防卫而不是信赖他人”。要么她使自己变得盲目，在那种情况下，她变成了一个面目全非的白痴，要么她允许自己看见，在那种情况下，她就被污染了。一旦她有了这种“迷茫”，她好像就必须在二者中择其一。

从现在起，信任的律法以及赫卡柏对律法的信任，都会被从这些新事件产生出来的某种新东西取代：

> 哦，孩子，孩子，
> 现在我开始悲恸，
> 那首狂热的、最近学会的曲调（nomos）
> 就来自那复仇的精神。（684—687）

赫卡柏的复仇之歌是一首最近学会的"曲调"*：它现在也是一种新的"律法"，一种安排世界的新方式。把这两个含义连接起来的那个根本意义就是一种安排、分配或者限制的意义：[39]曲调就是对一系列声音的一种安排，法则或协定就是对社会生活的一种安排。通过这个不可翻译的双关语，欧里庇得斯指出了这部戏剧的剩余部分将要探究的问题：协定的毁灭不仅实现了一种解构，而且也实现了一种重构——赫卡柏的发现留下来的那种空白，将由一种新的信任和新的法则来填补。

3

对赫卡柏来说，复仇就是把陈旧律法的崩溃而遗留下来的空间填补起来的那个律法。我们并不知道复仇是否就是唯一可能的替代品；但复仇显然是对她而言的取代。当她开始策划她的计划时，她告诉阿伽门农："我将使一切归于良好秩序。"关于协定，她是这样说的："如果律法受到摧毁，在人类当中就没有任何与之相似的东西了。"这首用来取代律法的新歌曲，事实上证明并不像这个样子。就像律法一样，它是 409
一种把世界纳入秩序的方式，使事物适于生活。但是，不像律法，它不会要求信任任何在复仇者的思想和计划之外的东西。陈旧的律法是一个把人与人联系起来的网络。新的律法将证明是一首孤独之歌，它不要求相信任何不可信任的人。

从信任的崩溃中，赫卡柏很快就发生了转变：她现在很看重寻求权力以独自复仇。这种转变——由阿伽门农因为胆怯而拒绝帮助而被激励起来，尽管显然不是由这件事情引起的——之所以发生，乃是因为她

* 在古希腊语中，nomos在最原始的意义上指的是音乐中的音调或声调。——译者注

所经受的那种完全的孤独无助不可忍受，因为回到老路现在对她来说似乎同样不可忍受。就像无法控制的东西那样，她觉得自己现在无法生存下去，也无法控制自己的感情；她觉得，与她处于同样状况并还有点见识的那些人，也不可能再去信奉过去那种欺骗性的信任。复仇有吸引力，因为它提供了没有脆弱性的结构和计划。（在修昔底德的科西拉人那里，我们看到了类似的转变。那些人，因为对忠诚感到绝望，就逐渐喜欢那种使他们能够向一位没有防卫的敌人复仇的阴谋。）

我们现在必须详细考察在赫卡柏的复仇中体现出来的一个联系：这个联系的一方是自足和自闭的目的，另一方是她的各种特殊的复仇计划。我们注意到，赫卡柏的复仇计划，作为一个恢复秩序的计划，有两个不同的方面：报复性的方面和模仿性的方面。首先，通过使这种腐坏回到其根源，通过使产生腐坏的那个人承受他带给她的那种同样的痛苦和恐怖，她努力纠正自己世界中的不平衡。杀死孩子的人必须忍受自己的孩子被杀死的痛苦；虐待客人兼朋友的人必须忍受客人兼朋友同样可怕的虐待；使她残废的人必须残废。在这个计划中有关盛情相待的协定所起的作用中，这个报复性的方面最清楚地展现出来。赫卡柏用每一种惯常的方式在款待波吕梅斯托的同时，对他发起攻击；为了保证对这个人及其孩子实施安全的控制，她的秘密计划中的每一个要素都涉及虚伪地使用那个陈旧律法的某个特点。

但这个计划的逻辑有另一个同样重要的部分。这就是它隐含地做出的那个主张：要把在律法的诱饵下的那个世界过去的本来面目模仿和揭示出来。友谊被滥用，因为它过去一直是虚假的。表面上最可信赖的东西在这里证明是不可信赖的，因为最可信赖的东西过去总是不可信赖的。在这里人们可以毫无怜悯地谋杀孩子，因为事情过去就是这个样子：过去就不曾有任何律法有效地站在一个小孩子面前来保护他。语言被滥用，因为讲真话的协定从未被坚定地奉行过，对诚实毫不关心的花言巧语过去总是“人类的暴君”。

当我们考察眼睛和观看在赫卡柏计划中的作用时，这个双重结构最清楚地凸显出来。我们看到，对这些人来说，眼睛就是人与人之间联系最密切的地方，在这个地方，一个人最清楚地表示他或她对另一个人的信任，对把他们联系起来的那个协定世界的信任。[40]“自由的、慷慨的眼睛的光芒”就是波吕克塞娜所珍视，并由于她的过早死亡而得以维护的东西。赫卡柏的复仇计划的核心就是要使波吕梅斯托失明。在得知自己儿子死去的那个时刻，她最深的愿望不是要杀死波吕梅斯托，不是 410
要毁伤他的四肢、胸膛和性器官，而是要使他失明。

当波吕梅斯托走进来，但没有意识到赫卡柏发现他走进来时，我们就很清楚地看到了这对她来说意味着什么。欧里庇得斯要我们在他身上立即看到的东西是：这是一个很会利用自己的眼睛及其能力的男人。乍看上去，他用他的眼睛来表示一种牢不可破的信赖，用他的泪水来表示一种同情的回应。在这里，对观众来说最为重要的是，这个人，当他走进来的时候，看上去应该什么东西都具有，但唯独没有邪恶或者不可信赖。他应该直率且深思熟虑，是一个“能够给予很多忠告的人”，就像他的名字所暗示的那样。按照任何判断，他都必定是一个“很自信的男人”，有着一切权力和诱惑，也有这个名字所暗示出来的那种隐藏的腐败。一个很自信的男人应该值得信赖。这个人说道：“噢，我最心爱的赫卡柏，看到你的城邦和你那位刚刚死去的孩子，我不禁流泪。唉，真的没有什么东西值得信赖，哪怕是好的名声和成就。”（953—955）在这里，唯一令他感到不安的事情，就像他所说的那样，就是她没有用眼睛看他，没有用这种方式把他们以往的联系直接建立起来。表面上他看起来好得不得了；但当这些脸色消失的时候，他开始感到有点不安。

所以，他沉默不语地对她显示出他的信赖，对一具他自己制作出来却掉以轻心地没有认出来的尸体流下了虚假的泪水。(因为他将其牺牲者的尸体看作是波吕克塞娜的尸体，他甚至没有注意到男性和女性的差别，一具刚刚死去的尸体和一具被鱼毁伤的尸体的差别。)

在一个方面，这种盲目显然是要得到报应的。他辱没了她眼里的表现，所以，作为回报，他的眼睛就要被毁坏。他用自己的行为熄灭了她眼里的光芒，使她成为“不再着眼于光明”的人；所以他也必须哭道(就像他后来那样)，“我瞎了，我的眼睛失去了光明。”(1035)但是，在另一个方面，我们看到，赫卡柏只是在揭发他们之间早就存在的东西。她弄瞎他，因为盲目本来就是他的真实面目。他从来就没有用一种诚实的面貌来保证一个承诺，从来就没有真正地哭泣过，从来就没有**留心**过她的孩子。没有什么东西永远值得信赖，包括他的好名声和他的成就。复仇的逻辑，通过把这个世界以前隐藏起来的罪孽本质揭示出来，而使之步入正轨。

对赫卡柏在这个既辉煌又可怕的场景中拒绝用目光来正视他的那种方式，我们可以提出同样的说法。当波吕梅斯托流下他假惺惺的泪水时，我们看到赫卡柏对他转过脸去，面向我们。我们有一种既厌恶又欣喜的混合感受——赫卡柏必定是用这种感受来听这个男人如此彻底地谴责自己的。在这整个时刻，甚至当他开始想知道究竟什么东西出了差错时，她还是拒绝“正眼看”(965)他。她说，“我无法直接用瞳孔(orthais korais)看你。不要认为这是对你不好的感受，波吕梅斯托。除此之外，律法就是原因。”然后，几乎是作为一个追悔，她补充说，“即要求女人不要直接看男人的那个律法。”(974—975)这不足以令人相信，他知道这一点；他们显然习惯于一个不同的律法。那么，她的真正理由是什么呢？

我们首先把赫卡柏的拒绝看作一种回报性的否定：既然你滥用我献出的爱，我就要用同样的方式对待你。但这几乎说明不了什么问题，411 因为虚假地看和不看都是差不多的侮辱。我们然后超越了这一点，认识到她也是在把他们的爱描绘为到此为止的那个样子。他们之间过去没有任何真正的相互关系或联系。对她来说，“直接用瞳孔”看他，就意味着让她的映像闪耀在他眼中，在他眼中反映出来。在希腊语中，用来表示瞳孔的这个词“korē”，通过隐喻上的转换，也是用来表示女孩或者妇女的那个词。这个转换背后的流行观念显然是：瞳孔就是观看者的映像在被观看者的眼中被反映出来的那个处所。它是我和你之间现实联系的映像，是对这个联系的认识及其相互关系的映像。我终于达到了**你那里**，我把自己显现在你的眼中。[41]（欧里庇得斯玩弄这个双关语的意图后来清楚地显示出来，在那里，当波吕梅斯托在讲述失明的故事时，他所使用的词语就很接近在这两个意义上来使用这个词。）赫卡柏不会让她的映像闪耀在他眼中，不仅仅是为了惩罚，而且也因为她的映像从来就没有出现在他的眼中过。甚至在她把他弄瞎之前，她就腾空了他瞳孔中的映像，因为那就是他过去一直看待事情的方式。

但甚至这还不够；因为它忽视了这一事实：她的拒绝与其说是拒绝**被看**，不如说是拒绝**去看**。他仍然看着她；她所要拒绝的是自己去行动、去看。如果我们思考这一点，那么我们就会看到，迄今我们已经忽视的是赫卡柏对这个男人友好感情的深度。我们必须理解，他曾经是她最爱、最信赖的那个人。当他过去显示出这些表现时，她就以真情加以回报，她过去习惯地意识到一种罕见的亲密关系，因此，她就把他称为“首要的客人兼朋友”，就愿意将自己的未来托付给他。她曾经在他的眼中看到了她自己的映像；在这个映像中显示出来的她正看着他，她是在他眼睛中看到了自己的映像。过去的她不仅仅是赫卡柏，而且是在波吕梅斯托之中，用包含在那里的赫卡柏来再次凝视波吕梅斯托的那个赫卡柏。这样，她就假设这一切对于他来说也是真的。这样，过去的她甚至把她自己的同一性看成某种关系性的东西；作为一个社会存在，过去的她是他的视力和关注中的存在。

当他现在进来，说出那一番话时，她确实感到狂怒；她确实想要撕裂他的眼睛。但难以相信的是，同时，她并没有感觉到以前的那种信任和信赖的冲动，当面对他时，没有感觉到把她自己视为融入他之中的那种爱的欲望。我们必须认识到的是，波吕梅斯托并没有以另一副面孔出现；他并没有像一只狼那样猛地扑向战利品。就背叛而论，最可怕的事情就是，这个人看起来确实与以前没有什么不同。他就是她曾爱过的那个人。她不得不受到感动，但她知道她千万不要受到感动。要是她正视了那双睁开来要看她的眼睛，她安全的希望就没有了。她是他的关系中的另一方，是他眼睛的产物。她首先就是他在看着她时他所看见的东西。她会在他的眼光中熔化，失去自己。

这样，如果她拒绝看他，她这样做的理由其实就是关于他们的爱的那个陈旧律法。那是她现在为了具有自己的力量，保证自己的安全而设定的新律法必须抵抗的力量。“不要认为这是对你的反感，波吕梅斯托。”她这样告诉他。我们看到，她知道自己既是在讲真话又是在
412 撒谎。

对她实际上向他提供的那个理由，即女人不应该用眼睛看男人，我们可以做出什么解释呢？更一般地说，对这个事实——这部复仇剧把一位女人作为其核心人物，并强调我们正在目睹的是一个人向一个雌性动物、一只母狗的变形——我们可以做出什么解释呢？[42]在欧里庇得斯的这部戏剧和其他戏剧中，女人都是因其社会地位而对偶然事件

最为脆弱的人物。欧里庇得斯对女人那著名的兴趣，[43]就是对没有掩蔽、容易受到威胁的状况的兴趣，就是对在战争、死亡和背叛面前暴露出来的那种无能为力的兴趣。在战争时代，正是女人受到掠夺和奴役，而她们的男人至少还有机会勇敢地死去。正是女人，欧里庇得斯反复地生动地强调说，她们的身体被视为战乱的一部分，沦为他人的财产，就像一头牛或者一张桌子成为他人的财产一样。如果我们是在寻找一种好品格因为极端环境而受到了腐化的状况，那么我们就得这样来看待一些人：他们一方面能够像任何好人那样成长起来（欧里庇得斯似乎确实这样认为，而且经常强调这一点），另一方面比其他人更容易受到极端运气的影响。从一个女人的生活的那种并非不同寻常的社会现实中（因为，当女人不是王后时，这种不幸甚至并不一定是绝境），我们终于看到了一切人类生活都面临的一种可能性。

赫卡柏并没有放弃她的主张，也没有放弃女人是人类卓越的最佳实例的主张，于是她就强调日常生活中女人因为权力上的不平等而遭受的那种高度的危险。当她说女人不**应该**用眼睛看男人的时候，我们也可以按照她的新律法把这句话理解为这样一个主张：女人**应当**是复仇者，不信任任何人的眼睛。这两个解释显然是有联系的，因为，如果女人受到了不同寻常的剥削和虐待，那么她们也就对复仇和泼辣有不同寻常的需要，或者倾向于这样做。对于女人是否能够自己规划她们的生活，自己执行她们的计划，阿伽门农起先颇为怀疑。赫卡柏的回答引用了女人成功地密谋策划的一些例子。二者都是复仇的罪行："难道女人没有得到埃古普托斯（希腊神话中的埃及国王）的儿子，没有把男人从利姆诺斯岛赶出去？那让这件事情就这样在这里发生吧。"[44]

于是，赫卡柏就用"非关系"可能性的形象来改造这个世界，而正是她对那个可能性的认识摧毁了她的信任。那是一个格外安全而又格外孤独的世界。它是完全自我包容的，不去直接面对任何人，不用冒险接受任何人的眼光。它是一个把自己埋葬起来的秘密而黑暗的世界。她说服波吕梅斯托，要他来听听“我自己的一个秘密消息”(978)，那个消息关系到一笔财富——埋藏在“那片土地上一个黑色岩石下面”(1010)的一批金银财宝。她把自己的老朋友带到女奴的“私人营地”(1016)，那个“值得信赖、没有男人”(1017)的地方。在那个被掩饰起来的地方，女人们招待他，为他脱去外衣。一等他毫无防范，她们就把他拿下，攻击他的孩子并把他们杀死，然后，这些“女人”用她们的胸针刺中他那双“肮脏的眼睛(korai)”，使它们鲜血直流。[45]在某种意义上，这种做法使世界恢复了它原来的样子，因为波吕梅斯托从来就没有看
413 见过或爱过。但它同时也使赫卡柏变得不同了，因为她确实爱过。当她刺伤她在另一个人那里的映像时，她也摧毁了与她自己有关系的某种深层的东西，即她与他者和他性的联系。她使自己就像波吕梅斯托过去那样变得隐秘，变得与他人毫无关联。在使得她的世界就像一个“四足山兽”，没有其他人的清晰形象的世界时，赫卡柏把她自己的形象变成一汪鲜血。这样一来，当她凝视她自己的手工活时，她自己的眼睛就只能呈现出一片模糊的血腥光芒。事实上，她的眼睛据说此后就闪耀着一只狗(也是一个四足野兽)所具有的那种“暴躁的眼光”(pursa dergmata)。

对希腊人来说，狗在任何意义上都不是一种很高级的或者类似人类的动物。不像狮子和鹰，狗在动物高贵性的尺度上排列很低。它的突出特征就是它在跟踪猎物时的那种敏锐，在抵挡敌人时的那种顽强，在保卫自己领土时的那种咆哮。最重要的是，人们厌恶和害怕它，把它看作一种吞吃人的尸体，对人类社会最神圣的律法漠不关心的动物。没有任何信任或友谊的纽带能够阻止它：普里阿摩斯很清楚，要是

他死去了，他的尸体就会“被贪婪的狗群在门栏边撕碎，它们本是我在餐桌边喂养的看门狗，而现在却吞噬我的血肉……”（《伊利亚特》，第二十二卷，第66—70行）。因此，对希腊人来说，这种动物就代表完全缺乏对律法的关注，全然不受社会价值或者关系价值影响的形象。从《伊利亚特》开始，把某个人称为“狗”或者说他具有一双“狗眼”，就是表达一种很严厉的侮辱，那种侮辱旨在强调被侮辱者的自私自利，对共同体缺乏关心。[46]当阿基里斯因为阿伽门农的自私自利而想侮辱阿伽门农时，他就说阿伽门农有一双“狗眼”（第一卷，第225行），在前面他指责说，阿伽门农是一位dēmoboros basileus，即一位用其人民的血肉来喂养自己的国王（第一卷，第231行）。当海伦因一不留神就使其他人遭受了数不清的痛苦，因而想侮辱自己时，她就把自己称为“母狗”（第六卷，第344行）。数个世纪以后，这种联系仍然存在。塞克斯都·恩披里柯通过表明甚至一条狗也能履行它对正义和社会美德的要求，以此对一个显著的伦理观点做出归谬论证（《皮浪主义纲要》，I.66—67，被引用为本章章首语）。于是，当我们听到一个女人变形为狗时，我们一定不要用含糊的或者不明确的措辞来考虑那种兽性。我们一定要想起那种对共同体和各种关系的关心的缺失，想起从中产生出来的那种特殊的动物性。

在复仇的律法中，传统的品格美德依然存在，但每种美德都改变了它的形式。首先，所有美德都变成了追求个人权力和个人安全这些目的的工具。一旦赫卡柏进入那个秘密的房间，她就不再有审慎，不再有怜悯，不再想起正义。甚至她对自己唯一剩下的孩子——疯狂的预言家卡桑德拉——的爱，仍被用作她计划的一个工具。卡桑德拉现在是希腊指挥官阿伽门农的情人。赫卡柏并不是出于爱心而去努力缓解那个女孩不愿遭受的苦难（这个苦难，就像波吕梅斯托所预言的那样，会使她遭受死亡),而是利用那个关系来为自己的目的服务,试图利用那个关系来对阿伽门农施加影响,让他帮助自己复仇。甚至她的同情者也发现她的道德推理很卑贱,[47]因为在这个推理中,通过利用她女儿的
414 身体作为条件,来向阿伽门农祈求帮助:

> 我的孩子,就是那个名叫卡桑德拉的女祭司,就靠着你的肋骨睡觉。你用什么东西来交换这些令人销魂的夜晚,阁下?我的孩子在床上的那些让你愉快的拥抱,能让你怎么感谢她?而我又会从她那里得到什么感谢呢?(825—830)

母爱,以前曾是这个女人的思想和品格的核心支撑,现在则在这个变化中转变为复仇。现在,就像任何其他东西一样,它与她的善具有一种纯粹工具的关系,而那种善不可能把任何其他人的善作为一种成分包含进来。复仇占据了整个价值世界,使它的目的成为一个目的。

我们也看到,当每种美德不再以信任和联系为基础的时候,它是如何微妙地改变了自己的本质。波吕克塞娜向我们显示了一种勇敢,那种勇敢就立足于她对自己国家及其共同生活方式的信任;向我们显示了一种端庄,这种端庄就立足于她对其他人的正派的信任;向我们显示了一种公正,那种公正就立足于她对其他人的善意考虑的依赖。在赫卡柏的新计划中,勇敢,现在不是立足于共同的承诺,而只是服务于一个孤立的目标,变成了一种厚颜无耻的大胆,那种大胆竟然叫着说:"愿神灵安息吧!我绝不宽恕!"(1044)审慎或节制变成了一种孤独的狡诡,丝毫不尊重任何庄重的东西,也不信任男人对她的庄重的尊重。正义变成了个人惩罚和个人安全的一个工具;在这个意义上,甚至一只狗也**可以**是正义的,正如塞克斯都轻而易举地论证的那样。智慧只是"将

使一切归于良好秩序”的那种聪明策划。亚里士多德告诉我们，正义，广义上说，就是全部美德，意思是说，每一种美德都有一个关注他人的、社会的方面，一旦把那个方面从美德中切割出来，美德也就不成其为美德了（参见以上，原书第351—352页）。赫卡柏的转变，通过向我们显示那种完全被剥夺了共同体意识的美德，也向我们显示了这一点的真理。仍然有一些我们可以识别为品格外形的东西，但我们失去了本来被认为是如此永恒的那种高贵性。

语言也发生了变化。这位复仇者，现在既然没有了信任，就不可能依靠词语的“习惯用法”。正如修昔底德也看到的，行动者必须认识到，如果他或她看到改变词语的习惯用法对自己有利，那么词语就可以在与其行动和对象的关系中发生变化。这意味着，词语可以变得不再是信任的纽带，而蜕变为个人目的的工具；交流被有说服力的修辞所取代，说话变成一件用来打动对方，以便占对方便宜的事情。赫卡柏现在愤怒地宣称，她在约定的话语中接受的教育纯属浪费精力：

> 我们这些凡人为何不厌其烦去学会所有那些习惯性的东西？当“劝说”这个人类的唯一暴君，不再是我们所渴求的对象时，我们何以要白白浪费时间？为什么我们绝不能够说服他人，因此得到我们想要的东西呢？（814—819）

如果语言属于人，属于习惯，那么它就不是可信赖的。但这样一来，使用语言的聪明方式，就是在复仇的游戏中使它具有一种说服力。在一个可怕的时刻，她希望她的整个身体都转变为各种有说服力的花言巧语：“在我的胳膊、我的双手、我的头发、我的步伐中发出的声音，都在一起大声呼喊……‘天地啊，请听我的话，向这个老女人伸出一只 415

复仇之手吧’。”（836—843）[48]就像卡桑德拉的身体一样，她自己的身体现在也仅仅是这个新计划的工具了。她变得越来越像一只狗，唯一不同的是，母狗，作为与人不同的动物，不可能像她那样巧妙地用词语来论辩。

在埃斯库罗斯的《俄瑞斯忒斯》中，他向我们展示了城邦和政治美德的创造，把那种创造描绘为这样一个过程，它主要涉及用公民信任和公民友爱的结构来取代复仇的结构。厄里倪厄斯（希腊神话中三个复仇女神的总称）在三部曲中的最后一部出现，一开始被描绘为野兽，或者更确切地说，被描绘为与狗类似的被造物，用水汪汪的大眼睛搜寻其猎物，一闻到血腥味便兴奋不已。[49]最终，她们都穿上了人类装束（是雅典公民的礼物），站在我们面前，转变为女人。当她们注视雅典的男人，对这片土地上的人民表示祝福时，她们不再咆哮，不再蹲伏在地，不再用力吸血。她们站立起来，她们“按照律法的要求离去”（《欧墨尼得斯》，1033），她们表明自己已经“想起如何发现好的说话之道”（987—988）。这个转变的关键时刻就是接受和信任的那个时刻，她们将自己的怀疑放到一边，允许自己被劝服（794，参见885），接受了雅典娜的许诺（804）以及在这个城市中为她们提供一个位置的提议。以“我从雅典娜那里接受了一个友好的栖身之地”这句话，屈服于“劝服的神圣敬意”（885），就像她们将要保护的公民那样，成了政治被造物。在这点上，雅典娜，在她关心和养育的职能中，很恰当地把自己比作一位爱护自己植物的园丁（911）。长得像狗的厄里倪厄斯原来只是用一种仇视来寻求自己的猎物；而欧墨尼得斯（如此被重新命名，是因为她们的善良意图）[50]和雅典娜一起，共同来爱护劝说的眼睛（970），因为正是劝说驱散了她们的愤怒，把她们领入了共同体。

在这里，欧里庇得斯则把这个过程完全颠倒过来，而且，就像他所做的那样，他提到了这部戏剧中很多最著名的形象。在埃斯库罗斯那里，那些长相像狗的复仇女神变成了具有善良意愿的女人；而在欧里庇得斯这里，具有一个善良意愿的女人则变成了具有眼露凶光、嗜血如渴的狗。在埃斯库罗斯那里，劝说为接受和公民信任提供了一个基础；而在欧里庇得斯这里，劝说则变成了孤独的复仇游戏中的一个“暴君”。在埃斯库罗斯那里，言语创造了友爱的纽带；而在欧里庇得斯这里，言语则解放了社会约束，服务于每个复仇者的个人目的。在埃斯库罗斯那里，原来对人类不做回应的狗，变成了善于接受就像植物那样脆弱的人类美德的朋友；而在欧里庇得斯这里，就像植物那样脆弱的人类美德则变成了坚不可摧的兽性。在埃斯库罗斯那里，礼服象征着信任和盛情的纽带；而在欧里庇得斯这里，这些女人，在脱下了她们想要残害的一个客人的长袍时，也就切断了她们与一切信任的联系。欧里庇得斯向我们表明，我们作为政治存在者的自我创造并不是不可逆转的。政治的东西，那种既因为律法而存在又在律法中存在的东西，也可以不再约束我们。人，作为一种社会存在，就是悬浮在神与兽之间来生活的，是面对这两种自足的创造物，由其开放的、脆弱的本性，由其最基本的关切的关系性特征来定义的。但是，如果成为人就在于具有信任和承诺的品格，而不在于一个永恒不变的自然事实（如果独眼巨人，就像传统所暗示的那样，恰好因为他们无视律法和盛情而成为不了人，恰好是因为他们缺乏教化，就像亚里士多德所说的那样）[51]，那么人也是最容易不再成为自身的存在者。他们很容易丧 416
失自己的本性，或是以一种柏拉图式的方式上升到神所具有的那种自足，或是跌落为狗所具有的那种自足。这两种运动之间的差别并不是很明显，因为二者都涉及以类似的方式与重要的人类价值隔离开来。我们可以变成狗或变成神，生活在一种彼此没有信任的状态，这种转变有时候是通过一种终身的孤独沉思而发生的，有时候是通过一系列偶然的变故而发生的，甚至当我们并不渴望这种变形的时候，也是如此。

赫卡柏已经论证过，尽管律法是人类的和偶然的，但它们却是稳定的，而且人类可以通过律法而使自己变得稳定。在这部戏剧中揭示出来的事件向我们表明：另一个人的行为对协定的破坏可能摧毁接受协定的那个人的稳定品格。它可以很简单地产生兽性，使人类关系和人类语言完全丧失。兽性，在最终的场景中，在波吕梅斯托这个人身上最清楚地向我们显示出来。他在失明之后半身赤裸，就像“一个山兽”（1058）那样四肢趴在地上，狂热地饮那被伤害者的血。这个场景是模仿索福克勒斯的《俄狄浦斯》结束之际所展示出来的那种尊贵——俄狄浦斯用一枚胸针刺瞎了自己的眼睛，哀叹自己看不见了；[52] 但在欧里庇得斯这里，它则被设计来展示震惊和反叛。我们看到波吕梅斯托对他的敌人尖叫着说，“但愿我能够把她抓在自己手中，把她撕为碎片，让她血肉四溅”（1125—1126），从这句话中我们甚至看到了那种同类相食的欲望（1071—1072）。所有这一切似乎都旨在揭示一种不可忍受的邪恶。但是，甚至有一种比这种堕落的罪行还要邪恶的东西，那就是追随这种邪恶的那个人同样的狂怒。他的目的是要更可怕地突出赫卡柏的罪行。他因为她的行为而变成野兽，她也因为他的行为而变成野兽。她将因为她最近的所作所为而变成他所预言的那个东西。率直开放，那个曾经充当好品格的首要成分的东西，现在则在嘲笑声中一直被中断，最终消失了。一旦律法死去了，它就没有向人类留下任何与之相似的东西。他们两个人都不可能忍受成为人，都不可能具有好品格所要求的那种率直开放。狗的属性是作为一个很受欢迎的礼物，作为一种释放而获得的。他们都张开双臂来拥抱它。如果**我们**发现那很邪恶，那么我们就得问什么样的人类生活可能更加幸福。[53]

尼采，他对复仇的谈论，就我所知，是这个哲学传统中最持久、最显著的讨论，在他终其一生对希腊文化的反思中，[54]看到了这部戏剧所探索的很多有关复仇的特点：复仇能够产生或者构造这个世界，重估一切价值；复仇与受伤者渴求安全和权力的欲望相联系；复仇能够把自己伪装为爱或正义。但是，尼采把复仇说成是那些受到贬低或者受到剥夺之人的计划；他并没有向我们展示一个高贵的品格被驱向复仇的事例。实际上，他这样来谈论复仇，就好像它始终只是卑贱者或弱者的反映。这部戏剧向我们表明，倘若确实有高贵品格这样的东西，那么具有高贵品格的人比卑贱者更容易受到腐蚀，因为正是高尚的人，而不是卑贱者，毫不迟疑地执着于其他人的信仰和关切。在赫卡柏的堕落中，发挥了最大作用的那种东西，正是她的那种来自传统美德的力量。正是她对朋友的爱，对许诺的信仰，对公正的坚信，使她决定采取报复行动。现在，被这位朋友的行为所唤醒，她不仅要向某个个人的或世俗的弱点 417
报复（正如尼采的基督徒的情形），而且也要向人类生活本身以及美德在世界中的状况施以报复。

4

我们现在必须停下来问问：亚里士多德对这一切会有什么说法呢？首先，他的伦理观点是否确实允许那些堕落的可能性存在？其次，对于那些可能性的存在，他可以明确地说些什么？第一个问题的答案似乎是清楚的。亚里士多德把人类美德建立在人的社会本质的基础上；他强调说，一切美德都有一个与他人相关联的方面；他认为，个人的爱和政治关联不仅是好的人类生活的重要成分，而且对好品格的连续兴盛也是必要的；他明确地提到，为了从那些联系中获得益处，人们就需要相互信任。就他确实提出了这些观点而论，他不可能一直封锁这些事件的可能性，尽管他可以强调说它们很罕见。此外，他的文本对这些危险有一个明确的认识，那种认识最清楚地体现在《修辞学》中，但也体现在伦理学著作本身之中。欧里庇得斯对信任在美德中的核心作用的论述，与《修辞学》对年轻人和成年人的美德的讨论出奇地相似。欧里庇得斯、亚里士多德和修昔底德都赞成这一观点，即率直开放是好品格的一个本质条件，一种不信任的猜疑——可以在行动者没有道德缺点的情况下产生，但只有通过在生活中体验到糟糕的事情才能产生——可以成为腐蚀一切美德的毒剂，把美德转变为各种报复性的自我防卫。三人的这种一致性是亚里士多德忠诚地发掘其文化传统，维护最深层的东西的一个标志。最终，不论是亚里士多德对现象的论述还是他对律法约束力起源的评论（《政治学》，第二卷第八章，参见以上，原书第304—305页），都明确地阐明了与协定的脆弱性有关的这些观点，而这种脆弱性正是欧里庇得斯论述赫卡柏的堕落的根据。

在《尼各马可伦理学》第一卷中，亚里士多德对普里阿摩斯的情形的讨论，或许讲述了一个不同的故事，在好人的堕落下面铺上了一个比《赫卡柏》更高的台阶。因为，尽管亚里士多德在那里允许（正如我们已经论证的）品格本身会因为这些事件而在某种程度上受到腐化，但他仍然强调说，好人绝不会沦落到做真正“可恨的和卑贱的”事情的地步。好人会堕落，但不总是一直堕落下去。在亚里士多德否认普里阿摩斯堕落的意义上，我们很难说在这里赫卡柏的行动是否也是堕落的。有一些情有可原的特殊情景，在那些情景中，怜悯和恐怖似乎是比责备更为合适的回应。赫卡柏的行动并未显示出一个先前的邪恶倾向；实际上，我们甚至可以用一种惊人的方式把她的行动看作是亚里士多德的“用手头的材料做最好的事”的例子，因为那些行动展现了每种美德的轮廓，即它们的社会结构，它们的那个公义（dikaiosunē）的方面不复存在的时候。确实，重要的是，我们认为赫卡柏的行动在某种意义上得到了辩护，或者至少因为那些处境而情有可原，而不认为它们简单地表达了一个杀人的品格。[55]（实际上，按照阿伽门农的判断，她的行为完全是正确的。）但仍然不清楚的是，亚里士多德在论述普里阿摩斯那段话 418
中的明确陈述，是否符合我们对这部戏剧对堕落看法的判断。

然而，我们可以断言，在亚里士多德明确处理这个问题的其他材料中，大多数材料都符合我们的解释，而且，《尼各马可伦理学》发展起来的对美德的一般论述，也使危险和脆弱性问题处于一个悬而未决的地位。因此，当我们探索这部戏剧，把它处理为亚里士多德实践知识的一个源泉时，我们就得到了有力保证。

5

我已经说过，这部悲剧向我们显示了稳定品格的一个实例，向我们表明，在某些情况下，甚至尚未遭受任何实际损害或者背叛的那个好品格，也始终面临这些事件的威胁。因为正是在动荡不定的政治结构的本质中，在个人关系的本质中，这样一个刚愎自用的男人竟然无法与一个诚实可靠的男人区分开来，有时甚至对他自己来说也是如此。在这个意义上，人类生活中没有什么东西永远**值得**我去信赖，除了复仇或者死亡外，根本就没有什么保证。阿伽门农曾经断言，这种危险只属于野蛮人（1247—1248），[56]我们必须把这个断言理解为这样一种东西：它使我们避免知道那些悲剧性的事件展示出来的人类可能性。兽性的威胁并没有远离阿伽门农，甚至当他自己已经把他的孩子抓在手中的时候，他不久就被他的妻子穷追不舍，直到布下天罗地网。在忍受不了那个最终的预言时，他用东西塞住波吕梅斯托的嘴，说道，“难道你就不会用武力把他带走，男人啊？……难道你就不会把他的嘴堵住？既然他一路上不停地出声，难道你就不会尽快把他带走，把他扔到荒岛的某个地方？”（1282—1286）但是，正如波吕梅斯托所说，“堵上我的嘴吧，我已经说过了。”（1284）在这个美德概念本身的结构中，在这些复仇者当中显示出来的威胁暴露无遗，因为那个概念对价值的最深承诺把他们带到一个既不稳定而又无法控制的对象的世界。

于是，我们被领回到孩子们身边。波吕多罗斯，在他尚未有机会变好、行动得好之前，就过早死去了。赫卡柏死得太老，在复仇的支配下死去。只有波吕克塞娜出于好运，在培育和幻灭之间找到了时间，到死都具有高贵的品格。在欧里庇得斯的悲剧中，有一件事情看来经常出现，那就是好人都在年纪轻轻的时候就死去。然而，这不是特殊的邪恶神意的结果。这是因为要是他们尚未在年纪轻轻的时候就死去，他们就不太可能一直是好的。继续生活是要以某种方式，在某个时候与背叛的可能性发生联系；生活在一个非常的时代（就像欧里庇得斯反复描绘的那些时代）很可能是要与背叛本身相接触。但与背叛的遭遇带来了腐化的危险，即不再用孩子那自由而慷慨的目光来看待世界的那种危险，不再用欧里庇得斯的方式来变好的那种危险。

这些反思再次把那些危险所封锁起来的巨大魅力向我们揭示出
419 来。在亚里士多德的概念或者悲剧概念中，这些危险是不可能被封锁起来的。柏拉图说过，生活中最好的、最有价值的东西都是坚不可摧的；但如果我们能够在柏拉图的观点内部来过一个完整的生活，那么我们自己就会有效地向我们的世俗状况报复。我们就可以通过把某些危险封锁起来，把某些事件向我们关闭起来，从而使世界进入良好的秩序中。这个世界在价值上有可能仍然比较丰富，因为它仍然包含了柏拉图的那种沉思生活的美。如果这也说得上是一种复仇，那么我们就可以得到这一印象，即这是一种格外有吸引力，格外富有成果的复仇，因为从我们的人性中，我们有效地得到了更好的东西，为我们自己保留了那种与神的活动相类似的喜悦。

然而，当这部戏剧探究了一种与亚里士多德的理想相似的理想的可能性时，它向我们表明的是，每当我们把人类美德中所涉及的那些危险封锁起来的时候，我们其实会失去一些价值。而这一点也是亚里士多德自己向我们表明的，也是《安提戈涅》、普拉泰戈拉的言说、柏拉图的《会饮篇》和《斐德罗篇》向我们表明的。在那种完全值得信赖的爱中，我们找不到任何不稳定的和俗气的东西，但是，如果一个人在面对这种不稳定和俗气的爱时，仍然愿意去爱别人，那么他的决定和行为中就有了一些美丽的东西。社会美德中有这样一种东西，当把那种东西从无法控制的事件的领域中消除时，某些有价值的品质就会失去。一般来说，每一种显著的亚里士多德式美德看来都与伤害的危险不可分离。若没有死亡或者严重伤害的危险，就不会有勇敢；就不会有真正的城邦之爱，那种爱，正如阿尔西比亚德斯所说，“是我在遭受不公的时候我感觉不到的东西”；就不会有对正义的真正承诺，而这个承诺有免于受到审视的特权。愿意拥抱**在世界之中**并受到世界中的危险威胁的东西，其实就是欧里庇得斯笔下的孩子的美德，这样一个孩子的爱乃是指向世界本身，包括它所包含的危险。这样一个孩子慷慨的目光用爱和率真来指向世界；它们并不集中于安全的和永恒的东西，或者要求那些东西来作为把那种爱的目光显示出来的条件。不论是欧里庇得斯和亚里士多德，还是普罗泰戈拉和《斐德罗篇》中那些代表柏拉图说话的对话者，都以不同的方式提出了这样一个希望：在我们面前作为一种变得卓越的成熟方式来支持的东西，就是那种用爱心来确认一切的品质。他们会强调说生活包含了一些很危险的承诺，而我们最好是在这样一种生活中培养和促进智力生活的那些更加稳定的价值；即便这种培养并非在所有情形中都是绝对必要的，但对于人类存在者来说，任何完全致力于安全活动的生活自身仍然是贫乏的。一种浪漫的冒险生活本身呈现出一些诱人的危险，而《赫卡柏》并没有把那些危险对我们隐瞒，因为它把一个女人社会生活的那种特殊的、不平等的冒险展现为一种不公正的危险，但那种危险对于重要的美德来说绝不是构成性的。但是，它要求我们考虑这个事实：并非对不确定事物的一切投入都是愚昧的浪漫行为；或者不如说，可以被称为愚昧的浪漫行为的那个东西，即对转瞬即逝的价值的那种毫无掩蔽的大胆追求，实际上可以是最好的人类生活中的一个本质要素，正如我们的最佳说明（通过使用我们所知道的最好方法来表达的说明）所表明的那样。有些危险（这里包括那种丧失了冒险能力的危险）具有这样一个特点，即我们人类是一种被悬置在神与兽之间的存在者，具有这两种东西都不具有的那种美丽，而一旦我们把那些危险封锁起来，我们就丧失了某些重要的人类价值。

这部戏剧剧终时留给我们一个犬形岬的形象，那是“母狗的墓碑”，并充当了“水手的一个标志（tekmar）”。“tekmar”这个词暗示我
420 们，犬形岬不只是任何普通的陆标，而是一个庄严的标志，也许甚至是一个誓言或者一个庄严的保证。所以，这部戏剧的各种可能性也屹立在自然界中：作为社会话语边界的标志，作为对灾难的警告，作为人所特有的美德的誓言或保证人。如果那块岩石没有屹立起来，那么我们就不会像人那样屹立起来。如果我们没有那种转变为狗的可能性，那么我们就不再是人。在这个文化中，把悲剧与哲学联系起来的一个问

题，就像所有这些著作已经以不同的方式看到的那样，就是那块形状像狗的岩石是否被允许屹立在我们的世界中，又如何屹立在我们的世界中？我们是否想要一个把那些问题都终止了的伦理概念，或者，我们是否想要被留在我们开始的地方，就像悲剧中的人物那样？我们是想要这样一门思想和写作的艺术，它产生或者体现了固定性和稳定性，还是想要另外一门思想和写作的艺术，它鼓励我们的灵魂仍然像植物那样脆弱，需要明媚的阳光和潺潺的流水才能茁壮成长？

不管是对伦理判断而言，还是对言语和写作来说，这些取舍都不是完备的。因为亚里士多德主义者会论证说，植物般的灵活性，既然绝非与稳定性不一致，就向人类生活提供了最好的稳定性。另一方面，赫卡柏的语言观已经向我们表明，伦理判断有一种虚假的灵活性或无根性，这种灵活性或无根性恰好来自复仇者的企图，即试图把我们在规划一个生活时所涉及的危险固定起来或者封锁起来。类似地，某种有说服力的修辞，不管是说出来的还是写出来的，其松散性就表示了对真正的回应性的一种拒绝。因此，这个亚里士多德式的观点并未抛弃每一种固定性和稳定性；它也不倡导任何一种开放性和柔韧性。它强调对固定承诺的忠诚，不管那些承诺是个人的还是社会的，并把那种忠诚看作是真正灵活知觉的基础。亚里士多德式的论著必须以一种类似的方式在布局结构和细微差别之间努力实现一种平衡。

我们已经发现，我们确实是生活在亚里士多德所描绘的那个世界中；与此同时，对另一个更为简单、更为纯粹的世界，我们也都享有一种深深的渴望。但是，这个亚里士多德式的论证，在继续坚持和改进悲剧见识的同时，提醒我们，若不在生活的丰富性和完整性上有所缺失（内在价值上的丧失），我们就得不到纯粹性或简单性。我们自己所采取的探讨是一种亚里士多德式的探究，而这种探讨不可能宣称为了支持一个亚里士多德式的伦理概念，我们已经一劳永逸地回答了我们原来提出的问题。因为，正如我们一开始所说的，这个探究只是表达了这样一种充分的研究最终要求的对那项工作的准备。此外，甚至在反对柏拉图的时候，这个亚里士多德式的论证看来也并非立即就是结论性的，因为它是通过柏拉图主义者认为不可信赖的方法来实现其结果的。但是，反对和支持这些方法的取舍和论证，已经生动有力地从这些著作中凸显出来，而当我们在未来进一步处理这些问题时，那些著作应该对我们大有裨益。对于未来的工作，《赫卡柏》留给我们一个很合适的形象。通过用新的艺术来取代拯救的故事，取代猎人的计谋和像神那样的哲学家的孤独喜悦，我们就得到了关于慎思和写作的一个新图景，尽管这个图景其实也很古老。[57]我们看到一群水手在大海中不安全地航行。他们互相商量，根据那块岩石判断他们的方位，而在清澈透明的蓝
421 天下，那块岩石的阴影就倒映在海面上。[58]

注 释

第一章 运气与伦理

1. 品达，《尼米亚颂诗》VIII. 第40—42页；以下引文来自第39行和第42—44行。“葡萄藤”这个说法来自Bury的一个修正，现在已被广泛接受，虽然不是被全面接受；这个经过修正的文本可以用“像一棵树向上发芽生长”的比喻进行解读。但这个问题对我的论证并无影响。论aretē（美德），参见原书第6页，见本书边码。以下原书页码均见边码。
2. 已故的Elroy Bundy的著作《品达研究》（*Studia Pindarica*, Berkeley 1962），现在已经成为经典，在其中，凯旋诗风格的惯例得到了深入的研究，这部著作通过表明在什么程度上共享的惯例（而不是独具特色的传记事实）塑造了诗人的自我展现及其实践的其他特点，改变了品达研究。关于这一批评的发展，见H. Lloyd-Jones的《对品达的现代解释》［“Modern Interpretation of Pindar”, *JHS* 93（1973）109—137］；对这位诗人以及有关他的批评的深入介绍，参见H. Lloyd-Jones的《品达》［“Pindar”, *PBA*（1982），139—163］。对凯旋诗传统的两个最近的研究，以及品达在这个传统中的地位，见M. R. Lefkowitz的《胜利颂诗》（*The Victory Ode,* Park Ridge, NJ 1976）和K. Crotty的《歌曲与行动》（*Song and Action*, Baltimore 1982）。
3. 这个植物比喻具有根深蒂固的传统，例如，参见《荷马致得墨忒耳的赞美诗》（*Homeric Hymn to Demeter*），第237—241行，《伊利亚特》第十八卷第54—

60行、第437—441行（论述这个英雄的成长）。其他后来的事情将在第三、第四、第六、第七章和第十三章中讨论。对于植物比喻与悲叹的关系，G. Nagy有一个很有趣的讨论，这个讨论支持了我们的这一想法：这个比喻描述了一种特别容易遭到毁灭、特别脆弱的美德。参见G. Nagy的《最好的阿该亚人》（*The Best of the Achaeans*, Baltimore 1979）第181页及以下。对这种人类美德（这种美德在一个自足的或者没有需要的存在者的状况中是不可得到的，而且与这种状况形成了对比）的图景在早期诗歌传统中的发展，Nagy提出了一个很透彻的说明。我已经在如下论文中讨论了Nagy在这个题材上的早期著作：我的《赫拉克利特那里的灵魂：第二部分》［“Psuchē in Heraclitus, II”, *Phronesis* 17 (1972) 153—170］，在这篇文章中，我把神的自足的美德与脆弱的人类有所需要的美德之间的对比归因于赫拉克利特。对早期希腊诗歌中“人类状况”的传统概念有一些其他的相关材料，参见J. Redfield的《伊利亚特中的本性与文化》（*Nature and Culture in the Iliad*, Chicago 1975），尤其是第60—66页、第85—88页。在第八章和第十一章中，我将讨论亚里士多德对植物比喻的蔑视性使用。也可参见柏拉图《蒂迈欧篇》90A，那段话强调说，我们不是地上的植物而是天上的植物。E. N. Lee讨论了一些有关的柏拉图和亚里士多德的材料，见E. N. Lee的《作茧自缚》（“Hoist with His Own Petard”, in Lee, *Exegesis*）。对植物比喻在诗歌中的其他运用，见eblasten第12行（儿童“生长发芽”），phututheis第28行（财富可以在神的帮助下“得到发展和照管”）。

4. 这似乎就是masteuei这个动词在这里的含义：比较埃斯库罗斯的《阿伽门农》第1093—1094行以及E. Fraenkel在《埃斯库罗斯的阿伽门农》（*Aeschylus: Agamemnon*, Oxford 1950）中对这段话的评论。一般来说，这个词的含义似乎是“搜出”、“寻找”、“追踪”。在埃斯库罗斯的这段话中，克吕泰墨斯特拉被明确地比作一只用鼻子到处去发觉血迹的狗；Fraenkel把随后的那句话mateuei
422 d’ hōn aneurēsei phonon翻译为“她沿着谋杀者的足迹……”；其他人提供了类似的译法。既然这个词很少被使用，我们就不太容易知道，当它单独出现时，它是意味着“搜寻”还是意味着“追踪”。不过，从埃斯库罗斯的这段话中，我们至少可以推断说，这个词特别适合于用来表示一种渴望——一只猎狗所做的那种迫不及待的搜寻。紧接着这个动词的那个短语en ommasi thesthai piston很难翻译，可能具有多重含义。我们可以在字面上把它翻译为“为自己把值得信赖的东西放在眼中”。但我们至少有四种方式理解这句话：（1）把信赖建立在某个人（朋友）的眼中（或者，为自己把值得信赖的东西放在某个人即朋友的眼中);(2)把某个值得信赖的东西或者某个人(即朋友)放在一个人的眼前;(3)使一个可靠的或者值得信赖的东西,即可能就是这首诗变得可见(放在眼前);(4)在人们眼前展现一个值得信赖的纽带或誓言。总而言之,我们无法决定这里所说的眼睛是否就是那个人、那个朋友或者那群人的眼睛;我们也不知道"to piston"是否就是那个朋友、那首诗、那个特定的誓言,或者抽象地说值得信赖的东西。我已经选择按照第一种方式来翻译这个短语,这个译法也得到Farnell(*The Works of Pindar*, London 1932)的偏爱和捍卫;在其他三个译法中,每一个都有其有影响的捍卫者。我并不急于用一种无端的方式来消除这个富有启示的短语的模糊性,因为我认为这种模糊性可能是有意的。不过,在我看来,(1)和(2)比(3)和(4)在某些方面更加符合这句话的语境。这句话之前和之后的整段话乃是关系到个人友谊,那种把朋友联系起来的信任和依靠的纽带。一般来说,这段话的整个含义是这样的:"我们对挚爱的朋友都有各种各样的需要,尤其是当我们碰到困难(或者劳动)的时候;但在快乐的时候我们也需要有能力依靠他们(或者在胜利之时与他们分享我们的喜悦,就像与我们所信赖的某个人分享我们的喜悦一样)。在目前的情形中我做不到这一点,因为Megas死去了,而我无法使他死而复生。我与他分享喜悦的欲望也就变得空洞、徒然。但我至少能够写下这首诗……"不论是(1)还是(2)都符合这段话的整个含义;(1)显得有点容易,因为en ommasi更容易表示"在眼中"而不是"在眼前";但前面有些东西支持后者,所以我们就不能得出定论。[注释者比较了欧里庇得斯《伊翁》第732行,"在一个具有良好品格的人的眼中寻找甜蜜"(es ommat' eunou phōtos emblepein gluku),这表明他是按照(1)来理解这段话的。](3)(至少按照Lloyd-Jones教授口头上告诉我的)已经使这几行话提到了这首诗,把它视为友谊的标志,因此在我看来就不太好,因为我们那时并不指望这位诗人说,他的希望已经因为Megas的死而受到了打击。如果"为自己把值得信赖的东西放在眼中"这一希望已遭到打击,那么它就不可能是写下这首诗的那个希望。这首诗并不是被用来实现这个希望的——我认为,在品达对丧失友谊的惨重和伦理重要性的看法中,这一点很重要——而是被用来作为友谊结束后的一种替代或宽慰,用来表示那种用死来交换的信赖。至于(4),我并不很清楚它的捍卫者记住了什么样的誓言;我也没有看到其中有任何令人信服的东西与这个意义上的thesthai piston相平行。偏爱(1)的最终理由在于它所传达出来的这一思想:在朋友之间,眼睛就是信任的处所。这个根深蒂固、广为流行的古希腊思想,将在第三章和第十三章中得到进一步的阐明和讨论,而且它确实就是品达在这个语境中所暗示出来的最合适的思想；它丰富了这首诗的意义。

5. 欧里庇得斯,《特洛伊妇女》第820行及以下。在柏拉图的《斐德罗篇》中，伽倪墨得斯将再次出现，作为人类特有的那种脆弱的美德一个例子，参见第七章。
6.《奥德赛》第五卷第214—220行。

423 7. 柏拉图,《斐德罗篇》80B。
8. 对前柏拉图思想中的“运气”这个概念以及运气与“理性技艺”的对比的进一步讨论，参见第四章以及参考文献。
9. 比如说，在A. W. H. Adkins颇具影响的著作中，尤其是在他的《美德与责任》(*Merit and Responsibility*, Oxford 1960)中。这部著作开始于我们在原书第2页中提到的那个主张：“我们现在都是康德主义者”，并在整部著作的解释和评论中利用了这些康德式的假定。我已经在《索福克勒斯〈菲罗克忒忒斯〉中的后果和性格》这篇文章中批评了Adkins的方法论。进一步的有价值的批评，参见Lloyd-Jones的《宙斯的正义》, A. A. Long的《荷马史诗中的道德规范与价值观念》[“Morals and Values in Homer”, *JHS* 90(1970)121—139], K. J. Dover的《希腊诗歌中对道德教育的描绘》[“The Portrayal of Moral Evaluation Greek Poetry”, *JHS* 103(1983)35—48]。
10. 近来有两篇文章挑战了关于运气的康德式观点，它们是B. A. O. Williams的《道德运气》[“Moral Luck”, *PASS* 50(1976), reprinted in Williams, *Moral Luck* 20—39]以及Thomas Nagel的《道德运气》[“Moral Luck”, *PASS* 50(1976), reprinted in *Mortal Questions*, Cambridge(1979)24—38]。威廉斯关于古希腊在这个问题上的道德思想的观点，在本章原书第18—21页以及第二章，原书第29页中得到了讨论。
11.《理想国》612A。
12. 论“高贵”，进一步参见第六章，原书第178页。
13. 这是Williams在《道德运气》中所使用的术语。虽然很长时间以来我一直在使用“内在的变故”和“外在的变故”这两个表达式，并且发现它们很自然，但很有可能我是于1975年在哈佛大学威廉斯的一个讨论班上首次听到这些说法的。
14. 论“癫狂”以及柏拉图对其在好生活中的作用的看法，见第七章。
15. 我尚未扩展我的研究以包括希腊化时期，在那个时期，自足和免于运气的影响这些问题显得格外突出，相关的问题(即自由意志问题)与其现代的形式似乎更为相像。首先，更早期的文本，不像大多数希腊化时期的材料，是作为完整的著作而被保存下来的；这就允许我们提出有关内容与风格的关系的问题，而当我们使用零散的材料时，我们不太容易提出这样的问题。其次，希腊化时期的很多伦理著作有一个突出的特点，即个人不受运气影响这件事情被理所当然地看作是一个有价值的伦理目的，甚至被看作是**唯一**有价值的伦理目的。这意味着在这里我们最感兴趣的那种争论——关于自足性（要么是个体的，要么是集体的）作为一个目的之价值以及它与其他有价值的目的之间关系的争论——不太频繁。不过，在1986年我在奥伯林学院发表的马丁古典学演讲上，我试图讨论希腊化时期的材料。

16. 这一点近来已经得到西季威克和罗尔斯的捍卫（提到了亚里士多德）。参见Sidgwick的《伦理学方法》（*Method of Ethics, 7th* ed. London 1907），尤其是第六版前言，以及J. Rawls的《正义论》[*A Theory of Justice*, Cambridge, MA（1971）46—53]。西季威克对伦理理论与日常信念的关系的看法似乎与亚里士多德的看法有重要的差别，我们在第四章中会讨论他的观点。
17. 《尼各马可伦理学》1095a3及以下、1095b3及以下。
18. 一个有趣的例子，参见I. Murdoch的《哲学与文学：与艾丽斯·默多克的对话》（"Philosophy and Literature: Dialogue with Iris Murdoch", in *Men of Ideas*, ed. B. Magee, New York 1978）："这两个思想分支有如此不同的目的和截然不同的风格，因此，我觉得应该把它们分离开来。"
19. 参见插曲一；亦见第六、第七章和插曲二；关于我的其他相关论著，见我的《有瑕疵的晶体》（"Crystals", *NLH*的一个专辑，致力于讨论文学与道德哲学的关系）以及《灵魂的虚构》（"Fictions"，收集在1982年3月在哈佛大学举行的一个关于文学风格会议的文集中）。
20. 对"流行道德"的一些研究开始于这一假定：流行道德可以被直截了当地用来作为日常信念的证据。在相关作者中，在方法论上显得最天真的就是Adkins，他把一部戏剧著作中孤零零的几行话处理为日常信念的证据，把它们与整部戏 424
剧的语境完全孤立开来。L. Pearson的《古希腊的大众伦理》（*Popular Ethics in Ancient Greece*, Standford 1962）至少确实认为下面这种做法是有价值的：考察一部戏剧的全部情节，追问由它的人物表达的见解是如何发生相互联系的。对悲剧证据的更谨慎的运用是多弗的《古希腊大众道德》。Lloyd-Jones的《宙斯的正义》很好地批判了这样一些作者，那些作者在追问一部作品所表示的道德观念是什么时，并没有对这部作品的文学结构做出完整的考察；也有很多对文本进行解释的例子，这些解释并没有以这种方式歪曲文本的内在完整性。亚里士多德的方法（这个方法将得到我们在这里对悲剧和对亚里士多德的研究的支持）的一个结果就是要表明，在古希腊的伦理思想中显示出来的那种连续性和一致性，其实比Adkins所能揭示出来的要多得多。

21. 古希腊悲剧以宗教仪式为背景提出了与人类的脆弱和必死性相关联的问题，对它们提出这些问题的方式，W. Burkert有一个细微的、富有启示的研究。见他的《希腊悲剧与牺牲礼仪》[“Greek Tragedy and Sacrifical Ritual”, *GRBS* 7（1966）87—121]。我们将在第二章中讨论他的见解的一些细节。该文的最后一句话总结了他对这个背景与献祭的含义的看法：“人乃是面对死亡而存在的——这就是悲剧的要旨。”（第121页）
22. 即使与我们人性中的这些要素充分遭遇，甚至这一点也并非如此，正如Burkert所论证的那样，要求在我们面前制定一个精心制作的仪式，如戏剧结构。
23. 论柏拉图，见第五至七章和插曲一；亦见我的《灵魂的虚构》。
24. 见第二、三、十章和插曲二。关于这个主张与亚里士多德对“澄清”的看法的联系，见插曲二。
25. Murdoch，《哲学与文学》第265页；Locke，《人类理解论》（*An Essay Concerning Human Understanding*, ed. P. H. Nidditch, Oxford 1975）第三卷第十章。关于这两段话，参见我的《灵魂的虚构》。
26. Williams，《哲学》（“Philosophy”, in *The Legacy of Greece: A New Appraisal*, ed. M. I. Finley, Oxford 1981, 202—255）。然而，读者现在应该比较他的重要著作《伦理学与哲学的限度》（*Ethics and the Limits of Philosophy*, Cambridge, MA 1985），这部著作对古希腊的哲学伦理学提出了一个吸引人的、同情性的论述，而这个论述修正了我在这里要论述的一些观点。
27. Williams，《哲学》第253页。
28. Paris 1974。Detienne和Vernant的观点在第七章注释36和第十章中得到讨论。
29. 对于下面没有讨论的这些比喻之间的一个联系，见柏拉图《法篇》（论述儿童的“流动”本质）。
30. 很多人对本章的修改提出了有价值的建议，我特别想要感谢Sissela Bok、E. D. Hirsch Jr、Barry Mazur、Hilary Putnam、Charles Segal、Nancy Sherman和Harvey Yunis。

第二章　埃斯库罗斯与实践冲突

1. 关于这种情形及其对行动的论述所提出的问题，见第九章。
2. 参见原书第30页，对他的情形有进一步的讨论。

3. 亦见第三章。Lloyd-Jones在《宙斯的正义》第160页引人注目地讨论了古希腊宗教的这个特点的道德含义。他得出了如下结论:“由此可见,要确定一个特定的欲望是否错误往往是一件很困难的事情,某种生活经验向多数人暗示 425 出来的一个命题,在教条的一神论那里并不总会得到倾听。”(在这里我将论证说,这个困难并不仅仅体现在这个问题上:决定什么东西更好,什么东西影响了决定本身并没有受到怀疑的情形。)我们也许应该暗示,古希腊道德冲突的观点不是来自这些神学信念;相反,神学和这种道德观一起表达了对人类选择问题的某个特定回答。比较Vernant在《悲剧中的张力与含糊》(“Tensions et ambiguités dans la tragédie”, in Vernant and Vidal-Naquet, *MT* 33)这篇文章中对这个问题的深刻阐述。

鉴于我将在本章和下一章中讨论由具有宗教起源的义务所产生的冲突,在这里重要的是要指出,宗教领域和道德/实践领域之间的关系,在古希腊奥林匹斯山诸神的宗教中与在犹太教—基督教传统中是不一样的。在古希腊的情形中,这两个领域更难区分开来。虽然我一点也不想深入研究这一点,但我可以指出,奥林匹斯山诸神的宗教缺乏这一观念:神的权威是一种本来就高深莫测的东西,对此,恰当的态度就是非理性的信仰,就是停止理性的评价。宗教首先是各种实践的一种体系,而那些实践是与其他约定的社会实践相连续的,并且被安排来强调道德生活和社会生活领域的重要性,而那些领域被认为是最重要的。与其他领域中有关价值的思想的连续性也是如此,在那些领域中,讨论诸神看重他们所看重的东西的理由被认为是完全合理的。诸神是与人具有同样面貌的存在者,能够出于理性而行动;试图把握他们行动的理由并不是不合适的,并不是不虔诚的。犹太教—基督教对未知的、不可理喻的东西的信仰,在奥林匹斯山诸神的宗教的任何一个方面几乎都没有地位。我们也可以观察到,人类认为很重要的每一个生活领域,都有一个神灵在保护;通常很不清楚的是(不像在犹太教—基督教传统中),这个在暗中进行保护的神灵是否把任何进一步的东西添加到人类对深层的伦理要求的意识中,或者是否只是强调那个要求的重要性、持久性和约束力。(因此,即使亚里士多德甚至都没有偶尔提一下奥林匹斯山诸神,但这几乎没有改变他所提出的那个伦理图景。)于是我们就可以说,古希腊宗教体制的外形与古希腊人直观的伦理思想是相一致的;它们相互塑造和渗透。请特别参见第十三章,原书第401—404页中的另外一些论述。

4. M. Gagarin,《埃斯库罗斯的戏剧》(*Aeschylean Drama*, Berkeley 1976)第13页。Vernant在《悲剧中的历史时刻》(“Le moment historique de la tragédie”, in *MT*

13—17）这篇文章中提出了类似的观察。虽然Vernant在其他地方生动地、但并不谦逊地描述了那种能够与有效的要求发生冲撞的悲剧观（见以上注释3），但在这里，他似乎把三个不同的主张混为一谈：（1）正义女神的要求可以发生冲突；（2）正义女神的要求是含糊的；（3）正义女神的要求可以发生变化，因此就可以把自己转化到其对立面。在我看来，他的论证只支持了（1）。

5. A. Lesky，《埃斯库罗斯悲剧中的决定与责任》［“Decision and Responsibility in the Tragedy of Aeschylus”, *JHS* 86（1966）78—85］。John Jones、Denys Page和John Peradotto等人表达了类似的观点，完整的参考文献，见以下注释22。

6. 对这些问题的当代讨论，参见I. Berlin的《概念与范畴》（*Concepts and Categories*, New York 1978）相关各处，P. Foot的《道德实在论与道德困境》［“Moral Realism and Moral Dilemma”, *JP* 80（1983）379—398］，B. van Fraassen的《价值与心灵的命令》［“Values and the Heart's Command”, *JP* 70（1973）15—19］，R. M. Hare的《道德语言》（*The Language of Morals*, Oxford 1952）尤其是第50页及以下和《道德思维》（*Moral Thinking*, Oxford 1978）尤其是第25—64页，J. Hintikka的《义务
426 逻辑及其哲学寓意》（“Deontic Logic and Its Philosophical Morals”, *Models for Modalities*, Dordrecht 1969, 184—214），E. J. Lemmon的《道德困境》［“Moral Dilemmas”, *PR* 71（1962）139—158］，R. B. Marcus的《道德困境与一致性》［“Moral Dilemmas and Consistency”, *JP* 77（1980）121—135］，T. Nagel的《战争与屠杀》［“War and Massacre”, *PPA* 1（1972），reprinted in *Mortal Questions*, Cambridge 1979, 53—74］，W. D. Ross的《正当与善》（*The Right and the Good*, Oxford 1930），J. Searle的《原初义务》（“Prima facie Obligations” in *Philosophical Subjects: Essays Presented to P. F. Strawson*, Oxford 1980, 238—259），M. Walzer的《政治行动：肮脏之手的问题》［“Political Action: the Problem of Dirty Hands”, *PPA* 2（1973）160—180］，Williams的《伦理一致性》［“Ethical Consistency”, *PASS* 39（1965），repr. in *Problems of the Self*, Cambridge 1973, 166—186］和《价值的冲突》（“Conflicts of Values”, in *Moral Luck*, 71—82）。下面我会进一步讨论威廉斯的一些观点。Marcus和Searle的文章，只是在本章的初稿已经完成后才出版的，而且尚未被广泛阅读，因此并不影响我的观点的发展；我将在注释20中讨论Searle对“原初义务”这个思想的批评。第三章批评Marcus的讨论的结论，即不可调和的冲突的可能性就是一个道德观念或政治观念不合理的迹象，因此就向我们提供了理由来修改那个观念。

7.《尼各马可伦理学》1110a4及以下。亚里士多德在这里是在试图把这些情形与

因为外部力量的强迫或者可以原谅的无知而不自愿行动(akousion)的情形区分开来。他强调的是,在这些情形中,行动的起源是在行动者自身之中,而且,行动者充分地认识到他究竟在做什么。他的另一个例子是一位僭主的例子,这个僭主要求行动者做一件可耻的事情,威胁说,如果那个行动者不做那件事情,他就会处死其家庭成员。对这些例子的进一步讨论,见第十一章。

8. 亚里士多德这样来表示这个对比,他说,在这种情形中行动是自愿的,但根本上来说这个行动(haplōs)并不是自由的,因为若没有这种情境的约束,行动者就绝不会选择这样一个行动。

9. 亚里士多德自己对评价的看法是这样的:在这样一些情形中我们会把责备归因于行动者;在一些情形中我们对行动者感到怜悯,或者以一种有所软化的方式来责备他;在另外一些情形中,我们甚至可以因为行动者"用伟大和高尚的目的作为收获来忍受一件卑鄙的和痛苦的事情"而赞扬他。他确实说道,有一些行动是任何环境都不能强迫行动者去做的,例如把自己的父母杀死。但是,通过把这种情形描述为存在一个无罪取舍(行动者能够选择自己死去,不对他人造成伤害,而不是选择那个糟糕的行动)的情形,亚里士多德就避免了我们的情形将会提出的一些最困难的问题。参见第十一章中提出的这一论证:他的伦理观点相宜于对冲突的悲剧性描绘。

10.《伦理一致性》,参见以上注释6。

11. 在《道德运气》第20—39页中,威廉斯严肃地质问了这一观点:道德主张是行动者能够和应该赋予最严肃的实践价值的唯一主张。如果是这样,那么我们就必定想知道他在这里对道德提出了什么样的描述;从这些例子中可以看出,他似乎是按照题材来进行描述的,因为道德主张就是那些牵涉对他人的好处和害处的主张。

12. 对威廉斯来说,把道德义务的冲突与其他情形分离开来有这样一个优点,即这种做法允许他把注意力集中到所谓道德义务的逻辑结构问题上。对这些情形的逻辑分析提出了问题,尤其是,如果我们希望把那个分析指向这种冲突的真实本质。(Searle在上面提到的那篇文章中表明,哲学家们通过否认这些情形的真实本质来维护某种道义逻辑,这样做简直就是一件轻而易举的事情。)威廉斯论证说,只要我们看一下这样的情形,在这些情形中,我们觉得行动者应该做A和应该做B,但不能同时做二者,那么,要是我们希望避免使这个现象看起来具有直接的逻辑矛盾,我们似乎就必须二选一:(1)我们可以否认"应当"蕴含"能够";(2)我们可以否认,从"我应当做A"和"我应当做B"中,我们可以推出 427

"我应当做A和B"。换言之,"应当"不是聚合性的。威廉斯捍卫了第二个选择;而Lemmon在他的《道德难题》这篇文章中则选择了第一个。

在《伦理学和哲学的限度》中,威廉斯明确地放弃了作为伦理研究的一个基础的道德/非道德的区分,认为我们应该把"道德"(理解为以责任和义务概念为核心的那样一个领域)视为"伦理"的一个不正常的、错误的子类别,而他把"伦理"当作一个广泛的、包容性的、没有严格界限的范畴。他论证说,"一个人应该如何生活"这个古希腊的问题是伦理研究最有希望的起点,对这个问题的好探究,并不引导我们把道德要求与在回答那个问题时提出的其他关注严格地分离开来,或者并不引导我们把道德要求放在其他的关注之上。我感谢威廉斯允许我阅读并借鉴这个重要的讨论,它与我在这里所提出的批评相契合。

13. Searle的文章显示了这个观点在当代道义逻辑中的力量,因为该文论证说,在这里,排除冲突的各种策略乃是取决于一个粗略描述的直观基础,取决于一些严重的概念混淆。他表明,一旦这些混淆被清除了,对冲突的状况提出一个完全一致的表述就不会碰到任何障碍。参见以下注释20。

14. 事实上,我们不清楚人们对如下问题是否会有普遍一致的看法:游叙弗伦是否因为那位仆人的死,就有义务起诉他的父亲;但这种状况似乎确实要求起诉,古希腊有关杀人的法律中有一个严重的缺口:对于死者是一位外国人,因而没有亲戚来承担责任的情形,它并没有任何特殊的规定。游叙弗伦可以恰当地感觉到,如果某个人应该提出起诉,那么那个义务就自然地落到了他的头上,因为他就是与那位死者的利益最密切相关的公民。

15. Sartre,《存在主义是一种人道主义》(*L'Existentialisme est un humanisme*, Paris 1946)。《存在与虚无》(*L'Êre et le Néant*)中的观点可能更加复杂;但在《苍蝇》(*Les Mouches*)中我们也可以发现同一个简单的观点。

16. 关键是即使爱国的义务与照顾母亲的义务到这个时刻为止已经和谐地共存,但二者在这个时刻的偶然冲突应该向这位行动者表明:这两个义务一直都是糟糕的向导。对这个观点的进一步说明,参见本章,原书第47—48页。

17. Hare,《道德语言》第50页及以下。

18. Hare在其新著《道德思维》中有一个更复杂的见解。他把对道德冲突的直观知觉与消除这种冲突的一种"更高的"批判性思维加以对比;他把前者与他称为"无产者"的那样一位思想家联系起来,把后者与他称为"大天使"的那样一位更具有示范性的人物联系起来。因此他就承认,为了消除这种冲突,我们就需要彻底修改我们的日常思维方式。

19. 康德,《道德形而上学导论》[*Introduction to the Metaphysics of Morals*(1797), Akad. 223]。在这里我基本上遵循J. Ladd在《正义的形而上学原理》(*The Metaphysical Elements of Justice*, Indianapolis 1965)中的翻译。但在最后那句话中,我采纳了A. Donagan在《理性主义道德体系的一致性》["Consistency in Rationalist Moral Systems", *JP* 81(1984)291—309]这篇文章中(第294页)所建议的那个译法。Donagan指出,德语在"单纯取胜"("die Oberhand behalte")和"占据战场"("behält den Platz")之间做出了一个区分,其要点是:按照康德的观点,丢失"根据地"不仅仅意味着被击败,而且还有不再完全出现在现场的含义,也就是说,空出了阵地。

20. 有些哲学家遵循W. D. Ross的做法(《正当与善》第19页及以下),通过引入原初的义务和绝对的义务的区分来修改康德的图景。就像康德一样,Ross强调说,发生冲突的责任不可能都是真正具有约束力的责任;至少其中的一个责任仅仅是一个初步的责任,也就是说,一旦我们发现了真正的责任,那个责任就不再具有约束力。但是,不像康德,Ross坚持认为,失去责任仍然可以随之产生一个进行弥补的义务,也许甚至需要感觉到"不是羞愧或后悔,而肯定是悔恨"。Searle正确地指出,在Ross的追随者那里,原初责任的概念已经对这些情形的描述和评价产生了很坏的影响。这个概念,作为一个技艺性的、非日常的概念,充当了把本来应该清楚地分离开来的几个日常区分混为一谈的作用。这些区分是: 428

(1) 在仅仅是表面上的义务和真正的或者真实的义务之间的区分。
(2) 在低级别的义务和高级别的义务之间的区分。
(3) 在经过深思熟虑之后一个人应该做的事情,和一个人有义务做的事情之间的区分。

实际上,只有第一个区分才会产生这一含义:那个失败的选择不再施加任何主张。但这个区分并没有抓住在许多有冲突的情形中正在发生的事情。第二个区分更有希望,因为它向我们表明第二个义务可能是如何在输掉后,仍然实施了它的要求的;但是,在一切有冲突的情形中,其中的一个义务必将成为一个低级别的义务,这一点看来不是真的。Searle论证说,只有第三个区分才允许我们描述这样的情形:在这种情形中,一个义务显然就是在深思熟虑的考虑后应当履行的那个义务,但二者都继续施加了一个要求严肃的高级别义务。

我们的悲剧冲突的实例将会支持他提出的批评，因为那些实例表明，在一个行动历程确定无疑地就是在深思熟虑后应该去追求的历程的情形中，两个真实的、格外严肃的高级别义务发生了冲突；不过，我们没有特别有吸引力的理由假设，这种冲突因此就使得另一个义务变成一个不真实的或者不严肃的义务。

21. 在Sartre的《苍蝇》和Hare的《道德思维》（见以上注释18）中，这一点显得特别清楚。

22. 讨论《阿伽门农》的文献太多了，因此在这里我将不试图进行一个完备的列举。与我的讨论密切相关，并且我将在下面提到的著作包括：J. D. Denniston和D. Page所编辑的《埃斯库罗斯：阿伽门农》（*Aeschylus, Agamemnon*, Oxford 1957），E. R. Dodds的《俄瑞斯忒斯的道德观念与政治》［"Morals and Politics in the Oresteia", *PCPS* 186 NS6（1960），19ff.］，K. J. Dover的《阿伽门农困境的一些受到忽视的方面》［"Some Neglected Aspects of Agamemnon's Dilemma", *JHS* 93（1973）58—69］，M. Edwards的《阿伽门农的决定：埃斯库罗斯那里的自由与愚蠢》［"Agamemnon's Decision: Freedom and Folly in Aeschylus", *California Studies in Classical Antiquity* 10（1977）17—38］，E. Fraenkel所编辑的《埃斯库罗斯：阿伽门农》三卷本（*Aeschylus, Agamemnon*, 3 vols, Oxford 1950），Gagarin的《埃斯库罗斯的戏剧》（*Aeschylean Drama*），N. G. L. Hammond的《俄瑞斯忒斯的个人自由及其限度》［"Personal Freedom and Its Limitations in the Oresteia", *JHS* 85（1965）42—55］，J. Jones的《论亚里士多德和希腊悲剧》（*On Aristotle and Greek Tragedy*, London 1962），R. Kuhns的《房屋、城邦和判官：俄瑞斯忒斯道德意识的成长》（*The House, the City, and the Judge: the Growth of Moral Awareness in the Oresteia*, Indianapolis 1962），A. Lebeck的《俄瑞斯忒斯》（*The Oresteia*, Cambridge, MA 1971），A. Lesky的《决定与责任》，Lloyd-Jones的《阿伽门农的罪过》，第187—199页和《宙斯的正义》，Colin MacLeod的《政治与俄瑞斯忒斯》［"Politics and the Oresteia", *JHS* 102（1982）124—144］，J. J. Peradotto的《鹰的预兆和阿伽门农的伦理风尚》［"The Omen of the Eagles and the ēthos of Agamemnon", *Phoenix* 23（1968）237—263］，W. Whallon的《阿尔特弥斯为什么愤怒》［"Why is Artemis Angry", *AJP* 82（1961）78—88］。

23. 关于这个解释的古怪之处，亦见Lloyd-Jones的《罪过》第189页，Fraenkel的《阿
429 伽门农》，Peradotto的《预兆》。Lloyd-Jones发现卡尔卡斯的说明按照通常的理解是"不可信的"，于是他就论证说，我们应该这样来理解"人民才是丰美的牧群"这个说法，即认为它意味着"那些作为人民的丰美牧群"。尽管我乐于看

到这是对那个模糊说法的**一种**解释,但我将论证说,一旦我们保留了这个更加自然的解释,我们就可以对阿伽门农的罪行有更加丰富的理解。

24. 对这段话明智的观察以及对这部戏剧中的牺牲主题的一般论述,参见Burkert的《希腊悲剧与牺牲礼仪》["Greek Tragedy and Sacrificial Ritual", *GRBS* 7 (1966) 87—121, at 112ff.]。

25. Denniston和Page在其《阿伽门农》(xxvii—xxviii)中正确地强调服从宙斯的必然性以及如下事实:在阿伽门农的背景罪行中,没有任何一桩罪行使他处于这种悲剧状况。但是,他们出于这个理由宣布阿伽门农完全无罪。E. Fraenkel(以上提到的著作第二卷)强调了选择的要素,却通过取消约束的证据而歪曲了这个画面。Dodds在《道德与政治》这篇文章第27—28页中强调了这个清楚的证据:阿伽门农的行为是一项罪行。Lesky在《决定与责任》中说,这个行动既是由神的必然性来决定的,又是由阿伽门农自己来选择的;他相信这是一个很原始的说明模式,并不试图把它变得合理。他进一步假设,神的必然性和责备都与阿伽门农处境的同一些方面相联系。Lloyd-Jones则在他的文章《罪过》中正确地强调说,该必然性和责备都在阿伽门农那里出现了,因为宙斯已经强迫阿伽门农在两桩罪行之间进行选择(第191页)。

26. 参见Denniston 和Page的《阿伽门农》第214页及以下,Lloyd-Jones的《罪过》第188—191页。

27. 论卡尔卡斯的解释,比较Dover的《一些受到忽视的方面》第61页及以下,Peradotto的《预兆》第247—248页,Fraenkel的《阿伽门农》该处。关于阿尔特弥斯作为年轻人的保护者的作用,见Peradotto的《预兆》第242—245页,A. Henrichs的《希腊宗教中人的牺牲》["Human Sacrifice in Greek Religion: Three Case Studies", in *Le Sacrifice dans l'antiquité*, Fondation Hardt Entretiens 27 (1981) 195—235]。

28. 关于忽视阿尔特弥斯愤怒的理由,以及该故事的这个版本与其他已知版本的差别,参见Fraenkel的《阿伽门农》第二卷第99页,Lloyd-Jones的《罪过》第189页,Peradotto的《预兆》第242页,Hammond的《个人自由》第48页,以及Whallon的《为什么阿尔特弥斯愤怒》。Fraenkel的如下主张并不令人信服:阿伽门农对女神的反叛是一种个人冒犯,对这个众所周知的故事进行压制的做法强化了"自愿选择"的要素。其实,这种做法无异于针对阿伽门农困境的起源来为他的罪行开脱,强使我们看到选择犯下一桩罪行的那种必然性,就是从外面落到他头上的那种必然性。Lloyd-Jones认为,阿尔特弥斯之所以愤怒,真正的理由在于她对战争发生之前的特洛伊人有一种普遍的同情，其他人后来冒犯了那些原本天真无邪的特洛伊人。Page建议说，正是对那只兔子的屠杀激怒了她。但这个建议也不令人信服，因为它把预兆与作为象征的那个东西混淆起来（参见Lloyd-Jones的《罪过》第189页）。亦见Lloyd-Jones的《阿尔特弥斯与伊菲革涅亚》［"Artemis and Iphigeneia", *JHS* 103（1983）87—102］，这篇文章深入地研究了阿尔特弥斯作为年轻人的保护者和摧毁者的双重本质。

29. 见Lloyd-Jones的《罪过》第191—192页。Lloyd-Jones的文章的几个批评者尚未理解这一点。例如，Hammond说Lloyd-Jones已经使阿伽门农成为一个"没有选择或行动的自由"的傀儡（同前引，第44页）。这个说法显然是不对的。

30. 关于这个词强烈的轻蔑含义，见Fraenkel的论著，他比较了lipotaxis这个用来表示背弃者的流行术语。

430 31. 这里我与如下论著保持一致：Lloyd-Jones的《罪过》第191页，Whallon的《阿尔特弥斯为什么愤怒》第51页，Hammond的《个人自由》第47页；Fraenkel在《阿伽门农》第三卷第276页提出了一个结论性的评论，这个评论似乎表示了一个类似的观点；Lesky的文章（《决定与责任》）则一直把两个问题混淆起来，而且大概是用阿伽门农后来把这两个问题混淆起来的那种方式，其中的一个问题是"可以得到一个更好的选择吗"，另一个问题是"可以得到一个免于罪过的选择吗"。Dover的文章（《一些受到忽视的方面》）进行了类似的暗示，这里的困难就在于不确定性和知识的限制。亦见P. M. Smith在《论埃斯库罗斯的〈阿伽门农〉中对宙斯的赞美诗》［*On the Hymn to Zeus in Aeschylus's Agamemnon*, American Classical Studies 5（Ann Arbor 1980）］这部著作中，对有关问题的值得赞赏的讨论。

32. 比较Hammond，同前引文章，第47、55页。这是选择与必然性的相互作用，这种相互作用在亚里士多德的实践三段论的结构中被表述出来。参见第十章以及我的《亚里士多德的〈论动物的运动〉》第四篇论文。

33. 关于这两个问题，见前面引用的Denniston、Page和Hammond的论著。Hammond对这段言语给出了一个很好的说明，论证说它显示了对战争和命令问题的一个深刻见识。

34. 关于这种类似，见Henrichs的《人的牺牲》第206页。

35. Hammond也注意到了这个变化，见Hammond的《个人自由》第47页。

36. 我对这句话的翻译被Fraenkel令人信服地加以捍卫，他对埃斯库罗斯的语言的把握，不论是在这个地方还是在其他地方，都是无法超越的。他发现，对这句话最令人信服的捍卫就在于这一事实：作为埃斯库罗斯的诗歌语言的一个例子，它显得很卓越。我同意他的说法。反对这句话的基础很薄弱。有些批评者把它称为“重言式”；但Fraenkel正确地指出，这个重复（字面上是“最充满激情地处于激情中”）强调了阿伽门农的欲望的非凡特征。他提出了大量的例子来表明不管是在埃斯库罗斯这里，还是在其他有关的作者那里，两个相关词的并列都可以产生强化作用。虽然我们尚未发现与这个例子严格平行的例子（在这个例子中，有两个副词要素，其中的一个就是作为副词来使用的名词），但这无关宏旨（按照Denniston和Page的说法），尚未有人断言这个语句实际上是不合语法的。这样的平行足以表明，通过加强来产生强化作用就是古代诗歌实践的一个特点，尤其是埃斯库罗斯著作的一个特征。一些尝试性的修正受到Fraenkel猛烈的批评。有些学者用audai［“他说”，在一个手稿以及在特里克利留斯（Triclinius）那里出现的一个边缘变体］来代替orgai，然后引入卡尔卡斯作为主体，把这句话转变为对这位预言者所说的东西的报告。这种修正是高度不合理的；卡尔卡斯在这个语境中并没有被提到，他也没有说任何这样的东西。Orgai periorgōi sph' epithumein themis这个修订（为Denniston和Page所偏爱）允许士兵而不是阿伽门农来实施这个欲望：“他们应该欲望……这是正确的。”这个解决方案很符合他们的解释，因为按照那个解释，阿伽门农仅仅是必然性的一个无辜牺牲品。但在这个语境中，有大量的证据表明，阿伽门农认为处境的约束准许他渴望他女儿的牺牲，甚至准许他无情地实施牺牲；另一方面，对于士兵的抱怨则根本没有任何其他的涉及。我们大概也可以把sph'理解为单数，因此认为它指的是阿尔特弥斯。但这个尝试受到了Fraenkel无情地抛弃，因为他注意到，这个试图的出现只是因为Casaubon不幸地把正义（themis）修正为阿尔特弥斯。我们可以补充说，在这样一种处境中，假若让一个凡人去说“一位神欲望……这是正义的”，那么那种做法就是最古怪不过的了。一旦某人知道一位神已经下达了命令，那么他肯定就可以问那个命令是否公正；但不清楚的是，他可以问那个命令是不是按照“正义法律”提出来的；如果这一点对于那个命令是真的，那么对于与那个命令一起出现或者激发那个命令的欲望，这一点就更加正确了。但是，对这个传统解释的一个最有力的捍卫就是：实际上就 431
是这个样子，它本来就是埃斯库罗斯的诗歌和思想的一个微妙例子，尽管有点难以理解，但并不是不合语法的或者不讲究格律的。

37. 关于“edu”这个及物动词的力量，见Peradotto的《预兆》第253页，Peradotto正确地论证说，这个词必定意味着“假装”，不可能支持像“陷入”这样一个更弱的意思。Dover则试图表明，dunai既可以被用来表示有意的运动，又可以被用来表示非自愿的运动；《阿伽门农》第1011行的所谓平行是没有帮助的，因为dunai在那里是不及物的。

38. Lesky在《决定与责任》第82页中发现这一点简直不可理解，因为责备确实不可能只是关系到"与来自理性考虑的意志毫无关系的非理性领域"。这个例子就像康德对古希腊悲剧的理解的恶劣影响一样清楚。比较Dover的《一些受到忽视的方面》第66页："他们以这种方式来回应，因为把一位女孩当作一只绵羊来切断她的喉咙，这件事情构成了一个可怜的、令人厌恶的事件；不管这件事情是否有必要，它是由神来命令的一件事情，否则就是人的邪恶和反常的结果。"
39. Burkert,《希腊悲剧》(亦见他的如下论著，*Homo Necans*, Berlin 1972)。
40. 这个名字是Burkert从Karl Meuli那里接管来的，见Karl Meuli的《希腊人的献身》("Griechische Opferbräuche", in *Phyllobolia, Festschrift P. von der Mühll*, Basel 1960)。Meuli就像Burkert那样，强调了牺牲者的仪式行为表示(用Burkert的话说)"人对生命的一种根深蒂固的尊重的方式，而那种尊重就阻止人们以一种专制的方式彻底摧毁其他存在者"(第106页)。
41. Burkert,《希腊悲剧》第111页。
42. 关于这些代替(以及其他相关的情形)，见Burkert的《希腊悲剧》第112—113页以及注释58；亦见Freud的《图腾与禁忌》(*Toem and Taboo*, 1912—1913, trans. J.Strachey, New York 1950)，这部著作讨论了那种作为牺牲基础的灵魂冲动。
43. 讨论《七将攻忒拜》的这些方面，尤其是其结尾，见S. G. Benardete的《对埃斯库罗斯的〈七将攻忒拜〉的两个注释》["Two Notes on Aeschylus' *Septem*", *Wiener Studien* 1(1967)29ff., 2(1968)5—17], R. D. Dawe的《〈七将攻忒拜〉的结尾》["The End of the *Seven Against Thebes*", *CQ* ns 17(1967)16—28], H. Erbse的《〈七将攻忒拜〉的起源》("Zur Exodos der *Sieben*", *Serta Turyniana*, Urbana 1974, 169—198), E. Fraenkel的《〈七将攻忒拜〉的结尾》["Schluss des *Sieben gegen Theben*", *Mus Helv* 21(1964)58—64], H. Lloyd-Jones的《〈七将攻忒拜〉的结尾》["The End of the *Seven Against Thebes*", *CQ* ns 9(1959)80—115], A. A. Long的《正面的与反面的同族相残：埃斯库罗斯的〈七将攻忒拜〉第653—719行》("Pro and Contra Fratricide: Aeschylus' *Septem* 653—719", in volume in honor of T. B. L. Webster, ed. J. H. Betts, Bristol, 即将出版), C. Orwin的《女性的正义：〈七将攻忒拜〉的结尾》["Feminine Justice: the End of the *Seven*

Against Thebes", *CP* 75（1980）187—196］, A. J. Podlecki的《埃斯库罗斯的〈七将攻忒拜〉中厄忒俄克勒斯的品格》［"The Character of Eteocles in Aeschylus' *Septem*", *TAPA* 95（1964）］, F. Solmsen的《埃斯库罗斯的〈七将攻忒拜〉中的厄里倪厄斯》（"The Erinys in Aischylos' *Septem*", *TAPA* 68（1937）197—211）, R. P. Winnington-Ingram的《七将攻忒拜》［"Septem Contra Thebas", *YCS* 25（1977）1—45］, F. Zeitlin的《在盾牌的标志下：符号学与埃斯库罗斯的〈七将攻忒拜〉》（*Under the Sign of the Shield: Semiotics and Aeschylus' Seven Against Thebes*, Rome 1982）。

44. 亦见Orwin，同前引文章，第188页；Benardete（同前引文章）以及Long的文章，对于厄忒俄克勒斯在这整段话中的论证和反应，他提出了一个细致透彻的分析。

45. 其实，这一点在这部戏剧中并没有被清楚地建立起来，因为我们没有独立的证据表明，厄忒俄克勒斯本来是唯一可能拯救这个城市的战士。

46. Lesky在《决定与责任》第83页中也注意到了这一点，并且也强调与阿伽门农的回答的那种平行；亦见Solmsen的《埃斯库罗斯的〈七将攻忒拜〉中的厄里倪厄斯》。Long在上面提到的那篇文章中强调了厄忒俄克勒斯的这一回答：这个欲望本身是因为他父亲的"无知的诅咒"应验了而受到责备的，那个诅咒"压制了我那干枯微睁的眼睛"（695—696）。然而，合唱团并不认为这一点就使厄忒俄克勒斯摆脱了对那个欲望的责任。因为他们立刻回答说，"尽管如此，难道你没有把自己激发起来吗？"（697）按照Long的描绘，对于厄忒俄克勒 432
斯的悲剧困境的所有不幸的方面，他都有一种值得赞赏的明确关注；我想指出，把神的因果性作为假定的借口来使用，这恰好表明厄忒俄克勒斯并没完全明白。

47. 这一点仍然是不清楚的，因为下面这个问题完全是不清楚的：哪个人要进行统治的要求应该被视为正义的要求？狄刻（Dikē，希腊神话中的正义女神）在波吕尼刻斯的盾牌上出现，看来并不像Orwin所声称的那样，就是决定性的"神的显现"。参见Orwin的《女性的正义》第191—193页，在这里，Orwin是沿用了Benardete在《两个注释》的第16页中的说法。Long（同前引文章）正确地强调了厄忒俄克勒斯反驳这个主张的论证。

48. 参见Orwin，同前引文章，第190页及以下；对于厄忒俄克勒斯对女人的厌恶，Zeitlin提出了一个略有不同的说明，见Zeitlin的《在盾牌的标志下》。

49. N. Loraux在《雅典娜的子女：雅典人对两性分裂的看法》（*Les Enfants d'Athéna:*

idées athéniennes sur la citoyen neté et la division des sexes, Paris 1981）中对这个神话及其在公民生活中的作用做出了一个优秀的分析。关于克瑞翁对待女性的态度，见第三章；关于柏拉图对土生神话的利用以及对家庭的否定，见第五章。

50. 关于这个争论，见以上注释43中提到的文章。文献学的争论不是决定性的，决定取决于我们对这个问题的评价：这个内容与前面说到的东西是否具有所要求的那种主题的统一性？ Orwin在《女性的正义》中有说服力地论证了，如果我们一直充分地注意到厄忒俄克勒斯的品格以及他对正义的看法，我们就会发现这个内容确实具有统一性。

51. 这一点已经得到近来论述埃斯库罗斯的一些作者的适当强调，尤其是Lloyd-Jones，见他的《罪过》和《宙斯的正义》。亦见注释3。

52.《欧墨尼得斯》第517—525行。

53. 我还没有去处理一个更大的问题，即阿伽门农的品格问题。例如，Peradotto在《预兆》中论证说，只有当我们把阿伽门农的回答看作是一个先前就很糟糕、很危险的伦理观念的结果时，我们才能理解他的回答。我相信他的回答一开始就显示出来的那种精确性不利于这个观点；他可能是因为对自己所面临的处境感到恐惧才开始发生转变的，而对于这种处境，他只能否认它存在，否则就无法忍受。

54. 就像Fraenkel那样，我已经把不符合韵律的thrasos改变为tharsos。但Fraenkel已经有说服力地表明，这两个词之间的区分是次要的，而且在埃斯库罗斯的时代大概并不存在。在一种贬义上来理解tharsos似乎是没有障碍的。

55. 关于hekousion和akousion，进一步参见第九章；相关的用法，参见埃斯库罗斯的《被缚的普罗米修斯》第19、266、671、771行和第854行；亦见索福克勒斯的《俄狄浦斯王》第827、935、965行和第985—987行。

56. 关于这个异议，参见Fraenkel以及Denniston 和Page的论著。对该文本的另一条反对路线涉及这一假设：komizō 必定意味着“恢复”，整句话应该被翻译为“恢复对即将死去的人的信心”。G. Hermann在《欧里庇得斯的戏剧》（*Euripidis Opera*, Leipzig, 1st ed. 1800; 2nd ed. 1831）中已经提出了这一异议：komizō不可能就像pherō那样被用来意指“恢复某件事情”，结果，被恢复的那件事情就**进入**那个人当中；相反，它必定是指那件事情是**由**那个人提出来的。对此，我们大概可以公正地反驳说，在埃斯库罗斯那里，激情往往被描绘为在那个人身边采取它们的姿态（例如，《阿伽门农》13、14、976、982—983）。

如果我们拒斥了这个异议，保持（tharsos ... komizōn），那么我们大概可以接受Ahrens的ek thusiōn（"从牺牲中"）。但这种权宜之计似乎是不必要的。

57. E. G. Weil: "feminae audaciam voluntariam, h.e. feminam perfidam, virorum morte recuperare conans." 按照Verrall的翻译，这句话所说的是："你会为一个心甘情愿的荡妇而荒废男人的生活。"（参见Peradotto的《预兆》第255页和 Hammond的《个人自由》第46页。）

58. 这对andrasi thnēiskousi提出了一个很古怪的解释：这个语境完全是关系到奥利斯（希腊中东部维奥蒂亚洲的一个古老港口，据传说，在特洛伊战争期间它是古希腊船队的出发点。——译者注），因此就使我们很自然地想起即将**在那里**
死去的男人，而不是想起那场战争在人类生活中的未来损耗。此外，"不利"的 433
与格是很严厉的。第三，nōmōn和komizōn这两个现在分词应该被理解为并列的；但是，阿伽门农正是在奥利斯没有发挥出他的判断力；他只是在未来才不惜一切代价把海伦抢回来。最终，这个迂回的说法似乎难以理解，因为看到一个人如何才能是"自愿的"，比看到那个人的激情能够是"自愿的"更加困难。至于komizō，在"保护"、"养育"和"珍惜"的意义上，在荷马那里很常见，在埃斯库罗斯那里似乎也很常见，例如，见Cho. 262，可能还有344。（参见Stephanus, *Thesaurus*, 1778D—1779A。）

59. 见我的《后果》（'Consequences'）。

60. 参见第九章和第十章。

61. 论恰当感情的培养，见插曲一中的进一步评论以及第七、第九章和第十章，有参考文献。关于这个问题以及在这一节中所讨论的其他问题，见I. Murdoch的《善的至高无上性》（*The Sovereignty of Good*, London 1970）。

62. 见H. Putnam的《文学、科学与反思》（"Literature, Science, and Reflection", in *Meaning and Moral Sciences*, London 1979）第83—96页。

63. 在这点上，我完全同意Foot（见以上注释6），她论证说，即使这些两难困境确实存在并且难以消除，但这并不会削弱道德实在论。在第八至十二章中我们将会看到，某种形式的实在论如何可以围绕我们对价值不可还原的多样性的认识，因此围绕冲突的永恒可能性而被确立起来。

64. 康德其实有一种方式消除这个特定冲突的危险：因为神要求人们做不道德的事情的那种所谓的命令并不具有约束力（《单纯理性限度内的宗教》，IV. 4）。然而，这并不影响这个一般的观点；因为他不可能以这种方式把自己从所有冲突中解救出来；但他有一个先前的承诺，即至多只承认一个主张具有约束力。

我们甚至可以论证说，通过否认上帝认识到了人类的冲突处境，他就采纳了一个不如古希腊的神性概念那么丰富的神性概念，而且恰好是用他的道德概念不如古希腊的道德概念丰富的那种方式来这样做的。对这些冲突的宗教方面的内容有一个进一步的评论。Donagan（原书第298页）观察到，圣格列高利（古代罗马教皇）认识到了真正的道德困境的存在，但把它们归因于魔鬼的行为，因为魔鬼能够把人类诱惑进入他们不得不违背神的戒律的状况中。这个观点和古希腊观点之间的差别是：魔鬼在一种状况中所扮演的因果角色，在另一种状况中是由世界来扮演的；此外，正如我们将在第三章中看到的，古希腊人把这种冲突持续的可能性与善联系起来，甚至与神圣的东西联系起来，例如生活的丰富多彩以及对生活中出现的价值多样性的认识。

65. 与此相类似的东西似乎就是维特根斯坦1947年在与Rush Rhess的谈话中所表达的那种看待道德困境的观点，在《维特根斯坦的伦理学演讲》[“Wittgenstein's Lectures on Ethics”, *PR* 74（1965）3—26]这篇文章中被报告出来。维特根斯坦强调说，为了谈论这个问题，我们就必须详细地描述一个情形，以便我们实际上可以想象和感觉到它究竟是如何发生的（在这里他对伦理学教科书进行了一些蔑视性的评论）。此后，他提出了道德困境的一个范例，它在结构上与我们的范例很相似。在描述了行动者所面临的悲剧性选择后（在那种选择中，行动者并没有因为免于罪过而逃离出来，因此我们就觉得我们只能说，“愿上帝助他”），维特根斯坦说道，“我想说，这就是对一个伦理问题的解决”，这种说法令
434 Rhess感到很惊奇。然后他就指出了我们的要点：对这种情形的清晰描述，对它所包含的各个价值以及行动者无法逃脱的方式的坚定认识，其实就是对这个问题的解决；所谓的哲学解决只是成功地对这个问题进行了错误的描述。

66. 本章的初稿在如下场合宣读过：布兰德斯大学、瓦萨学院、波士顿大学马萨诸塞分校、马里兰大学、匹兹堡大学、斯坦福大学。我想感谢与会者，尤其是A. Lowell Edmunds、A. A. Long和Nick Pappas对初稿的有价值的评论。

第三章　索福克勒斯的《安提戈涅》：冲突、视觉与简单化

1. 我已经决定通过深刻地分析一个例子来讨论这个观点的出现。但是人们普遍承认，我赋予克瑞翁的那些策略把他与智者派的理性主义联系起来，参见以下注释10。我在《后果》这篇文章第25—53页中讨论了一个密切相关的观点；论这部戏剧与智者派的联系，见P. Rose，《索福克勒斯的菲罗克忒忒斯与智

者的教导》[“Sophocles' Philoctetes and the Teachings of the Sophists”, *HSCP* 80 (1976) 49—105]。有关的背景材料可以在如下著作中发现, M. O'Brien,《苏格拉底的悖论与希腊人的心灵》(*The Socratic Paradoxes and the Greek Mind*, Chapel Hill 1967)。此外, Guthrie的如下著作包含了对这些问题的某些方面的详细讨论,因为它为柏拉图对“技艺”的看法以及更多的参考文献提供了一个背景,见《古希腊哲学史》(*History*)第三卷第四章。

2. 对个体的情形采取一种“反悲剧”观的思想家很自然地对这个更大的图景持有一个相关的观点。但针对个体的情形捍卫悲剧观的那些人则把冲突的化解视为一个目的,甚至视为政治合理性的一个标准。例如,考虑如下论著: R. B. Marcus,《道德困境与一致性》[“Moral Dilemmas and Consistency”, *JP* 77 (1980) 121—135],以及M. Gibson,《合理性》[“Rationality”, *PPA* 6 (1977) 193—225]。虽然这些观点大概都不是得益于黑格尔,但它们显然有一种黑格尔式的精神。在近来的哲学论著中,对立的观点得到了如下作者的最有力的捍卫: Sir Isaiah Berlin,《概念与范畴》,以及Bernard Williams(参见第二章中的注释)。
3. 关于这一点对埃斯库罗斯批评的影响,见第二章;关于它对《安提戈涅》的讨论的影响,见以下注释7和8。
4. 比较亚里士多德的这一主张:悲剧呈现了一种bios,即生活和选择的一个完整历程或模式,关于参考文献和讨论,见插曲二。
5. 有很多讨论《安提戈涅》的文献;我并不试图涵盖所有的文献。我已经与之商榷的主要论著是: S. Benardete,《对索福克勒斯的〈安提戈涅〉的一个解释》[“A Reading of Sophocles' *Antigone*”, *Interpretation* 4 (1975) 148—196, 5 (1975) 1—55、148—184]; R. F. Goheen,《索福克勒斯的〈安提戈涅〉的形象》(*The Imagery of Sophocles' Antigone*, Princeton 1951); R. Bultmann,《索福克勒斯的〈安提戈涅〉中的城邦与争执》(“Polis und Hades in der *Antigone* des Sophokles”, in H. Diller, ed., *Sophokles*, Darmstadt 1967, 311—324); R. C. Jebb,《索福克勒斯:〈安提戈涅〉》(*Sophocles: The Antigone*, Cambridge 1900); J. C. Kamerbeek,《索福克勒斯的〈安提戈涅〉》(*Sophocles' Antigone*, Leiden 1945); Bernard Knox,《英雄的气质:索福克勒斯的悲剧〈安提戈涅〉研究》(*The Heroic Temper: Studies in Sophoclean Tragedy Antigone*, Berkeley 1964); I. M. Linforth,《安提戈涅与克瑞翁》[“Antigone and Creon”, *University of California Publications in Classical Philosophy* 15 (1961) 183—260]; Lloyd-Jones,《宙斯的正义》; G. Müller,《索福克勒斯:安提戈涅》(*Sophokles, Antigone*, Heidelberg

1967); G. Perrotta,《索福克勒斯》(*Sofocle*, Messina-Florence 1935); G. Ronnet,《索福克勒斯：悲剧诗》(*Sophocle: poète tragicque*, Paris 1969); M. Santirocco,《索福克勒斯的安提戈涅的正义》["Justice in Sophocles' Antigone", *Phil Lit* 4 (1980) 180—198]; W. Schmid,《索福克勒斯的安提戈涅的问题》["Probleme aus des sophokleischen Antigone", *Philologus* 62 (1903) 1—34]; C. Segal,《索福克勒斯对人的赞颂和〈安提戈涅〉中的冲突》["Sophocles' Praise of Man and the Conflicts of the *Antigone*", *Arion* 3 (1964) 46—66, repr. in T. Woodard, ed., *Sophocles: A Collection of Critical Essays*, Englewood Cliffs, NJ 1966,
435 62—85]; C. Segal,《悲剧与文明：对索福克勒斯的一个解释》(*Tragedy and Civilization: An Interpretation of Sophocles*, Cambridge, MA 1981); Vernant,《悲剧的历史时刻》,《希腊悲剧中的张力与含糊》以及《希腊悲剧：问题与解释》["Greek Tradegy: Problems and Interpretation", in E. Donato and R. Macksey, eds., *The Languages of Criticism and the Sciences of Man*, Baltimore (1970) 273—289]; C. Whitman,《索福克勒斯：对荷马人文主义的一项研究》(*Sophocles: A Study of Heroic Humanism*, Cambridge, MA 1951): R. P. Winnington-Ingram,《索福克勒斯：一个解释》(*Sophocles: An Interpretation*, Cambridge 1980)。在引用《安提戈涅》时，除了另外指明，我使用的是A. C. Pearson的牛津古典文本(Oxford 1924)。

6. 与实践慎思相联系的十一个词，在索福克勒斯的七部戏剧中总共出现了一百八十次，在《安提戈涅》中总共出现了五十次。[这些词是：boulē, bouleuma, bouleuō, euboulos, euboulia, dusboulia, phronēma, phronein, phrēn, dusphrōn, dusnous。我的列举是根据Ellendt的《索福克勒斯词典》(*Lexicon Sophocleum*),并不包括残篇。]在《安提戈涅》中，phronēma这个词出现了六次，在其他戏剧中没有出现过；dusboulia和euboulia这两个词各自出现了两次，在其他戏剧中没有出现过；phrēn在全部戏剧中总共出现了五十八次，在《安提戈涅》中出现了十七次。

7. 从一开始我们就必须避免把对决定的评价与对导致决定的慎思的评价混淆起来。一个人完全有可能通过一个忽略了某些有效主张的慎思过程，而得到一个总体上较好的决定；因此这个决定将仍然是正确的，但并不是出于正确的理由，而几乎只是碰巧正确。在第二章中所批评的那种冲突观对一些批评者产生了影响，使他们认为，如果安提戈涅的决定比较好，那么她就不可能因为忽视了这个城邦的有所冲突的主张而受到批评。我们必须要问的是：谁是正确的？

因此，Jebb与Bultmann（在《城邦》这篇文章中）和Perrotta（在《索福克勒斯》这部著作中）都持有这种观点。Perrotta认为，如果安提戈涅的决定总体上是正确的，那么合唱队对她的责备就必定是“senza logica e senza coerenza”（第85页）。而下列作者则恰当地把握了这个相关的区分：Knox的《英雄的气质》第114—116页，Segal的《悲剧》第170页，Benardete的《一个解释》（尤其是1. 1、2. 4和4. 1），Vernant的《张力》（参见以下注释8），Linforth的《安提戈涅与克瑞翁》（第191、257—258页），Santirocco的《正义》，以及Winnington-Ingram的《索福克勒斯》（第128页）。

8. 这个思想得到了一些批评者的认同，他们认为，按照这部戏剧的说法，产生冲突的主张既是有效的又是不可排除的。比如说，Linforth说道（《安提戈涅与克瑞翁》，第257页）：“对所有雅典人来说，这部戏剧提出了一个有力的警告，让他们看到，他们所颁布的法律与诸神的法律并不冲突。”亦见Santirocco的《正义》一文第182、194页。Segal的最终评论或许暗示了一个类似的观点：“通过合唱队的歌曲，城邦对存在于其中的张力有了一种自我意识。当这些张力在艺术中体现出来时，城邦就能面对它们，采取步骤来缓解它们，即使这种缓解在戏剧中对悲剧英雄来说是不允许的。在这部戏剧的社会和宗教仪式情境中，它为社会获得了它在戏剧中拒绝给予演员的东西。它的情境确认了它的内容所否认的东西。”（《悲剧》，第205页）然而，对我来说，并不很清楚的是，Segal和我在这里究竟在多大程度上不同。这将取决于在这种“缓解”中究竟涉及什么，以及这如何与我在下面将要发展的实践智慧的图景相联系。

Vernant的见解又是复杂的（参见第二章注释3和4）。尽管对于悲剧所描绘的那种张力的不可调和的本质，他给出了一个最生动的描述（尤其见《张力》第30—31、35页），但他倾向于暗示三件进一步的事情，那些事情看来并不是来自这个观察：第一，正义的悲剧概念因此是含糊的；第二，那个概念不断地游走，把它自己转变为它的对立面（比较《历史时刻》第15页）；第三，一旦我们对 436
意志、自愿行动和不自愿行动的区分发展出一个**清晰的**看法，这些冲突就会消失（《希腊悲剧》，第288页）。第一件事情和第二件事情就是柏拉图肯定会针对这个悲剧观而提出的批评；然而，对我们来说，重要的似乎是，我们不要把两个有效要求的偶然冲突看作是正义概念上的含混不清，因此看作是一个要由理智澄清来解决的问题（参见第二章）。对于第三件事情（在这里他的见解很接近Lesky的见解），我们只需指出，这些状况看来每天都在发生，意志的概念不会使得这些冲突消失，除非我们把那个概念与关于一致性的一组特定观点结合起来。

9. 克瑞翁的引文,见以下注释12;安提戈涅的引文,在第2、18行和第448行。

10. 对这段话及其文化背景以及它与智者派理性主义的联系的一般讨论,尤其参见Schmid的《问题》,Knox的《英雄的气质》第84页,Winnington-Ingram的《索福克勒斯》第123页,Goheen的《形象》第152页以及注释28。

11. 对这部戏剧的健康和疾病隐喻的一个很好的讨论,见Goheen的前引书第41—44页。

12. 在第176—177行中,克瑞翁告诉我们:“要对任何人的灵魂、推理和判断有一个透彻的理解(ekmathein)是不可能的,直到他在对管理或法律的经验中显示了自己。”因此他声称,只有当我们把其他人与公民安全联系在一起的时候,我们才能认识到他人(参见第293—294行)。他声称他只知道三个普遍的真理,这些真理都与公民的善密切相关,分别是:一个强硬的反对者很容易被征服(第477—478行),与一位在精神上不关心城邦的女性生活在一起是不快乐的(第649—651行),城邦对于维护人们的生活和善来说具有根本的作用(第188行及以下)。

13. 参见Linforth的《安提戈涅与克瑞翁》第191页。

14. 这些问题得到了充分的、富有启示的讨论,尤其是在如下著作中:Perrotta的《索福克勒斯》第60—61页,Linforth的《安提戈涅与克瑞翁》第191页及以下和第255页及以下;亦见Winnington-Ingram的《索福克勒斯》第120页,Segal的《悲剧》第2节。这个古代的证据收集在如下论著中:D. A. Hester,《索福克勒斯的非哲学内容:〈安提戈涅〉中的一项研究》[“Sophocles the Unphilosophical: A Study in the *Antigone*”, *Mnemosyne* 4th ser. 24(1971)54—55, Appendix C]。所有解释者都承认埋葬的义务具有很大的重要性;亦见H. Bolkestein,《仁慈与命令》(*Wohltätigkeit und Armenpflege*, Utrecht 1939)第69—71页,这位作者重建了arai bouzugioi,传统责任的著名清单,这个清单被认为是由文明的奠基者给出的,也是第一个把公牛套在犁耕前的人。Bolkestein论证说,这个清单包括了这一禁令,即“不要让一具尸体得不到埋葬”(ataphon sōma mē perioran)。在埃斯基涅斯(雅典的雄辩家,德摩斯梯尼的最大对手——译者注)《残篇》I. 14中(参见Benardete的《一个解释》4. 3注释11),很清楚的是,即使一个儿子被其父亲卖给卖淫行业了,他仍然有法律的和道德的义务埋葬他的父亲。

另一方面,我们必须认识到一位叛国者在什么程度上对这个一般规则构成了例外。克瑞翁的批评者通常提到有关归还敌人尸体的一个习惯,却没有意识到这个事实：在雅典的法律下，敌人和叛国者之间是有很大差别的（所以Jebb在其论著第xx页及以下中的说法就很古怪）。通过参考O. Taplin, CR 26（1976），第51页以及W. R. Connor的《5世纪雅典的新政治家》（*The New Politicians of Fifth-Century Athens*, Princeton 1971），Winnington-Ingram论证说，只要克瑞翁并未显示他对波吕尼刻斯作为自己亲属的地位的忽视，那么他的行为就完全可以得到接受。Linforth在他的文章《安提戈涅与克瑞翁》，Perrotta在他的著作《索福克勒斯》中，通过参考修昔底德I. 138（在这里，人们不允许地米斯托克利在阿提卡得到埋葬）、色诺芬的《希腊人》（*Hellenica*）I. 7. 22以及欧里庇得斯的《腓尼基人》（*Phoenician*）1629，仔细地把敌人与叛国者区分开来。Perrotta指出，虽然雅典的叛国者不允许在阿提卡的领土上埋葬，但通常可以由他们的亲属在迈加拉埋葬。甚至所提到的那种最苛刻的处理，即把尸体抛进深 437
渊或者无底洞，仍然不允许尸体被狗吃掉。

我们可以得出这一结论：就克瑞翁表示了对这具尸体的不尊重、禁止它在这个城市中或者附近被埋葬而论，他仍然遵从了习惯，仍然得到了辩护（暂时忽视他的家庭联系）；但是，在他尽**一切**努力来阻止这具尸体得到埋葬时，他就违背了习惯（尽管这些问题在这里变得很模糊，因为他阻止埋葬这具尸体的企图涉及在这座城市附近埋葬，所以在雅典的法律下是不合法的）。当然，既然他完全无视自己作为一位亲属应该承担的家庭职责，他就违背了习惯。

15. 亦见第299、313页和第731页。
16. 论克瑞翁的正义观，见Segal的《悲剧》第169—170页，Santirocco的《正义》第185—186页，Bultmann的《城邦》第312页。
17. 在一句令人吃惊的话中，“公正地”甚至被用来针对公民对公民权的顺从：“他们没有公正地把他们的脖子套在我的轭下，服从我的权威。”（291—292）
18. 我在这里所说的“爱”包括爱欲（erōs，主要是指与性相关联的那种激情）和友爱（philia），它包括家庭联系（不管有没有那种被深切地感受到的情感）和朋友的爱（参见第十二章）。值得注意的是，按照这部戏剧的术语（正如在历史的语境中那样），甚至在缺乏深切地感受到的那种情感时，友爱也可以施加有效的义务。
19. 讨论克瑞翁的友爱观的古怪性，见Schmid的《问题》，Knox的《英雄的气质》第80、87页，Segal的《悲剧》第188页，Winnington-Ingram的《索福克勒斯》第98页及以下和第123、129、148页，Benardete的《一个解释》12. 6。这位“兄弟”的法令在Segal的《悲剧》第188页和Knox的《英雄的气质》第87页中得到了强调；产生友爱的那种过程在如下地方中得到了强调：Winnington-Ingram的前引书第123页，Knox的前引书第87页，Benardete的《一个解释》12. 6。

20. 讨论克瑞翁对爱欲的否认，见Schimd的《问题》第10页及以下，Vernant的《张力》第34—35页，Segal的《悲剧》第166、198页，Winnington-Ingram的前引书第97页及以下。

21. 比较《游叙弗伦篇》，对这篇对话的讨论，见第二章，原书第25、30页。论克瑞翁的宗教概念，见Schimd的《问题》第7页及以下，Linforth的《安提戈涅与克瑞翁》第80、101页，Knox的《英雄的气质》第216页，Benardete的《一个解释》19. 3，以及尤其是Vernant的《张力》第34页："《安提戈涅》中产生冲突的两种宗教态度，没有一种可以不依赖于另一种而成就其善，二者通过彼此的界分及争执才得以转而认识自身的界限。"

应该再次注意的是（参见第二章，原书第2页和注释29），这一切并不要求我们忽视对这匹马的诅咒的重要性，这一点得到了以下作者及其著述的强调：Lloyd-Jones的《宙斯的正义》，Perrotta的《索福克勒斯》以及Segal的《悲剧》第190页。因为，正如Lloyd-Jones在《罪过》这篇文章（见第二章注释29）中正确地论证的，这个诅咒本身是通过可以评价的人类行动来发挥作用的。Segal提出了这样一个有趣的观察（第166页），即克瑞翁的一个缺点就是他无视过去："生命的中心就是一个静态的，可以用格言来理解的现在，或者是一个可以按照得失（kerdos）来合理地计算的未来。"

22. 讨论眼睛和看，参见本章，原书第70—72、79页；亦见第七章和第十三章。

23. 参见Segal的《悲剧》第179、447页注释84。

24. 参见Segal的《悲剧》第145、166页，Goheen《形象》第14—19页关于克瑞翁对金钱比喻的使用，见第175—177、220—222、295—303、310—312、322、325—326、1033—1039、1045—1047、1055、1061行和第1063行。参见Goheen前引书第14—19页。

25. 对这个比喻的使用在这部戏剧发表之前（公元前441年）就有了，见阿尔凯乌斯（Alcaeus）的《抒情诗》第6行，塞奥格尼斯（Theognis）的《诗歌》第670—685行，埃斯库罗斯的《报仇神》第1行及以下，第62、109、192、780行和第1068行以及《欧墨尼得斯》第16行。关于后来的使用，例如见阿里斯托芬的《和平》第699行，柏拉图的《理想国》389D和488A—489A，《游叙弗伦篇》291D，《政治家篇》302A及以下和299B，《法篇》641A、758A—B、831D和945C。还有很多其他的。参见如下讨论：Jebb和Kamerbeek著作的正文中的相关地方；Goheen

前引书第44—51页；P. Shorey的《对柏拉图〈理想国〉488D的注释》[“Note on Plato’s *Republic* 488D”, CR 20(1906)247—248]，以及Tucker对埃斯库罗斯的《七将攻忒拜》的评论。这位注释者针对阿里斯托芬的《黄蜂》第29行评论说，这个比喻在古希腊的诗歌中很常见。 438

26. 关于这个一般的论证，比较修昔底德II. 60(参见orthoumenon)，德谟克利特《残篇》第252页。

27. *De Falsa Legatione*, 246—250. 值得指出的是，埃斯基涅斯显然就是tritagonistēs；这意味着，克瑞翁就是这个悲剧中的“英雄”的观点并没有得到古代表演实践的支持。

28. 修昔底德II. 60也是这样，在那里，“城邦作为一个整体”(polin xumpasan)的目的不言而喻地与某个公民的个人目的(kath’ hekaston tōn politōn)形成了对比。德摩斯梯尼说明了埃斯基涅斯是如何把kath’ hekaston与整体的善对立起来的，这个说明揭示了总是潜伏在这个比喻中的冲突的可能性。

29. 参见亚里士多德《论灵魂》413a9，在那里，问“灵魂与身体的现实关系是否就类似于水手与船的关系”，显然就是在问一个关于可分离性的问题；也比较406a6，在那里，船上的水手被使用来作为在运输中要被搬运的某个东西的例子。

30. sōzein(拯救生命)的观念以及排除外部危险的思想，从一开始就出现在这个比喻中。对这一点的一个很好的讨论，见Jebb(同前引书)以及注释25中所引用的那段话。

31. 讨论这部戏剧中的男性和女性，尤其参见Segal的《悲剧》第10节。

32. 克瑞翁很可能是将波吕尼刻斯等同于动物，见第201—202页；在第775—776页中，他提到为安提戈涅保留**饲料**。关于他将人等同于的物，参见Segal的《悲剧》第2节，和Goheen的《形象》第26页及以下，它们都指出克瑞翁用动物的形象比喻人，使他在戏剧中几乎完全被孤立。

33. 克瑞翁大概是把海蒙比作一只驯养的动物：paidos me sainei phthoggos，“我儿子的声音讨好地对我汪汪叫道”(1214)。见Goheen对34—35行的敏锐评注。(注意，虽然这一行在这部戏剧中是后来才被引用的，但它是在克瑞翁发生变化之前的一个报告，我们将在下面讨论这一点。)

34. 在第1175行中这位信使说道，“海蒙死了；他自己的双手沾满了鲜血(haimassetai)。”亦见第794行以及Knox的《英雄的气质》第88页和注释54，Santirocco的《正义》的第184页。

35. phrenes在索福克勒斯那里主要与判断和实践理性相联系。关于这一点，参见

Ellendt的《索福克勒斯词典》中的有关词条。其中的一些例子，见《安提戈涅》第445行，《菲罗克忒忒斯》第1113、1281行，《俄狄浦斯王》第 528行以及戏剧第298、492行和第792行，尤其是第1015行。

36. 关于动物驯养的比喻在这段话中的颠倒，见Goheen的《形象》第31—32页，Segal的《悲剧》第159页。论欧律狄克(Eurydice)，见Santirocco的《正义》第194页。

37. 参见以上注释7。

38. 参见Benardete的《一个解释》1. 1，Knox的《英雄的气质》第79页。autadelphon (自己的表亲)这个加强语气的词在这部戏剧中又被使用了两次：两次都是针对波吕尼刻斯的，一次是由安提戈涅使用的(502—504)，另一次是由海蒙在报告安提戈涅的论证时使用的(694—699)。

39. 参见Benardete的《一个解释》2. 4。

40. 见第10、11、73、99、847、882、893行和第898—899行。参见Benardete的《一个解释》8. 6和9. 5，Segal的《悲剧》第189页，Winnington-Ingram的《索福克勒斯》第129页及以下，Knox的《英雄的气质》第79—80页。

41. 一些学者已经声称，安提戈涅是被她对波吕尼刻斯深切的爱激发起来的。例如，见Santirocco的《正义》第188页，Knox的《英雄的气质》第107页及以下，Winnington-Ingram的前引书第130页。比较以下作者的有效的否认性论证：Perrotta的《索福克勒斯》第112—114页，Lloyd-Jones的《宙斯的正义》第116页，Linforth的《安提戈涅与克瑞翁》第250页。Perrotta正确地观察到，安提戈涅之所以爱波吕尼刻斯，不是因为他就是波吕尼刻斯，而是因为爱他乃是一项
439 家庭宗教职责。安提戈涅的爱完全是由她对家庭宗教职责的热情激发起来的，她对个人没有温柔：“这位女英雄并非是很多人以为的那样充满爱意的女人。”比如说，我们可以把她对悲恸的那种抽象、冷静的评论与赫卡柏(在欧里庇得斯的《特洛伊妇女》中，将在第十章，原书第313页及以下讨论)在看到她孩子的尸体时所表现出来的那种撕心裂肺的悲恸加以比较，在后面这种情形中，那个可爱孩子的身体的每个部分都勾起对共同的情感的一个新回忆。还有很多类似的情形。

42. 参见Perrotta前引书第112页。在所有的手稿中，我们都必须把“哦，最亲爱的海蒙，你的父亲是怎样羞辱你的”这句话赋予伊斯墨涅。Pearson等编者已经把这句话指派给安提戈涅，因为他们想让安提戈涅说出一些对海蒙表示深情的话。但是，在一个密切的家庭关系中，philtate(“最亲爱的”)这个说法并不具

有不同寻常的强烈感情色彩，让慈爱的伊斯墨涅说出这句话完全是合适的；事实上，“最亲爱的”这个说法甚至无须表示一种亲密的感情。克瑞翁曾经回答说，这个说话者在婚姻问题上的喋喋不休“激怒了”他，而他的回答适宜于他与伊斯墨涅的关系（不管怎样，伊斯墨涅就是一直就婚姻“喋喋不休”的人），但它过于温和，很难表示他对安提戈涅的深刻仇恨和愤怒。参见Linforth的“安提戈涅与克瑞翁”第209页以及Benardete的论证。

43. 论安提戈涅对爱欲的拒绝，参见Vernant的《张力》第34—35页，Benardete的《一个解释》8. 6；比较Segal的《悲剧》第8节。Vernant正确地写道：“但这两种神性（厄洛斯和狄奥尼索斯）也转而反对埋首于家族亲情中的安提戈涅，她自愿献身于冥王，因为只有在其与死亡的关联中，狄奥尼索斯和厄洛斯才表达着生和复苏的能力。安提戈涅无法听到与‘他的那些’同家庭亲情断绝而向他人打开的召唤，也就无法接纳厄洛斯，并在与异乡人的联合中转变她的生命。”

44. 这句话颇有争议。要是它还没有被亚里士多德在《修辞学》中作为“真实的”的话语来加以引用，它肯定会被认为是冒牌货；这个说法很早就出现了，因此，如果它是伪造的，那么它可能只是一个演员的篡改。想象一个演员在这个戏剧性的情节达到高潮的时刻给予自己这样一个古怪的墨守法规、不动情感的说法是一件困难的事情。因此，这句话几乎肯定是真实的（即使歌德表示了不同的意愿）；它很难被解释为充满激情之爱的一种含糊不清的、不动情感的流露，虽然有一些评论家（例如Winnington-Ingram的《索福克勒斯》第145页及以下和Knox的《英雄的气质》第144页及以下）已经尝试了这种探讨。对各种责任优先性的这种冷静的决定性排列，最好的说明是：安提戈涅根本不是受到了个人之爱的驱使，而是受到了这样一种严厉决心的驱使：必须对支配其行动的各种要求严格地加以排列，以便它们不会产生冲突；她对爱欲拒绝（参见以上注释43）于是就足以说明她对这位兄弟的选择。对有关真实性的争论以及这段话与希罗多德III. 119的关系的评论，见Hester的《索福克勒斯的非哲学内容》第55—80页，Jebb的著作的附录第258—263页，Müller的《索福克勒斯：安提戈涅》第198页及以下和第106页及以下，Winnington-Ingram的前引书第145页及以下。亦见D. Page的《希腊悲剧中演员的解释》（*Actor's Interpretations in Greek Tragedy*, Oxford 1934）。

45. 见Benardete的《一个解释》9. 3。

46. 见Knox的《英雄的气质》第94页及以下，Segal的《悲剧》第8节。安提戈涅否认了在死亡后兄弟之间的仇恨。Winnington-Ingram把她进行否认的方式称为一个“英雄的法令”，“把英雄的意志加诸一个顽抗世界的一种至高无上的努力”（《索福克勒斯》第132页）。

47. 论安提戈涅对**正义**及其新奇性的看法，见R. Hirzel的《主题、正义女神与亲属》（*Themis, Dike und Verwandtes*, Leipzig 1907）第174页及以下；亦见Santirocco的《正义》第186页和Segal的前引书第170页。

48. Segal（同前引书）在几个地方（尤其是第156页及以下，第4节的第196页和第8
440 节）对安提戈涅的这个方面提出了一个很好的说明。

49. 尤其参见第810—816、867、876—880、891行和第916—918行。

50. 比较第842—849、876—877行和第881—882行。

51. 比较以上（原书），第54—55页以及注释14。

52. Segal认识到了与这个易受影响的自然界发生联系的重要性，见Segal的《悲剧》第54页及以下，在那里他比较了第423—425、433行。

53. 比较A. C. Bradley的《黑格尔的悲剧理论》（“Hegel’s Theory of Tragedy”, *Oxford Lectures on Poetry*, London 1950）第69—95页，重印在《黑格尔论悲剧》（*Hegel on Tragedy*, ed. A. and H. Paolucci, New York 1975）第367页及以下。

54. 黑格尔，《艺术哲学》（*The Philosophy of Fine Art*, tr. P. B. Osmaston, London 1920）第四卷，重印在《黑格尔论悲剧》第68、71页。

55. 比较以上注释8。

56. 关于同一个思想的相关发展，参见我的《有瑕疵的晶体》这篇文章。

57. 我将要对抒情诗所说的东西与Goheen、Linforth和Segal在其著作中的观察密切相关。我已经学习到一个相关研究A. Lebeck的《俄瑞斯忒斯》（*The Oresteia*, Cambridge, MA 1971）。

58. 这个富有启示的比较首先是由尼采在《悲剧的诞生》（*The Birth of Tragedy*, 1872, trans. W. Kaufmann, New York 1976）中做出的。（应该记住，古代的戏剧被认为既是回顾性的又是前瞻性的。）

59. 在Kahn对赫拉克利特风格的精辟分析中，“密度”和“共鸣”这两个术语得到了讨论和进一步的发展，这个分析形成了他的《赫拉克利特的艺术与思想》（*The Art and Thought of Heraclitus*, Cambridge 1979）的一部分，尤其是第87—95页。

60. 赫拉克利特《残篇》B67A。参见我在《赫拉克利特那里的灵魂：第一部分》［“Psuchē in Heraclitus, I”, *Phronesis* 17（1972）1—17］中对这个片段的解释以及对其真实性的捍卫。

61. 比较第十二章以及插曲二。
62. 论合唱队的登场，尤其参见Linforth的《安提戈涅与克瑞翁》第188页，Benardete的《一个解释》11. 4，Winnington-Ingram的《索福克勒斯》第112页及以下，Segal的《悲剧》第14节。论这个文本，见Lloyd-Jones的《对索福克勒斯的〈安提戈涅〉的注释》[“Notes on Sophocles' *Antigone*”，*CQ* NS 7（1957）12—27]，他捍卫MSS对108的读法即oxutorōi，并将这里所说的“锐利”解释为隐喻性的，就像必然性或宙斯的“锐利”一样。
63. 这个思想将在如下几章得到了进一步的发展：第六章，在那里我们考察狄奥提玛的主张，即“身体的视觉”和“灵魂的视觉”是相互排斥的；第十三章中，在那里我们讨论视觉与友爱的联系；第十章，在那里我们考察亚里士多德的“决定立足于知觉”这一主张。论古希腊和有关文化中眼睛与视觉的象征联系，见W. Deonna的《眼睛的象征意义》（*Le Symbolisme de l'oeil*, Paris 1965）；对其他古代文献的参考，见第十三章注释27。
64. 也比较第215、314、325、406、562行和第581行。
65. 我对这首颂诗的解释主要得益于Segal的《索福克勒斯的赞颂》这篇文章，该文促进了这些思想的初步形成，虽然我想要强调的是这首颂诗自我毁灭的形象的一些有所不同的方面。最近我得益于Segal对这个形象的深入讨论，我也从Goheen的敏锐论述中学到了很多东西。亦见Ronnet的《索福克勒斯》第151页及以下，Linforth的《安提戈涅与克瑞翁》第196—199页，Benardete的《一个解释》中的有关论述。
66. 讨论通过技艺的进步，以及与技艺的发现有关的其他故事，见第四章。 441
67. 这首论述“爱欲”的颂诗在Winnington-Ingram的《索福克勒斯》第92—98页中得到了充分讨论；也比较Benardete的《一个解释》44. 6，Santirocco的《正义》第191页，Linforth的《安提戈涅与克瑞翁》第211页。
68. 比较第1260行中诸神的orgas eumeneis，当时克瑞翁在操办葬礼。
69. 论愤怒与复仇，进一步参见第十三章。
70. 参见Winnington-Ingram的《索福克勒斯》第98—109页，Linforth的《安提戈涅与克瑞翁》第231—233页，Goheen的《形象》第64—74页，以及尤其是Segal的《悲剧》第182页及以下，他提出了这一评论：我们可以认为这个洞穴象征着克瑞翁已经拒绝的那种孤独的神秘。论第二个回舞咏唱，参见Lloyd-Jones的《对索福克勒斯的注释》这篇文章。
71. 叔本华《作为意志和表象的世界》（*The World as Will and Representation*, trans. E.

J. Payne, New York 1969）第一卷第252—253页。
72. 参见Segal的《悲剧》第154页及以下。
73. 参见第十章。
74. 比较《悲剧》第201页。
75. 参见Segal，前引书各处。
76. 论“律法”，参见第十三章（有参考文献）。
77. 论这首颂歌，尤其参见Segal的《悲剧》第202页及以下，我得益于他在那部著作中提出的一些观察。亦见Linforth的《安提戈涅与克瑞翁》第238页，和Santirocco的《正义》第194页。
78. 在撰写本章的过程中，我得益于我们几届学生以及我的教学助理，其中我特别想要感谢的是：Janet Hook、Nick Pappas、Gail Rickert和Nancy Sherman。我也感谢Stanley Cavell（他与我一起教授这些内容）和Barry Mazur（他首先倾听了最终成为本章最后一节的一些想法）。最后感谢Mary Whitlock Blundell和Lowell Edmunds的评论。

第四章　《普罗泰戈拉篇》：一种实践推理的科学

1. 对这个时期雅典人思想生活的一个有关的一般论述，参见G. Grote的《古希腊哲学史》（*A History of Greece*, Vol. VII, London 1888），W. K. C. Guthrie的《智者》（*The Sophists*，即*History* III, Part I, Cambridge 1971），G. Kerferd的《智者运动》（*The Sophistic Movement*, Cambridge 1981）；见N.Loraux的那部很有启示性的著作《雅典的创造》（*L'Invention d'Athènes*, Paris 1981）。关于进步，参见L. Edelstein的《古代的进步观念》（*The Idea of Progress in Classical Antiquity*, Baltimore 1967），其中有很多论述具体文本的参考文献，以及Dodds的《古代的进步概念》第1—25页。
2. 讨论technē和tuchē的对比，尤其见A. L. Edmunds的《修昔底德作品中的机遇和理智》（*Chance and Intelligence in Thucydides*, Cambridge, MA 1975）。论运气以及有关的概念，对这个证据最全面的评论在R. Schaerer的《理解与运气：从荷马到柏拉图的认识概念研究》（*Epistēmē et Technē: études sur les notions de connaissance et d'art d'Homère à Platon*, Lausanne 1930）；一个与此相关的优秀研究是D. Kurz的《准确性：到亚里士多德为止古希腊的精确性理想》（*Akribeia: Das Ideal der Exaktheit bei den Griechen bis Aristoteles*, Göppingen

1970)；亦见L. Camerer的《希罗多德那里的实践智慧：对力学、技艺和智慧概念的研究》(*Praktische Klugheit bei Herodot: Untersuchungen zu den Begriffen Mechane, Techne, Sophie*, Tübingen 1965)和M. Isnardi Parente的《技艺》(*Technē*, Florence 1966)，这部著作覆盖了柏拉图—伊壁鸠鲁时期。对科学智慧和实践智慧的两个非常有趣的相关研究是M. Detienne和J. P. Vernant的《理智的狡诈：古希腊人的混合产物》(*Les Ruses de l'intelligence: la Mètis des grecs*, Paris 1974)以及G. E. R. Lloyd的《魔术、理性与经验》(*Magic, Reason, and Experience*, Cambridge 1981)；亦见Vernant的《希腊思想的起源》(*Les Origines de la pensée grecque*, Paris 1981)和他的两篇更加简短的文章：《加工与实践思维》("Le travail et la pensée technique")和《论古希腊人的实践思维的形式和限度》("Remarques sur les formes et les limites de la pensée technique chez les Grecs")，二者都出现在《古希腊人的神话与思想》(*Mythe et pensée chez les Grecs*, Paris 1965)第二卷第1—15页和第44—64页。对"运气"的一般研究，见A. A. Buriks, *Peri Tuches: De ontwikkeling van het begrip tyche tot aan de Romeinse tijd, hoofdzakelijk in de philosophie*(Leiden 1955)；H. Meuss, *Tuche bei den attischen Tragikern*(Hirschberg 1899)；H. Strohm, *Tyche: zur Schicksalsauffassung bei Pindar und den frühgriechischen Ditchtern*(Stuttgart 1944)。亦见Lloyd-Jones的《宙斯的正义》，尤其是第142、162页。 442

3. 对连续性和不连续性之最重要要素的论述，见插曲二。
4. 关于这个故事我的看法基本上取自《被缚的普罗米修斯》中普罗米修斯的言语(这部戏剧究竟是谁写的是有争议的，但这个问题并不影响我们在这里的反思)。对其他相关文本的充分讨论，见Edelstein的《古代的进步观念》和Guthrie的《古希腊哲学史》(以上注释1)。在Diodorus Siculus(公元前60—前30年)那里报告出来的那种人类学，乃是引自德谟克利特的这个曾经很流行的观点。比如说，在T. Cole的《德谟克利特与古希腊人类学的来源》(*Democritus and the Sources of Greek Anthropology*, New Haven 1967)中被采纳，但却受到了Dodds的拒斥，他论证说，这个人类学其实是来自更晚期的对古希腊哲学家论述进行编撰的传统。关于这个故事的其他有影响的变种，参见Solon《残篇》第13页和第43页及以下，高尔吉亚的《帕拉门得的申辩》(*Apology of Palamedes*)，以及《安提戈涅》中合唱队关于人类的说法，参见第三章。*PV*的故事并不包括对内在激情的掌握。
5. 关于这个出场日期的问题，见A. E. Taylor的《柏拉图》(*Plato*, London 1926)第

236页，Guthrie的《古希腊哲学史》第四卷第214页，C. C. W. Taylor的《柏拉图：普罗泰戈拉》（*Plato: Protagoras*, Oxford 1976）第64页，这些作者都在大概前433年这一点上达到一致。327D中提到了一部产生于前420年的戏剧，这大概是个时代错误。就写作的日期而论，这篇对话有时候被认为属于最早出现的一篇对话；但大多数近来的学者已经论证说，这是一部转型阶段的著作，晚于更加简短的诡辩性或者反驳性的著作，早于《美诺篇》和《高尔吉亚篇》。

6. 值得注意的是，我们在这一节中将考虑的四篇对话在出场日期和写作日期上、在时间上形成了一个连续的顺序。一般来说这一点并不是真的；但或许有意义的是我就其主题的连续性而挑选出来的这些对话（它们在主题上是连续的，因为它们都以某种方式来处理哲学的专门技艺与我们的"运气"问题的关系，其核心都关系到"癫狂"或者激情的支配，它们也都关系到不同价值的可通约性或者和谐）也都应该阐明在苏格拉底的性格上，在他与这些问题的关系上的一种戏剧性的发展。这些正在变化的戏剧性描绘的意义，在第二部分的四章的每一章中得到了讨论，在第六—七章中得到最广泛的讨论。我们也注意到，在这四篇对话的三篇中，阿尔西比亚德斯扮演了一个核心角色（关于斐德罗与阿尔西比亚德斯的关系，见第七章，原书第212—213页）；在《理想国》中，残暴的灵魂扮演了类似的角色。
7. 关于这个隐喻（即狩猎表示了对实践理智的这样一个普遍而深入的描绘：实践理智使自己与偶然性相对立），参见Detienne和Vernant的《理智的狡诈：古希腊人的混合产物》；比较第一章，在那里我批评了这两位作者把"狩猎者"与哲学家激烈地对立起来的做法，考察了柏拉图比喻的一些有关方面。在这篇对话中，随着苏格拉底这位阿尔西比亚德斯的狩猎者变成苏格拉底这位老谋深算的新奥德修斯，通过哲学的技艺来拯救生活，日常的"爱欲"与这种哲学上升之间的连续性就得到了有力的强调。对作为一个伦理形象的狩猎的一个有关讨论，见我的"后果"第25—53页。论作为爱者和后来作为被爱者的苏格拉底，见第六章；对这种爱欲关系的一般论述，见Dover的《古希腊的同性恋》。
8. 《卡尔米德篇》的写作期也很可能接近于那组"疑难性的"早期对话之后。对哲学与医疗之间类比的历史的一个更充分的讨论，见我的《治疗性的论证：伊壁鸠鲁和亚里士多德》（"Therapeutic Argument: Epicurus and Aristotle", In *The Norms of Nature*, ed. M. Schofield and G. Striker, Cambridge 1985, 31—74）。
9. 关于普罗泰戈拉的主张，见316D，尤其是318E—319A。
10. 比如见Isnardi Parente的《技艺》第1页，Schaerer的《理解与技艺》。不过，

Schaerer指出，“科学理解”（epistēmē）比“技艺”（technē）更经常被用来指代行动者的认知条件。Dodds推断说，在前5世纪晚期，技艺的概念就是“智力对任何人类活动领域的系统应用”的概念，第11页；比较Guthrie，《古希腊哲学史》第三卷，第一部分，第115页注释3：“技艺包括人的技能或者神的技能的每一个分支，或者包括得到应用的智力，与自然的没有得到援助的工作相对立。”这些不正式的结果得到了J. Lyons对epistasthai、gignōskein、eidenai这些希腊语动词以及有关的名词如epistēmē、technē和gnōsis整个语义领域的严格而广泛的语言分析的确认和补充，见J. Lyons的《结构语义学：对柏拉图的部分词汇的分析》（*Structural Semantics: An Analysis of Part of the Vocabulary of Plato*, Oxford 1963）。Lyons表明，technē和具体的technai的名称在语义上充当了epistasthai这个动词最常见的直接对象；他观察到，“epistēmē和technē这两个词，在它们都与命名某门技艺或科学的形容词一起出现的语境中，经常是同义的，如果说不总是同义的话”（第187页）。他表明这一类形容词是多么丰富，一位古希腊作者是多么容易把technē这个名称给予任何一种有组织的实践知识，即可以成为epistasthai的对象的任何东西。他确实观察到，epistēmē在一个方面比technē更广泛：前者有时候可以与gnōsis相互替换地使用，而后者则不能。Lyons有关gignōskein和gnōsis的论证是：它们涵盖了个人所熟悉的东西的领域，而在那个领域中，我们发现不了epistasthai这个词。所以，他的要点是technē在epistasthai出现的每一个地方都出现，但它在个人所熟悉的东西的领域突然停止了，而epistēmē这个名词却可以进入那个领域。虽然Lyons的分析只是涉及柏拉图的著作，但在我看来，有可能的是，他在这方面的研究结果也描述了前5世纪晚期以及与柏拉图同时代的其他作者对technē和epistēmē的用法。 443

11. 我们将要关心的《形而上学》第一卷中的这段话就是这样一种典型的情形。在《尼各马可伦理学》1140b2及以下的那段话中，亚里士多德确实明确地把technē和epistēmē区分开来，把后者完全与生产性的技艺联系起来。（也比较1112b7。）《大伦理学》1197a33做出了同样的区分，尽管这部著作可能不是真作；然而，这段话明确地说，在我们将看到柏拉图称为technai的一些技艺中，比如说在七弦琴的演奏中，活动本身就是目的。在这个领域中，亚里士多德的字面区分并没有教条地或者甚至一致地得到维护：praxis和poiēsis的区分是这一点的一个清晰例子。对他来说，在一个广泛的意义上和一个狭窄的意义上来使用一个词也不是一件不同寻常的事情——这两种意义既可以针对种类而论又可以针对其中的一个子类别而论：对于“phronēsis”和“dikaiosunē”这两个词，他确实就是这样明确地使用的，而对于“aisthēsis”这个词，正如我已经论证的（参见我的《亚里士多德的〈论动物的运动〉》中的第五篇论文），他至少是隐含地这样来使用的。让《尼各马可伦理学》中狭窄意义上的“technē”适合他的其他用法（尤其是在《形而上学》第一卷中的用法）显然是一件不可能的事情；《形而上学》第一卷致力于论述亚里士多德的先驱者的观点，这个事实有助于说明为什么他在那里的用法仍然接近于传统的用法。

12. 尤其参见356D及以下，在那里，在这两种用法之间有一些重复的前后动词转变，因此，我们往往就很难看出“metrētikē”这个形容词是指称哪个名词。在一个更早的段落中，普罗泰戈拉提到他的technē和一个mathēma，显然把二者看作是可以相互交换的（316D、318E、319A）。

13. 关于这个背景，尤其参见Schaerer的《理解与技艺》，Edmunds的《机遇》（有参考文献）。

14. 关于希波克拉底墓志铭上的这个对比，参见G. Pfohl所编辑的《古希腊墓志铭上的诗歌》（*Greek Poems on Stone* I, Leiden 1967）144（=Anth. Pal. VII. 135）；比较Edmunds，同前引书，第2页和注释2。希波克拉底的各篇论著的写作时期是有争议的。我集中于那些把日期定在前5世纪的论著。G. E. R. Lloyd在

444 他的《谁在〈论旧时的医学〉中受到攻击？》[“Who is Attacked in *on Ancient Medicine?*” *Phronesis* 8（1963）108—126]中已经对这个关于《论旧时的医学》（*De Vetere Medicina*）的公认观点提出质疑；但他并未把这部论著的日期定在柏拉图之后。

15. Xen. *Mem.* III. 10；其他的例子，参见Schaerer的前引书和Kurz的《准确性》。《高尔吉亚篇》拒绝把任何不可能对其方法给出一个一般论述（logos）的东西称为技艺；它在经验（或一个经验性的诀窍）和技艺之间的区分密切对应于《形而上学》第一卷中的区分。我们如何从经验的积累过渡到一个一般论述这个问题仍然是古希腊医学理论中的一个核心问题。盖伦的《论医学经验》记录了一个争论，这个争论利用了一种形式的堆积悖论：如果n个医学观察对技术来说并不充分，那么n+1个医学观察也不会是充分的。从这些前提中我们就可以表明，不管数目多大，它都不会是充分的，因此，如果医学是建立在这种观察的基础上，那么它就不可能是一种技艺。有经验的医生会用这样一种方式来回答：他向人们表明，不论是他的医疗实践还是他在治疗疾病的过程中积累起来的经验概括都是成功的。这一点似乎意味着如果这样一个实践很好地抵抗了“运气”，那么它就足以成为一种技艺。

16. 关于一些早期的段落，参见Schaerer的前引书第2页及以下；然而，在我看来，他从这些段落中做出了一些没有保证的推断。Kurz在上面提到的那部著作中讨论准确性的一些有关章节是有帮助的。
17. 亦参见Eur. *El.* 367及以下，在那里，准确性在人的判断中的缺乏与一种确实的判断标准的缺乏联系起来；这接着又被追溯到由人性的某些因素所引起的内部剧变上。
18. Irwin，《柏拉图的道德理论》各处，尤其是第三卷第 9—11页。第三卷第9页包含了对下面两个问题的一个很好的讨论：一个问题是柏拉图在技艺与知识之间提出的一些联系，另一个问题是在这二者与提出说明的能力之间的联系。第73—74页提出了关于技艺的这一关键主张：每一个具有技艺的人都“产生出一个不用参考他的具体运动就可以鉴定出来的产物”。在这里Irwin必定是在谈论技艺的日常概念，而不是苏格拉底对这个概念有一定分歧的使用，因为，甚至当苏格拉底不是在使用“技艺”这个词时，Irwin却使用这个论述作为基础，来解释对话中那些与技艺相类似的东西的力量。他的要点是与技艺的任何类比都会在读者心目中唤起某种图像。
19. 很重要的是，在“技艺”这个词意味着什么、技艺例子的出现意味着什么这些问题上，Irwin是正确的。他说，在早期对话中，美德的概念是工具性的概念，但他对这个论点提出的明确证据很薄弱：首先是一个来自《吕西斯篇》中的论证的前提，而这篇对话被认为具有高度疑难性特征；其次（正如我们将看到的）是《普罗泰戈拉篇》后半部分的证据，但那本身并不提供任何证据来支持对其他早期对话提出这样一种工具性的解释。G. Vlastos在他对Irwin的评论中以及在另外一篇文章中已经对这个解释提出了有力的批评，见G. Vlastos的《卓越的与幸福的》（“The Virtuous and the Happy”，*TLS* 24 Feb. 1978, 230—231）和《苏格拉底道德理论中的幸福与美德》［“Happiness and Virtue in Socrates' Moral Theory”，*PCPS* 210, NS 30（1984）181—213］。
20. 参见以上注释10以及注释2中的参考文献。
21. 色诺芬，《经济论》第一卷；关于色诺芬对“技艺”和“科学理解”的使用，参见Schaerer的《理解》。
22. 《优台谟伦理学》1219a12及以下，《大伦理学》1211b28, 1197a—1197a11（对这句话的评论，参见以上注释11）。关于这个希腊化时期的观点，尤其见Cicero, *Fin.* III. 24，以及Striker的《安提帕特》（“Antipater”，in *The Norms*）。
23. 在《优台谟伦理学》1219a12及以下，亚里士多德把医学科学与数学科学比较：

在前者中，有一个并不等同于治疗活动本身的目的，即健康；在后者中，理论（theōria）活动就是一个目的本身。但是，在《形而上学》第七卷第七章中，他明
445 确地说，医生的活动包括对那个目的本身的各个“部分”或要素进一步地详述。

24. 对于这些例子在柏拉图那里的显著性，Irwin感到有点难处理。他绝没有争辩说，对柏拉图来说，这些例子就是技艺的中心实例。他提出了一个很古怪的解决：长笛演奏者“仍然产生出一个不用参考他的具体运动就可以鉴定出来的产物。当我们在音乐中认出一种音调谐美的声音时……我们就能够决定是否某些运动就是好的长笛演奏…… 一种音调谐美的声音并非**因为**它是好制作的结果就是一个好的产物，而是，那个制作乃是因为那个产物而是好的”（第73—74页）。这似乎是一个不顾一切的策略；即使这种见解在美学中偶然得到捍卫，但它看来显然是假的。（霍洛维茨是一位伟大的艺术家，是不是因为他娴熟地制造完成了为了产生一个“音调谐美的声音”——我们将渴望和看重的那样一个声音，即便它是由一部机器产生出来的——而需要的工具条件？我们是否不用提到手、手指、脚、想象和钢琴就能恰当地刻画演奏钢琴的目的？）此外，这样一个见解在这个历史时期完全是空前绝后的：亚里士多德认为，在音乐艺术中，演奏者的活动就是目的本身，这一点是完全没有争议的和自明的。Irwin并没试图论证，他提出来的观点就是那个时代的一位古希腊思想家可能已经持有的观点；他也没有表明那个观点是**我们**可以合理地接受的。

25.《斐莱布篇》探究了音乐的这个要素以及其他的技艺。

26. Taylor在《柏拉图：普罗泰戈拉》第83页中把如下假定赋予普罗泰戈拉：一门**不是**生产性的技艺，也就是说，其目的本身就容易引起争论的一门技艺，不可避免地要瓦解成为主观主义。虽然我并不像Taylor那样相信我们需要把这个假定赋予普罗泰戈拉，虽然这个假定作为一个主张似乎是假的，但它可以阐明在现代道德哲学以及古代道德哲学中的一种忧虑，即把指向一个外在目的技艺的推动力激发起来的那种忧虑。

27. 对普罗泰戈拉的话语的讨论可以在如下论著中发现：A. W. H. Adkins的《美德、技艺、民主与智者：〈普罗泰戈拉篇〉》[“Arete, Techne, Democracy and Sophists: *Protagoras* 316D—328B”, *JHS* 93（1973）3—12]，A. T. Cole的《普罗泰戈拉的相对主义》[“The Relativism of Protagoras”, *YCS* 22（1972）19—46; Dodds, *ACP* 1—25]，Guthrie的《古希腊哲学史》第三卷第63—68页和第255页及以下，E. Havelock的《古希腊政治学中的自由气质》（*The Liberal Temper in Greek Politics*, London 1957）第407—409页，F. Heinimann的《律法与自然》（*Nomos*

und Phusis, Basel 1945)第115—116页, G. B. Kerferd的《柏拉图对普罗泰戈拉的相对主义的说明》["Plato's Account of the Relativism of Protagoras", *Durham University Journal* 42, NS 11(1949—1950)20—26]以及《在柏拉图的〈普罗泰戈拉篇〉中普罗泰戈拉的正义和美德学说》["Protagoras' Doctrine of Justice and Virtue in the *Protagoras* of Plato", *JHS* 73(1953)42—45], A. Levi的《普罗泰戈拉的伦理和社会思想》["The Ethical and Social Thought of Protagoras", *Mind* 49(1940)284—302], D. Loenen的《普罗泰戈拉与希腊共同体》(*Protagoras and the Greek Community*, Amsterdam 1940), S. Moser 和G. Kustas的《对普罗泰戈拉的'相对主义'的一个评论》["A Comment on the 'Relativism' of Protagoras", *Phoenix*(1966)111—115], A. E. Taylor的《柏 拉 图》第241—247页, C. C. W. Taylor的《柏拉图：普罗泰戈拉》, G. Vlastos所编辑的《柏拉图的普罗泰戈拉》(*Plato's Protagoras*, Indianapolis 1956)。在这些文献中,很多是集中于普罗泰戈拉所谓的相对主义问题以及历史上普罗泰戈拉的观点的证据；但其中没有任何文献直接把注意力集中到我最关心的那个问题。

28. 普罗泰戈拉把他的话语划分为"故事"和"论证"或"论述"；但他如何理解这个划分是毫不清楚的。逻各斯只是在324D开始,但前面的那些段落(323A—324D)在风格上似乎属于以下的东西而不是属于以上的故事。Kerferd在《普罗泰戈拉的学说》这篇文章中断言,323A及以下是对这个故事的一个总结。我们大概可以猜测说,普罗泰戈拉对他自己的话语的范畴没有一个坚定的或者细致的把握。

    有时候人们习惯这样来理解这个话语,说它是来自历史上的普罗泰戈拉的"论事物开始存在的方式"那句话。这句话甚至被印在Diels-Kranz的论著中, 446
尽管是在"模仿"这一节。在这里我将只是把这个话语处理为一个柏拉图式的人物的话语,尽管我们不应该忽视这一可能性：柏拉图是在向我们表明这篇对话当中的问题是如何从他那个时代的思想潮流中产生出来的。

29. 我使用引号是因为这些能力在以上指定的意义上显然不是技艺；普罗泰戈拉也没有这样称呼它们。它们与技艺有一些共同之处,即它们都是一个有生命的产物借以能够在世界中闯出一条路,在面对危险时捍卫自己的资源。

30. "这是什么"这个问题在古希腊自然科学的早期传统中是一个核心问题,如果说不是唯一的核心问题的话,这个问题几乎不需要提及。在对一个变化的事物进行追问时,这个问题经常被解释为一个关于事物本性的问题：假若该事物的本质是从其生活和生长的特有方式中被揭示出来的,那么那个本质究竟是什么呢？参见E. Benveniste的《印欧语行动者的规范和行动的规范》(*Noms d'agent et noms d'action en indo-européen*, Paris, 1948) 第78页；D. Holwerda, *Commentatio de vocis quae est φύσις vi atque usu*(Groningen 1955)；Heinimann的《律法与本性》，特别是第89页及以下；C. Kahn的《阿那克西曼德与古希腊宇宙学的起源》(*Anaximander and the Origins of Greek Cosmology*, New York 1960)第200—203页。亚里士多德告诉我们，"这是什么" 这个问题(对此他自己给出了一个回答，这个回答强调以某些特有的方式发挥功能的能力)就是他的整个传统"不断追问却总是得不到答案" 的**唯一**问题(《形而上学》第七卷1028b2及以下)。所以，毫不奇怪(尽管很少被注意到)的是，普罗泰戈拉竟然利用和阐明了这个思辨传统。关于在回答 "这是什么" 这个问题时种类和种类词项的重要性，参见D. Wiggins的《同一与实体》(*Sameness and Substance*, Oxford 1980)，尤其是第二章和第三章，它们特别提到了亚里士多德的观点及其先驱者。

31. 休谟，《人性论》第三卷第二部分第1—2节。

32. 此外，从休谟的这一论述中我们似乎可以得出这样的观点，只有当我们确信，从其他人的观点来看，这样做有利于更加根本的目的时，我们才有理由成为公正的和遵守法律的人。在如下特殊的情形中，这样一个论述似乎无法提供任何理由来说明为什么我不应该为了我的自我利益而行为不公：(1)不公正有利于我的自我利益，(2)我确信我不会被发现和受到惩罚，(3)我有好的理由相信我的不公正行动不会削弱正义这个普遍有用的实践。

33. 亚里士多德批评了对人类目的的这样一种论述，关于这一点，参见第十二章。普罗泰戈拉和亚里士多德之间的一些相似性会在下面凸显出来：对伦理学的一种一般的人类中心论的看法；社会美德就是共享的自然社会性和社会训练的结合这一观点；城邦中所有成年人在某种意义上都是美德的教师，但一位教师仍然有余地发展我们对这个实践的反思性意识这一观点；成为某种类型的存在者就是要具有某些功能能力这一观点。其中的一些相似性通常已经被注意到，例如，参见Guthrie的《古希腊哲学史》第三卷第67页；Loenen的《普罗泰戈拉》第103—126页，有参考文献。

447 34. Adkins在他的论文《美德、技艺》中指责说，在谈到aretē的时候，普罗泰戈拉跳跃在两种理解之间：有时候他把aretē说成是 "合作的美德"，有时候说成是个人竞争的技能。他对318和328的分析并没有使我确信普罗泰戈拉在这里的说法是不一致的。如果说有某种不一致的东西，那么正是Adkins自己不一致：在已经论证说 "技艺" 在这个时期有一个极为广泛的应用范围后，他就这样来理解后面那些与技艺的类比：他说，那些类比本身就表明技艺就是竞争性的技能。

35. 这符合历史上的普罗泰戈拉所表达出来的这一观点（《残篇》B3）：“教学需要本性和实践。”学者们广泛同意，这就是调和普罗泰戈拉对宙斯礼物的论述与他的主张（即美德是被教会的）的方式，例如，参见Guthrie的《古希腊哲学史》第三卷第67页；Loenen的《普罗泰戈拉》；对这一点的一个很好的论述是Levi的《普罗泰戈拉的伦理和社会思想》第294页；参见Heinimann的《律法与本性》第115—116页。Kerferd在他的《普罗泰戈拉的学说》中对这个见解的异议看来并不令人信服，尤其是因为他似乎忽视了328B8和C1。然而，我们不妨对他让步，说普罗泰戈拉并没有清楚地把他的意思表达出来。

36. 公民需要履行这些义务，据说部分原因是为了使城邦得以幸存；但这并不足以使得这一点就成为一个休谟式的观点。在休谟的意义上，生存下来并不是一个外在的目的；甚至在这里，**城邦**就是这样一个实体：它的幸存就是民众所向往的事情。

37. 同样地，当这位旅行者把自己归于不关心政治的野蛮人时，普罗泰戈拉说他所感到的不是**恐惧**（正如生活在那些不太接受约束的人类同伴中时他会感受到恐惧），而是**孤独**和**乡愁**，一个人在周围没有看到他的同伴时就会感受到的那种东西。在这两种情形中，完全不清楚的是，这里所描述的那些人究竟是缺乏（天生的）**正义感**，还是仅仅缺乏这种正义感的有效发展。甚至在后一种情形中，他们可能是如此“乖僻”和如此“狡诈”，以至于我们很难发现他们的正义感。

38. 有些批评者强调普罗泰戈拉作为一个自我声明的专家，试图在一个民主文化中赢得学生时所面临的困难；参见Kerfred的《普罗泰戈拉的学说》，J. S. Morrison的《普罗泰戈拉在雅典公共生活中的地位》[“The Place of Protagoras in Athenian Public Life”, *CQ* 35（1941）1—16]。Adkins在他的那篇文章中走得如此之远，以至于建议说，这整句话就是一个captatio benevolentiae，具有“某些对每个人都适用的东西”，因此就充满了模糊和矛盾。但这个见解似乎是完全一致的；亚里士多德也会把对公民之文化适应的敬畏与对专家之用处的捍卫结合起来。每一个声称要在民主社会中教导伦理学的人都会碰到这个问题；本书的存在就是我相信对这个问题有一个连贯解决的证据。

39. 有三种方式可以把这句话同化为相对主义或主观主义：（1）通过用一种得不到辩护的方式把这番演说同化为《泰阿泰德篇》中那个普罗泰戈拉式的学说；

(2)通过错误地把普罗泰戈拉对法律的捍卫当作对每个具体法律制度的捍卫(但这句话显然意味着一种法律制度可以因为没能履行法律的一般职能而受到批评);(3)通过这一假定(参见以上注释26):如果在一门技艺中,根本的目的很容易引起争议,那么这样一门技艺就必定是相对主义的。支持这种相对主义解释的作者包括Vlastos,Cole和A. E. Taylor,反对这个解释的作者包括Loenen、Kerferd、Levi、Moser和Kustas。(最后两位作者的论著在批评这种相对主义的解释上很有分量。)

40. 通过这一点,普罗泰戈拉就以某种方式消极地参与到苏格拉底对"大众"的攻击,但他自己关于教育的早期观点格外强调对这种激情的形成加以纠正(356A—B),他对残余错误的说明,尽管很简略,但似乎要求对这些要素进行不完备的训练,因为当惩罚被当作一种教育时,其对象与其说是理智,倒不如说就是那些要素。

41. 参见315B,在那里对荷马的引用把苏格拉底与奥德修斯联系起来,把希庇亚斯与赫拉克勒斯的阴影联系起来;315C,在那里普罗狄科被类似地比作坦塔罗斯。这些比较不可能指出品格或成就的具体相似性,因为普罗狄科被描绘为一位有品格且具有道德关怀的人;关键要点是在这里,在那些没有方略、没有计谋的死者当中,只有一位大胆的、足智多谋的、活生生的人。对于苏格拉底对技艺和关于哲学技艺与日常计谋的连续性的看法,这个比较有一些含义,关于这些含义,参见第七章注释36。对在这里得到娴熟使用的那种足智多谋的智能,有一个流行的观念,关于这个观念,参见Detienne和Vernant的《理智的狡诈》,在第一章和第七章注释36中得到讨论。

448 42. 关于这一点,参见我的《埃利亚的约定主义与菲洛劳斯论思想的条件》["Eleatic Conventionalism and Philolaus on the Conditions of Thought", *HSCP* 83(1979)63—108],尤其是第89—91页,既参考了原始文本又参考了第二手文献。关于早期希腊人对英雄及其重要性的思考,有价值的研究包括:O. Becker的《对古代逻辑的两个考察》["Zwei Untersuchungen zur antiken Logik", *Klassisch-Philologische Studien* 17(1957)]第20页及以下,J. Stenzel的《数字与格式塔》(*Zahl und Gestalt*, Leipzig 1933)第25页及以下,以及J. Annas的《亚里士多德的形而上学M和N》(*Aristotle's Metaphysics M and N*, Oxford 1976)。

43.《伊利亚特》第二卷第488行,第二十四卷第776行;其他的文本,见我的《埃利亚的约定主义》第90—91页。

44. 关于对菲洛劳斯的认识论解释,参见我的《埃利亚的约定主义》。比较亚里士多德的《形而上学》1052b20,《修辞学》1408b27,《形而上学》1053a18。对古希腊科学中定量测量的一个优秀讨论,见G. E. R. Lloyd的《测量与神秘化》(“Measurement and Mystification”, *The Revolutions of Wisdom*, 215—284)。Lloyd通过逐一考察不同的科学,通过揭示在这个问题上的大量见解和实践,批评了科瓦雷的那个众所周知的主张:古希腊科学对定量的东西缺乏兴趣。古希腊人显然广泛地意识到了定量测量的重要性,尽管这种意识并不是统一的。

45. 例如,参见如下地方:ametrētos,《奥德赛》第十九卷第512行,第二十三卷第249行,等等,欧里庇得斯《厄勒克特拉》第236和433行;ametria和ametros,德谟克利特《残篇》B70和C3;summetron作为“恰当的”或“合适的”,埃斯库罗斯《欧墨尼得斯》第532行,伊索克拉底《残篇》4. 83等;summetria作为“应得的份额”,德谟克利特《残篇》B191,参见毕达哥拉斯《残篇》D4和克力同罗斯《残篇》B6。在柏拉图那里,这些具有伦理含义的用法很常见,例如见《高尔吉亚篇》525A,《蒂迈欧篇》86C和87D,《理想国》486D,《智者篇》228C,《法篇》690E、820C和918B。论《斐莱布篇》,见第五章。“metrios”(中等,适度)作为一个伦理术语的核心重要性不需要例证。

46. 参见K. von Fritz的《麦特蓬托姆的希帕苏斯对不可通约性的发现》[“The Discovery of Incommensurability by Hippasus of Metapontum”, in D. Furley and R. E. Allen, eds., *Studies in Presocratic Philosophy* (London 1970) 382—442], T. Heath的《古希腊数学史》(*A History of Greek Mathematics*, Oxford 1921)第一卷第154页及以下。这些故事大概并没有表明从事研究的数学家有什么真正的忧虑,因为他们继续忙于自己的工作。不过,它们充分地表明了那些流行的认识概念。

47. 这个情感很接近高尔吉亚在对帕拉墨得斯的辩解中表示出来的情感(30):“谁是那个从贫瘠中使人类生活变得丰富、从混乱中把秩序制定出来……找到标准和砝码来对我们的行为进行足智多谋的调停的人?”

48. 522B及以下;“技艺”(technē)和“科学理解”(epistēmē)这两个词不加区分地使用。

49. 987C及以下。即使这不是柏拉图的一部真实著作,但我相信它发展了一个我们可以看作是柏拉图观点的见解。在这里,这位作者再次在“技艺”和“科学理解”这两个词之间来回摆动,没有对它们加以区分,因此我们就无法看出在-ikē中的那个形容词是指称哪个名词。比较《法篇》819—820,在那里,对可通约的东西和不可通约的东西缺乏认识被称为“更应当被看作是像猪一样愚蠢的畜生，而不应当被看作是人”，对此，这个雅典人声称自己“不仅是在为我自己感到脸红，而且是在为我们整个希腊人感到脸红”（819D）。然而，应该注意的是，按照这位希腊人的看法，最大的问题是：有些东西实际上**不是**可通约的，但人们竟然认为它们是可通约的。这一点，加上他承认自己感到脸红这一事实，可以说暗示了后来对这样一门单一的测量科学的批评，与我们将在第七章中讨论的柏拉图思想的转变相一致。参见我的《柏拉图论可通约性和欲望》[“Plato on Commensurability and Desire”, *PASS* 58（1984）55—80]以及《爱的知识》第106—124页。

50. 在下面，这一点被明确地应用于将快乐作为伦理价值的通货来进行测量的问题。

449 51. 关于这个争论的文献很多。其中很多文献处理这篇对话与其他早期对话的关系，以及这些对话与历史上苏格拉底的观点之间的关系。在这里我将不关注这两个很大的问题；目前，我将把这篇对话视为柏拉图的一部自足的著作，在其问题和关注上都与柏拉图的其他著作保持连续。在这篇对话对快乐主义的论述中，我发现让人印象最深的是把快乐主义处理为苏格拉底这个人物严肃持有的一个见解的那些论述，而这个见解既是这个直接论证的本质部分，又是对美德统一性的完整讨论。Taylor在《柏拉图：普罗泰戈拉》和Irwin在《柏拉图的道德理论》中都令人信服地表明，对美德的统一性的这个讨论只是终止于356，最终对测量科学提出了一个提议；他们两人都对测量的技艺提出了很好的讨论，强调了它所提供的精确性和客观性的重要性。也可参见I. M. Crombie的《对柏拉图学说的一个考察》（*An Examination of Plato's Doctrines*），尤其是第232—245页（在这里作者对这些问题给出了一个很好的总结），以及R. Hackforth的《柏拉图的〈普罗泰戈拉篇〉中的快乐主义》[“Hedonism in Plato's *Protagoras*”, *CQ* 22（1928）39—42]。在那些否认苏格拉底严肃地持有这个快乐主义前提的人当中，有些人声称日常形式上的快乐主义实际上根本就没有出现在这篇对话中，有些人则论证说那个快乐主义是一个来自个人偏好的见解。前一种见解的各种版本见以下著作：Vlastos的《柏拉图的普罗泰戈拉》前言第xi页及以下（作者强调了苏格拉底确实严肃地持有这个前提，但论证说那个前提并不等同于日常的快乐主义），Guthrie的《柏拉图，〈普罗泰戈拉篇〉和〈美诺篇〉》（*Plato, Protagoras and Meno*, London 1956）第22页，Taylor的《柏拉图》第260页；后一种见解的各种版本见以下著作：J. P. Sullivan的《柏拉图〈普罗泰戈拉篇〉中的快乐主义》[“The Hedonism in Plato's *Protagoras*”, *Phronesis* 6

(1967) 10—28], D. J. Zeyl的《苏格拉底与快乐主义:〈普罗泰戈拉篇〉351B—358D》["Socrates and Hedonism: *Protagoras* 351B—358D", *Phronesis* 25 (1980) 250—269],包含完整的参考文献。对这个问题的最近讨论,也可参见Gosling和Taylor的《古希腊人论快乐》(*The Greeks on Pleasure*, Oxford 1982),第45—68页。这个争论部分是由快乐主义是一个低级的道德见解这一信念激发起来的。所以加斯里写道:"这个学说……就像大多数人抱有很高期望的那样,其实是与道德相一致的。……这很难成为任何公认意义上的快乐主义。"但这是短视的,并且很令人惊奇的是,一个在英国功利主义的影响如此盛行的文化中被培养起来的人,竟然会说出这种话来。

52. Irwin在《柏拉图的道德理论》中的复杂论证使得《普罗泰戈拉篇》成为那组完整的早期对话的自然巅峰,使得《高尔吉亚篇》成为通向中期对话的一个转折点。即使我不同意Irwin对技艺类比的运用,以及他对其他对话的解释的某些方面,我还是同意他的这一观点:这篇对话向我们显示了对慎思和知识的透彻关注的一个逻辑结果。Vlastos也很极端地提出了这一主张:"快乐主义不符合苏格拉底伦理学的一般趋向或方法。"(《柏拉图的普罗泰戈拉》xl—xli)

53. 因此,我的见解类似于Crombie在《一个考察》和Hackforth在《快乐主义》中所表达出来的见解,这两位作者都认为柏拉图是在从对实践知识的某些背景关注中把快乐主义"提炼出来"的。尽管Zeyl在《苏格拉底与快乐主义》中将其见解描述为"反快乐主义的",并声称选择快乐为目的是立足于个人的偏好,但是,当Zeyl指出,为了把他的结论确立起来,苏格拉底并不需要一般而论的快乐主义,而只需要某个保证单一性和可通约性时(第260页),他最终达到了与我相似的见解。

54. 克瑞翁提到了可通约性(387),尽管他并没有对那个目的给出精确的定量说明,参见第三章。也可参见索福克勒斯的《菲罗克忒忒斯》,在这部戏剧中,合唱队的焦虑要求被显示为一种实践技艺,最终导致他们同情奥德修斯的后果主义观点,按照该观点,如果行动有助于促进一个单一的最终的善,那么行动就是正确的(参见第三章以及我的《后果》)。按照这些戏剧的说法,这显然是一种现代的进步观,与奥德修斯的那种机智灵巧、足智多谋相联系。它挑战了一个 450
传统的观点,后面这个观点因为强调行动本身就是一种价值,强调多元的内在目的之重要性,因此就类似于普罗泰戈拉的观点。这部戏剧见证了当代人对一门修正的伦理学的兴趣;涅奥普托列墨斯的保守主义,就像普罗泰戈拉在这里的保守主义一样,被攻击为一种倒退。

55. Vlastos在《柏拉图的普罗泰戈拉》中添加了一个重要的方法论要点；使用自己认为并不可靠的一个前提来论证一个重要结论，这并不是苏格拉底的特征（《柏拉图的普罗泰戈拉》xl，注释50）。
56. 这大概也可以被翻译为“我要说的意思是”，尽管我发现这个译法不太合理，尤其是当这个短语在351E1—351E2中被重复时。所以，“我说”这个说法自身并未解决这个问题；但C4中的egō（“我”）语势很强，似乎违背了一种从个人偏好出发（ad hominem）的解释。
57. 亦见360A。在《苏格拉底与快乐主义》这篇文章中，通过指出我们有可能认为苏格拉底自始至终都是在扮演一个“对人而不对事”的角色，Zeyl就论证支持他的这种“从个人偏好出发”的解释。既然这种解释涉及在几个重要的问题上把一些不诚实的陈述赋予苏格拉底，因此，与其说它解决了这个解释问题，倒不如说它提出了更多的解释问题（参见以上注释55）。
58. 边沁致力于消除偶然性，他对这件事情的关心与他对数目和度量的那种痴迷关注有一定的联系。关于这一点，参见C. Bahmueller的《国家慈善机构》（*The National Charity Company*, California 1981），这部著作引用了很多边沁未出版的手稿，很有吸引力。关于本章的章首语，参见原书第83页。关于Sidgwick对功利主义的道德与常识之关系的看法，见J. B. Schneewind的《西季威克与维多利亚的道德》（*Sidgwick and Victorian Morality*, Oxford 1977）。
59. Sidgwick，《伦理学方法》（*Methods of Ethics*, 7th edn, London 1907）第401页。Sidgwick写道，从常识当中，把对根本善的一个功利主义说明引导出来的一个论证，“显然是不可能被完全连贯地提出来的，因为……有一些得到良好教育的人确实会习惯于判断说，知识和艺术等等——更不要说美德了——本身就是目的，与从它们那里得到的快乐无关”。亦见Rawls论述“快乐主义作为一个选择方法”的那一节，J. Rawls《正义论》（*A Theory of Justice*, Cambridge, MA 1971）第554—560页。
60. Sidgwick，《伦理学方法》第406页，参见第478—479页。
61. Sidgwick，《伦理学方法》第425页。Crombie在以上提到的著作中对《普罗泰戈拉篇》的解释提出了一个相似的观点：苏格拉底的论点“意味着道德范畴是粗糙的和临时的，我们应该用我们的相对快乐性判断来取代它们”。在《苏格拉底与快乐主义》这篇文章中，Zeyl对苏格拉底式的快乐主义何以成为对于对话者见解的一个自然扩展这个问题，做出了有价值的观察。
62. 关于这个论证，尤其参见Irwin的《柏拉图的道德理论》第四章，我受益于这一章的论述；亦见Zeyl的《苏格拉底与快乐主义》和Taylor的《柏拉图：普罗泰戈拉》。一个略微不同的说明是G. Santas的《柏拉图的〈普罗泰戈拉篇〉与对不能自制的说明》[“Plato's *Protagoras* and Explanations of Weakness”, *PR* 75 (1966) 3—33, repr. in Vlastos, *Socrates*]。

63. 这个条件在325D7中被提到。D. Davidson在《意志软弱何以可能？》(“How Is Weakness of Will Possible?”, in *Moral Concepts*, ed. J. Feinberg Oxford 1969, 93—113)中已经论证说，严格地说，我们只需提到行动者**相信**这两个历程都是开放的。但这似乎不足以排除心理上强制的情形，而柏拉图在这里可能想起的就是这种情形。柏拉图在把不能自制与强制区分开来的时候碰到了困难，对这些困难的一个有趣说明，见G. Watson的《关于意志软弱的怀疑论》[“Skepticism about Weakness of Will”, *PR* 86 (1977) 316—339]。

64. 亦见Zeyl的《苏格拉底与快乐主义》第260页。

65. 参见358D，在那里这个原则得到了阐述。我在这里的表述受益于Irwin的《柏拉图的道德理论》。

66. 对这个问题的进一步讨论，见我的《柏拉图论可通约性和欲望》。在《意志软弱、可通约性以及慎思和欲望的对象》[“Weakness of Will, Commensurability and the Objects of Deliberation and Desire”, in *PAS* 79 (1978—1979) 251—277, repr. in Rorty, *Essays* 241—265]这篇文章中，D. Wiggins在不可通约性和意志软弱之间发展出一个类似的联系。我在1975年就读到了这篇文章，当时我还没有开始本书手稿的写作，在1982年我发现了这篇文章与我的观点的联系，因此进行了这个最近的修改。所以，我应该对我的如下观点加以限制：我对这一点做出了独立的发现。 451

67. 对这些联系的进一步讨论，见第五、第六、第十一章。

68. 如果就像在理想城邦中的孩子那样，这些孩子不是由父母抚养长大的，而是由(可以相互交换的)公共职员抚养长大的，此外，如果他们生活在一个在财产权上实施全面的共产主义，并且取消了性关系的排他性社会中，那么他们就会最容易学到这些东西。柏拉图正确地认识到深刻的灵魂变化是不可能通过讲演来实现的；这种变化要求彻底地重新塑造人类经验。对这些要点的进一步讨论，参见我的《柏拉图论不可通约性》。此处我不考虑这里提出的这一可能性：完全相信可通约性会剥夺人们对对象进行个体化的逻辑/形而上学基础。

69. 关于年代学问题，参见第四章注释5，第五章注释21和第七章注释7。

70. 参见Crombie在《一个考察》第一部分第243页中的很好的讨论；他论证说，

《理想国》和《斐多篇》是《普罗泰戈拉篇》对一门度量科学的提议的一个自然发展。虽然我并不认为他充分强调了柏拉图后来对快乐的单一性和外在性的批评,但他确实正确地强调了那种连续性。

71. 这些问题在Taylor的《柏拉图：普罗泰戈拉》第195—200页和Irwin的《柏拉图的道德理论》第108—109页中得到了很好的讨论。亦见如下论著中对快乐主义的各个变种很好的一般性讨论：J. C. B. Gosling的《快乐与欲望》(*Pleasure and Desire*, Oxford 1969),尤其是第三章。

72. 参见第五章,尤其是注释19,以及《斐莱布篇》12D—12E。

73. 在本章中,我受益于一些学生的提问和批评；我特别需要指出的学生是Robin Avery、John Carriero、Arnold Davidson和Nancy Sherman,但这并不意味着我忽视其他学生。我也想要感谢Stanley Cavell,我与他共同讲授和经常讨论这些材料。我感谢Geoffrey Lloyd,不仅因为他的评论,而且也因为他允许我在修改这个手稿的最终阶段阅读和参考他的《度量和神秘化》这篇文章(见以上注释44),那是一项基本研究,其范围和丰富性是无法通过仅仅简要地提到它就能表达出来。

插曲一　柏拉图的反悲剧戏剧

1. 我已经在《灵魂的虚构》这篇文章中进一步讨论了这些问题,并把柏拉图的写作观与普鲁斯特(Proust)对叙述性教学的捍卫进行了对比。

2. 这些问题近年来还不是很经常地被英美哲学家的讨论涉及；论述这些问题的近著要么来自那些与哲学联系不多的古典学家,要么来自那些其他传统中的哲学家。例如,见J. Derrida的《柏拉图的药剂》["La pharmacie de Platon", *Tel Quel* 32(1968), repr. in *La Dissémination*, Paris 1972],R. Schaerer的《柏拉图的问题》(*La Question Platonicienne*, Neuchâtel 1938, 2nd ed. 1969),H. Gundert的《柏拉图的对话》(*Der platonische Dialog*, Heidelberg 1968),H. G. Gadamer的《柏拉图的论辩伦理》(*Platons dialektische Ethik*, Hamburg 1968),W. Wieland的《柏拉图与知识形式》(*Platon und die Formen des Wissens*, Göttingen 1982)第13—94页,V. Goldschmidt的《柏拉图的对话》(*Les dialogues de Platon*, Paris 1947),Guthrie的《古希腊哲学史》第四卷,H. Kuhn的《真正的悲剧：论古希腊悲剧与柏拉图之间的关系》["The True Tragedy: On the Relationship between Greek Tragedy and Plato", *HSCP* 52(1941)1—40 and 53(1942)37—88]。"分析"

452

传统中的一个例外是J. Hartland-Swann的《柏拉图作为诗人：一个批判性的解释》[“Plato as Poet: A Critical Interpretation”, *Philosophy* 26(1951) 3—18, 131—141]。一篇很有帮助的文章是A. A. Krentz的《柏拉图对话中的戏剧形式与哲学内容》[“Dramatic Form and Philosophical Content in Plato’s Dialogues”, *Phil Lit* 7(1983)]。在讨论柏拉图的作者中，那些受到列奥·施特劳斯(Leo Strauss)著作影响的作者，把注意力放到对话形式的问题上，但他们经常以一种很古怪的方式来解释柏拉图，把与柏拉图的文本背道而驰的解释原则输入他们的解释中。在这个背景下对这些对话最有帮助的一般论述是C. Griswold的《风格与哲学：柏拉图对话的案例》[“Style and Philosophy: the Case of Plato’s Dialogues”, *The Monist* 63(1980) 530—546]和D. Hyland的《为什么柏拉图写对话》[“Why Plato Wrote Dialogues”, *Philosophy and Rhetoric* 1(1968)]。

3. 严格地说，在柏拉图之前大概有一些对话写作的例子。第欧根尼(3. 48)提到一个关于埃利亚的芝诺(Zeno of Elea)的报告；这是不可靠的，如果赋予芝诺的那些对话确实存在，那么它们就不会关系到伦理问题。第欧根尼和阿忒那奥斯(Athenaeus, 505B)都提到一个特奥斯或者斯提里亚的Alexamenus。第欧根尼引用亚里士多德失传的《论诗人》作为他的权威论据，而阿忒那奥斯在通过引用两个历史学家的著作把Alexamenus称为对话风格的奠基者。否则，这位根本就不会为人所知的人物会对柏拉图产生了实质性的影响，但是，很不可能；他的著作也不太可能与类似的问题相联系。至于色诺芬的苏格拉底著作，尽管他的经历确实在某种程度上与柏拉图的经历相重叠，但他的论著一般来说在风格上和哲学内容上都比柏拉图的论著要低劣，因此我们不应该认为他对柏拉图对话的形成有所影响；当然，作为柏拉图的一位对手，他可能影响了柏拉图。但是，我们毕竟能够同意第欧根尼的最终判断：“我的观点是，既然正是柏拉图以一种确定的方式(akribōsas to eidos)发展了这种(写作)形式，他就值得因为发明了这种形式而获得头奖，正如他也把这种形式使用得很好一样。”

4. 亚里士多德《诗学》1447b9—14476911；又参见Ross在《亚里士多德著作残篇选》中就《论诗人》片断四的报告，按照罗斯的说法，在那里亚里士多德是在说，柏拉图的著作在诗歌著作和散文著作之间占据了中间地位。不幸的是，关于这些模仿性的论著，我们几乎一无所知。它们大概比柏拉图最简短的对话还要简短和概略；它们也不像那些对话关心追求一个论证。它们在展示来自当代生活场面的意义上是“现实主义的”，但不是在如下意义上是“现实主义的”：它们旨在把实际的对话转记下来。Burnet等人错误地利用后面这个意义来支持这个不合理的论点：柏拉图把历史上的苏格拉底实际上进行的对话转记下来。

5. 对有关柏拉图传记传统的批判性讨论，见A. Riginos的《柏拉图》（*Platonica*, Leiden 1976）；亦见I. Düring的《希腊传记传统中的亚里士多德》（*Aristotle in the Ancient Biographical Tradition*, Göteborg 1957）。有些作者认为柏拉图的早期著作显示了他的经历，例如，参见D. Tarrant的《作为戏剧家的柏拉图》[“Plato as Dramatist”, *JHS* 75（1955）82—89]。Riginos对这个说法持怀疑的态度；但是，即使这个说法实际上并不是真的，它也确实把柏拉图著作中一个明显可见的真实张力揭示出来，并正确地描绘了柏拉图那种复杂的能力。

6. 在英美最近论述古希腊哲学的文献中，对这些问题的讨论一直很少，因为这个传统本身理所当然地认为，在论述伦理学的哲学方式和非哲学方式之间（以及在哲学家的哲学著作和非哲学著作之间）有一个截然分明的界限。因此，大多数论述前苏格拉底哲学的论著，即使确实包含了处理伦理学的材料，包含了赫拉克利特、色诺芬尼和德谟克利特，但并不包含诗人和历史学家；而且，甚至在那些被包含进来的作者当中，对他们思想的研究通常也没有注意其著作的文学方面。一个典型的例外是C. H. Kahn的《赫拉克利特的艺术与思想》（*The Art*
453 *and Thought of Heraclitus*, Cambridge 1977）。在这些著作中，诗人往往只是被当作对哲学思辨奠定基础的“流行道德”背景的证据（关于这一点，进一步参见第一章中的评论和注释）。还有两个很不错的特例，它们强调了根本问题的“文学”处理和“哲学”处理的连续性，其中一个是Dodds的《古希腊人和非理性的东西》，另一个是Lloyd-Jones的《宙斯的正义》。欧洲大陆的思想史家对诗歌与道德哲学的密切相互联系仍然很敏感，例如，见J.-P. Vernant的《古代思想的起源》（*Les Origines de la pensée grecque*, Paris 1981），M. Detienne的《古希腊中真理的主宰》（*Les Maitres de vérité en grèce ancienne*, Paris 1967）；亦见G. Nagy的《最好的希腊人》。

7. 关于评价在德谟克利特名下得到传播的伦理学残篇时的一些问题，参见Z. Stewart的《德谟克利特与犬儒学派》[“Democritus and the Cynics”, *HSCP* 63（1958）179—191]。即使这些残篇是真实的，它们似乎也并未形成一个连续的论证。阿拉克萨哥拉和阿纳克西美尼的著作，即使是柏拉图可以得到的，大概也并未处理伦理学。柏拉图很可能知道赫拉克利特的格言；但是，既然他很关心说明和避免含糊，他大概并不觉得那些格言是相宜的。

8. 论悲剧诗人在教育中的重要性，尤其见阿里斯托芬的《蛙》第1063—1066行，在那里“埃斯库罗斯”说：“小男孩有一个告诉他们做什么的教师；年轻男人有诗人。我们必须采取一切手段来告诉他们什么是正确的事情。”讨论这个传统与苏格拉底教育实践的关系，亦见我的《阿里斯托芬》。

9. 在这里我不想忽视智者和修辞学家在这个时期的巨大影响，但同样重要的是，既然在体裁的选择上柏拉图以一种眼花缭乱、似是而非的方式利用了论证，利用了语言资源来蛊惑和影响听者，我们就应该根据这个背景来评价他的选择。（比如说，高尔吉亚的《海伦》第14行把“逻各斯”描述为一种“巨大的力量”，就像一副药那样发挥作用，从听者那里把某些情感回应释放出来。）

10. 有关悲剧诗人写作的参考书目可以在探讨这个问题的章节中找到，可以在第一章论述品达的那些文献中找到。关于赞扬和责备的荷马传统，见Lloyd-Jones的《宙斯的正义》，J. Redfield的《伊利亚特中的本性与文化》（*Nature and Culture in the Iliad*, Chicago 1975），Nagy的《最好的希腊人》（*The Best*），Adkins的《应得与责任》（*Merit*）。不过，Adkins的简单化说明受到了Lloyd-Jones和A. A. Long的批评，参见A. A. Long的《荷马那里的道德规范与价值观念》［“Morals and Values in Homer”，*JHS* 90（1970）121—139］。

11. 论辩驳（elenchos），见我的《阿里斯托芬》，其中列举了参考文献。据我所知，对“辩驳”的最好的论述是Vlastos的一篇尚未发表的文章；但也参见R. Robinson的《柏拉图的早期对话》（*Plato's Earlier Dialectic*, Oxford 1953）。有关苏格拉底对对话者的影响的重要描述，见《美诺篇》84A—84C和《智者篇》229E—230E。

12. 论写作批评，亦见第七章，其中提到了大量的现代文献，尤其参见Hyland，《为什么柏拉图写对话》，Burger的《柏拉图的〈斐德罗篇〉》（*Plato's Phaedrus*），Wieland的《柏拉图与知识形式》，Derrida的《柏拉图的药剂》。

13. 辩论术是那种仅仅旨在取得诉诸情感的胜利，而不是取得真理的争辩性论证：参见G. E. L. Owen的《在形式的处理中的论辩与争论》（“Dialectic and Eristic in the Treatment of the Forms”, in *Aristotle on Dialectic: The Topics*, Oxford 1968, 103—125）。

14. 参见以上注释5。

15. 理解这种关系的一种方式是在R. Patterson的文章《柏拉图的喜剧与悲剧艺术》［“The Platonic Art of Comedy and Tragedy”，*Phil Lit* 6（1982）76—93］中发展起来的；至于其他的参考文献，见第六、第七章。 454

16. 以下论述旨在首先应用于早期和中期的对话，即到《理想国》为止并包括它，但不包括《会饮篇》和《斐德罗篇》这两篇对话（正如我们将在下面看到的）。

17. 在荷马和赫西俄德风格的诗歌中当然有一个强烈的戏剧性要素；但对《理想国》中的柏拉图来说，在两种形式之间的区分是根本的：在一种形式中，诗人在用他自己的声音来说话时也报告了各方讲辞，在另一种形式中，讲演者似乎并未出现在著作中；即使在柏拉图的一些对话中，他让苏格拉底报告了所有的讲辞，但在《理想国》的意义上，这些对话完全是戏剧性的再现。
18. 参见以上注释9。
19. 尤其参见《智者篇》229E—230E；亦见《美诺篇》84A—C以及《申辩篇》30E。
20. 230B—D。
21. 尽管只是依靠这些古代著作的标题来选择作者（在亚里士多德那里，所有标题都是后来的人添加的）并不可靠，但柏拉图著作的标题传统很早就出现了，并被可靠地确立起来，因此我们大概可以依靠这个传统。
22. 我能够想起来的唯一例外就是阿里斯托芬的《吕希斯特拉塔》（*Lysistrata*），在这部戏剧中，领衔人物的名字在语义上也是有所指的（它意味着“解散军队的那个人”），可能它也想要指涉一个当代的历史人物，见D. M. Lewis的《谁是吕希斯特拉塔？》[“Who was Lysistrata?”, *Annual of the British School of Athens* (1955) 1—12]和Dover的《阿里斯托芬的喜剧》（*Aristophanic Comedy,* London 1972）第152页注释3。
23. 当然，在这些对话是如何被首次介绍给公众的这个问题上，我们了解得并不多；Ryle在《柏拉图的发展》（*Plato's Progress*, Cambridge 1966，参见第七章）中所说的公共阅读故事，在他所采取的那种论证形式上，还没有得到很多人的支持。即便如此，这些对话在普通人当中很流行，仍然是一件很令人吃惊的事情；如果欧里庇得斯戏剧中的对话因为他的戏剧的平易近人而无情地被阿里斯托芬拙劣模仿（例如下面三部戏剧：《阿卡奈人》、《雅典女人在妇女节》和《蛙》），那么这段演说就必定很令人吃惊。
24. 见Livingstone所编辑的《苏格拉底肖像》（*Protrait of Socrates*, Oxford 1938）前言第9页；亦见D. D. Raphael的《文学能够成为道德哲学吗？》[“Can Literature be Moral Philosophy?”, *NLH* 15 (1983) 1—12]。论柏拉图 / 苏格拉底对哀悼的反对，见第七章和插曲二；论看待那些适合于悲剧和探究的个别人的方式，见第六章。
25. 见C. Segal的优秀文章《‘拯救神话’：对荷马和柏拉图〈理想国〉的神话学反思》[“‘The myth was saved’: reflection on Homer and the methology of Plato's

Republic", *Hermes* 106(1978)315—336]。

26. 这当然不是否认在这篇对话的布局谋篇中也有相当重要的技巧。对《申辩篇》与智者修辞术(提到了其他人)的关系的一个论述,见K. Seeskin的《苏格拉底的〈申辩篇〉是一次戏仿吗?》["Is the *Apology* of Socrates a Parody?", *Phil Lit* 6(1982)94—105]。
27. 论这些情感及其与悲剧的关系,亦见插曲二。
28. 论这些情感及其价值,见第五章和第七章。论爱欲,尤其见第六章。
29. 参见第六章中对爱的升华的论述。
30. 比较第三章中对海蒙的讨论,第十章和插曲二中对亚里士多德的慎思和"理智"(nous)的说明;亦见我的《实践三段论与实践性的科学》("Practical Syllogisms and Practical Science", in *De Motu* Essay 4)。
31. 这里所讨论的一些材料的一个版本1980年曾在密歇根大学的戏剧理论会议上宣读过,我想感谢该会议的参与者,尤其是Jeffrey Henderson有价值的评论。此 455
外,我也想感谢同一年在哈佛大学参与我的"文学与哲学"讨论班的成员,尤其是Daniel Brudney、John Carriero和Arnold Davidson,后者阅读并与我讨论了这份材料的初稿。

第五章 《理想国》:真实价值与完美立场

1. 关于这个历史背景,参见Lysias的演说12,Guthrie的《古希腊哲学史》第四卷第437—439页,F. E. Sparshott的《柏拉图与塞拉西马科》["Plato and Thrasymachus", *University of Toronto Quarterly*(1957)54—61]。Guthrie在上面提到的著作中讨论了确定这个日期的问题。亦见Dodds的《古希腊人与非理性的东西》第208—216页。
2. 亦见561C—D,在那里苏格拉底描述了立足于这种平等评价的生活:"他就是这样来生活的,即每天沉溺于肉体的快乐,此时饮酒作乐、放任于音乐的快感,彼时又只是喝清水、节食;有时候热衷于锻炼身体,有时候游手好闲、无所事事,有时候又假装研究哲学,难道不是这样的吗?如果打仗激发他的兴趣,他就去从军,如果挣钱引起他的好奇,他就去经商。他的生活毫无秩序可言,也不受任何约束,但他自认为他的生活是快乐的、自由的、幸福的,想要把它坚持到底。"对这段话的讨论,参见我的《羞耻、分离性与政治统一性》("Shame, Separateness and Political Unity", in Rorty, *Essays* 395—435)。

3. 既然本能的欲望现在不被认为直接回应了教育或判断，从“癫狂”中实现这种解放的训练就必须包括习惯化和教育；见以下注释5，插曲二和第七章。
4.《理想国》441E。对先前的论证及其所发展出来的对动机与评价区分，见G. Watson的《自由的能动性》[“Free Agency”, *JP* 72（1975）205—220]；一个相关的讨论是Irwin的《柏拉图的道德理论》。论“logistikon”这个术语的翻译，见第七章注释5。
5. 这就是《理想国》438—439从对“得到限制的”欲望和“没有得到限制的”欲望的很模糊的讨论中得出的要点：饥渴的对象不是好的饮料，而就是饮料。对这个论证的讨论，参见Irwin的《柏拉图的道德理论》第123—124页，以及T. Penner的《柏拉图那里的思想和欲望》（“Thought and Desire in Plato”, in Vlastos, *Plato* II, 96—118）。论灵魂的第三个部分（柏拉图放置情感的那个部分），见第七章以及Irwin的《柏拉图的道德理论》第193—195页。对于这个部分与欲望的那个部分的差别，柏拉图在任何地方都没有给出一个说法；但他的要点似乎是这样的：第三个部分的成员与关于其对象的信念（因此就与教育）有紧密的关系，而本能的欲望与其对象则没有这样的关系。愤怒涉及“我受到了不公正的对待”这个信念；悲伤涉及“我承受了严重的丧失”这个信念；饥饿和饥渴则没有这样复杂的认知结构，因此就不可能以同样的方式得到修改。
6. 比较Watson的《自由的能动性》第212页：“……某些活动被认为具有价值，是因为它们实现了不依赖于我们所看重的东西而产生和持续的欲望。……在这里，我们的评价之**内容**的一个本质部分就是：这个活动是由某些本能欲望激发起来的。可能只是在它们是由本能欲望激发起来的意义上，这些活动才对我们具有价值，即使具有那些本能欲望事实上并不是看重它们的对象。”也可参见Richard Kraut的《柏拉图〈理想国〉中的理性和正义》（“Reason and Justice in Plato’s *Republic*”, in Lee, *Exegesis* 207—224），该文讨论了《理想国》中的两种理性“规则”。
7.《理想国》587E；我并不声称我理解了这里强调数目计算的意义。这位僭主在
456 我的《羞耻，分离性与政治统一性》中得到了进一步的讨论。
8.《理想国》504A—D。这段话以及亚里士多德对它的批评在第八章中得到进一步的讨论。
9.《斐多篇》64A及以下。在这些问题上，《理想国》和《斐多篇》的相似性和一些差异将在下面得到进一步讨论。
10. Watson，《自由的能动性》，参见注释4；然而，Watson并没有明确地认为他接受

了对善的任何特定说明。他只是急于强调说，动机与评价能够以这种方式重叠，而且经常会重叠。

11. Irwin，《柏拉图的道德理论》。对其观点的这些方面的讨论，亦见M. F. Burnyeat的评论［M.F. Burneat, *NYRB* 26（1979）50—60］。
12. 关于这一点，参见Burnyeat的评论，以及他与Thomas Nagel在信件交流中的进一步讨论（同样发表在*NYRB*上）。Burnyeat断言，Irwin的"准回忆"（QR, quasi-recollection）在某些关键的方面不同于柏拉图自己的回忆概念，把回忆从其形而上学承诺中切断出来的那种企图，已经严重地改变了所提出的这个伦理理论的特征。Burnyeat的说法显然是正确的。
13. Irwin的论证在这点上比Watson的论证要复杂得多。按照他的观点，行动者应该有一个有秩序的计划这一点还是不够的；他在《柏拉图的道德理论》第226页及以下承认，对理性规则的这样一个简单说明不足以排除柏拉图的任何有缺陷的类型。他论证说，此外所需要的是应该按照某些慎思程序来排列目的："异常的"人们被排除，因为"虽然我们的理性部分（能够）判定那些一阶目的将是什么，但他们获得那些目的，并不是通过对总体的善进行慎思，而是通过情感或欲望"（第232页）。然而，Irwin现在承认，这个额外的要求显然本身并不足以使柏拉图得到他想要得到的结论，而那个要素无论如何都是可以在柏拉图那里发现的，并以一种有争议的方式把《斐多篇》中经过修改的学说与对《会饮篇》中狄奥提玛的某些说法的一种解释混合起来。"不幸的和不可原谅的是柏拉图对这些问题并没有提出直接的或详细的回答。"（第233页）于是我们至多只能断言，柏拉图的"总体见解还没有被表明毫无价值"（第248页）。
14. Irwin，《柏拉图的道德理论》第247、248页。
15. 有关柏拉图对论证和兴趣之关系的各种反思，见第四章结尾，插曲二，尤其是第六章和第七章。
16. 亦见Irwin，《柏拉图的道德理论》第246页，在那里，这个观点的基础被称为"模糊的形而上学"。
17. 第九卷结尾的结构很复杂；对它的各种说明，参见J. Annas的《柏拉图〈理想国〉导论》（*An Introduction to Plato's Republic*, Oxford 1981）的有关部分，I. M. Crombie的《对柏拉图学说的一个考察》（*An Examination of Plato's Doctrines*, London 1962）第一部分第136页及以下，N. R. Murphy的《对柏拉图〈理想国〉的解释》（*The Interpretation of Plato's Republic*, Oxford 1951）第92页及以下，N. P. White的《柏拉图〈理想国〉指南》（*A Companion to Plato's Republic*,

Indianapolis 1979）的有关部分。这当然只是代表很多文献中的一部分，我并不试图引用全部文献；其他的参考书目可以在上述作者那里找到，尤其是在White的著作以及Guthrie的《古希腊哲学史》第四卷中找到，而现在也可以参见J. C. B. Gosling 和Taylor的《古希腊人论快乐》（*The Greeks on Pleasure*, Oxford 1982）第97—128页，尤其是第128页中找到。

18. 论"eudaimōn"和"eudaimonia"的意义，见第一章，原书第6页。

19. 在这里，值得细化一些文本考虑来支持我的解释：（1）这个论证是一个"论
457 证性的论证"，它本来是要把一个关于最好生活的结论确立起来。在588A，苏格拉底从他对快乐得出的结论中，明确地引出了关于"相称的形式"（euschēmosunē）、高贵或优雅以及卓越的结论；但如果这个排列已经是按照快乐感的强度做出的，那么他显然就不会得出这样的结论。柏拉图反复强调那些最糟糕的快乐的那种被感受到的强度（例如《理想国》560B、573A—576C和586B，《斐莱布篇》63D）；《斐莱布篇》把这些快乐称为"最大的和最强烈的"（63D）；在《理想国》第九卷中描述僭主式的人的生活，向我们类似地勾画了这些快乐的力量。（2）古希腊人用来谈论快乐的那些词的逻辑，近来得到了广泛的研究，使得一位作者很容易用一种可以互换的方式来谈论"hēdesthai"（喜爱）和"hēdonē"（快乐）：因此，谈论我的"快乐"往往根本上不是谈论感受，而是谈论我喜欢做的那些事情，谈论我乐于进入的那些活动。所以，对我的"快乐"的一个列举很可能不是对我感觉的列举，而是对我所追求的那些活动（例如吃东西，从事几何学研究，阅读欧里庇得斯的戏剧，等等）的列举。关于这一点，尤其参见G. E. L. Owen的《亚里士多德式的快乐》［"Aristotelian Pleasures", *PAS* 72（1971—1972）135—152］；论《斐莱布篇》中的有关材料，见B. A. O. Williams的《快乐与信念》［"Pleasure and Belief", *PASS* 33（1959）］。在这段话中，柏拉图有时候谈论的是"喜爱"，更经常谈论的是"从事某种活动的快乐"。在581D1中，"赚钱的快乐"干脆被"赚钱"所取代，这向我们表明，理解所有这些表达式（或者不管怎样，古希腊人对这些表达式最自然的解释）的正确方式，就是把它们理解为"在于从事某个活动的快乐"，而不是理解为"从事那个活动所产生的快乐（或者，在从事这个活动中所得到的快乐）"。《斐莱布篇》表明，在一个对生活的各个要素进行排列的语境中，苏格拉底明确地把这两个解释区分开来，并选择了第一个解释。（3）这段话考虑了有望被包括在好生活中的所有主要活动——也就是说，**某个人**乐于追求的一切东西。早先苏格拉底同意这一观点：每一种追求都有它自己的热情捍卫者，但仅仅从他们热情的强度中是

做不出任何决定的(581C—D)。我们必须继续追问这个进一步的问题：哪些热情选择的对象**值得**给予热情；或者必须继续追问这个相关的问题：谁是这个正确的或“具有权威的”称赞者或热衷者(kurios epainetēs, 583A4；论“值得”，见581D1、6)。这段话接着把活动划分为**真正**的快乐和**虚假**的快乐：在这里，把一个快乐称为“虚假的”，并不是意味着行动者并不享受它，而是意味着行动者只是相对于某种偶然的缺陷来享受它，而不是从正确判断的观点来享受它。586B向我们表明，在那些对真理缺乏认识的人当中，虚假的快乐产生了很强烈的快乐感(参见以上第一点)。《斐莱布篇》37A—B清楚地阐明了这一点：正如把一个信念称为“虚假的”并不意味着它实际上不被相信一样，把一个快乐称为“虚假的”也不意味着它实际上不被享受。在《理想国》第九卷的这整段话中，对**真正的**或**自然的真理**以及对**健康**的考虑是显著的(例如584D和584E；亦见561C)。(4)这段话并没有暗示快乐是按照一个单一的定量强度标准来比较的。586B、581C—D以及其他段落则强烈地反对这种理解苏格拉底的竞争方式；在这段关于一种快乐观的对话中，没有什么东西表明那种方式得到了支持。

因此，我认为我们可以得出这一结论：在这里，正如在《斐莱布篇》第37页及以下，苏格拉底关心的是那些按照热情来选择的活动。对热情的强调只是表明，这里所考虑的生活都是**某个人**确实**喜欢**和**称赞**的生活。(这一点不是没有意义的，参见以下，原书第162页。)至于581E中的那个区分，这样来理解苏格拉底大概是最好的：他是在说，我们现在准备考虑什么样的生活是最好的生活，我们不是在问哪一种生活是最有益的(agathon)，我们也不是在问哪一种生 458
活是最高贵的(kalon)，我们只是在问哪一种生活本来就是最值得向往的。在这篇对话的早期阶段，“agathon”一直是与奖励相联系；而在一些对话者的思想中，“kalon”是与“可敬”的概念相联系(在《高尔吉亚篇》与波卢斯的对话中，这一点是最清楚的)；只有当我们能够捍卫那种不是按照可敬和奖励来选择的生活，并表明那个僭主并不是因为他自己拒斥的一个标准而遭受损失，而是因为我们与他所分享的那个更加宽松的标准而遭受损失时，我们才回答了格劳孔原来提出的问题。这是一项最难捉摸、最苛刻的任务，但只有成功地完成了这项任务，我们才能得到格劳孔所要求的那个答案，才能得到《理想国》的主要论证的恰当结论。在处理这个困难段落的文献中，我对这些问题的讨论得到了Crombie的《一个考察》第140—142页的有力启发；亦见White的《指南》第229—230、233页和第256页，Murphy的《解释》第212—217页。

20. 有些评注者粗暴地轻视这些论证，比如说，见Cross 和 Woozley的《柏拉图的〈理想国〉》第十一章；在Annas和White的评论以及Crombie和Murphy的更为简要的论述中，他们对这些论证的价值提出了更加公正的估计；亦见Gosling和Taylor的《古希腊人论快乐》，尤其是第128页“对‘真理’的注释”。

21. 在本章中，不像在论述柏拉图的其他三章中，我允许自己把不止一篇对话中的材料整合在一起。我这样做，是因为我已经得到了这一结论：这并没有违背《理想国》的内在论证，正如我理解它的那样，其实，为了澄清那个论证，这样做是必要的。我相信，在这里，在我的方法和Irwin的方法之间有一些根本的方法论差别。我使用交叉引用，并不是为了填补我认为是一个不周到的疏漏或空白的那种东西，而只是为了发展或阐明我已经发现出现在《理想国》文本本身中的东西。明显的是，我将要讨论的这些价值区分不仅出现在《理想国》中，而且也被苏格拉底断定为其论证的一个核心部分。关于回忆理论，或者关于《会饮篇》中对欲望升华的说明，我们却不可能提出类似的评论。事实上，这两个输入品似乎是互不相容的，因为对个人不朽的否认在《会饮篇》的论证中占据核心地位，而《斐多篇》的回忆材料是一个试图把个人的灵魂不朽确立起来的论证的一部分。我并不相信我诉诸其他对话产生了这种类型的问题。

关于年代学的问题，我假设学者们普遍同意，《斐多篇》和《理想国》出自柏拉图著作的同一时期；它们在许多方面很接近，经常被用来相互阐明。《高尔吉亚篇》一般被认为是一部更早期的著作；大多数学者会把它放在早期苏格拉底对话和“中期”对话的转变时期。Irwin的《柏拉图的道德理论》以及他在克拉林顿出版社出版的柏拉图著作系列中对《高尔吉亚篇》的评论（1979年）有一个重要成就，那就是他令人信服地表明，就灵魂的结构和非理性欲望的本质而论，《高尔吉亚篇》与《理想国》之间是有密切联系的。最有可能的故事看来是这样的：《高尔吉亚篇》提出了问题并概述了论证，而《理想国》则比较详细地发展了那些问题和论证。《斐莱布篇》一般被认为是一篇更晚的对话，部分原因在于它在风格上很不相同，部分原因在于它使用了“划分方法”，在《斐德罗篇》、《政治家篇》和《智者篇》中也使用的那种辩证方法。但在一些方面（例如在它对预期的快乐和情感快乐的比较详细的处理中），它似乎是在实现一个在《理想国》第九卷中提出的批判纲领。最近，R. A. H. Waterfield已经试图挑战这个正统的解释，提出了一个中期的时期，参见他的《〈斐莱布篇〉在柏拉图对话中的地位》[“The Place of the *Philebus* in Plato’s Dialogues”, *Phronesis* 25
459 (1980) 270—305]。尽管我并未发现他的论证很有说服力，但我还是认为，他确实成功地表明，这个正统的解释取决于一个比我们认识到的基础还要薄弱的基础。在本章中，我自己的方法并未预设对这个问题的精确解决，虽然在第七章中我将表明，我的方法确实与《斐莱布篇》和《斐德罗篇》之间的年代关系问题有关系。在这里我只是声称，《斐莱布篇》中的有些材料有助于我们理解和充实《理想国》中提出的一些区分。事实上，我相信，最终对这些区分的**利用**，在这两种情形中是有重要差别的。（我并没有排除长期以来被G. E. L. Owen所强调的那个观点，按照这个观点，《斐莱布篇》是早期文本和晚期文本的一部拼合著作，是因为一个特定的历史原因而被草率地拼凑在一起的。）

22. 请注意在这篇对话的这一节与“充实”相联系的那些词（apopimplanai、plērōsis、ekporizesthai）出现的频率。

23. 这个定量的说法不是严格关于卡利克勒的一般论证，他可以说这些快乐就是好生活中的插曲，因此论证说它们具有较高的价值，但无须声称它们当中**更多的**那些快乐也总是**更好的**快乐。我们应该注意，卡利克勒正在回答的问题是“pōs biōteon”（“一个人应该如何生活”）的问题。于是，对eudaimonia的谈论就被自然地解释为对“生活得好”的谈论，而不是对“感到满足”的谈论（参见第一章，原书第6页）：卡利克勒是在提出一个关于好生活的内容的主张。实际上，他只是在494这里从谈论“生活得好”转移到谈论“生活得快乐”，其目的是为了强调意识的重要性，以便反对这个思想：一块石头也可以被认为生活得好。成为苏格拉底晚期论证目标的那种快乐主义，在这个更早期的对话片段中，是不可能被公正地赋予卡利克勒的。对卡利克勒的品格以及这个论证是如何利用其伦理观点中的关于张力的深入分析，见C. Kahn的《柏拉图〈高尔吉亚篇〉中的戏剧与论辩》[“Drama and Dialectic in Plato's *Gorgias*”, *OSAP*（1983）75—121]。

24. 在此，苏格拉底转而考虑他赋予卡利克勒的那个快乐主义论点；鉴于这个论点看来并不等同于他原来的论点，在这里我们将不再进一步追究这个论证。参见Irwin的《柏拉图：〈高尔吉亚篇〉》（*Plato: Gorgias*）中的有关部分。

25. 注意，抓痒好像是被考虑为生命的一个主要构成要素，而不是一个孤立的情节：它与吃东西同样得到了强调。对这段话的进一步讨论，见Irwin的《柏拉图：〈高尔吉亚篇〉》中的有关部分，以及Dodds的《柏拉图：〈高尔吉亚篇〉》（*Plato: Gorgias*, Oxford 1959）中的有关部分。

26. 在这里，这个定量的说法也不具有严格的相关性。

27. 我们应该注意，这个例子，被假设是一种相对于需要的、没有价值的快乐的最极端情形，被假设终止了这个论证（在496E，它被称为对前面所说的东西的“总结”或“终结”），是一个让柏拉图很感兴趣的例子，在不止一篇对话中，他把这个例子当作一种更一般的消极性或脆弱性的象征——参见第六、第七章。他的伦理观点中的一些重要发展，是在他对待这种情形的转变态度中被揭示出来的（见第七章）。在这里，我想向读者明确地表明，我把自己与对话者在对这个例子的处理中所显示出来的那种社会偏见分离开来。

28. 关于这些观点，参见Dover的《古希腊人与非理性的东西》和J. J. Henderson的《有瑕疵的缪斯女神》（*The Maculate Muse*, New Haven 1975）第209—215页。Henderson分析了古希腊喜剧中用身体表现出来的幽默，这个分析提供了进一步的丰富材料，把古希腊人对待“相对于需要”的快乐的那种态度揭示出来。他论证说，在古老的喜剧中，最猥亵的幽默（比如说）取决于我们对这样一种行为方式的下贱和愚蠢的认识，这种行为方式看起来有价值，只是因为它使人们从痛苦的紧张中得到缓和。关于那些忍不住要小便的笑话，他写道：“对这
460 样一位人物的困境，观众只是觉得很好笑，他那种不断提升的绝望只是进一步贬低了他，因此增加了我们的乐趣。”柏拉图的目的就是要让我们从喜剧观众的观点来看待我们一切纯粹的身体活动。（参见第六章讨论阿里斯托芬的那一节。）关于这个例子，尤其参见阿里斯托芬的《云》中对这个论题的攻击，那个攻击直接针对喜剧观众；正如我在《阿里斯托芬》这篇文章中已经表明的，这部喜剧对身体的批评值得与柏拉图的批评严肃地比较一番。

29.《高尔吉亚篇》493A。论“急流鸟”，见Irwin和Dodds的著作的有关部分。

30. 健康看起来可能是个例外——但我相信，这里所说的健康应该被理解为指称有机体的健康机能或繁盛（即亚里士多德称为“自然倾向不受妨碍的活动”的那种东西）的一种简捷方式。

31. 这种追求的一个例子就是按照正义来从事的活动，正如在普罗泰戈拉的那段话中所理解的那样（参见第四章）。

32. 柏拉图在这里使用的是“boulesthai”，显然是想把真正想要的与当下发生的欲望对比：如果某个人是因为虚假的或错误的信念而做某件事情，这个人就不是在做他真正想要做的事情，他真正想要做的事情大概就是他不是处于匮乏情况下会欲望的事情。在单纯的欲望和boulesthai之间的对比，显然与我们在相对于缺乏的价值和真正的价值之间的对比密切相关：真正有价值的活动是boulēsis的对象。

33. 在《理想国》中，不像在《斐莱布篇》中，柏拉图并没有明确地提出这个关于理

智快乐的观点。他谈到无知，把它说成是灵魂的空（585B），但没有提出《斐莱布篇》中的这一观点：无知是一种没有痛苦的空；然而，与吃东西和喝水相比，理智活动被说成是一种“真正的”充实，因为它是一种用真实的和稳定的东西来充实的（585C）；柏拉图的颜色类比（584E—585A）强调说，这种充实，不像身体的充实，并不**只是**与先前的某个需要或痛苦相比才是快乐的。

34. 《斐多篇》64C及以下。

35. 我很感谢John Ackrill对这一点的有益评论。

36. 关于这些形式性质，尤其参见G. Santas的《柏拉图〈理想国〉中善的形式》［“The Form of the Good in Plato’s *Republic*”, *Philiosophical Inquiry* 2（1980）374—403］；亦见White的《指南》第229—230页。

37. 论情感的环境相对性，见White的《指南》第256页。在古希腊人对人类状况的反思中，希望和人的匮乏之间的联系是一个传统的主题。例如，参见《被缚的普罗米修斯》第248—250行，在那里，普罗米修斯声称他用“盲目的希望”来取代对死亡的预知；亦见赫西俄德的《工作与时日》（*Erga*）第96—98行。对这些文本以及相关问题的一个很有趣的讨论是Vernant的《人类年表》（“à la table des hommes”, in Detienne and Vernant, eds., *La Cuisine du sacrifice en pays grec*, Paris 1979, 37—132）。Vernant得出了这一结论：对于不朽者而言，比如诸神，完全不需要厄尔皮斯（希望女神）。对于不知其将朽的存在而言，比如群兽，也无所谓厄尔皮斯（132）。希望及其快乐是这个受到限制的理性存在者的一个特有标志。（对基督教传统中的希望的一个优秀的相关讨论，参见A. Davidson的博士论文《宗教与理性的狂热》（*Religion and the Fanaticism of Reason*, Ph. D thesis, Harvard University 1982），我从这篇论文以及与作者的讨论中受益匪浅。这些考虑应该有助于我们看到，为什么《理想国》排除了所有的希望和预期的快乐，而不仅仅是排除了那些与虚假的信念相联系的快乐。一个完美的存在者当然也能够预期某些事情；但在这样做时，它不会具有一个人在这样做时所感受到的那种同样的快乐，因为它在任何时候都可以得到它想要的任何东西。

38. 在后来的这段话中，柏拉图从排列快乐转到排列一般而论的活动。我并不认为我理解了他的这个转变，因为先前被排列的“快乐”无论如何都是活动，而这篇 461
对话从一开始就否认快乐是从各种不同的活动中产生出来的一种单一的东西。既然大家都知道《斐莱布篇》中论证的内在统一性是成问题的，既然一些领先的学者甚至已经假设那篇对话是拼凑起来的，我希望我对它的材料有选择性的使用能够得到谅解（参见以上注释21，“拼凑”观在已故的Owen未发表的手稿中得到了有力的捍卫)。从目前所分析的这些要素中构造出来的那种"混合"生活,并不是《斐多篇》中的那种苦行生活;但它与《斐德罗篇》、《法篇》和《政治家篇》的道德灵魂学的关系是模糊的,有可能也是不一致的。在53B—C中,苏格拉底再次宣称快乐是不可能用一个定量标准来排列的。在这个论证的下一节即53E中,值得注意的是,自足性作为价值的一个独立标志出现了。

39. 这种论证大概要追溯到欧多克索;请注意,对快乐主义的这种论证就是我在第四章中与苏格拉底在《普罗泰戈拉篇》中的论证加以比较的东西。

40. 为了支持这一点,我把两个东西组合起来。一个东西是这一指责:感官不可能精确而清楚地认识到健康和力量;另一个东西是这一主张:如果人们只是遵循身体的感知,那么他们就被迫进入各种有害的和不必要的活动中。

41. 《理想国》的禁欲主义色彩比较不明显,因为它强调身体的营养的需要,提到了健康和生活得好(558D及以下),甚至好像还允许一定的、健康的性活动(559C)。(关于这一点,参见White的《指南》第219页。)支持这个差别的一个理由是:《理想国》,就像《斐德罗篇》的前两个演说一样,比《斐多篇》更清楚地意识到这个事实:缺乏和需要可以使人们思想不集中(571E)。但另一个理由显然来自城邦的政治需要。城邦要求把一个守护者阶级不断地繁殖出来,为了满足这个要求,人们就得有时间来从事性活动。在这里,这位哲学家统治者碰到了这个困难:对于对性活动持有严格的柏拉图式态度的人来说,这种活动就变成了一个问题。为了获得全面成功,理想的城邦就需要奥古斯丁(《上帝之城》第十四卷)动听地描述为伊甸园状况的那种情形,在那里,身体的每一个部分都是直接遵循理性的意志来发挥作用的。

42. 见以上注释5;对这个图景的批评,见第七章。第九卷中把本能欲望描述为"多头怪兽",把情感描述为狮子,这种比喻又提出了这些观点。

43. Hanslick,《音乐中美丽的东西》(*The Beautiful in Music*, 7th ed., Leipzig 1885, tr. G. Cohen, Indianapolis 1957)第47页;亦见第7页及以下。在《斐莱布篇》的这段话中,"朗诵调"的意义是不清楚的;它也可能是指"音调",虽然有人怀疑柏拉图也想忽略时间的运动。

44. 诉诸那种适合于神的东西,大概起源于色诺芬尼对一个去人格化的神学的论证:尤其参见色诺芬尼《残篇》B11—16和26—28;在柏拉图那里对那种色诺芬尼式的暗示的进一步评论,见第B1章。

45. 现在是开始总结我与Irwin的《柏拉图的道德理论》的不同的时候了。核心的要点是:按照他的论述,生活只是按照形式和程序的理由被排除;按照我的论述，我们也应该考虑生活的构成要素的**内在**结构和**内在**本质，而且应该把那种考虑置于中心地位。对他来说，秩序和稳定性就是整体生活计划的重要特征，但不是每个个别要素的重要特征；对我来说，每一个作为构成要素而出现的目的也必须具有价值的标志。明显的是，通过使用我们两个人对柏拉图论证的不同说明，我们每个人都可以达到柏拉图的很多实际结论。但我现在想要说，我的说明有两个优点：（1）我的论证就是柏拉图在《理想国》和《斐多篇》中实际上用来支持他的结论的论证。而Irwin则认为自己是在重建一个论证，以便在他认为缺乏一个严肃论证的地方填补空白。（这个差别的一个标志是：Irwin在其著作第237页中断言，哲学家对沉思的欲望"并不因为它是对理论推理的一个欲望而变得合理，而是因为它是一个来自实践推理的欲望而变得合理"。）但是，柏拉图的文本清楚地和不断地提到理论推理的内在价值，通过指出它的特 462
征及其对象的特征来捍卫对这种推理的选择。（2）正如Irwin所强调的，他重建出来的论证并不支持柏拉图的这一做法，即把沉思的生活选择为那种高于某些其他生活的生活；Irwin提到了一个对"理论智慧而不是实践智慧的兴趣"，认为正是这个兴趣导致柏拉图提出了他认为是有缺陷的、"不可原谅的"那样一个论证。我的解释支持柏拉图的实际结论。

46. 这一点类似于苏格拉底在反对游叙弗伦对虔诚的定义时所提出的那个观点：如果虔诚的东西只是被定义为神所喜爱的东西，那么我们就不可能发现什么与虔诚之物的本质有关的东西来说明他们的喜爱，于是神的权威看起来就是任意的。

47. 亚里士多德会尖锐地批评这个策略，参见第十二章。对于他把爱一般化的全盘策略，柏拉图提出了一个显著的例外：为了避免乱伦，公民就得挑选出整整一代人来作为他们的父母。

48. 语境使这一点变得很清楚：在单纯的人类意见的领域中，没有什么东西会满足这个欲望和完善这种研究（505D）。

49. 尼采，《权力意志》（*The Will to Power*, trans. W. Kaufmann and R. J. Hollingdale, New York 1967）第519页，参见第576页。比较尼采自己对价值的说明，该说明使价值相对于"某个动物物种的强力维护和强化"（第567页）。尼采的要点不仅仅是内在价值能够和必须在人类中心论的视角中发现，能够和必须通过这样一个视角而发现。他的要点还有这位否定性的形而上学家急不可待要排除的东西——变化、冒险和短暂——本身就在一定程度上构成了最高的人类价值。（参见第576页以及《查拉图斯特拉如是说》"序言"。）

50. 这句话或许暗示我的观点与Irwin的观点并不是相差得那么远，因为他也提到要把我们最深的欲望或需要揭示出来。然而，我相信我们两人的观点在一个关键的方面是不同的。对Irwin来说，如果某个活动X回应了一个行动者A最深切的欲望（当这些欲望是通过一个理性慎思程序而得到的，而慎思针对的是对A来说总体上是好的东西），那么这个事实就足以使得X对A来说是真正有价值的。这些内省的程序不只是启发性的设施，而且本身也是价值的标准。按照我的解释，情况并非如此。需要或欲望只是和动机和教育联系才出现，并不是作为对“价值是什么”这样一个问题的回答。很多人是被如此构造出来的，以至于他们能够被激发起来寻求真正的价值，这对人类来说是一个幸运的事实。正如《斐德罗篇》中的神话告诉我们的，这一点对于任何其他的动物来说基本上并不成立；回忆理论，若用其充分的形而上学承诺来加以解释，就会向我们表明这一点对我们来说何以可能是成立的。但它与人类目的性装备的关系并不是**使得**思想活动变得有价值的原因。即使人类从未存在过，思想活动仍然是有价值的；如果存在着柏拉图的动机主张并不适用的那些人，那么他就不会断言（正如Irwin必须断言的）他们有一种不同的善；他将断言，他们只是从在那里存在的唯一的善中被分离出来。此外，甚至我们不得不追求善的那个动机，正如我已经论证的，本质上不同于我们的其他实践动机：因为确实存在着一个追求思想活动的积极欲望（正如《斐莱布篇》所坚持主张的），而那个欲望并不是作为一种痛苦或悲伤而被感觉到的。按照柏拉图的论述，如果我们只是因为我们感觉到了某种欠缺或悲伤才被激发起来追求思想活动，那么那种活动就不是真正有价值的；在Irwin对最深切的欲望的说明中，这个区分根本就没有起到任何作用。

463 51. 普鲁塔克的语言在这里可能提出了这样一个暗示：他是在使用一个单一的定量标准，按照快乐被感受到的强度来比较它们。在使用这段话时，我并不想认同任何这种理解柏拉图的方式。正如这部论著中的其他段落所表明的，普鲁塔克几乎肯定不是这样来理解柏拉图的。

52. 这对于Irwin来说更是真的，因为与大多数解释者笔下的亚里士多德相比，他的亚里士多德持有一种与他赋予柏拉图的观点更接近的观点。参见他的《亚里士多德那里的理性与责任》（“Reason and Responsibility in Aristotle”, in Rorty, *Essays* 117—156）。我将在第九章中讨论他的解释。

53. 《查拉图斯特拉如是说》I（*Thus Spoke Zarathustra*），“序言”。

54. 这一章比第二部分的任何其他章节都更受益于其他人的批评和讨论。按照年代顺序，本章的各个版本已经在如下场合宣读过：达特茅斯学院、耶鲁大学、加利福尼亚大学伯克利分校、波士顿大学、牛津大学、约翰·霍普金斯大学、布朗大学、麻省理工学院、宾夕法尼亚大学、韦尔斯利学院（国家教育基金会暑期讨论班）、弗吉尼亚大学、马里兰大学、埃默里大学。感谢Ruth Anna Putnam在波士顿大学对我的文章的公开评论。很多其他听众提出的评论和批评对我很有帮助，我特别注意回答如下学者提出的评论：John Ackrill、Myles Burnyeat、Joshua Cohen、Michael Ferejohn、Charles Kahn、Thomas Ricketts、James Ross、Barry Stroud、Judith Jarvis Thomson和Susan Wolf。

第六章 阿尔西比亚德斯的讲演：对《会饮篇》的一个解读

1. 这些故事，虽然并不都是真的，但代表了关于阿尔西比亚德斯的流行传说，而那些传说就形成了这篇对话的背景。所有的来源都普遍符合他的品格及其生活的主要事实。从修昔底德开始就有了对他的生涯、关注目标、军事和政治能力以及这个奥林匹亚故事的论述（第六卷第五章），就有了对国家之爱的评论（第六卷第八章）。论赫耳墨斯石像，见以下注释17。从普鲁塔克开始就有了关于这支长笛（《阿尔西比亚德斯》2）、这个外来居民（《阿尔西比亚德斯》5）、这只狗（《阿尔西比亚德斯》9）的故事。另一个重要的来源是色诺芬的《希腊人》I。对这个证据的分析，见A. W. Gomme, K. J. Dover 和A. Andrewes的《对修昔底德的历史评论》第四卷（*A Historical Commentary on Thucydides* IV, Oxford 1970），尤其是第49页及以下、第242页及以下和第264页及以下。
2. Vlastos，《个体作为柏拉图对话中爱的对象》（“The Individual as Object of Love in Plato’s Dialogues”, *PS* 1—34）。Irwin在其《柏拉图的道德理论》中批评了Vlastos的解释的一些方面，但在对柏拉图的这个批评上，他们两人达成了一致。
3. L. Robin在《柏拉图的爱的理论》（*La Théorie platonicienne de l’amour*, Paris 1933）中论证说，在前面这些讲辞中提到的任何真理的要素，都在狄奥提玛的讲辞中被挑选出来并得到发展，这样，仅仅对那番讲辞的分析就足以使我们理解这篇对话中关于爱的观点。他甚至都没有提到阿尔西比亚德斯的讲辞，而是把狄奥提玛的讲辞称为“最后一番讲辞”。有些解释者强调说，我们必须把这篇对话作为一个整体来阅读，应该把注意力放到每个讲辞的哲学贡献上来。这些解释者包括S. Rosen的《柏拉图的〈会饮篇〉》（*Plato’s Symposium*,

New Haven 1968), T. Gould的《柏拉图式的爱》(*Platonic Love*, London 1963), G. K. Plochmann的《〈会饮篇〉中的支持性主题》("Supporting Themes in the *Symposium*", in J. Anton and G. Kustas, eds., *Essays in Ancient Greek Philosophy*, Albany 1972, 328—344)。Plochmann就哲学和文学提出的生机勃勃的评论以一种有益的方式消除了误会。亦见V. Goldschmidt的《柏拉图对话》(*Les Dialogues de Platon*, Paris 1947, 2nd ed. 1963),第222—235页。不幸地,Dover在他的《古希腊的同性恋》的序言中用一个"工作假说"来开始他的简要评论,那个假说所说的是,在这篇彻头彻尾都在鼓吹文学和辩论的对话中,其中的**任**
464 **何一个**部分都没有令人信服的论证(序言第8页)。一位近来的解释者充分注意到了阿尔西比亚德斯的讲辞及其对苏格拉底的批评,见M. Gagarin的《苏格拉底的骄傲自大和阿尔西比亚德斯的失败》["Socrates' hubris and Alcibiades' Failures", *Phoenix* 31(1977)22—37]。

4. 关于阿波罗多罗斯,也参见《斐多篇》59A和117D,以及《申辩篇》34A。
5. Rosen很古怪地把他称为一位"商人",把他与悠闲自在的波勒玛库斯比较;这种做法肯定会排除把他们两人中的任何一人鉴定为大家所知道的格劳孔(见以下注释14)。我们很难知道Rosen心中想起的是什么实际的雅典阶层。显然,一个"悠闲自在"的雅典绅士确实就是最有可能整天忙于政治事务的那个人;因为哲学追求和哲学家对政治的心不在焉而蔑视雅典政客,这本来就是在柏拉图那里反复出现的一个主题。为了理解格劳孔为什么会认为哲学不如政治重要,我们并不需要假设他是一位手艺人或者一位商人。
6. R. G. Bury,《柏拉图的〈会饮篇〉》(*The Symposium of Plato*, Cambridge 1932, repr. 1966)前言第16页,亦见Guthrie的《古希腊哲学史》第四卷第366页。
7. 写作日期是有争议的。现在学者们普遍同意这篇对话早于《斐德罗篇》,大概与《理想国》和《斐多篇》属于同一时期。Dover按照183A1—183A3中一个具有时代错误的暗示提出了这样一个说服力的论证:这篇对话最早的写作日期可能是在前385年,最晚的写作日期可能是在前378年,但他对后者的推断似乎不太有说服力。见Dover的《柏拉图〈会饮篇〉的日期》["The Date of Plato's *Symposium*", *Phronesis* 10(1965)2—20]。不管怎样,有迹象表明这篇对话与《理想国》是有密切联系的,而后者很可能是在前380—前370年这段时期写的。见第五章注释21和第七章注释5。
8. 参见普鲁塔克《阿尔西比亚德斯》38,阿里斯托芬《蛙》第1422行及以下。修昔底德躲躲闪闪地把阿尔西比亚德斯的不出现称为雅典人面临困难的一个主要原因，见《伯罗奔尼撒战争史》II. 65. 12；对于这个解释，参见Gomme、Dover和Andrewes的《对修昔底德的历史评论》第四卷第244页。

9.《蛙》描述了悲剧的死亡与喜剧的终结之间的联系，对这个描述的一个深入研究，见C. Segal的《狄奥尼索斯的品格与〈蛙〉的统一性》［“The Character of Dionysus and the Unity of the *Frogs*”, *HSCP* 65（1961）207—230］。即使在公元前405年和前404年期间有一些显著的政治变化，但把文学自由灭绝的那种威胁在前405年肯定仍然存在。

10. 普鲁塔克，《阿尔西比亚德斯》38；参见伊索克拉底 XVI. 21。

11. 埃斯库罗斯政治劝告的其余部分也是民主的，他敦促伯里克利在允许敌人入侵的同时设立一项以海军为基础的政策（1463—1465）。

12. 参见《蛙》（*Frogs*）第1491—1495行。

13. 在《申辩篇》中，苏格拉底把自己扮成那种不合宪法的、由三十人组成的陪审团的反对者。因此这里就出现了这样一个问题：如何确定柏拉图与他笔下的人物苏格拉底的关系，如何确定那个人物与历史上的苏格拉底的关系？这可能提供了另一个理由来表明，这篇强调要消除混乱、要拒绝阿尔西比亚德斯的演说，为什么会被放在一个与苏格拉底不同的人物口中，虽然她教导了苏格拉底。

14.《理想国》中的那个格劳孔是柏拉图的同父异母的哥哥，而另一个格劳孔（参见《卡尔米德篇》154）则是卡尔米德的父亲，所以也是柏拉图母亲的弟弟。既然这个人物还很年轻，他就不可能是卡尔米德的父亲（这里我按照Bury的说法，他偏爱这个鉴定，但没有提出论证来支持自己的观点，见他的《柏拉图的〈会饮篇〉》）。Guthrie反对把《理想国》中的那个格劳孔鉴定为柏拉图的同父异母的哥哥，认为他是一个不为人所知的人物（要不是因为柏拉图把他叫作格劳孔的话）。尽管对此他也没有提出任何论证，但他的观点还是得到了一些显著的支持（参见Bury著作中的参考书目）。除了不能把他称为阿里斯通的儿子外，鉴定的主要困难还是年纪问题。如果我们认为阿波罗多罗斯所说的“当我们 465
都是孩子的时候”（173A）中的“我们”包括了格劳孔，那么他就不可能是前424年中所说的那个在战斗中表现卓越的人。但是，阿波罗多罗斯的话同样可能是指“当我那一代的人们都是孩子的时候”。在柏拉图那里，同名同姓的人物在其他地方也有出现，比如说《普罗泰戈拉篇》中就有两个阿狄曼图斯。

15. 现在我们会问道，为什么这些事件竟然是以一种很间接的方式被提到的？确实，如果柏拉图想要我们想起阿尔西比亚德斯之死，那么他就会公开地这样说。然而，这一点并不是如此清楚：比较修昔底德《伯罗奔尼撒战争史》II. 65. 12对同样的事件不明确的提及,有人可能会指责修昔底德含糊其词,但是,通过指出修昔底德可能假设他的读者会如此敏锐地意识到那些事件及其发生的日期,以至于一种很微妙的暗示就足够了,而明确地说出来倒显得有点笨拙,Dover就捍卫了修昔底德的这种做法。我们很容易构造出当代的类似例子。

16. 参见Athenaeus v. 217a.

17. 在大多数情形中,后一个传统(至少始于德摩斯梯尼)都认为阿尔西比亚德斯在毁损那些赫耳墨斯石像和亵渎那些神秘事物上是有罪的。修昔底德对这些石像则更为警觉(参见《伯罗奔尼撒战争史》VI. 53和VI. 61),只是断言阿尔西比亚德斯被认为卷入了这场攻击(VI. 28. 2)。正式的指控看来一直是立足于仅仅与那些神秘事物有关的指责。(参见Dover等人在《对修昔底德的历史评论》第四卷第264—288页中的讨论。)但在这两件罪行中,柏拉图都是被用来攻击阿尔西比亚德斯时代的写作;他的大多数听众可能已被指望要相信那些指责。

18. Biazesthai(“暴力”)是一个用来表示猛烈的性攻击的常见术语:参见*LSJ*中的有关词条,尤其是阿里斯托芬的《普路托斯》第1052行。赫耳墨斯与运气的联系是《克拉底鲁篇》的一个核心主题,在那里,克拉底鲁论证说,如果年轻的赫谟根尼并不幸运,那么他就无权使用那个名字。

19. 打嗝已经得到了广泛讨论。参见Plochmann的《支持性主题》(其中有进一步的参考书目),Guthrie的《古希腊哲学史》第四卷第382页注释2,以及Rosen的《柏拉图的〈会饮篇〉》第90页及以下,尤其是第120页。

20. 色诺芬尼在其《残篇》B23—26中把神设想为“在形态上与凡人并不相似”的东西。亚里士多德经常把圆形引用为最完美的形状,那种形状最适合于神的形状。在这里,《斐莱布篇》51B—C中的论证也是相关的,对这些论证的讨论,见第五章。J. S. Morrison在他《柏拉图〈斐多篇〉中大地的形状》[“The Shape of the Earth in Plato's *Phaedo*”, *Phronesis* 4(1959)101—119]中论证说,这些被造物是车轮形的,而不是(就像很多评论者所假设的那样)圆形的。但这个说法并不影响我的论证。对阿里斯托芬的演说的一般讨论,见Dover的《柏拉图〈会饮篇〉中阿里斯托芬的演说》(“Aristophanes' Speech in Plato's *Symposium*”, *JHS* 86(1966)41—50)。

21. 比较弥尔顿对天使们的性生活的特别说明,他说天使们“没发现薄膜、关节或者四肢有任何阻力”(《失乐园》第八卷第620行及以下)。(我感谢John Hollander让我注意到这段话。)

22. 索福克勒斯,《安提戈涅》第568—570行,参见第三章。这个观点出现在古希腊文学所依据的那些故事中,爱比克泰德对这个观点提出了敏锐的评论:他说,要是斯巴达王墨涅拉俄斯能够把海伦看作仅仅是另一个女人,而且看作一个坏女人,那么"《伊利亚特》和《奥德赛》就不再存在了"(*Diss.* I. 28. 13)。因此,似乎没有必要提出进一步的例子。
23. R. B. Brandt,《自杀的道德与合理性》("The Morality and Rationality of Suicide", in J. Rachels(ed.), *Moral Problems*, New York 1975, 363—387)。
24. 甚至在207E中,在psuchē和sōma之间的比较不是在物质性的东西和非物质性的东西之间比较,或者,至少不是就这个比较是由柏拉图通常在其他中期对 466
话中引出来的而论的。psuchē包括习惯、品格、意见、欲望、快乐、痛苦、恐惧和理解。
25. 关于"死亡"可能具有的性联想以及希腊语中的相关词语,见赫拉克利特《残篇》B15、77、117以及也许85;亦见阿里斯托芬《阿卡奈人》(*Acharnians*)中那个精心制作出来的比喻性终结。
26. 比较《奥德赛》第八卷第266行及以下。参见K. Dorter的《演说在柏拉图的〈会饮篇〉中的意义》["The Significance of the Speeches in Plato's *Symposium*", *Philosophy and Rhetoric* 2(1969)215—234]。
27. Rosen在《柏拉图的〈会饮篇〉》第8页中指出,阿里斯托芬是唯一一个与另一位在场者没有爱欲关系的人。
28. "提曼德拉"很可能意味着"尊敬男人",而"狄奥提玛"仅仅意味着"尊敬宙斯",并很有可能被柏拉图解释为一个含义不明的说法,游离在"向宙斯表示尊敬的那个人"和"从宙斯那里得到尊敬的那个人"之间。几乎没有可能的是,提曼德拉是普鲁塔克(他对《会饮篇》很了解)为了与狄奥提玛相对应而创造出来的,而不是反过来。虽然我们无法排除这个可能性,但我们能够说的是,在这种情形中,柏拉图创造出来的那个名字仍然是意味深长的,尽管是以一种更加抽象的方式;普鲁塔克将来会表明自己是一位很精明的解释者。W. Kranz在《狄奥提玛》["Diotima", *Die Antike* 2(1926)313—327]中论证说,狄奥提玛是一位真实的历史人物:但只是按照这一理由——在这篇对话中的所有人物都是真实的历史人物。既然狄奥提玛在同样的意义上并不是这样一位历史人物,Kranz的论证就显得很弱。按照他的描述,狄奥提玛对苏格拉底的启示是由一种高度特殊化的母性情感激发起来的[他提醒我们,由于女祭司是可以结婚的,因此我们就没有理由认为狄奥提玛为什么不可能已经完成了"成年女子的宿命”(das Schicksal der Frau)！]，因此，这个描述在我看来是幻想性的和情感性的。(不过，这篇文章的大部分很有趣地讨论了荷尔德林对《会饮篇》的使用。)

29. 这里有一个额外的步骤，在这个步骤中，他们同意这个含义是必然成立的(200B2—3)。

30. endees estin与ouch echei自始至终都是以一种可以互换的方式被使用的，前者的意思是“缺乏”、“需要”，后者的意思是“并不具有”。在这里我忽略了一个有趣的枝节问题：苏格拉底承认一个行动者可以欲望某些他现在确实具有的东西，但论证说，在这种情形中，他实际上欲望的东西是他现在并不具有的东西，即在未来对那个对象的继续占有。

31. 用非实体的范畴来个体化事物是亚里士多德所面临的一个众所周知的问题，我们根本就不清楚柏拉图会对这个问题说些什么。

32. 有两段话并不很明显地具有定量的含义：210B7中的“更可敬”和219A1中的“以金易铜”。但二者都符合一种定量的解释(金子按照任何一个金融度量标准都**值更多的东西**；这里的问题只是在“值得尊敬”这件事情上的差别，究竟是性质上的差别还是只是数量上的差别)。所以，这两段话都没有削弱一个定量标准占据优势的证据。参见我的《柏拉图论可通约性和欲望》[“Plato on Commensurability and Desire”, *PASS* 58(1984)55—80]。

33.《理想国》521C及以下；参见第五章。

34. Biōtos意思是“适于生活”、“值得生活”。我们发现这个说法经常被否认，而且经常是在与对死亡甚至自杀的自愿接受联系在一起时被否认。Joyce的如下翻译是正确的：“我亲爱的苏格拉底，要是人的生活还值得过的话”。W. Hamilton的如下翻译则是不完善的：“一个人应度过一生的那个领域。”这个译法没有把握这个论证的力量和本质。

35. Irwin在《柏拉图的道德理论》中以及J. M. E. Maravcsik在《〈会饮篇〉的攀升中的理性与爱欲》(“Reason and Eros in the Ascent Passage of the *Symposium*”, in
467 Anton and Kustas, *Essays* 285—302)中，都强调了需要和不满在激发行动者从一个层次到另一个层次的运动中的作用。但他们两人都没有讨论这种具有推动作用的实践需要的精确本质，也没有指出对性质相似性的可疑判断所具有的那种激活作用。不过，对渴望和不满在这种升华中的作用，Maravcsik提出了一个很有趣的讨论，这个讨论好像完全符合我的观察(正如他现在向我担保的那样)。在《柏拉图式的爱》(“Platonic Love”, in W. H. Werkmeister, ed., *Facets of*

Plato's Philosophy, Assen 1976, *Phronesis* Supplement 11, 53—69)这篇文章中，通过关注爱欲活动在这种升华中的本质，L. A. Kosman提出了另一个很有价值的讨论。

36. Rosen在《柏拉图的〈会饮篇〉》中也注意到了“exaiphnēs”的重复(第288、325页)，尽管他并没有阐明这一点。亦见Robin的《柏拉图的爱的学说》第183页，在那里他比较了《理想国》515C和516E。R. Hornsby在《〈会饮篇〉中有意义的行动》["Significant Action in the *Symposium*", *CJ* 52(1956—1957)37—40]中提出了这个有趣的观察：在那个吹长笛的女孩的离开和阿尔西比亚德斯的进入之间，并没有从一个地方到另一个地方的身体运动的描述——宴会处于静止的状态，“就好像一开始参加宴会的那部分人已经获得了与美的理念的条件相似的一个条件”。
37. 见第七章。
38. 这当然提出了这个要求：那些关于特殊事物的说法，在另一个方面应该是一般的而不是特殊的，那些说法应该不是怪异的或异质的，而是代表性的(正如亚里士多德所说，“可能会发生的那种东西”)。参见第一章和第十三章。对这些问题中的一些问题的进一步发展，见我的《有瑕疵的晶体》。
39. 参见插曲一和在那里提到的参考书目。P. Geach在《柏拉图的〈游叙弗伦篇〉》["Plato's *Euthyphro*", *The Monist* 50(1966)369—382]中认为，苏格拉底根本就不认为把一些例子列举出来就构成了一番论述。尽管Geach的说法是错误的，但苏格拉底显然相信，只有当我们已经超越了具体例子时，研究才能取得真正的进步。比较维特根斯坦的《蓝皮书与棕皮书》(*The Blue and Brown Books*, Oxford 1959)第19—20、26—27页。
40. 比较《斐多篇》中对感官的见证的拒斥，参见第五章。
41. 尤其是约翰·洛克的《论人类理解》[*An Essay Concerning Human Understanding* (1690), ed. P. H. Nidditch, Oxford 1975]第三卷第十章，在第16页和注释25中得到讨论。
42. Dover版，具有广告的黑色封面。克拉林顿出版社的柏拉图系列原来没有计划把《会饮篇》或者《斐德罗篇》包括进来，这个系列原来的任务是要介绍对柏拉图著作的新评论，以便“引起现今哲学家的兴趣”。《斐德罗篇》在1982年8月被补充进来；我目前正在准备翻译和评注。
43. Guthrie在《古希腊哲学史》第四卷第395页中宣称，阿尔西比亚德斯**正在**执行苏格拉底的请求，因为“爱欲在苏格拉底那里已经变得可见”。我希望到现在为止我们已经可以看到，为什么我并不认为这是对正在发生的事情的一个充分说明。

44. Dover，《古希腊的同性恋》，尤其是II. C. 5。亦见B. Knox在《纽约书评》[*New York Review of Books* 25（1979）5—8］和H. Lloyd-Jones在《新政治家》（*New Statesman*, 6 October 1978）以及《古典遗产》（*Classical Survivals*）1982年那一期第97页及以下对这部著作的评论。

45. Dover，《古希腊的同性恋》第96页。Dover假设这些图景显示了持久不变的文化**事实**，但这个假设可能没有根据；更重要的是，它们显然描绘了文化**规范**。

46. 参见《游叙弗伦篇》11A—B。

47. 有关"爱的知识"的一些有趣评论及其与分析性的关系，见L. Trilling的《卡莎马斯玛公主》（"The Princess Casamassima", in *The Liberal Imagination*, New York 1950）第86页及以下。

48. 参见第十章以及我的《实践三段论与实践性的科学》（in Nussbaum, *De Motu* Essay 4）以及Wiggins的《慎思与实践理性》。

49. 参见J. M. E. Maravcsik的《柏拉图对话中的理解与知识》["Understanding and
468 Knowledge in Plato's Dialogues", *Neue Hefte für Philosophie*（1979）］和M. F. Burnyeat的《亚里士多德论理解知识》（"Aristotle on Understanding Knowledge", in *Aristotle on Science: The "Posterior Analytic"*, ed. E. Berti, Padua 1981）。

50. 对性关系的"dialegesthai"的利用，参见J. J. Henderson的《有瑕疵的缪斯女神》第155页中所提到的参考书目。

51. 《理想国》507A及以下。

52. 阿尔西比亚德斯后来取下原来系在这个花环上的花冠，把它们戴在阿伽通和苏格拉底的头上。但这个希腊文本表明，这些花环原来就是分离开来的（参见212E2），在他的演说中，他一直都戴着这个紫罗兰和常春藤编的花环。在这一点上，Joyce的翻译是正确的，而Hamilton的翻译则是有问题的。

53. 参见A. L. Edmunds的《修昔底德作品中的机遇与智慧》（*Chance and Intelligence in Thucydides*, Cambridge, MA 1975）。关于即席创作，进一步参见第十章。

54. 参照Rosen的《柏拉图的〈会饮篇〉》第287页，Gould的《柏拉图式的爱》第39—41页，J. Anton的《柏拉图对话中一些狄奥尼索斯式的指称》["Some Dionysian References in the Platonic Dialogues", *CJ* 58（1962—1963）49—55］。

55. 对悲剧和喜剧诗人的评论这个主题有很多文献，其中的一些文献采纳了这一观点：正是苏格拉底自己（以及柏拉图）把悲剧和喜剧统一起来。对这个观点的两个近来的捍卫是D. Clay的《〈会饮篇〉中的悲剧诗人和喜剧诗人》［“The Tragic and Comic Poet of the *Symposium*”, *Arion NS* 2（1975）238—261］和R. Patterson的《柏拉图的喜剧和悲剧艺术》（“The Platonic Art of Comedy and Tragedy”, 即将发表在*Phil Lit*）。也可参见H. Bacon的《被加冕的苏格拉底》［“Socrates Crowned”, *Virginia Quarterly Review* 35（1959）415—430］。我认为，在这里重要的是要把苏格拉底和柏拉图区分开来：苏格拉底是悲剧和喜剧的反对者，而柏拉图则对苏格拉底的观点以及与其观点相对立的观点都提出了一些说法。也可参见注释54中J. Anton的文章（第51—52页），他论证说，正是柏拉图而不是苏格拉底才是这位悲剧/喜剧诗人。

56. 有讽刺性的是，hubris也是一个用来表示性攻击的合法且流行的术语；参见《希英词典》中的有关条目，以及Henderson的《有瑕疵的缪斯女神》第154页和Gagarin的《苏格拉底与阿尔西比亚德斯》。
57. 参见Dover在《古希腊的同性恋》第94—95页中的讨论和说明。这种“同性恋求爱最有特色的结构”很早以前就在Sir John Beazley的《塞浦路斯博物馆中的一些古希腊花瓶》［“Some Attic Vases in the Cyprus Museum”, *PBA* 33（1947）195—244］这篇重要的文章中得到了描述。
58. 比较Rosen的《柏拉图的〈会饮篇〉》第300页。
59. 比较Cavell在《理性的主张：维特根斯坦、怀疑论、道德与悲剧》（*The Claim of Reason: Wittgenstein, Skepticism, Morality, and Tragedy*, New York 1979）中对奥赛罗的解释。
60. 在这里我想要感谢那些在很多阶段用他们的无私评论来帮助我的人，尤其是Myles Burnyeat、John Carriero、Stanley Cavell、Arnold Davidson、John Hollander、Julius Moravcsik、Nick Pappsa、Gregory Vlastos和Susan Wolf。

第七章 “这故事不是真的”：《斐德罗篇》中的癫狂、理性与改变论调

1. 这个警句在第欧根尼的《名哲言行录》第三卷第30节中被报告，其真实性在C. M. Bowra的《柏拉图论狄翁之死的警句》［“Plato’s Epigram on Dion’s Death”, *AJP* 59（1938）394—404］中已经得到详细捍卫；也可参见W. Wilamowitz的《柏拉图》第一卷（*Platon* I, Berlin 1940）第644页，这位作者用诗歌的形式对这个警句做出了优秀的德语翻译。在Taylor的《柏拉图》第544页中，他严肃地发展了

一个论证来反对这个警句的真实性,这就是我们见到的唯一论证,它所说的这种深刻情感对于一个七十岁的人来说是不合适的。但我认为这是一个很弱的论证(参见以上注释5)。

2. 参见251A—251E以及本章,原书第215—218页。
3. Hackforth,《柏拉图的〈斐德罗篇〉》(*Plato's Phaedrus*, Indianapolis 1952)第
469 37页。
4. 这个地点被精确地描述而且能够被精确地定位,参见R.E.Wycherley的《柏拉图的〈斐德罗篇〉的场景》["The Scene of Plato's *Phaedrus*", *Phoenix* 17(1963)88—98]和D.Clay的《苏格拉底对潘的祈祷》("Socrates' Prayer to Pan", in *Arkturos: Hellenic Studies Presented to Bernard M.W.Knox*, Berlin/New York 1979, 345—353)。这个地点已经深深地打动了很多访问者。[Clay从Giorgos Seferis(原名为Giorgos Stylianou, 1900—1971,希腊诗人和外交官,曾获1963年诺贝尔文学奖。——译者注)那里引用了后者描述埃里索斯河的几行诗句,通过利用与这篇对话很接近的精神,这些诗句传达了一种在情感上和理智上都突然顿悟的感觉。]F.M.Cornford在《智慧先驱》(*Principium Sapientiae*, Cambridge 1952)第66—67页中合理地说道,一旦我们看到苏格拉底"从他从未离开的环境中被抽离出来,我们就会有一种陌生感。在柏拉图的戏剧艺术的限制内,他不可能更清楚地指出这位富有诗意、充满灵感的苏格拉底不为那些经常与他相伴的同伴所知"。
5. 关于年代问题,也可参见第五章注释21。现在,学者们普遍同意,《斐德罗篇》在写作日期上晚于《理想国》和《会饮篇》,接近《泰阿泰德篇》,而后者大概是写于公元前369年之后不久(因为在这个日期,人们立下了一座碑来纪念泰阿泰德在那一年在科林斯湾的一次战争中的死亡)。在L. Robin《柏拉图的爱的学说》第63—109页和Hackforth的《柏拉图的〈斐德罗篇〉》第3—7页中(以及很多另外的文献中),这些年代问题得到了总结;也可参见Guthrie的《古希腊哲学史》第四卷第396—397页,不过,Guthrie把这篇对话的写作日期定在《理想国》之前,却没有提出很强的理由。认为这篇对话晚于《理想国》的一组论证是以写作的风格作为根据提出来的:各种独立地加以使用的标准都达成了一种共识,一致地把这篇对话在写作日期上定在《智者篇》、《政治家篇》、《斐莱布篇》和《法篇》这组对话之前,但接近这组对话;(有些学者会把《蒂迈欧篇》包括进来,但L. Brandwood的著作揭示了怀疑这种做法的一些理由)。不过,尽管这些标准在其所达到的一致性方面似乎给人留下了深刻印象,但它们

不能被孤立地使用,尤其是在我们处理一篇柏拉图在其中戏谑地使用了几种不同风格的对话时。G. Ryle在《柏拉图的发展》(参见以下注释59)中提出的历史考虑支持把这篇对话的写作日期放在《蒂迈欧篇》之后,尽管这些考虑也很有启示,但最终看来并不可靠。学说上的考虑可能会提供更好的证据,但我们现在很难使用这种考虑,因为这样做有循环论证的嫌疑。在那些不属于我们计划的核心问题当中,最突出的问题是只有在一组按照其他理由被一致认为比较晚的对话——《智者篇》《政治家篇》《斐莱布篇》——中,我们才可以发现在这里引入的那种划分方法。Guthrie声称这个方法并不完全是新的;即使在提出这个主张时他应该是正确的,但新的东西是在所有这些对话中,这个方法据说就是通过对话来进行辩论的方法,就是哲学家在对话中的工作;因此这个方法就取代了《斐多篇》和《理想国》中的那种假设性方法,而且与那种方法不相容。参见J. L. Ackrill的《捍卫柏拉图的划分》("In Defense of Platonic Division", in O. Wood and G. Pitcher, eds., *Ryle*, Garden City 1970, 373—392)。另一个给人留下深刻印象的论证关系到对灵魂的看法:我们能够表明《斐德罗篇》的理论与《法篇》具有更密切的联系,而不是与《斐多篇》、《理想国》和《蒂迈欧篇》具有更密切的联系。参见本章,原书第222—223页。在《柏拉图的〈斐德罗篇〉和〈理想国〉第十卷中的风格学说》["Zur Lehre von Wesen der Seele in Platons *Phaedros* und im X. Buche der *Republik*", *Wiener Studien* 37(1915) 189—222]中,E. Groag充分可靠地提出了这样一个论证:《斐德罗篇》与《斐多篇》,《理想国》和《蒂迈欧篇》是不相容的论证;但不幸的是,Groag提出了一个引导性的假定,即《蒂迈欧篇》代表了柏拉图对灵魂的最晚期的和最成熟的看法,但这个假定使他认为自己的论证表明了《斐德罗篇》在写作日期上先于全部这组对话;他忽视了与《法篇》的比较所带来的问题(关于这个比较,参见Robin的《柏拉图的爱的学说》)。学者们已经提出了一些论据来断言《斐德罗篇》写得比较早,其中主要的论据是:(1)它使用了那种令人感动的诗歌语言,而这种语言显然不符合《理想国》中对诗人的谴责;(2)它对感性情感有显著的描述,而这种描述被认为不可能是由一位五十岁的人写出来的(关于这一点,见Robin、Guthrie和Hackforth的论著)。第一个论证得到了广泛接受,但它只是支持不相容性判断,而不是支持有关写作日期之先后的判断(参见以下第3节)。第二个论证则显得很愚蠢。所以,我们大概可以把这篇对话的写作 470
日期定在公元前365年左右,要么在《泰阿泰德篇》之前不久,要么在它之后不久。(关于这一点与柏拉图对叙拉古的第二次访问的联系,参见以下注释58

和59。)

6. 以下评论立足于对“癫狂”(mania)这个词以及柏拉图著作中有关的词的一个完整研究:比较L. Brandwood的《柏拉图索引》(*A Concordance to Plato*, Leeds 1976)。关于这个词与爱欲的联系,尤其参见《理想国》329C和403,《会饮篇》213D和215C—D,《克拉底鲁篇》404A;关于这个词与sōphrosunē的对立,尤其参见《普罗泰戈拉篇》323B5,《理想国》573A—B。关于柏拉图及其前辈对“癫狂”的理解,也可参见Dodds的《古希腊人与非理性的东西》第二章(第64—101页)和第七章(第207—235页)。
7. 这个词,似乎意味着计算的(calculative)、“测量的”(measuring)、“理智的”(intellectual),往往被翻译为“理性”(reason)和“理性的”(rational)。在这里,为了避免涉及在柏拉图的文本中并不出现的那些规范含义(关系到实践合理性是什么),我尽量避免使用这种译法。
8. 《会饮篇》中的状况当然更为复杂,因为在那里出现了各种各样的言说者,参见第六章。
9. 关于这些要点,参见第五章以及参考书目。
10. 以下我将假设所有评论者多少都同意的观点:吕西亚斯正在使用这段话来诱使斐德罗,他把自己鉴定为这个“非爱者”——由这个男孩作为接受者的斐德罗。
11. 然而,应该注意的是,苏格拉底的第一个演说把爱欲与美联系起来,因此就预见到他的第二个演说的观点。对于他在《会饮篇》中的演说,这一点同样是成立的,这个事实表明,在《会饮篇》和《斐德罗篇》之间是有一种连续性的。T. Gillespie在一篇尚未发表的文章中已经论证说,关于连续性的这一点以及其他要点应该使我们得到这个结论:《会饮篇》是在《理想国》之后撰写的,甚至就苏格拉底的演说来说,至少在某些方面也是一部转型著作。我们可以比较《理想国》580E和586A—B,前者只是针对爱欲才提到交往,而后者则使用动物语言来描述人的交往。《斐莱布篇》(大概晚于《斐德罗篇》,参见第五章注释21)不是按照身体充实的欲望来划分爱欲,而是按照愤怒、悲哀、敌意和嫉妒这样的复杂情感来划分爱欲,而那些情感就其本性而言依赖于与它们相联系的信念的本质。比较《理想国》403A和《斐多篇》68A中对“eran”这个动词的使用。
12. Hackforth,《柏拉图的〈斐德罗篇〉》第31页。
13. 我在第一节中将要探究的那个问题的一些方面首次占据了我的思想,是因为与Alexander George的交谈,我很感谢他在一篇很有趣的文章中批评了本章较早的一个草稿。我们两人的观点仍然不同,但我希望我在这里回答了他的一些问题。

14. 有可能的是,Puthokles中的Puth是punthanomai(“追求”“探询”)这个动词的不定过去时的词根。于是这个名字就意味着“追求名声者之子”。但我们的更加可能的选择——“具有皮提亚名声”,即因为在皮提亚竞技会上获胜而具有名声——有一个类似的含义:不论是在哪种情形中,这个源于父名的姓都强调公民显赫和名望。
15. 这一切解释了前面两个演说中的论证;我认为没有必要列举这个段落所提到的东西,因为它们是明显的。
16. 吕西亚斯在第十二篇演说辞(*Against Eratosthenes*)中讲述了他在那些年之间的生活故事。关于他的生平,参见Dover的《吕西亚斯及其著作》(*Lysias and the Corpus Lysiacum*, Berkeley 1968)。柏拉图利用吕西亚斯及其家庭成员作为他对话中的人物,关于这一点,也可参见F. E. Sparshott的《柏拉图与塞拉西马科》(“Plato and Thrasymachus”, *University of Toronto Quarterly* 1957, 54—61)。
17. 参见第五章注释41。 471
18. 第欧根尼(第六卷1063及以下)把男女乱交推荐为一种避免爱的癫狂的好方式。有关伊壁鸠鲁对这个问题的看法的证据是复杂的,很难解释。一些片段表明,他竭力从根本上避免性活动;他写给他的共同体成员的一些信件残留下来,其中一些信件的口吻暗示了一种无忧无虑、没有激情的性活动。不管怎样,他对爱的谴责是强烈的和毫不含糊的。
19. 当代有一个类似的说法,例如参见西蒙尼·波伏娃(Simone de Beauvoir)在《第二性》(*The Second Sex*, trans. H. M. Parshley, New York 1974)第436页中对美国年轻女人的自持的评论。
20. 见D. Clay在他的《苏格拉底的祈祷》中对中午时分的迷信的优秀讨论。古希腊人相信夏季的炎热与不加约束的性活动的危险有一定的联系,M. Detienne的《阿多尼斯的花园》(*Les Jardins d'Adonis*, Paris 1972)对这个信仰的整个体制提出了一个很有启发的讨论,这部著作还包含了J.-P. Vernant的优秀导论。我们应该注意,在《斐德罗篇》中,太阳扮演了一个积极的、起着推动作用的自然因果力量的角色,人类生活世界中的一个角色(比较第六章,参见本章,原书第216—217页)。
21. 见《会饮篇》198B—204C。
22. 关于柏拉图对kathairō以及相关词的使用与亚里士多德对悲剧的讨论之间的联

系，参见插曲二。

23. “pothos” 这个词被用来表示对一个不在场对象的渴望，我们可以认为 “himeros” 这个词暗地里与它形成了一个对比。后面这个词不是被用来表示纯粹理智的渴望，而是意味着强烈的感情或者感性感受的出现。

两个其他的名字至少值得做一些评论。“Stesichoros” 这个词本身有这样一个词源——筹备合唱团演出的那个人。苏格拉底对诗人名字的选择于是就有这样一个辅助性特点——明确地把对爱欲的敬畏与对音乐和诗歌的尊重联系起来。“Murrhinousios” 这个词是斐德罗的真正的阿提卡名字，正如我们从一个碑铭中知道的那样；因此，在这个情形中，正如在我们处理一个实际的历史名字的其他情形中一样，我们需要小心。但在这篇对话以及其他地方（尤其是在《克拉底鲁篇》中），柏拉图三番五次地对实际名字的含义使用双关语。他在这一节中所玩弄的游戏，加上把斐德罗与伽倪墨得斯（参见本章，原书第231页）联系起来的那个词源上的双关语，至少促使我们把如下事实记录下来。密拉是一位因为对她父亲进行不伦诱惑而变得臭名昭著的女人（参见奥维德《变形记》第十卷）；作为惩罚，她被变为没药树（myrrh tree，希腊语为murrhis），在雅典文化中的那棵树（要么因为这个故事，要么在以前）作为一种春药在宗教仪式上暗示了一些联想（例如，参见阿里斯托芬《鸟》160—161）。密拉也是阿多尼斯的母亲，后者的性欲把他置于不幸的境地。爱神木（阿提卡方言为murrhinē）也暗示了一些性联想：男性阴茎（membrum virile）末端的一个通俗的名字就是murrhinon——“爱神木枝”（阿里斯托芬，《武士》，964）。至少在一个稍晚的时期，murrhis变成了女性外生殖器的名字。在这篇对话中，柏拉图在词源学上的把玩是如此明显，在伽倪墨得斯的例子中如此明确地具有性含义，以至于我们可以看到他对这个阿提卡名字（在这篇对话的其他地方没有被提到）的强调，可以看到“一个密利努式的男人”这个很不寻常的说法——这个说法表明，斐德罗其实是一个充满了爱欲的人，尽管他否认这一点。如果男性 / 女性的双重联想到这个时期为止确实存在，那么它也预示了第二个演说和伽倪墨得斯的偏好的所有雌雄同体的主动/被动意象。

Detienne在《阿多尼斯的花园》尤其是第117—138页中探究了密拉和阿多
472 尼斯的故事及其文化 / 宗教含义，尽管他的论证常常对于证据来源的不同时期不够谨慎。

24. 参见Hackforth的《柏拉图的〈斐德罗篇〉》第8页，以及Guthrie的《古希腊哲学史》第四卷第297页。吕西亚斯在前412—前411年从图里返回雅典；他的兄弟波勒玛库斯——在前404年被杀死——据说仍然活着。

25. 见K. J. Dover的《柏拉图〈会饮篇〉的日期》[“The Date of Plato’s *Symposium*”, *Phronesis* 10(1965)]第7页注释15。有关的碑铭是*SEG* XIII. 13, 188, 17, 110;参见B. D. Merritt的《古希腊的墓志铭》[“Greek Inscriptions(14—27)”, *Hesperia* 8(1966)]第69页及以下,J. Hatzfeld的《〈斐德罗篇〉中的新东西》[“Du nouveau sur *Phèdre*”, *REA* 41(1939)]第311页及以下。Dover指出,Hackforth应该已经知道这个信息。
26. 参见L. Robin的《柏拉图:斐德罗篇》(*Platon: Phèdre*, Paris 1939),他把这个景象称为“对全部历史的超越”(en dehors de toute histoire)。
27. 苏格拉底把这个吕西亚斯演说与他自己的第一个演说紧密地联系在一起;请注意242E—243A中的那些双重形式。
28. 对预言及其宗教背景的这一看法,参见Dodds的《古希腊人与非理性的东西》第二章,以及Guthrie的《古希腊哲学史》第四卷第417页和注释2,Guthrie论证说《斐德罗篇》标志了柏拉图观点上的一个重要转变。
29. 应该注意的是,“philos”和“philia”这两个词,虽然在中期对话中不是用来表示“爱”这个概念的最显著的词,但在这里获得了新的重要性,与这篇对话中那种亚里士多德式的对互惠性和品格依附的强调保持一致(参见第十三章)。这篇对话开始于“Ō phile Phaidre”这个说法;它的中间环节是由“Ō phile Erōs”(257A)来标志的;它的最终祈祷开始于“Ō phile Pan”;接下来的最后一行就是谚语式的“koina ta tōn philōn”(参见本章,原书第233页)。参见Clay的《苏格拉底的祈祷》。
30. 参见第五章,有参考书目。
31. 参见Groag在前面提到的那篇文章第208—209页中的优秀讨论。Guthrie在《古希腊哲学史》第四卷第422页及以下似乎错误地拒绝了Groag的论证。
32. 亚里士多德在《政治学》第二卷中对柏拉图的理想国家提出了一个相关的批评:通过取消家庭,这种理想国家就削弱了人与人之间的一切纽带,使它们变得“很平淡”——参见第十二章。在其第二个演说之后关于蝉的神话中,苏格拉底强调了这样一个危险:一门艺术(包括哲学的“艺术”)的发现可能会使艺术家忘记了必要的饮食,一直到死为止(259B—C)。
33. 这些要点在默多克的《善的至高无上性》(*The Sovereignty of Good*, London 1970)第59—60、84—86页中得到了很有启示的讨论,其中提到了这篇对话。但不幸的是,她的近著《火与日》(*The Fire and the Sun*, Oxford 1977),一本致力于研究柏拉图对艺术和美的看法的著作，似乎并没有给这些评论添加更多的东西；参见我在《哲学文学》（1977—1978年第2期）中对那本著作的评论。

34. A. Lebeck在《柏拉图〈斐德罗篇〉中的核心神话》[“The Central Myth of Plato's *Phaedrus*”, *Greek, Roman, and Byzantine Studies* 13（1972）267—290]对这段话的比喻（包括植物生长的那个重要比喻）提出了一个优秀的讨论。在我近来对本章初稿进行修改的过程中，我最近发现的两篇最有启示的文章（Groag和Lebeck的文章）都是由三十五岁前就去世的作者撰写的，这个事实使他们对理智渴望的那种植物般脆弱的本质的评论显得特别尖锐。在这里我想表达我的一种丧失感。

35. 虽然这一点在任何地方都没有被明确地阐明，但它可以从相似性的传递性中被推导出来；参见我在第六章中针对苏格拉底在波提代亚的祈祷而做出的评论。

36. 参见Lebeck的《核心神话》（‘Central Myth’）第251—252页。关于猎取和诱捕这个比喻的意义，见Detienne和Vernant的《古希腊中真理的主宰》。对这部著
473 作的讨论，见第一章，原书第18—22页。柏拉图在《智者篇》中转到技艺性的实践理智的神话，在那里他把唯物论者和“理念的爱好者”之间的斗争描绘为一种巨人与诸神之间的战争，在那种战争中，每一方都竭力通过否认对方在宇宙中的存在来控制宇宙。理念的爱好者（大概就是柏拉图主义者）代表这个传统故事中的奥林匹斯众神，他们利用“智慧”和“技艺”的战略来对抗巨人的粗俗武力。在这种情形中，他们的诡计多端的措施就是“迫使某些可理解的、没有形体的形式成为真正的存在”；“打碎对手”的身体、粉碎对手描述为真理的东西，他们把这个过程称为一个运动的变化过程，而不是称为一个存在过程（246B—C）。使没有形体的形式成为真正的存在，这个计划涉及对存在的一种猛烈抨击，或者对它的那个变动的、脆弱的、可以感知的部分的一种猛烈抨击。这位陌生人对双方的战略都持批评态度，因为他们出于权力和控制的理由强迫存在比它实际上的样子变得更小。唯物论者否认他们不可能操纵的东西；那些爱好理念的人则采纳了一条更加聪明的路线，认识到物体不可能被粉碎，另一种真正的存在既逃避了敌人的眼睛又逃避了他的把握。在批评了这些否定行为后，这位陌生人后来对真正的存在提出了一个新标准：“通过最微不足道的力量”来影响某个东西或者受到影响的那种能力，“不管这种影响是多么微小，也不管它是否只出现一次”（247E）。对于那种会死亡的复杂个体的地位，对于由身体和灵魂构成的复合体，这种转变显然有一些含义。然而，重要的是，那些爱好理念的人对智力和论证的承诺使他们容易接受这位陌生人的说服，而

唯物论者则不容易接受这种说服，因为他们蔑视论证。我们可以说，《理想国》对真理的爱直接导致了《斐德罗篇》中论调的转变。

37. 柏拉图在这里拒斥了赫拉克利特的著名格言——最聪明、最好的灵魂是一束干燥的光线；因此他也拒斥了那个与之相关的对激情的“潮湿”的谴责。参见C. H. Kuhn在《赫拉克利特的艺术和思想》第245—254页对赫拉克利特《残篇》B118的优秀讨论。Kuhn表明“不论是在早期古希腊的诗歌语言中，还是在前苏格拉底的哲学理论中，这个概念都是根深蒂固的”（第247页）。
38. 参见Lebeck的《核心神话》第255页。
39. 比较《会饮篇》中诱捕的比喻，参见203D和以上注释36。关于分离性和独特性以及控制它们的欲望，见第四章；亦见Vernant和Detienne的《古希腊中真理的主宰》。我在《有瑕疵的晶体》中进一步讨论了这里提到的一些问题。
40. 见G. E. L. Owen的《〈蒂迈欧篇〉在柏拉图对话中的地位》（“The Place of the *Timaeus* in Plato’s Dialogues”, in *Studies in Plato’s Metaphysics*, ed. R. E. Allen, London 1965, 329—336）。这不是Owen在《政治家篇》中拒斥《理想国》与《蒂迈欧篇》中的观点的主要信条的唯一证据。
41. 这一点在T. Gould的《柏拉图式的爱》第120页中得到承认。亦见Vlastos的《柏拉图式的爱中的性》（“Sex in Platonic Love”）和《个体作为柏拉图那里的爱的对象》（“The Individual as Object of Love in Plato”）的附录2。
42. 参见我讨论这篇对话的一篇早期论文，收集在《柏拉图论美、智慧和艺术》（*Plato on Beauty, Wisdom and the Arts*, ed. J. M. E. Moravcsik and P. Temko.）这部文集中。这些问题在Groag的文章中得到了很好的讨论，但是，当我发表我早先的讨论时，我还不知道这篇文章。然而，正如即将看到的，在一些重要的要点上我并不同意他的观点。我的这篇论文包含了对《巴门尼德篇》和《斐莱布篇》中的一些有关的相似性的讨论，包含了对划分方法的人类中心论的一个一般讨论。
43. 参见Groag在前面提到的那篇文章的第209页中，他很好地表明，甚至对于最好的人类灵魂来说，这仍然是一个发展中的可能性。
44. 在《斐多篇》中，灵魂似乎等同于知性的要素。欲望和欲求是身体的部分。只 474
有这个非混合性的要素是稳定的和持久的（78C）。虽然《理想国》第四卷谈到了灵魂的三分，把欲望和情感包含为灵魂的两个部分，但《理想国》第九卷指出，这三个部分是一种人为的组合，只是被身体的“包膜”偶然地聚在一起；实际上，那个真正地属于人的部分只是一个要素，即理智（58D及以下）；所以，这三个部分是否就是与身体不同的灵魂的三个同等的部分是不清楚的。《理想国》第十卷通过否认这个复合物的不朽(611B),因此似乎表明整个的灵魂,被解释为一个复合物,并不是不朽的。“在其最真实的本质中的灵魂”,那个不朽的灵魂,可能只是第九卷中的那个“小人”。如果我们转到《蒂迈欧篇》,我们就可以澄清这些模糊性,因为在那里柏拉图明确地告诉我们,“灵魂的有朽形式”——也就是说,任何不是理智的东西——在被赋予肉体的时候就“基于”理智(69C)。这种描述,符合《理想国》中所说的一切,使得这两篇对话很接近《斐多篇》;剩下来的差别是不重要的和口头上的。关于所有这些要点,见W. K. C. Guthrie的《柏拉图对灵魂的本质的看法》(“Plato’s Views on the Nature of the Soul”, in Vlastos, *Plato* II, 230—243)以及Guthrie的《古希腊哲学史》第四卷第422页及以下。虽然Guthrie有力地表明,在这个问题上,《理想国》、《蒂迈欧篇》和《斐多篇》具有本质上的一致性,但是,当他拒绝承认这三篇对话与《斐德罗篇》存在着冲突时,他的论证并不令人信服。参见Groag在前面提到的那篇文章中的论述。Crombie也认识到了这些要点,不过,他仓促地断言这些差别实际上并不重要,见Crombie的《对柏拉图学说的一个考察》(*An Examination of Plato's Doctrines*, London 1962)第一卷第371页及以下。

45. 尤其见《法篇》第十卷896C—D。

46. 参见W. K. C. Guthrie的《柏拉图对灵魂的本质的看法》。Robin在《柏拉图的爱的学说》中充分地讨论了这篇对话与更晚期的对话的相似性。

47. 关于这篇对话中的自我知识问题,见C. Griswold的《自我知识和柏拉图〈斐德罗篇〉中灵魂的“观念”》[“Self-knowledge and the ‘Idea’ of the Soul in Plato’s *Phaedrus*”, *Revue de Métaphysique et de Morale* 26(1981)472—494]。Lebeck在《核心神话》第281页中指出,苏格拉底——说他只是对自我研究才有闲暇时间的那个人——仍然说他有闲暇时间与斐德罗交谈(229B、228A);这表明,他把他的交谈看作是对自我理解的一个贡献。

48. 亦见Lebeck的《核心神话》第280—283页。

49. 正如Lebeck(同前引文章)所指出的那样,苏格拉底在234D5中对他自己的流放的描述,在言语上与他后来对爱者体验的论述是严格平行的:sunebakcheusa 234D5平行于253A6—7;ekplagēnai D1—2平行于250A6;epathon D2平行于250A7。请注意,这些平行强调了这种体验的被动性。对互惠性新的强调在斐德罗对苏格拉底的“平等的”揶揄中,在236B的那个角力的隐喻中得到了预示。

50. 关于年代问题，参见以上注释5和第五章注释21。在第十卷中对诗歌的批评已经得到很频繁的研究——最近的研究出现在Moravcsik 和Temko 所编辑的文集《柏拉图论美、智慧和艺术》(*Plato on Beauty, Wisdom and the Arts*)中，而本章的一个早期版本就收集在该文集中。在那本文集中，Annas、Moravcsik、Nehamas、Urmson和Woodruff的文章讨论在《理想国》第十卷中的论证；亦见在那本文集中提到的进一步的参考文献。(我很感谢所有这些人在原来的那个会议上对我提出的问题和与我进行的讨论。)C. Griswold在他的那篇有独创性和启发性的文章《柏拉图〈理想国〉第十卷中诗歌的观念以及对诗歌的批评》[“The Ideas and the Criticism of Poetry in Plato's *Republic*, Book 10”, *JHP* 19 (1981) 135—150]中，把第十卷对诗人的批评与它对理念论的处理中的一些特殊问题联系起来。

51. 柏拉图相信，在对某些情感进行表达时所碰到的进一步的问题是：那些情感完 475
全是立足于虚假的信念(参见本章，原书第230页论悲伤的讨论，第五章对悲伤和爱的讨论，第六章对爱的讨论)。那些正确地看待世界的人物根本就不会感觉到这些情感；于是，一部充满了好的人物品格的戏剧就不会有这些情感。在我的《灵魂的虚构》中，我已经讨论了这些问题以及一些有关的问题。关于所有这些问题，参见插曲二。

52. 参见插曲一以及参考书目。许多作者讨论了《斐德罗篇》与这篇对话对写作的评论的关系，例如参见C. Griswold的《风格与哲学：柏拉图对话的案例》[“Style and Philosophy: The Case of Plato's Dialogues”, *Monist* 63 (1980) 530—556]。亦见R. Burger的《柏拉图的〈斐德罗篇〉》(*Plato's Phaedrus*, Birmingham 1980), H. Sinaiko的《爱、知识与话语》(*Love, Knowledge and Discourse*, Chicago 1965), J. Derrida的《柏拉图的药剂》[“la pharmacie de Platon”, *Tel Quel* 32, 33 (1968), repr. in *La Dissémination*, Paris 1972, 69—197]。

53. W. H. Thomson,《评论》(*Commentary*, 1868)。我所阅读的这个副本保存在剑桥大学古典系图书馆，在它的边缘，有人用铅笔写道，“强奸是无害的吗？”

54. mousikos可能是一位诗人或者一位音乐作曲家；这些职业往往被组合起来。“mousikē”是柏拉图用来表示年轻公民所接受的诗歌—音乐教育的一般术语(参见《理想国》，第二卷和第三卷；521B和522A—B)。作为对灵魂的训练，它对应于作为对身体之训练的gumnastikē。然而，在这里，我们不可能在“得到培养”、“得到训练”这个说法的更一般的意义上来理解“mousikos”，因此不可能把在年轻时候已经得到很好训练的任何人都算作mousikos。在这篇对话的其余部分，哲学家与缪斯女神的恰当联系得到了发展和强调（参见本章，原书第220—227页），那些部分表明，真正的mousikos并不仅仅是任何一个得到良好训练的人，而只是这样一个人——他的生活乃是献身于那种为卡利俄珀（希腊神话中掌管辩论和史诗的女神。——译者注）和乌拉尼亚（希腊神话中掌管天文的女神。——译者注）共同服务的新的哲学艺术。在单纯的poiētēs（在日常的意义上肯定得到了良好训练的人）和mousikos之间的对比似乎取决于这一点。在《斐多篇》60E中，苏格拉底梦见他正在被要求践行和获得mousikē，但那个梦根本就没有向他揭示出这样一个解释：他正在被要求通过实践来成为一个得到正常训练和培养的人。那个梦只是向他暗示了两个可能性：他应该去从事哲学研究（这毕竟就是他视为“最伟大的mousikē”的东西）；当那个解释因为不充分而被拒斥时，他应该成为一位诗人，用诗歌的语言把故事表达出来（61B）。《斐德罗篇》现在所表明的是，这两个解释，若各自都得到了恰当的理解，其实是结合在一起的：很好地从事哲学研究其实就是最高形式的mousikē；但为了做到这一点，哲学家就需要利用神话、相似性和诗歌的语言。

55. 比较《理想国》第九卷581E及以下以及《斐德罗篇》64C及以下。在中期对话中，下面这一点从来就没有被揭示出来：在未来哲学家的教育中，诗歌只不过是一个很早的阶段，并且最终要被放弃，以便采用一种假设性的论辩方法，采用一种纯粹的、非感性的推演（参见柏拉图对某些数学家的批评，其理由是，那些数学家利用了通过感官而把握到的相似性）。《斐多篇》，就像《理想国》第十卷一样，对把诗人驱逐出去这种做法感到有点不安。苏格拉底（参见以上注释54）对他竟然去从事他已经摆脱了的那种mousikē感到有点担心。他提到了满足这样一种宗教要求的需要，即通过回归诗歌（aphosioumenos, 60）来实现灵魂的净化，在《斐德罗篇》的论调转变中，这一点大概是被有意地反映出来的，就如同这个评论一样：为了完成在那个梦中出现的命令，他就需要获得muthoi，而不仅仅是获得logoi（60D—61C）。但看来有可能的是，与《斐多篇》中苏格拉底要用诗句来表示伊索寓言的计划相比，斐德罗的“癫狂的”诗歌是对这个
476 梦的一个更令人满意的回答。

56. 参见Lebeck的《核心神话》的最后那段很漂亮的话（我相信这也是她发表的最后一篇文章）。

57. 见Hackforth的《柏拉图的〈斐德罗篇〉》第99页注释2；Wilamowitz的《柏拉图》第一卷第537页认为，这个暗示是有充分合理的根据的。

58. 这个很复杂的警句有一个双关的含义：这个男孩的名字指的是“星辰”；晨星

和暮星是同样的，但有不同的名字；这是分为两行来说的。（有些人喜欢认为，柏拉图太幼稚，没有去思考含义和指称的区分，这些人应该考虑这两行话。）

59. 关于狄翁的影响，见Guthrie的《古希腊哲学史》第四卷第20页；关于《斐德罗篇》与柏拉图对叙拉古的第二次访问的联系，见Ryle的《柏拉图的进步》、Robin的《柏拉图的〈斐德罗篇〉》和Hackforth的《柏拉图的〈斐德罗篇〉》。Ryle的论证是立足于这一主张：这篇对话提到了只能在奥林匹亚看到的那些建筑物和风景；我们知道，柏拉图在从叙拉古返回的旅途中在奥林匹亚停留了一段时间。Ryle论证说，《斐德罗篇》是在那个场合为了一次公开"表演"而撰写的，而且，实际上正是年轻的亚里士多德扮演了斐德罗的角色。我并不认为他的论证有说服力；目前我无法去评价这些考古学的主张，把它们与最近在那个雅典地址所做的工作加以比较（参见注释4）。但似乎没有理由否认这篇对话与柏拉图对叙拉古的第二次访问有密切联系；我们可以在这篇对话的改变了的观点中看到亚里士多德的影子，不管我们是否认为他真的参与其中。对于这篇对话与《泰阿泰德篇》的年代关系，我不是很清楚；但我们应该小心，不要仓促地作出这一假设：后面这部著作是在泰阿泰德死后**立即**撰写的。如果柏拉图想要用一种真正恰当的方式写一部著作来纪念那位伟大的数学家的生涯，那么那可能就会花费他一些时间。

60. 参见Lebeck，《核心神话》第278—279、281页，亦参见注释49。

61. 我很感谢Harvey Yunis与我就这一点进行的讨论，并允许我阅读他为了针对我对《会饮篇》的解释而撰写的一篇文章，这篇文章所得出的一些结论令人惊奇地类似于我对《斐德罗篇》的研究得出的结论，尽管他并不知道这一点。

62. Clay和Rosenmeyer已经讨论了这个祈祷，他们都强调它与《克拉底鲁篇》的语源以及与"潘神就是赫耳墨斯的儿子"这个主张的联系。（潘神是希腊神话中半人半羊的山林和畜牧之神，而赫耳墨斯则是希腊神话中为众神传信并掌管商业、道路、科学、发明、口才、运气等的神。——译者注）他们都认为这个祈祷（至少部分地）关系到演说的本质。见Clay的《苏格拉底的祈祷》，T. G. Rosenmeyer的《柏拉图对潘神的祈祷》["Plato's Prayer to Pan", *Hermes* 90 (1962) 34—44]。

63. 当然，这包括了演讲的真理性问题，因此这段对话指向《智者篇》，它很可能遵循这段对话的序列。

64. 就像第五章那样，本章也在许多地方宣读过，并得益于很多人的建议。首先，我很感谢1980年和1982年参与我的柏拉图课程的研究生们的那种严肃和批判的精神，尤其是参与1980年课程的Alexander George、Miriam Solomon、Douglas Winblad，参与1982年课程的Elizabeth Anderson和Thomas Gillespie，他们都针对这篇对话写出了令人印象深刻的论文。我很感谢Alexander George对本章的两个初稿的写作评论。我也从如下听众那里学到了很多东西：在波德伽海湾举行的柏拉图会议（参见注释50），得克萨斯大学奥斯丁分校，瓦萨学院，加利福尼亚大学伯克利分校，北卡罗来纳大学查布尔希尔分校，伦敦大学国王学院，马里兰州安纳波利斯的圣约翰学院，蒙特·霍利奥克学院，布林
477 莫尔学院，1982年现代语言协会会议的对文学的哲学探讨分会会议。我特别感谢下列学者提出了很有教益的问题，与我进行了富有启示的交流：Richard Berstein、Eva Brann、Myles Burnyeat、Stanley Cavell、Arnold Davidson、Ray Gaita、Maud Gleason、Charles Griswold、Charles Kahn、Barry C. Mazur、Julius Moravcsik、Michael Nagler、Hilary Putnam、Gail Ann Rickert、Thomas Rosenmeyer、Peter M. Smith、Peter Winch、Paul Woodruff和Harvey Yunis。对Richard Sorabji和Gregory Vlastos我深表谢意，感谢他们对早期的初稿提出了详细的书面批评。

第八章　拯救亚里士多德的现象

1. 在这里我遵循罗斯对epi tōn allōn的解释。虽然“所有的”这个词没有明确地出现，我还是同意罗斯的观点：这就是没有限制的tōn allōn力量，它肯定不是指“在某些其他的情形中”。《前分析篇》46a17—22在为“任何一种技艺（technē）和理解（epistēmē）”提供起点的时候，阐明了现象（在这里可以与“经验”交互使用）的关键作用。关于endoxa，参见《论题篇》100b21。
2. 参见第四章，原书第115页对一个相关论证的说明。本章将论证说，亚里士多德的回答不是我们在那里想象的保守主义的反应。
3. W. D. Ross, trans. *Ethica Nicomachea, The Works of Aristotle*（Oxford 1915）, IX.
4. Owen, “*Tithenai*” 83—103; reprinted in Barnes, Articles I, and in J. M. E. Moravcsik, ed., *Aristotle*（Garden City, NY 1967）.
5. “对所有这些事情，我们必须通过论证来努力寻求信念，使用现象作为我们的证词和标准（paradeigmasi）。因为最好的事情就是，所有人都应该被认为与我们所说的东西相一致（phainesthai sunomologountas），但即使不是那样，所有人也应该去那样做。如果我们使他们改变了他们的根据，那么他们就会这样做；因为每个人都对真理做出了一些自己的贡献，正是从这些贡献中，我们必须对这

些事情提出一个证明。”(《优台谟伦理学》,1216a26—32)

6. 参见H. Boeder, “Der frühgriechische Wortgebrauch von Logos und Alētheia”, *Archiv für Beriffsgeschiche* 4(1959)82—112; T. Krischer, “Etymos und Alētheia”, Philologus 109(1965)161—171。

7. 关于巴门尼德对“约定”的攻击以及早期的回答,参见我的《埃利亚的约定主义与斐洛劳斯论思想的条件》[“Eleatic Conventionalism and Philolaus on the Conditions of Thought”, *HSCP* 83(1979)63—108]。

8. 只是就一些有代表性的段落而论,参见《理想国》476A、598B和602D;在《理想国》479D中,“nomima”(约定的信念)有意义地取代了“phainomena”。

9. 关于亚里士多德的“非假设性”的概念与柏拉图的概念的比较,参见本章,原书第255页。

10. Owen, “*Tithenai*”; Owen按照这个证据考虑并拒斥这个建议:我们应该就像区分“phainesthai”后面跟不定式和跟分词的不同意思一样,把“现象”的各种含义也区分开来。

11. Owen(同前引文章)甚至声称(第86—87页),“在现象这个词上面的那个模糊性……本身就包含了在各种相关表达式的用法上的一个相应区分。”这些表达式包括“aporiai”(“疑难”)和“epagōgē”(通常被翻译为“归纳”)这两个亚里士多德认识论中的核心术语,按照这个说法,它们的模糊性一直被亚里士多德隐藏起来或者没有予以注意。这一点使得这个解释的代价变得更加清楚。Owen也补充说(第89—90页),不同的用法或含义有很多共同之处;他甚至建议说,二者有一个共同的联系,即它们都涉及对经验的依赖。不过,他却由此
得出了这一结论:试图对“现象是什么,它们有什么作用”这个问题提出一个 478
进一步的一般论述,乃是一个错误。我的建议是:我们确实能够提供这样一个一般论述,而且,这样做根本就不要求我们无视Owen的这个完全正确的观察:“功能可以随着研究的内容和风格而发生变化。”

12. 对这种亚里士多德式知觉的选择性的进一步讨论,参见《想象在亚里士多德对行动的说明中的作用》(“The Role of Phantasia in Aristotle’s Explanation of Action”, Nussbaum, *De Motu* Essay 5, 221—269)。

13. 有人已经警示性地指出,《论动物的历史》这部亚里士多德的笔记,作为对野外工作的记录,也提到了信念和故事。如果加以恰当地理解,这实际上不应该使我们感到惊慌。也可参见《论天体》303a22—23,在那里亚里士多德批评了一个观点,其理由是这个观点“取消了很多日常的信念和许多知觉现象

(phainomena kata tên aisthēsin)”——这二者显然是广义上的现象的两个分支。

14. 参见《论题篇》100b21、104a8—12。
15. 伦理学成为人类中心论的方式与科学取决于人类经验的方式仍然是有差别的。关于这个差别,参见第十章。
16. 这个直接语境的主要目的是要把人类与其他动物加以比较;人据说是唯一对伦理区分有所理解的zōion(生物)。然而,在亚里士多德的术语中,神有时也被识别为zōia;而且,最确定无疑的是,神是empsucha,即有生命的造物;随后的几段话明确地把人与野兽和神加以比较。
17. 赫拉克利特《残篇》B35:“如果这些事情(按照克莱门特的说法,即对正义的体验)并不存在,那么他们就不会知道正义的名字。”
18. 对这一点以及其他有关亚里士多德与希腊化时期怀疑论的关系的观点,A. A. Long在他的文章《亚里士多德与古希腊怀疑论的历史》(“Aristotle and the History of Greek Skepticism”, in D. O'Meara, ed., *Studies in Aristotle*, Washington, D. C. 1981, 79—101)中提出了一个很有价值的讨论。
19. 比较《论天体》170b5,在那里论证和现象被认为是相互支持的。《论题篇》104a8及以下强调说,“聪明人”的观点,只有当它们与“大多数人的意见”不相冲突时,才会被持有。大概这不会阻止科学家试图表明,一个在表面上违反了理论的现象,其实比任何其他的现象更好地“拯救”了基本现象(参见本章,原书第258页)。
20. 这两个段落都出现在伦理语境中,这个事实可能具有意味深长的含义。在科学中,我们很可能被迫极端地修改某些前理论的信念;但是,甚至在这里,亚里士多德会强调说,理论必须回到我们的原始经验并说明那些经验。也可参见《优台谟伦理学》1216b26—35。
21. 整个语境指出,这里的问题大概不是把做梦的状态与真实的状态区分开来的那个笛卡尔式的问题,而是下面这个问题:一个清醒的人是否会认为他的(先前的)做梦经验与他的清醒的经验具有同样的分量。
22. 这个亚里士多德式的方法并没有规定这一状况,在这种状况中,在谁是专家、什么程序有助于获得专业知识这个问题上,有一种根深蒂固的不一致。例如,在亚里士多德时代之后不久,希腊医学的状况就是这样一种状况,在其中,三个竞争的学派,其中的每一派对一般理论与观察证据的相对重要性都持有不同的观点,于是竞相争取大众的拥护;在这里,对亚里士多德针对竞争现象的判决提出的要求,是没有现成答案的。但是,在这样一种情形中,亚里士多德主义者可以采取进一步的举动。他可以对所有派别都会接受的科学目的提出一个详细说明，然后要我们考虑每一位参与竞争的专家如何发表他对那个价值的看法。在这种情形中，他可以努力用所有竞争的派别以及外行都可以接受的方式来描述健康（与在每个不同的学派中切实发挥作用的那些描述相比，这种描述必然 479
是对健康的一种更加薄弱、更加普遍的描述），然后要求患者信任与那个目标似乎具有最恰当关系的那个专家。

23. 一些相关的要点在R. Bolton的文章《亚里士多德那里的本质主义和语义理论》［"Essentialism and Semantic Theory in Aristotle", *PR* 85（1976）514—555］中得到了一个很有趣的讨论。Bolton对这段话的说明受到了T. H. Irwin的令人信服的批评，参见Irwin的《亚里士多德的意谓概念》（"Aristotle's Concept of Signification", in M. Schofield and M. Nussbaum, eds., *Language and Logos*, Cambridge 1982, Ch. 12）。D. Wiggins在《同一与实体》第三章中联系着Putnam / Kripke对自然词项意义的论述讨论了这段话。
24. 关于这一点，参见D. Wiggins的《同一与实体》第三章。
25. 当然，还有另一个问题，即如何把这个规范与亚里士多德科学论著的实践联系起来，在那些论著中，这种演绎是很罕见的。这种偏差可能只是指出，亚里士多德并不相信他准备认领完整的科学理解；另一方面，正如我在《亚里士多德的〈论动物的运动〉》第二篇论文中已经论证的，我们似乎可以合理地认为，在实际的科学著作中揭示出来的证据，导致亚里士多德对其方法论规范做出了某些修改，尤其是针对科学的自主性而做出的修改。
26. 对科学与伦理学之差别的进一步论述，参见本章，原书第257—258页以及第十章。
27. A. Kosman的《亚里士多德〈后分析篇〉中的说明和理解》（"Explanation and Understanding in Aristotle's *Posterior Analytics*", in Lee, *Exegesis* 374—392），J. Lesher的《理智在亚里士多德〈后分析篇〉中的作用》［"The Role of Nous in Aristotle's *Posterior Analytics*", *Phronesis* 18（1973）44—68］，M. F. Burnyeat,《亚里士多德论理解知识》（"Aristotle on Understanding Knowledge", in E. Berti, ed., *Aristotle on Science: The "Posterior Analytics"*, Padua 1981）。Irwin在《亚里士多德对形而上学的发现》［"Aristotle's Discovery of Metaphysics", *RM* 31（1977）210—229］中捍卫了标准的解释；Thomas Upton在美国哲学协会西部分会会议上宣读的一篇文章中（1983年4月），已经巧妙地批评了Irwin的见解。亦见T. Engberg-Pederson在《亚里士多德的归纳论证中更多的东西》［"More in

Aristotle's Epagoge", *Phronesis* 24 (1979) 301—319] 这篇文章中对亚里士多德的epagōgē的很有教益的有关说明。

28. Burnyeat, 同前引文章。
29. Burnyeat, 同前引文章，令人信服地论证了这一点；这形成了他的如下论点的一部分：科学理解是理解而不是知识。
30. 不管是在亚里士多德之前的文本中，还是在亚里士多德的其他文本中，无教养都直接与paideia（作为它的否定前缀）相联系。它通常指的是缺乏某种社会意识和人际意识；有时候这个词可以与意指“简单”或者“质朴”的那些词相互交换；但是，有时候在与那些意指“粗野的”或者“粗鲁的”词相联系时，它指的是对习惯的一种颇为积极的拒绝。德谟克利特在对这个词的可能是最早的鉴证中说，如果有些人在白天睡得很多，那就表明要么他们的身体健康有问题，要么“他们的灵魂受到了折磨，或者很懒散，或者很无教养”（B212）；在这里，无教养大概就是对日常的社会用法的某种拒绝。在修昔底德那里（III.42），狄奥都图斯（Diodotus）把无教养引证为做出过分草率的考虑的原因；它是一种使人回避了细致的道德思考的品格状态。在柏拉图那里，无教养最经常地与道德品格的缺陷相联系，尤其是与没有得到训练的欲望的出现相联系；但这个词也与协议的失败（例如参见《高尔吉亚篇》，523E），与公民教育上的缺陷（例如参见《阿尔西比亚德斯前篇》，123D7），与一种对待死亡的幼稚的恐惧态度（《斐多篇》，90E—91A）联系在一起而被使用。对于我们的目的来说，也许最有
480 趣的是《泰阿泰德篇》中提出的一个比较——在真正的哲学家与缺乏自我意识并对其共同体价值观缺乏反思性把握的人相比较。在175A中用无教养来加以指责的那个人，在受到辩驳性的询问时，就会心慌意乱、不知所措、结结巴巴，因此就显得很可笑，但不是被其他的无教养所嘲笑，“因为他们看不到这些东西，而是被所有在与奴隶不同的环境中成长起来的人嘲笑”（175D）。于是，无教养就与发育不全、粗鲁、奴性、对重要的事情缺乏微妙的意识联系起来。苏格拉底对这种人的最终描述值得我们引用，因为它阐明了亚里士多德论证的那种（我所说的）人类中心论的本质，那种社会的本质。这样一个无教养的人尽管在某些方面可以显得很聪明，但却是这样一个人，他“不知道如何像一个自由出生的人那样流利地唱一首歌，或者不知道如何把握和谐的语调，正确地颂扬诸神和过得幸福的人的生活”（175E—176A）。对于亚里士多德的那位对手，我们可以说同样的话。

亚里士多德自己的用法证实了这个思想：无教养就是缺乏某种人类经

验和文化适应。例如新贵因为缺乏个人经验而被称为“无教养”(《修辞学》，1319a17)；而对一个年轻人来说，倘若他想对自己没有个人经验的事情进行概括，那么他就是一个“头脑简单的无教养者”，就像一个“乡下人”那样做事情(《修辞学》，1395a6)；在《尼各马可伦理学》中，无教养者就是那些在剧院中用肮脏的笑话来粗鲁地说笑的人，而具有教养的人据说就是喜欢敏感的或者微妙的建议的人(1128a20以下)；某些演说的作者倾向于声称他们的技能具有政治技艺的地位，对这种倾向，亚里士多德提出了这样的说明：“(这些人之所以这样做)有时候是因为无教养，有时候是因为自夸，有时候是因为人性中的其他缺陷。”(《修辞学》，1356a29；参见《优台谟伦理学》，1217a8，随后将加以讨论，也可参见《后分析篇》，636a1及以下)在《形而上学》1005b3中，亚里士多德确实提到了逻辑上的无教养：apaidusia tōn analutikōn。但这并没有削弱我们的这一主张：无教养意味着“缺乏通过经验而得到的训练”，“缺乏文化适应”。正如我们说过的，就基本原则而论，理智或理解好像确实是通过经验和习惯化而得到的。事实上，我们可以说，在这点上，对理智的那个解释进一步得到了亚里士多德对一个词的运用的支持，那个词在其他地方指称经验性的知识，而不是指称先验性的知识。

31. 其实，亚里士多德声称，只要他能够给出一个词的确定含义，他就可以只通过说出这样一个词来打发对手；这个论证是复杂的，为了表明他在这件事情上是否取得了成功，我们就需要采取一个详细的分析。因此，我只是局限于对有待表明的东西提出一个更加谨慎的陈述。

32. 参见J. Annas的《真理与知识》(“Truth and Knowledge”, in M. Schofield *et al.*, eds., *Doubt and Dogmaticism*, Oxford 1980, 84—104)。在《亚里士多德与历史》这篇文章中，Long把亚里士多德的回答吸收到斯多亚学派的回答中来，并声称(在我看来是错误地)亚里士多德想要通过发展一个以知觉为基础的基础主义的知识论来提供这种所需的确定性。(在通信中，Long已经告诉我说，他现在不再持有这个观点。)Irwin在《亚里士多德对形而上学的发现》这篇文章中很简要地对辩驳式的论证提出了一个说明，那个说明似乎更接近我在这里发展起来的说明，虽然我相信这两个说明之间也有一些重要差别；Irwin以很不相同的方式把辩驳式的论证与亚里士多德科学方法的其他特点联系起来。

33. 参见M. Burnyeat的《怀疑论者能够用其怀疑论来生活吗？》(“Can the Skeptic Live his Skepticism?”, in M. Schofield *et al.*, *Doubt and Dogmaticism*, 20—53)。为了让自己的回答更成功地反驳后来的古希腊怀疑论，亚里士多德就需要说得更

多。这是出于两个理由。首先，古希腊怀疑论者并不认为自己是在对信念寻求
481 一个外在辩护。他是在寻求不受干扰的自由；他希望通过把信念悬搁起来而获得这个幸福的条件。对他来说，对立信念的同等力量获得了这个效应。他绝不会超越信念的“圈子”；但是，通过允许对立的信念相互破坏，他就在这个圈子中获得了安全；他就处于这个圈子中，而不是在它之外。这样，他就显得与现代怀疑论者有所不同，也与亚里士多德看到的那个对手有所不同。其次，亚里士多德针对行动提出的论证先于后来的古希腊怀疑论并提出了一个回答：我们**可以**没有信念地行动，因为（就像动物一样）我们遵循事物向我们显现出来的道路，而不需要以任何方式对现象的**真理**加以承诺。换言之，我们可以说：在植物和典型的人之间还是有某种东西的，即动物。我认为，在这两个方面，亚里士多德都能够成功地回答这位怀疑论者，表明一个没有信念的生活不足以维护这个怀疑论者自己的探询和论辩的实践（参见Burnyeat，同前引文章）。他只是因为他的（早期的、尚未充分发展的）对手的本质而没有这样做。

34. 对先验性的不同变种的一个有价值的讨论，以及对一个与亚里士多德的见解密切相关的见解的捍卫，参见H. Putnam的《至少存在着一个先验真理》[“There is at least one a priori truth”, *Erkenntnis* 13（1978）153—170]。

35. 亚里士多德的实际例子不是完全合适，因为既然色彩词汇就是一个盲人的语言的一部分，他大概就有能力指称色彩。

36. 在《形而上学》1040b34—1041a3中，亚里士多德也许向这位怀疑论者承认了这一可能性：或许“在那里”存在着一些我们的语言无法接近的东西。他用下列限定来结束他对柏拉图的那种分离的理念的攻击：“然而，即使我们还没有看到星辰，我还是认为，在我们意识到的那些东西上面已经存在着永恒的实体。”我们意识到我们自己是有限的，我们的理解受到了限制。因此，在现象之内就有了“现象是不完美的”这一观点。于是，以这种方式我们就无法完全摆脱这一可能性：在那里**存在着**某些没有包含在我们经验中的实体。但是，亚里士多德坚持认为，这并不使得柏拉图的观点就变成真的，或者使得那种柏拉图式的指称变得成功。在我们的限度之外的东西不可能进入我们的话语。

37. 关于其中的一些要点，参见我的《亚里士多德的〈论动物的运动〉》第二篇论文，尤其是第133—138页。一个“内在实在论”的观念在H. Putnam近来的哲学论著中，尤其是在他的《理性、真理与历史》（*Reason, Truth and History*, Cambridge 1981）中已经得到了显著的发展。

38. 我们应该记住，亚里士多德对不能自制问题的最终回答不仅仅是列举了一些流

行的说法，而且是一个复杂的、充满争议的论述，而这个论述被认为是在这个主题上维护了最重要的现象的最佳方式。

39. 也可参见B2："虽然话语是被广泛享有的，但大多数人却这样生活，就好像他们有一种私人的理解。" B35和102暗示了一个与亚里士多德有关语言与物种经验之联系的见解相似的见解。

40. 在我的《亚里士多德的〈论动物的运动〉》第一篇论文第98—99页中，以及在《亚里士多德》（"Aristotle", in *Ancient Writers*, ed. T. J. Luce, New York, 1982, 377—378）中，我讨论了这段话；但在这里，这段话似乎值得再次提及。

41.《尼各马可伦理学》1109a24—26：虽然这个语境是伦理学的语境，但这个评论可以被明确地扩展到在所有研究中确定"中道"的困难。

42 《论善》（*On the Good*, fr. I Ross, from *Vita Aristotelis Marciana*, 433, 10—15）。

43. 我要感谢斯坦福大学、马萨诸塞大学阿默斯特分校、威斯康星大学、佛蒙特大学的听众参与我的讨论，这些讨论有助于本章的修改。我也感谢许多人慷慨地对 482
本章的各种早期版本提出的有益评论，尤其是Julia Annas、Myles Burnyeat、John Carriero、Roderick Firth、Randall Havas、Geoffrey Lloyd、Julius Moravcsik、Edward Minar、Hilary Putnam、Israel Scheffler、Malcolm Schofield、Gregory Vlastos和David Wiggins。我对已故的Owen是非常感激的。关于我在这里描述的这个棘手的、困难的哲学事业，亚里士多德曾经这样评论说："把这件事情做好是一件罕见的、值得赞扬的、高尚的事情。" 我们在Owen的工作中看到了这一点。我曾把本章题献给他，当时《语言与逻各斯》这部文集是为了庆贺他的六十寿辰而作为礼物献给他的。然而，在不到两个月后，他就因心脏病发作而辞世。就在他去世前的一个月，在我们最终的哲学交谈期间，我们讨论了这一章，他提出了那些建议，对此我深表谢意。我想把本章题献给他，作为一个纪念。

第九章 理性动物与行动的说明

1. 本章与我的论文《对动物运动的'共同说明'》（"The 'Common Explanation' of Animal Movement", in *The Proceedings of the Ninth Symposium Aristotelicum*, ed. P. Moraux, Berlin 1983）有密切的关系。但它在几个方面不同于那篇文章：（1）已发表的那篇文章比较详细地讨论了《论动物的运动》中对"自愿"运动和"不自愿"运动的论述（在本章中则比较简要地提到），以及在将那两种运动个别化的过程中所涉及的一些问题。（2）已发表的那篇文章是一个学术会议的一部分，该会议主要是讨论一些可疑的亚里士多德著作的真实性问题；因此，那篇文章也就包含了目前学界对如下问题的看法的一个简要讨论：《论动物的运动》是否确实是亚里士多德自己的著作？（3）就行动的说明而论，本章对这个问题的伦理含义有一个更详细的讨论。

2. 对这个问题的评论，参见第十一章。

3. 亦见我的《亚里士多德的〈论动物的运动〉》。我现在相信，在这里把“aitia”翻译为“说明”而不是翻译为“理由”是最好的，因为提供理由的aitia显然只是一种aitia。M. Frede在他的文章《原因的原始概念》（“The Original Notion of Cause”, in *Doubt and Dogmatism*, ed. M. Schoflield *et al.*, Oxford 1980, 217—249）中已经很好地讨论了与aitia和aition的翻译有关的全部问题。在那个会议的讨论中，M. Burnyeat指出，《论动物的运动》原来的问题可以有两个不同的解释。按照我的理解，它可以是对一个一般性论述的要求，那个论述将说明动物的任何具体运动的发生，不管动物的运动具有什么类型；或者，它可以是对这样一个论述的要求，该论述说明为什么动物是能够运动的被造物，在一个动物的生活中自我运动究竟有什么意义。我认为很清楚的是，《论动物的运动》第六章至第十章（这是我们在这里将要关注的）集中于第一个问题；这一点从第七章的开头就显得特别明显。对亚里士多德来说，既然自我运动就是大多数动物的本质属性，而且永远是这样，那么第二个问题就不可能是在要求对“那种能力是如何出现在动物中的”这一问题提出动力因的说明；如果第二个问题是一个合法的问题，那么我们就必须把它理解为提出了这一要求：对于运动适合于动物特有的生活的那种方式，我们应该提出一个功能性的说明。（比较《论灵魂》Ⅲ. 12中对知觉的功能说明。）这样来理解，对第二个问题的回答就与对第一个问题的回答有诸多共同之处：我们将提到动物对远距离对象的需要，通过远距离地发挥作用的感官对那些对象的知觉，等等。

4.《论灵魂》II. 3，414b25—28。这个译法是有争议的，但我相信我们可以表明它是最好的。

483 5. Anthony Kenny在论述这个会议（参见注释1）所讨论的那些有争议著作之风格的文章中，仅仅注意到《论动物的运动》的语言的一个统计上的特殊性：“但是”（alla）这个词在这部著作中很少出现。这向我提供了另一种方式提出一些与亚里士多德的方法有关的问题：在这部著作中，为什么他会选择以这样一种方式来写作，以至于很少说“但是”（引出比较）？（这种问题使我们开始意识到一位思想家所使用的那些词很少内容上是中立的。）

6. 通过否认《论动物的运动》的真实性来回避这些问题往往是可能的。关于这个争论，参见我的《亚里士多德的〈论动物的运动〉》第3—12页。这部著作的真实性现在得到了普遍确认；其实，我之所以有机会在那个会议上提出这个哲学的论题，而不是提出真实性的论题，恰好是因为没有人想要争辩这部著作的真实性。如有人试图再次开启这个争论，那么同样的困难对《论灵魂》III. 9—11的解释者也会出现。《论灵魂》中的讨论提到了《论动物的运动》433b21—30中的有关材料；参见我在本书（原书第9页）中的讨论，那里包含了参照和文献。
7. Homer, *Iliad* XII. 299—306（我自己的翻译）；Sophocles, *Philoctetes* 161—168（我自己的翻译）；Thuc, II. 42. 3—4（trans. Crawley，按照A. L. Edumunds在《修昔底德那里的机遇与智力》第217—235页中提出的建议加以修改）。
8. 同样值得注意的是，在每种情形中，这种说明至少隐含地具有我（在本书第四篇论文中）称为"anankastic"（必然的）的那种结构：它提出了想要追求的目标，引用了一些信念，那些信念不仅关系到**能够**采取什么方式来实现那个目标，而且也关系到（给出各种可能性）**必须**采取什么方式来实现那个目标。那头狮子的决定是用这个事实来说明的：在这里，失败就意味着"空手而归"。菲罗克忒忒斯的痛苦之旅，在没有其他人帮助他的情况下，就是填饱肚子的唯一可行手段。那些士兵的思考最终达到了这个结论：如果他们偏爱于复仇这个目标而不是安全这个目标，如果他们想要获得复仇这个目标，那么起来战斗就是他们**必须**做的事情。在说明的日常典范和对说明的一个好哲学论述之间是有联系的，关于这个联系，参见H. P. Grice的《哲学心理学中的方法》["Method in Philosophical Psychology", *PAPA* 48（1974—1975）25—53]。这篇重要文章对于我在这里所要讨论的很多问题都颇为有趣。
9. 在我的那篇会议论文中（参见注释1），我更详细地介绍了这一材料。
10. 《论灵魂》403b26—27、403b29及以下、405b11、405b31以下、413a22—25、413b12—13、432a15及以下。
11. Diogenes，《残篇》64B4和5; 参见Archelaus《残篇》60 A1、4以及A17。
12. 《论灵魂》405b21—25；关于赫拉克利特的观点，见405a5—7、b25—29。
13. 《论灵魂》405a8—13、406b15—22、403b31—404a16。
14. Diogenes，《残篇》64B4; 亦见B5、A19、20、29。
15. 参见Democritus，《残篇》68B9；第欧根尼据说在64 A27中持有一个类似的观点。在德谟克利特伦理学残篇中（如果那些残篇确实是他的，参见以下注释26），他确实使用了信念和欲望的日常语言。但是，如果他的伦理思想与他的原子论和他关于现象的约定主义是一致的,那么他就不得不说,对运动真正根本的说明,就是那种提到了圆形原子相互作用的说明。

16. 例如《论动物的各个部分》640b5及以下,《形而上学》983b6及以下;参见《物理学》193a9及以下、198a21及以下,《论灵魂》403a29及以下,《形而上学》1035a7—9。

17. G. E. R. Lloyd已经向我指出,亚里士多德可能已经在希波克拉底学派的著作中意识到了一种更加精细的、非还原主义的唯物论;如果是这样,那么下面这
484 件事就显得有点奇怪:他对唯物论的反对并没有考虑这些见解。我可以同意Lloyd的观点,即亚里士多德确实知道一些希波克拉底学派的文本;这一点在F. Poschenrieder的《亚里士多德的自然科学著作与希波克拉底学派著作的关系》(*Die naturwissenschaftlichen Schriften des Aristoteles in ihrem Verhältnis zu der hippocratischen Sammlung*, Bamberg 1887)中已经得到了详细而有力的论证。然而,这些得到论证的联系是出现在解剖学和生理学的语境中,而不是出现在那些关系到行动或者目标导向的运动说明的语境中。这些联系似乎不是那些揭示了希波克拉底学派作者对待如下计划的段落:对知觉、思想和欲望提出一个唯物论的说明。因此,我不愿意推断说,亚里士多德在那些问题上意识到了他们的思想;于是,在我看来,我们仍然可以认为,亚里士多德是在对他所了解的那些有关动物运动的最显著的哲学见解提出一个公正的论述。

18. Diogenes,《残篇》64A29。

19. Grice(前引文章)勾画了这种做法——以一种唯物论的方式把日常的行动概念从实践中排除出去——的极端后果:

> 让我用一个小小的故事来加以说明。那个名声显赫、极其专注的神经生理学家对他妻子说:"我(声调至少延长了一会儿)亲爱的,很长时间以来,我认为我自己就是你行动和行为的解释者。我认为我几乎已经能够鉴定出使你微笑的每一个思想,激发你行动的每一个欲望。然而,我的研究已经做出了这样的进步,以至于我不再需要以这种方式来理解你了。相反,现在借助于我将连接到你身上的仪器,我就能够把你在行动时所做出的每一个身体运动追溯到在你大脑皮层中的一个特定的先前条件。我不再需要操心你所谓的思想和情感。同时,也许你今晚会与我一起共进晚餐。我相信,如果我拿一台仪器来帮助我尽可能迅速地决定出现在你系统中的生理特性,你不会抵抗吧。"

我有一种感觉，即这位女士可能会拒绝她丈夫所提出的那个邀请。

Grice利用这个故事来论证说，一个把日常信念和欲望概念保留起来的生理学理论，“包含了为它自己的堡垒辩护的材料”（第52页）。如果我是正确的，这就是一个亚里士多德式的思想。

20. Plato，《斐多篇》99B2—3。

21. Frede（前引文章）已经指出，“说明”往往就是“说明”所要说明的东西。这段话并不总是明确地维护了这个区分。（例如，要把“说明”在99A4中的功能与“说明”在B3—4中的功能区分开来是很困难的。）但是，一般来说，Frede做出的区分是理解把这两个词分离开来的原始动机的一种有用方式。

22. 苏格拉底是否确实对唯物论者做出了这么多的让步，这一点其实不是很清楚。首先，考虑到他一直加以发展的那种灵魂观，认为正确的判断和有美德的行动要求身体部分的某种倾向这种说法其实不是真的（尤其参见115C6及以下）。其次，即使没有这种二元论的灵魂观，有些人仍然想把两个主张区分开来：一个主张是，为了使这些功能发生，就必须出现**某种**合适的物质；另一个主张是，这些特定的材料必须在那里。苏格拉底在这里究竟向唯物论者承认了哪个主张是毫不清楚的，但我相信，后一个论点是比亚里士多德愿意做出的让步更大的让步。

23. 在评价这个观点在《斐德罗篇》中所经历的变化时，澄清生理学说明在《法篇》 485
中的地位也很重要，在那里，很多与理智没有联系的东西都被包括在“灵魂的运动”中，理智并没有被给予一个独立的地位，这一点在所有中期著作中都是如此。

24. 参见《尼各马可伦理学》1111b1—3。显然，在《斐多篇》和《理想国》中，“真正的人”，其不朽得以被确立起来的那个部分，就是理智的灵魂。参见第五章和第七章。

25. 参见第八章。关于作为一个类似情形的“phantasia”（想象），参见我的《亚里士多德的〈论动物的运动〉》第五篇论文。

26. Democritus，《残篇》68B27、219、284。对于一个支持那种亚里士多德式改编的有力论证，参见Z. Stewart的《德谟克利特与犬儒学派》。

27. Plato，《法篇》629C3、661A1、714A4、757C7、807C6；《普罗泰戈拉篇》326A3；《理想国》493B1、485D4、572A2；《斐多篇》65C9、75A2、B1。（这个及物的用法出现在《斐多篇》117B2中。）

28. 这一点的一个很好的例子就是柏拉图《卡尔米德篇》16D—E，在那里，boulēsis指向善的东西，而epithumia则指向快乐的东西。
29. 参见《希英辞典》中的有关词条。我已经仔细地考察了这个词在荷马、埃斯库罗斯、索福克勒斯、欧里庇得斯、阿里斯托芬、修昔底德和柏拉图那里的用法。E. Benveniste 在《印欧语系中的词汇》(*Le Vocabulaire des institutions indo-européennes* II, Paris 1969)中对这个词的词源及其与一组重要的印欧词语的联系提出了一个很有趣的讨论；就我们的目的来说，她最有趣的结论是，这个词原来的语义内容必定与"沿着直线(对立于倾斜地或者通过某个间接途径)前进或者伸展出去"有某些联系。
30. 例如参见修昔底德II. 61. 1、III. 42. 6、IV. 17. 4、IV. 21. 2；欧里庇得斯，《希波吕托斯》16，《海伦》1238，《伊翁》842，《俄瑞斯忒斯》328；柏拉图，《理想国》439B1、485D4、572A2［对此，J. Adam在他编辑的《柏拉图的理想国》(*The Republic of Plato*, Cambridge 1902, repr. 1969)中写道："oregesthai意味着灵魂本能地、无意识地指向其存在的源泉。"］。
31. 在恩培多克勒《残篇》B129. 4中，没有任何特定的对象被表示出来；但是"真理"或者"知识"确实被暗示出来了。
32. 《论灵魂》433a21—23、b1—4。关于这三个表示欲望的词在亚里士多德那里的用法，参见我在《亚里士多德的〈论动物的运动〉》第六章中的评论。boulēsis似乎是对经过某种慎思而确定下来的一个对象的欲望。
33. 参见第五章。植物，亚里士多德的宇宙中另一种非自足的成员，没有被描述为具有欲望。但这大概是因为，对亚里士多德来说，欲望(orexis)的概念在概念上不仅与需要或欠缺相联系，而且也与对那种欠缺的意识相联系。在《论灵魂》III. 11, 434a2—3中，对苦乐的意识是欲望存在的一个充分条件；我们猜测它也是一个必要条件。感觉到一种欠缺，想要某个东西，知觉到世界中的对象，从一个地方移动到另一个地方，动物的所有这些特征都如此密切地相互联系，既因果地或者在功能上，又好像在概念上和逻辑上相互联系，以至于亚里士多德相信，若不把其他的特征赋予动物，其中一个特征的出现也就无法得到理解或描述(除了在只是具有触觉的"静态动物"的情形中)。
34. 关于phantasia的活动性和选择性及其对亚里士多德行动理论的重要性，参见本书第三章。D. Todd在他对本书第一版的评论［*Phoenix* 34(1980)350—355］中做出了一个附加的工作，表明亚里士多德的那种aisthēsis是积极性的和选择性的。我不确信为什么他相信这个证据反驳了我对phantasia的解释，因为在解释亚里士多德的这个说法（aisthēsis和phantasia“在数目上是同一的”）时我碰到了一些麻烦，于是只好论证说phantasia是aisthēsis这个官能的一个功能或者一个方面。

35. 正如我在那篇会议文章中（见注释1）指出的，《论灵魂》中的说明有一些缺陷。 486
（1）亚里士多德有时候暗示说，每一个运动都涉及某种欲望，但有时候他又似乎认为，存在着由理性战胜欲望而产生的行动。（2）他实际上并没有试图描述认知和欲望必须如何通过相互作用来产生行动。（3）关于欲望 / 认知的说明与生理学说明之间的关系，他实际上并没有告诉我们什么。（4）他也没有告诉我们动物的**哪些**运动是通过诉诸欲望和认知来说明的：在《物理学》第八卷中提出的问题仍然没有得到回答。参见《物理学》253a7—19、259b1—16。W. D. Ross在《亚里士多德的〈物理学〉》（*Aristotle's Physics*, Oxford 1936）和D. Furley在《自我推动者》（“Self Movers”, in *Aristotle on Mind and the Senses*, ed. G. E. R. Lloyd and G. E. L. Owen, Cambridge 1978, 165—180）中都这样来理解这些段落，认为它们暗示了一种机械的动物运动观，至少在这些段落被撰写的时代是这样的。在本书第二章中，我论证说，亚里士多德并没有表明他对从一个地方到另一个地方的运动最终究竟采取了什么样的观点；他只是说，那种运动无论如何都不是完全自发的自我运动的一个实例。这完全符合《论灵魂》和《论动物的运动》中的材料，那些材料强调欲望的外在对象的驱动作用。我们没有必要认为，这些关于环境影响的更强的主张，本来就要应用于运动的所有情形：我们所引用的那些例子都是亚里士多德在《论动物的运动》第二卷中继续处理为“非自愿”的情形。

36. 对这个列举中的文本问题，参见我在那个地方的评论以及我的《亚里士多德的〈论动物的运动〉的文本》[“The Text of Aristotle's *De Motu Animalium*”, *HSCP* 80（1976）143—144]。J. Barnes在他对本书第一版的评论中论证说，我们应该把所有的“推动者”（在一份手稿中发现）都列举下来。我同意他的观点：这个论证最终要求完备的列举；但是，既然在这个更加简短的列举中b家族的成员与a家族的成员完全吻合，我们就可以合理地假设，这个更加简短的列举是原来就有的，而那些补充则是由一个抄写员做出来的，他大概认为这个论证需要那些补充。

37. 对该文本以及平行段落中的每一个语句更详细的讨论，见我在《亚里士多德的〈论动物的运动〉》中的评论。

38. 关于“noēsis”在这里的用法，见我对700b17和7701a7的评论，提到了参考文献。

39. 关于"kritikon"的意义，见我对700b20—21的评论，提到了参考文献；最重要的平行是《论灵魂》432a15及以下，在那个段落，这个词或者作为一个用来表示思想和知觉的种类词项而使用，或者表示它们所履行的那个共同的辨别性功能的种类词项。
40. 关于认知的这两个功能，参见我对701a7的评论。
41. 在这里，我们很难确定pathē是灵魂的还是生理的，关于这个困难，参见第三章以及我在那里的评论。
42. 参见Frede的《原始概念》。我们可以有趣地注意到，就欲望在行动的产生中的作用而论，在701a37—b1中，亚里士多德使用了具有强烈表原因的dia加上宾格；另一方面，就知觉与欲望之间的关系而论，在701a36中，他使用了dia加上属格（这种用法往往引入了一个不是原因的场合或条件）。这大概表明，知觉就是把欲望激发起来（这种激发可能正在进行）的**场合**。但是，Bonitz在《亚里士多德索引》（*Index Aristotelicus*, Berlin 1870）中提出了一些例子，表明跟dia的宾格和所属格是可以相互交换的，这提醒我们不要过分强调这个区分。
43. 不幸的是，亚里士多德并没有告诉我们，他想到了什么样的障碍。对这一点的一个忧虑，参见我的《亚里士多德的〈论动物的运动〉》第四篇论文第191—192页。R. Sorabji在《必然性、原因和责备》（*Necessity, Cause, and Blame*, London 1980）第239—240页中已经提出了这个重要问题：这个说法是否想要包括存在竞争性的欲望的可能性？

487 44. 有可能的是，"kuriōs"的力量是要指出这个欲望战胜了它的一切对手。因此，亚里士多德就是在说，当一个欲望已经决定性地胜出，而其他条件得到满足时，行动就被必然化了。这可能符合Sorabji的强调：可以存在其他的情形，在那些情形中，行动具有原因但没有被必然化。然而，在那种情况下，亚里士多德在这里就不是在对理性能力所引起的行动提出一般论述，而只是在对行动的一个特殊的子类提出说明，在那个子类中，竞争的欲望是可以排除的。但这个文本并没有暗示这一点。

45. 参见我的《亚里士多德的〈论动物的运动〉》第87—88页和第188页。
46. 关于逻辑联系与因果联系之间的所谓不相容性，例如，参见A. Melden的《自由行动》（*Free Action*, London 1961）第53页；G. H. von Wright有时候支持一个类似的观点（参见我在《亚里士多德的〈论动物的运动〉》第四篇论文中的讨论和参考文献）。对不相容性观点的一个有力批评，见J. L. Mackie的《宇宙的黏合剂》(*The Cement of the Universe*, Oxford 1974)第287页及以下。在我开始对早期观点提出自我批评时,我发现其中一些观点也得到了Hardie的倡导,见他的《亚里士多德的伦理理论》(*Aristotle's Ethical Theory*, Oxford 1981)第二版附录。

47. 关于这些“前提”,参见我的《亚里士多德的〈论动物的运动〉》第四篇论文。Burnyeat在一个评论[*AGP* 63(1981)184—189]中对这篇论文提出了一个挑战性的讨论。

48. 关于参考文献和讨论,见我的《亚里士多德的〈论动物的运动〉》第三篇论文,尤其是第146页及以下;然而,我已经修改了在那里表达的那个观点。关于我目前的观点,参见我在《哲学杂志》第77期(1980年)中对E. Hartman的《实体、身体与灵魂》(*Substance, Body, and Soul*)的评论,以及我的《亚里士多德》(“Aristotle”, in *Ancient Writers*, ed. T. J. Luce, New York 1982, 377—416)。论构成与同一性(以亚里士多德的观点作为参考),参见Wiggins的《同一与实体》。

49. 有证据表明亚里士多德对这种理论抱有兴趣:见我在第三篇文章中对pneuma的作用的讨论;但是,表明pneuma是唯一一种适合于与欲望的运动发生联系的物质,并不是在提出一个具有经验内容的主张,尤其是因为pneuma本身是由于它的说明价值才被引入的要素,而不是通过观察发现出来的。

50. 论“科学理解”(epistēmē),参见第八章,有参考文献。

51. Richard Sorabji(以上注释43)已经对这些问题提出了一个给人深刻印象的处理。他论证说在亚里士多德的观点中,人类行动是被引起的但不是被必然化的。他承认《论动物的运动》提供了有力的证据,表明原因和必然性之间是有密切联系的,但他论证说,那部论著粗心大意地把一个并不适合于所有运动的论述扩展到很多情形。我相信,《论动物的运动》对运动提出一个“共同的说明”,乃是有意所为,而不是出于粗心大意;《形而上学》第九卷用一组不同的实例(明确地关系到人类行动)对这一点提出了确认性的证据。我也不像Sorabji那样相信,如果人类行动被必然化了,那么人类行动就不是伦理上可评价的。不过,为了反驳他的观点,我们就需要处理那个观点所依据的每段话,而这是目前我无法做到的。

52. 参见Sorabji的《必然性、原因和责备》第241—242页。

53. 比较我在本书第一章中对假设必然性的评论。现在也可以参见J. Cooper的《假设必然性》(“Hypothetical Necessity”,即将出版)。

54.《论动物的运动》703a4—6;参见我在《亚里士多德的〈论动物的运动〉》中对

那句话的评论以及第三篇论文。我仍然相信引入pneuma的这个动机论证，但我现在会更小心地避免这一含义：亚里士多德想要两个平行的说明，其中的每一个说明都可以独自说明运动。

55. 最令人困惑的段落是702a17—20，那段话与第六章至第七章的明确含义有些出入，暗示说有一个单一的因果说明，涉及从心理层面到生理层面的某种运
488 动。确实，不论是在任何地方，亚里士多德都没有以一种决定性地回答我们提出的所有问题的方式，来详细说明他的论述的那两个部分之间的关系。在第三章中，我试图回答其中的一些问题，也参见以上注释54。Geoffrey Lloyd已经让我注意到其他几段话，在那几段话中，亚里士多德以一种令人困惑的方式把这两种说明合并起来。那几段话是《论动物的各个部分》650b27、651a3、667a20、675b23、676b23、692a22及以下。

56. 在《论动物的运动》第十一章中，亚里士多德在迄今所讨论的所有运动（现在称为hekousioi或“自愿的”运动）与其他两种没有被约束的或者自然的运动之间引入了一个区分。在那两种其他的运动中，前一种运动（即所谓akousioi或“非自愿的”运动）的例子是身体某些部分的反射回应；后一种运动（所谓“ouch hekousioi”或者“不自愿的”运动）的例子是诸如进入睡眠、行走、呼吸这样的全身运动，也就是在《物理学》第八卷中（见以上注释35）被认为可以用环境对动物的作用来充分说明的那些运动。对于反射运动，他说，动物自己对对象的思想或者想象，确实进入了对所发生事情的说明中，但缺乏履行那个行动的欲望。在第二组情形中，他断言，欲望或想象都不能“主宰”（kurios）运动；对这种运动所要给出的说明，仅仅是诉诸生理必然性的说明。

57. 在《尼各马可伦理学》中，如果下列条件之一得到满足，那么一个行动就是“无意的”：(1)该行动的起源或“始因”不是在行动者当中（也就是说，是外在于行动者的），或者(2)该行动是出于可以原谅的无知而展开的行动。在《优台谟伦理学》中，虽然亚里士多德一开始是按照一个行动与欲望、选择或者思想的关系来寻求“自愿”行动的正面标准的，但他最终却提供了一个与《尼各马可伦理学》中的论述相似的说明，即把正面的标准和负面的标准混合起来的那种说明；一个行动是“自愿的”，当且仅当它是“通过行动者自己”和不是出于无知而展开的行动。参见A. Kenny的《亚里士多德的意志理论》（*Aristotle's Theory of the Will*, London 1979）第一部分。

58. 论俄狄浦斯，参见《大伦理学》1195a15及以下的明确讨论。

59. 这也有助于我们理解《尼各马可伦理学》中对事后（ex post facto）遗憾的这一

强调,即事后遗憾是出于无知的不自愿行动的一个必要标准——遗憾就是这样一种东西,它向我们表明,行动者的欲望并不具有引起那个行动的特点。但是,《论动物的运动》也有助于我们看到对遗憾的这个强调所面临的问题。因为俄狄浦斯或许已经渴望他父亲的死,甚至对此感到高兴,但却对谋杀没有内疚。一个动机的出现不足以宣告被告者有罪,不管在一个具体的案例中实现真正的因果联系是多么困难。如何个体化和思考这样一个行动是一件困难的事情,关于这个困难,参见J. L. Ackrill的《亚里士多德论行动》["Aristotle on Action", *Mind* 87(1978)595—601, repr. in Rorty, *Essays* 93—103]。

60. T. H. Irwin,《亚里士多德那里的理性与责任》("Reason and Responsibility in Aristotle", in Rorty, *Essays* 117—156)。
61. T. H. Irwin,同前引文章。排除了这种可能性:儿童具有最终发展选择和慎思的能力。
62. 在《尼各马可伦理学》1135a19、1109b30和《优台谟伦理学》1223a11中,亚里士多德把自愿行动与称赞和责备联系起来。Prohairesis据说与品格"最紧密地联系在一起",因此就成为我们对品格进行判断的根据,参见《尼各马可伦理学》1111b5—6和1112a1—2。在《尼各马可伦理学》1112a14—15中,亚里士多德声称,自愿行动在外延上宽于经过选择的行动,并且用这一事实来作为证据:儿童和动物具有自愿行动,但并不具有经过选择的行动。在1111a24—26中,自愿行动也被赋予儿童和动物,但在《大伦理学》1189a1—4和《优德谟伦理学》1225b6—8中,动物则被否认具有选择。一些其他的段落也把成年人与其他动物和/或者人类儿童区分开来,例如,见《尼各马可伦理学》1099b32—1100a5和1147b3,《形而上学》980b25—28,《论灵魂》434a5—9。 489
63. Irwin,《亚里士多德那里的理性与责任》,第124页。
64. Irwin,同前引文章,尤其是第134页。
65. 亚里士多德的论述也允许我们把缺乏自我控制的行动看作一种道德上的不成熟,用一种与我们责备邪恶行动的方式不同的方式来责备那种行动;而Irwin的说明似乎同化了二者。
66. 对这个相关材料的一个很好的说明,参见N. Sherman的《品格的构造:亚里士多德的美德理论》(*The Fabric of Character: Aristotle's Theory of Virtue*, Oxford 1989)。
67. 这当然是把修昔底德II. 43(trans. Crawley)与《论动物的运动》701a33—701b拼合在一起。

68. 我特别想要感谢柏林第九届亚里士多德会议的参与者提出的富有启示的评论，尤其是如下这些人：Jacques Brunschwig、Myles Burnyeat、Anthony Kenny、G. E. R. Lloyd、G. E. L. Owen、D. Rees、R. Sorabji、M. Woods。至于后来有帮助的评论，我想感谢1982年秋季学期在哈佛大学参与我的讨论班的成员、波士顿大学科学哲学会议的听众、康涅狄格大学的听众、布朗大学的听众、约翰·霍普金斯大学的听众。在所有这些听众中，我特别想感谢Peter Achinstein、Margery Grene、Hilary Putnam、David Sachs、Ernest Sosa和Steven Strange。

第十章　非科学的慎思

1. 本章的一些材料与我的下列论著具有密切的关系：《亚里士多德的〈论动物的运动〉》第四篇论文《实践三段论与实践性的科学》，《亚里士多德》（"Aristotle", in T. J. Luce, ed., *Ancient Writers*, New York 1982, 377—416, 尤其是第379—404页）。在我对亚里士多德实践理性的研究中，我受益最多的是D. Wiggins的《慎思与实践理性》。我在这里提出的许多论证，在我的《知觉的辨别》（"The Discernment of Perception", in J. Cleary, ed., *Proceedings of the Boston Area Colloquium*, New York 1985, 151—201）和《爱的知识》第54—105页中得到了进一步的发展。
2. 亚里士多德往往交替使用"技艺"和"科学理解"，很少对它们加以区分，关于这一点，参见第四章注释11。
3. 在重物的运动中，有一个选择出来的单一时间标准，尽管在这里不明显的是，是否我们不可能出于不同的目的而具有不同的标准。
4. 关于这个论证，参见J. L. Ackrill的《亚里士多德论'善'和范畴》（"Aristotle on 'Good' and the Categories", in *Islamic Philosophy and the Classical Tradition: Essays Presented to Richard Walzer*, ed. S. M. Stern, *et al*., Oxford 1972, repr. in Barnes, *Articles* II, 17—24）。亦见H. Flashar的《亚里士多德伦理学中对柏拉图的观念的批评》（"The Critique of Plato's Ideas in Aristote's Ethics", trans. in Barnes, *Articles* II, 1—16），L. A. Kosman的《断言善》［"Predicating the Good", *Phronesis* 13（1968）171—174］。关于是否存在着一个单一的有关善或存在的科学的问题，以及亚里士多德对待此问题的转变态度，参见G. E. L. Owen的《亚里士多德的一些早期著作中的逻辑与形而上学》（"Logic and Metaphysics in Some Earlier Works of Aristotle", in *Aristotle and Plato in the Mid-Fourth*

Century, ed. I. Düring and G. E. L.Owen, Göteborg 1960, repr.in Barnes, *Articles* III)。

5. 在这段话中已经存在这样一个争论：亚里士多德是要我们把注意力集中到这样一个被造物的一切特有功能上，还是只把注意力集中到那些并非共享的功能上？我已经在《亚里士多德论人性和伦理学的基础》（“Aristotle on Human Nature and the Foundations of Ethics”）这篇待发表的文章中详细论证了第一种解释（有参考文献）。（该文已经发表在*World, Mind and Ethics: Essays on the Ethical Philosophy of Bernard Williams*, J. E. J. Altham and Rose Harrison, eds., Cambridge University Press 1995。——译者注）
6. 参见《尼各马可伦理学》1095a16、1096b32—35，《大伦理学》1182b3及以下，1183a7，33—35，以及《优台谟伦理学》1217a30—40。
7. 这是亚里士多德在《大伦理学》和《优台谟伦理学》中通篇持有的见解。关于把《尼各马可伦理学》第十卷第六章至第八章与其他东西调和起来的困难，参见本书第三部分附录。关于《大伦理学》的真实性和价值，参见第十一章注释1。 490
8. 在注释5中提到的我那篇文章中，这个解释得到了详细的捍卫（包含历史上类似的案例和参考文献）。亦见第十二章，在那里我考察了亚里士多德在社会美德的特殊情形中对这种论证的运用，并认为所涉及的那些考虑使他更接近于第四章中所讨论的普罗泰戈拉的见解。
9. 对柏拉图对语境相对性攻击的异议，亦见第五章。
10. 至于历史证据和文献，参见第四章。对这个问题的争论在不同科学中的复杂性，参见G. E. R. Lloyd的《测量与神秘化》（“Measurement and Mystification”，即将发表）。
11. 比较D. Wiggins在《意志的软弱、可通约性以及慎思和欲望的对象》（“Weakness of Will, Commensurability, and the Objects of Deliberation and Desire”, in Rorty, *Essays* 242—265）中对这个证据的出色讨论，尤其是第255—256页。
12. 有很多文献处理这个困难的问题。其中的一些文献是：A. J. Festugière的《亚里士多德论快乐》（*Aristote: le plaisir*, Paris 1946），G. Lieberg的《亚里士多德伦理学中的欲望学说》（*Die Lehre von der Lust in den Ethiken des Aristotles*, Munich 1958），F. Ricken的《〈尼各马可伦理学〉中的欲望概念》（*Der Lustbegriff in der Nikomachischen Ethik*, Göttingen 1976），G. E. L. Owen的《亚里士多德式的快乐》[“Aristotelian Pleasures”, *PAS* 72（1971—1972）135—152, repr. in Barnes, *Articles* II]，J. C. B. Gosling的《再论亚里士多德式的快乐》[“More Aristotelian

Pleasures", *PSA* 74(1973—1974)15—34]; 最近的论著, 见J. C. B. Gosling 和Taylor的《古希腊人论快乐》(*The Greeks on Pleasure*, Oxford 1982, 204—224)。Gosling和Taylor通过论证对第十卷提出了一个不同的解释: 快乐就是energeia自身的完成或完善。在这里我无法讨论这个问题; 但它并不影响我们所关心的伦理问题。

13.《尼各马可伦理学》1153b9—12。

14.《尼各马可伦理学》X. 4, 1174b23及以下。

15. 关于这段话以及相关的材料,参见第十一章。

16. 对亚里士多德对"sumpheron"("有用的"或者"有利的")这个概念的审视清楚地表明,他并不想把这变成一个单一的标准。

17. 参见第四章,尤其是在原书第112—113页对Sidgwick的讨论。

18.《尼各马可伦理学》第十卷又为这个解释制造了一个问题,参见第三部分附录以及第十一章注释37; 但是,《尼各马可伦理学》的总体,尤其是对各种美德和友爱的讨论,显然有这个包容性的图景。

19. 亚里士多德据说提到这一点的地方是:《尼各马可伦理学》1111b26、1112b11—12、1113a14—15、1113b3—4;《优台谟伦理学》1226a7、1226b10、1227a12。

20. 例如, 见H. A. Prichard的《'善'在亚里士多德伦理学中的意义》["The Meaning of Agathon in the Ethics of Aristotle", *Philosophy* 27(1935), repr. in J. M. E. Moravcsik, ed. *Aristotle*, Garden City 1967], 以及J. L. Austin在《亚里士多德伦理学中的善和幸福》("Agathon and Eudaimonia in the Ethics of Aristotle", in Moravcsik, *op, cit.* and in Austin, *Philosophical Papers*, Oxford 1970, 1—31)中所提出的破坏性的回答。

21. 在现代的文献中, 这一点首先是由Wiggins在《慎思与实践理性》中提出的(该文自从1962年起就以打印稿的形式在学界流传)。J. Cooper在《亚里士多德那里的理性与人类的善》(*Reason and Human Good in Aristotle*, Cambridge, MA 1975)中提出了进一步的论证。我在《亚里士多德的〈论动物的运动〉》第四篇论文中讨论了Wiggins的观点, 而Wiggins在他后来发表的那篇论文中也讨论了我这篇论文的一个初稿。

22. 例如, 参见《形而上学》1032b27,《政治学》1325b16、1338b2—4,《尼各马可伦理学》1144a3及以下。

23. 关于如何指定目的, 参见Wiggins的《慎思与实践理性》, 尤其是他对1112b11及以下的讨论; 以及我的《亚里士多德》和《亚里士多德的〈论动物的运动〉》第四篇论文。

24.《尼各马可伦理学》1097b14及以下。参见J. L. Ackrill在《亚里士多德论幸福》［“Aristotle on Eudaimonia”, *PBA* 60（1974）339—359, repr. in Rorty, *Essays*, 15—33］中对这段话的透彻讨论。亦见《大伦理学》1184a15及以下。

25. 然而，这并未排除那种试图调整和协调这些目的的努力；相对于一个美德来决定什么东西是合适的，经常会涉及考虑该行动与行动者的其他关注以及对他提出的要求之间的关系。 491

26. 论这种亚里士多德式的理解及其与一般论述的联系，参见第八章（有参考文献）。

27. 参见1103b32—33、1119a20、1114b29、1138a10、1138b25和34、1144b23—28、1147b3和31、1151a12和21。

28. 参见本书第四章；论科学理解，参见第八章。

29. 关于“行动乃是关系到根本的具体事情”这一主张，参见1109b23、1110b6、1126b4、1142a22、1143a29和32、1143b4、1147a3和26、1147b5。

30. 我在这里的讨论密切遵循本书第四章，尤其是原书第210页及以下，虽然有许多变化和改正。

31. 参见第六章。

32. 再次比较第四章中对技艺的说明；就像在那一章中所解释的那样，亚里士多德的观点和普罗泰戈拉的观点比较。

33. 关于具体事物与aisthēsis的联系，参见1113a1、109b23、1126b4、1147a26。

34. 在这些语境中很难翻译“logos”；我通常把它翻译为“陈述”；但在其他情形中，它肯定是指用一个一般陈述表述出来的伦理原则。不幸的是，英语使我们不得不在这个语言实体和它所表示的内容之间做出选择。

35. “krisis”和“krinesthai”以及相关的词语，虽然往往被翻译为“判断”和“裁判者”，但其实无须具有这个含义。它们只是意味着辨别和选择。参见我的《亚里士多德的〈论动物的运动〉》第334页，那里提到了J. M. Cooper的一篇尚未发表的文章。

36. 在亚里士多德的科学论著中，一般陈述与个别事物之间的和谐也得到了强调。例如《论动物的运动》698a11，《论动物的历史》491a7—14，《论生成和毁灭》316a5—14，《论动物的生成》757b35及以下、760b28及以下、788b19及以下，《论天体》306a5及以下。然而，在伦理学中，“实践问题”的本质（参见本章，原书第302页）使得这个问题更加尖锐，使得一般陈述更加潜在地令人误解。

37. 对这段话的一个透彻讨论，参见Wiggins的《慎思与实践理性》。

38. *Autoschediazein ta deonta*, Thuc. I. 138（on Themistocles）.
39. 论stochazesthai，亦见1109ab15、1106b15和28、1109a23；参见Detienne和Vernant在《理智的狡诈》第38页以及第297—300页中对这个词的讨论。
40. 亦见本书第四章，原书第212—213页。
41. 参见Wiggins在《慎思与实践理性》中对这段话很好的阐述。在这里，我在某种程度上遵循他的翻译，并加上了释义。
42. 论理智（nous），参见第八章，有参考文献。
43. 再次参见Wiggins在《慎思与实践理性》中的讨论。
44. 关于这一点，参见Hilary Putnam和我之间的意见交换，见*NLH* 15（1983）。
45. 参见第十二章及参考文献。
46. 参见第十二章以及第七章注释32。
47. 关于这个发展过程的机制，见N. Sherman的《亚里士多德的道德教育理论》（*Aristotle's Theory of Moral Education*, Ph. D. dissertation, Harvard 1982）。
48. 《尼各马可伦理学》1113a9、1139a25和b4—5，《论动物的运动》700b23（这句话说prohairesis就是koinon dianoias kai orexeōs——选择就是同时涉及理性和欲望）。

492 49. 《尼各马可伦理学》1106b16及以下。对这个问题以及相关问题的讨论，见L. A. Kosman的《受到恰当的影响》（"Being Properly Affected", in Rorty, *Essays* 103—116）。
50. 《论灵魂》431b2及以下。对这段话的讨论得益于我与Christine Korsgaard的交谈以及她的一篇尚未发表的论述亚里士多德知觉概念的文章。
51. 对这些段落的一个完整讨论以及对"这个三段论词汇具有什么含义和不具有什么含义"这一问题的讨论，参见我的第四篇论文。
52. 关于这一点，尤其参见M. F. Burnyeat的《亚里士多德论学会成为好人》（"Aristotle on Learning to be Good", in Rorty, *Essays* 69—92）。
53. 例如参见《尼各马可伦理学》1109b7—12。
54. Detienne和Vernant，《理智的狡诈》，第295页及以下。
55. 参见第五章，原书第155—156页。
56. J. Rawls，《对伦理学的一个决策程序的勾画》["Outline of a Decision Procedure for Ethics", *PR* 60（1951）177—197]。
57. 因为支持它的这个语言和指称观点本身就是从现象中选择出来的，本身就是亚里士多德的那种方法论程序的结果。

58. 我在《有瑕疵的晶体》中发展了詹姆斯与亚里士多德的联系。Henry Richardson在一篇尚未发表的文章中，从《大使》这部小说中发展了一个例子，用来说明那种亚里士多德式知觉的本质。
59. Trans. R. Lattimore, in *Greek Tragedies*, ed. D. Grene and R. Lattimore（Chicago 1956）.
60. 然而，有时候这个约束过分严厉，以至于不允许按照美德来行动：参见第十一章对这个问题的讨论。
61. 在处理这些问题时，我首先受益于与David Wiggins多年来的讨论。我也感谢如下学者与我的交谈和讨论：Larry Blum、Christine Korsgaard、Hilary Putnam、Henry Richardson和Nancy Sherman。

第十一章 好的人类生活的脆弱性：活动与灾难

1. 在讨论这些问题时，我会经常用到《大伦理学》，因为我相信这部著作确实是亚里士多德自己撰写的。然而，我的论证将不依赖于这个材料。这部著作的真实性在F. Dirlmeier的《亚里士多德—大伦理学》（*Aristotles-Magna Moralia*, Berlin 1958）和J. M. Cooper的《〈大伦理学〉与亚里士多德的道德哲学》［"*The Magna Moralia* and Aristotle's Moral Philosophy", *AJP* 94（1973）327—349］中得到了捍卫。Cooper论证说，这部著作的风格不是亚里士多德自己的风格，但它确实是亚里士多德在伦理问题上的一些早期演讲的一个精确抄本。对立的观点，参见D. J. Allan的《〈大伦理学〉与〈尼各马可伦理学〉》［"*Magna Moralia* and *Nicomachean Ethics*", *JHS* 77（1957）7—11］; C. J. Rowe, "A reply to John Cooper on the *Magna Moralia*", *AJP* 96（1975）160—172。
2. 虽然我在这里的大多数讨论将集中于《尼各马可伦理学》，因为它包含了对这些问题的最广泛的处理，但是（在观点上没有严重不相容问题的地方）我将用《优台谟伦理学》中的材料来补充我的讨论。关于亚里士多德的伦理著作的年代顺序，参见A. Kenny的两部有争议的论著：《亚里士多德伦理学》（*The Aristotelian Ethics*, Oxford 1978）和《亚里士多德的意志理论》（*Aristotel's Theory of the Will*, London 1979）；亦见J. M. Cooper对前一部著作的精细评论［*Nous* 15: 1（1981）381—392］；亦可参见C. J. Rowe的《〈优台谟伦理学〉与〈尼各马可伦理学〉》（*The Eudemian and Nicomachean Ethics*, Cambridge 1971）。
3. 那些把幸福视为一种快乐或满足的灵魂状态的人，会否认幸福与值得称赞的品行之间的联系；但是，一旦我们看到幸福就在于美德活动，我们就能够理解为什么亚里士多德会强调这个联系（就像他确实强调的那样）。参见第十章注释2。

4. 我并不想声称在柏拉图攻击这个策略的那些段落中，他就是亚里士多德的唯
493 一对手；但我们对柏拉图中期观点的论述应该已经表明，他确实就是这样来论辩的。重要的是要注意到，在柏拉图和我称为“好条件观”理论家的那样一个人物之间，是有一个显著差别的：柏拉图总是强调价值的载体是活动而不是状态；他对自足的追求，并不是通过否认对活动的需要来实现的，而是通过挑选出那些最不脆弱的活动来实现的。
5. 这些对手究竟是谁的问题是不清楚的。他们与那些追随亚里士多德的斯多亚学派思想家有一个明显的相似之处。在希腊化时期的怀疑论中，怀疑论的前提似乎显著地出现在亚里士多德的批评中（参见第八章以及那里提到的Long的文章），与此类似，在这里我们也看到了这样一个证据：希腊化时期的一个众所周知的观点也以某种形式出现在这个更早的时期。
6. 这个观点在某些史诗的作者那里得到了捍卫，尤其是在欧里庇得斯戏剧中的某些人物那里（例如，见《特洛伊妇女》中赫卡柏的言语，在第十章得到了讨论）。至于讨论这个观点其他例子的著作，见第四章注释2。
7. 一个当代的相似情形，参见Robert Nozick的《哲学解释》（*Philosophical Explanations*, Cambridge, MA 1981）第1—3页。
8. 亚里士多德将要断言，我们能够控制的事情对幸福是“有权威的”或者“主管”着幸福。关于这个重要的词（kurios）及其功能，参见第九章注释44和56。因此（以及参见原书第332页和注释25）它似乎意味着“在某种东西中最重要的因果要素”。
9. 对古希腊自我辩驳观的进一步讨论，尤其是对这样一些例子的讨论（在这些例子中，从事论证的实践本身就反驳了要用论证来支持的那个观点），参见G. E. L. Owen的《柏拉图和巴门尼德论无时间的现在》［“Plato and Parmenides on the Timeless Present”, *The Monist* 50（1966）317—340, repr. in A. P. D. Mourelatos, ed., *The Presocrates*, Garden City, NY 1974］, M. F. Burnyeat的《怀疑论者能够用其怀疑论来生活吗？》,《普罗泰戈拉和柏拉图的〈蒂迈欧篇〉中的自我辩驳》［“Protagoras and Self-refutation in Plato’s *Theaetetus*”, *PR* 85（1976）172—195］, 以及《普罗泰戈拉和晚期古希腊哲学中的自我辩驳》［“Protagoras and Self-refutation in Later Greek Philosophy”, *PR* 85（1976）44—69］。

10. 我是在使亚里士多德的论证看起来比它实际上的样子更加系统：其实，这两组对手在《尼各马可伦理学》的不同部分是被独立考虑的；但好像没有理由不以这种方式把它们整合在一起。

11. 亚里士多德使用的词（大概也是他的对手使用的词）是hexis，通常被翻译为“倾向”。我之所以把它翻译为“状态”或“条件”，乃是为了指出：它本来就是某种具有心理实在性的东西，而且，不管是否有行动在进行，它都可以在一个人那里出现。如果把它翻译为“倾向”，那么就会使得这位对手的见解甚至比它实际上的样子更为矛盾；另一方面，正如我们将看到的，亚里士多德相信，一个hexis的赋予标准在完全不活动的人那里并不出现。

12. 亚里士多德究竟是在采纳下面三个观点中的哪一个是完全不清楚的：（1）hexis可能仍然完整无缺，但在判断它是不是这样时我们碰到了一个不可克服的认识论问题；（2）hexis的概念与活动性是有**逻辑**联系的，以至于离开活动性的出现来赋予它就显得毫无意义；（3）hexis和行动是**因果**地相互依赖的，以至于一个不活动的人很有可能丧失了他的hexis。亚里士多德确实相信（1）和（3）；对他来说，（3）与（2）不是不相容的，正如我们在第九章已经看到的。但我们知道，他并不相信一个人在没有履行活动的那一瞬间一个hexis就消失了；hexis是人的一个稳定的（或者相对稳定的）条件。所以，不管hexis与活动性之间的逻辑联系到底是什么，那种联系不可能是这样一种强的联系。 494

13. 对这些问题的很好论述，参见L. A. Kosman的《实体、存在与活动》[“Substance, Being, and Energeia”, *OSAP* 2（1984）121—149]。

14. 在这点上，好条件理论家很接近柏拉图主义者：因为，如果这个人称为“存在”的那种东西包括这种精神能力，那么它就是活动，正如柏拉图的论证理解它的那样。

15. 虽然在我的讨论中我使用了“他的或者她的”，用这种方式来翻译亚里士多德似乎是不合适的。

16. 沉思的活动，与其他活动相比，当然不太容易受到外在灾难的影响；但是，按照亚里士多德的观点，它也有某些外在的必要条件。关于这一点，参见第十二章。

17. 关于这个区分，参见科斯曼的《实体、存在与活动》，J. L. Ackrill的《亚里士多德在活动与运动之间的区分》（“Aristotle’s Distinction between Energeia and Kinesis”, in *New Essays on Plato and Aristotle*, ed. R. Bambrough, London 1965, 121—141），T. Penner的《动词与行动的同一性》（“Verbs and the Identity of Actions”, in *Ryle*, ed. G. Pitcher and O. Wood, New York 1970, 393—453）。重要

的是要注意，亚里士多德也使用“energeia”这个词来涵盖动物和人。

18. 参见第十章注释12。
19. 比较《形而上学》1091b15及以下、1022b22及以下。
20. 参见第十二章中对老年人和友爱的论述。
21. 《理想国》399A—B（参见第七章），《申辩篇》41C—D；亦见第五章。在这里，我们又需要指出，柏拉图不同于好条件理论家，因为他强调幸福要求实际活动；不过，他会强调说，沉思活动完全是自足的，除了生命本身之外，沉思活动并不要求特殊的世界条件。
22. 例如，参见康德的《道德形而上学基础》（*Groundwork of the Metaphysics of Morals*, Berlin 1785, trans. H. J. Paton, New York 1960）学院版第394页，亦见插曲二注释13。
23. H. H. Joachim，《尼各马可伦理学》（*The Nicomechean Ethics*, Oxford 1951）；W. D. Ross，《亚里士多德的著作》（*The Works of Aristotle*, London 1923）第192页。
24. 关于在“因果地取决于……”的意义上，亚里士多德对en（“在之内”）的使用，尤其参见《物理学》210b21—22；亦见《形而上学》1023a8—11、23—25；《尼各马可伦理学》1109b23；以及我在《亚里士多德的〈论动物的运动〉》第三篇论文中的讨论。
25. 被使用的这个词是kurios，参见注释8。
26. 关于在这个问题上的解释的困难，参见第九章，原书第282—283页，有参考文献。
27. 参见第二章。
28. 这似乎就是1199b3及以下那个困难段落的要旨；但是1188b15及以下的那段话确实允许这样一种环境的强制，这种强制会使一个人放弃某些重要的东西。
29. 尤其参见《尼各马可伦理学》第九卷第二章，以及对朋友的数量和朋友之间的争吵的评论，参见第十二章。
30. 对冲突的有关评论，见我的《亚里士多德的〈论动物的运动〉》第四篇论文。
31. 论发展及其外在条件，见第九章和第十二章。
32. 比较欧里庇得斯和修昔底德对这些词的使用，参见第十三章；亚里士多德可能是在使用一个传统的隐喻。
33. 就《修辞学》而论，我要使用的唯一版本是R. Kassel的版本（Berlin 1976）；参见我的如下评论，*AGP* 63（1981）346—350。
34. 论“to euēthes”及其与美德的传统联系，见第十三章。
35. 伦理著作中本来就有相关的材料，尤其是《尼各马可伦理学》1124a20及以下，论述运气之善对megalopsuchia（灵魂的伟大）的贡献；亦见《大伦理学》1200a12及以下。

36. 论《政治学》中的这段话，亦见第八章。在色诺芬和赫拉克利特那里，我们都可以发现对价值的语境相对性的有关论证；参见我的《赫拉克利特作品中的灵魂：第二部分》[“Psuchē in Heraclitus, II”, *Phronesis* 17（1972）]第153页及以下。 495

37. 使用这段话是有一些困难的，因为它来自《尼各马可伦理学》第十卷中那个成问题的段落，在第三部分附录中我讨论了那个段落与《尼各马可伦理学》第一卷其余部分的不相容。亚里士多德在那里继续发展一个非人类中心论的、柏拉图式的好生活观点，把幸福鉴定为理智沉思，并把道德美德降低到次要地位，其部分理由是神的理智生活中并没有那些美德。在附录中，我论证说，这段话在任何意义上都不是《尼各马可伦理学》论证的终结，反而在很多重要的方面不符合这部著作的核心思想。我把这段话包括在这里，只是因为对美德的语境相对性的这些评论，就是对亚里士多德在别处（在《政治学》中，在其他伦理著作中，以及在《尼各马可伦理学》本身之中）对美德或卓越的看法的一致阐述；它们有力地和明确地总结了亚里士多德对一个联系的看法：这个联系就是伦理美德与物质限制的环境之间的联系，而我们可以在他对具体美德的讨论中发现这个联系；正如我们将看到的，《尼各马可伦理学》第七卷也明确地否认神具有伦理美德。除了在第十卷的第六—八章之外，在整部《尼各马可伦理学》中，他都捍卫符合这些美德的活动，这样来理解，那些活动本身就是有价值的目的。在目前的语境中，只是在所引用的这些段落之后发生的事情——当这些美德因为其语境相对性而与沉思形成了不利的对比时——才对《尼各马可伦理学》总体解释的一致性提出了一个问题。因此，在描绘亚里士多德一致地维护（甚至当他按照其他的善来改变他对伦理美德的**排列**时）的这个关于伦理美德之本质的图景时，我们就可以谨慎地利用这些段落。值得强调的是，在这个意义上，甚至《尼各马可伦理学》第十卷也不是柏拉图式的：柏拉图，既然已经决定要偏爱那些并不具有语境相对性的活动，就捍卫了对正义和其他传统美德的一个看法，这个看法使得那些美德就类似于沉思活动，并把它们与沉思活动紧密联系起来。然而，甚至在最接近柏拉图的时期，亚里士多德也无法确信这一点：在人类生活的实践和限度外，存在着一个有意义的伦理生活概念。

38. 对这个问题的进一步讨论，见第三部分附录，有参考文献。

39. 赫拉克利特《残篇》B62；参见我的《赫拉克利特作品中的灵魂：第二部分》，见以上注释36。

40. 本章原来是我在圣奥拉夫学院所做的Eunice Belgum系列演讲中的第一讲（参见“致谢”）；在与插曲二中的材料组合起来后，它也在如下场合被宣读过：伦敦古典学研究所、哈佛大学教育哲学论坛、布朗大学、康涅狄格学院、史密斯学院、斯沃斯摩尔学院、佛罗里达州立大学古希腊文学理论会议，以及瓦萨学院。我想要感谢这些会议的参与者，尤其是Myles Burnyeat、Aryeh Kosman、Ruth Padel和Charles Segal的有益评论。

第十二章　好的人类生活的脆弱性：关系性的善

1. 参见《尼各马可伦理学》1177a27及以下，在这里，这被说成是对一切品格美德都是成立的。
2. 亚里士多德对phantisia的说明强调了这个可能性，参见《论灵魂》III. 3以及我的《亚里士多德的〈论动物的运动〉》第五篇论文。
3. 《形而上学》XII. 7；然而，远远不清楚的是，“思想之思想”究竟是什么东西，这种思想的内容究竟有没有对象。

496 4. 在这些段落中，亚里士多德好像是用他在1097b7—11中已经排除掉的那种柏拉图式的方式来使用“autarkēs”（参见本章，原书第344—345页）。这只是在把X. 6—8与《尼各马可伦理学》的其余部分调和起来时碰到的诸多问题中的一个问题。

5. 关于这样一个计划在X. 6—8的迹象，见第十一章注释37。
6. 公民友爱这个重要的论题在文献中尚未得到充分的评论，而按照亚里士多德的观点，这种友爱就是“把城邦团结起来”的那种东西，其作用甚至胜于正义，见1155a22—27。最好的一般性处理是J. Hook的《亚里士多德伦理和政治思想中的友谊和政治》（*Friendship and Politics in Aristotle's Ethical and Political Thought*, B. A. thesis summa cum laude, Haravrd 1977）。
7. 正如我们一会儿就会看到的，亚里士多德将提出“是否这样的存在者确实是人”这个普罗泰戈拉式的问题。
8. 关于亚里士多德与雅典人的差距，见I. Düring的《亚里士多德》（*Aristoteles*, Heidelberg 1966），G. E. L. Owen的《哲学的漫骂》[“Philosophical Invective”, *OSAP* 1（1983）]第1页及以下。《政治学》中的这段话影响了他与马其顿宫廷的关系，对这段话的讨论，见我的《羞耻，分离性与政治统一性》（“Shame,

Seperateness, and Political Unity”, in Rorty, *Essays* 395—435)。论亚里士多德作为metoikos(外来移民)的地位，见Düring的《亚里士多德》第213页及以下、第232—236页和第459页及以下，D. Whitehead的《亚里士多德这位外来人》[“Aristotle the Metic”, *PCPS* 21(1975)94—99]和《雅典外来人的意识形态》[*The Ideology of the Athenian Metic, PCPS* Suppl. Vol. 4(1977)]。Whitehead和Düring有力地论证说，没有好的证据表明亚里士多德被给予了任何特殊待遇，例如有时候给予移民的那些待遇(比如说，克法洛斯被允许拥有财产)；因此他不可能参与公民集会，不可能拥有职位，不可能担任陪审员，不可能拥有土地，甚至不可能建造自己的房屋；他不得不登记缴税，被一个公民保护人(prostatēs)严密监视。即使面对《政治学》1278a的证据，Whitehead还是利用《优台谟伦理学》1233a28—30论证说，亚里士多德对这种状况的态度是“冷淡的”。然而，这段话只是说，对公民事务缺乏参与在非公民的情形中几乎不可能受到责备，尽管在公民的情形中要受到责备；在我看来，这好像并没有显示顺从。

9. 见Diogenes Laertius,《名哲言行录》第九卷。这些记述约定的和传说的特征在M. Frede的《怀疑论者的看法》[“Des Skeptikers Meinungen”, *Neue Hefte für Philosophie* 15/16(1979)102—129]中得到了讨论。
10. 伊壁鸠鲁是第一位已知对女性进行教学的哲学家；他的学校因为允许女性和奴隶入学而变得声名狼藉；一些女性拥有颇受尊重的地位。
11. Diogenes Laertius,《名哲言行录》IX. 68。
12. 见B. Frischer的《雕琢出来的词》(*The Sculpted Word*, Berkeley 1982)。这些对手使我们与这种进行挽救的哲学遭遇依赖于我们无法充分控制的环境，就此而论，他们认同了亚里士多德关于成长之运气的部分观点。
13. 在《尼各马可伦理学》第九卷中这一点变得特别清楚，参见本章，原书第350、365—368页。
14. 关于这段话以及一般地说亚里士多德式的习惯化，参见M. F. Burnyeat的《亚里士多德论学会成为好人》(“Aristotle on Leanring to be Good”, in Rorty, *Essays* 69—92)，N. Sherman的《亚里士多德的道德教育理论》，以及我的《阿里斯托芬》。
15. 1180a18和29提到这样一个体制至高无上的**正确性**；1180a21—22提到了它在实践智慧(phronēsis)和智识(nous)中的起源。
16. 论手工艺人，参见我的《羞耻，分离性与政治统一性》。在那里我论证说，这就是亚里士多德对其境况的看法。这个论证取决于把他对这些人的论述与他对下面两个问题的一般评论结合起来：首先是选择生活得好的重要性，其次是城邦有责任保证所有没有自然地受到剥夺的人都能够进行选择。

497 17. 对这些段落和问题更详细的讨论，见我的《羞耻，分离性与政治统一性》。

18. 见我的《羞耻，分离性与政治统一性》注释54；最有意义的段落是《尼各马可伦理学》1161a34，《优台谟伦理学》1242a28，《政治学》1255a12。

19. 关于这里提出的这些问题，见我的《羞耻，分离性与政治统一性》第419页；参见以上注释8。

20. 见《大伦理学》1194b5—23，《政治学》1255b20、1261a39、1277b7、1279a20、1288a12、1274a22及以下、1275b18、1276b38及以下、1277b7及以下、1317b2—3、1332b32及以下，《尼各马可伦理学》1134b15。然而，《政治学》1328a18说，外来人对城邦来说在经济上是必要的。

21. 对这个观点各个变种的讨论和批评，见我的《亚里士多德论人性和伦理学的基础》。

22. 论关于本质的信念与关于价值的信念的联系，见第四、第六章和第七章；上面提到的这篇文章讨论了引自《斐莱布篇》中的有关材料。

23. 论古希腊神话中的独眼巨人及其在这个问题上的思想传统的重要性，见第八章；亦见Geoffrey Kirk的《神话在古希腊和其他文化中的意义和功能》(*Myth: Its Meaning and Functions in Ancient and Other Cultures*, Cambridge 1970)，以及而且尤其是P. Vidal-Naquet的《〈奥德赛〉中的大地与献身的宗教价值和神话价值》("Valeurs religieuses et mythiques de la terre et du sacrifice dans *l'Odyssée*", in *Le Chasseur noir*, Paris 1981, 39—68)。

24. 在以上注释21提到的那篇文章中，我详细讨论了这个论证；接下来的这个论证(关系到语言在我们生活方式中的作用)在我看来讲述了同样的故事，并在同一篇文章中得到了详细讨论。

25. 这个分析的一部分是通过一种比较研究来达到的：对《政治学》中各种不同类型的共同体以及对各种politeiai(这是亚里士多德学派的一项协作研究计划的成果)的稳定性和自足性的比较研究。

26. 参见以上注释20。

27. 论亚里士多德的友爱观，见J. M. Cooper的《亚里士多德论友谊》("Aristotle on Friendship", in Rorty, *Essays* 301—340)；亦见W. F. R. Hardie的《亚里士多德的伦理理论》(*Aristotle's Ethical Theory*, Oxford 1981, 2nd ed.)。

28. Cooper反对把philein翻译为“爱”(虽然他用“爱”和“友谊”来翻译philia),其理由是如果我们试图翻译eran和stergein,就会出现混乱。对eran,他所推荐的译法是“在爱中”(比较我们在第七章中的译法),对stergein,他所推荐的译法是“爱”。对“philein”,他选择“喜欢”。然而,这个译法在我看来是情感上太弱;似乎没有好的理由担心我们会在stergein的翻译上产生混乱,因为这个词在亚里士多德那里毕竟很少出现。如果“爱”被用来翻译“philia”,那么拒绝使用“爱”来翻译这个动词就只能引起混乱。

29. 然而,参见1166a1及以下对自爱的论述。对这个问题以及有关问题的一个有益处理是J. Annas的《柏拉图和亚里士多德论友谊和利他主义》[“Plato and Aristotle on Friendship and Altruism”, *Mind* 86(1977)532—554]。

30.《修辞学》中的定义是这样的:“Philein是希望某个人在一个人认为是好的那些方面也好,是因为那个人本身的缘故,而不是因为一个人自己的缘故,而且,只要一个人做得到,他就应该采取行动来帮助那个人在那些方面获益。”

31. 我们自然地想知道,假若一个人并不了解他的那些具有血缘关系的亲戚,那么他会如何对待那些人;但这种事情在古希腊城邦中很罕见,因此,在这样一个论述中没有必要加以评论。

32. 在这些要点上,Cooper的讨论特别有说服力,在这里我受益于他的讨论。

33. 不清楚亚里士多德是否想赋予品格以一个根本性质的地位;他对品格变化的讨论确实允许某种没有同一性变化的变化,他绝没有讨论突然而彻底的变化。在其他地方,他确定地强调说,唯一的本质特征就是一个存在者与其种类的其他成员都共同具有的特征。

34. 论欲望以及自足性的缺乏,参见第九章。 498

35. 参见《修辞学》1381a29及以下。

36.《尼各马可伦理学》1099b3—4,《修辞学》1381b1。

37. 亦见《尼各马可伦理学》1157a20及以下,在那里,亚里士多德讨论了信任与友爱对诽谤所引起伤害的抵抗的联系。

38. 参见1158a10—11以及1171a8—13,在那里,亚里士多德观察到,友爱的强度会因为有太多的朋友而受到削弱。注意,强度是友爱的一个重要成分。

39. 参见《修辞学》1381a30及以下。

40. 论悲伤,参见第七章;论相关的情感,参见插曲二。

41. 参照康德的《实践理性批判》(*Critique of Practical Reason*, Berlin 1788, trans. Lewis White Beck, Indianapolis 1956)学院版第83页及以下;康德的《美德学

说》(*The Doctrine of Virtue*,《道德形而上学》的第三部分, Berlin 1797, trans. M. J. Gregor, Philadelphia 1969)学院版第500—501、447页及以下。

42. 参照Sherman的《亚里士多德的道德教育理论》。
43. 参见Cooper对这个论证的友好的论述。
44. 参见Cooper对这段话重要性的捍卫以及他令人信服的解释,对此我受益颇多。然而,他并不像我那样强调这种情感联系的认知作用。
45. 在这里,我们又注意到(参照以上注释33),并非一个人自己物种的每一个成员都可以因为这些目的而算作"另一个自我",虽然我们会做出这一假设:按照《形而上学》以及生物学著作中的标准,一个物种的任何两个正常成员都享有一切本质特性。
46. 关于eudaimonia和makariotēs的等价性,见第十一章,那里讨论了这段话。
47. 参见我的《亚里士多德论人性和伦理学的基础》。
48. 以下两个指责都是由B. Williams在《哲学》("Philosophy", in *The Legacy of Greece*, ed. M. I. Finley, Oxford 1981, 202—255)中提出的,参见第一章。
49. B. Williams,《哲学》第254页。
50. "huperbolē"这个词被使用;这个词在美德书中往往被用来表示伦理上的无节制。亦见《尼各马可伦理学》1157a6—10,在那里,erastēs与erōmenos之间的关系只是被处理为快乐之爱的一个例子。
51. 《政治学》1260a13,在那里亚里士多德神秘地说道,女性具有慎思的官能,但那个官能"缺乏权威"。有可能的是,他指的是"在她们非理性的要素上缺乏权威";但一些学者已经论证说,这句话指的是"在她们的社会处境上对男性缺乏权威"。在这种情况下,反对把权利赋予女性的论证就变得难以理解。G. E. R. Lloyd在《科学与思辨》(*Science and Speculation*, Cambridge 1983)第128—164页对这些问题进行了很好的研究,其研究已经表明,在他论述女性的著作中,亚里士多德在多大程度上是在重复和支持其文化中流行的意识形态。然而,他的研究表明,不管是在医学中还是在社会评论中,都存在着其他冲突的"现象",这些现象本来可以得到富有成效的探究,而且被用来影响这个争论。女性的低劣地位是一种几乎被公认的文化意识形态,这种意识形态可能使得现象方法表面上往那个方向倾斜;但也有其他的情形,在那些情形中,通过一种耐心的审视(这种审视并没有明显地出现在亚里士多德论述**这个**问题的著作中),这些流行的信念就可以受到批评。就生理学而论,甚至更加明显的是,为了纠正他的错误而需要的现象简直就是唾手可得,因为他可能会去数一些妇女的牙齿,

看看她们是否有更少的牙齿；他可能会去考察他的这一主张，如一个处于月经期间的妇女在照镜子的时候脸就会变红；等等。 499

52. 正如我们已经看到的，他确实简要地提到了erastēs/erōmenos这对词语（见以上注释50）；但他并未试图对所提到的这个关系给出仔细的论述。

53.《尼各马可伦理学》1137b29及以下，对这段话的详细讨论，见第十章。

54. 本章是我在圣奥拉夫学院所做的Eunice Belgum系列演讲中的第二讲。在探究这些问题时，我受益于Nancy Sherman和Henry Richardson。

第三部分附录　人与神

1. 尤其参见J. M. Cooper的《亚里士多德那里的理性与人类的善》，J. L. Ackrill的《亚里士多德论幸福》［“Aristotle on Eudaimonia”, *PBA* 60（1974）339—359, repr. in Rorty, *Essays* 15—34］，以及David Keyt的《亚里士多德那里的理智主义》（“Intellectualism in Aristotle”, *Paideia* special Aristotle issue, 1980, ed. G. C. Simmons）。
2. 有关这个题材的论证在我的《亚里士多德论人性和伦理学的基础》中得到了详细论述。有些论证是文本性的，有些是文献性的（诸如-ikē zōē之类写法的含义）；把这两个方面的论证加在一起，我相信它们决定性地支持了对人类功能的一种包容性解释。
3. 我感谢M. Burnyeat，他的批评促使我添加这个附录；我也感谢Nancy Shermant和Miriam Woodruff，他们与我就《尼各马可伦理学》第十卷第六至八章中的问题进行了有益的讨论。

插曲二　运气与悲剧情感

1. 关于亚里士多德的《诗学》的这些要点，在我的《亚里士多德》（“Aristotle”, in *Ancient Writers: Greece and Rome*, ed. T. J. Luce, New York 1982, 377—416）中有进一步的讨论，其中包含了完备的文献。论诗在亚里士多德有关教育的观点中的作用，见N. Sherman的《亚里士多德的道德教育理论》。据我所知，对诗歌“模仿”的最好的论述是G. Sörbom的《模仿与艺术》（*Mimesis and Art*, Uppsala 1966），在这部著作中，作者以古希腊的话语为背景，以一种充满才智而又令人着迷的方式来树立亚里士多德的观点。

2. 我翻译的这段文本是：ἡ γὰρ τραγῳδία μίμησίς ἐστιν οὐκ ἀνθρώπων ἀλλὰ πράξεως καὶ βίου ⸢καὶ ἡ εὐδαιμονία καὶ τὸ ἐναντίον ἐν πράξει ἐστίν, καὶ τὸ τέλος πρᾶξίς τις ἐστίν, οὐ ποιότης· εἰσὶν δὲ κατὰ μὲν τὰ ἤθη ποιοί τινες, κατὰ δὲ τὰς πράξεις εὐδαίμονες ἢ τοὐναντίον. 下列要点需要评注。

(1) 我更倾向于里卡迪亚努斯（Riccardianus）抄本中的praxeōs，而不是大多数其他手稿中的praxeōn；然而，在我的解释中没有什么东西取决于这 一点。

(2) 在手稿中把eudaimonia读解为kai hē kakodaimonia的地方，我已经写作kai to enantion。对这段话，长期以来就有一个抱怨，说kakodaimonia不是亚里士多德所使用的词（参见Else和卢卡斯等人的说法）：在亚里士多德著作的其他地方，不论是kakodaimonia这个词还是kakodaimōn这个词都没有被发现。尚未被提到的是，在缺乏这个词的时候，亚里士多德习惯于通过简单地说"对立的东西"来指出eudaimonia的对立面。例如，参见《尼各马可伦理学》1100b9—11，以及紧接这段话之后《诗学》1450a19—20的那句话。现在，正是这种东西很有可能在亚里士多德的手稿传统中产生一个假象，因为在那个传统中，各种手稿都有很多注释，作为教材被使用，所以就很容易把这些注释整合进文本中，取代了亚里士多德原来的说法。因此，我建议把这个词写作"to enantion"，一方面消除了这个引起争议的词，另一方面又合理地说明了它的出现。一个可供取舍的可能性是这件事情完全是个假象——这个语句本来就应该被理解为kai hē
500 eudaimonia en praxei estin。

(3) 大多数手稿把这句话读作biou kai eudaimonias kai hē kakodaimonia。里卡迪亚努斯版本以及各种阿拉伯的版本，都明显表明的是biou kai eudaimonia。我们大概应该认为，这种理解更符合kakodaimonia的句法（或者无论什么原来处于其位置的东西）。对这个难题的一种流行的解决方案一直是Vahlen的方 案：eudaimonias（kai kakodaimonia hē de eudaimonia）kai hē kakodaimonia，等等。Bywater和其他很多人接受了这个方案。我发现这是一个有吸引力的提议；既然它一致地符合我的解释，我就乐于接受它。然而，这似乎是不必要的。

亚里士多德的论证序列是这样的：情节是最重要的，因为悲剧之所以是悲剧，就在于悲剧再现了行动和生活，而不仅仅再现了品格状态；一个完整的生活历程为了被充分地再现出来，就要求有情节，而不仅仅是要求品格描述，其理由就在于这一考虑：幸福不在于某种品性，而在于活动。于是，里卡迪亚努斯版本的文本就只要求一个进一步的细微变化：在eudaimonia前面添加冠词。

我并不像Else那样对如下事实感到烦恼：这个有争议的语句的后半个部分（kai to telos... poiotēs）似乎就像前半个部分那样说了几乎同样的东西。这种重复不是不寻常的；它事实上澄清了前半个部分——通过引入与poiotēs的对比，通过用不太模糊的“是一种行动”来取代“在行动中（即在于行动）”：亚里士多德表明，“是在……之中”意味着“在于……”，而不是意味着“是因果地取决于……”（正如在其他地方有时候具有这个含义一样）。

3. bios在亚里士多德那里总是意味着一种总体的生活方式或生活形式。参见J. M. Cooper的《亚里士多德那里的理性与人类的善》第159—161页，及我的《亚里士多德论人性和伦理学基础》。亦见G. Else的《亚里士多德诗学中的论证》（*Aristotle's Poetics: the Argument*, Cambridge, MA 1967）第256—257页。
4. D. W. Lucas，《亚里士多德的诗学》（*Aristotle's Poetics*, Oxford 1968）第102页。认为这段话不相干的人包括R. Kassel（Oxford Classical Text）和Else的《亚里士多德的诗学：其中的论证》第253—255页。Else评论说，“活动之于状态（例如美德）的优越性是亚里士多德哲学中的一句平常话，所以就证明了我们几乎不需要去证明它。问题是他在这里是否仅仅是为了他的直接目的才去利用这种优越性，即表明情节（也就是史诗中的行动）具有最高的地位？”
5. J. Jones，《论亚里士多德和古希腊悲剧》（*On Aristotle and Greek Tragedy*, London 1962）第30页。
6. 《尼各马可伦理学》1111b4—6；参见《优台谟伦理学》1228a3：ek tēs proaireseōs krinomen poios tis。
7. 关于这种情形及其对亚里士多德行动观提出的问题，参见第九章。
8. 关于这段话，见第七章。
9. 论hamartia，尤其参见T. C. W. Stinton的《亚里士多德那里和古希腊悲剧中的悲剧性缺陷》[“Hamartia in Aristotle and Greek Tragedy”, *CQ* 25（1975）221—225]；亦见J. M. Bremer的《悲剧性缺陷》（*Hamartia*, Amsterdam 1969），Dodds的《论误解〈俄狄浦斯王〉》[“On Misunderstanding the *Oedipus Rex*”, *GR* 13（1966）37—49, repr. in Dodds, *ACP* 64—77]，P. W. Harsh的《再论悲剧性缺陷》[“Hamartia Again”, *TAPA* 76（1945）47—58]。我在《亚里士多德》（见以上注释1）第407—408页中进一步讨论了这些问题。
10. 关于亚里士多德的情感观，见第五章和第七章，有参考书目和参考文献。对亚里士多德的相关讨论，见Sherman的《亚里士多德的道德教育理论》和S. Leighton的《亚里士多德与情感》[“Aristotle and the Emotions”, *Phronesis* 27

(1982)]。

11.《修辞学》1378a31。通过进一步提到复仇的欲望,亚里士多德实际上把这些问题弄得更加复杂。

501 12. 关于"虚假的"这个说法从根本信念到情感或感情的转移,比较柏拉图《斐莱布篇》37A及以下对虚假快乐的论述,对这个观点的评论,见B. A. O. Williams的《快乐与信念》["Pleasure and Belief", *PASS* 33(1959)]。

13. 有些相似的东西看来对康德来说也是真的,比较《道德形而上学基础》学院版第394页与《美德学说》第34节。但是,在他的文本中,他用来表示怜悯和相关态度的术语使我们无法在一个简要的讨论中做出详细的比较。

14. 在这里,用"杰出的"这个说法来翻译diapherōn显得太弱;这个术语的恰当力量是在Golden的翻译(Englewood Cliffs, NJ 1968)中被把握到的。

15. 在1452b35中亚里士多德说,悲剧不应该展示从好运跌落到厄运的那种epieikeis andres。这个说法很奇怪,因为epieikēs与spoudaios往往多少具有同样的意义。卢卡斯考察了处理这个问题的文献。为了使得我们对这段话的理解符合以下的段落,我们可以对它提出一些可供取舍的理解:(1)我们可以认为epieikēs在这里并不具有它通常所具有的意义,而是意味着"在正义中超越"(也就是说,接近diapherōn);(2)我们可以论证说,亚里士多德在这里所反对的并不是一般而论的好人的堕落,而是这样一个人的没有得到说明的堕落。后来引入的hamartia会提供所要求的说明。既然文本中没有任何迹象支持后面这种解释,既然1453a7中的ho metaxu toutōn loipos似乎支持前一种解释,我们大概就应该选择这个解释,用词汇上的不一致来指责亚里士多德。

16. L. Golden,《净化》["Catharsis", *TAPA* 93(1962)51—60],以及《模仿与净化》["Mimesis and Catharsis", *CP* 64(1969)45—53]。

17. 论这个词组,参见《希英词典》中的有关词条,Chantraine的《希腊语来源词典》(Dict. *Etym.*)中的有关词条,Brandwood的《柏拉图索引》(*Lex. Plat.*)中的有关词条(我已经在《斐多篇》中,尤其是第65页及以下——以及特别有趣的是,在神话中——发现对这些词的功能的研究);论希腊化时期的状况,参见古希腊戏剧家和修辞学者米南德的著作(ed. D. A. Russell and N. Wilson, Oxford 1981)。关于对katharsis的其他解释以及进一步的批判性讨论,参见我的《亚里士多德》(以上注释1);对"净化观"的经典捍卫是:J. Bernays的《亚里士多德的悲剧理论简论》(*Grundzüge der verlorenen Abhandlung des Aristoteles über Wirkung der Tragädie*, Breslau 1875, repr. Hildesheim 1970)。这里提到的幽默理论看来不是亚里士多德的真实著作，而是伪造的和成问题的。亚里士多德有关灵魂过程的真实著作毫不含糊地宣告了它与生理学还原主义的对立。参见我的《亚里士多德的〈论动物的运动〉》中的第一篇和第三篇论文；以上第九章；亦见我的《亚里士多德式的二元论：对霍华德·罗宾逊的答　复》[“Aristotelian Dualism: A Reply to Howard Robinson”, *OSAP* 2 (1984) 198—207]。亚里士多德确实会强烈地反对Lucas的这一结论：悲剧的灵魂功能是可以用一剂药物来取代的，只要古希腊的医生“对他们控制黑胆汁的能力并不缺乏自信”。

英语中有一个相似的事例。出现在“defecate”(净化)这个词以及与它相关的那些词的历史中。在这里，甚至一种很仓促的研究都会表明，这个词的基本和连续的含义是“澄清”或者“清理”的含义；它往往有一个认识论的应用(参见《牛津英语词典》中的词条)。把它特别用来表示“净化”是后来的事情，而且直到最近才成为这个一般意义的一个应用。我们可以说，在任何地方都把katharsis理解为医疗排泄，就像18世纪和19世纪的作者把“defecate”和“defecation”这两个词的应用理解为具有“排泄”的意义，认为对被称为“defecation”的那种东西提出理论说明的任何思想家都是在谈论这种特殊的清除，一样是不合适的。为了证明这一点，我们不妨在这样一个解释原则下来考虑如下说法：

1649　Jer. Taylor, “对他的官能的defecation和一个祈祷的机会”
1751　Johnson, *Ramber* no. 177, “defecate和澄清我的心灵” 502
1862　Goulburn, *Pers. Relig.*, “defecate心灵的糟粕”
1866　Lowell, “一种对语言进行简化日益增长的趋势……defecate它的所有情感”
1867　F. Hall, *Hindu Philos.*, “他的判断每天都变得更加defecated”
1870　W. M. *Rossetti*, “defecate生活的不幸”

如果我们的一个学生做出了这种解释性的举动，那么我们就会耐心地向他指出，这个词只是意味着“澄清”，把它应用于“粪便”是一种特殊的情形，只有在直接的语境清楚地表明它就是这种清除而不是具有其他的含义时，我们才能发现这种特殊的用法。(我很感谢E. D. Hirsch让我注意到了这种相似性。)

18. Golden已经口头上告诉我说,他已经修改了自己观点的这一部分。他并没有讨论《政治学》1341b32及以下的那段话,而那段话有时被用来支持净化观;我也没有很详细地讨论这段话。在很多要点上,《政治学》第八卷中对音乐教育的讨论与后来《诗学》中的成熟学说是不一致的;这段话明确地要读者去参考这部后来的著作(当时仍然没有撰写的著作),以便进行更加充分和清晰的讨论。这个简要的评论实际上是不清楚的。katharsis以某种方式与医疗发生联系,但它也与教育相联系。哲学教育与医疗的比较在过去就很常见,这种比较太频繁,以至于其本身难以把任何精确的东西揭示出来。关于这一点,参见我的《治疗性的论证:伊壁鸠鲁和亚里士多德》("Therapeutic Arguments: Epicurus and Aristotle", in *The Norms of Nature*, ed. M. Schofield and G. Striker, Cambridge 1985)。因此,把katharsis翻译为"澄清"(clarification)是没有障碍的,我们也没有理由假设,在这种情形中的澄清究竟是什么的问题上,亚里士多德那时已经有任何精确的想法。
19. 相关的讨论,参见我的《灵魂的虚构》。
20. 见我的《后果》第25—53页。
21. 西塞罗《论学院派》第二卷第119段;大卫这个亚美尼亚人是第二个描述(Aphroditēs ennomou gemōn)的作者。关于古代那种亚里士多德式的其他赞美诗,参见G. Grote的《亚里士多德》(*Aristotle*, London 1872)I. 43。显著的例子(其中大多数是Grote所注意到的)包括:Cicero, *Top*. I. 3(incredibili copia, tum suavitate), *De Or.* I. 49, *Brutus* I. 2 1, *Fin.* I. 14, *De Nat. Deor.* II. 37; Dionysius Hal. *De Vet. Scr. Censura*(to hēdu kai polumathes), Quintilian, *Inst. Or.* X. I(eloquendi suavitas)。
22. 例如B. Williams常常在和我讨论问题时表达这种观点。
23. 对这两种取舍的进一步讨论,见我的《有瑕疵的晶体》;亦见R. Wollheim、H. Putnam和C. Diamond在*NLH*同一期中提出的评论。
24. 论这种运动,参见M. F. Burnyeat的《亚里士多德论学会成为好人》。
25. 这一节的一个初稿在如下场合宣读过:伦敦古典学研究所、布朗大学、佛罗里达州立大学亚里士多德文学理论会议、圣奥拉夫学院Eunice Belgum纪念讲座、康涅狄格学院、瓦萨学院、斯沃斯摩尔学院,以及史密斯学院。我想感谢与会者的评论,尤其是Julia Annas、Myles Burnyeat、Leon Golden、E. D. Hirsch, Jr.、
503 Eugene Kaelin、Ruth Padel、Charles Segal和Richard Sorabji。

第十三章 背叛协定：对欧里庇得斯的《赫卡柏》的一个解释

1. 我已经使用了S. G. Daitz的Teubner版本（Leipzig 1973）和Gilbert Murray的牛津古典文本（Oxford 1902）。在对这部戏剧的批判性讨论中，我已经参考如下文献：Ernst L. Abrahamson的《欧里庇得斯的悲剧〈赫卡柏〉》[“Euripides’ Tragedy of *Hecuba*”, *TAPA* 83（1952）120—129]，A. W. H. Adkins的《欧里庇得斯的〈赫卡柏〉和〈癫狂的赫拉克勒斯〉中基本的希腊价值》[“Basic Greek Values in Euripides’ *Hecuba* and *Hercules Furens*”, *CQ* NS 16（1966）193—219]，W. Arrowsmith的《古希腊悲剧》第六卷（*Greek Tragedies* VI, ed. D. Grene and R. Lattimore, New York 1958, 84—89），D. J. Conacher的《欧里庇得斯的戏剧》（*Euripidean Drama*, Toronto 1967, 146—165），S. G. Daitz的《欧里庇得斯的〈赫卡柏〉中自由与奴役的概念》[“Concepts of Freedom and Slavery in Euripides’ *Hecuba*”, *Hermes* 99（1971）217—226]，G. M. A. Grube的《欧里庇得斯的戏剧》（*The Drama of Euripides*, London 1941, 93—97、214—228），F. Heinimann的《律法与本性》（*Nomos and Phusis*, Basel 1945, 121—122），G. M. Kirkwood的《赫卡柏与律法》[“Hecuba and Nomos”, *TAPA* 78（1947）61—68]，H. D. F. Kitto的《古希腊悲剧》（*Greek Tragedy*, London 1936, 216—223），A. Lesky的《欧里庇得斯那里的心理学》（“Psychologie bei Euripides”, in Fondation Hardt, *Entretiens sur l’Antiquité Classique* VI, Geneva 1958, 123—157），G. Méautis的《不为人知的古希腊神话》（*Mythes inconnus de la Grèce amtique*, Paris 1944, 95—130），G. Norwood的《古希腊悲剧》（*Greek Tragedy*, London 1929, 215—219），L. Pearson的《古希腊的大众伦理》（*Popular Ethics in Ancient Greece*, Stanford 1962,144ff.），M. Pohlenz的《古希腊悲剧》（*Die Griechische Tragödie*, Göttingen 1954, 277—284），K. Reckford的《欧里庇得斯的〈赫卡柏〉中去道德化的概念》（“Concepts of Demoralization in Euripides’ *Hecuba*”，即将发表），F. Solmsen的《欧里庇得斯戏剧中对人的描绘》（*Die Darstellung des Menschen im Drama des Euripides*, Basel 1947, 73—84）。在这里我提出了我自己的更加直截了当的翻译，一方面是为了更加照顾字面含义，另一方面是因为，在某些关键的段落上，Arrowsmith的翻译在我看来并没有抓住这个文本精确的伦理强调。（例如在799行及以下，在那里，Arrowsmith在交流中告诉我说，他现在会支持与我的翻译相类似的翻译。）
2. 明显的是，这个幽灵并不像它向我们揭示出来的那具破碎的尸体，而是保留了那个活生生的男孩的面貌，没有腐烂或伤口。它从空中飘浮而来，那种通常只是为神灵才保留的特权，不会使我们一开始就想到一个已经死去的人。（波吕多罗斯用这个事实来说明他在空中的飘浮：因为他没有被埋葬，因此幽灵就使他盘旋在空中，在他死去的地方随风飘浮。）关于“从空中进入”这个说法，参见O. Taplin的《行动中的古希腊悲剧》（*Greek Tragedy in Action*, Berkeley 1978，12，186n.20），W. Barrett的《欧里庇得斯：希波吕托斯》（*Euripides: Hippolytus*, Oxford 1964 at line 1283）。

3. 参见《地狱篇》第三十卷第16—18行：

Ecuba trista, misera e cattiva
poscia che vide Polissena morta
e del suo Polidoro in su la riva
del mar si fu la dolorosa accorta,
forsennata latrò sì come cane;
tanto il dolor le fé la mente torta.

在看到波吕克塞娜死后，赫卡柏无比悲哀、可怜和无助，
痛苦地发现她的波吕多罗斯躺在海滩上，
精神错乱，就像一只狗狂叫；悲伤使她的心灵扭曲。

值得注意的是，除了Allan Mandelbaum的新译本外，所有其他现代的英语翻译都削弱了“fé la mente torta”这个说法的力量，用“心胸绞痛”这种更加无
504 伤大雅的说法来翻译它。

4. Herman的1831年版（柏林版）的序言不仅很有影响，而且也富有特色。（我只能查找到他的第一版即1806年在莱比锡出版的版本，这个版本没有这个序言，因此我是从Matthaei的文章中引用这些评论的。）他写道，这部戏剧中的事件不是“悲剧性的事件”，而是“没有比这更可憎的”。它们只是在那些最低级的观众那里才会激发悲剧感：“如果不是最低贱的人就不会被激起悲剧感，在他们糟糕的眼神里总是会看到那种翻涌的恐惧与痛苦。”Matthaei也指出，《赫卡柏》是Racine并没有在其版本的边缘加上评注的三部古希腊悲剧中的一部。有些20世纪的学者例如Norwood拒斥了这种说法，他写道：“这部戏剧，就其氛围和方法来说，都远远低于欧里庇得斯最好的著作。……这种感伤太粗糙了……不

足以使我们达到真正的悲剧，仅仅是触及了情节剧。”在评论了这种拒绝态度后，Ernst Abrahamson在写于1952年的一篇文章中提出了一个引人注目的历史判断：“有可能的是，过去二十年的恐怖经验必定使我们重新认识到这部伟大而有力的悲剧的意义。在我们的时代，我们已经目睹了数不清的男男女女被迫离开他们遭受毁坏和焚烧的家园，被囚禁起来，受到了各种最残暴、最声名狼藉的折磨；我们已经看到，只要厄运降临到他们头上，他们就受到了他们曾经称为朋友的那些人的背叛，被驱使到落魄和绝望的极限。”Grube在1941年提出了一些类似的说法（《欧里庇得斯的戏剧》第214页）。

5. 在三本最近论述欧里庇得斯戏剧的文集中，没有任何一部文集包含了一篇专门讨论《赫卡柏》的论文，这些文集是E. Segal所编辑的《欧里庇得斯》（*Euripides*, Englewood Cliffs, NJ 1968），E. Schwinge所编辑的《欧里庇得斯》[*Euripides*，出现在“研究之路”（Wege der Forschung, Darmstadt 1968）这个系列中，不过，这本文集重印了Lesky的文章，其中包含了对这部戏剧的一个简要讨论]，《欧里庇得斯》（*Euripides*, in the Fondation Hardt *Entretiens* VI, Geneva 1960, Lesky的文章原来就出现在那里）。最近出现的一本文集，T. F. Gould和C. J. Herington所编辑的《古希腊悲剧》同样忽视了这部戏剧，尽管这本文集基本上是讨论欧里庇得斯的。A. P. Burnett的《幸存下来的灾难：欧里庇得斯混合厄运的戏剧》（*Catastrophe Survived: Euripides' Plays of Mixed Reversal*, Oxford 1971） 和Cedric Whitman的《欧里庇得斯和神话的完整轮回》（*Euripides and the Full Circle of Myth*, Cambridge, MA 1974）是最近出版的两部论述欧里庇得斯的很有影响的著作，但甚至这两部著作也没有讨论这部戏剧。 在处理悲剧或者古希腊文学的一般性论著中，这部戏剧通常只是得到了很简要的处理。在注释1中提到的那些原材料中，对这部戏剧的重要性最有力的捍卫者包括Arrowsmith、Matthaei、Abrahamson和Reckford。

6. 因此，Herman属于深受康德影响的第一代学者，这看来并非偶然；当然，我们也应该记住，康德在很多方面是在表述一个已经很流行的伦理观点。

7. 参见第一章和插曲二。在我们对古希腊文学的这个解释中，我们现在可以把一个观察补充到我们对康德主义的评论中，这个观察就是：当Adkins决定如何解释一个古希腊文本的意义时，他所持有的那个康德式的信念——行动者无法控制的环境不可能产生**伦理**伤害——在他的决定中起到了一个调节性的作用，尤其参见他在《应得与责任》第357—358页中对西蒙尼德斯的斯科帕斯残篇的论述。

8. 虽然赫卡柏用来表示品格的那个词是“phusis”(这个词有时候与遗传本性的思想发生联系),她很清楚地表明她想到的主要是由习惯化和教育形成的“本性”。“phusis”仍然是用来表示这个概念唯一可得到的一般词语,而且在当时的其他文本中就是以这种方式被使用的。例如参见索福克勒斯的《菲罗克忒忒斯》第78、88、874、902行。因此她的见解就很接近普罗泰戈拉的演说的见解,参见第四章。关于“phusis”和“gennaios”(赫卡柏用来表示“高贵”的那个词,它意味着对一个稳定的本性或品格的忠诚),见我的《后果》第25—53页;
505 论述“phusis”的进一步文献,参见第四章注释30,尤其是Heinimann的《律法与本性》第89—109页。“charaktēr”这个词——其原来的意义是“与众不同的标志”或者“图章”——就我们所知是在这部戏剧中首次出现的,与波吕克塞娜的高贵相联系。
9. 参见Reckford的《概念》。在《特洛亚蒂斯》(*Troades*)第415行中对诸神的一个类似的看法被赋予赫卡柏:宙斯可能是“有朽者的理智”,而阿弗洛狄忒则是有朽者用来辩护他们的无节制行为的一个名字(第886、989行)。
10. 关于这个背景,参见Lloyd-Jones的《宙斯的正义》,他强调如下观念在古希腊人早期的道德思想中的连续重要性:存在着一个稳定的世界秩序,这个秩序最终会使这种冒犯受到正义的惩罚。Lloyd-Jones正确地观察到,对宇宙正义的这些早期信念是在这样一种形式中被持有的,以至于向普罗泰戈拉和德谟克利特的那种人类中心论概念的转变就变得“轻易和自然”,这样一种转变在许多方面比向一种柏拉图式理论的转变来得更加容易,因为宙斯的正义,即使不是人类中心论的,但至少是神人同形论的,在结构上类似于一个人类判官的判断。我们无须否认任何这样的说法,但我们可以观察到,一旦神灵的这种稳定的支持被取消了,行动者就有了各种新的道德可能性。在回应这些可能性时,柏拉图觉得自己必须寻求一种拯救生活的新技艺,因为简单地回到那种古老的神学是不可能预防这些可能性的。(Lloyd-Jones强调说,甚至那个古老的观念本身也使得行动者在面临偶然性时变得脆弱,而且是以柏拉图都发现不堪忍受的方式变得脆弱。我们也可以同意他的这一观点,例如参见他在第160页对冲突的评论以及我在第二章中对这些问题的进一步讨论。)
11. 尤其见G. Nagy的《最好的古希腊人》第182页及以下,有参考文献。关于这个概念的人类中心性,见Nagy的这本著作以及J. Redfield所写的导论(导论第12页)。其他的参考文献出现在第一章的注释中。就人类卓越和人类的kleos而论,对水的比喻的讨论,见G. Nagy的《古希腊度量与古印度度量的比较研究》(*Comparative Studies in Greek and Indic Meter*, Cambridge, MA 1974)第三章,以及我的《赫拉克利特那里的灵魂:第二部分》第160页及以下,在那里我论证说,赫拉克利特有一个人类中心论的伦理观点,或者说,有一个以物种为中心的伦理观点,按照那个观点,对每一种类型的存在者来说,只有在那个物种的持续需要和生活方式的情境中才可以对价值进行认识和判断。

12. 关于关系性的美德在早期道德观念中的作用,见A. A. Long在《荷马那里的道德规范和价值观念》中很好的论证。

13. 关于稳定性的一个相关要点,见第五章,原书第148—149页。

14. 关于5世纪伦理话语中对nomos—phusis的争论,尤其参见F. Heinimann的《律法与本性》, Guthrie的《智者》(即《古希腊哲学史》第三卷第一部分)第55—134页; M. Pohlenz的《律法与本性》["*Nomos und Phusis*", *Hermes* 81(1953)418—483], A. W. H. Adkins的《从多到一》(*From the Many to the One*, London 1970),第110—126页, Dover的《古希腊大众伦理》第74—95页和第256页及以下,以及我的《埃利亚的约定主义和斐洛劳斯论思想的条件》和《阿里斯托芬》,其中包含了文本参考和参考文献。论"本性",见第四章注释30中的参考文献。论"律法",亦见P. Chantraine的《古希腊语来源词典》第三卷(*Dictionnaire étymologique de la langue grecque* III, Paris 1974)中的有关词条,这位作者论证说,这个词最早的含义是"合乎规则、用处以及一般所谓的法则"。更加详细的研究见E. Laroche,《古希腊语Nem型词根的历史》(*Histoire de la racine *nem- en grec ancien*, Paris 1949)。Heinimann对"nomos"这个词在这个意义上的演变有一个很好的详细讨论(尤其是第59—85页),表明它最终是与"phusis"相对立,而不是与后者密切联系而被使用。在第121页及以下,他把《赫卡柏》作为这种演变的一个典型例子来加以讨论。

15. 这个争论的术语不完全是一致的。"本性(phusis)",先前是与植物比喻相联系,与对成长的强调相联系,与以人类为中心的价值的公共性质相联系,但逐渐演变为与"律法"相对立,与强调价值具有超越于人类持久性的那个观点发生联系;所以,仅仅从这两个词的出现中,我们并不完全清楚什么样的对比究竟要被建立起来。有趣的是,亚里士多德保留了"本性"这个词的那个更加传统的用法,把"美德在本性中存在"这个主张与如下思想联系起来:美德是人类的和"易变的",但不是任意的和肤浅的;他有时候用"律法"来表示那种肤浅地约定的东西或者一开始是任意的东西(《尼各马可伦理学》,1134b18—33)。 506

16. 我在《埃利亚的约定主义和斐洛劳斯论思想的条件》中讨论了对这个推理的

批评。

17. 参见Critias《残篇》88 B25；Anon. Iambl.《残篇》89。
18. 参见Laroche, *Histoire*各处。
19. 尤其见赫拉克利特《残篇》102、23；亚里士多德《尼各马可伦理学》第十卷第八章(这个部分在很多方面反映了早期文学传统的主题，尤其是针对该传统对诸神的描绘)。亦见我的《赫拉克利特那里的灵魂：第二部分》和Nagy的《最好的古希腊人》。
20. 对人类价值与人类生活方式之关系的有关哲学讨论，尤其见S. Cavell的《理性的主张：维特根斯坦、怀疑论、道德与悲剧》，尤其是第五章，以及H. Putnam的《理性、真理和历史》。其他的参考文献出现在我的《埃利亚的约定主义和斐洛劳斯论思想的条件》中。
21. 在荷马的社会中，对人际关系的信任对其发挥正常作用是本质的。我们可以毫不夸张地说，《伊利亚特》的情节就是围绕pistos hetairos(值得信赖的朋友)这个核心的伦理价值而展开的(参见第十八卷第235、460行，第十七卷第557行对帕特罗克洛斯的描述；这个说法在其他地方的出现，见第十五卷第437、331行，第十七卷第500、589行；《奥德赛》第十五卷第539行)。甚至敌人也从对方那里得到了誓言和盛情招待，而不需要满怀狐疑，正如阿基里斯和普里阿摩斯的关系特别清楚地表明的那样。因此，当这两部史诗描述了对这些人际关系的违背时，它们就产生了令人震惊的效应。亚里士多德强调说，对有关友谊和爱的信念持有一种信任的态度是非常重要的，见《尼各马可伦理学》1156b29,《优台谟伦理学》1237b12,《大伦理学》1208b24,《政治学》1313b2。
22. 现在这一点得到了普遍同意。W. Schmid对417的猜测很长时间以来就已经被拒斥了。
23. 有关修昔底德的一些问题在A. L. Edmunds的《修昔底德那里的机遇和智力》中得到了讨论(参见第四章)。Méautis，在前面提到的那部著作中，把这部戏剧与修昔底德对公元前415年在密卡利苏斯战争中色雷斯人的野蛮行为的观察联系起来。但这个联系犯了一个时代错误，此外，它反映了Méautis的这一观点：《赫卡柏》只是表达了对野蛮行为的一种谴责，对希腊人和野蛮人区分的一种辩护；在下面我们会批评这个观点。有一些进一步的材料处理了欧里庇得斯与那个时代的政治思想的联系，例如参见Solmsen的《思想实验》第二章，尤其是第56页及以下，以及J. H. Finley, Jr的《欧里庇得斯与修昔底德》(“Euripides and Thucydides”, *Three Studies on Thucydides*, Cambridge, MA

1967)；亦见Daitz的《概念》第219页，Abrahamson的《欧里庇得斯的悲剧》第121页及以下。

24. 修昔底德《伯罗奔尼撒战争史》III. 82—83。我基本上是遵循Gomme在《对修昔底德的历史评论》第二卷中对这个格外困难的段落的翻译。除了两个改变外，我对他的翻译做出的所有改变都只是风格上的微小变化。(1)在第二句话中，我接受了J. Wilson在《语词的习惯性意义是否受到了改变？——对修昔底德〈伯罗奔尼撒战争史〉III. 82. 4的一个注释》["'The Customary Meanings of Words Were Changed' — or Were They？ A Note on Thucydides III. 82. 4", *CQ NS* 32(1982)18—20]中所提出的强有力的论证。被改变的并不是这些伦理术语的**意义**，而是它们对行动类型的应用。(2)在以"开放……"开始的那个重要语句中，我不接受Gomme的看法，而是接受了霍布斯的看法。对于用metechei来构造的语句的力量，学者们还没有达成一致共识。这个语句在字面上可以被理解为："开放(坦率)，分有(metechei)它的首先就是那些高贵的人……" 507
有些译者这样来理解"metechei"的意义："开放，高贵的品格就是它的最大部分……"然而，如果我们比较1. 84. 3中那个相应的造句，那么我们就有了很强的理由遵循霍布斯的解释，因为在那里，这样一个语句必定是被用来说明斯巴达人是如何获得他们的勇气的，即通过表明勇气的最大部分就是一种羞耻感，而羞耻感的最大部分就是已经被说成是斯巴达法律产物的那种自我克制和遵纪守法(而不是通过把遵纪守法追溯到勇气来说明它的产生)。不管怎样，霍布斯的解释显然得出了更加合理的理解：把高尚品格说成是信任的一个部分是一种很古怪的说法，而把信任说成是高尚品格的一个主要部分，不仅具有完全合理的意义，而且也得到了这段话的其余部分的支持。这也符合柏拉图用metechei来构造的某些语句。被分有的那个东西(即形式)就是说明了那些进行分有的事物的特征。"正义，分享它的首先就是苏格拉底"这句话，并非意味着苏格拉底就是正义本质的最大部分，而显然是意味着正义就是苏格拉底品格的一个主要部分。亦见《会饮篇》211A，在那里"一张脸、一双手或者身体所分有的任何其他东西"，不是指身体是一张脸和一双手的一个部分，而是指这些东西是身体的部分。

25. 柏拉图笔下的塞拉西马柯曾经被问及这个问题：按照他的观点，正义是否是一个恶？在回答这个问题时，他说，正义是"一种很高尚的天性忠厚"(panu gennaia euētheia, 348C12)：正义就是当你依然信任共同体的协议，在你发现那些协议被自私的人用来保障自己的权力之前，你保持你品格的那种方式。

26. 我还没有在文献中发现这一点。Conacher在《欧里庇得斯的戏剧》(*Euripidean Drama*, Toronto 1967)第13页中强调说,波吕克塞娜与赫卡柏之间的对比是很重要的。但他使得这个对比仅仅成为一个品格或者个性的对比:赫卡柏变得腐化,正是因为她不如她女儿的品格那么高贵。这种探讨已经受到了Abrahamson的批评(同前引文章,第128—129页),因为它既忽视了波吕克塞娜自己对腐化的恐惧,又忽视了这部戏剧对赫卡柏的一系列发现的累积分量的强调。亦见Reckford的《概念》注释6,其中提到了进一步的文献。
27. 关于眼睛与信任之间的联系,参见(仅仅是提到一些例子)品达的《复仇女神》第八卷第40—44行(参照第一章),埃斯库罗斯《阿伽门农》第795行及以下和《祭酒人》第671行,索福克勒斯《菲罗克忒忒斯》第110行,欧里庇得斯《伊翁》。W. Deonna在《眼睛的象征意义》中对眼睛及其在希腊文化和有关文化中的象征意义做出了充分的讨论;亦见第三章,原书第70—72、76—79页和注释63。
28. 参照Talthybius在他遭遇到可耻事情之前就要死去的愿望(第497—498行);参见Abrahamson的《欧里庇得斯的悲剧〈赫卡柏〉》第129页。
29. Reckford在前面引用的那篇文章的注释1中全面回顾了对这个问题的争论。近来一些学者对这部戏剧的结构提出坦率直言的批评,其中包括Kitto的《古希腊悲剧》第215、268—269页,Norwood的《古希腊悲剧》;有些批评者相信,在这两个部分之间的唯一实质性的联系是:它们都呈现了赫卡柏所经受的苦难,而正是那些苦难导致了她的堕落(参见Grube的《欧里庇得斯的戏剧》和Pohlenz的《古希腊悲剧》)。Matthaei在前面提到的那部著作中论证说,这个联系不足以使得这部戏剧统一起来;但她对这个联系的看法——在基于律法的公共正义要求和个人的私人正义要求之间,是有一个对比的——似乎不能说明这个堕落本身。
30. 第7、19、26、82、710、715、774、781、790、794、852、890、1216、1235行和第1247行。
31. 第1227行和第794行。
32. 关于"客人兼朋友"(xenia)作为一个根本的关系性价值的重要性,比如参见《伊利亚特》第六卷第119行及以下,《奥德赛》第九卷第370行(在那里,巨人对客人朋友的违背表明他们在道德上完全迟钝,与人类具有一定的距离,比较第八章)。这个问题在H. Bolkestein的《基督教兴起之前古代的善行与贫民救济》(*Wohltätigkeit und Armenpflege im vorchristlichen Altertum*, Utrecht 1939)第79—94、111、118—132页和第214—231页中得到了很好的讨论。亦见M. I.

508

Finley的《奥德修斯的世界》(*The World of Odysseus*, London 1956), M. Nilsson的《古希腊宗教史》(*Gesch. der gr. Relig.* , Erster Bd., Munich 1955)第417—423页, E. Benveniste的《印欧语系词汇》第一卷第87页及以下和第341页及以下。论巨人, 见G. Kirk的《神话在古希腊文化和其他文化中的意义和功能》第162页及以下。

33. 在《赫卡柏》中, 担当重要角色的另一对男女是海伦和帕里斯。帕里斯的罪行, 尽管也涉及违背了客人兼朋友, 并对这座城市的毁灭负责, 却可以是在没有道德瓦解的情况下来面对的, 部分原因在于他那种爱欲的动机使得他的罪行变得可以预测, 而且几乎变得不可避免。

34. 荷马认为对这具尸体予以恰当的处理是重要的, 对这个观点以及有关观点的讨论, 见我的《赫拉克利特著作中的灵魂》, 其中包含了对有关文献的参考。

35. Kirkwood在《赫卡柏与律法》中论证说, 赫卡柏只是在后来才发生道德转变的, 也就是说, 在阿伽门农拒绝帮助她的时候。然而, 他把两种道德转变区分开来: (1)从对具有约束作用的协定的信任, 转变为一种不相信任何东西, 孤独地寻求复仇的行为; (2)从其他人在这个复仇计划中能够被用作工具性手段这个信念, 转变到自己独立行动是最好的这个信念。第二个转变是在与阿伽门农的那一场中发生的; 它似乎远远没有在这里发生的转变来得重要。在这里, 赫卡柏认识到, 一切都是"不可依赖的"; 在这里, 她决定她必须用新律法来取代那个古老的律法; 在这里, 她宣告了支配她的复仇精神的那个意图。Conacher在《欧里庇得斯的戏剧》第20页, Pohlenz在《古希腊悲剧》第291页以及Grube在《欧里庇得斯的戏剧》第222页中, 都把这个关键的转变定位在对谋杀者的发现中; Méautis在《不为人知的古希腊神话》第116页中同意这个观点并补充说, 那个"最终的留置权"是在与阿伽门农的那一场中破碎的。

36. 这个回答的模糊性是无法在翻译中传达出来的。"apiston"可能具有"不被信任的"、"不被期待的"、"难以置信的"的含义, 也可能具有"不能信赖的"、"靠不住的"的含义。所以, 赫卡柏就用一个词来表示她的惊讶和她那种受到背叛的感受。

37. 通过使用各种与"运气"发生联系的词, 这部戏剧不同寻常地包含了对那个词的大量提及, 尤其见第488—491行, 在那里Talthybius对他见到的混乱的回答是, 他想知道这个有朽的存在者的世界是否只是接受"运气"的管制。参见Reckford的《概念》注释9。

38. 请注意, "deinon"这个词在这里被用来指示赫卡柏的转变: 我们并没有发现好品格的那种惊人的(deinon)稳固性，而是有了一种新的、更加可怕的惊奇：这个女人明显地受到不公正对待(694行)。

39. Reckford在《概念》注释7(有参考文献)中强调说，这个双关语，作为赫卡柏道德转变的一个标志，是非常重要的。关于这个双关语的来源，参见Laroche的《历史》以及Chantraine的《古希腊语来源词典》第三卷中关于nomos的词条。
40. 参见以上注释27。
41. 这个思想在柏拉图的《阿尔西比亚德斯前篇》132C—133B中得到了显著发展，那里说道，正如自我观看要求在旁观者的korē中看到一个人自己的映像一样，对灵魂的自我认识也要求认识到另一个人的灵魂。
42. 参见本章，原书第416—417页中对埃斯库罗斯的《欧墨尼得斯》的讨论。
43. 欧里庇得斯因为这个兴趣而在古代变得声名狼藉，阿里斯托芬在《蛙》和《地母节妇女》中用模仿来嘲弄这个兴趣，在那两部喜剧中，欧里庇得斯化装为一位妇女，以便能够进入受到限制的宗教仪式。

509 44. 第886行及以下。首先是形成了埃斯库罗斯的《乞援人》基础的那个故事：丹尼亚斯的女儿们因为被迫与埃及国王埃古普托斯的儿子们结婚而愤怒，所以就在新婚之夜把她们的丈夫杀死。其次，利姆诺斯岛的女人，因为不知何故冒犯了阿弗洛狄忒，就受到了一种令人恶心的气味的折磨，那种气味使她们的丈夫忽视了她们的存在，而喜欢外来的情妇。因此，在激怒之下，她们就把所有的男人都杀死了。这两个神话好像都以对立的方式表示了一位妇女对身体自足性的渴望，而这种渴望是在对一种信任的处境的报复性违反中被表达出来的。
45. 虽然这些女人好像是在协作行动，但对她们的对话和合唱队歌词的仔细考察表明，其实在这里并没有真正的合作或互惠，而只有相类似的复仇计划。合唱队的歌词，尽管有时候因为与剧情相脱节而受到批评(参见Kitto的《古希腊悲剧》第217页)，却用那种完全个人化的和唯我论的气质揭示了这一点：每位妇女，作为一个“自我”，是如何痴迷于她们个人的复仇梦想的。在这个复仇计划的开幕式之后，紧接着就是她们的那段最有唯我论色彩的歌词(第905—922行)，在那段歌词中，每个女人都记住自己要“盯住深藏在金色镜子中的无限光芒”。现在，一面镜子取代了另一个人的眼睛(参见埃斯库罗斯《阿伽门农》第839行)。虽然她们一起唱歌和表演，但每个人的视觉都是个人的。
46. 参见H. Scholz的《古希腊—罗马魔术和宗教中的狗》(*Der Hund in der griechish-römischen Magie und Religion*, Berlin 1937)，尤其是第7页及以下，Méautis的《不为人知的古希腊神话》，Nagy的《最好的古希腊人》第312—313页，J. Redfield

的《伊利亚特中的本性与文化》(*Nature and Culture in the Iliad*, Chicago 1975)第193—202页,以及R. Parker的《毒气》(*Miasma*, Oxford 1983)。

47. 对这个演说的讨论,见Conacher的《欧里庇得斯的戏剧》第22页,Grube的《欧里庇得斯的戏剧》第223—224页,Méautis的《不为人知的古希腊神话》第127—128页。
48. 见Conacher的《欧里庇得斯的戏剧》第23—24页(他比较了埃斯库罗斯《阿伽门农》第385行),Solmsen的《思想实验》第56—57页,他很奇怪地提到一个"乌托邦的思想",一个"理性的实验"。
49. 参见《祭酒人》第924、1054行;《欧墨尼得斯》第132、246行和第253—254行;亦见第106、111、117行及以下、130、326行和第412行;虽然它们也具有其他动物的特性(参照第48行,在那里它们被比喻为蛇发女怪)。
50. 回想一下善意和祝愿在亚里士多德友爱中的重要性。
51. 比较第八章和第十二章对巨人和其他孤独的存在者的讨论。
52. 俄狄浦斯的失明是自己招致的,是一个洞察和承认的行为;他通过痛苦并在痛苦中认识到了这个行为的真正含义。波吕梅斯托也是这个世界的牺牲者;在他的情形中,正如在赫卡柏的情形中一样,牺牲切割得更深;双方都没有尊严,得不到承认。
53. 比较C. Segal在《塞涅卡悲剧中边界的违反和自我的蓝图》["Boundary Violation and Landscape of the Self in Senecan Tragedy", *Antike und Abendland* 29 (1983) 172—187]中对身体暴行在塞涅卡那里的意义的很好的讨论。
54. 在这里我主要想起尼采的《道德的谱系》。在《查拉图斯特拉如是说》中,尼采的见解更加复杂。在后面那部著作中,好像所有人都需要从复仇中被释放出来;只有通过接受永恒轮回的思想,因此接受人类存在的世俗性、暂时性和不可靠性的思想,才能做到这一点。
55. Abrahamson在《欧里庇得斯的悲剧〈赫卡柏〉》第128—129页中正确地强调说,赫卡柏的堕落并非一种特别软弱的性格的过错;实际上,在这种可怕的情况下,甚至她的选择也可以作为正确的选择而得到捍卫。
56. "在你生活的地方,把客人兼朋友杀死也许是一件更容易的事情。但对我们希腊人来说,这无论如何都是一件可耻的事情。"比较奥德修斯在第328—331行对野蛮人的说法;针对野蛮人对其死者的尊重,他提出了一些评论,而这些评论会受到这样一群听众的拒斥,在那些听众那里,核心的诗歌文本就是一群野蛮人决定要尊重其死者的故事。这部戏剧也不支持他的指责:它以赫卡柏启

510 程去埋葬她死去的孩子而告终。对阿伽门农来说，他所说的差别在文学或神话中的任何地方都得不到支持：只有非人的巨人才轻易地背叛客人兼朋友。对阿伽门农的讨论，亦见Matthaei的《古希腊悲剧研究》第150页，以及Grube的《欧里庇得斯的戏剧》第222页，后者很奇怪地把这个行为称为“人们乐意的行为”。

57. 这个新的慎思和写作的图景，就它与自己的诗歌传统的关系而论，显然是古老的：比较索福克勒斯的《菲罗克忒忒斯》的结尾，在那里，从那个岛上返回的战士们将被一条船护送回来，而这条船是由“天命、朋友的判断以及使得这一切都归于圆满的战无不胜的神灵”来运送的。（参见我的《后果》。）

58. 在我对本章的写作中，我很感谢Kenneth Reckford，他首先力劝我把对《赫卡柏》的讨论包含在本书中；我也感谢哈佛大学和爱荷华大学的听众与我进行的一
511 个最有帮助的讨论；感谢Ruth Padel和Harvey Yunis格外有益的评论。

参考文献

注释中经常引用的文献只列出作者的姓氏和标题缩写，具体缩写形式列在相关条目结尾的方括号内。

Abrahamson, E. L. 'Euripides' tragedy of Hecuba', *TAPA* 83 (1952), 120—129.

Ackrill, J. L. 'Aristotle's distinction between energeia and kinesis', in R. Bambrough, ed., *New Essays on Plato and Aristotle*. London, 1965, pp. 121—141.

'In defense of Platonic division', in O. P. Wood and G. Pitcher, eds., *Ryle*. Garden City, 1970, pp. 373—392.

'Aristotle on "Good" and the Categories', in S. M. Stern, *et al.*, eds., *Islamic Philosophy and the Classical Tradition: Essays presented to Richard Walzer*. Oxford, 1972. pp. 17—25. Repr. in J. Barnes, ed., *Articles*, Vol. II, pp. 17—24.

'Aristotle on *Eudaimonia*', *PBA* 60 (1974), 339—359. Repr. in A. O. Rorty, ed., *Essays*, pp. 15—34.

'Aristotle on action', *Mind* 87 (1978), 595—601. Repr. in Rorty, *Essays*, pp. 93—103.

Adam, J., ed. *The Republic of Plato*, 2 vols. Cambridge, 1902, repr. 1969.

Adkins, A. W. H. *Merit and Responsibility*. Oxford, 1960. [*Merit*]

'Basic Greek values in Euripides' *Hecuba* and *Hercules Furens*', *CQ* NS 16 (1966), 193—219.

From the Many to the One. London, 1970.

'Arete, Techne, democracy and sophists: *Protagoras* 316B—328D', *JHS* 93 (1973), 3—12.

Allan, D. J, ‘*Magna Moralia* and *Nicomachean Ethics*’, *JHS* 77 (1957), 7—11.

Allen, R. E., ed. *Studies in Plato’s Metaphysics*. London, 1965.

Annas, J. *Aristotle’s Metaphysics M and N*. Clarendon Aristotle Series. Oxford, 1976.

‘Plato and Aristotle on friendship and altruism’, *Mind* 86 (1977), 532—554.

‘Truth and knowledge’, in M. Schofield, *et al*., eds., *Doubt and Dogmatism*, pp. 84—104.

An Introduction to Plato’s Republic. Oxford, 1981.

Anton, J. ‘Some Dionysian references in the Platonic dialogues’, *CJ* 58 (1962—1963), 49—55.

Anton, J. and Kustas, G., eds. *Essays in Ancient Greek Philosophy*. Albany, NY, 1972.

Arrowsmith, W. Introduction to and translation of Euripides’ *Hecuba*, in D. Grene and R. Lattimore, *Greek Tragedies*. Vol. III, Chicago, 1959, pp. 488—554.

Austin, J. L. ‘Agathon and Eudaimonia in the ethics of Aristotle’, in Austin, *Philosophical Papers*. Oxford, 1961, pp. 1—31. Repr. in J. M. E. Moravcsik, ed., *Aristotle*, pp. 261—296.

Philosophical Papers. Oxford, 1961.

Bacon, H. ‘Socrates crowned’, *Virginia Quarterly Review* 35 (1959), 415—430.

Bahmueller, C. *The National Charity Company: Jeremy Bentham’s Silent Revolution*. Berkeley, 1981.

Bambrough, R., ed. *New Essays on Plato and Aristotle*. London, 1965.

Barnes, J., Schofield, M. and Sorabji, R., eds. *Articles on Aristotle*. Vol. I, London, 1975;
512 Vol. II, 1977; Vol. III, 1979; Vol. IV, 1979. [*Articles*]

Barrett, W., ed. *Euripides: Hippolytus*. Oxford, 1964.

Beauvoir, S. de. *The Second Sex* (1949), trans. H. M. Parshley. New York, 1952.

Beazley, J. ‘Some Attic vases in the Cyprus Museum’, *PBA* 33 (1974), 195—244.

Becker, O. *Zwei Untersuchungen zur antiken Logik, Klassisch-philologische Studien* 17 (1957), 20ff.

Benardete, S. G. ‘Two notes on Aeschylus *Septem*’, *Wiener Studien* I (1967), 22—30; 2 (1968), 5—17.

‘A reading of Sophocles’ *Antigone*’, *Interpretation* 4 (1975), 148—196; 5 (1975), 1—55, 148—184.

Benveniste, E. *Noms d’agent et noms d’action en indo-européen*. Paris, 1948.

Le Vocabulaire des institutions indo-européennes, 2 vols. Paris, 1969.

Berlin, I. *Concepts and Categories*. New York, 1978.

Bernays, J. *Grundzüge der verlorenèn Abhandlung des Aristoteles über Wirkung der Tragödie*. Breslau, 1857; repr. Hildesheim, 1970.

Berti, E., ed. *Aristotle on Science: the 'Posterior Analytics'*, Proceedings of the 8th Symposium Aristotellicum. Padua, 1981.

Boeder, H., 'Der frühgriechische Wortgebrauch von Logos und Alētheia', *Archiv für Begriffsgeschichte* 4(1959), 81—112.

Bolkestein, H. *Wohltätigkeit und Armenpflege im vorchristlichen Altertum*. Utrecht, 1939.

Bolton, R. 'Essentialism and semantic theory in Aristotle', *PR* 85(1976), 514—555.

Bowersock,G. W., Burkert, W. and Putnam, M. C. J., eds. *Arktouros: Hellenic Studies Presented to Bernard M. W. Knox*. Berlin/New York, 1979.

Bowra, C. M. 'Plato's epigram on Dion's death', *AJP* 59(1938), 394—404.

Bradley, A. C. 'Hegel's theory of tragedy', *Oxford Lectures on Poetry*. London, 1950, pp. 69—95. Repr. in A. and H. Paolucci, eds., *Hegel on Tragedy*, pp. 367—388.

Brandt, R. B. 'The morality and rationality of suicide', in J. Rachels, ed., *Moral Problems*. New York, 1975, pp. 363—387.

Brandwood, L. *A Concordance to Plato*. Leeds, 1976.

Bremer, J. M. *Hamartia*. Amsterdam, 1969.

Bultmann, R. 'Polis und Hades in der *Antigone* des Sophokles', in H. Diller, ed., *Sophokles*. Wege der Forschung. Darmstadt, 1967, pp. 311—324.

Bundy, E. *Studia Pindarica*, Berkeley, 1962.

Burger, R. *Plato's Phaedrus*, Birmingham, 1980.

Buriks, A. A. *Peri Tuches: De ontwikkeling van het begrip tuche tot aan de Romeinse tijd, hoofdzakelijk in de philosophie*. Leiden, 1955.

Burkert, W. 'Greek tragedy and sacrificial ritual', *GRBS* 7(1966), 87—121.

Homo Necans: Interpretationen altgriechischer Opferriten und Mythen. Berlin, 1972.

Burnett, A. P. *Catastrophe Survived: Euripides' Plays of Mixed Reversal*. Oxford, 1971.

Burnyeat, M. F. 'Protagoras and self-refutation in Plato's *Theaetetus*', *PR* 85(1976), 172—195.

'Protagoras and self-refutation in later Greek philosophy', *PR* 85(1976), 44—69.

'The virtues of Plato', *NYRB* 26(1979), 56—60.

'Can the skeptic live his skepticism?', in M. Schofield, *et al.*, eds., *Doubt and Dogmatism*, pp. 20—53.

'Aristotle on learning to be good', in Rorty, *Essays*, pp. 69—92.

'Aristotle on understanding knowledge', in E. Berti, ed., *Aristotle on Science*. Padua, 1981, pp. 97—139.

Review of M. C. Nussbaum, *Aristotle's De Motu Animalium, AGP* 63 (1981), 184—189.

Bury, R. G., ed. *The Symposium of Plato*. Cambridge, 1932; repr. 1966.

Camerer, L. *Praktische Klugheit bei Herodot: Untersuchungen zu den Beriffen Mechane,*
513 *Techne, Sophie*. Tübingen, 1965.

Cavell, S. *The Claim of Reason: Wittgenstein, Skepticism, Morality, and Tragedy*. New York, 1979.

Chantraine, P. *Dictionnaire étymologique de la langue grecque*, Vol. III. Paris, 1974.

Clay, D. 'The Tragic and comic poet of the *Symposium*', *Arion* NS 2 (1975), 238—261.

'Socrates' Prayer to Pan', in G. W. Bowersock, W. Burkert and M. C. J. Putnam, eds., *Arktouros*. Berlin/New York, 1979, pp. 345—353.

Cole, A. T. *Democritus and the Sources of Greek Anthropology*. New Haven, 1967.

'The relativism of Protagoras', *YCS* 22 (1972), 19—46.

Conacher, D. J. *Euripidean Drama*. Toronto, 1967.

Connor, W. R. *The New Politicians of Fifth-Century Athens*. Princeton, 1971.

Cooper, J. M. '*The Magna Moralia* and Aristotle's moral philosophy', *AJP* 94 (1973), 327—349.

Reason and Human Good in Aristotle. Cambridge, MA, 1975.

'Aristotle on friendship', in Rorty, *Essays*, pp. 301—340.

Review of A. Kenny, *The Aristotelian Ethics*, in *Nous* 15: I (1981), 381—392.

'Hypothetical necessity', forthcoming in A. Gotthelf, ed., Festschrift for David Balme. Pittsburgh, 1986.

Cornford, F. M. *Principium Sapientiae*. Cambridge, 1952.

Crombie, I. M. *An Examination of Plato's Doctrines*. Vol. I, London, 1962; Vol. II, 1963.

Cross, R. C. and Woozley, A. D. *Plato's Republic: a Philosophical Commentary*. London, 1964.

Crotty, K. *Song and Action: the Victory Odes of Pindar*. Baltimore, 1982.

Daitz, S. G. 'Concepts of freedom and slavery in Euripide' *Hecuba*', *Hermes* 99 (1971), 217—226.

ed. *Euripidis Hecuba*. Teubner edition. Leipzig, 1973.

Davidson, A. *Religion and the Fanaticism of Reason*. Ph.D. thesis, Harvard University, 1982.

Davidson, D. 'How is weakness of will possible?', in J. Feinberg, ed., *Moral Concepts*. Oxford, 1969, pp. 93—113.

Dawe, R. D. 'The end of the *Seven Against Thebes*', *CQ* NS 17 (1967), 16—28.

'Some reflections on atē and hamartia', *HSCP* 72 (1967), 89—123.

Denniston, J. D. and Page, D., eds. *Aeschylus: Agamemnon*. Oxford, 1957.

Deonna, W. *Le Symbolisme de l'oeil*. Paris, 1965.

Derrida, J. 'La pharmacie de Platon', *Tel Quel* 32, 33 (1968), 3—48. Repr. in Derrida, *La Dissémination*, Paris, 1972, pp. 69—197.

Detienne, M. *Les Maîtres de vérité en grèce ancienne*. Paris, 1967.

Les Jardins d'Adonis. Paris, 1972.

Detienne, M. and Vernant, J.-P. *Les Ruses de l'intelligence: la Mètis des grecs*. Paris, 1974. [*Mètis*]

eds. *La Cuisine du sacrifice en pays grec*. Paris, 1979.

Diamond, C. 'Having a rough story about what moral philosophy is', *NLH* 15 (1983), 155—170.

Dirlmeier, F., trans. *Aristotle: Magna Moralia*. Berlin, 1958.

Dodds, E. R. *The Greeks and the Irrational*. Berkeley, 1951. [*GI*]

trans., and comm. *Plato: Gorgias*. Oxford, 1959.

'Morals and politics in the *Oresteia*', *PCPS* 186 NS 6 (1960), 19—31.

Repr. in Dodds, *The Ancient Concept of Progress*, pp. 45—63.

'On misunderstaning the *Oedipus Rex*', *GR* 13 (1966), 37—49.

The Ancient Concept of Progress and Other Essays on Greek Literature and Belief. Oxford, 1973. [*ACP*] 514

Donagan, A. 'Consistency in rationalist moral systems', *JP* 81 (1984), 291—309.

Dorter, K. 'The significance of the speeches in Plato's *Symposium*', *Philosophy and Rhetoric* 2 (1969), 215—234.

Dover, K. J. 'The date of Plato's *Symposium*', *Phronesis* 10 (1965), 2—20.

'Aristophanes' speech in Plato's *Symposium*', *JHS* 86(1966), 41—50.

Lysias and the Corpus Lysiacum. Berkeley, 1968.

Aristophanic Comedy. London, 1972.

'Some neglected aspects of Agamemnon's dilemma', *JHS* 93(1973), 58—69.

Greek Popular Morality. Oxford, 1974. [*GPM*]

Greek Homosexuality. Cambridge, MA, 1978. [*GH*]

'The portrayal of moral evaluation in Greek poetry', *JHS* 103(1983), 35—48.

Düring, I. *Aristotle in the Ancient Biographical Tradition*. Göteborg, 1957.

Aristoteles. Heidelberg, 1966.

Düring, I. and Owen, G. E. L., eds. *Aristotle and Plato in the Mid-Fourth Century*. Proceedings of the 1st Symposium Aristotelicum. Göteborg, 1960.

Edelstein, L. *The Idea of Progress in Classical Antiquity*. Baltimore, 1967.

Edmunds, A. L. *Chance and Intelligence in Thucydides*. Cambridge, MA, 1975.

Edwards, M. 'Agamemnon's decision: freedom and folly in Aeschylus' *Agamemnon*', *California Studies in Classical Antiquity* 10(1977), 17—38.

Ellendt, F. T. *Lexicon Sophocleum*. Berlin, 1872.

Else, G. *Aristotle's Poetics: the Argument*. Cambridge, MA, 1967.

Engberg-Pederson, T. 'More on Aristotelian epagoge', *Phronesis* 24(1979), 301—319.

Erbse, H. 'Zur Exodos der Sieben', in J. L. Heller, ed., *Serta Turyniana*. Urbana, 1974, pp. 169—198.

Farnell, L. R., trans. and comm. *The Works of Pindar*. London, 1932.

Finley, Jr., J. H. 'Euripides and Thucydides', in J. H. Finley, *Three Studies on Thucydides*. Cambridge, MA, 1967.

Finley, M. I. *The World of Odysseus*. London, 1956.

Flashar, H. 'The critique of Plato's ideas in Aristotle's *Ethics*', trans. in Barnes, *Articles* II, 1—16.

Foot, P. 'Moral realism and moral dilemma', *JP* 80(1983), 379--398.

Fraassen, B. van. 'Values and the heart's command', *JP* 70(1973), 15—19.

Fraenkel. ed. *Aeschylus, Agamemnon*, 3 vols. Oxford, 1950.

'Schluss des *Sieben gegen Theben*', *Mus Helv* 21(1964), 58—64.

Frede, M. 'Des Skeptikers Meinungen', *Neue Hefte für Philosophie* 15/16(1979), 102—129.

'The original notion of cause', in M. Schofield, *et al*., eds., *Doubt and Dogmatism*, pp. 217—249.

Freud, S. *Totem and Taboo: Some Points of Agreement Between the Mental Lives of Savages and Neurotics* (1912—1913), trans. J. Strachey. New York, 1950.

Frischer, B. *The Sculpted Word: Epicureanism and Philosophical Recruitment in Ancient Greece*. Berkeley, 1982.

Fritz, K. von. 'The discovery of incommensurability by Hippasus of Metapontum', in D. Furley and R. E. Allen, eds., *Studies in Presocratic Philosophy*. Vol. I, London, 1970, pp. 382—442.

Furley, D. and Allen, R. E., eds. *Studies in Presocratic Philosophy*, 2 vols. London, 1970.

Furley, D. 'Self movers', in G. E. R. Lloyd and G. E. L. Owen, eds., *Aristotle on Mind and the Senses*. Proceedings of the 7th Symposium Aristotelicum. Cambridge, 1978, pp. 165—180.

Gadamer, H. G. *Platons dialektische Ethik*. Hamburg, 1968. 515

Gagarin, M. *Aeschylean Drama*. Berkeley, 1976.

'Socrates' hubris and Alcibiades' failure', *Phoenix* 31 (1977), 22—37.

Geach, P. 'Plato's *Euthyphro*', *The Monist* 50 (1966), 369—382.

Gibson, M. 'Rationality', *PPA* 6 (1977), 193—225.

Goheen, R. F. *The Imagery of Sophocles' Antigone*. Princeton, 1951.

Golden, L. 'Catharsis', *TAPA* 93 (1962), 51—60.

trans. *Aristotle's Poetics*. Englewood Cliffs, NJ, 1968.

'Mimesis and catharsis', *CP* 64 (1969), 45—53.

Goldschmidt, V. *Les Dialogues de Platon*. Paris, 1947, 2nd ed., 1963.

Gomme, A. W. *A Historical Commentary on Thucydides*. Vol. I, Oxford, 1945; Vol. II and Vol. III, 1956.

Gomme, A. W., Dover, K. J. and Andrewes, A. A *Historical Commentary on Thucydides*. Vol. IV, Oxford, 1970.

Gosling, J. C. B. *Pleasure and Desire*. Oxford, 1969.

'More Aristotelian pleasures', *PAS* 74 (1973—1974), 15—34.

Gosling, J. C. B. and Taylor, C. C. W. *The Greeks on Pleasure*. Oxford, 1982.

Gould, T. *Platonic Love*. London, 1963.

Grice, H. P. 'Method in philosophical psychology', *PAPA* 48 (1974—1975), 23—53.

Griswold, C. 'The ideas and criticism of poetry in Plato's *Republic*, Book 10', *JHP* 19 (1981), 135—150.

'Style and philosophy: the case of Plato's dialogues', *The Monist* 63 (1980), 530—546.

'Self-knowledge and the "idea" of the soul in Plato's *Phaedrus*', *Revue de Métaphysique et de Morale* 26 (1981), 472—494.

Groag, E. 'Zue Lehre vom Wesen der Seele in Platons *Phaedros* und im x. Buche der *Republik*', *Wiener Studien* 37 (1915), 189—222.

Grote, G. *A History of Greece*. Vol. VII, London, 1888.

Grube, G. M. A. *The Drama of Euripides*. London, 1941.

Gundert, H. *Der Platonische Dialog*. Heidelberg, 1968.

Guthrie, W. K. C., trans. *Plato, Protagoras and Meno*. London, 1956.

'Plato's views on the nature of the soul', in G. Vlastos, *Plato*, II, pp. 230—243.

A History of Greek Philosophy. Vol. III, Cambridge, 1969; Vol. IV, 1975. [*History*]

Hackforth, R. 'Hedonism in Plato's *Protagoras*', *CQ* NS 22 (1982), 39—42.

trans., and comm. *Plato's Phaedrus*. Indianapolis, 1952.

Hammond, N. G. L. 'Personal freedom and its limitations in the *Oresteia*', *JHS* 85 (1965), 42—55.

Hanslick, E. *The Beautiful in Music* (7th ed. Leipzig, 1885), trans. G. Cohen. Indianapolis, 1957.

Hardie, W. F. R. *Aristotle's Ethical Theory*. 2nd ed., Oxford, 1981.

Hare, R. M. *The Language of Morals*. Oxford, 1952.

Moral Thinking. Oxford, 1981.

Harsh, P. W. 'Hamartia again', *TAPA* 76 (1945), 47—58.

Hartland-Swann, J. 'Plato as poet: a critical interpretation', *Philosophy* 26 (1951), 3—18, 131—141.

Hatzfeld, J. 'Du nouveau sur Phèdre', *REA* 41 (1939), 311—318.

Havelock, E. *The Liberal Temper in Greek Politics*. London, 1957.

Heath, T. *A History of Greek Marthematics*. Oxford, 1921.

Hegel, G. W. F. *The Philosophy of Fine Art* (1835), trans. F. P. B. Osmaston. London,
516 1920.

Heinimann, F. *Nomos und Phusis*. Basel, 1945.

Henderson, J. J. *The Maculate Muse: Obscene Language in Attic Comedy*. New Haven, 1975.

Henrichs, A. 'Human sacrifice in Greek religion: three case studies', in *Le Sacrifice dans l'antiquité*, Fondation Hardt, *Entretiens sur l'Antiquté Classique* 27(1981), 195—235.

Hermann, G. *Euripidis Opera*. 1st ed., Leipzig 1800; 2nd ed., 1831.

Hester, D. A. 'Sophocles the unphilosophical: a study in the *Antigone*', *Mnemosyne* 4th ser. 24(1971), 11—59.

Hintikka, K. J. J. 'Deontic logic and its philosophical morals', in Hintikka, *Models for Modalities*. Dordrecht, 1969, pp. 184—214.

Hirzel, R. *Themis, Dike und Verwandtes*. Leipzig, 1907.

Holwerda, D. *Commentatio de vocis quae est φύσις vi atque usu*. Groningen, 1955.

Hook, J. *Friendship and Politics in Aristotle's Ethical and Political Thought*. B. A. thesis *summa cum laude*, Harvard University, 1977.

Hornsby, R. 'Significant action in the *Symposium*', *CJ* 52(1956—1957), 37—40.

Hume, D. *A Treatise of Human Nature*(1739), ed. L. A. Selby-Bigge. Oxford, 1888.

Hyland, D. 'Why Plato wrote dialogues', *Philosophy and Rhetoric* I(1968), 38—50.

Irwin, T. H. 'Aristotle's discovery of metaphysics', *RM* 31(1977), 210—229.

Plato's Moral Theory. Oxford, 1977. [*PMJ*]

trans. and comm. *Plato: Gorgias*. Clarendon Plato Series. Oxford, 1979.

'Reason and responsibility in Aristotle', in Rorty, *Essays*, pp. 117—156.

'Aristotle's concept of signification', in M. Schofield and M. C. Nussbaum, eds., *Language and Logos*. Cambridge, 1982.

Isnardi Parente, M. *Technē*. Florence, 1966.

Jebb, R. C., ed., and comm. *Sophocles: the Antigone*. Cambridge, 1900.

Joachim, H. H. *The Nicomachean Ethics*. Oxford, 1951.

Jones, J. *On Aristotle and Greek Tragedy*. London, 1962.

Kahn, C. H. *Anaximander and the Origins of Greek Cosmology*. New York, 1960.

The Art and Thought of Heraclitus. Cambridge, 1979.

'Drama and dialectic in Plato's *Gorgias*', *OSAP* I(1983), 75—121.

Kamerbeek, J. C. *Sophocles' Antigone*. Leiden, 1945.

Kant, I. *Groundwork of the Metaphysics of Morals*(Berlin, 1785), trans. H. J. Paton. New York, 1960.

Critique of Practical Reason (Berlin, 1788), trans. Lewis White Beck. Indianapolis, 1956.

Religion Within the Limits of Reason Alone (Berlin, 1791), trans. T. M. Greene and H. H. Hudson. New York, 1960.

The Metaphysical Elements of Justice. Part I of *The Metaphysics of Morals* (Berlin, 1797), trans. J. Ladd. Indianapolis, 1965.

The Doctrine of Virtue. Part II of *The Metaphysics of Morals* (Berlin,1797), trans. M. J. Gregor. Philadelphia, 1969.

Kassel, R., ed. *Aristotelis Ars Rhetorica*. Berlin, 1976.

Kenny, A. *The Aristotelian Ethics*. Oxford, 1978.

Aristotle's Theory of the Will. London, 1979.

'A stylometric comparison between five disputed works and the remainder of the Aristotelian corpus', in P. Moraux and J. Wiesner, eds., *Zweifelhaftes im Corpus Aristotelium*. Berlin, 1983, pp. 345—366.

Kerferd, G. B. 'Plato's Account of the Relativism of Protagoras', *Durham University*
517 *Journal* 42 NS 11 (1949—1950), 20—26.

'Protagoras' doctrine of justice and virtue in the *Protagoras* of Plato', *JHS* 73 (1953), 42—45.

The Sophisitc Movement. Cambridge, 1981.

Keyt, D. 'Intellectualism in Aristotle', in G. C. Simmons, ed., *Paideia: Special Aristotle Issue* (1978), 138—157.

Kirk, G. S. *Myth: its Meaning and Functions in Ancient and Other Cultures*. Cambridge, 1970.

Kirkwood, G. M. 'Hecuba and nomos', *TAPA* 78 (1947), 61—68.

Kitto, H. D. F. *Greek Tragedy*. London, 1939.

Knox, B. *The Heroic Temper: Studies in Sophoclean Tragedy*. Berkeley, 1964.

'The Socratic method', review of K. J. Dover, *Greek Homosexuality*, *NYRB* 25 (1979), 5—8.

Kosman, L. A. 'Predicating the good', *Phronesis* 13 (1968), 171—174.

'Explanation and understanding in Aristotle's *Posterior Analytics*', in Lee, *Exegesis*, pp. 374—392.

'Platonic love', in W. H. Werkmeister, ed., *Facets of Plato's Philosophy, Phronesis*

Suppl. II. Assen, 1976, pp. 53—69.

'Being properly affected', in Rorty, *Essays*, pp. 103—116.

'Substance, being, and energeia', *OSAP* 2(1984), 121—149.

Kranz, W. 'Diotima', *Die Antike* 2(1926), 313—327.

Kraut, R. 'Reason and justice in Plato's *Republic*', in Lee, *Exegesis*, pp. 207—224.

Krentz, A. A. 'Dramatic form and philosophical content in Plato's Dialogues', *Phil Lit* 7 (1983), 32—47.

Krischer, T. 'Etymos und alēthēs', *Philologus* 109(1965), 161—174.

Kuhn, H. 'The true tragedy: on the relationship between Greek tragedy and Plato', *HSCP* 52(1941), 1—40; 53(1942), 37—88.

Kuhns, R. *The House, the City, and the Judge: the Growth of Moral Awareness in the Oresteia*. Indianapolis, 1962.

Kurz, D. *Akribeia: das Ideal der Exaktheit bei den Griechen bis Aristoteles*. Göppingen, 1970.

Laroche, E. *Histoire de la racine nem-en grec ancien*. Paris, 1949.

Lebeck, A. *The Oresteia: a Study in Language and Structure*. Washington, Center for Hellenic Studies; distributed by Harvard University Press. Cambridge, MA, 1971.

'The central myth of Plato's *Phaedrus*', *GRBS* 13(1972), 267—290.

Lee, E. N. '"Hoist with his own petard": ironic and comic elements in Plato's critique of Protagoras(*Tht*. 161—171)', in Lee, *Exegesis*, pp. 225—261.

Lee, E. N., Mourelatos, A. P. D. and Rorty, R. M., eds. *Exegesis and Argument: Studies in Greek Philosophy Presented to Gregory Vlastos, Phronesis Suppl*. I. Assen, 1973. [*Exegesis*]

Lefkowitz, M. R. *The Victory Ode*. Park Ridge, NJ, 1976.

Leighton, S. 'Aristotle and the emotions', *Phronesis* 27(1982), 144—174.

Lemmon, E. J. 'Moral dilemmas', *PR* 71(1962), 139—158.

Lesher, J. 'The role of nous in Aristotle's *Posterior Analytics*', *Phronesis* 18(1973), 44—68.

Lesky, A. 'Psychologie bei Euripides', in Fondation Hardt, *Entretiens sur l'Antiquité Classique* 6(1958), 123—150. Also in E. Schwinge, ed., *Euripides*, pp. 97—101.

'Decision and responsibility in the tragedy of Aeschylus', *JHS* 86(1966), 78—85.

Levi, A. 'The ethical and social thought of Protagoras', *Mind* 49(1940), 284—302.

Lewis, D. M. 'Who was Lysistrata?', *Annual of the British School of Athens* (1955), 1—12.

Linforth, I. M. 'Antigone and Creon', *University of California Publications in Classical Philology* 15 (1961), 183—260.

518 Livingstone, R. W., ed. *Portrait of Socrates*. Oxford, 1938.

Lloyd, G. E. R. 'Who is attacked in *On Ancient Medicine*?', *Phronesis* 8 (1963), 108—126.

Magic, Reason, and Experience: Studies in the Origins and Development of Greek Science. Cambridge, 1981.

Science, Folklore, and Ideology: Studies in the Life Sciences in Ancient Greece. Cambridge, 1983.

The Revolutions of Wisdom. Berkeley, 1987.

Lloyd, G. E. R. and Owen, G. E. L., eds. *Aristotle on Mind and the Senses*: Proceedings of the 7th Symposium Aristotelicum. Cambridge, 1978.

Lloyd-Jones, H. 'Notes on Sophocles' *Antigone*', *CQ* NS 7 (1957), 12—27.

'The end of the *Seven Against Thebes*', *CQ* NS 9 (1959), 80—115.

'The guilt of Agamemnon', *CQ* NS 12 (1962), 187—199. ['Guilt']

The Justice of Zeus. Berkeley, 1971. [*JZ*]

'Modern interpretation of Pindar', *JHS* 93 (1973), 109—137.

'Women and love', review of K. J. Dover, *Greek Homosexuality. New Statesman* 6 (1978), 442. Repr. in Lloyd-Jones, *Classical Survivals: the Classics in the Modern World*. London, 1982, pp. 97—100.

'Pindar', Lecture on a Master Mind, *PBA* 68 (1982), 139—163.

'Artemis and Iphigeneia', *JHS* 103 (1983), 87—102.

Locke, J. *An Essay Concerning Human Understanding* (1690), ed. P. H. Nidditch. Oxford, 1975.

Loenen, D. *Protagoras and the Greek Community*. Amsterdam, 1940.

Long, A. A. 'Morals and values in Homer', *JHS* 90 (1970), 121—139.

'Aristotle and the history of Greek skepticism' in D. J. O' Meara, ed., *Studies in Aristotle*. Washington, D. C., 1981, 79—106.

'Pro and contra fratricide: Aeschylus *Septem* 653—719', in J. H. Betts, ed., volume in honour of T. B. L. Webster. Bristol, forthcoming.

Loraux, N. *Les Enfants d'Athéna: idées athéniennes sur la citoyenneté et la division des sexes*. Paris, 1981.

L'Invention d'Athènes: histoire de l'oraison funèbre dans la 'cité classique'. Paris, 1981.

Lucas, D. W., ed., and comm. *Aristotle's Poetics*. Oxford, 1968.

Lyons, J. *Structural Semantics: an Analysis of Part of the Vocabulary of Plato*. Oxford, 1963.

Mackie, J. L. *The Cement of the Universe*. Oxford, 1974.

MacLeod, C. W. 'Politics and the *Oresteia*', *JHS* 102(1982), 124—144.

Mansion, S., ed. *Aristote et les problèmes de méthode*. Proceedings of the 2nd Symposium Aristotelicum. Louvain, 1961.

Marcus, R. B. 'Moral dilemmas and consistency', *JP* 77(1980), 121—136.

Matthaei, L. *Studies in Greek Tragedy*. Cambridge, 1918.

Méautis, G. *Mythes inconnus de la Grèce antique*. Paris, 1944.

Melden, A. *Free Action*. London, 1961.

Merritt, B. D. 'Greek inscriptions(14—27)', *Hesperia* 8(1939), 48—90.

Meuli, K. 'Griechische Opferbräuche', in O. Gigon, ed., *Phyllobolia, Festschrift P. von der Mühll*. basel, 1960.

Moraux, P. and Wiesner, J., eds. *Zweifelhaftes im Corpus Aristotelicum: Studiesn zu einingen Dubia*. Proceedings of the 9th Symposium Aristotelicum. Berlin, 1983.

Moravcsik, J. M. E., ed. *Aristotle: a Collection of Critical Essays*. Garden City, 1967.

'Reason and Eros in the ascent passage of the *Symposium*', in J. Anton and G. Kustas, eds., *Essays in Ancient Greek Philosophy*. Albany, 1972, pp. 285—302. 519

'Understanding and knowledge in Plato's dialogues', *Neue Hefte für Philosophie* 15/16(1979), 53—69.

Moravcsik, J. M. E. and Temko, P., eds. *Plato on Beauty, Wisdom, and the Arts*. APQ Library of Philosophy. Totowa, 1982.

Morrison, J. S. 'The place of Protagoras in Athenian public life', *CQ* 35(1941), 1—16.

'The shape of the earth in Plato's *Phaedo*', *Phronesis* 4(1959), 101—119.

Moser, S. and Kustas, G. 'A comment on the "relativism" of Protagoras', *Phoenix* 20 (1966), 111—115.

Mourelatos, A. P. D., ed. *The Presocratics*. Garden City, NY, 1974.

Müller, G., ed. *Sophokles: Anitgone*. Heidelberg, 1967.

Murdoch, I. *The Sovereignty of Good.* London, 1970.

The Fire and the Sun: Why Plato Banished the Artists. Oxford, 1977.

Murdoch, I. and Magee, B. 'Philosophy and literature: dialogue with Iris Murdoch', in Magee, ed., *Men of Ideas*. New York, 1978, pp. 264—284.

Murphy, N. R. *The Interpretation of Plato's Republic*. Oxford, 1951.

Murray, G., ed. *Euripidis Fabulae*, Vol. I. Oxford Classical Text. Oxford, 1902.

Nagel, T. 'War and massacre', *PPA* I(1972), 123—144. Repr. in Nagel, *Mortal Questions*, pp. 53—74.

'Moral luck', *PASS* 50(1976), 137—151. Repr. in Nagel, *Mortal Questions*, pp. 24—38.

Mortal Questions. Cambridge, 1979.

Nagel, T., Irwin, T, H. and Burnyeat, M. F. 'An exchange on Plato', *NYRB* 27(1980), 51—53.

Nagy, G. *Comparative Studies in Greek and Indic Meter*. Cambridge, MA, 1974.

The Best of the Achaeans. Baltimore, 1979.

Nietzsche, F. W. *The Birth of Tragedy*(1872), trans. W. Kaufmann. New York, 1976.

Thus Spoke Zarathustra(1883—1885), trans. W. Kaufmann. New York, 1954.

The Will to Power(1883—1888), trans. W. Kaufmann and R. J. Hollingdale, New York, 1967.

Nilsson, M. *Geschichte der griechische Religion*. Vol. I, Munich, 1955.

Norwood, G. *Greek Tragedy*. London, 1929.

Nozick, R. *Philosophical Explanations*. Cambridge, MA, 1981.

Nussbaum, M. C. 'Psuchē in Heraclitus, II', *Phronesis* 17(1972),153—170.

'The text of Aristotle's *De Motu Animalium*', *HSCP* 80(1976),143—144.

'Consequences and character in Sophocles' *Philoctetes*', *Phil Lit* I(1976—1977), 25—53.['Consequences']

Aristotle's *De Motu Animalium*. Princeton, 1978.[*De Motu*]

Review of I. Murdoch, *The Fire and the Sun: Why Plato Banished the Artists, Phil Lit* 2(1978), 125—126.

'The speech of Alcibiades: a reading of Plato's *Symposium*', *Phil Lit* 3(1979), 131—172.

'Eleatic conventionalism and Philolaus on the conditions of thought', *HSCP* 83 (1979), 63—108.

'Aristophanes and Socrates on learning practical wisdom', *YCS* 26 (1980), 43—97. ['Aristophanes']

'Shame, separateness, and political unity: Aristotle's criticism of Plato', in Rorty, *Essays*, pp. 395—435.

Review of E. Hartman, *Substance, Body, and Soul, JP* 77 (1980), 355—365.

Review of R. Kassel, *Der Text der aristotelischen Rhetorik, AGP* 63 (1981), 346—350.

'Aristotle', in T. J. Luce, ed., *Ancient Writers: Greece and Rome*. New York, 1982, pp. 377—416.

'"This story isn't true" : poetry, goodness, and understanding in Plato's *Phaedrus*', in J. M. E. Moravcsik and P. Temko, eds., *Plato on Beauty*, Totowa, 1982, pp. 79—124. 520

'Saving Aristotle's appearances', in M. Schofield and M. C. Nussbaum, eds., *Language and Logos*. Cambridge, 1982, pp. 267—293.

'The "common explanation" of animal motion', in P. Moraux and J. Wiesner, eds., *Zweifelhaftes im Corpus Aristotelicum*. Berlin, 1983, pp. 116—157.

'Fictions of the soul', *Phil Lit* 7 (1983), 145—161, and in *Love's knowledge*, 245—26. ['Fictions']

'Flawed crystals: James's *The Golden Bowl* and literature as moral philosophy', *NLH* 15 (1983), 25—50, and in *Love's knowledge*, 125—147. ['Crystals']

'Reply to Gardiner, Wollheim, and Putnam', *NLH* 15 (1983),201—208.

'Plato on commensurability and desire', *PASS* 58 (1984), 55—80, and in *Love's knowledge*, 106—124.

'Aristotelian dualism: a reply to Howard Robinson', *OSAP* 2 (1984), 198—207.

'Therapeutic arguments: Epicurus and Aristotle', in M. Schofield and G. Striker, eds., *The Norms of Nature*. Cambridge, 1985, pp. 31—74.

'Aristotle on human nature and the foundations of ethics', in J.E.J. Altham and Ross Harrison, eds., *Worlds, Mind, and Ethics: Essays on the Ethical Philosophy of Bernard Williams*. Cambridge, 1955, pp. 86—131.

'The discernment of perception: an Aristotelian conception of private and public rationality', in *Proceedings of the Boston Area Colloquium for Ancient Philosophy*, ed.

J. Cleary. Vol. I, New York, 1985, pp. 151—201, and in *Love's knowledge*, 54—105.
Love's Knowledge: Essays in Philosophy and Literature. New York, 1990.
O' Brien, M. *The Socratic Paradoxes and the Greek Mind*. Chapel Hill, NC, 1967.
Orwin, C. 'Feminine justice: the end of the *Seven Against Thebes*', *CP* 75 (1980), 187—196.
Owen, G. E. L. 'Logic and metaphysics in some earlier works of Aristotle', in I. Düring and G. E. L. Owen, *Aristotle and Plato in the Mid-Fourth Century*. Göteborg, 1960, pp. 163—190. Repr. in Barnes, *Articles*, Vol. III, pp. 13—32; in Owen, *Logic, Science, and Dialectic*.
'Tithenai ta phainomena', in S. Mansion, ed., *Aristote et les problèmes de méthode*. Louvain, 1961, pp. 83—103. Repr. in Barnes, *Articles*, Vol. I, pp. 113—126; in J. M. E. Moravcsik, ed., *Aristotle*, pp. 167—190; in Owen, *Logic*. ['*Tithenai*']
'The place of the *Timaeus* in Plato's dialogues', in R. E. Allen, ed., *Studies in Plato's Metaphysics*. London, 1965, pp. 329—336; in Owen, *Logic*.
'Plato and Parmenides on the timeless present', *The Monist* 50 (1966), 317—340. Repr. in A. P. D. Mourelatos, ed., *The Presocratics*, pp. 271—292; in Owen, *Logic*.
'Dialectic and eristic in the treatment of the forms', in Owen, ed., *Aristotle on Dialectic: the Topics*. Oxford, 1968, pp. 103—125; Repr. in Owen, *Logic*.
'Aristotelian pleasures', *PAS* 72 (1971—1972), 135—152. Repr. in *Owen, Logic*.
'Philosophical invective', *OSAP* I (1983), 1—25. Repr. in Owen, *Logic*.
Logic, Science and Dialectic: Collected Papers on Ancient Greek Philosophy, ed. M. C. Nussbaum. London, 1986.
Page, D. L. *Actors' Interpolations in Greek Tragedy*. Oxford, 1934.
Paolucci, A. and H., eds. *Hegel on Tragedy*. New York, 1975.
Parker, R. *Miasma*. Oxford, 1983.
Patterson, R. 'The Platonic art of comedy and tragedy', *Phil Lit* 6 (1982), 76—93.
Pearson, A. C., ed. *Sophoclis Fabulae*. Oxford Classical Texts. Oxford, 1924.
Pearson, L. *Popular Ethics in Ancient Greece*. Stanford, 1962.
Penner, T. 'Verbs and the identity of actions', in O. Wood and G. Pitcher, eds., *Ryle*. New York, 1970, pp. 393—453.
521 'Thought and desire in Plato', in Vlastos, *Plato* II, pp. 96—118.
Peradotto, J. J. 'The omen of the eagles and the ēthos of Agamemnon', *Phoenix* 23

(1968), 237—263.

Perrotta, G. *Sofocle*. Messina-Florence, 1935.

Pfohl, G., ed. *Greek Poems on Stone*. Vol. I (Epitaphs), Leiden, 1967.

Plochmann, G. K. 'Supporting themes in the *Symposium*', in J. Anton and G. Kustas, eds., *Essays in Ancient Greek Philosophy*. Albany, 1972,pp. 328—344.

Podlecki, A. J. 'The character of Eteocles in Aeschylus' *Septem*', *TAPA* 95 (1964), 283—299.

Pohlenz, M. 'Nomos und phusis', *Hermes* 81 (1953), 418—483.

Die Griechische Tragödie. Göttingen, 1954.

Poschenrieder, F. *Die naturwissenschaftlichen Schriften des Aristoteles in ihrem Verhältnis zu der hippocratischen Sammlung*. Bamberg, 1887.

Prichard, H. A. 'The meaning of agathon in the ethics of Aristotle', *Philosophy* 10 (1935), 27—39. Repr. in J. M. E. Moravcsik, ed., *Aristotle*, pp. 241—260.

Putnam, H. 'There is at least one a priori truth', *Erkenntnis* 13 (1978), 153—170. Repr. in Putnam, *Realism and Reason: Philosophical Papers*, Vol, III, Cambridge, 1983, pp. 98—114.

'Literature, science, and reflection', in Putnam, *Meaning and the Moral Sciences*. London, 1979, pp. 83—96.

Reason, Truth, and History. Cambridge, 1981.

'Taking rules seriously: a response to Martha Nussbaum', *NLH* 15 (1983), 193—200.

Raphael, D. D. 'Can literature be moral philosophy?', *NLH* 15 (1983), 1—12.

Rawls, J. 'Outline of a decision procedure for ethics', *PR* 60 (1951), 177—197.

A Theory of Justice. Cambridge, MA, 1971.

Reckford, K. 'Concepts of demoralization in Euripides' *Hecuba*', forthcoming.

Redfield, J. *Nature and Culture in the Iliad*. Chicago, 1975.

Foreword to G. Nagy, *The Best of the Achaeans*. Baltimore, 1981, pp. vii—xiii.

Rhees, R. 'Wittgenstein's lecture on ethics', *PR* 74 (1965), 3—26.

Riginos, A. *Platonica*. Leiden, 1976.

Robin, L. *La Théorie platonicienne de l'amour*. Paris, 1933.

ed., and trans. *Platon: Phèdre*. Paris, 1939.

Robinson, R. *Plato's Earlier Dialectic*. Oxford, 1953.

Ronnet, G. *Sophocle: poète tragique*. Paris, 1969.

Rorty, A., ed. *Essays on Aristotle's Ethics*. Berkeley, 1980. [*Essays*]

Rose, P. 'Sophocles' *Philoctetes* and the teachings of the Sophists', *HSCP* 80 (1976), 49—105.

Rosen, S. *Plato's Symposium*. New Haven, 1968.

Rosenmeyer, T. G. 'Plato's prayer to Pan', *Hermes* 90 (1962), 34—44.

Ross, W. D., ed. *The Works of Aristotle Translated into English*. Oxford Translation. 12 vols., Oxford, 1910—1952.

The Right and the Good. Oxford, 1930.

ed. *Aristotle's Physics*. Oxford, 1936.

ed. *Aristotelis Fragmenta Selecta*. Oxford Classical Text. Oxford, 1955.

Aristotle. London, 1923; 5th ed., 1960.

Rowe, C. J. *The Eudemian and Nicomachean Ethics*. Cambridge, 1971.

'A reply to John Cooper on the *Magna Moralia*', *AJP* 96 (1975), 160—172.

Russell, D. A. and Wilson, N., eds. *Menander Rhetor*. Oxford, 1981.

Ryle, G. *Plato's Progress*. Cambridge, 1966.

Santas, G. 'Plato's *Protagoras* and explanations of weakness', *PR* 75 (1966), 3—33.
522 Repr. in Vlastos, *Socrates*, pp. 264—298.

'The form of the Good in Plato's *Republic*', *Philosophical Inquiry* 2 (1980), 374—403.

Santirocco, M. 'Justice in Sophocles' *Antigone*', *Phil Lit* 4 (1980), 180—198.

Sartre, J-P. *L'Existentialisme est un humanisme*. Paris, 1946.

Schaerer, R. *Epistēmē et Technē: études sur les notions de connaissance et d'art d'Homère à platon*. Lausanne, 1930.

La Question Platonicienne. Neuchatel, 1938; 2nd ed., 1969.

Schmid, W. 'Probleme aus der sophokeischen *Antigone*', *Philologus* 62 (1903), 1—34.

Schneewind, J. B. *Sidgwick and Victorian Morality*. Oxford, 1977.

Schofield, M., Burnyeat, M. and Barnes, J., eds. *Doubt and Dogmatism: Studies in Hellenistic Epistemology*. Oxford, 1980.

Schofield, M. and Nussbaum, M., eds. *Language and Logos: Studies in Ancient Greek Philosophy Presented to G. E. L. Owen*. Cambridge, 1982.

Schofield, M. and Striker, G., eds. *The Norms of Nature: Studies in Hellenistic Ethics*. Cambridge, 1985.

Scholz, H. *Der Hund in der griechisch-römischen Magie und Religion*. Berlin, 1937.
Schopenhauer, A. *The World as Will and Representation* (3rd ed., 1859), trans. E. J. Payne. 2 vols., New York, 1969.
Schwinge, E., ed. *Euripides*. Wege der Forschung. Darmstadt. 1968.
Searle, J. 'Prima Facie obligations', in Z. van Straaten, ed., *Philosophical Subjects: Essays Presented to P. F. Strawson*. Oxford, 1980, pp. 238—259.
Seeskin, K. 'Is the *Apology* of Socrates a parody?', *Phil Lit* 6 (1982), 94—105.
Segal, C. 'The character of Dionysus and the unity of the *Frogs*', *HSCP* 65 (1961), 207—230.
'Sophocles' praise of man and the conflicts of the *Antigone*', *Arion* 3 (1964), 46—66. Repr. in T. Woodard, ed., *Sophocles: a Collection of Critical Essays*. Englewood Cliffs, NJ, 1966, pp. 62—85.
'"The myth was saved": reflections on Homer and the mythology of Plato's *Republic*', *Hermes* 106 (1978), 315—336.
Tragedy and Civilization: an Interpretation of Sophocles. Cambridge, MA, 1981.
'Boundary Violation and the Landscape of the Self in Senecan Tragedy', *Antike und Abendland* 29 (1983), 172—187.
Sherman, N. *The Fabric of Character: Aristotle's Theory of Virtue*. Oxford, 1989.
Shorey, P. 'Note on Plato's *Republic* 488D', *CR* 20 (1906), 247—248.
Sidgwick, H. *The Methods of Ethics*, 7th ed. London 1907.
Sinaiko, H. *Love, Knowledge, and Discourse*. Chicago, 1965.
Smith, P. M. *On the Hymn to Zeus in Aeschylus' Agamemnon*, American Classical Studies, No. 4. Ann Arbor, 1980.
Solmsen, F. 'The Erinys in Aeschylus' *Septem*', *TAPA* 68 (1937), 197—211.
Intelletual Experiments of the Greek Enlightenment. Princeton, 1975.
Sorabji, R. *Necessity, Cause, and Blame: Perspectives on Aristotle's Theory*. London, 1980.
Sörbom, G. *Mimesis and Art*. Uppsala, 1966.
Sparshott, F. E. 'Plato and Thrasymachus', *University of Toronto Quarterly* (1957), 54—61.
Stenzel, J. *Zahl und Gestalt*. Leipzig, 1933.
Stewart, Z. 'Democritus and the Cynics', *HSCP* 63 (1958), 179—191.

Stinton, T. C. W. ‘Hamartia in Aristotle and Greek tragedy’, *CQ* NS 25 (1975), 221—254.

Striker, G. ‘Antipater and the art of living’, in M. Schofield and G. Striker, eds., *The Norms of Nature*. Cambridge, 1985.

Strohm, H. *Tyche: zur Schicksalsauffassung bei Pindar und den frühgriechischen Dichtern*. Stuttgart, 1944.

523 Sullivan, J. P. ‘The hedonism in Plato's *Protagoras*’, *Phronesis* 6 (1967), 10—28.

Taplin, O, Review of W. Arrowsmith, *The Greek Tragedy in New Translations*, *CR* NS 26 (1976), 168—170.

Greek Tragedy in Action. Berkeley, 1978.

Tarrant, D. ‘Plato as dramatist’, *JHS* 75 (1955), 82—89.

Taylor, A. E. *Plato*. London, 1926.

Plato, the Man and His Works, 4th ed. London, 1937.

Taylor, C. C. W., trans., and comm. *Plato: Protagoras*. Clarendon Plato Series. Oxford, 1976.

Trilling, L. ‘The Princess Casamassima’, in Triling, *The Liberal Imagination: Essays on Literature and Society*. New York, 1950, pp. 58—92.

Tucker, T. G., trans., and comm. *The Seven Against Thebes of Aeschylus*. Cambridge, 1908.

Vernant, J.-P. ‘Le travail et la pensée technique’, in Vernant, *Mythe et pensée chez les Grecs*, vol. II, Paris, 1965, pp. 5—15.

‘Remarques sur les formes et les limites de la pensée technique chez les Grecs’, in Vernant, *Mythe et pensée chez les Grecs*, vol. II, Paris, 1965, pp. 44—64.

Mythe et pensée chez les Grecs: études de psychologie historique, 2 vols. Paris, 1965.

‘Greek tragedy: problems of interpretation’, in E. Donato and R. Macksey, eds., *The Languages of Criticism and the Sciences of Man*. Baltimore, 1970, pp. 273—289.

‘Le moment historique de la tragédie en Grèce’, in Vernant and Vidal-Naquet, *MT*, pp. 13—17.

‘À la table des hommes’, in M. Detienne and J.-P. Vernant, eds., *La Cuisine du sacrifice en pays grec*. Paris, 1979, pp. 37—132.

Les Origines de la pensée grecque. Paris, 1981.

‘Tensions et ambiguitiés dans la tragédie grecque’, in Vernant and Vidal-Naquet, *MT*, pp. 21—40.

Vernant, J.-P. and Vidal-Naquet, P. *Mythe et tragédie en grèce ancienne*. Paris, 1972. [*MT*]

Vidal-Naquet, P. 'Valeurs religieuses et mythiques de la terre et du sacrifice dans l' Odyssée', in Vidal-Naquet, *Le Chasseur noir: formes de pensée et formes de societé dans le monde grec*. Paris, 1981, pp. 39—68.

Vlastos, G., ed. *Plato's Protagoras*, Indianapolis, 1956.

ed. *The Philosophy of Socrates: a Collection of Critical Essays*. Garden City, NY, 1971. [*Socrates*]

ed. Plato: *a Collection of Critical Essays*, 2 vols. Garden city, NY, 1971. [*PS*]

Platonic Studies. Princeton, 1973; 2nd ed., 1981. [*Plato*]

'The individual as object of love in Plato's dialogues', in Vlastos, *PS*, pp. 1—34.

'Sex in Platonic love', Appendix II to 'The individual as object of love in Plato's dialogues', in Vlastos, *PS*, pp. 38—42.

'The virtuous and the happy', review of T. Irwin, *Plato's Moral Theory: The Early and Middle Dialogues, TLS* 24 Feb. 1978, pp. 230—231.

'Happiness and virtue in Socrates' moral theory', *PCPS* 210, NS 30 (1984), 181—213.

Walzer, M. 'Political action: the problem of dirty hands', *PPA* 2 (1973), 160—180.

Waterfield, R. A. H. 'The place of the *Philebus* in Plato's dialogues', *Phronesis* 25 (1980), 270—305.

Watson, G. 'Free agency', *JP* 72 (1975), 205—220.

'Skepticism about weakness of will', *PR* 86 (1977), 316—339.

Werkmeister, H., ed. *Facets of Plato's Philosophy. Phronesis Suppl.* II, Assen, 1976.

Whallon, W. 'Why is Artemis angry?', *AJP* 82 (1961), 78—88.

White, N. P. *A Companion to Plato's Republic*. Indianapolis, 1979.

Whitehead, D. 'Aristotle the Metic', *PCPS* 21 (1975), 94—99.

The Ideology of the Athenian Metic, PCPS Suppl. Vol. 4 (1977). 524

Whitman, C. H. *Sophocles: a Study of Heroic Humanism*. Cambridge, MA, 1951.

Euripides and the Full Circle of Myth. Cambridge, MA, 1974.

Wieland, W. *Platon und die Formen des Wissens*. Göttingen, 1982.

Wiggins, D. 'Deliberation and practical reason', *PAS* 76 (1975—1976), 29—51. Repr. in

Rorty, *Essays*, pp. 221—240.［'Deliberation'］

'Weakness of will, commensurability and the objects of deliberation and desire', *PAS* 79(1978—1979), 251—277. Repr. in Rorty, *Essays*, pp. 241—265.

Sameness and Substance. Oxford, 1980.

Wilamowitz-Moellendorf, U. *Platon*, I. Berlin, 1920.

Williams, B. A. O. 'Pleasure and belief', *PASS* 33(1959), 57—72.

'Ethical consistency', *PASS* 39(1965), 103—124. Repr. in Williams, *Problems of the Self*, pp. 166—186.

Problems of the Self. Cambridge, 1973.

'Moral luck', *PASS* 50(1976), 115—151. Repr. in Williams, *ML*, pp. 20—39.

'Conflicts of values', in *The Idea of Freedom: Essays in Honour of Isaiah Berlin*, ed. A. Ryan, Oxford, 1979. Repr. in Williams, *ML*, pp. 71—82.

Moral Luck: Philosophical Papers 1973—1980. Cambridge, 1981.［*ML*］

'philosophy', in M. I, Finley, ed., The Legacy of Greece: *a New Appraisal.* Oxford, 1981, pp. 202—255.

Ethics and the Limits of Philosophy. Cambridge, MA, 1985.

Wilson, J. '"The customary meanings of words were changed"—or were they? A note on Thucydides 3.82.4', *CQ* NS 32(1982), 18—20.

Winnington-Ingram, R. P. '*Septem Contra Thebas*', *YCS* 25(1977), 1—45.

Sophocles: an Interpretation. Cambridge, 1980.

Wittgenstein, L. *The Blue and Brown Books.* Oxford, 1958.

Philosophical Investigations, trans. G. E. M. Anscombe, MacMillan Pubishing Company, 1953.

Wollheim, R. 'Flawed crystals: James's *The Golden Bowl* and the plausibility of literature as moral philosophy', *NLH* 15(1983), 185—192.

Wycherley, R. E. 'The scene of Plato's *Phaedrus*', *Phoenix* 17(1963), 88—98.

Zeitlin, F. *Under the Sign of the Shield: Semiotics and Aeschylus' Seven Against Thebes.* Rome, 1982.

Zeyl, D. J. 'Socrates and hedonism in Plato's *Protagoras* 351B—358D', *Phronesis* 25(1980), 250—269.

525 Zürcher, W. *Die Darstellung des Menschen in Drama des Euripides*. Basel, 1947.

索 引

（条目后的页码为原书页码，见本书边码）

译后记

本书原来是应译林出版社“人文与社会译丛”副主编彭刚先生的委托而翻译的，翻译分工如下：陆萌翻译了本书第一章、第一和第二部分，徐向东翻译了其余部分以及陆萌承担的那几个部分中的全部注释以及正文中的某些引文，并对陆萌的译文做了适当修改。尽管我自己对纳斯鲍姆在伦理学和政治哲学领域的一般工作抱有浓厚兴趣，但两位译者都不是工作在古典学和古希腊哲学领域，且因为翻译时间仓促（翻译工作是在我们繁忙的教学或工作之余展开的），因此2007年首次出版的中译本中出现了一些误译或错译，对此我们深表歉意。

借本书修订出版之机，陈玮处理了初版译稿中一些涉及古代哲学和古希腊语的问题，在力所能及的范围内纠正了一些明显的误译并对某些语句或译法做了必要修改。鉴于时间有限，以及我们在学术水平和语言能力上的限制，修订版仍有可能存在错误和缺陷，对此我们真诚地希望得到读者的批评、指正和谅解。在修订过程中，我们参考了娄林对品达诗的翻译和解说以及刘小枫翻译的《斐德罗篇》，谨此致谢。在修订过程中，我们得到了很多朋友的帮助：詹文杰和彭文曼帮助查证了某些引文，曾怡帮助翻译了本书作者在几个注释中直接引用的法文，常旭旻、李科政、石梁帮助翻译了拉丁词语和引文。对于这些朋友的热心帮助和鼎力支持，我们深为感激。学术工作，无论是写作还是翻译，需要在一个健康的学术共同体中才能得到良好发展，这是我们在修订过程中的一点切身体验。

徐向东
2018年2月于浙江大学求是新村

人文与社会译丛

第一批书目

1.《政治自由主义》(增订版),[美]J. 罗尔斯著,万俊人译 118.00 元
2.《文化的解释》,[美]C. 格尔茨著,韩莉译 89.00 元
3.《技术与时间:1. 爱比米修斯的过失》,[法]B. 斯蒂格勒著,裴程译 62.00 元
4.《依附性积累与不发达》,[德]A. G. 弗兰克著,高铦等译 13.60 元
5.《身处欧美的波兰农民》,[美]F. 兹纳涅茨基、W. I. 托马斯著,张友云译 9.20 元
6.《现代性的后果》,[英]A. 吉登斯著,田禾译 45.00 元
7.《消费文化与后现代主义》,[英]M. 费瑟斯通著,刘精明译 14.20 元
8.《英国工人阶级的形成》(上、下册),[英]E. P. 汤普森著,钱乘旦等译 168.00 元
9.《知识人的社会角色》,[美]F. 兹纳涅茨基著,郏斌祥译 49.00 元

第二批书目

10.《文化生产:媒体与都市艺术》,[美]D. 克兰著,赵国新译 49.00 元
11.《现代社会中的法律》,[美]R. M. 昂格尔著,吴玉章等译 39.00 元
12.《后形而上学思想》,[德]J. 哈贝马斯著,曹卫东等译 58.00 元
13.《自由主义与正义的局限》,[美]M. 桑德尔著,万俊人等译 30.00 元

14.《临床医学的诞生》,[法]M. 福柯著,刘北成译 55.00 元
15.《农民的道义经济学》,[美]J. C. 斯科特著,程立显等译 42.00 元
16.《俄国思想家》,[英]I. 伯林著,彭淮栋译 35.00 元
17.《自我的根源:现代认同的形成》,[加]C. 泰勒著,韩震等译 128.00 元
18.《霍布斯的政治哲学》,[美]L. 施特劳斯著,申彤译 49.00 元
19.《现代性与大屠杀》,[英]Z. 鲍曼著,杨渝东等译 59.00 元

第三批书目

20.《新功能主义及其后》,[美]J. C. 亚历山大著,彭牧等译 15.80 元
21.《自由史论》,[英]J. 阿克顿著,胡传胜等译 89.00 元
22.《伯林谈话录》,[伊朗]R. 贾汉贝格鲁等著,杨祯钦译 48.00 元
23.《阶级斗争》,[法]R. 阿隆著,周以光译 13.50 元
24.《正义诸领域:为多元主义与平等一辩》,[美]M. 沃尔泽著,褚松燕等译 24.80 元
25.《大萧条的孩子们》,[美]G. H. 埃尔德著,田禾等译 27.30 元
26.《黑格尔》,[加]C. 泰勒著,张国清等译 135.00 元
27.《反潮流》,[英]I. 伯林著,冯克利译 48.00 元
28.《统治阶级》,[意]G. 莫斯卡著,贾鹤鹏译 98.00 元
29.《现代性的哲学话语》,[德]J. 哈贝马斯著,曹卫东等译 78.00 元

第四批书目

30.《自由论》(修订版),[英]I. 伯林著,胡传胜译 69.00 元
31.《保守主义》,[德]K. 曼海姆著,李朝晖、牟建君译 58.00 元
32.《科学的反革命》(修订版),[英]F. 哈耶克著,冯克利译 58.00 元

33.《实践感》,[法]P. 布迪厄著,蒋梓骅译 75.00 元
34.《风险社会:新的现代性之路》,[德]U. 贝克著,张文杰等译 58.00 元
35.《社会行动的结构》,[美]T. 帕森斯著,彭刚等译 80.00 元
36.《个体的社会》,[德]N. 埃利亚斯著,翟三江、陆兴华译 15.30 元
37.《传统的发明》,[英]E. 霍布斯鲍姆等著,顾杭、庞冠群译 68.00 元
38.《关于马基雅维里的思考》,[美]L. 施特劳斯著,申彤译 78.00 元
39.《追寻美德》,[美]A. 麦金太尔著,宋继杰译 68.00 元

第五批书目

40.《现实感》,[英]I. 伯林著,潘荣荣、林茂、魏钊凌译 78.00 元
41.《启蒙的时代》,[英]I. 伯林著,孙尚扬、杨深译 35.00 元
42.《元史学》,[美]H. 怀特著,陈新译 89.00 元
43.《意识形态与现代文化》,[英]J. B. 汤普森著,高铦等译 68.00 元
44.《美国大城市的死与生》,[加]J. 雅各布斯著,金衡山译 78.00 元
45.《社会理论和社会结构》,[美]R. K. 默顿著,唐少杰等译 128.00 元
46.《黑皮肤,白面具》,[法]F. 法农著,万冰译 58.00 元
47.《德国的历史观》,[美]G. 伊格尔斯著,彭刚、顾杭译 58.00 元
48.《全世界受苦的人》,[法]F. 法农著,万冰译 17.80 元
49.《知识分子的鸦片》,[法]R. 阿隆著,吕一民、顾杭译 59.00 元

第六批书目

50.《驯化君主》,[美]H. C. 曼斯菲尔德著,冯克利译 68.00 元
51.《黑格尔导读》,[法]A. 科耶夫著,姜志辉译 98.00 元
52.《象征交换与死亡》,[法]J. 波德里亚著,车槿山译 68.00 元
53.《自由及其背叛》,[英]I. 伯林著,赵国新译 48.00 元

54.《启蒙的三个批评者》,[英]I. 伯林著,马寅卯、郑想译 48.00 元
55.《运动中的力量》,[美]S. 塔罗著,吴庆宏译 23.50 元
56.《斗争的动力》,[美]D. 麦克亚当、S. 塔罗、C. 蒂利著,李义中等译 31.50 元
57.《善的脆弱性》,[美]M. 纳斯鲍姆著,徐向东、陆萌译 55.00 元
58.《弱者的武器》,[美]J. C. 斯科特著,郑广怀等译 82.00 元
59.《图绘》,[美]S. 弗里德曼著,陈丽译 49.00 元

第七批书目

60.《现代悲剧》,[英]R. 威廉斯著,丁尔苏译 45.00 元
61.《论革命》,[美]H. 阿伦特著,陈周旺译 59.00 元
62.《美国精神的封闭》,[美]A. 布卢姆著,战旭英译,冯克利校 68.00 元
63.《浪漫主义的根源》,[英]I. 伯林著,吕梁等译 49.00 元
64.《扭曲的人性之材》,[英]I. 伯林著,岳秀坤译 22.00 元
65.《民族主义思想与殖民地世界》,[美]P. 查特吉著,范慕尤、杨曦译 18.00 元
66.《现代性社会学》,[法]D. 马尔图切利著,姜志辉译 32.00 元
67.《社会政治理论的重构》,[美]R. J. 伯恩斯坦著,黄瑞祺译 72.00 元
68.《以色列与启示》,[美]E. 沃格林著,霍伟岸、叶颖译 128.00 元
69.《城邦的世界》,[美]E. 沃格林著,陈周旺译 85.00 元
70.《历史主义的兴起》,[德]F. 梅尼克著,陆月宏译 48.00 元

第八批书目

71.《环境与历史》,[英]W. 贝纳特、P. 科茨著,包茂红译 25.00 元
72.《人类与自然世界》,[英]K. 托马斯著,宋丽丽译 35.00 元

73.《卢梭问题》,[德]E. 卡西勒著,王春华译 39.00 元
74.《男性气概》,[美]H. C. 曼斯菲尔德著,刘玮译 28.00 元
75.《战争与和平的权利》,[美]R. 塔克著,罗炯等译 25.00 元
76.《谁统治美国》,[美]W. 多姆霍夫著,吕鹏、闻翔译 35.00 元
77.《健康与社会》,[法]M. 德吕勒著,王鲲译 35.00 元
78.《读柏拉图》,[德]T. A. 斯勒扎克著,程炜译 68.00 元
79.《苏联的心灵》,[英]I. 伯林著,潘永强、刘北成译 59.00 元
80.《个人印象》,[英]I. 伯林著,覃学岚译 88.00 元

第九批书目

81.《技术与时间:2. 迷失方向》,[法]B. 斯蒂格勒著,赵和平、印螺译 59.00 元
82.《抗争政治》,[美]C. 蒂利、S. 塔罗著,李义中译 28.00 元
83.《亚当 · 斯密的政治学》,[英]D. 温奇著,褚平译 21.00 元
84.《怀旧的未来》,[美]S. 博伊姆著,杨德友译 85.00 元
85.《妇女在经济发展中的角色》,[丹]E. 博斯拉普著,陈慧平译 30.00 元
86.《风景与认同》,[美]W. J. 达比著,张箭飞、赵红英译 68.00 元
87.《过去与未来之间》,[美]H. 阿伦特著,王寅丽、张立立译 58.00 元
88.《大西洋的跨越》,[美]D. T. 罗杰斯著,吴万伟译 108.00 元
89.《资本主义的新精神》,[法]L. 博尔坦斯基、E. 希亚佩洛著,高铦译 58.00 元
90.《比较的幽灵》,[美]B. 安德森著,甘会斌译 79.00 元

第十批书目

91.《灾异手记》,[美]E. 科尔伯特著,何恬译 25.00 元

92.《技术与时间:3. 电影的时间与存在之痛的问题》,
[法]B. 斯蒂格勒著,方尔平译　65.00 元
93.《马克思主义与历史学》,[英]S. H. 里格比著,吴英译　78.00 元
94.《学做工》,[英]P. 威利斯著,秘舒、凌旻华译　68.00 元
95.《哲学与治术:1572—1651》,[美]R. 塔克著,韩潮译　45.00 元
96.《认同伦理学》,[美]K. A. 阿皮亚著,张容南译　45.00 元
97.《风景与记忆》,[英]S. 沙玛著,胡淑陈、冯樨译　78.00 元
98.《马基雅维里时刻》,[英]J. G. A. 波考克著,冯克利、傅乾译　108.00 元
99.《未完的对话》,[英]I. 伯林、[波]B. P. -塞古尔斯卡著,
杨德友译　65.00 元
100.《后殖民理性批判》,[印]G. C. 斯皮瓦克著,严蓓雯译　79.00 元

第十一批书目

101.《现代社会想象》,[加]C. 泰勒著,林曼红译　45.00 元
102.《柏拉图与亚里士多德》,[美]E. 沃格林著,刘曙辉译　78.00 元
103.《论个体主义》,[法]L. 迪蒙著,桂裕芳译　30.00 元
104.《根本恶》,[美]R. J. 伯恩斯坦著,王钦、朱康译　78.00 元
105.《这受难的国度》,[美]D. G. 福斯特著,孙宏哲、张聚国译　39.00 元
106.《公民的激情》,[美]S. 克劳斯著,谭安奎译　49.00 元
107.《美国生活中的同化》,[美]M. M. 戈登著,马戎译　58.00 元
108.《风景与权力》,[美]W. J. T. 米切尔著,杨丽、万信琼译　78.00 元
109.《第二人称观点》,[美]S. 达沃尔著,章晟译　69.00 元
110.《性的起源》,[英] F. 达伯霍瓦拉著,杨朗译　85.00 元

第十二批书目

111.《希腊民主的问题》,[法]J. 罗米伊著,高煜译 48.00 元
112.《论人权》,[英]J. 格里芬著,徐向东、刘明译 75.00 元
113.《柏拉图的伦理学》,[英]T. 埃尔文著,陈玮、刘玮译 118.00 元
114.《自由主义与荣誉》,[美]S. 克劳斯著,林垚译 62.00 元
115.《法国大革命的文化起源》,[法]R. 夏蒂埃著,洪庆明译 38.00 元
116.《对知识的恐惧》,[美]P. 博格西昂著,刘鹏博译 38.00 元
117.《修辞术的诞生》,[英]R. 沃迪著,何博超译 48.00 元
118.《历史表现中的真理、意义和指称》,[荷]F. 安克斯密特著,周建漳译 58.00 元
119.《天下时代》,[美]E. 沃格林著,叶颖译 78.00 元
120.《求索秩序》,[美]E. 沃格林著,徐志跃译 48.00 元

第十三批书目

121.《美德伦理学》,[新西兰]R. 赫斯特豪斯著,李义天译 68.00 元
122.《同情的启蒙》,[美]M. 弗雷泽著,胡靖译 48.00 元
123.《图绘暹罗》,[美]T. 威尼差恭著,袁剑译 58.00 元
124.《道德的演化》,[新西兰]R. 乔伊斯著,刘鹏博、黄素珍译 65.00 元
125.《大屠杀与集体记忆》,[美]P. 诺维克著,王志华译 78.00 元
126.《帝国之眼》,[美]M. L. 普拉特著,方杰、方宸译 68.00 元
127.《帝国之河》,[美]D. 沃斯特著,侯深译 76.00 元
128.《从道德到美德》,[美]M. 斯洛特著,周亮译 58.00 元
129.《源自动机的道德》,[美]M. 斯洛特著,韩辰锴译 58.00 元
130.《理解海德格尔:范式的转变》,[美]T. 希恩著,邓定译 89.00 元

第十四批书目

131.《城邦与灵魂：费拉里〈理想国〉论集》，[美]G. R. F. 费拉里著，刘玮编译 58.00 元

132.《人民主权与德国宪法危机》，[美]P. C. 考威尔著，曹晗蓉、虞维华译 58.00 元

133.《16 和 17 世纪英格兰大众信仰研究》，[英]K. 托马斯著，芮传明、梅剑华译 168.00 元

134.《民族认同》，[英]A. D. 史密斯著，王娟译 55.00 元

135.《世俗主义之乐：我们当下如何生活》，[英]G. 莱文编，赵元译 58.00 元

136.《国王或人民》，[美]R. 本迪克斯著，褚平译(即出)

137.《自由意志、能动性与生命的意义》，[美] D. 佩里布姆著，张可译 68.00 元

138.《自由与多元论：以赛亚·伯林思想研究》，[英]G. 克劳德著，应奇等译 58.00 元

139.《暴力：思无所限》，[美]R. J. 伯恩斯坦著，李元来译 59.00 元

140.《中心与边缘：宏观社会学论集》，[美]E. 希尔斯著，甘会斌、余昕译 88.00 元

第十五批书目

141.《自足的世俗社会》，[美]P. 朱克曼著，杨靖译 58.00 元

142.《历史与记忆》，[英]G. 丘比特著，王晨凤译 59.00 元

143.《媒体、国家与民族》，[英]P. 施莱辛格著，林玮译 68.00 元

144.《道德错误论：历史、批判、辩护》，

［瑞典］J. 奥尔松著，周奕李译　58.00 元

145.《废墟上的未来：联合国教科文组织、世界遗产与和平之梦》，［澳］L. 梅斯克尔著，王丹阳、胡牧译　88.00 元

146.《为历史而战》，［法］L. 费弗尔著，高煜译　98.00 元

147.《语言动物：人类语言能力概览》，［加］C. 泰勒著，赵清丽译（即出）

148.《我们中的我：承认理论研究》，［德］A. 霍耐特著，张曦、孙逸凡译　62.00 元

149.《人文学科与公共生活》，［美］P. 布鲁克斯、H. 杰维特编，余婉卉译　52.00 元

150.《美国生活中的反智主义》，［美］R. 霍夫施塔特著，何博超译　68.00 元

第十六批书目

151.《关怀伦理与移情》，［美］M. 斯洛特著，韩玉胜译　48.00 元

152.《形象与象征》，［罗］M. 伊利亚德著，沈珂译　48.00 元

153.《艾希曼审判》，［美］D. 利普斯塔特著，刘颖洁译　49.00 元

154.《现代主义观念论：黑格尔式变奏》，［美］R. B. 皮平著，郭东辉译（即出）

155.《文化绝望的政治：日耳曼意识形态崛起研究》，［美］F. R. 斯特恩著，杨靖译　98.00 元

156.《作为文化现实的未来：全球现状论集》，［印］A. 阿帕杜拉伊著，周云水、马建福译（即出）

157.《一种思想及其时代：以赛亚·伯林政治思想的发展》，［美］J. L. 彻尼斯著，寿天艺、宋文佳译（即出）

158.《人类的领土性：理论与历史》，［美］R. B. 萨克著，袁剑译（即出）

159.《理想的暴政:多元社会中的正义》,[美]G.高斯著,范震亚译(即出)
160.《荒原:一部历史》,[美]V.D.帕尔马著,梅雪芹译(即出)

有关"人文与社会译丛"及本社其他资讯,欢迎点击 www.yilin.com 浏览,对本丛书的意见和建议请反馈至新浪微博@译林人文社科。

图书在版编目（CIP）数据

善的脆弱性：古希腊悲剧与哲学中的运气与伦理／（美）玛莎·C. 纳斯鲍姆（Martha C. Nussbaum）著；徐向东，陆萌译；徐向东，陈玮修订. —2版（修订版）. —南京：译林出版社，2018.9（2026.1重印）

（人文与社会译丛/刘东主编）

书名原文：The Fragility of Goodness: Luck and Ethics in Greek Tragedy and Philosophy

ISBN 978-7-5447-7167-2

Ⅰ.①善… Ⅱ.①玛… ②徐… ③陆… ④陈… Ⅲ.①伦理学 ②古希腊罗马哲学 Ⅳ.①B82 ②B502

中国版本图书馆 CIP 数据核字（2017）第 290602 号

善的脆弱性：古希腊悲剧与哲学中的运气与伦理（修订版）
［美国］玛莎·C. 纳斯鲍姆／著 徐向东 陆 萌／译 徐向东 陈 玮／修订

责任编辑 陶泽慧
装帧设计 彭振威
校 对 蒋 燕
责任印制 董 虎

原文出版 Cambridge University Press, 2001
出版发行 译林出版社
地 址 南京市湖南路 1 号 A 楼
邮 箱 yilin@yilin.com
网 址 www.yilin.com
市场热线 025-86633278
排 版 南京展望文化发展有限公司
印 刷 南京爱德印刷有限公司
开 本 880 毫米 ×1230 毫米 1/32
印 张 30.375
插 页 4
版 次 2018 年 9 月第 2 版
印 次 2026 年 1 月第 12 次印刷
书 号 ISBN 978-7-5447-7167-2
定 价 158.00 元

This is a Simplified Chinese edition of the following title published by Cambridge University Press:
THE FRAGILITY OF GOODNESS: LUCK AND ETHICS IN GREEK TRAGEDY AND PHILOSOPHY by Martha C. Nussbaum
ISBN 9780521794725

著作权合同登记号　图字：10–2017–718号